KUHMINSA

한 발 앞서나가는 출판사, 구민사
독자분들도 구민사와 함께 한 발 앞서나가길 바랍니다.

구민사 출간도서 中 수험서 분야

- 용접
- 자동차
- 조경/산림
- 품질경영
- 산업안전
- 전기
- 건축토목
- 실내건축

- 기술사
- 기계
- 금속
- 환경
- 보일러
- 가스
- 공조냉동
- 위험물

전문가를 위한 첫걸음, 구민사는 그 이상을 봅니다!

전국 도서판매처

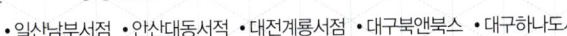

- 일산남부서점 · 안산대동서적 · 대전계룡서점 · 대구북앤북스 · 대구하나도서
- 포항학원사 · 울산처용서림 · 창원그랜드문고 · 순천중앙서점 · 광주조은서림

www.kuhminsa.co.kr

자격증 시험 접수부터 자격증 수령까지!

1. 필기 원서 접수
큐넷(www.q-net.or.kr)
필기 시험은 회원 가입 후 **인터넷 접수만 가능**
(사진 파일, 접수비(인터넷 결제) 필요)
응시자격 요건 반드시 확인

2. 필기 시험
입실 시간 미준수 시 시험 **응시 불가**
준비물 : 수험표, 신분증, 필기구 지참

5. 실기 시험
필답형과 작업형으로 분류
원서 접수 시 선택한 장소와 시간에 맞게 시험을 봅니다.
준비물 : 수험표, 신분증, 필기구 지참!

6. 최종합격 확인
큐넷(www.q-net.or.kr)
사이트에서 확인

전문가를 위한 첫걸음, 구민사는 그 이상을 봅니다!

상시시험 12종목
굴착기운전기능사, 지게차운전기능사, 미용사(일반), 미용사(피부), 미용사(네일)
미용사(메이크업), 조리기능사(양식, 일식, 중식, 한식), 제과·제빵기능사

큐넷(www.q-net.or.kr)
사이트에서 확인

필기 합격 확인

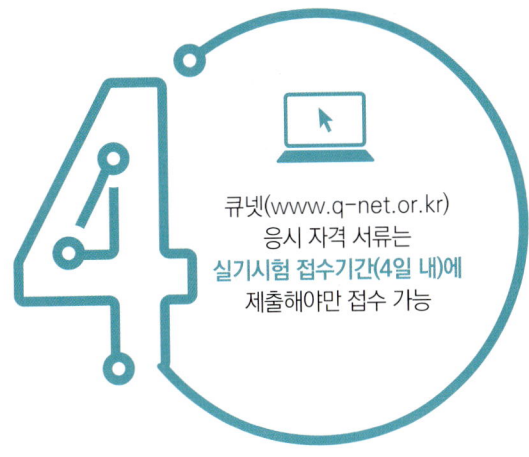

큐넷(www.q-net.or.kr)
응시 자격 서류는
실기시험 접수기간(4일 내)에
제출해야만 접수 가능

실기 원서 접수

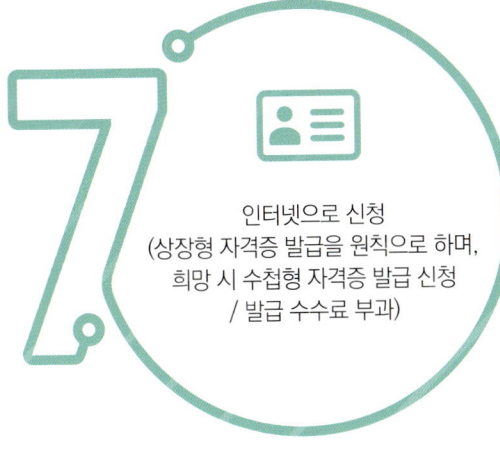

인터넷으로 신청
(상장형 자격증 발급을 원칙으로 하며,
희망 시 수첩형 자격증 발급 신청
/ 발급 수수료 부과)

자격증 신청

인터넷으로 발급(출력)
(수첩형 자격증 등기 수령 시
등기 비용 발생)

자격증 수령

D-DAY 60 에너지관리기능사 60일 합격 PLAN

(위의 플랜은 가장 이상적인 것이므로 참고하여 개인의 입장과 일정에 맞춰 준비하시기 바랍니다.)

월요일	화요일	수요일	목요일	금요일	토요일	일요일
D-60	D-59	D-58	D-57	D-56	D-55	D-54
CHAPTER 01 ~ CHAPTER 04							
D-53	D-52	D-51	D-50	D-49	D-48	D-47
CHAPTER 05 ~ CHAPTER 08						
D-46	D-45	D-44	D-43	D-42	D-41	D-40
CHAPTER 09 ~ CHAPTER 11						
D-39	D-38	D-37	D-36	D-35	D-34	D-33
보일러 장치별 계통도 & 최근과년도 출제문제						
D-32	D-31	D-30	D-29	D-28	D-27	D-26
실전 모의고사 & 국가기술자격 실기시험문제						

D-DAY 60 놓친 부분 다시보기

월요일	화요일	수요일	목요일	금요일	토요일	일요일
D-25	D-24	D-23 이론 복습 (O / X)	D-22	D-21	D-20	D-19 문제 풀이 (O / X)
D-18	D-17	D-16 이론 복습 (O / X)	D-15	D-14	D-13	D-12 문제 풀이 (O / X)
D-11	D-10	D-9 이론 복습 (O / X)	D-8	D-7	D-6	D-5 문제 풀이 (O / X)
D-4	D-3	D-2 이론 복습 (O / X)	D-1			

시험장 가기 전에 Tip

Q 계산기를 따로 가져가야 하나요?
A 시험을 치르는 PC에 설치된 계산기를 이용하실 수 있습니다.(개인 계산기 지참 가능)

Q PC로 시험을 치르면 종이는 못 쓰나요?
A 시험장에서 필요한 사람에 한해 종이를 제공합니다. 시험장마다 상황이 다를 수 있으니 전화로 해당 시험장의 상황을 파악해보시길 권장합니다. 이 때 시험이 끝나고 종이 반납은 필수입니다.

머리말

산업과 과학의 발달로 에너지 소비량이 증가하고, 이에 필수적으로 효과적인 에너지 관리와 환경보호 문제가 등장하게 된다. 미래 인류의 핵심적인 관심분야는 첨단기술 분야와 대체에너지 개발 및 환경보호가 될 것이다. 이 중 에너지의 효과적 개발 및 관리는 모든 산업분야의 초석이 될 뿐 아니라 환경보호의 차원에서도 무시할 수 없는 기술분야이다.

에너지관리기능사 자격증은 이러한 시점에서 도전하는 수험생들의 자세에서부터 다시한번 생각해 보아야 할 중요한 산업의 초석이 되는 분야이다.

이 책은 국가기술자격시험에 도전하는 응시자들이 최소의 노력으로 최대의 효과를 얻을 수 있도록, 보일러시공분야와 보일러취급분야가 통합 변경된 2012년을 기준으로 통합전후 10여년간의 출제문제 및 경향을 면밀히 분석하여 각 단원별, 유형별로 요점을 정리하였고, 과년도 문제에 해설을 덧붙여 효과적인 수험준비에 대비하도록 하였다. 본 저서를 편집하게 된 이유는, 여러 가지의 복잡하고 다양한 내용을 어떻게 이해할지 몰라서 갈피를 잡지 못하는 수험생들에게 그 동안의 수험지도 일선에서의 경험을 참고하여 짧은 시간에 응시준비를 하게 하는데 그 목적이 있다. 아울러 기능사 수준의 개념학습에 추가적으로 산업기사를 대비할 수 있는 연소공학, 계측공학의 요점을 추가 수록하여 혼자서 개념별 학습을 하는데 효과적인 도움을 주고자 하였다.

CBT 이전의 출제 경향을 살펴보면 대체로 과년도 기출문제의 중요개념이 약 70% 이상 출제되었는데, 컴퓨터가 추출하는 CBT 문제 빈도수도 단원별 중요 비율은 지켜지고 있는 경향이다. 따라서 수험준비할 때 단원별 주요 개념을 이해하는 방향으로 대비하는 것이 효과적이라 여겨진다.

아무쪼록 이 책을 통하여 수험준비에 막연한 두려움을 떨치고 자신감을 얻는데 도움이 되었으면 하는 바램뿐이다.

끝으로 이 책의 출판을 위해 적극적으로 도움주신 도서출판 구민사 조규백 대표님과 직원 여러분께 깊은 감사드린다.

질의응답+무료동상

N 토치세상 https://cafe.naver.com/torchtorch
D 토치카페 https://cafe.daum.net/torchtorch

저자 박진원

PART 01 이론편

CHAPTER 01. 열 및 증기   19

- 01   기본단위와 응용단위   19
- 02   기초물리 개념   20
- 03   온도   21
- 04   열량 및 열역학   21
- 05   압력   22
- 06   증기의 성질   24
- 07   밀도, 비중량, 비체적, 비중   26
- 08   기체상수와 이상기체상태방정식   26
- 09   유량과 연속의 법칙, 베르누이 정리   28
- 10   열전달(전도, 대류, 복사)   29
- 11   단위와 차원   30
- ◆ 열 및 증기 예상문제   31

CHAPTER 02. 보일러 종류 및 특성   48

- 01   보일러란?   48
- 02   보일러의 3대 구성요소   48
- 03   보일러 종류의 3대 분류   48
- 04   보일러의 종류 구분   48
- 05   특수보일러의 종류   49
- 06   원통보일러와 수관보일러 특징   49
- 07   내분식 보일러와 외분식 보일러   49
- 08   입형 보일러   49
- 09   노통 보일러의 구조   50
- 10   수관 보일러   51
- 11   관류 보일러   52
- 12   특수 열매체 보일러   53
- 13   간접 가열 보일러   53
- 14   주철제 보일러의 특징   53
- 15   온수 보일러   54
- 16   수위(안전저수위 이하시 과열사고)   54
- 17   최고사용압력과 수압시험   55
- 18   전열면적   55
- ◆ 보일러 종류 및 특성 예상문제   56

CHAPTER 03. 보일러 부속장치   78

- 01   부속장치의 종류   78
- 02   급수장치   78
- 03   송기장치   80
- 04   폐열회수장치(=열효율증대장치, 여열장치)   83
- 05   안전장치   84
- 06   지시장치(계측기기)   87
- 07   분출장치   89
- 08   기타장치   90
- ◆ 보일러 부속장치 예상문제   91

CHAPTER 04. 열효율 및 열정산   141

- 01   열정산(=열수지)의 목적   141
- 02   열정산 기준   141
- 03   보일러 열효율   141
- 04   입열과 출열   142
- 05   보일러 용량 및 성능   142
- 06   열효율(열량개념)   143

◆ 열효율 및 열정산 예상문제 · 144

CHAPTER 05. 연료, 연소, 통풍집진 163

01	연료 성분 분석	163
02	연료의 구비 조건	163
03	연료의 종류와 특성	163
04	고체연료의 특성(석탄)	164
05	액체연료의 종류 및 연소방법	164
06	중유의 특성	164
07	급유계통장치	166
08	기체연료의 종류와 성분	166
09	보염(補炎) 장치	167
10	연소란?	168
11	연료의 종류와 연소형태 및 연소장치	168
12	공기비(=과잉공기계수)	168
13	기체연료 예혼합연소	168
14	공기량(공기비)에 따른 연소현상	168
15	통풍	168
16	매연발생원인 〈연불공취저〉	169
17	매연농도 측정	169
18	매연농도 규정	169

◆ 연료, 연소, 통풍집진 예상문제 · 170

CHAPTER 06. 보일러 자동제어 207

01	자동제어의 목적	207
02	자동제어 방식	207
03	자동제어계의 구성	207
04	피드백 제어회로 구성	207
05	용어 정리	207
06	제어방법에 의한 분류(목표값에 따른 분류)	207
07	제어동작(조절부 동작)에 의한 분류	208
08	자동제어의 신호전달 방식	208
09	인터록	209
10	보일러 자동제어(A.B.C)	209
11	수위제어(급수제어)	209
12	온수보일러 자동제어(버너정지)	209

◆ 보일러 자동제어 예상문제 · 210

CHAPTER 07. 난방설비 223

01	방열기(라디에이터)	223
02	난방법의 분류	223
03	난방부하 계산	223
04	증기난방설비 및 배관	224
05	온수난방설비 및 배관	227
06	복사난방(=패널난방)	228
07	지역난방	229

◆ 난방설비 예상문제 · 231

CONTENTS

PART 01 이론편

CHAPTER 08. 설치시공기준 263

01	설치 장소 및 가스배관	263
02	압력 방출 장치	264
03	급수 장치	265
04	수면계	265
05	계측기기	265
06	스톱밸브, 분출밸브	266
07	운전성능	267
08	설치검사기준 및 계속사용검사기준	267
09	온수보일러 설치시공기준 (확인대상기기의 경우)	268
10	구멍탄 온수보일러 설치시공기준	269
◆ 설치시공기준 예상문제		270

CHAPTER 09. 보일러 취급 및 안전관리 285

01	보일러 가동 및 정지	285
02	청소 및 보존	285
03	급수처리	287
04	안전관리 일반	288
05	보일러 손상과 방지대책	289
06	보일러 사고 및 방지대책	289
◆ 보일러 취급 및 안전관리 예상문제		291

CHAPTER 10. 에너지이용합리화법 341

01	에너지이용합리화법의 목적	341
02	용어정리	341
03	날짜에 관한 정리	341
04	효율관리기자재	342
05	평균효율관리기자재(승용자동차 등)	342
06	대기전력저감대상제품	342
07	고효율에너지인증대상기자재	342
08	금융, 세제상의 지원	342
09	에너지사용량 신고(에너지다소비사업자)	342
10	에너지저장의무 부과대상자	343
11	열사용기자재	343
12	특정 열사용기자재	343
13	가스·난방공사업(건설산업기본법)	343
14	건설업등록(난방시공업) 결격사유	344
15	건설업등록 말소사유	344
16	검사대상기기(특정열사용기자재 중 해당)	345
17	권한 및 업무	346
18	벌칙 및 벌금	347
19	국가에너지기본계획	347
20	에너지이용합리화 계획	347
21	에너지사용계획신고	348
22	에너지공급자의 수요관리투자계획	348
23	에너지사용자의 자발적협약	348
24	목표에너지원 단위 및 건축물 냉난방 온도제한	348
◆ 에너지이용합리화법 예상문제		350

CHAPTER 11. 배관재료 공작   378

배관재료
- 01   관 재료의 선택 시 고려사항   378
- 02   관의 재질별 분류   378
- 03   관 이음 재료   380

배관공작
- 01   배관 공구   381
- 02   관 접합   383
- 03   배관의 지지   387
- 04   패킹   387
- 05   방청용 도료   388
- 06   보온재   388

배관도시법
- 01   치수 기입법   389
- 02   배관도의 표시   389
- ◆ 배관 재료 및 공작 예상문제   390

PART 02   부록

01. 보일러 장치별 계통도   411

02. 최근 과년도 출제문제   422
- ◆ 2014년 제1회 에너지관리기능사(2014.01.26 시행)   422
- ◆ 2014년 제2회 에너지관리기능사(2014.04.06 시행)   432
- ◆ 2014년 제4회 에너지관리기능사(2014.07.20 시행)   442
- ◆ 2014년 제5회 에너지관리기능사(2014.10.11 시행)   452
- ◆ 2015년 제1회 에너지관리기능사(2015.01.25 시행)   462
- ◆ 2015년 제2회 에너지관리기능사(2015.04.04 시행)   472
- ◆ 2015년 제4회 에너지관리기능사(2015.07.19 시행)   481
- ◆ 2015년 제5회 에너지관리기능사(2015.10.10 시행)   490
- ◆ 2016년 제1회 에너지관리기능사(2016.01.24 시행)   499
- ◆ 2016년 제2회 에너지관리기능사(2016.04.02 시행)   508
- ◆ 2016년 제4회 에너지관리기능사(2016.07.10 시행)   518

03. 실전 모의고사   528
- ◆ 모의고사 1회   528
- ◆ 모의고사 2회   535
- ◆ 모의고사 3회   542
- ◆ 1회 모의고사 정답 및 해설   550
- ◆ 2회 모의고사 정답 및 해설   554
- ◆ 3회 모의고사 정답 및 해설   559

PART 03   실기편

국가기술자격 실기시험문제   564

이 책의 구성과 특징

01 체계적인 핵심 요약 & 예상문제 수록

- 체계적인 이론을 중심으로 각 챕터마다 예상문제를 수록하여 실전 시험에 대비하였습니다.
- 해설과 정답을 기반으로 보다 정확하게 이해하고 넘어갈 수 있습니다.

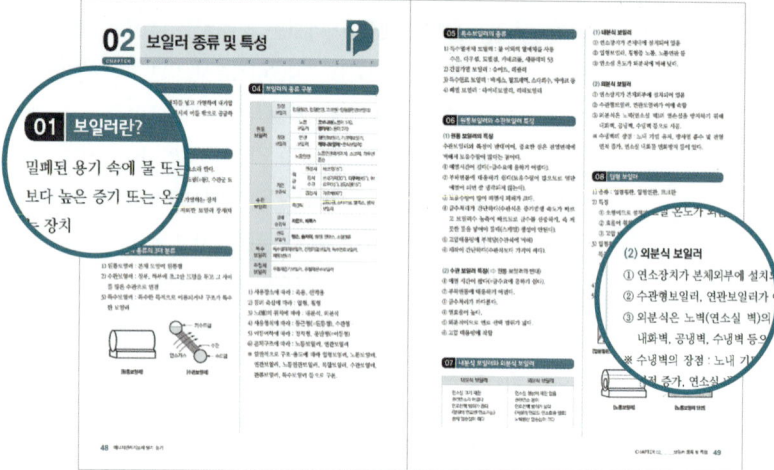

이론

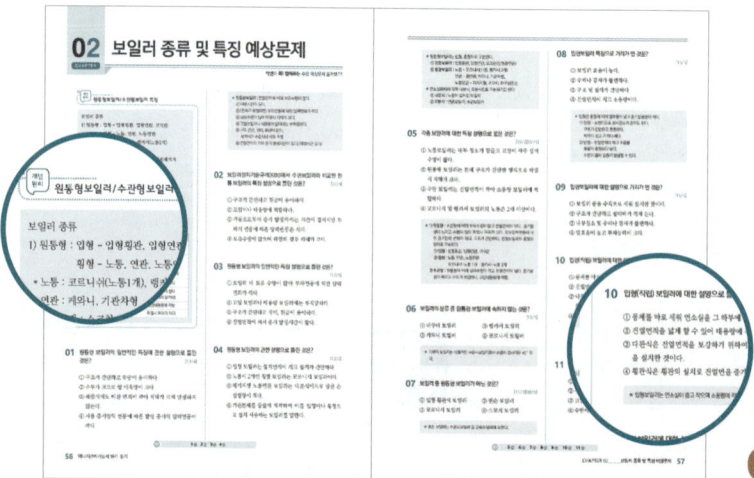

예상문제

02 기출문제 & 모의고사 수록

- 최근 기출문제를 수록하였고, 모의고사를 통해 실전 시험에 대비할 수 있게 구성하였습니다.

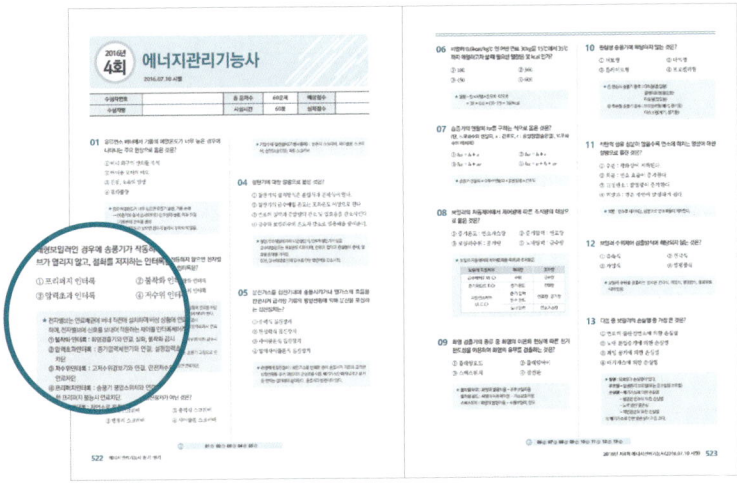

기출문제

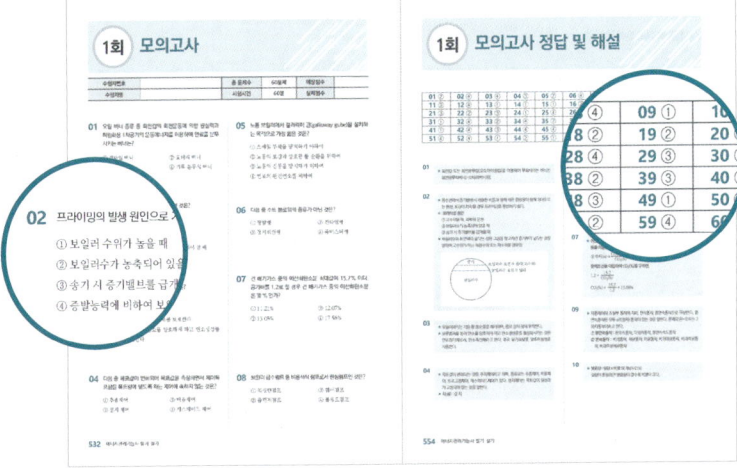

모의고사 & 해설

이 책의 구성과 특징

03 실기편 수록

- 보기 쉽게 컬러로 구성하였으며 보다 자세한 내용은 무료동영상을 통해 간접 체험하실 수 있습니다.
- 작업형 도면을 수록함으로써 실기 내용을 함축적으로 수록하였습니다.

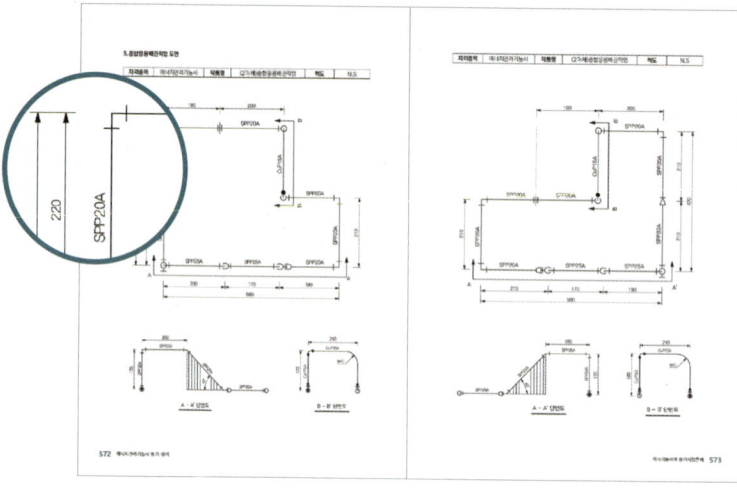

작업형 도면

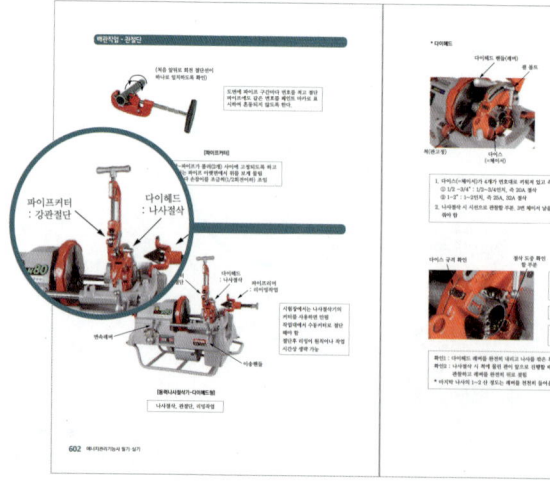

출제기준 – 에너지관리기능사 필기

직무 분야	환경·에너지	중직무 분야	에너지·기상	자격 종목	에너지관리기능사	적용 기간	2023. 1. 1 ~ 2025 .12. 31
직무 내용	에너지 관련 열설비에 대한 기기의 설치, 배관, 용접 등의 작업과 에너지 관련 설비를 정비, 유지관리 하는 직무이다.						
필기검정방법	객관식		문제수	60	시험시간	1시간	

필기과목명	문제수	주요항목	세부항목
열설비 설치, 운전 및 관리	60	1. 보일러 설비 운영	1. 열의 기초 2. 증기의 기초 3. 보일러 관리
		2. 보일러 부대설비 설치 및 관리	1. 급수설비와 급탕설비 설치 및 관리 2. 증기설비와 온수설비 설치 및 관리 3. 압력용기 설치 및 관리 4. 열교환장치 설치 및 관리
		3. 보일러 부속설비 설치 및 관리	1. 보일러 계측기기 설치 및 관리 2. 보일러 환경설비 설치 3. 기타 부속장치
		4. 보일러 안전장치 정비	1. 보일러 안전장치 정비
		5. 보일러 열효율 및 정산	1. 보일러 열효율 2. 보일러 열정산 3. 보일러 용량
		6. 보일러설비설치	1. 연료의 종류와 특성 2. 연료설비 설치 3. 연소의 계산 4. 통풍장치와 송기장치 설치 5. 부하의 계산 6. 난방설비 설치 및 관리 7. 난방기기 설치 및 관리 8. 에너지절약장치 설치 및 관리
		7. 보일러 제어설비 설치	1. 제어의 개요 2. 보일러 제어설비 설치 3. 보일러 원격제어장치 설치

필기과목명	문제수	주요항목	세부항목
열설비 설치, 운전 및 관리	60	8. 보일러 배관설비 설치 및 관리	1. 배관도면 파악 2. 배관재료 준비 3. 배관 설치 및 검사 4. 보온 및 단열재 시공 및 점검
		9. 보일러 운전	1. 설비 파악 2. 보일러가동 준비 3. 보일러 운전 4. 보일러 가동후 점검하기 5. 보일러 고장시 조치하기
		10. 보일러 수질 관리	1. 수처리설비 운영 2. 보일러수 관리
		11. 보일러 안전관리	1. 공사 안전관리
		12. 에너지 관계법규	1. 에너지법 2. 에너지이용 합리화법 3. 열사용기자재의 검사 및 검사면제에 관한 기준 4. 보일러 설치시공 및 검사기준

* 세세항목은 Q-net 확인

출제기준 – 에너지관리기능사 실기

직무분야	환경·에너지	중직무분야	에너지·기상	자격종목	에너지관리기능사	적용기간	2023.1.1 ~ 2025.12.31
직무내용	에너지 관련 열설비에 대한 기기의 설치, 배관, 용접 등의 작업과 에너지 관련 설비를 정비, 유지관리 하는 직무이다.							
수행준거	1. 보일러설비, 증기설비, 난방설비, 급탕설비 등을 설치할 수 있다. 2. 보일러 설비의 효율적인 운영을 위하여 유체를 이송하는 배관설비를 설계도서에 따라 적합하게 설치할 수 있다. 3. 보일러 및 흡수식 냉온수기 등과 관련된 설비를 안전하고 효율적으로 운전할 수 있다. 4. 열원을 이용한 급수, 급탕, 증기, 온수, 열교환장치, 압력용기, 펌프류 등을 효율적으로 운영할 수 있다. 5. 보일러 및 관련 설비에 설치된 열회수장치, 계측기기 및 안전장치를 점검할 수 있다. 6. 보일러 및 관련 설비의 효율적인 운영을 위하여 유체를 이송하는 배관설치 상태와 보온상태를 점검할 수 있다. 7. 보일러 및 관련 설비 취급 시 발생할 수 있는 안전사고를 사전에 예방할 수 있다.							
실기검정방법	작업형				시험시간	3시간 30분		

실기과목명	주요항목	세부항목
열설비취급 실무	1. 보일러설비설치	1. 급수설비 설치하기 2. 연료설비 설치하기 3. 통풍장치 설치하기 4. 송기장치 설치하기 5. 증기설비 설치하기 6. 난방설비 설치하기 7. 급탕설비 설치하기 8. 에너지절약장치 설치하기
	2. 보일러 설비운영	1. 보일러 관리하기 2. 급탕탱크 관리하기 3. 증기설비 관리하기 4. 부속장비 점검하기 5. 보일러 가동전 점검하기 6. 보일러 가동중 점검하기 7. 보일러 가동후 점검하기 8. 보일러 고장시 조치
	3. 보일러 배관설비 설치	1. 배관도면 파악하기 2. 배관재료 준비하기 3. 배관 설치하기 4. 배관설치 검사하기
	4. 보일러 운전	1. 설비 파악하기 2. 보일러가동 준비하기 3. 보일러 운전하기 4. 흡수식 냉온수기 운전
	5. 보일러 부대설비 관리	1. 급수설비 관리하기 2. 급탕설비 관리하기 3. 증기설비 관리하기 4. 온수설비 관리하기 5. 압력용기 관리하기 6. 열교환장치 관리하기 7. 펌프류 관리하기
	6. 보일러 부속장치 관리	1. 열회수장치 관리하기 2. 계측기기 관리하기 3. 안전장치 관리하기
	7. 보일러 배관설비 관리	1. 배관상태 점검하기 2. 보온상태 점검하기 3. 배관설비 관리하기
	8. 보일러 안전관리	1. 법정 안전검사하기 2. 보수공사 안전관리하기

* 세세항목은 Q-net 확인

원소주기율표

1 H 수소																	2 He 헬륨
3 Li 리튬	4 Be 베릴륨											5 B 붕소	6 C 탄소	7 N 질소	8 O 산소	9 F 플루오린	10 Ne 네온
11 Na 나트륨	12 Mg 마그네슘											13 Al 알루미늄	14 Si 규소	15 P 인	16 S 황	17 Cl 염소	18 Ar 아르곤
19 K 칼륨	20 Ca 칼슘	21 Sc 스칸듐	22 Ti 타이타늄	23 V 바나듐	24 Cr 크로뮴	25 Mn 망가니즈	26 Fe 철	27 Co 코발트	28 Ni 니켈	29 Cu 구리	30 Zn 아연	31 Ga 갈륨	32 Ge 저마늄	33 As 비소	34 Se 셀레늄	35 Br 브로민	36 Kr 크립톤
37 Rb 루비듐	38 Sr 스트론튬	39 Y 이트륨	40 Zr 지르코늄	41 Nb 나이오븀	42 Mo 몰리브덴	43 Tc 테크네튬	44 Ru 루테늄	45 Rh 로듐	46 Pd 팔라듐	47 Ag 은	48 Cd 카드뮴	49 In 인듐	50 Sn 주석	51 Sb 안티몬	52 Te 텔루륨	53 I 아이오딘	54 Xe 제논
55 Cs 세슘	56 Ba 바륨	57 La 란타넘	72 Hf 하프늄	73 Ta 탄탈	74 W 텅스텐	75 Re 레늄	76 Os 오스뮴	77 Ir 이리듐	78 Pt 백금	79 Au 금	80 Hg 수은	81 Tl 탈륨	82 Pb 납	83 Bi 비스무트	84 Po 폴로늄	85 At 아스타틴	86 Rn 라돈
87 Fr 프랑슘	88 Ra 라듐	89 Ac 악티늄	104 Rf 러더포듐	105 Db 더브늄	106 Sg 시보귬	107 Bh 보륨	108 Hs 하슘	109 Mt 마이트너륨	110 Ds 다름슈타튬	111 Rg 뢴트게늄							

58 Ce 세륨	59 Pr 프레세오디뮴	60 Nd 네오디뮴	61 Pm 프로메튬	62 Sm 사마륨	63 Eu 유로퓸	64 Gd 가돌리늄	65 Tb 테르븀	66 Dy 디스프로슘	67 Ho 홀뮴	68 Er 에르븀	69 Tm 툴륨	70 Yb 이테르븀	71 Lu 루테튬
90 Th 토륨	91 Pa 프로트악티늄	92 U 우라늄	93 Np 넵투늄	94 Pu 플루토늄	95 Am 아메리슘	96 Cm 퀴륨	97 Bk 버클륨	98 Cf 캘리포늄	99 Es 아인슈타이늄	100 Fm 페르뮴	101 Md 멘델레븀	102 No 노벨륨	103 Lr 로렌슘

```
20 ← 원자번호
Ca ← 원소기호(예: 고체, a : 기체, a : 고체)
칼슘 ← 이름
```

- 금속
- 비금속
- 전이원소
- 란타넘족
- 악티늄족

DO IT YOURSELF

01 이론편

Chapter 1   열 및 증기
Chapter 2   보일러 종류 및 특성
Chapter 3   보일러 부속장치
Chapter 4   열효율 및 열정산
Chapter 5   연료, 연소, 통풍집진
Chapter 6   보일러 자동제어
Chapter 7   난방설비
Chapter 8   설치시공기준
Chapter 9   보일러 취급 및 안전관리
Chapter 10   에너지이용합리화법
Chapter 11   배관재료 및 공작

과년도 출제문제 분석

출제기준 세부			기준에 의한 출제문제 분석 개념(필수)
단원 구분	종목	예상 문항	반드시 정리해야 할 중요개념 (출제문항수의 150% 정도) *60문항이면 약 80~90개 개념은 필수 정리
1장/열 및 증기		2	압력, 온도표시, 온도환산, 열량=양×비열×온도차, 비열의 뜻과 단위, 현열과 잠열의 뜻, 증기의 건도, 증기압력이 상승하면?
2장/보일러 종류 및 특성		4	보일러 종류 명칭(*코르니쉬, 랭카샤, 케와니, 다쿠마, 베록스, 라몬트벤슨, 슐저, 다우섬, 모빌섬), 특징(원통형과 수관형, 외분식과 내분식, 주철제, 특수열매체) 수압시험, 노통의 구조, 수관과 연관의 비교
3장/보일러 부속장치		10	급수장치, 송기장치, 폐열회수장치, 안전장치, 지시장치, 분출장치, 수트블로우 등
4장/열효율 및 열정산		4~5	열정산 기준, 효율, 연료사용량, 상당증발량, 보일러마력
5장/연료 및 연소, 통풍집진		8~9	연료주성분, 연료 종류 특징, 연소형태(고체, 액체, 기체연료), 연료별 연소장치, 중유의 예열과 무화, 중유버너 종류 및 특징, 공기비, 공기량이 증가하면? 저위발열량 통풍방식, 집진장치 특징(원심식, 전기식, 여과식, 세정식)
6장/자동제어		3	시퀀스와 피드백, 자동제어의 분류, 신호전송 종류별 특징, 보일러자동제어 약칭, 급수제어 분류, 인터록제어
7장/난방설비		6~7	난방방식, 증기난방과 온수난방 특징, 리프트피팅, 하트포드, 팽창탱크, 방열기 종류와 호칭법, 방열기 설치주의, 난방부하 계산과 방열기 계산, 복사난방 특징, 지역난방 특징
8장/설치시공기준, 검사기준		3~4	설치장소기준(옥내, 옥외), 급수밸브 지름, 안전밸브/압력방출장치 설치, 온수발생보일러 방출관지름, 분출밸브 설치기준, 압력계 설치
9장/보일러 취급 및 안전 관리		10	가동전 준비 (신설보일러, 상용보일러 점화전 준비), 보일러 점화조작 순서, 점화시 주의사항, 프리퍼지, 증기압력 상승시 주의사항, 송기시 주의사항, 수트블로워 사용, 운전정지 순서, 보일러 보존(단기보존과 장기보존), 급수처리(외처리 방법, 내처리 약품), 스케일 원인과 장해, 보일러 부식 종류, 보일러 손상과 사고(제작상 원인, 취급상 원인), 취급시 보일러 3대사고 (이상감수 및 과열, 압력초과, 미연소가스폭발)
10장/에너지이용합리화법		6	*과년도 문제 정리 참조
11장/배관 재료 및 공작		4	*과년도 문제 정리 참조
* 계측기기 / 연소공학			*산업기사 출제범위

최근 출제경향은 개념 이해를 물어보는 문제가 늘어났으며 전체 60문제 중 기존 기출문제를 개념은 같지만 응용한 문제가 출제가 많이 출제되는 경향이다. 문제 및 보기가 약간 응용된 것(보기의 순서를 재배열한 것, 여러 개의 문제를 조합한 것 등)이 약 30%, 기존의 문제 개념은 같지만 완전 이해를 요구하는 문제형태가 50%정도, 새로운 개념위주의 형태로서 추가된 문제가 약 20%정도이다. 앞으로 이러한 추세는 지속될 전망이다. 전체적으로 보기의 재조합을 통해 새로운 문제처럼 느껴지게 한 것이 많이 늘어나는 경향이므로 단순 반복에 의한 문제를 외우는 것보다 단원별 주요개념을 이해하는 방향으로 공부하면 합격할 수 있다. 대체적으로 전체 단원 중 주요개념은 80~90여개 정도 된다. 따라서, 단원별 정리문제를 최소한 3회 이상 해설까지 꼼꼼하게 반복하여 읽어보기 바란다.

*보일러 관련 자격증 명칭은 2011년까지 보일러취급, 보일러시공으로 분리되어 있었지만 2012년부터 시공과 취급분야가 통합되었고, 2014년부터는 자격증 명칭이 "에너지관리"로 변경되게 된다. 기존의 취득자는 변경된 자격증으로 재발급 받을 수 있다.

※ 위의 출제기준에 의한 기출문제를 20여년 이상의 보일러시공부터 최근 2019년 기출까지 유형별로 요약정리와 함께 자세한 해설을 곁들여 분석하였습니다.
※ 출제년도 회차가 표시되지 않은 문제는 2012년 이전의 기출문제입니다.

01 열 및 증기

01 기본단위와 응용단위

(1) 단위란 물리적 계산을 위하여 미리 정해 놓은 것

(2) 단위의 구분

① 기본단위 : 가장 기본이 되는 단위로서 다른 모든 단위를 만들어내는 기초가 된다.(7가지)
② 유도단위 : 기본단위를 응용하여 유도해내는 것으로 대부분의 단위가 이에 속한다.
③ 보조단위 : 기본단위, 유도단위의 크기를 세분화하기 위한 단위(기호)
④ 특수단위 : 기본단위나 유도단위로 정의되기 어려운 개념의 단위

3) 기본단위 : 7개가 정해져 있다.

개 념	절대계 단위	중력계 단위
길 이	m (또는 cm)	m
질량 (또는 중량)	kg (또는 g) ⇨ 질량	kgf ⇨ 중량
시 간	sec(세컨드)	sec(세컨드)
온 도	K(켈빈)	K(켈빈)
전 류	A(암페어)	A(암페어)
광 도	Cd(칸델라)	Cd(칸델라)
물질량	mol(몰)	mol(몰)

① 절대계 단위와 중력계 단위(=공학계 단위)는 7개의 기본단위 중 6개는 동일하며, 질량(kg) 위주의 단위는 절대계, 중량(kgf) 위주의 단위는 중력계라고 한다.
② 기본단위 중 질량(또는 중량), 길이, 시간의 단위를 각각 m, kg, sec를 사용하면 MKS 단위라 하고, cm, g, sec를 사용하면 CGS 단위라 한다.
③ 영국계 단위 : 질량, 길이, 온도 등에서 Lb(파운드), ft(피이트), ℉를 사용한 것
④ 미터계 단위 : 질량, 길이, 온도 등에서 kg, m, ℃(또는 K)를 사용한 것
⑤ 절대계단위 중 MKS단위를 SI단위라 한다.

⑥ 중량의 단위는 질량 kg과 구분하기 위해 kgf (f는 힘의 뜻인 'force'의 머리글자)를 사용한다. 그러나 습관적으로 f를 생략하여 kg으로 표기하기도 하므로 질량과 중량의 의미 구분이 필요하다.

> **예** 압력단위 kg/cm^2에서 kg은 중량의미
> 일량단위 kg·m에서 kg은 중량의미

4) 유도단위

기본단위를 응용조합하여 만드는 단위
① 중력계단위(공학계단위) : 중량을 기본단위로 정하고 질량 등의 유도단위를 만든다.
 절대계단위 : 질량을 기본단위로 정하고 중량(힘)등의 유도단위를 만든다.
② 기본단위 중 질량 또는 중량을 사용하는 것에 따라 유도단위를 만들 때 단위의 표현방법에 차이가 생긴다.

> **예** 힘(또는 중량)의 단위를 구하면
> 절대계 : 질량이 기본단위이므로,
> 　　힘(중량)=질량×가속도
> 　　$N = kg × m/s^2$ ⇨ N(뉴우톤)으로 표기
> 　즉, 힘은 유도단위에 속한다.
> 중력계 : 중량이 기본단위이므로
> 　　중량 = kgf
> 그러나 중력계 단위에서는 질량의 개념은 유도단위에 속하므로,
> 　중량 = 질량×중력가속도에서(×중력가속도를 이항정리)
> 　질량 = 중량/중력가속도 이므로
> 　질량 = $kgf·s^2/m$의 형태가 된다.

> **예** 밀도의 단위를 구하면,
> 밀도=질량/체적이므로
> 절대계 : 밀도=kg/m^3
> 중력계 : 질량의 단위가 $kgf·s^2/m$이므로
> 　　밀도=$kgf·s^2/m^4$

개념	절대계 단위	중력계 단위
면적=길이×길이	m²	m²
부피=길이×길이×길이	m³	m³
속도=길이/시간	m/s	m/s
가속도=속도/시간 =길이/시간²	m/s²	m/s²
힘=질량×가속도 중량=질량×중력가속도	kg·m/s² = N(뉴턴)	kgf
질량=중량/중력가속도	kg	kgf·s²/m
압력=힘/면적=중량/면적	N/m²=Pa(파스칼)	kgf/m²
일, 열량, 에너지	J(주울)	kgf·m 또는 kcal

(5) 보조단위

단위의 크기를 세분하기 위해 단위앞에 첨가하는 기호로서 다음과 같은 것이 있다.

기호	명칭	의미	기호	명칭	의미
T	테라	10^{12}	c	센티	10^{-2}
G	기가	10^{9}	m	밀리	10^{-3}
M	메가	10^{6}	μ	마이크로	10^{-6}
k	킬로	10^{3}	n	나노	10^{-9}
h	헥토	10^{2}	p	피코	10^{-12}
da, D	데카	10	f	펨토	10^{-15}
d	데시	10^{-1}	a	아토	10^{-18}

02 기초물리 개념

(1) 힘 = 질량×가속도

① 1 [N](뉴우톤)=질량 1 [kg]×가속도 1 [m/s²]
  1 [N]의 힘은 질량 1 [kg]의 물체에 가속도 1 [m/s²]를 가할 때의 힘
② 1 [dyn](다인)=질량 1 [g]×가속도 1 [cm/s²]
  ∴ 1 [N] = 10⁵ [dyn]
③ 힘의 종류 중 질량×중력가속도=중량이라 한다.
  (중량은 힘과 같은 개념)
  ㉠ 1 [kg중] = 중량 1kg = 1 [kgf] = 1 [kgw]
    = 질량 1kg×중력가속도 9.8m/s² = 9.8N
  ㉡ 지구의 중력가속도는 9.80665m/s²
④ 1kgf 또는 1kgw 라고 표기해야 하나 공학계산에서는 가끔 f, w를 붙이지 않고 중량으로 혼용하는 경우가 있다. 대표적으로 압력(kg/cm²)과 일량(kg·m)에서의 kg은 중량을 뜻한다.

(2) 일 = 힘×거리 = 중량×거리 = 질량×속도²
  = 열 (일은 열량으로 전환 가능, 같은 에너지)

※ 일은 일정한 힘으로 일정 거리를 밀고 간 것
  또는 일정한 중량을 일정 거리를 밀고 간 것

① 1 [J](주울)=1 [N] × 1 [m]
  1 [J]의 일은 1 [N]의 힘으로 1 [m] 밀고 간 것
② 1 [erg](에르그) = 1 [dyn·cm]
  1 [erg]의 일은 1 [dyn]의 힘으로 1 [cm] 밀고 간 것이며, 1 [J] = 10⁷[erg]
③ 일량 1 [kgf·m] = 열량 1/427 [kcal]

> 주울의 실험측정 결과 일을 열로 전환한 것
> A : 일의 열당량 = 1/427 kcal/kgf·m
> J : 열의 일당량 = 427 kgf·m/kcal

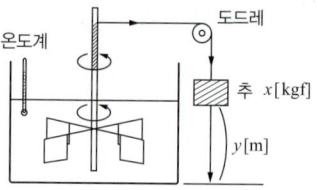

[주울의 실험]

주울의 실험에서 추가 움직이며 한 일은, $x·y$ [kgf·m] 이때, 발생한 열을 측정한 결과,
  1 [kgf·m] = 1/427 [kcal]
④ 1[kgf·m] = 9.8 [N·m] = 9.8 [J]
  (여기에서 [kgf·m]를 [kg·m]로 표시하는 경우도 있음)

(3) 동력 : 일의 공률(단위 시간당 일의 효율)

동력 = 일/시간
  = 열/시간 = 힘·거리/시간
  = 중량·거리/시간

※ 동력은 시간당 열량으로 전환 가능
① 1 [W](와트) = 1 [J] / 1 [s]
  ⇒ 동력 1[W]는 1초동안에 1 [J]의 일을 한 것
② 동력의 단위 종류
  1[kW] = 1000[J/s] = 102 [kgf·m /s] = 860 [kcal/h]
  1[PS](국제표준마력) = 75 [kgf·m /s]
    = 632.32 [kcal/h] ≒ 735.5 [W]
  1[HP](영국마력) = 76 [kgf·m /s] = 640.75 [kcal/h]
    ≒ 745 [W]

(4) 동력·시간 = (일/시간)×시간 = 일 ⇨ 열량으로 전환 가능
① "동력×시간"을 열량으로 환산하면
   1 [kWh] = 102 [kgf·m/s] × 3600 [s] × 1/427 [kcal/kgf·m]
   ≒ 860 [kcal]
   1 [PSh] = 75 [kgf·m/s] × 3600 [s] × 1/427 [kcal/kgf·m]
   ≒ 632.32 [kcal]
   1 [HPh] = 76 [kgf·m/s] × 3600 [s] × 1/427 [kcal/kgf·m]
   ≒ 640.75 [kcal] ≒ 641 [kcal]

03 온도

(1) 온도의 정의
① 뜨겁다, 차다 하는 정도
② 물질의 분자운동 에너지의 세기

(2) 온도표시방법 : 표시방법에 따라 4가지
① 일반온도
   ㉠ 섭씨온도(℃) : 물의 어는 점을 0, 끓는 점을 100으로 하여 그 사이를 100등분
   ㉡ 화씨온도(℉) : 물의 어는 점을 32, 끓는 점을 212로 하여 그 사이를 180등분
② 절대온도 : 물질의 분자운동이 정지하는 점(=에너지가 0이 되는 점)을 0으로 하여 온도표시. 섭씨온도로는 -273℃, 화씨온도로는 -460℉ 지점에 해당한다.
   ㉠ 켈빈온도(K) : -273℃를 0으로 하여 섭씨온도 눈금에 따라 표시
   ㉡ 랭킨온도(R) : -460℉를 0으로 하여 화씨온도 눈금에 따라 표시

※ 물질의 분자운동에너지는 섭씨 0℃에서 1℃ 낮아질 때마다 1/273 씩 감소한다. 즉 섭씨 -273℃가 되면 물질의 분자운동에너지가 0이 된다. 따라서 그 이하로는 온도가 더 이상 내려가지 않으므로 이 지점부터 0으로 표시한 것을 절대온도라 한다.

(3) 온도의 환산
① ℃ = (℉ - 32) × $\frac{5}{9}$
② ℉ = $\frac{9}{5}$ · ℃ + 32
③ K = ℃ + 273
④ R = ℉ + 460 = K × 1.8

※ 0℃ = 32℉ = 273K = 492R
   -40℃ = -40℉

04 열량 및 열역학

(1) 열량의 개념
① 열량의 정의 : 물질의 온도, 상태를 변화시킬 수 있는 요인
② 열의 구분 : 현열(온도변화시 이용된 열), 잠열(상태변화시 이용된 열)
③ 열의 성질 : 열은 양과 관계없이 고온에서 저온으로 흐른다.
④ 열의 전달 형태 : 전도, 대류, 복사가 있다.

(2) 열에 관련된 용어
① 비열 [kJ/kg℃] : 어떤 물질 1kg을 온도 1℃ 변화시키는데 소요되는 열량[kJ]
   ㉠ 물의 비열 : 4.2[kJ/kg℃]
   ㉡ 얼음의 비열 : 2.1[kJ/kg℃]
   ㉢ 증기의 비열 : 1.846[kJ/kg℃]
   ㉣ 공기의 정압비열 : 1[kJ/kg℃]
② 열용량 [kJ/℃] : 어떤 물질 전체를 온도 1℃ 변화시키는데 소요되는 열량[kJ]
③ 잠열 [kJ/kg] : 어떤 물질 1kg이 상태변화에 소요되는 열량으로서 증발잠열(응축잠열), 융해잠열(응고잠열), 승화잠열이 있다.
④ 엔탈피 [kJ/kg]
   ㉠ 어떤 물질 1kg이 현재 지니고 있는 열량[kJ]
   ㉡ 정확한 의미는 내부에너지+유동에너지
⑤ 발열량 [kJ/kg] : 어떤 연료 1kg을 완전연소시 발생하는 열량[kJ]

열량	물질의 양	어떤 물질의 비열	온도차
kJ	kg 또는 Nm³	kJ/kg℃ 또는 kJ/Nm³℃	℃
같은 개념의 계산	열용량 kJ/℃		온도차
	물질의 양	kJ/kg 또는 kJ/Nm³ ① kg당 잠열(Nm³당 잠열) ② kg당 엔탈피 ③ kg당 발열량	

※ 현열일 때 열량을 구하는 공식 : 열량 = 양×비열×온도차
※ 잠열일 때 열량을 구하는 공식 : 열량 = 양×잠열

(3) 열량 단위

열은 일과 같은 에너지이며, 같은 의미를 지닌 단위로는 J, kJ, kcal, BTU, CHU, kWh, HPh, PSh 등이 있다.

① 1J : 1N의 힘으로 1m 밀고 간 일의 양(에너지)
 1kJ = 1000J
② 1 kcal : 순수한 물 1kg을 섭씨 1℃ 상승시키는데 필요한 열량
 ㉠ 15℃kcal : 물의 온도를 상승시키는데 소요되는 열량이 온도구간마다 조금씩 차이가 나므로 평균적으로 섭씨 14.5℃에서 15.5℃로 1℃ 상승시키는데 필요한 열량을 1kcal의 표준으로 정한다. 이를 15℃ kcal라 한다. 즉 15℃kcal는 1kcal의 표준이다.
 ㉡ 평균 kcal : 순수한 물 1kg을 섭씨 0℃에서 100℃까지 상승시키는데 소요되는 열량을 100등분한 것
③ 1 BTU : 순수한 물 1Lb(파운드)를 화씨 1℉ 상승시키는데 필요한 열량
 ※ 1 Therm(썸) = 10^5 BTU
④ 1 CHU : 순수한 물 1Lb(파운드)를 섭씨 1℃ 상승시키는데 필요한 열량
⑤ 열량 단위의 크기 비교
 4.186kJ(약 4.2kJ)=1kcal=3.968BTU

> **참고사항**
> ◆ 참고 : 섭씨온도 눈금 1℃의 간격은 화씨온도 눈금 1.8℉에 해당한다. 물의 어는점과 끓는점 사이를 각각 100등분, 180등분했으므로 그만큼 화씨눈금 간격은 촘촘하다. 또 1kg은 2.20459 Lb에 해당한다. 따라서 계산하면
> 1 kcal (물 1kg, 섭씨온도 1℃ 구간)
> = 2.20459 Lb×1.8℉ ≒ 3.968 BTU
> 같은 방법으로 1 kcal ≒ 2.205 CHU
> 또 [kcal]를 [kJ]로 고치면 먼저 1 [kcal]의 열량은 427 [kgf·m]의 일량에 해당한다. 427 [kgf]의 중량은 427× 9.8 ≒ 4184.6 [N]에 해당하고, 따라서 1 [kcal] = 4184.6 [N·m]이므로 4184.6 [J]이다.
> (※ 1 [N·m] = 1 [J])
> ∴ 4184.6 [J] = 4.1846 [kJ]

(4) 열역학 법칙

① 열역학 0법칙(열평형의 법칙) : 서로 온도가 다른 두 물체를 접촉하면 고온의 물체에서 저온의 물체로 열이 이동하며 온도가 같아지면 더 이상 열이 이동하지 않는데 이것을 "열평형상태"라고 한다.(※ 온도계 측정원리)
② 열역학 1법칙(에너지보존의 법칙) : 일과 열은 서로 같은 에너지이다.
 ㉠ 일과 열은 서로 전환이 가능하며, 1 [kcal]의 열량은 427 [kgf·m]의 일량에 해당한다. (주울의 실험결과)
 ㉡ 에너지는 형태만 변하며 더 이상 창조되거나 소멸되지 않는다.
 ㉢ 에너지창조형 기관은 만들어질 수 없으므로 "제1종 영구기관 제작불가의 법칙"이라고도 한다.

> ※ 일의 열당량(A) = 1/427 kcal/kgf·m
> 열의 일당량(J) = 427 kgf·m/kcal

> ※ 일의 단위 [J](주울)과 열의 일당량 J(제이)는 기호는 같으나 읽는 것이 다르다. 일의 단위는 "주울"로 읽고 열의 일당량은 영어 철자대로 "제이"라고 읽는다.

③ 열역학 2법칙(비가역성의 법칙) :
 ㉠ 일은 열로 쉽게 전환이 되지만, 열은 쉽게 일로 전환이 되지 않는다.
 ㉡ 저온에서 고온으로 열량을 이동시키려면 외부의 동력이 필요하다.
 ㉢ 에너지의 흐름방향을 정의한 것으로 기관은 일을 하면서 발생한 열을 회수하여 다시 100% 일을 할 수 없다. 따라서, 열을 100% 일로 전환할 수 있는 기관은 만들어질 수 없으므로 "제2종 영구기관 제작불가능의 법칙"이라고도 한다.
 ㉣ 열역학2법칙을 엔트로피증가의 법칙이라고도 한다.
② 열역학 3법칙 : 어떤 방법으로도 절대온도 0도에 도달할 수는 없다. (Nernst(네른스트)의 정의)

05 압력

(1) 압력
단위 면적당 누르는 중량(또는 힘)의 세기

(2) 압력을 구하는 방법
① 물체가 고체일 때 : 같은 힘(또는 중량)이라도 밑면적이 작을수록 압력이 증가한다.

압력(N/m²)=전체 힘(N)/밑면적(m²)

② 물체가 유체일 때 : 유체의 비중량은 종류마다 일정하므로 유체의 압력은 유체의 높이(깊이)에 비례한다.

압력(N/m²)=비중량(N/m³)×높이(m)

=밀도(kg/m³)×중력가속도(9.8m/s²)×높이(m)

※ 유체의 압력은 밀도×중력가속도×높이로 구한다.
※ 유체의 압력을 이용하여 높이를 구할 때
  높이 = 압력/(밀도×중력가속도)

(3) 압력단위의 모양

① "중량/면적"의 형태
   kgf/mm², kgf/cm², kgf/m², Lb/in²(=PSI)
② "힘/면적"의 형태
   N/m²(=Pa)
③ "액체의 높이(액주)" : 수은주-mmHg, cmHg, inHg
                    수주- mmH₂O(=mmAq),
                    mH₂O(=mAq)

(4) 토리첼리 실험 (대기압 측정)

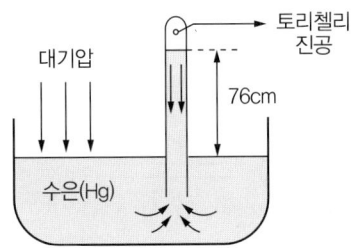

① 유리관 속의 수은이 내려오려는 압력과 외부의 공기 대기압이 같으므로 평형상태를 이룬다.
② 유체의 압력은 비중량×높이(또는 밀도×중력가속도×높이)로 구한다.
   수은의 비중량은 13.5954 gf/cm³이므로
   대기압 =13.5954 gf/cm³ ×76 cm
        =1033.25 gf/cm² =1.0332 kgf/cm²

(5) 표준대기압(atm)

위도 45°의 해수면에서 측정한 대기압으로 평균적으로 지구의 공기가 지표면을 누르는 압력이다. 토리첼리 실험에 의해 수은 높이로 760mmHg(=76cmHg=30inHg)에 해당하는 것이 측정되었으며 mmHg를 간혹 Torr(토르)라고 읽기도 한다. 수은주 높이 760mmHg는 약 1.0332 [kgf/cm²]의 압력에 해당한다.

① 대기압은 위도, 계절, 시간 등에 따라 다르다.

1atm = 1.0332 [kgf/cm²] =10332 [kgf/m²]
     = 14.7 [PSI] ⇨ 중력계
     = 10332 [mmH₂O] = 10.332 [mH₂O]
     = 760[mmHg]=76[cmHg]=30[inHg] ⇨ 액주
     = 101325 [Pa](= N/m²) = 1.01325 [bar]
       ⇨ 절대계

(6) 공학기압(at)

1기압을 1kgf/cm²으로 간주하여 편리하게 한 것이다. 표준대기압과 구분하여 at 또는 ata로 표시한다.

※ 1at = 1 [kgf/cm²] =10000 [kgf/m²] = 14.2 [PSI] ⇨ 중력계
      = 10000 [mmH₂O] = 10 [mH₂O] = 735.56[mmHg] ⇨ 액주
      = 98066.5 [Pa](=N/m²) = 0.98 [bar] ⇨ 절대계

(7) 압력 단위의 해석과 크기의 환산

① 압력단위는 "♣ 중량(=힘)/면적"의 형태이며, 이는 해당하는 면적당 각각 ♣의 중량(=힘)으로 누르고 있다는 것을 말한다. 따라서 면적이 넓어지면 전체 누르는 중량도 증가한다.

② 압력단위 환산

㉠ kgf/cm² ⇔ kgf/m² : 1cm²당 중량을 1m²당 중량으로 환산할 때 면적이 10000배로 증가(100cm×100cm = 10000cm²)하므로 전체 누르는 중량도 10000배로 증가한다. 따라서 1 kgf/cm² = 10000 kgf/m²

㉡ kgf/cm² ⇔ Lb/in² : kgf/cm²을 kgf/in²으로 고친 다음 Lb/in²로 고친다. 1cm²당 kgf을 in²당 kgf으로 고치면 면적이 2.54²배로 증가(2.54cm×2.54cm=1in²)하므로 전체 누르는 중량은 2.54²배 증가한다. 또, 1kgf은 2.20459Lb이므로 전체 중량은 2.54²×2.20459 Lb에 해당한다. 따라서
1kgf/cm² = 2.54²×2.20459 Lb/in²≒ 14.2 PSI

※ Lb/in² : Pounds per Square Inch (파운드 퍼어 스퀘어인치 = 제곱인치당 파운드)의 약자로서 PSI라고도 한다.

㉢ kgf/m² ⇔ N/m² : 같은 면적이므로 kgf 중량을 힘

의 단위 N로 환산하면 된다.
따라서, 중량 1kgf = 9.80665 N 이므로
1kgf/m² = 9.80665 N/m² 이다.
또 N/m²를 Pa(파스칼)이라고도 한다.

㉣ 1bar(바아)= 10^5Pa = 1000mbar(밀리바아)
1hPa(헥토파스칼) = 100Pa
1mbar=100Pa이므로, 1hPa=1mbar
※ mbar와 hPa은 크기가 같은 압력단위이다.

㉤ mmHg ⇔ kgf/cm² ⇔ mmH₂O : 토리첼리의 실험에서 사용된 수은 대신에 만약 물로 실험을 했다면, 상승하는 물의 높이(수주)는, 『유체의 압력=비중량×높이』이므로(* 물의 비중량은 1gf/cm³)
1.0332kgf/cm² =1033.2gf/cm² =1gf/cm³·x
따라서, 이항정리하면
수주(cmH₂O) =1033.2 / 1
=1033.2 cm = 10332 mm
760mmHg = 1.0332kgf/cm² = 10332mmH₂O
735mmHg = 1.0kgf/cm² =10000mmH₂O

(8) 절대압, 게이지압, 대기압, 진공압, 진공도

① 절대압 : 완전진공을 0으로 하여 측정한 압력
압력단위 뒤에 a 또는 abs를 붙인다.
*abs=absolute (절대적인)의 약자
㉠ 압력이 대기압보다 높을 때 (정압)
절대압력 = 대기압 + 게이지압
㉡ 압력이 대기압보다 낮을 때 (부압)
절대압력 = 대기압 - 진공압

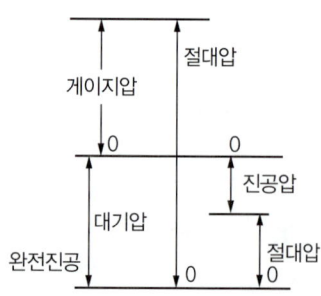

② 게이지압 : 대기압을 0으로 하여 측정한 압력
게이지압력 = 절대압-대기압
압력단위 뒤에 g를 붙인다. * g=gauge(게이지)의 약자
③ 대기압 : 기압계로 측정한 공기의 압력

④ 진공압 : 진공계로 측정한 압력으로 대기압 상태에서 압력을 제거한 정도를 진공압이라 한다.
압력단위 뒤에 v 또는 vac를 붙인다.
* vac=vacuum (배큠)의 약자

> **예** 0 kgf/cm²g = 1.0332 kgf/cm²a = 0 kgf/cm²v

⑤ 진공도 : 진공이 이루어진 정도
진공도 = $\dfrac{진공압}{대기압} \times 100(\%)$

06 증기의 성질

(1) 현열과 잠열

① 현열 : 물질의 상태는 변하지 않고 온도변화에만 소요되는 열량
② 잠열 : 물질의 온도는 변하지 않고 상태변화만 일으키는데 소요되는 열량
㉠ 물질의 3상태

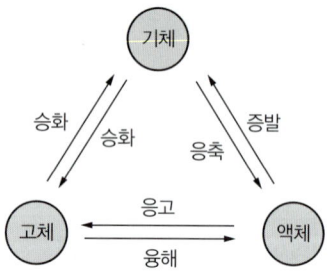

㉡ 얼음의 융해잠열(=물의 응고잠열) : 79.68kcal/kg(=334kJ/kg)
㉢ 물의 증발잠열(=증기의 응축잠열) : 539kcal/kg(=2257kJ/kg)
(1기압일 경우)

(2) 용어설명

① 포화수 : 끓기 시작한 물, 건조도 x = 0
② 포화점(=포화온도, 끓는점, 비등점)
㉠ 포화수의 온도, 즉 끓기 시작한 온도
㉡ 증기압과 외부압력이 같아지는 지점의 온도
ⓐ 증기압 : 액체 내부의 분자가 액체의 표면장력을 뚫고 외부로 튀어나가려는 압력

※ 증기압 : 액체 내부의 분자가 액체의 표면장력을 뚫고 외부로 튀어 나가려는 압력

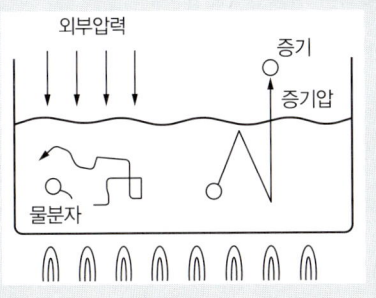

③ 습포화증기 : 증발잠열을 x%만큼 흡수하여 발생한 증기
  ㉠ 엔탈피 : 포화수＜습포화증기＜건포화증기
  ㉡ 온도 : 포화수 = 습포화증기 = 건포화증기
  ㉢ 건조도 : 포화수＜습포화증기＜건포화증기

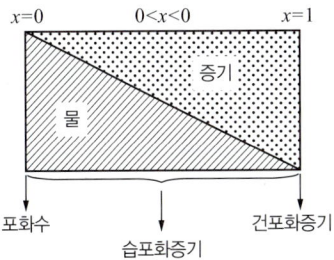

※ 건조도가 높을수록 좋은 증기
④ 건포화증기(=포화증기) : 증발잠열을 100% 흡수한 상태의 증기
⑤ 과열증기
  ㉠ 포화증기보다 온도가 더 올라간 상태의 증기
  ㉡ 과열도 = 과열증기와 포화증기의 온도차
         = 과열증기 온도 - 포화증기 온도

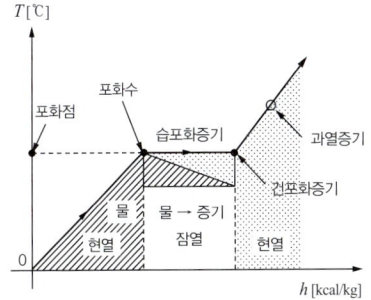

[물의 가열]

참고사항

◆ 물이 끓기 시작하면 100% 모두 증발할때까지 온도가 상승하지 않고 일정하게 유지된다.

◆ 물이 끓는 현상은 다음과 같다. 물분자는 열을 흡수하면 움직임이 활발해져 물분자의 표면장력을 뚫고 밖으로 튀어나가려고 한다. 밖으로 튀어나가는 분자를 증기라 하며 그 세기를 증기압이라 한다. 증기압이 외부의 압력보다 높을 때 물분자가 튀어나갈 수 있다. 액체분자가 표면 밖으로 튀어나가려는 세기를 증기압이라 하며 외부압력보다 증기압이 클 경우 증기로서 나갈 수 있게 된다. 이러한 현상이 액체 전체적으로 격렬하게 일어나는 현상을 비등(끓음)이라 하며 이 온도를 비등점(포화점,끓는점)이라 한다. 외부의 압력이 증가할수록 비등현상이 일어나는 온도는 높아진다. 증기압은 물의 온도가 높을수록 증가하며, 일반적으로 외부압력 1기압에서는 100℃에서 물이 끓게 된다.
저온에서 증발할 때는 열량이 많이 필요하고(증발잠열이 크다), 고온에서 증발할 경우는 증발잠열이 감소하게 된다. 외부압력을 계속 높이면서 가열하면 증발잠열이 전혀 소요되지 않고 끓자마자 곧 바로 액체전체가 증기가 되는 현상이 일어나며, 이 상태를 임계상태(한계에 다다른 상태)라고 한다. 이 상태의 압력을 임계압력, 온도를 임계온도(임계점)라고 하며, 임계점 이상의 온도에서는 액체는 존재하지 않고 기체만 존재하게 된다.

(3) 증기압력이 높아지면?

① 포화온도가 상승한다.
② 포화수 엔탈피가 증가한다.
③ 증기 엔탈피(全熱量)가 증가한다.
④ 증발잠열이 감소한다.
⑤ 포화증기의 비중이 증가한다(증기가 높은 압력에 눌리므로).
⑥ 포화증기와 포화수의 비중차가 작아진다.
※ 증기는 압력이 증가할수록 비중량이 증가하므로 물(포화수)과 비중차이가 줄어들게 된다. 따라서 물속에서 발생한 증기가 물표면으로 올라오는 순환작용(=보일러수 순환)이 둔해지므로 결국 순환장해로 인한 과열사고를 유발하게 된다. 그러므로 고압보일러에서는 강제순환식을 채택하게 된다.
※ 밀폐된 용기내에서 처음에 발생한 증기는 계속 물의 표면을 누르는 외압으로 작용하게 된다.

(4) 임계상태

① 가열하면 증발현상이 없이 곧바로 액체에서 기체로 변하는 상태
② 포화수와 포화증기의 비중이 같다. (포화수와 포화증기의 비체적이 같다)

③ 증발잠열은 0 kJ/kg
④ 임계상태의 온도를 임계점, 압력을 임계압력.
⑤ 임계온도가 높을수록, 임계압력이 낮을수록 액화가 용이하다.
⑥ 임계점 이상에서는 액체는 존재하지 않는다.
   임계점(온도) 이상에서는 아무리 압력을 가해도 액화하지 않는다.
⑦ 초임계압하에서 증기발생 : 관류보일러
⑧ 물의 임계점은 다음과 같다.
   임계압력 22.1MPa, 임계온도 374.15℃(=647.15K)

07 밀도, 비중량, 비체적, 비중

(1) 밀도(ρ)
주로 절대계에서 사용하는 개념
단위 부피당 질량

$$밀도 = \frac{질량}{부피} = \frac{비중량}{중력가속도}$$

$[kg/m^3]$ $[kgf \cdot s^2/m^4]$
⇩ ⇩
절대계 중력계

(2) 비중량(γ)
주로 중력계에서 사용하는 개념
단위 부피당 중량

$$비중량 = \frac{중량}{부피} = 밀도 \times 중력가속도$$

$[kgf/m^3]$ $[kg/m^2 \cdot s^2] = N/m^3$
⇩ ⇩
중력계 절대계

(3) 비체적(v)
절대계, 중력계 모두 사용하는 개념
단위 질량당 부피, 또는 단위 중량당 부피

① 비체적$[m^3/kg] = \frac{부피}{질량} = \frac{1}{밀도(\rho)}$ ⇨ 절대계

② 비체적$[m^3/kgf] = \frac{부피}{질량} = \frac{1}{비중량(\gamma)}$ ⇨ 중력계

(4) 비중(s)
어떤 물질의 밀도를 기준이 되는 물질(물 또는 표준상태의 공기)의 밀도와 비교해보는 것으로 단위가 없음.

① 고체·액체의 경우 : 어떤 물질의 밀도와 4℃ 물의 밀도 (1kg/L)와 비교한다.

$$(액)비중 = \frac{어떤 물질의 밀도}{4℃ 물의 밀도}$$

  어떤 액체의 비중이 0.9일 때 밀도는?
물의 밀도의 0.9배이므로 1×0.9=0.9[kg/L]

② 기체의 경우 : 공기 밀도(표준상태에서 1.293kg/m³)와 비교한다.

$$(기체)비중 = \frac{기체의 밀도}{공기의 밀도}$$

또는, $(기체)비중 = \frac{M(기체의 분자량)}{29}$

* 여기에서, 29 : 공기분자량[g/mol]

모든 기체는 표준상태에서 22.4 [ℓ]의 질량이 분자량 [g]에 해당한다.

08 기체상수와 이상기체상태방정식

기체는 액체, 고체에 비해 훨씬 작은 밀도를 가지며 유동성이 크고, 가능한 한 넓은 공간으로 확대하려는 성질이 있다. 기체분자는 기체 전체 부피에 비하여 작고, 분자간의 인력은 운동에너지에 비해 작은데 기체분자의 부피와 분자간의 인력을 무시할 수 있는 경우, 이것을 완전가스(또는 이상기체)라고 한다.

(1) 이상기체의 조건
① 분자는 완전탄성체일 것
② 분자 자신이 차지하는 체적은 무시
③ 분자간의 인력은 무시
④ 주울의 법칙을 만족할 것
⑤ 보일-샤를의 법칙을 만족할 것
⑥ 돌턴의 분압법칙을 만족할 것
⑦ 일반 기체는 온도가 높고 압력이 낮을수록 완전가스에 가까워진다.

(2) 보일의 법칙

온도가 일정한 상태에서는 기체의 비체적은 압력에 반비례한다.

$P_1 \cdot v_1 = P_2 \cdot v_2$

$P \cdot v = C$ (단, T는 일정)

P : 압력
v : 비체적
T : 절대온도

*C : Constant(일정)의 약자

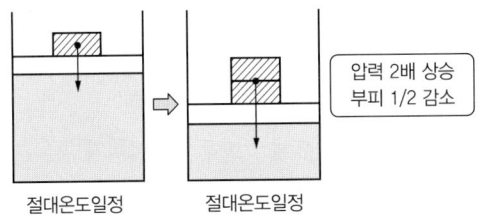

(3) 샤를의 법칙

압력이 일정할 때 이상기체의 비체적은 절대온도에 비례한다. 또 비체적이 일정할 때 이상기체의 압력은 절대온도에 비례한다.

$\dfrac{v_1}{T_1} = \dfrac{v_2}{T_2} = \dfrac{v}{T} = C$ (단, P는 일정) *C : Constant(일정)의 약자

$\dfrac{P_1}{T_1} = \dfrac{P_2}{T_2} = \dfrac{P}{T} = C$ (단, v는 일정) *C : Constant(일정)의 약자

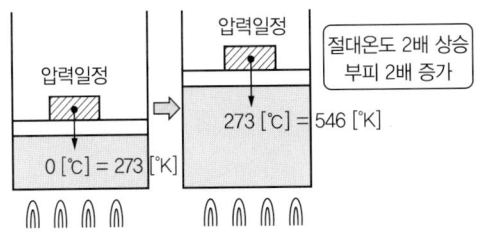

(4) 보일-샤를의 법칙

기체의 비체적은 절대온도에 비례하고 압력에 반비례한다.

$\dfrac{P_1 \cdot v_1}{T_1} = \dfrac{P_2 \cdot v_2}{T_2} = \dfrac{P \cdot v}{T} = C$ *C : Constant(일정)

(5) 아보가드로 법칙

모든 기체 1kmol은 표준상태(0℃, 1atm)에서 22.4m³의 체적을 가진다. 즉, 모든 기체는 온도와 압력이 같은 상태 하에서 같은 체적 속에 같은 수의 분자를 포함하고 있다.

(6) 이상기체 상태방정식

보일-샤를 법칙과 아보가드로 법칙으로 유도한다.

① 일반 기체상수(R_u)

모든 기체는 1atm, 0℃에서 1kmol의 체적이 22.4m³ (=22.4ℓ/mol)이므로 이를 대입 정리한 것을 일반기체상수(R_u)라 한다. 일반 기체상수(R_u)는 압력, 비체적의 단위에 따라 다르다.

$\dfrac{P \cdot v}{T} = C$(일정)이므로 상수 R_u로 표현하면

$\dfrac{P \cdot v}{T} = R_u$

$P \cdot v = R_u \cdot T$

윗식에 아보가드로법칙(표준상태)을 대입하면,

㉠ 압력 $P = 1.0332 \times 10^4$ [kgf/m²]

  비체적 = [22.4m³/kmol]

  절대온도 $T = 273$ [K]일 때

  $R_u = \dfrac{P \cdot v}{T} = \dfrac{1.0332 \times 10^4 \times 22.4}{273}$

  $\fallingdotseq 848$ [kgf·m/kmol K]

㉡ 압력 $P = 1$ [atm]

  비체적 $v = 22.4$ [ℓ/mol]   로 대입하면

  절대온도 $T = 273$ [K]

  $R_u = \dfrac{P \cdot v}{T} = \dfrac{1 \times 22.4}{273} \fallingdotseq 0.082$ [atm·ℓ/mol·K]

㉢ 이외의 일반기체상수 종류

  8314 [N·m/kmol·K] = 8.314 [J/mol·K]

  1.987 [kcal/kmol·K]

② 기체상수(R) : 일반기체상수(R_u)를 특정 기체의 분자량 (=1kmol당 질량, 또는 1mol당 질량)으로 나눈 것.

$R = \dfrac{R_u}{M}$ [M : 기체의 분자량]

공기 : 29.27 [kgf·m/kg·K] ⇨ 공기분자량 29이므로
   848/29 ≒ 29.27 [kgf·m/kg·K]

수증기 : 47.06 [kgf·m/kg·K] ⇨ 수증기분자량 18이므로 848/18 ≒ 47.06 [kgf·m/kg·K]

③ 이상기체 상태방정식

$P \cdot v = R_u \cdot T$ 에서

R_u를 구하는 과정에서 v는 [m³/kmol] 이므로
n kmol당 체적(V)을 기호로 바꾸어 대입하면

$P \cdot V = n \cdot R_u \cdot T$

또, n(kmol) $= \dfrac{G(\text{kg})}{M(\text{kg/kmol})}$ 이므로

$P \cdot V = \dfrac{G}{M} \cdot R_u \cdot T = G \cdot \dfrac{R_u}{M} \cdot T = G \cdot R \cdot T$

정리하면, 이상기체 상태방정식은
$P \cdot V = n \cdot R_u \cdot T$
$P \cdot V = G \cdot R \cdot T$

09 유량과 연속의 법칙, 베르누이 정리

(1) 유량
관내부를 흐르는 유체의 유량은 다음 식으로 구한다.

Q	=	A	·	V
유량	=	단면적	·	속도
m³/s	=	m²	·	m/s

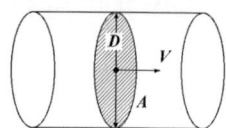

① 관은 단면적이 원형이므로, (원의 면적은 $\frac{\pi \cdot D^2}{4}$)

$Q = \frac{\pi \cdot D^2}{4} \cdot V$

위 식에서 관지름을 구하는 식은, (D^2이외의 항을 이항정리하고, √를 씌운다)

$D = \sqrt{\frac{4 \cdot Q}{\pi \cdot V}} \times 1000$ [mm]

② 단면이 장방형일 경우 단면적 (A) = 가로×세로

(2) 연속의 법칙
동일한 관을 흐르는 유체의 유량은 관경의 변화와 관계없이 일정하다.

Q_1	=	Q_2
$A_1 \cdot V_1$	=	$A_2 \cdot V_2$
① 유량	=	② 유량

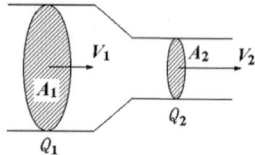

(3) 베르누이 정리
동일한 관을 흐르는 비압축성 유체가 갖는 에너지의 총합을 일정하다. 유체가 갖는 에너지의 형태는 ① 위치에너지, ② 속도에너지, ③ 압력에너지(유동에너지), ④ 열에너지 등이며, 외부와 열의 수수(授受, 주고 받음)가 없을 경우 ①+②+③의 총합은 항상 일정하다.

① 위치에너지(E_p) : 기준면으로부터의 높이를 말하며, 수평관일 경우 위치에너지 변화는 없다.

$E_p = G \cdot Z$ (kgf·m) ┌ G : 중량[kgf]
                            └ Z : 높이[m]

② 속도에너지(E_k) : 유체 속도에 의한 에너지

$E_k = \frac{G \cdot \omega^2}{2g}$ ┌ ω : 유체 속도[m/s]
                                      └ g : 중력가속도 9.8[m/s²]

③ 압력에너지(E_l) : 유체의 압력과 부피에 의해 갖는 에너지, 유동에너지라고도 한다.

$E_l = P \cdot V$ (체적=중량×비체적이므로)
$E_l = G \cdot P \cdot v$ (비체적=1/비중량이므로)
$E_l = G \cdot \frac{P}{\gamma}$ ┌ v : 비체적 [m³/kgf]
                                   └ γ : 비중량 [kgf/m³]

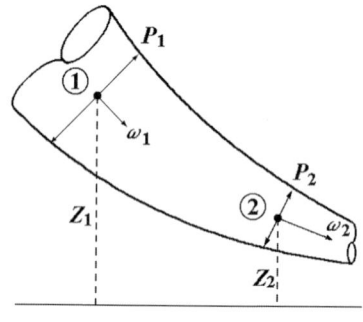

$Z_1 + \frac{\omega_1^2}{2 \cdot g} + \frac{P_1}{\gamma} = Z_2 + \frac{\omega_2^2}{2 \cdot g} + \frac{P_2}{\gamma}$

(4) 베르누이 정리의 응용
관내를 흐르는 유체는 교축부위(수평관, 위치에너지 일정)에서 연속의 법칙에 의해 유량은 일정하고 속도가 증가한다. 전체 에너지는 일정하므로 속도에너지가 증가한 만큼 압력에너지가 감소한다. 즉, 압력이 감소하며 이에 따른 팽창이 이루어지고 팽창 시 소요되는 엔탈피는 관의 외부에서 공급이 없을 경우 내부에너지를 소모하면서 팽창하므로 유체의 온도가 낮아진다.

10 열전달(전도, 대류, 복사)

열은 고온의 물체에서 저온의 물체로 이동하며, 서로 온도가 같아질 때까지 이동한다.
전도, 대류, 복사 3가지 형태로 전달된다.

(1) 전도
고체에서 고체로 열이 전달되는 현상
① 전도에 의한 전열량(Q)

$$Q = \lambda \cdot \frac{A}{d} \cdot (t_1 - t_2)$$

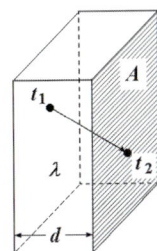

- Q : 전달열량 [kJ/h, 또는 kW]
- λ : 열전도율 [kJ/mh℃, 또는 kW/m℃]
- A : 면적 [m²]
- d : 고체의 두께 [m]
- t_1 : 고온
- t_2 : 저온

② 열전도율 : 고체 물질이 열을 전달하는 정도
  단위는 [kJ/mh℃, 또는 kW/m℃]
③ 퓨리에의 열전도 법칙 : 고온체의 열이 고체의 벽을 통해 저온체로 이동하는 현상에 대한 법칙으로 전도에 의한 전열량은 면적, 온도차, 시간에 비례하고, 두 면 사이의 거리에 반비례한다.

(2) 대류
유체의 대류현상에 의해 열이 전달되는 현상
① 대류에 의한 전열량(Q)

$$Q = \alpha \cdot A \cdot (t_1 - t_2)$$

- Q : 전달열량 [kJ/h, 또는 kW]
- α : 대류열전달율 [kJ/m²h℃, 또는 kW/m²℃]
- A : 면적 [m²]
- t_1 : 고온
- t_2 : 저온

② 대류열전달율 : 유체가 열을 전달하는 정도
  단위는 [kJ/m²h℃, 또는 kW/m²℃]
③ 뉴톤의 냉각법칙 : 고체벽이 온도가 다른 유체와 접촉하고 있을 때 유체의 유동이 생기면서 열이 이동하는 현상
④ 자연대류와 강제대류 : 유체는 열을 받으면 밀도가 작아져 부력이 생겨 상승하며 스스로 대류현상을 일으키게 된다. 이러한 현상을 자연대류라 하며, 송풍기나 배풍기 등으로 대류를 촉진시키는 것을 강제대류라 한다. 강제대류는 자연대류보다 열전달효과 크다.
⑤ 열전달 : 고온의 고체에 접촉한 유체에 열이 이동하는 것을 "열전달"이라고 한다. 마찬가지로 고온의 유체에 접촉한 고체벽에 열이 이동하는 것을 "열전달"이라고 한다.
  ㉠ 열전달율은 접촉면적이 넓을수록 커진다.
  ㉡ 열전달율은 접촉표면이 거칠수록 커진다.
  ㉢ 열전달율은 유체흐름이 빠를수록 커진다.
  ㉣ 열전달율은 유체흐름이 난류일 때 커진다.
※ 전도, 대류 등에 의해 전달되는 열량의 응용계산은 제4장/열효율 및 열정산, 제7장/난방설비 참조

(3) 복사
중간에 열을 전달하는 매개체가 없이 곧바로 빛의 형태로 열이 전달되는 경우
① $Q_r = \varepsilon \sigma A (T_1^4 - T_2^4)$

- ε : 슈테판·볼츠만 상수(5.67×10^{-8}W/m²K⁴)
- A : 복사 표면적(m²)
- T_1 : 복사하는 물체의 절대온도(K)
- T_2 : 복사받는 물체의 절대온도(K)

② 입사에너지를 모두 흡수하는 물체를 완전흑체, 반대로 모두 반사하는 물체를 완전백체라 한다. 지구상에서 완전흑체나 완전백체는 발견하지 못하였다.

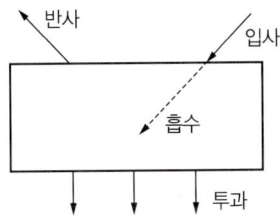

③ 복사열전달율(α_r)
  보일러의 과열기, 절탄기, 공기예열기 등의 전열면 연소가스가 흐를 때와 같이 연소가스의 두께가 작아지면 전열량의 계산에는 방사와 열전달을 동시에 고려해야 한다. 이때, 다음과 같은 식이 성립한다.

  복사에 의한 전열량 = 자연대류에 의한 전열량
  $Q_r = Q_c$

  또, 자연대류에 의한 전열량(Q_c)는
  $Q_c = \alpha_r \cdot A \cdot (t_1 - t_2)$ 이므로
  $\varepsilon \cdot \sigma \cdot A \cdot (T_1^4 - T_2^4) = \alpha_r \cdot A \cdot (t_1 - t_2)$

정리하면, 복사열전달율(α_r)은

$$\alpha_r = \frac{\varepsilon \cdot \sigma \cdot (T_1^4 - T_2^4)}{(t_1 - t_2)}$$

④ 스테판·볼쯔만 법칙 : 완전흑체에서의 복사열전달열은 절대온도의 4승차에 비례한다.

(4) 열통과(=열관류)

전도, 대류 등이 반복되면서 열이 통과하는 것.

① 열통과에 의한 전열량(Q)

$$Q = K \cdot A \cdot (t_1 - t_2)$$

- Q : 전달열량(kJ/h)
- K : 열통과율(kJ/m²h℃)
- A : 면적(m²)
- t_1 : 고온
- t_2 : 저온

② 열통과율(=열관류율 K) : 1/열저항계수
  단위는 [kJ/m²h℃]

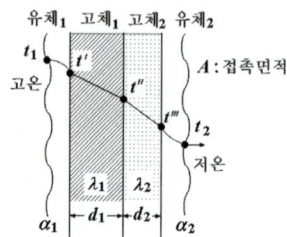

㉠ $K = \dfrac{1}{R} = \dfrac{1}{\dfrac{1}{\alpha_1} + \dfrac{d_1}{\lambda_1} + \dfrac{d_2}{\lambda_2} + \dfrac{1}{\alpha_2}}$

㉡ 접촉면의 온도

$$t' = t_1 - \frac{\left(\dfrac{1}{\alpha_1}\right)}{\left(\dfrac{1}{\alpha_1} + \dfrac{d_1}{\lambda_1} + \dfrac{d_2}{\lambda_2} + \dfrac{1}{\alpha_2}\right)} \times (t_1 - t_2)$$

$$t'' = t_1 - \frac{\left(\dfrac{1}{\alpha_1} + \dfrac{d_1}{\lambda_1}\right)}{\left(\dfrac{1}{\alpha_1} + \dfrac{d_1}{\lambda_1} + \dfrac{d_2}{\lambda_2} + \dfrac{1}{\alpha_2}\right)} \times (t_1 - t_2)$$

$$t''' = t_1 - \frac{\left(\dfrac{1}{\alpha_1} + \dfrac{d_1}{\lambda_1} + \dfrac{d_2}{\lambda_2}\right)}{\left(\dfrac{1}{\alpha_1} + \dfrac{d_1}{\lambda_1} + \dfrac{d_2}{\lambda_2} + \dfrac{1}{\alpha_2}\right)} \times (t_1 - t_2)$$

11 단위와 차원

(1) 단위

물리적 계산을 위해 미리 정해놓은 것
기본단위 7개를 중심으로 유도단위를 만듦

(2) 차원

기본단위를 조합하여 유도단위를 만들어내듯이 기본단위의 개념을 약자로서 표현하여 간단하게 한 것.

① 절대계(MLT계) :
  ㉠ 질량(Mass) : M으로 표현
  ㉡ 길이(Length) : L로 표현
  ㉢ 시간(Time) : T로 표현

> **예** 힘 = 질량×가속도
> [단위] kg·m/s² ⇨ [N](뉴우튼)
> [차원] $M \cdot L \cdot T^{-2}$

> **예** 압력 = 힘 / 면적
> [단위] N/m² ⇨ 단위를 다시 정리하면
> $= \dfrac{\left(\dfrac{kg \cdot m}{s^2}\right)}{\left(\dfrac{m^2}{1}\right)} = kg/m \cdot s^2$
> [차원] $M \cdot L^{-1} \cdot T^{-2}$

② 중력계(FLT계) :
  ㉠ 중량(힘, Forces) : F로 표현
  ㉡ 길이(Length) : L로 표현
  ㉢ 시간(Time) : T로 표현

> **예** 밀도 = 비중량 / 중력가속도
> [단위] $= \dfrac{\left(\dfrac{kgf}{m^3}\right)}{\left(\dfrac{m}{s^2}\right)} = kgf \cdot s^2/m^4$
> [차원] $F \cdot L^{-4} \cdot T^2$

> **예** 압력 = 중량 / 면적
> [단위] kgf/m²
> [차원] $F \cdot L^{-2}$

01 열 및 증기 예상문제

박쌤이 콕! 찝어주는 주요 예상문제 풀어보기!

기본단위

01 다음 중 물리량의 측정 기본단위 기호가 잘못 된 것은?
[07/1]

① 광도 : cd
② 온도 : T
③ 질량 : kg
④ 전류 : A

★ 물리량의 크기나 양을 나타내기 위해 미리 정하는 것을 단위라 하며, 이 가운데 가장 기본이 되는 것을 기본단위라 한다. 중력계와 질량계가 있으며 각각 7가지가 있다. 다음은 각 기본단위이다.

중력계	질량계
길이 m	길이 m
중량 kgf	질량 kg
시간 sec	시간 sec
온도 K(캘빈)	온도 K(캘빈)
광도 cd(칸델라)	광도 cd(칸델라)
전류 A(암페어)	전류 A(암페어)
물질량 mol(몰)	물질량 mol(몰)

압력

압력 : 단위면적당 누르는 힘(또는 중량)의 세기
 중량/면적, 힘/면적, 액체의 높이(액주)로 나타냄
① 대기압 : 공기가 지구표면을 누르는 힘.
 약 $1.0332 kgf/cm^2$ = 760mmHg
② 게이지압 : 대기압을 0으로 기준하여 측정한 압력
③ 절대압 : 완전진공을 0으로 하여 측정한 압력
 절대압=대기압+게이지압 ⇨ 대기압보다 높은 경우
 절대압=대기압-진공압 ⇨ 대기압보다 낮은 경우

01 압력에 대한 설명으로 옳은 것은?
[16/2][10/5][07/1]

① 단위 면적당 작용하는 힘이다.
② 단위 부피당 작용하는 힘이다.
③ 물체의 무게를 비중량으로 나눈 값이다.
④ 물체의 무게에 비중량을 곱한 값이다.

★ 압력=힘/면적 또는 중량/면적 으로서 단면적당 작용하는 힘(또는 중량)의 세기를 말한다.

02 다음 중 압력의 단위가 아닌 것은?
[15/2]

① mmHg
② bar
③ N/m^2
④ $kg \cdot m^3$

★ 압력의 개념은 단위면적당 힘(또는 중량)으로, 단위 모양은 힘/면적, 중량/면적, 액주(액체의 높이) 형식이 있다.
 ① 수은주 ② $10^5 Pa(=N/m^2)$ ③ 힘/면적의 형태
 보기 ④는 전혀 해당이 없는 단위임.

03 게이지 압력이 1.57MPa 이고 대기압이 0.103MPa 일 때 절대압력은 몇 MPa 인가?
[08/2] [15/1]

① 1.467
② 1.673
③ 1.783
④ 2.008

★ 절대압 = 대기압+게이지압에서
 절대압 = 0.103+1.57=1.673MPa

정답 01 ② 01 ① 02 ④ 03 ②

04 대기 압력을 구하는 옳은 식은?
[07/5]

① 절대 압력 + 게이지 압력
② 게이지 압력 - 절대압력
③ 절대 압력 - 게이지 압력
④ 진공도 × 대기압력

* 절대압력 = 게이지압 + 대기압에서
  대기압 = 절대압 - 게이지압

05 측정 장소의 대기 압력을 구하는 식으로 옳은 것은?
[13/4]

① 절대 압력 + 게이지 압력
② 게이지 압력 - 절대 압력
③ 절대 압력 - 게이지 압력
④ 진공도 × 대기 압력

* 절대압 = 대기압 + 게이지압 에서
  대기압 = 절대압 - 게이지압

 온도

온도 : 분자운동 에너지의 세기. 차다 뜨겁다 하는 정도
① 섭씨 : 물이 어는 점 0, 끓는 점 100. 그 사이를 100등분
② 화씨 : 물이 어는 점 32, 끓는 점 212. 그 사이를 180등분
③ 켈빈 : 분자운동에너지가 0이 되는 점을 기준.
   -273℃ 지점을 0으로 해서 섭씨 온도눈금 사용
④ 랭킨 : 켈빈과 같이 분자운동에너지가 0이 되는 점 기준
   -460℉ 지점을 0으로 해서 화씨 온도눈금을 사용

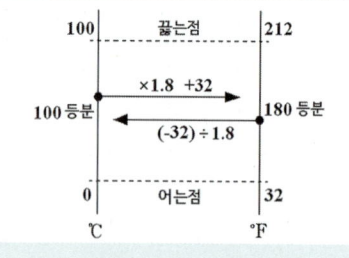

온도환산 : 섭씨 ⇔ 화씨, 섭씨 ⇔ 켈빈, 켈빈 ⇔ 랭킨
① 섭씨×1.8+32=화씨   (화씨-32)/1.8=섭씨
② 켈빈=섭씨 + 273   섭씨=켈빈-273
③ 켈빈×1.8=랭킨

01 섭씨온도(℃), 화씨온도(℉), 캘빈온도(K), 랭킨온도(R)와의 관계식으로 옳은 것은?
[12/5]

① ℃ = 1.8×(℉-32)   ② ℉ = $\frac{℃ + 32}{1.8}$

③ K = $\frac{5}{9}$×°R   ④ °R = K × $\frac{5}{9}$

* 섭씨와 화씨는 물의 어는점과 끓는점을 기준으로 100등분, 180등분 했으므로 다음 식에 의하여 구한다.
  $\frac{℃}{100}$ = $\frac{℉-32}{180}$ 왼쪽의 식을 이항정리하여 구함.

① c = (℉-32) × $\frac{100}{180}$ = $\frac{5}{9}$ × (℉-32) 또는 $\frac{(℉-32)}{1.8}$

② ℉ = $\frac{180}{100}$ × ℃ + 32 = $\frac{9}{5}$ × ℃ + 32 또는 1.8×℃+32

③ K = ℃ + 273 = $\frac{R}{1.8}$ 또는 R × $\frac{5}{9}$

④ R = ℉ + 460 = K × 1.8 또는 K × $\frac{9}{5}$

02 화씨온도 5℉를 섭씨온도와 절대온도로 환산하면?
[07/2]

① -15℃, 258K   ② 30℃, 303K
③ 41℃, 324K   ④ 185.8℃, 459.8K

* 화씨온도와 섭씨온도는 다음 관계가 있다.
  $\frac{℃}{100}$ = $\frac{(℉-32)}{180}$ (이항정리하여 서로 환산한다)
  · 섭씨(℃) : 물이 어는 점을 0, 끓는 점을 100, 그 사이를 100등분
  · 화씨(℉) : 물이 어는 점을 32, 끓는 점을 212, 그 사이를 180등분

① 화씨온도를 섭씨로 환산 : ℃ = (℉-32)×$\frac{5}{9}$
  ℃ = (5-32)×$\frac{5}{9}$ = -15℃
② 섭씨를 캘빈온도(절대온도)로 환산 : K = ℃+273
  K = -15 + 273 = 258K

03 절대온도 360K를 섭씨온도로 환산하면 약 몇 ℃ 인가?
[14/1]

① 97℃   ② 87℃
③ 67℃   ④ 57℃

* 캘빈온도=섭씨온도+273 이므로
  섭씨온도=캘빈온도-273=360-273=87℃

정답 04 ③ 05 ③ 01 ③ 02 ① 03 ②

04 절대온도 380 K를 섭씨온도를 환산하면 약 몇 ℃인가?
[13/2]

① 107℃ ② 380℃
③ 653℃ ④ 926℃

★ 절대온도 (캘빈온도) = ℃+273 이므로
  ℃=K - 273 = 380-273 = 107℃

05 표준대기압 하에서 물이 끓는 온도를 절대온도(K)로 바르게 나타낸 것은?
[08/4]

① 212K ② 273K
③ 373K ④ 671.67K

★ 100 + 273 = 373K
  캘빈절대온도는 섭씨온도에 273을 더하여 구함.

열량/비열

열량 : 물질의 온도를 변화시키는 요인. 현열과 잠열이 있음
① 열량=양×비열×온도차
② 비열 : 어떤 물질 1kg을 1℃ 변화시 필요한 열 물질마다 다름. 물의 비열 4.2kJ/kg℃로 가장 큼
③ 열용량=양×비열 어떤 물질을 1℃변화시 필요한 열 비열이 클수록, 양이 많을수록 열용량은 크다.
④ 열량의 종류 : 현열과 잠열
  현열 : 물질의 온도를 변화시키는데 필요한 열량
  잠열 : 물질의 상태를 변화시키는데 필요한 열량

01 어떤 물질의 단위질량(1kg)에서 온도를 1℃ 높이는 데 소요되는 열량을 무엇이라고 하는가?
[13/2]

① 열용량 ② 비열
③ 잠열 ④ 엔탈피

★ ① 열용량 : 어떤 물질 전체를 1℃ 높이는데 소요되는 열량으로 "양×비열"로 구함.
  ② 비열 : 어떤 물질 1kg을 1℃ 높이는데 소요되는 열량
  ③ 잠열 : 어떤 물질 1kg이 상태변화시 소요되는 열량
  ④ 엔탈피 : 어떤 물질 1kg이 지닌 열량

02 다음 중 비열에 대한 설명으로 옳은 것은?
[13/1]

① 비열은 물질 종류에 관계없이 1.4로 동일하다.
② 질량이 동일할 때 열용량이 크면 비열이 크다.
③ 공기의 비열이 물 보다 크다.
④ 기체의 비열비는 항상 1보다 작다.

★ 열용량 = 질량×비열 의 개념이므로
  질량이 동일하면 열용량이 클수록 비열이 크다.

03 다음 물질 중 비열이 가장 큰 것은?
[07/5]

① 동 ② 수은
③ 아연 ④ 물

★ 비열이 가장 큰 물질은 물로서, 4.2[kJ/kg℃]임. 다른 물질의 비열은 각각 구리 0.385 [kJ/kg℃], 수은 0.226[kJ/kg℃], 아연 0.383[kJ/kg℃]

04 열용량에 대한 설명으로 옳은 것은?
[14/2][08/5]

① 열용량의 단위는 kJ/g·℃이다.
② 어떤 물질 1g의 온도를 1℃올리는데 소요되는 열량이다.
③ 어떤 물질의 비열에 그 물질의 질량을 곱한 값이다.
④ 열용량은 물질의 질량에 관계없이 항상 일정하다.

★ 열용량은 '물질의 질량×비열'로서 어떤 물질 전체를 1℃ 높이는데 필요한 열량을 말한다. 단위는 [kJ/℃], [kJ/K] 이다. 열용량이 크면 열을 저장할 수 있는 능력이 크다는 것을 의미

05 대기압 하에서 1kg의 열용량이 가장 큰 것은?
[10/2]

① 물 ② 포화증기
③ 과열증기 ④ 공기

★ 열용량=양×비열 이므로, 양이 1kg으로 일정하다면 비열이 큰 물질이 열용량이 크다. 물의 비열이 4.2[kJ/kg℃]으로 가장 크므로 물의 열용량이 가장 크다.

정답 04 ① 05 ③ 01 ② 02 ② 03 ④ 04 ③ 05 ①

06 상태변화 없이 물체의 온도 변화에만 소요되는 열량은?
[16/2][10/1]

① 고체열　　　　　② 현열
③ 액체열　　　　　④ 잠열

> ★ 현열 : 상태변화 없이 온도변화에 사용됨.
> 　잠열 : 상태변화에 사용됨. 온도변화는 없다.

07 물질의 온도 변화에 소요되는 열 즉 물질의 온도를 상승시키는 에너지로 사용되는 열은 무엇인가?
[14/4]

① 잠열　　　　　② 증발열
③ 융해열　　　　④ 현열

> ★ ① 현열(감열) : 물질의 온도변화에 사용되는 열
> 　② 잠열(숨은열) : 물질의 상태변화에 사용되는 열
> 　상태변화에 따라, 증발열, 응축열, 응고열, 융해열, 승화열이 있음.

08 어떤 물체에 열을 가하면 물질의 상태 변화는 없고 온도 변화에 필요한 열량은?
[07/4]

① 현열　　　　　② 증발열
③ 융해열　　　　④ 응고열

> ★ 열의 성질에 따라,
> 　① 현열 : 물질의 상태변화는 없고 온도변화에 소요되는 열
> 　② 잠열 : 물질의 온도변화는 없고 상태변화에 소요되는 열

09 물체의 온도를 변화시키지 않고, 상(相) 변화를 일으키는 데만 사용되는 열량은?
[15/2]

① 감열　　　　　② 비열
③ 현열　　　　　④ 잠열

> ★ 열의 성질에 따라 두 가지로 구분하면,
> 　① 현열 : 온도변화에 이용된 열량, 상태변화 없음
> 　② 잠열 : 상태변화에 이용된 열량, 온도변화 없음

10 물질의 온도는 변하지 않고 상(phase)변화만 일으키는데 사용되는 열량은?
[12/4]

① 잠열　　　　　② 비열
③ 현열　　　　　④ 반응열

> ★ 현열 : 물질의 상태는 변화하지 않고 온도는 변화
> 　예 찬물이 가열되어 뜨겁게 됨.
> 　잠열 : 물질의 온도는 변화하지 않고 상태는 변화
> 　예 물이 끓어서 증기로 됨.

11 증발열이나 융해열과 같이 열을 가하여도 물체의 온도 변화는 없고 상(相)변화에만 관계하는 열은?
[10/2][08/2]

① 현열　　　　　② 잠열
③ 승화열　　　　④ 기화열

> ★ 현열 : 온도변화에 사용된 열, 상태 변화는 없다.
> 　잠열 : 상태변화에 사용된 열, 온도 변화는 없다.
> 　승화열 - 물질이 승화할 때 출입하는 열
> 　기화열 - 어떤 물질이 기화할 때 외부로부터 흡수하는 열

12 다음 중 잠열에 해당되는 것은?
[14/2]

① 기화열　　　　② 생성열
③ 중화열　　　　④ 반응열

> ★ 잠열은 상태변화시 소요되는 열로, 기화열(증발열), 융해열, 응고열, 응축열, 승화열 등이 있다. 즉, 고체, 액체, 기체가 서로 상태변화시 소요되는 열을 말한다.

13 다음 중 열량(에너지)의 단위가 아닌 것은?
[13/5]

① J　　　　　　② cal
③ N　　　　　　④ BTU

> ★ 단위는 질량을 기본단위로 하는 절대계와 중량을 기본단위로 하는 중력계단위가 있다. 각각 사용하는 열량(에너지)단위는
> 　① 절대계 : J(줄), kJ(킬로줄)
> 　② 중력계 : kcal, BTU, CHU 등
> 　★ N(뉴톤)은 절대계에서 힘을 나타내는 단위임.

정답　06 ②　07 ④　08 ①　09 ④　10 ①　11 ②　12 ①　13 ③

14 비열이 2.5kJ/kg·℃ 인 어떤 연료 30kg을 15℃에서 35℃까지 예열하고자 할 때 필요한 열량은 몇 kJ 인가? [16/4]

① 756
② 1500
③ 1890
④ 2520

★ 열량 = 양×비열×온도차 이므로
30×2.5×(35-15)=1500[kJ]

15 비열이 2.1kJ/kg·℃인 어떤 연료 20kg을 30℃에서 80℃까지 예열하려고 한다. 이때 필요한 열량은 몇 kJ 인가? [09/5]

① 2520
② 1890
③ 2310
④ 2100

★ 열량 = 양 × 비열 × 온도차, ($Q = G \times C \times \Delta t$)
= 20×2.1×(80-30) = 2100[kJ]

16 물 1200kg을 30℃에서 90℃까지 온도를 올리는데 필요한 열량은? [08/1]

① 23520kJ
② 30240kJ
③ 235200kJ
④ 302400kJ

★ 열량 = 양 × 비열 × 온도차
물의 비열은 4.2[kJ/kg℃]이므로
1200 × 4.2 × (90-30) = 302400[kJ]

17 어떤 액체 1200kg을 30℃에서 100℃까지 온도를 상승시키는 데 필요한 열량은 몇 kJ 인가?(단, 이 액체의 비열은 12.6kJ/kg·℃ 이다.) [12/5]

① 147000
② 352800
③ 529200
④ 1058400

★ 열량=양×비열×온도차 이므로
=1200×12.6×(100-30) = 1058400[kJ]
※ 비열이 가장 큰 물질은 물로서, 4.2[kJ/kg℃]임.
따라서, 문제조건의 12.6[kJ/kg℃]인 액체는 없음.

18 100kg의 물을 온도 20℃에서 90℃로 가열하는데 필요한 열량은? [07/2]

① 29400kJ
② 37800kJ
③ 75600kJ
④ 302400kJ

★ 열량 = 양×비열×온도차 이므로
= 100×4.2×(90-20)=29400[kJ]
★ 물의 비열은 4.2[kJ/kg℃]이다.

19 10℃의 물 15kg을 100℃ 물로 가열하였을 때 물이 흡수한 열량은? [09/2][07/1]

① 3360J
② 3370kJ
③ 5040kJ
④ 5670kJ

★ 열량 = 양 × 비열 × 온도차
$Q = G \times C \times \Delta t$
= 15×4.2×(100-10)=5670[kJ]

20 어떤 물질 500kg을 20℃에서 50℃로 올리는데 12600kJ의 열량이 필요하였다. 이 물질의 비열은? [16/1]

① 0.42 kJ/kg℃
② 0.84 kJ/kg℃
③ 1.26 kJ/kg℃
④ 1.68 kJ/kg℃

★ 열량 = 양×비열×온도차에서
비열 = 열량 / (양×온도차)
= $\frac{12600}{500 \times (50-20)}$ = 0.84 [kJ/kg℃]

21 50kg의 -10℃ 얼음을 100℃ 증기로 만드는데 소요되는 열량은 몇 kJ인가? (단, 물과 얼음의 비열은 각각 4.2kJ/kg℃, 2.1kJ/kg℃로 한다.) [15/5]

① 151600
② 153090
③ 156240
④ 157290

정답 14 ② 15 ④ 16 ④ 17 ④ 18 ① 19 ④ 20 ② 21 ①

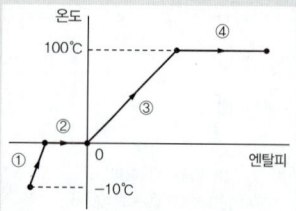

* −10℃ 얼음을 100℃ 증기로 만드는데 구간별로 보면,

열의 성질에 따라 ①②③④ 네 구간으로 계산된다.
① 현열 ② 잠열 ③ 현열 ④ 잠열
① 열량=양×비열×온도차
　　=50×2.1×{0−(−10)}=1050[kJ]
② 열량=양×잠열
　　=50×334=16700[kJ]
③ 열량=양×비열×온도차
　　=50×4.2×(100−0)=21000[kJ]
④ 열량=양×잠열
　　=50×2257=112850[kJ]
따라서,
①+②+③+④=151600[kJ]

22 1기압 하에서 20℃의 물 10kg을 100℃의 증기로 변화시킬 때 필요한 열량은 얼마인가? [14/1]

① 25930kJ　　② 26838kJ
③ 30996kJ　　④ 31416kJ

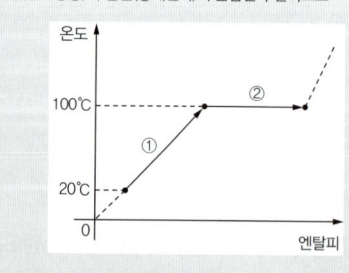

* 현열(온도상승)과 잠열(상태변화)이 혼합된 구간이므로

① 구간은 현열구간이므로 (온도변화)
　열량=양×비열×온도차
　　=10×4.2×(100−20)=3360[kJ]
② 구간은 잠열구간이므로 (상태변화)
　열량=양×잠열
　　=10×2257=22570[kJ]
①+②=25930[kJ]

23 표준대기압 상태에서 0℃ 물 1kg이 100℃ 증기로 만드는데 필요한 열량은 몇 kJ 인가?(단, 물의 비열은 4.2kJ/kg℃이고 증발잠열은 2257kJ/kg이다.) [12/5]

① 420　　② 2100
③ 2256　　④ 2677

* 0℃ 물이 100℃까지 상승하는데 필요한 열 : 현열
열량=1×4.2×(100−0)=420[kJ]
100℃ 물이 100℃ 증기로 변화하는데 필요한 열 : 잠열
열량=1×2257=2257[kJ]
따라서, 420+2257=2677[kJ]

24 대기압에서 동일한 무게의 물 또는 얼음을 다음과 같이 변화시키는 경우 가장 큰 열량이 필요한 것은?(단, 물과 얼음의 비열은 각각 4.2kJ/kg℃, 2.1kJ/kg℃이고, 물의 증발잠열은 2257kJ/kg, 융해잠열은 334kJ/kg이다.) [13/4]

① −20℃의 얼음을 0℃의 얼음으로 변화
② 0℃의 얼음을 0℃의 물로 변화
③ 0℃의 물을 100℃의 물로 변화
④ 100℃의 물을 100℃의 증기로 변화

* 열량=양×비열×온도차 또는 양×잠열인데, 양이 같으므로
① 2.1×{0−(−20)}=42[kJ/kg]
② 334[kJ/kg]
③ 4.2×(100−0)=420[kJ/kg]
④ 2257 [kJ/kg]　　따라서, ④

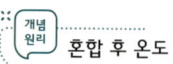 혼합 후 온도

혼합 전 열량 합계 = 혼합 후 열량 합계

01 90℃의 물 1000kg에 15℃의 물 2000kg을 혼합시키면 온도는 몇 ℃가 되는가? [16/4]

① 40　　② 30
③ 20　　④ 10

정답　22 ①　23 ④　24 ④　01 ①

★ 혼합전 물질의 열량합계 = 혼합후 열량합계 이고
   열량=양×비열×온도차 (물의 비열은 4.2kJ/kg℃로 동일하므로)
   혼합후 온도 t는
   1000×90 + 2000×15 = (1000+2000)×t
   $t = \frac{(1000×90)+(2000×15)}{(1000+2000)} = 40℃$

02 10℃의 물 400kg과 90℃의 더운물 100kg을 혼합하면 혼합 후의 물의 온도는? [12/2]

① 26℃   ② 36℃
③ 54℃   ④ 78℃

★ 혼합전 물질의 열량합계 = 혼합후 열량합계 이고
   열량=양×비열×온도차 (물의 비열은 4.2kJ/kg℃로 동일하므로)
   혼합후 온도 t는
   400×10 + 100×90 = (400+100)×t
   $t = \frac{(400×10)+(100×90)}{(400+100)} = 26℃$

 열전달

열은 고온에서 저온으로 흐름.
열의 이동형태 : 전도, 대류, 복사
① 전도 : 고체에서 열전달. 열전도율[kJ/mh℃] 또는 [kW/m℃]
② 대류 : 유체에서 열전달. 대류열전달율[kJ/m²h℃] 또는 [kW/m²℃]
③ 복사 : 중간 매개체 없이 빛으로 전달
★ 열통과(열관류) : 전도 + 대류의 형태

01 열전달 방식의 종류가 아닌 것은? [14/1][07/4]

① 대류   ② 복사
③ 발산   ④ 전도

★ 열은 고온에서 저온으로 이동하며 이동하는 형태는
   ① 전도 : 고체에서 열전달
   ② 대류 : 유체에서 열전달
   ③ 복사 : 중간 매개체 없이 직접 빛의 형태로 열전달

02 열의 이동 방법에 속하지 않는 것은? [09/4]

① 복사   ② 전도
③ 대류   ④ 증발

★ 열은 고온에서 저온으로 전달된다.
   전달방식에 따라, 전도, 대류, 복사가 있음
   ① 전도 : 고체에서 전달
   ② 대류 : 유체에서 전달
   ③ 복사 : 중간매질을 통하지 않고 빛의 형태로 전달

03 물체의 열의 이동과 관련된 설명 중 옳은 것은? [10/5]

① 밀도 차에 의한 열의 이동을 복사라 한다.
② 열관류율과 열전달율의 단위는 다르다.
③ 온도차가 클수록 이동하는 열량은 증가한다.
④ 열전달율과 열전도율의 단위는 동일하다.

★ ① 유체의 밀도차에 의한 열이 이동을 대류라 한다.
   ② 열관류율과 열전달율의 단위는 kJ/m²h℃로 같다.
   ③ 온도차가 클수록 이동 열량은 증가
   ④ 열전달율 단위 kJ/m²h℃, 전도율 단위 kJ/mh℃

04 다음 열역학과 관계된 용어 중 그 단위가 다른 것은? [13/2]

① 열전달계수   ② 열전도율
③ 열관류율   ④ 열통과율

★ ①, ③, ④의 단위 kJ/m²h℃
   ②. 열전도율의 단위 kJ/mh℃

05 다음 중 용어별 사용단위가 틀린 것은? [09/5]

① 열전도율 : kJ/h·m·℃
② 열관류율 : kJ/h·m²·℃
③ 열전달 : kJ/h·m·℃
④ 열저항 : h·m²·℃/kJ

★ 위의 보기에서 단위의 분모는 순서가 바뀌어도 됨.

정답 02 ① 01 ③ 02 ④ 03 ③ 04 ② 05 ③

06 고체 내부에서의 열의 이동 현상으로 물질은 움직이지 않고 열만 이동하는 현상은 무엇인가? [14/4]

① 전도 ② 전달
③ 대류 ④ 복사

> ★ 열은 고온에서 저온으로 이동하며 이동하는 형태는
> ① 전도 : 고체에서 열전달
> ② 대류 : 유체에서 열전달
> ③ 복사 : 중간 매개체 없이 직접 빛의 형태로 열전달

07 하나의 물체를 구성하고 있는 물질부분을 차례차례로 열이 전해지던가 또는 직접 접촉하고 있는 2개의 물체의 하나에서 다른 것으로 열이 전해지는 현상은? [09/5]

① 열전도 ② 열대류
③ 열복사 ④ 열방사

> ★ ① **열전도** : 온도가 서로 다른 두 물체를 접촉시켜 두면 고온측에서 저온측으로 열이 이동하는 현상을 말한다.
> ② **열대류** : 기체나 액체 내부에서 온도가 서로 다른 곳이 생기면 비중의 차이로 말미암아 대류가 생기고 열이 이동하는 현상을 말한다.
> ③ **열복사** : 열이 매질을 통하지 않고 고온의 물체에서 저온의 물체로 이동하는 것을 열의 복사라고 합니다.
> ④ **열방사** : 전자파의 형태로 열에너지를 방출하거나 흡수할 수 있는데 이것을 열방사라고 한다.

08 온도 차에 따라 유체 분자가 직접 이동하면서 열을 전달하는 형태는? [08/5]

① 전도 ② 대류
③ 복사 ④ 방사

> ★ **전도** : 고체 내부에서의 열이동
> **대류** : 유체 속에서 온도차가 생기면 밀도차로 인해 순환 운동이 일어나는 데 이 운동에 의해 열이 이동하는 현상을 말한다.
> **복사** : 빛에 의한 열이동, 고온의 물체는 복사선을 내고 자신은 냉각된다.

09 고체벽의 한쪽에 있는 고온의 유체로부터 이 벽을 통과하여 다른 쪽에 있는 저온의 유체로 흐르는 열의 이동을 의미하는 용어는? [15/2]

① 열관류 ② 현열
③ 잠열   ④ 전열량

> ★ 전도와 대류가 반복하여 열이 흐르는 것을 열관류(=열통과)라고 한다.

10 열전도율이 다른 여러 층의 매체를 대상으로 정상상태에서 고온측으로부터 저온측으로 열이 이동할 때의 평균열통과율을 의미하는 것은? [12/1]

① 엔탈피   ② 열복사율
③ 열관류율 ④ 열용량

> ★ 여러 층의 매체를 열이 통과하는 것을 열통과(=열관류)라 함. 즉, 전도와 대류를 반복하면서 고온에서 저온으로 열이 빠져나가는 것을 말함.

11 흑체로부터의 복사 전열량은 절대온도의 몇 승에 비례하는가? [14/2]

① 2승 ② 3승
③ 4승 ④ 5승

> ★ 스테판·볼쯔만 법칙 : 완전흑체에서의 복사열전달열은 절대온도의 4승차에 비례한다.
> 복사에 의한 전열량(Qr) :
> $$Qr = 4.88 \cdot \varepsilon \cdot A \cdot \left[\left(\frac{T_1}{100}\right)^4 - \left(\frac{T_2}{100}\right)^4\right]$$

12 두께 150 mm, 면적이 15 m² 인 벽이 있다. 내면 온도는 200℃, 외면 온도가 20℃일 때 벽을 통한 열손실량은? (단, 열전도율은 1.05 kJ/mh℃이다.) [16/2]

① 424.2 kJ/h   ② 2835 kJ/h
③ 9849 kJ/h   ④ 18900 kJ/h

> ★ 전도에 의한 열전달량은
> 열량 = 면적 × $\frac{열전도율}{두께}$ × 온도차
> $15 \times \frac{1.05}{0.15} \times (200-20) = 18900$ [kJ/h]

정답 06 ① 07 ① 08 ② 09 ① 10 ③ 11 ③ 12 ④

13 두께가 13cm, 면적이 10m²인 벽이 있다. 벽 내부온도는 200℃, 외부의 온도가 20℃일 때 벽을 통한 전도되는 열량은 약 몇 kJ/h 인가?(단, 열전도율은 0.084kJ/mh℃ 이다.) [14/1]

① 984　　② 1090
③ 1163　　④ 1312

> ★ 전도에 의한 열전달 $Q = A \cdot \dfrac{\lambda}{d} \cdot \Delta t$
> A : 면적[m²], λ : 열전도율[kJ/mh℃], d : 두께[m]
> Δt : 온도차[℃]
> $Q = 10 \times \dfrac{0.084}{0.13} \times (200-20) = 1163.08$ [kJ/h]

14 벽체 면적이 24m², 열관류율이 2.1kJ/m²·h·℃, 벽체 내부의 온도가 40℃, 벽체 외부의 온도가 8℃ 일 경우 시간당 손실열량은 약 몇 kJ/h 인가? [13/5]

① 1234kJ/h　　② 1596kJ/h
③ 1613kJ/h　　④ 1655kJ/h

> ★ 손실열량은 열량을 구하는 공식으로 계산한다.
> 열량에 관한 식은 ① 양×비열×온도차 ② 열전달율×면적×온도차
> 식 중에서 구한다. 따라서,
> 손실열량 = 2.1×24×(40-8) = 1612.8 [kJ/h]

 **에너지 법칙**

01 열역학 제2법칙에 따라 정해진 온도로 이론상 생각할 수 있는 최저온도를 기준으로 하는 온도단위는? [10/4]

① 임계온도　　② 섭씨온도
③ 절대온도　　④ 복사온도

> ★ 온도는 분자운동에너지의 세기에 따라 나타나며, 이론적으로 분자운동에너지가 0이 되는 점을 기준으로 정한 온도를 절대온도라고 한다. 표시방법은 K(켈빈), R(랭킨) 온도가 있다.

 **일 = 열**

> ★ 일과 열은 같은 에너지임. 서로 변환이 가능
> 1 kgf·m = 1/427 kJ
> ① 일을 열량으로 변화할 때 : 일량×일의 열당량(A)
>   - 일의 열당량(A) = 1/427 kJ/kgf·m
> ② 열을 일로 변화할 때 : 열량×열의 일당량(J)
>   - 열의 일당량(J) = 427 kgf·m/kJ

01 무게 80kgf인 물체를 수직으로 5m까지 끌어 올리기 위한 일을 열량으로 환산하면 약 몇 kJ인가? [14/2]

① 0.94 kJ　　② 0.094 kJ
③ 40 kJ　　④ 400 kJ

> ★ 일량을 열량으로 환산할 때 1kgf·m = kJ 에 해당함.
> 따라서, 먼저 일량을 구하면 80kgf×5m = 400kgf·m
> 일량을 열량으로 환산하면 $400 \times \dfrac{1}{427} = 0.94$ kJ

02 50kJ 의 열량을 전부 일로 변화시키면 몇 kgf·m의 일을 할 수 있는가? [11/5]

① 13650　　② 21350
③ 31600　　④ 43000

> ★ 주울의 실험결과, 일은 열로 전환이 가능함.
> 1 [kgf·m] 당 $\dfrac{1}{427}$ 열량이 발생함.
> 따라서, 1[kJ]의 열량은 427 [kgf·m]의 일량에 해당.
> 문제조건에서, 50×427 = 21350 [kgf·m]

03 열의 일당량 값으로 옳은 것은? [14/4][08/1]

① 427 kg·m/kJ　　② 327 kg·m/kJ
③ 273 kg·m/kJ　　④ 472 kg·m/kJ

> ★ ① **열의 일당량** : 열량 에너지로 일을 할 수 있는 양
>   1kJ → 427kgf·m
>   기호는 J(제이)로 표시하며, 427kgf·m/kJ 를 나타냄.
> ② **일의 열당량** : 일 에너지로 열을 발생시킬 수 있는 양
>   1kgf·m → 1/427kJ
>   기호는 A(에이)로 표시하며, 1/427kJ/kgf·m 를 나타냄.

> **개념원리** 동력단위 환산 : 동력=일/시간=열/시간

* 동력단위 : [W]=[J/s] 1초에 1[J]의 일을 하는 것
① 1 HP(영국마력) = 76kgf·m/s = 641kcal/h = 745W
② 1 PS(표준마력) = 75kgf·m/s = 632 kcal/h = 735.5W
③ 1 kW(킬로와트) = 1000W = 1000J/s = 102kgf·m/s = 860kcal/h

01 500W의 전열기로서 2kg의 물을 18℃로부터 100℃까지 가열하는 데 소요되는 시간은 얼마인가?(단, 전열기 효율은 100%로 가정한다.) [14/5]

① 약 10 분   ② 약 16 분
③ 약 20 분   ④ 약 23 분

* 2kg 물을 가열하는데 필요한 열량은
  $2 \times 4.2 \times (100-18) = 6.88.8$ [kJ]
  가열시 소요된 시간은 $\frac{688.8}{(0.5 \times 3600)} \times 60 = 22.96$ [min]
* kW=kJ/s이므로 3600초를 곱하여 시간으로 환산하고, 60분을 곱하여 [분]으로 환산

02 50kW의 전기 온수보일러 용량을 kJ/h로 환산하면? [10/5]

① 180000   ② 201600
③ 210000   ④ 340200

* 1kW=1kJ/s 이므로 시간당(3600초)으로 고치면 3600kJ/h 에 해당함.
  따라서 50 × 3600 = 180000 kJ/h

03 30마력(PS)인 기관이 1시간 동안 행한 일량을 열량으로 환산하면 약 몇 kJ 인가? (단, 이 과정에서 행한 일량은 모두 열량으로 변환된다고 가정한다.) [15/5][09/1]

① 60312   ② 64008
③ 79434   ④ 85688

* 1PS=735.5W이므로 $\frac{30 \times 735.5 \times 3600}{1000} = 79434$ [kJ]
* W=J/s이므로 3600을 곱하여 시간당으로 환산하고, 1000으로 나누어 kJ로 환산

> **개념원리** 증기의 성질

* 물이 끓는 과정 :
  물 → 포화수 → 습포화증기 → 포화증기 → 과열증기
① 과열도 : 과열증기온도 - 포화증기온도
② 습포화증기 : 포화수에서 포화증기로 변할 때 필요한 증발잠열을 100% 흡수하지 못한 상태임.

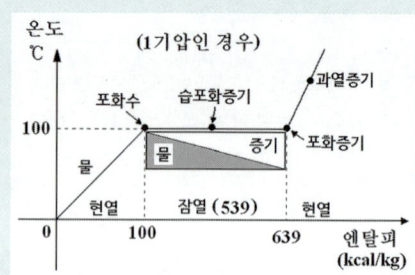

* 현열구간 : 열량=양×비열×온도차
* 잠열구간 : 열량=양×잠열

01 액체가 어느 온도이상으로 가열되어, 그 증기압이 주위의 압력보다 커져서 액체의 표면뿐만 아니라 내부에서도 기화하는 현상을 무엇이라고 하는가? [10/5]

① 증발   ② 융화
③ 비등   ④ 승화

* 증발 : 액체 표면에서 기화하는 것
  비등 : 액체 내부에서도 기화하는 것
  승화 : 고체가 기체로, 기체가 고체로 변화

02 보일러에 물을 넣고 가열할 때 상태변화의 진행순서가 바르게 표시된 것은? [07/2]

① 포화수 → 습포화증기 → 과열증기 → 건포화증기
② 포화수 → 습포화증기 → 건포화증기 → 과열증기
③ 포화수 → 습증기 → 과열증기 → 포화증기
④ 포화수 → 포화증기 → 습포화증기 → 과열증기

정답 01 ④ 02 ① 03 ③ 01 ③ 02 ②

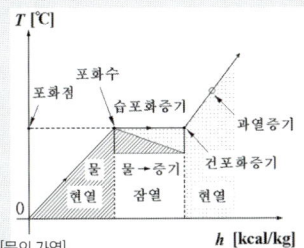

* 물에 열을 가하면 다음과 같은 변화를 나타낸다.

따라서, 포화수(끓기 시작) → 습포화증기(온도일정, 상태변화) → 건포화증기(100% 끓음) → 과열증기(온도상승)의 순서로 변화한다.

03 건포화증기의 엔탈피와 포화수의 엔탈피의 차는? [14/5]

① 비열 ② 잠열
③ 현열 ④ 액체열

* 보기중 용어의 뜻은
① 비열 : 어떤 물질 1kg을 1℃ 높이는데 필요한 열량.
② 잠열 : 물질의 온도변화 없이 상태변화에 필요한 열
  물의 증발잠열 : 물의 포화수 상태에서 건포화증기로 상태가 변화할 때 필요한 열이므로, 다음과 같이 구한다.
  증발잠열=건포화증기엔탈피 – 포화수엔탈피
③ 현열 : 물질의 상태변화 없이 온도변화에 필요한 열

04 액체가 모두 증기가 된 상태이며 이때의 온도는 포화온도이고 증기만 존재한다. 이러한 상태의 증기를 무슨 증기라고 하는가? [10/1]

① 건포화 증기 ② 습포화 증기
③ 과열증기 ④ 압축포화 증기

* 포화액 모두 증기로 변한 상태를 건포화증기라고 함. 건포화증기에서 압력은 변화하지 않고 온도를 높인 것을 과열증기라 한다.

05 압력이 일정할 때 과열 증기에 대한 설명으로 가장 적절한 것은? [15/2]

① 습포화 증기에 열을 가해 온도를 높인 증기
② 건포화 증기에 압력을 높인 증기
③ 습포화 증기에 과열도를 높인 증기
④ 건포화 증기에 열을 가해 온도를 높인 증기

* 과열증기 : 건포화증기에 압력은 일정한 채 열을 가해 온도를 높인 증기.

06 상태변화에 따른 증기의 종류 중 건포화 증기를 좀 더 가열하여 포화온도 이상으로 온도를 높인 증기는? [10/4]

① 과포화증기 ② 포화증기
③ 과열증기 ④ 습포화증기

* 건포화증기를 온도를 높인 것을 과열증기라 한다.
  과열증기와 건포화증기의 온도차를 과열도라 한다.

07 과열증기 특징 설명으로 틀린 것은? [08/5]

① 증기의 마찰 손실이 적다.
② 같은 압력의 포화증기에 비해 보유열량이 많다
③ 증기 소비량이 적어도 된다.
④ 가열 표면의 온도가 균일하다.

08 포화증기와 비교하여 과열증기가 가지는 특징 설명으로 틀린 것은? [13/4]

① 증기의 마찰 손실이 적다.
② 같은 압력의 포화증기에 비해 보유열량이 많다.
③ 증기 소비량이 적어도 된다.
④ 가열 표면의 온도가 균일하다.

* 과열증기는 포화증기에 비해 온도, 엔탈피가 높으며 가열 표면의 온도 변화가 크다.

정답 03 ② 04 ① 05 ④ 06 ③ 07 ④ 08 ④

09 과열증기에서 과열도는 무엇인가?

[16/1][12/4][09/4]

① 과열증기온도와 포화증기온도와의 차이다.
② 과열증기온도에 증발열을 합한 것이다.
③ 과열증기의 압력과 포화증기의 압력 차이다.
④ 과열증기온도에 증발열을 뺀 것이다.

* 과열도 = 과열증기온도 - 포화증기온도
* 과열도는 건포화증기에서 열을 흡수하여 과열증기가 되었을 때 과열증기의 온도와 건포화증기 온도의 차이를 말함.

10 다음 중 과열도를 바르게 표현한 식은?

[15/4][08/4]

① 과열도 = 포화증기온도 - 과열증기온도
② 과열도 = 포화증기온도 - 압축수의 온도
③ 과열도 = 과열증기온도 - 압축수의 온도
④ 과열도 = 과열증기온도 - 포화증기온도

* 과열도는 포화증기에서 가열하여 과열증기가 되기까지 상승한 온도차를 말함.(단, 압력은 일정)

증기의 건조도와 습포화증기 엔탈피

① 건조도는 여러 가지 방법으로 구함.
② 증기가 포화수상태에서 증발할 때 증발잠열 중 흡수한 비율이 건조도가 된다. 100%흡수하면 건포화증기, 100%미만이면 습포화증기라 한다.

건조도 = 건증기량 / 발생습증기량

건조도 = (습증기엔탈피 - 포화수엔탈피) / 증발잠열

* 건조도(x) : 포화수는 0, 포화증기는 1
  습포화증기는 0과 1사이 : 0 < x < 1
③ 습포화증기엔탈피 = 포화수엔탈피 + 증발잠열 × 건조도

01 증기의 건조도(x) 설명이 옳은 것은?

[15/5]

① 습증기 전체 질량 중 액체가 차지하는 질량비를 말한다.
② 습증기 전체 질량 중 증기가 차지하는 질량비를 말한다.
③ 액체가 차지하는 전체 질량 중 습증기가 차지하는 질량비를 말한다.
④ 증기가 차지하는 전체 질량 중 습증기가 차지하는 질량비를 말한다.

* 건조도는 습포화증기 중 건증기의 비율을 말함.
  ① 포화수 상태 : 건조도 0
  ② 습포화증기 상태 : 0 < 건조도 < 1
  ③ 건포화증기 상태 : 건조도 1

02 증기건도(x)에 대한 설명으로 틀린 것은?

[11/1]

① $x=0$은 포화수
② $x=1$은 포화증기
③ 0 < x < 1은 습증기
④ $x=100$은 물이 모두 증기가 된 순수한 포화증기

* 증기의 건도는 습포화증기 중 건조증기가 차지하는 비율
  포화수 상태 : 건조도 0
  습포화증기 상태 : 0 < 건조도 < 1
  건포화증기 상태 : 건조도 1
* 건조도의 단위는 없으며, 백분율(%)이 아닌 숫자로 표시 따라서, 보기 ④의 100은 잘못된 표현임.

03 건도를 x 라고 할 때 습증기는 어느 것인가?

[12/1]

① $x = 0$ ② 0 < x < 1
③ $x = 1$ ④ $x > 1$

* 증기의 건조도(x)는
  포화수 0% : $x=0$
  습증기 0~100% 사이 : 0 < x < 1
  포화증기 100% : $x=1$

정답 09 ① 10 ④ 01 ② 02 ④ 03 ②

04 습포화증기 건조도(X) 범위를 바르게 표현한 것은?
[07/4]

① X = 1
② 0 < X < 1
③ X > 1
④ X < 0

> ★ 건조도(X)는 습포화증기 중 건증기의 비율을 말함.
>   ① 포화수 상태 : 건조도 0
>   ② 습포화증기 상태 : 0 < 건조도 < 1
>   ③ 건포화증기 상태 : 건조도 1

05 포화온도상태에서 증기의 건조도가 1 이면 어떤 증기인가?
[10/2][07/5]

① 습포화증기
② 포화수
③ 과열증기
④ 건조포화증기

> ★ 건조도가 1에 가까울수록 건조증기이다.
>   건조도는 습포화증기중 건증기의 비율을 말하며,
>   포화수 상태 : 건조도=0
>   습포화증기 상태 : 0 < 건조도 < 1
>   건포화증기 상태 : 건조도=1
> ★ 건조도는 기호 x로 나타낸다.

06 건포화 증기 100℃의 엔탈피는 얼마인가?
[12/1]

① 2677kJ/kg
② 2257kJ/kg
③ 420kJ/kg
④ 1836kJ/kg

> ★ 0℃ 물이 100℃까지 얻은 열량은 4.2 × (100−0) = 420 [kJ/kg]
>   100℃ 포화수가 100℃ 건포화증기가 될 때 얻은 열량은 증발잠열 2257[kJ/kg]
>   따라서, 420+2257=2677[kJ/kg]

07 습증기의 엔탈피 hx를 구하는 식으로 옳은 것은?
(단, h:포화수의 엔탈피, x : 건조도, r : 증발잠열(숨은열), V:포화수의 비체적)
[16/4]

① $hx = h + x$
② $hx = h + r$
③ $hx = h + xr$
④ $hx = v + h + r$

> ★ 습증기 엔탈피 = 포화수엔탈피 + 증발잠열×건조도

08 증기 중에 수분이 많은 경우의 설명으로 잘못된 것은?
[13/2]

① 건조도가 저하한다.
② 증기의 손실이 많아진다.
③ 증기 엔탈피가 증가한다.
④ 수격작용이 발생할 수 있다.

> ★ 증기중의 수분이 많은 경우 습증기를 말하며, 증기엔탈피가 감소한다.

09 다음 중 증기의 건도를 향상시키는 방법으로 틀린 것은?
[13/1]

① 증기의 압력을 더욱 높여서 초고압 상태로 만든다.
② 기수분리기를 사용한다.
③ 증기주관에서 효율적인 드레인 처리를 한다.
④ 증기 공간내의 공기를 제거한다.

> ★ 증기의 건도를 높이려면
>   ① 증기압력은 변화하지 않고 열을 가하여 온도를 높인다.
>   ② 증기중의 수분을 제거한다.(기수분리기, 드레인처리)
>   ③ 증기중 공기를 제거한다.
>   ④ 엔탈피는 그대로 유지한 채 압력을 낮춘다.(감압밸브)
>   이외에
>   ⑤ 캐리오버 방지, 적절한 분출과 보일러수 농축방지
> ★ 열흡수, 온도변화없이 압력을 높이면 증기의 건도가 오히려 낮아진다.
>   (ph선도를 활용하여 설명하면 되나 기능사 수준을 벗어남)

10 증기보일러에서 증기의 건조도를 향상시키는 방법이 아닌 것은?
[09/4]

① 증기관 내의 드레인을 제거한다.
② 기수분리기를 설치한다.
③ 리프트 피팅을 설치한다.
④ 비수방지관을 설치한다.

> ★ 리프트 피팅(증기난방 배관 중 장치)
>   ① 진공환수식에서 사용한다.
>   ② 저압증기 환수관이 진공펌프의 흡입구보다 낮은 위치에 있을 때
>   ③ 높이가 1.6m 이하는 1단, 3.2m 이하는 2단
>   ④ 리프트 피팅의 1단 높이는 1.5m 정도

정답 04 ② 05 ④ 06 ① 07 ③ 08 ③ 09 ① 10 ③

개념원리 압력증가와 물의 비등(끓음)

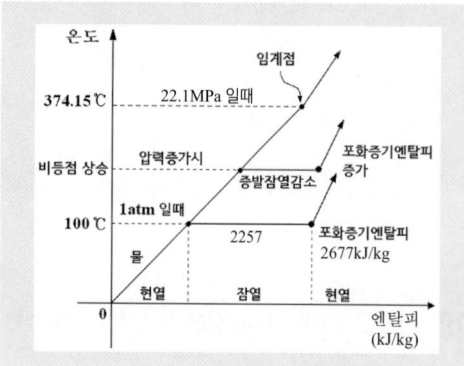

* 대기압(1atm)일 때 물은 100℃에서 끓음.
  압력이 증가할수록 비등점이 상승(높은 온도에서 끓음)
  포화수 온도 상승, 포화증기 엔탈피 증가
  증발잠열 감소.

01 증기의 압력을 높일 때 변하는 현상으로 틀린 것은?
[15/1][08/5]

① 현열이 증대한다.
② 증발 잠열이 증대한다.
③ 증기의 비체적이 증대한다.
④ 포화수 온도가 높아진다.

* 증기압력이 증가하면,
  ① 증기엔탈피 증가
  ② 증발잠열은 감소
  ③ 증기의 비체적은 감소, 증기의 비중량은 증가
  ④ 포화수 온도가 높아진다.
  ⑤ 증기비중 증가로 보일러수 순환 불량 ⇨ 강제순환 채택
  * 보기 중에서 답이 ②③ 두 개다.
  * 증기온도가 높아질 때 비체적이 증가한다.

02 증기의 압력이 높아질 때 나타나는 현상 중 틀린 것은?
[08/4]

① 포화온도 상승   ② 증발잠열의 감소
③ 연료의 소비 증가   ④ 엔탈피 감소

* 증기압력이 높아질 때
  ① 포화수온도 증가, 포화수엔탈피 증가, 포화증기엔탈피증가
  ② 증발잠열 감소
  ③ 증기비중량 증가(증기와 포화수의 비중차가 줄어듦)

03 증기압력이 높아질 때 감소되는 것은?
[14/5][09/2]

① 포화온도   ② 증발잠열
③ 포화수 엔탈피   ④ 포화증기 엔탈피

* 증기압력이 높아지면?
  ① 상승 : 포화 온도, 포화액엔탈피, 포화증기엔탈피, 증기비중
  ② 감소 : 증발잠열, 증기비체적

개념원리 임계상태

* 계속 압력이 상승한 채로 물을 끓이면, 결국
  증발잠열이 0인 지점에 도달하게 된다.
  (증발현상 없이 곧바로 액체가 기체로 변함)
  상태를 임계점이라 하고, 이 상태의 압력을 임계압력
  온도를 임계온도라고 한다.
* 물의 임계압력은 22.1MPa, 임계온도는 374.15℃

01 물을 가열하여 압력을 높이면 어느 지점에서 액체, 기체 상태의 구별이 없어지고 증발 잠열이 0 kJ/kg이 된다. 이 점을 무엇이라 하는가?
[15/2][08/1]

① 임계점   ② 삼중점
③ 비등점   ④ 압력점

* ② 고체, 액체, 기체가 동시에 존재하는 상태
  ③ 물질이 끓는 온도

02 다음 중 임계점에 대한 설명으로 틀린 것은?
[12/2]

① 물의 임계온도는 374.15℃ 이다.
② 물의 임계압력은 22.1MPa 이다.
③ 물의 임계점에서 증발잠열은 2257kJ/g 이다.
④ 포화수에서 증발의 현상이 없고 액체와 기체의 구별이 없어지는 지점을 말한다.

정답 01 ②③ 02 ④ 03 ② 01 ① 02 ③

★ 액체표면 외부의 압력이 높을수록 액체분자가 증발하기 어렵다. 따라서 고온이 되어야만 증발할 수 있는데, 고압에서 증발할수록 비등점은 상승하지만 증발잠열을 줄어들게 된다. 계속 외부압력이 증가하면 증발잠열이 0인 상태가 되며 액체와 기체의 구별이 없어지는 임계상태가 된다. 이때 가해진 압력과 온도를 임계압력, 임계온도라 한다.
물의 임계압력 22.1MPa, 임계온도 374.15℃
어떤 종류의 액체이든지 임계상태에서는 증발잠열이 0임.

03 물의 임계점에 관한 설명으로 맞지 않는 것은?

[10/5]

① 임계점이란 포화수가 증발의 현상이 없고 액체와 기체의 구별이 없어지는 지점이다.
② 임계온도는 374.15℃이다.
③ 습증기로서 체적팽창의 범위가 0(zero)이 된다.
④ 임계상태에서의 증발잠열은 약 42 kJ/kg 정도이다.

★ 임계상태에서 증발잠열은 0 kJ/kg으로 증발현상이 없이 곧바로 액체가 기체로 변화

04 물의 임계점에 대한 설명으로 옳은 것은?

[07/1]

① 현열이 0인 상태로서 응고점과 같은 뜻이다.
② 열을 가해도 온도의 상승이 없는 상태로 잠열이 최대인 점이다.
③ 더 이상 열을 흡수할 수 없는 상태로 증기의 비중량이 포화수보다 더 큰 상태이다.
④ 증발 현상이 없이 포화수가 증기로 변하며, 증발 잠열이 0인 상태의 압력 및 온도이다.

★ 액체표면 외부의 압력이 높을수록 액체분자가 증발하기 어렵다. 따라서 고온이 되어야만 증발할 수 있는데, 고압에서 증발할수록 비등점은 상승하지만 증발잠열을 줄어들게 된다. 계속 외부압력이 증가하면 증발잠열이 0인 상태가 되며 액체와 기체의 구별이 없어지는 임계상태가 된다. 임계상태에서는 증발현상없이 액체가 곧바로 증기로 변한다. 이때 가해진 압력과 온도를 임계압력, 임계온도라 한다.
물의 임계압력 22.1MPa, 임계온도 374.15℃
어떤 종류의 액체이든지 임계상태에서는 증발잠열이 0임.

05 물의 임계압력은 약 몇 MPa 인가?

[15/1]

① 735.9　　② 22.1
③ 374.15　　④ 2257

★ 액체표면 외부의 압력이 높을수록 액체분자가 증발하기 어렵다. 따라서 고온이 되어야만 증발할 수 있는데, 고압에서 증발할수록 비등점은 상승하지만 증발잠열을 줄어들게 된다. 계속 외부압력이 증가하면 증발잠열이 0인 상태가 되며 액체와 기체의 구별이 없어지는 임계상태가 된다. 이때 가해진 압력과 온도를 임계압력, 임계온도라 한다.
물의 임계압력 22.1MPa, 임계온도 374.15℃
어떤 종류의 액체이든지 임계상태에서는 증발잠열이 0임.

06 다음 중 물의 임계압력은 어느 정도인가?

[12/4]

① 10.04MPa　　② 22.1MPa
③ 374.15MPa　　④ 2257MPa

★ **임계상태** : 고압이 될수록 액체가 끓는 온도(포화온도)는 상승하게 되며, 반면에 증발잠열은 감소하게 된다. 어느 일정압력 이상이 되면, 증발잠열이 0[kJ/kg]이 되는 지점에 도달하게 되며 이 상태를 임계상태라 한다. 이때의 압력을 임계압력, 온도를 임계온도라 하며,
물의 임계압력 22.1MPa, 임계온도 374.15[℃]

07 물의 임계압력에서의 잠열은 몇 kJ/kg인가?

[14/2]

① 539　　② 100
③ 0　　④ 639

★ 임계상태에서는 잠열이 0kJ/kg이며, 증발현상없이 곧바로 액체가 기체로 변화한다. 물의 임계압력은 22.1MPa, 임계온도는 374.15℃이며, 이 상태에서 증발잠열은 0kJ/kg이다.

정답　03 ④　04 ④　05 ②　06 ②　07 ③

기체법칙과 상태변화

* 기체의 상태변화 (압축, 팽창 등)
① 단열변화 : 외부와 열의 출입(주고 받음)이 없는 상태에서 일어나는 변화를 단열변화라고 함.
② 정압변화 : 압력이 일정한 상태에서의 변화
③ 정적변화 : 체적이 일정한 상태에서의 변화
④ 등온변화 : 온도가 일정한 상태에서의 변화
⑤ 폴리트로픽 변화 : 단열과 등온의 중간 상태에서의 변화

 밀도, 비중량, 비체적, 비중, 기타 유체법칙

열역학 기본 개념
1) 비체적 : 단위 질량당 (또는 중량당) 체적
   단위 : m^3/kg (절대계) m^3/kgf (중력계)
2) 비중량 : 단위 체적당 중량 (중력계에서 사용) kgf/m^3
3) 밀도 : 단위 체적당 질량 (절대계에서 사용) kg/m^3
4) 비중 : 어떤 물질의 밀도를 기준이 되는 물질의 밀도와 비교한 것
   ① 액체, 고체의 경우 : 물의 밀도(1kg/L)와 비교
   ② 기체의 경우 : 공기 밀도(1.29kg/L)와 비교

01 동작유체의 상태변화에서 에너지의 이동이 없는 변화는?   [16/1][10/1]

① 등온변화   ② 정적변화
③ 정압변화   ④ 단열변화

* 문제 모순 : 가답안은 ④로 처리됨. 〈기출문제오류〉
• 단열변화 : 열의 출입이 없는 변화로서 일 형태의 출입은 가능하다. 에너지는 열과 일의 형태가 있으므로 단열변화라고 해서 에너지의 이동이 없는 변화를 의미하는 것은 아니다. 에너지의 출입이 없는 물질계를 고립계라고 한다.

02 이상기체가 상태변화를 하는 동안 외부와의 사이에 열의 출입이 없는 변화는?   [11/1]

① 정압변화   ② 정적변화
③ 단열변화   ④ 폴리트로픽 변화

* 외부와 열의 출입(주고 받음)이 없는 상태에서 일어나는 변화를 단열변화라고 함.

03 이상기체 상태 방정식에서 "모든 가스는 온도가 일정할 때 가스의 비체적은 압력에 반비례한다."는 법칙은?   [10/5]

① 보일의 법칙   ② 샤를의 법칙
③ 주울의 법칙   ④ 보일-샤를의 법칙

* 보일의 법칙 : 가스의 비체적은 압력에 반비례(온도일정)
샤를의 법칙 : 가스의 비체적은 절대온도에 비례(압력일정)
가스의 압력은 절대온도에 비례(체적일정)

01 천연가스의 비중이 약 0.64라고 표시되었을 때, 비중의 기준은?   [15/5]

① 물   ② 공기
③ 배기가스   ④ 수증기

* 비중은 어떤 물질의 밀도를 기준이 되는 물질의 밀도와 비교한 것으로 단위는 없다. 비교하고자 하는 물질이 고체, 액체일 경우 4℃ 물의 밀도(1kg/L)와 비교하고, 기체일 경우에는 표준상태(1atm, 0℃)의 공기밀도(1.29kg/Nm^3)와 비교한다.

02 액체 및 고체인 물체의 비중은 어떤 물질을 기준으로 하는가?   [07/1]

① 수은   ② 톨루엔
③ 알콜   ④ 물

* 비중은 어떤 물질의 밀도를 기준이 되는 물질의 밀도와 비교한 것으로 단위는 없다. 비교하고자 하는 물질이 고체, 액체일 경우 4℃ 물의 밀도(1kg/L)와 비교하고, 기체일 경우에는 표준상태(1atm, 0℃)의 공기밀도(1.29kg/Nm^3)와 비교한다.

정답   01 ④   02 ③   03 ①   01 ②   02 ④

03 보일러와 관련한 기초 열역학에서 사용하는 용어에 대한 설명으로 틀린 것은? [13/1]

① 절대압력 : 완전 진공상태를 0으로 기준하여 측정한 압력
② 비체적 : 단위 체적당 질량으로 단위는 kg/m^3 임
③ 현열 : 물질 상태의 변화없이 온도가 변화하는데 필요한 열량
④ 잠열 : 온도의 변화없이 물질 상태가 변화하는데 필요한 열량

★ 비체적 : 단위 질량당 체적, 단위는 m^3/kg

04 표준상태(온도 0℃, 기압 760mmHg)에 있어서 기체의 용적단위로 맞는 것은? [10/1]

① Nm^3
② kJ
③ mV
④ m^3/kg

★ 기체의 부피는 압력과 온도에 따라 변화하며, 1기압(760mmHg), 0℃ 상태에서의 부피를 표준상태 부피, 노르말상태 부피라고 한다. 표기는 Nm^3

03 ② 04 ①

02 보일러 종류 및 특성

CHAPTER

01 보일러란?

밀폐된 용기 속에 물 또는 열매체를 넣고 가열하여 대기압보다 높은 증기 또는 온수를 발생시켜 이를 밖으로 공급하는 장치

02 보일러의 3대 구성요소

본체, 연소장치, 부속장치를 3대 구성요소라 한다.
1) 본체 : 물 또는 열매체가 담겨있는 드럼(=동), 수관군 또는 연관군
2) 연소장치 : 본체에 들어있는 물을 가열하는 장치
3) 부속장치 : 본체와 연소장치를 제외한 보일러 장치(대부분의 장치가 이에 속함)

03 보일러 종류의 3대 분류

1) 원통보일러 : 본체 모양이 원통형
2) 수관보일러 : 상부, 하부에 조그만 드럼을 두고 그 사이를 많은 수관으로 연결
3) 특수보일러 : 특수한 목적으로 이용되거나 구조가 특수한 보일러

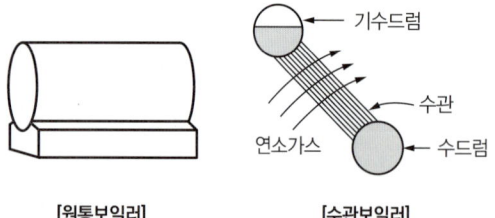

[원통보일러]   [수관보일러]

04 보일러의 종류 구분

원통 보일러	입형 보일러		입형횡관, 입형연관, 코크란(=입형횡연관보일러)
	횡형 보일러	노통 보일러	**코르니쉬**(노통이 1개), **랭카셔**(노통이 2개)
		연관 보일러	횡연관보일러, 기관차보일러, **케와니보일러**(=혼식보일러)
		노통연관	노통연관팩케이지, 스코치, 하우덴 존슨
수관 보일러	자연 순환식	직관식 완경사	바브콕(15°)
		직관식 경사수관	쓰네기찌(30°), **다쿠마**(45°), 야로우(15°), 3동A형(15°)
		직관식 급경사	갸르베(90°)
		곡관식	2동D형, 스터어링, 웰콕스, 방사보일러
	강제 순환식		**라몬트**, 베록스
	관류 보일러		**벤슨**, **슐저어**, 람진, 엣모스, 소형관류
특수 보일러			특수열매체보일러, 간접가열보일러, 특수연료보일러, 폐열보일러
주철제 보일러			주철제증기보일러, 주철제온수보일러

1) 사용장소에 따라 : 육용, 선박용
2) 동의 축심에 따라 : 입형, 횡형
3) 노(爐)의 위치에 따라 : 내분식, 외분식
4) 사용형식에 따라 : 둥근형(=원통형), 수관형
5) 이동여하에 따라 : 정치형, 운반형(=이동형)
6) 본체구조에 따라 : 노통보일러, 연관보일러
※ 일반적으로 구조·용도에 따라 입형보일러, 노통보일러, 연관보일러, 노통연관보일러, 복합보일러, 수관보일러, 관류보일러, 특수보일러 등으로 구분.

05 특수보일러의 종류

1) 특수열매체 보일러 : 물 이외의 열매체를 사용
  수은, 다우섬, 모빌섬, 카네크롤, 세큐리티 53
2) 간접가열 보일러 : 슈미트, 레플러
3) 특수연료 보일러 : 바게스, 펄프폐액, 소다회수, 바아크 등
4) 폐열 보일러 : 하이네보일러, 리히보일러

06 원통보일러와 수관보일러 특징

(1) 원통 보일러의 특징
수관보일러와 특징이 반대이며, 중요한 점은 전열면적에 비해서 보유수량이 많다는 점이다.
① 예열시간이 길다(=급수요에 응하기 어렵다).
② 부하변동에 대응하기 쉽다(보유수량이 많으므로 일단 예열이 되면 잘 냉각되지 않는다).
③ 보유수량이 많아 파열시 피해가 크다.
④ 급수처리가 간단하다(수관식은 증기발생 속도가 빠르고 보일러수 농축이 빠르므로 급수를 신중하게, 즉 깨끗한 물을 넣어야 물때(스케일) 생성이 안된다).
⑤ 고압대용량에 부적당(수관식에 비해)
⑥ 제작이 간단하다(수관식보다 가격이 싸다).

(2) 수관 보일러 특징 (⇨ 원통 보일러와 반대)
① 예열 시간이 짧다(=급수요에 응하기 쉽다).
② 부하변동에 대응하기 어렵다.
③ 급수처리가 까다롭다.
④ 열효율이 높다.
⑤ 외분식이므로 연료 선택 범위가 넓다.
⑥ 고압 대용량에 적합

07 내분식 보일러와 외분식 보일러

내분식 보일러	외분식 보일러
연소실 크기 제한 완전연소가 어렵다 연료선택 범위가 좁다 (양질의 연료만 연소가능) 방사 열손실이 적다	연소실 형상에 제한 없음 완전연소 용이 연료선택 범위가 넓다 (저질의 연료도 연소효율 양호) 노벽방산 열손실이 크다

(1) 내분식 보일러
① 연소장치가 본체내에 설치되어 있음
② 입형보일러, 횡형중 노통, 노통연관 등
③ 연소실 온도가 외분식에 비해 낮다.

(2) 외분식 보일러
① 연소장치가 본체외부에 설치되어 있음
② 수관형보일러, 연관보일러가 이에 속함
③ 외분식은 노벽(연소실 벽)의 열손실을 방지하기 위해 내화벽, 공냉벽, 수냉벽 등으로 시공.
※ 수냉벽의 장점 : 노내 기밀 유지, 방사열 흡수 및 전열면적 증가, 연소실 내화물 연화방지 등이 있다.

08 입형 보일러

1) 종류 : 입형횡관, 입형연관, 코크란
2) 특징
  ① 소형이므로 설치면적이 좁다
  ② 효율이 횡형에 비해 낮다
  ③ 고압 대용량에 부적합
3) 입형횡관 보일러에서 횡관설치 - 보일러수 순환 촉진 목적
  ※ 장점 - 보일러수 순환 촉진, 전열면적 증가, 화실내 벽 강도보강
4) 입형연관 보일러 단점 : 상부 연관 과열 위험
5) 입형보일러 효율 순서 : 코크란 〉 입형연관 〉 입형횡관

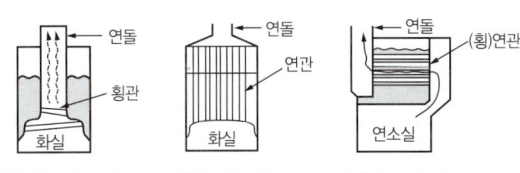

[입형횡관보일러]   [입형연관보일러]   [코크란보일러]

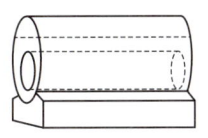

[노통보일러]   [노통보일러 단면]

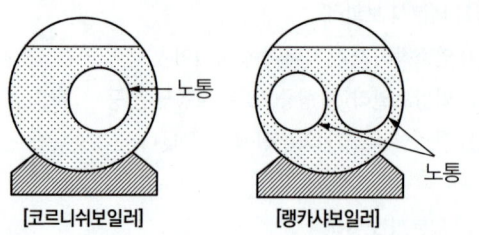

[코르니쉬보일러] [랭카샤보일러]

09 노통 보일러의 구조

(1) 노통
본체 내부에 설치하는 통 모양의 연소실.

(2) 노통 편심 설치
물순환 촉진(노통을 설치시 동체의 중심에서 약간 한쪽으로 치우치게 설치)

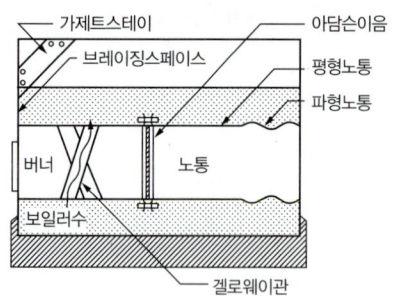

[노통보일러의 내부구조]

(3) 겔로웨이관
노통내부에 설치. 물순환 촉진 목적

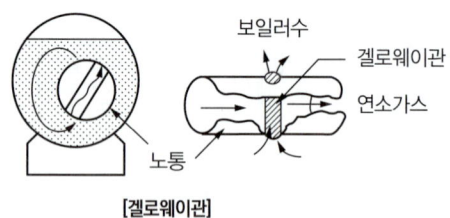

[겔로웨이관]

※ 설치시 장점 : 물 순환 촉진, 전열면적 증가, 노통의 강도 보강

(4) 아담슨 조인트(아담슨 이음, 아담슨 접합)
평형노통에 1m 간격으로 설치, 열팽창 흡수 목적

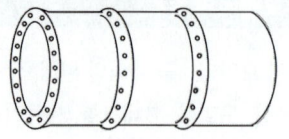

[평형노통과 아담슨이음]

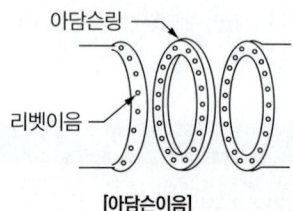

[아담슨이음]

※ 장점 : 열팽창 흡수, 시공 용이, 노통의 강도 보강

(5) 가제트 스테이
동판과 평경판 사이 설치, 평경판 변형 방지(삼각모양의 버팀판)
① 동판 : 보일러 본체의 원통에 해당하는 부분
② 경판 : 원통의 가장자리를 동그랗게 막고 있는 부분, 마구리판이라고도 한다. 구조에 따라 4가지로 나눈다. 반구형 경판, 반타원형 경판, 접시형 경판, 평경판. 이 중 평경판은 강도가 약하므로 반드시 가제트스테이가 필요하다. 나머지 경판은 스테이를 설치할 필요가 없다.

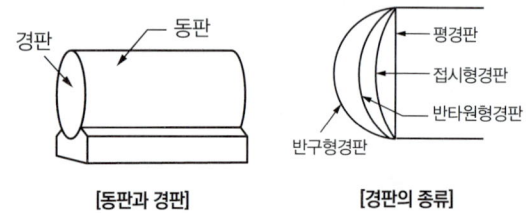

[동판과 경판]   [경판의 종류]

(6) 스테이(=버팀)
강도가 약한 부분의 강도보강을 위하여 사용되는 이음부분.
① 가젯트스테이 : 노통보일러의 평경판과 동판을 연결하여 평경판의 변형방지 및 강도보강
② 관스테이(=튜브스테이) : 횡연관 보일러, 선박용 보일러 등에 사용되며, 연관보다 두꺼운 관으로 연관처럼 경판에 확관 연결한다.

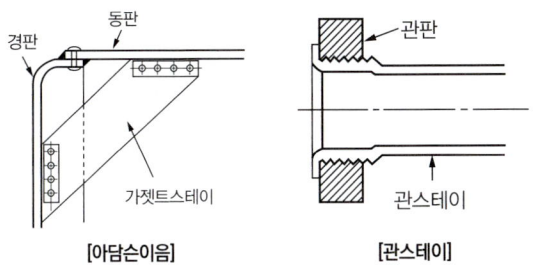

[아담슨이음]   [관스테이]

③ 바아스테이(=봉스테이) : 봉으로 된 스테이로서 경판, 화실, 천정판의 보강에 사용되며 수평스테이와 경사스테이가 있다.
④ 볼트스테이(=나사버팀) : 평행판의 강도보강을 위해 사용된다.

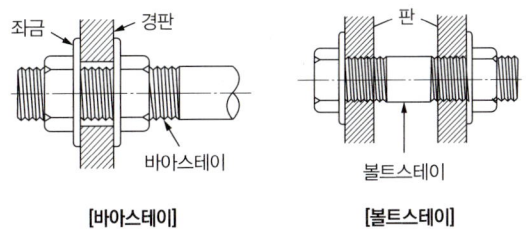

[바아스테이]   [볼트스테이]

⑤ 가이드스테이(=도리스테이, 시렁버팀) : 기관차 보일러, 스코치보일러에서 화실 천정판 강도보강에 사용된다.

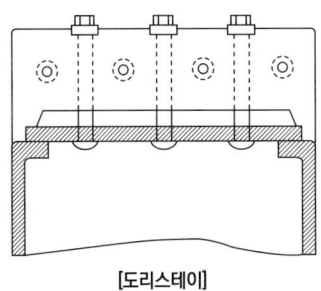

[도리스테이]

⑥ 도그 스테이 : 맨홀, 청소구멍의 밀봉용

(7) 브레이징 스페이스(=호흡공간)

가제트 스테이와 노통 사이 거리, 열팽창 흡수, 그루빙 방지

경판두께	브레이징 스페이스
13mm 이하	230mm 이상
15mm 이하	260mm 이상
17mm 이하	280mm 이상
19mm 이하	300mm 이상
19mm 초과	320mm 이상

① 그루빙(=구식, 홈부식, 도랑부식) : 노통과 가제트스테이 사이에서 반복된 열응력으로 인하여 홈이 파이면서 부식되는 현상(철판을 구부렸다 폈다 하면 부러지는 것과 같은 원리).
② 그루빙의 방지 방법
  ㉠ 브레이징스페이스 설치
  ㉡ 급격한 연소조절을 피할 것.

(8) 평형노통

제작용이, 청소용이, 신축흡수 곤란 (=아담슨이음 필요), 고압 부적당

(9) 파형노통

제작 불편, 청소 곤란, 신축흡수 용이, 고압적당, 전열면적 증대(평형의 1.4배), 강도증대

※ 파형노통 종류(브리데모폭파) : 브라운형, 리즈포즈형, 데이톤형, 모리슨형, 폭크스형, 파브스형

10 수관 보일러

상부와 하부에 작은 드럼을 놓고 그 사이를 다수의 관으로 연결한 다음 관속의 물을 외부에서 가열하여 증기를 발생하는 보일러

(1) 수관 보일러의 구조(다쿠마 보일러를 중심으로)

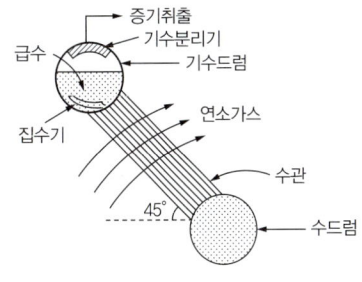

① 기수드럼(상부 드럼) : 증기, 보일러수가 담겨있다.
② 수드럼 : 하부드럼으로 보일러수가 담겨있다.
③ 강수관(降水管) : 상부의 기수드럼으로 공급된 물(급수)이 하부의 수드럼으로 내려가는 관으로서 보통 수관군 가운데 크게 하나를 설치한다.
④ 승수관(乘水管) : 수관 속의 물이 가열되면서 상부의 기수

드럼으로 올라가는 관으로서 중앙의 강수관 주위에 다발로 설치한다.
⑤ 집수기 : 상부 기수드럼에 설치되는 장치, 공급된 급수를 한 곳에 모아 하부 수드럼으로 유입시키는 역할을 한다. 급수와 승수관에서 올라오는 가열된 물이 섞여 순환이 방해되는 것을 방지.
※ 집수기 설치목적 : 관수(=보일러수) 순환촉진, 동(드럼)의 부동팽창 방지, 급수내관 보호

(2) 수관 보일러의 구분
① 자연순환식 : 보일러 드럼내의 보일러수를 온도차에 따른 밀도차에 의해 순환하는 방식으로 수관의 모양에 따라 직관식, 곡관식이 있다. 직관식은 수관의 경사각에 따라 쓰네기찌, 바브콕, 다쿠마, 갸르베, 야로우, 3동A형이 있다. 또한, 대표적인 곡관식 보일러는 2동 D형, 웰콕스, 스터어링, 방사보일러 등이 있다.
② 강제순환식 : 베록스, 라몬트
③ 관류보일러 : 벤슨, 술저, 람진, 엣모스, 소형관류보일러

(3) 자연순환식과 강제순환식
보일러 드럼내의 보일러수를 온도차에 따른 밀도차에 의해 순환하는 자연순환식과 순환노즐을 설치한 강제순환식이 있다. 자연순환식은 수관의 모양에 따라 직관식, 곡관식으로 구분되며, 직관식은 수관의 각도에 따라, 스네기찌형(30°), 바브콕형(15°), 다쿠마형(45°), 갸르베형(90°)이 있다.

(4) 자연 순환식 수관 보일러의 물순환 촉진방법
① 수관 직경 크게
② 수관 경사각 크게
③ 강수관이 열가스와 접촉하는 것을 방지
  ㉠ 2중관 : 승수관 내에 강수관을 설치
  ㉡ 내화 단열재로 강수관을 피복

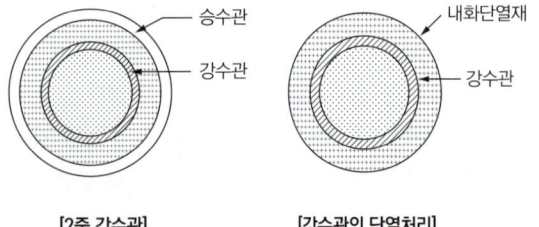

[2중 강수관]   [강수관의 단열처리]

(5) 곡관식의 특징(직관식과 비교하면)
① 고압 대용량
② 열팽창 흡수 용이
③ 전열면적 크고, 효율 높다.
④ 연소실 크기, 형상 조절 용이
⑤ 내부 청소 곤란
⑥ 제작비 비쌈

(6) 수관식 보일러에서 강제 순환하는 이유
고압이 되면 포화수와 포화증기의 비중차가 작아져 순환 불량(순환 불량시 과열 → 파열사고 초래. 따라서 강제적으로 순환이 필요)

(7) 수관 및 연관의 배치 모양, 이유
① 수관 : 마름모 모양 - 수관 주위를 통과하는 열 가스의 흐름 지연으로 전열량 증대
② 연관 : 바둑판 모양 - 연관 주위의 보일러수 순환 방해가 되지 않도록(보일러수 순환 촉진)

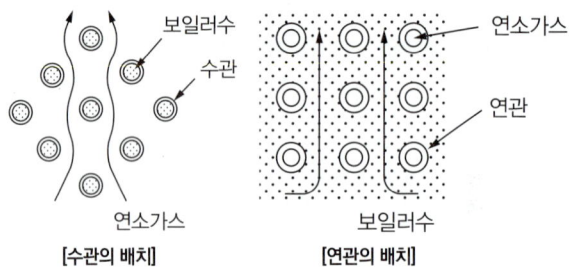

[수관의 배치]   [연관의 배치]

11 관류 보일러

(1) 원리
드럼이 없이 초임계압하에서 증기를 발생시키는 수관만으로 구성된 고압 대용량의 강제순환식 보일러

(2) 종류
벤슨보일러, 술저어보일러, 람진보일러, 엣모스 보일러, 소형관류보일러

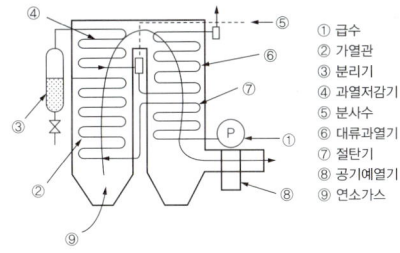

[술저보일러의 내부구조]

① 급수
② 가열관
③ 분리기
④ 과열저감기
⑤ 분사수
⑥ 대류과열기
⑦ 절탄기
⑧ 공기예열기
⑨ 연소가스

(3) 관류 보일러 특징
① 순환비가 1 (*순환비=급수량/증기발생량)
② 드럼이 없이 초임계압 하에서 증기 발생
③ 연소, 급수 제어에 완전 자동화 요구됨
④ 완벽한 급수 처리를 해야 한다(증기발생이 빠르므로 스케일부착이 빠르다.).
⑤ 전열면적이 넓고 효율이 가장 좋다.
⑥ 증기 발생이 빠르다(=급수요에 응하기 쉽다.).

(4) 급수가열 순서
가열관 → 증발관 → 과열관

(5) 벤슨 보일러의 증발관 배열 형태
미앤다형, 스파이럴형, 상승관군 하강관형

12 특수 열매체 보일러

(1) 원리
물 대신 수은, 다우섬, 모빌섬, 카네크롤 등 특수열매체를 사용하여 증기를 발생시키는 보일러

(2) 종류
수은, 다우삼, 모빌섬, 세큐리티53, 카네크롤

(3) 특징
① 동결의 위험이 적다
② 저압에서 고온의 증기 취출(물에 비해 대부분 비열이 적다)
③ 형식 승인 불필요
④ 안전밸브 밀폐식(인화성, 유독성 증기 발생)
⑤ 급수 처리 장치(청관제 주입 장치) 불필요

13 간접 가열 보일러

간접 가열 보일러는 보일러용 급수가 부식성이거나 염류 등 불순물이 많을 때 2중 증발장치를 이용하여 증기를 발생시키는 것으로 종류에는 슈미트, 레플러 보일러가 있다.

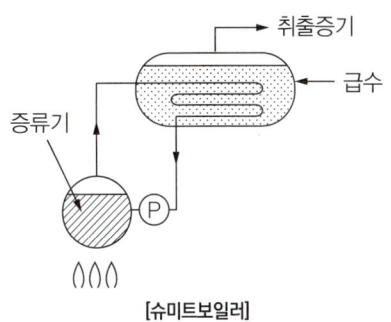

[슈미트보일러]

14 주철제 보일러의 특징

보일러의 재질은 대부분 강철제이나, 이와 달리 주철로 제작한 것이며, 주철제 증기보일러와 주철제 온수보일러가 있다. 강철과 달리 주철은 충격에 약하므로 강철제 보일러처럼 가공, 용접하여 제작하기 어렵고 주물 제작하여 조립한다. 섹션의 두께는 일반적으로 8mm 정도.

(1) 최고사용압력(P)과 수압시험압력
① 주철제 증기보일러 : 최고사용압력(P) 0.1MPa 이하, 수압시험압력 0.2MPa($2 \cdot P$)
② 주철제 온수보일러 : 최고사용수두압 50mH$_2$O 이하 수압시험 압력 $1.5 \cdot P$

(2) 주철제 보일러의 특징
① 내열성, 내식성이 크다
② 인장, 충격에 약함(=급열, 급냉에 약하다.)
  ※ 저수위로 인한 과열 사고시 자연냉각 후 급수
③ 조립식이므로 시공 용이
  ※ 조립 방법 : (연소실 조립을 기준으로)
    전후 조합, 좌우조합, 맞세움 전후 조합
④ 섹션(=조각, 쪽) 증감으로 용량조절 용이
⑤ 주물 제작으로 복잡한 구조 제작 가능
⑥ 내부구조가 복잡하므로 청소곤란
⑦ 고압 대용량에 부적합
⑧ 주로 소형 난방용으로 사용

15 온수 보일러

(1) 소형 온수보일러 정의(에너지이용합리화법 상)

전열면적 $14m^2$ 이하, 최고사용압력 0.35MPa 이하인 보일러, 온수보일러의 수압시험은 최고사용압력(P) 2배($2 \cdot P$)

(2) 가열방식에 따른 분류

① 1회로식 : 직접 가열식
② 2회로식 : 간접 가열식

(3) 온수 보일러의 부착 부속품(증기 보일러와 비교)

① 방출밸브(온수온도 120℃ 이하시)
② 안전밸브(온수온도 120℃ 초과시)
③ 팽창 탱크
④ 온도계
⑤ 수고계
⑥ 팽창관
⑦ 순환 펌프
⑧ 수위계(증기보일러의 압력계 역할)
※ 온수보일러 설치시 수면계 및 증기계통 장치(증기트랩 등)는 필요없음

증기 보일러	온수 보일러
안전밸브	안전밸브, 방출밸브
팽창탱크 필요없음	팽창탱크
압력계	수위계
수면계	수면계 필요없음
증기트랩	증기트랩 필요없음
과열기, 재열기	과열기, 재열기 없음

[증기보일러와 온수보일러 부착부속품 비교]

(4) 온수 보일러의 버너

① 압력분무식 : 연료 또는 공기 등을 가압하고 노즐로 분무하여 연소시키는 형식, 건형과 저압공기분무식이 있다.
② 증발식(=포트식) : 연료를 포트 등에서 증발시켜 연소시키는 형식
③ 회전무화식 : 연료를 회전체의 원심력으로 비산하여 무화연소, 회전식버너와 웰플레임버너.
④ 기화식 : 연료를 예열하여 기화시켜 노즐로 분무하여 연소시키는 형식
⑤ 낙차식 : 낙차에 따라 고정된 심지에 연료를 보내어 연소시키는 형식

16 수위(안전저수위 이하시 과열사고)

(1) 상용 수위(수면계 중심, 1/2=50%)

보일러 가동 중 항상 유지하여야 할 적정수위
※ 저수위는 20% 이하, 고수위는 80% 이상

(2) 안전저수위

운전 중 유지하여야 할 최저 수면, 수면계 하단과 일치
① 입형관 보일러 : 화실 천정판 최고부위 75mm 상단
② 입형연관 보일러 : 연관 길이 1/3 이상
③ 코크란 보일러(=입형횡연관 보일러) : 연관 상부 75mm 상단
④ 노통 보일러 : 노통 100mm 상단
⑤ 연관 보일러 : 연관 75mm 상단
⑥ 노통연관 보일러
  ㉠ 노통이 위 일때 : 노통 100mm 상단
  ㉡ 연관이 위 일때 : 연관 75mm 상단

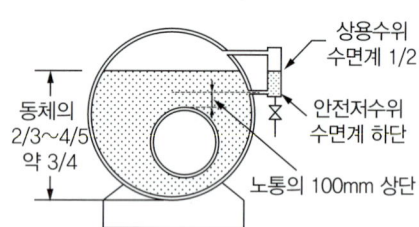

[노통 보일러의 안전저수위]

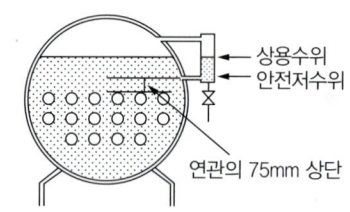

[연관 보일러의 안전저수위]

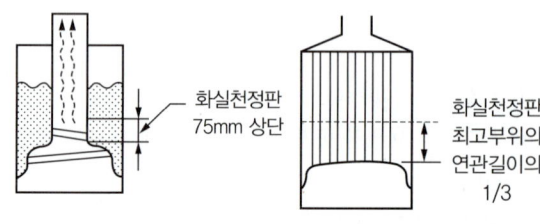

[입형횡관 보일러의 안전저수위]   [입형연관 보일러의 안전저수위]

17 최고사용압력과 수압시험

보일러 강도상 허용할 수 있는 최고의 게이지 압력
(=최대로 사용할 수 있는 보일러 내부의 증기압력)

(1) 최고사용압력으로 계속 사용하여도 무리가 없음

(2) 수압시험은 30분간 행한 후 이상이 없으면 수압을 제거

(3) 수압시험

① 수압시험은 천천히 수압을 가하여 규정된 수압에 도달한 후 30분이 경과된 뒤에 검사를 실시
② 수압시험 압력은 최고사용압력보다 높게
③ 수압시험 압력은 최소한 0.2MPa이상
④ 수압시험 도중 또는 시험 후 동파의 위험이 없도록 조치
⑤ 규정된 수압시험 압력의 6%를 초과하지 않도록 조치할 것

(4) 수압시험 압력

보일러 종류	최고사용압력(P)	수압시험
강철제	0.43MPa 이하	$2P$
	0.43MPa 초과 1.5MPa 이하	$1.3P+0.3MPa$
	1.5MPa 초과	$1.5P$
주철제	0.43MPa 이하	$2P$
	0.43MPa 초과	$1.3P+0.3MPa$
소용량 강철제 보일러	0.35MPa 이하	$2P$
가스용 소형온수 보일러	0.43MPa 이하	$2P$

18 전열면적

(1) 전열면

한쪽에는 연소가스가, 다른 한쪽에는 보일러수가 접촉하고 있을 때 연소가스가 접촉하고 있는 부분을 전열면이라 하고 그 넓이를 전열면적이라 한다. 전열면적이 큰 보일러는 열 흡수가 빠르고 증기발생이 빠르다.

(2) 각종 보일러의 전열면적(A)

① 코르니쉬 보일러 : $A = \pi DL$

② 랭카샤 보일러 : $A = 4DL$

③ 횡연관 보일러 : $A = \pi L \left(\dfrac{D}{2} - d_1 n \right) + D^2$

④ 연관 보일러 전열면적 : $A = \pi d_1 l n$

⑤ 수관 보일러 : $A = \pi d_2 \, l n$

여기에서, D : 동체의 지름
L : 동체의 길이
d_1 : 연관의 내경
d_2 : 수관의 외경
l : 연관, 수관의 길이
n : 연관, 수관의 갯수

참고사항

◆ 재질에 따라 강철제, 주철제(대부분 강철제이므로 강철제가 아닌 주철제일 경우는 반드시 주철제라고 명시)

◆ 온수 보일러는 본체 속에 물이 100% 가득 채워져서 가열된 온수가 나오고, 물을 70~80% 정도 채워서 증기를 빼내면 증기보일러이다. 온수 보일러일 경우에는 반드시 '온수 보일러'라고 표시한다. 또한 연료가 유류가 아닌 경우에는 대부분 사용연료를 표시한다.(구멍탄용, 가스용 등)

◆ 소용량보일러
· 소용량 강철제 보일러 : 전열면적이 5m² 이하이고, 최고사용압력이 0.35MPa 이하인 강철제 보일러
· 소용량 주철제 보일러 : 전열면적이 5m² 이하이고, 최고사용압력이 0.1MPa 이하인 주철제 보일러
· 소형관류 보일러 : 강철제 보일러 중 헤더의 안지름이 150mm 이하이고, 전열면적이 10m² 이하이며, 최고사용압력이 1MPa 이하인 관류 보일러. 단, 다만, 그 중 기수분리기를 장치한 것은 기수분리기의 안지름이 300mm 이하이고 그 내용적이 0.07m³ 이하인 것에 한한다.

02 보일러 종류 및 특징 예상문제

박쌤이 **콕! 집어주는** 주요 예상문제 풀어보기!

 원통형보일러/수관형보일러 특징

보일러 종류
1) 원통형 : 입형 - 입형횡관, 입형연관, 코크란
              횡형 - 노통, 연관, 노통연관
  * 노통 : 코르니쉬(노통1개), 랭커셔(노통2개)
  * 연관 : 케와니, 기관차형
  * 노통연관 : 스코치, 하우덴존슨, 노통연관패키지
2) 수관형 : 자연순환식 - 직관식, 곡관식
              강제순환식 - 라몬트, 베록스
              관류식
  * 직관식 : 스네기찌, 바브콕, 다쿠마
  * 곡관식 : 야르베, 2동D형, 3동A형, 스터링
  * 관류식 : 벤슨, 슐저, 람진, 엣모스
3) 특수열매체 보일러 : 수은, 다우섬, 모빌섬, 카네크롤
4) 간접가열 보일러 : 슈미트, 레플러

원통형	수관형
보유수량이 많다. 전열면적 작다.	보유수량 적다. 전열면적 넓다.
증기발생 느리다. (=예열시간 길다 =급수요에 응하기 어렵다)	증기발생 빠르다. (=예열시간 짧다 =급수요에 응하기 쉽다)
(예열 후)압력변동 적다	압력변동이 심하다
스케일 발생이 적다 (=급수처리 간단)	스케일 부착이 쉽다. (=급수처리 철저히)
중저압용에 적합	고압대용량에 적합
파열시 피해가 크다	파열시 피해가 적다

* 원통형보일러 : 전열면적에 비해 보유수량이 많다.
  ① 예열시간이 길다.
  ② (전체가 예열되면) 부하변동에 의한 압력변화가 적다.
  ③ 보유수량이 많아 파열시 피해가 크다.
  ④ 고압보일러나 대용량보일러에는 부적당하다.
  ⑤ 구조 간단, 정비, 취급이 용이,
      제작비가 수관식에 비해 저렴
  ⑥ 전열면적이 작아 증기 발생시간이 길다.(예열시간 길다)

02 보일러설치기술규격(KBI)에서 수관보일러와 비교한 원통 보일러의 특징 설명으로 틀린 것은? [07/4]

① 구조가 간편하고 취급이 용이하다.
② 고압이나 대용량에 적합하다.
③ 기동으로부터 증기 발생까지는 시간이 걸리지만 부하의 변동에 따른 압력변동은 적다.
④ 보유수량이 많으며 파열의 경우 피해가 크다.

03 원통형 보일러의 일반적인 특징 설명으로 틀린 것은? [12/5]

① 보일러 내 보유 수량이 많아 부하변동에 의한 압력 변화가 적다.
② 고압 보일러나 대용량 보일러에는 부적당하다.
③ 구조가 간단하고 정비, 취급이 용이하다.
④ 전열면적이 커서 증기 발생시간이 짧다.

01 원통형 보일러의 일반적인 특징에 관한 설명으로 틀린 것은? [13/4]

① 구조가 간단하고 취급이 용이하다.
② 수부가 크므로 열 비축량이 크다.
③ 폭발시에도 비산 면적이 작아 재해가 크게 발생하지 않는다.
④ 사용 증기량의 변동에 따른 발생 증기의 압력변동이 작다.

04 원통형 보일러에 관한 설명으로 틀린 것은? [12/2]

① 입형 보일러는 설치면적이 적고 설치가 간단하다.
② 노통이 2개인 횡형 보일러는 코르니시 보일러이다.
③ 패키지형 노통연관 보일러는 내분식이므로 방산 손실열량이 적다.
④ 기관본체를 둥글게 제작하여 이를 입형이나 횡형으로 설치 사용하는 보일러를 말한다.

정답 1③ 2② 3④ 4②

* 원통형보일러는 입형, 횡형으로 구분된다.
  ① **입형보일러**: 입형횡관, 입형연관, 코크란(입형횡연관)
  ② **횡형보일러**: 노통 - 코르니시(1개), 랭카샤(2개)
    연관 - 횡관식, 케와니, 기관차형,
    노통연관 - 패케지형, 스코치, 하우덴존슨
* 연소실위치에 따라 내분식, 외분식으로 구분하기도 한다.
  ① **내분식**: 노통이 설치된 보일러
  ② **외분식**: 연관보일러, 수관보일러

05 각종 보일러에 대한 특징 설명으로 옳은 것은?
[09/2][07/5]

① 노통보일러는 내부 청소가 힘들고 고장이 자주 생겨 수명이 짧다.
② 원통형 보일러는 본체 구조가 간단한 형식으로 파열 시 피해가 크다.
③ 수관 보일러는 전열면적이 작아 소용량 보일러에 적합하다.
④ 코르니시 및 랭카셔 보일러의 노통은 2개 이상이다.

* 1) **원통형**: 수관형에 비해 보유수량이 많고 전열면적이 작다. 증기발생이 느리고 수량이 많아 파열시 피해가 크다. 외부압력변동에 대한 증기압력 변화가 적다. 구조가 간단하다. 입형보일러와 횡형보일러로 구분된다.
    ① **입형**: 입형횡관, 입형연관, 코크란
    ② **횡형**: 노통, 연관, 노통연관
      코르니시-노통 1개   랭카샤-노통 2개
  2) **수관형**: 원통형에 비해 보유수량이 적고 전열면적이 넓다. 증기발생이 빠르고 구조가 복잡하다. 고압대용량에 적합.

06 보일러의 분류 중 원통형 보일러에 속하지 않는 것은?
[12/5]

① 다쿠마 보일러   ② 랭카셔 보일러
③ 캐와니 보일러   ④ 코르니시 보일러

* 다쿠마 보일러는 대표적인 수관식보일러로서 수관의 경사각은 45°이다.

07 보일러 중 원통형 보일러가 아닌 것은?
[11/1][08/5]

① 입형 횡관식 보일러   ② 벤슨 보일러
③ 코르니시 보일러   ④ 스코치 보일러

* 벤슨 보일러는 수관식보일러 중 관류보일러에 속한다.

08 입형보일러 특징으로 거리가 먼 것은?
[15/5]

① 보일러 효율이 높다.
② 수리나 검사가 불편하다.
③ 구조 및 설치가 간단하다.
④ 전열면적이 적고 소용량이다.

* 입형은 횡형에 비해 열효율이 낮고 증기발생량이 적다.
  1) 장점 - 소형이므로 설치장소가 좁아도 된다.
    구조가 간단하고 튼튼하다.
    제작이 쉽고 가격이 싸다.
  2) 단점 - 전열면적이 적고 소용량
    효율이 횡형보다 낮다.
    수면이 좁아 습증기 발생할 수 있다.

09 입형보일러에 대한 설명으로 거리가 먼 것은?
[15/5]

① 보일러 동을 수직으로 세워 설치한 것이다.
② 구조가 간단하고 설비비가 적게 든다.
③ 내부청소 및 수리나 검사가 불편하다.
④ 열효율이 높고 부하능력이 크다.

10 입형(직립) 보일러에 대한 설명으로 틀린 것은?
[14/1]

① 동체를 바로 세워 연소실을 그 하부에 둔 보일러이다.
② 전열면적을 넓게 할 수 있어 대용량에 적당하다.
③ 다관식은 전열면적을 보강하기 위하여 다수의 연관을 설치한 것이다.
④ 횡관식은 횡관의 설치로 전열면을 증가시킨다.

* 입형보일러는 연소실이 좁고 작으며 소용량에 적합

11 입형 보일러에 대한 설명으로 틀린 것은?
[08/2]

① 비교적 장소가 좁은 곳에도 설치가 가능하다.
② 수관을 많이 설치하여 효율을 높일 수 있다.
③ 고압력의 보일러로는 부적합하다.
④ 수면이 좁고 증기부가 적어 습증기가 발생할 수 있다.

정답 5② 6① 7② 8① 9④ 10② 11②

12 원통형 보일러에서 입형 보일러는?

[07/1]

① 코르니쉬 보일러 ② 코크란 보일러
③ 랭카셔 보일러 ④ 케와니 보일러

* 입형보일러의 종류 : 입형횡관, 입형연관, 코크란(=입형횡연관)

13 연관식 보일러의 특징으로 틀린 것은?

[14/5]

① 동일 용량인 노통 보일러에 비해 설치면적이 적다.
② 전열면적이 커서 증기발생이 빠르다.
③ 외분식은 연료선택 범위가 좁다.
④ 양질의 급수가 필요하다.

* 연관보일러 특징
  ① 노통에 비해 전열면적이 크다.
  ② 노통에 비해 증발량이 많고, 효율이 높다.
  ③ 같은 용량이면 노통에 비해 설치면적을 적게 차지한다.
  ④ 구조가 복잡하고, 내부청소가 어렵다.
  ⑤ 연관 부분에 누설이나 고장이 많다.
* 연관보일러의 연소실 위치는 연관 외부이므로 외분식에 해당하며, 연료선택범위가 넓다.

14 연관식 보일러의 특징 설명으로 틀린 것은?

[09/1]

① 전열면이 크고 효율은 노통보일러 보다 좋다.
② 증기발생 시간이 빠르다.
③ 연료선택 범위가 좁다
④ 연료의 연소상태가 양호하다.

15 랭커셔 보일러는 어디에 속하는가?

[14/5][07/1]

① 관류 보일러 ② 연관 보일러
③ 수관 보일러 ④ 노통 보일러

* 노통보일러에서 노통의 설치개수에 따라 코르니쉬보일러(노통1개), 랭커셔보일러(노통2개)

16 보일러 중 노통연관식 보일러는?

[14/4][08/4]

① 코르니시 보일러 ② 랭커셔 보일러
③ 스코치 보일러 ④ 다쿠마 보일러

* 1) 노통보일러 : 코르니시, 랭카샤
  2) 연관보일러 : 케와니, 기관차
  3) 노통연관보일러 : 스코치, 하우덴존슨, 패키지형
  4) 자연순환식 수관보일러 : 다쿠마, 쓰네기찌, 바브콕, 2동D형, 3동A형
  5) 강제순환식 수관보일러 : 라몬트, 베록스
  6) 관류보일러 : 벤슨, 술쳐, 람진, 엣모스

17 수관보일러와 비교하여 노통 보일러의 단점 설명으로 틀린 것은?

[07/2]

① 보일러 파열이 일어날 경우 위험성이 크다.
② 보일러 내부의 청소와 점검이 곤란하고 고장이 잦다.
③ 연소시작 때 많은 연료가 소모된다.
④ 전열면적이 적어 증발량이 적다.

* 노통보일러는 원통형보일러에 속하며 전열면적에 비해 보유수량이 많다.
  ① 예열시간이 길다.
  ② (전체가 예열되면) 부하변동에 의한 압력변화가 적다.
  ③ 보유수량이 많아 파열시 피해가 크다.
  ④ 고압보일러나 대용량보일러에는 부적당하다.
  ⑤ 구조 간단, 정비, 취급이 용이, 제작비가 수관식에 비해 저렴
  ⑥ 전열면적이 작아 증기 발생시간이 길다.(예열시간 길다)

18 노통 연관식 보일러의 특징으로 가장 거리가 먼 것은?

[14/2]

① 내분식이므로 열손실이 적다.
② 수관식 보일러에 비해 보유수량이 적어 파열시 피해가 작다.
③ 원통형 보일러 중에서 효율이 가장 높다.
④ 원통형 보일러 중에서 구조가 복잡한 편이다.

* 수관식에 비해 보유수량이 많고 파열시 피해가 크다.

정답 12② 13③ 14③ 15④ 16③ 17② 18②

19 노통연관식 보일러의 설명으로 틀린 것은?

[11/5]

① 노통보일러와 연관식 보일러의 단점을 보완한 구조다.
② 설치가 복잡하고 또한 수관 보일러에 비해 일반적으로 제작 및 취급이 어렵다.
③ 최고사용압력이 2Mpa이하의 산업용 또는 난방용으로서 많이 사용된다.
④ 전열면적이 20~400m², 최대증발량은 20t/h 정도이다.

★ 수관보일러는 상부드럼과 하부드럼 사이를 수관으로 배치하고, 수관의 겉면을 가열하여 물을 증발시키는 보일러로서 구조 및 제작 설치가 복잡하고 취급이 어렵다.

20 노통 연관식 보일러의 특징에 대한 설명으로 틀린 것은?

[11/2]

① 보일러의 크기에 비해 전열면적이 넓어서 효율이 좋다.
② 비수방지를 위해 비수방지관이 필요하다.
③ 노통 내부에서 연소가 이루어지기 때문에 열손실이 적다.
④ 증발속도가 느리므로 스케일 부착이 어렵다.

★ 노통 연관식 보일러 특징
장점 ① 전열면적이 넓어 효율이 좋다.(85~90%)
② 열손실이 적다.
③ 수관식에 비해 가격이 싸다.
④ 증발속도가 빠르다.(노통, 연관에 비해)
단점 ① 스케일 부착이 쉽다.(노통, 연관에 비해)
② 급수처리가 필요하다.(노통, 연관에 비해)
③ 고압보일러나 대용량에는 부적합하다.(수관식에 비해)
④ 비수방지를 위하여 비수방지관이 필요하다.

21 노통연관식 보일러의 특징 설명으로 틀린 것은?

[09/2]

① 열효율이 80~90% 이다.
② 증기의 발생속도가 빠르다.
③ 증기량에 비해 소형이며 고성능이다.
④ 제작과 취급이 어렵다.

22 원통형 및 수관식 보일러의 구조에 대한 설명 중 틀린 것은?

[14/4]

① 노통 접합부는 아담슨 조인트(Adamson joint)로 연결하여 열에 의한 신축을 흡수한다.
② 코르니시 보일러는 노통을 편심으로 설치하여 보일러수의 순환이 잘 되도록 한다.
③ 겔로웨이관은 전열면을 증대하고 강도를 보강한다.
④ 강수관의 내부는 열가스가 통과하여 보일러수 순환을 증진한다.

★ 1) 원통형보일러 : 노통을 설치한 노통보일러, 연관을 설치한 연관보일러가 있고 노통과 연관이 같이 조합된 노통연관보일러가 있다. 노통의 구조 및 설치에 따라
① 노통 편심설치 : 보일러수 순환을 촉진
② 평형노통의 열팽창 흡수를 위해 아담슨 조인트로 연결. 또는 평형노통 대신 파형노통을 사용
③ 노통 내부에는 상하를 관통한 겔로웨이관을 설치하여 수순환을 돕는다. 설치후 전열면적 증가, 노통강도 보강의 장점이 생긴다.
④ 본체 구조 앞부분이 평형평판일 때 변형을 방지하기 위해 가제트 스테이를 설치한다.
2) 수관보일러 : 상부에 기수드럼, 하부에 수드럼을 설치하고 상하 드럼 사이를 관으로 연결한다. 관 내부에 물이 들어있고 외부에 연소가스가 접촉하여 물이 증발한다. 관의 역활과 드럼 내부 구조에 따라
① 강수관 : 상부 기수드럼에 공급된 물이 하부 수드럼으로 내려가는 관. 연소가스로 가열되지 않도록 이중관 또는 내화단열재로 피복한다.
② 승수관 : 연소가스가 외부에 접촉하여 물이 끓어 발생된 증기가 상부 기수드럼으로 올리가는 관
③ 집수기 : 상부 기수드럼에 설치하며 공급된 보일러수를 모아 강수관으로 안내하도록 되어 있는 구조.

23 수관식 보일러의 구성을 설명한 것으로 틀린 것은?

[10/2]

① 수관식 보일러는 상부 드럼과 하부 드럼으로 구성되어 있다.
② 수관식 보일러는 강수관과 승수관으로 구성되어 있다.
③ 수관식 보일러는 내분식으로 효율이 좋다.
④ 수관식 보일러는 화실과 수관, 관모음(헤더)관 등으로 구성되어 있다.

★ 수관식 보일러는 외분식 보일러이다.

24 보일러설치기술규격(KBI)에 규정된 수관식보일러의 특징을 설명하였다. 맞지 않는 것은? [07/4]

① 전열면적을 크게 할 수 있으므로 일반적으로 효율이 높다.
② 구조상 고압 대용량에 적합하다.
③ 전열면적당 보유수량이 적으므로 기동에서 소요증기가 발생할 때까지의 시간이 짧다.
④ 순도가 높은 급수를 필요로 하지 않는다.

* 수관보일러는 증기발생이 빠르고 스케일 생성이 빠르므로 급수처리를 철저히 해야 한다.

25 수관보일러의 특징에 대한 설명으로 틀린 것은? [15/2]

① 자연순환식은 고압이 될수록 물과의 비중차가 적어 순환력이 낮아진다.
② 증발량이 크고 수부가 커서 부하변동에 따른 압력변화가 적으며 효율이 좋다.
③ 용량에 비해 설치면적이 적으며 과열기, 공기예열기 등 설치와 운반이 쉽다.
④ 구조상 고압 대용량에 적합하며 연소실의 크기를 임의로 할 수 있어 연소상태가 좋다.

* 수관보일러는 증발량이 크고 수부가 작아서 부하변동에 따른 압력변화가 크다.

26 수관식 보일러의 일반적 특징에 관한 설명으로 틀린 것은? [15/1]

① 구조상 고압 대용량에 적합하다.
② 전열면적을 크게 할 수 있으므로 일반적으로 열효율이 좋다.
③ 부하변동에 따른 압력이나 수위의 변동이 적으므로 제어가 편리하다.
④ 급수 및 보일러수 처리에 주의가 필요하며 특히 고압보일러에서는 엄격한 수질관리가 필요하다.

* 수관보일러는 보유수량이 적고 전열면적이 커서 증기발생 속도가 빠르지만 부하변동에 따른 압력 및 수위변동이 크다. 따라서 급수제어, 연소제어에 주의해야 한다.

27 수관식 보일러의 특징에 대한 설명으로 틀린 것은? [14/5]

① 전열면적이 커서 증기의 발생이 빠르다.
② 구조가 간단하여 청소, 검사, 수리 등이 용이하다.
③ 철저한 급수처리가 요구된다.
④ 보일러수의 순환이 빠르고 효율이 좋다.

* 수관식 보일러는 원통형보일러에 비해 내부 구조가 복잡하고 청소, 검사, 수리가 불편하다.

28 수관식 보일러의 특징에 관한 설명으로 틀린 것은? [14/2][10/1]

① 구조상 고압 대용량에 적합하다.
② 전열면적을 크게 할 수 있으므로 일반적으로 효율이 높다.
③ 급수 및 보일러수 처리에 주의가 필요하다.
④ 전열면적당 보유수량이 많아 기동에서 소요증기가 발생할 때까지의 시간이 길다.

* 수관식보일러는 보유수량에 비해 전열면적이 넓고 (전열면적당 수량이 적고), 증기발생시간이 빠르다.

29 수관식 보일러에 대한 설명으로 틀린 것은? [14/1]

① 고온, 고압에 적당하다.
② 용량에 비해 소요면적이 적으며 효율이 좋다.
③ 보유수량이 많아 파열시 피해가 크고, 부하변동에 응하기 쉽다.
④ 급수의 순도가 나쁘면 스케일이 발생하기 쉽다.

* ②용량(증기발생량)에 비해 소요면적이 적다는 것은 동일한 전열면적당 증기발생량이 많다는 것을 뜻함.
③보유수량이 많아 파열시 피해가 큰 보일러는 원통형

정답 24 ④ 25 ② 26 ③ 27 ② 28 ④ 29 ③

30 원통형 보일러와 비교할 때 수관식 보일러의 특징 설명으로 틀린 것은?   [13/2]

① 수관의 관경이 적어 고압에 잘 견딘다.
② 보유수가 적어서 부하변동 시 압력변화가 적다.
③ 보일러수의 순환이 빠르고 효율이 높다.
④ 구조가 복잡하여 청소가 곤란하다.

★ 수관보일러는 보유수량이 적어 증기발생은 빠르나 부하변동시 내부 압력 변화가 크다.

31 수관식 보일러의 일반적인 장점에 해당하지 않는 것은?   [12/4]

① 수관의 관경이 적어 고압에 잘 견디며 전열면적이 커서 증기 발생이 빠르다.
② 용량에 비해 소요면적이 적으며 효율이 좋고 운반, 설치가 쉽다.
③ 급수의 순도가 나빠도 스케일이 잘 발생하지 않는다.
④ 과열기, 공기예열기 설치가 용이하다.

★ 수관보일러는 관속에 물을 넣고 관 겉면(전열면)을 가열하여 증기를 발생하는 것으로 전열면적에 비해 수량이 적어 증기발생이 빠르고, 보일러수가 빨리 농축되므로 스케일 생성이 빠르다. 따라서, 급수처리가 철저해야 한다.
증기발생속도가 빨라서 급수요에 응하기는 쉬우나 보유수량이 적어서, 증기사용에 따라(부하변동에 따라) 증기압력 변동이 크다.

32 수관식 보일러의 일반적인 특징이 아닌 것은?   [12/5]

① 구조상 저압으로 운용되어야 하며 소용량으로 제작해야 한다.
② 전열면적을 크게 할 수 있으므로 열효율이 높은 편이다.
③ 급수 처리에 주의가 필요하다.
④ 연소실을 마음대로 크게 만들 수 있으므로 연소상태가 좋으며 또한 여러 종류의 연료 및 연소 방식이 적용된다.

★ 수관식보일러는 원통형보일러와 비교하면 보일러 수량에 비해 전열면적이 넓고 증기발생이 빠르다. 따라서, 고압대용량에 사용됨.

33 수관식 보일러의 특징 설명으로 틀린 것은?   [10/5]

① 보유수량이 적기 때문에 부하변동 시 압력변화가 크다.
② 관경이 적기 때문에 고압에 적당하다.
③ 보일러수의 순환이 좋고 보일러 효율이 좋다.
④ 증발량이 적기 때문에 소용량에 적당하다.

★ 수관식 보일러는 보유수량에 비해 전열면적이 넓고 증기발생이 빠르며 고압대용량에 사용된다.

34 다음 중 수관식 보일러의 종류가 아닌 것은?   [16/4]

① 다꾸마 보일러   ② 갸르베 보일러
③ 야로우 보일러   ④ 하우덴 존슨 보일러

★ 수관식 : 자연순환식, 강제순환식, 관류식이 있음.
  ① 자연순환식 : 다꾸마, 쓰네기지, 갸르베, 야로우, 2동D형
  ② 강제순환식 : 베록스, 라몬트
  ③ 관류식 : 벤슨, 슐저, 람진, 엣모스, 소형관류

35 수관식 보일러에 속하지 않는 것은?   [15/4][09/1]

① 입형 횡관식   ② 자연순환식
③ 강제 순환식   ④ 관류식

★ 수관식 보일러 : 자연순환식, 강제순환식, 관류식
원통 보일러 : 입형(입형횡관, 입형연관, 코크란), 횡형(노통, 연관, 노통연관)

36 수관식 보일러 종류에 해당되지 않는 것은?   [15/2][08/4]

① 코르니시 보일러   ② 슐처 보일러
③ 다쿠마 보일러   ④ 라몽트 보일러

★ 코르니시 보일러는 노통이 1개 설치된 원통형보일러임.

정답 30 ② 31 ③ 32 ① 33 ④ 34 ④ 35 ① 36 ①

37 다음 중 수관식 보일러에 속하는 것은?
[15/1]
① 기관차 보일러 ② 코르니쉬 보일러
③ 다쿠마 보일러 ④ 랑카샤 보일러

> ★ 수관보일러의 종류
> ① **자연순환식** : 직관식과 곡관식이 있다.
>   - 직관식 : 스네기찌, 다쿠마, 바브콕, 3동A형, 갸르베
>   - 곡관식 : 2동D형, 스터링, 웰콕스
> ② **강제순환식** : 베록스, 라몬트
> ③ **관류보일러** : 벤슨, 술저어, 람진, 엣모스, 소형관류

38 다음 보일러 중 수관식 보일러에 해당되는 것은?
[14/2]
① 타쿠마 보일러 ② 카네크롤 보일러
③ 스코치 보일러 ④ 하우덴 존슨 보일러

> ★ **타쿠마보일러** : 수관식
>   **카네크롤** : 특수열매체
>   **스코치, 하우덴존슨** : 노통연관

39 다음 중 수관식 보일러에 해당되는 것은?
[13/1]
① 스코치 보일러 ② 바브콕 보일러
③ 코크란 보일러 ④ 케와니 보일러

> ★ ① **스코치보일러** : 노통연관보일러. (원통형보일러)
> ② **바브콕보일러** : 수관식보일러 중 자연순환식 직관식
> ③ **코크란보일러** : 입형황연관보일러 (원통형보일러)
> ④ **케와니보일러** : 연관보일러 (원통형보일러)

40 보일러를 본체 구조에 따라 분류하면 원통형 보일러와 수관식 보일러로 크게 나눌 수 있다. 수관식 보일러에 속하지 않는 것은?
[12/4][09/4]
① 노통 보일러 ② 다쿠마 보일러
③ 라몽트 보일러 ④ 슐쳐 보일러

> ★ 보일러는 본체 구조에 따라, 원통형과 수관형으로 구분됨.
> ① **원통보일러** : 입형(입형횡관, 입형연관, 코크란)
>   횡형(노통, 연관, 노통연관)
> ② **수관보일러** : 자연순환식(스네기찌,바브콕,갸르베,다쿠마)
>   강제순환식(라몬트, 베록스)
>   관류보일러(슐쳐,람진,엣모스,소형관류)

41 수관식 보일러의 종류에 속하지 않는 것은?
[12/1]
① 자연순환식 ② 강제순환식
③ 관류식 ④ 노통연관식

> ★ **수관식** : 자연순환식, 강제순환식, 관류식이 있음.

42 보일러의 종류 중 수관식 보일러에 속하는 것은?
[07/4] [10/4]
① 스코치 보일러 ② 캐와니 보일러
③ 코크란 보일러 ④ 슐처 보일러

> ★ 본체 구조에 따라 크게 원통형, 수관형으로 구분함.
> ① **스코치** : 노통연관보일러의 일종. 원통형보일러는 입형, 횡으로 구분되며 횡형보일러는 노통, 연관, 노통연관보일러루 구분한다.
> ② **케와니** : 연관보일러의 일종. 원통형보일러에 속함.
> ③ **코크란** : 입형연관보일러. 원통형보일러에 속함.
> ④ **슐처** : 관류보일러의 일종. 수관식보일러는 자연순환식, 강제순환식, 관류형으로 구분함.

43 수관식 보일러와 관계 없는 것은?
[08/1]
① 송기관 ② 강수관
③ 연관 ④ 기수 분리기

> ★ **수관식 보일러** : 기수드럼, 수드럼, 승수관, 강수관, 기수 분리기, 송기관 등으로 이루어져 있다.
>   **연관이 설치된 보일러** : 연관보일러, 노통연관보일러

정답 37 ③ 38 ① 39 ② 40 ① 41 ④ 42 ④ 43 ③

44 수관식 보일러 중에서 기수드럼 2~3개와 수드럼 1~2개를 갖는 것으로 관의 양단을 구부려서 각 드럼에 수직으로 결합하는 구조로 되어있는 보일러는? [12/4]

① 다쿠마 보일러 ② 야로우 보일러
③ 스터링 보일러 ④ 가르베 보일러

> ★ 스터어링 보일러(Stirling boiler) : 상부에 드럼 2개와 하부에 수드럼 1개를 배치한 삼각형 모양의 3동 보일러
> ★ 야로우 보일러(Yallow boiler) : 상부에 직경이 큰 드럼 1개와 하부에 수드럼을 3개 배치한 4동 보일러로 선박용보일러로 사용됨.
> ★ 수관보일러의 드럼(동)의 개수에 따라
>   단동 : 바브콕(드럼1개와 관모음헤더)
>   2동 : 가르베, 쓰네기찌, 다쿠마, 2동D형
>   3동 : 3동A형, 스터링, 와그너
>   4동 : 야로우

강제순환식 보일러 (수관식보일러 중)

1) 고압이 될수록 증기와 포화수의 비중차가 줄어들어 수순환이 불량하게 된다. 수순환이 불량할 경우 과열의 원인이 되므로 강제순환식 채택
2) 종류 : 베록스, 라몬트

01 수관보일러에서 강제순환식으로 하는 가장 큰 이유는? [10/2]

① 관경이 작고 보유수량이 많기 때문에
② 보일러 드럼이 1개뿐이기 때문에
③ 고압에서 포화수와 포화증기의 비중차가 작기 때문에
④ 보일러 드럼이 상부에 위치하기 때문에

> ★ 증기압력이 증가하면 비중량이 증가하여 포화수와 비중차가 줄어들게 되므로 본체 내에서 발생한 증기가 수면위로 배출되기 어렵고(증기발생이 어렵고) 수순환이 불량하게 된다. 수순환이 불량하면 과열의 원인이 되므로 강제순환식을 채택하게 된다. 수관보일러는 원통형에 비교하여 전열면적이 넓고 보유수량이 작아 증기발생이 빠르고 고압대용량에 적당하다.

02 수관 보일러 중 자연순환식 보일러와 강제순환식 보일러에 관한 설명으로 틀린 것은? [13/5]

① 강제순환식은 압력이 적어질수록 물과 증기와의 비중차가 적어서 물의 순환이 원활하지 않은 경우 순환력이 약해지는 결점을 보완하기 위해 강제로 순환시키는 방식이다.
② 자연순환식 수관보일러는 드럼과 다수의 수관으로 보일러 물의 순환회로를 만들 수 있도록 구성된 보일러이다.
③ 자연순환식 수관보일러는 곡관을 사용하는 형식이 널리 사용되고 있다.
④ 강제순환식 수관보일러의 순환펌프는 보일러수의 순환회로 중에 설치한다.

> ★ 압력이 증가할수록 증기 비중이 무거워져 물과 차이가 나지 않으므로 물의 순환이 원활하지 않게 된다. 따라서 고압보일러에서는 강제순환식을 채택하며, 종류에는 베록스, 라몬트 보일러가 있다.

03 라몬트(Lamont)보일러에 관한 설명으로 옳은 것은? [10/4]

① 강제순환식 노통연관보일러
② 자연순환식 노통연관보일러
③ 강제순환식 수관보일러
④ 자연순환식 수관보일러

> ★ 베록스, 라몬트 : 강제순환식 수관보일러

관류보일러 특징

1) 드럼없이 관만으로 구성, 초임계압하에서 증기발생, 철저한 급수 연소제어 필요. 완벽한 급수처리 필요
2) 종류 : 벤슨, 슐저어, 람진, 엣모스, 소형관류

01 드럼 없이 초임계 압력 이상에서 고압증기를 발생시키는 보일러는? [16/1][11/4][07/5]

① 복사 보일러　② 관류 보일러
③ 수관 보일러　④ 노통연관 보일러

> ★ 관류보일러 : 드럼없이 관만으로 구성, 초임계압하에서 증기발생, 철저한 급수 연소제어 필요. 완벽한 급수처리 필요함. 종류로는 벤슨, 슐저어, 람진, 엣모스, 소형관류보일러가 있음.

02 드럼 없이 초임계압력 하에서 증기를 발생시키는 강제순환 보일러는? [15/1]

① 특수 열매체 보일러　② 2중 증발 보일러
③ 연관 보일러　④ 관류 보일러

03 긴 관의 한 끝에서 펌프로 압송된 급수가 관을 지나는 동안 차례로 가열, 증발, 과열된 다음 과열 증기가 되어 나가는 형식의 보일러는? [14/4][11/1]

① 노통보일러　② 관류보일러
③ 연관보일러　④ 입형보일러

04 기수드럼이 없으며, 보일러수가 관 내에서 증발하여 과열증기로 되는 보일러는? [08/1]

① 열매체 보일러　② 수관식 보일러
③ 관류 보일러　④ 연관 보일러

05 관류보일러의 특징에 대한 설명으로 틀린 것은? [15/5]

① 철저한 급수처리가 필요하다.
② 임계압력 이상의 고압에 적당하다.
③ 순환비가 1이므로 드럼이 필요하다.
④ 증기의 가동발생 시간이 매우 짧다.

> ★ 관류보일러는 순환비(급수량/증기발생량)가 1이므로 드럼이 필요없다.

06 관류보일러의 특징 설명으로 틀린 것은? [11/5]

① 증기의 발생속도가 빠르다.
② 자동제어장치를 필요로 하지 않는다.
③ 효율이 좋으며 가동시간이 짧다.
④ 임계압력 이상의 고압에 적당하다.

> ★ 관류보일러 : 수관보일러의 일종으로 드럼이 없이 관으로만 구성된 보일러임. 초임계압하에서 증기가 발생하며 효율이 높고 증기발생 속도가 빠르다. 급수 및 연소제어에 완벽한 자동제어가 요구됨.

07 관류 보일러의 특징 설명으로 틀린 것은? [11/2]

① 초고압 보일러에 적합하다.
② 증발속도가 빠르고 가동시간이 짧다.
③ 관 배치를 자유로이 할 수 있다.
④ 전열면적이 크므로 중량당 증발량이 크다.

> ★ 관류보일러 특징
> 1) 장점
> ① 임계압력 이상의 고압에 적당
> ② 관 배치를 자유로이 할 수 있다.
> ③ 증기발생 속도가 매우 빠르다.
> ④ 증기의 가동 발생시간이 매우짧다.
> ⑤ 효율이 매우 높다.(95%)
> 2) 단점
> ① 완벽한 급수처리 필요
> ② 스케일이 잘 낀다.
> ③ 자동제어가 필요하다.

08 보일러드럼 및 대형헤더가 없고 지름이 작은 전열관을 사용하는 관류보일러의 순환비는? [16/1]

① 4　② 3
③ 2　④ 1

> ★ 보일러 순환비 = 급수량 / 증기량
> 드럼이나 헤더가 없이 관으로만 구성된 관류보일러는 급수량이 거의 증기 발생량으로 이용되므로 순환비가 1이다.

정답　01 ②　02 ④　03 ②　04 ③　05 ③　06 ②　07 ④　08 ④

09 일반적으로 효율이 가장 좋은 보일러는? [14/4]

① 코르니시 보일러　② 입형 보일러
③ 연관 보일러　④ 수관 보일러

★ 일반적으로 보일러 효율을 비교하면,
　관류 〉수관 〉노통연관 〉연관 〉노통의 순서

10 일반적으로 효율이 가장 높은 보일러는? [08/5]

① 노통 보일러　② 연관식 보일러
③ 수직(입형) 보일러　④ 수관식 보일러

11 보일러 중에서 관류 보일러에 속하는 것은? [14/4]

① 코크란 보일러　② 코르니시 보일러
③ 스코치 보일러　④ 슐쳐 보일러

★ 관류보일러는 드럼이 없이 관으로만 구성되어 초임계압 하에서 증기가 발생하는 보일러임. 종류는 벤슨, 슐쳐, 람진, 엣모스, 소형관류가 있음.

12 수관식 보일러 중 관류식에 해당되는 것은? [10/1]

① 다쿠마 보일러　② 라몽트 보일러
③ 벨록스 보일러　④ 벤슨 보일러

13 다음의 보일러 중 드럼(drum)이 없는 보일러는? [07/5]

① 코르니시 보일러　② 야로우 보일러
③ 슐쳐 보일러　④ 다쿠마 보일러

14 보일러 중 증기드럼(drum)이 없는 보일러는? [09/5]

① 스털링 보일러　② 야로우 보일러
③ 슐쳐 보일러　④ 다쿠마 보일러

15 보일러 종류 중 열효율이 80~90%로 높으며, 사용연료는 시동시 경유, 운전중에는 중유가 사용되는 난방용으로 병원, 공장 등에 널리 사용되는 보일러는? [09/2]

① 열매체식 보일러　② 소형관류식 보일러
③ 노통연관식 보일러　④ 자연순환식 보일러

★ 소형관류식 보일러 : 단관 보일러라고 하여 널리 사용되고 있는 소형 관류보일러는 1개의 수관으로 되어 있는데 공장용으로 사용되며, 난방용으로 널리 채용되고 있다.

16 소형관류보일러(다관식 관류보일러)를 구성하는 주요구성요소로 맞는 것은? [11/4]

① 노통과 연관　② 노통과 수관
③ 수관과 드럼　④ 수관과 헤더

★ 수관과 드럼으로 구성된 것은 일반적인 수관식보일러이며, 소형관류 보일러는 수관과 헤더로 구성되어 있다.

보일러구조

노통의 구조

1) 열팽창 흡수 : 아담슨 이음, 파형노통
2) 수순환 촉진 : 편심설치, 겔로웨이관 설치
3) 아담슨 이음 : 노통 1m 마다, 아담슨 링을 삽입
　열팽창 흡수, 노통 강도보강, 시공성 용이
4) 파형노통 : 〈브리데모폭파〉
　종류 - 브라운형, 리즈포즈형, 데이톤형, 모리슨형
　　　　 폭스형, 파브스형
　특징 - 열팽창 흡수, 전열면적 증가, 노통 강도보강
　　　　 제작불편, 제작비 증가, 청소곤란
5) 겔로웨이관 : 노통 내부에 수순환 촉진 목적으로 설치
　열팽창 흡수, 노통 강도보강, 전열면적 증가

정답 09 ④ 10 ④ 11 ④ 12 ④ 13 ③ 14 ③ 15 ② 16 ④

01 코르니시 보일러에서 노통을 보일러 동체에 대하여 편심으로 설치하는 가장 중요한 이유는? [08/1]

① 물의 순환을 양호하게 하기 위하여
② 전열면적을 크게 하기 위하여
③ 열에 대한 신축을 자유롭게 하기 위하여
④ 스케일의 소제를 쉽게 하기 위하여

★ 노통의 편심을 주는 이유는 물의 순환을 양호하게 하기 위함 이다. 전열면적을 크게, 열에 대한 신축을 자유롭게 하기 위해 노통을 파형으로 제작한다.

02 노통이 하나인 코르니시 보일러에서 노통을 편심으로 설치하는 가장 큰 이유는? [13/4]

① 연소장치의 설치를 쉽게 하기 위함이다.
② 보일러수의 순환을 좋게 하기 위함이다.
③ 보일러의 강도를 크게 하기 위함이다.
④ 온도변화에 따른 신축량을 흡수하기 위함이다.

★ 노통보일러의 보일러수 순환을 촉진하기 위해 노통을 편심으로 설치함.

03 노통연관식 보일러에서 노통을 한쪽으로 편심시켜 부착하는 이유로 가장 타당한 것은? [15/2]

① 전열면적을 크게 하기 위해서
② 통풍력의 증대를 위해서
③ 노통의 열신축과 강도를 보강하기 위해서
④ 보일러수를 원활하게 순환하기 위해서

★ 노통의 편심을 주는 이유는 물의 순환을 양호하게 하기 위함 이다. 전열면적을 크게, 열에 대한 신축을 자유롭게 하기 위해 노통을 파형으로 제작한다.

04 노통 보일러에서 아담슨 조인트를 하는 목적은? [14/5][07/1]

① 노통 제작을 쉽게 하기 위해서
② 재료를 절감하기 위해서
③ 열에 의한 신축을 조절하기 위해서
④ 물 순환을 촉진하기 위해서

★ 아담슨조인트 : 평형노통에서 열팽창신축을 흡수하기 위해 1m 간격으로 아담슨조인트를 하며, 사이에 아담슨링을 설치한다.

05 보일러에서 노통의 약한 단점을 보완하기 위해 설치하는 약 1m 정도의 노통이음을 무엇이라고 하는가? [10/5][12/4]

① 아담슨 조인트   ② 보일러 조인트
③ 브리징 조인트   ④ 라몬트 조인트

★ 노통의 열팽창 신축을 흡수하기 위해
① 아담슨이음 : 1m마다 아담슨링 이용, 연결하여 신축흡수
② 파형노통 : 노통을 주름형으로 제작.

06 파형 노통보일러의 특징을 설명한 것으로 옳은 것은? [15/4]

① 제작이 용이하다.
② 내·외면의 청소가 용이하다.
③ 평형 노통보다 전열면적이 크다.
④ 평형 노통보다 외압에 대하여 강도가 적다.

★ 노통의 열팽창 신축을 흡수하기 위해 파형노통으로 제작.
파형노통의 특징 : 제작 곤란. 청소 곤란. 전열면적이 크다.
강도가 평형에 비해 크다.

07 다음 중 파형 노통의 종류가 아닌 것은? [12/1]

① 모리슨형   ② 아담슨형
③ 파브스형   ④ 브라운형

★ 파형노통의 종류 : [브리데모폭파]
브라운, 리즈포즈, 데이톤, 모리스, 폭스, 파브스

정답 01① 02② 03④ 04③ 05① 06③ 07②

08 노통 보일러에서 노통에 직각으로 설치하여 노통의 전열면적을 증가시키고, 이로 인한 강도보강, 관수순환을 양호하게 하는 역할을 위해 설치하는 것은? [13/5][09/5]

① 겔로웨이 관
② 아담슨 조인트(Adamson joint)
③ 브리징 스페이스(breathing space)
④ 반구형 경판

★ 노통의 열팽창 신축을 흡수하기 위해
  ① 아담슨이음 : 1m마다 아담슨링 이용, 연결하여 신축흡수
  ② 파형노통 : 노통을 주름형으로 제작.

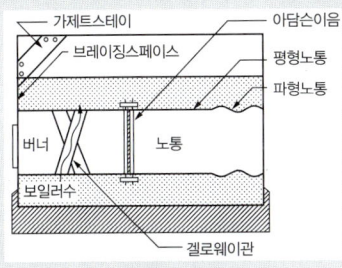

[노통보일러의 내부구조]

① 겔로웨이관 : 관수 순환 촉진, 강도 보강, 전열면 증대
② 아담슨조인트 : 노통보일러의 열팽창 흡수
③ 브레이징 스페이스 : 열팽창 흡수, 그루빙 방지

09 노통 보일러에서 갤러웨이 관(galloway tube)을 설치하는 목적으로 가장 옳은 것은? [13/1]

① 스케일 부착을 방지하기 이하여
② 노통의 보강과 양호한 물 순환을 위하여
③ 노통의 진동을 방지하기 위하여
④ 연료의 완전연소를 위하여

★ 갤러웨이관을 횡관이라고도 하며, 보일러수 순환 촉진을 목적으로 노통에 설치된다. 설치후 장점으로는 수순환 촉진, 노통의 강도증가, 전열면적 증가 효과가 있고, 단점으로는 연소가스 흐름을 방해하여 통풍력 저하.

10 노통보일러에서 겔로웨이관(Galloway tube)의 설치목적으로 옳지 않은 것은? [07/2]

① 전열면적의 증가
② 노통이나 화실벽의 보강
③ 물의 순환 촉진
④ 과열증기 발생

★ 겔로웨이관 : 관수 순환 촉진, 강도보강, 전열면 증대

스테이 (버팀쇠) : 강도가 약한 부분의 강도보강
1) 가젯트스테이 : 노통보일러의 평경판과 동판을 연결하여 평경판의 변형방지 및 강도보강
2) 관스테이(=튜브스테이) : 횡연관 보일러, 선박용보일러 등에 사용되며, 연관보다 두꺼운 관으로 연관처럼 경판에 확관 연결.
3) 바아스테이(=봉스테이) : 봉으로 된 스테이로서 경판, 화실, 천정판의 보강에 사용되며 수평스테이와 경사스테이
4) 볼트스테이(=나사버팀) : 평행판의 강도보강을 위해 사용.
5) 가이드스테이(=도리스테이, 시렁버팀) : 기관차 보일러, 스코치보일러에서 화실 천정판 강도보강에 사용.
6) 도그 스테이 : 맨홀, 청소구멍의 밀봉용

01 보일러에 설치되는 스테이의 종류가 아닌 것은? [11/4]

① 바 스테이   ② 경사 스테이
③ 관 스테이   ④ 본체 스테이

★ 스테이는 보일러의 변형 등을 방지하기 위해 설치되는 버팀쇠로서, 본체 스테이는 없음.

08 ① 09 ② 10 ④ 01 ④

02 다음 중 보일러 스테이(stay)의 종류에 해당되지 않는 것은?
[16/2][13/2]

① 거싯(gusset) 스테이   ② 바(bar) 스테이
③ 튜브(tube) 스테이   ④ 너트(nut) 스테이

* 스테이(=버팀) : 강도가 약한 부분의 강도보강을 위하여 사용되는 이음부분.
① 가젯트스테이 : 노통보일러의 평경판과 동판을 연결하여 평경판의 변형방지 및 강도보강
② 관스테이(=튜브스테이) : 횡연관 보일러, 선박용보일러 등에 사용되며, 연관보다 두꺼운 관으로 연관처럼 경판에 확관 연결한다.
③ 바아스테이(=봉스테이) : 봉으로 된 스테이로서 경판, 화실, 천정판의 보강에 사용되며 수평스테이와 경사스테이가 있다.
④ 볼트스테이(=나사버팀) : 평행판의 강도보강을 위해 사용된다.
⑤ 가이드스테이(=도리스테이, 시렁버팀) : 기관차 보일러, 스코치보일러에서 화실 천정판 강도보강에 사용된다.
⑥ 도그 스테이 : 맨홀, 청소구멍의 밀봉용

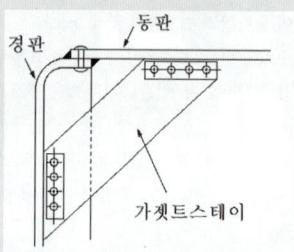
[가젯트스테이]

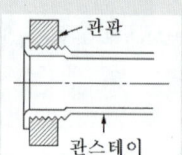
[관스테이]

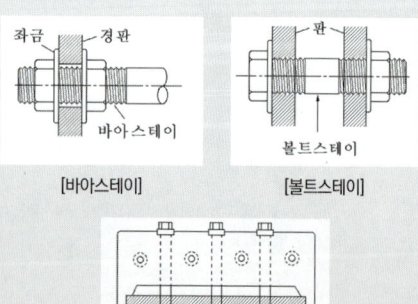
[바아스테이]   [볼트스테이]

[도리스테이]

03 노통 보일러 가제트 스테이 사이의 공간으로 브리딩 스페이스는 몇 mm 이상의 간격을 주어야 하는가?
[09/1]

① 80   ② 130
③ 180   ④ 230

* 브레이징스페이스 : 230mm 이상
  ※ 가제트 스테이와 노통 사이의 거리를 말하며, 열팽창 흡수, 그루빙(구식) 방지

04 다음 중 구상부식(grooving)의 발생장소로 거리가 먼 것은?
[12/2]

① 경판의 급수구멍
② 노통의 플랜지 원형부
③ 접시형 경판의 구석 원통부
④ 보일러 수의 유속이 늦은 부분

* 구상부식(=구식,그루빙,grooving) : 반복된 열응력에 의해 부식되는 것으로, 노통과 가젯트스테이 사이 노통 상부에서 주로 발생함. 보기 ④는 열응력과 관계없는 부분임.

안전저수위

1) 외부기준 : 수면계 하단
2) 내부기준 : 노통보일러 - 노통의 100mm 상단
   연관보일러 - 연관의 75mm 상단
   입형횡관보일러 - 화실천정판 75mm 상단
   입형연관보일러 - 연관길이 1/3 이상

01 일반적으로 보일러 동 (드럼) 내부에는 물을 어느 정도로 채워야 하는가?
[14/2][08/5]

① $\frac{1}{4} \sim \frac{1}{3}$ ② $\frac{1}{6} \sim \frac{1}{5}$
③ $\frac{1}{4} \sim \frac{2}{5}$ ④ $\frac{2}{3} \sim \frac{4}{5}$

정답 02 ④ 03 ④ 04 ④ 01 ④

* 보일러 동내부에 2/3~4/5정도 물을 채운다. 동내부의 수면을 외부에서 알아볼 수 있도록 적당한 위치에 수면계를 설치하고, 수면계의 수위높이로 상용수위를 파악한다. 수면계 높이로는 1/2정도(50%)가 적당하다.
수면계와 동체 사이에 관을 연결하며(연결관), 수면계 상단은 증기부에, 하단은 수부에 연결한다.

02 보일러 본체에서 수부가 클 경우의 설명으로 틀린 것은?
[15/1][12/2][07/2]

① 부하 변동에 대한 압력 변화가 크다.
② 증기 발생시간이 길어진다.
③ 열효율이 낮아진다.
④ 보유 수량이 많으므로 파열시 피해가 크다.

* 수부가 크다는 것은 본체 내에 물이 많이 담겨 있는 것이므로, 가동시 증기발생시간이 길어지고(예열시간이 길다) 열효율이 낮아진다. 보유 수량이 많으므로 파열시 피해가 크지만, 전체 보유수량이 가열된 후 증기발생량 및 증기압력 변화가 적다.

03 연관 최고부보다 노통 윗면이 높은 노통연관보일러의 최저수위(안전저수면)의 위치는?
[15/2][09/1]

① 노통 최고부 위 100mm
② 노통 최고부 위 75mm
③ 연관 최고부 위 100mm
④ 연관 최고부 위 75mm

* 노통연관보일러의 본체 내부에서 안전저수위의 위치는
  1) 연관이 높은 경우 연관의 75mm 상단
  2) 노통이 높은 경우 노통의 100mm 상단

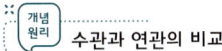
수관과 연관의 비교

1) 수관 : 관 내부에 보일러수, 관 외부에 연소가스
   마름모형 배열-연소가스 접촉을 좋게
2) 연관 : 관 내부에 연소가스, 관 외부에 보일러수
   바둑판형 배열-보일러수 순환을 좋게

01 연관보일러에서 연관에 대한 설명으로 옳은 것은?
[16/4]

① 관의 내부로 연소가스가 지나가는 관
② 관의 외부로 연소가스가 지나가는 관
③ 관의 내부로 증기가 지나가는 관
④ 관의 내부로 물이 지나가는 관

* 수관과 연관의 비교

	관내부의 유체	관외부의 유체
수관	물	연소가스
연관	연소가스	물

* 연관 : 연소실에서 연소된 연소가스가 연관을 통해 흐르며, 외부에는 보일러수가 접촉하고 있음.

02 보일러의 연관에 대한 설명으로 옳은 것은?
[11/1]

① 관의 내부에서 연소가 이루어지는 관
② 관의 외부에서 연소가 이루어지는 관
③ 관의 내부에는 물이 차있고 외부로는 연소가스가 흐르는 관
④ 관의 내부에는 연소가스가 흐르고 외부로는 물이 차 있는 관

03 보일러의 수관에 대한 설명으로 가장 적합한 것은?
[09/4]

① 관의 내부에서 연소가스가 접촉하는 관
② 관의 외부에서 물이 흐르는 관
③ 관의 외부에서 연소가스가 접촉하고 관내로 물이 흐르는 관
④ 관의 내부에는 연소가스가 접촉하고 외부로는 물이 흐르는 관

* 수관과 연관의 비교

	관 내부의 유체	관 외부의 유체
수관	물	연소가스
연관	연소가스	물

정답 02 ① 03 ③ 01 ① 02 ④ 03 ③

04 보일러 구조에 대한 설명 중 잘못된 것은?
[08/4]

① 노통 접합부는 아담슨 조인트(Adamson joint)로 연결하여 열에 의한 신축을 흡수한다.
② 코르니시 보일러는 노통을 편심으로 설치하여 보일러수의 순환이 잘 되도록 한다.
③ 겔로웨이관은 전열면을 증대하고 강도를 보강한다.
④ 강수관의 내부는 열가스가 통과하여 보일러수 순환을 증진한다.

* 아담슨조인트 : 평형 노통에 1m 간격으로 설치, 신축흡수
  강수관 : 기수드럼으로 공급된 물이 수드럼으로 내려가는 관
  겔로웨이 : 물순환 촉진, 전열면 증대, 강도보강

내분식보일러/외분식보일러

내분식과 외분식 보일러 특징

내분식	외분식
본체 내부에 연소실 있음 연소실이 물에 둘러싸임.	본체 외부에 연소실 있음. 연소실이 물 외부에 있음
연소실 형상, 크기 제한 연소실 온도가 낮다.	연소실 형상, 크기 제한없음 연소실 온도가 높다.
완전연소 어렵다. (=양질의 연료만 선택 =연료 선택범위가 좁다)	완전연소가 용이 (=저질 연료도 연소가능 =연료 선택범위가 넓다)
노벽방산 열손실 적다. (=연소실 벽에서 열흡수)	노벽방산 열손실 크다 (=연소실 벽에서 열손실)
노통이 설치된 보일러	연관, 수관보일러

01 외분식 보일러의 특징 설명으로 거리가 먼 것은?
[13/1][08/1]

① 연소실 개조가 용이하다.
② 노내 온도가 높다.
③ 연료의 선택 범위가 넓다.
④ 복사열의 흡수가 많다.

* 보일러의 연소방식에 따라 내분식과 외분식으로 구분되며 각 특징은 다음과 같다.

내분식	외분식
본체 내부에 연소실 있음 연소실이 물에 둘러싸임.	본체 외부에 연소실 있음. 연소실이 물 외부에 있음
연소실 형상, 크기 제한 연소실 온도가 낮다.	연소실 형상, 크기 제한없음 연소실 온도가 높다.
완전연소 어렵다. (=양질의 연료만 선택 =연료 선택범위가 좁다)	완전연소가 용이 (=저질 연료도 연소가능 =연료 선택범위가 넓다)
노벽방산 열손실 적다. (=연소실 벽에서 열흡수)	노벽방산 열손실 크다 (=연소실 벽에서 열손실)
노통이 설치된 보일러	연관, 수관보일러

02 외분식 보일러의 특징 설명으로 잘못된 것은?
[13/2]

① 연소실의 크기나 형상을 자유롭게 할 수 있다.
② 연소율이 좋다.
③ 사용연료의 선택이 자유롭다.
④ 방사 손실이 거의 없다.

* 보기 라. 는 내분식 보일러의 특징으로 연소실이 본체 내의 물에 둘러 싸여 있으므로 방사열의 흡수가 용이하다.
  외분식 보일러는 수관보일러, 연관보일러가 속한다.

03 원통보일러 중 외분식 보일러인 것은?
[10/2]

① 횡연관 보일러   ② 노통 보일러
③ 입형 보일러   ④ 노통연관 보일러

* 외분식은 보일러 연소실이 보일러수 바깥쪽에 설치된 것을 말하며, 내분식은 안쪽에 설치된 것을 말한다. 내분식은 노통이 설치된 보일러와 입형보일러가 대표적임. 외분식은 연관보일러와 수관식보일러임

정답 04 ④ 01 ④ 02 ④ 03 ①

주철제보일러/특수보일러

주철제보일러 (=섹션보일러)
주철 : 용접안됨. 주물제작. 조각(섹션)조립
부식이 안됨. 열에 강함. 충격에 약함
① 주물제작, 섹션조립으로 용량증감
② (섹션조립이므로) 고압에 부적당. (=저압난방용)
③ 내식성 강함. 내열성 강함.
④ 급열, 급냉에 약함.(=충격에 약함)
⑤ (주물제작으로) 복잡한 구조 가능. 내부 청소곤란
 * 조립방법 : 전후조합, 좌우조합,

특수열매체 : 수은, 다우섬, 모빌섬 등
① 동결위험 없다. 급수장치 필요없다.
② 저압에서 고온의 증기 취출 가능
③ 안전밸브는 밀폐식
간접가열 보일러 : 슈미트, 레플러 - 연소장치가 없음

01 증기 또는 온수 보일러로써 여러 개의 섹션(section)을 조합하여 제작하는 보일러는? [15/1][08/5]

① 열매체 보일러　② 강철제 보일러
③ 관류 보일러　　④ 주철제 보일러

★ 주철제보일러는 주물제작을 행하며, 섹션보일러라고도 함.
 • 섹션(section)은 조각이라는 뜻임.
① 내식성, 내열성이 크다.
② 인장, 충격에 약하다.
③ 주물제작, 조립식이므로 시공 용이, 저압난방용
④ 섹션 증감으로 용량조절 용이

02 여러 개의 섹션(section)을 조합하여 용량을 가감할 수 있으나 구조가 복잡하여 내부청소, 검사가 곤란한 보일러는? [11/5]

① 연관보일러　　② 스코치 보일러
③ 관류보일러　　④ 주철제보일러

★ 주철제보일러는 주물제작을 행하며, 섹션보일러라고도 함.
 • 섹션(section)은 조각이라는 뜻임.

03 주철제 보일러인 섹셔널 보일러의 일반적인 조합방법이 아닌 것은? [12/5]

① 전후조합　　② 좌우조합
③ 맞세움조합　④ 상하조합

★ 주철은 탄소강에서 탄소함유량이 많은 것으로, 용접성이 떨어지므로 용접 제작이 어렵다. 따라서, 쇳물로 녹여 주물제작을 하며 조각으로 제작된 것을 현장에서 조립한다. 조립방법은 전후조합, 좌우조합, 맞세움조합이 있다.

04 주철제 보일러의 특징 설명으로 옳은 것은? [13/5]

① 내열성 및 내식성이 나쁘다.
② 고압 및 대용량으로 적합하다.
③ 섹션의 증감으로 용량을 조절할 수 있다.
④ 인장 및 충격에 강하다.

★ 주철은 내열성, 내식성이 크고 충격에 약하다. 용접성이 떨어지므로 주물제작한다. 조각(섹션)이므로 용량에 따라 증감하여 조립한다. 조립이므로 고압대용량에 부적당하고 저압난방용으로 사용한다.

05 주철제 보일러의 특징에 관한 설명으로 틀린 것은? [12/2]

① 내식성이 우수하다.
② 섹션의 증감으로 용량조절이 용이하다.
③ 주로 고압용으로 사용된다.
④ 전열 효율 및 연소 효율은 낮은 편이다.

★ 주철제 보일러 특징 : 주철은 내열성, 내식성이 크고 충격에 약하다. 용접성이 떨어지므로 주물제작한다.
① 내열, 내식성이 좋다.
② 인장, 충격에 약함
③ 조립식이므로 시공 용이
④ 섹션 증감으로 용량조절 용이
⑤ 고압 대용량에 부적합
⑥ 주로 소형 난방용으로 사용

정답　01 ④　02 ④　03 ④　04 ③　05 ③

06 주철제 보일러에 대한 특징 설명으로 틀린 것은?
[10/5]

① 내식성이 우수하다.
② 섹션의 증감으로 용량조절이 용이하다.
③ 고압이므로 파열시 피해가 크다.
④ 주형으로 제작하기 때문에 복잡한 구조로 설계가 가능하다.

07 주철제 보일러의 일반적인 특징 설명으로 틀린 것은?
[12/1][09/5]

① 내열성과 내식성이 우수하다.
② 대용량의 고압보일러에 적합하다.
③ 열에 의한 부동팽창으로 균열이 발생하기 쉽다.
④ 쪽수의 증감에 따라 용량조절이 편리하다.

08 주철제 보일러의 장점(長點)으로 틀린 것은?
[11/2][07/2]

① 전열면적에 비해 설치면적이 적다.
② 섹션의 수를 증감하여 용량을 조절한다.
③ 주로 고압용 보일러로 사용된다.
④ 분해, 조립, 운반이 용이하다.

09 주철제 보일러의 특징 설명으로 틀린 것은?
[14/2][09/1]

① 내열 내식성이 우수하다.
② 쪽수의 증감에 따라 용량조절이 용이하다.
③ 재질이 주철이므로 충격에 강하다.
④ 고압 및 대용량에 부적당하다.

★ 주철제 보일러는 급열, 급냉, 충격에 약하다.

10 주철제 보일러의 특징 설명으로 옳은 것은?
[09/4]

① 내열성 및 내식성이 나쁘다.
② 고압 및 대용량으로 적합하다.
③ 섹션의 증감으로 용량을 조절할 수 있다.
④ 인장 및 충격에 강하다.

11 보일러설치기술규격에서 보일러의 분류에 대한 설명 중 틀린 것은?
[13/4][07/2]

① 주철제보일러의 최고사용압력은 증기보일러의 경우 0.5 MPa까지, 온수 온도는 373K(100℃)까지로 국한된다.
② 일반적으로 보일러는 사용매체에 따라 증기 보일러, 온수보일러 및 열매체 보일러로 분류한다.
③ 보일러의 재질에 따라 강철제 보일러와 주철제 보일러로 분류된다.
④ 연료에 따라 유류보일러, 가스보일러, 석탄보일러, 목재보일러, 폐열보일러, 특수연료 보일러 등이 있다.

★ 주철제보일러의 최고사용압력은 증기보일러의 경우 0.1MPa(1kgf/cm²)까지 온수보일러는 수두압으로 50m, 온수온도 393K(120℃)까지로 국한된다.

12 비점이 낮은 물질인 수은, 다우섬 등을 사용하여 저압에서도 고온을 얻을 수 있는 보일러는?
[16/4]

① 관류식 보일러
② 열매체식 보일러
③ 노통연관식 보일러
④ 자연순환 수관식 보일러

★ 특수열매체 – 수은, 다우섬, 모빌섬, 카네크롤, 세큐리티53
① 비교적 저압에서 고온의 증기를 취출할 수 있다.
② 극한지, 보일러수가 부식성일 경우 사용. 동파위험 없음
③ 가연, 인화성증기 발생으로 안전밸브 밀폐식
④ 급수장치가 필요없다.

13 비교적 저압에서 고온의 증기를 얻을 수 있는 특수 열매체 보일러는?
[11/5]

① 스코치 보일러   ② 슈밋트 보일러
③ 다우섬 보일러   ④ 레플러 보일러

14 다음 보일러 중 특수열매체 보일러에 해당 되는 것은?
[13/2]

① 타쿠마 보일러　　② 카네크롤 보일러
③ 슐쳐 보일러　　　④ 하우덴 존슨 보일러

> ★ ① 타쿠마 보일러 – 수관식 보일러
> 　③ 슐쳐 보일러 - 관류보일러
> 　④ 하우덴 존슨 보일러 – 노통연관보일러

15 다음 보일러 중 특수열매체 보일러에 해당 되는 것은?
[08/2]

① 타쿠마 보일러　　② 세큐리티 보일러
③ 슐쳐 보일러　　　④ 하우덴 존슨 보일러

16 열매체 보일러의 열매체로 사용되지 않는 것은?
[10/4]

① 프레온　　② 모빌섬
③ 수은　　　④ 카네크롤

> ★ 보일러 본체 내에 물 대신 사용하는 열매체를 특수열매체라고 하며, 수은, 다우섬, 모빌섬, 카네크롤, 세큐리티53과 같은 액체를 사용한다. 대부분 인화성액체이며, 수은은 독성이다.
> • 프레온은 냉동장치 내의 냉매임.

17 특수보일러 중 간접가열 보일러에 해당되는 것은?
[14/1]

① 슈미트 보일러　　② 베록스 보일러
③ 벤슨 보일러　　　④ 코르니시 보일러

> ★ 간접가열보일러 : 보일러 급수가 부식성이거나 불순물이 많을 때 직접 가열하지 않고 증류수 등을 가열한 증기로 가열하여 스케일 생성 등을 방지한다. 종류로는 슈미트보일러, 레플러보일러가 있다.

18 다음 중 특수보일러에 속하는 것은?
[14/5]

① 벤슨 보일러　　　② 슐쳐 보일러
③ 소형관류 보일러　④ 슈미트 보일러

> ★ 특수보일러에는 특수열매체보일러, 간접가열보일러, 특수연료보일러, 폐열보일러 등이 있다. 각 종류는
> ① 특수열매체보일러 : 수은, 다우섬, 모빌섬, 카네크롤
> ② 간접가열보일러 : 슈미트, 레플러
> ③ 특수연료보일러 : 펄프폐액, 바케스, 소다회수, 바이크
> ④ 폐열보일러 : 하이네, 리히

19 슈미트 보일러는 보일러 분류에서 어디에 속하는가?
[16/2][12/2]

① 관류식　　② 자연순환식
③ 강제순환식　④ 간접가열식

> ★ 간접가열식 보일러 : 슈미트, 레플러

20 보일러를 구조 및 형식에 따라 분류할 때, 특수 보일러에 해당되는 것은?
[08/4]

① 노통보일러　　② 관류보일러
③ 연관보일러　　④ 폐열보일러

> ★ 폐열보일러 : 배출 가스에서 남은 열을 이용하는 보일러를 가리켜 폐열 보일러라고 한다.
> ※ 특수보일러 : 폐열보일러, 간접가열보일러, 특수연료보일러 **특수열매체보일러**

21 최근 난방 또는 급탕용으로 사용되는 진공 온수보일러에 대한 설명 중 틀린 것은?
[14/5]

① 열매수의 온도는 운전 시 100℃ 이하이다.
② 운전 시 열매수의 급수는 불필요하다.
③ 본체의 안전장치로서 용해전, 온도퓨즈, 안전밸브 등을 구비한다.
④ 추기장치는 내부에서 발생하는 비응축가스 등을 외부로 배출시킨다.

정답　14② 15② 16① 17① 18④ 19④ 20④ 21③

* 진공 온수보일러 내부는 다관식 관류보일러 구조를 응용한 것으로 본체 내부에 일정량의 열매수를 넣고 봉입하여 진공으로 유지하고 있다. 버너에 의해 열매수가 가열되면 즉시 대기압이하의 감압증기로 증발하여 급탕, 난방용의 열교환기로 열을 전달한다. 직접 버너로 열교환기를 가열하는 것이 아니라 본체 내부에 설치된 열교환기에 감압증기로 가열하게 되는 원리이다. 본체의 안전장치는 안전밸브, 가용전(용해전), 과열방지온도센서, 저수위센서, 고압차단스위치가 이용된다. 본체 내부가 대기압이하이므로 100℃이하에서 증기발생이 빠르고 열교환이 빨리 이뤄지므로 온수발생이 쉽다.

02 보일러의 전열면적이 클 때의 설명으로 틀린 것은?
[15/4][09/4]

① 증발량이 많다.   ② 예열이 빠르다.
③ 용량이 적다.   ④ 효율이 높다.

* 전열면적은 한쪽에 보일러수가 다른 한쪽에 연소가스가 접촉하여 열을 전달하는 면적을 말하며, 전열면적이 넓을수록 열전달이 빨리 되어 열효율이 높고 증기발생이 빠르다. 따라서 증기발생량이 많으며 용량이 크다.

22 보일러의 매체별 분류 시 해당하지 않는 것은?
[11/1][08/4]

① 증기보일러   ② 가스보일러
③ 열매체보일러   ④ 온수보일러

* 가스보일러는 보일러의 사용연료에 따라 구분한 것임.
매체(=열매체)는 사용처에 열을 전달하는 매개체가 어떤 유체인가를 말하며, 증기, 온수, 특수열매체 등이 사용된다.

03 코르니쉬 보일러의 노통 길이가 4500mm이고, 외경이 3000mm, 두께가 10mm일 때 전열면적은 약 몇 m² 인가?
[09/5]

① 54.0   ② 45.7
③ 46.4   ④ 42.4

* 코르니쉬 보일러는 노통이 1개임. 노통의 모양이 원통임.
전열면적 = $\pi \cdot D \cdot L$ (여기에서 D:외경, L:노통길이)
∴ 전열면적 = $3.14 \times 3 \times 4.5 = 42.39 [m^2]$

전열면적과 수압시험

전열면적
1) 한쪽에는 보일러수, 다른 한쪽에는 연소가스가 접촉하여 열을 전달하며 연소가스 접촉면을 전열면이라 함.
2) 각종 보일러 전열면적
   ① 코르니쉬 보일러 : $A = \pi DL$
   ② 랭카샤 보일러 : $A = 4DL$
   ③ 수관보일러 : $A = \pi dln$

04 수관식 보일러에서 전열면적을 구하는 식으로 옳은 것은?
(단, 수관의 외경 : d, 수관의 길이 : L, 개수 : n)
[10/1]

① $4\pi dln$ ② πdln
③ $(\pi/4)dln$ ④ $2\pi dln$

* 수관의 전열면적은 수관의 내부에 물, 외부에 연소가스가 접촉하므로 다음과 같이 구한다.
수관1개의 면적 × 수관개수 = $\pi dl \times n$

01 외부에서 전해진 열을 물과 증기에 전하는 보일러 부위의 명칭은?
[09/5]

① 전열면   ② 동체
③ 노   ④ 연도

* 전열면 : 한쪽에는 보일러수, 다른 한쪽에는 연소가스가 접촉하여 열을 전달하는 면

수압시험

1) 수압시험 원칙
   ① 수압시험은 최고사용압력보다 높게, 최소한 0.2MPa 이상
   ② 규정된 압력의 6%를 초과하지 않도록
   ③ 수압시험은 30분간 행한 후 이상이 없으면 수압을 제거
   ④ 수압시험 도중 또는 시험후 동파의 위험이 없도록 조치

2) 수압시험 압력

보일러 종류	최고사용압력(P)	수압시험
강철제	0.43MPa(4.3kgf/cm²) 이하	2P
	0.43MPa 초과 1.5MPa이하	1.3P + 0.3MPa
	1.5MPa 초과	1.5P
주철제	0.43MPa (4.3kgf/cm²) 이하	2P
	0.43MPa 초과	1.3P + 0.3MPa
강철제소형 온수보일러	0.35MPa (3.5kgf/cm²) 이하	2P

01 보일러의 수압시험을 하는 주된 목적은?   [14/2]

① 제한 압력을 결정하기 위하여
② 열효율을 측정하기 위하여
③ 균열의 여부를 알기 위하여
④ 설계의 양부를 알기 위하여

★ 수압시험은 보일러의 균열여부를 파악하기 위해 최고사용압력보다 높게 실시하되, 최소한 0.2MPa 이상으로 행한다.

02 보일러에서 수압시험을 하는 목적으로 틀린 것은?   [15/5][10/4][07/4]

① 분출 증기압력을 측정하기 위하여
② 각종 덮개를 장치한 후의 기밀도를 확인하기 위하여
③ 수리한 경우 그 부분의 강도나 이상 유무를 판단하기 위하여
④ 구조상 내부검사를 하기 어려운 곳에는 그 상태를 판단하기 위하여

★ 보일러 수압검사는 주로 균열여부 및 기밀도를 확인하기 위해 실시하며, 최고사용압력보다 높은 압력으로 최소한 0.2MPa 이상으로 실시한다. 분출 증기압력을 측정하는 것은 안전밸브 분출압력 조정 후 측정하는 것을 말한다.

03 강철제 보일러의 설치검사기준에 따라 수압시험을 하는 경우, 압력을 가하여 규정된 수압시험에 도달된 후 몇 분이 경과된 뒤에 검사하는가?   [07/2]

① 10분   ② 20분
③ 30분   ④ 40분

★ 수압시험
① 목적 : 균열 여부 파악
② 수압시험 압력은 최소한 0.2MPa(2kgf/cm²)이상, 최고사용압력보다 높게
③ 천천히 수압을 가하여 규정된 수압에 도달한 후 30분이 경과된 뒤에 검사

04 강철제 보일러 수압시험 시 시험수압은 규정된 압력의 몇 % 이상을 초과하지 않도록 하여야 하는가?   [13/5][11/1][07/1]

① 3%   ② 6%
③ 8%   ④ 10%

★ 수압시험은 최소한 0.2MPa(2kgf/cm²) 이상이어야 하고, 수압시험 도중 규정된 압력의 6%를 초과하지 않도록 해야 한다.

05 강철제 보일러의 수압시험 압력에 대한 설명으로 틀린 것은?   [08/2]

① 최고사용압력이 0.43MPa 이하인 보일러는 최고사용압력의 2배의 압력으로 한다.
② 시험압력이 0.2MPa 미만인 경우는 0.2MPa로 한다.
③ 최고사용압력이 0.43MPa 을 초과 1.5MPa이하인 보일러는 그 최고사용압력의 1.3배의 압력으로 한다.
④ 최고사용압력이 1.5MPa 초과인 보일러는 최고사용압력의 1.5배의 압력으로 한다.

★ 수압시험은 보일러의 본체 균열여부를 파악하기 위함. 원칙은 최고사용압력보다 높게, 최소한 0.2MPa 이상

정답 01 ③ 02 ① 03 ③ 04 ② 05 ③

보일러 종류	최고사용압력(P)	수압시험
강철제	0.43MPa(4.3kgf/cm²) 이하	2P
	0.43MPa 초과 1.5MPa이하	1.3P + 0.3MPa
	1.5MPa 초과	1.5P
주철제	0.43MPa (4.3kgf/cm²) 이하	2P
	0.43MPa 초과	1.3P + 0.3MPa
강철제소형 온수보일러	0.35MPa (3.5kgf/cm²) 이하	2P

06 어떤 강철제 증기보일러의 최고사용압력이 0.35MPa 이면 수압시험 압력은? [16/4]

① 0.35MPa
② 0.5MPa
③ 0.7MPa
④ 0.95MPa

★ 0.35MPa × 2 = 0.7MPa

07 강철제 증기보일러의 최고사용압력이 0.4 MPa인 경우 수압시험 압력은? [15/2][07/5][07/1]

① 0.16 MPa
② 0.2 MPa
③ 0.8 MPa
④ 1.2 MPa

★ 2 × 0.4 = 0.8MPa

08 강철제 증기보일러의 최고사용압력이 4kgf/cm² 이면 수압시험압력은 몇 kgf/cm² 로 하는가? [12/4]

① 2.0kgf/cm²
② 5.2kgf/cm²
③ 6.0kgf/cm²
④ 8.0kgf/cm²

★ 최고사용압력이 4kgf/cm²이므로, 수압시험은 2배임.
4kgf/cm²=0.4MPa 따라서, 4×2=8kgf/cm²임.

09 강철제보일러의 최고사용압력이 0.43MPa를 초과 1.5MPa이하일 때 수압시험 압력 기준으로 옳은 것은? [13/4]

① 0.2MPa로 한다.
② 최고사용압력의 1.3배에서 0.3MPa를 더한 압력으로 한다.
③ 최고사용압력의 1.5배로 한다.
④ 최고사용압력의 2배에서 0.5MPa를 더한 압력으로 한다.

10 열사용기자재 검사기준에 따라 수압시험을 할 때 강철제 보일러의 최고사용압력이 0.43MPa를 초과, 1.5MPa 이하인 보일러의 수압시험 압력은? [13/1][07/2]

① 최고 사용압력의 2배 + 0.1 MPa
② 최고 사용압력의 1.5배 + 0.2 MPa
③ 최고 사용압력의 1.3배 + 0.3 MPa
④ 최고 사용압력의 2.5배 + 0.5 MPa

11 강철제 보일러의 수압시험에 관한 사항으로 ( )안에 알맞은 것은? [11/4]

보일러의 최고 사용압력이 0.43MPa 초과 1.5MPa 이하일 때에는 그 최고사용압력의 (㉠)배에 (㉡)MPa를 더한 압력으로 한다.

① ㉠ 1.3, ㉡ 0.3
② ㉠ 1.5, ㉡ 3.0
③ ㉠ 2.0, ㉡ 0.3
④ ㉠ 2.0, ㉡ 1.0

12 보일러 설치검사기준상 최고사용압력이 5kg/cm² 인 강철제 보일러의 수압시험 압력은? [07/4]

① 10 kg/cm²
② 9.5 kg/cm²
③ 7.5 kg/cm²
④ 5 kg/cm²

★ 1MPa =10kgf/cm² 에 해당하므로, 5kgf/cm² = 0.5MPa임.
따라서, 0.5MPa×1.3 + 0.3 = 0.95MPa = 9.5kgf/cm²

06 ③ 07 ③ 08 ④ 09 ② 10 ③ 11 ① 12 ②

13 강철제 증기보일러의 최고사용압력이 2MPa일 때 수압시험압력은? [14/2][10/4]

① 2MPa ② 2.5MPa
③ 3MPa ④ 4MPa

> ★ 문제조건에서 최고사용압력이 2MPa 이므로
> 2×1.5=3MPa

14 최고사용압력이 16kgf/cm² 인 강철제보일러의 수압시험압력으로 맞는 것은? [14/1]

① 8kgf/cm² ② 16kgf/cm²
③ 24kgf/cm² ④ 32kgf/cm²

> ★ 강철제 보일러의 수압시험은 다음과 같다.
>
> | 최고사용압력(P) | 수압시험 |
> |---|---|
> | 0.43MPa(4.3kgf/cm²) 이하 | 2P |
> | 0.43MPa 초과 1.5MPa 이하 | 1.3P + 0.3MPa |
> | 1.5MPa 초과 | 1.5P |
>
> • MPa(메가파스칼)과 kgf/cm²의 환산은 다음과 같다.
> 1MPa=10kgf/cm²
> 16kgf/cm²=1.6MPa 이므로(1.5MPa초과)
> 16×1.5=24kgf/cm²

15 주철제 보일러의 최고사용압력이 0.15MPa 인 경우 수압시험압력은? [08/1]

① 0.15 MPa ② 0.2 MPa
③ 0.3 MPa ④ 0.43 MPa

> ★ 주철제 보일러 수압시험 : 최고사용압력(P)라고 하면,
>
> | 최고사용압력(P) | 수압시험 |
> |---|---|
> | 0.43MPa 이하 | 2P |
> | 0.43MPa 초과 | 1.3P + 0.3MPa |
>
> 최고사용압력이 0.43MPa 이하이므로, 0.15×2 = 0.3 MPa

16 주철제 보일러의 최고사용압력이 0.30MPa인 경우 수압시험압력은? [14/2][10/1]

① 0.15MPa ② 0.30MPa
③ 0.43MPa ④ 0.60MPa

> ★ 최고사용압력이 0.3MPa 이므로
> 0.3×2 = 0.6MPa

17 주철제 보일러의 최고사용압력이 0.4MPa일 경우 이 보일러의 수압시험 압력은? [11/2]

① 0.2MPa ② 0.43MPa
③ 0.8MPa ④ 0.9MPa

> ★ 최고사용압력이 0.4MPa 이므로
> 0.4×2 = 0.8MPa

정답 13 ③ 14 ③ 15 ③ 16 ④ 17 ③

03 보일러 부속장치

01 부속장치의 종류

① 급수장치 : 급수탱크, 급수펌프, 급수량계, 급수온도계, 급수관, 역정지밸브, 급수밸브, 급수내관, 인젝터, 환원기
② 송기장치 : 비수방지관, 기수분리기, 주증기밸브, 주증기관, 신축이음, 감압밸브, 증기헤더, 증기트랩, 증기축열기
③ 폐열회수장치 : 과열기, 재열기, 절탄기, 공기예열기
④ 안전장치 : 안전밸브, 화염검출기, 고저수위 경보기, 압력제한기, 전자밸브, 방폭문, 가용마개
⑤ 지시장치 : 수면계, 압력계, 온도계, 유량계, CO_2미터기
⑥ 분출장치 : 분출밸브, 분출콕크, 분출관
⑦ 통풍 및 집진장치 : 송풍기, 덕트, 댐퍼, 집진기, 연도, 연돌
⑧ 연료배관 : 저장탱크, 써어비스탱크, 기어펌프, 유수분리기, 오일프리히터, 메타링펌프, 전자밸브, 유량조절밸브, 급유량계
⑨ 기타장치 : 수트블로우 등

02 급수장치

급수탱크, 경수연화장치, 급수펌프, 급수관, 체크밸브, 급수밸브, 급수내관

(1) 급수장치 설치기준
① 인젝터 포함 2세트 이상 설치(주펌프, 보조펌프)
② 다음의 경우는 보조펌프 생략가능(1세트 이상)
  ㉠ 전열면적 $12m^2$ 이하의 증기보일러
  ㉡ 전열면적 $14m^2$ 이하의 가스용 온수보일러
  ㉢ 전열면적 $100m^2$ 이하의 관류보일러
③ 주펌프, 보조펌프의 용량은 보일러 상용압력에서 정상가동 상태에 필요한 물의 양을 단독으로 공급할 수 있을 것.
④ 주펌프 세트가 2개 이상의 펌프를 조합한 것일 때 보조펌프 용량은 보일러 최대증발량의 25% 이상이며, 주펌프 세트 중 최대펌프 이상일 것.

(2) 급수펌프의 구비조건 〈고급저작회병〉
① 고온, 고압에 견딜 것.
② 급수요에 응할 수 있어야
③ 저부하시에도 효율이 좋아야
④ 작동이 확실하고 내구성이 있을 것.
⑤ 회전식일 경우 고속회전에 적합할 것.
⑥ 병렬운전도 가능할 것.

(3) 급수펌프의 종류
① 원심식
  ㉠ 터어빈펌프 : 안내날개(=가이드베인) 있음, 고압고양정용(30m 이상)
  ㉡ 볼류트펌프(=센츄리퓨걸 펌프) : 안내날개 없음. 저압저양정용

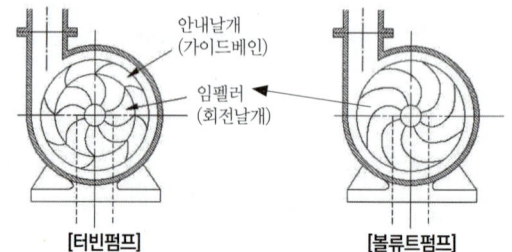

[터빈펌프]　　[볼류트펌프]

② 왕복식 : 플런져, 워싱톤, 웨어
③ 인젝터 : 증기의 분사력을 이용하여 급수
④ 환원기 : 응축수탱크를 보일러보다 높은 위치에 설치, 중력을 이용하여 급수
⑤ 증기힘만으로 작동되는 장치 : 워싱톤, 웨어, 인젝터, 환원기

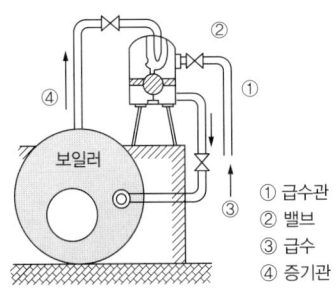

[환원기]

(4) 급수펌프 축동력

① P[kW] = $\dfrac{9.8 \cdot Q \cdot H}{\eta}$

② P[PS] = $\dfrac{1.36 \times 9.8 \cdot Q \cdot H}{\eta}$

- Q : 유량(m³/s)
- H : 양정(m)
- η : 펌프의 효율(%)
- 9.8 : 중력가속도(m/s²)

(5) 인젝터

① 가동순서 〈출 흡 증 핸〉 - 닫을 때는 반대
  ㉠ 출구밸브를 연다.
  ㉡ 흡입밸브를 연다.
  ㉢ 증기밸브를 연다.
  ㉣ 인젝터 핸들을 연다.

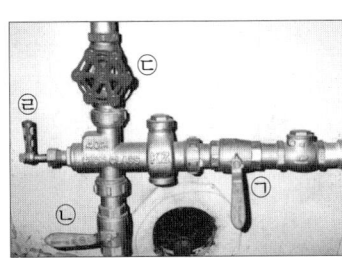

② 작동불능 원인 〈노인급체증〉
  ㉠ 노즐 마모시
  ㉡ 인젝터 과열시
  ㉢ 급수온도가 높을 때(50℃ 이상)
  ㉣ 체크밸브 고장시
  ㉤ 증기압력이 너무 낮거나(0.2MPa 이하), 너무 높을 때(1MPa 이상)
  ㉥ 증기속에 수분이 너무 많을 때

③ 인젝터 설치시 장점·단점
  ㉠ 설치장소를 넓게 차지하지 않는다.
  ㉡ 동력이 필요없다(증기힘으로 작동).
  ㉢ 가격이 싸다.
  ㉣ 급수효율이 낮다. (단점)

(6) 급수밸브

① 급수밸브는 20A 이상이어야 한다. 단, 전열면적 10m² 이하인 보일러는 15A 이상
② 보일러에 가까이 급수밸브, 이에 가까이 체크밸브를 설치한다.

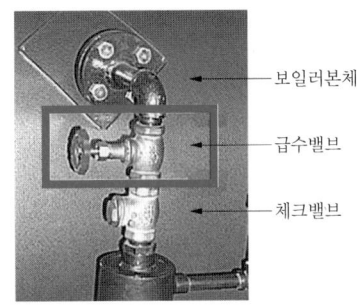

(7) 체크밸브

① 역할 : 유체의 역류방지
② 종류 : 스윙식(수평·수직배관), 리프트식(수평배관)
③ 최고사용압력 0.1MPa 미만인 경우 생략가능

[체크밸브(리프트식)]   [체크밸브(스윙식)]

[풋밸브]   [스모렌스키밸브]

(8) 급수내관

① 역할 : 갑작스런 급수로 인한 부동팽창을 방지하고 보일러수 온도분포를 일정하게 유지
② 안전저수위 50mm 하단에 설치한다.
③ 설치위치가 낮을 경우 : 동하부 냉각, 보일러수 순환불량, 체크밸브 고장시 역류위험
④ 설치위치가 높을 경우 : 급수내관 노출로 인한 내관의 과열, 과열상태 급수시 수격현상

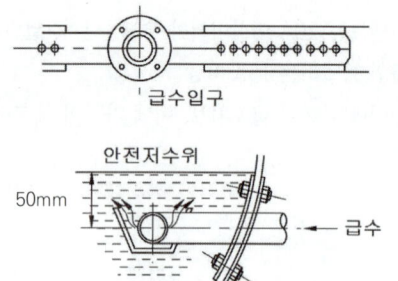

(9) 여과기(=스트레이너)

① 유체중의 불순물 제거
② 형상에 따라 Y형, U형, V형
③ 여과기의 여과망(=스크린)의 단위 : 메쉬(=in^2 당 구멍수)

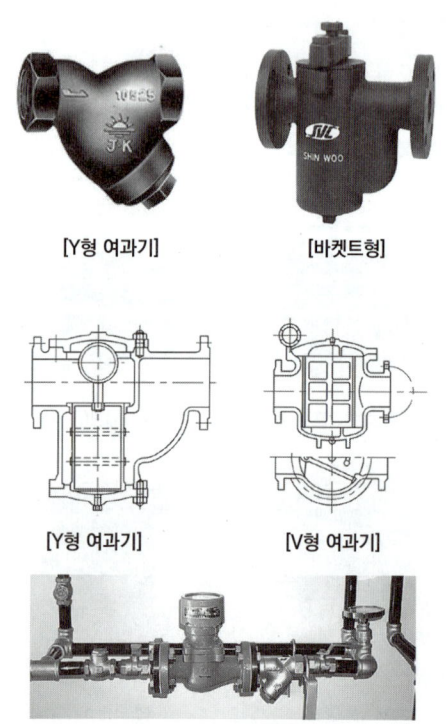

03 송기장치

기수분리기, 비수방지관, 주증기밸브, 주증기관, 신축이음, 감압밸브, 증기헤더, 증기트랩, 증기축열기

(1) 기수분리기 : 수관식 보일러에 설치

① 발생증기 속의 수분(또는 물방울)을 제거하여 건조한 증기 취출
② 종류〈스싸건배〉: 스크레버형, 싸이클론형, 건조스크린형, 배플형

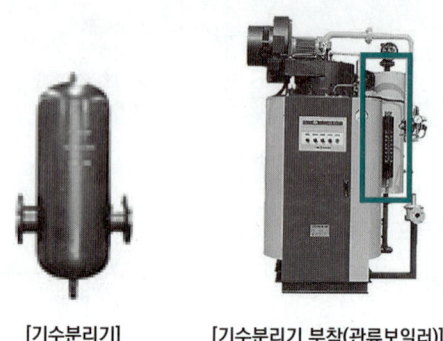

[기수분리기]   [기수분리기 부착(관류보일러)]

(2) 비수방지관/원통형 보일러에 설치

① 주증기밸브 개방시(=급격한 송기시) 압력저하로 인한 비수현상 방지
② 비수방지관은 주증기밸브 전에 설치하며, 비수방지관의 구멍 단면적은 주증기관 단면적 1.5배

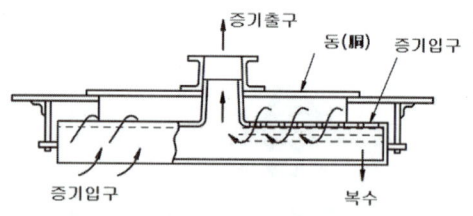

(3) 주증기밸브

① 발생증기를 취출하는 역할
② 외형상 앵글밸브, 내부구조상 스톱밸브(글로우브밸브)를 사용
③ 호칭압력 : 보일러 최고사용압력 이상, 최소한 0.7MPa 이상의 압력에 견딜 것

[글로우브밸브]

밸브 및 차단장치의 종류(내부구조상)
(1) 슬루우스밸브(=게이트밸브, 사절밸브)
  ① 구조상 밸브 하부에 침전물이 쌓이지 않는다.
  ② 유량개폐용, 유체저항이 적다.
(2) 글로우브밸브(옥형밸브, 스톱밸브)
  ① 구조상 밸브 하부에 침전물이 쌓인다.
  ② 유량조절용, 유체저항이 크다.
(3) 콕크
  ① 90°회전으로 개폐를 신속하게 할 수 있다.
  ② 일반콕크(2방향), 3방콕크, 4방콕크가 있다.
(4) 이외에 볼밸브 등이 있다.

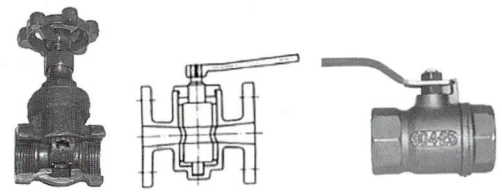

[슬루우스 밸브] [콕크] [볼밸브]

(4) 신축이음(=익스팬션 조인트)
① 역할 : 열팽창 신축 흡수 → 배관의 파손 방지
② 종류 : 루우프형, 슬리이브형, 벨로우즈형, 스위블형
  ㉠ 루우프형(=신축곡관, 만곡관형)
    ⓐ 고압 옥외배관용(설치장소를 많이 차지한다).
    ⓑ 신축에 따라 자체 응력 발생(허용응력이 가장 크다.)
    ⓒ 곡률반경은 관지름의 6배 이상
  ㉡ 슬리이브형(=미끄럼식) : 본체와 슬리브 파이프로 구성. 단식, 복식이 있음. 슬리브와 본체 사이에 패킹을 넣어 누설을 방지
  ㉢ 벨로우즈형(=주름통형, 펙레스형) : 증기관에 일반적으로 가장 널리 쓰이는 종류. 응력이 가장 적다. 인청동제 또는 스테인레스제의 벨로우즈(주름통)을 연결하여 신축을 흡수.
    ⓐ 설치공간을 많이 차지하지 않는다.
    ⓑ 고압배관에 부적당하다.
    ⓒ 주름 하부에 이물질이 쌓이면 부식 우려가 있다.
  ㉣ 스위블형 : 회전이음, 지블이음, 지웰이음 등으로 불리며 2개 이상의 나사엘보를 이용하여 조립한 것으로 이음부 나사의 회전을 이용하여 배관의 신축을 흡수함.
    ⓐ 관, 엘보우 등을 이용하여 제작. 누설의 위험
    ⓑ 온수 또는 저압증기난방용, 방열기용

※ **신축허용길이가 큰 순서**
루우프형 〉 슬리브형 〉 벨로우즈형 〉 스위블형

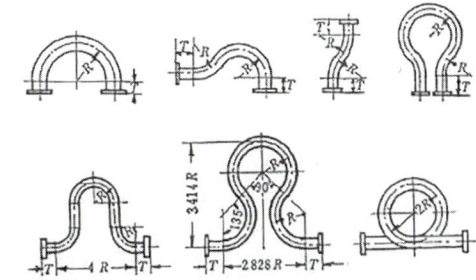

[루우프형 신축이음]

[슬리브형 신축이음]

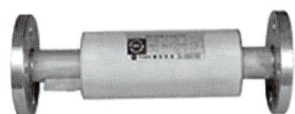

[벨로우즈형 신축이음]

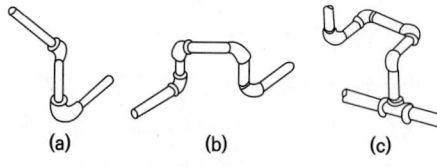
[스위블형 신축이음]

(5) 감압밸브(=스팀 레귤레이터)
① 설치목적
 ㉠ 고압의 증기를 저압으로 전환 시
 ㉡ 증기압력을 일정하게 유지 시
 ㉢ 고압, 저압의 증기를 동시에 사용 시
② 작동방법에 의한 종류 : 벨로우즈형, 다이어프램형, 피스톤형

[감압밸브]

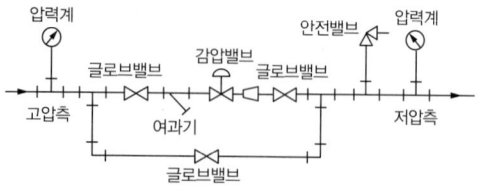
[감압밸브 설치 예]

(6) 증기헤더
보일러 발생증기를 한 곳에 모아 일시 저장하였다가 증기 사용처에 배분하는 장치

[증기헤더]

(7) 증기트랩(=스팀트랩)
증기관 말단이나 증기관 도중의 응축수가 고이기 쉬운 부분에 설치

① 역할 : 증기관내의 응축수 제거, 공기 등 불응축가스 제거
② 증기트랩 설치 시 장점
 ㉠ 관내 응축수 제거로 수격작용 방지
 ㉡ 응축수로 인한 증기관 부식 방지
 ㉢ 효율저하 방지
 ㉣ 관내 증기의 유동저항 감소
③ 종류(증기와 응축수의 특성차이를 이용)
 ㉠ 온도차를 이용(=온도조절식 트랩) : 벨로우즈형(=열동식, 방열기용), 바이메탈형
 ㉡ 비중차를 이용(=기계적 트랩) : 바켓트형, 플로우트형(=다량트랩)
 ㉢ 열역학적 특성차를 이용(=열역학적 트랩) : 오리피스형, 디스크형(=충동식)

[벨로우즈형]   [바켓트형]

[디스크형]   [디스크형]

④ 증기트랩 구비조건 〈마공작드내〉
 ㉠ 마찰저항이 작을 것
 ㉡ 공기빼기가 용이할 것
 ㉢ 작동이 확실하고 내구성이 있을 것
 ㉣ 드레인 연속배출이 가능할 것
 ㉤ 내식성, 내마모성이 있을 것
⑤ 트랩의 고장발견 방법
 ㉠ 작동음을 들어본다.(점검용 청진기 사용)
 ㉡ 입·출구 온도차를 측정
 ㉢ 후레쉬 스팀의 상태를 파악
  ※ 후레쉬 스팀 : 수분이 포함된 채 냉각된 증기
⑥ 트랩이 정도이상 뜨거울 때 원인
 ㉠ 트랩의 용량부족
 ㉡ 이물질 혼입으로 밸브 틈새의 증기누설
 ㉢ 벨로우즈 마모 및 손상

⑦ 트랩이 차가워질 때 원인
  ㉠ 여과기 스크린(=여과망) 막힘
  ㉡ 밸브의 고장
⑧ 에어바인딩(=공기장해) : 설비 내에 다량의 응축수가 고여 있음에도 불구하고 체류한 공기 등으로 인하여 트랩이 작동하지 않는 현상을 말한다. 에어바인딩(air binding) 원인은,
  ㉠ 트랩입구의 배관 지름이 작고 긴 수평관일 때
  ㉡ 트랩입구의 배관이 끝올림, 입상관일 때

(8) 증기축열기(=스팀 어큐물레이터)
① 저부하시 잉여증기를 저장, 고부하시 이용
② 증기열을 저장하는 열매체는 물
③ 정압식(급수계통에 설치), 변압식(송기계통에 설치)

[증기축열기=스팀어큐물레이터]

(9) 송기시 이상현상
① 포밍 : 동체 저부에서 기포가 수면으로 오르며 수면이 거품으로 뒤덮이는 현상
② 프라이밍 : 동수면에서 증기발생시 격렬한 비등과 함께 작은 물방울이 함께 튀어오르는 현상, 포밍이 지속될 경우 프라이밍을 동반하기 쉽다.
③ 캐리오버(기수공발) : 증기 속에 혼입한 작은 물방울이 송기시 증기관으로 운반되는 현상, 즉 습증기가 증기관으로 유입되는 현상. → 수격현상 유발
④ 워터햄머(=수격현상) : 증기관내에 고인 응축수가 송기시 고압의 증기에 밀려 굴곡부에서 심하게 부딪쳐 소음과 진동을 유발하는 현상.

(10) 송기시 순서/응축수제거, 주증기밸브 서개
① 관내의 응축수를 제거한다.
② 주증기밸브를 약간 열어 관을 따뜻하게 한다.
③ 주증기밸브를 서서히 연다.
④ 주증기밸브를 만개 후 약간 되돌려 놓는다.

(11) 포밍, 프라이밍 발생원인
① 보일러수 농축시
② 고수위시, 과부하 운전
③ 주증기밸브 급개

(12) 습증기의 장해
① 증기유동 저항 증가
② 증기관 부식
③ 수격작용 유발

(13) 수격현상 방지법
① 주증기밸브 서개
② 증기관 보온
③ 증기트랩을 설치하여 관내 응축수 제거

04 폐열회수장치(=열효율증대장치, 여열장치)

연소가스의 흐름 순서
(연소실) → 과열기 → 재열기 → 절탄기 → 공기예열기 → (연돌)

연도에 설치하며, 배기가스의 여열을 흡수 이용한다.

(1) 폐열회수장치 설치시 장·단점
① 장점 : 열효율 증가
② 단점
  ㉠ 장치 표면에 부식(고온부식, 저온부식)
  ㉡ 통풍력 감소(=통풍저항 증가)
  ㉢ 연도내 청소곤란
  ㉣ 장치설비로 조작범위가 넓어진다.

(2) 종류 및 역할
① 과열기 : 보일러에서 발생된 증기의 온도를 높여 과열증기로 만듦(압력은 관계없음)
  ㉠ 열가스 흐름에 따라 : 병류형, 향류형, 혼류형
  ㉡ 열가스 접촉에 따라 : 접촉형(대류형), 복사형(방사형), 접촉복사형(대류방사형)

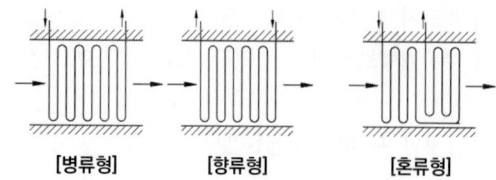

[병류형] [향류형] [혼류형]

② 재열기 : 고압터빈에서 팽창 도중의 증기를 빼내어 재가열하여 저압터빈에 이용
③ 절탄기 : 배기가스의 여열을 이용하여 급수를 예열
④ 공기예열기 : 연소용 공기(2차공기)를 예열
  ㉠ 전열방식에 따라 : 전열식, 재생식(축열식), 증기식
  ㉡ 열가스 흐름에 따라 : 병류형, 향류형, 혼류형

- 1차공기 : 무화용 공기(분무용 공기)
- 2차공기 : 연소용 공기

(3) 고온부식 : 과열기, 재열기에 발생
① 연료 중 V(바나듐) 성분으로 인해 발생, 배기가스 온도가 450~500℃ 이상일 때 V(바나듐)이 과잉산소와 결합하여 (오산화바나듐)이 생성되며, 과열기와 재열기의 표면에 부착 부식을 유발한다.
② 고온부식 방지법
  ㉠ 연료내의 바나듐 성분 제거
  ㉡ 연료첨가제를 이용, 바나듐(또는 회분)의 융점을 높인다.
  ㉢ 배기가스 온도를 적절하게 유지
  ㉣ 전열면에 내식재로 피복
  ㉤ 과잉공기를 줄인다.(=과잉산소를 줄인다) 공기비를 줄인다.(배기가스 중 CO_2 함유량을 높인다.)

(4) 저온부식 : 절탄기, 공기예열기에 발생
① 연료 중 S(황)성분으로 인해 발생, 배기가스 온도가 150~170℃ 이하일 때 H_2SO_4(황산)이 생성되어 발생
  ※ 저온부식의 원인 : 연료 중 S,(황)이 연소한 SO_2(아황산가스), 황산가스
② 저온부식 방지법
  ㉠ 연료 중 황분 제거
  ㉡ 연료첨가제를 이용, 황산가스의 노점을 낮춘다.
  ㉢ 과잉공기를 줄인다.(=과잉산소를 줄인다) 공기비를 줄인다. (CO_2 함유량을 높인다.)
  ㉣ 장치표면에 내식재로 피복

㉤ 배기가스 온도를 높인다.(→ 열효율이 낮아짐)
③ 저온부식 과정
- S(연료 중 황) + O_2(공기 중 산소) → SO_2(아황산가스) : 황(S)의 연소
- SO_2(아황산가스) + ½O_2(과잉공기 중 산소) → SO_3(무수황산) : 과잉공기 중 산소와 결합
- SO_3(무수황산) + H_2O(절탄기 표면의 이슬) → H_2SO_4(황산) : 장치표면을 부식

05 안전장치

안전밸브, 화염검출기, 고저수위 경보기, 압력제한기, 전자밸브, 방폭문, 가용마개

(1) 안전밸브(=세이프티 밸브)
① 역할 : 증기압력이 초과시 본체내부의 증기를 외부로 배출하여 파손방지
② 종류 : 스프링식, 중추식(=추식), 지렛대식(=레버식),
③ 보일러에서는 스프링식을 주로 사용
④ 스프링식은 밸브의 양정(열리는 거리)에 따라 저양정식, 고양정식, 전양정식, 전양식이 있음

[안전밸브 설치 예]

⑤ 설치기준
  ㉠ 2개 이상 설치할 것(단, 전열면적이 50m² 이하인 보일러에는 1개 이상).
  ㉡ 호칭지름 25A 이상으로 할 것
    (단, 다음의 경우는 20A 이상 → 압력계문자판 지름 60mm 이상인 경우와 거의 같은 기준).
    ⓐ 최고사용압력 0.1MPa 이하 보일러
    ⓑ 최고사용압력 0.5MPa 이하, 동체 안지름

500mm이하, 동체길이 1000mm이하인 보일러
ⓒ 최고사용압력 0.5MPa 이하, 전열면적 $2m^2$ 이하인 보일러
ⓓ 최대증발량 5t/h 이하인 관류보일러
ⓔ 소용량보일러(소용량강철제, 소용량주철제)
ⓒ 수직으로 동체에 직접 부착할 것.
ⓓ 반드시 스프링식은 1개 이상 부착할 것.
ⓔ 인화성, 유독성증기 발생보일러는 밀폐식일 것 (특수열매체 보일러)
ⓕ 보일러본체, 과열기출구, 재열기·독립과열기 입·출구에 부착
⑥ 안전밸브 분출압력 조정
　㉠ 1개인 경우 : 보일러 최고사용압력 이하에서 분출
　㉡ 2개인 경우
　　ⓐ 1개는 보일러 최고사용압력 이하에서 분출
　　ⓑ 나머지 1개은 보일러 최고사용압력 1.03배 이하에서 분출
⑦ 안전밸브 증기누설 원인
　㉠ 밸브 틈새의 이물질
　㉡ 스프링 장력의 감소
　㉢ 밸브의 균형이 맞지 않을 때
⑧ 안전밸브의 크기는 증기압력에 반비례, 전열면적에 비례한다.
⑨ 보일러 안전밸브는 6개월마다 1회 이상 시험검사
⑩ 안전밸브 시험시 분출압력의 75% 이상일 때 행할 것.

(2) 화염검출기
① 역할 : 연소실 내의 화염을 감시
② 종류
　㉠ 플레임아이 : 화염의 발광(빛)현상 이용, 유류용 보일러에 주로 사용
　　종류-광전관, 황화카드뮴 전지(CdS cell), 황화납 전지(PbS cell)
　㉡ 플레임로드 : 화염의 이온화현상 이용, 가스용 보일러에 주로 사용
　㉢ 스택스위치 : 화염의 발열현상 이용, 소용량 보일러용이나 현재는 거의 사용치 않음
③ 불착화, 실화시 전자밸브에 신호를 발하여 연료를 차단하게 한다. → 불착화인터록

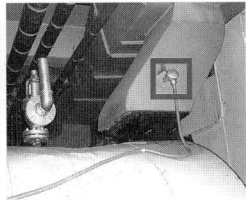

[버너입구의 화염검출기]　[연도입구 스택스위치]

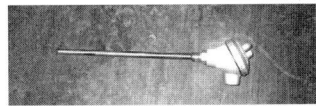

[스택스위치 감지부]

(3) 고저수위 경보기
① 수위를 감시하여 이상감수를 방지
② 종류
　㉠ 부자식(=플로우트식) : 맥도널식
　㉡ 전극식 : 전극봉 3개 삽입(고수위, 저수위, 안전저수위)
　㉢ 열팽창식 : 베일리식(액체 팽창이용), 코오프스식(고체 팽창이용)
　㉣ 차압식
③ 안전저수위 직전에 경보를 발하고, 안전저수위 즉시 연료를 차단할 수 있도록 전자밸브에 신호를 발한다. → 저수위 인터록

[맥도널식]　[전극식]

(4) (증기)압력 제한기
① 일정압력 이상의 증기압력 초과를 감시
② 보일러 설정압력 초과시 긴급연료차단을 할 수 있도록 신호를 발한다. → 압력초과인터록

[증기압력 제한기] [증기압력 조절기] [증기압력제한기, 조절기 설치 예]

(5) 전자밸브(=솔레노이드밸브)
① 비상시 자동으로 연료를 차단
② 인터록 : 전자밸브에 연결된 자동제어
   ㉠ 압력초과 인터록 : 증기압력제한기와 연결, 설정압력 초과 시 연료차단
   ㉡ 저수위 인터록 : 고저수위 경보기와 연결, 안전저수위 이하 감수 시 연료차단
   ㉢ 불착화 인터록 : 화염검출기와 연결, 불착화 및 실화 시 연료차단
   ㉣ 프리퍼지 인터록 : 송풍기와 연결, 노내환기가 되지 않을 때 연료를 차단하여 미연소가스폭발 방지
   ㉤ 저연소 인터록 : 연료조절밸브와 연결, 저연소로 전환이 되지 않을 때 연료 차단

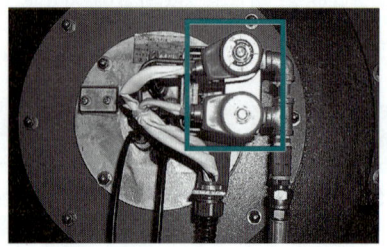

[연료배관 버너입구의 전자밸브]

(6) 방폭문
① 연소실 후부나 측면에 설치
② 연소실내에서 미연소가스 폭발에 대비하여 설치
③ 종류 : 스프링식(=밀폐식), 스윙식(=개방식)

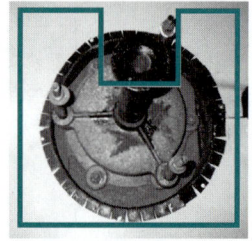

[연소실 후부의 방폭문]

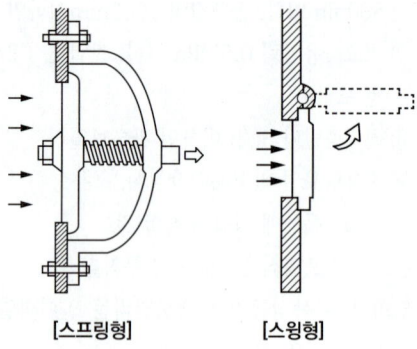

[스프링형] [스윙형]

(7) 가용마개(=용융마개, 가용전)
① 주성분 : 납 + 주석
② 석탄때기 보일러에서 노통의 상부에 쐐기 모양으로 설치
③ 이상 감수시 용융되어 증기누설 소음으로 경고
    증기 누설시 석탄의 화력이 약화됨
④ 현재는 거의 사용하지 않고 있음

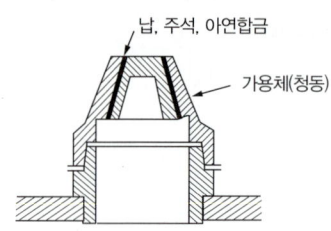

(8) 온수보일러의 압력방출장치(안전밸브, 방출밸브, 방출관, 팽창탱크 등)
① 온수온도 120℃ 초과 : 안전밸브(20A 이상)부착
② 온수온도 120℃ 이하 : 방출밸브(20A 이상)부착
   ㉠ 온수보일러의 방출밸브는 보일러 압력이 최고사용압력의 10%를 초과하지 않도록 지름과 갯수를 정하여야 한다.

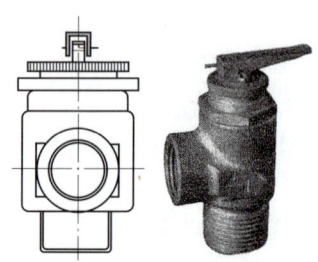

③ 온수보일러의 방출관

전열면적(m²)	방출관 안지름(mm)
10 미만	25 이상
10~15미만	30 이상
15~20미만	40 이상
20 이상	50 이상

④ 팽창탱크
  ㉠ 설치목적 〈온공장보온〉
    ⓐ 온수체적팽창 및 이상팽창압력 흡수
    ⓑ 공기빼기밸브 역할
    ⓒ 장치내 일정압력 유지
    ⓓ 보일러 부족수 보충
    ⓔ 온수넘침으로 인한 열손실 방지
  ㉡ 종류 : 개방식, 밀폐식
    ⓐ 개방식
      • 온수온도 85~90℃(100℃ 이하)에 사용
      • 최고층 방열기 또는 방열관보다 1m 높게 설치
      • 급수관, 안전관, 배기관, 일수관(=오버플로우관), 배수관, 팽창관으로 구성
    ⓑ 밀폐식
      • 온수온도 100℃ 이상인 경우에 사용
      • 설치높이 제한 없음
      • 급수관, 수위계, 안전밸브(=릴리프밸브), 압력계, 압축공기를 공급하는 에어콤프레샤, 배수관으로 구성

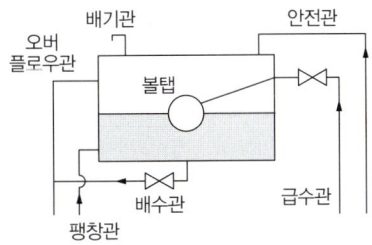

[개방식 팽창탱크]

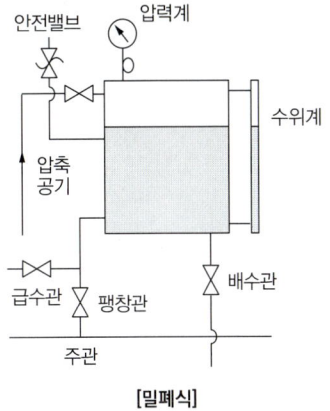

[밀폐식]

06 지시장치(계측기기)

압력계, 수면계, 온도계, 유량계, CO_2 미터기 등

(1) 압력계(부르돈관식이 일반적)

① 문자판 지름 100mm 이상(60mm 이상인 경우는 안전밸브 지름 20A 이상인 경우와 동일)
② 싸이폰관을 부착할 것, 싸이폰관 안지름 6.5mm 이상
  ※ 싸이폰관 : 고온 증기로부터 압력계 파손방지
③ 압력계 연결관
  ㉠ 동관일 경우 : 안지름 6.5mm, 강관일 경우 안지름 12.7mm
  ㉡ 압력계 연결관에 부착되는 콕크는 수직일 때 열려있는 구조이여야 한다.
  ㉢ 증기온도 210℃(483K) 이상일 때는 동관사용 금지
④ 압력계 눈금은 최고사용압력의 1.5~3배
⑤ 가동중 보일러의 압력계 시험은 삼방콕을 이용

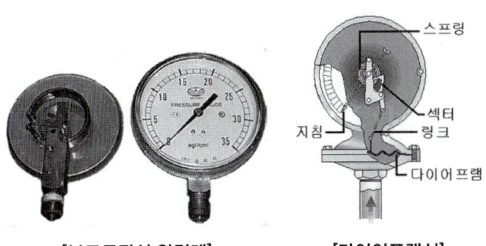

[부르돈관식 압력계]   [다이어프램식]

[압력계 설치 예]

(2) 수면계
① 종류 : 원형유리관식, 평형투시식, 평형반사식, 2색식, 멀티포트식(=원격지시수면계)
② 역할 : 보일러 본체내의 수면을 표시
③ 설치기준
　㉠ 2개 이상의 유리수면계를 부착할 것(소용량 및 소형 관류보일러는 1개)
　㉡ 최고사용압력 1MPa 이하, 동체안지름 750mm 미만일 때 수면계 중 하나는 다른 수면측정장치로 대신할 수 있음.
　㉢ 2개 이상의 원격지시수면계를 부착한 경우 유리수면계를 1개 이상으로 할 수 있음.
　㉣ 단관식 관류보일러는 부착하지 않아도 됨
④ 보일러 본체에서 수주를 부착한 다음 수주에 수면계와 고·저수위 경보기를 부착한다.

⑤ 수주 : 수면계 파손방지, 수면계 연락관 막힘 방지, 포밍·프라이밍으로 인한 수위교란 방지
　㉠ 보일러와 수주의 연결관은 20A 이상
　㉡ 수주관에는 20A 이상 분출관을 장치
　㉢ 최고사용압력 1.6MPa 이하의 보일러의 수주관은 주철제로 할 수가 있다.
⑥ 수면계 점검 순서 (수면계 상하의 증기콕크, 물콕크, 드레인콕크를 조작하여 수면계 연락관 막힘 여부를 조사한다.)
　㉠ 증기콕크와 물콕크를 닫는다.
　㉡ 드레인콕크를 열어 물을 빼낸다.
　㉢ 물콕크를 열어 확인 후 닫는다.
　㉣ 증기콕크를 열어 확인 후 닫는다.
　㉤ 드레인콕크를 닫고 물콕크를 연 후 증기콕크를 연다.

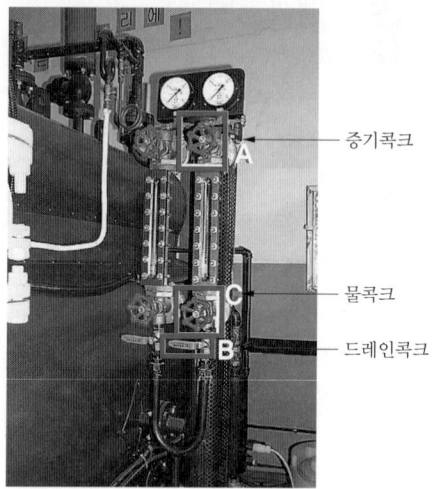

⑦ 수면계 수위가 예민하게 움직일 때 수면계 기능이 정상이므로 수면계 점검을 하지 않아도 된다.
⑧ 수면계 유리관 파손시 : 물콕크를 먼저 닫는다.
⑨ 수면계 유리관 파손원인
　㉠ 수면계 급열, 급냉시(유리관 내·외의 충격)
　㉡ 유리관 재질 불량
　㉢ 유리관 조임너트를 너무 강하게 조였을 때
　㉣ 유리관 상하 중심선이 일치하지 않았을 때
　㉤ 유리관이 알칼리에 노쇠하였을 때
　　※ 고수위일때는 과열될 우려가 없으므로 유리관 파손원인이 아님
⑩ 수면계 점검시기
　㉠ 2개의 수면계 수위가 서로 다를 때
　㉡ 수면계 교체시
　㉢ 포밍·프라이밍 발생시
　㉣ 수면계 지시값이 의심이 갈 때

(3) 온도계

온도계는 다음 위치에 부착한다.

① 급수입구 급수온도계

② 버너입구 급유온도계

③ 절탄기·공기예열기 전후

④ 과열기·재열기 출구

⑤ 보일러 본체 배기가스 온도계(③이 설치된 경우는 설치 제외)

⑥ 소용량, 가스용온수보일러는 배기가스 온도계만 설치

[배기가스온도계]   [급수온도계]

(4) 수위계

온수보일러의 동체 또는 온수출구에 부착하며, 눈금은 보일러 최고사용압력의 1~3배

07 분출장치

분출밸브, 분출콕크, 분출관으로 구성

(1) 종류

① 수면분출(=연속분출) : 동체수면 높이에 설치, 동수면의 유지분·불순물 제거

② 수저분출(=단속분출) : 동체 아랫부분에 설치, 보일러 농축수 분출

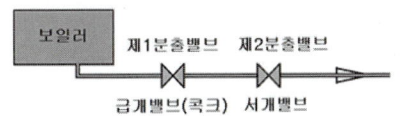

[분출밸브의 직렬설치]

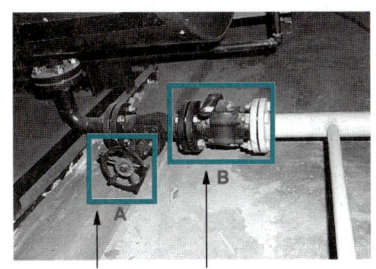

분출밸브   분출콕크

(2) 분출목적〈스포 P 보고〉

① 스케일 생성 및 고착 방지

② 포밍, 프라이밍 발생 방지

③ pH 조절

④ 보일러수 농축방지

⑤ 고수위 방지

(3) 분출시기 및 요령

① 보일러 점화전에 분출

② 계속 가동 중인 보일러는 부하가 가장 가벼울 때

③ 고수위시, 포밍·프라이밍 발생시

④ 1일 1회 이상

⑤ 2명이 1조로 작업하되 타 작업 금지

⑥ 안전저수위 이하가 되지 않도록 주의

⑦ 분출콕크 → 분출밸브 순서로 열 것(닫을 때는 반대)

⑧ 분출작업은 신속하게 할 것

(4) 분출밸브 설치 조건

① 분출밸브는 25A 이상일 것(전열면적 $10m^2$ 이하는 20A 이상)

　※ 비교 : 급수밸브 20A 이상(전열면적 $10m^2$ 이하는 15A 이상)

② 최고사용압력 0.7MPa 이상의 보일러에는 분출밸브 2개를 직렬로 설치, 또는 분출콕크와 분출밸브를 직렬로 설치

③ 분출콕크는 반드시 글랜드가 있어야 함

　※ 글랜드 : 회전부위에 끼워넣는 패킹

④ 분출밸브는 스케일, 그 밖의 침전물이 쌓이지 않는 구조일 것 (=슬루우스 밸브)
⑤ 호칭압력 : 보일러 최고사용압력의 1.25배, 또는 최소한 0.7MPa 이상에 견뎌야 함
⑥ 주철제는 1.3MPa 이하, 흑심가단주철제는 1.9MPa 이하에 사용

> 보일러 본체에 부착하는 기타 밸브는 보일러 최고사용압력 이상에 견뎌야 함.

08 기타장치

(1) 수트블로우(Soot blow)
수관식보일러에서 전열면에 부착된 그을음을 제거하는 장치
① 압축공기 또는 건조한 증기를 노즐로 분사하여 제거
② 보일러 부하가 적거나(50% 이하), 소화 후 사용금지
③ 분출 전 송풍기를 가동하여 유인통풍 증가할 것
④ 장치내의 응축수를 제거한 다음 사용할 것 (증기를 사용하는 경우)
⑤ 한 곳으로 집중적으로 분사하지 말 것

03 보일러 부속장치 예상문제

CHAPTER

박쌤이 콕! 찝어주는 주요 예상문제 풀어보기!

부속장치 개요

 보일러 부속장치

보일러 3대구성요소(본체, 연소장치, 부속장치)
1) 급수장치   2) 송기장치
3) 분출장치   4) 안전장치
5) 폐열회수장치   7) 지시장치
8) 연료공급장치   9) 기타장치
* 8)연료공급장치는 연료&연소장치에서 해설

★ 보일러의 3대구성요소 : 본체, 연소장치, 부속장치
  부속장치는 다음과 같이 구분된다.
  ① 급수장치 ② 송기장치 ③ 안전장치 ④ 분출장치
  ⑤ 폐열회수장치(여열장치) ⑥ 지시장치 ⑦ 통풍및집진장치
  ⑧ 연료배관 ⑨ 기타장치(수트블로우)

급수장치

 급수탱크 등 급수장치

1) 급수의 원칙 : 과부족없이 상용수위
                불순물 제거, 급수처리
2) 설치기준 :
① 인젝터 포함 2세트 이상(주펌프, 보조펌프)
② 주펌프, 보조펌프 용량은 보일러 최대증발량 이상이어야

01 보일러의 3대 구성요소에 해당하지 않는 것은?
[10/2]

① 보일러 본체   ② 연소장치
③ 부속설비   ④ 보일러설비

★ 보일러 3대 장치 - 본체, 연소장치, 부속장치

02 보일러의 3대 구성요소 중 부속장치에 속하지 않는 것은?
[13/5]

① 통풍장치   ② 급수장치
③ 여열장치   ④ 연소장치

★ 보일러 3대 구성요소 : 본체, 연소장치, 부속장치
• 부속장치는 급수, 송기, 안전, 지시, 분출, 통풍&집진, 급유, 기타 장치
  로 구분할 수 있다. 따라서, 연소장치는 부속장치가 아닌, 3대 구성요
  소에 속한다.

01 보일러의 급수장치에 대한 설명이다. 이 중 잘못된 것은 어느 것인가?
[08/1]

① 인젝터는 즉시 연료(열)의 공급이 차단되지 않아 과열될 염려가 있는 보일러에 설치한다.
② 전열면적 12m² 이하인 보일러는 보조펌프를 생략할 수 있다.
③ 전열면적 14m² 이하의 가스용 온수보일러는 보조펌프를 생략할 수 있다.
④ 전열면적 150m² 이하의 관류보일러에는 보조펌프를 생략할 수 있다.

★ 전열면적 100m² 이하의 관류보일러에 보조펌프 생략.

03 보일러 부속장치가 아닌 것은?
[10/1]

① 공기장치   ② 여열장치
③ 급수장치   ④ 분출장치

정답 01 ④ 02 ④ 03 ① 01 ④

02 급수탱크의 설치에 대한 설명 중 틀린 것은?
[12/1]

① 급수탱크를 지하에 설치하는 경우에는 지하수, 하수, 침출수 등이 유입되지 않도록 하여야 한다.
② 급수탱크의 크기는 용도에 따라 1~2 시간 정도 급수를 공급할 수 있는 크기로 한다.
③ 급수탱크는 얼지 않도록 보온 등 방호조치를 하여야 한다.
④ 탈기기가 없는 시스템의 경우 급수에 공기 용입 우려로 인해 가열장치를 설치해서는 안된다.

> ※ 급수탱크는 뚜껑이나 맨홀을 설치하여 눈비나 먼지 이물질이 급수탱크에 들어가지 않도록 하여야 한다. 또한, 탈기기가 없는 시스템의 경우는 적절한 급수온도를 유지하기 위한 가열장치를 설치하는 것이 바람직하다.

> ※ 급수펌프의 구비조건
> ① 고온, 고압에 견딜 것
> ② 급수요에 응할 수 있어야
> ③ 작동이 확실하고 내구성이 있을 것
> ④ 저부하시에도 효율이 좋을 것
> ⑤ 회전식일 경우 고속회전에 적합할 것

02 보일러 급수펌프인 터빈펌프의 일반적인 특징이 아닌 것은?
[12/1][07/1]

① 효율이 높고 안정된 성능을 얻을 수 있다.
② 구조가 간단하고 취급이 용이하므로 보수관리가 편리하다.
③ 토출 시 흐름이 고르고 운전상태가 조용하다.
④ 저속회전에 적합하며 소형이면서 경량이다.

> ※ 터빈펌프 : 원심식펌프로서 고속회전에 적합

03 보일러 급수펌프 중 비용적식 펌프로서 원심펌프인 것은?
[13/1]

① 워싱턴펌프 ② 웨어펌프
③ 플런저펌프 ④ 볼류트펌프

> ※ 원심형 펌프의 종류 : 임펠러의 회전력으로 급수
> ① 터빈펌프 : 고압, 고양정용으로 안내날개가 있음
> ② 볼류트 : 저양정용으로 안내날개가 없음

급수펌프

1) 펌프 구비조건 : 〈고급저작회병〉
① 고속회전에 적합할 것, 급수요에 응할 수 있을 것
② 저부하시에도 효율이 좋을 것,
③ 작동이 확실하고 내구성이 있을 것,
④ 회전식일 경우 고속회전에 적합할 것,
⑤ 병렬운전도 가능할 것
2) 펌프 종류
① 원심식 : 터빈펌프 - 고압고양정, 안내날개 있음
         볼류트펌프 - 저압저양정, 안내날개 없음
② 왕복식 : 워싱톤, 웨어, 플런져

04 다음 중 왕복식 펌프에 해당되지 않는 것은?
[11/2]

① 피스톤 펌프 ② 플런저 펌프
③ 터빈 펌프   ④ 워싱턴 펌프

> ※ 왕복식 펌프 : 플런저, 웨어, 워싱턴, 피스톤
> 원심식 : 터빈, 볼류트

01 보일러 급수펌프의 구비조건으로 틀린 것은?
[11/2][09/5]

① 고온, 고압에도 충분히 견딜 것
② 회전식은 고속 회전에 지장이 있을 것
③ 급격한 부하변동에 신속히 대응할 수 있을 것
④ 작동이 확실하고 조작이 간편할 것

정답 02 ④ 01 ② 02 ④ 03 ④ 04 ③

05 급수펌프 중 왕복식 펌프가 아닌 것은?
[10/2]

① 웨어 펌프
② 워싱턴 펌프
③ 터빈 펌프
④ 플런저 펌프

> ★ **왕복동식 펌프** : 워싱턴, 웨어 – 증기힘으로 작동
>   플런저펌프 – 전기힘으로 작동
>   **원심식 펌프** : 터빈펌프 – 안내날개(=가이드베인)가 있다.
>   볼류트펌프 – 안내날개가 없다.

06 다음 펌프 중 왕복식 펌프의 종류에 해당 되는 것은?
[08/2]

① 터빈 펌프
② 벌류트 펌프
③ 워싱턴 펌프
④ 프로펠러 펌프

> ★ **왕복식 펌프** : 플런져, 웨어, 워싱턴

07 왕복동식 펌프가 아닌 것은?
[09/1]

① 플런저 펌프
② 웨어 펌프
③ 워싱턴 펌프
④ 터빈 펌프

> ★ ① **왕복동식 펌프** – 워싱턴, 웨어 : 증기 힘으로 작동
>   플런저펌프 : 전기 힘으로 작동
>   ② **원심식 펌프** – 터빈펌프 : 안내날개(=가이드베인) 있음.
>   볼류트펌프 : 안내날개가 없음.

08 증기의 압력에너지를 이용하여 피스톤을 작동시켜 급수를 행하는 비동력 펌프는?
[16/4][12/1]

① 워싱턴 펌프
② 기어 펌프
③ 볼류트 펌프
④ 디퓨져 펌프

> ★ 증기힘을 이용한 급수장치 : 워싱턴펌프, 웨어펌프, 인젝터, 환원기

09 웨어펌프의 특징으로 틀린 것은?
[10/1]

① 고압용에 부적당하다.
② 유체의 흐름시 맥동이 일어난다.
③ 토출압의 조정이 용이하다.
④ 고점도의 유체 수송에 적합하다.

> ★ 웨어펌프(weir pump, 위어펌프)는 증기를 이용한 왕복동식 펌프로서, 다른 펌프에 비해 송출압이 높다.
> • 왕복식펌프에서 플런저 펌프가 가장 고압용으로 사용됨.

10 보일러 급수 펌프의 공동현상을 방지하는 방법으로 옳은 것은?
[07/4]

① 펌프의 회전수를 높인다.
② 관경을 크게 한다.
③ 펌프의 흡입 양정을 크게 한다.
④ 소음과 진동을 크게 한다.

> ★ **캐비테이션(공동현상) 발생원인**
>   ① 임펠러 회전속도가 빠를 경우
>   ② 흡입관의 저항이 클 경우
>   ③ 유량의 속도가 빠를 경우
>   ④ 관내의 온도가 상승되었을 때
> ★ **방지대책** – 흡입양정을 짧게, 양흡입관을 사용(관경을 크게)
>   프라이밍작업을 한다.

11 캐비테이션의 발생 원인이 아닌 것은?
[15/4][08/1]

① 흡입양정이 지나치게 클 때
② 흡입관의 저항이 작은 경우
③ 유량의 속도가 빠른 경우
④ 관로 내의 온도가 상승되었을 때

> ★ **캐비테이션 발생원인**
>   ① 임펠러 회전속도가 빠를 경우
>   ② 흡입관의 저항이 클 경우
>   ③ 유량의 속도가 빠를 경우
>   ④ 관내의 온도가 상승되었을 때
> ★ **방지대책** : 흡입양정을 짧게, 양흡입관을 사용
>   프라이밍작업을 한다.
> ★ **프라이밍** : 두 가지 뜻이 있음.
>   ① 원심식펌프 기동전 펌프실에 물을 채움
>   ② 보일러 동수면에서 증기발생시 격렬한 비등과 함께 작은 물방울이 함께 튀어오르는 현상

정답 05 ③ 06 ③ 07 ④ 08 ① 09 ① 10 ② 11 ②

12 20m의 높이에 0.05m³/s의 물을 퍼 올리는데 필요한 펌프의 축동력은 약 얼마인가? (단, 펌프의 효율은 80%) [10/4]

① 11.3kW ② 12.25kW
③ 13.74kW ④ 14.82kW

* 송풍기, 펌프 등의 유체를 이송하는 장치의 동력을 구하는 식은 다음 기본식을 응용한다. (구하는 것을 이항정리함)

$$\frac{kW \cdot 1000 \cdot \eta}{PS \cdot 735.5 \cdot \eta} = \frac{\rho \cdot g \cdot Q \cdot H}{Q \cdot Z}$$
$$HP \cdot 745 \cdot \eta$$

식 왼쪽은 효율을 고려할 수 있는 일의 양
식 오른쪽은 실제 하는 일.
ρ : 밀도[kg/m³] g : 중력가속도 9.8[m/s²]
Q : 유량[m³/s] H : 양정높이[m] Z : 송풍압[Pa]
문제조건을 대입하여 구하면,
$kW \cdot 1000 \cdot \eta = \rho \cdot g \cdot Q \cdot H$ 에서
$kW = \frac{\rho \cdot g \cdot Q \cdot H}{1000 \cdot \eta} = \frac{1000 \times 9.8 \times 0.05 \times 20}{1000 \times 0.8} = 12.25[kW]$
(물의 밀도 1000kg/m³)

13 소요전력이 40kW이고, 효율이 80%, 흡입양정이 6m, 토출양정이 20m인 보일러 급수펌프의 송출량은 약 몇 m³/min인가? [08/4]

① 0.13 ② 7.53
③ 8.50 ④ 11.77

* $kW = \frac{9.8 \cdot Q \times H}{\eta}$ 에서 $Q = \frac{kW \cdot \eta}{9.8 \cdot H}$ 를 이용

$\frac{40 \times 0.8}{9.8 \times 26} \times 60 = 7.53 [m^3/min]$
60을 곱한 것은 유량 Q[m³/s]를 1분당으로 환산

개념원리 인젝터

증기힘으로 작동되는 비상용 급수장치
1) 특징 : 증기힘으로 급수되므로 전원 공급 필요없음.
   급수예열효과, 자체적으로 급수효율은 낮다.
2) 작동불능 원인 : 〈노인급체증〉
   ① 노즐 마모, 고장시
   ② 인젝터 과열시
   ③ 급수온도가 너무 높을 때 (50℃ 이상)
   ④ 체크밸브 고장시
   ⑤ 증기압력이 너무 높거나 (1MPa 이상)
      낮을 때 (0.2MPa 이하)
   ⑥ 증기속에 수분이 너무 많을 때
3) 작동순서 : 〈출흡증핸〉
   출구밸브 → 흡수밸브 → 증기밸브 → 인젝터핸들

01 보일러의 급수장치에서 인젝터의 특징으로 틀린 것은? [14/2][11/4]

① 구조가 간단하고 소형이다.
② 급수량의 조절이 가능하고 급수효율이 높다.
③ 증기와 물이 혼합하여 급수가 예열된다.
④ 인젝터가 과열되면 급수가 곤란하다.

* 인젝터는 증기힘으로 분사하여 급수하므로 급수예열 효과가 있으나 장치가 간단하고 소형이므로 급수효율이 낮다.

02 보일러 예비 급수장치인 인젝터의 특징을 설명한 것으로 틀린 것은? [13/5]

① 구조가 간단하다.
② 설치장소를 많이 차지하지 않는다.
③ 증기압이 낮아도 급수가 잘 이루어진다.
④ 급수온도가 높으면 급수가 곤란하다.

* 인젝터는 보일러의 발생증기압을 이용하여 급수하는 장치로서, 구조가 간단하고 설치장소를 차지하지 않지만 급수효율이 낮다. 적정 증기압(0.2~1MPa)과 적정온도(50℃ 미만)를 유지해야 된다.

정답 12 ② 13 ② 01 ② 02 ③

03 보일러 예비 급수장치인 인젝터의 특징을 설명한 것으로 틀린 것은? [08/5]

① 구조가 간단하다.
② 동력을 필요로 하지 않는다.
③ 설치장소를 많이 차지한다.
④ 급수온도가 높으면 급수가 곤란하다.

> ★ 인젝터 특징
> ① 설치장소를 넓게 차지하지 않는다.
> ② 동력이 필요없다.(증기힘으로 작동)
> ③ 가격이 싸다.
> ④ 급수효율이 낮다.

04 인젝터(injector)의 구성 요소에 해당되지 않는 것은? [07/2]

① 혼합노즐   ② 급수구
③ 방출노즐   ④ 고압부

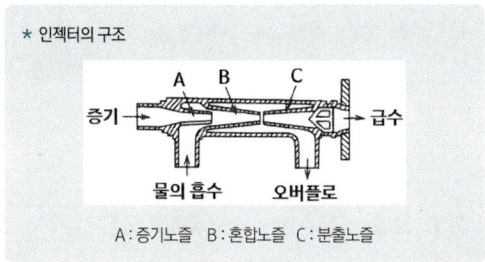

★ 인젝터의 구조
A : 증기노즐 B : 혼합노즐 C : 분출노즐

05 인젝터의 작동불량 원인과 관계가 먼 것은? [12/4]

① 부품이 마모되어 있는 경우
② 내부노즐에 이물질이 부착되어 있는 경우
③ 체크밸브가 고장난 경우
④ 증기압력이 높은 경우

> ★ 인젝터 작동불량 [노인급체증수공]
> ① 노즐 막히거나 마모시
> ② 인젝터 과열
> ③ 급수온도가 너무 높을 때
>   메트로폴리탄형은 65℃이상, 그레삼형은 50℃이상
> ④ 체크밸브 고장시
> ⑤ 증기압력이 너무 높거나 너무 낮을 때
>   0.2MPa 이하, 1MPa 이상시
> ⑥ 증기속에 수분이 너무 많을 때

> ⑦ 흡입관에 공기 누입시
> ★ 증기압력이 높거나, 급수온도가 낮을 때는 인젝터 정상

06 다음 중 인젝터의 급수불량 원인으로 틀린 것은? [11/5]

① 인젝터 자체 온도가 높을 때
② 노즐이 마모 되었을 때
③ 흡입관(급수관)에 공기 침입이 없을 때
④ 증기압력이 0.2MPa 이하로 낮을 때

> ★ 인젝터 작동불능 원인 : [노인급체증]
> ① 노즐 마모시
> ② 인젝터 과열시
> ③ 급수온도가 너무 높을 때
> ④ 체크밸브 고장시
> ⑤ 증기압력이 너무 높거나(1MPa 이상), 낮을 때(0.2MPa 이하)
>   증기속에 수분이 너무 많을 때

07 보일러 급수장치인 인젝터의 작동불량 원인이 아닌 것은? [09/2]

① 증기압력이 높은 경우
② 흡입관로 및 밸브로부터 공기유입이 있는 경우
③ 증기에 수분이 너무 많은 경우
④ 급수온도가 너무 높은 경우

> ★ 인젝터 작동불능 원인
> ① 노즐 마모시
> ② 인젝터 과열시
> ③ 급수온도가 높을 때
> ④ 체크밸브 고장시
> ⑤ 증기 압력이 너무 낮거나, 너무 높을 경우
> • 증기압력이 높은 경우는 압력에 대한 정확한 조건이 없는 한 인젝터의 작동이 잘되는 경우임.

08 보일러 급수장치인 인젝터의 급수불량 원인이 아닌 것은? [07/1]

① 인젝터 자체의 온도가 낮을 때
② 흡입급수관에 공기가 누입될 때
③ 증기가 너무 건조할 때
④ 급수온도가 너무 높을 때

정답 03 ③ 04 ④ 05 ④ 06 ③ 07 ① 08 ①

* 인젝터 작동불능 원인 : [노인급체증]
  ① 노즐 마모시
  ② 인젝터 과열시
  ③ 급수온도가 너무 높을 때
  ④ 체크밸브 고장시
  ⑤ 증기압력이 너무 높거나(1MPa 이상), 낮을 때(0.2MPa 이하)
     증기속에 수분이 너무 많을 때

개념원리 체크밸브, 급수밸브

* 설치순서 : 급수관 - 체크밸브 - 급수밸브 - (급수내관)
* 급수내관은 본체 내부에 안전저수위 50mm 하단에 설치

1) 체크밸브 : 최고사용압력 0.1MPa 미만인 경우 생략
   역류방지 역할
2) 급수밸브 : 20A 이상
   (단, 전열면적 10m² 이하인 경우 15A 이상)

* 급수밸브 및 체크밸브의 크기는 전열면적 10m² 이하의 보일러에서는 호칭 15A이상, 전열면적 10m²를 초과하는 보일러에서는 호칭 20A 이상이어야 한다.

급수밸브 20A 이상 / 15A 이상 — 급수밸브 (전열면적 10m² 기준) — 분출밸브 25A 이상 / 20A 이상

03 전열면적이 10m² 이하의 보일러에서 급수밸브 및 체크밸브의 크기는 호칭 몇 A 이상 이어야 하는가?
[11/5][10/4][09/1]

① 10 ② 15
③ 5   ④ 20

* 급수밸브 및 체크밸브의 크기는 호칭 20A 이상이어야 한다. 단, 전열면적 10m² 이하인 경우 15A 이상.

개념원리 급수내관

1) 역할 : 급격한 급수로 인한 동체의 부동팽창 방지
2) 설치위치 : 본체 내부 안전저수위 50mm 하단에 설치

 01 유체의 역류를 방지하여 유체가 한쪽 방향으로만 흐르게 하기 위해 사용하는 밸브는?
[11/5]

① 앵글밸브   ② 글로브밸브
③ 슬루스밸브   ④ 체크밸브

* 1) 앵글밸브 : 글로브밸브 일종으로 유체흐름 방향이 직각으로 된 것.(주로 주증기밸브)
  2) 글로브밸브 : 스톱밸브 또는 옥형밸브라고도 함.
     유량조절용으로 사용됨.(송기밸브 등)
  3) 슬루스밸브 : 사절밸브 또는 게이트밸브라고도 함.
     유량개폐용으로 사용됨.(급수, 분출밸브 등)
  4) 체크밸브 : 역류방지용, 스윙식과 리프트식이 있음.

 01 보일러 급수내관의 설치 위치로 옳은 것은?
[15/5][09/4]

① 보일러의 기준수위와 일치되게 설치한다.
② 보일러의 상용수위보다 50 mm 정도 높게 설치한다.
③ 보일러의 안전저수위보다 50 mm 정도 높게 설치한다.
④ 보일러의 안전저수위보다 50 mm 정도 낮게 설치한다.

* 급수내관 : 갑작스런 급수로 인한 부동팽창을 방지하고 보일러수 온도 분포를 일정하게 유지함. 안전저수위 50mm 하단에 설치.
  ① 설치위치 낮을 경우 : 동하부 냉각, 보일러수 순환불량
  ② 설치위치 높을 경우 : 급수내관 노출로 인해 내관의 과열

02 전열면적 12m²인 보일러의 급수밸브의 크기는 호칭 몇 A 이상이어야 하는가?
[16/4][12/5][09/5]

① 15   ② 20
③ 25   ④ 32

정답 01 ④ 02 ② 03 ② 01 ④

02 보일러 급수장치의 설명 중 옳은 것은?
[11/1]

① 인젝터는 급수온도가 낮을 때는 사용하지 못한다.
② 볼류트 펌프는 증기 압력으로 구동됨으로 별도의 동력이 필요없다.
③ 응축수 탱크는 급수탱크로 사용하지 못한다.
④ 급수내관은 안전저수위보다 약 5cm 아래에 설치한다.

★ 볼류트 펌프는 원심형 펌프로서 전기의 힘으로 작동.
응축수탱크를 보일러 수면보다 높게 설치하여 중력의 힘으로 공급하는 것을 환원기라고 함.

03 보일러 급수장치의 원리를 설명한 것으로 틀린 것은?
[07/5]

① 환원기 : 수두압과 증기압력을 이용한 급수장치
② 인젝터 : 보일러의 증기 에너지를 이용한 급수장치
③ 워싱턴펌프 : 기어의 회전력을 이용한 급수장치
④ 회전펌프 : 날개의 회전에 의한 원심력을 이용한 급수장치

★ 워싱턴펌프 : 피스톤 왕복에 의해 급수하는 펌프로서 증기압을 이용하여 구동한다.

04 보일러의 급수장치에 해당되지 않는 것은?
[13/4]

① 비수방지관　　② 급수내관
③ 원심펌프　　　④ 인젝터

★ 비수방지관은 주증기밸브 급개시 급격한 증기취출로 인한 동체의 압력저하를 방지하며, 급격한 압력저하로 인해 발생하기 쉬운 비수현상(프라이밍)올 방지힘. 송기징치의 일종.

 **환원기**

환원기
비상용 급수장치. 보일러 수면보다 높게 설치한 응축수 탱크
증기힘으로 작동되는 급수장치
워싱톤펌프, 웨어펌프, 인젝터, 환원기

 송기장치

송기 작업

증기는 건조하고, 엔탈피가 클수록 좋다.
1) 송기시 주의 : 수격작용 방지, 포밍, 프라이밍 발생방지
　① 포밍 : 수면이 거품으로 덮임
　② 프라이밍 : 수면에서 작은 물방울이 튀어오름.
　③ 캐리오버 : 습증기가 증기관으로 유입되는 현상.
　④ 수격작용 : 증기관내의 응축수가 송기시 고압 증기에 밀려 굴곡부에서 심하게 부딪혀 소음과 진동 유발
2) 포밍, 프라이밍 원인 : 보일러수 농축, 고수위 과부하 운전, 주증기밸브 급개
3) 습증기 장해
　① 증기유동 저항 증가　② 증기관 부식
　③ 수격작용 유발　　　 ④ 증기엔탈피 저하
4) 수격작용 방지
　① 주증기밸브 서개　　② 증기관 보온
　③ 증기트랩을 설치하여 관내 응축수 제거
5) 송기 순서
　① 관내 응축수 제거
　② 주증기밸브를 약간 열어 관을 따뜻하게
　③ 주증기밸브를 서서히 연다.
　④ 주증기밸브를 만개후 약간 되돌려 놓는다.

01 증기보일러의 송기장치에 속하지 않는 것은?
[07/1]

① 증기트랩　　② 기수분리기
③ 급수내관　　④ 주증기밸브

★ 급수내관은 급수장치에 속한다. 급격한 급수시 동하부의 냉각을 방지하기 위하여 안전저수위 50mm 하단의 위치에 설치함. 급수를 골고루 살포하여 열응력을 방지함.

02 증기 중에 수분이 많은 경우의 설명으로 잘못된 것은?
[13/2]

① 건조도가 저하한다.
② 증기의 손실이 많아진다.
③ 증기 엔탈피가 증가한다.
④ 수격작용이 발생할 수 있다.

* 증기중의 수분이 많은 경우 습증기를 말하며, 증기엔탈피가 감소한다.

03 주증기관에서 증기의 건도를 향상 시키는 방법으로 적당하지 않은 것은?
[15/5][13/2]

① 가압하여 증기의 압력을 높인다.
② 드레인 포켓을 설치한다.
③ 증기공간 내에 공기를 제거 한다.
④ 기수분리기를 사용한다.

* 증기의 건도를 높이려면
 ① 증기압력은 변화하지 않고 열을 가하여 온도를 높인다.
 ② 증기중의 수분을 제거한다.(기수분리기, 드레인처리)
 ③ 증기중 공기를 제거한다.
 ④ 엔탈피는 그대로 유지한 채 압력을 낮춘다.(감압밸브)
 이외에
 ⑤ 캐리오버 방지, 적절한 분출과 보일러수 농축방지
 • 증기를 가압하면 응축되기 쉽다.(건조도가 낮아진다.)

04 증기를 송기할 때 주의 사항으로 틀린 것은?
[11/5]

① 과열기의 드레인을 배출시킨다.
② 증기관내의 수격작용을 방지하기 위해 응축수가 배출되지 않도록 한다.
③ 주증기 밸브를 조금 열어서 주증기관을 따뜻하게 한다.
④ 주증기 밸브를 완전히 개폐한 후 조금 되돌려 놓는다.

* 증기관내의 응축수 체류시 수격작용을 유발함. 따라서, 송기전 증기관 내의 응축수를 배출하여야 한다.

05 보일러 송기 시 주증기 밸브 작동요령 설명으로 잘못된 것은?
[12/4][10/4]

① 만개 후 조금 되돌려 놓는다.
② 빨리 열고 만개 후 3분 이상 유지한다.
③ 주증기관 내에 소량의 증기를 공급하여 예열한다.
④ 송기하기 전 주증기 밸브 등의 드레인을 제거한다.

* 주증기밸브를 급히 개방하면 증기관내의 응축수가 고압증기에 밀려 수격작용을 유발할 수 있다. 따라서, 주증기밸브 조작은 서서히 하는 것이 중요하다. 증기압력이 오르면,
 ① 송기전 주증기밸브, 증기헤더 등의 드레인을 제거한다.
 ② 처음에 약간 열어 소량의 증기를 보내어 증기관을 예열
 ③ 서서히 개방하여 만개한 후 약간 되돌려 놓는다

06 보일러 수면에서 증발이 격심하여 기포가 비산해서 수적이 증기부에서 심하게 튀어오르는 현상은?
[09/2][07/4]

① 포밍 ② 캐리오버
③ 프라이밍 ④ 수격작용

* ① 포밍 : 수면이 기포로 덮이는 현상
 ② 캐리오버 : 습증기가 증기관으로 유입되는 현상
 ③ 수격작용 : 증기관내에 고인 응축수가 고압 증기에 밀려 굴곡부에서 심하게 부딪혀 소음과 진동을 유발
 ④ 프라이밍 : 보일러 수면에서 증발이 심하여 기포가 비산하여 물방울(수적)이 심하게 튀어오르는 현상

07 프라이밍의 발생 원인으로 거리가 먼 것은?
[13/1][09/1]

① 보일러 수위가 높을 때
② 보일러수가 농축되어 있을 때
③ 송기 시 증기밸브를 급개할 때
④ 증발능력에 비하여 보일러수의 표면적이 클 때

* 동수면에서 증기발생시 격렬한 비등과 함께 작은 물방울이 함께 튀어오르는 현상, 포밍이 지속될 경우 프라이밍을 동반하기 쉽다.
* 프라이밍 원인
 ① 고수위일 때, 과부하 운전
 ② 보일러수가 농축되어 있을 때
 ③ 송기 시 증기밸브를 급개할 때
* 보일러수의 표면적이 넓다는 것은 그림을 참조하면 증기부가 넓다는 것을 말하며 고수위가 아닌 적정수위 또는 저수위일 경우임

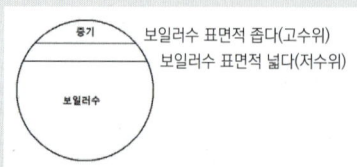

정답 03 ① 04 ② 05 ② 06 ③ 07 ④

08 보일러 운전 중 프라이밍(priming)이 발생하는 경우는?
[11/1][07/2]
① 보일러 증기압력이 낮을 때
② 보일러수가 농축되지 않았을 때
③ 부하를 급격히 증가시킬 때
④ 급수 공급이 원활할 때

★ 프라이밍(비수현상)은 보일러 수 농축시, 증기압력의 급격한 저하, 고수위시 과부하 운전 등이 원인이 된다. 농축되지 않았을 경우 보일러 수가 깨끗한 상태이며 프라이밍 발생우려가 적다.

09 보일러 수에 유지분 등의 불순물이 많이 함유되어 보일러 수의 비등과 함께 수면부근에 거품의 층을 형성하여 수위가 불안정하게 되는 현상은?
[07/2]
① 포밍　　　　　② 프라이밍
③ 워터 해머링　　④ 프리퍼지

★ 보기의 용어를 설명하면,
① 포밍 : 보일러수면이 거품으로 덮히는 현상
② 프라이밍(=비수현상) : 본체내의 보일러수 수면에서 격렬한 비등과 함께 물방울이 튀어오르는 현상
③ 워터해머링 : 배관내의 응축수가 송기시 고압의 증기에 밀려 소음과 진동을 유발하는 것으로 수격작용이라 한다.
④ 프리퍼지 : 점화전 연소실 내를 환기하는 것

10 보일러에서 포밍이 발생하는 경우로 거리가 먼 것은?
[12/2]
① 증기의 부하가 너무 적을 때
② 보일러수가 너무 농축되었을 때
③ 수위가 너무 높을 때
④ 보일러수 중에 유지분이 다량 함유되었을 때

★ 포밍(거품) 현상은 부하가 과대할 때(보일러수 비등이 심할 때), 보일러수 농축시 주로 발생함.

11 보일러에서 포밍이 발생되는 경우가 아닌 것은?
[07/1]
① 관수가 너무 농축되었을 때
② 증기부하가 과대할 때
③ 관수 중에 유지분이 다량 함유되었을 때
④ 수위가 너무 낮을 때

★ 포밍(거품) 현상은 부하가 과대할 때(보일러수 비등이 심할 때), 보일러수 농축시 주로 발생한다. 보일러 수위가 너무 낮은 경우 과열사고를 초래한다.

12 보일러의 프라이밍, 포밍의 방지 대책으로 틀린 것은?
[09/1]
① 정상수위로 운전할 것
② 주증기 밸브를 급개 할 것
③ 과부하 운전이 되지 않게 할 것
④ 보일러수의 농축을 방지할 것

★ 포밍, 프라이밍 발생원인
① 보일러수 농축시
② 고수위시, 과부하 운전
③ 주증기밸브 급개시

13 보일러수 중에 용해되어 있는 고형분이나. 수분이 증기의 흐름에 따라 발생증기에 포함되어 분출되는 현상은?
[10/2]
① 수격작용　　　② 프라이밍
③ 캐리오버　　　④ 포밍

★ 수격작용 : 배관내의 응축수가 고압의 증기에 밀려 발생
프라이밍(=비수현상) : 물방울이 튀어오르는 현상
포밍 : 거품, 보일러수면이 거품으로 덮히는 현상

14 보일러수 중에 용해되어 있는 고형분이나 수분이 증기의 흐름에 따라 발생증기에 포함되어 분출되는 현상은?
[10/1]
① 캐리오버　　　② 프라이밍
③ 포밍　　　　　④ 캐비테이션

★ 보일러수 중의 수분이 증기에 포함되어 분출되는 것을 캐리오버라고 한다. (기수공발)

정답　08 ③　09 ①　10 ①　11 ④　12 ②　13 ③　14 ①

15 주증기관으로 증기와 함께 수분 및 불순물이 함께 취출되는 현상은? [07/5]

① 수격작용　　　② 프라이밍
③ 캐리오버　　　④ 포밍

> ★ 보기의 용어를 설명하면,
> ① 포밍 : 보일러수면이 거품으로 덮히는 현상
> ② 프라이밍(=비수현상) : 본체내의 보일러수 수면에서 격렬한 비등과 함께 물방울이 튀어오르는 현상
> ③ 캐리오버(기수공발) : 본체내에서 보일러수 농축, 포밍, 프라이밍 등으로 인해 발생한 습증기가 주증기밸브 개방시 증기관으로 유입되는 것
> ④ 수격작용(워터햄머) : 주증기밸브 급개시 증기관 내에 고인 응축수가 고압의 증기에 밀려 소음, 진동을 유발하는 현상.

16 다음 중 캐리오버에 대한 설명으로 틀린 것은? [11/4]

① 보일러에서 불순물과 수분이 증기와 함께 송기되는 현상이다.
② 기계적 캐리오버와 선택적 캐리오버로 분류한다.
③ 프라이밍이나 포밍은 캐리오버와 관계가 없다.
④ 캐리오버가 일어나면 여러 가지 장해가 발생한다.

> ★ 프라이밍, 포밍이 진행되면 습증기가 발생하게 되고 결국 송기시 증기관으로 유입되어 캐리오버가 발생한다.

17 캐리 오버(carry over)에 대한 방지 대책이 아닌 것은? [13/5]

① 압력을 규정압력으로 유지해야 한다.
② 수면이 비정상적으로 높게 유지되지 않도록 한다.
③ 부하를 급격히 증가시켜 증기실의 부하율을 높인다.
④ 보일러수에 포함되어 있는 유지류나 용해고형물 등의 불순물을 제거한다.

> ★ 캐리오버(=기수공발) : 프라이밍, 포밍 등으로 인해 발생한 습증기가 주증기밸브 개방시 증기관으로 유입되는 것을 말하며, 방지하려면 습증기가 발생할 수 있는 원인을 제거하고 주증기밸브 조작시 서서히 개방하여 급격한 압력변동이 없도록 한다.
> • 습증기 발생 : 고수위일 때, 보일러수 농축시, 포밍 프라이밍 발생시, 급격한 부하변동시

18 증기배관 내에 응축수가 고여 있을 때 증기 밸브를 급격히 열어 증기를 빠른 속도로 보냈을 때 발생하는 현상으로 가장 적합한 것은? [09/4]

① 압궤가 발생한다.　　② 팽출이 발생한다.
③ 블리스터가 발생한다.　　④ 수격작용이 발생한다.

> ★ 주증기 밸브 급개시 : 프라이밍, 수격작용 발생

19 보일러의 설비면에서 수격작용의 예방조치로 틀린 것은? [11/1]

① 증기배관에는 충분한 보온을 취한다.
② 증기관에는 중간을 낮게 하는 배관 방법은 드레인이 고이기 쉬우므로 피해야 한다.
③ 증기관은 증기가 흐르는 방향으로 경사가 지도록 한다.
④ 대형밸브나 증기 헤더에도 드레인 배출장치 설치를 피해야 한다.

> ★ 대형밸브, 증기헤더 하부에는 응축수가 고이기 쉬우므로 드레인 배출장치를 해야 한다.

20 보일러의 압력상승에 따라 닫혀 있는 주증기 스톱밸브를 처음 열어 사용처로 증기를 보낼 때 워터해머 발생방지를 위한 조치로 틀린 것은? [10/5]

① 증기를 보내기 전에 증기를 보내는 측의 주증기관, 드레인 밸브를 다 열고 응축수를 완전히 배출시킨다.
② 관이 따뜻해지면 주증기 밸브를 단번에 완전히 열어둔다.
③ 바이패스밸브가 설치되어 있는 경우에는 먼저 바이패스밸브를 열어 주증기관을 따뜻하게 한다.
④ 바이패스밸브가 없는 경우에는 보일러 주증기밸브를 조심스럽게 열어 증기를 조금씩 보내어 시간을 두고 관을 따뜻하게 한다.

> ★ 수격작용(워터햄머)를 방지하기 위한 송기순서
> ① 관내의 응축수를 제거
> ② 주증기밸브를 약간 열어 소량의 증기를 보내어 관을 따뜻하게 한다.
> ③ 관이 따뜻해지면 주증기밸브를 서서히 열어 만개하고 다시 약간 되돌려 놓는다.

정답　15 ③　16 ③　17 ③　18 ④　19 ④　20 ②

21 보일러 발생 증기의 송기시 워터해머 발생 방지를 위한 조치로 틀린 것은? [07/5]

① 증기를 보내기 전에 증기를 보내는 주 증기관, 드레인 밸브를 열고 응축수를 완전히 배출시킨다.
② 주 증기관 내에 소량의 증기를 보내어 관을 따뜻하게 한다.
③ 바이패스밸브가 설치되어 있는 경우에는 먼저 바이패스밸브를 열어 주 증기관을 예열한다.
④ 관이 따뜻해지면 주 증기 밸브를 단번에 완전히 열어 둔다.

★ 수격작용(워터햄머)를 방지하기 위한 송기순서
① 관내의 응축수를 제거
② 주증기밸브를 약간 열어 소량의 증기를 보내어 관을 따뜻하게 한다.
③ 관이 따뜻해지면 주증기밸브를 서서히 열어 만개하고 다시 약간 되돌려 놓는다.

 기수분리기, 비수방지관

1) 기수분리기
수관보일러에 설치, 발생 증기중 수분제거, 건조증기 취출

2) 비수방지관
원통보일러에 설치, 주증기밸브 급개로 인한 증기압력 저하 방지, 프라이밍 방지, 습증기 발생 방지

01 수관식 보일러에서 건조증기를 얻기 위하여 설치하는 것은? [12/1][07/5]

① 급수 내관   ② 기수 분리기
③ 수위 경보기   ④ 과열 저감기

★ 급수내관 : 급격한 급수시 동하부의 냉각을 방지하기 위하여 안전저수위 50mm 하단의 위치에 설치함. 급수를 골고루 살포하여 열응력을 방지함.
★ 기수분리기 : 발생 증기 중에 수분을 제거하여 건조한 증기를 취출하며, 수관보일러에 설치함.
★ 수위경보기 : 고수위 및 저수위를 감지함.
★ 과열저감기 : 과열증기의 온도를 조절

02 보일러의 기수분리기를 가장 옳게 설명한 것은? [13/2]

① 보일러에서 발생한 증기 중에 포함되어 있는 수분을 제거하는 장치
② 증기 사용처에서 증기 사용 후 물과 증기를 분리하는 장치
③ 보일러에 투입되는 연소용 공기 중의 수분을 제거하는 장치
④ 보일러 급수 중에 포함되어 있는 공기를 제거하는 장치

★ ② 증기트랩

03 수관보일러에 설치하는 기수분리기의 종류가 아닌 것은? [12/4][07/4]

① 스크레버형   ② 싸이크론형
③ 배플형   ④ 벨로즈형

★ 기수분리기는 수관보일러 발생증기 중의 수분을 제거하여 건증기를 취출하는 것으로 스크레버, 싸이클론, 배플, 건조스크린형이 있음. [암기방법 : 스싸건배]

04 증기의 발생이 활발해지면 증기와 함께 물방울이 같이 비산하여 증기관으로 취출되는데 이때 드럼 내에 증기 취출구에 부착하여 증기 속에 포함된 수분취출을 방지해주는 관은? [15/4][10/5]

① 워터실링관   ② 주증기관
③ 베이퍼록 방지관   ④ 비수방지관

★ 증기취출구에 설치하여 증기중 수분을 분리하는 장치는 원통형보일러에 비수방지관, 수관형보일러에 기수분리기가 있다.

05 프라이밍을 방지하기 위해 드럼 윗면에 다수의 구멍을 뚫은 대형 관을 증기실 꼭대기에 부착하여 상부로부터 증기를 평균적으로 인출하고, 증기속의 물방울은 하부에 뚫린 구멍으로부터 보일러수 속으로 떨어지도록 한 장치는? [09/1]

① 사이폰관   ② 급수내관
③ 비수방지관   ④ 드레인관

정답 21 ④ 01 ② 02 ① 03 ④ 04 ④ 05 ③

* **사이폰관** : 고압의 증기로부터 압력계 파손방지
  사이폰관을 연결한 다음 압력계를 연결함.
* **급수내관** : 갑작스런 급수로부터 부동팽창 방지
  보일러 수 온도분포 일정하게 유지
* **드레인관** : 증기 기관이나 증기를 사용하는 기계장치내에서 증기가 응결하여 생긴 물 배출

밸브 종류

1) 글로브밸브(=스톱밸브, 옥형밸브) : 유량조절용
   주증기밸브에 사용, 호칭압력은 최고사용압력 이상, 최소한 0.7MPa 이상
2) 슬루스밸브(=게이트밸브, 사절밸브) : 유량개폐용
   주로 급수밸브, 분출밸브에 사용
3) 콕 : 90도 회전으로 신속한 개폐

01 보일러 주증기 밸브의 일반적인 형식으로서 증기의 흐름 방향을 90° 바꾸어 주는 밸브는? [10/2]

① 앵글 밸브　　　② 릴리프 밸브
③ 체크 밸브　　　④ 슬루스 밸브

* **앵글밸브** : 90° 방향전환을 시켜준다.
  릴리프밸브 : 설정압력 이상 상승시 유체를 밖으로 배출
  설정압력 이하로 유지 시켜준다
  체크밸브 : 유체의 역류방지
  슬루스밸브 : 유량개폐용으로 사용(=게이트밸브)

02 파이프 축에 대해서 직각 방향으로 개폐되는 밸브로 유체의 흐름에 따른 마찰저항 손실이 적으며 난방 배관 등의 주로 이용되나 절반만 개폐하면 디스크 뒷면에 와류가 발생되어 유량 조절용으로는 부적합한 밸브는? [12/5]

① 버터프라이 밸브　　　② 슬루스 밸브
③ 글로브 밸브　　　　　④ 콕

* **글로브밸브** : 유량조절용, 마찰저항 손실이 크다.
  슬루우스밸브 : 유량개폐용, 마찰저항 손실이 작다.

03 게이트 밸브(사절밸브)라고도 하며 유량조절용으로 부적합하나 구조상 퇴적물이 체류하지 않는 장점이 있고 유체의 차단을 주목적으로 사용되는 것은? [09/1]

① 글로브 밸브　　　② 슬루스 밸브
③ 체크 밸브　　　　④ 앵글 밸브

* **글로브 밸브(옥형밸브, 스톱밸브)** : 유량 조절용
  슬루스 밸브(게이트밸브, 사절밸브) : 유량 개폐용
  체크밸브 : 역류방지, 역정지밸브라고 함.
  앵글밸브 : 유체흐름의 90° 방향전환

04 로터리 밸브의 일종으로 원통 또는 원뿔에 구멍을 뚫고 축을 회전함에 따라 개폐하는 것으로 플러그 밸브라고도 하며 0~90° 사이에 임의의 각도로 회전함으로써 유량을 조절하는 밸브는? [13/1]

① 글로브 밸브　　　② 체크 밸브
③ 슬루스 밸브　　　④ 콕(cock)

* 90도를 회전하여 신속하게 개폐하는 것은 콕

05 그랜드 패킹을 사용하지 않고 금속제의 벨로우즈로 밸브축을 감싸고 공기의 침입이나 누설을 방지하며 증기나 온수의 유량을 수동으로 조절하는 밸브로서 팩리스 밸브라고도 하는 것은? [10/5]

① 볼 밸브　　　② 게이트 밸브
③ 방열기 밸브　④ 콕 밸브

* **팩리스밸브** : 패킹이 없는 것으로 방열기용으로 사용됨.

06 보일러 설치 시 스톱밸브 및 분출밸브 부착에 대한 기준 설명 중 잘못된 것은? [07/2]

① 증기의 각 출구에는 모두 분출밸브를 부착하여야 한다.
② 스톱밸브의 호칭압력은 보일러의 최고사용압력 이상이어야 하며, 적어도 0.7MPa 이상이어야 한다.
③ 보일러의 출구 연결관에는 증기공급관 내의 접근이 쉬운 지점에 스톱밸브가 설치되어야 한다.
④ 2개 이상의 보일러에서 분출관을 공동으로 하여서는 안된다.

★ 증기의 각 출구에는 스톱밸브를 부착해야 한다. 분출밸브는 보일러 본체 하단에 부착하며 농축수를 배출한다.

신축이음

증기관의 열팽창 흡수, 증기관 파손 방지
1) 루프형(=만곡관형) : 고압옥외배관용, 허용응력 가장 크다
2) 슬리브형(=미끄럼형,팩레스형) : 허용응력 작다
3) 벨로즈형(=주름통형)
4) 스위블형(=회전이음,지웰이음) : 저압난방용
5) 볼조인트 : 회전과 기울임이 동시에 가능. 고온수배관용

01 보일러 배관 중에 신축이음을 하는 목적으로 가장 적합한 것은? [15/4][13/1]

① 증기속의 이물질을 제거하기 위하여
② 열팽창에 의한 관의 파열을 막기 위하여
③ 보일러수의 누수를 막기 위하여
④ 증기속의 수분을 분리하기 위하여

★ 신축이음 : 열팽창에 의한 배관의 파손 방지. 루프형, 슬리브형, 벨로우즈형, 스위블형

02 배관의 신축이음 종류가 아닌 것은? [12/1]

① 슬리브형   ② 벨로즈형
③ 루프형   ④ 파이롯형

★ 신축이음 종류 : 루프형, 슬리브형, 벨로즈형, 스위블형

03 신축곡관이라고도 하며 고온, 고압용 증기관 등의 옥외 배관에 많이 쓰이는 신축 이음은? [13/1][09/5][08/2]

① 벨로스형   ② 슬리브형
③ 스위블형   ④ 루프형

★ 신축이음 종류
① 루프형(=만곡형, 신축곡관) : 고온, 고압용 옥외배관, 허용응력이 가장 크다.
② 슬리브형(=미끄럼형) : 단식, 복식
③ 벨로우즈형(=주름통형, 펙레스형) : 증기관에 일반적으로 사용, 응력이 가장 작다.
④ 스위블형 : 저압배관용, 방열기용, 누설위험이 크다.

04 신축곡관이라고 하며 강관 또는 동관 등을 구부려서 구부림에 따른 신축을 흡수하는 이음쇠는? [13/4]

① 루프형 신축 이음쇠   ② 슬리브형 신축 이음쇠
③ 스위블형 신축 이음쇠   ④ 벨로즈형 신축 이음쇠

★ 루프형 : 관을 구부려서 신축을 흡수하는 이음
슬리브형=미끄럼형, 벨로즈형=주름통형
스위블형 : 엘보 등을 이용하여 이음.

05 배관 이음 중 슬리브 형 신축이음에 관한 설명으로 틀린 것은? [12/2]

① 슬리브 파이프를 이음쇠 본체측과 슬라이드 시킴으로써 신축을 흡수하는 이음 방식이다.
② 신축 흡수율이 크고 신축으로 인한 응력 발생이 적다.
③ 배관의 곡선부분이 있어도 그 비틀림을 슬리브에서 흡수하므로 파손의 우려가 적다.
④ 장기간 사용 시에는 패킹의 마모로 인한 누설이 우려된다.

★ 배관에 곡선부분이 있으면 신축이음에 비틀림이 생겨 파손의 원인이 된다.

정답 06 ① 01 ② 02 ④ 03 ④ 04 ① 05 ③

06 회전이음 이라고도 하며 2개 이상의 엘보를 사용하여 이음부의 나사회전을 이용해서 배관의 신축을 흡수하는 신축 이음쇠는? [13/5]

① 루프형 신축이음쇠 ② 스위블형 신축이음쇠
③ 벨로우즈형 신축이음쇠 ④ 슬리브형 신축이음쇠

* **신축이음** : 배관의 열팽창, 신축을 흡수하여 배관파손 방지
  ① **루프형=신축곡관** : 허용응력이 크다. 회전반경은 관지름의 6배이상. 고압옥외배관용
  ② **슬리브형=미끄럼형** : 단식과 복식이 있다.
  ③ **벨로우즈형=주름통형=팩레스형** : 허용응력이 적다.
  ④ **스위블형=회전이음=지웰이음** : 2개 이상 엘보를 사용하여 나사회전을 이용하여 신축흡수. 방열기입구에 설치
  ⑤ **볼조인트** : 회전과 기울임이 동시에 가능. 고온수배관용

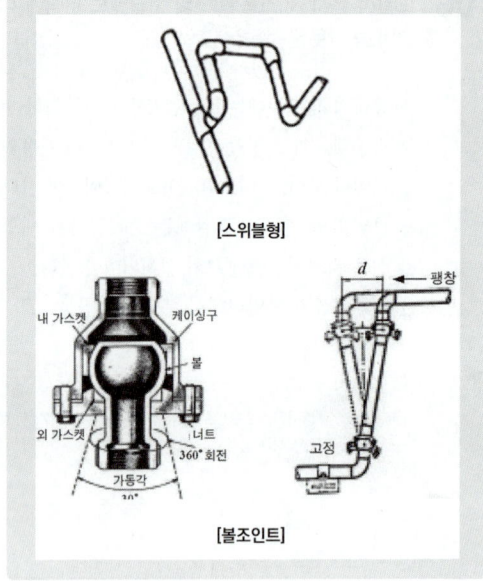

07 회전이음, 지블이음 등으로 불리며, 증기 및 온수난방 배관용으로 사용하고 현장에서 2개 이상의 엘보를 조립해서 설치하는 신축이음은? [13/2]

① 벨로즈형 신축이음 ② 루프형 신축이음
③ 스위블형 신축이음 ④ 슬리브형 신축이음

08 회전이음, 지블이음 이라고도 하며, 주로 증기 및 온수난방용 배관에 설치하는 신축이음 방식은? [12/4]

① 벨로스형 ② 스위블형
③ 슬리브형 ④ 루프형

* **신축이음** : 증기배관의 열팽창에 의한 신축을 흡수
  ① **루우프형** : 신축곡관. 곡률반경은 관지름 6배 허용응력 가장 크다. 고압옥외배관용.
  ② **슬리브형** : 미끄럼형.
  ③ **벨로즈형** : 주름통형. 팩레스형
  ④ **스위블형** : 회전이음, 지웰이음이라고 함. 방열기에 사용 엘보우 등을 이용하여 연결
  ⑤ **볼조인트** : 볼조인트 2개를 사용. 고온수배관에 사용

09 배관의 신축이음 중 지웰이음 이라고도 불리며, 주로 증기 및 온수 난방용 배관에 사용되나. 신축량이 너무 큰 배관에서는 나사 이음부가 헐거워져 누설의 염려가 있는 신축이음 방식은? [12/2]

① 루프식 ② 벨로즈식
③ 볼 조인트식 ④ 스위블식

* 난방용 배관에 주로 사용되는 나사이음을 이용한 신축이음은 스위블식임.

 감압밸브

고압의 증기를 저압으로 전환, 저압측 압력 일정하게 유지

01 고압관과 저압관 사이에 설치하여 고압 측의 압력변화 및 증기 사용량 변화에 관계없이 저압 측의 압력을 일정하게 유지시켜 주는 밸브는? [13/4]

① 감압 밸브 ② 온도조절 밸브
③ 안전 밸브 ④ 플로트 밸브

정답 06 ② 07 ③ 08 ② 09 ④ 01 ①

- **감압밸브** : 고압의 증기를 저압으로 전환, 저압측의 압력을 일정하게 유지함.
- **안전밸브** : 증기초과압력을 배출하여 보일러 파손 방지

02 고압과 저압 배관사이에 부착하여 고압 측의 압력변화 및 증기 소비량 변화에 관계없이 저압 측의 압력을 일정하게 유지시켜 주는 밸브? [12/5]

① 감압밸브　　　② 온도조절밸브
③ 안전밸브　　　④ 플랩밸브

- **감압밸브** : 고압의 증기를 감압하여 저압측의 압력을 일정하게 유지

03 고압과 저압 배관사이에 부착하여 고압 측의 압력변화 및 증기 소비량 변화에 관계 없이 저압 측의 압력을 일정하게 유지시켜 주는 밸브는? [10/4]

① 감압밸브　　　② 온도조절밸브
③ 안전밸브　　　④ 다이어프램밸브

- 저압측의 압력을 일정하게 유지하는 것은 감압밸브

개념원리 여과기, 바이패스

1) 여과기 : 관내의 이물질, 찌꺼기 제거
　　　　　 중요장치 앞에 설치
2) 바이패스 : 중요장치 우회배관
　　　　　　　점검, 보수시 용이하게 하기 위함.

01 배관에서 바이패스관의 설치 목적으로 가장 적합한 것은? [12/2]

① 트랩이나 스트레이너 등의 고장 시 수리, 교환을 위해 설치한다.
② 고압증기를 저압증기로 바꾸기 위해 사용한다.
③ 온수 공급관에서 온수의 신속한 공급을 위해 설치한다.
④ 고온의 유체를 중간과정 없이 직접 저온의 배관부로 전달하기 위해 설치한다.

- **바이패스관** : 주요 장치 주위로 우회하는 배관을 말하며, 장치 점검 및 보수교체시 용이하게 하기 위함.

02 트랩과 같이 주요 부품이나 기기 등의 고장, 수리, 교환등에 대비하여 설치하는 것은? [10/1]

① 냉각 래그　　　② 드레인 포켓
③ 바이패스관　　 ④ 하트포드 연결관

- **바이패스관** : 주요 부품이나 기기의 고장, 수리, 교환에 대비하여 장치의 우회회로 배관을 설치하는 것.

03 바이패스 배관으로 증기배관 중에 감압밸브를 설치하는 경우 필요 없는 것은? [10/2]

① 스트레이너　　② 슬루우스밸브
③ 압력계　　　　④ 에어벤트

- ★ 감압밸브를 설치하는 것은 다음과 같다.

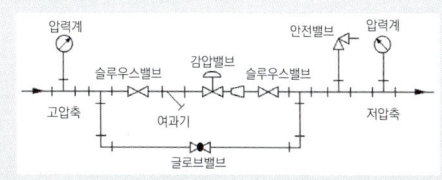

[감압밸브 설치 예]

에어벤트 : 공기빼기밸브라고도 하며, 관내에 공기를 빼기 위한 장치이다.

04 증기, 물, 기름 배관 등에 사용되며 관내의 이물질, 찌꺼기 등을 제거할 목적으로 사용되는 것은? [13/1]

① 플로트 밸브　　② 스트레이너
③ 세정 밸브　　　④ 분수 밸브

- ★ 관내의 이물질을 제거하는 것은 여과기이며, 영어로 스트레이너(strainer)라고 함.

정답　02 ①　03 ①　01 ①　02 ③　03 ④　04 ②

증기헤더

발생증기를 일시 저장, 증기 사용처에 배분

 증기트랩 설치기준

① 증기트랩의 설치시 응축수 배출점마다 하나씩의 트랩을 각각 설치하며, 가능한 한 그룹트래핑은 하지 않는다.
② 유입된 증기가 배출되지 않고 계속 잔존되어 있으면 설비 내부에는 응축수가 정체되고 증기장애현상 발생. 이런 증기가 트랩에 유입되면 즉시 배출시켜 설비의 운전에는 영향을 미치지 않도록
③ 트랩에서의 배출관은 응축수 회수주관의 상부에 연결하는 것이 필수적으로 요구되며, 특히 회수주관이 고가배관으로 되어있을 때에는 더욱 주의하여 연결

01 보일러의 증기헤더(steam header)에 관한 설명으로 틀린 것은? [11/1]

① 발생증기를 효율적으로 사용할 수 있다.
② 원통보일러에는 필요가 없다.
③ 불필요한 열손실을 방지한다.
④ 증기의 공급량을 조절한다.

★ 증기헤더는 본체의 발생증기를 일시저장하여 각 사용처에 분배하는 역할을 함. 원통형보일러, 수관형보일러 모두 필요한 장치임.

 증기트랩

증기관 내의 응축수 제거, 증기관 말단이나 사용처 후에 설치
1) 구비조건 〈마공작드내〉
  ① 마찰저항이 작을 것
  ② 공기빼기가 용이할 것
  ③ 작동이 확실하고 내구성이 있을 것
  ④ 드레인 연속배출이 가능할 것
  ⑤ 내열성, 내마모성이 있을 것
2) 종류
  ① 비중차 이용(기계식) : 바켓트, 플로우트
  ② 온도차 이용(온도조절식) : 바이메탈, 벨로우즈
  ③ 열역학적 특성차 이용 : 디스크, 오리피스
3) 작동점검 : 전후온도차 측정, 점검용청진기로 작동음 점검
4) 고장원인
  ① 정도 이상 뜨거울 때 : 벨브시트 이물질, 벨로우즈 손상, 용량이 너무 작을 때
  ② 차가울 때 : 증기트랩 직전의 여과기 막힘

01 증기 트랩의 역할이 아닌 것은? [08/5]

① 수격작용을 방지한다.
② 관의 부식을 막는다.
③ 열 설비의 효율 저하를 방지한다.
④ 증기의 저항을 증가시킨다.

★ 증기트랩의 역할
  ① 증기관내 응축수 제거, 수격작용 방지
  ② 증기관 부식방지
  ③ 효율 저하 방지
  ④ 관내 증기의 유동저항 감소

02 증기트랩이 갖추어야 할 조건이 아닌 것은? [16/1][09/5]

① 마찰저항이 클 것
② 동작이 확실할 것
③ 내식, 내마모성이 있을 것
④ 응축수를 연속적으로 배출할 수 있을 것

★ 증기트랩 구비조건 〈마공작드내〉
  ① 마찰저항이 작을 것
  ② 공기빼기가 용이할 것
  ③ 작동이 확실할 것
  ④ 드레인 연속배출이 가능할 것
  ⑤ 내구성, 내식성이 있을 것.

03 증기 트랩이 갖추어야 할 조건이 아닌 것은?
[07/1]

① 동작이 확실할 것
② 마찰 저항이 클 것
③ 내구성이 있을 것
④ 공기를 뺄 수 있을 것

> ★ 증기트랩 구비조건 〈마공작드내〉
> ① 마찰저항이 작을 것
> ② 기빼기가 용이할 것
> ③ 작동이 확실할 것
> ④ 드레인 연속배출이 가능할 것
> ⑤ 구성, 내식성이 있을 것.

04 증기 트랩의 설치 시 주의사항에 관한 설명으로 틀린 것은?
[13/2]

① 응축수 배출점이 여러 개가 있을 경우 응축수 배출점을 묶어서 그룹 트래핑을 하는 것이 좋다.
② 증기가 트랩에 유입되면 즉시 배출시켜 운전에 영향을 미치지 않도록 하는 것이 필요하다.
③ 트랩에서의 배출관은 응축수 회수주관의 상부에 연결하는 것이 필수적으로 요구되며, 특히 회수주관이 고가배관으로 되어있을 때에는 더욱 주의하여 연결하여야 한다.
④ 증기트랩에서 배출되는 응축수를 회수하여 재활용하는 경우에 응축수 회수관 내에는 원하지 않는 배압이 형성되어 증기트랩의 용량에 영향을 미칠 수 있다.

> ★ 증기트랩의 설치시 응축수 배출점마다 하나씩의 트랩을 각각 설치하며, 가능한 한 그룹트래핑은 하지 않는다.

05 일명 다량트랩이라고도 하며 부력(浮力)을 이용한 트랩은?
[08/4]

① 바이패스형
② 벨로스식
③ 오리피스형
④ 플로트식

> ★ 기계적 트랩 : 응축수와 증기의 비중차 이용
> 버켓식 트랩, 플로트식 트랩(=다량트랩)
> 온도조절식 트랩 : 응축수와 증기의 온도차 이용
> 벨로우즈(=열동식), 바이메탈형
> 열역학적트랩 : 응축수와 증기의 열역학적 특성차를 이용
> 오리피스형, 디스크형(=충동식)

06 증기 트랩을 기계식 트랩(mechanical trap), 온도조절식 트랩(thermostatic trap), 열역학적 트랩(thermodynamic trp)으로 구분할 때 온도조절식 트랩에 해당하는 것은?
[16/4][12/1]

① 버킷 트랩
② 플로트 트랩
③ 열동식 트랩
④ 디스크형 트랩

> ★ 온조조절식 트랩 : 바이메탈트랩, 벨로우즈트랩(열동식)

07 방열기 출구에 설치하는 것으로 에테르 등의 휘발성 액체를 넣은 벨로즈를 부착하고, 열에 의한 이 벨로즈의 팽창, 수축작용 등을 이용하여 밸브를 개폐시키는 트랩은?
[09/2]

① 박스 트랩
② 벨 트랩
③ 다량 트랩
④ 열동식 트랩

> ★ 벨로우즈형(=열동식) : 온도차를 이용한 온도조절식 트랩.
> 방열기용으로 사용됨.
> 플로우트형(=다량트랩) : 비중차를 이용한 기계적 트랩이다.
> • 벨로즈(bellows) : 주름통 형태로 된 것을 말함.

08 증기트랩의 종류 중 열역학적 트랩은?
[11/2]

① 디스크 트랩
② 버킷 트랩
③ 프로트 트랩
④ 바이메탈 트랩

> ★ 증기트랩 종류
> 1) 온도조절식 트랩 - 온도차 이용
> 종류 : 벨로우즈형(=열동식,방열기용), 바이메탈형
> 2) 기계적 트랩 - 비중차 이용
> 종류 : 바켓트형, 플로우트형(=다량트랩)
> 3) 열역학적 트랩 - 열역학적 특성차 이용
> 종류 : 오리피스형, 디스크형(=충동식)

정답 03 ② 04 ① 05 ④ 06 ③ 07 ④ 08 ①

09 증기설비에 사용되는 증기트랩으로 과열증기에 사용할 수 있고, 수격현상에 강하며 배관이 용이하나 소음발생, 공기장해, 증기누설 등의 단점이 있는 트랩은?

[11/5]

① 오리피스형 트랩
② 디스크형 트랩
③ 벨로스형 트랩
④ 바이메탈형 트랩

* 1) 벨로우즈 트랩(bellows trap) : 열동식 트랩이라고도 한다. 주로 방열기에 사용한다.
  ① 0.1MPa 이하의 저압배관에 사용한다.
  ② 진공환수식 증기배관의 방열기나 관말트랩에 사용된다.
  ③ 공기배출능력이 탁월하다.
  ④ 응축수 온도조절이 가능하다.
  ⑤ 워터햄머에 약하다. 고압증기나 과열증기에는 부적당
2) 바이메탈 트랩(bymetal trap) : 구조상 고압의 증기에 적합하고 배압이 높을 경우에도 사용이 가능하다.
  ① 동결의 우려가 적다.
  ② 과열증기에 사용할 수 없다.
  ③ 증기누설이 전혀없으나 밸브 폐색의 우려가 있다.
3) 바켓 트랩(bucket trap) : 상향식(open bucket trap), 하향식(inverted bucket trap)이 있다.
  ① 고압, 중압의 증기환수용으로 사용한다.
  ② 환수관을 트랩보다 높은 위치에 배관할 수 있다.
  ③ 동결의 우려가 있고 증기 손실이 있다.
  ④ 워터햄머에 약하다.
4) 플로우트 트랩(float trap) : 다량트랩이라고도 한다.
  ① 대량의 응축수를 처리할 수 있다.
  ② 공기배출 능력이 없으므로 열동식 트랩과 병용한다.
  ③ 워터햄머에 약하다.
  ④ 증기누출이 거의 없다. 소형이며, 저압증기용으로 적당
5) 디스크 트랩(disc trap)
  ① 소형으로 구조가 간단하다.
  ② 워터햄머에 강하고 과열증기용으로 적합하다.
  ③ 증기온도와 동일한 온도의 응축수를 배출한다.
    (고온의 응축수 배출에 적합하다)
  ④ 공기배출능력이 약하다.
  ⑤ 증기 누설이 많다.
6) 오리피스 트랩(orifice trap) : 충동식트랩이라고도 한다.
  ① 소형이며 과열증기용으로 적합하다.
  ② 증기 누설이 많다.
  ③ 부품이 정밀하여 마모시 문제가 많다.

증기축열기(=스팀어큐뮬레이터)

부하변동이 심한 보일러에서 저부하시 잉여증기의 열을 저장하였다가 고부하시 사용. 열을 저장하는 매체는 물
* 종류 : 정압식(급수계통에 설치), 변압식(송기계통에 설치)

01 보일러의 부속장치 중 축열기에 대한 설명으로 가장 옳은 것은?

[13/5]

① 통풍이 잘 이루어지게 하는 장치이다.
② 폭발방지를 위한 안전장치이다.
③ 보일러의 부하 변동에 대비하기 위한 장치이다.
④ 증기를 한번 더 가열시키는 장치이다.

* 증기축열기 : 저부하시에 잉여증기의 열을 저장하였다가 고부하시 이용하기 위한 장치로서 보일러 부하변동이 잦은 경우 사용함.

02 증기 축열기를 옳게 설명한 것은?

[07/2]

① 증기를 응축시키는 장치이다.
② 폭발방지 안전장치이다.
③ 보일러 부하 증가시에 대비하기 위한 장치이다.
④ 증기를 한번 더 가열시키는 장치이다.

* 증기축열기(=스팀 어큐물레이터) : 저부하시 잉여증기의 열을 저장하였다가 고부하시 사용하는 장치로서, 증기의 열을 저장하는 매체는 물이다.

03 보일러 가동 중 저부하시에 남은 잉여증기를 저장하였다가 과부하시에 방출하여 증기 부족을 보충시키는 장치는?

[10/2]

① 증기축열기
② 오일프리히터
③ 스트레이너
④ 공기예열기

* 증기축열기(=스팀어큐뮬레이터) : 저부하시 잉여증기의 열을 저장하여, 고부하시 이용한다.
  정압식과, 변압식이 있다.

정답 09 ③ 01 ③ 02 ③ 03 ①

폐열회수장치

폐열회수장치 / 과열기, 재열기, 절탄기, 공기예열기

연도에 설치, 배기가스 중의 여열 흡수, 열효율 증가
장치설치로 부식발생, 통풍력 저하(=통풍저항 증가)
1) 고온부식 : 연료중 바나듐(V)으로 인해 발생,
   과열기, 재열기에 발생
2) 저온부식 : 연료중 황분(S)으로 인해 발생,
   절탄기, 공기예열기에 발생
3) 고온부식, 저온부식 방지
   ① 연료중, 황, 바나듐 제거
   ② 장치 표면을 내식성 재료로 도포
   ③ 배기가스 온도 적정 유지
   ④ 과잉공기량을 줄인다.(배기가스중 CO_2(%)를 높인다)

01 연료의 연소열을 이용하여 보일러 열효율을 증대시키는 부속장치로 거리가 가장 먼 것은? [11/5]

① 과열기　　　　　② 공기예열기
③ 연료예열기　　　④ 절탄기

★ 배기가스의 여열을 흡수하여 열효율을 증대시키는 장치를 폐열회수장치라 하며, 과열기, 재열기, 절탄기, 공기예열기가 있음. 보기중 연료예열기는 온수, 증기, 전열식으로 가열함

02 연도에서 폐열회수장치의 설치순서가 올바른 것은? [15/2][09/5]

① 재열기 → 절탄기 → 공기예열기 → 과열기
② 과열기 → 재열기 → 절탄기 → 공기예열기
③ 공기예열기 → 과열기 → 절탄기 → 재열기
④ 절탄기 → 과열기 → 공기예열기 → 재열기

★ 폐열회수장치 순서 : (과재절공)
(연소실)과열기 → 재열기 → 절탄기 → 공기예열기 (연돌)

03 수관식보일러에서 연돌에 가장 가까이 배치하는 열교환기는? [10/4]

① 증발관　　　　　② 과열기
③ 절탄기　　　　　④ 공기예열기

★ 배기가스의 여열을 흡수하기 위해 설치하는 것을 폐열회수장치(=여열장치)라고 하며, 설치순서대로
(연소실)-과열기-재열기-절탄기-공기예열기-(연돌)

04 보일러의 배기가스 통로에서 에너지를 절약하는 방안과 가장 거리가 먼 것은? [07/5]

① 배기가스 배출 연도에 온도계를 부착하여 가급적 낮은 온도로 배기가스를 배출한다.
② 배기가스 배출 연도에 절탄기를 설치한다.
③ 배기가스 배출 연도에 공기 예열기를 설치한다.
④ 배기가스 연도에 집진기를 설치한다.

★ 연도에 과열기, 재열기, 절탄기, 공기예열기를 설치하여 배기가스의 여열을 흡수함으로써 효율을 높인다. 배기가스를 가급적 낮은 온도로 배출하는 것이 에너지 손실을 줄이는 방법이다. 집진기는 배기가스 중 먼지, 재를 걸러주는 장치이다.

05 재의 부착으로 생기는 고온부식이 잘 일어나는 장치는? [10/1]

① 공기예열기　　　② 과열기
③ 증발전열면　　　④ 절탄기

★ 고온부식은 연료중 바나듐(V) 성분에 의해 발생하며, 주로 연소실 직후 과열기, 재열기에 발생한다.

06 공기 예열기에서 발생되는 부식에 관한 설명으로 틀린 것은?
[13/5]

① 중유연소 보일러의 배기가스 노점은 연료유 중의 유황성분과 배기가스의 산소농도에 의해 좌우된다.
② 공기 예열기에 가장 주의를 요하는 것은 공기 입구와 출구부의 고온부식이다.
③ 보일러에 사용되는 액체연료 중에는 유황성분이 함유되어 있으며 공기예열기 배기가스 출구 온도가 노점 이상인 경우에도 공기 입구온도가 낮으면 전열관 온도가 배기가스의 노점 이하가 되어 전열관에 부식을 초래한다.
④ 노점에 영향을 주는 SO_2에서 SO_3로의 변환율은 배기가스중의 O_2에 영향을 크게 받는다.

★ 폐열회수장치에서 과열기, 재열기는 고온부식, 절탄기, 공기예열기는 저온부식이 발생한다.

07 보일러 고온부식을 유발하는 성분은?
[11/2]

① 황(S) ② 바나듐(V)
③ 산소(O_2) ④ 이산화탄소(CO_2)

★ 고온부식 - 과열기, 재열기에서 발생 : 바나듐(V)
저온부식 - 절탄기, 공기예열기 : 황(S)

08 보일러의 고온부식을 방지하는 방법 설명으로 잘못된 것은?
[10/2]

① 고온의 전열면에 보호피막을 씌운다.
② 중유 중의 바나듐 성분을 제거한다.
③ 전열면 표면온도가 높아지지 않게 설계한다.
④ 황산나트륨을 사용하여 부착물의 상태를 바꾼다.

★ 고온부식은 연도에 설치된 폐열회수장치 중 과열기, 재열기에 주로 발생하며, 원인은 연료중 바나듐(V) 성분 때문이다. 방지법은
① 연료중 바나듐 제거
② 배기가스 온도를 적절하게 유지(450℃ 이하 유지)
③ 과잉공기량을 줄인다.(배기가스중 CO_2함유량을 높게)
④ 전열면에 보호피막
⑤ 회분 개질제를 첨가하여 회분의 융점을 높인다.
 (마그네슘 화합물, 알루미나 등을 사용)

09 절탄기(economizer) 및 공기 예열기에서 유황(S) 성분에 의해 주로 발생되는 부식은?
[12/4]

① 고온부식 ② 저온부식
③ 산화부식 ④ 점식

★ 연도에 설치된 폐열회수장치 부식은 고온, 저온부식이 있음
고온부식은 과열기, 재열기에
저온부식은 절탄기, 공기예열기에서 발생

구분	원인	과정	방지
고온부식	연료중 V	V(바나듐)이 과잉산소와 결합하여 V_2O_5(오산화바나듐)이 생성됨.	연료중 V 제거 적절공기량 유지 연료첨가제 (회분의 융점높임) 장치표면 방식처리
저온부식	연료중 S	황(S)이 연소후 SO_2 생성. SO_2는 과잉산소와 결합하여 무수황산(SO_3)가 되고, 저온부위 맺힌 이슬과 접촉하여 황산(H_2SO_4) 이 됨.	연료중 S 제거 적절공기량 유지 연료첨가제 (노점온도를 낮춤) 장치표면 방식처리

10 보일러에서 저온부식의 주요 원인이 되는 원소는?
[07/2]

① C ② S
③ H ④ P

★ 저온부식의 원인은 연료 중 황(S) 성분 때문이다. 황이 연소하여 아황산가스(SO_2)가 되며, 과잉산소와 결합, 다시 절탄기 표면의 응결수(H_2O)와 결합하여 황산(H_2SO_4)이 된다. 황산은 장치의 표면을 부식시킨다.

11 보일러에 과열기를 설치할 때 얻어지는 장점으로 틀린 것은?
[15/4][09/4]

① 증기관 내의 마찰저항을 감소시킬 수 있다.
② 증기관의 이론적 열효율 높일 수 있다.
③ 같은 압력의 포화증기에 비해 보유열량이 많은 증기를 얻을 수 있다.
④ 연소가스의 저항으로 압력손실을 줄일 수 있다.

정답 06 ② 07 ② 08 ④ 09 ② 10 ② 11 ④

★ 과열기는 폐열회수장치의 일종으로 연도내에 설치하여 배기가스 여열을 흡수함. 과열기 설치시 특징은
① 열효율 증대,
   과열증기 발생 → 증기온도 상승, 증기엔탈피 상승, 증기 유속 증가. 증기관 통과시 마찰저항이 줄어듬.
② 연도내 청소곤란. 통풍력 저하. 장치외면에 고온부식

12 증기공급 시 과열증기 사용함에 따른 장점이 아닌 것은? [13/5]

① 부식 발생 저감
② 열효율 증대
③ 가열장치의 열응력 저하
④ 증기소비량 감소

★ 과열증기는 포화증기보다 엔탈피와 온도가 높다. 따라서, 열효율이 높고 증기사용량이 줄어들며 증기중 습기가 적어 관 부식이 감소한다. 하지만 뜨거운 온도로 인해 장치에 열응력이 발생한다.

13 과열증기 특징 설명으로 틀린 것은? [08/5]

① 증기의 마찰 손실이 적다.
② 같은 압력의 포화증기에 비해 보유열량이 많다.
③ 증기 소비량이 적어도 된다.
④ 가열 표면의 온도가 균일하다.

14 과열기가 설치된 경우 과열증기의 온도 조절방법으로 틀린 것은? [11/4]

① 열가스량을 댐퍼로 조절하는 방법
② 화염의 위치를 변환시키는 방법
③ 고온의 가스를 연소실내로 재순환 시키는 방법
④ 과열저감기를 사용하는 방법

★ 과열증기의 온도조절 방법
① 버너의 각도조절(화염위치 조절)
② 과열저감기 이용(과열증기 온도조절장치)
③ 배기가스 양을 조절

15 과열증기의 온도조절 방법이 아닌 것은? [08/2]

① 과열기 통과 연소가스량을 댐퍼로 조절하는 방법
② 연소실 내의 화염의 위치를 바꾸는 방법
③ 과열 저감기를 사용하는 방법
④ 과열기 입구 가스를 일부 추출하여 재순환하는 방법

★ 과열증기의 온도조절 방법
① 버너의 각도조절(화염위치 조절)
② 과열저감기 이용(과열증기 온도조절장치)
③ 배기가스 양을 조절

16 과열기 취급시 주의해야 할 사항으로 잘못된 것은? [07/2]

① 캐리오버에 의한 보일러의 불순물 유입에 주의하여야 한다.
② 항상 과열증기 온도에 주의하여야 한다.
③ 과열기 내의 청소는 보일러 청소시 같이 한다.
④ 과열증기 온도의 급 저하는 캐리오버에 의한 경우가 많다.

★ 과열기 내부는 증기가 흐르는 상태이며 주로 외부 전열면의 그을음 등을 청소한다.

17 수관보일러에서 일반적으로 증발관 바로 다음에 배치되는 것은? [07/4]

① 재열기   ② 절탄기
③ 공기 예열기   ④ 과열기

★ 증발관에서 증기가 발생된 다음 배기가스의 여열을 흡수하기 위해 설치된 폐열회수장치를 통과하게 된다. 폐열회수장치는 차례로 과열기, 재열기, 공기예열기, 절탄기가 있으며, 발생증기가 가장 먼저 통과하는 것은 과열기에 해당한다.

18 과열기의 형식 중 증기와 열가스 흐름의 방향이 서로 반대인 과열기의 형식은? [13/4]

① 병류식   ② 대향류식
③ 증류식   ④ 역류식

정답 12 ④ 13 ② 14 ③ 15 ④ 16 ③ 17 ④ 18 ②

> * 과열기의 형식 : 증기와 열가스 흐름방향에 따라
>   향류형(서로반대), 병류형(나란히), 혼류형
>   • 항류형=대항류형

> * 직접연소식은 독립된 연소장치를 구비한 것이며 특수한 경우에 사용된다. 간접연소식은 보일러 부속장치로서 연소가스 통로 중에 설치되는 형식으로 일반적으로 널리 사용된다.

19 연소가스의 흐름 방향에 따른 과열기의 종류 중 연소가스와 과열기 내 증기의 흐름 방향이 같으며 가스에 의한 소손은 적으나 열의 이용도가 낮은 것은?   [08/4]

① 대류식   ② 향류식
③ 병류식   ④ 혼류식

> * 병류식 : 연소가스 흐름과 증기흐름 방향이 같음
>   항류식 : 연소가스 흐름과 증기흐름 방향이 반대
>   혼류식 : 병류식 + 항류식

22 보일러 부속장치에 관한 설명으로 틀린 것은?   [13/1][07/5]

① 배기가스로 급수를 예열하는 장치를 절탄기라 한다.
② 배기가스의 열로 연소용 공기를 예열하는 것을 공기예열기라 한다.
③ 고압증기 터빈에서 팽창되어 압력이 저하된 증기를 재과열하는 것을 과열이라 한다.
④ 오일 프리히터는 기름을 예열하여 점도를 낮추고, 연소를 원활히 하는 데 목적이 있다.

> * 보기 ③은 재열기라 한다.

20 전열방식에 따른 보일러 과열기의 종류가 아닌 것은?   [10/5]

① 복사형   ② 병류형
③ 복사접촉형   ④ 접촉형

> * 전열방식에 의한 과열기 : 접촉형, 복사형, 접촉복사형
>   흐름에 의한 종류 : 병류형, 항류형, 혼류형

23 보일러의 부속장치에 대한 설명 중 잘못된 것은?   [13/4]

① 인젝터 : 증기를 이용한 급수장치
② 기수분리기 : 증기 중에 혼입된 수분을 분리하는 장치
③ 스팀 트랩 : 응축수를 자동으로 배출하는 장치
④ 절탄기 : 보일러 동 저면의 스케일, 침전물을 밖으로 배출하는 장치

> * 절탄기 : 배기가스 여열로 급수를 예열하는 장치
>   분출장치 : 보일러 저면의 스케일, 침전물을 밖으로 배출

21 다음 중 과열기에 관한 설명으로 틀린 것은?   [12/5]

① 연소방식에 따라 직접연소식과 간접연소식으로 구분된다.
② 전열방식에 따라 복사형, 대류형, 양자병용형으로 구분된다.
③ 복사형 과열기는 과열관을 연소실내 또는 노벽에 설치하여 복사열을 이용하는 방식이다.
④ 과열기는 일반적으로 직접연소식이 널리 사용된다.

24 보일러 부속장치 설명 중 틀린 것은?   [11/1]

① 수트블로워 - 전열면에 부착된 그을음 제거 장치
② 공기예열기 - 연소용 공기를 예열하는 장치
③ 증기축열기 - 증기의 과부족을 해소하는 장치
④ 절탄기 - 발생된 증기를 과열하는 장치

> * 절탄기 : 배기가스의 여열을 이용하여 급수를 예열

정답 19 ③ 20 ② 21 ④ 22 ③ 23 ④ 24 ④

25 보일러 절탄기의 설명으로 틀린 것은?
[08/5]

① 절탄기 외부에는 저온 부식이 발생할 수 있다.
② 절탄기는 주철제와 강철제가 있다.
③ 보일러 열효율을 증대시킬 수 있다.
④ 연소가스 흐름이 원활하여 통풍력이 증대된다.

> ★ **과열기, 재열기** : 고온부식 발생 - 바나듐(V)이 원인
> **재열기, 공기예열기** : 저온부식 발생 - 황(S)이 원인
> ※ 폐열회수장치로 인해 배기가스 흐름이 방해된다.

26 보일러에 절탄기를 설치하였을 때의 특징으로 틀린 것은?
[11/1][09/1]

① 보일러 증발량이 증대하여 열효율을 높일 수 있다.
② 보일러수와 급수와의 온도차를 줄여 보일러 동체의 열응력을 경감시킬 수 있다.
③ 저온 부식을 일으키기 쉽다
④ 통풍력이 증가한다.

> ★ **폐열회수장치**
> **과열기** : 보일러에서 발생된 증기의 온도를 높여 과열증기로 만듦 (압력은 일정)
> **재열기** : 고압터빈에서 팽창 도중의 증기를 빼내어 재가열하여 저압터빈에 이용
> **절탄기** : 배기가스 여열을 이용하여 급수를 예열
> **공기예열기** : 연소용 공기(2차공기)를 예열
> ★ **폐열회수장치의 부식**
> 과열기, 재열기 - 연료중 바나듐(V)성분으로 고온부식
> 절탄기, 공기예열 - 연료중 황(S)성분으로 저온부식
> ※ 절탄기를 비롯한 폐열회수장치는 연도내에 설치되므로 배기가스가 통과하는데 방해가 된다.(통풍력이 감소한다.)

27 보일러에서 점화하기 전에 공기를 빼고 물을 가득 채워야 하는 곳은?
[07/2]

① 보일러 동(胴) ② 절탄기
③ 과열기 ④ 비수방지관

> ★ 각 장치의 내부는,
> ① **보일러 동** : 동체 높이의 2/3~3/4 정도의 물을 채움. 윗부분은 증기발생 공간으로 비워둠.
> ② **절탄기** : 연도내에 설치하는 폐열회수장치로 급수를 예열한다. 연소가스가 통과하기 전 내부에 물이 채워져 있어야 과열사고가 발생하지 않는다.
> ③ **과열기** : 연도내에 설치하는 폐열회수장치로 발생증기를 가열하여 온도를 높여주는 장치이다. 증기가 통과한다.
> ④ **비수방지관** : 본체 내에 주증기밸브 직전 부착된 장치로 주증기밸브 개방시 갑작스런 증기 유출로 압력이 저하하는 것을 방지한다. 증기가 통과한다.

28 급수예열기(절탄기; economizer)의 형식 및 구조에 대한 설명으로 틀린 것은?
[12/2]

① 설치 방식에 따라 부속식과 집중식으로 분류한다.
② 급수의 가열도에 따라 증발식과 비증발식으로 구분하며, 일반적으로 증발식을 많이 사용한다.
③ 평관급수예열기는 부착하기 쉬운 먼지를 함유하는 배기가스에서도 사용할 수 있지만 설치공간이 넓어야 한다.
④ 핀튜브급수예열기를 사용할 경우 배기가스의 먼지 성상에 주의할 필요가 있다.

> ★ 급수의 가열도는 일반적으로 비증발식을 많이 사용되며, 급수예열기 출구의 급수온도는 그 급수의 포화온도 이하인 적당한 온도로 설계된다. 급수와 배기가스의 열교환을 위한 전열관은 나관, 핀튜브, 나선관이 사용된다.

29 절탄기에 대한 설명으로 옳은 것은?
[16/4][12/1]

① 절탄기의 설치방식은 혼합식과 분배식이 있다.
② 절탄기의 급수예열 온도는 포화온도 이상으로 한다.
③ 연료의 절약과 증발량의 감소 및 열효율을 감소시킨다.
④ 급수와 보일러수의 온도차 감소로 열응력을 줄여준다.

> ★ 절탄기의 재질에 따라 나관절탄기, 핀부착절탄기가 있음
> 급수예열온도는 포화온도 이하이며, 연료의 절약과 증발량의 증대, 열효율 증대를 가져옴.
> 또한, 급수예열로 인해 급수로 인한 열응력을 감소시킴.

정답 25 ④ 26 ④ 27 ② 28 ② 29 ④

30 연소 시작 시 부속설비 관리에서 급수 예열기에 대한 설명으로 틀린 것은? [12/1]

① 바이패스 연도가 있는 경우에는 연소가스를 바이패스시켜 물이 급수예열기 내를 유동하게 한 후 연소가스를 급수예열기 연도에 보낸다.
② 댐퍼 조작은 급수예열기 연도의 입구 댐퍼를 먼저 연 다음에 출구 댐퍼를 열고 최후에 바이패스연도 댐퍼를 닫는다.
③ 바이패스 연도가 없는 경우 순환관을 이용하여 급수예열기 내의 물을 유동시켜 급수예열기 내부에 증기가 발생하지 않도록 주의한다.
④ 순환관이 없는 경우는 보일러에 급수하면서 적량의 보일러수 분출을 실시하여 급수예열기 내의 물을 정체시키지 않도록 하여야 한다.

★ 절탄기 운전관리는 다음과 같다.(p295 2번 참조)
  1) 바이패스 연도가 있는 경우에는 연소가스를 바이패스 연도에 보내어 물이 절탄기 내를 유동하게 한 후 연소가스를 절탄기 연도에 보낸다. 이 경우 댐퍼조작은 절탄기 연도의 출구 댐퍼를 먼저 열고 다음에 입구 댐퍼를 연 다음 최후에 바이패스 연도 댐퍼를 닫는다.
  2) 바이패스 연도가 없는 경우에는 순환관을 이용하여 절탄기내의 물을 유동시켜 절탄기 내부에 증기가 발생하지 않도록 주의하여야 한다
  3) 순환관이 없는 경우는 보일러에 급수하면서 적량의 보일러수의 분출을 실시하여 절탄기내의 물을 정체시키지 않도록 한다.

31 공기예열기에 대한 설명으로 틀린 것은? [14/1][10/2]

① 보일러의 열효율을 향상시킨다.
② 불완전 연소를 감소시킨다.
③ 배기가스의 열손실을 감소시킨다.
④ 통풍저항이 작아진다.

★ 배기가스의 여열을 이용하여 연소용공기를 예열하는 장치를 말하며, 연소효율, 열효율이 증가하나 장치 설치로 인해 통풍저항이 증가한다.

32 보일러 시스템에서 공기예열기 설치 사용 시 특징으로 틀린 것은? [14/4][08/4]

① 연소효율을 높일 수 있다.
② 저온부식이 방지된다.
③ 예열공기의 공급으로 불완전 연소가 감소된다.
④ 노내의 연소속도를 빠르게 할 수 있다.

★ 폐열회수장치에서 과열기, 재열기는 고온부식, 절탄기, 공기예열기는 저온부식이 발생한다.

33 보일러 공기예열기에 대한 설명으로 잘못된 것은? [10/4][07/1]

① 연소 배기가스의 여열을 이용한다.
② 보일러 효율이 향상된다.
③ 급수를 예열하는 장치이다.
④ 저온부식에 유의해야 한다.

★ 공기예열기는 연소용 공기를 예열하는 장치이다. 급수를 예열하는 장치는 절탄기이다.

34 공기예열기의 종류에 속하지 않는 것은? [15/4][09/2][08/1]

① 전열식   ② 재생식
③ 증기식   ④ 방사식

★ 공기예열기의 종류 구분
  • 전열방식에 따라 : 전도식(전열식), 재생식(축열식), 히트파이프식
  • 배치방식에 따라 : 수직형, 수평형
  • 열원에 따라 : 연소가스식, 증기식

35 공기예열기에서 전열 방법에 따른 분류에 속하지 않는 것은? [13/2]

① 전도식   ② 재생식
③ 히트파이프식   ④ 열팽창식

★ 공기예열기는 전열방식에 따라 전도식(관형, 판형), 재생식(고정형, 회전형, 이동형), 히트파이프형이 있다.

정답 30 ② 31 ④ 32 ② 33 ③ 34 ④ 35 ④

36 수직의 다수 강관이나 주철관을 사용하여 연소가스는 관 내를, 공기는 관 외부를 직각으로 흐르게 하여 관의 열전도로 공기를 가열하는 공기예열기는? [10/1]

① 판형 공기예열기
② 회전식 공기예열기
③ 관형 공기예열기
④ 증기식 공기예열기

> ★ 공기예열기 종류 : 전열방법에 따라 전도식, 재생식, 히트파이프식으로 구분된다.
> ① 전도식 : 관형과 판형이 있음.
> ② 재생식(축열식) : 회전식, 고정식, 이동식
> ③ 히트파이프식 : 파이프내부에 작동유체(물, 알콜, 프레온 등)를 넣고 진공압 상태로 밀폐한 히트파이프의 작동유체에 따라 여러 종류가 있다. 일반적으로 보일러용 공기예열기에는 물이 사용된다.

안전장치

 안전장치 / 보일러 파열방지, 미연소가스 폭발방지

> 1) 보일러 파열 : 압력초과, 이상감수로 인한 과열
>   미연소가스 폭발 : 공기보다 연료를 먼저 공급한 경우
>   실화,불착화시 노내환기 부족
> 2) 안전밸브 : 이상초과압력 배출, 25A, 2개이상 설치
>   단, 전열면적 50m²이하는 1개이상
> 3) 압력제한기 : 설정압력 이상 초과 감시
> 3) 전자밸브 : 비상시 긴급 연료차단,
>   연결된 자동제어를 인터록제어라고 함.
> 4) 고저수위경보기 : 안전저수위 이하 이상감수 검지
> 5) 화염검출기 : 연소실내의 화염감시, 실화 및 불착화 검지
> 6) 가용마개 : 연소실상부에 설치, 이상감수시 용융 누설.
> 7) 방폭문 : 미연소가스 폭발시 폭발압력 외부로 배출
>   연소실 후부에 설치

01 보일러의 안전장치에 해당되지 않는 것은? [16/2][09/5]

① 방폭문
② 수위계
③ 화염검출기
④ 가용마개

> ★ 보일러 안전장치 : 안전밸브, 화염검출기, 증기압력제한기, 전자밸브, 고저수위경보기, 방폭문, 가용마개 등
> • 수위계는 지시장치에 속함

02 다음 중 보일러의 안전장치에 해당되지 않는 것은? [15/5][13/2]

① 방출밸브
② 방폭문
③ 화염검출기
④ 감압밸브

> ★ 안전장치 : 안전밸브, 화염검출기, 압력제한기, 전자밸브 방폭문, 고저수위검출기, 가용마개
> 감압밸브는 송기장치에서 고압의 증기를 저압으로 낮춰주는 장치임.

03 다음 중 보일러의 안전장치로 볼 수 없는 것은? [13/4][07/2]

① 고저수위 경보장치
② 화염검출기
③ 급수펌프
④ 압력조절기

> ★ 안전장치는 보일러의 폭발, 파손을 방지하기 위한 장치들로 구성되어 있다. 급수펌프는 급수장치중 하나임. 압력조절기는 증기압력제한기와 유사한 기능.

04 보일러의 안전장치와 거리가 가장 먼 것은? [13/2]

① 과열기
② 안전밸브
③ 저수위 경보기
④ 방폭문

> ★ 과열기는 폐열회수장치임.

05 보일러의 안전장치가 아닌 것은? [11/2]

① 안전밸브
② 방출밸브
③ 감압밸브
④ 가용전

> ★ 안전장치 : 안전밸브, 방출밸브, 가용전(마개)
> 감압밸브 : 증기압력을 일정하게 유지

06 보일러 안전장치와 가장 관계가 없는 것은? [10/1]

① 안전밸브
② 고저수위 경보기
③ 화염검출기
④ 급수밸브

> ★ 급수밸브는 급수장치임.

 36 ③ 01 ② 02 ④ 03 ③ 04 ① 05 ③ 06 ④

07 보일러에서 안전장치와 거리가 먼 것은? [08/5]

① 고저수위 경보기　② 안전밸브
③ 가용마개　　　　④ 드레인 콕

* 보일러 안전장치 : 안전밸브, 고저수위경보기, 압력제한기, 전자밸브, 방폭문, 가용마개

08 일반적으로 보일러의 안전장치에 속하지 않는 것은? [08/4]

① 기수분리기　　　② 압력제한기
③ 저수위 경보기　　④ 방폭문

* 기수분리기 : 증기속에 수분을 제거하여 양질의 증기로 만드는 장치

09 보일러의 안전장치가 아닌 것은? [08/1]

① 화염 검출기　　　② 고저 수위경보기
③ 방폭문　　　　　④ 절탄기

* 폐열회수장치 : 과열기 - 재열기 - 절탄기 - 공기예열기

10 다음 중 보일러 안전장치와 가장 거리가 먼 것은? [07/4]

① 수저분출장치　　② 가용전
③ 저수위경보기　　④ 플레임 아이

* 보일러 안전장치 : 이상감수, 압력초과, 미연소가스폭발 등으로 인해 보일러가 파손되는 것을 방지하기 위해 부착되는 장치들을 말한다. 안전밸브, 증기압력제한기, 저수위경보기, 화염검출기, 전자밸브, 방폭문, 가용전 등이 있다. 화염검출기에는 플레임 아이, 플레임 로드, 스택스위치가 있다.

11 보일러의 자동제어 장치로 쓰이지 않는 것은? [12/1]

① 화염검출기　　　② 안전밸브
③ 수위검출기　　　④ 압력조절기

* 안전밸브는 검출, 조절하는 기능이 아닌, 단순히 기계적 원리에 의해 작동하여 초과 증기압력을 배출함.

12 강철제 증기보일러의 안전밸브 부착에 관한 설명으로 잘못된 것은? [13/5]

① 쉽게 검사할 수 있는 곳에 부착한다.
② 밸브 축을 수직으로 하여 부착한다.
③ 밸브의 부착은 플랜지, 용접 또는 나사 접합식으로 한다.
④ 가능한 한 보일러의 동체에 직접 부착시키지 않는다.

* 보일러 안전밸브는 보일러 동체에 직접 부착해야 한다.

13 보일러 안전밸브 설치에 관한 설명으로 잘못된 것은? [11/1]

① 안전밸브는 바이패스 배관으로 설치한다.
② 쉽게 검사할 수 있는 장소에 설치한다.
③ 밸브 축을 수직으로 한다.
④ 가능한 한 보일러 동체에 직접 설치한다.

* 안전밸브는 압력초과시 초과 증기압을 배출하여 파열을 방지하며 바이패스 배관을 설치해서는 안된다.
  • 대표적인 바이패스 배관 설치금지 : 전자밸브, 안전밸브

14 증기보일러에서 안전밸브를 부착하지 않는 곳은? [07/2]

① 보일러 본체　　　② 응축수 출구
③ 과열기 출구　　　④ 재열기 입구

* 응축수 출구에는 증기트랩을 설치하여 응축수를 분리한다.

15 증기보일러 안전밸브의 호칭지름은 특별한 경우를 제외하고는 얼마 이상이어야 하는가? [08/2]

① 15A 이상　　　② 20A 이상
③ 25A 이상　　　④ 32A 이상

정답　07 ④　08 ①　09 ④　10 ①　11 ②　12 ④　13 ①　14 ②　15 ③

> * 보일러 안전밸브 : 지름 25A이상이어야 함. 단, 다음의 경우는 20A이상 가능
>   ① 최고사용압력이 0.1MPa 이하인 보일러
>   ② 최대증발량 5t/h 이하인 관류보일러
>   ③ 최고사용압력 0.5MPa이하, 전열면적 2m²이하인 보일러
>   ④ 소용량보일러

16 안전밸브에 관한 설명으로 틀린 것은?

[09/1]

① 안전밸브 및 압력방출장치의 크기는 호칭지름 25A 이상으로 하여야 한다.
② 최고사용압력 0.1MPa 이하의 보일러는 호칭 지름 20A 이상으로 할 수 있다.
③ 전열면적 100m² 이하의 증기보일러에서는 1개 이상으로 한다.
④ 소형강철제 보일러는 호칭 지름 20A 이상으로 할 수 있다.

> * 전열면적 50m² 이하인 보일러에는 안전밸브를 1개 이상으로 할 수 있다. (원칙적으로 안전밸브는 2개 이상 설치)

17 최고사용압력이 0.7MPa인 강철제 증기보일러의 안전밸브의 크기는 호칭지름 몇 mm 이상으로 하는가?

[09/4][08/1]

① 25A ② 30A
③ 15A ④ 20A

> * 안전밸브는 지름 25A이상이어야 함(단, 다음은 20A이상)
>   ① 최고사용압력 0.1MPa 이하인 보일러
>   ② 최고사용압력 0.5MPa 이하이며, 동체 안지름 500mm 이하, 동체 길이가 1000mm 이하인 보일러
>   ③ 최고사용압력 0.5MPa 이하이며, 전열면적 2m² 이하인 보일러
>   ④ 최대증발량 5 t/h 이하인 관류보일러
>   ⑤ 소용량 강철제보일러, 소용량 주철제보일러

18 보일러에 사용되는 안전밸브 및 압력방출장치 크기를 20A 이상으로 할 수 있는 보일러가 아닌 것은?

[15/5][09/2]

① 소용량 강철제 보일러
② 최대증발량 5 T/h 이하의 관류보일러
③ 최고사용압력 1 MPa(10 kgf/cm²) 이하의 보일러로 전열면적 5m² 이하인 것
④ 최고사용압력 0.1 MPa(1 kgf/cm²) 이하의 보일러

> * 최고사용압력이 0.5MPa(5kgf/cm²) 이하, 전열면적이 2m² 이하인 보일러인 경우 안전밸브 크기를 20A 이상으로 할 수 있다.

19 안전밸브 및 압력방출장치의 크기를 호칭지름 20A이상으로 할 수 있는 보일러에 해당되지 않는 것은?

[11/4]

① 최대증발량 4t/h인 관류보일러
② 소용량주철제보일러
③ 소용량강철제보일러
④ 최고사용압력이 1MPa(10kgf/cm²)인 강철제보일러

> * 최고사용압력 0.1MPa(1kgf/cm²) 이하인 보일러는 안전밸브 지름을 20A 이상으로 할 수 있다.

20 전열면적이 50m² 이하의 증기 보일러에서는 몇 개 이상의 안전밸브를 설치하여야 하는가?

[09/4]

① 4 ② 1
③ 3 ④ 2

> * 2개 이상 설치 한다. (단, 전열면적이 50m² 이하인 보일러에는 1개 이상)

21 증기보일러에는 2개 이상의 안전밸브를 설치하여야 하지만, 전열면적이 몇 이하인 경우에는 1개 이상으로 해도 되는가?

[16/2][16/1][13/1][10/5][07/5][07/1]

① 80 m² ② 70 m²
③ 60 m² ④ 50 m²

> * 증기보일러에 안전밸브는 2개이상 설치해야 한다. 단, 전열면적이 50m² 이하인 경우 안전밸브는 1개 이상으로 해도 된다.

정답 16 ③ 17 ① 18 ③ 19 ④ 20 ② 21 ④

22 보일러에서 사용하는 안전밸브 구조의 일반사항에 대한 설명으로 틀린 것은? [13/1]

① 설정압력이 3MPa를 초과하는 증기 또는 온도가 508K를 초과하는 유체에 사용하는 안전밸브에는 스프링이 분출하는 유체에 직접 노출되지 않도록 하여야 한다.
② 안전밸브는 그 일부가 파손하여도 충분한 분출량을 얻을 수 있는 것이어야 한다.
③ 안전밸브는 쉽게 조정이 가능하도록 잘 보이는 곳에 설치하고 봉인하지 않도록 한다.
④ 안전밸브의 부착부는 배기에 의한 반동력에 대하여 충분한 강도가 있어야 한다.

★ 안전밸브는 함부로 조정할 수 없도록 봉인할 수 있는 구조로 하여야 한다.

23 보일러에 가장 많이 사용되는 안전밸브 종류는? [11/5][07/1]

① 중추식 안전밸브　② 지렛대식 안전밸브
③ 중력식 안전밸브　④ 스프링식 안전밸브

★ 보일러에는 스프링식 안전밸브를 부착하도록 규정됨.

24 일반적으로 보일러에 가장 많이 사용되는 안전밸브 형식은? [07/5]

① 중추식　② 지렛대식
③ 스프링식　④ 레버식

★ 보일러에는 스프링식 안전밸브를 부착하도록 규정됨.

25 증기보일러에 주로 사용되는 안전밸브의 형식은? [07/2]

① 추식　② 스프링식
③ 전자식　④ 레버식

★ 안전밸브의 형식은 스프링식, 중추식, 지렛대식(=레버식)이 있으며 보일러에는 반드시 스프링식을 부착하도록 되어 있다.

26 스프링식 안전밸브에서 저양정식인 경우는? [12/4]

① 밸브의 양정이 밸브시트 구경의 1/7이상 1/5미만인 것
② 밸브의 양정이 밸브시트 구경의 1/15이상 1/7미만인 것
③ 밸브의 양정이 밸브시트 구경의 1/40이상 1/15미만인 것
④ 밸브의 양정이 밸브시트 구경의 1/45이상 1/40미만인 것

★ 스프링식 안전밸브(spring safety valve) : 스프링의 탄성을 이용하여 분출압력을 조정하는 형식으로 밸브의 양정에 따라 저양정식, 고양정식, 전양정식, 전양식이 있다.
① 저양정식 : 밸브 양정이 밸브 지름의 $\frac{1}{40} \sim \frac{1}{15}$ 인 것
② 고양정식 : 밸브 양정이 밸브 지름의 $\frac{1}{15} \sim \frac{1}{7}$ 인 것
③ 전양정식 : 밸브 양정이 밸브 지름의 $\frac{1}{7}$ 이상인 것
④ 전양식 : 밸브 양정이 밸브 지름보다 1.15배 이상인 것으로서, 밸브가 열릴 때 밸브 시이트 부분의 증기통로 면적은 목 부분의 면적의 1.05배 이상, 안전밸브의 입구 및 배관내의 통로 면적은 목 부분 단면적의 1.7배 이상이어야 한다.

27 보일러 분출압력이 1MPa이고 추식 안전밸브에 작용하는 힘이 1960N이면 안전밸브의 단면적은 얼마인가? [11/5]

① 10cm²　② 20cm²
③ 40cm²　④ 50cm²

★ 압력은 힘/면적이므로
면적 = 힘/압력
 $= \frac{1960}{1 \times 1000000} \times 10000 = 19.6 cm^2$
(MPa=100만Pa=100만N/m² 10000을 곱하여 m²를 cm²로 환산)

28 보일러에서 안전밸브의 분출면적은 고압일수록 저압일 때 보다 어떠해야 하는가? [10/2]

① 좁아야 한다.　② 넓어야 한다.
③ 일정하다.　④ 무관하다.

★ 안전밸브의 분출면적은 넓으면 고압의 증기를 막기 어렵다. 안전밸브는 평상시 증기를 막고 있으며, 압력초과시 분출해야 하므로 고압일수록 분출면적은 좁다. 그러나 많은 양의 증기를 배출해야 하므로 스프링의 움직이는 거리(양정)이 높아야 한다.

정답　22 ③　23 ④　24 ③　25 ②　26 ③　27 ②　28 ①

29 안전밸브 작동시험에서 안전밸브의 분출압력은 안전밸브가 2개 설치된 경우 그 중 1개는 최고사용 압력이하에서 작동하고, 나머지 1개는 최고사용 압력의 몇 배 이하에서 작동해야 하는가? [09/1][07/1]

① 1배 ② 1.03배
③ 2배 ④ 2.03배

★ 안전밸브 방출시기
1개인 경우 – 최고사용압력 이하에서 분출
2개인 경우 – 1개는 최고사용압력 이하에서 분출
　　　　　　나머지 한 개는 1.03배 이하에서 분출

30 강철제 증기보일러의 설치검사 기준상 안전밸브 작동시험을 하는 경우 안전밸브가 1개만 부착되어 있다면 그 분출압력은? [10/2]

① 최고사용압력의 1.03배
② 최고사용압력 이하
③ 최고사용압력의 1.2배
④ 최고사용압력의 1.25배

★ 안전밸브 분출 – 1개인 경우 : 최고사용압력 이하
　　　　　　　　2개인 경우 : 1개는 최고사용압력 이하
　　　　　　　　　　　　　　 나머지는 1.03배 이하

31 안전밸브의 수동시험은 최고사용압력의 몇 % 이상의 압력으로 행하는가? [12/2]

① 50% ② 55%
③ 65% ④ 75%

★ 안전밸브의 작동여부 검사시 수동시험은 최고사용압력의 75% 이상의 압력으로 행함

32 보일러의 압력에 관한 안전장치 중 설정압이 낮은 것부터 높은 순으로 열거된 것은? [11/2]

① 압력제한기 – 압력조절기 – 안전밸브
② 압력조절기 – 압력제한기 – 안전밸브
③ 안전밸브 – 압력제한기 – 압력조절기
④ 압력조절기 – 안전밸브 – 압력제한기

★ 설정압력 순서
압력조절기 : 설정압력 이하(연료량 조절)
압력제한기 : 설정압력 이하(연료차단)–최고사용압력 이하
안전밸브 : 최고사용압력 이하 또는 1.03배 이하

33 안전밸브 누설원인으로 틀린 것은? [11/2]

① 밸브시트에 이물질이 부착됨
② 밸브를 미는 용수철 힘이 균일함
③ 밸브시트의 연마면이 불량함
④ 밸브 용수철의 장력이 부족함

★ 안전밸브 누설원인
① 밸브 틈새의 이물질
② 스프링 장력감소
③ 밸브의 균형이 맞지 않을 때

34 보일러의 증기압력은 증기 사용량과 증기 발생량의 균형이 유지되지 않을 때에 변동이 일어난다. 이러한 변동에 대해 연료량과 공기량을 비례 조절하거나 최고 사용압력에 도달하기 전에 연료의 공급을 중지시키는 장치는? [10/1][07/2]

① 방출밸브 ② 압력조절기
③ 화염검출기 ④ 고·저수위 경보장치

★ 설정압력에 따라 증기압을 검출하여 연소상태를 비례조절하거나 연료의 공급을 중지시키는 장치는 압력조절기임.

35 전기식 증기압력조절기에서 증기가 벨로즈 내에 직접 침입하지 않도록 설치하는 것으로 가장 적합한 것은? [13/1]

① 신축 이음쇠 ② 균압 관
③ 사이폰 관 ④ 안전 밸브

* 전기식 증기압력조절기 설치시 주의사항
  ① 조절을 쉽게 할 수 있는 위치를 선택할 것.
  ② 수은스위치를 사용하고 있는 경우는 진동이 적은 위치를 선택할 것.
  ③ 본체를 수직, 수평으로 설치하는 동시에 배관을 고정할 것.
  ④ 증기가 벨로즈내에 직접 침입하지 않도록 반드시 사이폰관을 설치할 것.
  ⑤ 증기관의 부착위치는 최고수면보다 높은 위치에 설치할 것.

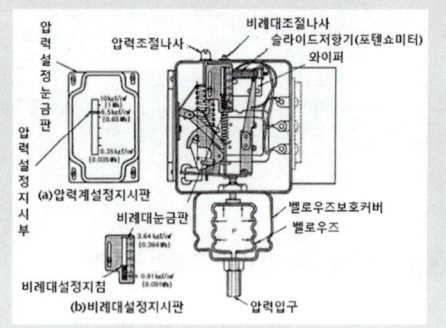

36 다음 중 화염의 유무를 검출하는 것은? [11/4]

① 윈드박스(wind box)
② 보염기(stabilizer)
③ 버너타일(burner tile)
④ 플레임아이(flame eye)

* 화염의 유무를 검출하는 장치 : 화염검출기로서 세가지 종류가 있음.
  플레임아이, 플레임로드, 스택스위치

37 보일러에서 사용하는 화염검출기에 관한 설명 중 틀린 것은? [13/4]

① 화염검출기는 검출이 확실하고 검출에 요구되는 응답시간이 길어야 한다.
② 사용하는 연료의 화염을 검출하는 것에 적합한 종류를 적용해야 한다.
③ 보일러용 화염검출기에는 주로 광학식 검출기와 화염검출봉식(flame rod) 검출기가 사용된다.
④ 광학식 화염검출기는 자외선을 사용하는 것이 효율적이지만 유류보일러에는 일반적으로 가시광선식 또는 적외선식 화염검출기를 사용한다.

* 화염검출기는 응답시간이 짧아야 한다.

38 플레임 아이에 대하여 옳게 설명한 것은? [12/2]

① 연도의 가스온도로 화염의 유무를 검출한다.
② 화염의 도전성을 이용하여 화염의 유무를 검출한다.
③ 화염의 방사선을 감지하여 화염의 유무를 검출한다.
④ 화염의 이온화현상을 이용해서 화염의 유무를 검출한다.

* 화염검출기는 연소실내의 화염을 감시하여 실화 및 불착화시 신호를 발하여 연료를 긴급 차단한다. 화염검출방법에 따라 열적 화염검출기(스택스위치), 광학적 화염검출기(플레임아이), 전기전도 화염검출기(플레임로드) 등으로 구분한다.
  광학적 화염검출기는 화염에서 발생하는 빛을 검출하는 방법으로 적외선, 가시광선 및 자외선의 영역별로 다르게 검출하는 특성이 다른 황화카드뮴 광전셀(CdS셀), 황화납 광전셀(PbS셀), 자외선광전관, 정류식 광전관 등의 화염검출기가 있다
  화염이나 고온체에서 방출되는 열복사의 파장은 가시영역과 적외선 영역에 걸쳐서 넓게 분포되어 있고 그 강도는 연소실벽 온도의 상승과 함께 증가 한다. 따라서 가시영역이나 적외선 영역의 파장의 빛에 응답하는 검출기는 운전중에 이상소화가 있더라도 고온의 노가 강력한 방사선을 계속하여 방사하기 때문에 검출기도 그와 같은 응답을 하는 신호를 계속해서 내어 결과적으로 이상소화의 검출불능이 된다. 이것은 안전제어를 매우 위험한 상태가 되게 할 수 있다.
  • 따라서, 화염의 방사선을 감지하여 화염유무를 검출하는 것이 아니고 오히려 계속된 강력한 방사선은 화염검출기 오작동 원인이 되므로 정답이 아님. 문제오류임.

39 연소안전장치 중 플레임 아이(flame eye)로 사용되지 않는 것은? [13/5]

① 광전관   ② CdS cell
③ PbS cell   ④ CdP cell

* 플레임 아이 종류 : 광전관, 황화카드뮴(CdS), 황화납(PbS)

40 화염의 이온화를 이용한 화염검출기 종류는? [10/4][08/2]

① 스택 스위치   ② 플레임 아이
③ 플레임 로드   ④ 광전관

정답 36 ④ 37 ① 38 ③ 39 ④ 40 ③

* 플레임 아이 : 화염의 발광이용 - 유류보일러용
  플레임 로드 : 화염의 이온화이용 - 가스보일러용
  스택스위치 : 화염의 발열이용 - 소형보일러, 연도

41 화염 검출기의 종류 중 화염의 발열을 이용한 것으로 바이메탈에 의하여 작동되며, 주로 소용량 온수보일러의 연도에 설치되는 것은? [13/5]

① 플레임 아이 ② 스택 스위치
③ 플레임 로드 ④ 적외선 광전관

* ① 플레임 아이 : 화염의 발광현상 이용. 황화카드뮴(CdS)셀, 황화납(PbS)셀, 광전관식이 있음.
  ② 플레임 로드 : 화염의 이온화현상 이용.
  ③ 스택스위치 : 화염의 발열현상 이용. 연도에 설치. 소용량온수보일러에 사용

42 보일러 화염검출기 종류 중 화염 검출의 응답이 느려 버너분사, 정지에 시간이 많이 걸리므로 주로 소용량 보일러에 사용되는 것은? [10/5]

① 플레임 로드 ② 플레임 아이
③ 스택 스위치 ④ 광전관식 검출기

* 화염검출기는 스택스위치, 플레임아이, 플레임로드가 있다.
  ① 스택스위치 : 연도에 설치, 화염의 발열현상 이용 소형보일러에 쓰임
  ② 플레임아이 : 버너입구에 설치, 화염의 발광(빛)을 감지 주로 유류용 보일러에 사용
  ③ 플레임로드 : 화염의 전도성(이온화)현상 이용, 주로 가스용보일러에 사용

43 소용량 온수보일러에 사용되는 화염검출기 중 화염의 발열 현상을 이용한 것으로 연소온도에 의해 화염의 유무를 검출하는 것은? [09/4]

① 플레임 아이 ② 플레임 로드
③ 스택 스위치 ④ CdS 셀

* 플레임 아이 : 화염의 발광현상 이용 - 유류용
  플레임 로드 : 화염의 이온화 현상 이용 - 가스용
  스택스위치 : 발열현상 이용 - 소용량보일러, 연도에 설치
  CdS 셀(황화카드뮴) : 광전도 현상 이용, 광전지

44 보일러 화염 유무를 검출하는 스택 스위치에 대한 설명으로 틀린 것은? [15/4][09/2]

① 화염의 발열 현상을 이용한 것이다.
② 구조가 간단하다.
③ 버너 용량이 큰 곳에 사용된다.
④ 바이메탈의 신축작용으로 화염 유무를 검출한다.

* 스택스위치 : 바이메탈의 신축으로 화염을 검출하며 작동시간이 오래 걸리므로 소용량 보일러에 사용됨.

45 보일러의 화염검출기 중 스택 스위치는 화염의 어떠한 성질을 이용하여 화염을 검출하는가? [11/2]

① 화염의 발광체   ② 화염의 이온화현상
③ 화염의 발열현상 ④ 화염의 전기전도성

* 플레임 아이 : 화염의 발광 감지, 유류용
  플레임 로드 : 이온화 현상 이용, 가스용
  스택 스위치(바이메탈스위치) : 발열현상, 소용량 보일러
  • 스택(stack)은 연도를 영어로 말한 것으로, 스택스위치는 연도에 설치됨

46 화염 검출기에서 검출되어 프로텍터 릴레이로 전달된 신호는 버너 및 어떤 장치로 다시 전달되는가? [16/4][07/1]

① 압력제한 스위치 ② 저수위 경보장치
③ 연료차단 밸브   ④ 안전밸브

* 프로텍터 릴레이 - 버너에 설치하여 사용하며 오일버너 주안전 제어장치로 난방, 급탕등의 전용회로에 이용한다. 화염의 실하 및 불착화시 전자밸브(연료차단밸브)에 의해 연료를 차단하여 보일러를 정지시킨다.

47 화염검출기 기능불량과 대책을 연결한 것으로 잘못된 것은? [14/2][11/2]

① 집광렌즈 오염 - 분리 후 청소
② 증폭기 노후 - 교체
③ 동력선의 영향 - 검출회로와 동력선 분리
④ 점화전극의 고전압이 프레임 로드에 흐를 때 - 전극과 불꽃 사이를 넓게 분리

정답 41 ② 42 ③ 43 ③ 44 ③ 45 ③ 46 ③ 47 ④

* 화염검출기의 기능불량과 대책은 대략 다음과 같다.
  ① 화염검출기 불량 : 검출기의 수광 위치 및 기능점검
  ② 수광면 오염 : 수광면을 마른걸레로 깨끗이 닦는다.
  ③ 광전관의 노후 : 교환, 주위온도계 주의
  ④ 삽입위치 불량 : 설치위치 및 각도수정
  ⑤ 종류 부적정 : 적외선 검출, 자외선 검출, 적정한 광전관 선택
  ⑥ 배선의 단락 : 점검, 수리
  ⑦ 증폭기의 노후 : 교환
  ⑧ 오동작 : 화염특성에 맞는 수감부를 선정
  ⑨ 동력선의 영향 : 검출회로 배선과 동력선은 분리 배선한다.
  • 점화전극과 화염검출기의 플레임로드(전극봉)과는 전혀 관계가 없는 장치이다. 따라서, 점화전극의 전압이 플레임로드에 흐른다면 점화 내부 회로가 쇼트(단락)되었다는 것을 의미하며, 분해하여 전체적인 점검 및 회로 교체를 하여야 한다.

48 보일러 저수위 경보장치 종류에 속하지 않는 것은?
[13/2]

① 플로트식 ② 전극식
③ 열팽창식 ④ 압력제어식

* 저수위경보장치 : 플로트식, 전극식, 열팽창식, 차압식

49 수위경보기의 종류에 속하지 않는 것은?
[13/5]

① 맥도널식 ② 전극식
③ 배플식 ④ 마그네틱식

* 고저수위경보기 종류
  ① 플로트식(부자식) : 맥도널식, 마그네틱식
  ② 전극식
  ③ 열팽창식 : 베일리식, 코프스식
  ④ 차압식
  • 배플은 기수분리기의 일종임.

50 고저수위 경보기의 종류 중 플로트의 위치 변위에 따라 수은 스위치를 작동시켜 경보를 발하는 것은?
[08/1]

① 기계식 경보기 ② 자석식 경보기
③ 전극식 경보기 ④ 맥도날식 경보기

* 플로트 위치에 따른 수은 스위치를 작동시키는 방식에 대표적으로 맥도날식 경보기가 있음.

51 보일러설치기술규격에서 저수위 차단장치의 설치 주의사항으로 틀린 것은?
[07/2]

① 가급적 2개를 별도의 통수관에 각기 연결하여 사용하는 것이 좋다.
② 분출관과 수면계의 분출관을 통합 연결한다.
③ 통수관 크기는 호칭지름 25mm 이상이 되도록 하여야 한다.
④ 통수관에 부착되는 밸브는 개폐상태를 명확히 표시하여야 한다.

* 저수위차단장치와 수면계의 분출관은 각기 별도로 사용.

52 다음 부품 중 전후에 바이패스를 설치해서는 안되는 부품은?
[12/5]

① 급수관 ② 연료차단밸브
③ 감압밸브 ④ 유류배관의 유량계

* 연료차단밸브, 전자밸브는 바이패스를 설치해서는 안된다. 바이패스는 장치의 교체, 점검을 용이하게 하기 위해 장치 주변으로 우회하여 설치하는 배관을 말한다.

53 급유장치에서 보일러 가동 중 연소의 소화, 압력초과 등 이상 현상 발생 시 긴급히 연료를 차단하는 것은?
[14/4][12/2]

① 압력조절 스위치 ② 압력제한 스위치
③ 감압 밸브 ④ 전자 밸브

* 전자밸브는 이상현상시 긴급연료 차단하며 보일러에서 이와 같이 작동하는 제어를 인터록제어라 한다.

54 보일러 가동 중 실화(失火)가 되거나, 압력이 규정치를 초과하는 경우는 연료 공급을 자동적으로 차단하는 장치는?
[13/1]

① 광전관 ② 화염검출기
③ 전자밸브 ④ 체크밸브

* 비상시 직접 연료를 차단하는 장치는 전자밸브이며, 버너 직전에 설치한다. 전자밸브에는 바이패스 배관을 해서는 안된다.

정답 48 ④ 49 ③ 50 ④ 51 ② 52 ② 53 ④ 54 ③

55 전자밸브가 작동하여 연료공급을 차단하는 경우로 거리가 먼 것은? [13/4]

① 보일러의 이상 감수시
② 증기압력 초과시
③ 배기가스온도의 이상 저하시
④ 점화 중 불착화시

* 배기가스온도 저하와 전자밸브 작동하는 것과 무관함. 전자밸브는 다음과 같은 5가지 경우에 작동하며, 이를 인터록이라 한다.
  압력초과, 이상감수, 화염실화 및 불착화, 프리퍼지 불능, 저연소조절 불능.

56 보일러의 자동 연료차단장치가 작동하는 경우가 아닌 것은? [13/2]

① 최고사용압력이 0.1MPa 미만인 주철제 온수보일러의 경우 온수온도가 105℃인 경우
② 최고사용압력이 0.1MPa를 초과하는 증기보일러에서 보일러의 저수위 안전장치가 동작할 때
③ 관류보일러에 공급하는 급수량이 부족한 경우
④ 증기압력이 설정압력보다 높은 경우

* 자동 연료차단장치는 전자밸브를 말하며, 인터록을 말한다.
  프리퍼지 인터록, 압력초과 인터록, 저수위 인터록, 불착화 인터록, 저연소 인터록이 있다. 주철제온수보일러는 115℃

57 다음 중 자동연료차단장치가 작동하는 경우로 거리가 먼 것은? [12/5]

① 버너가 연소상태가 아닌 경우(인터록이 작동한 상태)
② 증기압력이 설정압력보다 높은 경우
③ 송풍기 팬이 가동할 때
④ 관류보일러에 급수가 부족한 경우

* 자동연료차단장치는 위급상황에 작동하며 주로 인터록이 작동한 상태에서 작동한다.
  ① **프리퍼지 인터록** : 송풍기가 작동하지 않을 때
  ② **압력초과 인터록** : 증기압력이 설정압력을 초과할 때
  ③ **저수위 인터록** : 보일러 수위가 안전수위 이하일 때
  ④ **불착화 인터록** : 화염의 실화, 불착화시
  ⑤ **저연소 인터록** : 저연소로 전환이 안될 때

58 보일러의 긴급연료 차단밸브(전자밸브)를 작동시키는 연계장치가 아닌 것은? [09/4][08/1]

① 압력차단 스위치   ② 스테이 빌라이저
③ 저수위 경보기   ④ 화염 검출기

* 전자밸브와 연결되어 비상시 연료를 차단하는 시스템을 인터록제어라 함.
  전자밸브와 연결 : 증기압력제한기, 화염검출기, 저수위경보기, 연료조절밸브, 송풍기(풍압스위치)
* **스테이빌라이저** : 보염장치 중 화염안정기를 말함.
* **보염장치** : 화염 안정, 화염 형상 조절, 화염 취소 방지, 공기와 연료의 혼합촉진
  ① 윈드박스(바람상자) : 공기와 연료 혼합 촉진
  ② 스테이빌라이저(화염안정기) : 화염안정
  ③ 콤버스터(연소기) : 연소안정
  ④ 버너타일 : 화염의 형상조절

59 보일러 기관 작동을 저지시키는 인터록에 속하지 않는 것은? [14/5][08/5]

① 저수위 인터록   ② 저압력 인터록
③ 저연소 인터록   ④ 프리퍼지 인터록

* **보일러 인터록**
  ① **불착화 인터록** : 불착화, 실화시 연료차단
  ② **압력초과 인터록** : 이상증기압력 초과시 연료차단
  ③ **저수위 인터록** : 이상감수, 안전저수위 이하에서 연료차단
  ④ **프리퍼지인터록** : 노내 환기가 되지 않을 때 연료차단
      (=송풍기가 작동되지 않을 때 연료차단)
  ⑤ **저연소 인터록** : 저연소로 전환이 되지 않을 때 연료차단

60 대형보일러인 경우에 송풍기가 작동하지 않으면 전자밸브가 열리지 않고, 점화를 차단하는 인터록은? [16/4][11/5][10/2]

① 프리퍼지 인터록   ② 불착화 인터록
③ 압력초가 인터록   ④ 저수위 인터록

* 전자밸브는 연료배관에 버너 직전에 설치하며 비상 상황에 연료를 차단하며, 전자밸브에 신호를 보내어 작동하는 제어를 인터록제어라 한다.
  ① **불착화 인터록** : 화염검출기와 연결. 실화, 불착화 감시
  ② **압력초과인터록** : 증기압력제한기와 연결. 설정압력초과시 연료차단
  ③ **저수위인터록** : 고저수위경보기와 연결. 안전저수위 이하 감수시 연료차단
  ④ **프리퍼지인터록** : 송풍기 풍압스위치와 연결. 송풍기 고장으로 인한 프리퍼지 불능시 연료차단.
  ⑤ **저연소인터록** : 저연소로 전환이 되지 않으면 연료차단.

정답 55 ③ 56 ① 57 ③ 58 ② 59 ② 60 ①

61 버너에서 연료분사 후 소정의 시간이 경과하여도 착화를 볼 수 없을 때 전자밸브를 닫아서 연소를 저지하는 제어는?
[12/2][08/1]

① 저수위 인터록   ② 저연소 인터록
③ 불착화 인터록   ④ 프리퍼지 인터록

> ★ **불착화인터록** : 연소실내의 화염을 화염검출기로 감시하여 실화, 불착화일 때 전자밸브에 신호를 발하여 급속히 연료를 차단할 수 있도록 함.

62 보일러 연소실 내의 미연가스 폭발에 대비하여 설치하는 안전장치는?
[14/4][07/2]

① 가용전   ② 방출밸브
③ 안전밸브 ④ 방폭문

> ★ ① **가용전** : 증기보일러 연소실(노통) 상부에 설치하는 납+주석 성분의 마개. 이상감수시 용융되어 증기누설 소음으로 경고.
> ② **방출밸브** : 온수보일러 상부에 설치, 증기보일러의 안전밸브처럼 온수보일러 본체내의 온수압력 초과시 작동
> ③ **안전밸브** : 보일러 증기부에 설치, 증기압력초과시 작동
> ④ **방폭문** : 연소실 후부 또는 측면에 설치. 연소가스 폭발에 대비하여 설치

63 보일러 연소가스 폭발 시에 대비한 안전장치는?
[12/1]

① 방폭문   ② 안전밸브
③ 파괴판   ④ 맨홀

> ★ **방폭문** : 연소실 후부 또는 측면에 설치. 연소가스 폭발에 대비하여 설치
> ★ **안전밸브** : 보일러 증기부에 설치, 증기압력초과시 작동
> ★ **파괴판** : 파열판이라고도 함. 밀폐된 압력용기나 배관의 이상압력상승에 대비하여 설치하는 것으로 보일러에는 사용하지 않음.
> ★ **맨홀** : 청소시 점검을 위해 설치함.

64 보일러와 관련한 다음 설명에서 틀린 것은?
[11/2]

① 보일러의 드럼이 원통형인 것은 강도를 고려해서이다.
② 일반적으로 증기 보일러의 증기압력 계측에는 부르동관 압력계가 사용된다.
③ 미연가스 폭발이나 역화를 방지하기 위해 방폭문을 설치한다.
④ 증기헤드는 일정한 양의 증기와 증기압을 각 사용처에 공급할 수 있다.

> ★ 방폭문 – 미연소 가스로 인한 폭발대비
>   ※ 역화를 방지하는 기능은 없다.

65 보일러 방폭문이 설치되는 위치로 가장 적합한 것은?
[09/5]

① 연소실 후부 또는 좌, 우측
② 노통 또는 화실 천정부
③ 증기 드럼 내부 또는 주증기 배관 내
④ 연도

> ★ **방폭문**
> ① 연소실내 미연소가스로 인한 폭발로부터 보일러 파손방지
> ② 연소실 후부나 측면에 설치
> ③ 종류 : 스프링식, 스윙식

66 저수위 등에 따른 이상온도의 상승으로 보일러가 과열되었을 때 작동하는 안전장치는?
[12/5]

① 가용 마개   ② 인젝터
③ 수위계   ④ 증기 헤더

> ★ 가용마개는 석탄보일러 등에 사용되며, 노통의 상부, 연소실 상부에 설치하여 저수위시 과열로 인해 마개가 녹게 된다. 녹은 틈 사이로 증기와 보일러수가 동시에 연소실로 분출되며 본체 내의 압력을 감소시킴과 동시에 연소실의 화력을 약화시켜 과열사고를 방지한다. 가용마개는 자동제어 방식이 아니며 한 번 사용된 마개는 교체해야 한다.

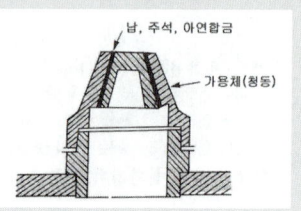

온수발생보일러의 압력방출장치

1) 온수발생보일러에는 압력릴리프밸브 또는 안전밸브를 1개이상 (지름 20mm이상, 온수온도 120℃초과시 안전밸브)
2) 다만 손쉽게 검사할 수 있는 방출관을 갖출 때는 압력릴리프밸브로 대응할 수 있다. 이때 방출관에는 어떠한 경우든 차단장치(밸브 등)를 부착하여서는 안된다.
3) 온수발생보일러(액상식 열매체보일러 포함)의 방출관

전열면적(m^2)	방출관 안지름(mm)
10 미만	25 이상
10~15미만	30 이상
15~20미만	40 이상
20 이상	50 이상

01 물의 온도가 393K를 초과하는 온수발생 보일러에는 크기가 몇 mm 이상인 안전밸브를 설치하여야 하는가?   [15/4][08/4]

① 5 ② 10
③ 15 ④ 20

★ 온수발생 보일러에서 온수온도 120℃(393K) 초과하는 경우 20A 이상의 안전밸브 부착

02 열사용기자재 검사기준에 따라 온수발생 보일러에 안전밸브를 설치해야 되는 경우는 온수온도 몇 ℃ 이상인 경우인가?   [12/5]

① 60℃ ② 80℃
③ 100℃ ④ 120℃

★ 온수발생보일러에서 온수온도 120℃ 이상인 경우에는 안전밸브를 부착한다.

03 액상식 열매체보일러 및 온도 120℃이하의 온수 발생 보일러에 설치하는 방출밸브의 지름은 몇 mm이상으로 해야 하는가?   [10/1]

① 10 ② 20
③ 15 ④ 5

★ 온도 120℃ 이하의 온수발생보일러에 설치하는 방출밸브는 20A 이상이어야 함.

04 보일러 설치검사기준에서 몇 도 이하의 온수발생보일러에는 방출밸브를 설치하여야 하는가?   [09/1]

① 353K ② 373K
③ 393K ④ 413K

★ 온수발생보일러의 안전장치
온수온도 120℃ 초과 : 안전밸브 부착
온수온도 120℃ 이하 : 방출밸브 부착
120℃ + 273 = 393K

05 액상식 열매체 보일러의 방출밸브 지름은 몇 mm 이상으로 하여야 하는가?   [09/2]

① 10 ② 20
③ 30 ④ 40

★ 액상식 열매체 보일러의 온수온도 120℃이하인 경우 지름 20mm이상의 방출밸브 부착

06 온수발생 보일러의 전열면적이 10m^2 미만일 때 방출관의 안지름의 크기는?   [11/1][09/2]

① 15mm 이상 ② 20mm 이상
③ 25mm 이상 ④ 50mm 이상

★ 온수발생보일러의 방출관은 전열면적에 따라

전열면적(m^2)	방출관 안지름(mm)
10 미만	25 이상
10~15미만	30 이상
15~20미만	40 이상
20 이상	50 이상

정답 01 ④ 02 ④ 03 ② 04 ③ 05 ② 06 ③

07 전열면적이 10m² 이상 15m² 미만인 강철제 온수발생 보일러의 방출관의 안지름은 몇 mm 이상으로 해야 하는가?
[08/2]

① 25 ② 30
③ 40 ④ 50

★ 온수발생보일러의 방출관 안지름은 전열면적에 따라 다름

전열면적(m²)	방출관 안지름(mm)
10 미만	25 이상
10~15미만	30 이상
15~20미만	40 이상
20 이상	50 이상

08 온수발생 보일러에서 보일러의 전열면적이 15~20m²미만일 경우 방출관의 안지름은 몇 mm 이상으로 해야 하는가?
[11/5][10/4][09/1]

① 25 ② 30
③ 40 ④ 50

★ 온수발생보일러의 방출관 안지름은 전열면적에 따라 다름

전열면적(m²)	방출관 안지름(mm)
10 미만	25 이상
10~15미만	30 이상
15~20미만	40 이상
20 이상	50 이상

09 보일러의 전열면적이 20m² 이상일 경우 방출관의 안지름은 몇 mm 이상이어야 하는가?
[10/1]

① 25 ② 30
③ 40 ④ 50

★ 온수발생보일러의 전열면적에 따라 방출관의 안지름은

전열면적(m²)	방출관 안지름(mm)
10 미만	25 이상
10~15미만	30 이상
15~20미만	40 이상
20 이상	50 이상

10 온수발생 강철제 보일러의 전열면적이 25m²인 경우 방출관의 안지름은 몇 mm 이상으로 해야 하는가?
[11/2]

① 25mm ② 30mm
③ 40mm ④ 50mm

★ 온수보일러 방출관

전열면적(m²)	방출관 안지름(mm)
10 미만	25 이상
10~15미만	30 이상
15~20미만	40 이상
20 이상	50 이상

개념원리 팽창탱크

1) 설치목적 〈온공장보온〉
   ① 온수체적 팽창 및 이상팽창 압력 흡수
   ② 공기빼기 밸브 역할
   ③ 장치 내 일정한 압력유지
   ④ 보일러 부족수 보충
   ⑤ 온수넘침으로 인한 열손실 방지
2) 온수온도에 따른 구분
   ① 개방식 팽창탱크 : 온수온도 100℃ 이하에 사용
      최고층 방열기보다 1m 이상 높게
   • 구성 : 통기관(배기관), 급수관, 팽창관(안전관), 일수관(오버플로우관), 배수관
   ② 밀폐식 팽창탱크 : 온수온도 100℃ 이상에 사용
      설치높이에 제한을 받지 않음
   • 구성 : 압력계, 안전밸브, 수위계, 급수관, 배수관, 팽창관, 공기공급관(콤프레셔)

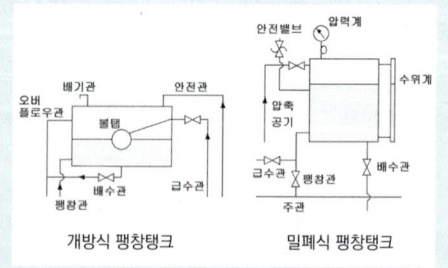

개방식 팽창탱크   밀폐식 팽창탱크

01 온수보일러에서 팽창탱크를 설치할 경우 설명이 잘못된 것은?   [11/5]

① 내식성 재료를 사용하거나 내식 처리된 탱크를 설치하여야 한다.
② 100℃의 온수에도 충분히 견딜 수 있는 재료를 사용하여야 한다.
③ 밀폐식 팽창탱크의 경우 상부에 물빼기 관이 있어야 한다.
④ 동결우려가 있을 경우에는 보온을 한다.

★ 밀폐식 팽창탱크의 경우 상부에 안전밸브를 설치하며, 하부에 물빼기 관이 있어야 한다.

02 온수보일러에서 개방형 팽창탱크의 설치는 온수난방의 최고 높은 부분보다 최소 몇 m 이상 높게 설치하는가?   [09/1]

① 0.5m   ② 1.0m
③ 1.5m   ④ 2.0m

★ 개방식 팽창탱크
① 온수온도 85~90℃(100℃)에 사용
② 최고층 방열기 또는 방열관 보다 1m높게 설치
③ 급수관, 안전관, 배기관, 일수관(오버플로우관), 배수관, 팽창관

03 보일러에서 팽창탱크의 설치 목적에 대한 설명으로 틀린 것은?   [12/5]

① 체적팽창, 이상팽창에 의한 압력을 흡수한다.
② 장치 내의 온도와 압력을 일정하게 유지한다.
③ 보충수를 공급하여 준다.
④ 관수를 배출하여 열손실을 방지한다.

★ 관수는 보일러수를 말하는 것으로 농축수를 배출하는 장치는 분출장치임.

04 개방식 팽창탱크에서 필요가 없는 것은?   [13/5]

① 배기관   ② 압력계
③ 급수관   ④ 팽창관

★ 압력계는 밀폐식 팽창탱크에 사용된다.
• 개방식 팽창탱크에 연결된 장치 : 배기관(통기관), 팽창관, 오버플로우관(일수관), 배수관, 급수관, 안전관(릴리프관)
• 밀폐식 팽창탱크에 연결된 장치 : 콤프레샤, 압력계, 수위계, 급수관, 안전밸브, 배수관, 팽창관

05 가정용 기름 보일러의 안전장치로 부착되지 않은 것은?   [09/2]

① 과열방지장치   ② 저수위방지장치
③ 압력제한기   ④ 화염감지장치

★ 가정용보일러는 온수보일러이므로 압력제한기는 없고 팽창탱크가 설치된다.

06 보일러설치규격(KBI)에서 전기식 온수온도제한기의 구성 요소에 속하지 않는 것은?   [12/5][07/2]

① 온도설정다이얼   ② 마이크로스위치
③ 온도차설정다이얼   ④ 확대용 링게이지

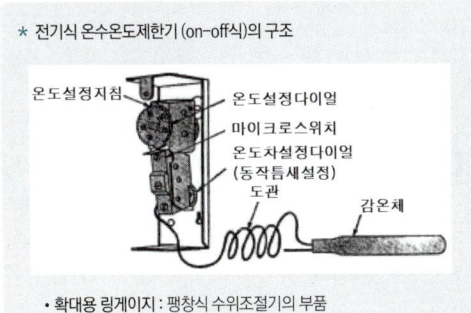

★ 전기식 온수온도제한기(on-off식)의 구조

• 확대용 링게이지 : 팽창식 수위조절기의 부품

지시장치

개념원리 압력계, 수면계, 온도계, 유량계, 가스분석기

지시장치 : 압력, 온도, 수위, 유량 등을 측정

1) 압력계 : 2개이상 설치, 문자판지름 100mm 이상
  • 탄성식압력계 : 부르돈관, 벨로즈형, 다이어프램형
  ① 압력계 연결관 : 강관은 12.7mm, 동관은 6.5mm 이상, 증기온도 210℃이상일 경우 동관금지
  ② 싸이폰관 부착후 압력계 연결 : 고온의 증기로부터 압력계 파손방지, 싸이폰관 내에는 80℃이하의 물을 채움.
  ③ 압력계 눈금 : 최고사용압력 1.5~3배

01 다음 중 압력계의 종류가 아닌 것은?
[14/5][07/1]
① 부르돈관식 압력계   ② 벨로즈식 압력계
③ 유니버설 압력계   ④ 다이어프램 압력계

* 압력을 측정하는 방식에 따라 1차압력계, 2차압력계로 구분된다.
  1) 1차압력계(직접식) : 액주식, 분동식, 침종식, 링밸런스식
  2) 2차압력계(간접식) : 탄성식, 전기식
    ① 탄성식 : 벨로우즈식, 다이어프램식, 부르돈관식
    ② 전기식 : 전기저항식, 전기압식(피에조), 자기변형식(스트레인게이지)

02 보일러의 압력계 중 액주식 압력계에 속하는 것은?
[10/4]
① 다이어프램   ② 경사관식 압력계
③ 벨로스 압력계   ④ 부르동관 압력계

* 보기중 ①. ③. ④. 는 탄성식 압력계임.
  액주식압력계는 유리관 내부에 수은을 넣고 측정하는 것으로 경사관식, U자관식 등이 있다.

03 보일러에서 탄성식 압력계에 속하지 않는 것은?
[09/1]
① 다이어프램식 압력계   ② 벨로스식 압력계
③ 부르동관식 압력계   ④ 단관식 압력계

* **탄성식 압력계** : 압력에 의한 탄성체의 변화량을 이용하여 압력을 측정하는 것
  종류 : 브르돈관식, 벨로우즈식, 다이어프램식

04 증기 보일러에 설치하는 압력계의 최고 눈금은 보일러 최고사용압력의 몇 배가 되어야 하는가?
[13/5]
① 0.5 ~ 0.8 배   ② 1.0 ~ 1.4 배
③ 1.5 ~ 3.0 배   ④ 5.0 ~ 10.0 배

* 일러 부착 압력계 눈금은 최고사용압력 1.5~3배
  • 고압가스용기, 저장탱크는 1.5~2배

05 소용량보일러 압력계의 최고 눈금은 보일러의 최고사용압력의(A)배 이하로 하되, (B)배보다 작아서는 안 된다. A, B에 들어갈 각 각의 수치로 맞는 것은?
[09/4]
① A = 1, B = 4   ② A = 3, B = 1.5
③ A = 1.5, B = 3   ④ A = 2, B = 5

* 보일러 부착하는 압력계 눈금은 최고사용압력의 1.5~3배

06 소용량 보일러에 부착하는 압력계의 최고눈금은 보일러 최고사용압력의 몇 배로 하는가?
[08/4]
① 1~1.5배   ② 1.5~3배
③ 4~5배   ④ 5~6배

* 압력계 눈금은 최고사용압력의 1.5 ~ 3배

정답 01 ③ 02 ② 03 ④ 04 ③ 05 ② 06 ②

07 압력계와 연결된 증기관은 최고 사용압력에 견디는 것으로서 동관을 사용할 때 안지름 몇 mm 이상인 것을 사용하여야 하는가? [07/5]

① 2.5
② 3.5
③ 5.5
④ 6.5

> ★ 압력계 눈금은 최고사용압력의 1.5~3배 압력계 연결관은 강관일 경우 안지름 12.7mm 이상, 동관일 경우 6.5mm 이상이어야 한다. 단, 증기온도 210℃초과시 동관을 사용해서는 안된다.

08 고온의 증기로부터 부르동관식 압력계의 부르동관을 보호하기 위하여 설치하는 것은? [10/5]

① 신축 이음쇠
② 균압관
③ 사이폰관
④ 안전밸브

> ★ 싸이폰관 : 고온의 증기로부터 압력계의 파손을 방지하기 위해 압력계 직전에 연결하여 설치함. 안지름 6.5mm 이상이며, 싸이폰관 내부에는 80℃이하의 물을 채운다.

09 압력계를 보호하기 위하여 다음 중 어느 관속에 물을 투입하여 고온증기가 부르동관에 영향을 미치지 않도록 하는가? [09/2]

① 사이폰관
② 압력관
③ 바이패스관
④ 밸런스관

> ★ 사이폰관 : 고온증기로부터 압력계 파손을 방지하기 위한 장치. 내부에 80℃이하의 물이 들어 있다.
> 바이패스관 : 장치의 수리,점검을 용이하게 하기 위해 중요장치 주변으로 우회회로(배관)를 설치하는 것
> 밸런스관(=균형관) : 저압증기난방에서 환수주관의 위치가 보일러 수면보다 낮은 위치(습식환수)일 때 환수의 역류를 방지하기 위해 송기관과 수면하부의 드레인관을 연결한 균형관을 설치하고 환수주관을 균형관에 연결한다. 연결위치는 표준수면의 50mm 하단이다.이를 하트포트 접속법이라 한다.

10 증기보일러의 압력계에 부착하는 사이폰 관의 안지름은 몇 mm 이상으로 하는가? [11/2]

① 5.0mm
② 5.5mm
③ 6.0mm
④ 6.5mm

> ★ 싸이폰관 : 고온의 증기로부터 압력계 파손방지
> 내부에 물이 채워져 있음(80℃이하)
> 싸이폰관의 안지름 6.5mm
> 압력계 연결관 : 동관 6.5mm (210℃초과시 사용금지)
> 강관 12.7mm

11 부르돈관 압력계를 부착할 때 사용되는 사이펀관 속에 넣는 물질은? [15/4][09/5]

① 수은
② 증기
③ 공기
④ 물

> ★ 사이폰관 : 압력계를 부착하기 전 사이폰관을 연결하고 부착.
> ① 역할 : 고온의 증기로부터 압력계 파손방지
> ② 안지름 6.5mm 이상의 것을 사용
> ③ 내부에 물을 채운다. (80℃ 이하 유지)

12 보일러에 부착하는 압력계에 대한 설명으로 옳은 것은? [15/2][11/2]

① 최대증발량 10t/h 이하인 관류보일러에 부착하는 압력계는 눈금판의 바깥지름을 50mm 이상으로 할 수 있다.
② 부착하는 압력계의 최고 눈금은 보일러의 최고사용압력의 1.5배 이하의 것을 사용한다.
③ 증기보일러에 부착하는 압력계 눈금판의 바깥지름은 80mm 이상의 크기로 한다.
④ 압력계를 보호하기 위하여 물을 넣은 안지름 6.5mm 이상의 사이폰관 또는 동등한 장치를 부착하여야 한다.

> ★ 보기의 설명을 올바르게 하면
> ① 최대증발량 5t/h 이하인 관류보일러에 부착하는 압력계눈금판은 60mm 이상
> ② 보일러 부착 압력계 눈금판은 최고사용압력 1.5~3배
> ③ 증기보일러에 부착하는 압력계 눈금판 바깥지름은 100mm이상

정답 07 ④ 08 ③ 09 ① 10 ④ 11 ④ 12 ④

13 증기보일러의 압력계 부착에 대한 설명으로 틀린 것은?
[15/1][07/4]

① 압력계와 연결된 관의 크기는 강관을 사용할 때에는 안지름이 6.5mm 이상 이어야 한다.
② 압력계는 눈금판의 눈금이 잘 보이는 위치에 부착하고 얼지 않도록 하여야 한다.
③ 압력계는 사이폰관 또는 동등한 작용을 하는 장치가 부착되어야 한다.
④ 압력계의 콕크는 그 핸들을 수직인 관과 동일방향에 놓은 경우에 열려 있는 것이어야 한다.

★ 압력계와 연결된 관을 강관을 사용할 때에는 안지름 12.7mm 이상, 동관을 사용할 때에는 안지름 6.5mm 이상이어야 한다.

14 증기보일러에서 압력계 부착방법에 대한 설명으로 틀린 것은?
[12/4][07/5]

① 압력계의 콕은 그 핸들을 수직인 증기관과 동일 방향에 놓은 경우에 열려 있어야 한다.
② 압력계에는 안지름 12.7mm 이상의 사이폰관 또는 동등한 작용을 하는 장치를 설치한다.
③ 압력계는 원칙적으로 보일러의 증기실에 눈금판의 눈금이 잘 보이는 위치에 부착한다.
④ 증기온도가 483K(210℃)를 넘을 때에는 황동관 또는 동관을 사용하여서는 안된다.

★ 사이폰관 안지름은 6.5mm 이상
　압력계 연결관의 안지름은
　① 동관일 경우 : 안지름 6.5mm
　② 강관일 경우 : 안지름 12.7mm

15 증기보일러의 압력계 부착에 대한 설명으로 틀린 것은?
[10/1]

① 압력계는 원칙적으로 보일러의 증기실에 눈금판의 눈금이 잘 보이는 위치에 부착한다.
② 압력계와 연결된 증기관은 최고사용압력에 견디는 것이어야 한다.
③ 압력계와 연결된 증기관은 강관을 사용할 때에는 안지름이 6.5mm 이상이어야 한다.
④ 압력계에는 물을 넣은 안지름 6.5mm 이상의 사이폰 관 또는 동등한 작용을 하는 장치를 부착한다.

★ 압력계 연결관은 강관일 경우 안지름 12.7mm 이상, 동관일 경우 6.5mm 이상이어야 한다. 단, 증기온도 210℃초과시 동관을 사용해서는 안된다.

16 보일러에 부착하는 압력계의 취급상 주의사항으로 틀린 것은?
[13/2][10/2][07/4]

① 온도가 353 K 이상 올라가지 않도록 한다.
② 압력계는 고장이 날 때 까지 계속 사용하는 것이 아니라 일정사용 시간을 정하고 정기적으로 교체하여야 한다.
③ 압력계 사이폰 관의 수직부에 콕크를 설치하고 콕크의 핸들이 축 방향과 일치할 때에 열린 것이어야 한다.
④ 부르돈관 내에 직접 증기가 들어가면 고장이 나기 쉬우므로 사이폰 관에 물이 가득차지 않도록 한다.

★ 사이폰관 : 고온의 증기가 직접 압력계로 유입되어 열에 의해 파손되는 방지하기 위해 설치하며 사이폰관 내에 80℃(353K)이하의 물을 채운다.

17 보일러 압력계의 시험시기가 아닌 것은?
[08/4]

① 압력계 지침의 움직임이 민감할 때
② 계속사용 검사를 할 때
③ 장시간 휴지 후 사용하고자 할 때
④ 안전밸브의 실제 분출압력과 설정압력이 맞지 않을 때

★ 수면계와 마찬가지로 지침이 민감하게 움직일 때는 정상임

> **개념원리** 압력계, 수면계, 온도계, 유량계, 가스분석기
>
> 2) 수면계 : 유리수면계 2개이상 설치
> 　① 수주를 연결한 다음, 수주에 수면계 연결.
> 　　수주연결관 20A 이상
> 　② 수주 : 포밍, 프라이밍으로 인한 수면계 교란 방지
> 　③ 수면계 기능점검 : 교체시, 2개수위가 다를 때
> 　　　의심이 갈 때
> 　•수면측정방식 : 플로트식, 전극식, 열팽창식, 차압식

13 ① 14 ② 15 ③ 16 ④ 17 ①

- 수면계 수면이 예민하게 움직일 때 정상이므로 점검×
- 수면계 파손원인이 아닌 것 : 고수위일 때
- 수면계 하단은 안전저수위와 일치

3) 온도계 : 접촉식, 비접촉식
   급수입구 급수온도계, 버너입구 급유온도계, 절탄기·공기예열기 전후, 과열기·재열기 출구, 보일러 본체 배기가스 온도계
   ① 보일러본체 배기가스 온도계는 전열면 최종출구로 함
   (폐열회수장치에 설치된 경우 제외)
   ② 소용량, 가스용온수보일러는 배기가스 온도계만 설치
4) 수위계 : 온수보일러에 설치, 눈금은 최고사용압력 1~3배

★ 보일러 수위의 구분
  1) 고수위 : 수면계 70~80%정도
  2) 상용수위 : 보일러 가동중 유지하여야 할 적정수위 수면계 1/2
  3) 안전저수위 : 보일러 안전상 운전중에 유지하여야 할 최저수면. 수면계 하단.
  • 가동중 안전저수위 이하로 감수되면 보일러수 부족으로 과열, 파열 사고 초래

03 보일러 수위제어 검출방식에 해당되지 않는 것은?
[10/4]

① 마찰식 ② 전극식
③ 차압식 ④ 열팽창식

★ 보일러 수위를 검출하는 방식은 전극식, 차압식, 열팽창식, 플로우트식이 있음.

01 일반적으로 보일러의 상용수위는 수면계의 어느 위치와 일치시키는가?
[16/1][07/1]

① 수면계의 최상단부 ② 수면계의 2/3위치
③ 수면계의 1/2위치 ④ 수면계의 최하단부

★ 수면계의 1/2 : 상용수위
  수면계의 최하단부 : 안전저수위

04 급수탱크의 수위조절기에서 전극형 만의 특징에 해당하는 것은?
[12/2]

① 기계적으로 작동이 확실하다.
② 내식성이 강하다.
③ 수면의 유동에서도 영향을 받는다.
④ On·Off의 스팬이 긴 경우는 적합하지 않다.

★ 보기 ①플로트식 ②부력형 ③수은스위치

02 보일러의 안전 저수면에 대한 설명으로 적당한 것은?
[14/1][10/1]

① 보일러의 보안상, 운전 중에 보일러 전열면이 화염에 노출되는 최저 수면의 위치
② 보일러의 보안상, 운전 중에 급수하였을 때의 최초 수면의 위치
③ 보일러의 보안상, 운전 중에 유지해야 하는 일상적인 가동시의 표준 수면의 위치
④ 보일러의 보안상, 운전 중에 유지해야 하는 보일러 드럼 내 최저 수면의 위치

05 보일의 수면계와 관련된 설명 중 틀린 것은?
[13/4][09/4]

① 증기보일러에는 2개(소용량 및 소형관류보일러는 1개)이상의 유리수면계를 부착하여야 한다. 다만, 단관식 관류보일러는 제외한다.
② 유리수면계는 보일러 동체에만 부착하여야 하며 수주관에 부착하는 것은 금지하고 있다.
③ 2개 이상의 원격지시 수면계를 시설하는 경우에 한하여 유리수면계를 1개 이상으로 할 수 있다.
④ 유리수면계는 상·하에 밸브 또는 콕크를 갖추어야 하며, 한눈에 그것의 개·폐 여부를 알 수 있는 구조이어야 한다. 다만, 소형관류보일러에서는 밸브 또는 콕크를 갖추지 아니할 수 있다.

정답 01 ③ 02 ④ 03 ① 04 ④ 05 ②

> ※ 보일러 본체에서 수주를 부착한 다음 수주에 수면계와 고저수위 경보기를 부착한다.

06 보일러설치기술규격(KBI)에서 규정된 내용으로 저수위차단장치의 통수관 크기는 호칭지름 몇 mm 이상이 되도록 하여야 하는가? [07/4]

① 10mm 이상 ② 15mm 이상
③ 20mm 이상 ④ 25mm 이상

> ※ 저수위차단장치의 통수관 크기는 호칭지름 25 mm이상이 되도록 하여야 한다

07 보일러에서 사용하는 수면계 설치 기준에 관한 설명 중 잘못된 것은? [13/1]

① 유리 수면계는 보일러의 최고사용압력과 그에 상당하는 증기온도에서 원활히 작용하는 기능을 가져야 한다.
② 소용량 및 소형관류보일러에는 2개 이상의 유리 수면계를 부착해야 한다.
③ 최고사용압력 1 MPa이하로서 동체 안지름이 750mm 미만인 경우에 있어서는 수면계 중 1개는 다른 종류의 수면측정 장치로 할 수 있다.
④ 2개 이상의 원격지시 수면계를 시설하는 경우에 한하여 유리 수면계를 1개 이상으로 할 수 있다.

> ※ 소용량 및 소형관류보일러에는 1개 이상의 유리 수면계를 부착한다.

08 보일러설치기술규격에서 수면계의 개수에 대한 설명으로 틀린 것은? [07/2]

① 증기보일러에는 2개 이상의 유리 수면계를 부착하여야 한다.
② 2개 이상의 원격지시 수면계를 시설하는 경우에 한하여 유리 수면계를 부착하지 않는다.
③ 소용량 및 소형관류보일러는 1개 이상의 유리 수면계를 부착하여야 한다.
④ 최고 사용압력이 1MPa(10kg/cm^2)이하로서 동체 안지름이 750mm 미만인 경우에 있어서는 수면계 중 1개는 다른 종류의 수면 측정장치로 대체할 수 있다.

> ※ 2개 이상의 원격지시 수면계를 시설하는 경우에 한하여 유리수면계를 1개 이상으로 할 수 있다.

09 보일러 수면계의 개수와 관련된 사항 중 잘못 설명 된 것은? [09/5]

① 증기보일러에는 2개 이상의 유리 수면계를 부착한다.
② 소용량 및 소형관류보일러에는 2개 이상의 유리 수면계를 부착한다.
③ 최고사용압력 1MPa이하로서 동체 안지름이 750mm 미만인 경우에 있어서는 수면계 중 1개는 다른 종류의 수면측정 장치로 할 수 있다.
④ 2개 이상의 원격지시 수면계를 시설하는 경우에 한하여 유리수면계를 1개 이상으로 할 수 있다.

> ※ 소용량 및 소형관류보일러는 수면계 1개 부착

10 다음 중 수면계의 기능시험을 실시해야할 시기로 옳지 않은 것은? [13/2]

① 보일러 가동하기 전
② 2개의 수면계의 수위가 동일할 때
③ 수면계 유리의 교체 또는 보수를 행하였을 때
④ 프라이밍, 포밍 등이 생길 때

> ※ 2개의 수면계 수위가 동일하거나, 수위가 예민하게 반응할 때 수면계 점검을 하지 않아도 된다.

정답 06 ④ 07 ② 08 ② 09 ② 10 ②

11 증기 보일러에서 수면계의 점검시기로 적절하지 않은 것은?
[12/5]

① 2개의 수면계 수위가 다를 때 행한다.
② 프라이밍, 포밍 등이 발생할 때 행한다.
③ 수면계 유리관을 교체하였을 때
④ 보일러의 점화 시에 행한다.

* 수면계 점검은 보일러 가동전 점검한다.

12 수면계의 기능시험 시기로 틀린 것은?
[10/2][07/2]

① 보일러를 정상적으로 가동하고 있을 때
② 2개 수면계의 수위에 차이를 발견했을 때
③ 수면계의 유리를 교체했을 때
④ 프라이밍, 포밍 등이 발생했을 때

* 보일러 정상적으로 가동될 때, 수위가 예민하게 움직일 때는 정상이므로 기능시험을 하지 않는다.
• 보일러 가동전 수면계 시험을 한다.

13 보일러 수면계의 기능시험 시기로 적합하지 않은 것은?
[09/4]

① 프라이밍, 포밍 등이 생길 때
② 보일러를 가동하기 전
③ 2개 수면계의 수위에 차이를 발견했을 때
④ 수위의 움직임이 민감하고 정확할 때

* 수면계 점검시기
① 보일러의 점화전
② 두 개의 수면계가 서로 다를 때
③ 증기의 압력이 올라갈 때
④ 포밍, 프라이밍 발생시
⑤ 수면계를 교체 후
※ 수면계 수면이 예민하게 움직이는 것은 정상임.

14 보일러 수면계를 시험할 필요가 없는 경우는?
[08/1]

① 프라이밍, 포밍을 일으킬 때
② 2개의 수면계 수위가 서로 상이할 때
③ 수면계 수위가 의심스러울 때
④ 수위의 움직임이 예민할 때

* 수면계가 예민하게 움직일 때는 수면계 기능이 정상이므로 점검대상이 아니다.

15 보일러사용기술규격(KBO)상 보일러 수면계의 기능시험 시기로 적합하지 않은 것은?
[07/4]

① 포밍이 발생할 때
② 보일러를 가동하기 직전
③ 2개의 수면계의 수위가 차이가 있을 때
④ 수위의 움직임이 민감하게 나타날 때

* 수면계 기능시험 시기
① 보일러 가동 전
② 보일러 가동 후 압력이 상승하기 시작할 때
③ 2개 수면계의 수위가 차이가 있을 때
④ 수위 움직임이 둔하고, 수위에 의심이 생길 때
⑤ 수면계 유리의 교체, 보수를 했을 때
⑥ 프라밍, 포밍이 발생할 때
⑦ 취급담당자가 교대시 다음 인계자가 사용할 때
수위가 예민하게 반응할 때 수면계 점검을 하지 않아도 된다.

16 수면측정장치 취급상의 주의사항에 대한 설명으로 틀린 것은?
[12/5]

① 수주 연결관은 수측 연결관의 도중에 오물이 끼기 쉬우므로 하향경사하도록 배관한다.
② 조명은 충분하게 하고 유리는 항상 청결하게 유지한다.
③ 수면계의 콕크는 누설되기 쉬우므로 6개월 주기로 분해 정비하여 조작하기 쉬운 상태로 유지한다.
④ 수주관 하부의 분출관은 매일 1회 분출하여 수측 연결관의 찌꺼기를 배출한다.

정답 11 ④ 12 ① 13 ④ 14 ④ 15 ④ 16 ①

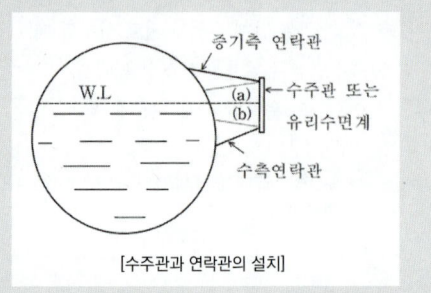

* 수주연결관은 수측 연결관의 도중에 오물이 끼기 쉬우므로 하향경사하는 배관은 피하는 것이 좋다.

[수주관과 연락관의 설치]

17 보일러 유리 수면계의 유리파손 원인과 무관한 것은? [14/5][07/2]

① 유리관 상하 콕의 중심이 일치하지 않을 때
② 유리가 알칼리 부식 등에 의해 노화되었을 때
③ 유리관 상하 콕의 너트를 너무 조였을 때
④ 증기의 압력을 갑자기 올렸을 때

* 증기압력과 수면계 파손원인과는 관계없음. 압력보다는 급열 급냉시(저수위로 인한 과열시 갑작스런 급수) 파손우려가 있다.

18 수면계의 유리관이 파손되는 원인이 아닌 것은? [07/1]

① 유리에 충격을 주었을 때
② 유리관 상하의 패킹 고정너트를 너무 죄었을 때
③ 유리가 마모되었거나 노후화되었을 때
④ 유리관 내부에 스케일이 많이 끼었을 때

* 수면계 유리관 파손 원인
  ① 유리관에 충격 (급열, 급냉시, 저수위 과열시)
  ② 유리가 마모되었거나 알칼리에 노쇄했을때
  ③ 유리관 상하 고정너트를 너무 죄었을 때
  ④ 유리관 중심이 일치하지 않았을 때
  • 수면계 유리관 내부에 스케일이 끼었을 때 오염으로 인해 수위 판별이 어려워진다.

19 증기 보일러의 운전 중 수면계가 파손된 경우 제일 먼저 조치할 사항은? [10/2][08/2]

① 드레인 콕을 닫는다.
② 물 콕을 닫는다.
③ 급수밸브를 닫는다.
④ 펌프를 가동하여 급수한다.

* 수면계 파손시 이상감수 방지를 위해 물 콕을 가장 먼저 닫는다.

20 전극식 수위 검출부는 전극봉에 스케일이 부착되어 기능을 못하는 경우가 있으므로 어느 정도 기간마다 전극봉을 샌드페이퍼로 닦는 것이 좋은가? [09/5]

① 9개월   ② 6개월
③ 12개월   ④ 3개월

* 샌드페이퍼 : 사포
  전극식 검출기의 전극봉은 6개월에 1회 정도 청소

21 플로트식 수위검출기 보수 및 점검에 관한 내용으로 가장 거리가 먼 것은? [10/1]

① 3일마다 1회 정도 플로트실의 분출을 실시한다.
② 1년에 2회 정도 플로트실을 분해 정비한다.
③ 계전기의 커버를 벗겨내고 이상유무를 점검한다.
④ 연결배관의 점검 및 정비, 기기의 수평, 수직 부착위치를 확인 한다.

* 1일 1회 이상 플로트실의 분출을 실시한다.
  • 수면계 기능점검은 매일 가동전 실시한다.

22 서로 다른 두 종류의 금속판을 하나로 합쳐 온도 차이에 따라 팽창정도가 다른 점을 이용한 온도계는? [14/4][11/5]

① 바이메탈 온도계   ② 압력식 온도계
③ 전기저항 온도계   ④ 열전대 온도계

정답 17 ④ 18 ④ 19 ② 20 ② 21 ① 22 ①

* ① 바이메탈 온도계 : 열팽창 정도가 다른 두 종류의 금속박판을 붙여 만든 것으로 온도변화에 의해 열팽창이 서로 다르므로 휘어지는 현상을 이용하여 온도를 측정
  ② 압력식 온도계 : 피측정체의 온도변화에 따라 고체, 액체, 기체의 팽창에 의한 압력변화를 이용하여 온도를 측정
  ③ 전기저항 온도계 : 일반적으로 금속은 온도가 상승하면 전기 저항값이 증가하는 성질을 이용한 것으로, 금속선을 절연체 위에 감아 만든 측온저항체의 저항값을 재어 온도를 측정
  ④ 열전대 온도계 : 서로 다른 2종의 금속선의 양끝을 접합하여 온도차를 주면 열기전력이 발생하는데 이를 제백효과(see back effect)라 하고 두 금속선의 조합을 열전대(thermo couple)라고 한다. 이 때 기전력을 측정하여 온도를 측정
  • 제백효과 : 서로 다른 2종의 금속선의 양끝을 접합하여 온도차를 주면 열기전력이 발생하며, 이 기전력의 값은 두 금속의 종류와 온도차에 따라 정해진다. 이때 기전력을 발생하는 두 금속선의 조합을 열전대라고 한다.

23 전기저항식 온도계에서 저항체의 구비조건으로 틀린 것은?
[08/5]

① 동일 특성의 것을 얻기 쉬운 금속일 것
② 화학적, 물리적으로 안정될 것
③ 온도에 의한 전기저항의 변화(온도계수)가 적을 것
④ 내식성이 클 것

* 저항체 구비조건 〈온동내화저〉
  ① 온도변화에 따른 저항치가 규칙적일 것
  ② 동일 특성을 얻기 쉬울 것
  ③ 내열, 내식성이 있을 것
  ④ 화학적, 물리적으로 안정될 것
  ⑤ 저항 온도 계수가 클 것

24 액면계 중 직접식 액면계에 속하는 것은?
[15/1][08/2]

① 압력식   ② 방사선식
③ 초음파식   ④ 유리관식

* ① 직접식 액면계 : 유리관식, 검척식, 부자식, 편위식
  ② 간접식 액면계 : 차압식, 변위식, 기포식, 전기저항식, 초음파식, 방사선식, 압력식

25 용적식 유량계가 아닌 것은?
[14/4][11/1]

① 로타리형 유량계   ② 피토우관식 유량계
③ 루트형 유량계   ④ 오벌기어형 유량계

* 유량을 측정하는 방법은 직접 부피를 측정하는 직접식과 "유량=단면적×속도"의 식에서 속도를 간접적으로 측정하여 유량을 계산하는 간접식이 있다.
  ① 직접측정 : 용적식
  ② 간접측정 : 면적식, 유속식, 차압식 등
  • 용적식 – 로타리, 루트, 오벌기어, 가스미터, 디스크
  • 차압식 – 오리피스, 플로우노즐, 벤츄리미터
  • 유속식 – 피토우관, 와류식, 열선식, 전자식, 초음파식, 임펠러식,
  • 면적식 – 로터미터, 피스톤, 게이트

26 가스유량과 일정한 관계가 있는 다른 양을 측정함으로서 간접적으로 가스유량을 구하는 방식이 추량식 가스미터의 종류가 아닌 것은?
[11/4]

① 델터(delter)형   ② 터빈(turbin)형
③ 벤튜리(ventury)형   ④ 루트(roots)형

* 루트(roots형, 루쯔형)은 모서리 끝부분이 둥그렇게 가공된 기어모양으로 유량계 내부에서 회전하며 해당하는 체적만큼 측정되는 직접 측정방식임.

27 온수보일러에서 수위계 설치 시 수위계의 최고 눈금은 보일러의 최고사용압력의 몇 배로 하여야 하는가?
[12/1]

① 1배 이상 3배 이하   ② 3배 이상 4배 이하
③ 4배 이상 6배 이하   ④ 7배 이상 8배 이하

* 온수보일러 수위계 : 최고사용압력의 1~3배

정답 23 ③ 24 ④ 25 ② 26 ④ 27 ①

분출장치

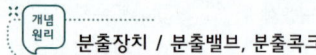
분출장치 / 분출밸브, 분출콕크

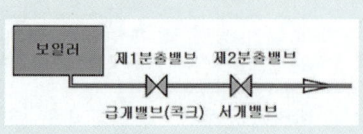

[분출밸브의 직렬설치]

1) 설치목적 : 보일러 농축수 배출, 스케일 생성 방지
2) 설치기준 : 25A 이상 (전열면적 $10m^2$ 이하는 20A이상)
   ① 호칭압력 : 최고사용압력 1.25배이상, 최소 0.7MPa
   ② 분출밸브, 분출콕르를 직렬로 설치
   ③ 분출밸브는 반드시 글랜드(패킹)가 있는 것일 것
3) 분출작업 : 보일러 가동전, 보일러부하가 가장 가벼울 때
   급개밸브 → 서개밸브 순서로 개방
   2인1조, 안전저수위 이하가 되지 않도록
4) 분출장치 : 수면분출과 수저분출로 구분
   ① 수면분출(연속분출) : 수면의 부유물 제거
   ② 수저분출(블로우다운) : 수저의 농축수 배출

01 보일러 분출의 목적으로 틀린 것은?
[15/5][09/1]
① 불순물로 인한 보일러수의 농축을 방지한다.
② 포밍이나 프라이밍의 생성을 좋게 한다.
③ 전열면에 스케일 생성을 방지한다.
④ 관수의 순환을 좋게 한다.

★ 분출목적 : 보일러수 농축방지, pH 조절
   포밍·플라이밍 방지, 스케일 생성방지

02 보일러 분출장치의 설치목적과 가장 관계가 없는 것은?
[10/5][07/5]
① 불순물로 인한 보일러수의 농축을 방지하기 위하여
② 발생 증기의 압력을 조절하기 위하여
③ 스케일 고착 및 슬러지 생성을 방지하기 위하여
④ 보일러 관수의 pH를 조절하기 위하여

★ 발생증기 압력을 조절하기 위해 증기압력조절기가 사용됨.

03 보일러 분출장치의 분출시기로 적절하지 않은 것은?
[12/4]
① 보일러 가동 직전
② 프라이밍, 포밍 현상이 일어날 때
③ 연속가동 시 열부하가 가장 높을 때
④ 관수가 농축되어 있을 때

★ 보일러 농축수를 분출하여 스케일 생성 방지 및 포밍, 프라이밍 방지를 행한다. 분출은 보일러 가동직전, 2인1조로 행하며, 연속 가동중인 보일러는 부하가 가장 가벼울 때 행함

04 보일러수의 분출에 관한 설명 중 틀린 것은?
[09/5]
① 계속 운전 중인 보일러는 부하가 가장 클 때 분출을 행한다.
② 분출작업은 2대의 보일러를 동시에 행하면 안된다.
③ 분출작업이 끝날 때까지는 다른 작업을 하여서는 안된다.
④ 야간에 쉬던 보일러는 아침의 조업 직전에 분출을 행한다.

★ 분출요령 : 1일 1회, 2인 1조
   분출작업중 타작업 금지
   계속 가동중인 보일러는 부하가 가장 적을 때
   안전 저수위가 되지 않도록

05 보일러 분출작업시의 주의사항으로 틀린 것은?
[10/4][08/2]
① 안전저수위 이하로 내려가지 않도록 한다.
② 2인 1조가 되어 분출작업을 한다.
③ 2대의 보일러를 동시에 분출시켜서는 안된다.
④ 연속운전인 보일러에는 부하가 가장 클 때 실시한다.

★ 연속운전인 보일러는 부하가 가장 작을 때 분출작업을 함

정답 01 ② 02 ② 03 ③ 04 ① 05 ④

06 보일러 분출 작업 시의 주의사항으로 틀린 것은? [10/2]

① 분출작업이 끝날 때까지 다른 작업을 하지 않는다.
② 분출작업은 2대의 보일러를 동시에 행하지 않는다.
③ 분출작업 종료 후는 분출밸브를 확실히 닫고 누수를 확인한다.
④ 분출작업은 가급적 보일러 부하가 클 때 행한다.

★ 분출작업은 가급적 보일러 부하가 가장 작을 때, 또는 가동전에 행한다.

07 보일러수의 분출 작업은 안전상 최소 몇 명 이상이 하는 것이 좋은가? [08/1]

① 1명   ② 2명
③ 3명   ④ 4명

★ 보일러 분출작업시 2인 1조로 하며 타작업 금지

08 보일러 급수 중의 불순물이나 침전물 등을 외부로 배출하기 위해 설치하는 밸브는? [08/1]

① 급수역지밸브   ② 분출밸브
③ 안전밸브   ④ 증기밸브

★ ① 역류방지
③ 증기압력 초과시 보일러 외부로 증기 배출
④ 증기취출

09 보일러 분출밸브의 크기와 개수에 대한 설명 중 틀린 것은? [11/5]

① 보일러 전열면적이 $10m^2$ 이하인 경우에는 호칭지름 20mm이상으로 할 수 있다.
② 최고사용압력이 0.7MPa 이상인 보일러(이동식보일러는 제외)의 분출관에는 분출밸브 2개 또는 분출밸브와 분출코크를 직렬로 갖추어야 한다.
③ 2개 이상의 보일러에서 분출관을 공동으로 하여서는 안된다. 다만, 개별보일러마다 분출관에 체크밸브를 설치할 경우에는 예외로 한다.
④ 정상 시 보유수량 400kg 이하의 강제순환 보일러에는 열린 상태에서 전개하는데 회전축을 적어도 3회전이상 회전을 요하는 분출밸브 1개를 설치하여야 한다.

★ 정상시 보유수량 400kgf 이하의 강제순환보일러에는 닫힌 상태에서 전개하는데 회전축을 적어도 5회전 이상 회전을 요하는 분출밸브 1개를 설치하여야 좋다

10 보일러 설치 시 스톱밸브 및 분출밸브 부착에 대한 기준 설명 중 잘못된 것은? [07/2]

① 증기의 각 출구에는 모두 분출밸브를 부착하여야 한다.
② 스톱밸브의 호칭압력은 보일러의 최고사용압력 이상이어야 하며, 적어도 0.7MPa 이상이어야 한다.
③ 보일러의 출구 연결관에는 증기공급관 내의 접근이 쉬운 지점에 스톱밸브가 설치되어야 한다.
④ 2개 이상의 보일러에서 분출관을 공동으로 하여서는 안된다.

★ 증기의 각 출구에는 스톱밸브를 부착해야 한다. 분출밸브는 보일러 본체 하단에 부착하며 농축수를 배출한다.

11 보일러 동 내부 안전저수위보다 약간 높게 설치하여 유지분, 부유물 등을 제거하는 장치로서 연속분출장치에 해당되는 것은? [14/1][09/4]

① 수면분출장치   ② 수저분출장치
③ 수중분출장치   ④ 압력분출장치

정답   06 ④   07 ②   08 ②   09 ④   10 ①   11 ①

* 분출장치
  수면분출장치(연속분출) : 동수면의 유지분, 불순물 제거
  수저분출장치(단속분출) : 보일러 농축수 분출

12 전열면적이 10m² 이하의 보일러에는 분출밸브의 크기를 호칭지름 몇 mm 이상으로 할 수 있는가?
[11/1][10/1][09/5]

① 5mm ② 10mm
③ 15mm ④ 20mm

★ 전열면적 10m²를 기준으로 하여 초과시 25A, 이하시 20A 이다.

 **기타처리장치**

수트블로우 : 수관보일러 전열면 그을음 제거장치
  건조한 증기, 압축공기를 분사
1) 사용시 주의 : 가동전 유인통풍(배풍기)을 증가시킬 것
  보일러부하가 50%이상일 때 사용할 것
2) 종류 :
  롱 리트랙터블형(장발형), 쇼트 리트랙터블형(단발형)
  건형(총형), 로터리형(정치회전형), 에어히터크리너형

01 보일러 전열면의 그을음을 제거하는 장치는?
[13/5]

① 수저 분출장치 ② 수트 블로워
③ 절탄기 ④ 인젝터

★ 수트블로워 : 수관보일러에서 관 표면에 부착된 그을음을 압축공기 또는 건조한 증기를 노즐로 분사하여 제거

02 보일러 전열면에 부착된 그을음이나 재를 제거하는 장치는?
[09/1]

① 수트 블로워 ② 수저분출장치
③ 증기 트랩 ④ 기수 분리기

★ 수트블로워 : 수관식보일러에서 전열면에 부착된 그을음을 제거하는 장치. 압축공기나 건조증기를 사용함.

03 보일러 전열면의 외측에 부착되는 그을음이나 재를 불어내는 장치는?
[08/5]

① 수트 블로워 ② 어큐뮬레이터
③ 기수 분리기 ④ 사이클론 분리기

04 보일러 부속장치에 관한 설명으로 틀린 것은?
[16/2][12/1][07/1]

① 기수분리기 : 증기 중에 혼입된 수분을 분리하는 장치
② 수트 블로워 : 보일러 동 저면의 스케일, 침전물 등을 밖으로 배출하는 장치
③ 오일스트레이너 : 연료속의 불순물 방지 및 유량계 펌프 등의 고장을 방지하는 장치
④ 스팀 트랩 : 응축수를 자동으로 배출하는 장치

★ ①수트블로워 : 수관보일러에서 수관 외부에 부착된 그을음을 제거하는 장치로, 압축공기나 증기를 분사한다.
  ②분출장치 : 보일러 동 저면의 스케일, 침전물 등을 밖으로 배출하는 장치

05 보일러 부속장치에 대한 설명 중 잘못된 것은?
[12/5]

① 인젝터 : 증기를 이용한 급수장치
② 기수분리기 : 증기 중에 혼입된 수분을 분리하는 장치
③ 스팀 트랩 : 응축수를 자동으로 배출하는 장치
④ 수트 블로우 : 보일러 동 저면의 스케일, 침전물을 밖으로 배출하는 장치

★ 수트블로우(soot blow) : 수관식 보일러에서 전열면에 부착된 그을음을 제거하는 장치로, 압축공기 또는 저압의 건조한 증기를 분사하여 제거함.
  보기 ④에서 보일러 동체 하부의 스케일, 침전물을 배출하는 장치는 분출장치임.

06 수트 블로워의 기능 설명으로 옳은 것은?
[09/2]

① 보일러 동 내면의 슬러지를 배출시킨다.
② 보일러 수면상의 부유물을 배출시킨다.
③ 보일러 전열면의 그을음을 불어낸다.
④ 보일러 급수를 원활하게 해준다.

정답 12 ④ 01 ② 02 ① 03 ① 04 ② 05 ④ 06 ③

★ **수트블로워** : 전열면에 부착된 그을음을 제거하는 장치이며 압축공기, 건조한 증기를 노즐로 분사하여 제거한다.

★ **수트블로워 (soot blower)**
① 한곳으로 집중적으로 분사하지 말 것
② 분출전 송풍기를 가동하여 유인통풍 증가 할 것
③ 장치내의 응축수를 제거한 다음 사용할 것
④ 슈트블로우 가동시 부하가 50% 이상일 때 사용할 것

07 수트 블로워에 관한 설명으로 잘못된 것은?
[13/2][10/2]

① 전열면 외측의 그을음 등을 제거하는 장치이다.
② 분출기 내의 응축수를 배출시킨 후 사용한다.
③ 블로우 시에는 댐퍼를 열고 흡입통풍을 증가시킨다.
④ 부하가 50% 이하인 경우에만 블로우 한다.

★ **수트블로워** : 수관보일러의 전열면 외측의 그을음 등을 제거하는 장치이다. 증기분사식과 공기분사식이 있다. 그을음 제거는 흡입통풍을 증가시킨 후 실시한다. 연소량을 줄이고 수트블로우 하는 것은 불이 꺼지는 경우가 있으므로 피한다.

08 수트블로워 장치를 사용할 때의 주의사항으로 틀린 것은?
[11/4][08/4]

① 부하가 적거나(50%이하) 소화 후 사용한다.
② 분출기 내의 응축수를 배출시킨 후 사용한다.
③ 분출하기 전 연도내 배풍기를 사용하여 유인통풍을 증가시킨다.
④ 한 곳으로 집중적으로 사용하여 전열면에 무리를 가하지 않는다.

★ **수트블로워(매연분출기)** : 수관식보일러에서 수관 전열면 외측의 그을음을 제거하는 장치로서, 압축공기 또는 건조한 증기를 분사한다. 장치 기동시 연소실 내부에 그을음이 비산하므로 유인통풍을 증가시킨 후 사용하며, 증기를 사용하여 분사하는 경우, 보일러부하가 50%이상으로 적정압이 되었을 경우 사용한다.

09 수트블로워(soot blower)시 주의사항으로 틀린 것은?
[11/2][10/1]

① 한 장소에서 장시간 불어대지 않도록 한다.
② 그을음을 제거할 때에는 연소가스온도나 통풍손실을 측정하여 효과를 조사한다.
③ 그을음을 제거하는 시기는 부하가 가장 무거운 시기를 선택한다.
④ 그을음을 제거하기 전에 반드시 드레인을 충분히 배출하는 것이 필요하다.

10 수트 블로워 사용에 관한 주의사항으로 틀린 것은?
[12/2]

① 분출기 내의 응축수를 배출시킨 후 사용할 것
② 부하가 적거나 소화 후 사용하지 말 것
③ 원활한 분출을 위해 분출하기 전 연도 내 배풍기를 사용하지 말 것
④ 한 곳에 집중적으로 사용하여 전열면에 무리를 가하지 말 것

★ 수트블로워를 가동하면 연소실내에 그을음이 날리게 되므로 가동 전 연도 내 배풍기를 가동하여야 한다.

11 다음 중 수트 블로워의 종류가 아닌 것은?
[13/1]

① 장발형   ② 건타입형
③ 정치회전형   ④ 콤버스터형

★ **수트블로워** : 주로 수관형보일러의 수관외면의 그을음을 제거하는 장치로서 압축공기 또는 건조한 증기를 사용한다. 보기 ④ 콤버스터는 연소를 돕는 보염장치의 일종으로 연소기라고도 한다.

12 분사관을 이용해 선단에 노즐을 설치하여 청소하는 것으로 주로 고온의 전열면에 사용하는 수트블로워(soot blower)의 형식은?
[14/4][12/1]

① 롱 레트랙터블(long retractable) 형
② 로터리(rotary) 형
③ 건(gun) 형
④ 에어히터클리너(air heater cleaner) 형

정답 07 ④ 08 ① 09 ③ 10 ③ 11 ④ 12 ①

* **수트블로워** : 수관전열면의 그을음을 제거하는 장치
  ① **롱리트랙터블형** : 긴 분사관의 선단에 2개의 노즐을 서로 반대방향으로 설치하여 사용시에는 가스통로 내에 진입시킴과 동시에 회전을 주어 증기 및 공기를 동시에 분사.
  주로 고온의 전열면에 사용
  ② **숏리트랙터블형** : 보일러 노벽 등에 부착하는 그을음, 찌꺼기를 제거하는데 적합. 짧은 분사관 선단에 1개의 노즐을 설치하여 증기 또는 압축공기를 분사
  ③ **건형** : 건형은 쇼트리트랙터블형과 비슷하나 회전을 하지 않는 형태로서 고온의 연소가스에 과열되는 것을 방지하기 위해 전후진 동작을 신속히 한다
  ④ **로터리형** : 회전을 하면서 청소하는 것으로 롱리트랙터블형과 달리 전후진을 하지 않고 고정되어 회전하는 정치형이다. 보일러의 연도 등의 저온전열면, 절탄기 등에 사용
  ⑤ **에어히터클리너** : 관형의 공기예열기에 사용되는 특수형.

13 매연분출장치에서 보일러의 고온부인 과열기나 수관부용으로 고온의 열가스 통로에 사용할 때만 사용되는 매연분출장치는? [14/2][07/5]

① 정치회전형　　② 롱레트랙터블형
③ 쇼트레트랙터블형　　④ 이동 회전형

* **수트블로워** : 수관전열면의 그을음을 제거하는 장치
  ① **롱리트랙터블형** : 긴 분사관의 선단에 2개의 노즐. 전후진+회전을 주어 증기 및 공기를 동시에 분사. 주로 고온의 전열면에 사용
  ② **숏리트랙터블형** : 보일러 노벽 등에 부착하는 그을음, 찌꺼기를 제거하는데 적합. 짧은 분사관 선단에 1개의 노즐을 설치하여 증기 또는 압축공기 분사
  ③ **건형** : 건형은 쇼트리트랙터블형과 비슷하나 회전을 하지 않는 형태로서 고온의 연소가스에 과열되는 것을 방지하기 위해 전후진 동작을 신속히 한다
  ④ **로터리형(정치회전형)** : 회전을 하면서 청소하는 것으로 롱리트랙터블형과 달리 전후진을 하지 않고 고정되어 회전하는 정치형이다. 보일러의 연도등의 저온전열면, 절탄기 등에 사용

14 분사관이 짧으며 1개의 노즐을 설치하여 연소노벽에 부착되어 있는 이물질을 제거하는 매연분출 장치는? [09/5][07/4]

① 쇼트리트랙터블형　　② 롱리트랙터블형
③ 공기예열기 크리너　　④ 해머링 장치

* **수트블로워 종류**
  ① **장발형(롱리트랙터블형)** : 보일러의 고온가스부, 과열기등 고온의 배기가스의 통로 부분에 대해서, 사용시만 수트블로워를 통로 속에 놓고, 사용하지 않는 때는 벽외로 끌어 내놓는 형식인 것이다.
  ② **단발형(쇼트리트랙터블형)** : 보일러의 연소로벽 등에 부착하는 타고남은 찌꺼기를 제거하는데 적합, 짧은 분사관을 사용하며 이 선단 가까이에 1개의 노즐을 설치하여 증기 또는 공기를 강하게 분사해서 타고남은 연재를 불어내는 작용을 한다.
  ③ **에어히터클리너(공기예열기 크리너)** : 관형의 공기예열기에 사용되는 특수형.
  ④ **해머링 장치** : 전기 집진 장치의 전극 표면에 일정 두께로 부착된 분진을 전극 하단의 호퍼로 떨어뜨릴 목적으로 전극에 진동, 충격을 주기 위하여 설치되는 장치.

15 보일러의 연소로벽 등에 부착하는 타고 남은 찌꺼기를 제거하는데 적합하며 특히, 미분탄 연소 보일러 및 폐열보일러 같은 타고 남은 연재가 많이 부착하는 보일러에 사용하는 수트블로워는? [09/2]

① 건타입　　② 로터리형
③ 정치회전형　　④ 롱리트랙터블타입

* **수트블로워** : 보일러의 전열면의 외측에 부착하는 그을음이나 재를 불어 내는 장치로 넓게 사용되고, 증기분사식과 공기분사식이 있음. 수트블로워는 그 용도와 구조 등에 따라 장발형(롱 레트럭터블형), 단발형(쇼트 레트럭터블형), 정치회전형(로터리형), 에어히터클리너, 건타입 등으로 구분됨.
  중유연소 수관보일러에 많이 이용되는 것은 정치회전형과 장발형임.
  ① **건타입** : 보일러의 연소로벽 등에 부착하는 타고남은 찌꺼기를 제거하는데 적합하며 특히 미분탄 연소 보일러 및 폐열보일러 같은 타고남은 연재가 많이 부착하는 보일러에서 효과를 발휘한다.
  ② **정치회전형** : 보일러 전열면, 급수예열기 등에 사용된다.
  ※ 건(Gun)타입 : 총형이라고도 한다.

16 온수보일러에서 배플 플레이트(baffle plate)의 설치 목적으로 맞는 것은? [13/4]

① 급수를 예열하기 위하여
② 연소효율을 감소시키기 위하여
③ 강도를 보강하기 위하여
④ 그을음 부착량을 감소시키기 위하여

* **온수보일러 배플 플레이트** : 수직으로 된 연통부분에 설치하는 방해판으로 연소가스 흐름을 소용돌이 치게 흐르게 하여 전열효과를 증대시키고, 그을음 부착을 감소한다.

정답　13 ②　14 ①　15 ①　16 ④

CHAPTER 04 열효율 및 열정산

01 열정산(=열수지)의 목적

① 열의 분포상태 및 열손실 파악
② 열설비 성능 파악
③ 조업방법 개선
④ 열설비 구축자료로 활용

02 열정산 기준

① 단위
  ㉠ 발열량
     고체, 액체연료는 고체, 액체연료는 1kg당 [kJ/kg]
     기체연료 기체연료 1Nm³당 [kJ/Nm³]
  ㉡ 부하열량 : 시간당 열량으로 계산 [kJ/h]
② 열정산시 입열과 출열은 같아야 한다.
③ 결과표시는 입열, 출열, 순환열로 한다.
  ㉠ 입열 : 보일러 설비내로 들어오는 열
  ㉡ 출열 : 보일러 설비내에서 외부쪽으로 방출되는 열. 유효열과 손실열이 있다.
  ㉢ 순환열 : 설비내에서 순환하는 열
④ 발열량은 원칙적으로 고위발열량으로 한다. 단, 저위발열량을 사용시는 기준발열량을 명기
⑤ 기준온도 : 외기온도(필요에 따라 주위온도 또는 압입송풍기 출구 온도)
⑥ 시험부하 : 정격부하 상태로 측정(필요에 따라 1/2, 1/4, 3/4 로 표시)
⑦ 시험 보일러 : 다른 보일러와 무관한 상태일 것.
⑧ 정상조업에서 2시간 이상 운전결과에 따름
⑨ 성능시험 : 가동 후 1~2시간 이후부터 측정하고, 측정시간은 1시간 이상, 측정은 매 10분마다
⑩ 유종별 비중, 발열량은 다음에 따르되 실측이 가능한 경우 실측값에 따른다.

유종	경유	B-A유	B-B유	B-C유
비중	0.83	0.86	0.95	0.95
저위발열량 (kJ/kg)	43,054	42,636	41,832	40,755

⑪ 증기의 건도는 다음에 따르되 실측이 가능한 경우 실측값에 따른다.
  ㉠ 강철제 보일러의 증기건조도 : 98%
  ㉡ 주철제 보일러의 증기건조도 : 97%
⑫ 측정시 압력변동은 ±6% 이내로 유지
  증기발생량의 변동은 ±10% 이내로 유지
⑬ 수위는 최초측정시와 최종측정시가 일치하여야 한다
⑭ 전기에너지는 1kW당 3600kJ/h로 환산한다.

03 보일러 열효율

(1) 입·출열법

$$열효율 = \frac{유효율}{입열} \times 100$$

(2) 손실열법

$$열효율 = \frac{입열 - 손실열}{입열} \times 100(\%) = \left(1 - \frac{손실열}{입열}\right) \times 100(\%)$$

(3) 열효율, 연소효율, 전열효율

① 열효율(%) = 연소효율 × 전열효율
            = (유효열/공급열) × 100(%)
② 연소효율(%) = (연소열/공급열) × 100(%)
③ 전열효율(%) = (유효열/연소열) × 100(%)

- 입열은 공급열과 같은 뜻
- 출열은 유효출열(유효열)과 손실열의 합계
  즉, 출열 = 유효열 + 손실열
- 공급열은 저위발열량(연료를 이론적으로 완전연소시 발생열량)이 대부분을 차지
- 연소열은 연소실내에서 실제 발생열량
- 유효열은 전열면에서 흡수한 열량 = 증기발생에 이용된 열량

04 입열과 출열

(1) 입열
보일러에 공급되는 열량
① 연료의 저위발열량
② 연료의 현열(연료공급시 예열하는 열량)
③ 연소용 공기의 현열(2차공기 공급시 예열)
④ 급수의 현열(절탄기를 통해 예열공급)

(2) 출열
유효열과 손실열이 있다.
① 유효열(=유효출열)
　㉠ 발생증기 보유열(또는 온수발생 보유열)
② 손실열
　㉠ 배기가스에 의한 손실열
　㉡ 불완전연소에 의한 손실열
　㉢ 노벽 방산 열손실
　㉣ 미연탄소분에 의한 손실열

(3) 순환열
입열·출열에 포함되므로 열정산시 제외한다.
① 노내분입증기 보유열
② 증기축열기의 흡수열량

05 보일러 용량 및 성능

보일러 용량표시 : 정격부하 상태에서의 시간당 증발량으로 표시, 일반적으로 상당증발량으로 표시

(1) 보일러 열출력
1시간에 발생된 증기가 갖는 순수 열량(보일러의 유효열), 주로 온수보일러의 용량표시에 사용
　● 단위 : kJ/h, 또는 kcal/h

(2) 상당증발량(Ge, 표준증발량, 환산증발량)
압력을 1기압(=표준상태)으로 유지한 채 가동할 경우 발생 증기량

$$Ge = \frac{G \cdot (h_2 - h_1)}{2257}$$

Ge : 상당증발량(kg/h)
G : 실제증발량(kg/h)
h_2 : 증기엔탈피(kJ/kg)
h_1 : 급수엔탈피(kJ/kg)
2257 : 1기압에서의 증발잠열(kJ/kg)

　● 단위 : kg/h

(3) 전열면 증발율
보일러 전열면적 $1m^2$ 당 1시간 동안의 증발량
① 전열면(실제)증발율 = 실제증발량/전열면적
② 전열면 상당증발율 = 상당증발량/전열면적
　● 단위 : kg/m^2h

(4) 증발배수
연료 1kg 이 발생시킨 증발량=증발량/연료사용량
① 증발배수(실제증발배수)=실제증발량/연료사용량
② 상당증발배수=상당증발량/연료사용량
　● 단위 ; kg/kg 연료

(5) 증발계수
상당증발량과 실제증발량의 비, 단위 없음

$$증발계수 = \frac{상당증발량}{실제증발량} = \frac{(증기엔탈피 - 급수엔탈피)}{2257}$$

증기엔탈피[kJ/kg], 급수엔탈피[kJ/kg]

(6) 보일러 마력(B-HP)
① 보일러 마력=상당증발량/15.65
② 보일러 1마력이란?
　㉠ 상당증발량 15.65 [kg/h]인 보일러의 능력
　㉡ 표준대기압(1기압)에서 100℃ 포화수 15.65 kg을 1시간에 100℃ 포화 증기로 바꿀 수 있는 능력
　㉢ 1시간당 유효열량 35322[kJ/h]의 능력
　㉣ 수관보일러 전열면적 0.929 [m^2], 또는 노통 보일러 전열면적 0.465 [m^2]에 해당

> 보일러 1마력을 열량으로 환산하면
> 15.65[kg/h]×539[kcal/kg]=8435.35[kcal/h]
> 15.65[kg/h]×2257[kJ/kg]=35322[kJ/h]=9.8[kW]

(7) 전열면 열부하
보일러 전열면적 $1m^2$ 당 흡수하는 유효열 = 유효열/전열면적　● 단위 : kJ/m^2h

(8) 화격자 연소율

화격자 면적 1m² 당 1시간 동안 연소시키는 석탄의 양

석탄 소비량/(연소시간×화격자 면적)

- 단위 : kg/m²h

(9) 버너 연소율

1시간 동안 1대의 버너에서 연소시키는 연료 소비량

$= \dfrac{\text{총 연료 소비량}}{\text{버너 가동시간} \times \text{버너 대수}}$

- 단위 : kg/h

(10) 연소실 열부하

연소실 용적 1m³ 당 1시간 동안 발생할 수 있는 열량. 즉, 공급열/연소실 용적

$F = \dfrac{Gf \cdot Hl}{V} = \dfrac{Q}{V \cdot \eta}$

- Gf : 연료사용량(kg/h)
- Hl : 저위발열량(kJ/kg)
- Q : 유효열(kJ/h)
- η : 효율

- 단위 : kJ/m³h

06 열효율(열량개념)

비고	열량	어떤 물질의 량	비열	온도차
단위	kJ	kg 또는 Nm³	kJ/kg℃ 또는 kJ/Nm³℃	℃
같은 개념의 계산		열용량 kJ/℃		온도차
		어떤 물질의 량	kJ/kg 또는 kJ/Nm³ ① 엔탈피(全熱量) ② 발열량 ③ 잠열	

⇩

비고	열량		어떤 물질의 량	비열	온도차
단위	kJ/h		kg/h 또는 Nm³/h	kJ/kg℃ 또는 kJ/Nm³℃	℃
유효열 (kJ/h)	온수보일러		온수순환량	온수비열	온수 온도차
	증기보일러	실제증발량		(증기엔탈피-급수엔탈피)	
		상당증발량		2257	
공급열(kJ/h)			연료사용량	연료의 저위발열량	

 참고사항

◆ 위 도표에서
① 열용량=량×비열
② 엔탈피 또는 발열량=비열×온도차
③ 비열×온도차=비열×(고온－저온) = 고온측 엔탈피－저온측 엔탈피
④ 2257=100℃ 포화증기엔탈피－100℃ 포화수엔탈피
  즉, 표준상태(1기압)에서의 증발잠열[kJ/kg]

04 열효율 및 열정산 예상문제

박쌤이 콕! 찝어주는 주요 예상문제 풀어보기!

 보일러 열정산

1) 열정산 목적
   ① 보일러의 성능 개선 자료(열설비 성능 파악)
   ② 열의 행방 파악(열의 분포상태 및 열손실 파악)
   ③ 보일러 효율을 알 수 있음
   ④ 조업방법 개선, 열설비 구축자료로 활용
2) 열정산 기준
   ① 보일러의 정상 조업상태에서 적어도 2시간 이상의 운전결과에 따른다.
   ② 발열량은 원칙적으로 고위발열량을 기준으로 한다.
   ③ 기준온도는 외기온도를 기준으로 함.
   ④ 증기 건도는 98%를 기준(주철제는 97%)
   ⑤ 열정산시 입열=출열
      • 입열 : 연료연소열, 연료현열, 공기현열
      • 출열 : 유효열(증기보유열), 손실열
   * 손실열 중 가장 큰 것은 배기가스 손실열
   ⑥ 계속사용검사중 성능검사시 측정은 보일러 가동 1~2시간 후부터 매 10분마다 측정
3) 보일러용량 표시
   ① 증기보일러 : 상당증발량, 보일러마력, 시간당열량, 전열면적, 최고사용압력
   ② 온수보일러 : 시간당 유효열

01 보일러의 열정산 목적이 아닌 것은?
[12/2][10/4]
① 보일러의 성능 개선 자료를 얻을 수 있다.
② 열의 행방을 파악할 수 있다.
③ 연소실의 구조를 알 수 있다.
④ 보일러 효율을 알 수 있다.

★ 연소실의 구조는 설계제작시 파악되는 항목임. 열정산은 보일러의 전반적인 성능을 측정하기 위한 것임.

02 열정산의 목적이 아닌 것은?
[09/1]
① 연료의 발열량을 파악하기 위하여
② 열의 손실을 파악하기 위하여
③ 열설비 성능을 파악하기 위하여
④ 열의 행방을 파악하기 위하여

★ 열정산 목적
   ① 열의 분포상태 및 열손실 파악
   ② 열설비 성능 파악
   ③ 조업방법 개선
   ④ 열설비 구축자료로 활용
★ 열정산시 입열과 출열은 같아야 한다.
   연소실의 구조는 설계도면을 보면 파악할 수 있음.
   연료의 열량은 열량계로 측정함.

03 보일러에서 열정산을 하는 목적으로 맞는 것은?
[08/2]
① 보일러 연소실의 구조를 알 수 있다.
② 보일러에서 열의 이동상태를 파악할 수 있다.
③ 보일러에 사용되는 연료의 열량을 계산한다.
④ 보일러에서 열정산하면 입열과 출열은 다르다.

★ 열정산 목적
   ① 열의 분포상태 및 열손실 파악
   ② 열설비 성능 파악
   ③ 조업방법 개선
   ④ 열설비 구축자료로 활용
★ 열정산시 입열과 출열은 같아야 한다.
   연소실의 구조는 설계도면을 보면 파악할 수 있음.
   연료의 열량은 열량계로 측정함.

04 열정산의 설명으로 가장 타당한 것은?
[08/1]
① 입열보다 출열이 크다
② 출열보다 입열이 크다
③ 입열과 출열은 같아야 한다.
④ 입열과 출연은 무관하다

정답 01 ③ 02 ① 03 ② 04 ③

* 보일러 입열 = 출열 (*출열=유효열+손실열)

* 연소실에서 발생된 연소열 중 전열면을 통해 흡수되지 않은 열은 대부분 배기가스와 함께 연도를 통해 빠져나가며 손실됨. 배기가스 손실열을 줄이기 위해 연도에 폐열회수장치를 설치함.

05 열정산의 방법에서 입열항목에 속하지 않는 것은?
[16/1][12/1]
① 발생증기의 흡수열　② 연료의 연소열
③ 연료의 현열　　　　④ 공기의 현열

* 발생증기의 흡수열은 출열에 속한다. (유효출열)

06 보일러 열정산에서 입열항목으로 볼 수 없는 것은?
[08/4]
① 연료의 연소열
② 연료의 현열
③ 공기의 현열
④ 불완전연소에 의한 열손실

* 입열 : 공급열과 같은 뜻이다.

07 보일러의 열 손실에 해당되지 않는 것은?
[10/1]
① 불완전 연소 가스에 의한 열손실
② 방열에 의한 열손실
③ 연소 잔재물 중 미연소분에 의한 열손실
④ 연료의 현열에 의한 열손실

* 연료의 현열은 연료의 예열에 이용된 열을 말한다. 연료중 중유는 분무를 양호하게 하기 위해 예열하여 공급하는데, 이 열은 연소실로 공급되게 되므로 공급열에 해당한다.

08 보일러 열손실 종류 중 일반적으로 손실량이 가장 큰 것은?
[09/5][07/2]
① 불완전 연소에 의한 열손실
② 미연소 연료분에 의한 열손실
③ 복사 및 전도에 의한 열손실
④ 배기가스에 의한 열손실

09 보일러의 손실열 항목 중 손실열이 가장 큰 것은?
[08/4]
① 급격한 외기 온도 저하에 의한 손실열
② 불완전 연소에 의한 손실열
③ 방산에 의한 손실열
④ 배기 가스에 의한 손실열

10 일반적인 보일러의 열손실 중 가장 큰 요인은 무엇인가?
[09/1]
① 배기가스에 의한 열손실
② 연소에 의한 열손실
③ 불완전 연소에 의한 열손실
④ 복사, 전도에 의한 열손실

* 손실열 ① 배기가스에 의한 손실열
　　　　② 불완전 연소의 의한 손실열
　　　　③ 노벽 방산 열손실
　　　　④ 미연탄분의 의한 손실열
※ 배기가스로 인한 열손실이 가장 크다.

11 보일러의 출열에 해당하지 않는 것은?
[07/4]
① 유효출열　　　　② 블로다운수의 흡수열
③ 연소용 공기의 현열　④ 배기가스 보유열

* 보일러의 열손실은 주로,
　① 배기가스에 의한 손실 (가장 크다)
　② 불완전연소에 의한 손실
　③ 노벽 방산 열손실
　④ 미연탄소분(그을음, 검댕)에 의한 열손실
※ **연소용 공기의 현열** : 연소용 공기를 예열시 사용된 열로 공급열에 해당

정답　05 ①　06 ④　07 ④　08 ④　09 ④　10 ①　11 ③

12 보일러 열정산의 조건과 측정방법을 설명한 것 중 틀린 것은? [11/4]

① 열정산시 기준 온도는 시험시의 외기 온도를 기준으로 하나, 필요에 따라 주위온도로 할 수 있다.
② 급수량 측정은 중량 탱크식 또는 용량 탱크식 혹은 용적식 유량계, 오리피스 등으로 한다.
③ 공기 온도는 공기예열기의 입구 및 출구에서 측정한다.
④ 발생증기의 일부를 연료가열, 노내취입 또는 공기예열기를 사용하는 경우에는 그 양을 측정하여 급수량에 더한다.

★ 발생증기의 일부를 연료가열, 노내취입 또는 공기예열기를 사용하는 경우에는 그 양을 측정하여 급수량에서 뺀다.

13 보일러 열정산의 조건과 관련된 설명으로 틀린 것은? [10/1]

① 기준온도는 시험시의 대기온도를 기준으로 한다.
② 보일러의 정상 조업상태에서 적어도 2시간 이상의 운전결과에 따른다.
③ 최대 출열량을 시험할 경우에는 반드시 정격부하에서 시험을 한다.
④ 시험은 시험 보일러를 다른 보일러와 무관한 상태로 하여 실시한다.

★ 열정산시 기준온도는 측정시 외기온도를 기준으로 한다.

14 KS에서 규정하는 육상용 보일러의 열정산 조건과 관련된 설명으로 틀린 것은? [12/5]

① 보일러의 정상 조업상태에서 적어도 2시간 이상의 운전결과에 따른다.
② 발열량은 원칙적으로 사용 시 연료의 저발열량(진발열량)으로 하며, 고발열량(총발열량)으로 사용하는 경우에는 기준 발열량을 분명하게 명기해야 한다.
③ 최대 출열량을 시험할 경우에는 반드시 정격부하에서 시험을 한다.
④ 열정산과 관련한 시험 시 시험 보일러는 다른 보일러와 무관한 상태로 하여 실시한다.

★ 발열량은 원칙적으로 사용시 연료의 고발열량(총발열량)으로 한다. 저발열량(진발열량)을 사용하는 경우에는 기준 발열량을 분명하게 명기해야 한다. 보일러의 정상 조업상태에서 적어도 2시간 이상의 운전결과에 따른다. 다만, 액체 또는 기체 연료를 사용하는 소형보일러에서는 인수·인도 당사자간의 협정에 따라 시험시간을 1시간 이상으로 할 수 있다. 시험부하는 원칙적으로 정격부하 이상으로 하고, 필요에 따라 3/4, 2/4, 1/4 등의 부하로 한다.

15 육용 보일러 열 정산의 조건과 관련된 설명 중 틀린 것은? [15/1][09/2]

① 전기 에너지는 1kW당 860kJ/h로 환산한다.
② 보일러 효율 산정 방식은 입출열법과 열 손실법으로 실시한다.
③ 열 정산 시험시의 연료 단위량은, 액체 및 고체연료의 경우 1kg에 대하여 열 정산을 한다.
④ 보일러의 열 정산은 원칙적으로 정격 부하 이하에서 정상 상태로 3시간 이상의 운전 결과에 따라 한다.

★ 열정산 기준
 - 고체, 액체연료는 1kg, 기체연료는 1Nm³당[kJ/Nm³]
 - 시단당 열량으로 계산[kJ/h]
 - 열정산시 입열과 출열은 같아야 한다.
 - 가동 후 1~2시간 이후부터 측정하고, 측정시간은 1시간이상, 측정은 매 10분마다
 - 정격부하 이상에서 정상상태로 2시간 이상 운전결과에 따른다.

16 열정산 시 측정방법에 대한 설명으로 틀린 것은? [10/5]

① 연료의 온도는 유량계 전에서 측정한 온도로 한다.
② 증기압력은 보일러 입구에서 측정한 압력으로 한다.
③ 급수온도는 절탄기가 있는 경우 절탄기 전에서 측정한다.
④ 증기온도는 과열기가 있는 경우 과열기 출구에서 측정한다.

★ 증기압력은 보일러 드럼 또는 그에 상당하는 부분에서 측정한다. 단, 관류보일러는 기수분리기 최종출구에서 측정한다. 과열증기 및 재열증기의 압력은 그 온도를 측정하는 위치에서 측정한다.

정답 12 ④ 13 ① 14 ② 15 ④ 16 ②

17 보일러 효율 시험방법에 관한 설명으로 틀린 것은?

[16/4][14/1]

① 급수온도는 절탄기가 있는 것은 절탄기 입구에서 측정한다.
② 배기가스의 온도는 전열면의 최종 출구에서 측정한다.
③ 포화증기의 압력은 보일러 출구의 압력으로 부르동관식 압력계로 측정한다.
④ 증기온도의 경우 과열기가 있을 때는 과열기 입구에서 측정한다.

> ★ 증기온도의 경우 과열기가 있을 때 과열기 출구에서 측정 온도계 부착은 다음과 같다.
> ① 급수입구 급수온도계
> ② 버너입구 급유온도계
> ③ 급수예열기, 공기예열기 설치시 전후, 포화증기의 경우에는 압력계로 대신
> ④ 보일러 본체 배기가스 온도계. 전열면 최종출구로 하되 ③의 경우에는 생략가능
> ⑤ 과열기, 재열기 설치시 출구온도계
> ⑥ 유량계(가스미터)를 통과하는 유체를 측정하는 온도계
> ⑦ 소용량보일러, 가스용온수보일러는 배기가스 온도계만 설치해도 된다.

18 보일러의 성능시험방법으로 적합하지 않은 것은?

[09/1]

① 수위는 최초 측정시와 최종 측정시가 일치하여야 한다.
② 실측이 가능하지 않은 경우의 주철제 보일러 증기 건도는 97%로 한다.
③ 측정은 매 20분마다 실시한다.
④ B-B 유를 사용하는 경우 연료의 비중은 0.92 이다.

> ★ 증기건조도 : 강철제보일러는 98%, 주철제보일러는 97%
> 측정시간은 1시간 이상, 측정은 매 10분마다 실시
>
> | 유종 | 경유 | B-A유 | B-B유 | B-C유 |
> |---|---|---|---|---|
> | 비중 | 0.83 | 0.86 | 0.92 | 0.95 |

19 보일러 계속사용검사 중 운전 성능 검사는 어떤 부하상태에서 실시하는가?

[10/2]

① 사용부하 ② 최저부하
③ 최대부하 ④ 검사부하

> ★ 계속사용검사 중 운전 성능 검사는 사용부하에서 규정된 사항에 대한 검사를 실시하여 적합하여야 한다.

20 KS에서 규정하는 보일러의 열정산은 원칙적으로 정격부하 이상에서 정상 상태(steady state)로 적어도 몇 시간 이상의 운전결과에 따라야 하는가?

[13/1]

① 1시간 ② 2시간
③ 3시간 ④ 5시간

> ★ 보일러 열정산은 적어도 2시간 이상 운전결과에 따라야 한다.

21 보일러 계속사용검사 중 보일러의 성능시험 방법에서 측정은 매 몇 분마다 실시하는가?

[11/2]

① 5분 ② 10분
③ 20분 ④ 30분

> ★ 계속사용 성능검사 기준
> 측정은 보일러 가동 1~2시간 후부터 매 10분마다 측정

22 보일러 계속사용검사 중 운전성능 검사기준상 보일러의 성능시험 측정은 몇 분마다 하는가?

[08/5]

① 10분 ② 30분
③ 60분 ④ 120분

> ★ 보일러 성능시험 측정 : 매 10분마다

23 보일러성능시험에서 강철제 증기보일러의 증기건도는 몇 %이상이어야 하는가?

[16/4][10/5]

① 89 ② 93
③ 95 ④ 98

> ★ 보일러성능시험에서 증기건도는 실측하되 실측이 어려운 경우, 강철제보일러는 0.98 (98%), 주철제보일러는 0.97 (97%)를 적용한다.

정답 17 ④ 18 ③ 19 ① 20 ② 21 ② 22 ① 23 ④

24 보일러 열정산 시 증기의 건도는 몇 %이상에서 시험함을 원칙으로 하는가? [13/2]

① 96% ② 97%
③ 98% ④ 99%

★ 증기보일러의 성능시험은 건도 98%이상이어야 한다.
육용강제보일러 열정산기준 (KSB6205)

25 육상용 보일러 열정산 방식에서 증기의 건도는 몇 %이상인 경우에 시험함을 원칙으로 하는가? [12/4]

① 98% 이상 ② 93% 이상
③ 88% 이상 ④ 83% 이상

★ 열정산에서 증기건도는 실측해야 하지만, 측정하기 어려울 때는 강철제보일러 98%, 주철제보일러 97%를 적용함.

26 보일러 열효율 정산방법에서 보일러 열정산의 기준 온도로 주로 사용되는 것은? (단, 육상용 보일러의 열정산방식 KS B 6205 기준) [10/2]

① 시험시의 외기온도
② 보일러 연소실 내부온도
③ 표준온도(20℃)
④ 압입 송풍기 입구 온도

★ 열정산시 보일러실 외기온도를 기준으로 한다.

27 보일러 열효율 정산방법에서 열정산을 위한 급수량을 측정할 때 그 오차는 일반적으로 몇 %로 하여야 하는가? [09/4]

① ±1.0 ② ±3.0
③ ±5.0 ④ ±7.0

★ 측정시 정밀도를 유지하기 위해 가능한 일정하게 유지
① 발생증기량의 변동 : 평균값의 ±10%
② 증기압력 및 온도의 변동 : 평균값의 ±6%
③ 연료량 : 액체(±1.0%), 기체(±1.6%), 고체(±1.5%)
④ 급수량 : 체적식유량계를 사용하며, 허용오차 ±1.0%

28 보일러효율향상기술규격(KBE)에 규정된 강철제보일러의 부하운전 성능시험시 부하율 몇 % 이상에서 이상진동과 이상소음이 없고 각종기계 및 부품이 원활하여야 하는가? [07/4]

① 15% ② 20%
③ 25% ④ 30%

★ KBE-8121 보일러부하운전성능 : 부하율 30% 이상에서 이상진동과 이상소음이 없고 각종기계 및 부속품의 작동이 원활하여야 한다.

29 강철제 소형보일러의 열효율은 표시정격용량 이상의 부하에서 고위발열량 기준일 경우 몇 % 이상이어야 하는가? [08/1]

① 60 ② 65
③ 70 ④ 75

★ 보일러효율향상기술규격 KBE-8129(소용량보일러의 열효율)에 의하면 : 소용량보일러란 최고사용압력 0.35MPa 이하로서 전열면적 5m² 이하인 보일러로서 열효율은 표시정격용량 이상의 부하에서 75%(고위발열량기준)이상이어야 함.

30 보일러효율향상기술규격(KBE)에서 규정한 소용량보일러란 최고사용압력 0.35MPa (3.5 kgf/cm²) 이하이고 전열면적이 5m² 이하인 보일러로서 열효율은 표시정격용량 이상의 부하에서 몇 % (고위발열량 기준)이상 이어야 하는가? [07/4]

① 60% 이상 ② 65% 이상
③ 70% 이상 ④ 75% 이상

★ KBE-8129 소용량보일러의 열효율 : 소용량보일러란 최고사용압력 0.35 MPa(3.5 kgf/cm²) 이하, 전열면적이 5m² 이하인 보일러로서 열효율은 표시정격용량 이상의 부하에서 75%(고위발열량 기준)이상이어야 한다.

31 기체연료의 발열량 단위는? [07/4]

① kJ/kg ② kJ/Nm^3
③ kJ/m^2 ④ kJ/cm^2

정답 24 ③ 25 ① 26 ① 27 ① 28 ④ 29 ④ 30 ④ 31 ②

* 고체연료 및 액체연료의 발열량 단위는 kJ/kg, 기체연료 발열량 단위는 kJ/Nm³을 사용한다. 여기에서 m³ 앞의 N(Normal 노르말)은 표준상태(1atm, 0℃)의 기체 부피를 말한다.

32 보일러에서 열효율의 향상대책으로 틀린 것은?
[14/2][10/5]

① 열손실을 최대한 억제한다.
② 운전조건을 양호하게 한다.
③ 연소실 내의 온도를 낮춘다.
④ 연소장치에 맞는 연료를 사용한다.

* 연소실내의 온도가 낮으면 진동연소의 원인이 되며 불완전연소가 되기 쉽다. 연소실 온도를 높게 유지해야 연소효율이 좋아진다.

33 일반적으로 보일러의 효율을 높이기 위한 방법으로 틀린 것은?
[13/5]

① 보일러 연소실 내의 온도를 낮춘다.
② 보일러 장치의 설계를 최대한 효율이 높도록 한다.
③ 연소장치에 적합한 연료를 사용한다.
④ 공기예열기 등을 사용한다.

* 효율 = 유효열(흡수)/공급열 의 개념이므로
 효율을 높이려면, 연소열을 많이 발생해야 하고, 발생된 열을 잘 흡수해야 한다. 따라서,
 ① 연료를 완전연소시킨다. 연소실내의 온도를 높게 한다.
 ② 전열면적을 넓게 한다. 폐열회수장치를 설치한다.
 ③ 전열면을 깨끗하게 한다. 검댕 제거, 스케일 제거

34 보일러 열효율 향상을 위한 방안으로 잘못 설명한 것은?
[13/1]

① 절탄기 또는 공기예열기를 설치하여 배기가스 열을 회수한다.
② 버너 연소부조건을 낮게 하거나 연속운전을 간헐운전으로 개선한다.
③ 급수온도가 높으면 연료가 절감되므로 고온의 응축수는 회수한다.
④ 온도가 높은 블로우 다운수를 회수하여 급수 및 온수 제조 열원으로 활용한다.

* 버너 연소부하조건을 크게 하고 간헐운전보다 연속운전을 한다.

 보일러용량

1) 용량표시
 ① 증기보일러 : 상당증발량, 보일러마력, 시간당열량, 전열면적, 최고사용압력
 ② 온수보일러 : 시간당 유효열
2) 보일러 용량 = 유효열 = 정격출력
 = 난방부하+급탕부하+배관부하+예열부하

01 보일러의 용량은 정격부하의 상태에서 무엇으로 표시하는가?
[09/2]

① 보일러마력　　② 전열면적
③ 온수온도　　　④ 매시간 마다 증발량

* **증기보일러 용량표시** : 가장 많이 사용되는 방식은 시간당 증발량[kg/h]으로 표시하며, 이외에 다음의 것도 있음.
 전열면적, 최고사용압력, 보일러마력 등
* **온수보일러 용량표시** : 가장 많이 사용되는 방식은 매시간당 열출력 [kJ/h]으로 표시함.

02 보일러 용량을 표시하는 방법이 아닌 것은?
[07/1]

① 보일러 마력　　② 전열면적
③ 난방부하　　　④ 상당증발량

* **증기보일러 용량표시** : 가장 많이 사용되는 방식은 시간당 증발량[kg/h]으로 표시하며, 이외에 다음의 것도 있음.
 전열면적, 최고사용압력, 보일러마력 등
* **온수보일러 용량표시** : 가장 많이 사용되는 방식은 매시간당 열출력 [kJ/h]으로 표시함.

03 보일러의 용량을 나타내는 것으로 부적합한 것은?
[12/4]

① 상당증발량　　② 보일러의 마력
③ 전열면적　　　④ 연료사용량

* 보일러의 용량은 시간당 흡수할 수 있는 열량에 초점이 맞춰져 있으므로, 증기발생량(상당증발량), 보일러마력, 시간당열량, 전열면적, 최고사용압력 등으로 표시한다.

정답　32 ③　33 ①　34 ②　01 ④　02 ③　03 ④

04 〈보기〉와 같은 부하에 대하여 보일러의 "정격출력"을 올바르게 표시한 것은? [13/4][12/5]

〈보기〉
H1:난방부하, H2:급탕부하,
H3:배관부하, H4:예열부하

① H1 + H2 + H3
② H2 + H3 + H4
③ H1 + H2 + H4
④ H1 + H2 + H3 + H4

05 보일러 용량을 결정하는 정격출력에 포함되어 고려할 사항이 아닌 것은? [09/5]

① 배관부하 ② 급탕부하
③ 채광부하 ④ 예열부하

∗ 정격출력 = 난방부하 + 급탕부하 + 배관부하 + 예열부하

06 냉각된 보일러를 운전 온도가 될 때까지 가열하는데 필요한 열량과 장치 내에 보유하는 물을 가열하는데 필요한 열량의 합을 무엇이라고 하는가? [10/1]

① 배관부하 ② 난방부하
③ 예열부하 ④ 급탕부하

∗ 냉각된 보일러와 보일러수가 정상 운전 온도까지 상승하는데 필요한 열을 예열부하라 한다.
  ① 배관부하 : 보일러에서 온수 또는 증기를 사용처까지 이송하는데 배관을 통해 손실되는 열량
  ② 난방부하 : 난방에 필요한 열량. 주로 방열기를 통해 실내로 방출되는 열량
  ④ 급탕부하 : 욕실 또는 주방에서 온수(급탕)를 사용하는데 필요한 열량

07 다음 중 KS에서 규정하는 온수 보일러의 용량 단위는? [12/5]

① Nm³/h ② kJ/m²
③ kg/h ④ kJ/h

∗ 온수보일러는 시간당 유효열로 용량을 표시한다.(kJ/h 또는 kJ/h) 증기보일러는 시간당 증기발생량으로 표시한다.(kg/h)

08 가정용 온수보일러의 용량표시로 가장 많이 사용되는 것은? [11/4]

① 상당증발량 ② 시간당 출력
③ 전열면적 ④ 최고사용압력

∗ 증기보일러는 매시간당 증발량[kg/h]을 보일러 용량으로 표시하는 것이 일반적이며, 온수보일러는 매시간당 출력[kJ/h]로 표시한다.

개념원리 보일러 마력

1) 보일러마력 : 표준상태에서 한 시간에 15.65kg의 상당증발량을 나타낼 수 있는 능력
2) 보일러마력 =
3) 보일러마력을 열량으로 환산하면 :
   15.65 × 2257 = 35322[kJ/h] = 9.8[kW]

01 보일러 마력(Boiler Horsepower)에 대한 정의로 가장 옳은 것은? [13/2]

① 0℃ 물 15.65kg을 1시간에 증기로 만들 수 있는 능력
② 100℃ 물 15.65kg을 1시간에 증기로 만들 수 있는 능력
③ 0℃ 물 15.65kg을 10분에 증기로 만들 수 있는 능력
④ 100℃ 물 15.65kg을 10분에 증기로 만들 수 있는 능력

∗ 1보일러마력은 상당증발량 15.65kg/h을 말한다. 상당증발량은 1기압하에서 100℃포화수를 100℃포화증기로 만들 때 발생증기량을 말한다. 1보일러마력은 열량으로 환산하면 35322[kJ/h]에 해당한다.

02 1보일러 마력을 열량으로 환산하면 몇 kJ/h 인가? [13/1]

① 35322kJ/h ② 36322kJ/h
③ 34322kJ/h ④ 42726kJ/h

정답 04 ④ 05 ③ 06 ③ 07 ④ 08 ② 01 ② 02 ①

* 1보일러 마력은 상당증발량 15.65kg/h에 해당하는 능력으로, 상당증발량은 1기압하에서 100℃포화수를 100℃포화증기로 변화시키는 것을 말한다. 따라서,
  15.65×2257=35322[kJ/h]=9.8[kW]
  • 1기압에서 증발잠열은 2257kJ/kg임

03 1보일러 마력을 시간당 발생 열량으로 환산하면?
[09/2]

① 15.65kJ/h
② 35322kJ/h
③ 39018kJ/h
④ 31500kJ/h

* 일러 1마력은 상당증발량 15.65[kg/h]에 해당하는 능력을 말하며, 보일러 1마력을 열량으로 환산하면
  15.65×2257=35322[kJ/h]=9.8[kW]
  ※ 상당증발량은 1기압하에서 발생되는 증기량을 말하며, 1기압하에서 증발잠열은 2257kJ/kg임

04 보일러 1마력을 열량으로 환산하면 약 몇 kJ/h인가?
[08/4]

① 15.65
② 2257
③ 4527
④ 35322

* 보일러 마력 – 1atm하에서 100℃의 물 15.65kg을 1시간에 100℃ 증기로 변화시킬수 있는 능력
  15.65×2257=35322[kJ/h]=9.8[kW]

05 보일러 1마력에 대한 설명으로 옳은 것은?
[10/2][07/5]

① 0℃의 물 15.65kg을 1시간 동안 같은 온도의 증기로 변화시킬 수 있는 능력
② 100℃의 물 1kg을 1시간 동안 다른 온도의 증기로 변화시킬 수 있는 능력
③ 0℃의 물 1kg을 1시간 동안 같은 온도의 증기로 변화시킬 수 있는 능력
④ 100℃의 물 15.65kg을 1시간 동안 같은 온도의 증기로 변화시킬 수 있는 능력

* 보일러 마력 : 상당증발량 15.65kg/h에 해당하는 능력
  또, 상당증발량은 100℃포화수를 100℃포화증기로 변화시키는 것을 말하므로, 정답은 보기 ④

06 1보일러 마력에 대한 설명에서 괄호 안에 들어갈 숫자로 옳은 것은?
[12/2]

"표준상태에서 한 시간에 (　)kg의 상당증발량을 나타낼 수 있는 능력이 있다.

① 16.56
② 14.65
③ 15.65
④ 13.56

* 보일러1마력 : 상당증발량 15.65kg/h의 능력을 말하며, 열량으로 환산하면 15.65×2257=35322[kJ/h]=9.8[kW]임.

07 보일러 1마력을 상당증발량으로 환산하면 약 얼마인가?
[14/1][11/5]

① 13.65 kg/h
② 15.65 kg/h
③ 18.65 kg/h
④ 21.65 kg/h

* 보일러1마력은 1기압 상태에서 상당증발량 15.65kg/h를 발생시키는 능력이며, 열량으로 환산하면
  15.65kg/h×2257kJ/kg=35322[kJ/h]=9.8[kW]

08 보일러의 마력을 옳게 나타낸 것은?
[12/1]

① 보일러 마력 = 15.65 × 매시 상당증발량
② 보일러 마력 = 15.65 × 매시 실제증발량
③ 보일러 마력 = 15.65 ÷ 매시 실제증발량
④ 보일러 마력 = 매시 상당증발량 ÷ 15.65

* 보일러마력은 상당증발량 15.65[kg/h]에 해당함.
  따라서, 매시 상당증발량/15.65

09 보일러의 마력을 올바르게 나타낸 것은?
[11/2]

① HP = 실제증발량×15.65
② HP = $\dfrac{실제증발량}{15.65}$
③ HP = $\dfrac{상당증발량}{15.65}$
④ HP = $\dfrac{증기와 급수엔탈피차}{15.65}$

정답 03 ② 04 ④ 05 ④ 06 ③ 07 ② 08 ④ 09 ③

* 보일러 마력 = $\dfrac{상당증발량}{15.65}$

10 보일러 마력의 계산식으로 맞는 것은? [08/2]

① 실제증발량×15.65
② 상당증발량×15.65
③ $\dfrac{실제증발량}{15.65}$
④ $\dfrac{상당증발량}{15.65}$

* 보일러1마력 : 상당증발량 15.65kg/h의 능력을 말함.
  따라서, 상당증발량을 15.65로 나누면 됨.

11 1 보일러 마력은 몇 kg/h 의 상당증발량의 값을 가지는가? [13/5]

① 15.65
② 79.8
③ 539
④ 860

* 1보일러마력은 상당증발량 15.65kg/h의 능력을 말하며, 열량으로 환산하면 35322[kJ/h]에 해당함.

12 1보일러 마력을 시간당 발생 열량으로 환산하면? [11/1]

① 15.65kJ/h
② 35322kJ/h
③ 39018kJ/h
④ 31500kJ/h

* 보일러 1마력은 상당증발량 15.65kg/h에 해당하는 능력. 열량으로 환산하면 상당증발량 1kg/h당 2257kJ/kg의 증발잠열을 곱하므로, 15.65×2257=35322[kJ/h]

13 보일러의 2마력을 열량으로 환산하면 약 몇 kJ/h인가? [07/4] [13/4]

① 45270
② 54600
③ 65730
④ 70644

* 1보일러마력은 상당증발량 15.65[kg/h]에 해당하며, 열량으로 환산하면 35322[kJ/h]임. 따라서, 35322×2=70644[kJ/h]

14 15℃의 물을 보일러에 급수하여 엔탈피 2742kJ/kg인 증기를 한 시간에 150kg 만들 때 보일러 마력은 약 얼마인가? [11/1]

① 10.3 마력
② 11.4 마력
③ 13.6 마력
④ 19.3 마력

* 보일러마력은 상당증발량 15.65kg/h에 해당하고,
  상당증발량=실제증발량×(증기엔탈피-급수엔탈피)/2257 임
  따라서, 보일러마력 = $\dfrac{150×(2752-63)}{35322}$ = 11.38마력
* 15℃급수엔탈피 : 4.2kJ/kg℃×15℃=63kJ/kg (물비열 4.2kJ/kg℃)

15 15℃의 물을 급수하여 압력 0.35MPa의 증기를 500kgf/h 발생시키는 보일러의 마력은 약 얼마인가?(단, 발생 증기의 엔탈피는 2742kJ/kg 이다.) [09/4]

① 37.9
② 42.3
③ 28.8
④ 48.7

* 보일러 마력 = $\dfrac{유효열}{35322}$ = $\dfrac{상당증발량}{2257}$
  $\dfrac{500×(2742-63)}{35322}$ = 37.92마력
* 15℃급수엔탈피 : 4.2kJ/kg℃×15℃=63kJ/kg (물비열 4.2kJ/kg℃)

16 50kW의 전기 온수보일러 용량을 kJ/h로 환산하면? [10/5]

① 180000
② 43000
③ 50000
④ 81000

* W = J/s 이므로 1kW = 1kJ/s
  따라서, 50kW는 50kJ/s
  시간당으로 환산하면, 50×3600 = 180000kJ/h

정답 10 ④ 11 ① 12 ② 13 ④ 14 ② 15 ① 16 ①

보일러 효율

개념원리 보일러 효율, 연소효율, 전열효율, 연료사용량

1) 보일러효율(η) = $\dfrac{\text{유효열}}{\text{공급열}}$ = 연소효율 × 전열효율

$\eta = \dfrac{\text{증기량} \times (\text{증기엔탈피} - \text{급수엔탈피})}{\text{연료사용량} \times \text{저위발열량}}$

$= \dfrac{\text{상당증발량} \times 2257}{\text{연료사용량} \times \text{저위발열량}}$

2) 연소효율 = $\dfrac{\text{연소열}}{\text{공급열}}$

3) 전열효율 = $\dfrac{\text{유효열}}{\text{연소열}}$

4) 연료사용량 = $\dfrac{\text{유효열}}{\text{효율} \times \text{저위발열량}}$ ← 효율을 이항정리

---

01 보일러 효율을 올바르게 설명한 것은? [12/1]

① 증기 발생에 이용된 열량과 보일러에 공급한 연료가 완전 연소할 때의 열량과의 비
② 배기가스 열량과 연소실에서 발생한 열량과의 비
③ 연도에서 열량과 보일러에 공급한 연료가 완전 연소할 때의 열량과의 비
④ 총 손실 열량과 연료의 연소 열량과의 비

★ 효율 = 유효열/공급열 의 개념으로
  유효열은 증기발생에 이용된 열량
  공급열은 연료를 완전연소할 때 발생한 열량을 말함.

02 연소효율을 구하는 식으로 맞는 것은? [11/4][09/2]

① $\dfrac{\text{공급열}}{\text{실제연소열}} \times 100\%$ ② $\dfrac{\text{실제연소열}}{\text{공급열}} \times 100\%$

③ $\dfrac{\text{유효열}}{\text{실제연소열}} \times 100\%$ ④ $\dfrac{\text{실제연소열}}{\text{유효열}} \times 100\%$

★ 연소효율은 저위발열량(공급열) 중에 실제 연소시 발생한 열량과의 비를 말함.
• 전열효율은 실제발생한 열량과 흡수된 유효열과의 비.
• 연소효율 × 전열효율 = 보일러효율

03 연소효율 구하는 식으로 맞는 것은? [08/1]

① 실제연소열/공급열 * 100
② 공급열/실제연소열 * 100
③ 유효열/실제연소열 * 100
④ 실제연소열/유효열 * 100

★ 연소효율 = 실제연소열/공급열 × 100
  연소효율은 연료가 지닌 최대발열량(저위발열량)중 실제 연소시 발생되는 열량의 비를 말함.
  보기 ③의 [유효열/실제연소열*100]은 전열효율임.

04 매시간 1500kg의 연료를 연소시켜서 시간당 11000kg의 증기를 발생시키는 보일러의 효율은 약 몇 % 인가? (단, 연료의 발열량은 25110kJ/kg, 발생증기의 엔탈피는 3110kJ/kg, 급수의 엔탈피는 84kJ/kg) [08/5]

① 88% ② 80%
③ 78% ④ 66%

★ 효율(%) = $\dfrac{\text{유효열}}{\text{공급열}} \times 100$

$= \dfrac{\text{실제증발량}(\text{증기엔탈피}-\text{급수엔탈피})}{\text{연료량} \times \text{발열량}} \times 100$

위 식에 대입하여 풀면
$\dfrac{11000 \times (3110-84)}{1500 \times 25110} \times 100 = 88.37\%$

05 연료 발열량은 40824kJ/kg, 연료의 시간당 사용량은 300 kg/h 인 보일러의 상당증발량이 5000kg/h 일 때 보일러 효율은 약 몇 % 인가? [13/5]

① 83 ② 85
③ 87 ④ 92

★ 보일러 효율 = $\dfrac{\text{상당증발량} \times 2257}{\text{연료사용량} \times \text{저위발열량}}$

$= \dfrac{5000 \times 2257}{300 \times 40824} \times 100 = 92.14\%$

정답 01 ① 02 ② 03 ① 04 ① 05 ④

06 시간당 100kg의 중유를 사용하는 보일러에서 총 손실열량이 837200kJ/h일 때 보일러의 효율은 약 얼마인가? (단, 중유의 발열량은 41860kJ/kg이다.) [13/1]

① 75% ② 80%
③ 85% ④ 90%

> ★ 보일러 효율은 공급열에 대한 유효열의 비율이다. 유효열은 [공급열-손실열]을 이용하여 구할 수 있다.
> 따라서,
> 보일러 효율 = $\dfrac{(공급열 - 손실열)}{공급열}$
> $= \dfrac{100 \times 41860 - 837200}{100 \times 41860} \times 100 = 80\%$

07 매시간 1000kg의 LPG를 연소시켜 15000kg/h의 증기를 발생하는 보일러의 효율(%)은 약 얼마인가?(단, LPG의 총발열량은 54335kJ/kg, 발생증기엔탈피는 3140kJ/kg, 급수엔탈피는 75kJ/kg 이다.) [12/5]

① 79.8 ② 84.6
③ 88.4 ④ 94.2

> ★ 보일러 효율 = 유효열/입열 이므로
> $\eta = \dfrac{15000 \times (3140 - 75)}{1000 \times 54335} \times 100 = 84.61\%$

08 급수온도 30℃에서 압력 1MPa 온도 180℃의 증기를 1시간당 10000kg 발생시키는 보일러에서 효율은 약 몇 %인가? (단, 증기엔탈피는 2780kJ/kg, 표준상태에서 가스사용량은 500m³/h, 이 연료의 저위발열량은 62790kJ/m³ 이다.) [12/1]

① 80.5 % ② 84.5 %
③ 87.65 % ④ 91.65 %

> ★ 효율 $\eta = \dfrac{10000 \times (2780 - 126)}{500 \times 62790} \times 100 = 84.54[\%]$
> ★ 30℃급수엔탈피 : 4.2kJ/kg℃ × 30℃ = 126kJ/kg (물비열 4.2kJ/kg℃)

09 발열량 25116kJ/kg인 연료 80kg을 연소시켰을 때 실제로 보일러에 흡수된 유효열량이 1708MJ 이면 이 보일러의 효율은? [11/5]

① 70% ② 75%
③ 80% ④ 85%

> ★ 보일러 효율 = 유효열/입열 이므로
> $\eta = \dfrac{1708 \times 10^3}{80 \times 25116} \times 100 = 85.01\%$
> ★ 1MJ = 1000kJ

10 저위발열량 41860kJ/kg인 연료를 매시 360kg 연소시키는 보일러에서 엔탈피 2769kJ/kg인 증기를 매시간당 4,500kg 발생시킨다. 급수온도 20℃인 경우 보일러 효율은 약 얼마인가? [11/4]

① 56% ② 68%
③ 75% ④ 80%

> ★ 보일러 효율(η) = $\dfrac{실제증발량 \times (증기엔탈피 - 급수엔탈피)}{연료사용량 \times 저위발열량}$
> $= \dfrac{4500 \times (2769 - 84)}{360 \times 41860} \times 100 = 80.18\%$
> ★ 20℃급수엔탈피 : 4.2kJ/kg℃ × 20℃ = 84kJ/kg (물비열 4.2kJ/kg℃)

11 저위발열량이 40824kJ/kg, 기름80kg/h를 사용하는 보일러에서 급수사용량 800kg/h, 급수온도 60℃, 증기엔탈피가 2720kJ/kg 일 때 보일러효율은 약 얼마인가? [11/2]

① 50.2% ② 53.5%
③ 58.5% ④ 60.5%

> ★ 효율 = $\dfrac{실제증발량 \times (증기엔탈피 - 급수엔탈피)}{연료사용량 \times 저위발열량} \times 100$
> $= \dfrac{800 \times (2720 - 252)}{80 \times 40824} \times 100 = 60.45\%$
> ★ 60℃급수엔탈피 : 4.2kJ/kg℃ × 60℃ = 252kJ/kg (물비열 4.2kJ/kg℃)

정답 06 ② 07 ② 08 ② 09 ④ 10 ④ 11 ④

12 500kg의 물을 20℃에서 84℃로 가열하는데 167440kJ의 열을 공급했을 경우 이 설비의 열효율은? [08/4]

① 70% ② 75%
③ 80% ④ 85%

* 보일러효율 = $\dfrac{양 \times 비열 \times 온도차}{공급열} \times 100(\%)$

  = $\dfrac{500 \times 4.2 \times (84-20)}{167440} \times 100 = 80.27\%$

* 물비열 4.2kJ/kg℃

13 400kg의 물을 20℃에서 80℃로 가열하는데 167440kJ의 열을 공급했을 경우 이 설비의 열효율은? [10/5]

① 85% ② 75%
③ 70% ④ 60%

* 보일러 효율 = 유효열/공급열 이므로

  열효율 = $\dfrac{400 \times 4.2 \times (80-20)}{167440} \times 100 = 60.2\%$

* 물비열 4.2kJ/kg℃

14 20930kJ/kg의 연료 100 kg을 연소해서 실제로 보일러에 흡수된 열량이 1465100kJ 라면 이 보일러의 효율은 몇 %인가? [08/2]

① 62 ② 66
③ 70 ④ 80

* 효율 = $\dfrac{유효열}{공급열} \times 100 = \dfrac{유효열}{연료량 \times 발열량} \times 100$

  = $\dfrac{1465100}{100 \times 20930} \times 100 = 70\%$

15 어떤 보일러의 연소효율이 92%, 전열면 효율이 85%이면 보일러 효율은? [16/4][10/4]

① 73.2% ② 74.8%
③ 78.2% ④ 82.8%

* 보일러효율 = 연소효율 × 전열효율 이므로
  0.92 × 0.85 × 100 = 78.2%

16 연소효율이 95%, 전열효율이 85%인 보일러의 효율은 약 몇 %인가? [15/2][08/1]

① 90 ② 81
③ 70 ④ 61

* 보일러효율 = 연소효율 × 전열효율 이므로
  0.95 × 0.85 × 100 = 80.75% ≒ 81%

17 보일러 효율이 85%, 실제증발량이 5t/h이고 발생증기의 엔탈피 2746kJ/kg, 급수온도의 엔탈피는 234kJ/kg, 연료의 저위발열량 40842kJ/kg일 때 연료소비량은 약 몇 kg/h인가? [14/4][13/4][07/5]

① 316 ② 362
③ 389 ④ 405

* 보일러효율 = $\dfrac{증발량 \times (증기엔탈피 - 급수엔탈피)}{연료량 \times 저위발열량}$ 에서

  연료량 = $\dfrac{증발량 \times (증기엔탈피 - 급수엔탈피)}{보일러효율 \times 저위발열량}$ 이므로

  = $\dfrac{5000 \times (2746-234)}{0.85 \times 40842} = 361.80$ [kg/h]

18 난방 및 온수 사용열량이 1674 MJ 인 건물에, 효율 80%인 보일러로서 저위발열량 41860 kJ/Nm³ 인 기체연료를 연소시키는 경우, 시간당 소요 연료량은 약 몇 Nm³/h인가? [13/2]

① 45 ② 60
③ 56 ④ 50

정답 12 ③ 13 ④ 14 ③ 15 ③ 16 ② 17 ② 18 ④

* 보일러 효율을 구하는 식에서 연료량을 구한다.

  보일러효율 = 유효열 / (연료량 × 저위발열량)

  연료량 = 유효열 / (보일러효율 × 저위발열량)

  = $\dfrac{167 \times 10^3}{0.8 \times 41846}$ = 49.92 [Nm³/h]

* 보일러 효율식을 이용하여 연료소비량을 구한다.

  보일러효율(η) = 유효열 / (연료소비량 × 저위발열량) 이므로

  연료소비량 = 유효열 / (보일러효율 × 저위발열량)

  = $\dfrac{1256 \times 10^3}{0.8 \times 41860}$ = 37.51 [kg/h]

19 보일러의 정격출력이 31395kJ/h, 보일러 효율이 85%, 연료의 저위발열량 39767kJ/kg 인 경우, 시간당 연료소모량은 약 얼마인가? [12/4]

① 1.49 kg/h ② 0.93 kg/h
③ 1.38 kg/h ④ 0.67 kg/h

* 보일러효율 η = 유효열/공급열 에서
  유효열=정격출력, 공급열=연료사용량×저위발열량이므로
  η = 정격출력 / (연료사용량 × 저위발열량) 이항정리하여 구하면,
  연료사용량 = 정격출력 / (저위발열량 × 효율)
  = $\dfrac{31395}{0.85 \times 39767}$ = 0.93 [kg/h]

20 난방부하가 100535kJ/h인 아파트에 효율이 80%인 유류보일러로 난방을 하는 경우 연료의 소모량은 약 몇 kg/h인가?(단, 유류의 저위 발열량은 40842kJ/kg 이다.) [11/1]

① 2.56 ② 3.08
③ 3.46 ④ 4.26

* 문제 보기의 난방부하는 유효열에 해당하고, 유효열은 공급열(연료량×발열량)에 효율만큼 흡수된 것이므로,
  100535=연료량×40842×0.8 이항정리하면
  연료량 = $\dfrac{100535}{40842 \times 0.8}$ = 3.08[kg/h]

21 보일러 정격출력이 1256MJ/h, 연료 발열량이 41860kJ/kg, 보일러 효율이 80%일 때, 연료소비량은? [10/2]

① 30.0kg/h ② 35.5kg/h
③ 37.5kg/h ④ 45.0kg/h

보일러 성능

개념원리 상당증발량

실제 보일러내부압력은 1기압이상으로 고압상태이므로 증기발생량이 표준상태(1atm)에 비해 적게 나온다. 하지만, 1기압상태에서 가동하면 많은 양의 증기량이 나온다.

1) 상당증발량은? : 실제증발량을 1기압하에서 100℃ 포화수를 증발시켜 100℃ 포화증기로 하는 경우의 열량으로 환산한 증발량

2) 상당증발량 = $\dfrac{실제증발량 \times (h_2 - h_1)}{2257}$

   h_2 : 증기엔탈피[kJ/kg] h_1 : 급수엔탈피[kJ/kg]

01 1기압 하에서 100℃의 포화수를 같은 온도의 포화증기로 몇 kg을 변화할 수 있느냐 하는 기준 값으로 환산한 것을 무엇이라 하는가? [10/4]

① 증발계수 ② 상당증발량
③ 증발배수 ④ 전열면 열부하

* 상당증발량은 실제증발량을 기준상태 1기압(101.325kPa)하에서 100℃포화수를 증발시켜 100℃ 포화증기로 하는 경우의 열량으로 환산한 증발량이다.

02 상당증발량=Ge(kg/h), 보일러 효율=η, 연료소비량=B(kg/h), 저위발열량=H ℓ (kJ/kg), 증발잠열= 2257 (kJ/kg)일 때 상당증발량(Ge)을 옳게 나타낸 것은? [12/2]

① $Ge = \dfrac{2257\eta H_\ell}{B}$ ② $Ge = \dfrac{H_\ell}{2257\eta}$

③ $Ge = \dfrac{\eta B H_\ell}{2257}$ ④ $Ge = \dfrac{2257\eta B}{H}$

정답 19 ② 20 ② 21 ③ 01 ② 02 ③

* 상당증발량은 실제증발량을 기준상태 1기압(101.325kPa)하에서 100℃ 포화수를 증발시켜 100℃ 포화증기로 하는 경우의 열량으로 환산한 증발량이다.
  따라서, 기본적으로 다음 식에 의해 유도된다.
  실제증발량×(증기엔탈피-급수엔탈피)=상당증발량×2257
  상당증발량=실제증발량×(증기엔탈피-급수엔탈피)/2257
  또,「실제증발량×(증기엔탈피-급수엔탈피)」은 유효열로서「연료사용량×저위발열량×효율」과 같다. 따라서
  상당증발량=연료사용량×저위발열량×효율/2257와 같다.
* 문제의 기호로 표현하면, $Ge = \dfrac{\eta BH_l}{2257}$

03 보일러의 상당증발량을 구하는 식으로 맞는 것은?(단, Ge=매시 환산증발량[kg/h], Ga=매시 발생증기량[kg/h], i'=발생증기의 엔탈피[kJ/kg], i=급수의 엔탈피[kJ/kg]이다) [09/1]

① $Ge = \dfrac{Ga(i'-i)}{2257}$ ② $Ge = \dfrac{2257}{Ga(i'-i)}$
③ $Ga = \dfrac{Ge(i'-i)}{2257}$ ④ $Ga = \dfrac{2257}{Ge(i'-i)}$

* 상당증발량은 실제증발량을 기준상태 1기압(101.325kPa)하에서 100℃ 포화수를 증발시켜 100℃ 포화증기로 하는 경우의 열량으로 환산한 증발량이다.
  따라서, 기본적으로 다음 식에 의해 유도된다.
  실제증발량×(증기엔탈피-급수엔탈피)=상당증발량×2257
  상당증발량=실제증발량×(증기엔탈피-급수엔탈피)/2257
  문제 보기의 기호를 이용하면
  $Ge = \dfrac{Ga(i'-i)}{2257}$

04 증기 보일러의 상당증발량 계산식으로 옳은 것은? [단, G: 실제증발량(kg/h), i_1: 급수의 엔탈피 (kJ/kg), i_2: 발생증기의 엔탈피(kJ/kg)] [10/2][08/4]

① $G(i_2 - i_1)$ ② $G(i_2 - i_1)$
③ $G(i_2 - i_1) / 2257$ ④ $2677 \times G / (i_2 - i_1)$

* 상당증발량×2257=실제증발량×(증기엔탈피-급수엔탈피)
  즉 상당증발량을 구하는 공식은
  상당증발량 = $\dfrac{실제증발량 \times (증기엔탈피 - 급수엔탈피)}{2257}$

05 상당증발량을 계산하는 식으로 맞는 것은? (단, Ge : 상당증발량, G : 매시발생증발량, h_2 : 발생증기엔탈피(kJ/kg), h_1 : 급수엔탈피(kJ/kg)) [09/5]

① Ge=G(h_2-h_1)÷2257 ② Ge=G(h_1-h_2)÷2257
③ Ge=G(h_2-h_1)÷2677 ④ Ge=G(h_1-h_2)÷2677

* 상당증발량×2257=실제증발량×(증기엔탈피-급수엔탈피)
  즉 상당증발량을 구하는 공식은
  상당증발량 = $\dfrac{실제증발량 \times (증기엔탈피 - 급수엔탈피)}{2257}$

06 보일러의 상당증발량을 구하는 옳은 식은? (단, h_1 : 급수엔탈피(kJ/kg), h_2 : 발생증기 엔탈피(kJ/kg)) [11/1][08/1]

① 상당증발량 = 실제증발량 ×(h_2-h_1)/2257
② 상당증발량 = 실제증발량 ×(h_1-h_2)/2257
③ 상당증발량 = 실제증발량 ×(h_2-h_1)/2677
④ 상당증발량 = 실제증발량/2677

* 상당증발량=실제증발량×(증기엔탈피-급수엔탈피)/2257

07 보일러의 상당증발량 계산식에 필요한 값에 해당되지 않는 것은? [10/5]

① 실제 증발량 값 ② 보일러의 효율 값
③ 증기의 엔탈피 값 ④ 급수의 엔탈피 값

* 상당증발량 = $\dfrac{실제증발량 \times (증기엔탈피 - 급수엔탈피)}{2257}$
  따라서, 관계없는 값은 보일러 효율값임.
* 2257[kJ/kg] : 1atm, 100℃에서의 물의 증발잠열

08 다음 중 증기보일러의 상당증발량의 단위는? [11/4]

① kg/h ② kJ/h
③ kJ/kg ④ kg/s

* 상당증발량은 1기압하에서 100℃ 포화수를 100℃ 포화증기로 변화시킬 수 있는 보일러의 능력으로, 단위는 시간당 증발량 [kg/h]임.

정답 03 ① 04 ③ 05 ① 06 ① 07 ② 08 ①

09 보일러에서 상당증발량의 단위는? [08/1]

① kg   ② kg/kJ
③ kg/h   ④ kJ/h

> * ① 질량   ② 해당없음
>   ③ 시간당 질량 : 실제증발량, 상당증발량, 연료사용량 등
>   ④ 시간당열량 : 온수보일러용량, 난방부하 등

10 온도 26℃의 물을 공급받아 엔탈피 2785kJ/kg인 증기를 6000kg/h 발생시키는 보일러의 상당증발량(kg/h)은? [09/2]

① 약 7113   ② 약 6169
③ 약 7325   ④ 약 6920

> * 상당증발량을 구하는 식을 이용하면,
> $$상당증발량 = \frac{실제증발량 \times (증기엔탈피 - 급수엔탈피)}{2257}$$
> $$= \frac{6000 \times (2785 - 109.2)}{2257} = 7113.34 [kg/h]$$
> * 26℃급수엔탈피 : 4.2kJ/kg℃ × 26℃ = 109.2kJ/kg (물비열 4.2kJ/kg℃)

11 온도 20℃의 급수를 공급 받아 온도 250℃의 증기를 1시간당 20000 kg 발생하는 보일러의 상당증발량은 약 몇 kg/h인가? (단, 발생증기의 엔탈피는 2826.8 kJ/kg이다.) [08/2]

① 24304   ② 32987
③ 26493   ④ 8163

> * 상당증발량 × 2257 = 실제증발량 × (증기엔탈피 - 급수엔탈피)
> $$상당증발량 = \frac{20000 \times (2826.8 - 84)}{2257} = 24304.83 [kgf/h]$$
> * 20℃급수엔탈피 : 4.2kJ/kg℃ × 20℃ = 84kJ/kg (물비열 4.2kJ/kg℃)

12 보일러 급수온도 20℃, 시간당 실제 증발량 1000kg, 증기엔탈피가 2802kJ/kg 일 경우, 상당증발량(kg/h)을 구하면 약 얼마인가? [08/5]

① 1000   ② 1204
③ 2408   ④ 5390

> * 상당증발량 × 2257 = 실제증발량 × (증기엔탈피 - 급수엔탈피)
> $$상당증발량 = \frac{실제증발량 \times (증기엔탈피 - 급수엔탈피)}{2257}$$
> $$= \frac{1000 \times (2802 - 84)}{2257} = 1204.25 [kg/h]$$
> * 20℃급수엔탈피 : 4.2kJ/kg℃ × 20℃ = 84kJ/kg (물비열 4.2kJ/kg℃)

13 증발량 3500kg/h 인 보일러의 증기 엔탈피가 2680 kJ/kg 이고, 급수의 온도는 20℃이다. 이 보일러의 상당 증발량은 얼마인가? [15/1][07/1]

① 약 3786kg/h   ② 약 4156kg/h
③ 약 2760kg/h   ④ 약 4026kg/h

> * 상당증발량은 실제증발량을 기준상태 1기압(101.325kPa)하에서 100℃ 포화수를 증발시켜 100℃ 포화증기로 하는 경우의 열량으로 환산한 증발량이다.
> $$상당증발량 = \frac{실제증발량 \times (증기엔탈피 - 급수엔탈피)}{2257}$$
> $$= \frac{3500 \times (2680 - 84)}{2257} = 4025.70 [kg/h]$$
> * 20℃급수엔탈피 : 4.2kJ/kg℃ × 20℃ = 84kJ/kg (물비열 4.2kJ/kg℃)

14 어떤 보일러의 3시간 동안 증발량이 4500kg이고, 그때의 급수 엔탈피가 105kJ/kg, 증기엔탈피가 2848 kJ/kg 이라면 상당증발량은 약 몇 kg/h인가? [13/4]

① 551   ② 1684
③ 1823   ④ 3051

> * $$상당증발량 = \frac{실제증발량 \times (증기엔탈피 - 급수엔탈피)}{2257}$$
> $$= \frac{4500 \times (2848 - 105)}{3 \times 2257} = 1823 [kg/h]$$
> * 분모에 3시간을 나눈 것은 증기발생량을 1시간당으로 환산
> * 25℃급수엔탈피 : 4.2kJ/kg℃ × 25℃ = 105kJ/kg (물비열 4.2kJ/kg℃)

15 엔탈피가 105 kJ/kg 인 급수를 받아 1시간당 20000 kg의 증기를 발생하는 경우 이 보일러의 매시 환산 증발량은 몇 kg/h인가? (단, 발생증기 엔탈피는 3035 kJ/kg 이다.) [13/2]

① 3246 kg/h   ② 6493 kg/h
③ 12987 kg/h   ④ 25964 kg/h

정답 09 ③   10 ①   11 ①   12 ②   13 ④   14 ③   15 ④

* 상당증발량 = 실제증발량×(증기엔탈피−급수엔탈피) / 2257
  $= \dfrac{20000 \times (3035 - 105)}{2257} = 25963.67$ [kg/h]
* 25℃급수엔탈피: 4.2kJ/kg℃ × 25℃ = 105kJ/kg (물비열 4.2kJ/kg℃)

개념원리 증발계수/전열면증발률/증발배수/연소실열부하/보일러 부하율

1) 증발계수(단위없음): $\dfrac{상당증발량}{실제증발량}$
   $= \dfrac{(증기엔탈피-급수엔탈피)}{2257}$ *2257[kJ/kg] 증발잠열

2) 전열면증발률(kg/m²h): 전열면적 1m²당 발생증기량
   전열면증발률 = $\dfrac{증기발생량}{전열면적}$

3) 증발배수(kg/kg): 연료 1kg당 발생증기량
   증발배수 = $\dfrac{증기발생량}{연료사용량}$

4) 연소실열부하(kJ/m³h): 연소실 체적에 대한 발생열량
   연소실열부하 = $\dfrac{발생열량}{연소실체적}$

5) 보일러부하율(%): 최대능력에 대한 실제가동율
   보일러부하율 = $\dfrac{실제증발량}{최대연속증발량}$

16 급수온도 21℃에서 압력 1.4MPa, 온도 250℃의 증기를 1시간당 14000kg을 발생하는 경우의 상당증발량은 약 몇 kg/h인가?(단, 발생증기의 엔탈피는 2658kJ/kg이다.) [12/4]

① 15940 ② 25326
③ 3235   ④ 48159

* 보일러의 표준상태(1기압)와 실제압력(고압)에서 발생되는 증기량은 차이가 있지만, 전체 흡수되는 열량의 합계는 같으므로,
  상증×2257 = 실증×(증엔− 급엔) 에서
  상당증발량 = $\dfrac{실제증발량 \times (증기엔탈피 − 급수엔탈피)}{2257}$
  $= \dfrac{14000 \times (2658 - 88.2)}{2257} = 15940.27$ [kg/h]
* 21℃급수엔탈피: 4.2kJ/kg℃ × 21℃ = 88.2kJ/kg (물비열 4.2kJ/kg℃)

17 어떤 보일러의 급수온도가 50℃에서 압력 0.7MPa, 온도 250℃의 증기를 1시간당 2500kg 발생할 때 상당증발량은 약 얼마인가? (단, 급수엔탈피는 210 kJ/kg이고, 발생증기의 엔탈피는 2764 kJ/kg이다.) [07/2]

① 2829kg/h ② 2960kg/h
③ 3265kg/h ④ 3415kg/h

* 상당증발량은 1atm에서 100℃ 급수를 100℃ 포화증기로 발생시키는 것을 말하며, 다음과 같이 구한다.
  상당증발량 = $\dfrac{실제증발량 \times (증기엔탈피 − 급수엔탈피)}{2257}$
  $= \dfrac{2500 \times (2764 - 210)}{2257} = 2828.98$ [kg/h]

01 어떤 보일러는 증발량이 50t/h이고, 보일러 본체의 전열면적이 730m² 일 때 보일러 전열면 증발률은 약 얼마인가? [10/4][07/5]

① 68.5 kg/m²·h ② 49.4 kg/m²·h
③ 14.6 kg/m²·h ④ 43.7 kg/m²·h

* 전열면 증발률은 전열면적 1m²당 증발량을 말하며, 증발량/전열면적 으로 구한다.
  $\dfrac{50000}{730} = 68.49$ [kg/m²h]

02 어떤 보일러의 실제 증발량이 30t/h이고 보일러 본체의 전열면적이 300m²일 때 이 보일러의 전열면 증발율은 몇 kg/m²h 인가? [09/5]

① 10   ② 150
③ 100   ④ 1000

정답 16 ① 17 ① 01 ① 02 ③

* ① 전열면(실제)증발률 = $\dfrac{\text{실제증발량}}{\text{전열면적}}$
  ② 전열면(상당)증발률 = $\dfrac{\text{상당증발량}}{\text{전열면적}}$
  ① 식을 이용한다.
  전열면(실제)증발률 = $\dfrac{\text{실제증발량}}{\text{전열면적}}$ = $\dfrac{30000}{3000}$ = 100 [kg/m²h]

03 보일러의 증발량이 10t/h 이고, 보일러 본체의 전열면적이 500m² 일 때, 보일러의 증발율은 몇 kg/m²h 인가? [09/4]

① 20　　　② 0.2
③ 0.02　　④ 25

* 전열면(실제)증발률 = $\dfrac{\text{실제증발량}}{\text{전열면적}}$ = $\dfrac{10000}{500}$ = 20 [kg/m²h]

04 어떤 보일러의 증발량이 20ton/h이고, 보일러 본체의 전열면적이 458m²일 때, 이 보일러의 전열면 증발률은 약 몇 kg/m²·h인가? [09/1]

① 9.2　　　② 43.7
③ 22.9　　 ④ 45.8

* 전열면증발률 = $\dfrac{\text{실제증발량}}{\text{전열면적}}$ [kg/m²]
  $\dfrac{20000}{458}$ = 43.66

05 전열면적이 25m²인 연관보일러를 5시간 연소시킨 결과 6000kg의 증기가 발생했다면, 이 보일러의 전열면 증발율은 얼마인가? [11/5]

① 40kg/m²　　　　② 48kg/m²·h
③ 65kg/m²·h　　　④ 240kg/m²·h

* 전열면증발률[kg/m²h] = $\dfrac{\text{증기발생량[kg/h]}}{\text{전열면적[m²]}}$
  = $\dfrac{6000}{5 \times 25}$ = 48 [kg/m²h]

06 전열면적이 30m²인 수직 연관보일러를 2시간 연소시킨 결과 3000kg의 증기가 발생하였다. 이 보일러의 증발률은 약 몇 kg/m²·h인가? [13/4]

① 20　　② 30
③ 40　　④ 50

* 보일러 증발률=전열면 증발률이며 전열면적 1m²당 발생하는 증기량[kg/h]을 말함.
  전열면증발률 = $\dfrac{3000}{2 \times 30}$ = 50 [kg/m²h]

07 보일러 증발율이 80 kg/m²·h이고, 실제 증발량이 40 t/h일 때, 전열 면적은 약 몇 m² 인가? [13/5]

① 200　　② 320
③ 450　　④ 500

* 전열면증발률 = $\dfrac{\text{증발량}}{\text{전열면적}}$ 이므로
  전열면적 = $\dfrac{\text{증발량}}{\text{전열면증발률}}$ = $\dfrac{40000}{80}$ = 500 [m²]

08 보일러의 증발량과 그 증기를 발생시키기 위해 사용된 연료량과의 비를 무엇이라고 하는가? [10/5]

① 증발량　　② 증발율
③ 증발압력　④ 증발배수

* 증발배수 : 증발량과 연료량과 비 [kg/kg 연료]

09 보일러에서 실제 증발량(kg/h)을 연료 소모량(kg/h)으로 나눈 값은? [14/5][07/1]

① 증발 배수　　② 전열면 증발량
③ 연소실 열부하　④ 상당 증발량

* 증발량에 대한 연료소비량의 비를 증발배수라고 한다.
  증발배수[kg/kg] = $\dfrac{\text{증발량[kg/h]}}{\text{연료소비량[kg/h]}}$

정답　03 ①　04 ②　05 ②　06 ④　07 ④　08 ④　09 ①

10 환산 증발 배수에 관한 설명으로 가장 적합한 것은?
[12/5]

① 연료 1[kg]이 발생시킨 증발능력을 말한다.
② 보일러에서 발생한 순수 열량을 표준 상태의 증발 잠열로 나눈 값이다.
③ 보일러의 전열면적 1[m²]당 1시간 동안의 실제 증발량이다.
④ 보일러 전열면적 1[m²]당 1시간 동안의 보일러 열출력이다.

★ 증발배수의 개념은 연료 1[kg]당 발생증기량[kg]임.
  증기량이 상당증발량이면, 환산증발배수(상당증발배수)
  증기량이 실제증기량이면, 실제증발배수가 됨.
  보기중 답안에 가장 가까운 설명은 보기 ①임

11 육상용 보일러의 열정산 방식에서 환산 증발 배수에 대한 설명으로 맞는 것은?
[12/4]

① 증기의 보유 열량을 실제연소열로 나눈 값이다.
② 발생증기엔탈피와 급수엔탈피의 차를 2257로 나눈 값이다.
③ 매시 환산 증발량을 매시 연료 소비량으로 나눈 값이다.
④ 매시 환산 증발량을 전열면적으로 나눈 값이다.

★ 증발배수 : 증기발생량을 연료소비량으로 나눈 값.
  단위는 [kg/kg연료]
  ① 상당증발배수(환산증발배수) = 상당증발량/연료사용량
  ② 실제증발배수 = 실제증발량/연료사용량

12 어떤 보일러에서 30℃의 급수를 엔탈피 2638kJ/kg 의 증기로 바꿀 때 증발계수는?
[07/4]

① 1.11
② 600
③ 21
④ 630

★ 두 가지 풀이 방법이 있다.
  1) 상당증발량을 이용한 풀이 방법
  증발계수 = $\dfrac{상당증발량}{실제증발량}$
  2) 증발계수 = $\dfrac{증기엔탈피 - 급수엔탈피}{2257}$ 를 이용하는 방법
  증발계수 = $\dfrac{2638 - 30 \times 4.2}{2257}$ = 1.11
  ★ 30℃급수엔탈피 : 4.2kJ/kg℃×30℃=126kJ/kg (물비열 4.2kJ/kg℃)

13 어떤 보일러에서 포화증기엔탈피가 2646kJ/kg인 증기를 매시 150kg을 발생하며, 급수엔탈피가 온도 92.4kJ/kg, 매시연료소비량이 800kg 이라면 이때의 증발계수는 약 얼마인가?
[11/2]

① 1.01
② 1.13
③ 1.24
④ 1.35

★ 두 가지 풀이 방법이 있다.
  1) 상당증발량을 이용한 풀이 방법
  상당증발량 = $\dfrac{실제증발량 \times (증기엔탈피 - 급수엔탈피)}{2257}$
  = $\dfrac{150 \times (2646 - 92.4)}{2257}$ = 169.71 [kg/h]
  즉, 증발계수 = $\dfrac{상당증발량}{실제증발량} = \dfrac{169.75}{2257}$ = 1.13
  2) 증발계수 = $\dfrac{증기엔탈피 - 급수엔탈피}{539}$ 를 이용하는 방법
  증발계수 = $\dfrac{2646 - 92.4}{2257}$ = 1.13

14 보일러 연소실 열부하의 단위로 맞는 것은?
[12/4]

① kJ/m³·h
② kJ/m²
③ kJ/h
④ kJ/kg

★ **연소실열부하[kJ/m³h]** : 연소실 1m³당 1시간에 발생하는 열량
  보기 ③ 시간당열량 ④ 엔탈피,잠열,발열량 단위

15 어떤 보일러의 매시 연료사용량이 150kg/h이고, 연소실 체적이 30m³일 때 연소실 열부하는? (단, 연료의 저위 발열량은 41160kJ/kg이고, 공기 및 연료의 현열은 무시한다.)
[07/5]

① 210kJ/m³·h
② 1373.4kJ/m³·h
③ 8232kJ/m³·h
④ 205800kJ/m³·h

★ 연소실 열부하는 연소실에서 발생하는 열량을 연소실 체적을 나눈 값을 말한다. ★ 공급열/연소실체적
  $\dfrac{150 \times 41160}{30}$ = 205800[kJ/m³h]

정답 10 ① 11 ③ 12 ① 13 ② 14 ① 15 ④

16 어떤 보일러의 매시 연료사용량이 150kg/h 이고, 연소실 체적이 30m³일 때 연소실 열발생율은 몇 kJ/m³·h인가? (단, 연료의 저위 발열량은 41160kJ/kg이고, 공기 및 연료의 현열은 무시한다.) [09/2]

① 210 ② 1373.4
③ 8232 ④ 205800

> ★ 연소실열부하는 연소실 체적 1m³당 1시간에 발생하는 열량[kJ/h]을 말하며 단위는 [kJ/m³h]이다.
> 연소실열부하 = $\frac{공급열[kJ/h]}{연소실체적[m^3]}$ = $\frac{연료량 \times 발열량}{연소실체적}$
> = $\frac{150 \times 41160}{30}$ = 205800[kJ/m³·h]
> • 연소실 열부하 = 연소실 열발생율

17 보일러 실제 증발량이 7000kg/h이고, 최대연속 증발량이 8t/h일 때, 이 보일러 부하율은 몇 % 인가? [12/2]

① 80.5 % ② 85 %
③ 87.5 % ④ 90 %

> ★ 보일러부하율은 최대능력에 대한 실제가동율을 말하므로,
> = $\frac{7000}{8000} \times 100$ = 87.5%

18 어떤 보일러의 최대 연속증발량(정격 용량)이 5ton/h이고, 실제 보일러의 증발량이 4.5ton/h이면 보일러 부하율은? [09/1]

① 111% ② 90%
③ 50% ④ 95%

> ★ 보일러부하율은 최대능력에 대한 실제가동율을 말하므로,
> $\frac{4.5}{5} \times 100$ = 90%

19 보일러의 성능에 관한 설명으로 틀린 것은? [11/1]

① 연소실로 공급된 연료가 완전연소 시 발생될 열량과 드럼내부에 있는 물이 그 열을 흡수하여 증기를 발생하는데 이용된 열량과의 비율을 보일러 효율이라 한다.
② 전열면 1m² 당 1시간 동안 발생되는 증발량을 상당 증발량으로 표시한 것을 증발률이라고 한다.
③ 27.25kg/h의 상당증발량을 1보일러 마력이라 한다.
④ 상당증발량 Ge와 실제 증발량 Ga의 비 즉 Ge/Ga를 증발계수라고 한다.

> ★ 보일러1마력은 상당증발량 15.65kg/h에 해당함.

기타 효율관련 계산

20 효율이 82%인 보일러로 발열량 41160kJ/kg 의 연료를 15kg 연소시키는 경우의 손실 열량은? [15/4][11/2]

① 337512kJ ② 136500kJ
③ 111132kJ ④ 506268kJ

> ★ 공급열(100%)중 흡수된 열(82%) 이외는 손실된 것이므로
> 41160×15×(1−0.82) = 111132[kJ]

정답 16 ④ 17 ③ 18 ② 19 ③ 20 ③

05 연료, 연소, 통풍집진

01 연료 성분 분석

(1) 원소분석
C(탄소), H(수소), O(산소), N(질소), S(황), P(인), 기타 수분(W), 회분(A)

① 가연성분 : C(탄소), H(수소), S(황)
  ㉠ 가연성분만이 공기 중 산소와 화합하여 발열량을 낸다.
   $C + O_2 \rightarrow CO_2 + 406,197$ kJ/kmol (8,100kcal/kg)
   $H_2 + \frac{1}{2}O_2 \rightarrow H_2O + 284,757$ kJ/kmol
   (34,000 kcal/kg)
   $S + O_2 \rightarrow SO_2 + 355,008$ kJ/kmol (2,500kcal/kg)
   탄소(C)의 불완전연소
   $C + \frac{1}{2}O_2 \rightarrow CO + 2410$ kcal/kg
  ㉡ 연료성분중 수소(H)는 연소시 생성되는 수증기(H_2O)로 인해 발생된 발열량 중 일부를 증발잠열로 손실하게 된다.
  ㉢ 고위발열량과 저위발열량이 차이 나게 되는 원인은 연료중 수소와 연료 수분
  ㉣ 연료 중 S(황)은 연소 후 SO_2(아황산가스)가 생성되며 이는 저온부식의 원인, 대기오염의 원인이 된다.
② 불연성분(가연성분 이외의 것) : O, N, P 기타
③ 조연성분 : O
④ 주성분 : C, H
⑤ 불순물 : O, S, N, P 기타

(2) 공업분석
수분, 회분, 휘발분, 고정탄소로 분석 → 주로 석탄분석에 사용

02 연료의 구비 조건

① 공기 중에 쉽게 연소할 것
② 발열량이 클 것
③ 구입이 쉽고 경제적일 것
④ 취급·운반·저장이 용이할 것
⑤ 공해의 요인이 적을 것

03 연료의 종류와 특성

(1) 고체연료 : 석탄, 목재, 코크스, 목탄 등
① 구입이 쉽고 가격이 저렴
② 취급 및 저장 용이
③ 연소장치가 간단, 설비비가 적게 든다.
④ 품질이 균일하지 않고 연소효율이 낮다.
⑤ 불순물이 많아 완전연소 곤란

(2) 액체연료 : 휘발유, 경유, 등유, 중유 등
① 품질이 균일하고 발열량이 높다.
② 연소효율, 열효율이 좋다.
③ 운반 및 저장, 취급이 용이
④ 회분이 적고 연소조절이 쉽다.
⑤ 화재 및 역화의 위험성
⑥ 가동 중지시 보일러가 바로 식음 ← 단점

(3) 기체연료 : LNG, LPG, 도시가스 등
① 적은 공기비로 완전연소 가능
② 황분·회분이 거의 없다. 공해, 전열면 오손이 없다.
③ 시설비가 많이 든다.
④ 가스폭발 위험성이 크다.
⑤ 저장·운반에 압력용기 필요

(4) 미분탄연료 : 150메쉬 이하의 가루 석탄
① 적은 공기비로 완전연소 용이
② 폭발 위험성
③ 비산회(플라이애쉬)로 인해 반드시 집진장치 필요
※ 메쉬(mesh) : 면적 $1in^2$ 당 구멍수, 여과망의 촘촘함의 단위

04 고체연료의 특성(석탄)

(1) 점결성
석탄을 가열 시 350℃ 부근에서 용융되었다가 450℃ 부근에서 다시 굳어지는 성질, 『코크스화성』이라고도 한다.

(2) 연료비
석탄의 연료로서 가치를 결정짓는 요인
① 연료비=고정탄소/휘발분
② 무연탄 : 연료비 12 이상,
  반무연탄 : 연료비 7~12,
  유연탄(역청탄) : 연료비 7 이하,
  갈탄 : 연료비 1 이하

(3) 고정탄소량이 증가할수록
발열량 증가, 휘발분 감소, 착화온도 증가, 연료비 증가, 연소속도 감소

(4) 석탄의 함유성분과 연소 시 영향
① 수분, 습분 : 착화성 저하, 열손실 증가
② 회분 : 발열량 저하, 연소효율 저하
③ 휘발분 : 불꽃 길어짐(장염). 매연발생
④ 고정탄소 : 불꽃 짧아짐(단염). 발열량 증가

(5) 자연발화
석탄 저장 시 내부에 축적된 열로 인해 서서히 산화되는 현상
※자연발화 방지법
① 표면 내 1m 이하 온도 측정 60℃ 이하 유지
② 그늘지고 공기 유통을 좋은 곳에 보관
③ 실외에서 4m 이하, 실내에서 2m 이하 높이로 저장

(6) 풍화작용
석탄 저장 시 연료 속의 휘발분이 공기 중 산소와 결합하여 연료가 변질되는 현상
※ 풍화작용의 장해
① 발열량 저하
② 휘발분 감소
③ 석탄의 표면 탈색
④ 점결성 저하
⑤ 석탄이 분탄화됨

05 액체연료의 종류 및 연소방법

종류	별칭	연소 형태	사용 버너
휘발유 등유 경유	가솔린 케로신 디젤유	증발연소 (기화연소)	증발식 버너 (기화식 버너)
중유	벙커유	무화연소	무화식 버너

(1) 무화목적
① 단위중량당 표면적을 크게
② 공기와의 혼합촉진
③ 연소효율을 향상

(2) 무화방법 및 응용버너

무화 방법	응용 버너
진동무화(초음파버너)	초음파버너
정전기무화	응용버너 없음
회전이류체무화	회전식버너(로터리버너)
충돌무화	응용버너 없음
이류체무화	기류식버너(고압식, 저압식)
유압무화	유압식버너, 건타입버너

※ 무화(霧化)란? : 상온에서 증발이 되지 않는 연료를 노즐을 통하여 안개처럼 분사하는 것

06 중유의 특성

(1) 중유의 종류
점도에 따라 A, B, C급으로 구분

(2) 중유의 예열
① A중유 : 예열 불필요
② B, C 중유 : 예열 필요
※ 중유 예열목적 : 점도를 낮추어 무화를 용이하게

(3) 중유첨가제의 종류와 사용목적
① 회분개질제 : 고온부식 방지
  * 마그네슘 화합물, 알루미나
② 유동점강하제 : 송유를 양호하게
  * 스테아린산 알루미늄염
③ 슬러지분산제(=안정제) : 슬러지 생성방지, 분무촉진

* 계면활성제
④ 탈수제 : 수분 분리를 용이하게
　* 인화합물, 지방산아민화합물, 술폰산염
⑤ 연소촉진제 : 분무를 양호하게, 연소촉진
　* 니켈, 크롬, 망간, 철 등의 유기화합물 및 계면활성제
⑥ 저온부식방지제 : 무수황산 생성 억제, 무수황산의 노점 강하　* 암모니아, 도로마이트
※ 암기방법 :〈회유슬탈연저 - 마알계인유암〉

(4) 중유 선택 시 고려사항
① 사용 연소장치와 적합할 것
② 황분이 적을 것
③ 수분, 기타 불순물이 적을 것

(5) 타르 중유
① 화염의 방사율이 크다(C/H 비가 14 이상).
② 황분의 영향이 적다.
③ 석유계의 것과 혼합 시 슬러지 생성

(6) 관련용어
① 착화점 : 불씨 접촉 없이 스스로 불이 붙는 최저온도, 발화점이라고도 한다.
② 인화점 : 불씨 접촉 시 불이 붙는 최저온도
③ 연소점 : 인화 후 연소가 지속될 수 있는 온도, 인화점보다 일반적으로 7~10℃ 정도 높다.
④ 유동점 : 유동할 수 있는 최저온도, 응고점 + 2.5℃
⑤ API도 = $\dfrac{141.5}{60/60°F \text{ 비중}}$ - 131.5
　※ API : 미국석유협회의 약자로서, 중유의 비중을 공업적으로 나타낸 수치
　※ 유럽은 API도 대신 보오메도(Baume) 사용

(7) 중유함유 성분과 영향/대책

성분	영향	대책
잔유탄소	노즐 막힘 검댕 부착, 카본 생성	
수분	발열량 저하, 진동 연소 연소 불안정, 저장 중 부유물 생성	유수분리기 사용
불순물	밸브, 여과기, 버너칩 막힘 펌프, 유량계, 버너칩 마모	여과기 (오일스트레이너 사용)
회분	전열면에 고착, 전열 방해 연료질 저하, 고온부식 초래	회분개질제 사용
황	저온부식 초래 대기오염 유발	저온부식 방지제, 활황주유 사용

※ 연료배관 내의 공기는 에어체임버로 제거

(8) 액체연료 사용버너의 특징
① 유압분무식 버너
　㉠ 유압이 가장 크다(0.5~2MPa{5~20kgf/cm^2})
　㉡ 유량조절범위가 가장 좁다.
　　환유식은 1 : 3, 비환유식은 1 : 1.5
　㉢ 유량은 유압의 제곱근(평방근)에 비례
　㉣ 유압식버너의 유량조절방법
　　　ⓐ환유식의 경우 칩의 교환
　　　ⓑ버너수의 가감
　　　ⓒ플런저식 압력분무 방식 채택
　　　ⓓ환유식 채택
② 회전식 버너(로터리 버너)
　㉠ 유량이 적거나 점도가 높을 경우 무화 곤란
　㉡ 화염의 길이는 짧은 편
　㉢ 유량조절범위 1 : 5정도로 비교적 넓다.
　㉣ 분무각 넓음
③ 고압기류식 버너(고압공기분무식 버너)
　㉠ 유압이 가장 적다.
　㉡ 유량조절범위가 가장 넓다(1 : 10).
　㉢ 분사각도 좁음(30°)
　㉣ 화염의 길이가 길다.
　㉤ 공기와 연료유의 혼합방식에 따라 내부혼합식, 외부혼합식이 있음
④ 저압기류식 버너(저압증기분무식 버너)
　㉠ 고점도 유체라도 무화 양호(저압의 증기를 사용)
　㉡ 유량조절범위 1 : 5
　㉢ 소용량 및 가정용으로 사용된다.
⑤ 건타입(gun-type, 총형) 버너
　㉠ 송풍기와 버너를 조합한 형태
　㉡ 제어방식이 용이하다.
　㉢ 분무방식은 유압분무식임
　㉣ 구조 간단, 소형

버너명칭	무화매체/방법	화염 특성	사용에 적합한 보일러
유압식 버너 (비환류형)	유압	단염	각종 수관보일러, 관류보일러, 노통연관보일러
유압식 버너 (환류형)	유압	단염	각종 수관보일러, 관류보일러, 노통연관보일러
회전식 버너	분무컵의 회전에 의한 원심력	단염	입형보일러, 노통연관보일러, 주철제보일러, 중형 및 소형수관보일러
고압기류식 (외부혼합형)	고압공기, 증기	약간 장염	노통연관보일러, 관류보일러, 입형보일러, 중형 및 소형수관보일러, 주철제보일러
고압기류식 (내부혼합형)	고압공기, 증기	단염-장염	각종 수관보일러, 노통연관보일러, 관류보일러
저압기류식 (비연동형)	저압증기	약간 단염	입형보일러, 노통연관보일러, 주철제보일러
저압기류식 (연동형)	저압증기	단염	노통연관보일러, 입형보일러, 주철제보일러, 소형수관보일러
건타입 버너	유압+공기	단염	주철제보일러, 입형보일러, 노통연관보일러

07 급유계통장치

① 저장탱크 : 1~2주일 정도 분량 저장, 40~50℃ 가열
② 여과기 : 연료유 중 불순물 제거
③ 기어펌프 : 저장탱크에서 고점도 중유를 써어비스 탱크로 이송(또는 스크류펌프 사용)
④ 써어비스탱크
  ㉠ 버너선단으로부터 2m 이상 거리, 1.5m 이상 높이 유지
  ㉡ 2~3시간 분량 저장, C중유는 313~333K(40~60℃)로 가열
  ㉢ 가열원 : 증기식, 온수식
⑤ 환유관 : 저부하 시 버너로부터 잉여 중유를 써어비스 탱크로 되돌려 주는 관
⑥ 에어체임버 : 급유 중 공기제거
⑦ 유수분리기 : 연료유 중 수분 분리
⑧ 유량계 : 연료 사용량 측정
⑨ 오일프리히터
  ㉠ 일반적으로 가열원은 전열식을 주로 사용
    ※ 오일프리히터 가열원 : 전기, 증기, 온수
  ㉡ 전·후에 온도계 설치
  ㉢ 가열하여 중유의 점도를 낮춤으로서 분무를 양호하게(80~90℃로 가열)

※ C중유 가열온도는 353~378K(80~105℃)
※ B중유 가열온도는 323~333K(50~60℃)

⑩ 전자밸브 : 비상시 연료 차단
⑪ 유량조절밸브 : 부하에 따라 연료량 조절
⑫ 메타링펌프(분연펌프) : 연료유에 일정한 분무 유압을 유지
⑬ 중유의 가열온도와 현상

가열 온도	현상
너무 높을 때 (성분분해, 유증기 발생)	기름의 분해 분무상태 불량 탄화물(카본) 생성
너무 낮을 때 (점도가 크다)	무화 불량 화염이 한쪽으로 치우친다 그을음, 분진 발생

08 기체연료의 종류와 성분

(1) LNG(Liquefied Natural Gas)

① 액화천연가스의 약자
② 주성분 : CH_4(메탄), 소량의 C_2H_6(에탄)
③ 공기보다 가벼움, 누설 시 체류하지 않음
④ 비등점 : 메탄 -162℃
⑤ 도시가스 사용장소는 천장으로부터 30cm 이내에 환기구, 가스검지기 설치
⑥ 액화시 부피가 1/600로 줄어듦(기화시 600배로 팽창)
⑦ 도시가스의 주원료로 사용
⑧ 발열량은 메탄 43890kJ/Nm³(10500kcal/Nm³ 고위발열량)
⑨ 연소시 약 10배 정도의 공기가 필요

(2) LPG(Liquefied Petroleum Gas)

① 액화석유가스의 약자
② 주성분 : C_3H_8(프로판), C_4H_{10}(부탄), C_3H_6(프로필렌), C_4H_8(부틸렌)
③ 공기보다 무거움, 누설 시 바닥에 체류
④ 비등점 : 프로판 -42℃, 부탄 -0.5℃
⑤ LPG 사용장소는 바닥으로부터 30cm 이내에 환기구, 가스검지기 설치
⑥ 발열량이 높다. 50232kJ/kg (12000kcal/kg 고위발열량)
⑦ 연소시 약 25배 정도의 공기가 필요

(3) 석탄계 가스의 종류와 주요성분(석-수-고-발)

① 석탄가스 : 수-메-일(H_2, CH_4, CO)
② 수성가스 : 수-일-질(H_2, CO, N_2)
③ 고로가스 : 질-일-탄(N_2, CO, CO_2)
④ 발생로가스 : 질-일-수(N_2, CO, H_2)
 ※ 발생로가스=코르그가스
 ※ 고로가스 : 철광석을 제련하여 선철(銑鐵)을 제조하는 용광로인 고로에서 발생되는 가스
 ※ 수성가스 : 1000℃ 이상으로 적열된 코크스에 수증기를 접촉하면 열에 의해 수소, 일산화탄소로 분해되며 같이 분사된 공기 중 질소가 포함된다.

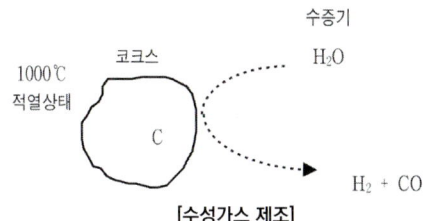

[수성가스 제조]

(4) 도시가스

① 도시가스 : 천연가스(액화한 것을 포함한다. 이하 같다), 배관(配管)을 통하여 공급되는 석유가스, 나프타부생(副生)가스, 바이오가스 또는 합성천연가스로서 대통령령으로 정하는 것
② 도시가스의 원료 : 석탄, 코크스, 원유, 중유, 천연가스, LPG 등을 원료로 함.
 ※ LPG, 천연가스를 주로 사용함.
③ 여러 종류의 가스를 공기 등과 혼합하여 발열량 조절 공급(A급, B급, C급)
④ 도시가스 발열량
 ㉠ LNG : 2014년까지 10100~10600kJ/Nm^3
    2015년부터 9800~10600kJ/Nm^3
 ㉡ LPG+공기 : 15000kJ/Nm^3 유지
⑤ 도시가스 불순물 함량기준
 ㉠ 황(S) : 40mg/Nm^3 이하(부취제 포함)
 ㉡ 황화수소(H_2S) : 6mg/Nm^3 이하
 ㉢ 암모니아 : 불검출을 원칙으로 함
 ㉣ 올레핀 : 0.1mol% 이하

(5) LPG 취급 시 주의사항

① 용기의 전락 충격 금지 ∗ 전락 : 굴러 떨어짐
② 직사광선 피하고 용기 표면온도 40℃ 이하 유지
③ 찬 곳에 보관하고, 공기의 유통을 좋게
④ 2m 이내에는 인화성, 발화성 물질 금지
⑤ 화기로부터 8m 이상 우회거리 유지
⑥ 용기밸브에 서리 얼음 등이 끼어있을 때 40℃ 이하의 온수 사용
 ※ 가스밸브 개방 시 밸브에 서리, 얼음이 붙는 현상은 고압의 유체가 밸브와 같은 좁은 틈새를 지날 때 유속이 증가하고 압력이 저하하며, 온도가 강하하는 현상(줄 톰슨 효과) 때문임

(6) 가스저장

① LPG는 가압식, 저온식으로 액화시킴
② 가스홀더 : 도시가스 등을 저장하는 저장탱크
 ㉠ 역할
  ⓐ 균일한 품질, 일정 압력 유지
  ⓑ 피크 시, 공급 중단 시 부족분을 저장
 ㉡ 종류
  ⓐ 유수식(저장압력 300mmH_2O 이하)
  ⓑ 무수식(저장압력 600mmH_2O 이하)
  ⓒ 고압식(저장압력 600mmH_2O 이상)
 ㉢ 홀더는 인접건축물과 10m 이상 간격 유지

09 보염(補炎) 장치

(1) 보염장치 역할

화염 안정, 화염 형상 조절, 화염 취소 방지, 공기와 연료의 혼합촉진

(2) 종류

① 윈드박스 : 공기와 연료 혼합 촉진, 압입통풍에 사용
② 스테이빌라이저 : 화염안정
③ 콤버스터 : 연소안정, 화염취소방지
④ 버너타일 : 화염의 형상조절

10 연소란?

연료중 가연성분(C, H, S)이 공기 중 산소와 화합하여 빛과 열을 수반하는 현상

11 연료의 종류와 연소형태 및 연소장치

연료 종류		연소 형태	연소 장치	
고체	석탄, 목재	분해연소	화격자	수분식
	코크스 목탄	표면연소		기계식(=스토우커)
액체	경질유	증발연소		증발식 버너
	중질유	분해연소(= 무화연소)		무화식 버너
기체	액화연료	증발연소		포오트, 버너
	기체연료	확산연소		버너(고압, 저압, 송풍)
		예혼합연소		

① 일반적으로 기체연료의 연소형태는 확산연소 형태
② 경질유 : 중유를 제외한 경유, 등유, 휘발유 등
③ 중질유 : 중유와 같이 비중이 큰 기름
④ 스토우커의 종류 : 계단식 - 쓰레기 소각용
   〈계산하쇄〉 산포식 - 무연탄 연소용
   하입식
   쇄상식

12 공기비(=과잉공기계수)

① 공기비 : 실제공기량과 이론공기량과의 비, $\dfrac{실제공기량}{이론공기량}$ 으로 구함.
② 실제공기 = 이론공기 + 과잉공기
③ 공기비가 클수록
   ㉠ 과잉산소량 증가
   ㉡ 고온부식, 저온부식 증가
   ㉢ 배기가스량 증가로 열손실 증가
   ㉣ 연소실 온도 저하로 진동연소 유발

13 기체연료 예혼합연소

① 공기와 연료를 미리 혼합하여 연소
② 장·단점
   ㉠ 고온의 화염을 얻을 수 있다.
   ㉡ 역화위험
   ㉢ 연소장치를 반드시 버너를 사용
※ 예혼합연소버너 : 고압버너, 저압버너, 송풍버너

14 공기량(공기비)에 따른 연소현상

	공기비 부족	공기비 적절	공기비 과대
화염	환원염 (화염 중 CO 포함)	중성염	산화염(화염중 O_2 포함)
화염색 노내의 색	노내 암적색	화염이 밝은 오렌지색	화염이 회백색
열효율	불완전연소 열효율 감소	효율 최대	배기가스량 증가, 열효율 감소
연소현상	매연 발생 그을음 발생		노내 냉각 진동연소 유발

※ 공기비 적절 : (중유연소 시)
   화염온도 1000~1100℃, 화염색 밝은 오렌지색
   링겔만 매연농도표 1~2정도
   연기색은 옅은 회색

15 통풍

(1) 통풍의 종류 : 자연통풍, 강제통풍

① 자연통풍 : 배기가스와 외기의 온도차, 비중차를 이용, 굴뚝을 통해 통풍하는 방식 (* 송풍기가 없음)
   ㉠ 자연통풍에서 통풍력을 증가시키려면?
      ⓐ 연돌(굴뚝)의 높이를 높인다.
      ⓑ 배기가스의 온도를 높인다. → 열효율 저하
      ⓒ 연돌의 상부단면적을 넓힌다.
      ⓓ 연도의 굴곡부를 적게, 길이를 짧게 한다.
② 강제통풍 : 송풍기를 이용, 통풍하는 방식
   ㉠ 압입통풍 : 연소실 입구에 송풍기 설치, 연소실 내 정압(+)
   ㉡ 흡입통풍(유인통풍) : 연도측에 송풍기 설치, 연소실 내 부압(-)

ⓒ 평형통풍 : 압입통풍+흡입통풍, 연소실 내 압력 조절용이
※ 압입통풍이 강하거나 흡입통풍이 약할 때 역화 위험
※ 통풍력크기 : 평형통풍 > 흡입통풍 > 압입통풍 > 자연통풍

(2) 댐퍼(공기댐퍼 & 연도댐퍼)

① 공기댐퍼 : 2차 공기(연소용 공기) 조절, 연소실 입구의 덕트 내에 설치
② 연도댐퍼 : 연도 내에 설치, 배기 가스량 가감으로 통풍력 조절

(3) 집진장치

굴뚝 직전에 설치, 배기가스 중 먼지 제거, 건식과 습식이 있음
① 건식 : 중력침강식, 관성력식, 원심력식(사이클론식), 여과식(백필터), 전기식(코트렐식)
② 습식 : 유수식, 가압수식, 회전식
   * 습식은 건식에 비해 집진효율이 좋은 반면 배기가스의 압력손실이 크다.
③ 주요 집진장치의 특성
   ㉠ 사이클론식 : 집진효율이 좋은 편, 경제적
   ㉡ 여과식 : 여과 주머니를 이용해 집진, 백필터
   ㉢ 전기식 : 집진효율 최대, 건식과 습식이 있음
   ㉣ 세정식 : 입자 농도가 낮은 가스를 고도로 청정할 수 있다.

(4) 송풍기

주로 원심형 송풍기가 사용됨.
① 자주 사용되는 원심형 송풍기 <터플다> : 터보형, 플레이트형, 다익형
② 송풍기 소요동력(kW)

$$[kW] = \frac{Q \cdot Z}{102 \cdot \eta}, \quad [PS] = \frac{Q \cdot Z}{75 \cdot \eta}$$

   * 여기에서, Q : 송풍량[m³/s], Z : 송풍압[mmH₂O], η : 효율

$$[kW] = \frac{Q \cdot Z}{\eta}$$

   * 여기에서, Q : 송풍량[m³/s], Z : 송풍압[kPa], η : 효율

16 매연발생원인 <연불공취저>

① 연소장치 결함
② 불완전연소
③ 공기비 부족
④ 취급자의 연소기술 미숙
⑤ 저질연료 연소 시
   ※ 저질연료 : 수분, 회분, 휘발분 등 함유 연료
   ※ 매연발생 방지대책은 발생원인을 제거하는 것

17 매연농도 측정

① 링겔만 매연농도표 : 연돌 위에 배출되는 매연과 관측자 앞에 놓인 매연농도표를 시각에 의해 비교 측정하는 방법으로 0~5번까지 6단계로 구분되어 있다.
② 로버트 농도표 : 링겔만의 일종, 4단계의 농도표
③ 광전관식 매연 농도계 : 빛의 투과율 측정에 의한 매연 농도계
④ 매연포집중량법 : 먼지를 포함한 배기가스를 석면, 암면 등의 여과지에 통과, 포집시켜 여과지의 중량변화를 자동으로 측정하는 장치
⑤ 바카라카 스모크 스케일 : 매연 포집 중량법과 비슷하나 배기가스를 여과지에 통과시켜 여과지에 부착된 먼지 농도를 표준농도표와 비교 측정한다. 0~9번까지 10단계로 세분화되어 있다.

링겔만 매연농도 측정 방법

① 농도표는 관측자 전방 16m 떨어진 곳에 눈의 위치와 동일한 높이로 설치
② 관측자와 연돌 거리 : 30~39m
③ 연돌상부 30~45cm의 연기색을 농도표와 비교 관찰
④ 직사광선을 피하고(태양 광선을 측면으로 받는 위치) 연기 흐름과 직각 방향에서 측정
⑤ 주위의 하늘색이 너무 환하거나 어두울 때는 측정하지 않는다.
⑥ 10초 간격으로 반복 실시하여 평균값을 취할 것
   ※ 매연농도표 = 스모크 스케일

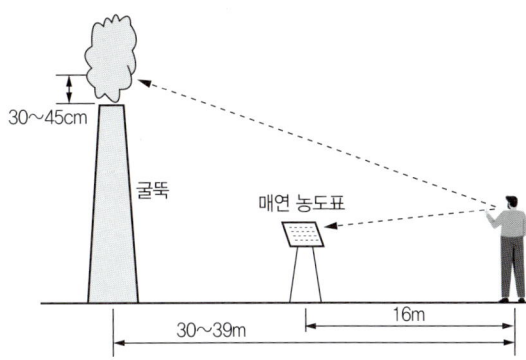

18 매연농도 규정

① 매연농도 : 바카라카 스모크 스케일 4 이하

05 연료연소 통풍집진장치 예상문제

CHAPTER

박쌤이 콕! 찝어주는 주요 예상문제 풀어보기!

연료종류 특성 / 연료성분

 연료의 조건

① 발열량이 커야
② 구입,저장,운반,취급이 용이해야
③ 가격이 저렴해야(경제적)
④ 연소시 환경오염이 적어야

01 연료의 구비조건으로 틀린 것은?

[10/4]

① 단위중량 또는 체적당 발열량이 클 것
② 매연의 발생량이 적을 것
③ 저장이나 운반취급이 용이할 것
④ 연소시 회분등이 많을 것

★ 연료중 회분(재)이 많으면 전열면을 오염시키고 대기오염, 고온부식의 장해를 초래한다.

02 보일러 연료의 구비조건으로 틀린 것은?

[13/4][10/1]

① 공기 중에 쉽게 연소할 것
② 단위 중량당 발열량이 클 것
③ 연소 시 회분 배출량이 많을 것
④ 저장이나 운반, 취급이 용이할 것

★ 회분은 연소후 재가되는 성분으로 회분함량이 적어야 함.

03 보일러 연료의 구비조건으로 틀리는 것은?

[08/5]

① 공해 요인이 적을 것
② 저장, 취급, 운반이 용이할 것
③ 점화 및 소화가 쉬울 것
④ 연소가 용이하고 발열량이 작을 것

★ 연료의 구비조건
① 공기 중에 쉽게 연소할 것
② 발열량이 클 것
③ 구입이 쉽고 경제적일 것
④ 취급·운반·저장이 용이할 것
⑤ 공해의 요인이 적을 것

 연료의 성분분석

1) 성분분석 방법 : 공업분석(고체), 원소분석(액체,기체)
  - 공업분석 : 석탄 분석에 사용
    수분,회분,휘발분,고정탄소(항습베이스 기준)
  - 원소분석 : C(탄소), H(수소), O(산소), N(질소), S(황), P(인) 등
2) 연료성분 중
  - 가연성분 : 탄소, 수소, 황
  - 주성분 : 탄소, 수소
3) 탄화도 : 석탄이 진행된 정도를 말함.
  탄화도가 높을수록, 고정탄소(%)가 증가
              연료비(고정탄소/휘발분)가 증가
              발열량 증가(석탄에 해당)
4) 고체연료 성분 중
  - 고정탄소 : 화염이 짧아짐, 발열량 증가
  - 수분 : 착화성 저하
  - 회분 : 재가 되는 성분, 연소효율 저하
  - 휘발분 : 매연발생
5) 액체, 기체연료중 탄소에 비해 수소 성분이 많을수록 발열량 증가

정답 1 ④ 2 ③ 3 ④

01 연료의 가연 성분이 아닌 것은?
[15/4][09/1]

① N ② C
③ H ④ S

* 가연성분 : C(탄소), H(수소), S(황)
  불연성분 : O(산소), N(질소), P(인)
  조연성분 : O(산소)
  • 황(S) : 가연성분이면서 불순물

02 다음 중 가연성 가스가 아닌 것은?
[11/1]

① 수소 ② 아세틸렌
③ 산소 ④ 프로판

* 산소는 자신이 연소하지 않고 다른 가연성가스가 연소하는데 필요한 조연성가스임.

03 보일러용 연료에 관한 설명 중 틀린 것은?
[11/5]

① 석탄 등과 같은 고체연료의 주성분은 탄소와 수소이다.
② 연소효율이 가장 좋은 연료는 기체연료이다.
③ 대기오염이 큰 순서로 나열하면, 액체연료 〉 고체연료 〉 기체연료의 순이다.
④ 액체연료는 수송, 하역작업이 용이하다.

* 대기오염 순서 : 고체연료 〉 액체연료 〉 기체연료

04 보일러 연료 중에서 고체연료를 원소 분석하였을 때 일반적인 주성분은? (단, 중량 %를 기준으로 한 주성분을 구한다.)
[15/1][12/5]

① 탄소 ② 산소
③ 수소 ④ 질소

* 고체연료의 주성분은 대부분의 탄소와 소량의 수소로 이뤄져 있다. 이 외에 불순물로 황분, 회분 등이 있다.

05 고체연료에서 탄화가 많이 될수록 나타나는 현상으로 옳은 것은?
[13/2]

① 고정탄소가 감소하고, 휘발분은 증가되어 연료비는 감소한다.
② 고정탄소가 증가하고, 휘발분은 감소되어 연료비는 감소한다.
③ 고정탄소가 감소하고, 휘발분은 증가되어 연료비는 증가한다.
④ 고정탄소가 증가하고, 휘발분은 감소되어 연료비는 증가한다.

* 고체연료(석탄)의 연료분석에서 (항습베이스 기준) 고정탄소, 휘발분, 회분, 수분으로 구분한다.
  탄화가 많이 될수록 무연탄에 가깝게 되며, 고정탄소 비율이 증가하고 휘발분은 감소하게 된다.
  ① **고정탄소** : 불꽃이 짧아지며, 발열량이 증가한다.
  ② **휘발분** : 연소초기 그을음의 원인이 된다.
  ③ **회분** : 재가 되는 성분. 착화성이 떨어지고 발열량감소
  ④ **수분** : 착화성이 떨어지고 발열량 감소
* 연료비는 휘발분에 대한 고정탄소의 비율을 말하며, 높을수록 고정탄소 성분이 많은 것을 의미하며 연료로서 가치가 높은 것을 의미한다.
  ※ 연료비 = 고정탄소 / 휘발분

06 석탄의 함유 성분에 대해서 그 성분이 많을수록 연소에 미치는 영향에 대한 설명으로 틀린 것은?
[16/4][13/1]

① 수분 : 착화성이 저하된다.
② 회분 : 연소효율이 증가한다.
③ 휘발분 : 검은 매연이 발생하기 쉽다.
④ 고정탄소 : 발열량이 증가한다.

* 회분 : 연소후 재가되는 성분으로 연소효율이 저하한다.

정답 01 ① 02 ③ 03 ③ 04 ① 05 ④ 06 ②

개념원리 연소 용어 정리 / 중유첨가제

1) 인화점 : 불씨 접촉시 불이 붙는 최저온도
   가열시 가연증기가 폭발범위 하한치에 도달하는 온도
2) 착화점 : 불씨 접촉없이 가열시 불이 붙는 최저온도
3) 유동점 : 중유가 흐르기 시작하는 온도
   • 중유는 점도 때문에 일정온도 이상이 되어야 유동
4) 연소점 : 인화후 연소가 지속되는 온도.
5) 1차공기와 2차공기

연료	1차공기	2차공기
고체	화격자 밑에서 유입되는 공기	화격자위의 공기
액체	분무용공기	연소용공기
기체	분무용공기 포트하부에서 유입되는 공기	연소용공기 포트외부의 공기

6) 중유첨가제
   ① 유동점강하제 : 송유를 양호하게
   ② 슬러지분산제 : 슬러지 생성 방지, 분무촉진
   ③ 회분개질제 : 고온부식 방지
   ④ 연소촉진제 : 분무를 양호하게, 연소촉진
   ⑤ 탈수제 : 수분 분리를 용이하게

01 연료의 인화점에 대한 설명으로 가장 옳은 것은?
[12/1][10/1]
① 가연물을 공기 중에서 가열했을 때 외부로부터 점화원 없이 발화하여 연소를 일으키는 최저 온도
② 가연성 물질이 공기 중의 산소와 혼합하여 연소할 경우에 필요한 혼합가스의 농도 범위
③ 가연성 액체의 증기 등이 불씨에 의해 불이 붙는 최저 온도
④ 연료의 연소를 계속시키기 위한 온도

★ ① 인화점 : 불꽃을 가까이 댔을 때 불이 붙는 최저온도. 또는 가연성액체의 증기가 연소하한에 도달하는 온도
② 발화점 : 물질이 자체적으로 온도상승에 의해 점화원 없이 불이 붙는 최저온도.

02 다음 유류 중 인화점이 가장 낮은 것은?
[08/2]
① 가솔린   ② 등유
③ 경유   ④ 중유

★ 인화점 : 가연성 물질이 공기 존재하에서 외부의 점화원을 가했을 때 불이 붙을 수 있는 최저온도
① 가솔린 : -43℃ ~ -20℃
② 등유 : 40℃ ~ 70℃
③ 경유 : 50℃ ~ 70℃
④ 중유 : 60℃ ~ 150℃
※ 중유예열시 인화점온도 이하로 가열하여 분무함.

03 다음 연료 중 단위 중량당 발열량이 가장 큰 것은?
[12/4]
① 등유   ② 경유
③ 중유   ④ 석탄

★ 액체연료는 탄화수소(CmHn)로서 탄소의 개수에 따라 휘발유, 등유, 경유, 중유로 구분됨.
일반적으로 중량당 발열량은 기체>액체>고체의 순서임.
액체연료를 살펴보면 (탄소 개수에 따라)
① 휘발유 : $C_6 \sim C_{10}$ 발열량 11,000~11,500[kJ/kg]
② 등유 : $C_{10} \sim C_{14}$ 발열량 10,500~11,000[kJ/kg]
③ 경유 : $C_{11} \sim C_{19}$ 발열량 10,500~11,000[kJ/kg]
④ 중유 : C_{17}이상 10,000~10,800[kJ/kg]
★ 중량 기준과 부피 기준을 살펴보면, 휘발유에서 중유로 갈수록 탄소갯수가 증가하여 같은 부피에서 중량이 증가한다. 탄소(C)1개당 분자량 12, 수소(H)1개당 분자량이 1씩 증가한다.
튀밥과 콩을 생각해보면, 같은 부피(그릇)에 들어가는 것은 콩이 많은 무게가 들어간다. 반대로, 같은 무게라면 튀밥의 부피가 훨씬 크다. 같은 이치로 중량 기준이면 가벼운 휘발유쪽으로 갈수록 발열량이 증가하며, 부피 기준이면 무거운 중유쪽으로 갈수록 발열량이 증가함.
★ 발열량 (중량기준) : 휘)등)경)중
발열량 (부피기준) : 중)경)등)휘

04 A, B, C 중유는 무엇에 의하여 구분되는가?
[08/5]
① 인화점   ② 착화점
③ 점도   ④ 비점

★ 중유 - 점도에 따라 A, B, C로 구분

05 사용 시 예열이 필요 없고 비중이 가장 작은 중유는?
[11/4][07/5]
① 타르 중유   ② A급 중유
③ B급 중유   ④ C급 중유

★ 중유는 점도에 따라, A, B, C급으로 구분하며 A급은 점도가 낮아 예열이 불필요함.

정답 01 ③ 02 ① 03 ① 04 ③ 05 ②

06 중유의 연소 상태를 개선하기 위한 첨가제의 종류가 아닌 것은?   [14/2][08/2]

① 연소촉진제   ② 회분개질제
③ 탈수제   ④ 슬러지 생성제

★ 중유첨가제 종류
 ① 회분개질제 : 고온부식 방지
 ② 연소촉진제 : 분무를 양호하게
 ③ 탈수제 : 수분 분리
 ④ 슬러지분산제 : 중유중 슬러지를 분산시켜 분무를 양호하게, 노즐막힘 방지

07 중유 첨가제 중에서 분무를 순조롭게 하는 것은?   [09/5]

① 회분개질제   ② 유동점 강하제
③ 슬러지분산제 ④ 연소촉진제

★ 중유의 첨가제는 다음 종류가 있다.
 ① 회분개질제 : 회분의 융점을 높여 고온부식방지 (마그네슘화합물, 알루미나)
 ② 유동점강하제 : 송유를 양호하게 해준다.(포화지방산의 알루미늄염)
 ③ 슬러지분산제 : 슬러지 생성방지, 분무촉진 (계면활성제)
 ④ 연소촉진제 : 분무를 순조롭게, 연소촉진 (유기화합물, 알루미늄염)
 ⑤ 탈수제 : 수분 분리를 용이하게 (인화합물, 지방산 아민화합물, 술폰산염)

08 중유의 첨가제 중 슬러지의 생성방지제 역할을 하는 것은?   [16/1][11/5]

① 회분개질제   ② 탈수제
③ 연소촉진제   ④ 안정제

★ 중유의 품질을 개선하기 위해 첨가하는 연료첨가제는
 ① **회분개질제** : 회분의 융점을 높여 고온부식 방지
    마그네슘화합물 또는 알루미나 성분
 ② **유동점강하제** : 유동점을 낮춰 송유를 양호하게
    포화지방산의 알루미늄염 성분
 ③ **슬러지분산제(안정제)** : 슬러지 생성방지, 분무촉진
    계면활성제 성분
 ④ **탈수제** : 연료중 수분 분리를 용이하게
    인 화합물, 지방산 아민화합물, 슬폰산염 성분
 ⑤ **연소촉진제** : 분무를 순조롭게, 연소촉진
    유기화합물, 알루미늄염 성분
 ⑥ **매연방지제** : 연료의 산화를 촉진시켜 불완전연소 방지
    망간, 바륨 등의 유기화합물 성분

연료의 종류 및 특징

1) 고체연료 : 목재, 석탄, 숯, 코크스
 ① 주성분은 탄소, 수소이다.
 ② 구입이 쉽고, 가격 저렴, 취급저장 용이
 ③ 연소장치 간단 (화격자)
 ④ 연소효율이 낮다. 불순물이 많아 완전연소 곤란
2) 액체연료 : 휘발유, 등유, 경유, 중유
 ① 품질균일, 발열량 높다. 연소효율이 높다.
 ② 운반, 저장, 취급이 용이
 ③ 회분이 적고, 연소조절 쉽다.
 ④ 화재 및 역화위험
3) 기체연료 : LNG, LPG, 석탄계가스
 ① 적은 공기비로 완전연소 가능
 ② 황분, 회분이 거의없다. 전열면 오손이 없다.
 ③ 시설비가 많이 든다. 가스폭발 위험성
 ④ 저장, 운반에 압력용기 필요

액체연료 / 기체연료

1) 액체연료 :
 ① 경질유 : 휘발유, 등유, 경유
 ② 중질유 : 중유(점도에 따라 A급, B급, C급으로 구분)
  • A급 중유는 점도가 낮아 예열이 필요없다.
2) 기체연료 : LNG, LPG, 석탄계가스
 ① LNG : 액화천연가스
  주성분 메탄, 기화시 공기보다 가볍다
  메탄 증발온도 -162℃
 ② LPG : 액화석유가스
  주성분 프로판, 부탄. 기화시 공기보다 무겁다
 ③ 석탄계가스 [석수고발]
  석탄가스〈수메일〉: 수소, 메탄, 일산화탄소
  수성가스〈수일질〉: 수소, 일산화탄소, 질소
  고로가스〈질일탄〉: 질소, 일산화탄소, 탄소
  발생로가스〈질일수〉: 질소, 일산화탄소, 수소
 • 발생로 가스=코르크 가스

정답 06 ④ 07 ④ 08 ④

01 액체연료의 일반적인 특징에 관한 설명으로 틀린 것은?
[13/2]

① 유황분이 없어서 기기 부식의 염려가 거의 없다.
② 고체 연료에 비해서 단위 중량당 발열량이 높다.
③ 연소효율이 높고 연소조절이 용이하다.
④ 수송과 저장 및 취급이 용이하다.

★ 보기 ①은 LNG, LPG 등 기체연료의 특징에 해당한다.

02 보일러 액체 연료의 특징 설명으로 틀린 것은?
[13/5][10/1]

① 품질이 균일하여 발열량이 높다.
② 운반 및 저장, 취급이 용이하다.
③ 회분이 많고 연소조절이 쉽다.
④ 연소온도가 높아 국부과열 위험성이 높다.

★ 액체연료는 고체 또는 기체연료와 특징을 비교한다.
  고체연료에 비해 회분(재)이 적고 연소조절이 쉽다.

03 고체연료와 비교하여 액체연료 사용 시의 장점을 잘못 설명한 것은?
[12/1]

① 인화의 위험성이 없으며 역화가 발생하지 않는다.
② 그을음이 적게 발생하고 연소효율도 높다.
③ 품질이 비교적 균일하며 발열량이 크다.
④ 저장 및 운반 취급이 용이하다.

★ 인화의 위험이 크고, 역화가 발생할 우려가 있다.

04 기체연료의 일반적인 특징을 설명한 것으로 잘못된 것은?
[13/4]

① 적은 공기비로 완전연소가 가능하다.
② 수송 및 저장이 편리하다.
③ 연소효율이 높고 자동제어가 용이하다.
④ 누설 시 화재 및 폭발의 위험이 크다.

★ 기체연료는 수송 및 저장이 불편하여 별도의 저장용기가 필요함.

05 기체연료의 특징에 대한 설명으로 틀린 것은?
[10/2]

① 적은 양의 과잉공기로 완전연소가 가능하다.
② 연소시 유황이나 회분 등에 의한 대기 오염이 많다.
③ 발열량이 크다.
④ 고부하 연소가 가능하다.

★ 기체연료는 완전연소가 이루어지므로 대기오염이 적다.
  연소시 유황이나 회분에 의한 대기오염이 많은 것은 석탄과 같은 고체 연료임.

06 다음 중 기체연료의 특징 설명으로 틀린 것은?
[11/5]

① 저장이나 취급이 불편하다.
② 연소조절 및 점화나 소화가 용이하다.
③ 회분이나 매연발생이 없어서 연소 후 청결하다.
④ 시설비가 적게 들어 다른 연료보다 연료비가 저가이다.

★ 연료의 운반, 저장, 취급에 특별한 장치, 용기가 필요하며 시설비가 많이 들고, 연료비가 비싸다.

07 기체연료의 연소특성에 대한 설명으로 틀린 것은?
[09/4]

① 회분이나 매연발생이 없어서 연소 후 청결하다.
② 연소조절이나 소화가 불편하다.
③ 이론공기량에 가까운 공기로도 완전연소가 가능하다.
④ 연소의 자동제어가 편리하다.

★ 기체연료 특성
  ① 적은 공기비로 완전연소가능
  ② 황분, 회분이 거의 없다.(공해, 전열면 오손이 전혀 없다.)
  ③ 시설비가 많이 든다.
  ④ 가스폭발 위험성이 크다.
  ⑤ 저장, 운반에 압력용기 필요

08 기체연료 연소의 특징 설명 중 틀린 것은?
[09/1]

① 연소조절이 용이하다.
② 연료의 저장, 수송에 큰 시설을 요한다.
③ 회분의 생성이 없고 대기오염의 발생이 적다.
④ 연소실 용적이 커야 된다.

정답 01 ① 02 ③ 03 ① 04 ② 05 ② 06 ④ 07 ② 08 ④

> ★ 기체연료 특성
> ① 적은 공기비로 완전연소가능
> ② 황분, 회분이 거의 없다.(공해, 전열면 오손이 전혀 없다.)
> ③ 시설비가 많이 든다.
> ④ 가스폭발 위험성이 크다.
> ⑤ 저장, 운반에 압력용기 필요

09 다음 중 기체 연료의 장점이 아닌 것은?

[08/2]

① 연소의 조절 및 점화 소화가 간단하다.
② 연료 및 연소용 공기도 예열 되어 고온을 얻을 수 있다.
③ 완전연소가 되므로 누설시 위험성이 적다.
④ 고부하 연소가 가능하고 연소실 용적을 적게 할 수 있다.

> ★ 기체연료특징
> ① 연소효율이 좋다.
> ② 대기오염을 초래하지 않는다.
> ③ 과잉 공기 사용량이 적다.
> ④ 폭발의 위험성이 있다.
> ⑤ 수송이나 저장이 불편. (별도의 가스용기 필요)
> ⑥ 설비비 및 연료비가 비싸다.

10 기체연료의 특징 설명으로 잘못된 것은?

[08/1]

① 연소 효율이 높다.
② 적은 과잉공기로 완전연소가 가능하다.
③ 연소조절 및 소화. 점화가 용이하다.
④ 환경오염 물질이 많이 배출된다.

> ★ 완전연소가 용이하여 환경오염이 물질이 적게 배출된다.

11 다음 중 연소 시에 매연 등의 공해 물질이 가장 적게 발생되는 연료는?

[13/1]

① 액화천연가스   ② 석탄
③ 중유   ④ 경유

> ★ 연료중 완전연소가 용이한 것은 기체 > 액체 > 고체의 순서임. 따라서, 보기중 매연발생이 가장 작은 것은 순서대로 액화천연가스(LNG), 경유, 중유, 석탄의 순서이다.

12 다음 도시가스의 종류를 크게 천연가스와 석유계 가스, 석탄계 가스로 구분할 때 석유계 가스에 속하지 않는 것은?

[13/1]

① 코르크 가스   ② LPG 변성가스
③ 나프타 분해가스   ④ 정제소 가스

> ★ 코르크 가스는 발생로가스를 말함. 석탄계 가스에 속한다.
> 석탄계가스의 종류와 주성분은 〈석수고발〉
> ① 석(수메일) : 석탄가스 – 수소, 메탄, 일산화탄소
> ② 수(수일질) : 수성가스 – 수소, 일산화탄소, 질소
> ③ 고(질일탄) : 고로가스 – 질소, 일산화탄소, 탄산가스
> ④ 발(질일수) : 발생로가스 – 질소, 일산화탄소, 수소

13 다음 중 액화천연가스 [LNG]의 주성분은 어느 것인가?

[13/5]

① CH_4 ② C_2H_6
③ C_3H_8 ④ C_4H_{10}

> ★ LNG : 메탄이 주성분, 기화시 공기보다 가볍다.
>   • 메탄 CH_4
> LPG : 프로판, 부탄이 주성분. 기화시 공기보다 무겁다.
>   • 프로판 C_3H_8, 부탄 C_4H_{10}

14 LNG에 관한 설명으로 옳은 것은?

[09/2][07/1]

① 프로판가스를 기화한 것이다.
② 부탄 및 에탄이 주성분인 천연가스이다.
③ 수송 및 취급이 어렵고 독성이 있다.
④ 공기보다 비중이 가볍다.

> ★ LNG(액화천연가스)
>   ① 메탄(CH_4)이 주성분
>   ② 공기보다 가볍고, 누설시 체류하지 않는다.
>   ③ 천정으로부터 30cm 이내에 환기구 설치
>   ④ 액화가 어렵다(증발온도 –162℃)
> ★ LPG(액화석유가스)
>   ① 프로판(C_3H_8), 부탄(C_4H_{10})이 주성분
>   ② 공기보다 무겁고, 누설시 바닥에 체류한다.
>   ③ 바닥으로부터 30cm 이내에 환기구 설치
>   • LNG, LPG 모두 독성은 없다.

정답 09 ③ 10 ④ 11 ① 12 ① 13 ① 14 ④

15 다음 기체 연료 중 석유계 연료에서 얻는 것은?
[07/2]

① 수성가스 ② 오일가스
③ 발생로가스 ④ 고로가스

> ★ 보기 중 석탄계 가스연료는 〈석수고발〉: 석탄가스, 수성가스, 고로가스, 발생로가스가 있다.
> 따라서, 오일가스가 석유계 가스임.

16 액화석유가스(LPG)의 일반적인 성질에 대한 설명으로 틀린 것은?
[12/2]

① 기화 시 체적이 증가된다.
② 액화 시 적은 용기에 충전이 가능하다.
③ 기체상태에서 비중이 도시가스보다 가볍다.
④ 압력이나 온도의 변화에 따라 쉽게 액화, 기화시킬 수 있다.

> ★ 액화석유가스는 석유가스를 가압냉각하여 액화시킨 것으로 주성분은 프로판(C_3H_8), 부탄(C_4H_{10})으로 구성되어 있다. 연소시 약 25배의 공기가 필요하며 발열량은 약 50232kJ/kg 정도이다. 액체일 때 물보다 가볍지만(기름종류), 기화되면 공기보다 무겁다.
> • 도시가스는 주성분이 메탄으로 공기보다 가볍다.

17 다음 중 LPG의 주성분이 아닌 것은?
[14/1][07/5]

① 부탄 ② 프로판
③ 프로필렌 ④ 메탄

> ★ LPG(액화석유가스)의 주성분은 프로판(C_3H_8), 부탄(C_4H_{10}), 프로필렌(C_3H_6), 부틸렌(C_4H_8) 등이다. 메탄(CH_4)은 천연가스의 주성분이다.

18 석탄가스 구성의 주성분은?
[07/1]

① 이산화탄소 ② 일산화탄소
③ 질소 ④ 수소

> ★ 석탄계가스의 종류와 주성분은 〈석수고발〉
> ① 석(수메일): 석탄가스 - 수소, 메탄, 일산화탄소
> ② 수(수일질): 수성가스 - 수소, 일산화탄소, 질소
> ③ 고(질일탄): 고로가스 - 질소, 일산화탄소, 탄산가스
> ④ 발(질일수): 발생로가스 - 질소, 일산화탄소, 수소

연소형태 / 연소장치

 연소 형태

> 1) 분해연소: 열에 의해 가연성분이 분해, 증발하여 연소
>   고체연료 중 목재, 석탄, 액체연료중 중유
> 2) 표면연소: 불꽃이 없이 연료 전체가 빨갛게 연소
>   고체연료중, 숯, 코크스
> 3) 증발연소: 상온에서 가연성분이 증발하여 연소
>   액체연료중 경질유(휘발유, 등유, 경유)
> 4) 확산연소: 연료가 공기중으로 확산하여 연소
>   기체연료가 해당됨
> • 중유는 분해가 될 정도로 가열할 경우 인화 폭발의 위험이 있으므로 적절 온도로 예열하여 무화(안개모양으로 분사)시켜 연소시킨다.

01 연소의 3대 조건이 아닌 것은?
[09/2]

① 발화점 ② 가연성물질
③ 산소공급원 ④ 점화원

> ★ 연소 3대 조건은 가연물질, 산소, 점화원이 있어야 한다.
> • 발화점(=착화점): 불씨 없이 가열에 의해 불이 저절로 붙는 온도

02 연소의 3대 조건이 아닌 것은?
[12/5]

① 이산화탄소 공급원 ② 가연성 물질
③ 산소 공급원 ④ 점화원

> ★ 연소의 3대 조건: 가연물질, 산소공급원, 점화원(불씨)

03 연소가 이루어지기 위한 필수 요건에 속하지 않는 것은?
[13/4]
① 가연물 ② 수소 공급원
③ 점화원 ④ 산소 공급원

★ 연소3대조건 : 가연물, 산소공급원, 점화원(불씨)

04 연료 중 표면 연소하는 것은?
[14/4][09/1]
① 목탄 ② 중유
③ 석탄 ④ LPG

★ ① 표면연소 : 목탄, 코크스, 숯
불꽃이 없이 연료표면 전체가 빨갛게 적열되어 연소
② 분해연소 : 석탄, 목재, 중유
연료성분이 열분해하여 가연가스가 발생하여 연소
③ 증발연소 : 휘발유, 등유, 경유
연료가 상온에서 증발하여 증발한 기체가 연소됨.
④ 확산연소 : 기체연료가 공기중에 확산하여 연소

05 도시가스의 연소 형태는?
[09/5]
① 확산연소 ② 표면연소
③ 분해연소 ④ 증발연소

★ 기체연료 ① 확산연소 – 순수연료로 공기중으로 분사
② 예혼합연소 – 미리 공기와 혼합

연소장치

1) 고체연료 연소장치 : 화격자, 스토우커(기계식화격자)
   ★ 미분탄의 경우 버너로 연소함(중유와 혼합연소).
2) 액체연료 연소장치 : 버너(증발식, 무화식)
   ① 증발식버너 : 경유, 등유를 연소
      심지식, 웰프레임식, 포트식
   ② 무화식버너 : 중유를 연소
      회전식(로터리), 유압식, 기류식, 초음파식
3) 기체연료 연소장치 : 포트, 버너
   ① 확산연소 : 포트, 버너
   ② 예혼합연소 : 공기와 기체연료를 미리 혼합하여 연소
      버너(고압, 저압, 송풍)

01 보일러 연소장치의 선정기준에 대한 설명으로 틀린 것은?
[14/1][10/2][07/2]
① 사용 연료의 종류와 형태를 고려한다.
② 연소 효율이 높은 장치를 선택한다.
③ 과잉공기를 많이 사용할 수 있는 장치를 선택한다.
④ 내구성 및 가격 등을 고려한다.

★ 과잉공기는 완전연소가 가능한 범위에서 되도록 적을수록 좋다. 과잉공기가 증가하면, 배기가스량 증가로 열손실 증가, 연소실 온도저하, 열효율 저하 및 저온부식 증가의 문제점이 발생한다.

02 보일러 연소장치와 가장 거리가 먼 것은?
[16/1][10/1]
① 스테이 ② 버너
③ 연도 ④ 화격자

★ ① 스테이 : 보일러의 부분적 강도를 보강하기 위해 설치되는 버팀쇠를 말한다.
② 화격자 : 고체연료를 연소하는 장치로서 주로 주철제로 되어 있는 격자모양으로 상부에 연료, 하부에서 공기를 공급하며 격자의 틈새로 재가 떨어진다.

03 보일러 연소장치와 가장 거리가 먼 것은?
[07/2]
① 스테이 ② 버너
③ 포트 ④ 화격자

★ 스테이 : 강도를 보강하기 위해 설치하는 버팀쇠를 말한다.

04 다음 중 고체연료의 연소방식에 속하지 않는 것은?
[13/2]
① 화격자 연소방식 ② 확산 연소방식
③ 미분탄 연소방식 ④ 유동층 연소방식

★ 확산연소방식은 기체연료의 연소방식이다.

정답 03 ② 04 ① 05 ① 01 ③ 02 ① 03 ① 04 ②

CHAPTER 05 ____ 연료연소 통풍집진장치 예상문제 **177**

05 보일러의 오일버너 선정 시 고려해야 할 사항으로 틀린 것은? [12/4]

① 노의 구조에 적합할 것
② 부하변동에 따른 유량조절범위를 고려할 것
③ 버너용량이 보일러 용량보다 적을 것
④ 자동제어 시 버너의 형식과 관계를 고려할 것

★ 버너 용량은 보일러 용량보다 큰 것으로 여유가 있어야 함

06 보일러 버너의 선정시 고려 사항과 관계없는 것은? [07/4]

① 가열조건과 노의 구조에 적합할 것
② 버너용량이 가열 용량에 맞을 것
③ 급수의 수질을 고려할 것
④ 자동제어의 경우 버너 형식과의 관계를 고려할 것

★ 버너의 선정기준
① 가열조건과 연소실 구조에 적합해야
② 버너용량이 보일러용량에 적합해야
③ 부하변동에 따른 유량조절범위를 고려해야
④ 자동제어 방식에 적합한 버너형식을 고려해야

07 액체 연료의 기화연소 방법의 종류가 아닌 것은? [08/1]

① 포트형   ② 심지형
③ 펌프형   ④ 증발형

★ 펌프형 : 무화식 연소에 해당. 사용되는 펌프를 분무용펌프(=메타링펌프)라 함.

08 액체연료 중 경질유에 주로 사용하는 기화연소 방식의 종류에 해당하지 않는 것은? [14/4][12/2]

① 포트식   ② 심지식
③ 증발식   ④ 무화식

★ 1) 기화식 버너(증발식버너) : 경유, 등유 등 경질유에 사용
  • 종류 – 포트식, 증발식, 심지식(낙차식)
2) 무화식 버너 : 중유 등 중질유에 사용
  • 종류 – 유압식, 회전식(로터리식), 초음파식, 기류식

09 액체연료 중 경질유 연소방식에는 기화연소 방식이 있다. 그 종류 중 틀린 것은? [10/5]

① 포트식   ② 심지식
③ 증발식   ④ 초음파식

★ 경질유 기화연소방식 버너 : 심지식, 포트식, 증발식
보기 ④ 초음파식은 중유의 무화식버너의 일종임.

10 연소방식을 기화연소방식과 무화연소방식으로 구분할 때 일반적으로 무화연소방식을 적용해야하는 연료는? [12/4]

① 톨루엔   ② 중유
③ 등유   ④ 경유

★ 액체연료는 분사하는 방식에 따라, 증발연소, 무화연소로 구분한다.
① 증발연소 : 상온에서 증발하기 쉬운 경유, 등유
  사용버너 : 심지식, 포트식, 웰프레임식
② 무화연소 : 상온에서 증발하기 어려운 중유를 예열하여 점도를 낮추고 안개처럼 분사(무화)하여 연소
  사용버너 : 회전식, 압력분무식, 기류식, 초음파식 등

11 액체연료 연소에서 연료를 무화시키는 목적의 설명으로 틀린 것은? [09/4]

① 주위 공기와 혼합을 고르게 하기 위하여
② 단위 중량당 표면적을 적게 하기 위하여
③ 연소효율을 향상시키기 위하여
④ 연소실의 열 부하를 높게 하기 위하여

★ 무화의 목적 (안개모양으로 분사하는 것)
① 단위중량당 표면적을 크게
② 공기와의 혼합 촉진
③ 연소효율을 향상

12 액체연료의 연소장치에서 무화의 목적으로 틀린 것은? [08/5]

① 단위 중량당 표면적을 작게 한다.
③ 연소효율이 증가한다.
③ 연료와 공기의 혼합이 양호하다.
④ 완전연소가 가능하다.

정답 05 ③ 06 ③ 07 ③ 08 ④ 09 ④ 10 ② 11 ② 12 ①

* 무화의 목적 (안개모양으로 분사하는 것)
  ① 단위중량당 표면적을 크게
  ② 공기와의 혼합 촉진
  ③ 연소효율을 향상

13 액체 연료의 연소시에 연료를 무화시키는 목적이 아닌 것은?
[08/2]

① 연료의 단위중량당 표면적을 크게 하기 위하여
② 자동제어장치를 적용하기 위하여
③ 연료와 공기의 혼합을 좋게 하기 위하여
④ 연소효율을 증대하기 위하여

* 무화의 목적 (안개모양으로 분사하는 것)
  ① 단위중량당 표면적을 넓게 한다.
  ② 공기와 연료혼합을 좋게 한다.
  ③ 연소효율을 증대시킨다.

14 중유 연소장치에서 사용되는 버너의 종류에 해당되지 않는 것은?
[09/5]

① 유압분사식
② 저압공기분사식
③ 교차분사식
④ 고압기류식

* 액체연료(중유) 사용버너
  유압분무식, 고압기류식, 저압공기분사식, 회전분무식, 건타입

15 유압분무식 오일버너의 특징에 관한 설명으로 틀린 것은?
[14/2][09/1]

① 대용량 버너의 제작이 가능하다.
② 무화 매체가 필요 없다.
③ 유량조절 범위가 넓다.
④ 기름의 점도가 크면 무화가 곤란하다.

* 유압분무식 버너 특징
  ① 구조가 비교적 간단하다.
  ② 무화매체인 증기나 공기가 필요하지 않다.
     (직접 연료펌프로 연료유에 압력을 가해 노즐로 분무)
  ③ 소음 발생이 없다.
  ④ 대용량 버너의 제작이 가능하다.
  ⑤ 보일러 가동 중 버너 교환이 용이하다.
  • 유압분무식은 연료유 자체에 고압으로 유지해야 하므로 유량조절 하기 곤란하다(유량조절 범위가 좁다.).

16 구조가 간단하고 자동화에 편리하며 고속으로 회전하는 분무컵으로 연료를 비산·무화시키는 버너?
[11/2][09/2][07/5]

① 건타입 버너
② 압력분무식 버너
③ 기류식 버너
④ 회전식 버너

* 회전식버너 : 분무컵(오토마이징 컵)을 이용하여 무화
  압력분무식 : 연료유 자체에 압력을 가하여 노즐로 분사
  건타입 : 총형버너라고 함. 송풍기+압력분무식 형태
  기류식 : 고압공기 또는 저압건조증기를 이용하여 연료유를 차압에 의해 분사하는 방식

17 오일 버너 종류 중 회전컵의 회전운동에 의한 원심력과 미립화용 1차공기의 운동에너지를 이용하여 연료를 분무시키는 버너는?
[13/1]

① 건타입 버너
② 로터리 버너
③ 유압식 버너
④ 기류 분무식 버너

* 회전컵 또는 회전분무컵(오토마이징컵)을 이용하여 무화시키는 버너는 회전분무식버너(=로터리버너)임

18 로터리 버너에 대한 설명으로 틀린 것은?
[08/2]

① 회전하는 컵 모양의 회전체로 기름을 미립화시켜 무화 연소시킨다.
② 화염이 짧고 안정한 연소를 시킬 수 있다.
③ 유량조절 범위는 1 : 5 정도이다.
④ 연료는 점도가 작을수록 무화가 나쁘다.

* 로터리버너(회전식 버너)
  ① 유량이 적거나 점도가 높을 경우 무화가 곤란
  ② 고속회전 분무컵(오토마이징컵) 이용 무화
  ③ 화염의 짧으나 안정한 연소를 연소시킬 수 있다.
  ④ 설비가 간단하고 자동화가 용이하다.
  ⑤ 유량조절 범위는 1 : 5 이다.
  ⑥ 분무각이 넓다.

정답 13 ② 14 ③ 15 ③ 16 ④ 17 ② 18 ④

19 유류버너의 종류 중 수 기압(MPa)의 분무매체를 이용하여 연료를 분무하는 형식의 버너로서 2유체버너라고도 하는 것은? [16/2][07/2]

① 고압기류식 버너 ② 유압식 버너
③ 회전식 버너 ④ 환류식 버너

★ 1) 유압식 버너 : 직접 연료유를 가압하여 분무
  2) 고압기류식 버너 : 고압의 공기를 이용하여 분무
  3) 회전식 버너 : 분무컵(오토미이징컵)을 고속회전시켜 분무
  4) 환류식 버너 : 유압식 버너를 환류식, 비환류식으로 구분
  • 기류식 버너는 2유체 버너라고도 한다. 주로 압축공기를 이용하여 분사하는 고압기류식과 증기를 이용하여 분사하는 저압기류식이 있다. 고압기류식은 중유 버너 중 연료조절범위가 가장 넓다.

20 유류버너의 종류 중 0.2~0.7MPa 정도 기압의 분무매체를 이용하여 연료를 분무하는 형식의 버너로서 2유체버너라고도 하는 것은? [11/5]

① 유압식 버너 ② 고압기류식 버너
③ 회전식 버너 ④ 환류식 버너

★ 1) 유압식 버너 : 직접 연료유를 가압하여 분무
  2) 고압기류식 버너 : 고압의 공기를 이용하여 분무
  3) 회전식 버너 : 분무컵(오토미이징컵)을 고속회전시켜 분무
  4) 환류식 버너 : 유압식 버너를 환류식, 비환류식으로 구분

21 액체 연료 연소장치인 회전식 버너, 기류식 버너 등에서 1차 공기란? [10/4]

① 미연가스를 연소시키기 위한 공기
② 자연통풍으로 흡입되는 공기
③ 연료의 무화에 필요한 공기
④ 무화된 연료의 연소에 필요한 공기

★ 1차공기 : 무화에 필요한 공기(무화용공기, 분무용공기)
  2차공기 : 연소에 필요한 공기(연소용공기)
  • 고체연료(석탄 등)의 경우는 화격자 하부에서 위로 공급되는 공기를 1차공기, 가열된 연료 위쪽의 공기를 2차공기라 함.

22 기체연료의 연소방식과 관계가 없는 것은? [12/1]

① 확산 연소방식 ② 예혼합 연소방식
③ 포트형과 버너형 ④ 회전 분무식

★ 회전분무식은 중유버너 일종임

23 보일러에서 기체연료의 연소방식으로 가장 적당한 것은? [14/5][07/2]

① 화격자연소 ② 확산연소
③ 증발연소 ④ 분해연소

★ ① 화격자연소 : 석탄을 연소하는 연소장치. 주철제로 된 격자모양으로 상부에 석탄을 놓고 하부에서 공기가 공급됨.
  ② 확산연소 : 연료가 공기중으로 확산하여 연소. 기체연료.
  ③ 증발연소 : 상온에서 액체연료가 증발하며 가연성증기를 발생. 가연성증기가 연소됨.
  ④ 분해연소 : 열에 의해 가연성분이 분해, 증발하여 연소. 고체연료 중 목재, 석탄, 액체연료 중 중유

24 기체연료의 연소방식 중 버너의 연료노즐에서는 연료만을 분출하고 그 주위에서 공기를 별도로 연소실로 분출하여 연료가스와 공기가 혼합하면서 연소하는 방식으로 산업용 보일러의 대부분이 사용하는 방식은? [12/5]

① 예증발 연소방식 ② 심지 연소방식
③ 예혼합 연소방식 ④ 확산 연소방식

★ 기체연소 : 확산연소 – 연료만을 분사, 주위 공기와 혼합
  예혼합연소 – 공기와 연료를 미리 혼합, 분사

25 다음 중 확산 연소 방식에 의한 연소장치에 해당하는 것은? [12/2]

① 선회형 버너 ② 저압 버너
③ 고압 버너 ④ 송풍 버너

정답 19 ① 20 ② 21 ③ 22 ④ 23 ② 24 ④ 25 ①

* 기체연료는 연소용공기와 혼합에 따라 확산연소, 예혼합연소로 구분한다. 보기중 저압버너, 고압버너, 송풍버너는 예혼합연소에 사용되는 버너이다.
  확산연소방식에는 평로나 대형가마에 적합한 포트형과 저품위 고로가스를 버너로 연소시키는 버너형이 있다.
  예열혼합방식에는 연소실내의 압력을 정압으로 하는 고압버너, 송풍기를 사용하지 않고 연소실내의 압력을 부압으로 하는 저압버너, 송풍기를 이용하여 연소용 공기를 가압하여 연소실내로 송입하는 송풍버너 등이 있다.

26 기체연료의 연소방식 중 화염이 짧고 높은 화염온도를 얻을 수 있으나 역화 등의 위험이 있는 방식은? [10/2]

① 확산 연소방식 ② 직접 연소방식
③ 복합 연소방식 ④ 예혼합 연소방식

* **예혼합방식** : 공기를 미리 연료와 혼합하여 연소하는 방식
  고온의 화염을 얻을 수 있다. 역화위험

27 기체연료의 연소장치에서 예혼합 연소방식의 버너 종류가 아닌 것은? [10/5]

① 저압버너 ② 고압버너
③ 송풍버너 ④ 회전분무식버너

* **기체 예혼합연소 버너** : 고압버너, 저압버너, 송풍버너
  • 회전분무식버너 : 중유버너의 일종으로 로타리버너라 함.

28 기체연료 연소장치의 특징 설명으로 틀린 것은? [11/4]

① 연소조절이 용이하다.
② 연소의 조절범위가 넓다.
③ 속도가 느려 자동제어 연소에 부적합하다.
④ 회분 생성이 없고 대기오염의 발생이 적다.

* 기체연료는 연소속도가 빠르며 자동제어 연소에 적합

29 가스버너의 종류를 혼합방식에 따라 세분할 때 강제혼합식에 해당되지 않는 것은? [10/1]

① 내부혼합식 ② 부분혼합식
③ 외부혼합식 ④ 적하혼합식

* 연소용공기의 공급방식에 따른 가스버너의 분류는 유도혼합식, 강제혼합식 버너로 구분한다.
  ① 강제혼합식 : 내부혼합식, 외부혼합식, 부분혼합식
  ② 유도혼합식 : 적화식, 분젠식(세미분젠,분젠,전1차공기식)
  • 적하혼합식은 LPG 등에 부취제를 혼합하는 방법중 하나임

30 가스버너에서 종류를 유도혼합식과 강제혼합식으로 구분할 때 유도 혼합식에 속하는 것은? [12/2]

① 슬리트 버너 ② 리본 버너
③ 라디언트 튜브 버너 ④ 혼소 버너

* 연소용공기의 공급방식에 따른 가스버너의 분류는 유도혼합식, 강제혼합식 버너로 구분한다.
  ① 강제혼합식 : 내부혼합식, 외부혼합식, 부분혼합식
  ② 유도혼합식 : 적화식, 분젠식(세미분젠,분젠,전1차공기식)

버너형식		1차 공기량 (%)	버너종류
유도 혼합식	적화식	0	파이프(pipe) 버너 어미식 버너 충염 버너
	분젠식 세미분젠식	40	
	분젠식	50~60	링(ring) 버너 슬리트(slit) 버너
	전일차 공기식	100	적외선 버너 중압분젠 버너
강제 혼합식	내부혼합식	90~120	고압 버너 표면연소 버너 리본(ribbon) 버너
	외부혼합식	0	고속 버너 라디언트 튜브 버너 액중연소 버너 휘염 버너 혼소 버너 산업용 보일러 버너
	부분혼합식		

정답 26 ④ 27 ④ 28 ③ 29 ④ 30 ①

31 보일러용 가스버너 중 외부혼합식에 속하지 않는 것은?
[15/5][11/2][08/4]

① 파이럿 버너
② 센터파이어형 버너
③ 링형 버너
④ 멀티스폿형 버너

* ① **외부혼합식 버너** – 버너의 노즐외부에서 연료와 분무매체가 충돌 혼합하여 분무하는 매체
  ※ 종류 : 센터파이어형, 저압센터파이어형, 링형, 멀티스폿형
  ② **파일럿 버너** – 주 버너를 점화 시키기 위한 착화용버너

32 보일러용 가스버너에서 외부혼합형 가스버너의 대표적 형태가 아닌 것은? [12/4]

① 분젠 형
② 스크롤 형
③ 센터파이어 형
④ 다분기관 형

* 가스버너는 연소용공기와 가스의 혼합방식에 따라 강제혼합식, 유도혼합식으로 구분하고, 강제혼합식은 혼합위치에 따라 내부혼합형과 외부혼합형으로 구분된다.
* 가스버너에서 액체연료와 혼소가 가능한 혼소버너는 센터파이어형, 멀티스패터형(다분기관형), 스크롤형이 있다.
* 문제 30번 해설 참조

33 연소용 버너 중 2중관으로 구성되어 중심부에서는 유류가 분사되고 외측에서는 가스가 분사되는 형태로 유류와 가스를 동시에 연소시킬 수 있는 버너로 센터파이어라고도 하는 버너는? [07/2]

① 건형 가스버너
② 링형 가스버너
③ 다분기관형 가스버너
④ 스크롤형 가스버너

* **센터파이어형 버너(=건형 버너)** : 노즐의 중심부에 유류버너를 내장할 수 있도록 2중관 구조로 하여 유류버너에서 분사되는 연료분무 외측에 연료가스가 분출되는 구조로 되어 있으며 혼소버너에 적합하다. *
혼소(=혼합연소)

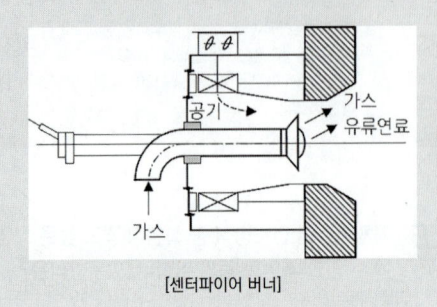

[센터파이어 버너]

34 점화장치로 이용되는 파이로트 버너는 화염을 안정시키기 위해 보염식 버너가 이용되고 있는데, 이 보염식 버너의 구조에 관한 설명으로 가장 옳은 것은? [13/2]

① 동일한 화염 구멍이 8-9개 내외로 나뉘어져 있다.
② 화염 구멍이 가느다란 타원형으로 되어 있다.
③ 중앙의 화염 구멍 주변으로 여러 개의 작은 화염구멍이 설치되어 있다.
④ 화염 구멍부 구조가 원뿔 형태와 같이 되어 있다.

* 센 보염식 버너에는 화염을 안정시키기 위해 주염 구멍 주변에 파이로트 화염 구멍이 설치되어져 있다.

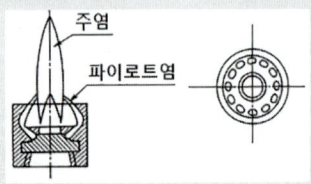

연소현상

연소속도, 연소온도, 완전연소, 산화염&환원염, 공기량, 예열온도, 이상연소현상

연소 계산
1) 연소란? 가연물질이 공기중 산소와 결합하여 빛과 열을 내는 현상
2) 연소3대조건 : 가연물, 산소공급원, 점화원
3) 완전연소 조건 : ① 연소실 온도 높게,
   ② 연료와 공기혼합이 잘 이뤄져야
   ③ 연료에 따른 연소장치가 적절할 것
   ④ 연료 및 연소용공기를 예열공급
4) 산화염과 환원염 : 공기량에 따라 화염을 다음과 같이 구분

공기량	연소상태	불꽃(화염)	피해
부족	불완전연소 (미연소)	환원염 화염중 CO 포함	발열량 손실 미연소가스 발생 매연발생
적절	완전연소	중성염	연소효율 최대
과다	완전연소	산화염 화염중 과잉 산소포함	배기가스량증가 배기가스열손실 연소실냉각 진동연소유발 고온부식,저온부식

01 연소의 속도에 미치는 인자가 아닌 것은?
[14/4][11/2]

① 반응물질의 온도 ② 산소의 온도
③ 촉매물질 ④ 연료의 발열량

★ 연소속도에 미치는 인자
① 반응물질의 온도
② 산소의 온도
③ 촉매물질
④ 연료압력
⑤ 연료입자크기
• 발열량은 연소반응후 발생된다.

02 연료의 연소 온도에 가장 큰 영향을 미치는 것은?
[08/5]

① 연료의 발화점 ② 연료의 발열량
③ 연료의 인화점 ④ 연료의 회분

★ 연소시 발생되는 열량으로 인해 연소온도가 크게 좌우됨.

03 연료의 완전연소를 위한 구비조건으로 틀린 것은?
[13/2]

① 연소실 내의 온도는 낮게 유지할 것
② 연료와 공기의 혼합이 잘 이루어지도록 할 것
③ 연료와 연소장치가 맞을 것
④ 공급 공기를 충분히 예열시킬 것

★ 완전연소를 위해 연소실 내의 온도를 높게 유지할 것

04 보일러 연료를 완전연소시키기 위한 방법 설명으로 잘못된 것은?
[07/1]

① 연료와 연소용 공기를 적절히 예열할 것
② 적량의 공기를 공급하여 연료와 잘 혼합할 것
③ 연소실 내의 온도를 되도록 높게 유지할 것
④ 연소실 용적을 되도록 작게 할 것

★ 연소실 용적이 작으면 연소가 원활이 되지 않는다. 완전연소시키려면 연소실을 되도록 크게 할 것.

05 연료의 연소에서 환원염이란?
[15/4][07/5]

① 산소 부족으로 인한 화염이다.
② 공기비가 너무 클때의 화염이다.
③ 산소가 많이 포함된 화염이다.
④ 연료를 완전 연소시킬 때의 화염이다.

★ 공기비와 화염의 성질

공기비 부족	공기량이 적다. 불완전연소. 화염중 CO가 많이 포함됨. 환원염이라 한다.
공기비 과다	공기량이 많다. 연소후 과잉산소량이 포함되어 있다. 산화염이라 한다.

정답 01 ④ 02 ② 03 ① 04 ④ 05 ①

06 연소에 있어서 환원염이란?

[12/4][07/1]

① 과잉 산소가 많이 포함되어 있는 화염
② 공기비가 커서 완전 연소된 상태의 화염
③ 과잉공기가 많아 연소가스가 많은 상태의 화염
④ 산소 부족으로 불완전 연소하여 미연분이 포함된 화염

* 공기비와 화염의 성질

공기비 부족	공기량이 적다. 불완전연소. 화염중 CO가 많이 포함됨. 환원염이라 한다.
공기비 과다	공기량이 많다. 연소후 과잉산소량이 포함되어 있다. 산화염이라 한다.

07 연소시 공기비가 적을 때 나타나는 현상으로 거리가 먼 것은?

[13/4]

① 배기가스 중 NO 및 NO_2의 발생량이 많아진다.
② 불완전연소가 되기 쉽다.
③ 미연소가스에 의한 가스 폭발이 일어나기 쉽다.
④ 미연소가스에 의한 열손실이 증가될 수 있다.

* 배기가스 중 NO, NO_2의 질소산화물이 생성되려면 과잉공기일 때 생성됨.

08 다음 중 완전연소 시의 실제 공기비가 가장 낮은 연료는?

[10/5][08/4]

① 중유　　　② 경유
③ 코크스　　④ 프로판

* 공기비 = 실제공기량과 이론공기량의 비
각 연료 종류에 따라 대략적인 공기비는 다음과 같다.
가스연료 ; 1.1~1.3
액체연료 ; 1.2~1.4
고체연료 ; 1.5~2.0(수분식), 1.4~1.7(기계식)

09 연소 시 공기비가 많은 경우 단점에 해당하는 것은?

[12/4]

① 배기 가스량이 많아져서 배기가스에 의한 열손실이 증가한다.
② 불완전연소가 되기 쉽다.
③ 미연소에 의한 열손실이 증가한다.
④ 미연소 가스에 의한 역화의 위험성이 있다.

* 공기량에 따른 현상

공기량	연소상태	불꽃(화염)	피해
부족	불완전연소 (미연소)	환원염 화염중 CO 포함	발열량 손실 미연소가스 발생 매연발생
적절	완전연소	중성염	연소효율 최대
과다	완전연소	산화염 화염중 과잉 산소포함	배기가스량증가 배기가스열손실 연소실냉각 진동연소유발 고온부식,저온부식

• 환원염: CO(일산화탄소)는 마저 산화하여 CO_2가 되려 하므로, 주변에서 산소와 반응하려 함. 따라서, 산화물 등에 있는 산소를 떼어가므로 환원시키는 역할을 함.
• 산화염 : 과잉산소를 많이 포함하고 있으므로 주변 물체를 산화시키는 성질이 강함. 부식을 초래함.

10 연료의 연소시 공기량이 지나치게 과대할 경우 나타나는 장해(障害)로 맞는 것은?

[09/4]

① 연소온도가 높아진다.
② 열전달이 증대된다.
③ 열손실이 증대된다.
④ 연소에서 배출되는 가스량이 적어진다.

* 공기비가 작을 때
① 불완전 연소가 되기 쉽다.
② 미연소 가스에 의한 가스의 폭발과 매연 발생
③ 미연소 가스에 의한 열손실 증가
* 공기비가 클 때
① 연소실 온도가 낮아진다.
② 부식 및 대기오염의 원인이 된다.
③ 배기가스에 의한 열손실 증가

정답　06 ④　07 ①　08 ④　09 ①　10 ③

11 과잉 공기량을 증가시킬 때 연소가스 중의 성분 함량(백분율)이 증가하는 것은? [10/4]

① CO_2
② SO_2
③ O_2
④ CO

★ 과잉공기량이 증가한다는 것을 실제 투입되는 공기가 늘어난다는 것을 말하며, 배기가스중 가연성분 연소후 생성물 등이 %가 감소하게 된다. 원래 공기 중에 들어있던 산소, 질소는 증가한다.

함유량(%) 증가	산소(O_2), 질소(N_2)
함유량(%) 감소	탄산가스(CO_2), 아황산가스(SO_2), 일산화탄소(CO), 질소산화물(NOx)

12 중유연소 보일러에서 중유를 예열하는 목적 설명으로 잘못된 것은? [11/1]

① 연소효율을 높인다.
② 분무상태를 양호하게 한다.
③ 중유의 유동을 원활히 해준다.
④ 중유의 점도를 증대시켜 관통력을 크게 한다.

★ 중유는 점도가 높아 송유가 원활하지 않고 분무가 안되므로 적정온도로 예열하여 점도를 낮춤으로써 송유 및 분무를 양호하게 함. 중유를 예열하는 장치는 오일프리히터.

13 중유 연소에서 버너에 공급되는 중유의 예열온도가 너무 높을 때 발생되는 이상 현상으로 거리가 먼 것은? [13/5]

① 카본(탄화물) 생성이 잘 일어날 수 있다.
② 분무상태가 고르지 못할 수 있다.
③ 역화를 일으키기 쉽다.
④ 무화 불량이 발생하기 쉽다.

★ 중유 예열온도가 너무 높으면 유증기 발생, 기름 분해
→ (유증기와 함께 분사되므로) 분무상태 불량, 역화 위험
(기름분해) 탄화물 생성
• 중유 예열온도가 낮으면 점도가 높아서 무화되지 않음.

14 중유예열기(Oil preheater)를 사용 시 가열온도가 낮을 경우 발생하는 현상이 아닌 것은? [12/4]

① 무화상태 불량
② 그을음, 분진 발생
③ 기름의 분해
④ 불길의 치우침 발생

★ 중유는 점도로 인해 분사가 되지 않으므로 적절히 예열하여 안개처럼 분사(무화)하여 연소한다. 예열온도에 따라서, 다음과 같은 현상이 발생한다.

예열온도 낮을때	점도있음. 분사시 한쪽으로 치우침	무화불량, 매연발생 화염편류
예열온도 적절	분무적절	연소양호
예열온도 높을때	기름분해, 기름증기발생 분사상태불량	화염떨림

• 예열온도가 높을 때 기름증기와 함께 분사되므로 무화는 되지만, 분사상태가 고르지 못하여 화염이 떨린다.

15 액체연료의 연소용 공기 공급방식에서 1차 공기를 설명한 것으로 가장 적합한 것은? [12/1]

① 연료의 무화와 산화반응에 필요한 공기
② 연료의 후열에 필요한 공기
③ 연료의 예열에 필요한 공기
④ 연료의 완전 연소에 필요한 부족한 공기를 추가로 공급하는 공기

★ 1차공기 : 무화에 필요한 공기(=분무용 공기)
2차공기 : 분사된 연료를 연소시키는데 필요한 공기
(=연소용 공기)

16 가스연료 연소 시 화염이 버너에서 일정거리 떨어져서 연소하는 현상은? [11/1]

① 역화
② 리프팅
③ 옐로우 팁
④ 불완전 연소

★ 화염이 버너 팁에서 떨어져서 연소하는 것은 염공이 좁아졌거나 분출압이 너무 높을 때이며, 이를 리프팅이라 함.

정답 11 ③ 12 ④ 13 ④ 14 ③ 15 ① 16 ②

17 가스버너에서 리프팅(Lifting)현상이 발생하는 경우는?
[14/1][10/4]

① 가스압이 너무 높은 경우
② 버너부식으로 염공이 커진 경우
③ 버너가 과열된 경우
④ 1차공기의 흡인이 많은 경우

> ★ 리프팅(선화) : 불꽃이 염공에서 떠 있는 상태를 말하며, 원인으로는 분출속도가 너무 클 때이다. 즉, 가스압이 너무 높거나, 불순물로 염공이 좁아진 상태이다.
> 보기중 염공이 커진 경우, 버너가 과열된 경우에는 역화의 위험이 있으며, 1차공기의 흡인이 많은 경우는 화염의 길이가 짧아지고 연소속도가 빨라진다.

5) 발열량 : 고위발열량과 저위발열량으로 구분
   C 1kg 연소 시 8100kJ/kg 발생
   H 1kg 연소 시 34000kJ/kg 발생
   S 1kg 연소 시 2500kJ/kg 발생
6) 탄화수소(C_mH_n) 연소반응
   $C_mH_n + \left(m + \dfrac{n}{4}\right)O_2 \rightarrow mCO_2 + \dfrac{n}{2}H_2O$

연소계산

이론산소, 이론공기, 실제공기, 공기비, 과잉공기, 저위발열량, 배기가스농도

연소 계산

1) 공기비(m) : 이론공기량에 대한 실제공기량의 비 '과잉공기계수'라고도 한다.
   공기비(m) = $\dfrac{실제공기량}{이론공기량}$ = 1 + 과잉공기율(m_a)
2) 공기량
   ① 이론공기량 : 연소반응식에서 이론적으로 계산한 공기량

   ★ 연소반응식에서 이론적으로 계산한 산소량에 $\dfrac{1}{0.21}$을 곱해서 이론공기량을 구한다.
   C 1kg 연소 시 이론산소량 1.867Nm³ 필요
   H 1kg 연소 시 이론산소량 5.6Nm³ 필요
   S 1kg 연소 시 이론산소량 0.7Nm³ 필요
   ② 실제공기량 : 실제투입한 공기량, 이론공기+과잉공기량
   ③ 과잉공기량=실제공기량-이론공기량
3) 탄산가스 최대율 : 이론공기량으로 완전 연소 시 CO_2 함유량
   ① 공기량 증가 시 CO_2(%)는 점점 감소
   ② 비례식에 의해 공기비(m)= $\dfrac{CO_2max(\%)}{CO_2(\%)}$ 를 구함.
4) 배기 가스량 : 습배기 가스량 - 건배기 가스량=과잉공기량

01 프로판(propane) 가스의 연소식은 다음과 같다. 프로판 가스 10kg을 완전 연소시키는데 필요한 이론산소량은?
[15/5][11/4]

$C_3H_8 + 5O_2 \rightarrow 3CO_2 + 4H_2O$

① 약 11.6 Nm³   ② 약 13.8 Nm³
③ 약 22.4 Nm³   ④ 약 25.5 Nm³

> ★ 문제조건에서 프로판(C_3H_8) 1kmol(44kg)을 연소시키는데 산소 5kmol(5×22.4Nm³)가 필요하므로,
> 비례식에 의해, 프로판 10kg 연소 시 산소량은
> 44 : 5×22.4 = 10 : x
> $x = \dfrac{10 \times 5 \times 22.4}{44} = 25.45$ [Nm³]

02 수소 1kg을 연소 시키는데 필요한 산소량은 체적으로 몇 Nm³ 인가?
[10/4]

① 2.0   ② 5.6
③ 11.2   ③ 22.4

> ★ 수소의 연소반응(산소와 결합)은 다음과 같다.
> 수소 + 산소 → 수증기(물)
> H_2 1/2 O_2 H_2O
> 1몰   1/2몰   1몰
> 2g   11.2ℓ(16g)   22.4ℓ(18g)
>
> 1kmol 기준이라면
> 수소 + 산소 → 수증기(물)
> H_2 1/2 O_2 H_2O
> 1kmol 1/2kmol   1kmol
> 2kg   11.2Nm³(16kg) 22.4Nm³(18kg)
>
> 수소 2kg 연소시 산소 11.2Nm³ 이 필요하므로
> 1kg 연소시 산소 5.6Nm³ 이 필요함.

03 탄소(C) 1kg을 완전 연소시키는데 필요한 산소량은 약 몇 kg인가? [08/4]

① 2.67
② 4.67
③ 6.67
④ 8.67

* C(탄소)의 연소반응
  C + O₂ → CO₂
  1kmol 1kmol 1kmol
  12kg   32kg   44kg
         22.4Nm³ 22.4Nm³
  탄소(C)12kg 연소시 산소가 32kg(22.4Nm³) 필요하므로,
  $\frac{32}{12}$ = 2.67 [kg/kg]

04 탄소 5kg을 완전 연소시키는데 필요한 산소량은 약 kg 인가? [09/5]

① 13.3
② 26.7
③ 2.6
④ 44.0

* C + O₂ → CO₂
  12kg 32kg 44kg
  1kg   2.66kg
  ∴ 탄소 5[kg]일 때 산소는? 5×2.66 = 13.3[kg]

05 탄소 10kg을 완전 연소시키는데 필요한 산소량(kg)은? [07/4]

① 13.4
② 26.7
③ 32.0
④ 44.0

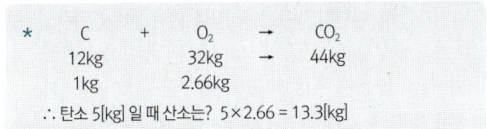

* 탄소의 연소반응식은 다음과 같다.
  탄소 + 공기중 산소 → 이산화탄소 + 발열량
  C   O₂   CO₂
  1kmol 1kmol   1kmol   97200kJ
  12kg   32kg   44kg
         22.4Nm³   22.4Nm³

  탄소 12kg 연소시 필요한 산소량은 약 32kg임.
  비례식에 의해 탄소 10kg을 연소시키는데 필요한 산소량은
  12kg : 32kg = 10kg : x
  12x = 32×10
  x = $\frac{32 \times 10}{12}$ = 26.67 [kg]

06 탄소 12kg을 완전 연소시키는데 필요한 산소량은 약 얼마인가? [11/5]

① 8kg
② 6kg
③ 32kg
④ 44kg

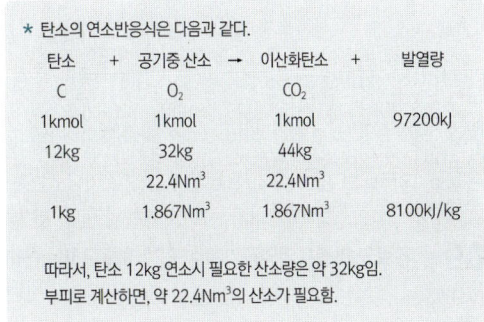

* 탄소의 연소반응식은 다음과 같다.
  탄소 + 공기중 산소 → 이산화탄소 + 발열량
  C   O₂   CO₂
  1kmol 1kmol   1kmol   97200kJ
  12kg   32kg   44kg
         22.4Nm³   22.4Nm³
  1kg   1.867Nm³   1.867Nm³   8100kJ/kg

  따라서, 탄소 12kg 연소시 필요한 산소량은 약 32kg임.
  부피로 계산하면, 약 22.4Nm³의 산소가 필요함.

07 체적으로 구할 경우 탄소 1kg을 연소시키는데 필요한 이론공기량은 약 몇 Nm³ 인가? [08/2]

① 8.89
② 11.49
③ 22.40
④ 26.67

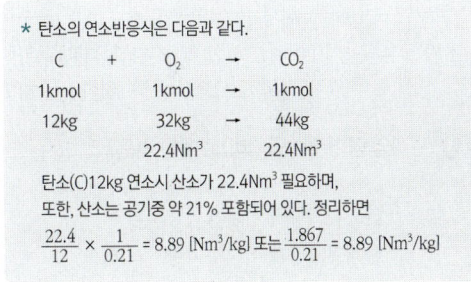

* 탄소의 연소반응식은 다음과 같다.
  C + O₂ → CO₂
  1kmol 1kmol 1kmol
  12kg   32kg   44kg
         22.4Nm³ 22.4Nm³

  탄소(C)12kg 연소시 산소가 22.4Nm³ 필요하며,
  또한, 산소는 공기중 약 21% 포함되어 있다. 정리하면
  $\frac{22.4}{12} \times \frac{1}{0.21}$ = 8.89 [Nm³/kg] 또는 $\frac{1.867}{0.21}$ = 8.89 [Nm³/kg]

08 프로판 1kg을 완전 연소시킬 경우 이론 공기량(Nm³/kg)은? [08/5]

① 12.12
② 13.12
③ 14.12
④ 15.12

정답 03 ① 04 ① 05 ② 06 ③ 07 ① 08 ①

$C_3H_8 + 5O_2 \rightarrow 3CO_2 + 4H_2O$
1kmol   5kmol   3kmol   4kmol
44kg : 5×22.4[Nm³]
프로판 44kg당 산소 5×22.4[Nm³]가 필요하므로
1kg당으로 정리하여 풀면, 이론산소량(x)는
44 : 5×22.4 = 1 : x
$x = \frac{5 \times 22.4}{44} = 2.545$ [Nm³/kg] - 이론산소량
또, 산소는 공기중 21%에 해당하므로, 이론공기량(y)은
21% : 2.545 = 100% : y
$y = 2.545 \times \frac{100}{21} = 12.12$ [Nm³/kg] - 이론공기량

09 연료의 연소시 과잉공기계수(공기비)를 구하는 올바른 식은?
[13/2][10/2]

① 연소가스량 / 이론공기량
② 실제공기량 / 이론공기량
③ 배기가스량 / 사용공기량
④ 사용공기량 / 배기가스량

★ 공기비 : 연료의 가연성분을 연소반응식에 의해 이론상으로 계산한 공기량을 이론공기량이라 한다. 그러나, 실제 연소에는 더 많은 공기가 필요하게 되며, 그 차이를 과잉공기라 한다. 실제 투입된 공기와 이론적 계산에 의한 공기의 비를 공기비(=과잉공기계수)라 한다.
공기비=실제공기/이론공기

10 과잉 공기계수(공기비)로 옳은 것은?
[07/1]

① 연소가스량과 이론공기량과의 비
② 실제공기량과 이론공기량과의 비
③ 배기가스량과 사용공기량과의 비
④ 이론공기량과 배기가스량과의 비

★ 공기비는 이론공기량에 대한 실제공기의 비를 말함.

11 공기비를 m, 이론 공기량을 Ao 라고 할 때, 실제 공기량 A를 계산하는 식은?
[16/2][08/5]

① A = m·Ao
② A = m / Ao
③ A = 1 / (m·Ao)
④ A = Ao - m

★ 공기비(m) = 실제공기량(A) / 이론공기량(A_o)
실제공기량(A) = 공기비(m) × 이론공기량(A_o)

12 공기비에 관한 식을 옳게 나타낸 것은? (단, 공기비(m), A=실제공기량 At=이론공기량)
[08/1]

① A=(m-1)At
② At=m*A
③ At=(m-1)A
④ A=m*At

★ 공기비(m) = 실제공기량(A) / 이론공기량(A_t)
즉 A = m * At

13 메탄(CH_4) 1Nm³ 연소에 소요되는 이론공기량이 9.52Nm³이고, 실제공기량이 11.43Nm³일 때 공기비(m)는 얼마인가?
[12/5]

① 1.5
② 1.4
③ 1.3
④ 1.2

★ 공기비(m)는 연료 연소시 실제 투입된 공기량과 이론적 계산에 의한 공기량을 비교한 것으로,
공기비(m) = 실제공기량/이론공기량
= 11.43/9.52 = 1.20

14 완전 연소된 배기가스 중의 산소농도가 2%인 보일러의 공기비는 얼마인가?
[09/1]

① 약 0.1
② 약 1.1
③ 약 2.2
④ 약 3.3

★ 위 문제는 배기가스 분석결과를 이용한 방법에서 배기가스 중 오직 O_2만 분석되었을 때 이용하는 공식이며 완전연소를 했을 경우이다.
공기비(m) = $\frac{21}{21 - O_2} = \frac{21}{21 - 2} = 1.11$

정답 09 ② 10 ② 11 ① 12 ④ 13 ④ 14 ②

15 과잉공기량에 관한 설명으로 옳은 것은? [15/2][12/2]

① (실제 공기량) × (이론공기량)
② (실제 공기량) / (이론공기량)
③ (실제 공기량) + (이론공기량)
④ (실제 공기량) - (이론공기량)

> ★ 연소반응식에 의해 계산된 공기량을 이론공기량이라 한다. 그러나 실제로 연소할 때는 이론공기량보다 약간의 공기를 더 투입하게 되는데 이를 과잉공기량이라 하고 이론공기량과 과잉공기량을 합한 것을 실제공기량이라 한다.
> • 실제공기량 = 이론공기량 + 과잉공기량
>   과잉공기량 = 실제공기량 - 이론공기량
>   공기비 = 실제공기량 / 이론공기량

16 연료를 연소시키는데 필요한 실제공기량과 이론공기량의 비 즉, 공기비를 m 이라 할 때 다음 식이 뜻하는 것은? [14/4][10/5]

$$(m - 1) \times 100 \%$$

① 과잉 공기율   ② 과소 공기율
③ 이론 공기율   ④ 실제 공기율

> ★ 보기중 ②③은 사용되지 않는 용어임.
>   ① 과잉공기율 : 이론공기량에 대한 과잉공기량 비율
>   ④ 실제공기율 : 이론공기량에 대한 실제공기량 비율
>   공기비라고 한다.
>   • 실제공기량 = 이론공기량 + 과잉공기량
>   또, 과잉공기량 = 실제공기량 - 이론공기량 이므로
>   과잉공기율 = $\frac{과잉공기량}{이론공기량}$ = $\frac{실제공기량 - 이론공기량}{이론공기량}$
>   = $\frac{실제공기량}{이론공기량} - \frac{이론공기량}{이론공기량}$ = 공기비 -1
>   공기비 기호를 'm'으로 표기했고, 단위를 %로 구하기 위해 ×100을 한 것임.

17 공기 과잉계수(excess air coefficient)를 증가시킬 때 연소가스 중의 성분 함량이 공기 과잉계수에 맞춰서 증가하는 것은? [12/1]

① CO_2 ② SO_2
③ O_2 ④ CO

> ★ 과잉공기계수 = 과잉공기량/이론공기량
>   즉, 연소반응식에 의해 이론적으로 계산된 이론공기량에 비해, 더 많이 공급된 과잉공기량의 비율을 말하며, 과잉공기계수가 증가한다는 것은 과잉공기량이 증가하는 것을 의미하므로, 배기가스 중 과잉산소가 증가하게 된다.

18 연료의 단위량(1kgf 또는 1m³)이 완전 연소할 때 발생하는 열량을 무엇이라 하는가? [08/1]

① 엔탈피   ② 발열량
③ 잠열   ④ 현열

> ★ 엔탈피[kJ/kg] : 어떤 물질 1kg이 현재 지닌 열량
>   잠열[kJ/kg] : 어떤 물질 1kg이 상태변화에 필요한 열
>   발열량[kJ/kg] : 연료 1kg이 연소시 발생하는 열

19 단위 중량당 연소열량이 가장 큰 연료 성분은? [11/5]

① 탄소(C)   ② 수소(H)
③ 일산화탄소(CO)   ④ 황(S)

> ★ 가연성분 : 탄소(C), 수소(H), 황(S)
>   각 성분의 발열량은
>   ① 탄소 1kg 연소시 8100kJ 발생
>   ② 수소 1kg 연소시 34000kJ 발생
>   ③ 황 1kg 연소시 2500kJ 발생

20 탄소(C) 1kmol 이 완전 연소하여 탄산가스(CO_2)가 될 때, 발생하는 열량은 몇 kJ인가? [15/2][09/4]

① 29200   ② 57600
③ 68600   ④ 97200

정답 15 ④ 16 ① 17 ③ 18 ② 19 ② 20 ④

* 탄소 1kmol (12kg)이 연소할 때 발생하는 열량은 97200kJ이며, 1kg당으로 계산하면 8100[kJ/kg]에 해당한다.
가연성분 C(탄소), H(수소), S(황)의 연소반응은,
$C + O_2 \rightarrow CO_2 + 97200[kJ/kmol]$
$H_2 + O_2 \rightarrow H_2O + 68000[kJ/kmol]$
$S + O_2 \rightarrow SO_2 + 80000[kJ/kmol]$
위 식은 각 1kmol당 연소반응식이므로 1kg당으로 고치면
C(탄소) 1kmol은 12kg, S(황) 1kmol은 32kg
H_2(수소) 1kmol은 2kg 이며,
각 성분의 고위발열량은
  C 1kg 연소시 8100[kJ/kg] 발생
  H 1kg 연소시 34000[kJ/kg] 발생
  S 1kg 연소시 2500[kJ/kg] 발생
그러나, 수소는 1kmol(2kg)연소시 수증기 18kg을 생성하므로 이로 인해 발생 열량중 일부가 증발잠열로 손실됨. 이것을 고려한 것을 저위발열량이라 함.
저위발열량=고위발열량-증발잠열×(수증기량)
Hl [kcal/kg] = Hh - 600 · (9H + W)
Hl [kJ/kg] = Hh - 2500 · (9H + W)

21 저위발열량은 고위발열량에 어떤 값을 뺀 것인가?
[11/5]
① 물의 엔탈피량   ② 수증기의 열량
③ 수증기의 온도   ④ 수증기의 압력

* 연료를 가연성분(탄소, 수소, 황)이 연소시 열량이 발생하며,
탄소는 연소후 이산화탄소
수소는 연소후 물(수증기)
황은 연소후 아황산가스(이산화황)이 됨.
따라서, 수소는 연소시 발생한 열량중 일부가 다시 수증기의 증발잠열로 빼앗기게 되며, 또한, 연료중 처음부터 포함된 수분으로 인해 발생 열량중 일부가 손실되게 된다.
수분으로 인한 증발잠열을 고려한 발열량을 저위발열량이라 한다.

22 고체 연료의 고위발열량으로부터 저위발열량을 산출할 때 연료속의 수분과 다른 한 성분의 함유율을 가지고 계산하여 산출할 수 있는데 이 성분은 무엇인가?
[16/2][13/5]
① 산소   ② 수소
③ 유황   ④ 탄소

* 저위발열량=고위발열량-증발잠열×(수증기량) 이고,
연소가스 중 수증기는 연료중 수소(H)가 연소하며 생성된 것과, 연료 자체에 포함된 수분(W)이 있다.

23 연료의 고위발열량으로부터 저위발열량을 계산할 때 가장 관계가 있는 성분은?
[08/4]
① 산소   ② 수소
③ 유황   ④ 탄소

* 고위발열량과 저위발열량은 연료중 수소, 수분과 가장 관련이 깊다. 연료중 수소성분은 연소후 물(수증기)가 되며, 증발시 자신이 발생한 발열량 중 일부를 빼앗아간다.

24 수소 15%, 수분 0.5%인 중유의 고위발열량이 42000 kJ/kg 이다. 이 중유의 저위발열량은 몇 kJ/kg 인가?
[15/4][12/2]
① 36939   ② 37732
③ 38157   ④ 38613

* 저위발열량은 연료의 가연성분(탄소, 수소, 황)이 완전연소된 고위발열량에서 수분에 의한 증발잠열을 제거한 것으로,
저위발열량 = 고위발열량-2500×(9H+W)
= 42000-2500×(9×0.15+0.005)
= 38612.5kJ/kg

25 수소 13%, 수분 0.5%가 포함되어 있는 어떤 중유의 고위발열량이 40740kJ/kg이다. 이 중유의 저위 발열량은?
[10/2]
① 37803kJ/kg   ② 37800kJ/kg
③ 39165kJ/kg   ④ 43530kJ/kg

* 저위발열량 = 고위발열량-2500×(9H+W)
= 40740-2500×(9×0.13+0.005)
= 37802.5kJ/kg

26 수소12%, 수분0.4%인 중유의 저위발열량이 41370kJ/kg이다. 이 중유의 고위발열량은 약 몇 kJ/kg인가?
[10/5]
① 41916   ② 44080
③ 47208   ④ 50610

※ 고위발열량은 가연성분이 완전연소했을 때 발생하는 열로서 증발잠열을 고려하지 않은 것.
저위발열량 = 고위발열량 $-2500 \times (9H+W)$
고위발열량 = 저위발열량 $+2500 \times (9H+W)$
$= 41370 + 2500 \times (9 \times 0.12 + 0.004)$
$= 44080 \text{kJ/kg}$

27 고위발열량 41160kJ/kg 인 연료 3kg을 연소시킬 때 발생되는 총 저위발열량은 약 몇 kJ인가? [단, 연료 1kg당 수소(H)분은 15%, 수분은 1%의 비율로 들어있다]   [11/1]

① 37733
② 188664
③ 113348
④ 105491

※ 저위발열량[kJ/kg]=고위발열량$-2500 \times (9H+W)$ 이고 연료량이 3kg 이므로
$3 \times \{41160 - 2500 \times (9 \times 0.15 + 0.001)\} = 113347.5$ rm[kJ]

28 어떤 고체연료의 저위발열량이 29148kJ/kg 이고 연소효율이 92% 라 할 때 이 연료의 단위량의 실제 발열량을 계산하면 약 얼마인가?   [12/1]

① 26816kJ/kg
② 29160kJ/kg
③ 31680kJ/kg
④ 37380kJ/kg

※ 실제발열량 = 저위발열량$\times$연소효율 이므로,
$= 29148 \times 0.92 = 26816.16$ [kJ/kg]

29 프로판 가스를 완전 연소시킬 때 발생하는 것은?   [13/5][07/5]

① CO와 C_3H_8
② C_4H_{10}와 CO_2
③ CO_2와 H_2O
④ CO와 CO_2

※ 프로판의 연소 반응식은 다음과 같다.
$C_3H_8 + 5O_2 \rightarrow 3CO_2 + 4H_2O$
연소후 이산화탄소(CO_2)와 수증기(H_2O)가 생성된다.
메탄(CH_4), 프로판(C_3H_8), 부탄(C_4H_{10})과 같이 탄소(C)와 수소(H)로 이루어진 물질은 연소후 탄산가스(CO_2)와 수증기(H_2O)가 생성된다.

30 건 배기가스 중의 이산화탄소분 최대값이 15.7% 이다. 공기비를 1.2로 할 경우 건 배기가스 중의 이산화탄소분은 몇 % 인가?   [13/1]

① 11.21%
② 12.07%
③ 13.08%
④ 17.58%

※ 이산화탄소 최대값은 탄산가스 최대율(CO_2max)이라 한다. 탄산가스 최대율을 이용한 공기비를 구하는 식은
공기비(m) = $\dfrac{CO_2 max(\%)}{CO_2(\%)}$
문제조건을 대입하여 $CO_2(\%)$를 구하면,
$1.2 = \dfrac{15.7}{CO_2(\%)}$
$CO_2(\%) = \dfrac{15.7}{1.2} = 13.08\%$

31 부탄가스(C_4H_{10}) $1Nm^3$을 완전연소 시킬 경우 H_2O는 몇 Nm^3가 생성되는가?   [11/4]

① 4.0
② 5.0
③ 6.5
④ 7.5

※ 부탄가스의 연소반응식은 다음과 같다.
$C_4H_{10} + 6.5O_2 \rightarrow 4CO_2 + 5H_2O$
부탄 1kmol($22.4Nm^3$) 을 연소시키는데, 수증기(H_2O) 5kmol($5 \times 22.4Nm^3$)을 생성하므로, 비례식에 의해
$22.4 : 5 \times 22.4 = 1 : x$
$x = \dfrac{5 \times 22.4}{22.4} = 5$ [Nm^3]

32 보일러의 배기가스 성분을 측정하여 공기비를 계산하여 실제 건배기 가스량을 계산하는 공식으로 맞는 것은?(단, G:실제 건배기 가스량, Go:이론 건배기 가스량, Ao:이론 연소 공기량, m:공기비)   [11/1][09/2]

① G = m$\times$Ao
② G = Go+(m-1)$\times$Ao
③ G = (m-1)$\times$Ao
④ G = Go+(m$\times$Ao)

※ 실제배기가스량은 이론배기가스량보다 과잉공기만큼 많음.
실제배기가스량=이론배기가스량+과잉공기량
또, 과잉공기는 실제공기와 이론공기의 차이이므로,
과잉공기 = 실제공기 - 이론공기
= 공기비$\times$이론공기 - 이론공기
= (공기비-1)$\times$이론공기
따라서,
실제배기가스량=이론배기가스량+(공기비-1)$\times$이론공기
문제조건의 기호로 바꾸면
G = Go + (m-1)$\times$Ao

정답 27 ③ 28 ① 29 ③ 30 ③ 31 ② 32 ②

연료배관

연료배관(중유)

1) 연료탱크 : 40~50℃로 예열
   * 유류배관은 용접이음, 부식방지조치
2) 이송펌프, 연료펌프 : 주로 기어펌프, 스크루펌프 사용
3) 서비스탱크 : 버너로부터 2m 이상 거리, 1.5m 이상 높이
4) 연료예열기 : 중유를 예열하여 점도를 낮춤.
   80~105℃
   • 가열원 : 증기, 온수, 전기
5) 유수분리기 : 기름 중 수분분리
6) 오일여과기 : 기름 중 불순물 제거
   * 여과기 청소 : 여과기 입출구 압력차가 0.02MPa 이상일 때

서비스탱크 설치기준

① 서비스탱크의 용량은 2~3시간 연소할 수 있는 중유량을 저장할 수 있는 크기
② 버너보다 1.5 m이상 높은 장소에 설치하여 자연압에 의하여 급유펌프까지 유류연료가 공급될 수 있도록
③ 오버플로우관은 송유관 단면적의 2배 이상
④ C중유는 313~333K(40~60℃) 정도까지 가열

01 연료유 저장탱크의 일반사항에 대한 설명으로 틀린 것은? [13/5]

① 연료유를 저장하는 저장탱크 및 서비스탱크는 보일러의 운전에 지장을 주지 않는 용량의 것으로 하여야 한다.
② 연료유 탱크에는 보기 쉬운 위치에 유면계를 설치하여야 한다.
③ 연료유 탱크에는 탱크 내의 유량이 정상적인 양보다 초과, 또는 부족한 경우에 경보를 발하는 경보장치를 설치하는 것이 바람직하다.
④ 연료유 탱크에 드레인을 설치하는 경우 누유에 따른 화재 발생 소지가 있으므로 이물질을 배출할 수 있는 드레인은 탱크 상단에 설치하여야 한다.

* 연료탱크 내에 드레인은 하부에 고이며(주로 물), 드레인 밸브는 배출을 용이하게 하기 위해 하단에 설치한다.

02 연료유 탱크에 가열장치를 설치한 경우에 대한 설명으로 틀린 것은? [15/1][12/2]

① 열원에는 증기, 온수, 전기 등을 사용한다.
② 전열식 가열장치에 있어서는 직접식 또는 저항밀봉 피복식의 구조로 한다.
③ 온수, 증기 등의 열매체가 동절기에 동결할 우려가 있는 경우에는 동결을 방지하는 조치를 취해야 한다.
④ 연료유 탱크의 기름 취출구 등에 온도계를 설치하여야 한다.

* 전열식 가열장치는 연료기름을 직접 가열하면 인화의 위험이 있으므로, 간접식 또는 저항밀봉 피복식의 구조로 한다.

03 보일러설치기술규격(KBI)의 연료유 저장탱크의 구조에서 탱크 천정에 탱크 내의 압력을 대기압 이상으로 유지하기 위한 통기관 설치 설명 중 틀린 것은? [07/4]

① 통기관 내경의 크기는 최소 40mm 이상이어야 한다.
② 개구부는 40° 이상의 굽힘을 주고 인화방지를 위해서 금속제의 망을 씌운다.
③ 통기관에는 일체의 밸브를 사용해서는 안 된다.
④ 개구부의 높이는 지상에서 3m 이하이어야 하며 반드시 옥외에 있어야 한다.

* 연료유 저장탱크의 통기관
  ① 통기관 내경의 크기는 최소 40mm 이상이어야 한다.
  ② 개구부는 40° 이상의 굽힘을 주고 인화방지를 위해서 금속제의 망을 씌운다.
  ③ 개구부의 높이는 지상에서 5 m 이상이어야 하며 반드시 옥외에 있어야 한다.
  ④ 통기관에는 일체의 밸브를 사용해서는 안된다.

정답 01 ④ 02 ② 03 ④

04 보일러의 유류배관의 일반사항에 대한 설명으로 틀린 것은?
[12/2]

① 유류배관은 최대 공급압력 및 사용온도에 견디어야 한다.
② 유류배관은 나사이음을 원칙으로 한다.
③ 유류배관에는 유류가 새는 것을 방지하기 위해 부식 방지 등의 조치를 한다.
④ 유류배관은 모든 부분의 점검 및 보수할 수 있는 구조로 하는 것이 바람직하다.

★ 유류배관은 용접이음을 원칙으로 함.

05 연료(중유) 배관에서 연료 저장탱크와 버너 사이에 설치되지 않는 것은?
[13/1]

① 오일펌프 ② 여과기
③ 중유가열기 ④ 축열기

★ 축열기(스팀어큐물레이터) : 송기장치중 하나로, 저부하시 잉여증기를 저장하였다가 고부하시 사용하기 위한 장치.
변압식과 정압식이 있다. 증기열을 저장하는 열매체는 물
 - 정압식(급수계통에 설치)
 - 변압식(송기계통에 설치)

06 보일러에서 사용하는 급유펌프에 대한 일반적인 설명으로 틀린 것은?
[12/4]

① 급유펌프는 점성을 가진 기름을 이송하므로 기어펌프나 스크루펌프 등을 주로 사용한다.
② 급유탱크에서 버너까지 연료를 공급하는 펌프를 수송펌프(supply pump)라 한다.
③ 급유펌프의 용량은 서비스탱크를 1시간 내에 급유할 수 있는 것으로 한다.
④ 펌프 구동용 전동기는 작동유의 점도를 고려하여 30% 정도 여유를 주어 선정한다.

★ 급유탱크에서 버너까지 연료를 공급하는 펌프는 이송펌프.
 • 오일펌프(급유펌프) : 연료의 이송 및 분사시 필요한 유압을 유지하기 위해 사용되는 펌프로서 펌프 전축에 반드시 여과기를 설치하고, 펌프 주위로 바이패스 배관을 설치한다. 원심펌프, 기어펌프, 스크류펌프등이 있다.
사용목적에 따라 이송펌프, 유압펌프 등으로 구분한다.
 • 이송펌프 : 저장탱크와 서어비스탱크 사이에는 중유의 점도가 커서 이송이 원활하지 못하므로 기어펌프를 사용
 • 유압펌프 : 버너전측에 일정한 유압을 유지하기 위한 메타링펌프

07 서비스 탱크는 자연압에 의하여 유류연료가 잘 공급될 수 있도록 버너보다 몇 m 이상 높은 장소에 설치하여야 하는가?
[12/2]

① 0.5m ② 1.0m
③ 1.2m ④ 1.5m

★ 서비스탱크는 버너 선단으로부터 높이 1.5m 이상, 거리 2m 이상

08 연료 공급 장치에서 서비스 탱크의 설치 위치로 적당한 것은?
[11/1]

① 보일러로부터 2m 이상 떨어져야 하며, 버너보다 1.5m이상 높게 설치한다.
② 보일러로부터 1.5m 이상 떨어져야 하며, 버너보다 2m 이상 낮게 설치한다.
③ 보일러로부터 0.5m 이상 떨어져야 하며, 버너보다 0.2m 이상 높게 설치한다.
④ 보일러로부터 1.2m 이상 떨어져야 하며, 버너보다 2m 이상 낮게 설치한다.

★ 서비스탱크 : 버너 선단으로부터 높이 1.5m 이상, 이격거리 2.0m 이상

09 보일러의 부속설비 중 연료공급 계통에 해당하는 것은?
[13/4][09/4][08/1]

① 콤버스터 ② 버너 타일
③ 수트 블로우 ④ 오일 프리히터

정답 04 ② 05 ④ 06 ② 07 ④ 08 ① 09 ④

★ ① 콤버스터 : 보염장치. 화염을 안정화시킴.
② 버너타일 : 보염장치. 화염의 형상을 조절
③ 수트블로워 : 기타처리장치. 수관보일러의 수관 전열면 외부의 그을음을 제거함.
④ 오일프리히터 : 중유를 버너에 공급전 무화에 적정한 온도로 예열하는 장치. 연료공급 라인에 속함.

10 오일 프리히터의 사용 목적이 아닌 것은?
[14/1][11/2]

① 연료의 점도를 높여 준다.
② 연료의 유동성을 증가시켜 준다.
③ 완전연소에 도움을 준다.
④ 분무상태를 양호하게 한다.

★ 오일프리히터(중유예열기) : 중유를 예열하여 점도를 낮춘다. 예열된 중유는 분무상태가 양호하게 되어 연소효율에 도움이 된다.

11 오일 프리히터(기름 예열기)에 대한 설명으로 잘못된 것은?
[08/5]

① 기름의 점도를 낮추어 준다.
② 기름의 유동성을 도와준다.
③ 중유 예열온도는 100℃ 이상으로 높을수록 좋다.
④ 분무 상태를 양호하게 한다.

★ 중유예열기
① 기름의 점도를 낮추어 준다.
② 분무상태를 양호하게 한다.
③ 기름의 유동성을 도와 준다.
④ 완전연소에 도움을 준다.
⑤ 80~90℃로 가열한다.

12 오일예열기의 역할과 특징 설명으로 잘못된 것은?
[11/4]

① 연료를 예열하여 과잉 공기율을 높인다.
② 기름의 점도를 낮추어 준다.
③ 전기나 증기의 열매체를 이용한다.
④ 분무상태를 양호하게 한다.

★ 오일예열기(=오일프리히터) : 중유를 버너직전에 미리 예열하여 점도를 낮추며, 무화를 양호하게 한다. 가열원으로 전기, 온수, 증기의 열을 사용한다.

13 중유예열기의 종류에 속하지 않는 것은?
[11/5]

① 증기식 예열기 ② 압력식 예열기
③ 온수식 예열기 ④ 전기식 예열기

★ 중유는 증기, 온수, 전기를 이용하여 예열함.

14 보일러에서 C중유를 사용할 경우 중유예열장치로 예열할 때 적정 예열 범위는?
[12/5]

① 40℃~45℃   ② 80℃~105℃
③ 130℃~160℃ ④ 200℃~250℃

★ C중유의 적절한 예열온도는 80~105℃

15 다음 중 기름여과기(oil strainer)에 대한 설명으로 틀린 것은?
[11/4]

① 여과기 전후에는 압력계를 설치한다.
② 여과기는 사용압력의 1.5배 이상의 압력에 견딜 수 있는 것이어야 한다.
③ 여과기 입출구의 압력차가 $0.05 kgf/cm^2$ 이상일 때는 여과기를 청소해 주어야 한다.
④ 여과기는 단식과 복식이 있으며, 단식은 유량계, 밸브 등의 입구 측에 설치한다.

★ 과기 출입구의 압력차가 $0.02 MPa(0.2 kgf/cm^2)$ 이상일 때는 여과기를 청소해 주어야 한다.

16 연료공급 장치에서 연료여과기 설치위치로 틀린 것은?
[10/4]

① 연료펌프 흡입 측 ② 버너의 출구 측
③ 급유량계 입구 측 ④ 연료 예열기 전측

★ 연료여과기는 연료중 불순물을 제거하기 위한 것이므로 중요장치 전에 설치한다.

정답 10 ① 11 ③ 12 ① 13 ② 14 ② 15 ③ 16 ②

17 오일 여과기의 기능으로 거리가 먼 것은?
[13/1]

① 펌프를 보호한다.
② 유량계를 보호한다.
③ 연료노즐 및 연료조절 밸브를 보호한다.
④ 분무효과를 높여 연소를 양호하게 하고 연소생성물을 활성화시킨다.

★ 오일여과기는 기름 중 불순물을 제거하며, 중요 장치 앞에 부착한다.
★ 분무효과를 높여 연소를 양호하게 하고 연소생성물을 활성화시키는 것은 연료첨가제로서, 연소촉진제라고 한다. 주로 유기화합물, 알루미늄염을 사용한다.

18 유류 보일러 시스템에서 중유를 사용할 때 흡입측의 여과망 눈 크기로 적합한 것은?
[16/4][12/5]

① 1 ~ 10 mesh
② 20 ~ 60 mesh
③ 100 ~ 150 mesh
④ 300 ~ 500 mesh

★ 1) 오일여과기의 일반사항.
  ① 오일여과기 전후에 압력계를 설치한다. 다만, 펌프 흡입측에는 콤파운드게이지(복식압력계)를 설치할 수 있다.
  ② 압력계의 눈금은 0.02MPa(0.2kgf/cm²)이하의 압력을 판별할 수 있는 것이어야 한다.
  ③ 여과기는 사용압력의 1.5배이상의 압력에 견딜 수 있는 것이어야 한다.
  ④ 여과기는 청소가 손쉬운 것이어야 한다.
2) 중유에 사용되는 망의 눈 크기는 버너의 종류에 따라 다소 차이가 있지만 일반적으로 다음의 것이 채용되고 있다
  ① 중유용 : 흡입측 : 20~60 메쉬(mesh),
         토출측 : 60~120 메쉬(mesh)
  ② 경·등유용 : 흡입측 : 80~120 메쉬(mesh),
         토출측 : 100~250 메쉬(mesh)
3) 여과기 출입구의 압력차가 0.02MPa(0.2kgf/cm²) 이상일 때는 여과기를 청소해주어야 한다.

연소보조장치

 보염장치

1) 역할 : 화염 형상조절, 화염의 실화 방지
2) 종류
   ① 윈드박스 : 공기와 연료 혼합 촉진, 압입통풍에 사용
   ② 스테이빌라이저 : 화염 안정
   ③ 콤버스터 : 연소 안정, 화염취소 방지
   ④ 버너타일 : 화염의 형상조절

01 보일러 공기조절장치인 보염장치의 목적을 설명한 것으로 틀린 것은?
[08/1]

① 연소용 공기의 흐름을 조절하여 준다.
② 화염의 형상을 조절 한다
③ 확실한 착화가 되도록 한다.
④ 화염의 불안정을 도모한다.

★ 보염장치 : 화염의 안정을 도모한다.

02 노내에 분사된 연료에 연소용 공기를 유효하게 공급 확산시켜 연소를 유효하게 하고 확실한 착화와 화염의 안정을 도모하기 위하여 설치하는 것은?
[13/4]

① 화염검출기
② 연료 차단밸브
③ 버너 정지 인터록
④ 보염장치

★ 보염장치 : 화염의 안정, 실화방지, 화염의 형상조절

03 보염장치 중 공기와 분무 연료와의 혼합을 촉진시키는 역할을 하는 것은?
[11/5]

① 보염기
② 콤버스터
③ 윈드박스
④ 버너타일

정답   17 ④   18 ②   01 ④   02 ④   03 ③

* **보염장치 역할** : 화염 안정, 화염 형상 조절, 화염 취소 방지, 공기와 연료의 혼합촉진
  종류 : 윈드박스, 스테이빌라이저, 콤버스터, 버너타일
  ① 윈드박스 : 공기와 연료 혼합 촉진, 압입통풍에 사용
  ② 스테이빌라이져 : 화염안정
  ③ 콤버스터 : 연소안정, 화염취소방지
  ④ 버너타일 : 화염의 형상조절

01 보일러 통풍에 대한 설명으로 잘못된 것은?
[13/4][12/5]
① 자연 통풍은 일반적으로 별도의 동력을 사용하지 않고 연돌로 인한 통풍을 말한다.
② 평형통풍은 통풍조절은 용이하나 통풍력이 약하여 주로 소용량 보일러에서 사용한다.
③ 압입 통풍은 연소용 공기를 송풍기로 노 입구에서 대기압보다 높은 압력으로 밀어 넣고 굴뚝의 통풍작용과 같은 통풍을 유지하는 방식이다.
④ 흡입통풍은 크게 연소가스를 직접 통풍기에 빨아들이는 직접 흡입식과 통풍기로 대기를 빨아들이게 하고 이를 이젝터로 보내어 그 작용에 의한 연소가스를 빨아들이는 간접흡입식이 있다.

* 평형통풍은 압입통풍+흡입통풍으로서 통풍력이 가장 강함. 대형보일러에 사용됨.

04 중유 보일러의 연소 보조 장치에 속하지 않는 것은?
[15/5][09/5]
① 여과기   ② 인젝터
③ 화염 검출기   ④ 오일 프리히터

* 인젝터 – 급수보조장치. 증기힘으로 작동되며 급수효율은 낮다.

▶ 통풍장치

통풍, 자연통풍, 강제통풍, 송풍기, 통풍력, 댐퍼

개념원리 통풍장치/댐퍼

1) 자연통풍 : 배기가스와 외기의 온도에 따른 밀도차 및 굴뚝의 높이를 이용하여 통풍
   * 자연통풍력 증가시키려면
     ① 굴뚝이 높을수록
     ② 연돌의 단면적이 넓을수록
     ③ 배기가스의 온도가 높을수록 (=열효율은 저하)
2) 강제통풍 : 송풍기를 이용하여 통풍

구분	버너입구 압입송풍기	연도 흡입송풍기	노내압
압입통풍	○	×	정압
흡인통풍	×	○	부압
평형통풍	○	○	조절용이

* 통풍력 : 평형>흡입>압입>자연
3) 댐퍼
   ① 공기댐퍼 : 연소용 공기를 조절
   ② 연도댐퍼 : 배기가스량 가감, 통풍력 조절

02 보일러 통풍에 관한 설명으로 잘못된 것은?
[08/1]
① 강제통풍에는 압입통풍, 흡입통풍, 및 평형통풍 등이 있다
② 강제 통풍방식은 연료가 완전 연소되므로 별도의 집진 장치가 필요 없다
③ 자연통풍은 굴뚝 높이와 연소가스의 온도에 따라 일정한 한도를 갖는다.
④ 연소실 입구에 송풍기, 굴뚝에 배풍기를 각각 설치한 형태의 강제통풍방식을 평형통풍 방식이라 한다.

* **강제통풍** : 송풍기를 이용하여 공기공급 및 배기가스 배출
  압입통풍, 흡입통풍, 평형통풍
  자연통풍 : 배기가스와 외기의 비중차(밀도차) 이용하여 통풍

03 다음 중 유류보일러의 자동장치 점화시 가장 먼저 이루어지는 작업은?
[08/2]
① 점화용 버너 착화   ② 프리퍼지
③ 주버너 착화   ④ 화염 검출

* 미연소가스로 인한 폭발을 방지하기위하여 프리퍼지를 가장 먼저 한다.

정답 04 ② 01 ② 02 ② 03 ②

04 보일러 통풍에 대한 설명으로 틀린 것은?
[08/5]

① 자연통풍 → 굴뚝의 압력차를 이용
② 강제통풍 → 송풍기를 이용
③ 압입통풍 → 굴뚝 밑에 흡출 송풍기를 사용
④ 평형통풍 → 압입 및 흡입 송풍기를 겸용

> ★ **강제통풍** : 송풍기를 이용하여 공기흡입 및 배기가스 배출
> 압입통풍, 흡입통풍, 평형통풍이 있음.
> **압입통풍** – 연소실 입구에 송풍기 설치(정압)
> **흡입통풍** – 연도측에 송풍기 설치(부압)
> **평형통풍** – 압입통풍 + 흡입통풍
> **자연통풍** : 배기가스와 외기의 비중차(밀도차) 이용

05 소형 연소기를 실내에 설치하는 경우, 급배기통을 전용챔버 내에 접속하여 자연통기력에 의해 급배기 하는 방식은?
[11/2]

① 강제배기식   ② 강제급배기식
③ 자연급배기식   ④ 옥외급배기식

> ★ 가스연소기의 설치위치에 따라 다음으로 구분함.
>
> | | 연소용 공기 공급 | 배기가스배출 |
> |-------|----------------|-------------|
> | 개방식 | 실내 공기 | 실내에 배출 |
> | 반밀폐식 | 실내 공기 | 실외에 배출 |
> | 밀폐식 | 실외 공기 | 실외에 배출 |
>
> ★ **반밀폐식**
> ① **자연배기식** – 연소용 공기는 옥내(실내)에서 취하고, 연소 후 배기가스는 배기통을 통하여 자연통기력에 의해 옥외로 배출하는 방식임
> ② **강제배기식** – 연소용 공기는 옥내(실내)에서 취하고, 연소 후 배기가스는 배기용 송풍기 등에 의하여 강제로 옥외에 배출하는 방식임
> ★ **밀폐식**
> ① **강제급배기식** – 급·배기통을 외기와 접하는 벽을 관통하여 옥외로 빼고, 급·배기용 송풍기에 의해 강제로 급·배기를 하는 방식임
> ② **자연급배기식** – 급·배기통을 외기와 접하는 벽을 관통하여 옥외로 빼고, 자연통기력에 의해 급·배기를 하는 방식임

06 다음 중 보일러에서 연소가스의 배기가 잘 되는 경우는?
[16/2][12/1]

① 연도의 단면적이 작을 때
② 배기가스 온도가 높을 때
③ 연도에 급한 굴곡이 있을 때
④ 연도에 공기가 많이 침입 될 때

> ★ 자연통풍에서 통풍력은 다음의 경우에 증가함.
> 연돌의 단면적이 클수록, 연돌의 높이가 높을수록
> 연도의 굽힘개소가 적을수록, 배기가스 온도가 높을수록

07 보일러의 연소장치에서 통풍력을 크게 하는 조건으로 틀린 것은?
[13/5]

① 연돌의 높이를 높인다.
② 배기가스 온도를 높인다.
③ 연도의 굴곡부를 줄인다.
④ 연돌의 단면적을 줄인다.

> ★ 통풍력을 크게 하려면 연돌의 단면적을 크게 해야 한다.

08 통풍력을 크게 하는 방법이 아닌 것은?
[10/4]

① 연돌 높이를 높게 한다.
② 연돌의 단면적을 크게 한다.
③ 연소가스 온도를 낮춘다.
④ 송풍기의 용량을 증대시킨다.

> ★ 연도가스 온도가 높을수록 (외기와 온도차가 클수록) 통풍력이 증가한다. 하지만, 배기가스 온도가 높으면 배기가스 열손실이 증가하여 열효율은 떨어진다.

09 보일러 배기가스의 자연 통풍력을 증가시키는 방법으로 틀린 것은?
[09/2]

① 배기가스 온도를 낮춘다.
② 연돌 높이를 증가시킨다.
③ 연돌을 보온 처리한다.
④ 연돌의 단면적을 크게 한다.

> ★ 자연통풍에서 통풍력을 증가시키는 방법
> ① 연돌(굴뚝)의 높이를 높인다.
> ② 배기가스의 온도를 높인다. (결국 효율은 저하함)
> ③ 연돌의 상부단면적을 넓힌다.
> ④ 연도의 굴곡부를 적게, 길이를 짧게 한다.
>   (굴곡부 3개소 이하)

정답   04 ③   05 ③   06 ②   07 ④   08 ③   09 ①

10 보일러 연돌의 자연통풍력이 증가하는 경우가 아닌 것은?
[07/1]

① 연돌이 높을수록
② 배기가스의 온도가 낮을수록
③ 연돌의 단면적이 클수록
④ 공기의 습도가 낮을수록

> ★ 자연통풍에서 통풍력은 다음의 경우에 증가함.
> ① 연돌의 단면적이 클수록
> ② 연돌의 높이가 높을수록
> ③ 연도의 굽힘개소가 적을수록
> ④ 연도의 길이가 짧을수록
> ⑤ 배기가스 온도가 높을수록
> • 공기의 온도가 낮고 건조할수록 배기가스 배출이 원활하다.

11 연소용 공기를 노의 앞에서 불어 넣으므로 공기가 차고 깨끗하여 송풍기의 고장이 적고 점검 수리가 용이한 보일러의 강제통풍 방식은?
[15/1][11/1][07/5]

① 압입통풍 ② 흡입통풍
③ 자연통풍 ④ 수직통풍

> ★ 연소실에 연소용 공기를 공급하는 방법에 따라 자연통풍, 강제통풍으로 구분하며 강제통풍은 송풍기를 사용한 것을 말한다. 강제통풍의 종류는 송풍기 설치위치에 따라,
> ① 압입통풍 : 연소실 입구에 설치, 노내압은 정압(+)
> ② 흡입통풍 : 연도측에 설치, 노내압은 부압(-)
> ③ 평형통풍 : 압입통풍+흡입통풍을 말하며 노내압 조정 용이.

12 보일러 통풍방식에서 연소용 공기를 송풍기로 노입구에서 대기압보다 높은 압력으로 밀어 넣고 굴뚝의 통풍작용과 같이 통풍을 유지하는 방식은?
[09/4]

① 자연 통풍 ② 노출 통풍
③ 흡입 통풍 ④ 압입 통풍

> ★ 1) 자연통풍 : 배기가스와 외기의 온도차, 비중차를 이용
> 2) 강제통풍 : 송풍기를 이용하여 연소용공기를 공급하고 배기가스를 배출하는 방식
> ① 압입통풍 : 연소실 입구에 송풍기 설치
> ② 흡입통풍 : 연도측에 송풍기 설치
> ③ 평형통풍 : 압입통풍 + 흡입통풍

13 보일러 통풍장치에서 흡입통풍 방식이란?
[09/5]

① 연도의 끝이나 연돌 하부에 송풍기를 설치한 방식
② 보일러 노의 입구에 송풍기를 설치한 방식
③ 연소용 공기를 연소실로 밀어 넣는 방식
④ 배기가스와 외기의 비중차를 이용한 통풍 방식

> ★ 압입통풍 : 노(연소실)의 입구쪽에 송풍기 설치
> 흡입통풍 : 연도 또는 연돌 하부에 송풍기 설치
> 평형통풍 : 압입통풍 + 흡입통풍

14 다음과 같은 특징을 갖고 있는 통풍방식은?
[14/2][08/4]

> ① 연도의 끝이나 연돌하부에 송풍기를 설치한다.
> ② 연도내의 압력은 대기압보다 낮게 유지된다.
> ③ 매연이나 부식성이 강한 배기가스가 통과하므로 송풍기의 고장이 자주 발생한다.

① 자연통풍 ② 압입통풍
③ 흡입통풍 ④ 평형통풍

> ★ 강제통풍 : 송풍기를 이용하여 공기흡입 및 배기가스 배출
> 압입통풍, 흡입통풍, 평형통풍이 있음.
> 압입통풍 – 연소실 입구에 송풍기 설치(정압)
> 흡입통풍 – 연도측에 송풍기 설치(부압)
> 평형통풍 – 압입통풍 + 흡입통풍
> 자연통풍 : 배기가스와 외기의 비중차(밀도차) 이용
> ※ 자연통풍은 송풍기를 사용하지 않는다.

15 통풍 방식에 있어서 소요 동력이 비교적 많으나 통풍력 조절이 용이하고 노내압을 정압 및 부압으로 임의로 조절이 가능한 방식은?
[13/1]

① 흡인통풍 ② 압입통풍
③ 평형통풍 ④ 자연통풍

> ★ 통풍은 연소용공기를 공급하고 배기가스를 배출하는 것으로 다음과 같이 구분한다. 자연통풍은 송풍기를 설치하지 않는 방식이며 강제통풍은 송풍기를 사용한다. 강제통풍은
>
> | 구분 | 버너입구 압입송풍기 | 연도 흡입송풍기 | 노내압 |
> |---|---|---|---|
> | 압입통풍 | ○ | × | 정압 |
> | 흡인통풍 | × | ○ | 부압 |
> | 평형통풍 | ○ | ○ | 조절용이 |
>
> ★ 압입통풍이 너무 강하거나 흡인통풍이 약할 때 역화의 위험이 있다.

정답 10 ② 11 ① 12 ④ 13 ① 14 ③ 15 ③

16 통풍장치에서 통풍저항이 큰 대형 보일러나 고성능 보일러에 널리 사용되고 있는 통풍방식은? [10/5]

① 자연통풍방식   ② 평형통풍방식
③ 직접흡입 통풍방식   ④ 간접흡입 통풍 방식

★ **자연통풍** : 송풍기를 사용하지 않음.
강제통풍 : 송풍기를 사용하며, 압입, 흡입, 평형으로 구분
압입 – 연소실입구에 압입송풍기, 노내압 정압
흡입 – 연도에 흡입송풍기, 노내압 부압
평형 – 압입+흡입, 노내압 조절용이, 대형보일러

17 통풍장치 중에서 원심식 송풍기의 종류가 아닌 것은? [16/4][11/2]

① 프로펠러형   ② 터보형
③ 플레이트형   ④ 다익형

★ ① 원심식 송풍기 종류 : 다익형(흡입형)
　　　　　　　　　　　플레이트형(흡입형)
　　　　　　　　　　　터보형(압입형)
② 축류형 송풍기 종류 : 프로펠러형(배기, 환기용)
　　　　　　　　　　　디스크형(배기, 환기용)

18 후향 날개 형식으로 된 송풍기로 효율이 60~70% 정도로 좋으며, 고압 대용량에 적합하고 작은 동력으로도 운전할 수 있는 송풍기는? [09/1]

① 다익형 송풍기   ② 축류형 송풍기
③ 터보형 송풍기   ④ 플레이트형 송풍기

★ ① **다익형 소풍기** : 원심 송풍기의 하나로서, 날개차는 앞쪽(전향)을 향해 있고, 지름 방향으로 짧고 폭이 넓은 다수의 날개를 가지고 있다. 효율은 그다지 좋지 않으나 소음이 적어서 환기용으로 적합하다.
② **축류형 송풍기** : 풍량, 동력변화가 적다. 동압이 크다.
③ **터보형 송풍기** : 후향날개형이며 풍량과 동력의 변화도 많다. 효율이 좋다. 고속덕트 공조용, 대풍량, 고양정
④ **플레이트형 송풍기** : 날개수는 6~12이며, 분진을 함유한 가스체의 송풍에 적당하다.

19 보기에서 설명한 송풍기의 종류는? [15/2][12/2]

〈보기〉

㉮ 경향 날개형이며 6~12매의 철판에 직선날개를 보스에서 망사한 스포우크에 리벳죔을 한 것이며, 측판이 있는 임펠러와 측판이 없는 것이 있다.
㉯ 구조가 견고하며 내마모성이 크고 날개를 바꾸기도 쉬우며 회진이 많은 가스의 흡출 통풍기, 미분탄 장치의 배탄기 등에 사용된다.

① 터보송풍기   ② 다익송풍기
③ 축류송풍기   ④ 플레이트송풍기

★ 보기의 설명은 플레이트 송풍기를 말함.
• **터보송풍기** : 후향 날개형이며. 출구각도 30~40°의 후방만곡날개 8~4매를 구비한 임펠러를 사용하고 임펠러의 측판 주판은 주속도에 따라 같은 두께판, 테이퍼판, 주조원판 등이 있다.
• **다익송풍기** : 전향 날개형의 대표적인 것이며 짧은 전향 날개를 많이 (60~90매) 갖는 반경류 임펠러 한 개를 구비하고 케이싱은 철판제의 장방형 단면을 갖는 소용돌이형 모양으로서 형강으로 보강되고 있다.
• **축류송풍기** : 저압 및 대풍량을 요하는 경우에 사용된다. 구조는 간단하고 소형이며 설치면적이 작고 관로 도중에 쉽게 부착할 수가 있고 구동용 전동기도 고회전수 때문에 소형이 된다. 효율은 양호하며 운전은 안전하고 고장도 적은 특징이 있으나 일반적으로 소리가 크다는 것이 결점이다.

플레이트송풍기 임펠러

터보송풍기 임펠러

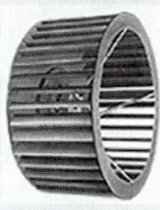

다익송풍기 임펠러

축류송풍기 임펠러

20 송풍기에서 전향날개의 대표적인 형태로 시로코형 송풍기라고도 하며 원심송풍기로서 회전차의 직경이 작고 소형 경량인 송풍기는? [08/2]

① 다익송풍기
② 터보송풍기
③ 플레이트송풍기
④ 축류송풍기

> ★ 시로코형 송풍기 - 다익송풍기라고도 하며 원심식송풍기일종이다.
> 특징 - 구조상 비교적 경량 소형의 송풍기
> 날개가 약간 약하여 고속운전에 부적합
> 풍압은 15~200mmAq 정도로 저압이다.

21 송풍기의 소요동력을 구하는 식으로 옳은 것은? (단, Q : 풍량(m^3/min), P : 통풍압(kPa), η: 효율) [10/1]

① $N = \dfrac{Q \times 60}{1.36 \times P \times \eta}$ [PS]

② $N = \dfrac{1.36 \times Q}{P \times 60 \times \eta}$ [PS]

③ $N = \dfrac{1.36 \times P}{Q \times 60 \times \eta}$ [kW]

④ $N = \dfrac{PQ}{60 \times \eta}$ [kW]

> ★ 송풍기, 펌프 등의 유체를 이송하는 장치의 동력을 구하는 식은 다음 기본식을 응용한다. (구하는 것을 이항정리함)
>
> $\dfrac{kW \cdot 1000 \cdot \eta}{PS \cdot 735.5 \cdot \eta} = \dfrac{\rho \cdot g \cdot Q \cdot H}{P \cdot Q}$
>
> 식 왼쪽은 효율을 고려한 할 수 있는 일의 양, 오른쪽은 실제 하는 일.
> ρ : 밀도[kg/m^3] g : 중력가속도 9.8[m/s^2]
> Q : 유량[m^3/s] H : 양정높이[m] P : 송풍압[Pa]
> ① 왼쪽의 1000·η를 이항정리하면,
>
> [kW] = $\dfrac{\rho \cdot g \cdot Q \cdot H}{1000 \cdot \eta}$
>
> 유체의 압력(P)=비중량(γ)×높이(H)
> =밀도(ρ)×중력가속도(g)×높이(H) 이므로,
>
> [kW] = $\dfrac{P \cdot Q}{1000 \cdot \eta}$
>
> 압력(P) 단위가 [Pa=N/m^2]을 ÷1000하여 [kPa]로 환산대입.
> 문제조건의 송풍량의 단위가 [m^3/min]이므로 ÷60하여 [m^3/s]로 환산대입하면,
>
> [kW] = $\dfrac{P \cdot Q}{60 \cdot \eta}$
>
> ② 왼쪽의 735.5·η를 이항정리하여 ①과 같은 과정을 따르면,
>
> [PS] = $\dfrac{1 \cdot 36 \cdot P \cdot Q}{60 \cdot \eta}$

22 송풍기의 동력을 구하는 식으로 옳은 것은? (단, Q : 풍량(m^3/min), Z : 통풍압(kPa), η: 효율) [07/4]

① $N = \dfrac{ZQ}{60 \times \eta}$ [kW]

② $N = \dfrac{1.36 \times Q}{Z \times 60 \times \eta}$ [PS]

③ $N = \dfrac{1.36 \times Z}{P \times 60 \times \eta}$ [kW]

④ $N = \dfrac{Q \times 60}{1.36 \times 60 \times \eta}$ [PS]

> ★ 송풍기의 동력(N)을 구하는 식은, 동력의 단위에 따라
> ① $N = \dfrac{ZQ}{60\eta}$ [kW]
> ② $N = \dfrac{1.36ZQ}{60\eta}$ [PS]
> 여기에서, Z : 송풍압[kPa], Q : 송풍량[m^3/min], : 효율(%)

23 풍량 120m^3/min, 풍압 35Pa인 송풍기의 소요동력은 약 얼마인가? (단, 효율은 60%이다.) [10/2]

① 1.17kW
② 2.27kW
③ 3.21kW
④ 4.42kW

> ★ $N = \dfrac{ZQ}{60\eta} = 1.17$ [kW]
> 여기에서, Z : 송풍압[kPa], Q : 송풍량[m^3/min], η : 효율(%)
> $N = \dfrac{35 \times 120}{60 \times 0.6 \times 1000} = 1.17$ [kW]

24 보일러의 굴뚝 높이가 45 m 일 때 이 굴뚝의 통풍력은 약 몇 mmAq 인가?(단, 외기 온도 = 30℃, 배기 가스온도 = 100℃) [09/4]

① 60
② 50
③ 30
④ 10

* 통풍력 계산은 산업기사 필기, 기능사 실기의 수준임.
  통풍력 계산 : 통풍력은 배기가스(고온)과 외기(저온)의 비중량차에 의한 압력차이로 발생함. 따라서, 압력계산을 응용하여 유도함.
  ※ 압력차이=비중량차×높이
  통풍력=(외기비중량-배기가스비중량)×굴뚝높이
  배기가스의 비중량은 표준상태(1atm, 0℃)상태에서 순수한 외기에 비해 무겁다. 대략적으로 표준상태의 비중량은

  ※ 1atm 상태에서 기체 비중량
  공기 : 1.293[kgf/Nm³]
  배기가스 : 1.34[kgf/Nm³] 정도

  그러나, 배기가스는 온도가 뜨거우므로 부피가 팽창하여 상대적으로 비중량이 감소하게 된다.
  (전체 중량은 일정하나, 부피만 팽창하므로, [비중량=중량/부피]는 감소하게 됨)
  표준상태(273K=0℃)에 비해 온도상승에 따라 절대온도에 반비례하므로
  t℃(절대온도 T=t℃+273)에서의 비중량(γ)은
  $\gamma = \gamma_S \times \dfrac{273}{(273+t)}$ (여기에서, γ_s는 표준상태 비중량)

  따라서, 통풍력(Z)은 (굴뚝높이는 반드시 조건에 있어야함)

  1) 실제상태의 외기비중량, 배기가스비중량이 주어질때
  $Z = (\gamma_a - \gamma_g) \cdot H$
  $\begin{cases} \gamma_a \text{ 실제외기 비중량} \\ \gamma_g \text{ 실제배기가스 비중량} \\ H \text{ 굴뚝높이} \end{cases}$

  2) 온도만 주어질때, (표준상태의 비중량을 대입 보정함)
  $Z = \left\{\dfrac{(1.29 \times 273)}{(273+t_a)} - \dfrac{(1.34 \times 273)}{(273+t_g)}\right\} \cdot H$
  $= \left\{\dfrac{353}{(273+t_a)} - \dfrac{367}{(273+t_g)}\right\} \cdot H$

  여기에서 $\begin{cases} t_a \text{ 실제 외기온도} \\ t_g \text{ 실제 배기가스온도} \\ H \text{ 굴뚝높이} \end{cases}$

  2)의 식을 간단하게 (공기,배기가스 비중을 동일하게)
  353과 367의 중간평균을 계산하여
  $Z = \left(\dfrac{1}{(273+t_a)} - \dfrac{1}{(273+t_g)}\right) \cdot 355 \cdot H$ 도 가능함.

  위의 문제조건에서 온도와 굴뚝 높이만을 이용하여 구하면
  $Z = \left\{\dfrac{353}{(273+30)} - \dfrac{367}{(273+100)}\right\} \times 45 = 8.15[mmH_2O]$

  또, 간단하게 변화된 식을 이용하면,
  $Z = \left\{\dfrac{1}{(273+30)} - \dfrac{1}{(273+100)}\right\} \times 355 \times 45 = 9.89[mmH_2O]$

  따라서, 약 10[mmH₂O]

25 외기온도 20℃, 배기가스온도 200℃이고, 연돌 높이가 20m일 때 통풍력은 약 몇 mmAq 인가? [15/2][11/4]

① 5.5mmAq ② 7.2mmAq
③ 9.2mmAq ④ 12.2mmAq

★ 온도와 굴뚝높이가 주어질 때 통풍력을 구하는 식은
공기비중량, 배기가스비중량을 같다고 가정한 간이식은
$Z = \left(\dfrac{1}{T_a} - \dfrac{1}{T_g}\right) \cdot 355 \cdot H$
$= \left(\dfrac{1}{(20+273)} - \dfrac{1}{(200+273)}\right) \times 355 \times 20$
$= 9.2[mmH_2O]$

정확하게 계산한 식은
$Z = \left(\dfrac{353}{T_a} - \dfrac{367}{T_g}\right) \cdot H$
$= \left(\dfrac{353}{(20+273)} - \dfrac{367}{(200+273)}\right) \cdot 20$
$= 8.58[mmH_2O]$

>  집진장치

개념원리 **집진장치**

배기가스 중 먼지를 제거
1) 건식집진장치 : 중력식, 관성력식, 여과식(백필터식), 원심식(사이클론식), 전기식
2) 습식집진장치 : 유수식, 가압수식, 회전식
3) 집진장치 특징
  ① 사이클론 : 집진 효율 좋은 편, 경제적
  ② 전기식 : 집진 효율이 가장 좋다.
  ③ 여과식 : 여과 주머니(백필터)를 이용하여 집진
  ④ 세정식 : 함진 농도가 낮은 가스를 고도로 청정
  ⑤ 일반적으로 습식은 건식에 비해 압력손실이 크다.

01 집진장치의 종류 중 건식집진장치의 종류가 아닌 것은? [15/4][10/2]

① 가압수식 집진기 ② 중력식 집진기
③ 관성력식 집진기 ④ 원심력식 집진기

정답 25 ③ 01 ①

* ① 건식 : 원심력식(싸이클론, 멀티싸이클론), 중력식
  관성력식, 백필터식, 전기식
  ② 습식〈유가희〉: 유수식, 가압수식, 회전식
  • 가압수식은 습식 집진장치에 속함.

02 관성력식 집진법과 관계가 있는 것은? [10/4]

① 송풍기의 회전을 이용하여 물방울, 수막, 기포 등을 형성시킨다.
② 함진가스를 방해 판 등에 충돌시키거나 기류의 방향 전환을 시킨다.
③ 크기가 다른 집진기에 비하여 작고 펌프의 마모도 적다.
④ 집진실 내에 들어온 함진가스의 유속을 감소시켜 관성력을 적게 한다.

* **관성력식 집진장치** : 함진가스를 방해판 등에 충돌시켜 기류의 급격한 방향전환을 주어 미립자의 관성력을 이용 배기가스만 빠져나가고 무거운 먼지는 걸러내어 분리한다. 충돌식과 반전식이 있다.

03 다음 중 여과식 집진장치에 해당되는 것은? [07/2]

① 백필터   ② 벤츄리 스크러버
③ 충진탑   ④ 사이클론 스크러버

* 여과식 집진장치는 백필터 장치를 말한다. 세부적인 종류는
  ① 백필터의 형태에 따라 : 원통형, 포켓형, 카트리지형(평판)
  ② 소재에 따라 : 부직포형, SPUN-BONDED형, 소결형
  ③ 백필터 본체의 형태에 따라 : 상향기류식, 하향기류식
  ④ 탈진방식에 따라 : 진동식, 역길식, 펄스젯트식

04 다음 중 여과식 집진장치의 분류가 아닌 것은? [13/2][09/5][07/4]

① 유수식   ② 원통식
③ 평판식   ④ 역기류 분사식

* 여과식 집진장치는 백필터 장치를 말한다. 세부적인 종류는
  ① 백필터의 형태에 따라 : 원통형, 포켓형, 카트리지형(평판)
  ② 소재에 따라 : 부직포형, SPUN-BONDED형, 소결형
  ③ 백필터 본체의 형태에 따라 : 상향기류식, 하향기류식
  ④ 탈진방식에 따라 : 진동식, 역기류식, 펄스젯트식
  • 유수식은 습식집진장치에 속한다.

05 보일러 집진장치의 형식과 종류를 서로 짝지은 것으로 틀린 것은? [07/5]

① 가압수식 - 벤튜리 스크루버
② 여과식 - 타이젠 와셔
③ 원심력식 - 사이클론
④ 전기식 - 코트렐

* 여과식은 백필터 방식이 있다.

06 집진장치 중 집진효율은 높으나 압력손실이 낮은 형식은? [14/2][10/1]

① 전기식 집진장치   ② 중력식 집진장치
③ 원심력식 집진장치   ④ 세정식 집진장치

* ① 전기식 : 집진효율이 가장 좋고 압력손실이 적다.
  ② 중력식 : 집진효율이 나쁘다.
  ③ 원심력식 : 집진효율이 좋은 편이며 경제적이다.
  ④ 세정식 : 먼지 함유량이 적은 가스도 고도로 청정할 수 있으나 압력손실이 크고 통풍력이 감소한다.

07 집진장치 중 집진효율은 높으나 압력손실이 낮은 형식의 것은 어느 것인가? [08/1]

① 원심력식 집진장치   ② 여과식 집진장치
③ 전기식 집진장치   ④ 세정식 집진장치

* ① 원심력식 - 원심력을 이용, 집진효율이 좋고 경제적
  ② 여과식 - 백필터 식이라고도 하며, 여포제 이용
  ③ 전기식 - 집진효율이 최대, 코로나 방전효과를 이용. 압력손실이 적다.
  ④ 세정식 - 습식이며, 고도로 청정. 압력손실이 높다.

08 가장 미세한 입자의 먼지를 집진할 수 있고, 압력손실이 작으며, 집진효율이 높은 집진장치 형식은? [12/2][08/4]

① 전기식   ② 중력식
③ 세정식   ④ 사이클론식

* 집진효율이 가장 높은 집진장치는 전기식임. 대표적 집진장치의 특징은 다음과 같다.
  ① 싸이클론식 : 집진효율이 좋은 편, 경제적
  ② 여과식 : 여과주머니를 이용 집진, 백필터
  ③ 전기식 : 집진효율 최대, 건식과 습식이 있음
  ④ 세정식 : 입자농도가 낮은 가스를 고도로 청정할 수 있다.

09 집진효율이 대단히 좋고, 0.5μm 이하 정도의 미세한 입자도 처리할 수 있는 집진장치는? [12/1]

① 관성력 집진기
② 전기식 집진기
③ 원심력식 집진기
④ 멀티사이클론식 집진기

* 전기식 : 집진효율이 가장 좋다. 미세먼지 제거
  멀티사이클론식 : 경제적. 집진효율이 좋은편

10 배기가스의 압력손실이 낮고 집진 효율이 가장 좋은 집진기는? [11/5]

① 원심력 집진기   ② 세정 집진기
③ 여과 집진기   ④ 전기 집진기

* 집진효율이 가장 좋은 장치 : 전기식 집진기

11 보일러의 집진장치 중 집진효율이 가장 높은 것은? [11/1]

① 관성력 집진기   ② 중력식 집진기
③ 원심력식 집진기   ④ 전기식 집진기

* 전기식 : 집진효율이 가장 높다. 코트렐식이 대표적
  원심력식(=싸이클론) : 경제적이며 효율이 좋은 편
  여과식(=백필터) : 여과주머니를 이용하여 포집
  세정식 : 습식으로 고도로 청정하고자 할 때

12 전기식 집진장치에 해당되는 것은? [10/5]

① 스크레버 집진기   ② 백 필터 집진기
③ 사이클론 집진기   ④ 코트렐 집진기

* 대표적 전기식 집진장치로 코트렐식이 있다.

13 보일러의 세정식 집진방법은 유수식과 가압수식, 회전식으로 분류할 수 있는데, 다음 중 가압수식 집진장치의 종류가 아닌 것은? [13/5]

① 타이젠 와셔   ② 벤투리 스크러버
③ 제트 스크러버   ④ 충전탑

* 가압수식 집진장치 종류 : 〈가벤사충분제〉
  벤츄리스크래버, 사이클론스크래버, 충전탑, 분무탑, 제트스크래버
  • 타이젠와셔는 회전식에 속함.

14 다음 중 가압수식 집진장치에 해당되지 않는 것은? [11/2]

① 제트 스크러버   ② 백필터식
③ 사이클론 스크러버 ④ 충전탑

* 백필터식 - 건식으로 여과식 집진장치이다.

15 다음 집진장치 중 가압수를 이용한 집진장치는? [13/4]

① 포켓식   ② 임펠러식
③ 벤튜리 스크러버식 ④ 타이젠 와셔식

* 가압수식 : 〈가벤사충〉 벤츄리 스크래버, 사이클론 스크래버, 충전탑.

16 다음 집진장치 중 가압수를 이용한 것은? [09/4]

① 충돌식   ② 충력식
③ 벤튜리 스크러버식 ④ 반전식

* 세정식(습식)중 가압수식을 이용하는 집진장치〈가벤사충〉
  -벤튜리 스크러버, 싸이클론 스크러버, 충진탑

정답 09 ② 10 ④ 11 ④ 12 ④ 13 ① 14 ② 15 ③ 16 ③

17 가압수식 집진장치의 종류에 속하는 것은?
[14/4][11/4]

① 백필터 ② 세정탑
③ 코트렐 ④ 배플식

> ★ 가(벤사충) : 물을 가압 공급하여 함진가스 내에 분사시켜 분진 등을 제거하는 방법으로 벤츄리 스크러버, 제트 스크러버, 싸이클론 스크러버, 충전탑, 분무탑(세정탑) 등이 있음.

18 다음 중 세정식 집진장치를 나타내는 것은?
[08/2]

① 백필터 ② 스크러버
③ 코트렐 ④ 사이클론

> ★ 백필터 - 여과식 집진장치
> 스크러버 - 세정식
> 코트렐 - 전기식
> 사이클론 - 원심식

19 충전탑은 어떤 집진법에 해당되는가?
[12/4]

① 여과식 집진법 ② 관성력식 집진법
③ 세정식 집진법 ④ 중력식 집진법

> ★ 집진장치는 연소실에서 배출되는 배기가스중 먼지를 제거하여 대기 오염을 방지하는 시설로서, 건식과 습식으로 구분됨.
> 1) 건식 : 중력침강식, 관성력식, 원심식(사이클론), 여과식, 전기식
> 2) 습식 : 유수식, 가압수식, 회전식, 충전탑
> • 습식 집진장치를 세정식이라 한다.
> • 유수식 : S임펠러형, 나선 가이드베인형, 로터리형, 분수형(가스분출형), 오리피스 스크러버
> • 가압수식 : 벤튜리스크래버, 사이클론스크러버, 제트스크래버, 분무탑
> • 회전식 : 타이젠워셔, 임펄스 스크래버
> • 충전탑 : 원칙적으로 가압수식이며, 충전탑, 하이드로필터

20 함진 배기가스를 액방울이나 액막에 충돌시켜 분진 입자를 포집 분리하는 집진장치는?
[16/2][13/1][09/2]

① 중력식 집진장치 ② 관성력식 집진장치
③ 원심력식 집진장치 ④ 세정식 집진장치

> ★ 배기가스를 액체에 접촉시켜 먼지를 제거하는 방식을 세정식이라 한다.
> 1) 습식(세정식) : 유수식, 가압수식, 회전식
> 2) 건식 : 액체를 이용하지 않고 먼지를 제거한다.
>   ① 여과식 : 여포제를 이용하여 집진(백필터식)
>   ② 원심력식 : 원심력 이용(싸이클론식)
>   ③ 중력식 : 중력을 이용(중력침강식)
>   ④ 관성력식 : 함진 기류의 흐르는 방향을 입자의 관성력을 이용하여 먼지를 분리시키는 장치를 말함.

21 함진가스를 세정액 또는 액막 등에 충돌시키거나 충분히 접촉시켜 액에 의해 포집하는 습식 집진장치는?
[10/4][08/5]

① 세정식 집진장치 ② 여과식 집진장치
③ 원심력식 집진장치 ③ 관성력식 집진장치

> ★ 함진가스 : 먼지를 포함한 배기가스
> 함진가스를 세정액에 접촉하여 먼지를 제거하는 것을 세정식이라고 한다.

22 세정식 집진장치 중 하나인 회전식 집진장치의 특징에 관한 설명으로 틀린 것은?
[12/5]

① 가동부분이 적고 구조가 간단하다.
② 세정용수가 적게 들며, 급수 배관을 따로 설치할 필요가 없으므로 설치공간이 적게 든다.
③ 집진물을 회수할 때 탈수, 여과, 건조 등을 수행할 수 있는 별도의 장치가 필요하다.
④ 비교적 큰 압력손실을 견딜 수 있다.

> ★ 세정액을 임펠러의 회전을 이용하여 함진가스 내에 분사시키고, 함진가스는 송풍기를 이용 분사된 세정액 속으로 불어 넣어 분진을 제거한다. 타이젠 와셔식, 임펄스 스크래버, 젯트 콜렉터 등이 있다. 세정액을 공급하는 급수배관이 별도로 필요하며 설치공간을 크게 차지한다.

정답 17 ② 18 ② 19 ③ 20 ④ 21 ① 22 ②

23 다음 보기에서 그 연결이 잘못된 것은?

[13/2]

〈보기〉
가. 관성력집진장치 – 충돌식, 반전식
나. 전기식집진장치 – 코트렐 집진장치
다. 저유수식집진장치 – 로터리 스크레버식
라. 가압수식집진장치 – 임펄스 스크레버식

① 가   ② 나
③ 다   ④ 라

* 집진장치는 크게 건식과 습식으로 구분된다.
  건식 : 중력식, 원심력식, 관성력식, 여과식, 전기식
  습식 : 유수식, 가압수식, 회전식

  위 보기의 집진장치는
  ① 관성력식 : 충돌식, 반전식(방해판)
  ② 전기식 : 코트렐식
  ③ 원심력식 : 싸이클론, 멀티싸이클론
  ④ 여과식 : 백필터
  ⑤ 유수식 : 임펠러, 로터리, 분수형, 오리피스 스크레버
  ⑥ 가압수식 : 벤츄리 스크레버, 싸이클론 스크레버, 충전탑
  ⑦ 회전식 : 임펄스 스크레버, 타이젠와셔, 젯트콜렉터

매연방지

* 매연발생 원인
  ① 공기량 부족, 분무상태 불량, 연소장치 불량
  ② 저질연료 연소, 연소실 온도가 낮을 때
  ③ 연소실 용적이 작을 때
* 매연농도 측정
  ① 바카락카 스모크스케일 : 매연농도 4이하 되도록
  ② 링겔만 매연농도 : 매연농도 2이하 되도록

01 다음 중 매연 발생의 원인이 아닌 것은?

[12/1]

① 공기량이 부족할 때
② 연료와 연소장치가 맞지 않을 때
③ 연소실의 온도가 낮을 때
④ 연소실의 용적이 클 때

* 매연발생 : 분무불량, 공기부족, 연소실 온도가 낮음
  연소실 용적이 작음. 연료와 연소장치 부적합

02 보일러 연소시 매연발생 원인과 가장 거리가 먼 것은?

[09/5]

① 공기의 공급량이 부족 또는 과대한 경우
② 무리한 연소를 한 경우
③ 연소장치가 부적당한 경우
④ 배기가스 온도가 낮은 경우

* 매연발생 원인
  ① 연소장치 결함
  ② 공기비 부족
  ③ 불완전 연소
  ④ 저질연료 사용

03 연료의 연소 시 발생하는 매연 성분 중 검댕(그을음)의 성분은?

[07/1]

① 무수황산   ② 일산화질소
③ 유리탄소   ④ 아황산가스

* 매연 성분 중 검댕은 연료 성분 중 탄소가 화합물의 형태가 아닌 원소 형태로 분리되어 있는 것을 말한다. 연소되지 않고 분리되어 전열면을 오염시킨다.

04 보일러에서 불완전 연소의 원인으로 틀린 것은?

[09/4]

① 버너로부터의 분무불량, 즉 분무입자가 클 때
② 연소용 공기량이 부족할 때
③ 분무연료와 보일러 열량과의 혼합이 불량할 때
④ 연소속도가 적정하지 않을 때

* 연료와 공기의 혼합이 불량할 때 불완전연소가 일어난다.

정답 23 ④ 01 ④ 02 ④ 03 ③ 04 ③

05 링겔만 농도표는 무엇을 계측하는데 사용되는가?
[12/2]

① 배출가스의 매연 농도
② 중유 중의 유황 농도
③ 미분탄의 입도
④ 보일러 수의 고형물 농도

★ 링겔만 농도표, 바카락카 스모크스케일 등은 매연농도를 측정
  ① "에너지이용합리화법"에 의한 [열사용기자재의 검사 및 검사면제에 관한 기준]에 의하면, 매연농도 규정은 '바카락카 스모크스케일 4이하'
  ② "대기환경보전법"에 의해 매연농도 규정은 '링겔만매연농도표' 2이 하이어야 한다.

06 보일러의 연소 배기가스를 분석하는 궁극적인 목적으로 가장 알맞은 것은?
[11/2]

① 노내압 조정
② 연소열량 계산
③ 매연농도 산출
④ 최적 연소효율 도모

07 보일러 운전자는 대기환경 규제물질을 최소화시켜 배출시켜야 한다. 규제대상 물질이 아닌 것은?
[10/2]

① 황산화물(SO_X)
② 질소산화물(NO_X)
③ 산소(O_2)
④ 검댕, 먼지

★ 대기환경 규제물질 – CO_2, SO, NO 물질이다.
  산소는 인체에 무해하며 온난화현상과 무관하므로 규제대상이 아님.

08 지구 온난화 현상과 관련하여 온실효과를 가져오는 대표적인 기체는?
[09/2]

① CO_2
② O_2
③ SO_3
④ N_2

★ CO_2(이산화탄소) : 지구 온난화 유발
  SO_3(무수황산가스) : 대기오염, 산성비의 원인
  • "온실가스"란 이산화탄소(CO_2), 메탄(CH_4), 아산화질소(N_2O), 수소불화탄소(HFCs), 과불화탄소(PFCs), 육불화황(SF_6) 및 그 밖에 대통령령으로 정하는 것으로 적외선 복사열을 흡수하거나 재방출하여 온실효과를 유발하는 대기 중의 가스 상태의 물질을 말한다.

정답 05 ① 06 ④ 07 ③ 08 ①

06 보일러 자동제어

CHAPTER

01 자동제어의 목적

① 보일러의 안전운전
② 경제적이고, 효율적인 증기 생산
③ 효율적 운전으로 인건비, 유지비 절감
④ 일정한 온도·압력의 증기 생산

02 자동제어 방식

① 피드백 제어 : 결과에 따라 원인을 검출하여 제어를 가감
② 시퀀스 제어 : 미리 정해진 순서에 따라 단계적으로 진행

03 자동제어계의 구성

검출 → 비교 → 판단(조절) → 조작

04 피드백 제어회로 구성

[피드백 제어회로의 구성]

05 용어 정리

① 목표치 : 제어계에서 제어량이 어떤 값을 갖도록 외부에서 주어지는 것 정치제어의 경우는 설정치(set point)라고도 한다.
② 제어계 : 제어의 대상이 되는 기기나 장치 또는 계통 전체로서의 제어대상을 말한다.
③ 기준입력신호 : 목표치를 비교부에 입력하기 위해 설정부에서 변화된 입력신호를 말하며, 목표치는 주 피드백 신호와 같은 종류의 신호로 변화된다.
④ 비교부 : 검출부에서 검출한 제어량과 목표치를 비교하는 부분
⑤ 제어편차 : 목표량에서 제어량을 뺀 것으로 비교부에서 계산된다. *제어편차=목표량 - 제어량
⑥ 동작신호 : 기준입력과 피드백 양을 비교한 제어편차량을 신호로 변환시킨 것을 말한다. 조절부의 입력이 된다.
⑦ 제어요소 : 동작신호를 조작량으로 변화하는 요소이고 조절부와 조작부로 이루어진다.
⑧ 조절부 : 동작신호를 받아 제어동작을 하기 위해 조작신호를 만들어 조작부로 보내는 부분
⑨ 조작부 : 조절부에서 보낸 조작신호를 받아 조작량으로 변화하여 제어대상에 가하는 부분
⑩ 외란 : 제어계를 혼란시키는 외적작용으로 가스유량, 탱크 주위온도, 가스공급압, 공급온도 및 목표치 변경 등의 변화를 말한다. 즉, 제어대상에 가해지는 조작량 이외의 양
⑪ 제어대상 : 제어를 행하려는 대상물로서 온도, 압력, 유량, 액면 등이 제어대상이 된다.
⑫ 제어량 : 제어대상에서 최종적으로 제어된 양. 수위, 증기온도, 노내압력
⑬ 검출부 : 제어량을 검출하는 부분. 제어대상으로부터 압력이나 온도, 유량 등의 제어량을 검출하여 이 값을 공기압, 전기 등의 신호로 변환시켜 비교부에 전송한다. 즉, 피드백신호(검출신호, 되먹임신호)를 발하는 부분

06 제어방법에 의한 분류(목표값에 따른 분류)

(1) 정치 제어 : 목표값이 일정

(2) 추치 제어
목표값이 시간에 따라 변화. 추종제어, 비율제어, 프로그램 제어 방식이 있다.

① 추종 제어 : 목표값이 시간에 따라 임의로 변화
② 비율 제어 : 목표값이 시간에 따라 어떤 다른 양과 일정한 비율로 변화(*유량비율 제어, 공기비 제어가 있음)
③ 프로그램 제어 : 목표값이 시간에 따라 일정한 프로그램에 따라 변화

(3) 케스케이드 제어
2개의 제어계를 조합한 것으로 1차 제어계의 제어량 결과가 2차 제어계의 입력으로 됨
(추치 제어에 포함시키기도 함)

```
1차 제어계  ─결과→  2차 제어계  ─입력→
```

07 제어동작(조절부 동작)에 의한 분류

(1) 불연속동작
① 2위치 동작(ON-OFF동작) : 사이클링 현상을 일으킴
※ 사이클링 현상 : 목표값을 중심으로 제어량이 일정치 않고 과대, 과소 등 진동현상이 일어나는 현상
② 다위치 동작 : 조작스위치가 3개 이상
③ 불연속 속도 동작 : 제어편차의 크고 작음에 따라 조작량을 일정한 속도로 정작동 또는 역작동 방향으로 움직이게 하는 동작, 불연속 속도 동작은 정작동과 역작동으로 구분
  ㉠ 정작동 : 제어량이 목표값보다 증가함에 따라 조절부의 출력이 증가 제어편차와 조절부의 출력이 비례
  ㉡ 역작동 : 제어량이 목표값보다 증가함에 따라 조절부의 출력이 비례하는 동작 제어편차와 조절부의 출력이 반비례
④ 간헐동작 : 제어동작이 일정한 시간마다 일어나는 동작으로 샘플링 동작이라고도 한다.

(2) 연속동작
① 비례동작(P동작) : 조작량이 제어량의 편차에 비례하는 동작
  ㉠ 외란이 있으면 잔류편차 발생
  ㉡ 부하변동이 작은 경우 이용
  ㉢ 비례대가 작을수록 동작은 강하게 변함
  ㉣ 편차가 0의 경우(=비례대 0) 수동리셋으로 사용
  ㉤ 비례대(%) = $\dfrac{100}{비례감도}$
② 적분동작(I동작) : 제어편차의 시간적분에 비례하여 조작량을 가감하는 동작
  ㉠ 잔류편차 제거
  ㉡ 제어의 안정성이 떨어지며 진동하는 경향
③ 미분동작(D동작) : 제어편차가 변화하는 속도에 비례해서 조작량을 가감하는 동작
  ㉠ 응답을 빨리 할 수 있다.
  ㉡ 단독으로 사용치 않고 비례동작과 함께 쓰임
  ㉢ 진동이 제어되어 빨리 안정된다.
④ 비례적분동작(PI동작) : 잔류편차가 남는 비례동작의 단점을 보완하기 위해 비례동작에 적분동작을 조합한 동작
⑤ 비례미분동작(PD동작) : 응답을 신속화할 수 있고 잔류편차를 감소시킬 수 있다. 비례동작의 응답을 빨리 할 수 있다.
⑥ 비례적분미분동작(PID동작) : PI동작과 PD동작의 결점을 보완하기 위해 결합한 것으로 적분동작으로 잔류편차를 제거하고, 미분동작으로 응답을 신속히 하여 안정화 한다.

08 자동제어의 신호전달 방식

(1) 공기압식
① 신호전달 지연의 단점
② 전송거리가 짧다(100m 정도).
③ 배관이 용이하고 위험성이 없다.
④ 조작부의 동특성이 좋다.
⑤ 공기압이 통일되어 있어 취급이 편리
⑥ 사용공기압 : 0.2~1kgf/cm², 전송거리 : 100~150m

(2) 유압식
① 조작력 및 조작속도가 크다.
② 전송에 지연이 적고 응답이 빠르다(공기압에 비해).
③ 희망특성을 살리기 쉽다.
④ 기름의 누설로 더러워지거나 인화의 위험성
⑤ 배관이 까다롭다.
⑥ 사용유압 : 0.2~1kgf/cm², 전송거리 : 300m 정도

(3) 전기식
① 복잡한 신호에 적합
② 신호전달에 지연이 없다.
③ 전송거리가 길고 조작력이 강하다.
④ 사용 전류 : 4~20mA DC(직류), 10~50mA DC(직류)
⑤ 전송거리 : 0.3~10km

09 인터록

※ 전자밸브와 연결된 비상시 연료차단 자동제어
① 압력초과 인터록 : 증기압력제한기와 전자밸브 연결, 설정압력 초과 시 연료차단
② 저수위 인터록 : 고저수위경보기와 전자밸브 연결, 안전저수위 이하 감수 시 연료차단
③ 불착화 인터록 : 화염검출기와 전자밸브 연결, 실화 또는 불착화 시 연료차단
④ 프리퍼지 인터록 : 송풍기 풍압스위치와 전자밸브 연결, 송풍기 고장 시(프리퍼지 불능) 연료차단
⑤ 저연소 인터록 : 연료조절밸브와 전자밸브 연결, 저연소 전환이 안될 때 연료차단
※ 제3장/부속장치 - 안전장치의 전자밸브 참고

10 보일러 자동제어(A.B.C)

① 급수제어(F.W.C) : 급수량 조절(수위 제어)
② 증기온도제어(S.T.C) : 전열량 조절(과열증기 온도제어)
③ 자동연소제어(A.C.C) : 연소량(연료, 공기) 조절(증기압력 & 온수온도제어, 노내압력 제어)
④ 로칼제어(L.C) : ①, ②, ③ 이외의 제어
 (예) 중유탱크 기름온도 제어)

보일러 자동제어	제어량	조작량
급수제어	드럼 수위	급수량
증기온도제어	과열증기 온도	전열량
자동연소제어	증기 압력 온수 온도	연료량, 공기량
	노내 압력	연소가스량

※ 제어량 : 최종목표로 제어하고자 하는 것
※ 조작량 : 최종목표를 이루기 위해 실제로 가감하는 것

11 수위제어(급수제어)

(1) 수위검출방식(=고저수위 경보기의 종류)
① 플로트식(=부자식, 맥도널식)
② 전극식 : 전극봉 3개 삽입
③ 차압식
④ 열팽창식

(2) 수위제어 방식(=검출량에 따른 분류)
① 단요소식(=1요소식) : 수위만 검출
② 2요소식 : 수위, 증기량 검출
③ 3요소식 : 수위, 증기량, 급수량 검출

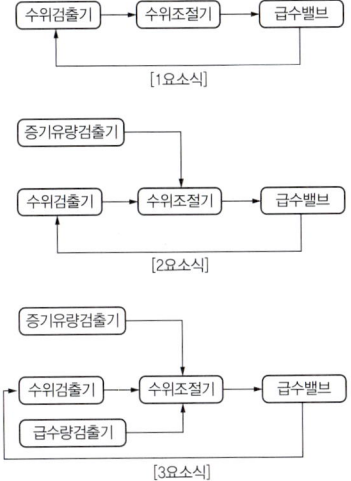

12 온수보일러 자동제어 (버너정지)

① 프로텍터 릴레이 : 버너에 부착하여 오일버너 주안전 제어장치로 사용
② 아쿠아스탯 릴레이(온도조절기) : 하이리밋 컨트롤이라고 부르며 온도절기이다. 스택릴레이와 프로텍터릴레이와 함께 사용.
③ 콤비네이션 릴레이 : 보일러 본체에 부착된 버너의 주안전제어장치로 프로텍터릴레이와 아쿠아스탯의 기능을 합한 것
④ 스택릴레이 : 보일러의 연소가스 배출구로부터 300mm 상단의 연도에 부착. 연소가스 열에 의하여 연도 내부로 삽입되는 바이메탈의 수축팽창으로 접점을 연결, 차단하여 버너의 작동이나 정지
※ 증기보일러의 화염검출기 중 스택스위치와 같음.

06 보일러 자동제어 정리문제

CHAPTER

박쌤이 콕! 찝어주는 **주요 예상문제** 풀어보기!

> **자동제어 구분**
>
> 시퀀스&피드백, 자동제어 구분, 연속제어 & 불연속 제어, 신호전송

 자동제어

```
1) 자동제어 목적
  ① 보일러의 안전운전
  ② 경제적이고, 효율적인 증기 생산
  ③ 효율적 운전으로 인건비, 유지비 절감
  ④ 일정한 온도·압력의 증기 생산
2) 자동제어 방식
  ① 시퀀스 제어 : 미리 정해진 순서에 따라 순차적으로
     진행
  ② 피드백 제어 : 제어결과를 입력측으로 되돌려 정정동작
```

01 보일러 자동제어의 목적과 관계 없는 것은?

[07/1]

① 보다 경제적인 증기를 얻는다.
② 보일러의 운전을 안전하게 한다.
③ 효율적인 운전으로 연료비를 증가시킨다.
④ 인건비를 절약한다.

> ★ 보일러 자동제어 목적
> ① 보일러 안전운전
> ② 경제적이고, 효율적인 증기 생산
> ③ 효율적 운전으로 인건비, 유지비 절감
> ④ 일정한 온도·압력의 증기 생산

02 보일러 자동제어의 목적과 무관한 것은?

[11/2]

① 작업인원의 절감   ② 일정기준의 증기공급
③ 보일러의 안전운전   ④ 보일러의 단가절감

> ★ 보일러 자동제어 목적
> ① 보일러 안전운전
> ② 경제적이고, 효율적인 증기 생산
> ③ 효율적 운전으로 인건비, 유지비 절감
> ④ 일정한 온도·압력의 증기 생산

03 보일러 자동제어의 목적과 관계가 없는 것은?

[09/5]

① 경제적인 열매체를 얻을 수 있다.
② 보일러의 운전을 안전하게 할 수 있다.
③ 효율적인 운전으로 연료비를 증가시킨다.
④ 인원 절감의 효과와 인건비가 절약이 된다.

> ★ 자동제어의 목적
> ① 보일러의 안전운전
> ② 경제적이고, 효율적인 증기생산
> ③ 효율적 운전으로 인건비, 유지비 절감
> ④ 일정한 온도·압력의 증기 생산
> • 보일러 안전운전 및 효율적 가동으로 연료비 절감

04 보일러 자동제어에서 시퀀스(sequence)제어를 가장 옳게 설명한 것은?

[13/5][09/4]

① 결과가 원인으로 되어 제어단계를 진행하는 제어이다.
② 목표 값이 시간적으로 변화하는 제어이다.
③ 목표 값이 변화하지 않고 일정한 값을 갖는 제어이다.
④ 제어의 각 단계를 미리 정해진 순서에 따라 진행하는 제어이다.

> ★ 시퀀스제어 : 미리 정해진 순서에 따라 진행하는 제어
> 피드백제어 : 결과를 검출하여 입력으로 되돌려 정정
> 보기 ②는 피드백제어 중 목표값이 변화하는 추치제어
> ③은 피드백제어 중 목표값이 일정한 정치제어

정답 01 ③ 02 ④ 03 ③ 04 ④

05 미리 정해진 순서에 따라 순차적으로 제어의 각 단계가 진행되는 제어 방식으로 작동 명령이 타이머나 릴레이에 의해서 수행되는 제어는? [12/2][07/2]

① 시퀀스 제어　　② 피드백 제어
③ 프로그램 제어　④ 캐스케이드 제어

> ★ 자동 제어 방식은 시퀀스, 피드백 방식이 있다.
> ① 시퀀스 제어 : 정해진 순서에 따라 순차적으로 진행
> ② 피드백 제어 : 출력측 결과를 입력측으로 되돌려 정정동작을 행하는 제어
> 또, 자동 제어의 제어방법에 따라(목표값 설정) 정치 제어, 추치 제어로 구분한다.
> ① 정치 제어 : 목표값이 일정함.
> ② 추치 제어 : 목표값이 변화함.비율 제어, 프로그램 제어, 추종 제어가 있음.
> • 비율 제어 : 시간에 따라 다른 양과 일정한 비율로 변화
>   예 유량비율 제어, 공기비 제어
> • 프로그램 제어 : 시간에 따라 일정한 프로그램으로 변화
> • 추종 제어 : 시간에 따라 임의로 변화
> ③ 캐스케이드 제어 : 2개의 제어계를 조합. 1차제어 결과가 2차 제어 입력측으로 작동하는 경우이며, 추치 제어에 포함시키기도 함.

06 미리 정해진 순서에 따라 순차적으로 제어의 각 단계를 진행하는 제어는? [11/2]

① 피드백 제어　　② 피드포워드 제어
③ 포워드 백제어　④ 시퀀스 제어

> ★ ① 피드백제어 – 제어결과를 입력측으로 되돌려 정정
> ② 피드포워드제어 – 일어날 만한 변화의 원인을 검출하여 이를 미연에 예방하기 위해 작동시키는 제어
> ③ 시퀀스제어 – 미리 정해진 순서에 따라 단계적으로 진행

07 보일러 점화나 소화가 정해진 순서에 따라 진행되는 제어는? [11/4]

① 피드백 제어　　② 인터록 제어
③ 시퀀스 제어　　④ ABC 제어

> ★ 정해진 순서에 따라 진행되는 제어는 시퀀스제어

08 피드백 제어를 가장 옳게 설명한 것은? [12/5]

① 일정하게 정해진 순서에 의해 행하는 제어
② 모든 조건이 충족되지 않으면 정지되어 버리는 제어
③ 출력측의 신호를 입력측으로 되돌려 정정 동작을 행하는 제어
④ 사람의 손에 의해 조작되는 제어

> ★ 피드백제어는 되먹임제어라고도 하며, 출력 결과를 입력측으로 되돌려 정정 동작을 행함.
> 보기 ②는 인터록제어, 보기 ①는 시퀀스제어이며, 보기 ④는 자동제어가 아닌 수동제어임.

09 보일러의 자동제어에서 목표치와 결과치의 차이 값을 처음으로 되돌려 계속적으로 정정동작을 행하는 제어는? [11/1]

① 순차 제어　　② 인터록 제어
③ 캐스케이드 제어　④ 피드백 제어

> ★ 자동제어의 구분 : 시퀀스제어, 피드백제어
> 시퀀스제어 : 정해진 순서에 따라 순차적으로 진행
> 피드백제어 : 출력측의 제어결과를 입력측으로 되돌려 정정동작을 행하는 제어

10 자동제어 계통의 요소나, 그 요소 집단의 출력 신호를 입력 신호로 계속해서 되돌아 오게 하는 폐회로 제어는? [07/1]

① 시퀀스 제어　　② 피드 백 제어
③ 프로세스 제어　④ 서보 제어

> ★ 자동제어는 두 가지 방식이 있다.
> ① 시퀀스제어 : 정해진 순서에 따라 순차적으로 진행되는 방식
> ② 피드백제어 : 제어결과를 입력측으로 되돌려 정정동작을 행하는 방식

11 자동제어계의 블록선도 중 어떤 장치에서 제어량에 대한 희망값 또는 외부로부터 이 제어계에 부여된 값이라고 불리우는 것은? [10/4]

① 조작량　　② 검출량
③ 목표값　　④ 동작신호값

정답 05 ①　06 ④　07 ③　08 ③　09 ④　10 ②　11 ③

* 제어하고자 하는 희망값을 목표값이라 한다.

12 제어량을 조정하기 위해 제어장치가 제어대상으로 주는 량은? [08/2]

① 목표치　　② 편심량
③ 제어편차　　④ 조작량

* 피드백 자동제어

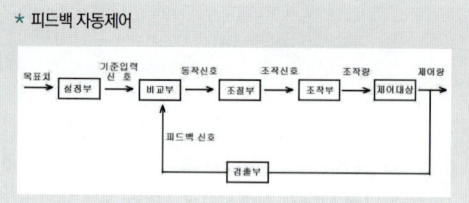

개념원리 자동제어 분류

1) 목표값에 따라(제어방법에 따라)
　① 정치제어 : 목표값이 일정
　② 추치제어 : 목표값이 시간에 따라 변화
　　• 프로그램 제어 : 일정한 프로그램에 따라 변화
　　• 비율제어 : 다른 양과 일정한 비율로 변화
　　　* 유량비율 제어, 공기비 제어가 있음.
　　• 추종제어 : 목표값이 임의로 변화
　　• 캐스케이드 제어 : 1차제어계 결과가 2차제어계 입력으로 됨.
2) 제어동작에 의한 분류(조절부 동작에 의한 분류)
　① 불연속동작 : 2위치동작(on-off 동작), 다위치동작, 불연속속도동작
　② 연속동작 : 비례동작(P), 적분동작(I), 미분동작(D), 비례적분(PI), 비례미분(PD), 비례적분미분(PID)
　　• 비례동작 : 제어편차(옵세트)가 남음.
　　• 적분동작 : 제어편차 제거
　　• 미분동작 : 응답속도를 신속히

01 다음 중 목표값이 변화되어 목표값을 측정하면서 제어목표량을 목표량에 맞도록 하는 제어에 속하지 않는 것은? [13/1]

① 추종제어　　② 비율제어
③ 정치 제어　　④ 캐스케이드 제어

* 목표값이 변화되는 것을 추치제어라고 하며, 종류로는 추종제어, 비율제어, 프로그램제어, 캐스케이드제어가 있다. 정치제어는 목표값이 일정하게 고정되어 있는 것을 말한다.
　• 치(値) : 값 치

02 보일러 자동제어에서 1차 제어장치가 제어명령을 하고 2차 제어장치가 1차 명령을 바탕으로 제어량을 조절하는 측정제어는? [10/5]

① 프로그램제어　　② 정치제어
③ 캐스케이드제어　　④ 비율제어

* 캐스케이드제어 : 2개의 제어계가 조합된 것으로, 1차제어계의 결과값이 2차제어계의 목표값으로 입력된다.

03 제어장치의 제어동작 종류에 해당되지 않는 것은? [12/2]

① 비례 동작　　② 온 오프 동작
③ 비례적분 동작　　④ 반응 동작

* 제어장치는 조절부의 동작에 따라, 불연속제어, 연속제어로 구분한다.
　① 불연속제어 : on-off, 다위치동작, 불연속도동작
　② 연속제어 : 비례동작, 적분동작, 미분동작, 비례적분, 비례미분, 비례적분미분

04 보일러 제어동작 중 불연속 동작의 종류가 아닌 것은? [09/4]

① 2스위치 동작　　② 다위치 동작
③ 불연속 속도동작　　④ 비례동작

* 자동제어를 조절부의 작동에 따라 구분하면
　① 연속 동작 - 비례동작, 미분동작, 적분동작
　② 불연속동작 - 2위치동작, 다위치동작, 불연속 속도동작

정답　12 ④　01 ③　02 ③　03 ④　04 ④

05 다음 자동제어에 대한 설명에서 온-오프(on-off) 제어에 해당되는 것은? [13/1]

① 제어량이 목표값을 기준으로 열거나 닫는 2개의 조작량을 가진다.
② 비교부의 출력이 조작량에 비례하여 변화한다.
③ 출력편차량의 시간 적분에 비례한 속도로 조작량을 변화시킨다.
④ 어떤 출력편차의 시간 변화에 비례하여 조작량을 변화시킨다.

> ★ 자동제어의 조절부 동작에 따라, 연속동작, 불연속동작으로 구분한다. 불연속동작은 모두 off(정지) 동작이 있는 것을 말한다. 문제의 온-오프는 2위치동작이라고 한다.
> ① **불연속동작** : 온오프동작, 다위치동작, 불연속속도동작
> ② **연속동작** : 비례동작, 적분동작, 미분동작, 비례적분동작, 비례미분동작, 비례미분적분동작

06 제어편차가 설정치에 대하여 정(+), 부(-)에 따라 제어되는 2위치 동작은? [11/5][10/4]

① 미분 동작
② 적분 동작
③ 온 오프 동작
④ 다위치 동작

> ★ 온오프 동작을 2위치 동작이라고도 함.

07 ON-OFF 동작과 가장 관련이 깊은 것은? [09/1]

① 비례동작
② 2위치 동작
③ 적분 동작
④ 복합 동작

> ★ **연속동작**: P동작, I동작, D동작, PI동작, PD동작, PID동작
> **불연속동작** : ON-OFF동작(2위치동작), 다위치동작
> ※ 비례동작(P동작), 적분동작(I동작), 미분동작(D동작)

08 보일러의 자동제어 중 제어동작이 연속동작에 해당하지 않는 것은? [15/2][11/5]

① 비례동작
② 적분동작
③ 미분동작
④ 다위치동작

> ★ **자동제어의 구성요소** : 비교부, 조절부, 조작부, 검출부
> 이 가운데 조절부의 작동방식에 따라, 연속제어, 불연속제어로 구분됨.
> ① **불연속제어** : 온오프(2위치제어), 다위치, 불연속속도
> ② **연속제어** : 비례(P), 적분(I), 미분(D)
> 비례적분(PI), 비례미분(PD), 비례미분적분(PID)

09 자동제어 동작 특성 중 연속 동작에 속하지 않는 것은? [08/5]

① 비례동작
② 적분동작
③ 미분동작
④ 2스위치동작

> ★ **연속동작** : P동작, I동작, D동작, PI동작, PD동작, PID동작
> **불연속동작** : ON-OFF동작(2위치동작), 다위치동작

10 보일러의 자동제어를 제어동작에 따라 구분할 때 연속동작에 해당되는 것은? [14/2][10/1]

① 2위치 동작
② 다위치 동작
③ 비례동작(P동작)
④ 부동제어 동작

> ★ 자동제어 조절부의 동작에 따라
> 1) **불연속동작** : Off가 있음.
> 2위치동작(On-Off동작), 다위치동작, 불연속속도동작
> 2) **연속동작** : 비례동작(P), 적분동작(I), 미분동작(D)
> 비례적분, 비례미분, 비례미분적분

11 다음 제어동작 중 연속제어 특성과 관계가 없는 것은? [11/4][08/4]

① P 동작(비례동작)
② I 동작(적분동작)
③ D 동작(미분동작)
④ ON-OFF동작(2위치 동작)

> ★ ON-OFF동작, 다위치동작, 불연속속도동작은 불연속제어에 속함.

정답 05 ① 06 ③ 07 ② 08 ④ 09 ④ 10 ③ 11 ④

12 P 동작이라고도 하며 자동제어 형태에서 잔류편차가 발생하는 동작은? [07/4]

① ON-OFF 동작　　② 비례 동작
③ 적분 동작　　　　④ 미분 동작

* 보기 중 자동제어 동작의 특징은,
  ① 온-오프동작 : 2위치 동작이라 한다.
  ② 비례동작(P동작) : 잔류편차가 발생
  ③ 적분동작(I동작) : 잔류편차(옵셋트)를 제거
  ④ 미분동작(D동작) : 응답속도를 빨리 할 수 있다.

13 자동제어의 비례동작(P동작)에서 조작량(Y)은 제어편차량(e)과 어떤 관계가 있는가? [08/4]

① 제곱에 비례한다.　　② 비례한다
③ 평방근에 비례한다.　④ 평방근에 반비례한다.

* 비례동작 - 조작량이 제어량의 편차에 비례하는 동작
  적분동작 - 제어편차에 시간적분에 비례하여 조작량 가감
  미분동작 - 제어편차가 변화하는 속도에 비례 조작량 가감

14 제어동작 중 비례동작에서 잔류편차가 남지 않는 동작은? [08/1]

① ON-OFF동작　　　② 적분동작
③ 미분동작　　　　　④ 적분동작+미분동작

* ① on-off : 싸이클링현상을 일으킴. 2위치 동작이라고도 함.
  ② 적분동작 : 잔류편차 제거
  ③ 미분동작 : 응답속도를 빨리 할 수 있다.

15 자동제어 동작 중 이 동작은 잔류편차가 남지 않아서 비례동작과 조합하여 쓰여지는데, 제어의 안정성이 떨어지고, 진동하는 경향이 있는 동작은? [10/2]

① 미분동작　　　　② 적분동작
③ 온-오프동작　　 ④ 다위치 동작

* 미분동작 : 응답을 빨리 할 수 있다. 비례동작과 함께 사용.
  적분동작 : 잔류편차(옵세트)를 제거
  온-오프동작 : 2위치 동작이라 한다.
  다위치동작 : off가 있으며, 조절단계가 여럿임.

자동제어 신호전송

1) 공기압식 : 신호전송 지연, 전달거리 짧다.
2) 유압식 : 조작력 강대, 인화위험
3) 전기식 : 복잡한 신호에 적합, 신호전달 지연없음 전송거리 길다

01 자동제어계에 있어서 신호전달 방법의 종류에 해당되지 않는 것은? [11/5]

① 전기식　　② 유압식
③ 기계식　　④ 공기식

* 자동제어 신호전송 : 전기식, 유압식, 공기식

02 자동제어 장치의 신호 전달방식이 아닌 것은? [07/4]

① 전기식　　② 증기식
③ 유압식　　④ 공기압식

* 자동제어 신호전달 방식 : 공기압식, 유압식, 전기식

03 보일러 자동제어에서 신호전달 방식 종류에 해당되지 않는 것은? [13/2][09/4]

① 팽창식　　② 유압식
③ 전기식　　④ 공기압식

정답　12 ②　13 ②　14 ②　15 ②　01 ③　02 ②　03 ①

* **신호전달방식** : 공기압식, 유압식, 전기식
1) 공기압식
    ① 신호전달 지연의 단점
    ② 전송거리가 짧다.(100m정도)
2) 유압식
    ① 조작력 및 조작속도가 크다.
    ② 전송거리 300m 정도
3) 전기식
    ① 복잡한 신호에 적합
    ② 신호전달에 지연이 없다.
    ③ 전송거리가 길고 조작력이 강하다
    ④ 전송거리 0.3~10km

* 자동제어 신호전송은 공기식, 유압식, 전기식이 있다.
    ① 공기식 : 신호전송 지연, 전송거리 짧다.(100m정도)
    ② 유압식 : 조작력 강대, 인화위험성
    ③ 전기식 : 신호전송 빠름. 복잡한 신호전송, 전송거리 길다

04 보일러 자동제어에서 신호전달방식이 아닌 것은?
[12/4]
① 공기압식   ② 자석식
③ 유압식   ④ 전기식

* **자동제어 신호전달 방식** : 공기압식, 유압식, 전기식

05 보일러 자동제어 신호전달 방식 중 공기압 신호전송의 특징 설명으로 틀린 것은?
[15/1][10/1]
① 배관이 용이하고 보존이 비교적 쉽다.
② 내열성이 우수하나 압축성이므로 신호전달에 지연이 된다.
③ 신호전달 거리가 100~150m 정도이다.
④ 온도제어 등에 부적합하고 위험이 크다.

* **공기압식**
    ① 신호전달 지연의 단점
    ② 전송거리가 짧다.(100m정도)
    ③ 배관이 용이하고 위험성이 없다.
    ④ 조작부의 동특성이 좋다.
    ⑤ 공기압이 통일되어 있어 취급이 편리

06 자동제어의 신호전달방법 중 신호전송 시 시간지연이 있으며, 전송거리가 100~150m 정도인 것은?
[14/4][10/5]
① 전기식   ② 유압식
③ 기계식   ④ 공기식

07 자동제어의 신호전달 방법에 대한 특징이다. 신호 전송 시 시간지연이 다른 형식에 비하여 크며, 전송 거리는 100~150m 정도인 것은 어느 형식에 해당하는가?
[08/2]
① 전기식   ② 유압식
③ 공기식   ④ 아날로그식

* **공기식** – 시간지연이 있다. 전송거리 100m~150m
  유압식 – 조작력이 크다. 전송거리 300m
  전기식 – 복잡한 신호전송 가능

08 자동제어의 신호전달방법에서 공기압식의 특징으로 맞는 것은?
[13/4]
① 신호전달거리가 유압식에 비하여 길다.
② 온도제어 등에 적합하고 화재의 위험이 많다.
③ 전송시 시간지연이 생긴다.
④ 배관이 용이하지 않고 보존이 어렵다.

* **공기압식** : 전송 시간 지연, 인화위험 없음. 배관이 용이.

09 전송기에서 신호전달거리를 가장 멀리 할 수 있는 방식은?
[09/2]
① 공기압식   ② 팽창식
③ 유압식   ④ 전기식

* **공기압식**
    ① 신호전달 지연의 단점
    ② 전송거리가 짧다.(100m정도)
* **유압식**
    ① 조작력 및 조작속도가 크다.
    ② 전송거리 300m 정도
* **전기식**
    ① 복잡한 신호에 적합
    ② 신호전달에 지연이 없다.
    ③ 전송거리가 길고 조작력이 강하다
    ④ 전송거리 0.3~10km

정답 04 ②   05 ④   06 ④   07 ③   08 ③   09 ④

10 자동제어계의 신호전달 방식 중 전송지연이 적고, 조작력이 크며 가장 먼 거리까지 전송이 가능한 방식은?

[09/1]

① 공기압식　　② 유압식
③ 전기식　　　④ 기계식

> * 공기압식
>   ① 신호전달 지연의 단점
>   ② 전송거리가 짧다.(100m정도)
> * 유압식
>   ① 조작력 및 조작속도가 크다.
>   ② 전송거리 300m 정도
> * 전기식
>   ① 복잡한 신호에 적합
>   ② 신호전달에 지연이 없다.
>   ③ 전송거리가 길고 조작력이 강하다
>   ④ 전송거리 0.3~10km

11 다음 각각의 자동제어에 관한 설명 중 맞는 것은?

[13/2]

① 목표 값이 일정한 자동제어를 추치제어라고 한다.
② 어느 한쪽의 조건이 구비되지 않으면 다른 제어를 정지시키는 것은 피드백 제어이다.
③ 결과가 원인으로 되어 제어단계를 진행하는 것을 인터록 제어라고 한다.
④ 미리 정해진 순서에 따라 제어의 각 단계를 차례로 진행하는 제어는 시퀀스 제어이다.

> * 보기 ① 정치제어　② 인터록제어　③ 피드백제어

12 자동제어 용어에 관한 설명 중 틀린 것은?

[10/2]

① 피드 백 (feed back) : 결과를 원인 쪽으로 되돌려 입력과 출력과의 편차를 수정
② 시퀀스(sequence) : 정해진 순서에 따라 제어단계 진행
③ 인터 록(inter lock) : 앞쪽의 조건이 충족되지 않으면 다음 단계의 동작을 정지
④ 블록(block)선도 : 온도, 압력, 수위에 관한 선도

> * 블록선도 : 자동제어계의 각 요소를 블록으로 나타낸 것

보일러 자동제어

 보일러 자동제어(A.B.C)

> 1) 급수제어(F.W.C) : 급수제어 검출방식에 따라 〈수증급〉
>   ① 1요소식 : 수위 검출
>   ② 2요소식 : 수위, 증기량 검출
>   ③ 3요소식 : 수위, 증기량, 급수량 검출
> 2) 증기온도제어(S.T.C) : 증기온도 제어
> 3) 자동연소제어(A.C.C) : 증기압력, 노내압력 제어
> 4) 로컬제어(L.C) : 급수, 증기온도, 자동연소 이외의 제어
>
> | 보일러 자동제어 | 제어량 | 조작량 |
> |---|---|---|
> | 급수제어(F.W.C) | 수위 | 급수량 |
> | 증기온도(S.T.C) | 증기 온도 | 전열량 |
> | 자동연소제어 (A.C.C) | 증기 압력 온수 온도 | 연료량, 공기량 |
> | | 노내 압력 | 연소가스량 |

01 보일러 자동제어의 영문 약호는?

[08/1]

① A.C.C　　② F.W.C
③ S.T.C　　④ A.B.C

> * A.C.C : 자동연소제어. 연료량(공기량,연료량) 조절
>   F.W.C : 자동급수제어. 급수량 조절(수위제어)
>   S.T.C : 증기온도제어. 전열량 조절
>   A.B.C : 보일러자동제어

02 보일러 자동제어의 종류에 해당되지 않는 것은?

[09/5]

① 급수자동제어　　② 연소자동제어
③ 증기온도자동제어　④ 용량자동제어

> * 보일러자동제어 : 급수제어, 증기온도제어, 자동연소제어

03 보일러 자동제어에서 급수제어의 약호는? [13/2]

① A.B.C ② F.W.C
③ S.T.C ④ A.C.C

> ★ ① A.B.C 보일러자동제어
>   ② F.W.C 급수제어
>   ③ S.T.C 증기온도제어
>   ④ A.C.C 자동연소제어

04 보일러 자동제어를 의미하는 용어 중 급수제어를 뜻하는 것은? [12/4]

① A.B.C ② F.W.C
③ S.T.C ④ A.C.C

> ★ 보일러 자동제어 전체를 A.B.C라 한다. 종류로는
>   ① F.W.C : 급수제어 (Feed Water Control)
>   ② A.C.C : 자동연소제어(Automatic Combustion Control)
>   ③ S.T.C : 증기온도제어(Steam Temperature control)
>   ④ L.C : 로컬제어(Local Control) - ①②③이외의 제어

05 보일러 제어에서 자동연소제어에 해당하는 약호는? [14/5][07/5]

① A.C.C ② A.B.C
③ S.T.C ④ F.W.C

> ★ 보일러 자동제어(A.B.C)에서 종류와 약호는
>
> | F.W.C | 급수제어 |
> | S.T.C | 증기온도제어 |
> | A.C.C | 자동연소제어 |
> | L.C | 로컬제어 |

06 보일러 수위제어 방식인 2요소식에서 검출하는 요소로 옳게 짝지어진 것은? [13/5]

① 수위와 온도 ② 수위와 급수유량
③ 수위와 압력 ④ 수위와 증기유량

> ★ 보일러 급수제어는 검출량에 따라
>   ① 1요소식 : 수위만 검출
>   ② 2요소식 : 수위, 증기량 검출
>   ③ 3요소식 : 수위, 증기량, 급수량 검출

07 보일러 급수제어 방식인 2요소식에서 검출되는 양은? [07/4]

① 급수와 수위 ② 급수와 증기량
③ 수위와 압력 ④ 수위와 증기량

> ★ 보일러 급수제어는 검출량에 따라
>   ① 1요소식 : 수위만 검출
>   ② 2요소식 : 수위, 증기량 검출
>   ③ 3요소식 : 수위, 증기량, 급수량 검출

08 다음 아래 그림은 몇 요소 수위제어를 나타낸 것인가? [11/4]

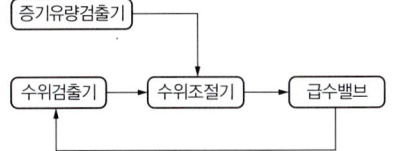

① 1요소 수위제어 ② 2요소 수위제어
③ 3요소 수위제어 ④ 4요소 수위제어

> ★ 보일러 급수제어는 검출량에 따라
>   급수제어에서 검출량에 따라, 〈수,증〉
>   보기에서 수위, 증기량을 검출하므로 2요소식

09 보일러 자동제어에서 3요소식 수위제어의 3가지 검출요소와 무관한 것은? [12/5]

① 노내 압력 ② 수위
③ 증기유량 ④ 급수유량

> ★ 보일러 급수제어는 검출량에 따라, 1소요식, 2소요식, 3소요식으로 구분한다. 3소요식은 수위, 급수량, 증기량을 검출한다.

10 보일러 급수제어 방식의 3요소식에서 검출 대상이 아닌 것은? [12/4]

① 수위 ② 증기유량
③ 급수유량 ④ 공기압

정답 03 ② 04 ② 05 ① 06 ④ 07 ④ 08 ② 09 ① 10 ④

> ※ 급수 제어를 하기 위해 센서를 통해 검지하는데, 검출하는 대상에 따라 [암기방법 : 수증급]
>
> | 구분 | 검출대상 |
> |---|---|
> | 1요소식 | 수위 |
> | 2요소식 | 수위, 증기량 |
> | 3요소식 | 수위, 증기량, 급수량 |

11 3요소식 보일러 급수 제어 방식에서 검출하는 3요소는?
[15/4][08/2]

① 수위, 증기유량, 급수유량
② 수의, 공기압, 수압
③ 수위, 연료량, 공기압
④ 수위, 연료량, 수압

> ※ 급수제어 방식에서 검출하는 요소에 따라
> ① 1소식 : 수위 검출
> ② 2소식 : 수위, 증기량 검출
> ③ 3소식 : 수위, 증기량, 급수량 검출

12 보일러 급수제어방식 중 3요식의 검출요소가 아닌 것은?
[11/2]

① 수위   ② 증기압력
③ 급수유량 ④ 증기유량

> ※ 급수제어 방식
> 1요소식 – 수위만 검출
> 2요소식 – 수위, 증기량
> 3요소식 – 수위, 증기량, 급수량

13 보일러 급수제어 3요소식과 관련이 없는 것은?
[09/5]

① 연소량   ② 수위
③ 증기유량 ④ 급수유량

> ※ 급수제어 3요소식 (검출량에 따라)
> ① 1요소식 : 수위 검출
> ② 2요소식 : 수위, 증기량 검출
> ③ 3요소식 : 수위, 증기량, 급수량 검출

14 보일러의 수위 제어에 영향을 미치는 요인 중에서 보일러 수위제어시스템으로 제어할 수 없는 것은?
[14/5][09/2]

① 급수온도   ② 급수량
③ 수위검출   ④ 증기량검출

> ※ 보일러 수위제어시스템에서 검출하는 방식에 따라
>
> | 구분 | 검출대상 |
> |---|---|
> | 1요소식 | 수위 |
> | 2요소식 | 수위, 증기량 |
> | 3요소식 | 수위, 증기량, 급수량 |

15 보일러 수위제어 검출방식에 해당되지 않는 것은?
[10/4]

① 마찰식   ② 전극식
③ 차압식   ④ 열팽창식

> ※ 보일러 수위를 검출하는 방식은 전극식, 차압식, 열팽창식, 플로우트식이 있음.

16 보일러 자동제어의 급수제어(F.W.C)에서 조작량은?
[15/1][08/4]

① 공기량   ② 연료량
③ 전열량   ④ 급수량

> ※ 조작량 – 제어를 하기 위하여 조작부에서 제어대상에 가하는 량을 말하는데, 이것을 변화시킴으로써 제어량을 좌우할 수 있다. 급수제어는 급수량을 조작함으로써 수위를 조절할 수 있다.

17 보일러의 자동제어에서 제어량에 따른 조작량의 대상으로 맞는 것은?
[16/4] [11/1]

① 증기온도 : 연소가스량 ② 증기압력 : 연료량
③ 보일러수위 : 공기량   ④ 노내압력 : 급수량

정답 11 ① 12 ② 13 ① 14 ① 15 ① 16 ④ 17 ②

★ 보일러 자동제어의 제어량(최종목표)과 조작량은

보일러 자동제어	제어량	조작량
급수제어	수위	급수량
증기온도	증기 온도	전열량
자동연소제어	증기 압력 온수 온도	연료량, 공기량
	노내 압력	연소가스량

18 일반적으로 행하여지는 보일러의 연소 자동제어에 해당되지 않는 것은? [07/2]

① 연료 공급량 제어 ② 보일러 용량 제어
③ 연소가스량 배출 제어 ④ 공기 공급량 제어

★ 보일러 자동제어의 제어량(최종목표)과 조작량은

보일러 자동제어	제어량	조작량
급수제어	수위	급수량
증기온도	증기 온도	전열량
자동연소제어	증기 압력 온수 온도	연료량, 공기량
	노내 압력	연소가스량

• 보일러 용량 제어는 자동제어에 해당하지 않음.

19 보일러의 자동제어에서 연소제어시 조작량과 제어량의 관계가 옳은 것은? [14/2][08/5]

① 공기량 - 수위 ② 급수량 - 증기온도
③ 연료량 - 증기압 ④ 전열량 - 노내압

★ 보일러 자동제어의 제어량(최종 제어 목표)과 조작량

보일러 자동제어	제어량	조작량
급수제어	수위	급수량
증기온도	증기 온도	전열량
자동연소제어	증기 압력 온수 온도	연료량, 공기량
	노내 압력	연소가스량

20 보일러 연소 자동제어의 조작량에 해당 되는 것은? [09/4][07/5]

① 급수량 ② 연료량
③ 전열량 ④ 증기온도

★ 보일러 자동제어의 제어량(최종목표)과 조작량은

보일러 자동제어	제어량	조작량
급수제어	수위	급수량
증기온도	증기 온도	전열량
자동연소제어	증기 압력 온수 온도	연료량, 공기량
	노내 압력	연소가스량

21 보일러 자동연소제어(A.C.C)의 조작량에 해당하지 않는 것은? [13/1]

① 연소 가스량 ② 공기량
③ 연료량 ④ 급수량

★ 보일러 자동제어의 제어량(최종목표)과 조작량

보일러 자동제어	제어량	조작량
급수제어	수위	급수량
증기온도	증기 온도	전열량
자동연소제어	증기 압력 온수 온도	연료량, 공기량
	노내 압력	연소가스량

• 급수량을 조작하는 것은 결국 급수펌프를 조작하는 것으로 보일러 급수제어(F.W.C)에 해당함.

22 보일러 연소 자동제어를 하는 경우 연소 공기량은 어느 값에 따라 주로 조절되는가? [11/1]

① 연료 공급량 ② 발생 증기 온도
③ 발생 증기량 ④ 급수 공급량

★ 연소용 공기는 연료 공급량과 연동되어 비례조절됨.

정답   18 ②   19 ③   20 ②   21 ④   22 ①

23 공기 연료제어장치에서 공기량 조절방법으로 올바르지 않은 것은? [11/4]

① 보일러 온수온도에 따라 연료조절밸브와 공기댐퍼를 동시에 작동시킨다.
② 연료와 공기량은 서로 반비례 관계로 조절한다.
③ 최고 부하에서는 일반적으로 공기비가 가장 낮게 조절한다.
④ 공기량과 연료량을 버너 특성에 따라 공기선도를 참조하여 조절한다.

★ 연료량과 공기량은 서로 비례하여 조절됨.

인터록제어

인터록제어 : 구비조건이 맞지 않으면 다음 단계를 정지
 ★ 보일러에서 전자밸브에 연결되어 비상시 연료차단
① 압력초과 인터록 : 증기압력제한기와 연결.
  설정압력 초과시 연료차단
② 저수위 인터록 : 저수위경보기와 연결
  안전저수위 이하 감수시 연료차단
③ 불착화 인터록 : 화염검출기와 연결
  불착화, 실화시 연료차단
④ 프리퍼지 인터록 : 송풍기 풍압스위치와 연결
  송풍기 작동이 안될 때 연료차단
⑤ 저연소 인터록 : 연료조절밸브와 연결
  저연소 전환이 안될 때 연료차단

01 제어장치에서 인터록(inter lock)이란? [16/1][11/1][08/2]

① 정해진 순서에 따라 차례로 동작이 진행되는 것
② 구비조건에 맞지 않을 때 작동을 정지시키는 것
③ 증기압력의 연료량, 공기량을 조절하는 것
④ 제어량과 목표치를 비교하여 동작시키는 것

★ 보기를 설명하면,
 ① 시퀀스제어 ② 인터록제어 ③ 자동연소제어
 ④ 피드백제어
• 인터록 : 일정 조건이 만족하지 않을 때 다음 동작이 정지되는 것으로 보일러 자동제어에서는 전자밸브에 연결되어 비상시 연료를 차단하는 제어로 사용됨.

02 자동제어 시 어느 조건이 구비되지 않으면 그 다음 동작을 정지시키는 제어형태는? [10/4]

① 온-오프 제어 ② 인터록 제어
③ 피드백제어   ④ 비율제어

★ 보일러 인터록
 ① 불착화 인터록 – 불착화, 실화 연료차단
 ② 압력초과 인터록 – 이상증기압력 초과시 연료차단
 ③ 저수위 인터록 – 이상감수, 안전저수위 이하에서 연료차단
 ④ 프리퍼지인터록 – 송풍기 작동이 되지 않아 노내 환기가 되지 않을 때 연료차단
 ⑤ 저연소 인터록 – 저연소로 전환이 되지 않을 때 연료차단

03 자동제어 중 인터록 제어의 종류가 아닌 것은? [10/5]

① 프리퍼지인터록 ② 불착화 인터록
③ 고연소 인터록   ④ 압력초과 인터록

★ 고연소 인터록이 아닌 저연소 인터록이 사용됨.
 고연소에서 저연소로 전환이 되지 않을 경우 작동된다.

04 인터록 종류가 아닌 것은? [09/1][08/4]

① 저수위 인터록 ② 압력초과 인터록
③ 저온도 인터록 ④ 불착화 인터록

★ 보일러 인터록 : 비상시 연료를 차단하여 보일러정지
 ① 불착화 인터록 : 불착화, 실화 연료차단
 ② 압력초과 인터록 : 이상증기압력 초과시 연료차단
 ③ 저수위 인터록 : 이상감수, 안전저수위 이하에서 연료차단
 ④ 프리퍼지인터록 : 노내 환기가 되지 않을 때 연료차단
 ⑤ 저연소 인터록 : 저연소로 전환이 되지 않을 때 연료차단

05 보일러 기관 작동을 저지시키는 인터록 제어에 속하지 않는 것은? [14/5][08/5]

① 저수위 인터록 ② 저압력 인터록
③ 저연소 인터록 ④ 프리퍼지 인터록

★ 버너 직전의 전자밸브가 위급시 작동하여 연료를 차단함으로써 보일러를 정지시키는 것을 인터록 제어라 한다. 종류에는 압력초과 인터록, 저수위 인터록, 불착화 인터록, 프리퍼지 인터록, 저연소 인터록이 있다.

정답 23 ② 01 ② 02 ② 03 ③ 04 ③ 05 ②

06 대형보일러인 경우에 송풍기가 작동하지 않으면 전자밸브가 열리지 않고, 점화를 저지하는 인터록은?
[16/4][11/5][10/2]

① 프리퍼지 인터록　② 불착화 인터록
③ 압력초과 인터록　④ 저수위 인터록

> ★ 전자밸브는 연료배관에 버너 직전에 설치하며 비상 상황에 연료를 차단하며, 전자밸브에 신호를 보내어 작동하는 제어를 인터록제어라 한다.
> ① 불착화 인터록 : 화염검출기와 연결. 실화, 불착화 감시
> ② 압력초과인터록 : 증기압력제한기와 연결. 설정압력초과시 연료차단
> ③ 저수위인터록 : 고저수위경보기와 연결. 안전저수위 이하 감수시 연료차단
> ④ 프리퍼지인터록 : 송풍기 풍압스위치와 연결. 송풍기 고장으로 인한 프리퍼지 불능시 연료차단.
> ⑤ 저연소인터록 : 저연소로 전환이 되지 않으면 연료차단.

07 보일러의 인터록제어 중 송풍기 작동 유무와 관련이 가장 큰 것은?
[12/4]

① 저수위 인터록　② 불착화 인터록
③ 저연소 인터록　④ 프리퍼지 인터록

> ★ 인터록 제어 : 일정조건이 만족되지 않으면 다음 단계로 진행되지 않는 자동제어를 말하며, 보일러에서 위험한 상황이 될 때 전자밸브를 작동하여 버너를 정지시키는 것을 말함.

상황	사고위험	감지부위	인터록
송풍기 고장	미연소가스 폭발	풍압스위치	프리퍼지 인터록
화염실화 불착화	미연소가스 폭발	화염검출기	불착화 인터록
증기압력 초과	본체 파열	증기압력 제한기	압력초과 인터록
이상감수	과열 사고	저수위경보기	저수위 인터록
저연소 조절불가	연소량 조절불가 과열사고 초래	연료조절밸브	저연소 인터록

감지부위에서 보일러의 이상 상황을 감지하여, 신호를 전자밸브에 보내게 되며, 전자밸브는 작동되어 연료를 차단하여 버너를 정지한다.

08 보일러 인터록장치에서 프리퍼지 인터록은 무엇이 작동하지 않으면 전자 밸브가 열리지 않아 점화가 저지되는가?
[07/5]

① 유량조절 밸브　② 송풍기
③ 증기 압력　　　④ 저수위

> ★ 프리퍼지인터록 : 송풍기 풍압스위치와 연결. 송풍기 고장으로 인한 프리퍼지 불능시 연료차단.

09 자동연료차단장치가 작동하는 경우를 나열하였다. 설명이 잘못 된 것은?
[07/5]

① 중유의 사용온도가 너무 높은 경우
② 중유의 사용온도가 너무 낮은 경우
③ 연료용 유류의 압력이 너무 낮은 경우
④ 송풍기 팬이 가동 중 일 경우

> ★ 자동연료차단장치는 다음과 같은 상태에서 작동한다.
> ① 인터록이 작동한 상태(버너가 연소상태가 아닌 경우)
> ② 저수위 안전장치가 동작할 때, 급수가 부족한 경우
> ③ 유류연료 압력이 너무 낮을 때
> ④ 중유온도가 너무 낮거나 높은 경우
> ⑤ 공기, 증기분사 압력이 낮은 경우
> ⑥ 증기압력이 설정압력보다 높은 경우
> ⑦ 송풍기 휀이 가동되지 않을 때
> ⑧ 로타리 버너 모터가 작동하지 않는 경우
> ⑨ 주철제 온수보일러 온수온도가 115℃를 초과한 경우

10 보일러의 자동제어 장치로 쓰이지 않는 것은?
[09/2]

① 화염검출기　② 안전밸브
③ 수위검출기　④ 압력조절기

> ★ 자동제어는 제어량을 검출하여 목표치와 비교하며, 가감 하는 것을 말하며, 안전밸브는 규정된 설정압력 이상으로 증기압이 초과될 때 기계적 원리에 의해 방출되는 것을 말함. 안전밸브는 자동제어 장치가 아닌 안전장치임.

정답　06 ①　07 ④　08 ②　09 ④　10 ②

11 보일러 자동제어에 대한 다음 설명에서 ( )에 들어갈 용어로 옳은 것은? [09/2]

보일러 자동제어는 제어순서에 따라 제어단계가 진행되는 (㉮)제어와, 한쪽 조건이 충족되지 않으면 다음 단계의 동작(제어)이 정지되는 (㉯)제어의 결합으로 이루어진다.

① ㉮ 피드백(feed back) ㉯ 시퀀스(sequence)
② ㉮ 피드백(feed back) ㉯ 인터록(interlock)
③ ㉮ 인터록(interlock) ㉯ 시퀀스(sequence)
④ ㉮ 시퀀스(sequence)) ㉯ 인터록(interlock)

★ **피드백제어** : 결과를 검출, 입력측으로 되돌려 제어를 가감
시퀀스제어 : 미리 정해진 순서에 따라 단계적으로 진행
인터록 : 조건이 충족되지 않으면 동작을 정지
여러 가지 센서에 전자밸브가 연결되어 작동됨.

온수보일러 자동제어

개념원리 온수보일러 자동제어 : 버너정지

1) 프로텍터 릴레이 : 버너에 설치
2) 아쿠아스태트 : 자동온도 조절
3) 스택 릴레이 : 연도에 설치
4) 콤비네이션 릴레이 : 본체에 설치

01 화염 검출기에서 검출되어 프로텍터 릴레이로 전달된 신호는 버너 및 어떤 장치로 다시 전달되는가?

[16/4][07/1]

① 압력제한 스위치　② 저수위 경보장치
③ 연료차단 밸브　　④ 안전밸브

★ **프로텍터 릴레이** – 버너에 설치하여 사용하며 오일버너 주안전 제어장치로 난방, 급탕등의 전용회로에 이용한다. 화염의 실화 및 불착화시 전자밸브(연료차단밸브)에 의해 연료를 차단하여 보일러를 정지시킨다.

02 온수보일러 연소가스 배출구의 300mm 상단의 연도에 부착하여 연소가스열에 의하여 연도 내부로 삽입되는 바이메탈의 수축팽창으로 접점을 연결, 차단하여 버너의 작동이나 정지를 시키는 온수보일러의 제어장치는? [11/2]

① 프로텍터 릴레이(protector relay)
② 스텍 릴레이(stack relay)
③ 콤비네이션 릴레이(conbination relay)
④ 아쿠아스태트(aquastat)

★ **가) 프로텍터 릴레이** – 버너에 설치하여 사용하며 오일버너 주안전 제어장치로 난방, 급탕등의 전용회로에 이용한다. 그러나 아쿠아스탯을 별도로 설치한다.
다) 콤비네이션 릴레이 – 본체에 설치하여 사용하며 그 특징은 프로텍터 릴레이와, 아쿠아스탯의 기능을 합한 것이다. 버너 주안전 제어장치로 고온차단, 저온점화, 순환펌프회로가 한 개의 제어기에 통합되어 있다.
라) 아쿠아스태트 – 현장에서 하이리밋 콘트롤 이라고 부르며 자동온도조절기이다. 스택릴레이와 프로텍터릴레이와 함께 사용되며, 사용용도는 고온차단용, 저온차단용, 순환펌프 작동용으로 사용된다.

03 유류용 온수보일러에서 버너가 정지하고 리셋버튼이 돌출 하는 경우는? [09/5]

① 오일 배관 내의 공기가 빠지지 않고 있다.
② 연소용 공기량이 부적당하다.
③ 연통의 길이가 너무 길다.
④ 실내 온도조절기의 설정온도가 실내 온도보다 낮다.

★ ① 오일내에 공기가 체류한 경우 분사가 원활하지 않고 점화가 되지 않으므로 리셋버튼이 작동됨.
② 연소용 공기량 부족 : 점화는 되나, 불완전연소로 매연발생
③ 연통 길이가 너무 길다 : 통풍력 저하로 배기가스 체류
④ 실내온도조절기 설정온도가 실내온도보다 낮은 경우 보일러 가동이 되지 않으며, 실내온도가 설정온도보다 낮을 때 저절로 가동됨.

07 난방설비

01 방열기(라디에이터)

(1) 종류
① 주형 : 주형-II(2주형), III(3주형),
　　　　세주형-3(3세주형), 5(5세주형)
② 벽걸이형 : W-H(벽걸이 수평형), W-V(벽걸이 수직형)
③ 길드형 : G-1(길드1단형), G-2(길드2단형), G-3(길드3단형)

(2) 호칭법
종별-형×쪽수

(3) 도시법

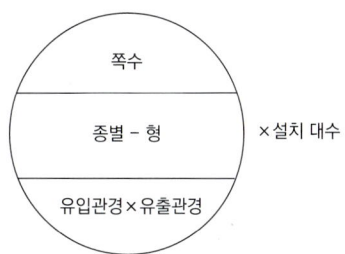

(4) 방열기 설치 시 주의 사항 및 관련부품
① 방열기 설치는 외기가 접한 창문 아래
② 주형방열기는 벽에서 50~60mm 간격으로 설치
③ 벽걸이형 방열기는 바닥에서 150mm 높이
④ 방열기용 트랩은 벨로우즈 트랩(=열동식 트랩)
⑤ 방열기용 신축이음은 스위블형
⑥ 방열기용 밸브는 펙레스 밸브

02 난방법의 분류

(1) 난방규모에 따라
① 개별식 난방 : 단독주택, 일반가정용 단독난방
② 중앙식 난방 : 2개처 이상의 난방. 증기, 온수, 열풍 등의 열매체를 통해 난방하는 대규모 난방방식으로 직접난방, 간접난방, 방사난방으로 구분한다.
　㉠ 직접난방 : 증기난방, 온수난방이 있으며 방열기를 이용한 방식
　㉡ 간접난방 : 공기조화설비를 이용한 방식
　㉢ 방사난방 : 복사난방
③ 지역난방 : 일정 지역 전체를 난방하는 방식

(2) 난방매체에 따라(방열기에 공급되는 열매체 종류에 따라)
① 증기난방 : 방열기 내부에 증기가 흐름
② 온수난방 : 방열기 내부에 온수가 흐름

(3) 열전달방식에 따라
① 대류난방(방열기를 이용)
② 복사난방(매입된 패널을 이용)

03 난방부하 계산

난방부하 : 난방에 필요한 열량

(1) 보일러 본체에서의 난방부하와 효율

열량	=	물질의 양	×	비열	×온도차
kJ	=	kg 또는 Nm³	×	kJ/kg°C 또는 kJ/Nm³°C	× °C
같은 개념의 계산	=			열용량 kJ/°C	× 온도차
	=	물질의 량	×	kJ/kg 또는 kJ/Nm³ ① kg당 엔탈피 ② kg당 잠열(Nm³당 잠열) ③ kg당 발열량	

⇩

열량	=	물질의 양	×	비열	×	온도차
kJ/h	=	kg/h 또는 Nm³/h	×	kJ/kg°C 또는 kJ/Nm³°C	×	°C
유효열	난방부하	온수순환량	×	온수비열	×	온수온도차 (송수온도 -환수온도)
	급탕부하	급탕량	×	급탕비열	×	급탕온도차 (급탕온도 -급수온도)
공급열		연료사용량	×			저위발열량

* 열량[kJ/h]를 3600초로 나누면 [kW]로 환산됨.

※ 연료가 구멍탄인 경우의 공급열은 다음과 같다.

kg 기준	=	$\dfrac{1일\ 장수 \times 장당무게}{24}$	×	구멍탄 저위발열량(kJ/kg)
1장 기준	=	$\dfrac{1일\ 장수}{24}$	×	구멍탄 장당발열량(kJ/장)

(2) 방열기에서의 난방부하(열량=면적×열전달율×온도차 개념)

열량 (kJ/h)	=	면적(m²)	×	열전달률 (kJ/m²h℃)	×	온도차(℃)
실제	=	방열면적 (쪽수×쪽당면적)×		×	방열계수 (실제)방열량(kJ/m²h) 상당방열량×보정계수	방열기평균온도차 (방열기-실내온도)
표준	=	상당방열면적	×			상당방열량

* 열량[kJ/h]를 3600초로 나누면 [kW]로 환산됨.

(3) 난방면적(벽, 천장, 바닥)에서의 난방부하
  (열량=면적×열전달율×온도차 개념)

열량 (kJ/h)	=	면적(m²)	×	열전달률 (kJ/m²h℃)	×	온도차(℃)
난방부하	=	난방면적 (벽+천장+바닥)×		×	열관류율 열손실지수(kJ/m²h)	(실내-실외온도)

* 열량[kJ/h]를 3600초로 나누면 [kW]로 환산됨.

(4) 난방부하 계산 시 참고 사항

① 방열기의 입구와 출구의 온도가 서로 다르므로 방열기의 평균온도차는 다음과 같이 구한다.

$$평균온도차 = \dfrac{(입구+출구온도)}{2} - 실내온도$$

② 본체에서 흡수한 난방부하 =방열기에서 방사하는 열= 난방면적(벽, 천정, 바닥)을 통해 손실되는 열

③ 구멍탄 표준발열량 4500[kcal/kg]이상
  표준무게 : 2호탄 가정용(4.5kg), 3호탄(4.8kg)
  표준소비량 : 2탄식 (1통당 1일 3장), 3탄식 (1통당 4.5장)

④ 방열기 표준값(상당방열량과 표준온도차)

구 분	상당방열량 (kJ/m²h)	표준온도차 (℃)	실내온도 (℃)
증기방열기	0.756(kW/m²) 2723(kJ/m²h)	81	21
온수방열기	0.523(kW/m²) 1885(kJ/m²h)	62	18

* 중력계단위 상당방열량 : 증기방열기 (650kcal/m²h), 온수방열기 (450kcal/m²h)

$\dfrac{650 \times 4.186}{3600} = 0.756[W/m^2]$

$\dfrac{450 \times 4.186}{3600} = 0.523[W/m^2]$

⑤ 보정계수 = 실제평균온도차/표준온도차
  보정계수는 표준온도차보다 실제온도차가 몇 배 더 뜨거운 온도차가 발생하느냐 하는 개념이다.
  ※ 보정계수를 활용한 실제방열량 = 상당방열량×보정계수

⑥ 방위계수(Z): 난방면적기준의 난방부하에서 최종적으로 동·서·남·북의 방향에 따라 열손실이 되는 정도가 남향기준보다 "몇 배"인가의 개념이다. 난방면적 기준으로 구한 난방부하에 방위계수를 곱하여 보정한다.
  ※ 방위계수(Z)를 대입한 난방부하 = 난방면적×열통과율×실내외온도차×방위계수

04 증기난방설비 및 배관

(1) 분류

① 배관방식에 따라 : 단관식, 복관식
  ㉠ 단관식 : 증기와 응축수가 동일한 관을 흐름
    ⓐ 구배를 잘못하면 수격작용 현상 유발
    ⓑ 소규모 난방에 이용
    ⓒ 방열기밸브는 하부 태핑, 공기빼기 밸브는 상부 태핑에 설치
  ㉡ 복관식 : 증기관, 응축수관이 별도로 설치됨
    ⓐ 증기관과 환수관이 연결되는 곳에는 반드시 증기트랩을 설치
    ⓑ 방열기 밸브는 상하 어느 쪽도 관계없음
    ⓒ 열동식 트랩일 경우 하부태핑에 설치

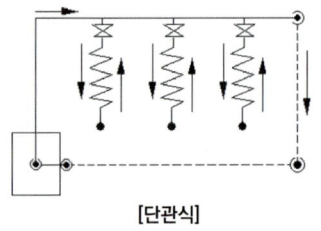

[단관식]

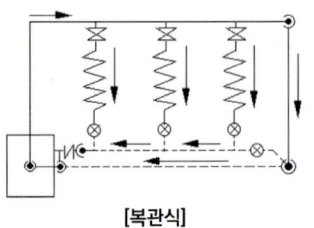

[복관식]

② 증기공급 방식에 따라 : 상향식, 하향식
  ㉠ 상향순환식 : 수평주관을 보일러 바로 위에 설치하고 여기에 수직관 또는 분기관을 연결하여 위층의 방열기에 증기를 공급하는 방식
  ㉡ 하향순환식 : 수평주관을 가장 높은 층의 천장에 배관하고 이 수평주관에서 방열기에 공급하는 방식

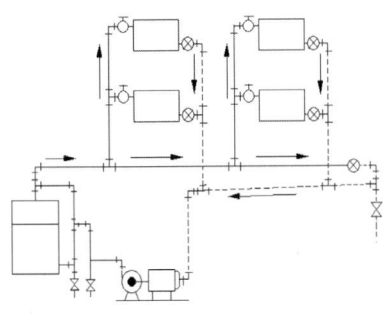
[상향순환식]

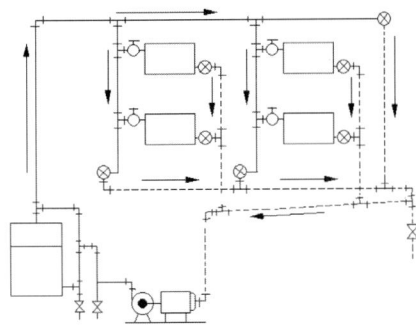
[하향순환식]

③ 증기압력에 따라 : 고압식, 저압식, 진공압식
  ㉠ 고압식 : 0.1[MPa·g] 이상
  ㉡ 저압식 : 0.01~0.035[MPa·g]
     주철제 보일러는 0.3[MPa·g]으로 사용
  ㉢ 진공압식 : 대기압 이하
④ 응축수 환수방법에 따라 : 중력환수, 기계환수, 진공환수
  ㉠ 중력환수식 : 응축수를 중력에 의해 회수
  ㉡ 기계환수식 : 방열기에서 응축수 탱크까지는 중력환수, 탱크에서 보일러까지는 펌프에 의해 강제순환하는 방식
  ㉢ 진공환수식 : 진공펌프를 이용하여 응축수 회수
     ⓐ 중력환수식, 기계환수식에 비해 순환이 빠르다.
     ⓑ 증기관 구배에 구애를 받지 않는다.
     ⓒ 방열량 조절 용이
     ⓓ 환수관의 직경을 작게 할 수 있다.
     ⓔ "버큠 브레이커"를 이용하여 진공을 일정하게 유지하여야 한다.

※ 진공환수식에서 유지하여야 할 환수관의 진공도
  ⇨ 100~250mmHg 정도

배관방법	구 배	시 공 요 령
단관중력 환수식	상향공급식 : $\frac{1}{50} \sim \frac{1}{100}$ (역류관)	상향, 하향 모두 끝내림 구배
	하향공급식 : $\frac{1}{100} \sim \frac{1}{200}$ (순류관)	순류관일 경우 관경이 65mm 이상인 것은 1/250 구배
복관중력 환수식	건식환수관 : $\frac{1}{200}$	끝내림구배로 보일러까지 배관하며, 환수관은 보일러 수면보다 높게 설치
	습식환수관	증기주관은 환수관의 수면보다 400mm 이상 높게 설치
진공환수식	$\frac{1}{200} \sim \frac{1}{300}$	건식환수를 한다.

⑤ 환수관의 배관방식에 따라 : 건식, 습식(하트포드 접속법)
  ㉠ 건식환수 : 환수관이 보일러 수면보다 높게 설치
     ⓐ 환수관의 위치가 보일러의 표준수면보다 650mm 정도 높은 위치에 배관
     ⓑ 관말에 냉각관(=냉각레그)과 관말트랩(=열동식 트랩을 사용)을 사용하여 응축수를 제거함으로써 수격작용 방지
  ㉡ 습식환수 : 환수관이 보일러 수면보다 낮게 설치
     ⓐ 저압증기 보일러에서 환수관의 위치를 보일러 표준수위보다 낮은 위치에 배관
     ⓑ 하트포드 접속법을 해야 한다.

※ 하트포드 접속법
① 저압증기 보일러에서 습식환수관 방식일 때 사용
② 접속부 누수로 인한 이상 감수 현상을 방지
③ 환수주관을 균형관에 연결
④ 균형관과 환수주관의 연결 위치는 표준수면 50mm 하단

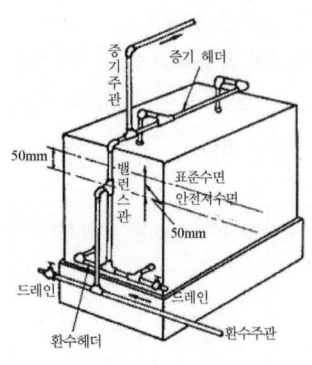

[하트포드 접속법]

(2) 증기난방 배관시공 요령
① 증기배관의 구배
② 방열기 인입 배관 : 증기 및 온수의 온도차에 의해 배관의 신축을 흡수하기 위해 스위블 신축이음을 한다.
③ 하트포드 접속법
  ㉠ 저압증기 난방의 습식 환수방식일 때 사용
  ㉡ 환수관의 접속부 누설로 인한 이상감수 방지
  ㉢ 주증기관과 환수관 사이에 균형관을 설치(표준수면 50mm 하단에 위치)
④ 냉각관(=냉각레그)
  ㉠ 건식환수방식의 관말에 설치
  ㉡ 관내 응축수에서 생긴 플래시 증기로 인한 보일러의 수격작용 방지 → 플래시 증기를 응축시켜 증기트랩으로 유입시킴

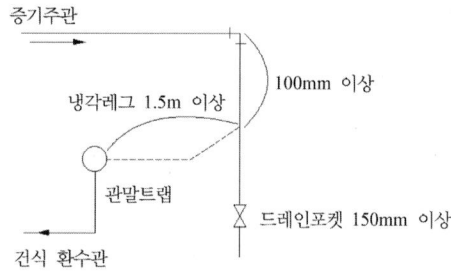

[냉각 레그 설치 예]

  ㉢ 주관에서 1.5m 이상 냉각관(보온하지 않은 나관)을 설치하며 냉각관 끝에 트랩을 설치하여 응축수를 제거
⑤ 플래시 레그(flash leg, 플래시 탱크)
  ㉠ 고압증기 응축수를 직접 저압증기 환수관에 연결하여 환수하면 저압측의 응축수 회수가 방해된다. 이것을 방지하기 위한 장치
  ㉡ 고압의 응축수를 플래시 레그에 넣어 압력을 낮춘 다음 저압트랩을 거쳐 저압환수관으로 유입시킴
⑥ 리프트 피팅

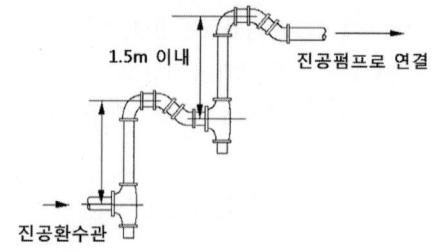

  ㉠ 진공환수식에서 사용
  ㉡ 저압증기 환수관이 진공펌프의 흡입구보다 낮은 위치에 있을 때(진공환수식에는 건식환수가 원칙이나 습식으로 배관되어 있을 경우) 응축수를 원활히 회수하기 위해 설치
  ㉢ 높이가 1.6m 이하는 1단, 3.2m 이하는 2단
  ㉣ 리프트 피팅의 1단 높이는 1.5m 정도
  ㉤ 리프트 피팅 관경은 환수주관보다 1~2정도 작은 치수를 사용하며, 응축수 펌프 근처에 1개소만 설치
⑦ 감압밸브 : 고압의 증기를 저압으로 전환 시 사용
⑧ 배관시공방법
  ㉠ 매설배관의 경우 : 가급적 노출배관을 원칙으로 하되 부득이 매설 시에는 관의 신축·부식 등에 유의하고 콘크리트의 매설시엔 표면에 내산도료나 연관제 슬리브를 설치
  ㉡ 벽·바닥 등의 관통 : 미리 강관 슬리브를 이용하여 관통하되 주위로부터의 누수·방수 등을 주의
  ㉢ 암거 내의 배관 : 습기로 인한 부식에 주의하고, 암거내의 배관시에는 공간이 좁아 수리가 불편하므로 주요 밸브·트랩 등은 맨홀 가까이 설치
  ㉣ 편심 조인트
    ⓐ 관의 구경을 변경 시 사용
    ⓑ 수평배관에서 응축수·협잡물의 체류를 방지하기 위해 사용
  ㉤ 분기관 시공 : 분기관의 취출은 주관으로부터 45° 이상의 각도로 취출
    ⓐ 상향공급 : 분기관의 수평관은 끝올림 구배
    ⓑ 하향공급 : 분기관의 수평관은 끝내림 구배

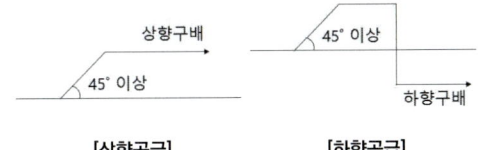

[상향공급]   [하향공급]

05 온수난방설비 및 배관

(1) 온수난방 분류
"온수난방"은 온수를 발생시켜 온수가 지닌 현열을 이용하여 방열기, 팬코일 유닛 등에 보냄으로 실내 공기를 가열하는 대류형식의 난방방법으로 온수온돌과는 다르다.

① 온수온도에 따라
  ㉠ 고온수식(100℃ 이상), 밀폐식 팽창탱크 설치
  ㉡ 보통온수식(85~90℃), 개방식 팽창탱크 설치

※ 고온수식 온수난방의 특징
1. 난방수 순환수량을 적게 할 수 있다(온도차가 크다).
2. 보유열량이 크므로 보일러의 용량을 축소시킬 수 있다.
3. 관경을 작게 할 수 있어 경제적이다(내부압력이 높다).

② 순환방식에 따라
  ㉠ 자연순환식 : 온수 온도차에 의한 비중차이용 주로 단독주택, 소규모난방에 이용
  ㉡ 강제순환식 : 순환펌프(환수주관에 설치) 이용
    ⓐ 온수순환용 순환펌프 : 축류펌프, 센츄리퓨걸(볼류트), 하이드로레이터, 라인펌프
    ⓑ 순환펌프는 환수관쪽 보일러 가까이에 수평으로 설치하는 것이 원칙

③ 배관방식에 따라
  ㉠ 단관식 : 송수관과 환수관을 분리하지 않음
  ㉡ 복관식 : 송수관과 환수관을 분리

④ 온수공급에 따라 : 상향공급, 하향공급

(2) 온수난방의 특징(증기난방과 비교)
① 예열시간이 길다.
② 외기온도 급변에 대한 온도조절 용이(=방열량 조절이 쉽다.)
③ 동결의 위험이 작다.
④ 방열면적이 넓고 건축물 높이에 제한을 받는다.
⑤ 방열기 표면온도가 낮아 화상의 우려가 작다.

(3) 온수난방배관
① 배관구배 : 팽창탱크를 향해 상향구배, 1/250 이상
  ㉠ 단관중력 순환식 : 주관에 대해 상향구배
  ㉡ 복관중력 순환식
    ⓐ 하향식 : 송수, 환수 모두 하향구배
    ⓑ 상향식 : 송수관은 상향구배, 환수관은 하향구배
  ㉢ 강제순환식 : 배관을 수평으로 유지, 공기가 체류하지 않도록 하여야 한다.

※ 구배 : 배관 내의 유체 흐름 경사각에 따라 구분
  ⓐ 상향구배 : 위로 흐름, 끝올림 구배라고도 함
  ⓑ 하향구배 : 아래로 흐름, 끝내림 구배라고도 함

② 팽창탱크 설치
  ㉠ 설치 목적 〈온-공-장-보-온〉
    ⓐ 온수 체적 팽창 및 이상 팽창 압력 흡수
    ⓑ 공기 빼기 역할
    ⓒ 장치 내 일정 압력 유지
    ⓓ 보일러 부족수 보충
    ⓔ 온수 넘침으로 인한 열손실 방지
  ㉡ 종류
    ⓐ 개방식 : 온수 온도 85~90℃에 사용, 최고층의 방열기 또는 방열관보다 1m 이상 높게 설치(급수관, 안전관, 배기관, 오버플로관, 팽창관, 배수관으로 구성)
    ⓑ 밀폐식 : 온수 온도 100℃ 이상인 경우에 사용, 높이 제한 없음(급수관, 수위계, 안전밸브=릴리프밸브, 압력계, 압축공기를 넣는 콤프레샤, 배수관으로 구성)
  ※ 팽창탱크는 "부속장치/온수보일러 안전장치" 참고

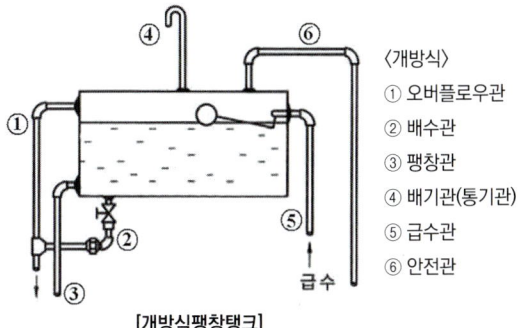

〈개방식〉
① 오버플로우관
② 배수관
③ 팽창관
④ 배기관(통기관)
⑤ 급수관
⑥ 안전관

[개방식팽창탱크]

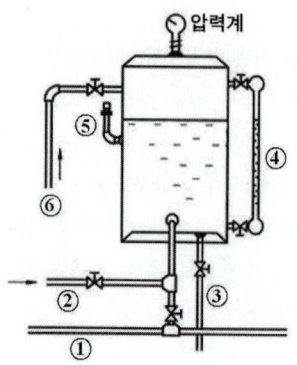

[밀폐식팽창탱크]

〈밀폐식〉
① 주관
② 급수관
③ 배수관
④ 수위계
⑤ 릴리프밸브
⑥ 압축공기
* 급수관과 주관 사이에 연결된 수직관은 팽창관

③ 방열기 설치 : "현재 단원 맨 앞부분" 참고
④ 온수배관시공 방법
　㉠ 편심줄이개를 이용한 이음 : 주관의 관경을 바꿀 때, 관내 슬러지 등의 체류를 방지
　　ⓐ 상향구배 : 관의 윗면이 수평되게 배관
　　ⓑ 하향구배 : 관의 아랫면이 수평되게 배관

　　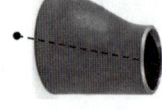

[상향구배]　　　　[하향구배]

　㉡ 배관의 분기 및 합류 : 유체의 방향을 유도하여 배관, 정체·감압현상 방지
　㉢ 지관의 배관
　　ⓐ 주관에 대해 45° 각도로 배관
　　ⓑ 증기관의 지관일 경우 응축수 유입을 방지하기 위해 상향으로 분기한 다음 배관
　㉣ 공기빼기 밸브
　　ⓐ 조작이 용이한 곳에 설치
　　ⓑ 공기빼기 밸브 전의 밸브는 축을 수평으로
　　ⓒ 공기의 유통을 좋게

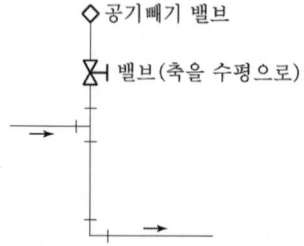

06 복사난방(=패널난방)

(1) 분류
① 가열면(패널) 위치에 따라 : 천장난방, 바닥난방, 벽난방
② 열매체 종류에 따라 : 온수, 증기, 온풍, 전열
※ 복사난방의 온수온도 : 약 65~82℃ 정도

(2) 장점 및 단점
① 높이에 따른 온도 분포 균일(쾌감도가 높다.)
② 방열기 설치 불필요(실내공간 이용률이 높다.)
③ 동일 방열량에 대해 열손실이 적다.
④ 예열시간이 길다.
⑤ 설비비가 비싸다.
⑥ 모르타르 표면 균열, 고장 발견이 어렵다.

(3) 관코일의 배관방식
① 재질 : 동관, 강관, 폴리에틸렌관
② 관코일의 모양에 따라 : 그릿 코일, 밴드 코일
　㉠ 그릿코일 : 대규모 난방에 이용
　㉡ 밴드 코일 : 일반 난방
③ 코일당 길이는 40~60m 정도, 마찰손실은 100m당 2~3mAq가 되도록 관경 결정
　※ 참고 : 온수온돌 배관의 방열관 방식 - 직렬식, 병렬식(분리주관식, 인접주관식), 사다리꼴식

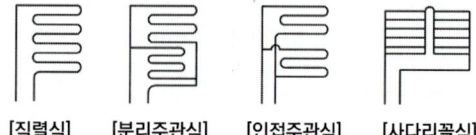

[직렬식]　[분리주관식]　[인접주관식]　[사다리꼴식]

07 지역난방

열공급 시설에서 넓은 지역에 집단공급

(1) 지역난방의 특징
① 장점
- ㉠ 대규모 설비로 인한 열설비의 고효율화, 대기오염 방지의 효과
- ㉡ 건물의 공간을 유효하게 사용할 수 있다.
- ㉢ 폐열 회수 및 쓰레기 소각 등으로 연료비 절감효과
- ㉣ 작업인원 절감으로 인건비 절약
- ㉤ 고압의 증기 및 고온수이므로 관경을 적게 할 수 있다.

② 단점
- ㉠ 시설비가 많이 든다.
- ㉡ 설비가 길어지므로 배관 열손실이 크다.
- ㉢ 고압의 증기, 고온의 온수를 사용하므로 취급에 어려움이 있다.

(2) 지역난방의 분류
① 난방용 증기압에 의한 구분
- ㉠ 고압식 : 증기압 1MPa·g, 온도 183℃ 이상
- ㉡ 중압식 : 증기압 0.2~0.4MPa·g, 온도 132~151℃
- ㉢ 저압식 : 증기압 0.1MPa·g, 온도 120℃ 이하

※ 고온수 난방에서, 장치내를 일정 압력이상으로 유지하기 위한 가압방식 : 정수두가압, 증기가압, 질소가스가압, 펌프가압

② 배관방식에 의한 구분
- ㉠ 단관식 : 환수관이 없음. 공급지역이 너무 멀 경우
- ㉡ 복관식 : 환수관이 있음. 응축수를 재사용

③ 고온수에 상태에 의한 구분
- ㉠ 저압고온수식 : 압력 0.1MPa·g, 온수 온도 120℃ 이하, 배관계압력 0.5MPa·g 이하
- ㉡ 중압고온수식 : 압력 0.1~0.4MPa·g, 온수 온도 120~150℃, 배관계압력 0.5~1MPa·g
  ※ 송수온도 및 환수온도 차이를 60℃ 정도로 한다.
- ㉢ 고압고온수식 : 압력 0.4~2MPa·g, 온수 온도 150~210℃, 배관계압력 1~3MPa·g

※ 고압의 고온수를 감압장치나 열교환기 등을 통해 저압증기 또는 저온수로 바꾸어 사용하는 간접식이 일반적이다.

④ 고온수를 저압증기 또는 저온수로 변환하여 사용하는 간접식의 경우 2차측의 연결방법에 따라
- ㉠ 고온수 직결방식 : 1차측 열매체인 고온수를 그대로 2차측에 공급하는 방식으로 2차측 용량제어를 위해 접속점에 자동제어밸브인 2방밸브 또는 3방밸브를 설치하고 2차측 입구에 감압밸브를 설치하여 조정.
- ㉡ 블리드인방식 : 1차측과 2차측이 연결되어 있지만 2차 펌프로 2차측 환수를 바이패스 시켜 고온수와 혼합시키는 방식으로 2차측의 온도와 압력을 일정하게 제어하기 위해 펌프앞에 감압밸브, 유량제어밸브를 설치한다.
- ㉢ 열교환기방식 : 열교환기를 이용하여 1차측의 고온수로 2차측의 온수 또는 증기를 발생시켜 이용

(3) 고압증기 및 고온수 사용시 장·단점
① 고압증기 장·단점
- 장점
  - ㉠ 배관경을 작게 할 수 있다.
  - ㉡ 난방 이외의 시설(병원소독 등)에도 증기공급 가능
  - ㉢ 압력이나 속도를 올릴 수 있다.
  - ㉣ 공급열량에 유연성이 있다.
- 단점
  - ㉠ 응축수관의 부식이 많다.
  - ㉡ 응축수 재증발 작용 등으로 열손실이 많다. (20~40% 예상)
  - ㉢ 외기온도 변화에 대해 중앙에서 실온제어가 곤란 (100℃ 이하 곤란 → 진공)
  - ㉣ 배관 구배가 필요

② 고온수의 장단점
- 장점
  - ㉠ 증기에 비해 온수의 축열량(畜熱量)이 크다.
  - ㉡ 용량제어가 쉽다(밸브 이용).
  - ㉢ 부하변동에 대응가능(100℃ 이하까지도 자유롭게 낮출 수 있다.)
  - ㉣ 배관 구배 고려 불필요
  - ㉤ 장치에 공기 혼입(混入) 기회가 적으므로 내부부식이 적다.

ⓑ 열손실이 적다.
ⓢ 운전이 조용하다.
ⓞ 감압밸브, 증기 트랩 등 불필요
• 단점
㉠ 고층빌딩에 공급할 때 정수압이 크게 된다.
㉡ 온수순환펌프의 동력비가 크게 된다.
㉢ 주방, 급탕 또는 터빈구동의 고압증기의 공급이 불가능열용량이 크고, 간헐운전에 불리하다.

(4) 열교환장치
① 지역난방이나 증기보일러에서 증기나 중·고온수와 급수를 열교환하여 저온수를 얻고자 할 때 사용
② 종류 : 판형, 쉘앤튜브식, U자관식, 2중관식, 스파이럴식

07 난방설비 예상문제

CHAPTER

박쌤이 **콕! 찝어주는 주요 예상문제** 풀어보기!

난방설비 구분

 **난방법의 분류**

① 직접난방 : 난방만을 위한 방식.
　- 대류난방 : 방열기를 이용한 방식 (증기난방, 온수난방)
　- 복사난방 : 매입된 패널을 이용한 방식. 쾌감도 최상
　- 온풍난방 : 직접 공기를 가열. 쾌감도 최하
② 간접난방 : 냉·난방을 위한 방식. 공기조화설비 방식

01 난방방식을 분류할 때 중앙식 난방법의 종류가 아닌 것은?
[10/2][08/4]

① 개별 난방법　　② 증기 난방법
③ 온수 난방법　　④ 복사 난방법

★ 난방방식을 난방규모에 따라 구분하면,
　① **개별식 난방** : 단독주택, 일반가정용 단독난방
　② **중앙식 난방** : 2개처 이상의 난방. 증기, 온수, 열풍, 복사
　③ **지역난방** : 고온수, 증기를 사용하여 대규모 지역을 난방

02 중앙집중식 난방의 간접 난방기기에 속하는 것은?
[07/5]

① 난로　　　　　② 증기보일러
③ 온수보일러　　④ 공기조화기

★ 난방방법의 구분은 직접난방과 간접난방으로 나뉜다.
　1) **직접난방** : 난방만을 행하는 방식으로 대류난방, 복사난방, 온풍난방이 있다.
　2) **간접난방** : 난방, 냉방을 동시에 행하는 방식으로 공기조화가 이에 속한다.

03 건물의 각 실내에 방열기를 설치하여 증기 또는 온수로 난방하는 방식은?
[11/4][10/1]

① 복사난방법　　② 간접난방법
③ 개별난방법　　④ 직접난방법

04 난방배관에서 배관의 관경을 결정하는 요소와 가장 관계가 없는 것은?
[10/5]

① 유량 및 유속　　② 관 마찰 저항
③ 배관길이　　　　④ 관의 재질과 제조회사

★ 배관의 관경을 결정하는 주요 요소 : 유량, 유속, 유체의 종류, 유체압력, 온도, 관마찰저항, 배관길이 등

 **방열기**

1) 종류
　① 주형(기둥형) : 2주형(Ⅱ), 3주형(Ⅲ), 3세주형(3), 5세주형(5)
　② 벽걸이형 : 벽걸이수평형(W-H), 벽걸이수직형(W-V)
　③ 길드형 : 길드1단(G-1), 길드2단(G-2), 길드3단(G-3)
2) 호칭법 : 종별-형×쪽수
3) 도시법

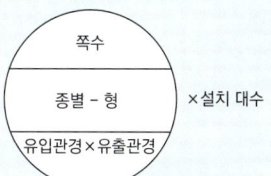

4) 설치 시 주의사항
　① 방열기 설치는 외기가 접한 창문 아래
　② 주형방열기는 벽에서 50~60mm 간격으로 설치
　③ 벽걸이형 방열기는 바닥에서 150mm 높이
　④ 방열기용 트랩은 벨로스 트랩
　⑤ 방열기용 신축이음은 스위블형
　⑥ 방열기용 밸브는 펙레스 밸브

정답 01 ①　02 ④　03 ④　04 ④

01 벽걸이 횡형 주철제 방열기의 호칭 기호는? [10/4][07/5]

① W - H
② W - V
③ H × W
④ H × V

★ 벽걸이 횡형 : W-H 벽걸이 종형 : W-V
 • W : Wall(월) 벽 H : Horizontal(호리존탈) 수평
  V : Vertical(버티컬) 수직

02 방열기 도시기호에서 W-H 란? [11/5]

① 벽걸이 종형
② 벽걸이 주형
③ 벽걸이 횡형
④ 벽걸이 세주형

★ 벽걸이 종형(세로형) : W-V 벽걸이 횡형(가로형) : W-H
 2주형 : Ⅱ 3주형 : Ⅲ 3세주형 : 3 5세주형 : 5

03 3세주형 주철제 방열기로 높이가 650mm이며, 섹션 수가 15개이고, 유입관경 25mm, 유출관경 20mm인 것은? [07/2]

①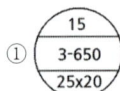
②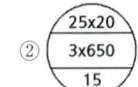
③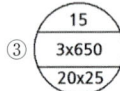
④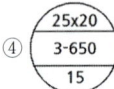

★ 방열기 도시법
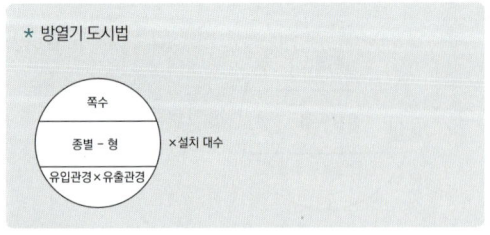

04 증기난방에서 방열기와 벽면과의 적합한 간격(mm)은? [15/2][08/5]

① 30~40
② 50~60
③ 80~100
④ 100~120

★ 주형방열기는 벽면으로부터 50~60mm 정도 간격을 두고 바닥에 세워 설치한다.

05 기둥형 주철제 방열기는 벽과 얼마정도의 간격을 두고 설치하는 것이 좋은가? [11/1]

① 50~60mm
② 80~90mm
③ 110~130mm
④ 140~160mm

★ 기둥형(주형) 방열기 : 벽으로부터 50~60mm 간격
 벽걸이형 방열기 : 바닥으로부터 150mm 높이

06 증기난방의 방열기 부속품으로서 저온의 공기도 통과시키는 특성이 있어 에어리턴식이나 진공환수식 증기배관의 방열기나 관말트랩에 사용 트랩은? [08/4]

① 플로트 트랩
② 수봉식 증기 트랩
③ 버킷 트랩
④ 열동식 트랩

★ 방열기 관말 트랩 - 벨로우즈식(열동식)트랩

07 일명 실로폰 트랩이라고도 부르며 저온의 공기도 통과시키는 특성이 있으므로 에어리턴식, 진공환수식 증기배관의 방열기나 관말트랩에 사용되는 것은? [08/2]

① 열동식 트랩
② 버킷식 트랩
③ 플로트식 트랩
④ 충격식 트랩

★ 기계적 트랩 : 응축수와 증기의 비중차 이용
  버켓식 트랩, 플로트식 트랩(=다량트랩)
 온도조절식 트랩 : 응축수와 증기의 온도차 이용
  벨로우즈(=열동식), 바이메탈형
 열역학적트랩 : 응축수와 증기의 열역학적 특성차 이용
  오리피스형, 디스크형(=충동식)
 ※ 방열기용 관말 트랩 - 벨로우즈식(열동식)트랩

정답 01 ① 02 ③ 03 ① 04 ② 05 ① 06 ④ 07 ①

08 다음에서 ( )속에 들어갈 용어로 올바른 것은? [09/1]

〈보기〉
증기 및 온수가 흐르는 관은 관내외의 온도차에 의해 신축이 발생한다. 이에 따른 신축흡수를 위해 방열기 인입 배관에는(①)이음을 하며, 공급관은 (②)구배, 환수관은(③)구배로 한다.

① ①슬리브 ②역 ③순
② ①스위블 ②역 ③순
③ ①슬리브 ②순 ③역
④ ①스위블 ②순 ③역

* **방열기용 부속품**
  ①증기트랩 : 벨로우즈 트랩
  ②신축이음 : 스위블형
  ③밸브 : 팩레스 밸브
* 증기관은 일반적으로 흐름방향에 대해 역구배(상향구배)로 시공함. 응축수와 증기가 함께 흐르지 않도록 함. 환수관은 보일러를 향해 하향구배(순구배)

09 방열기의 설치 시 외기에 접한 창문 아래에 설치하는 이유를 올바르게 설명한 것은? [11/5][10/4]

① 설비비가 싸기 때문에
② 실내의 공기가 대류작용에 의해 순환되도록 하기 위해서
③ 시원한 공기가 필요하기 때문에
④ 더운 공기 커텐 형성으로 온수의 누입을 방지하기 위해서

* 방열기를 창문 반대쪽에 설치할 경우, 창문개방시 창문으로 침입한 찬 공기에 의해 상부의 더운 공기는 실내에 순환하지 않고 개방된 창문을 통해 외부로 빠져나간다.
  반대로, 창문 아래에 설치할 경우, 창문개방시에도 창문으로 침입한 찬 공기와 방열기 상부의 더운 공기가 혼합되어 방안을 순환하게 됨.
  효과 : ①, ②. 그림참조.

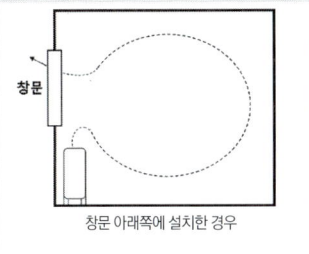
창문 아래쪽에 설치한 경우

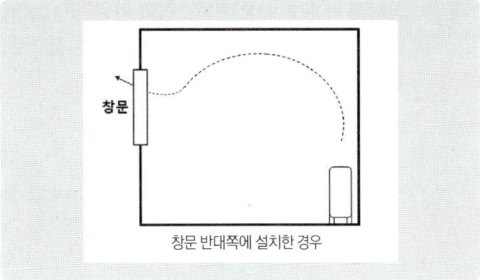
창문 반대쪽에 설치한 경우

10 그랜드 패킹을 사용하지 않고 금속제의 벨로우즈로 밸브 축을 감싸고 공기의 침입이나 누설을 방지하며 증기나 온수의 유량을 수동으로 조절하는 밸브로서 팩리스 밸브라고도 하는 것은? [10/5]

① 볼 밸브
② 게이트 밸브
③ 방열기 밸브
④ 콕 밸브

* **팩리스밸브** : 패킹이 없는 것으로 방열기용으로 사용됨.

11 방열기의 종류 중 관과 핀으로 이루어지는 엘리먼트와 이것을 보호하기 위한 덮개로 이루어지며 실내 벽면 아랫부분의 나비 나무 부분을 따라서 부착하여 방열하는 형식의 것은? [13/1]

① 컨벡터
② 패널 라디에이터
③ 섹셔널 라디에이터
④ 베이스 보드 히터

* **베이스보드히터=콘벡터=캐비넷히터** : 증기 난방과 온수 난방에 쓰이는 대류 방열기의 하나로 실내의 걸레받이 부분에 설치되는 형식의 것. 강관 혹은 동관에 1변 108mm의 정방형 알루미늄 핀 또는 강제 핀을 꽂아 만든 엘리멘트와 강판제의 케이싱으로 이루어져 있다.

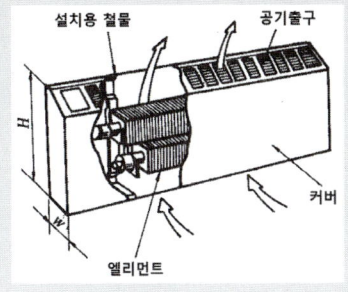

정답 08 ② 09 ② 10 ③ 11 ④

12 강판제 캐비넷 속에 핀튜브형의 가열기가 들어있어 캐비넷 속에서 대류작용을 일으켜 난방하는 것으로 설치높이가 낮은 대류방열기는? [07/1]

① 주형 방열기 ② 베이스보드 히터
③ 길드방열기 ④ 벽걸이 방열기

증기난방 특징-증기방열기를 이용한 대류난방

 증기난방

① 배관방식에 따라 : 단관식, 복관식
② 증기공급에 따라 : 상향식, 하향식
③ 증기압력에 따라 : 고압식, 저압식, 진공압식
④ 응축수 환수방법에 따라 : 중력환수, 기계환수, 진공환수
⑤ 환수관 위치에 따라 : 습식환수, 건식환수

01 증기난방의 특징에 대한 설명으로 틀린 것은? [10/1]

① 건물 높이에 제한을 받지 않는다.
② 방열기의 표면온도가 낮아 화상의 우려가 없다.
③ 예열시간이 짧다.
④ 열의 운반 능력이 크다.

★ 증기방열기 표면온도는 표준상태에서 102℃로 화상의 우려가 있으며, 온수방열기 표면온도는 80℃ 정도로 화상의 우려가 적다.

02 증기난방의 특징을 틀리게 설명한 것은? [08/2]

① 열 운반 능력이 크다.
② 예열 시간이 짧다.
③ 온수난방에 비하여 쾌적하다.
④ 방열면적이 온수난방보다 적어도 된다.

★ 증기난방의 특징
① 열의 운반 능력이 크다.
② 방열면적이 작고 시설비가 절감된다.
③ 예열 시간이 짧다.
④ 환수관 지름이 작아도 된다.
★ 온수난방의 특징
① 난방부하 변동에 따라 온도조절 용이
② 증기에 비해 동결우려가 적다.
③ 취급이 용이하고, 소규모 주택에 적합
④ 표면온도가 낮으므로 쾌감도가 좋다.

03 증기난방법에 관한 설명으로 틀린 것은? [09/2]

① 원심펌프로 응축수를 보일러에 강제 환수시키는 방식이 진공환수식이다.
② 증기공급방향에 따라 상향공급식과 하향공급식이 있다.
③ 저압식 증기압력의 범위는 0.015~0.035MPa이다.
④ 건식 환수 방식은 생증기의 유출방지를 위하여 증기트랩을 장치 하여야 한다.

★ 진공환수식 : 진공펌프를 이용하여 환수

04 증기난방에 대한 설명으로 틀린 것은? [10/4]

① 중력환수, 단관식 증기난방은 난방이 불완전하다.
② 기계환수식 증기난방의 응축수 펌프는 저양정의 센트리퓨컬 펌프가 사용된다.
③ 진공환수식 증기난방에서는 환수관의 직경을 가늘게 해도 된다.
④ 진공환수식 증기난방법은 방열량 조절이 어렵다.

★ 진공환수식 증기난방의 특징
① 중력환수식, 기계환수식에 비해 순환이 빠르다.
② 증기관 구배에 구애를 받지 않는다.
③ 방열량 조절 용이
④ 환수관의 직경을 작게 할 수 있다.
⑤ "버큠 브레이커"를 이용하여 진공을 일정하게 유지하여야 한다.

※ 진공환수식에서 유지하여야 할 환수관의 진공도
 → 100~250mmHg 정도

05 증기난방의 분류로 틀린 것은? [07/5]

① 증기 압력
② 배관방법
③ 응축수 환수법
④ 송수관의 배관법

> ★ 증기난방의 분류
> ① 응축수 환수방식에 따라 : 중력환수, 기계환수, 진공환수
> ② 증기공급 방식에 따라 : 상향식, 하향식
> ③ 배관방식에 따라 : 단관식, 복관식
> ④ 증기공급 압력에 따라 : 고압식, 저압식, 진공압식

06 증기난방 방식에서 응축수 환수방법에 의한 분류가 아닌 것은? [13/4]

① 진공 환수식
② 세정 환수식
③ 기계 환수식
④ 중력 환수식

> ★ 응축수 환수방법 : 중력환수, 기계환수, 진공환수

07 증기난방의 분류 중 응축수 환수방식에 의한 분류에 해당되지 않는 것은? [13/2]

① 중력환수방식
② 기계환수방식
③ 진공환수방식
④ 상향환수방식

> ★ 응축수 환수 : 중력환수, 기계환수, 진공환수

08 증기난방의 분류 중 응축수 환수방식에 의한 분류에 해당되지 않는 것은? [09/5]

① 중력환수방식
② 기계환수방식
③ 진공환수방식
④ 건식환수방식

> ★ 응축수 환수 : 중력환수, 기계환수, 진공환수

09 증기 난방의 분류 중 응축수 환수 방법에 따른 종류가 아닌 것은? [08/5]

① 중력 환수식
② 제어 환수식
③ 진공 환수식
④ 기계 환수식

> ★ 응축수환수방법 - 중력, 기계, 진공 환수식이 있다.

10 증기 난방법을 응축수의 환수 방식에 따라 분류할 때 해당되지 않는 것은? [08/4]

① 복관 환수식
② 중력 환수식
③ 진공 환수식
④ 기계 환수식

> ★ 응축수 환수방법
> ① 중력환수식 - 응축수를 중력의 의해 회수
> ② 기계환수식 - 방열기에서 응축수 탱크까지는 중력환수, 탱크에서 보일러까지는 펌프의 의해 강제순환하는 방식
> ③ 진공 환수식 - 진공펌프를 이용하여 응축수 회수

11 증기난방 방식에서 응축수 환수방법의 종류에 해당 되지 않는 것은? [07/5]

① 중력 환수식
② 습식 환수식
③ 기계 환수식
④ 진공 환수식

> ★ 응축수 환수방법 : 중력환수, 기계환수, 진공환수

12 증기난방의 분류 중 응축수 환수법에 속하지 않는 것은? [07/4]

① 단관식
② 기계식
③ 진공식
④ 중력식

> ★ 응축수 환수법 - 중력환수식, 기계환수식, 진공환수식

정답 05 ④ 06 ② 07 ④ 08 ④ 09 ② 10 ① 11 ② 12 ①

13 증기난방의 분류에서 응축수 환수방식에 해당하는 것은?
[14/5][11/4][09/4][08/1]

① 고압식   ② 상향 공급식
③ 기계 환수식   ④ 단관식

> ★ 증기난방의 분류
> ① 응축수 환수방식에 따라 : 중력환수, 기계환수, 진공환수
> ② 증기공급 방식에 따라 : 상향식, 하향식
> ③ 배관방식에 따라 : 단관식, 복관식
> ④ 증기공급 압력에 따라 : 고압식, 저압식, 진공압식

14 응축수 환수방식 중 중력환수 방식으로 환수가 불가능한 경우, 응축수를 별도의 응축수 탱크에 모으고 펌프 등을 이용하여 보일러에 급수를 행하는 방식은?
[15/4][10/4]

① 복관 환수식   ② 부력 환수식
③ 진공 환수식   ④ 기계 환수식

> ★ 증기사용처에서 응축수탱크까지는 중력환수, 응축수탱크로부터 보일러까지는 순환펌프를 사용하여 응축수를 회수하는 방식은 기계환수식임.

15 환수관내 유속이 타 방식에 비하여 빠르고 방열기 내의 공기도 배제할 수 있을 뿐 아니라 방열량을 광범위하게 조절할 수 있어서 대규모 난방에 많이 채택되는 증기 난방법은?
[11/5]

① 습식환수 방식   ② 건식환수 방식
③ 기계환수 방식   ④ 진공환수 방식

> ★ 진공환수 : 진공펌프를 이용하여 응축수를 회수하는 방법이며, 대규모 난방에 적합함.

16 응축수 환수방식 중 환수관내 유속이 타 방식에 비해 빠르고 방열기 내의 공기도 배제할 수 있을 뿐 아니라 방열량을 광범위하게 조절할 수 있어 대규모 난방에 적합한 방식은?
[10/2]

① 중력환수식   ② 진공환수식
③ 급기환수식   ④ 기계환수식

> ★ 증기난방은 응축수 환수방식에 따라 중력환수식, 기계환수식, 진공환수식으로 구분됨. 세가지 방식중 가장 환수능력이 크고 대규모 난방에 적합한 방식은 진공환수식임.

17 증기난방에서 응축수의 환수방법에 따른 분류 중 증기의 순환과 응축수의 배출이 빠르며, 방열량도 광범위하게 조절할 수 있어서 대규모 난방에서 많이 채택하는 방식은?
[15/2][13/1]

① 진공 환수식 증기난방
② 복관 중력 환수식 증기난방
③ 기계 환수식 증기난방
④ 단관 중력 환수식 증기난방

> ★ 증기순환 및 응축수 회수가 가장 빠르며 대규모 난방에 사용되는 증기난방은 진공환수식임.

18 증기난방에서 응축수의 환수방법에 따른 분류 중 증기의 순환과 응축수의 배출이 빠르며, 방열량도 광범위하게 조절할 수 있어서 대규모 난방에서 많이 채택하는 방식은?
[10/5]

① 진공 환수식 증기난방
② 복관 중력 환수식 증기난방
③ 기계 환수식 증기난방
④ 단관 중력 환수식 증기난방

> ★ 증기순환 및 응축수 회수가 가장 빠르며 대규모 난방에 사용되는 증기난방은 진공환수식임.

19 진공환수식 증기 난방법의 설명 중 잘못된 것은?
[08/2]

① 환수를 원활하게 유통시킬 수 있다.
② 환수관의 직경을 작게 할 수 있다.
③ 방열기의 설치 장소에 제한을 받지 않는다.
④ 방열량의 조절이 곤란하다.

> ★ 진공환수식 : 진공펌프를 이용하여 응축수를 회수
> ① 중력환수식, 기계환수식에 비해 순환이 빠름.
> ② 증기관 구배에 구애를 받지 않는다.
> ③ 환수관의 직경을 작게 할 수 있다.
> ④ 방열량 조절이 용이하다.

정답 13 ③ 14 ④ 15 ④ 16 ② 17 ① 18 ① 19 ④

20 진공환수식 증기난방에 대한 설명으로 틀린 것은?

[12/4]

① 환수관의 직경을 작게 할 수 있다.
② 방열기의 설치장소에 제한을 받지 않는다.
③ 중력식이나 기계식보다 증기의 순환이 느리다.
④ 방열기의 방열량 조절을 광범위하게 할 수 있다.

> ★ 방열기를 사용하여 난방하는 대류난방에는 증기난방, 온수난방으로 구분한다.
>   증기난방은 다음 기준에 의해 세분화된다.
>   ① 배관 방식에 따라 : 단관식, 복관식
>   ② 증기공급 방식에 따라 : 상향식, 하향식
>   ③ 증기압력에 따라 : 고압식, 저압식, 진공압식
>   ④ 응축수 환수방법에 따라 : 중력환수식, 기계환수식, 진공환수식
>   ⑤ 환수관 배관방식에 따라 : 건식환수, 습식환수
> ★ 응축수 환수방법 중 환수능력은 진공환수〉기계환수〉중력환수식의 순서임. 따라서, 진공환수방식이 증기순환속도가 가장 빠름.

21 진공환수식 증기 난방법에 쓰이는 진공 개폐기는 환수관 내의 진공도를 몇 mmHg 정도로 유지시키는가?

[09/2][08/1]

① 50~100 mmHg   ② 100~250 mmHg
③ 250~400 mmHg   ④ 400~550 mmHg

> ★ 진공환수식에서 유지하여야 할 환수관의 진공도는 약 100~250mmHgv 정도임.

22 응축수와 증기가 동일관 속을 흐르는 방식으로 기울기를 잘못하면 수격현상이 발생되는 문제로 소규모 난방에서만 사용되는 증기난방 방식은?

[11/2][09/1]

① 복관식   ② 건식환수식
③ 단관식   ④ 기계환수식

> ★ 1) 단관식 –증기와 응축수가 동일한 관을 흐름
>   ① 기울기를 잘못하면 수격작용 유발
>   ② 소규모 난방이용
>   ③ 방열기밸브는 하부 태핑, 공기빼기 밸브는 상부태핑
>   2) 복관식 – 증기관, 응축수관이 별도로 설치
>   ① 증기관과 환수관이 연결되는 곳에는 반드시 증기트랩설치
>   ② 방열기 밸브는 상하 어느쪽도 관계없음
>   ③ 열동식트랩일 경우 하부태핑에 설치
>   3) 기계환수식 – 방열기에서 응축수 탱크까지는 중력환수, 탱크에서 보일러까지는 펌프에 의해 강제순환

23 증기난방의 분류 중 증기공급법에 속하는 것은?

[10/5]

① 상향 공급식   ② 기계 공급식
③ 진공 공급식   ④ 단관 공급식

> ★ 증기난방의 증기공급 방식에 따라 : 상향식, 하향식

24 증기난방을 고압증기난방과 저압증기난방으로 구분할 때 저압증기난방의 특징에 해당하지 않는 것은?

[12/4]

① 증기의 압력은 약 0.015~0.035MPa이다.
② 증기 누설의 염려가 적다.
③ 장거리 증기수송이 가능하다.
④ 방열기의 온도는 낮은 편이다.

> ★ 저압증기난방은 압력이 낮아서 장거리수송에 부적합.

25 저압 증기난방에 사용하는 증기의 압력(MPa)은?

[09/5]

① 0.5~1   ② 0.1~0.5
③ 0.035~0.1   ④ 0.015~0.035

> ★ 증기난방의 증기압력에 따라
>   ① 고압식 : 0.1[MPa·g]이상
>   ② 저압식 : 0.01~0.035[MPa·g]
>   주철제 보일러는 0.03[MPa·g]
>   ③ 진공압식 : 대기압 이하
> ★ 지역난방에서는 증기압력을 다른 구분방법을 사용함.
>   ① 고압식 : 증기압 1[MPa·g], 온도 183℃ 이상
>   ② 중압식 : 증기압 0.2~0.4[MPa·g], 온도 132~151℃
>   ③ 저압식 : 증기압 0.1[MPa·g], 온도 120℃ 이하

26 환수관의 배관방식에 의한 분류 중 환수주관을 보일러의 표준수위 보다 낮게 배관하여 환수하는 방식은 어떤 배관 방식인가?

[14/2][12/1]

① 건식환수   ② 중력환수
③ 기계환수   ④ 습식환수

> ★ 환수주관의 위치에 따라 : 건식, 습식
>   ① 건식환수 : 환수주관의 위치가 표준수위보다 높음.
>   ② 습식환수 : 환수주관의 위치가 표준수위보다 낮음.

정답 20 ③ 21 ② 22 ③ 23 ① 24 ③ 25 ④ 26 ④

온수난방 특징

 온수방열기를 이용한 대류난방

1) 온수난방 분류
① 배관방식에 따라 : 단관식, 복관식
② 온수공급에 따라 : 상향식, 하향식
③ 온수온도에 따라 : 고온수식, 보통온수식
④ 온수 순환방식에 따라 : 자연순환식, 강제순환식
2) 온수난방 특징 (증기난방에 비해)
① 난방부하 변동에 따라 온도조절 용이
② 증기에 비해 동결우려가 적다.
③ 취급이 용이하고, 소규모 주택에 적합
④ 표면온도가 낮으므로 화상 염려가 적다.
⑤ 보유수량이 많아 예열시간이 길다.
⑥ 실내 쾌감도가 좋다.

01 온수난방의 설명으로 맞는 것은?
[10/1]

① 예열시간이 짧고 잘 식지 않는다.
② 부하변동에 따른 온도 조절이 어렵다.
③ 방열기 표면온도가 낮아 화상의 염려가 없다.
④ 방열면적이 다소 적게 필요하며 관경이 작다.

∗ 온수난방은 보일러 본체로부터 방열기에 이르기까지 전체 배관 내부에 들어있는 온수가 정상온도에 도달할때까지 예열해야 하므로 예열시간이 길다. 그러나, 물의 열용량이 커서 가열된 이후에는 온도변화가 작고 잘 식지않는다.
증기난방(증기방열기)과 비교한 특징으로는
① 예열시간이 길다.
② 부하변동에 따른 온도조절이 쉽다.
　　(방열기의 온도변화가 작다)
③ 방열기 표면온도가 낮아 화상의 염려가 적다.
④ 방열면적이 많이 필요하며 관경이 커야 한다.
⑤ 배관내 온수로 인해 잘 식지 않으므로 동파위험이 적다.

02 온수난방의 특징에 대한 설명으로 틀린 것은?
[15/5][11/4]

① 실내의 쾌감도가 좋다.　② 온도 조절이 용이하다.
③ 화상의 우려가 적다.　④ 예열시간이 짧다.

∗ 온수난방의 특징
① 난방부하 변동에 따라 온도조절 용이
② 증기에 비해 동결우려가 적다.
③ 취급이 용이하고, 소규모 주택에 적합
④ 표면온도가 낮으므로 쾌감도가 좋다.
⑤ 보유수량이 많아 예열시간이 길다.

03 증기난방과 비교한 온수난방의 특징 설명으로 틀린 것은?
[14/4][08/4]

① 예열시간이 길다.
② 건물 높이에 제한을 받지 않는다.
③ 난방부하 변동에 따른 온도조절이 용이하다.
④ 실내 쾌감도가 높다.

∗ 온수난방은 건물 높이에 제한을 받는다.

04 온수난방에 대한 특징을 설명한 것으로 틀린 것은?
[13/5]

① 증기난방에 비해 소요방열면적과 배관경이 적게 되므로 시설비가 적어진다.
② 난방부하의 변동에 따라 온도조절이 쉽다.
③ 실내온도의 쾌감도가 비교적 높다.
④ 밀폐식일 경우 배관의 부식이 적어 수명이 길다.

∗ 증기난방, 온수난방은 방열기를 이용한 대류난방이다. 온수난방은 증기난방에 비해 방열기 표면온도가 낮아 화상우려가 적고 실내온도차가 적으므로 쾌감도가 비교적 높다.(증기난방에 비해) 그러나 증기난방에 비해 방열기 면적이 많이 필요하므로 소요방열면적이 증가하고 배관경이 커지게 된다.

05 증기 난방과 비교하여 온수 난방의 특징에 대한 설명으로 틀린 것은?
[13/2]

① 물의 현열을 이용하여 난방하는 방식이다.
② 예열에 시간이 걸리지만 쉽게 냉각되지 않는다.
③ 동일 방열량에 대하여 방열 면적이 크고 관경도 굵어야 한다.
④ 실내 쾌감도가 증기난방에 비해 낮다.

∗ 온수난방은 증기난방에 비해 쾌감도가 좋다.

06 증기난방과 비교한 온수난방의 특징 설명으로 틀린 것은?
[07/5]

① 물의 잠열을 이용하여 난방하는 방식이다.
② 예열에 시간이 걸리지만 쉽게 냉각되지 않는다.
③ 방열면의 표면온도가 증기의 경우에 비하여 낮다.
④ 동일 방열량에 대해 방열면적이 많이 필요하다.

> ＊ 온수난방의 특징
> ① 난방부하 변동의 따라 온도조절 용이
> ② 증기에 비해 동결우려가 적다.
> ③ 취급이 용이하고, 소규모 주택에 적합
> ④ 표면온도가 낮으므로 쾌감도가 좋다.(증기난방에 비해)
> ⑤ 온수의 현열을 이용하여 난방을 행하다.(송수는 온도가 높고 방열기에서 열을 방출한 뒤 환수는 온도가 낮다)
> • 증기난방은 증기의 잠열을 이용하여 난방을 행한다. 증기의 열을 방출한뒤 응축수로 되어 회수된다.)

07 증기난방과 비교하여 온수난방의 특징을 설명한 것으로 틀린 것은?
[13/1]

① 난방 부하의 변동에 따라서 열량 조절이 용이하다.
② 예열시간이 짧고, 가열 후에 냉각시간도 짧다.
③ 방열기의 화상이나, 공기 중의 먼지 등이 늘어붙어 생기는 나쁜 냄새가 적어 실내의 쾌적도가 높다.
④ 동일 방열량에 대하여 방열 면적이 커야하고 관경도 굵어야 하기 때문에 설비비가 많이 드는 편이다.

> ＊ 온수난방의 특징
> ① 난방부하 변동의 따라 온도조절 용이
> ② 증기에 비해 동결우려가 적다.
> ③ 취급이 용이하고, 소규모 주택에 적합
> ④ 표면온도가 낮으므로 쾌감도가 좋다.(증기난방에 비해)
> ⑤ 온수의 현열을 이용하여 난방을 행하다.(송수는 온도가 높고 방열기에서 열을 방출한 뒤 환수는 온도가 낮다)
> • 증기난방은 증기의 잠열을 이용하여 난방을 행한다. 증기의 열을 방출한뒤 응축수로 되어 회수된다.)

08 온수난방의 특징 설명으로 틀린 것은?
[09/4]

① 취급이 용이하고 연료비가 적게 든다.
② 예열에 시간이 걸리지만 쉽게 냉각되지 않는다.
③ 방열량이 커서 방열면적이 좁다.
④ 난방부하의 변동에 따른 온도조절이 쉽다.

> ＊ 온수난방의 특징 : 방열기에 온수를 보내어 난방함.
> ① 난방부하 변동의 따라 온도조절 용이
> ② 증기에 비해 동결우려가 적다.
> ③ 취급이 용이하고, 소규모 주택에 적합
> ④ 표면온도가 낮으므로 쾌감도가 좋다

09 증기난방과 비교한 온수난방의 특징 설명으로 틀린 것은?
[09/2]

① 실내의 쾌적도가 좋다.
② 보일러의 취급이 쉽고 안전하다.
③ 난방부하의 변동에 대한 온도조절이 쉽다.
④ 예열 및 냉각 시간이 짧다.

> ＊ 온수난방의 특징
> ① 난방부하 변동의 따라 온도조절 용이
> ② 증기에 비해 동결우려가 적다.
> ③ 취급이 용이하고, 소규모 주택에 적합
> ④ 표면온도가 낮으므로 쾌감도가 좋다.(증기난방에 비해)
> • 증기난방, 온수난방은 방열기를 통해 난방하는 방식으로 방열기에 증기를 보내면 증기난방, 온수를 보내면 온수난방이라 구분한다.
> ※ 난방방법중 복사난방은 쾌감도가 가장 좋다.

10 증기난방과 비교한 온수난방의 특징 설명으로 틀린 것은?
[09/1]

① 방열 면적이 넓다.
② 동결의 우려가 적다.
③ 예열시간은 길다.
④ 건축물의 높이에 제한을 받지 않는다.

> ＊ 온수난방의 특징
> ① 난방부하 변동의 따라 온도조절 용이
> ② 증기에 비해 동결우려가 적다.
> ③ 취급이 용이하고, 소규모 주택에 적합
> ④ 표면온도가 낮으므로 쾌감도가 좋다.
> ⑤ 온수관내의 보유수량이 많으므로 동결우려가 적다.
> ⑥ 건축물 높이에 제한을 받는다. (고층까지 이송 어려움)

정답 06 ① 07 ② 08 ③ 09 ④ 10 ④

11 온수난방설비에서 온수 온도차에 의한 비중량차로 순환하는 방식으로 단독주택이나 소규모 난방에 사용되는 난방방식은?　　　　　　　　　　　　[16/1][11/1][09/1]

① 강제순환식 난방　　② 하향순환식 난방
③ 자연순환식 난방　　④ 상향순환식 난방

> ＊ 온수난방에서 온수의 순환방식에 따라 자연순환식, 강제순환식으로 구분된다.
> ① 자연순환식 : 온수 온도차에 따른 밀도차에 의해 순환
> ② 강제순환식 : 순환펌프를 이용하여 순환
> • 상향식, 하향식은 온수공급방법에 의한 분류임.

12 온수난방설비에서 물의 밀도 차나 낙차만으로 순환이 어려운 경우 펌프 등을 이용하여 순환을 행하는 온수순환방식은?　　　　　　　　　　　　　　　　　　　[08/4]

① 단관식　　　　　② 복관식
③ 강제순환식　　　④ 중력순환식

> ＊ 강제순환식 – 순환펌프(환수주관에 설치)를 이용한 방법

13 강제순환식 온수난방법에 대한 설명과 관계가 없는 것은?　　　　　　　　　　　　　　　　　　　[10/2]

① 순환펌프로서는 원심펌프를 주로 사용한다.
② 중력순환식에 비하여 관경을 작게 할 수 있다.
③ 보일러의 위치가 방열기와 같은 위치에 있어도 상관없다.
④ 온수의 밀도차에 의하여 온수를 순환시킨다.

> ＊ 강제순환식은 온수 순환펌프에 의해 강제적으로 순환시키는 방식을 말하며, 보기 ④의 온수 밀도차에 의한 순환은 자연순환식이라 한다.

14 강제순환식 온수난방에 대한 설명으로 잘못된 것은?　　　　　　　　　　　　　　　　　　　[11/1]

① 온수의 순환 펌프가 필요하다.
② 온수를 신속하고 고르게 순환시킬 수 있다.
③ 중력 순환식에 비하여 배관의 직경이 커야 한다.
④ 대규모 난방용으로 적당하다.

> ＊ 강제순환식 온수난방은 온수를 순환펌프를 이용하여 순환하는 것으로 신속하고 고르게 순환시킬 수 있다. 중력순환식에 비해 배관의 직경이 작아도 된다.

15 강제순환식 온수난방의 특징 설명으로 틀린 것은?　　　　　　　　　　　　　　　　　　　[08/2]

① 배관의 관지름도 중력식에 비해 적어도 된다.
② 공기빼기 밸브를 설치해야 한다.
③ 중력 순환식에 비해 예열시간이 길다.
④ 대규모 난방장치에서도 온수의 순환이 확실하며 균일하게 할 수 있다.

> ＊ 강제순환식은 순환펌프를 이용하여 순환하므로 온수순환이 빠르고 빨리 예열된다.

16 온수 순환 방법에서 순환이 빠르고 균일하게 급탕할 수 있는 방법은?　　　　　　　　　　　　　[13/1]

① 단관 중력환수식 배관법
② 복관 중력환수식 배관법
③ 건식순환식 배관법
④ 강제순환식 배관법

> ＊ **중력환수식** : 증기난방 응축수 회수방법중 중력에 의한 것
> **강제순환식** : 온수난방에서 온수순환을 순환펌프를 이용하여 순환하며, 온수순환이 바르고 균일하다.

정답　11 ③　12 ③　13 ④　14 ③　15 ③　16 ④

17 온수난방설비에서 복관식 배관방식에 대한 특징으로 틀린 것은? [13/5]

① 단관식보다 배관 설비비가 적게 든다.
② 역귀환 방식의 배관을 할 수 있다.
③ 방열량을 밸브에 의하여 임의로 조정할 수 있다.
④ 온도변화가 거의 없고 안정성이 높다.

* 복관식은 송수관과 환수관을 별도로 설치하는 방식으로 단관식보다 배관 설비비가 비싸다.

18 온수난방에는 고온수 난방과 저온수 난방으로 분류한다. 저온수 난방의 일반적인 온수온도는 몇 ℃ 정도를 많이 사용하는가? [12/4]

① 40~50℃
② 60~90℃
③ 100~120℃
④ 130~150℃

* 온수난방은 방열기에 온수를 보내어 난방하는 방식으로 온수온도에 따라 고온수식, 보통온수식으로 구분함.
  ① **고온수식** : 100℃이상. 밀폐식 팽창탱크 사용
  ② **보통온수식** : 85~90℃. 개방식 팽창탱크 사용
* 천정, 바닥 등에 매입된 관에 온수를 보내어 난방하는 방식은 복사난방이라 하며, 보통 65~82℃의 온수를 사용함.

19 온수난방의 분류를 사용온수 온도에 의해 분류할 때 고온수식 온수온도의 범위는 보통 몇 ℃ 정도인가? [11/1]

① 50~60
② 70~80
③ 85~90
④ 100~150

* 온수난방은 보통 85~90℃정도의 온수를 사용하나, 100℃이상의 고온수를 사용하는 것을 고온수방식이라 한다. 대규모난방, 지역난방에 이용된다.

20 증기 및 온수난방에 대한 설명으로 틀린 것은? [07/4]

① 증기난방은 주로 열의 복사 원리를 이용한 난방이다.
② 온수난방은 예열하는데 시간이 많이 걸리지만 잘 식지 않는다.
③ 증기난방은 학교나 사무실의 난방에 적합하다.
④ 온수난방은 난방부하의 변동에 따라 온도 조절이 쉽다.

* 증기난방, 온수난방은 방열기를 이용한 난방으로 실내공기의 대류를 이용한 난방법이다.

증기난방 설비

개념원리 증기배관 구배

증기난방시 증기와 함께 배관내에 응축수가 존재하기 쉬우며, 응축수가 체류하면 증기흐름을 방해하고 수격작용을 유발한다. 증기난방설비의 공급관은 일반적으로 상향구배로 배관하여, 증기가 흐르는 방향으로 응축수가 함께 흐르지 않도록 한다.

01 증기난방설비에서 배관 구배를 부여하는 가장 큰 이유는 무엇인가? [15/4][11/4]

① 증기의 흐름을 빠르게 하기 위해서
② 응축수의 체류를 방지하기 위해서
③ 배관시공을 편리하게 하기 위해서
④ 증기와 응축수의 흐름마찰을 줄이기 위해서

* 증기난방시 증기와 함께 배관내에 응축수가 존재하기 쉬우며, 응축수가 체류하면 증기흐름을 방해하고 수격작용을 유발한다. 증기난방설비의 공급관은 일반적으로 상향구배로 배관하여, 증기가 흐르는 방향으로 응축수가 함께 흐르지 않도록 한다.

정답 17 ① 18 ② 19 ④ 20 ① 01 ②

02 증기난방의 중력 환수식에서 복관식인 경우 배관기울기로 적당한 것은? [13/5]

① 1/50 정도의 순 기울기
② 1/100 정도의 순 기울기
③ 1/150 정도의 순 기울기
④ 1/200 정도의 순 기울기

- 증기배관의 구배

배관방법	구 배
단관중력환수식	상향공급식 : $\frac{1}{50} \sim \frac{1}{100}$ (역류관)
	하향공급식 : $\frac{1}{50} \sim \frac{1}{100}$ (순류관)
복관중력환수식	건식환수관 $\frac{1}{200}$
	습식환수관
진공환수식	$\frac{1}{50} \sim \frac{1}{100}$

- 시공요령
  ① 단관중력환수 : 상향, 하향 모두 끝내림 구배
  ② 단관중력환수에서 하향공급 순류관일 경우 관경이 65mm 이상인 것은 1/250 구배
  ③ 복관중력환수 건식일 경우 끝내림 구배로 보일러까지 배관하며, 환수관은 보일러 수면보다 높게 설치
  ④ 복관중력환수 습식일 경우 증기주관은 환수관 수면보다 400mm 이상 낮게
  ⑤ 진공환수식은 건식환수로 배관

03 증기난방에서 환수관의 수평배관에서 관경이 가늘어 지는 경우 편심 리듀서를 사용하는 이유로 적합한 것은? [16/4][13/5]

① 응축수의 순환을 억제하기 위해
② 관의 열팽창을 방지하기 위해
③ 동심 리듀서보다 시공을 단축하기 위해
④ 응축수의 체류를 방지하기 위해

★ 관경이 작아질 때 사용하는 부속품은 리듀셔이다. 리듀서는 부속품 중심이 양쪽이 같은 동심리듀서와 중심이 다른 편심리듀서가 있다. 편심리듀서는 수평관의 구배를 위해 사용한다.

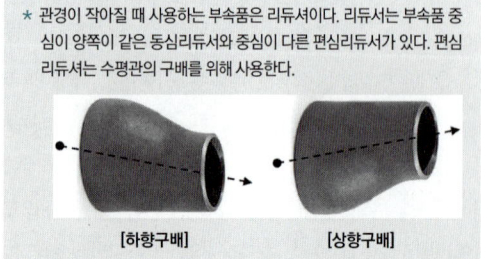

[하향구배]   [상향구배]

04 증기난방 배관의 환수주관에 대한 설명 중 옳은 것은? [11/2]

① 습식환수 주관에는 증기트랩이 꼭 필요하다.
② 건식 환수 주관에는 증기트랩이 꼭 필요하다.
③ 건식 환수배관은 보일러의 표면 수위보다 낮은 위치에 설치한다.
④ 습식 환수배관은 보일러의 표면 수위보다 높은 위치에 설치한다.

★ ① 건식환수관식은 환수주관이 보일러 표준수위보다 높다.
② 건식환수주관에는 트랩이 반드시 필요
③ 건식환수배관은 보일러 표준수면보다 높은 위치
④ 습식환수배관은 보일러 표준수면보다 낮은 위치

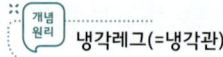 냉각레그(=냉각관)

① 건식환수방식의 관말에 설치
② 관내 응축수에서 생긴 플래시 증기로 인한 보일러의 수격작용 방지→플래시 증기를 응축시켜 증기트랩으로 유입시킴
③ 주관에서 1.5m 이상 냉각관(보온하지 않은 나관)을 설치하며 냉각관 끝에 트랩을 설치하여 응축수를 제거

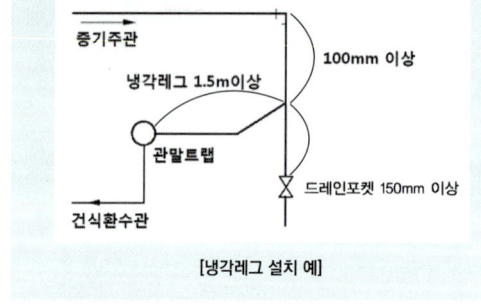

[냉각레그 설치 예]

01 증기난방시공에서 관말 증기 트랩 장치의 냉각래그(cooling leg) 길이는 일반적으로 몇 m 이상으로 해주어야하는가? [15/1][12/2]

① 0.7 m   ② 1.0 m
③ 1.5 m   ④ 2.5 m

정답 02 ④ 03 ④ 04 ② 01 ③

★ 냉각레그(=냉각관)
① 건식환수방식의 관말에 설치
② 관내 응축수에서 생긴 플래시 증기로 인한 보일러의 수격작용 방지
  → 플래시 증기를 응축시켜 증기트랩으로 유입시킴
③ 주관에서 1.5m 이상 냉각관(보온하지 않은 나관)을 설치하며 냉각관 끝에 트랩을 설치하여 응축수를 제거

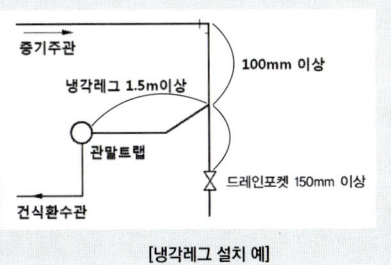
[냉각레그 설치 예]

 리프트 피팅

진공환수식에서 사용
① 저압증기 환수관이 진공펌프의 흡입구보다 낮은 위치에 있을 때(진공환수식에는 건식환수가 원칙이나 습식으로 배관되어 있을 경우) 응축수를 원활히 회수하기 위해 설치함.
② 높이가 1.6m 이하는 1단, 3.2m 이하는 2단
③ 리프트 피팅의 1단 높이는 1.5m 정도
④ 리프트 피팅 관경은 환수주관보다 1~2 정도 작은 치수를 사용하며, 응축수 펌프 근처에 1개소만 설치

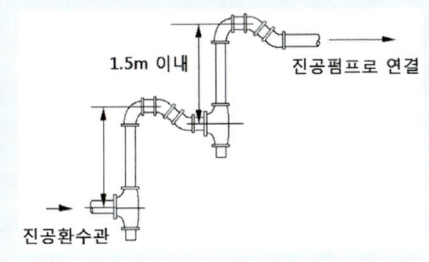

01 진공환수식 증기난방에서 리프트 피팅이란?
[14/5][08/1]
① 저압환수관이 진공펌프의 흡입구보다 낮은 위치에 있을 때 적용되는 이음방법이다.
② 방열기보다 낮은 곳에 환수주관이 설치된 경우 적용되는 이음방법이다.
③ 진공펌프가 환수주관과 같은 위치에 있을 때 적용되는 이음방법이다.
④ 방열기와 환수주관의 위치가 같을 때 적용되는 이음방법이다.

★ 진공환수식에서 환주주관이 진공펌프보다 낮은 경우 리프트피팅 이음을 하며, 1단 흡상높이는 1.5m 이내

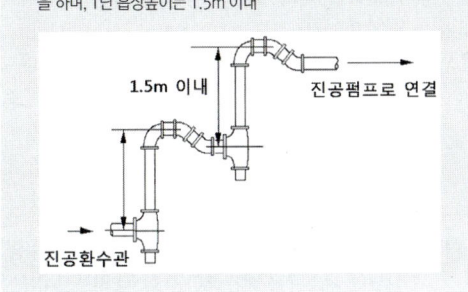

02 다음 그림은 진공 환수식 증기난방법에서 응축수를 환수시키는 장치이다. 이 명칭은 무인가? [08/5]

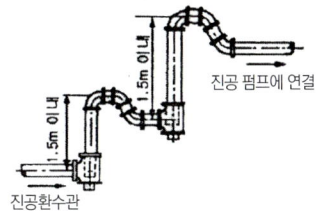

① 건식환수관　　② 리프트 피팅
③ 루우프형 배관　④ 습식환수관

★ 리프트 피팅
① 진공환수식에서 사용한다.
② 저압증기 환수관이 진공펌프의 흡입구보다 낮은 위치에 있을 때
③ 높이가 1.6m 이하는 1단, 3.2m 이하는 2단
④ 리프트 피팅의 1단 높이는 1.5m 정도

03 증기난방의 시공에서 환수배관에 리프트 피팅(lift fitting)을 적용하여 시공할 때 1단의 흡상높이로 적당한 것은?
[13/5]

① 1.5m이내　② 2m이내
③ 2.5m이내　④ 3m이내

* 진공환수식에서 환수주관이 진공펌프보다 낮은 경우 리프트피팅 이음을 하며, 1단 흡상높이는 1.5m 이내

04 진공환수식 증기 배관에서 리프트 피팅(lift fitting)으로 흡상할 수 있는 1단의 최고 흡상높이는 몇 m 이하로 하는 것이 좋은가?
[12/1]

① 1 m　② 1.5 m
③ 2 m　④ 2.5 m

05 진공환수식 증기 난방장치에 있어서 부득이 방열기보다 상부에 환수관을 배관해야만 할 때 리프트 이음을 사용한다. 리프트 이음의 1단 흡상 높이는 몇 m 이하로 하는가?
[08/4]

① 1.0　② 1.5
③ 2.0　④ 3.0

* 리프트 피팅
① 진공환수식에서 사용한다.
② 저압증기 환수관이 진공펌프의 흡입구보다 낮은 위치에 있을 때
③ 높이가 1.6m 이하는 1단, 3.2m 이하는 2단
④ 리프트 피팅의 1단 높이는 1.5m 정도

06 진공환수식 증기난방 배관시공에 관한 설명으로 틀린 것은?
[16/4][13/2]

① 증기주관은 흐름 방향에 1/200~1/300의 앞내림 기울기로 하고 도중에 수직 상향부가 필요할 때 트랩장치를 한다.
② 방열기 분기관 등에서 앞단에 트랩장치가 없을 때에는 1/50~1/100의 앞올림 기울기로 하여 응축수를 주관에 역류시킨다.
③ 환수관에 수직 상향부가 필요할 때에는 리프트 피팅을 써서 응축수가 위쪽으로 배출되게 한다.
④ 리프트 피팅은 될 수 있으면 사용개소를 많게 하고 1단을 2.5m 이내로 한다.

* 리프트 피팅은 될 수 있으면 사용개소를 적게 하고 1단 흡상높이는 1.5m 이내로 한다.

07 증기난방 배관 시공에 관한 설명으로 틀린 것은?
[12/4]

① 저압증기 난방에서 환수관을 보일러에 직접 연결할 경우 보일러 수의 역류현상을 방지하기 위해서 하트포드(hartford) 접속법을 사용한다.
② 진공환수방식에서 방열기의 설치위치가 보일러보다 위쪽에 설치된 경우 리프트 피팅 이음방식을 적용하는 것이 좋다.
③ 증기가 식어서 발생하는 응축수를 증기와 분리하기 위하여 증기트랩을 설치한다.
④ 방열기에는 주로 열동식 트랩이 사용되고, 응축수량이 많이 발생하는 증기관에는 버킷트랩 등 다량 트랩을 장치한다.

* 리프트 피팅(=증발탱크) : 진공환수식에서 사용
저압증기 환수관이 진공펌프의 흡입구보다 낮은 위치에 있을 때(진공환수식에는 건식수가 원칙이나 습식으로 배관되어 있을 경우) 응축수를 원활히 회수하기 위해 설치함.
높이가 1.6m 이하는 1단, 3.2m 이하는 2단
리프트 피팅의 1단 높이는 1.5m 정도
리프트 피팅 관경은 환수주관보다 1~2정도 작은 치수를 사용하며, 응축수 펌프 근처에 1개소만 설치

정답　03 ①　04 ②　05 ②　06 ④　07 ②

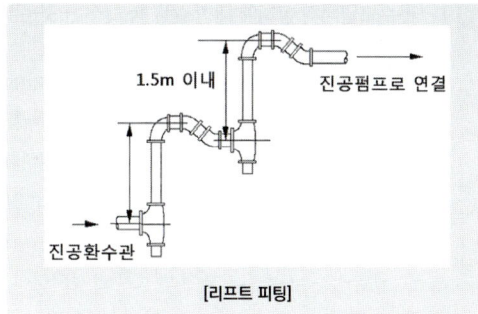

[리프트 피팅]

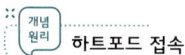 하트포드 접속

저압증기난방에서 환수주관의 위치가 수면보다 낮은 경우(습식환수), 환수주관을 표준수면 아래 50mm 지점의 균형관에 연결하는 것을 말함.

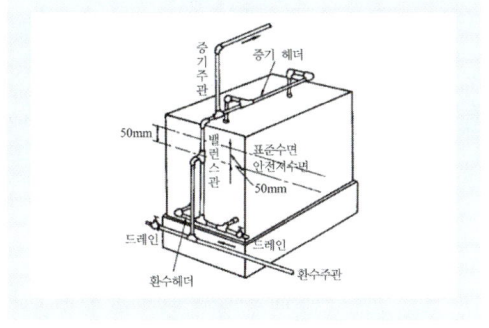

01 하트포드 접속에 대한 설명으로 맞지 않는 것은?

[11/1]

① 환수관내 응축수에서 발생하는 플래시(flash)증기의 발생을 방지한다.
② 저압 증기난방의 습식환수 방식에 쓰인다.
③ 보일러수가 환수관으로 역류하는 것을 방지한다.
④ 증기관과 환수관 사이에 표준수면에서 50mm 아래에 균형관을 설치한다.

★ 하트포드 : 저압증기난방의 습식환수관 방식에서 환수의 역류를 방지하기 위해 설치. 송기관과 환수관 사이에 균형관(=밸런스관)을 설치하고 환수주관을 균형관에 연결하며, 연결부위는 표준수면의 50mm 하단.

02 보일러 주위에서 하트포드 접속법이란?

[09/4]

① 증기관과 환수관 사이에 표준수면에서 50mm 아래로 균형관을 설치하는 배관 방법이다.
② 보일러 주위에서 증기관과 환수관을 역으로 설치하는 관이음 방법이다.
③ 환수주관을 보일러 안전저수면 50mm 아래에 설치하는 이음 방법이다.
④ 증기압력으로 물이 역류하지 않도록 하는 배관 방법이다.

★ 하트포트접속법
① 저압증기 난방의 습식 환수방식일 때 사용
② 환수관의 접속부 누설로 인한 이상감수 방지
③ 주증기관과 환수관 사이에 균형관을 설치(표준수면 50mm 하단에 위치)

03 저압 증기보일러에 사용되는 하트 포드 배관접속법은 어느 부분에 적용하는 배관법인가?

[07/1]

① 보일러의 증기관과 환수관 사이
② 고압배관과 저압배관 사이
③ 관말트랩 장치 배관
④ 방열기 주위 배관

★ 하트포트접속법
① 저압증기 난방의 습식 환수방식일 때 사용
② 환수관의 접속부 누설로 인한 이상감수 방지
③ 주증기관과 환수관 사이에 균형관을 설치(표준수면 50mm 하단에 위치)

04 다음 내용에서 (A)에 들어갈 적당한 용어는?

[11/5]

하트포드접속법이란 저압증기난방의 습식 환수방식에서 보일러수위가 환수관의 누설로 인해 저수위사고가 발생하는 것을 방지하기 위해 증기관과 환수관 사이에 (A)에서 50mm 아래에 균형관을 설치하는 것을 말한다.

① 표준수면 ② 안전수면
③ 상용수면 ④ 안전저수면

★ **하트포드**: 저압증기난방에서 환수주관의 위치가 수면보다 낮은 경우(습식환수), 환수주관을 표준수면 아래 50mm 지점의 균형관에 연결하는 것을 말함. (그림참조)

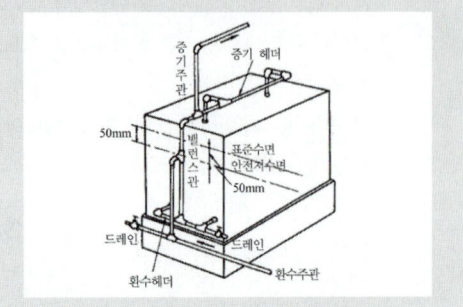

01 온수보일러의 설치에 대한 설명 중 잘못된 것은?
[08/4]

① 기초가 약하여 내려 앉거나 갈라지지 않아야 한다.
② 수관식 보일러의 경우 전열면의 청소가 용이한 구조일 경우에도 반드시 청소할 수 있는 구멍이 있어야 한다.
③ 보일러 사용압력이 어떠한 경우에도 최고사용압력을 초과할 수 없도록 설치하여야 한다.
④ 보일러는 바닥 지지물에 반드시 고정되어야 한다.

★ 수관보일러의 청소구멍은 다른 방법으로 청소가 가능한 구조의 것은 예외로 한다.

05 난방설비와 관련된 설명 중 잘못된 것은?
[13/4]

① 증기난방의 표준 방열량은 650kJ/m²·h이다.
② 방열기는 증기 또는 온수 등의 열매를 유입하여 열을 방산하는 기구로 난방의 목적을 달성하는 장치이다.
③ 하트포드 접속법(Hartford Connection)은 고압증기 난방에 필요한 접속법이다.
④ 온수난방에서 온수순환방식에 따라 크게 중력 순환식과 강제 순환식으로 구분한다.

★ **하트포드 접속법**: 저압증기난방에서 환수주관의 위치가 보일러 수면보다 낮을 경우(습식환수), 증기주관과 환수관 사이에 균형관을 부착하고 환수주관을 이에 부착하는 방법. 환수주관 부착위치는 표준수면의 50mm 하단.

02 온수난방의 배관 시공법에 관한 설명으로 틀린 것은?
[12/1]

① 배관 구배는 일반적으로 1/250 이상으로 한다.
② 운전 중에 온수에서 분리한 공기를 배제하기 위해 개방식 팽창 탱크로 향하여 선상향 구배로 한다.
③ 수평배관에서 관지름을 변경할 경우 동심 이음쇠를 사용한다.
④ 온수보일러에서 팽창탱크에 이르는 팽창관에는 되도록 밸브를 달지 않는다.

★ 수평배관에서 관지름을 변경할 경우, 편심이음쇠를 사용

03 온수난방 배관시공 시 배관 구배는 일반적으로 얼마 이상이어야 하는가?
[12/2]

① 1/100　　② 1/150
③ 1/200　　④ 1/250

★ 팽창탱크를 향해 상향구배, 1/250 이상

> 온수난방 설비

 온수난방 배관 구배

① 자연순환식: 팽창탱크를 향해 상향구배 1/250
　　　　　　 송수와 환수의 온도차에 따른 밀도차 이용
② 강제순환식: 수평배관, 공기가 체류하지 않도록
　　　　　　 온수순환펌프를 이용하여 순환

04 온수난방 배관에서 수평주관에 관지름이 다른 관을 접속하여 상향 구배로 할 때 사용하는 가장 적합한 관 이음쇠는?
[08/5]

① 편심 레듀셔　　② 동심 레듀셔
③ 부싱　　　　　④ 공기빼기 밸브

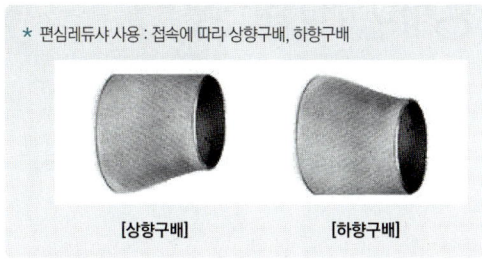

★ 편심레듀샤 사용 : 접속에 따라 상향구배, 하향구배

[상향구배] [하향구배]

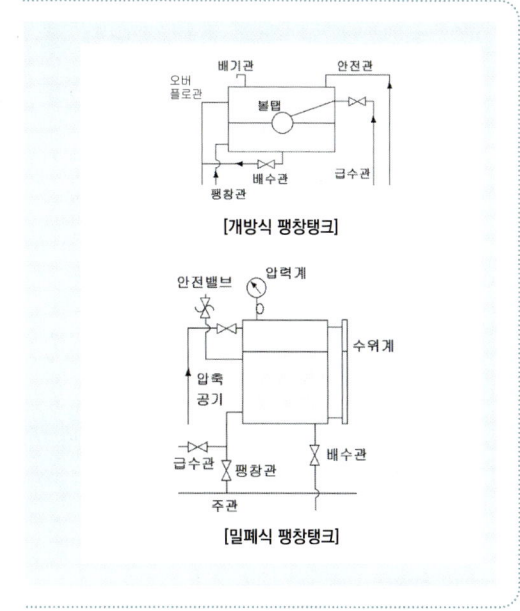

[개방식 팽창탱크]

[밀폐식 팽창탱크]

05 온수보일러의 순환펌프 설치에 대한 설명으로 틀린 것은?
[08/1]

① 순환펌프의 모터 부분은 수평되게 설치한다.
② 순환펌프의 흡입측에는 여과기를 설치한다.
③ 순환펌프는 바이패스회로를 설치하지 않는다.
④ 순환펌프와 전원콘센트간의 거리는 최소로 한다.

★ ① 임펠러의 회전부위와 물의 흐름을 일치하게
② 흡입측 여과기 : 펌프 본체에 이물질 흡입 방지
③ 바이패스 회로 설치 : 점검, 수리에 용이하게 함.
④ 전원설치 : 최단거리로 설치

팽창탱크

1) 설치목적 〈온공장보온〉
 ① 온수체적 팽창 및 이상팽창 압력 흡수
 ② 공기빼기 밸브 역할
 ③ 장치 내 일정한 압력유지
 ④ 온수 넘침으로 인한 열손실 방지
 ⑤ 보일러 보충수 보충
2) 온수온도에 따른 구분
 ① 개방식 팽창탱크 : 온수온도 100℃ 이하에 사용
  최고층 방열기보다 1m 이상 높게
 ★ 구성 : 통기관(배기관), 급수관, 팽창관(안전관), 일수관(오버플로관), 배수관
 ② 밀폐식 팽창탱크 : 온수온도 100℃ 이상에 사용
  설치높이에 제한을 받지 않음
 ★ 구성 : 압력계, 안전밸브, 수위계, 급수관, 배수관, 팽창관, 공기공급관(콤프레샤)

01 온수보일러에 팽창탱크를 설치하는 주된 이유로 옳은 것은?
[16/1][09/4]

① 물의 온도 상승에 따른 체적팽창에 의한 보일러의 파손을 막기 위한 것이다.
② 배관 중의 이물질을 제거하여 연료의 흐름을 원활히 하기 위한 것이다.
③ 온수 순환펌프에 의한 맥동 및 캐비테이션을 방지하기 위한 것이다.
④ 보일러, 배관, 방열기 내에 발생한 스케일 및 슬러지를 제거하기 위한 것이다.

★ 보기를 살펴보면,
① 팽창탱크 ② 여과기 ③ 조압수조(서지탱크)
④ 후레싱작업(flashing)

02 보일러에서 팽창탱크의 설치 목적에 대한 설명으로 틀린 것은?
[12/5]

① 체적팽창, 이상팽창에 의한 압력을 흡수한다.
② 장치 내의 온도와 압력을 일정하게 유지한다.
③ 보충수를 공급하여 준다.
④ 관수를 배출하여 열손실을 방지한다.

정답 05 ③ 01 ① 02 ④

★ 관수는 보일러수를 말하는 것으로 농축수를 배출하는 장치는 분출장치임.

03 온수난방에서 팽창탱크의 역할이 아닌 것은?
[11/2]
① 장치내의 온수 팽창량을 흡수한다.
② 부족한 난방수를 보충한다.
③ 장치 내 일정한 압력을 유지한다.
④ 공기의 배출을 저지한다.

★ 팽창탱크 설치목적
① 온수체적 팽창 및 이상팽창 압력 흡수
② 공기빼기 밸브역할
③ 장치 내 일정한 압력유지
④ 온수넘침으로 인한 열손실 방지
⑤ 보일러 보충수 보충

04 온수보일러에서 팽창탱크의 설치 목적으로 틀린 것은?
[10/5]
① 공기를 배출하고 운전정지 후에도 일정압력이 유지된다.
② 보충수를 공급하여 준다.
③ 팽창한 물의 배출을 방지하여 장치내의 열손실을 촉진한다.
④ 운전 중 장치 내를 일정한 압력으로 유지하고 온수온도를 유지한다.

★ 팽창탱크 : 팽창한 물의 팽창압력을 흡수하고 장치내의 열손실을 방지한다. 또한, 장치내 압력을 일정하게 유지한다.

05 보일러 팽창탱크 설치시 주의사항으로 잘못된 것은?
[08/2]
① 팽창탱크 내부의 수위를 알 수 있는 구조이어야 한다.
② 탱크에 연결되는 팽창 흡수관은 팽창탱크 바닥면과 같게 배관해야 한다.
③ 팽창탱크에는 상부에 통기구멍을 설치한다.
④ 개방식 팽창탱크의 높이는 방열기보다 1m 이상 높은 곳에 설치한다.

★ 개방식 팽창탱크 설치시 주의사항
① 방열기 코일의 최고높이 보다 1m이상 높게 설치
② 재료는 100℃이상 견딜 것
③ 내부구조를 쉽게 알아볼 수 있을 것
④ 상부에는 통기관 설치
⑤ 팽창관은 바닥면보다 25mm 이상 높게 설치(이물질이 들어가는 것을 방지)

06 온수보일러 개방식 팽창탱크 설치 시 주의사항으로 잘못된 것은?
[11/2]
① 팽창탱크 내부의 수위를 알 수 있는 구조이어야 한다.
② 탱크에 연결되는 팽창 흡수관은 팽창탱크 바닥면과 같게 배관해야 한다.
③ 팽창탱크에는 상부에 통기구멍을 설치한다.
④ 팽창탱크의 높이는 최고 부위 방열기보다 1m 이상 높은 곳에 설치한다.

★ 팽창흡수관은 바닥면보다 25mm 이상 높게 설치한다.
팽창탱크 바닥면의 이물질이 팽창관을 통해 보일러 본체에 유입되는 것을 방지함.

07 온수보일러에서 팽창탱크를 설치할 경우 주의 사항으로 틀린 것은?
[16/2][11/5]
① 밀폐식 팽창탱크의 경우 상부에 물빼기 관이 있어야 한다.
② 100℃의 온수에도 충분히 견딜 수 있는 재료를 사용하여야 한다.
③ 내식성 재료를 사용하거나 내식 처리된 탱크를 설치하여야 한다.
④ 동결우려가 있을 경우에는 보온을 한다.

★ 밀폐식 팽창탱크의 경우 상부에 안전밸브를 설치하며, 하부에 물빼기 관이 있어야 한다.

정답   03 ④   04 ③   05 ②   06 ②   07 ①

08 온수난방에서 팽창탱크의 용량 및 구조에 대한 설명으로 틀린 것은? [13/4]

① 개방식 팽창탱크는 저 온수난방 배관에 주로 사용된다.
② 밀폐식 팽창탱크는 고 온수난방 배관에 주로 사용된다.
③ 밀폐식 팽창탱크에는 수면계를 설치한다.
④ 개방식 팽창탱크에는 압력계를 설치한다.

★ 압력계는 밀폐식 팽창탱크에 부착한다.
밀폐식 팽창탱크 부속품 : 압축공기관, 압력계, 안전밸브, 수위계(수면계), 배수관, 팽창관, 급수관

09 온수난방 설비에서 팽창탱크를 바르게 설명한 것은? [09/5]

① 고온수 난방설비에는 개방식 팽창탱크를 사용한다.
② 개방식 팽창탱크는 반드시 방열기보다 높은 위치에 설치한다.
③ 밀폐식 팽창탱크에는 일수관, 통기관 등을 설치한다.
④ 팽창관에는 반드시 밸브를 설치한다.

★ ①고온수(100℃이상)인 경우 밀폐식으로 한다.
②개방식일 경우 최고높이 방열기 또는 방열관보다 1m이상 높게 설치
③밀폐식은 급수관, 안전관, 배기관, 일수관, 배수관, 팽창관을 설치한다.
④팽창관은 밸브, 체크밸브를 설치하지 않는다.

10 온수보일러에서 개방형 팽창탱크의 설치는 온수난방의 최고 높은 부분보다 최소 몇 m 이상 높게 설치하는가? [09/4][09/1]

① 0.5m   ② 1.0m
③ 1.5m   ④ 2.0m

★ 개방식 팽창탱크
①온수온도 85~90℃(100℃)이하에 사용
②최고층 방열기 또는 방열관 보다 1m높게 설치
③급수관, 안전관, 배기관, 일수관(오버플로우관), 배수관, 팽창관

11 개방형 팽창탱크는 최고층의 방열기에서 탱크 수면까지의 높이가 몇 m 이상인 곳에 설치하는가? [07/5]

① 1m   ② 2m
③ 3m   ④ 6m

★ 개방형 팽창탱크 높이는 최고층 방열기보다 1m 이상 높여야 한다. 단, 밀폐식 팽창탱크는 설치높이에 제한을 받지 않는다.

12 온수난방설비에서 개방형 팽창탱크의 수면은 최고층의 방열기와 몇 m 이상이어야 하는가? [11/4][09/5]

① 1m   ② 2m
③ 3m   ④ 5m

★ 개방형 팽창탱크 높이는 최고층 방열기보다 1m 이상 높여야 한다. 단, 밀폐식 팽창탱크는 설치높이에 제한을 받지 않는다.

13 아래 그림은 개방형 팽창탱크의 구조를 나타내고 있다. "A" 부분의 관 명칭은? [07/4]

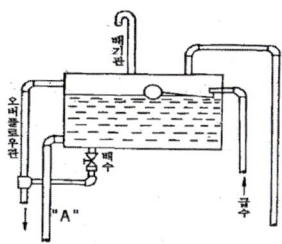

① 팽창관   ② 급수관
③ 일수관   ④ 안전관(방출관)

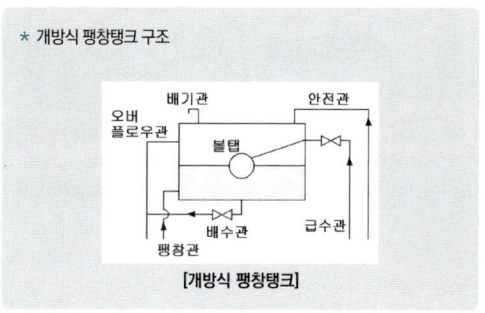

★ 개방식 팽창탱크 구조

[개방식 팽창탱크]

14 개방식 팽창탱크에 연결되어 있는 것이 아닌 것은?
[11/4]
① 배기관　　　　② 안전관
③ 급수관　　　　④ 압력관

> ★ 개방식 팽창탱크의 구성 : 통기관(배기관), 급수관, 팽창관(안전관), 일수관(오버플로우관), 배수관

15 개방식 팽창탱크에서 필요가 없는 것은?
[13/5]
① 배기관　　　　② 압력계
③ 급수관　　　　④ 팽창관

> ★ 압력계는 밀폐식 팽창탱크에 사용된다.
> • 개방식 팽창탱크에 연결된 장치 : 배기관(통기관), 팽창관, 오버플로우관(일수관), 배수관, 급수관, 안전관(릴리프관)
> • 밀폐식 팽창탱크에 연결된 장치 : 콤프레샤, 압력계, 수위계, 급수관, 안전밸브, 배수관, 팽창관

16 팽창탱크 내의 물이 넘쳐흐를 때를 대비하여 팽창탱크에 설치하는 관은?
[14/2]
① 배수관　　　　② 환수관
③ 오버플로우관　④ 팽창관

> ★ 개방식 팽창탱크를 참조하면,
>
>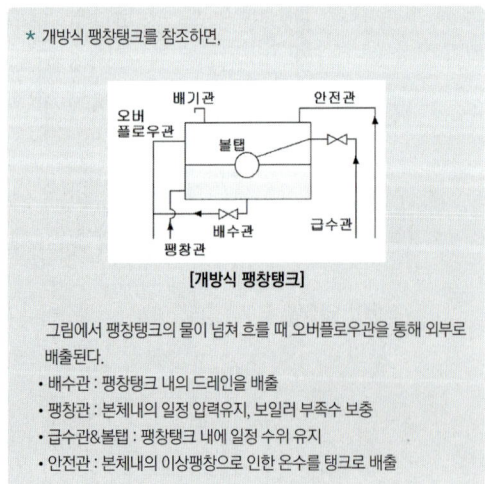
>
> [개방식 팽창탱크]
>
> 그림에서 팽창탱크의 물이 넘쳐 흐를 때 오버플로우관을 통해 외부로 배출된다.
> • 배수관 : 팽창탱크 내의 드레인을 배출
> • 팽창관 : 본체내의 일정 압력유지, 보일러 부족수 보충
> • 급수관&볼탭 : 팽창탱크 내에 일정 수위 유지
> • 안전관 : 본체내의 이상팽창으로 인한 온수를 탱크로 배출

17 온수난방 설비의 밀폐식 팽창탱크에 설치되지 않는 것은?
[16/4][11/5]
① 수위계　　　　② 압력계
③ 배기관　　　　④ 안전밸브

> ★ 1) 밀폐식 팽창탱크에 설치되는 장치 : 압력계, 안전밸브, 수위계, 급수관, 배수관, 팽창관, 공기공급관(콤프레셔)
> 2) 개방식 팽창탱크에 설치되는 것 : 통기관(배기관), 오버플로우관(일수관), 배수관, 팽창관, 급수관

18 개방식 팽창탱크에서 온수의 팽창량을 계산하는데 필요 없는 것은?
[10/4]
① 장치내의 전체수량　② 압력
③ 온수의 밀도　　　　④ 급수의 밀도

> ★ 온수체적팽창량 $\Delta V = \left(\dfrac{1}{\rho_1} - \dfrac{1}{\rho_2}\right) \cdot V$
> ρ_1 : 가열한 온수의 밀도 [kg/ℓ]
> ρ_2 : 가열전 물의 밀도 [kg/ℓ]
> V : 난방장치내 전체 수량 [kg]
> ΔV : 온수팽창량 [ℓ]
> • 개방식 팽창탱크의 용량 = 온수팽창량×2~2.5배
> • 문제조건과 보기를 살펴보면 압력은 관계없음

19 보일러의 중심에서 최상층 방열기의 중심까지 높이가 15m 이고 송수온도에서의 밀도 981 kg/m³, 환수온도에서의 밀도는 993 kg/m³ 일 때 자연순환 수두는?
[07/4]
① 1.695[kPa]　　② 1.764[kPa]
③ 1.862[kPa]　　④ 1.93[kPa]

> ★ 자연순환수두는 환수와 송수의 비중량차에 따른 순환하려는 압력을 말한다.
> $H = (\gamma_1 - \gamma_2) \cdot h = (\rho_1 - \rho_2) \cdot g \cdot h$
> 여기에서, H : 자연순환수두[Pa]
> ρ_1 : 환수밀도[kg/m³]
> ρ_2 : 송수밀도[kg/m³]
> h : 배관의 높이차이[m], 배관의 중심에서 최고층의 방열기 중심까지 높이
> g : 중력가속도 9.8[m/s²]
> 따라서, (993 − 981)×9.8×15 = 1764 [Pa]
> • 압력단위 [Pa]을 1000으로 나누어 [kPa]로 환산.

정답　14 ④　15 ②　16 ③　17 ③　18 ②　19 ②

리턴리버스(역귀환방식)

각 방열기에 공급되는 유량분배를 균등하게 하기 위해 환수관의 길이를 같게 하는 방식. 보일러 환수 시 가장 먼 곳의 기기까지 배관한 다음 환수하는 방식

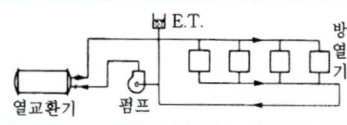

* 역귀환방식(=리버스리턴방식) : 각 방열기에 공급되는 유량분배를 균등하게 하기 위해, 환수관의 길이를 같게 하는 방식. 보일러 환수시 가장 먼 곳의 기기까지 배관한 다음 환수하는 방식.

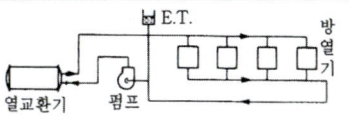

복사난방

복사난방, 온수온돌

복사난방
패널난방이라고도 하며 바닥, 벽 등에 난방코일을 매입하고 열매체를 통과시켜 난방을 행함.
① 높이에 따른 온도 분포 균일(쾌감도가 높다)
② 방열기 설치 불필요(실내공간 이용율이 높다)
③ 동일 방열량에 대해 열손실이 적다.
④ 예열시간이 길다.
⑤ 설비비가 비싸다.
⑥ 모르타르 표면 균열, 고장 발견이 어렵다.

01 온수난방 배관 방법에서 귀환관의 종류 중 직접귀환 방식의 특징 설명으로 옳은 것은? [12/2]

① 각 방열기에 이르는 배관길이가 다르므로 마찰저항에 의한 온수의 순환율이 다르다.
② 배관 길이가 길어지고 마찰저항이 증가한다.
③ 건물 내 모든 실(室)의 온도를 동일하게 할 수 있다
④ 동일층 및 각층 방열기의 순환율이 동일하다.

* 직접귀환방식은 각 방열기에 이르는 배관길이가 다르므로 온수 순환율이 다르다. 따라서, 온수 순환량의 분배를 균등하게 하기 위해 역귀환 방식(리턴리버스)을 사용함.

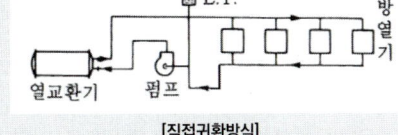
[직접귀환방식]

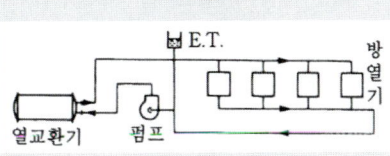
[역귀환 방식(리턴리버스)]

01 건물을 구성하는 구조체 즉 바닥, 벽 등에 난방용 코일을 묻고 열매체를 통과시켜 난방을 하는 것은? [14/5][11/5][09/4]

① 대류난방　　② 복사난방
③ 간접난방　　④ 전도난방

* 복사난방은 패널난방이라고도 하며 바닥, 벽 등에 난방코일을 매입하고 열매체를 통과시켜 난방을 행함. 복사난방의 구분은,
① 가열면(패널) 위치에 따라 : 천정난방, 바닥난방, 벽난방
② 열매체 종류에 따라 : 온수, 증기, 온풍, 전열

02 온수난방에서 역귀환방식을 채택하는 주된 이유는? [12/1]

① 각 방열기에 연결된 배관의 신축을 조정하기 위하여
② 각 방열기에 연결된 배관 길이를 짧게 하기 위해서
③ 각 방열기에 공급되는 온수를 식지 않게 하기 위해서
④ 각 방열기에 공급되는 유량분배를 균등하게 하기 위해서

02 벽이나 바닥 등에 가열용 코일을 묻고 여기에 온수를 보내 열로 난방하는 방법은? [11/1]

① 개별 난방법　　② 복사 난방법
③ 간접 난방법　　④ 직접 난방법

> ※ 가열용 코일을 바닥 등에 묻고 난방하는 것을 복사난방이라 한다.
> **개별난방** : 각실, 각 주택마다 별도의 난방
> **간접난방** : 냉, 난방을 겸하는 것. 공기조화를 말함
> **직접난방** : 난방만을 위한 장치. 대류난방, 복사난방, 온풍난방

03 복사난방 중 가열면의 위치에 의한 분류가 아닌 것은?
[09/1]
① 천장 난방　　② 바닥 난방
③ 벽 난방　　　④ 온풍 난방

> ※ **복사난방** : 복사열을 이용한 난방
> ① 가열면 위치에 따라 : 천정난방, 바닥난방, 벽난방
> ② 열매체 종류에 따라 : 온수, 증기, 온풍, 전열

04 천장이나 벽, 바닥 등에 코일을 매설하여 온수 등 열매체를 이용하여 복사열에 의해 실내를 난방하는 것은?
[07/5]
① 대류난방　　② 복사난방
③ 간접난방　　④ 전도난방

> ※ 난방방법의 구분은 직접난방과 간접난방으로 나뉜다.
> 1) **직접난방** : 난방만을 행하는 방식으로 대류난방, 복사난방, 온풍난방이 있다.
>   ① **대류난방** : 방열기를 사용한 난방으로 증기난방, 온수난방이 있다.
>   ② **복사난방** : 천장, 벽, 바닥에 코일을 매설하여 온수 등을 보내 복사열을 이용한 난방방식이다.
>   ③ **온풍난방** : 실내에 설치된 온풍기를 이용하여 난방
> 2) **간접난방** : 난방, 냉방을 동시에 행하는 방식으로 공기조화가 이에 속한다.

05 복사난방의 바닥패널 코일방식에 대한 설명으로 틀린 것은?
[09/2]

① 덕트방식은 구조체를 2중으로 하여 그 사이에 온풍을 통과시켜 난방을 행하는 방식이다.
② 그리드식은 균등한 유량 분배로 각 코일의 온도가 거의 같도록 할 수 있다.
③ 밴드코일은 관로의 저항이 많아 길이가 길어질 경우 전·후방부의 온도차가 많이 난다.
④ 달팽이형 코일은 패널의 중앙부가 달팽이 모양이며 최근에는 사용하지 않는다.

> ※ **덕트방식** : 구조체를 2중으로 하여 그 사이에 온풍을 통과시켜 난방을 행하는 방식, 예전 우리나라 재래식 구들난방 형태이다.
> **그리드식** : 균등한 유량 분배로 각 코일의 온도가 거의 같도록 할 수 있다. 코일내 공기빼기가 용이하다.
> **밴드식** : 관로의 저항이 많아 길이가 길어질 경우 전·후방부의 온도차가 많이 난다
> **달팽이형 코일** : 밴드코일의 단점을 보완하여 중앙부에서 달팽이 모양으로 코일을 배관, 최근 우리나라에서 가장 많이 사용

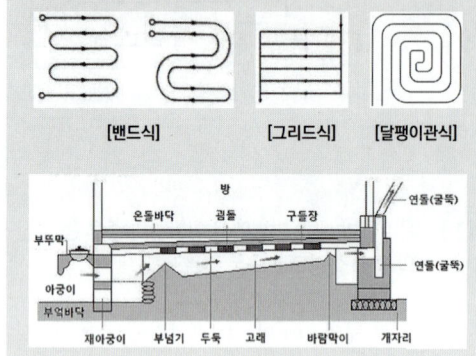

[밴드식]　[그리드식]　[달팽이관식]

06 다음 중 복사난방의 일반적인 특징이 아닌 것은?
[12/4]
① 외기온도의 급변화에 따른 온도조절이 곤란하다.
② 배관길이가 짧아도 되므로 설비비가 적게 든다.
③ 방열기가 없으므로 바닥면의 이용도가 높다.
④ 공기의 대류가 적으므로 바닥면의 먼지가 상승하지 않는다.

> ※ 복사난방은 방열관 또는 패널을 벽, 바닥, 천정 등에 설치하여 온수 또는 증기를 보내어 가열면으로 활용하며, 바닥에 방열기등을 설치하지 않아 바닥활용도가 높고, 실내공기가 대류현상이 없으므로 쾌적하다. 단점은, 설치비가 비싸고, 외기온도 급변에 부응하기 어렵다. 방열관을 바닥 전체에 골고루 매입하므로 관길이가 길다.

07 복사난방의 설명으로 틀린 것은?
[11/2]
① 전기식은 니크롬선 등 열선을 매입하여 난방한다.
② 우리나라에서 주거용 난방은 바닥패널 방식이 많다.
③ 온수식은 주로 노출관에 온수를 통과시켜 난방한다.
④ 증기식은 특수방열면이나 관에 증기를 통과시켜 난방한다.

> ※ 복사난방은 벽, 천정, 바닥에 매설된 관을 통해 난방한다.

정답　03 ④　04 ②　05 ④　06 ②　07 ③

08 복사난방의 장점을 설명한 것 중 틀린 것은?
[10/5]

① 실내의 온도분포가 비교적 균일하고 쾌감도가 높다.
② 바닥면의 이용도가 높다.
③ 실내의 평균온도가 높아 손실열량이 크다.
④ 실내 공기의 대류가 적어 바닥먼지의 상승이 적다.

★ 실내 평균온도는 대류난방에 비해 낮지만 패널 전체를 가열면으로 사용하므로 환기시 열손실이 적다.

09 복사난방에 대한 특징을 설명한 것으로 틀린 것은?
[10/1][08/1]

① 바닥면의 이용도가 높다.
② 실내의 온도 분포가 균등하다.
③ 외기 온도급변에 대한 온도 조절이 쉽다.
④ 실내 평균 온도가 낮으므로 열손실이 비교적 적다.

★ 복사난방은 대류난방(방열기를 이용한 증기난방, 온수난방)과 달리 실내에 설치되는 난방기기가 없으므로 바닥면 이용도가 높고, 매입된 패널을 통해 가열하므로 실내공기의 대류가 없고 온도분포가 고르다. 따라서 쾌감도가 가장 좋다.
그러나 가열면이 넓고 매입되어 있으므로 외기 온도 급변에 대한 온도 조절이 어렵고 설치시공비가 비싸며, 고장 발견이 어렵다.

10 복사난방의 장점이 아닌 것은?
[09/2]

① 높이에 따른 온도분포가 균일하다.
② 실내공간의 이용율이 높다.
③ 예열이 짧아 부하에 대응하기 쉽다.
④ 공기 등의 미진을 태우지 않아 쾌감도가 좋다.

★ 복사난방 : 벽, 바닥, 천정 면을 가열면으로 이용하여 난방
복사난방 특징은
1) 장점
 ① 복사열에 의해 쾌감도가 크다.
 ② 천장이 높은 실의 난방이 가능
 ③ 실내온도 분포가 고르다.
 ④ 대류가 적으므로 바닥면의 먼지가 상승하지 않는다.
2) 단점
 ① 외기온도에 따른 방열량 조정이 어렵다.
 ② 시공, 수리, 개조가 불편
 ③ 예열시간이 오래 걸린다.
 ④ 설치비가 비싸다.

11 대류난방과 복사난방을 비교할 때 복사난방의 특징 설명으로 틀린 것은?
[07/4]

① 실내 온도 분포가 불균일하여 쾌감도가 낮다.
② 실내 평균온도가 낮으므로 열손실량이 적다.
③ 예열시간이 많이 걸리므로 일시적인 난방에는 부적당하다.
④ 별도의 방열기를 설치하지 않으므로 공간 이용도가 높다.

★ 복사난방은 패널 또는 방열관을 바닥, 벽, 천정에 매입하여 패널 전체를 가열면으로 이용하는 방식을 말한다.
 ① 고장발견이 어렵고 설치 시공비가 비싸다.
 ② 실내온도 분포가 균일하여 쾌감도가 좋다.
 ③ 예열시간이 많이 걸리고, 바닥공간 이용도가 높다.
 ④ 동일 방열량에 대한 열손실이 적다.

12 온수온돌의 설치시 단점에 해당되지 않는 것은?
[10/1]

① 냉난방 시설의 공동이용이 불가능하다.
② 설치비가 싸고 환기장치가 필요없다.
③ 보온재 설치가 곤란하다.
④ 바닥의 균열이 생기고 고장의 발견이 어렵다.

★ 온수온돌은 복사난방 방식에 속함. 방열관을 바닥에 매입하여 시공하므로 설치비가 비싸고 외부의 공기가 유입되지 않으므로 환기를 해야 한다. 대류난방(증기난방, 온수난방), 복사난방, 온풍난방과 같이 난방만을 위한 직접난방 방식은 외부의 공기를 실내로 유입하지 않으므로 환기에 유의해야 한다. 냉난방을 위한 간접난방에서는 열매체 방식에 따라 전공기방식(덕트방식), 수방식(팬코일유닛방식)이 있으며 전공기방식은 외부공기를 공조실에서 조절하여 실내로 공급하므로 공기의 청정도가 높다.

13 온수온돌의 난방방열 특성을 설명한 것으로 맞는 것은?
[09/5][07/4]

① 저온직사열에 의한 난방
② 저온대류에 의한 난방
③ 저온복사에 의한 난방
④ 저온전도에 의한 난방

★ 온수온돌은 복사난방방식이다. 일반적인 복사난방의 온수온도는 약 65~82℃ 정도이며, 바닥 패널의 표면온도는 약 40℃ 정도로 유지한다. 온수온돌은 체온보다 약간 낮은 약 32℃ 이하의 저온으로 복사열을 이용하여 난방을 행한다.

14 저온복사 난방에서 바닥패널표면의 온도는 몇 ℃ 이하로 하는 것이 좋은가? [10/4]

① 30℃ ② 50℃
③ 60℃ ④ 70℃

★ 온수온돌은 복사난방방식이다. 일반적인 복사난방의 온수온도는 약 65~82℃ 정도이며, 바닥 패널의 표면온도는 약 40℃ 정도로 유지한다. 온수온돌은 체온보다 약간 낮은 약 32℃ 이하의 저온으로 복사열을 이용하여 난방을 행한다.

15 온수온돌의 방수처리에 대한 설명으로 적절하지 않은 것은? [16/4][13/4]

① 다층건물에 있어서도 전층의 온수온돌에 방수처리를 하는 것이 좋다.
② 방수처리는 내식성이 있는 루핑, 비닐, 방수몰탈로 하며, 습기가 스며들지 않도록 완전히 밀봉한다.
③ 벽면으로 습기가 올라오는 것을 대비하여 온돌바닥보다 약 10㎝ 이상 위까지 방수처리를 하는 것이 좋다.
④ 방수처리를 함으로써 열손실을 감소시킬 수 있다.

★ 방수처리는 맨 하층의 콘크리트 기초에 하는 것이 좋다.

16 온수온돌의 방수처리에 대한 설명으로 적절하지 않은 것은? [10/2]

① 온돌바닥이 땅과 직접 접촉하지 않는 2층의 경우에는 방수처리를 반드시 해야 한다.
② 방수처리는 내식성이 있는 루핑, 비닐, 방수몰탈로 하며 습기가 스며들지 않도록 완전히 밀봉한다.
③ 벽면으로 습기가 올라오는 것을 대비하여 온돌바닥보다 약 10㎝ 정도 위까지 방수처리를 하는 것이 좋다.
④ 방수처리를 함으로써 열손실을 감소시킬 수 있다.

★ 방수처리는 지면으로부터 습기등의 침입을 막기 위한 것이므로 온돌바닥이 땅과 직접 접촉하지 않는 2층의 경우 방수처리를 반드시 해야 하는 것은 아님.

17 온수온돌에서 기초바닥이 지면과 접하는 곳에는 방수처리가 필요하다. 이 방수처리의 목적에 해당되지 않는 것은? [10/5]

① 수분증발에 의한 열손실 방지
② 장판의 부식방지
③ 배관의 부식방지
④ 단열효과 저하초래

★ 바닥 방수처리를 하지 않을 경우 지면으로부터 스며든 습기에 의해 단열재의 단열효과가 감소한다. 따라서, 방수처리하여 단열재의 성능저하를 방지한다.

지역난방

지역난방

열공급 시설에서 넓은 지역에 집단공급
1) 장점
  ① 대규모 설비로 인한 열설비의 고효율화, 대기오염 방지
  ② 건물의 공간을 유효하게 사용할 수 있다.
  ③ 폐열 회수 및 쓰레기 소각 등으로 연료비 절감효과
  ④ 작업인원 절감으로 인건비 절약
  ⑤ 고압의 증기 및 고온수이므로 관경을 적게 할 수 있다.
2) 단점
  ① 시설비가 많이 든다.
  ② 설비가 길어지므로 배관 열손실이 크다.
  ③ 고압의 증기, 고온의 온수를 사용하므로 취급이 어려움

정답 14 ① 15 ① 16 ① 17 ④

01 지역난방의 일반적인 장점으로 거리가 먼 것은?
[12/5]

① 각 건물마다 보일러 시설이 필요 없고, 연료비와 인건비를 줄일 수 있다.
② 시설이 대규모이므로 관리가 용이하고 열효율 면에서 유리하다.
③ 지역난방설비에서 배관의 길이가 짧아 배관에 의한 열손실이 적다.
④ 고압증기나 고온수를 사용하여 관의 지름을 작게 할 수 있다.

★ 지역난방은 배관길이가 길어지므로 배관 열손실을 줄이려면 보온에 유의해야 한다.

02 지역난방의 특징 설명으로 틀린 것은?
[11/4][08/2]

① 각 건물에 보일러를 설치하는 경우에 비해 건물의 유효면적이 증대된다.
② 각 건물에 보일러를 설치하는 경우에 비해 열효율이 좋아진다.
③ 설비의 고도화에 따라 도시 매연이 감소된다.
④ 열매체는 증기보다 온수를 사용하는 것이 관내저항 손실이 적으므로 주로 온수를 사용한다.

★ 증기는 기체로서 온수(액체)보다 관내 마찰저항이 적고, 또한 온도와 엔탈피가 높다. 지역난방에서는 고온수 또는 증기를 사용하며, 주로 고온수를 사용한다.

03 지역난방의 특징 설명으로 틀린 것은?
[11/1][08/5]

① 각 건물에 보일러를 설치하는 경우에 비해 열효율이 좋다.
② 설비의 고도화에 따른 도시 매연이 증가된다.
③ 연료비와 인건비를 줄일 수 있다.
④ 각 건물에 보일러를 설치하는 경우에 비해 건물의 유효면적이 증대된다.

★ 지역난방 특징
1) 장점
 ① 건물공간을 유효하게 사용
 ② 인건비절약
 ③ 연료비절감(폐열회수 및 쓰레기소각)
 ④ 대규모 설비로 인한 열설비의 고효율과 대기오염방지
2) 단점
 ① 시설비가 많이 든다.
 ② 설비가 길어지므로 배관 열손실이 크다.
 ③ 고압의 증기, 고온의 온수를 사용하므로 취급이 어렵다.

04 지역난방의 특징에 대한 설명으로 틀린 것은?
[10/2]

① 인건비를 줄일 수 있다.
② 고압증기이므로 관경을 크게 한다.
③ 대규모 설비로 인해 고 효율화를 가져온다.
④ 건물 안의 공간을 유효하게 사용할 수 있다.

★ 고압의 증기를 사용하므로 증기엔탈피가 높아 장거리 대규모 이송이 가능하므로 관경을 작게 해도 된다.

05 지역난방의 특징에 대한 설명 중 틀린 것은?
[07/1]

① 열효율이 좋고 연료비가 절감된다.
② 건물 내의 유효면적이 증대된다.
③ 온수는 저온수를 사용한다.
④ 대기 오염을 감소시킬 수 있다.

★ 지역난방에서는 고온수 또는 증기를 사용하며, 주로 고온수를 사용한다.

06 지역난방에서 열매로 증기를 사용하는 경우와 비교하여 온수를 사용하였을 경우의 특징 설명으로 옳은 것은?
[08/5]

① 관내 저항손실이 크다.
② 배관 설비비가 적게 든다.
③ 넓은 지역난방에 적당하다.
④ 공급 열량의 계량이 쉽다.

★ 증기(기체)에 비해 온수(액체)는 관내 마찰저항이 크다
증기에 비해 온도가 낮고 엔탈피가 적으므로 관경이 커지며 설비비가 증가한다.

정답 01 ③ 02 ④ 03 ② 04 ② 05 ③ 06 ①

07 고온수난방식의 연결방법에 따른 분류에 속하지 않는 것은?
[07/4]

① 고온수직결방식　② 블리드인방식
③ 증기가압방식　④ 열교환방식

★ 고온수 난방의 분류
  1) 가압방식에 따라 : 정수두가압, 증기가압, 가스가압, 펌프가압
  2) 연결방법에 따라 : 직결방식, 블리드인(bleed-in)방식, 열교환방식

급탕설비

01 중앙식 급탕법에 대한 설명으로 틀린 것은?
[13/5]

① 기구의 동시 이용률을 고려하여 가열장치의 총용량을 적게 할 수 있다.
② 기계실 등에 다른 설비 기계와 함께 가열장치 등이 설치되기 때문에 관리가 용이하다.
③ 설비규모가 크고 복잡하기 때문에 초기 설비비가 비싸다.
④ 비교적 배관길이가 짧아 열손실이 적다.

★ 중앙기계실에서 각 실마다 급탕관을 연장하여 설치해야 하므로 배관길이가 길고 열손실이 크므로 보온처리에 유의해야 한다.

02 중앙식 급탕법에 대한 설명으로 틀린 것은?
[11/2]

① 대규모 건축물에 급탕개소가 많을 때 사용이 가능하다.
② 급탕량이 많아 사용하는데 용이하다.
③ 비교적 연료비가 싼 연료의 사용이 가능하다.
④ 배관길이가 짧아서 보수관리가 어렵다.

★ 급탕방식의 분류 : 중앙식 급탕, 개별식(국소식) 급탕

중앙식 급탕법	직접가열식, 간접가열식
개별식 급탕법	순간식, 저탕식, 기수혼합식

03 증기 혼합식 급탕에서 스팀 사이렌서의 용도는?
[10/4]

① 증기의 양을 조절한다.　② 증기의 질을 조절한다.
③ 소음을 적게 한다.　④ 증기의 청정도를 높인다.

★ 증기와 물을 혼합하여 급탕을 만드는 경우 증기분출로 소음이 발생하는데, 이를 줄이기 위한 장치가 스팀 사이렌서임.

난방부하 / 방열기계산

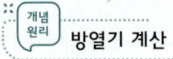
방열기 계산

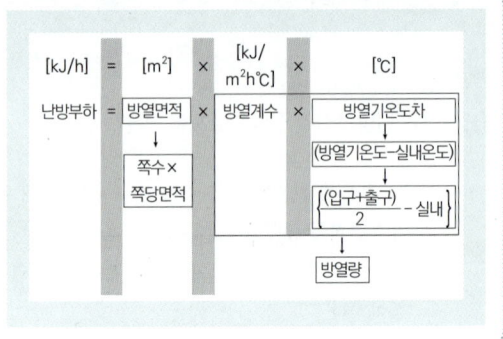

01 난방부하 설계 시 고려하여야 할 사항으로 거리가 먼 것은?
[12/2]

① 유리창 및 문　② 천정 높이
③ 교통 여건　④ 건물의 위치(방위)

★ 교통여건과 난방부하 계산과는 무관함.
  유리창 및 문은 열손실과 관계
  천정 높이는 실내 평균온도를 측정하는데 관계
  건물의 위치(방위)는 방향에 따른 열손실 정도를 계산

02 난방부하 계산과정에서 고려하지 않아도 되는 것은?
[12/1]

① 난방형식　② 주위환경 조건
③ 유리창의 크기 및 문의 크기　④ 실내와 외기의 온도

★ 난방부하에서는 주로 외기부하를 계산한다. 즉, 열손실의 크기와 주위환경 조건을 고려하여야 한다. 열손실은 벽, 바닥, 천정의 면적과 열관류율, 실내와 외기의 온도차 등이 관계된다. 난방에 필요한 열(난방부하)을 계산한 다음, 난방형식, 난방기구를 선정한다.

정답 07③ 01④ 02④ 03③ 01③ 02①

03 난방부하 계산 시 반드시 고려해야 할 사항으로 가장 거리가 먼 것은? [10/5]

① 풍량을 고려한 일사량 및 건물의 위치(방위)
② 바닥에서 천장까지의 높이
③ 벽, 지붕, 바닥 등의 두께 및 보온
④ 실내조명 등 열 발생원에 의한 취득열량

★ 실내 재실자, 실내 조명기구 등에서 방출하는 열은 여유치로 보아 난방부하시 계산하지 않는다.

04 다음 중 난방부하 계산과 거리가 먼 것은? [07/5]

① 건물의 벽체에 의한 열손실
② 건물내 에어컨 사용에 의한 열손실
③ 건물의 유리창에 의한 열손실
④ 건물의 천장 및 바닥에 의한 열손실

★ 난방부하는 실내에서 실외로 빠져나가는 열손실을 말한다. 주로, 벽, 바닥, 천정 등 구조체를 통한 열손실과 환기에 의한 열손실이 있다.

05 난방 부하의 계산 방법으로 맞지 않는 것은? [10/1]

① 상당방열면적에 의한 계산
② 열손실 열량에 의한 계산
③ 보일러 온도에 의한 계산
④ 간이식에 의한 열손실 계산

★ 난방부하를 계산하는 방법은
① 상당방열면적에 의한 방법
② 열손실지수와 난방면적에 의한 방법(열손실 열량)
③ 간이식에 의한 열손실 계산
• 위의 보기에서 구한 난방부하를 이용하여 보일러 용량을 계산하거나, 온수순환펌프의 용량을 계산할 수 있다.

06 냉각된 보일러를 운전 온도가 될 때까지 가열하는데 필요한 열량과 장치 내에 보유하는 물을 가열하는데 필요한 열량의 합을 무엇이라고 하는가? [10/1][07/4]

① 배관부하   ② 난방부하
③ 예열부하   ④ 급탕부하

★ 냉각된 보일러와 보일러수가 정상 운전 온도까지 상승하는데 필요한 열을 예열부하라 한다.
① 배관부하 : 보일러에서 온수 또는 증기를 사용처까지 이송하는데 배관을 통해 손실되는 열량
② 난방부하 : 난방에 필요한 열량. 주로 방열기를 통해 실내로 방출되는 열량
④ 급탕부하 : 욕실 또는 주방에서 온수(급탕)을 사용하는데 필요한 열량

07 방열기의 표준 방열량에 대한 설명으로 틀린 것은? [14/5][08/5]

① 증기의 경우, 게이지 압력 0.1MPa, 온도 80℃로 공급하는 것이다.
② 증기 공급시의 표준 방열량은 2723kJ/m^2·h 이다.
③ 실내 온도는 증기일 경우 21℃, 온수일 경우 18℃정도이다.
④ 온수 공급시의 표준 방열량은 1885kJ/m^2·h이다.

★ 방열기 표준값(상당방열량과 표준온도차)

구 분	상당방열량 [kJ/m^2h]	열매온도 [℃]	표준온도차 [℃]	실내온도 [℃]
증기방열기	0.756(kW/m^2) 2723(kJ/m^2h)	102	81	21
온수방열기	0.523(kW/m^2) 1885(kJ/m^2h)	80	62	18

08 온수난방을 하는 방열기의 표준 방열량은 몇 kJ/m^2·h 인가? [13/1]

① 1848   ② 1885
③ 1932   ④ 1974

★ 온수방열기의 표준방열량은 1885 kJ/m^2·h = 0.523kW/m^2
증기방열기의 표준방열량은 2723 kJ/m^2·h = 0.756kW/m^2

정답 03 ④ 04 ② 05 ③ 06 ③ 07 ① 08 ②

09 온수 방열기의 상당 방열면적(EDR)당 발생되는 표준 방열량은? [08/1]

① 1050kJ/m²·h ② 1470kJ/m²·h
③ 1885kJ/m²·h ④ 2723kJ/m²·h

> ★ 표준방열량 : 방열기표면적 1m²당 1시간에 방사하는 열량(kJ)을 말함.
> 증기방열기 표준방열량 : 2723 kJ/m²·h=0.756kW/m²
> 온수방열기 표준방열량 : 1885 kJ/m²·h=0.523kW/m²

10 온수를 사용한 주철제 보일러의 표준방열량 (kJ/m²·h)은? [09/1]

① 1470 ② 1885
③ 2310 ④ 2723

> ★ 표준방열량 : 방열기표면적 1m²당 1시간에 방사하는 열량(kJ)을 말함.
> 증기방열기 표준방열량 : 2723 kJ/m²·h=0.756kW/m²
> 온수방열기 표준방열량 : 1885 kJ/m²·h=0.523kW/m²

11 난방 면적이 50m²인 주택에 온수 보일러를 설치하려고 한다. 벽체 면적은 40m²(창문, 문 포함) 외기 온도 -8℃ 실내 온도 20℃, 벽체의 열관류율이 25.2kJ/m²·h·℃일 때, 벽체를 통하여 손실되는 열량(kW)은? (단, 방위계수는 1.15 이다). [08/5]

① 4.837 ② 9.8
③ 9.016 ④ 11.27

> ★ 열량은 ① 양×비열×온도차 또는
>   ② 면적×열전달×온도차 개념으로 구한다.
> 열량 = 면적×열관류율×(실내온도 -실외온도)×방위계수
> $\frac{40 \times 25.2 \times \{20-(-8)\} \times 1.15}{3600} = 9.016[kW]$
> ★ kJ/h를 3600초로 나누어 kW로 환산

12 난방면적이 100m², 열손실지수 378kJ/m²·h, 온수온도 80℃, 실내온도 20℃일 때 난방부하(kW)는? [11/1][09/1]

① 8.17 ② 9.33
③ 10.5 ④ 11.67

> ★ 난방부하
> ① 온수순환량으로 구할 때 :
>   난방부하=온수순환량×온수비열×(송수-환수온도)
> ② 방열기 방열량으로 구할 때 :
>   난방부하=방열면적×방열계수×(방열기온도-실내온도)
> ③ 난방면적(벽,바닥)으로 구할 때 :
>   난방부하=난방면적×열손실지수
> • ③ 의 식으로 구하면
>   난방부하= $\frac{100 \times 378}{3600}$ = 10.5[kW]
> ★ kJ/h를 3600초로 나누어 kW로 환산

13 방열기내 온수의 평균온도 85℃, 실내온도 15℃, 방열계수 8.4W/m²·℃ 인 경우 방열기 방열량은 얼마인가? [13/5]

① 525W/m² ② 588W/m²
③ 593W/m² ④ 600W/m²

> ★ 방열기방열량 = 방열계수×방열기온도차
>   = 8.4×(85-15) = 588[W/m²]

14 어떤 주철제 방열기 내의 증기의 평균온도가 110℃이고, 실내 온도가 18℃일 때, 방열기의 방열량은?(단, 방열기의 방열계수는 8.4W/m²·℃이다.) [13/4][10/1]

① 275.8W/m² ② 558.6W/m²
③ 608.5W/m² ④ 772.8W/m²

> ★ 방열량 = 방열계수×(방열기온도 – 실내온도) 이므로
>   = 8.4×(110-18) = 772.8[W/m²]

15 어떤 온수방열기의 입구 온수온도가 85℃, 출구 온수온도가 65℃, 실내온도가 18℃ 일 때 방열기의 방열량은?(단, 방열기의 방열계수는 8.63W/m²·℃이다) [11/1]

① 491.9W/m² ② 524.8W/m²
③ 508.0W/m² ④ 758.0W/m²

> ★ 방열기 방열량은 방열계수×(방열기온도-실내온도) 임.
> 방열계수의 단위는 열전달율 단위가 같다.
> $8.63 \times \left\{\frac{(85+65)}{2} - 18\right\} = 491.91[W/m²]$

정답 09 ③ 10 ② 11 ③ 12 ③ 13 ② 14 ④ 15 ①

16 온수방열기의 입구 온수온도 92℃, 출구 온수온도 70℃ 실내 공기온도 18℃일 때의 주철제 방열기의 방열량은 약 얼마인가? (단, 실내온도와 방열기 온수의 평균온도와의 차가 62℃일 때 표준방열량이 적용된다.) [10/2]

① $531 W/m^2$ ② $579 W/m^2$
③ $598 W/m^2$ ④ $604 W/m^2$

* 문제조건에서 방열기의 평균온도와 실내온도의 차이가 표준온도차와 얼마나 차이나는가를 보정계수라 한다. 보정계수를 이용하여 방열량을 구하는 것은
표준방열량×보정계수
또, 보정계수 = 실제온도차/표준온도차 이므로
방열량 = $0.523 \times 1000 \times \dfrac{\left\{\dfrac{(92+70)}{2} - 18\right\}}{62} = 531.44 [W/m^2]$

17 온수방열기의 입구 온수온도가 90℃, 출구온도가 70℃이고, 온수 공급량이 400kg/h일 때 이 방열기의 방열량은 몇 kJ/h인가? (단, 온수의 비열은 4.2kJ/kg·℃ 이다.) [11/5]

① 37800 ② 33600
③ 29400 ④ 25200

* 문제에서 방열량은 난방부하를 뜻함.
* 온수방열기에 90℃의 온수 400[kg/h]이 유입되어, 70℃로 나가므로, 온도차에 해당하는 만큼 열을 방출함.
방열량 = $400 \times 4.2 \times (90-70) = 33600 [kJ/h]$

18 온수보일러의 방열기 입구온도가 90℃, 출구온도가 60℃이고, 온수 순환량이 600 kg/h 일 때, 방열기 방열량은? (단, 온수의 평균비열은 4.2kJ/kg·℃ 로 한다.) [08/1]

① 201600kJ/h ② 141120kJ/h
③ 75600kJ/h   ④ 25200kJ/h

* 문제에서 방열량은 난방부하를 뜻함.
* 방열기방열량은 두 가지 방식으로 구함.
 ① 방열량 = 온수순환량 × 비열 × 온도차
 ② 방열량 = 방열면적 × 방열계수 × 온도차
  ①의 방법으로 구하면,
  $600 \times 4.2 \times (90-60) = 75600 [kJ/h]$

19 온수보일러의 방열기 입구온도가 80℃, 출구온도가 40℃이고, 온수 순환량이 500kg/h일 때, 방열기 방열량은 몇 kW 인가? (단. 온수의 평균비열은 4.2kJ/kg·℃로 한다.) [09/2]

① 35   ② 23.3
③ 29.2 ④ 17.5

* 문제에서 방열량은 난방부하를 뜻함.
* 방열량 = 온수순환량×온수비열×온도차
$Q = G \times C \times \Delta t$
$= \dfrac{500 \times 4.2 \times (80-40)}{3600} = 23.3 [kW]$

* 계산결과 [kJ/h]를 3600초로 나누어 [kW]로 환산

20 온수난방에서 방열기의 상당방열면적이 $60m^2$일 때 단위시간당 방열량은? (단 방열기의 방열량은 $0.523 kW/m^2$이다.) [10/4]

① 18.25kW ② 31.38kW
③ 42.30kW ④ 45.33kW

* 문제에서 방열량은 난방부하를 뜻함.
* 방열기의 상당방열면적(EDR)이란 표준방열량을 뿜어내는 방열기의 면적을 말한다. 따라서
  $60 \times 0.523 = 31.38 [kW]$

21 표준방열량을 가진 증기방열기가 설치된 실내의 난방부하가 84000kJ/h일 때 방열면적은 몇 m^2 인가? [13/1]

① 30.8 ② 36.4
③ 44.4 ④ 57.4

* 증기방열기의 표준방열량은 $2723 kJ/m^2 h$ 이므로,
  난방부하 = 방열면적 × 방열량 에서
  방열면적 = 난방부하/방열량
  $= \dfrac{84000}{2723} = 30.85 [m^2]$

22 난방부하가 9450kJ/h인 경우 온수방열기의 방열면적은 몇 m^2인가? (단, 방열기의 방열량은 표준방열량으로 한다.) [16/4][12/1]

① 3.5m^2 ② 4.5m^2
③ 5.0m^2 ④ 8.3m^2

> ★ 난방부하=방열면적×방열량 이므로,
> 방열면적=난방부하/방열량 = $\frac{9450}{1885}$ = 4.48[m^2]
> • 온수방열기의 표준방열량은 1885[kJ/m^2h]

23 주철제 방열기로 온수난방을 하는 사무실의 난방부하가 17640kJ/h일 때, 방열면적은 약 몇 m^2 인가? [11/5]

① 6.5   ② 7.6
③ 9.3   ④ 11.7

> ★ 난방부하 = 방열면적×방열량 에서
> 온수방열기의 표준방열량은 1885[kJ/m^2h] 이므로
> 방열면적 = 난방부하/방열량 = $\frac{17640}{1885}$ = 9.36[m^2]
> • 참조: 증기방열기의 표준방열량은 2723[kJ/m^2h] 임

24 난방부하가 46.67kW 일 때 온수난방일 경우 방열면적은 약 몇 m^2 인가? (단, 방열량은 표준방열량으로 한다.) [11/2][08/2]

① 89.2   ② 91.6
③ 93.9   ④ 95.6

> ★ 방열기 표준방열량
> 온수 : 1885[kJ/m^2h]=0.523[kW/m^2]
> 증기 : 2723[kJ/m^2h]=0.756[kW/m^2]
> ※ 문제에 온수난방이라고 하였으므로 1885[kJ/m^2h]=0.523[kW/m^2] 적용하여 아래 공식을 이용한다.
> 난방부하(kJ/h) = 방열면적(m^2) × 방열량(kJ/m^2·h)
> 46.67kW = 방열면적(m^2) × 0.523 kW/m^2
> 방열면적(m^2) = $\frac{46.67kW}{0.523kW/m^2}$ = 89.24[m^2]

25 난방부하가 43.05kW인 경우 온수방열기의 방열면적은 몇 m^2가 되어야 하는가? [09/5]

① 66   ② 82
③ 95   ④ 46

> ★ 방열기 표준 방열량
> ① 증기: 2723[kJ/m^2h]=0.756[kW/m^2]
> ② 온수: 1885[kJ/m^2h]=0.523[kW/m^2]
> 방열면적(m^2) = $\frac{난방부하}{방열량}$ = $\frac{43.05}{0.523}$ = 82.3[m^2]

26 난방부하가 24570kJ/h인 방에 설치하는 온수방열기의 방열면적은 몇 m^2 인가? (단, 방열기의 방열량은 표준 방열량으로 한다.) [09/4][07/4]

① 13   ② 12
③ 8.9 ④ 15

> ★ 난방부하 = 상당방열면적 × 상당방열량 에서
> 상당방열면적(m^2) = $\frac{난방부하}{상당방열량}$ = $\frac{24570}{1885}$ = 13.03[m^2]
> 상당증기방열량 = 2723[kJ/m^2h]=0.756[kW/m^2]
> 상당온수방열량 = 1885[kJ/m^2h]=0.523[kW/m^2]

27 난방부하가 23520kJ/h , 방열기 계수 8.17W/m^2·℃, 송수온도 80℃, 환수온도 60℃, 실내온도 20℃일 때 방열기의 소요 방열면적은 몇 m^2 인가? [12/2]

① 8   ② 16
③ 24   ④ 32

> ★ 방열면적, 방열계수가 포함된 난방부하 식은
> 난방부하=방열면적×방열계수×방열기온도차 이므로
> 방열면적=난방부하/(방열계수×방열기온도차)
> 또, 방열기온도차는 방열기 평균온도와 실내온도차이므로 문제조건을 대입하면
> 방열면적 = $\frac{23520 \times \frac{1000}{3600}}{8.17 \times \left\{\frac{(80+60)}{2} - 20\right\}}$ = 15.99 [m^2]
> 23520kJ/h 에 1000을 곱하여 J/h로, 3600초로 나누어 W로 환산

28 어떤 거실의 난방부하가 21000kJ/h 이고, 주철제 온수 방열기로 난방할 때 필요한 방열기 쪽수는? (단, 방열기 1쪽당 방열 면적은 0.26m^2 이고, 방열량은 표준방열량으로 한다.) [14/5][13/2]

① 11쪽   ② 21쪽
③ 30쪽   ④ 43쪽

정답 22 ③ 23 ③ 24 ① 25 ② 26 ① 27 ② 28 ④

* 방열기의 쪽수, 표준방열량을 이용한 난방부하는
  난방부하 = 쪽당면적 × 쪽수 × 방열량 에서
  21000 = 0.26 × 쪽수 × 1885
  쪽수 = $\frac{21000}{0.26 \times 1885}$ = 42.85 = 43쪽
  ※ 방열기 쪽수는 무조건 소숫점 올림으로 계산

* 난방부하 = 방열면적 × 방열량
         = 방열기쪽수 × 쪽당면적 × 방열량
  방열기쪽수 = $\frac{난방부하}{쪽당면적 \times 방열량}$ = $\frac{37800}{0.2 \times 1885}$ = 101쪽
  ※ 온수방열기의 표준방열량은 1885[kJ/m²h]=0.523[kW/m²]

29 어떤 건물의 난방부하가 63000kJ/h 이다. 이 건물에 설치할 증기 방열기의 섹션 수는? (단, 방열기 1섹션당 표면적은 0.15m²이며, 방열량은 표준방열량으로 한다.) [10/5]

① 100   ② 125
③ 155   ④ 168

* 난방부하 = 쪽당면적 × 쪽수 × 방열량 에서
  쪽수 = 난방부하/(쪽당면적 × 방열량) 이므로
       = $\frac{63000}{0.15 \times 2723}$ = 154.24 = 155쪽
  • 방열기 쪽수는 계산결과에서 소숫점을 무조건 올림한다.

32 온수난방에서 난방부하가 25200kJ/h 이고 방열기 쪽당 방열면적이 0.5m²일 때 방열기의 적절한 쪽수는? (단, 5세주형 방열기이다.) [09/2]

① 6   ② 12
③ 21   ④ 27

* 난방부하 = 상당방열량 × 쪽수 × 쪽당면적 이므로
  쪽수 = 난방부하 / (상당방열량 × 쪽당면적)
  문제조건을 대입하면,
  $\frac{25200}{0.5 \times 1885}$ = 26.74 = 27쪽
  ※ 방열기 쪽수는 무조건 소숫점이하를 올림으로 계산

30 어떤 건물의 소요 난방 부하가 63.7kW이 주철제방열기로 증기난방을 한다면 약 몇 쪽(section)의 방열기를 설치해야 하는가?(단, 표준방열량으로 계산하며, 주철제 방열기의 쪽당 방열면적은 0.24m²이다.) [12/5]

① 330쪽   ② 351쪽
③ 380쪽   ④ 400쪽

* 난방부하 = 쪽수 × 쪽당면적 × 방열량 이므로
  쪽수 = 난방부하 / (쪽당면적 × 방열량)
       = $\frac{63.7 \times 3600}{0.24 \times 2723}$ = 350.09 = 351쪽
  • 증기난방일 경우 표준방열량은 2723[kJ/m²h]=0.756[kW/m²]
  • [kW=kJ/s]에 3600초를 곱하여 [kJ/h]로 환산

33 어느 응접실의 난방부하가 25200kJ/h 이라 할 때, 온수를 열매체로 하는 3세주 650mm의 주철제 방열기를 설치한다면 섹션수가 최소한 어느 정도면 되는가? (단, 방열기의 방열량은 표준으로 하고, 3세주 650mm의 1섹션당 표면적을 0.15m²라 한다.) [10/2]

① 98쪽   ② 90쪽
③ 78쪽   ④ 79쪽

* 방열기 쪽수는 계산결과에서 소숫점 올림하여 계산한다.
  (*반올림이 아닌 무조건 올림)
  난방부하 = 방열기쪽수 × 쪽당면적 × 방열량 에서
  방열기쪽수 = 난방부하 / (쪽당면적 × 방열량) 이므로
  $\frac{25200}{0.15 \times 1885}$ = 88.12 = 90쪽

31 난방부하가 37800kJ/h인 장소에 온수 방열기를 설치하는 경우 필요한 방열기 쪽수는? (단, 방열기 1쪽당 표면적은 0.2m²이고, 방열량은 표준방열량으로 계산한다.) [11/4][08/4]

① 70   ② 101
③ 110   ④ 120

34 온수방열기의 쪽당 방열면적이 0.26m²이다. 난방부하 23.33kW를 처리하기 위한 방열기의 쪽수는?(단, 소수점이 나올 경우 상위 수를 취한다.) [11/2]

① 119   ② 140
③ 172   ④ 193

정답 29 ③ 30 ② 31 ② 32 ④ 33 ② 34 ③

* 난방부하 = 쪽당면적 × 쪽수 × 방열량
  23.33 × 3600 = 0.26 × 쪽수 × 1885
  쪽수 = $\frac{23.33 \times 3600}{0.26 \times 1885}$ = 171.37 = 172쪽
  ※ 방열기 쪽수는 무조건 소숫점 올림으로 계산
  ※ [kW=kJ/s]에 3600초를 곱하여 [kJ/h]로 환산

35 손실 열량 12600kJ/h의 사무실에 온수 방열기를 설치할 때 방열기의 소요 섹션 수는 몇 쪽인가?(단, 방열기 방열량은 표준방열량으로 하며, 1섹션의 방열면적은 0.26m² 이다.) [13/4]

① 12 쪽 ② 15 쪽
③ 26 쪽 ④ 32 쪽

* 난방부하 = 쪽수×쪽당면적×방열량에서
  쪽수 = $\frac{난방부하}{쪽당면적 \times 방열량}$ = $\frac{12600}{0.26 \times 1885}$ = 25.7 = 26쪽

36 어떤 방의 온수온돌 난방에서 실내온도를 18℃로 유지하려고 하는데 소요되는 열량이 시간당 35.18kW가 소요된다고 한다. 이때 송수주관의 온도가 85℃ 이고 환수주관의 온도가 18℃라 한다면 온수의 순환량은?(단, 온수의 비열은 4.2kJ/kg·℃이다.) [11/2]

① 365kg/h ② 450kg/h
③ 469kg/h ④ 516kg/h

* 열량 = 온수순환량 × 온수비열 × 온도차
  온수순환량 = $\frac{열량}{온수비열 \times 온도차}$ = $\frac{35.18 \times 3600}{4.2 \times (85-18)}$ = 450.06kg/h

37 벽체 면적이 24m², 열관류율이 2.1kJ/m²·h·℃, 벽체 내부의 온도가 40℃, 벽체 외부의 온도가 8℃ 일 경우 시간당 손실열량은 약 몇 kJ/h 인가? [13/5]

① 1234kJ/h ② 1595kJ/h
③ 1612kJ/h ④ 1654kJ/h

* 손실열량은 열량을 구하는 공식으로 계산한다.
  열량에 관한 식은 ① 양×비열×온도차 ② 열전달율×면적×온도차
  식 중에서 구한다. 따라서,
  손실열량 = 24×2.1×(40 - 8) = 1612.8[kJ/h]

38 실내의 천장 높이가 12m 인 극장에 대한 증기난방 설비를 설계 하고자 한다. 이때의 난방부하 계산을 위한 실내 평균 온도는? (단, 호흡선 1.5m에서의 실내온도는 18℃이다.) [16/4][09/4][08/2]

① 23.5℃ ② 26.1℃
③ 29.8℃ ④ 32.7℃

* 천정높이가 일반적으로 3m 이상인 경우 실내평균온도는
  tm = t + 0.05 t (h - 3)
  tm : 실내평균온도(℃)
  t : 호흡선(바닥1.5m)에서의 실내온도(℃)
  h : 실의 천장높이(m)
  ∴ tm = 18 + 0.05×18×(12-9) = 26.1℃

39 포화온도 105℃인 증기난방 방열기의 상당 방열면적이 20m²일 경우 시간당 발생하는 응축수량은 약 kg/h 인가?(단, 105℃ 증기의 증발잠열은 2243kJ/kg 이다.) [14/1][08/4]

① 10.37 ② 20.57
③ 12.17 ④ 24.28

* 주어진 조건에서 증기방열기는 방열기 면적 1m²당 상당방열량 2723[kJ/m²h]를 방출한다. 또한, 해당 압력의 포화온도 105℃에서 2243[kJ/kg]를 방출하면 응축수 1kg이 생성되므로 계산하면,
  증기량×2243 = 20×2723
  증기량 = $\frac{20 \times 2723}{2243}$ = 24.28[kg/h]
  증기는 증발잠열을 방출후 응축수가 되므로, 증기량 = 응축수량

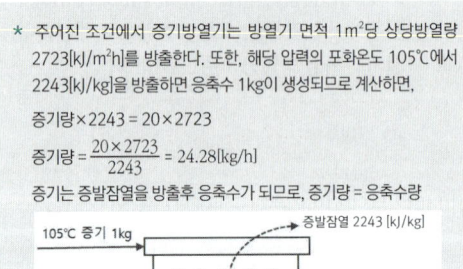

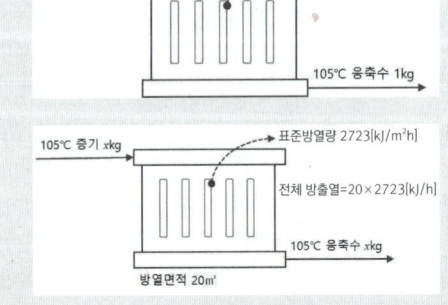

정답 35 ③ 36 ② 37 ③ 38 ② 39 ④

08 설치시공기준

01 설치 장소 및 가스배관

(1) 옥내 설치

① 불연성 격벽으로 구분된 장소에 설치할 것.
   다만, 소용량강철제보일러, 소용량주철제보일러, 가스용 온수보일러, 1종관류보일러(이하 "소형보일러"라 한다.)는 반격벽으로 구분된 장소에 설치 가능.
② 보일러실에 2개 이상의 출입구 설치
③ 보일러 동체 상부와 천정, 배관 등 보일러 상부의 구조물까지 거리 1.2m 이상,
   소형보일러 및 주철제보일러의 경우에는 0.6m 이상.
   (*압력용기와 천정까지 거리는 1.0m)
④ 보일러 동체와 벽, 배관, 기타 보일러 측부의 구조물까지 거리는 0.45m 이상. (단, 소형보일러는 0.3m 이상)
⑤ 보일러 및 보일러에 부설된 금속제 굴뚝 또는 연도의 외측으로부터 0.3m 이내의 가연성 물체는 금속 이외의 불연성 재료로 피복
⑥ 압력용기와 벽과의 거리는 0.3m, 인접한 압력용기와의 거리는 0.3m
⑦ 연료 저장시 보일러 외측으로 부터 2m 이상 거리 또는 방화격벽을 설치
   소형보일러는 1m, 또는 반격벽을 설치
⑧ 보일러, 압력용기 본체는 바닥보다 100 mm 이상 높이 설치

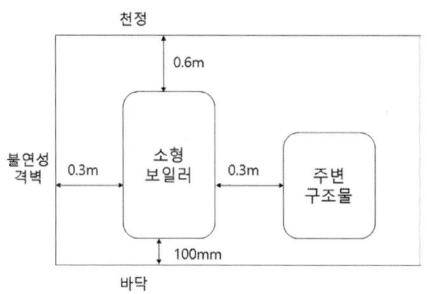
[소형보일러 설치]

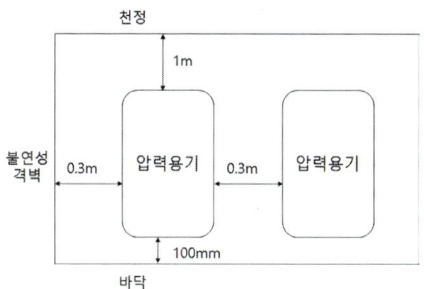
[압력용기 설치]

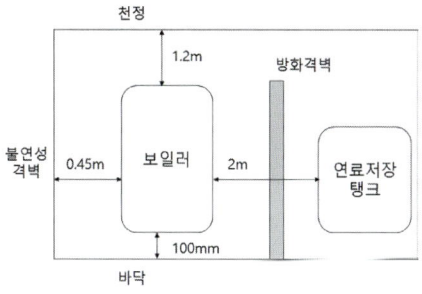
[보일러 연료탱크 설치]

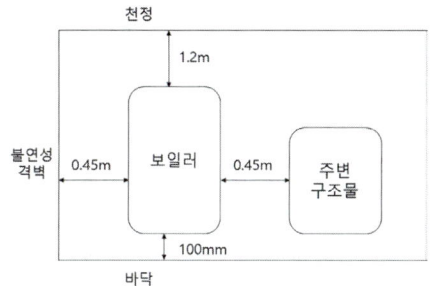
[보일러 옥내설치]

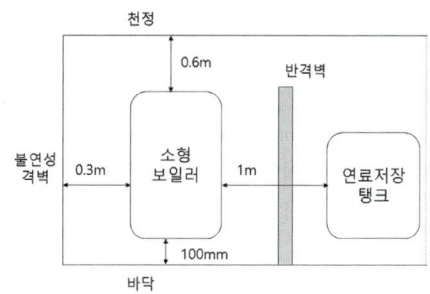
[소형보일러 연료탱크 설치]

(2) 옥외 설치
① 빗물이 스며들지 않도록 케이싱 설비
② 노출된 절연재 또는 래깅에는 방수처리 (* 래깅 : 보온, 보냉을 위한 단열재 피복)
③ 보일러 외부의 증기관 및 급수관이 얼지 않도록 보호조치
④ 강제통풍팬 입구에 빗물방지 보호판 설치

(3) 가스용 보일러 연료배관의 설치[KBI-7240]
① 배관은 외부에 노출 시공, 황색 표시
② 배관표면에 사용 가스명, 최고 사용압력, 가스 흐름방향 표시
③ 지상배관은 부식방지 도장 후 표면색상을 황색으로 도색(다만, 건축물의 내·외벽에 노출된 것으로서 바닥(2층 이상의 건물의 경우에는 각층의 바닥을 말한다)에서 1m의 높이에 폭 3cm의 황색띠를 2중으로 표시한 경우에는 표면색상을 황색으로 하지 아니할 수 있다.)
④ 가스배관 이음부와 전기설비 거리 유지 [보일러설치기술규격 KBI-7243]
  ㉠ 절연전선과 10cm 이상
  ㉡ 절연조치가 안된 전선과 30cm 이상
  ㉢ 굴뚝, 전기점멸기, 전기접속기와 30cm 이상
  ㉣ 전기계량기 및 전기개폐기와 60cm 이상
  ㉤ 전기 콘센트와 30cm 이상

> [비교] 가스기술기준(KGS FU551) : 가스사용시설
> ※ 가스배관 이음부와 전기설비 거리
> ㉠ 전기계량기, 전기개폐기 60cm 이상
> ㉡ 전기점멸기, 전기접속기 15cm 이상
> ㉢ 절연전선 10cm 이상
> ㉣ 절연조치 하지 않은 전선 및 단열조치 하지 않은 굴뚝 15cm 이상

⑤ 배관의 고정장치 설치
  ㉠ 관경 13mm 미만은 1m 마다
  ㉡ 관경 13~33mm 미만은 2m 마다
  ㉢ 관경 33mm 이상은 3m 마다
⑥ 환기구 설치 : 지하실의 환기설비는 1종 환기
  ㉠ 도시가스 사용시설 : 천정가까이 환기구
  ㉡ LPG 사용시설 : 바닥가까이 환기구

02 압력 방출 장치

(1) 안전밸브
① 안전밸브는 2개 이상 부착(전열면적 $50m^2$ 이하는 1개 이상)
② 반드시 스프링식은 1개 이상 부착
③ 호칭지름 : 25A 이상으로 할 것 (20A 이상은 별도 규정 ⇨ 부속장치 / 안전장치 참고)
④ 수직으로 동체에 직접 부착, 바이패스 금지, 압력이 가장 세게 작용하는 곳에 부착
⑤ 부착위치 : 본체, 과열기 출구, 재열기·독립과열기의 입·출구에 부착
  ㉠ 과열기 출구 및 재열기·독립과열기 입·출구에 부착하는 안전밸브의 분출용량은 각 장치의 온도를 설계온도 이하로 유지하는데 필요한 양이어야 한다.
⑥ 분출압력 조정
  ㉠ 1개일 경우 : 최고사용압력 이하에서 분출
  ㉡ 2개일 경우 : 1개는 최고사용압력 이하에서, 나머지 1개는 최고사용압력의 1.03배 이하에서 분출
⑦ 인화성, 유독성 증기 발생 보일러에 부착하는 안전밸브는 밀폐식 구조이어야 한다.

(2) 온수발생 보일러(액상식 열매체 보일러 포함)의 압력방출
① 온수발생보일러에는 압력이 보일러 최고사용압력에 달하면 즉시 작동하는 방출밸브 또는 안전밸브를 1개 이상 갖추어야 한다. 다만, 손쉽게 검사할 수 있는 방출관을 갖출 때는 방출밸브로 대응할 수 있다.
  ※ 방출관에는 차단장치(밸브 등) 부착금지
② 인화성 액체를 방출하는 열매체 보일러의 경우 방출밸브 또는 방출관은 밀폐식 구조이어야 함.
③ 액상식 열매체 보일러 및 온도 393K(120℃) 이하의 온수발생 보일러에는 방출밸브 설치 (20A이상)
④ 온도 393K(120℃)를 초과하는 온수발생보일러는 안전밸브 설치 (20A이상)
⑤ 온수발생보일러 등에 부착하는 방출밸브의 크기 및 지름은 보일러의 압력이 최고사용압력에 그 10%를 더한 값을 초과하지 않도록 지름과 개수를 정하여야 한다.
⑥ 온수발생보일러(액상식 열매체보일러 포함) 방출관 : 전열면적에 따라 다음의 크기로 하여야 한다.
  ※ 검사대상기기 기준이므로 "확인대상기기"인 [온수보일러 설치시공 기준]과 비교할 것!!

전열면적(m²)	방출관 안지름(mm)
10 미만	25 이상
10~15 미만	30 이상
15~20 미만	40 이상
20 이상	50 이상

03 급수 장치

(1) 급수장치의 종류
① 2세트 이상일 것 : 주펌프 세트(인젝터포함) + 보조펌프 세트
  단, 다음과 같은 경우에는 보조펌프 세트 생략 가능
  ㉠ 전열면적이 $12m^2$ 이하인 증기보일러
  ㉡ 전열면적이 $14m^2$ 이하인 가스용 온수보일러
  ㉢ 전열면적이 $100m^2$ 이하인 관류보일러
② 주펌프 세트는 동력으로 운전하는 급수펌프 또는 인젝터이어야 한다.
③ 보일러 급수가 멎는 경우 즉시 연료(열)의 공급이 차단되지 않거나 과열될 염려가 있는 보일러에는 인젝터, 상용압력 이상의 수압에서 급수할 수 있는 급수탱크, 내연기관 또는 예비전원에 의해 운전할 수 있는 급수장치를 설치
④ 주펌프 세트 및 보조 펌프 세트는 보일러의 상용압력에서 정상가동 상태에서 필요량을 단독으로 공급할 수 있어야 한다.
⑤ 주펌프 세트가 2개 이상의 펌프를 조합한 경우, 보조펌프 세트의 용량은 보일러 급수 필요량의 25% 이상이면서 주펌프 세트 중 최대 펌프의 용량 이상으로 할 수 있다.

(2) 2개 이상의 보일러에 대한 급수장치
1개의 급수장치로 2대 이상 보일러에 공급할 경우 이들 보일러를 1대로 간주하여 적용한다.

(3) 급수밸브와 체크밸브
① 보일러에 인접하여 급수밸브, 이에 가까이 체크밸브
② 체크밸브 생략가능 : 최고사용압력 $0.1MPa(1kgf/cm^2)$ 미만
③ 급수밸브, 체크밸브의 크기
  ㉠ 전열면적 $10m^2$ 초과 : 20A 이상
  ㉡ 전열면적 $10m^2$ 이하 : 15A 이상

(4) 자동급수조절기
2개 이상의 보일러에 공통으로 사용하는 자동급수조절기를 설치하여서는 안 된다.

(5) 급수처리
용량 1t/h 이상의 증기보일러에는 수질관리를 위한 급수처리 또는 스케일 부착방지나 제거를 위한(이하 "수처리"라 한다)시설을 하여야 한다. 이 때, 수처리 된 수질기준은 KS B 6209 (보일러 급수 및 보일러수의 수질)중 총경도($CaCO_3$ ppm) 성분만으로 한다.

04 수면계

(1) 수면계의 개수
① 2개 이상 유리 수면계를 부착하는 것이 원칙
② 소용량 및 소형관류 보일러는 1개 이상의 유리수면계
③ 2개 이상의 원격 지시수면계 부착 시 유리수면계를 1개 이상으로 할 수 있다.
④ 최고사용압력 $1MPa(10kgf/cm^2)$ 이하, 동체 안지름 750mm 미만일 때 수면계 중 1개는 다른 종류 수면 측정장치 대신 가능
⑤ 단관식 관류 보일러는 수면계를 부착하지 않아도 된다.

(2) 수면계의 구조
유리수면계는 상·하에 밸브 또는 콕을 갖추어야 하며, 한눈에 그것의 개·폐여부를 알 수 있는 구조이어야 한다. 다만, 소형관류 보일러에서는 밸브 또는 콕크를 갖추지 아니할 수 있다.

05 계측기기

(1) 압력계
① 눈금 : 보일러 사용최고압력 1.5~3배
② 문자판 지름은 100mm 이상
  단, 60mm 이상인 경우는 다음과 같다.
  ※ 별도 규정은 안전밸브 20A 이상과 비슷함
    ⇨ 제3장/보일러 부속장치 참고

㉠ 최고사용압력 0.5MPa(5kgf/cm²) 이하, 동체 안지름 500mm 이하, 동체길이 1000mm 이하인 보일러
㉡ 최고사용압력 0.5MPa(5kgf/cm²) 이하, 전열면적 2m² 이하인 보일러
㉢ 최대증발량 5t/h 이하인 관류보일러
㉣ 소용량 보일러(소용량 강철제, 소용량 주철제)
③ 압력계와 연결된 증기관
  ㉠ 황동관, 동관일 경우 : 안지름 6.5mm 이상
  ㉡ 강관을 사용할 경우 : 12.7mm 이상
  ※ 증기온도가 483K(210℃) 초과 시 황동관, 또는 동관 사용금지
④ 압력계는 싸이폰관에 연결하여 설치
  ※ 싸이폰관 : 안지름 6.5mm 이상, 싸이폰관 안에 물을 넣어 고온의 증기가 직접 압력계에 닿지 않도록 한다.
  ※ 싸이폰관 역할 : 고온의 증기로부터 압력계 파손 방지
⑤ 압력계의 콕은 그 핸들을 수직인 증기관과 동일방향에 놓은 경우에 열려 있는 것이어야 함

(2) 수위계
① 온수보일러에 부착
② 수위계 눈금 : 보일러 최고 사용압력 1~3배

(3) 온도계
소용량 보일러 및 가스용 온수보일러는 배기가스 온도계만 설치
① 급수입구, 버너입구, 절탄기·공기예열기 전후
② 보일러 본체 배기가스 온도계
③ 과열기, 재열기 출구
  ※ 절탄기, 공기예열기 전후에 설치된 경우는 보일러 본체의 배기가스 온도계를 생략할 수 있다.

(4) 유량계
용량 1t/h 이상의 보일러에는 다음의 유량계를 설치하여야 한다.
① 급수관에 급수유량계 설치(온수발생보일러는 제외)
② 기름용 보일러에는 급유유량계 설치(단, 2t/h 미만의 보일러로서 온수발생보일러 및 난방전용 보일러에는 CO_2 측정장치로 대신)
③ 가스용 보일러에는 가스유량계 설치

㉠ 가스유량계는 절연조치 안 된 전선과 거리 15cm 이상, 전기점멸기·전기접속기와 거리 30cm 이상, 전기계량기·전기개폐기와 거리 60cm 이상을 유지
㉡ 가스유량계 앞에는 여과기 설치
㉢ 유량계는 화기로부터 우회거리 2m 이상 유지

(5) 자동연료 차단기
① 최고사용압력 0.1MPa(1kgf/cm²)를 초과하는 증기보일러에는 저수위 안전장치 부착
  ㉠ 안전저수위 직전에 자동적으로 경보
  ㉡ 안전저수위까지 내려가는 즉시 연료 차단
② 열매체 보일러 및 사용온도 393K(120℃) 이상인 온수보일러에는 온도-연소제어 장치 설치
③ 최고사용압력 0.1MPa(1kgf/cm²)를 초과하는 주철제 온수보일러에는 온수 온도가 115℃를 초과할 때는 연료차단장치 또는 파일로트 연소장치 설치

(6) 공기유량 자동조절 기능
가스용 보일러 및 용량 5t/h(난방전용일 경우 10t/h) 이상인 유류보일러는 공급연료량에 따라 연소용 공기를 자동 조절하는 기능이 있어야 한다. 이때 보일러 용량이 kJ/h로 표시되어 있을 때에는 60만kJ/h를 1t/h로 환산

(7) 연소가스분석기
가스용 보일러 및 용량 5t/h(난방전용일 경우 10t/h) 이상인 유류보일러는 배기가스성분(O_2, CO_2 중 1성분)을 연속적으로 자동 분석하여 지시하는 계기를 부착. 다만, 용량 5t/h(난방전용은 10t/h) 미만인 가스용 보일러로서 배기가스 온도 상한스위치를 부착하여 배기가스가 설정온도를 초과하면 연료의 공급을 차단할 수 있는 경우에는 이를 생략할 수 있다.

06 스톱밸브, 분출밸브

(1) 스톱 밸브
① 호칭압력 : 최고 사용압력 이상 또는, 최소한 0.7MPa (7kgf/cm²) 이상에 견뎌야 한다.
② 증기 각 분출구(안전 밸브, 과열기 분출구, 재열기 입출구는 제외)에는 스톱 밸브 부착.

※ 증기 밸브는 유량을 조절하기 쉬운 구조의 글로브 밸브(제3장/보일러 부속장치 참고)를 설치하는 것이 일반적이며 글로브 밸브의 별칭, 스톱 밸브라고도 한다.

(2) 분출 밸브
① 보일러 아랫부분에는 분출관과 분출 밸브 또는 분출콕을 설치하여야 한다. 다만, 관류보일러에 대해서는 적용하지 않는다.
② 분출밸브는 최고사용압력의 1.25배 이상 또는 최소한 $0.7MPa(7kgf/cm^2)$ 이상에 견뎌야 한다.(주철제의 것은 $1.3MPa(13kgf/cm^2)$ 이하, 흑심가단주철제의 것은 $1.9MPa(19\ kgf/cm^2)$ 이하에 사용)
③ 분출밸브 크기는 25A 이상(전열면적 $10m^2$ 이하는 20A 이상) → 보통 25~65A 사용
④ 최고사용압력 $0.7MPa(7kgf/cm^2)$ 이상의 보일러의 분출관에는 분출 밸브 2개 또는 분출콕, 분출밸브를 직렬로 설치
⑤ 분출콕은 반드시 글랜드가 있어야 함
※ 글랜드는 밸브 회전축, 펌프의 회전부위 등에 누설을 방지하는 패킹
⑥ 분출밸브는 스케일 그 밖의 침전물이 체류하지 않는 구조이어야 한다(슬루우스 밸브가 적당).
⑦ 2개 이상의 보일러의 공동분출관은 분출 밸브 또는 콕의 앞을 공동으로 하여서는 안 된다.

(3) 기타밸브
보일러 본체에 부착하는 기타 밸브의 호칭압력은 보일러 최고사용압력 이상이어야 한다.

07 운전성능

① 배기가스 온도(보일러 용량 60만kJ/h 는 1T/h로 환산) → 성능검사 기준과 비교

용량(T/h)	배기가스 온도 (설치시공기준)→(성능검사기준)
5 이하	300℃ 이하 → 315℃ 이하
5~20 이하	250℃ 이하 → 275℃ 이하
20 초과	210℃ 이하 → 235℃ 이하

㉠ 열매체 보일러 배기가스 온도와 출구열매 온도차 150K(℃)이하(설치 기준) → 200K(℃) 이하(성능검사 기준)
② 보일러 외벽 온도 : 주위 온도보다 30K(℃) 초과되면 안 됨
③ 저수위 안전장치 : 연료 차단 전에 경보
④ 경보음은 70dB 이상

 참고사항
◆ 설치·시공 → 설치 검사 → 사용 → 계속사용검사⇒ 따라서 설치·시공 기준은 신설보일러이므로 기준이 엄격, 계속사용검사 쪽으로 갈수록 완화

08 설치검사기준 및 계속사용검사기준

(1) 설치검사기준
1 수압시험
① 강철제 보일러

최고사용압력	수압시험
$0.43MPa(4.3kgf/cm^2)$ 이하	2배
0.43~1.5MPa 이하	1.3배+0.3MPa
1.5MPa 초과	1.5배

② 주철제 보일러

최고사용압력	수압시험
0.43MPa 이하	2배
0.43MPa 초과	1.3배+0.3MPa

※ 수압시험은 보일러 최고사용압력보다 높게 실시한다. 수압시험을 하는 목적은 균열여부를 파악하기 위해서이다. 공기를 빼고 물을 채운 후 서서히 압력을 가하여 규정된 시험수압에 도달한 후 30분이 경과된 뒤에 검사를 실시하며 수압시험 도중 규정압력의 6%를 초과하지 않도록 조치를 취해야 하며 동결을 방지할 수 있어야 한다.
③ 가스용 온수보일러는 강철제인 경우는 ①을, 주철제인 경우는 ②의 규정을 따른다.

2 가스 누설 검사
① 외부 : 가스누설 검사기, 비눗물 시험
② 내부 : 공기, 불활성 가스로 최고사용압력 1.1배, 또는 $840mmH_2O$ 중 높은 압력 이상으로 가압 후 24분 이상 유지, 압력 변동 측정

※ 참고 : 가스누설 검사기는 가스농도 0.2% 이하에서 작동되는 것을 사용

3 운전 성능
① 중유 연소 시 CO_2 12% 이상(계속사용 검사 시 11.3% 이상)
② 경유 연소 시 CO_2 10% 이상(계속사용 검사 시 9.5% 이상)
③ 배기가스 중 CO/CO_2가 0.02 이하
 단, 가스용 보일러는 배기가스 중 CO_2가 0.1% 이하
④ 매연농도 : 바카락카 스모크 스케일 4 이하
 가스용보 일러는 CO농도 200ppm 이하

(2) 계속사용 성능검사 기준
1 운전성능
① 중유 연소 시 CO_2 11.3% 이상
② 경유 연소 시 CO_2 9.5% 이상
2 열매체 보일러 배기가스와 출구 열매유 온도차 : 200℃ 이하
 용량에 따른 배기가스 온도차는 설치 시공 기준 참고
3 배기가스 온도측정은 보일러 전열면 최종출구로 한다.
 ※ 비교 : 배기가스 함량 측정(배기가스 분석)은 가스흐름이 안정되고 유속변동이 적은 곳을 선택해야 한다.
4 가스 보일러 배기가스 $CO/CO_2=0.02$ 이하
5 열정산 기준
① B-C유 비중 0.95, 발열량 40755kJ/kg
② 증기 건도 : 강철제 보일러 98%, 주철제 보일러 97%
③ 측정은 보일러 가동 1~2시간 후부터, 매 10분마다 측정
④ 입열=출열(유효열+손실열)
⑤ 측정시 압력 변동 ±6% 이내 유지

09 온수보일러 설치시공기준(확인대상기기의 경우)

(1) 용어
① 상향순환식 : 보일러가 방열면보다 낮을 때 설치
② 하향순환식 : 보일러가 방열면보다 같거나 높을 때
③ 설치 시공도 : 1/50, 1/25의 축척
④ 송·환수주관 : 관의 보온은 KSF 2803에 의해 할 것(구명탄용과 비교할 것)
 ㉠ 보일러 용량 35kW(126,000kJ/h) 이하 : 25A 이상
 ㉡ 보일러 용량 35kW(126,000kJ/h) 초과 : 30A 이상

⑤ 급탕관
 ㉠ 보일러 용량 58.33kW(210,000kJ/h) 이하 : 15A 이상
 ㉡ 보일러 용량 58.33kW(210,000kJ/h) 초과 : 20A 이상
⑥ 팽창관·방출관
 ㉠ 보일러 용량 35kW(126,000kJ/h) 이하 : 15A 이상
 ㉡ 보일러 용량 35~175kW(630,000kJ/h) 이하 : 25A 이상
 ㉢ 보일러 용량 175kW(630,000kJ/h) 초과 : 30A 이상
※ 참고 : 검사대상기기인 온수보일러(설치시공기준에서의 온수발생보일러)와 비교
⑦ 급수관은 수도관을 보일러에 직결 금지 : 따라서, 팽창탱크, 급수탱크를 설치
⑧ 순환 펌프
 ㉠ 바이패스 설치, 펌프 양측에 밸브, 흡입측에 여과기
 ㉡ 시동 초기 허용 전류 15A 이상, 환수주관부에 설치
 ㉢ 모터 부분이 수평되게 설치
⑨ 온수 탱크
 ㉠ KSF 2803에 의한 보온
 ㉡ 100℃ 온도에도 견디는 재질일 것
 ㉢ 드레인 할 수 있는 관 및 밸브 설치
 ㉣ 밀폐식인 경우 : 팽창관, 팽창 흡수장치 또는 안전밸브 설치
⑩ 팽창 탱크
 ㉠ 100℃ 이상 온도에 견딜 것
 ㉡ 온수의 수위판별이 용이한 재료, 구조일 것
 ㉢ 개방식은 최고층 방열기, 방열면보다 1m 이상 높게, 밀폐식은 높이와 무관
 ㉣ 자동적으로 과잉수 배출 가능한 구조(릴리프 밸브 설치)
 ㉤ 동결을 방지할 수 있는 구조이거나 보온할 것
 ㉥ 팽창탱크의 용량은 배관 내 전 보유수량이 200L이하인 경우 20L이상, 100L 초과 시마다 10L씩 가산
 ㉦ 팽창관 끝부분은 팽창탱크 바닥보다 25mm 높게
⑪ 공기방출기 : 개방식의 경우 팽창탱크 수면보다 50cm 높게 설치
⑫ 연도 : 굽힘개소 3개소 이내, 수평부 경사도 1/10 이상
⑬ 연료 배관
 ㉠ 보일러와 연료탱크 사이 유수분리기 설치
 ㉡ 연료탱크와 버너 사이 오일스트레이너 부착
 ㉢ 노출배관, 금속배관 원칙

ⓔ 단관식 : 연료탱크 위치가 버너 펌프보다 높을 때, 공기배출장치 필요
ⓜ 복관식 : 연료탱크 위치가 버너 펌프보다 낮을 때, 공기배출장치 불필요

⑭ 설치 시공 후 검사
㉠ 수압시험 : 최고사용압력 2배(단, 그 값이 0.2MPa(2kgf/cm²) 이하일 때는 0.2MPa(2kgf/cm²))
㉡ 연소 및 배기성능 검사
㉢ 연료계통 누설 상태 검사
㉣ 순환펌프에 의한 온수 순환시험
㉤ 자동제어에 의한 작동검사

10 구멍탄 온수보일러 설치시공기준

(1) 보일러실 위치
① 통풍 배수가 양호한 곳
② 중앙집중식일 경우 관로 길이가 짧은 곳
③ 빗물이 맞지 않는 구조일 것
④ 거실과 직접 통하지 않는 구조로 할 것(단, 부득이한 경우 연탄가스 유입을 방지할 수 있는 구조일 것)

(2) 기타 배관설치 기준
① 팽창관, 급탕배관 : 15A 이상
② 송·환수주관 : 32A 이상
③ 수압시험 : 0.2MPa(2kgf/cm²)
④ 온수탱크 : 온수보일러와 동일
⑤ 팽창탱크 크기 : 난방면적 10m² 이하 2L 이상, 10m² 추가시마다 2L 가산
※ 기타 조건은 온수 보일러와 동일

08 설치시공기준 예상문제

박쌤이 콕! 찝어주는 주요 예상문제 풀어보기!

보일러설치 규격

 안전장치/보일러 파열방지, 미연소가스 폭발방지

1) 일반사항
   ① 바닥으로부터 100mm 이상 높아야 한다.
   ② 강 구조물은 접지하고, 빗물이나 증기에 의해 부식되지 않도록 보호조치
   ③ 수관보일러는 전열면을 청소할 수 있는 구멍이 있어야
   ④ 연소실 후부에 안지름 350mm 이상의 폭발구를 설치
   ⑤ 보일러의 폭발구 위치가 보일러기사의 작업장소에서 2m 이내에 있을 때에는 폭발가스를 안전한 방향으로 분산시키는 장치를 설치해야 함.
   ⑥ 보일러 사용압력이 어떤 경우에도 최고사용압력을 초과할 수 없도록 설치하여야

2) 옥내 설치
   ① 보일러는 불연성물질의 격벽으로 구분된 장소에 설치
   ② 보일러실에 2개 이상의 출입구를 설치해야
   ③ 보일러 동체 최상부로부터 상부구조물과 1.2m 이상 (단, 소형보일러 및 주철제보일러는 0.6m 이상)
   ④ 보일러 동체에서 측부 구조물까지 0.45m 이상 (단, 소형보일러는 0.3m 이상)
   ⑤ 연료저장은 보일러 외측으로부터 2m 이상 거리 (단, 소형보일러는 1m 이상)
   ⑥ 보일러, 굴뚝, 연도 외측에서 0.3m 이내에 있는 가연물은 금속 이외의 불연성 재료로 피복

3) 옥외설치
   ① 보일러에 빗물이 스며들지 않도록 케이싱
   ② 노출된 절연재 또는 래깅에는 방수처리
   ③ 보일러 외부의 증기관, 급수관이 얼지않도록
   ④ 강제통풍휀의 입구에는 빗물방지 보호판 설치

01 보일러를 옥내에 설치할 경우 보일러 동체 최상부로부터 천장, 배관 등 보일러 동체 상부에 있는 구조물까지의 거리는 일반적으로 몇 m 이상이어야 하는가? [07/1]

① 1.0m　　② 1.2m
③ 1.5m　　④ 1.8m

★ 보일러 옥내설치시 보일러상부와 천정과의 거리는 1.2m 이상 (소용량보일러는 0.6m 이상)

02 보일러의 옥내설치 시 보일러 동체 최상부로 부터 천정, 배관 등 보일러 상부에 있는 구조물까지의 거리는 몇 m 이상이어야 하는가? [12/2]

① 0.5　　② 0.8
③ 1.0　　④ 1.2

★ 보일러 옥내설치시 보일러상부와 천정과의 거리는 1.2m 이상 (소용량보일러는 0.6m 이상)

03 보일러를 옥내설치 할 때 소형보일러 및 주철제보일러의 경우 보일러의 동체 최상부로부터 천정, 배관 등 보일러 상부에 있는 구조물까지 거리는 몇 m 이상으로 할 수 있는가? [10/5]

① 0.5m　　② 0.6m
③ 0.2m　　④ 0.4m

★ 보일러 설치시 상부로부터 천정까지 거리는 1.2m 이상이어야 한다. 단 소형보일러의 경우는 0.6m 이상

04 보일러 동체 상부로부터 천정, 배관 등 보일러 상부에 있는 구조물까지의 거리는 몇 m 이상이어야 하는가? (단, 소형 보일러 및 주철제 보일러는 제외) [08/2]

① 0.3　　② 0.6
③ 1.0　　④ 1.2

★ ① 동체 최상부로부터 천장까지의 거리가 1.2m (소용량은 0.6m)이상이 되는지 확인
② 동체에서 벽까지의 간격은 0.7m 이상으로 하고 2대 이상을 배치할 경우 통로를 고려하여 보일러 상호간격이 1.2m이상이 되도록 배치

정답　01 ②　02 ④　03 ②　04 ④

05 보일러를 옥내에 설치할 때의 설치 시공 기준 설명으로 틀린 것은? [13/4]

① 보일러에 설치된 계기들을 육안으로 관찰하는데 지장이 없도록 충분한 조명시설이 있어야 한다.
② 보일러 동체에서 벽, 배관, 기타 보일러 측부에 있는 구조물(검사 및 청소에 지장이 없는 것은 제외)까지 거리는 0.6m 이상이어야 한다. 다만, 소형보일러는 0.45m 이상으로 할 수 있다.
③ 보일러실은 연소 및 환경을 유지하기에 충분한 급기구 및 환기구가 있어야 하며 급기구는 보일러 배기가스 덕트의 유효단면적 이상이어야 하고 도시가스를 사용하는 경우에는 환기구를 가능한 한 높이 설치하여 가스가 누설되었을 때 체류하지 않는 구조이어야 한다.
④ 연료를 저장할 때에는 보일러 외측으로부터 2m 이상 거리를 두거나 방화격벽을 설치하여야 한다. 다만, 소형보일러의 경우에는 1m 이상 거리를 두거나 반격벽으로 할 수 있다.

★ 보일러 동체에서 측부 구조물까지 0.45m 이상
(단, 소형보일러는 0.3m 이상)

06 보일러를 옥외에 설치하는 경우에 대한 설명으로 틀린 것은? [10/4]

① 보일러에 빗물이 스며들지 않도록 케이싱 등의 적절한 방지설비를 하여야 한다.
② 노출된 절연재 또는 래깅 등에는 방수처리를 하여야 한다.
③ 보일러 외부에 있는 증기관 등이 얼지 않도록 적절한 보호조치를 하여야 한다.
④ 강제 통풍팬의 입구에는 빗물방지 보호판을 설치할 필요가 없다.

★ 강제통풍팬 입구에는 빗물방지 보호판을 설치해야 한다.
• 래깅 : 보일러·파이프 등의 보온을 위해 단열 피복재를 씌우는 것

07 일반적으로 보일러 판넬 내부 온도는 몇 ℃를 넘지 않도록 하는 것이 좋은가? [16/2] [12/1]

① 70℃ ② 60℃
③ 80℃ ④ 90℃

08 보일러설치검사 기준상 보일러의 외벽온도는 주위 온도보다 몇 ℃를 초과해서는 안 되는가? [11/1]

① 20℃ ② 30℃
③ 50℃ ④ 60℃

★ 보일러 본체는 보온조치를 하여 외부 공기온도와 30℃ 이상 차이나지 않도록 해야 한다.

09 보일러 설치·시공 기준상 보일러 외벽 온도는 주위 온도보다 몇 ℃를 초과해서는 안되는가? [07/2]

① 20℃ ② 30℃
③ 50℃ ④ 60℃

★ 보일러 외벽 온도 : 주위 온도보다 30K(℃) 초과되면 안됨

10 보일러 및 압력용기 기술규격에서 강철제 보일러 설치시 보일러 외벽 온도는 주위온도 보다 몇 ℃를 초과해서는 안되도록 되어 있는가? [07/1]

① 15℃ ② 20℃
③ 30℃ ④ 40℃

★ 보일러 외벽 온도 : 주위 온도보다 30K(℃) 초과되면 안됨

11 주철제 보일러에서 보일러표면 온도는 보일러 주위온도와의 차이가 몇 도(℃) 이하이어야 하는가? [07/5]

① 30 ② 35
③ 40 ④ 50

★ 보일러 외벽 온도 : 주위 온도보다 30K(℃) 초과되면 안됨

정답 05 ② 06 ④ 07 ② 08 ② 09 ② 10 ③ 11 ①

12 강철제 보일러의 소음은 보일러 측면, 후면에서 1.5m 떨어진 곳의 1.2m 높이에서 측정하여야 하며, 몇 dB 이하이어야 하는가? [10/5]

① 95　　　② 100
③ 110　　　④ 120

★ 보일러 소음은 보일러 측면, 후면에서 1.5m 떨어진 곳의 1.2m 높이에서 측정하여야 하며, 95dB 이하이어야 한다. 송풍기의 소음은 송풍기 정면에서 1.5m 떨어진 곳에서 측정하여야 하며, 95dB 이하이어야 한다.

13 보일러설치기술규격에 의한 도시가스 배관의 설치에서 배관의 이음부와 전기점멸기 및 전기 접속기와의 거리는 얼마 이상 유지해야 하는가? [07/2]

① 10cm　　　② 15cm
③ 20cm　　　④ 30cm

★ KBI-7243 가스배관의 설치
배관의 이음부(용접이음매 제외)와 전기설비의 거리
① 전기계량기 및 전기개폐기 : 60cm 이상
② 전기점멸기 및 전기접속기 : 30 cm이상
③ 절연전선 : 10cm 이상
④ 절연조치를 하지 아니한 전선, 단열조치를 하지 아니한 굴뚝 : 30cm 이상
〈비교〉 가스기술기준 FU551 참조
도시가스 사용시설의 배관 이음부(용접이음매 제외)와 전기설비의 거리
① 전기계량기 및 전기개폐기 : 60cm 이상
② 전기점멸기 및 전기접속기 : 15cm 이상
③ 절연전선 : 10cm 이상
④ 절연조치를 하지 않은 전선 및 단열조치를 하지 않은 굴뚝 : 15cm 이상
• ②④가 서로 모순됨. (가스기술기준은 2019년 개정기준임, KBI(보일러설치기술규격)은 2004년 기준임.

14 가스보일러에서 배관은 움직이지 않도록 부착하는 조치를 취하여야 한다. 연료배관 관경이 13mm 미만의 것에는 몇m 마다 고정 장치를 설치하여야 하는가? [10/4]

① 1　　　② 0.5
③ 1.5　　　④ 2

★ 가스배관은 관경에 따라 고정장치를 해야 한다.
① 관경 13mm 미만의 것 : 1m 마다
② 관경 13~33mm 미만의 것 : 2m 마다
③ 관경 33mm 이상 : 3m 마다

15 가스용 보일러의 연료배관 굵기가 25mm인 경우, 배관의 고정 장치는 몇 m 마다 설치하는가? [10/5]

① 1m　　　② 2m
③ 3m　　　④ 4m

★ 가스용 연료배관은 관경에 따라 배관고정장치를 설치한다.
① 관경 13mm 미만 : 1m 마다
② 관경 13~33mm 미만 : 2m 마다
③ 관경 33mm 이상 : 3m 마다
• 따라서 관경 25mm 이므로 2m 마다 고정장치

16 보일러 설치·시공기준상 가스용 보일러의 연료 배관 관경이 25mm 인 경우 몇 m 마다 고정장치를 설치하여야 하는가? [07/4]

① 3m　　　② 2m
③ 1.5m　　　④ 1m

★ 가스용 연료배관은 관경에 따라 배관고정장치를 설치한다.
① 관경 13mm 미만 : 1m 마다
② 관경 13~33mm 미만 : 2m 마다
③ 관경 33mm 이상 : 3m 마다
• 따라서 관경 25mm 이므로 2m 마다 고정장치

부속장치 설치 기준

개념원리 급수밸브

호칭지름 20A 이상(전열면적 10m² 이하는 15A)

12 ①　13 ④　14 ①　15 ②　16 ②

01 열사용기자재 검사기준에 따라 전열면적 12m² 인 보일러의 급수밸브의 크기는 호칭 몇 A 이상이어야 하는가?
[12/5]

① 15　　　　② 20
③ 25　　　　④ 32

02 전열면적이 10m² 이하의 보일러에서 급수밸브 및 체크밸브의 크기는 호칭 몇 A 이상 이어야 하는가? [10/4]

① 10　　　　② 15
③ 5　　　　　④ 20

★ 급수밸브 및 체크밸브의 크기는 호칭 20A 이상이어야 한다. 단, 전열면적 10m² 이하인 경우 15A 이상.

안전밸브 / 압력방출장치

1) 갯수 : 2개이상 설치(전열면적 50m² 이하는 1개 이상)
2) 부착 : 밸브축을 수직으로 동체에 직접 부착
　　　　부착은 플랜지, 용접 또는 나사 접합식
3) 용량 : 분출용량은 보일러 최대증발량을 분출하도록
4) 크기 : 호칭지름 25mm이상, 단 다음의 경우는 20mm 이상
　① 최고사용압력 0.1MPa 이하인 보일러
　② 최고사용압력 0.5MPa이하, 동체안지름 500mm 이하, 동체길이 1000mm 이하인 보일러
　③ 최고사용압력 0.5MPa 이하, 전열면적 2m² 이하인 보일러
　④ 최대증발량 5t/h 이하인 관류보일러
　⑤ 소용량 강철제보일러, 소용량 주철제보일러
5) 구조 : 스프링안전밸브 부착, 인화성증기를 발생하는 열매체보일러에서는 밀폐식구조로 하든가 또는 안전밸브로부터의 배기를 보일러실 밖의 안전한 장소로 방출
6) 과열기 부착 : 과열기 출구에 1개 이상 안전밸브, 분출용량은 과열기 온도를 설계온도 이하로 유지할 수 있어야
7) 재열기, 독립과열기 부착 : 입구 및 출구에 각각 1개이상

01 증기보일러에는 2개 이상의 안전밸브를 설치하여야 하지만, 전열면적이 몇 m² 이하인 경우에는 1개 이상으로 해도 되는가? [16/2][16/1][13/1][10/5][07/5][07/1]

① 80 m²　　　② 70 m²
③ 60 m²　　　④ 50 m²

★ 증기보일러에 안전밸브는 2개이상 설치해야 한다. 단, 전열면적이 50m² 이하인 경우 안전밸브는 1개 이상으로 해도 된다.

02 다음 보기는 보일러설치검사기준에 관한 내용이다. ( )에 들어갈 숫자로 맞는 것은? [14/4] [11/4]

〈보기〉
관류보일러에서 보일러와 압력방출장치와의 사이에 체크밸브를 설치할 경우 압력방출장치는( )개 이상이어야 한다.

① 1　　　　② 2
③ 3　　　　④ 4

★ 1) 보일러설치검사기준 [한국에너지공단] : 관류보일러에서 보일러와 압력방출장치와의 사이에 체크밸브를 설치할 경우 압력방출장치는 2개 이상으로 하여야 한다.
2) 보일러설치기술규격(KBI) [한국에너지공단] : 관류보일러에서 보일러와 압력릴리프장치와의 사이에 스톱밸브를 설치할 경우 압력릴리프장치는 2개 이상으로 하여야 한다.
(• 압력방출=압력릴리프, 출제 문제의 기준은 에너지관리공단에서 발표된 기준으로 두 개의 조항에서 체크밸브와 스톱밸브의 명칭이 다르게 되어 있음.)

03 보일러 설치기준 중 안전밸브 및 압력방출장치의 크기는 호칭지름의 얼마 이상인가? [08/5]

① 5A　　　　② 10A
③ 15A　　　　④ 25A

★ 안전밸브 호칭지름 : 25A 이상이어야 함.

04 증기보일러 안전밸브의 호칭지름은 특별한 경우를 제외하고는 얼마 이상이어야 하는가? [08/2]

① 15A 이상　　② 20A 이상
③ 25A 이상　　④ 32A 이상

> ★ 보일러 안전밸브 : 지름 25A이상이어야 함. 단, 다음의 경우는 20A이상 가능
> ① 최고사용압력이 0.1MPa 이하인 보일러
> ② 최대증발량 5t/h 이하인 관류보일러
> ③ 최고사용압력 0.5MPa이하, 전열면적 $2m^2$이하인 보일러
> ④ 소용량보일러

05 안전밸브 및 압력방출장치의 크기를 호칭지름 20A이상으로 할 수 있는 보일러에 해당되지 않는 것은? [11/4]

① 최대증발량 4t/h인 관류보일러
② 소용량주철제보일러
③ 소용량강철제보일러
④ 최고사용압력이 1MPa(10kgf/cm^2)인 강철제보일러

> ★ 최고사용압력 0.1MPa(1kgf/cm^2) 이하인 보일러는 안전밸브 지름을 20A 이상으로 할 수 있다.

06 보일러에 사용되는 안전밸브 및 압력방출장치 크기를 20A 이상으로 할 수 있는 보일러가 아닌 것은? [15/5][09/2]

① 소용량 강철제 보일러
② 최대증발량 5 T/h 이하의 관류보일러
③ 최고사용압력 1 MPa(10 kgf/cm^2) 이하의 보일러로 전열면적 $5m^2$ 이하인 것
④ 최고사용압력 0.1 MPa(1 kgf/cm^2) 이하의 보일러

> ★ 최고사용압력이 0.5MPa(5kgf/cm^2) 이하, 전열면적이 $2m^2$ 이하인 보일러인 경우 안전밸브 크기를 20A 이상으로 할 수 있다.

07 열사용기자재 검사기준에 따라 안전밸브 및 압력방출장치의 규격 기준에 관한 설명으로 옳지 않은 것은? [12/4]

① 소용량 강철제보일러에서 안전밸브의 크기는 호칭지름 20A로 할 수 있다.
② 전열면적 $50m^2$ 이하의 증기보일러에서 안전밸브의 크기는 호칭지름 20A로 할 수 있다.
③ 최대증발량 5 t/h 이하의 관류보일러에서 안전밸브의 크기는 호칭지름 20A로 할 수 있다.
④ 최고사용압력 0.1MPa 이하의 보일러에서 안전밸브의 크기는 호칭지름 20A로 할 수 있다.

> ★ 전열면적 $50m^2$ 이하의 증기보일러에서 안전밸브 설치갯수를 1개 이상으로 할 수 있다. (안전밸브는 2개이상 설치)

08 과열기가 부착된 보일러의 안전밸브에 관한 설명이다 잘못된 것은? [10/2]

① 과열기에는 그 출구에 1개 이상의 안전밸브가 있어야 한다.
② 과열기에 부착되는 안전밸브의 분출용량 및 수는 보일러 동체의 안전밸브의 분출 용량 및 수에 포함 시킬 수 있다.
③ 관류보일러의 경우에는 과열기 출구에 최대증발량에 상당하는 분출용량의 안전밸브를 설치할 수 있다.
④ 분출용량은 과열기의 온도를 설계온도 이상으로 유지하는데 필요한 양 이상이어야 한다.

> ★ 과열기 출구 및 재열기·독립과열기 입·출구에 부착하는 안전밸브의 분출용량은 각 장치의 온도를 설계 온도 이하로 유지하는데 필요한 양이어야 한다.

정답　04 ③　05 ④　06 ③　07 ②　08 ④

온수발생보일러의 압력방출장치

1) 온수발생보일러에는 압력릴리프밸브 또는 안전밸브를 1개 이상(지름 20mm 이상, 온수온도 120℃ 초과 시 안전밸브)
2) 다만 손쉽게 검사할 수 있는 방출관을 갖출 때는 압력릴리프 밸브로 대응할 수 있다. 이때 방출관에는 어떠한 경우든 차단장치(밸브 등)를 부착하여서는 안 된다.
3) 온수발생보일러(액상식 열매체보일러 포함)의 방출관

전열면적(m²)	방출관 안지름(mm)
10 미만	25 이상
10~15 미만	30 이상
15~20 미만	40 이상
20이상	50 이상

01 열사용기자재 검사기준에 따라 온수발생 보일러에 안전 밸브를 설치해야 되는 경우는 온수온도 몇 ℃ 이상인 경우인가? [12/5]

① 60℃ ② 80℃
③ 100℃ ④ 120℃

★ 온수발생보일러에서 온수온도 120℃ 초과인 경우에는 안전밸브를 부착한다.

02 물의 온도가 393K를 초과하는 온수보일러에는 크기가 몇 mm 이상인 안전밸브를 설치하여야 하는가? [15/4][08/4]

① 5 ② 10
③ 15 ④ 20

★ 섭씨온도는 캘빈온도-273이므로
393 - 273 = 120℃
① 온수온도 120℃ 초과 : 안전밸브 20A 이상 부착
② 온수온도 120℃ 이하 : 방출밸브 20A 이상 부착

03 보일러 설치검사기준에서 몇 도 이하의 온수발생보일러에는 방출밸브를 설치하여야 하는가? [09/1]

① 353K ② 373K
③ 393K ④ 413K

★ 온수발생보일러의 안전장치
온수온도 120℃ 초과 : 안전밸브 부착
온수온도 120℃ 이하 : 방출밸브 부착
120℃ + 273 = 393K

04 액상식 열매체보일러 및 온도 120℃ 이하의 온수 발생 보일러에 설치하는 방출밸브의 지름은 몇 mm 이상으로 해야 하는가? [10/1]

① 10 ② 20
③ 15 ④ 5

★ 온도 120℃ 이하의 온수발생보일러에 설치하는 방출밸브는 20A 이상이어야 함.

05 액상식 열매체 보일러의 방출밸브 지름은 몇 mm 이상으로 하여야 하는가? [09/2]

① 10 ② 20
③ 30 ④ 40

★ 액상식 열매체 보일러의 온수온도 120℃이하인 경우 지름 20mm이상의 방출밸브 부착

06 온수발생 보일러의 전열면적이 10m² 미만일 때 방출관의 안지름의 크기는? [09/2][11/1]

① 15mm ② 20mm
③ 25mm ④ 32mm

★ 온수발생보일러의 전열면적에 따른 방출관 안지름

전열면적(m²)	방출관 안지름(mm)
10 미만	25 이상
10~15 미만	30 이상
15~20 미만	40 이상
20이상	50 이상

정답 01 ④ 02 ④ 03 ③ 04 ② 05 ② 06 ③

07 온수발생 보일러에서 보일러의 전열면적이 15~20m² 미만일 경우 방출관의 안지름은 몇 mm 이상으로 해야 하는가?
[11/5][10/4][09/1][08/2]

① 25 ② 30
③ 40 ④ 50

★ 온수발생보일러의 방출관 안지름

전열면적(m²)	방출관 안지름(mm)
10 미만	25 이상
10~15 미만	30 이상
15~20 미만	40 이상
20 이상	50 이상

08 보일러의 전열면적이 20m² 이상일 경우 방출관의 안지름은 몇 mm 이상이어야 하는가? [10/1]

① 25 ② 30
③ 40 ④ 50

★ 온수발생보일러의 방출관 안지름

전열면적(m²)	방출관 안지름(mm)
10 미만	25 이상
10~15 미만	30 이상
15~20 미만	40 이상
20 이상	50 이상

09 온수발생 강철제 보일러의 전열면적이 25m²인 경우 방출관의 안지름은 몇 mm 이상으로 해야 하는가? [11/2]

① 25mm ② 30mm
③ 40mm ④ 50mm

★ 온수보일러 방출관

전열면적(m²)	방출관 안지름(mm)
10 미만	25 이상
10~15 미만	30 이상
15~20 미만	40 이상
20 이상	50 이상

개념원리 팽창탱크 설치기준

① 온수발생 보일러의 팽창탱크 : 체적팽창 흡수
  ⇨ '난방설비' 팽창탱크 참고
② 열매체 보일러의 팽창탱크 ⇨ 'p277 문제 3번 해설' 참고

01 열사용기자재의 검사 및 검사의 면제에 관한 기준에 따라 온수발생보일러(액상식 열매체 보일러 포함)에서 사용하는 방출밸브와 방출관의 설치 기준에 관한 설명으로 옳은 것은?
[13/1]

① 인화성 액체를 방출하는 열매체 보일러의 경우 방출밸브 또는 방출관은 밀폐식 구조로 하든가 보일러 밖의 안전한 장소에 방출시킬 수 있는 구조이어야 한다.
② 온수발생보일러에는 압력이 보일러의 최고사용압력에 달하면 즉시 작동하는 방출밸브 또는 안전밸브를 2개 이상 갖추어야 한다.
③ 393K의 온도를 초과하는 온수발생보일러에는 안전밸브를 설치하여야 하며, 그 크기는 호칭지름 10mm 이상이어야 한다.
④ 액상식 열매체 보일러 및 온도 393K 이하의 온수발생 보일러에는 방출밸브를 설치하여야 하며, 그 지름은 10mm 이상으로 하고, 보일러의 압력이 보일러의 최고 사용압력에 그 5%(그 값이 0.035MPa 미만인 경우에는 0.035MPa로 한다.)를 더한 값을 초과하지 않도록 지름과 개수를 정하여야 한다.

★ ② 방출밸브 또는 안전밸브를 1개 이상 갖추어야
  ③ 호칭지름 20mm 이상
  ④ 지름은 20mm 이상, 보일러 최고사용압력에 10%를 더한 값을 초과하지 않도록

07 ③ 08 ④ 09 ④ 01 ①

02 액상 열매체 보일러시스템에서 열매체유의 액팽창을 흡수하기 위한 팽창탱크의 최소 체적(V_T)을 구하는 식으로 옳은 것은? (단, V_E는 승온 시 시스템 내의 열매체유 팽창량, V_M은 상온 시 탱크 내의 열매체유 보유량이다.)

[13/2]

① $V_T = V_E + V_M$
② $V_T = V_E + 2V_M$
③ $V_T = 2V_E + V_M$
④ $V_T = 2V_E + 2V_M$

★ 3번 해설 참조

03 보일러설치기술규격(KBI)에 따라 열매체유 팽창탱크의 공간부에는 열매체의 노화를 방지하기 위해 N_2 가스를 봉입하는데 이 가스의 압력이 너무 높게 되지 않도록 설정하는 팽창탱크의 최소체적(V_T)을 구하는 식으로 옳은 것은?(단, V_E는 승온시 시스템 내의 열매체유 팽창량(L)이고, V_M은 상온시 탱크내 열매체유 부유량(L)이다.)

[12/5]

① $V_T = V_E + 2V_M$
② $V_T = 2V_E + V_M$
③ $V_T = 2V_E + 2V_M$
④ $V_T = 3V_E + V_M$

★ 액상 열매체 보일러 시스템에는 열매체유의 액팽창을 흡수하기 위한 팽창탱크가 필요하다 (열매체유가 사용온도인 523~593K(250~ 320℃)로 가열되면 상온에서 체적의 20~30% 열팽창을 하므로 시스템내의 열팽창을 흡수하기 위한 팽창탱크가 설치되어야 한다. 열매체유의 열팽창에 의해 N_2가스의 압력이 너무 높게 되지 않도록 팽창탱크의 최소체적을 다음 식에 의하여 결정한다
$V_T = 2V_E + V_M$
여기에서 VT : 팽창탱크 용적(ℓ)
V_E : 승온시 시스템내의 열매체유 팽창량(ℓ)
V_M : 상온시 탱크내 열매체유 보유량(ℓ)

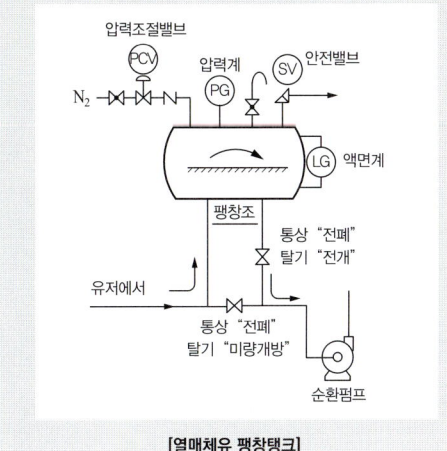

[열매체유 팽창탱크]

04 온수보일러에서 팽창탱크를 설치할 경우 설명이 잘못된 것은?

[11/5]

① 내식성 재료를 사용하거나 내식 처리된 탱크를 설치하여야 한다.
② 100℃의 온수에도 충분히 견딜 수 있는 재료를 사용하여야 한다.
③ 밀폐식 팽창탱크의 경우 상부에 물빼기 관이 있어야 한다.
④ 동결우려가 있을 경우에는 보온을 한다.

★ 밀폐식 팽창탱크의 경우 상부에 안전밸브를 설치하며, 하부에 물빼기 관이 있어야 한다.

분출밸브 설치기준

① 보일러 아랫부분에 분출관과 분출밸브 또는 분출콕크 설치. 단, 관류보일러는 적용하지 않음.
② 분출밸브는 호칭지름 25A 이상, 단, 전열면적 10m² 이하인 경우 20A 이상
③ 최고사용압력 0.7MPa이상 보일러는 분출밸브 2개 또는 분출밸브와 분출콕을 직렬로 설치

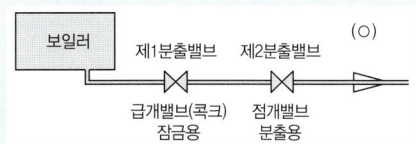

[분출밸브 직렬설치]

④ 1개의 보일러에 분출관이 2개 이상 있을 경우 공통의 어미관에 하나로 합쳐서 각각의 분출관에는 1개의 분출 밸브 또는 분출콕을, 어미관에는 1개의 분출 밸브를 설치해도 좋다.

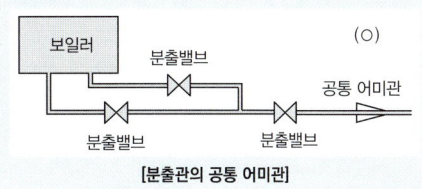

[분출관의 공통 어미관]

⑤ 2개 이상의 보일러에서 분출관을 공동으로 해서는 안 됨.

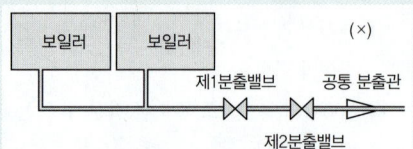

[2개 이상 보일러 분출관 공동 금지]

⑥ 분출밸브는 스케일 그 밖의 침전물이 퇴적되지 않는 구조이어야 하며, 그 최고사용압력은 보일러 최고사용압력의 1.25배 또는 보일러 최고사용압력에 1.5MPa를 더한 값 중 작은 쪽 이상이어야 하고, 어떠한 경우에도 0.7MPa 이상이어야 한다.

⑦ 주철제는 1.3MPa 이하, 흑심가단주철제는 1.9MPa 이하에 사용

⑧ 분출콕은 글랜드를 갖는 것이어야 함.
 * 글랜드 : 회전부에 기밀을 유지하기 위해 사용하는 패킹

01 보일러에서 사용하는 수면계 설치 기준에 관한 설명 중 잘못된 것은? [13/1]

① 유리 수면계는 보일러의 최고사용압력과 그에 상당하는 증기온도에서 원활히 작용하는 기능을 가져야 한다.
② 소용량 및 소형관류보일러에는 2개 이상의 유리 수면계를 부착해야 한다.
③ 최고사용압력 1 MPa이하로서 동체 안지름이 750mm 미만인 경우에 있어서는 수면계 중 1개는 다른 종류의 수면측정 장치로 할 수 있다.
④ 2개 이상의 원격지시 수면계를 시설하는 경우에 한하여 유리 수면계를 1개 이상으로 할 수 있다.

 * 소용량 및 소형관류보일러에는 1개 이상의 유리 수면계를 부착한다.

01 전열면적이 10m² 이하의 보일러에는 분출밸브의 크기를 호칭지름 몇 mm 이상으로 할 수 있는가? [11/1]

① 5mm　　② 10mm
③ 15mm　　④ 20mm

 * 보일러에 부착되는 분출밸브는 25A 이상이어야 한다. (단, 전열면적 10m² 이하인 경우 20A 이상)

 수면계 설치기준(증기보일러에 설치)

① 증기보일러에는 2개(소용량 및 소형관류보일러는 1개) 이상의 유리수면계를 부착
② 최고사용압력 1MPa(10kgf/cm²) 이하로서 동체 안지름이 750mm 미만인 경우 수면계중 1개는 다른 종류의 수면측장치로 대체할 수 있다.
③ 2개 이상의 원격지시 수면계를 시설하는 경우 유리수면계를 1개 이상으로 할 수 있다.
④ 유리 수면계는 보일러 또는 수주관에 부착
⑤ 수주관과 보일러를 연결하는 연결관은 호칭지름 20A 이상

02 보일러설치기술규격에서 수면계의 개수에 대한 설명으로 틀린 것은? [07/2]

① 증기보일러에는 2개 이상의 유리 수면계를 부착하여야 한다.
② 2개 이상의 원격지시 수면계를 시설하는 경우에 한하여 유리 수면계를 부착하지 않는다.
③ 소용량 및 소형관류보일러는 1개 이상의 유리 수면계를 부착하여야 한다.
④ 최고 사용압력이 1MPa(10kg/cm²)이하로서 동체 안지름이 750mm 미만인 경우에 있어서는 수면계 중 1개는 다른 종류의 수면 측정장치로 대체할 수 있다.

 * 2개 이상의 원격지시 수면계를 시설하는 경우에 한하여 유리수면계를 1개 이상으로 할 수 있다.

03 보일러 설치 규격에서 저수위 차단장치의 설치시 주의사항으로 틀린 것은? [09/5]

① 가급적 2개를 별도의 통수관에 각기 연결하여 사용하는 것이 좋다.
② 분출관과 수면계의 분출관을 통합 연결한다.
③ 통수관 크기는 호칭지름 25mm 이상이 되도록 하여야 한다.
④ 통수관에 부착되는 밸브는 개폐상태를 명확히 표시하여야 한다.

★ 저수위차단장치와 수면계의 분출관은 각기 별도로 사용.

04 저수위 안전장치는 연료차단 전에 경보가 울려야 한다. 이때 경보음은 몇 dB 이상이어야 하는가? [10/1]

① 50   ② 70
③ 40   ④ 60

★ 「열사용기자재의 검사 및 검사면제에 관한 기준」(지식경제부고시 제2010-174호) 보일러설치시공기준 : 저수위안전장치는 연료차단 전에 경보가 울려야 하며, 경보음은 70 dB 이상이어야 한다.

05 보일러 설치검사기준상 폐열회수장치가 없는 보일러에서 배기가스 온도의 측정 위치는? [07/1]

① 연돌의 출구   ② 연돌 내
③ 전열면 최종 출구   ④ 연소실 내

★ 배기가스 온도 측정은 전열면 최종 출구에서 실시한다.

압력계 설치기준

① 보일러에는 부르돈관 압력계 부착
② 압력계 눈금판 바깥지름은 100mm 이상. 단, 다음은 60mm 이상
 • 최고사용압력 0.5MPa 이하, 동체안지름 500mm 이하, 동체길이 1000mm 이하인 보일러
 • 최고사용압력 0.5MPa 이하, 전열면적 $2m^2$ 이하인 보일러
 • 최대증발량 5t/h 이하인 관류보일러
 • 소용량보일러
③ 압력계 눈금은 최고사용압력 1.5배 이상, 3배 이하
④ 압력계와 연결된 증기관 안지름은 강관 12.7mm, 동관 6.5mm 이상(증기온도 210℃ 초과 시 동관 사용금지)
⑤ 압력계 콕은 핸들을 수직으로 한 경우 열려 있을 것
⑥ 압력계에는 물을 넣은 안지름 6.5mm 이상의 사이폰관을 부착하여 증기가 직접 압력계에 들어가지 않도록

01 증기보일러의 압력계 부착에 대한 설명으로 틀린 것은? [15/1] [10/1]

① 압력계는 원칙적으로 보일러의 증기실에 눈금판의 눈금이 잘 보이는 위치에 부착한다.
② 압력계와 연결된 증기관은 최고사용압력에 견디는 것이어야 한다.
③ 압력계와 연결된 증기관은 강관을 사용할 때에는 안지름이 6.5mm 이상이어야 한다.
④ 압력계에는 물을 넣은 안지름 6.5mm 이상의 사이폰관 또는 동등한 작용을 하는 장치를 부착한다.

★ 압력계 연결관은 강관일 경우 안지름 12.7mm 이상, 동관일 경우 6.5mm 이상이어야 한다. 단, 증기온도 210℃초과시 동관을 사용해서는 안된다.

02 보일러에 부착하는 압력계에 대한 설명으로 맞는 것은?
[11/2]

① 최대증발량 10t/h 이하인 관류보일러에 부착하는 압력계는 눈금판의 바깥지름을 50mm 이상으로 할 수 있다.
② 부착하는 압력계의 최고 눈금은 보일러의 최고사용 압력의 1.5배 이하의 것을 사용한다.
③ 증기보일러에 부착하는 압력계의 바깥지름은 80mm 이상의 크기로 한다.
④ 압력계를 보호하기 위하여 물을 넣은 안지름 6.5mm 이상의 사이폰관 또는 동등한 장치를 부착하여야 한다.

* ① 최대증발량 5t/h 이하인 관류보일러 - 안지름 60mm
  ② 압력계 눈금은 최고사용압력의 1.5~3배
  ③ 문자판 지금 100mm 이상

03 소형온수보일러기술규격(KSB)에서 보일러의 압력계 부착에 대한 설명으로 틀린 것은?
[07/4]

① 압력계와 연결된 관의 크기는 강관을 사용할 때에는 안지름이 6.5mm 이상이어야 한다.
② 압력계는 눈금판의 눈금이 잘 보이는 위치에 부착하고 얼지 않도록 하여야 한다.
③ 압력계는 사이폰관 또는 동등한 작용을 하는 장치가 부착되어야 한다.
④ 압력계의 콕크는 그 핸들을 수직인 온수관과 동일방향에 놓은 경우에 열려 있는 것이어야 한다.

* 압력계와 연결된 관을 강관을 사용할 때에는 안지름 12.7mm 이상, 동관을 사용할 때에는 안지름 6.5mm 이상이어야 한다.

04 압력계와 연결된 증기관은 최고 사용압력에 견디는 것으로서 동관을 사용할 때 안지름 몇 mm 이상의 것을 사용하여야 하는가?
[07/5]

① 2.5　　　　② 3.5
③ 5.5　　　　④ 6.5

* 압력계 연결관은 강관일 경우 안지름 12.7mm 이상, 동관일 경우 6.5mm 이상이어야 한다. 단, 증기온도 210℃초과시 동관을 사용해서는 안된다.

05 증기보일러의 압력계에 부착하는 사이폰 관의 안지름은 몇 mm 이상으로 하는가?
[11/2]

① 5.0mm　　　　② 5.5mm
③ 6.0mm　　　　④ 6.5mm

* 싸이폰관 : 고온의 증기로부터 압력계 파손방지 내부에 물이 채워져 있음(80℃이하) 싸이폰관의 안지름 6.5mm
  압력계 연결관 : 동관 6.5mm (210℃초과시 사용금지)
  　　　　　　　강관 12.7mm

수위계 설치기준(온수보일러에 설치)

1) 종류 : 플로트식, 유리수면계, 수고계
2) 수위계 설치
   ① 온수보일러에는 보일러 동체 또는 온수의 출구 부근에 수위계를 설비하고 이것에 가까이 부착한 콕을 달을 경우 이외에는 보일러와의 연락을 차단하지 않도록 하여야 하며 이 코크의 핸들은 코크가 열려 있을 경우에 이것을 부착시킨 관과 평행되어야 한다.
   ② 수위계의 최고눈금은 보일러의 최고사용압력의 1배 이상 3배 이하로 하여야 한다.

01 온수보일러에서 수위계 설치 시 수위계의 최고 눈금은 보일러의 최고사용압력의 몇 배로 하여야 하는가?
[12/1]

① 1배 이상 3배 이하　　② 3배 이상 4배 이하
③ 4배 이상 6배 이하　　④ 7배 이상 8배 이하

* 온수보일러 수위계 : 최고사용압력의 1~3배

02 보일러설치기술규격(KBI)에서 온수보일러의 수위계 설치시 수위계의 최고 눈금은 보일러의 최고사용압력의 몇 배로 하여야 하는가?
[07/4]

① 1배 이상 3배 이하　　② 3배 이상 4배 이하
③ 4배 이상 5배 이하　　④ 5배 이상 6배 이하

* 온수보일러 수위계 : 최고사용압력의 1~3배

03 강철제 또는 주철제 보일러의 용량이 몇 t/h 이상이면 각종 유량계를 설치해야 하는가? [08/5]

① 1t/h
② 1.5t/h
③ 2t/h
④ 3t/h

★ 용량 1t/h 이상인 경우, 급유유량계, 급수유량계, 가스유량계 등을 부착한다.

04 보일러설치기술규격(KBI)의 연료유 저장탱크의 구조에서 탱크 천정에 탱크 내의 압력을 대기압 이상으로 유지하기 위한 통기관 설치 설명 중 틀린 것은? [07/4]

① 통기관 내경의 크기는 최소 40mm 이상이어야 한다.
② 개구부는 40° 이상의 굽힘을 주고 인화방지를 위해서 금속제의 망을 씌운다.
③ 통기관에는 일체의 밸브를 사용해서는 안 된다.
④ 개구부의 높이는 지상에서 3m 이하이어야 하며 반드시 옥외에 있어야 한다.

★ 연료유 저장탱크의 통기관
① 통기관 내경의 크기는 최소 40mm 이상이어야 한다.
② 개구부는 40° 이상의 굽힘을 주고 인화방지를 위해서 금속제의 망을 씌운다.
③ 개구부의 높이는 지상에서 5m 이상이어야 하며 반드시 옥외에 있어야 한다.
④ 통기관에는 일체의 밸브를 사용해서는 안된다.

설치검사, 계속사용검사, 개조검사

 검사

1) 검사 준비
① 화염을 받는 곳에는 그을음을 제거, 관 두께가 차이가 없어야 한다.
② 관의 스케일은 제거, 손모, 취화 및 빠짐이 없어야
③ 연료를 가스로 변경하는 검사의 경우 가스용보일러의 누설시험 및 운전성능을 검사할 수 있도록 준비
④ 정전, 단수, 화재, 천재지변 등 부득이한 사정으로 검사를 실시할 수 없을 경우에는 재신청 없이 다시 검사

2) 개조 검사의 적용 대상
① 증기보일러를 온수보일러로 개조하는 경우
② 보일러 섹션의 증감에 의하여 용량을 변경하는 경우
③ 동체·돔·노통·연소실·경판·천장판·관판·관모음 또는 스테이의 변경으로서 산업통상자원부장관이 정하여 고시하는 대수리의 경우
④ 연료 또는 연소방법을 변경하는 경우
⑤ 철금속가열로로서 산업통상자원부장관이 정하여 고시하는 경우의 수리

01 보일러 설치·검사기준상 용량이 10ton/h 인 강철제 보일러의 배기가스와 외기의 온도차는 몇 ℃ 이하여야 하는가? [10/2]

① 300℃
② 280℃
③ 250℃
④ 210℃

★ 배기가스 온도차(보일러 용량 60만 kJ/h 는 1T/h로 환산) → 성능검사 기준과 비교

용량(T/h)	배기가스 온도 (설치시공기준) → (성능검사기준)
5 이하	300℃ 이하 → 315℃ 이하
5~20 이하	250℃ 이하 → 275℃ 이하
20 초과	210℃ 이하 → 235℃ 이하

정답 03 ① 04 ④ 01 ③

02 최고사용압력 0.35 MPa 이하이고 전열면적이 5m² 이하인 소용량보일러의 열효율은 표시정격용량 이상의 부하에서 고위발열량 기준 몇 % 이상이어야 하는가? [10/1]

① 55% 이상   ② 75% 이상
③ 70% 이상   ④ 60% 이상

> ＊ KBE-8129 소용량보일러의 열효율 : 소용량보일러란 최고사용압력 0.35 MPa(3.5 kgf/cm²) 이하, 전열면적이 5m² 이하인 보일러로서 열효율은 표시정격용량 이상의 부하에서 75%(고위발열량 기준)이상이어야 한다.

03 보일러의 계속사용검사기준에서 사용 중 검사에 대한 설명으로 틀린 것은? [15/1] [09/5]

① 보일러 지지대의 균열, 내려앉음, 지지부재의 변형 또는 파손 등 보일러의 설치상태에 이상이 없어야 한다.
② 보일러와 접속된 배관, 밸브등 각종 이음부에는 누기, 누수가 없어야 한다.
③ 연소실 내부가 충분히 청소된 상태이어야 한다.
④ 보일러 동체는 보온 및 케이싱이 분해되어 있어야 하며, 손상이 약간 있는 것은 사용해도 관계가 없다.

> ＊ 보일러 동체의 손상이 있는 것은 사용해서는 안된다.

04 보일러의 계속사용검사기준 중 개방검사 준비에 대한 설명으로 틀린 것은? [09/2]

① 연료로 기름을 사용하는 곳에서는 무화장치들을 버너로부터 제거한다.
② 보일러에 대한 손상을 방지하고 가열면에 고착물이 굳어져 달라붙지 않도록 충분히 냉각시켜야 한다.
③ 검사를 위한 내부 조명은 축전지로부터 전류가 공급되는 이동램프를 사용하여야 한다.
④ 저수위 감지장치는 분해 정비하되, 안전밸브 및 안전방출밸브는 분해하지 않는다.

> ＊ 개방검사시 보일러에 부착된 장치 등은 분해한다.

05 보일러 계속사용검사기준에서 사용중 외부검사에 대한 설명으로 틀린 것은? [08/4]

① 벽돌 쌓음에서 벽돌의 이탈, 심한 마모 또는 파손이 없어야 한다.
② 모든 배관계통의 관 및 이음쇠 부분에 누기 및 누수가 없어야 한다.
③ 보일러는 깨끗하게 청소된 상태이어야 하며 사용상에 현저한 구상부식이 있어야 한다.
④ 시험용 스테이볼트 한쪽 끝을 가볍게 두들겨 보아 이상이 없어야 한다.

> ＊ 구상부식(구식, 그루빙) – 가제트스테이와 노통 사이에서 발생. 보일러내면, 외면에는 부식이 없어야 한다.

06 보일러의 계속사용검사기준 중 내부검사에 관한 설명이 아닌 것은? [13/5]

① 관의 부식 등을 검사할 수 있도록 스케일은 제거되어야 하며, 관 끝부분의 손상, 취화 및 빠짐이 없어야 한다.
② 노벽 보호부분은 벽체의 현저한 균열 및 파손 등 사용상 지장이 없어야 한다.
③ 내용물의 외부유출 및 본체의 부식이 없어야 한다. 이때 본체의 부식상태를 판별하기 위하여 보온재 등 피복물을 제거하게 할 수 있다.
④ 연소실 내부에는 부적당 하거나 결함이 있는 버너 또는 스토커의 설치운전에 의한 현저한 열의 국부적인 집중으로 인한 현상이 없어야 한다.

> ＊ ③은 내부검사가 아닌 외부검사에 해당함.

정답 02 ② 03 ④ 04 ④ 05 ③ 06 ③

07 보일러의 검사기준에 관한 설명으로 틀린 것은?
[12/1]

① 수압시험은 보일러의 최고사용압력이 15kg/cm²를 초과할 때에는 그 최고사용압력의 1.5배의 압력으로 한다.
② 보일러 운전 중에 비눗물 시험 또는 가스누설검사기로 배관접속부위 및 밸브류 등의 누설유무를 확인한다.
③ 시험수압은 규정된 압력의 8% 이상을 초과하지 않도록 모든 경우에 대한 적절한 제어를 마련하여야 한다.
④ 화재, 천재지변 등 부득이한 사정으로 검사를 실시할 수 없는 경우에는 재신청 없이 다시검사를 하여야 한다.

★ 시험수압은 규정된 압력의 6%를 초과하지 않도록

08 보일러 검사의 종류 중 개조검사의 적용대상으로 틀린 것은?
[11/5]

① 증기보일러를 온수보일러로 개조하는 경우
② 보일러 섹션의 증감에 의하여 용량을 변경하는 경우
③ 동체·경판 및 이와 유사한 부분을 용접으로 제조하는 경우
④ 연료 또는 연소방법을 변경하는 경우

★ 개조검사의 적용 대상
1) 증기보일러를 온수보일러로 개조하는 경우
2) 보일러 섹션의 증감에 의하여 용량을 변경하는 경우
3) 동체·돔·노통·연소실·경판·천정판·관판·관모음 또는 스테이의 변경으로서 지식경제부장관이 정하여 고시하는 대수리의 경우
4) 연료 또는 연소방법을 변경하는 경우
5) 철금속가열로로서 지식경제부장관이 정하여 고시하는 경우의 수리

09 보일러 개조검사 중 검사의 준비에 대한 설명으로 맞는 것은?
[11/4]

① 화염을 받는 곳에는 그을음을 제거하여야 하며, 얇아지기 쉬운 관 끝부분을 해머로 두들겨 보았을 때 두께의 차이가 다소 나야 한다.
② 관의 부식 등을 검사할 수 있도록 스케일은 제거 되어야 하며, 관 끝부분의 손모, 취화 및 빠짐이 있어야 한다.
③ 연료를 가스로 변경하는 검사의 경우 가스용보일러의 누설시험 및 운전성능을 검사할 수 있도록 준비하여야 한다.
④ 정전, 단수, 화재, 천재지변 등 부득이한 사정으로 검사를 실시할 수 없는 경우에는 재신청을 하여야만 검사를 받을 수 있다.

★ ① 관 두께가 차이가 없어야 한다.
② 관의 스케일은 제거, 손모, 취화 및 빠짐이 없어야
④ 정전, 단수, 화재, 천재지변 등 부득이한 사정으로 검사를 실시할 수 없을 경우에는 재신청 없이 다시 검사를 하여야 한다.

10 철금속가열로란 단조가 가능하도록 가열하는 것을 주목적으로 하는 노로써 정격용량이 몇 kJ/h를 초과하는 것을 말하는가?
[10/5][12/1]

① 200000　　② 500000
③ 100000　　④ 300000

★ "철금속가열로"란 압연 또는 단조가 가능하도록 철금속을 가열하는 것을 주목적으로 하는 노로써 정격용량 0.5815 MW(500,000 kJ/h)을 초과하는 것(이하 "노"라 한다)을 말한다. 다만, 주철을 가열하는 것을 주목적으로 하는 주철가열로와 전기가열로는 포함하지 아니한다.

정답　07 ③　08 ③　09 ③　10 ②

11 철금속가열로 설치검사 기준에서 다음 괄호 안에 들어갈 항목으로 옳은 것은? [12/4]

〈보기〉

송풍기의 용량은 정격부하에서 필요한 이론공기량의 ( )를 공급할 수 있는 용량 이하이어야 한다.

① 80% ② 100%
③ 120% ④ 140%

* 지식경제부고시 제2010-174호 [열사용기자재의 검사 및 검사면제에 관한 기준] 제6면 철금속가열로 설치검사등 기준. 51.4.2 송풍장치에 의하면,
"송풍기의 용량은 정격부하에서 필요한 이론공기량의 140 %를 공급할 수 있는 용량 이하이어야 한다."

12 온수보일러를 설치·시공하는 시공업자가 보일러를 설치한 후 확인하는 사항이 아닌 것은? [11/5]

① 수압시험
② 자동제어에 의한 성능시험
③ 시공기준 작성
④ 연소계통 누설확인

* 온수보일러 설치시공 후 검사
  ① 수압시험 : 최고사용압력 2배 (단, 그 값이 0.2MPa 이하일 때는 0.2MPa)
  ② 연소 및 배기성능 검사
  ③ 연료계통 누설 상태 검사
  ④ 순환펌프에 의한 온수 순환시험
  ⑤ 자동제어에 의한 작동검사
  • 시공기준은 지식경제부장관에 의해 제정(현재 산업통상자원부)
  • 동력자원부→상공자원부→통상산업부→산업자원부→지식경제부→산업통상자원부

13 온수보일러 시공업자는 시공한 설비에 대하여 설치·시공 도면을 작성하여 보존해야 하는데 이 도면에 표시해야 할 사항으로 관계가 없는 것은? [09/5]

① 모든 배관의 크기, 치수 및 경로
② 안전장치의 설치위치
③ 밸브의 종류 및 설치위치
④ 연도 및 굴뚝의 높이

* 설치시공도면을 3년간 보존. 도면 표시사항은
  ① 모든 배관의 크기, 치수 및 경로
  ② 배관을 매설할 경우 매설위치와 연결부
  ③ 밸브의 종류 및 설치 위치
  ④ 안전장치의 설치 위치
  ⑤ 작성 년 월 일
  ⑥ 특기사항
• 위의 온수보일러 시공도면 작성 보존에 대한 기준은 온수보일러 설치/시공기준으로서 1992년 동력자원부장관 고시 제92-74호에 의한 것임. 현재는 사용치 않고 있음.

온도관련 기준

① 액상식 열매체 보일러 및 온도 120 ℃ 이하의 온수발생 보일러는 방출밸브 설치, 지름 20mm 이상 온도 120 ℃ 초과하는 온수발생보일러는 안전밸브 설치
② 압력계와 연결된 증기관은 증기온도가 210℃ 초과할 때 황동관 또는 동관 사용 금지
③ 열매체보일러 및 사용온도가 120℃ 이상인 온수발생보일러는 작동유체 온도가 최고사용온도를 초과하지 않도록 온도-연소제어장치를 설치
④ 최고사용압력이 0.1MPa를 초과하는 주철제 온수보일러에는 온수온도가 115℃를 초과할 때에는 연료공급을 차단하거나 파이로트연소를 할 수 있는 장치를 설치
⑤ 열매체 보일러의 배기가스 온도는 출구열매 온도와의 차이가 150 K(℃) 이하
⑥ 보일러의 외벽온도는 주위온도보다 30 K(℃)를 초과하여서는 안된다.

09 보일러 취급 및 안전관리

01 보일러 가동 및 정지

(1) 가동 전 준비사항(점화 전 준비사항)
① 신설보일러일 경우
  ㉠ 알칼리세정(소다보일링) : 신설 보일러(저압보일러) 가동 전, 소다(탄산소다, 가성소다, 인산소다)등을 넣고 8~10시간 끓인다. 끓인 후 취출과 급수를 교대로 실시하며 냉각시킨 다음 깨끗한 물로 세척한다. 고압보일러는 제조자의 매뉴얼에 따른다. 제작 시 동내부의 유지분 페인트 등 제거.
  ㉡ 내부점검, 노 및 연도내의 점검, 부속품 정비상황 점검, 부속장치 점검, 자동제어장치 점검
② 사용 중인 보일러일 경우 : 수위확인, 분출 및 분출장치 점검, 프리퍼지/포스트퍼지(노내환기), 연료 및 연소장치 점검, 자동제어장치 점검

(2) 점화 시 주의사항(유류, 가스)
① 수동은 측면에서 점화
② 불씨는 화력을 큰 것을 사용, 1회에 점화할 것
③ 불착화시 포스트퍼지 후 처음부터 재조작
④ 2 대일 경우 아래쪽 버너부터 점화
※ 자동점화시 순서 : 노내환기 ➡ 버너동작 ➡ 노내압조정 ➡ 점화용버너(파일로트버너) 착화 ➡ 화염검출 ➡ 전자밸브 열림 ➡ 주버너 착화 ➡ 연소율 증가(저연소 → 고연소)

(3) 연소초기의 취급(급격한 연소가 되지 않도록 주의)
※ 급격한(무리한) 연소시 장해 : 보일러 본체의 부동팽창, 내화벽돌 파손, 그루빙 발생

(4) 증기압이 오르기 시작할 때 취급(급격한 압력상승 주의)
① 공기배제 후 공기빼기 밸브를 닫는다.
② 장치 및 부속품 등의 누설 점검
③ 급격한 압력상승이 일어나지 않도록 한다
④ 증기압이 거의 올랐을 때(75% 이상) 안전밸브 분출시험

(5) 송기 시 취급(급격한 송기로 인한 수격작용 주의)
① 송기장치 등 증기관 내의 드레인 제거
② 주증기관 내에 소량의 증기를 공급하여 증기관을 예열한다.
③ 주증기밸브를 서서히 개방한다.
④ 만개 후 조금 되돌려 놓는다.

(6) 송기 후 취급(수위유지, 압력유지, 연소상태감시)
① 밸브의 개폐상태 확인
② 송기 후 압력강하로 인한 압력조절
③ 수면계 수위 감시
④ 제어부 점검

(7) 보일러 정지 시 취급
① 일반 정지 순서 : 연료차단 〉 공기차단 〉 급수차단 〉 증기밸브 차단 〉 드레인밸브를 연다 〉 댐퍼를 닫는다.
② 비상 정지 시 순서 : 연료차단 〉 공기차단(1차공기) 〉 버너정지
※ 비상정지 중에서 이상감수에 의한 과열사고일 때는 특히 주철제보일러인 경우 자연냉각 후 급수를 가장 마지막에 행할 것

02 청소 및 보존

(1) 보일러 청소
① 외부 청소 : 물이 접촉하지 않는 부분
  ㉠ 노내를 완전 냉각 후(댐퍼를 열고 통풍 유지)
  ㉡ 수관외부(수트블로우, 와이어브러쉬 사용)
  ㉢ 연관내부(와이어브러쉬, 튜브클리너 사용)
  ㉣ 클링커 제거 (*클링커 : 고온 연소 중에 회분 등이 엉겨붙어 덩어리진 것)
② 내부 청소 : 물이 접촉하는 부분
  ㉠ 기계적 방법 : 스케일 햄머, 와이어 브러쉬, 튜브 클리너, 스크레퍼

ⓒ 화학적 방법 : 산 세관, 알칼리 세관, 유기산 세관

(2) 세관(화학적 청소)
산 세관, 알칼리 세관은 세관 후 중화처리를 해야 한다
① 산 세관
  ㉠ 염산, 인산, 황산, 질산 사용(주로 염산 사용)
  ㉡ 세관 시 부식 억제제 사용
  ㉢ 적정 사용온도 및 시간 : 60±5℃, 4~6 시간
  ※ 규산염(실리카)성분의 경질스케일 제거 시 : 용해촉진제(불화수소산, HF)를 첨가하여 사용
② 알칼리 세관
  ㉠ 소오다, 암모니아 사용
  ㉡ 세관 시 가성취화 방지제 사용
  ㉢ 적정 사용온도 : 70℃ 유지
③ 유기산 세관
  ㉠ 구연산, 옥살산, 히드록산, 설파민산 사용
  ㉡ 세관 시 부식 억제제 불필요
  ㉢ 적정 사용온도 및 시간 : 90±5℃, 4~6 시간
  ㉣ 오오스테나이트계 스테인레스 강관에 주로 사용

(3) 보일러 보존 (외면, 내면 보존)

※ 외면보존은 보일러 외면 상태를 부식 등이 일어나지 않도록 보존하는 것을 말한다.
※ 내면보존은 보일러 본체 내부를 보존하는 것이며 장기보존법과 단기보존법이 있다.

① 보일러 보존방법에 따라 : 건조보존법, 만수보존법
  ㉠ 건조보존법 : 석회밀폐건조보존법, 질소가스봉입법, 기화성 부식억제제 투입보존법, 가열건조법
  ㉡ 만수보존법 : 소다만수보존법, 보통만수보존법
② 보일러 보존기간에 따라 : 장기보존, 단기보존
  ㉠ 장기보존 : 2~3개월 이상 휴지하는 경우
  ㉡ 단기보존 : 2주일에서 1개월 정도 휴지하는 경우

장기보존법	건조보존법	석회밀폐건조법
		질소가스봉입법
	만수보존법	소다만수보존법
단기보존법	건조보존법	가열건조법
	만수보존법	보통만수법

③ 만수보존 : 보통만수법(단기보존), 소다만수법(장기보존)이 있음
  ㉠ 겨울철 동결 우려
  ㉡ 급수가 부식성일 경우 부적당
  ㉢ 만수보존 시 pH11.0 정도 유지 (소다만수보존법에 해당)
  ㉣ 소다만수보존법에 사용되는 약품 : 탄산소다, 아황산소다, 히드라진, 암모니아, 제3인산소다
  ※ ㉠, ㉡ 의 경우 단기간이라도 건조보존
④ 석회밀폐건조보존법 : 장기간 보존법
  ㉠ 보일러수를 배수하고 보일러 내를 가열하여 완전히 건조시킨 후, 가능하면 불붙은 목탄을 바닥이 얇은 용기에 넣어 내부에 분산배치.
  ㉡ 흡수제 사용 (생석회, 실리카겔, 활성 알루미나, 염화칼슘)
  ㉢ 휴지 기간이 6개월이나 1년 이상인 경우, 또는 보일러실 바닥이 습기가 있는 경우 보일러 내면에 페인트 도장, 외면에 방청도료를 도장(재가동시 알칼리 세정)
⑤ 질소봉입법 : 주로 장기간 보존법
  ㉠ 보일러수를 배수하고 보일러 내에 질소가스를 0.06MPa(0.6kgf/cm^2)로 압입
⑥ 기화성 부식억제제 투입법 : 주로 장기간 보존법
  ㉠ 보일러 내부의 물을 제거, 건조한 다음 내부에 기화성 부식억제제(VCI)를 투입하고 보일러를 밀폐
  ㉡ 기화성 부식억제제 : 양극부식억제제, 음극부식억제제, 혼합부식억제제가 있으며, 보일러와 열교환기에는 주로 혼합부식억제제가 사용됨.
⑦ 가열건조법 : 주로 단기간 보존법
  ㉠ 보일러수를 배수하고 보일러 내를 가열하여 완전히 건조시킨 후, 가능하면 불붙은 목탄을 바닥이 얇은 용기에 넣어 내부에 분산배치. 건조제는 사용하지 않는다.

03 급수처리

(1) 가장 이상적인 급수
증류수(pH7.0, 불순물이 없다)

> **참고사항**
> ◆ 경수(센물)와 연수(단물)
> ㉠ 경수 : 급수 중 Ca 이온, Mg 이온이 많이 포함된 것, 스케일의 원인
> ㉡ 연수 : Ca, Mg 이온을 제거하여 함유량이 적은 것. 급수에 적당함.

(2) 불순물 농도
① ppm = 중량 100만분의 1, mg/kg 또는 g/ton
② ppb = 중량 10억분의 1, 10^{-3}ppm과 같다.
　　mg/ton 또는 μg/kg
③ epm = 용액 1kg 중의 용질 1mg당량, mg당량/kg

(3) 경도 계산
① $CaCO_3$(탄산칼슘)경도
　㉠ 수중의 칼슘(Ca) 이온과 마그네슘(Mg) 이온의 농도를 탄산칼슘 농도로 환산해서 ppm 단위로 표시
　㉡ 급수 1L 속에 $CaCO_3$가 1mg 포함될 때 1도 (mg/L), 즉 ppm
② 독일경도(°dH)
　㉠ 수중의 칼슘(Ca) 이온과 마그네슘(Mg) 이온의 량을 산화칼슘(CaO)의 량으로 환산한 것
　㉡ 급수 100㎖(0.1L)중에 CaO가 1mg 포함될 때 1도(°dH) 독일경도 성분 = CaO+(MgO×1.4)

> 보일러 급수 2L중 Ca 이온이 40mg, Mg 이온이 20mg 포함되어 있다면 급수의 경도는?
> 　Ca + (Mg×1.4) = 40 + (20×1.4) = 68
> 　급수 2L중 68mg 이므로, 0.1L 중 3.4mg에 해당함.
> 　∴ 독일경도 3.4도

(4) pH : 용액의 산성, 알칼리성을 구분
① 급수의 pH 7~9 : 약알칼리성
② 보일러수의 pH
　㉠ 운전 중 : 11.0~11.8 ⇨ pH 측정 온도 25℃
　㉡ 만수 보존 시 : pH 12.0
※ 급수는 보일러 본체 내에 공급되기 전, 보일러수(=관수)는 보일러 본체 내의 물을 말함.

> **참고사항**
> ◆ pH(수소이온농도지수)
> ㉠ pH 0~7이하 : 산성
> ㉡ pH 7 : 중성 (증류수)
> ㉢ pH 7초과~14 : 알칼리성

(5) 급수 처리 목적〈가-스-포-부-관-슬〉
① 가성 취화 방지 (*가성취화=알칼리부식)
② 스케일 생성 및 고착 방지.
③ 포밍, 프라이밍 방지
④ 부식 방지(내면 부식)
⑤ 관수(보일러수) 농축 방지
⑥ 슬러지 생성 방지

(6) 급수 처리 종류
관외처리(1차 처리)와 관내처리(2차 처리)
① 관외처리(1차 처리) : 급수 전 보일러본체 외부에서 처리
　㉠ 가스분
　　ⓐ 기폭법 - 급수 중 가스분 이외에 철분, 망간 등 제거 가능
　　ⓑ 탈기법 - 진공탈기법, 가열탈기법이 있음
　㉡ 현탁질 고형물(고형 협잡물) - 침강법, 여과법, 응집법
　㉢ 용존 고형물 - 약품첨가법, 증류법, 이온교환법

> ※ 현탁질 고형물은 물에 녹지 않고 탁하게 나타나는 불순물.
> 용존 고형물은 물에 녹은 상태로 존재하는 불순물 - 주로 염류, 스케일 원인

② 관내처리(2차 처리) : 급수 후 보일러 내부에서 청관제를 사용하여 처리

> ※ 일반적인 청관제 종류 (가성소다, 탄산소다, 인산소다, 아황산소다, 암모니아, 히드라진, 전분, 탄닌, 리그린)

　㉠ pH 조정제(p~가암히제) - 가성소다, 암모니아, 히드라진, 제1·3인산소다, 중합인산소다
　㉡ 연화제(연~탄인중) - 탄산소다, 인산소다, 중합인산소다
　㉢ 슬러지 조정제(슬~리탄전텍) - 리그린, 탄닌, 전분, 텍스트린
　㉣ 탈산소제(탈~탄히아) - 탄닌, 히드라진, 아황산소다
　㉤ 가성취화 방지제(가~리탄초인)질 - 리그린, 탄닌, 초산소다, 인산소다, 질산소다

ⓗ 포밍 방지제(포~폴고) - 폴리아미드, 고급지방산 에스테르

※ 슬러지조정제 : 급수처리에 사용됨. 보일러수 중의 침전되기 어려운 상태의 불순물을 응집시켜 보일러수 표면이나 하부에 분리 침전되도록 돕는 약품
※ 슬러지분산제 : 중유첨가제에 사용됨. 연료 중 슬러지 성분을 분산, 분해시켜 버너 노즐이 막히지 않도록 함.

(7) 수중 불순물 종류와 장해 (1차 처리법과 연관하여 참고)
① 가스분(용존산소, 용존탄산가스 등) : 내면 부식
② 용해 고형물(각종 염류) : 스케일, 슬러지 생성, 스케일은 과열사고 초래
③ 고형 협잡물(현탁질 고형물) : 포밍, 부식
④ 유지분 : 포밍, 과열의 원인
⑤ 알칼리분이 너무 강할 때(보일러수 pH가 너무 높을 때) : 가성취화, 크랙의 원인

(8) 스케일 성분과 장해
① 구분
  ㉠ 연질 스케일 - 탄산염이 원인
  ㉡ 경질 스케일 - 황산염, 규산염, 질산염이 원인
② 슬러지를 생성하는 성분 : 인산칼슘, 탄산마그네슘, 수산화마그네슘
③ 스케일의 장해
  ㉠ 열흡수 방해로 열효율 저하
  ㉡ 전열면 과열
  ㉢ 수순환 불량
  ㉣ 관·연락관 막힘
  ㉤ 전열량 감소로 배기가스 온도 상승

※ 스케일의 1차적 장해는 열흡수 방해, 과열사고 유발 → 파열사고 초래

04 안전관리 일반

(1) 안전관리 목적
① 인명 존중
② 생산성 향상
③ 사회복지 증진

(2) 안전색치 표시 사항
① 적색(정지, 금지)   ② 황적색(위험)
③ 황색(주의)   ④ 녹색(안전)
⑤ 청색(조심)   ⑥ 백색(통로)

(3) 화재의 등급별 소화 방법

화재등급	색상	주된 소화방법	특징	적응 소화기
A급 (일반화재)	백색	냉각소화	• 연소 후 재가 남음. 목재, 종이 • 연소점 이하로 냉각하여 소화	물소화, 강화액소화, 산알칼리소화
B급 (유류, 가스화재)	황색	질식소화 (유류) 냉각소화 (가스)	• 연소 후 재가 없음 • 유류화재는 주수소화시 화재면 확대됨 • 가스화재는 먼저 밸브차단(제거) 후 냉각소화	포말소화, CO_2소화, 분말소화, 증발성 액체소화 *가스소화는 냉각소화에 준함
C급 (전기화재)	청색	질식소화	• 전기 누전, 합선 등으로 발화 • 소화 시 물기가 있으면 안됨	전력차단 후 질식 또는 냉각 CO_2 소화, 분말소화, 유기성소화액
D급 (금속화재)	없음	질식소화	• 마그네슘, 알루미늄 분말 등 • 주수 시 가연성기체 발생, 폭발	주수금지 건조사, 팽창질석, 팽창진주암

① 주방화재는 특별히 K급으로 분류하며, 적응소화기는 분말소화기 중 1종분말(탄산수소나트륨)
② 소화기 설치 위치 : 눈에 잘 띄는 곳에 설치.
③ 화상을 입었을 때 응급조치 : 아연화연고를 바른다.

(4) 고압가스 용기 도색
① 공업용 고압가스 용기 : 산소(녹색), 액화탄산가스(청색), 아세틸렌(황색), 수소(주황색), 액화암모니아(백색), 액화염소(갈색), 기타 가스(회색) *LPG(밝은회색)
② 의료용 고압가스 용기 : 산소(백색), 질소(흑색), 헬륨(갈색), 탄산가스(회색), 에틸렌(자색), 아산화질소(청색), 싸이클로프로판(주황색), 기타(회색)

05 보일러 손상과 방지대책

(1) 부식

① 내면부식
- ㉠ 점식(pitting) : 보일러수 중의 용존산소 등으로 인하여 깨알 모양으로 부식
- ㉡ 국부부식 : 반점모양으로 부식
- ㉢ 전면부식 : 본체 내의 물과 접촉한 모든 부분이 부식을 일으키는 것, 보일러수의 pH가 산성일 때 주로 일어나는 부식
- ㉣ 구식(그루빙) : 가제트스테이와 노통사이
- ㉤ 알칼리 부식(가성취화) : 보일러수의 pH가 13이상일 때 잘 일어나는 부식
- ※ 네킹(necking) : 보일러수면선을 따라 얇은 띠 모양으로 파이면서 부식

② 외부부식 (제3장 / 보일러 부속장치, 3, 폐열회수장치 참고)
- ㉠ 저온 부식 : 절탄기, 공기예열기에 발생, 원인은 연료 중 S(황)
- ㉡ 고온 부식 : 과열기, 재열기에 발생, 원인은 연료중 V(바나듐)

③ 내면 부식 방지법
- ㉠ 아연판을 매단다 (희생양극법, 본체의 강철 대신에 이온화경향이 큰 아연이 부식이 됨)
- ㉡ 급수처리 (가스분 제거, 관수 연화)
- ㉢ 급수처리 및 분출로 적정 pH 유지 (전면부식 방지)
- ㉣ 내면에 내식성 도료 도포 (건조보존 시 부식 방지)
- ㉤ 약한 전류를 통한다 (국부적인 전위차로 인한 부식 방지)
- ㉥ 급열, 급냉에 의한 전열면 열응력 방지 (그루빙 방지)

(2) 손상

① 마모(코로션) : 국부적으로 반복 작용에 의해 닳아지는 현상
② 라미네이션 : 보일러 강판이나 관의 제작 시 속에 공기층이 들어가서 두 장의 층을 형성하고 있는 상태
③ 블리스터 : 라미네이션의 흠이 있는 강판이나 관으로 보일러 제작 시 높은 열을 받아 속에든 공기층이 부풀어 오르거나 표면이 터지는 현상
④ 팽출 : 보일러 본체의 화염에 접하는 부분이 과열된 결과 내부의 압력에 의해 부풀어 오르는 현상, 주로 수관이나 보일러 동아랫부분에서 일어남
⑤ 압궤 : 보일러 본체의 화염에 접하는 부분이 과열된 결과 외부의 압력에 의해 짓눌린 현상, 주로 노통이나 연소실 등에 일어남
⑥ 크랙 : 무리한 응력을 받는 부분이나 응력이 국부적으로 집중되는 부분에 금이 가는 현상

06 보일러 사고 및 방지대책

(1) 보일러 사고원인

① 제작상 원인 : 강도 부족, 용접 불량, 재료 불량, 구조 불량, 설계 불량
※ 레미네이션, 블리스터 - 제작상의 원인에 해당
② 취급상 원인 : 이상감수, 압력초과, 미연소가스 폭발, 급수처리 불량, 부식, 과열, 부속품 정비 불량

(2) 보일러 3대 사고
압력초과, 저수위(이상감수), 과열사고

(3) 보일러 사고 및 방지대책
보일러 사고원인을 제거하는 것이 방지대책에 해당.

① 압력초과 원인
- ㉠ 안전장치 작동 불량 (압력제한기, 안전밸브 이상)
- ㉡ 압력계의 기능 이상
- ㉢ 이상감수
- ㉣ 급수계통 이상
- ㉤ 수면계 기능 이상

② 저수위(이상감수) 원인 (상용수위를 유지하여 방지한다)
- ㉠ 수면계 수위 오판, 수면계 주시 태만
- ㉡ 급수계통의 이상, 분출계통의 누수
- ㉢ 증발량의 과잉

③ 과열의 원인
- ㉠ 이상감수
- ㉡ 전열면의 국부가열
- ㉢ 관수의 농축, 스케일 생성
- ㉣ 관수의 순환불량

④ 역화(미연소 가스폭발)의 원인
- ㉠ 프리퍼지 부족
- ㉡ 점화 시 착화가 늦은 경우

ⓒ 과다한 연료 공급
   ⓔ 흡입통풍의 부족이나 압입통풍의 과대
   ⓜ 공기보다 연료의 공급이 먼저 된 경우
   ⓗ 연료의 불완전연소 및 미연소
⑤ 수면계 유리관 파손 원인 (제3장/보일러 부속장치, 6. 지시장치 참고)
   ㉠ 외부충격(급열·급냉 시)
   ㉡ 상하 너트를 너무 조였을 때
   ㉢ 유리관 노쇄(장기간 알칼리 접촉)
   ㉣ 상하 바탕쇠 중심선 불일치
   ㉤ 유리관 재질 불량
⑥ 안전밸브 누설 원인
   ㉠ 밸브와 밸브 시이트 불일치
   ㉡ 용수철 불량
   ㉢ 밸브와 밸브 시이트 사이에 불순물
⑦ 점화 불량 원인
   ㉠ 무화 불량 (점도과대, 불순물 함유, 유압이 낮을 때, 기름 예열 온도가 너무 낮거나 높을 때)
   ㉡ 버너 팁이 막혔을 때
   ㉢ 착화 버너의 불꽃 불량
   ㉣ 주 버너와 착화 타이밍 불일치
⑧ 버너 화구에 카본 축적원인 : 점도과대, 유압과대, 기름 공급 불안정, 중유 예열 온도가 너무 높을 때

09 보일러 취급 및 안전관리 예상문제

CHAPTER

박쌤이 콕! 찝어주는 주요 예상문제 풀어보기!

[안전관리 일반] 안전관리, 화재 등

 보일러 운전관리

1) 운전관리 목적
   ① 올바른 운전으로 재해 방지
   ② 에너지절감 및 환경오염 방지
   ③ 수명연장을 위한 예방보전
2) 보일러조종자의 준수사항
   ① 보일러 안전관리, 운전효율의 향상 및 환경보전
   ② 각종 안전장치의 정상작동여부 점검
   ③ 운전효율의 향상을 위하여 필요한 운전조건 점검
   ④ 안전관리 및 운전효율과 관련된 제반 점검사항을 보일러 운전관리일지에 기록, 관리
   ⑤ 조종자는 보일러 검사시에는 반드시 입회하여야 한다.
3) 보일러조종자의 직무
   ① 압력, 수위 및 연소상태를 감시할 것
   ② 급격한 부하 변동을 주지 않도록 할 것
   ③ 최고사용압력을 초과하지 않도록
   ④ 안전밸브 기능 유지
   ⑤ 1일 1회 이상 수면측정 장치의 기능을 점검
   ⑥ 적절한 블로우다운으로 보일러수 농축 방지
   ⑦ 급수장치의 기능 유지
   ⑧ 저수위연소차단장치, 화염검출장치, 자동제어장치 점검
   ⑨ 보일러 이상을 발견한 경우 즉시 필요한 조치
   ⑩ 배출된 매연 농도 및 보일러 취급중 이상 유무를 기록
   ⑪ 급수 및 관수의 수질관리를 철저히

01 안전관리 목적과 가장 거리가 먼 것은?

[11/5]

① 생산성의 향상   ② 경제성의 향상
③ 사회복지의 증진   ④ 작업기준의 명확성

★ 안전관리 목적 : 인명존중, 생산성향상, 경제성향상, 결국 사회복지의 증진을 꾀함.

02 산업 재해에 속하지 않은 것은?

[07/1]

① 운반 재해   ② 기계장치 재해
③ 풍수해   ④ 원동기 재해

★ 풍수해는 자연재해에 속한다.

03 안전·보건표지의 색채, 색도기준 및 용도에서 화학물질 취급장소에서의 유해·위험경고를 나타내는 색채는?

[11/4]

① 흰색   ② 빨간색
③ 녹색   ④ 청색

★ 1) 금지표지 : 빨간 테두리(원형)에 흰바탕, 빨간 대각선 추가, 내용 그림은 검은색
2) 경고표지 : 빨간 테두리(마름모)에 흰바탕, 내용 그림은 검은색 또는, 검은 테두리(삼각형)에 노랑 바탕, 내용 그림은 검은색
3) 지시표지 : 파랑 바탕(원형)에 흰색 그림
4) 안내표지 : 녹색 바탕(주로 사각형)에 흰색 그림
* 주로 사업장의 안전보건표지 색깔 : 금지-빨간색, 경고-노란색, 지시-파란색, 안내-녹색으로 구분함.

04 가스용접 중 수소의 고압가스 용기도색으로 맞는 것은?

[09/1]

① 황색   ② 백색
③ 청색   ④ 주황색

★ 고압가스 용기(공업용) 색깔은 가스종류에 따라
황색 : 아세틸렌   산소 : 녹색
탄산 : 청색   주황색 : 수소
〈산록~푸른 탄청산에 올라가, 황아세 안주삼아 수주잔을 기울이니 백암산 염소가 갈색으로 보이고 쥐들마져 기타치며 노래를 부르더라〉

정답   01 ④   02 ③   03 ②   04 ④   05 ②

05 소화기의 비치장소로 가장 적합한 곳은?
[08/5]

① 방화수가 있는 곳에
② 눈에 잘 띄는 곳에
③ 방화사가 있는 곳에
④ 불이 나면 자동으로 폭발할 수 있는 곳에

* 소화기는 눈에 잘 띄는 곳에

06 다음 중 작업 안전 도구가 아닌 것은?
[08/1]

① 안전모　　② 다이아프램
③ 귀마개　　④ 마스크

* 다이어프램 : 박막. 얇은 막으로써 압력계 등의 부품에 사용됨.

07 보일러의 안전관리 상 가장 중요한 것은?
[11/2][10/2]

① 벙커C유의 예열
② 안전 저수위 이하로 감수하는 것을 방지
③ 2차 공기의 조절
④ 연도의 저온부식 방지

* 보일러 안전관리에서 가장 중요한 것은 : 이상감수 방지, 압력초과 방지, 미연소가스 폭발방지 등임.

08 보일러의 안전관리 상 가장 중요한 것은?
[11/4]

① 안전밸브 작동 요령숙지
② 안전저수위 이하 감수방지
③ 버너 조절요령 숙지
④ 화염검출기 및 댐퍼 작동상태 확인

* 보일러 안전관리에서 가장 중요한 것은, 안전저수위 이하 감수 방지, 압력초과 방지, 미연소가스폭발 방지 등이 있음.

09 보일러의 안전 관리 항목으로 다음 중 가장 중요한 것은?
[09/2]

① 연도의 저온부식 방지
② 연료의 예열
③ 2차공기의 조절
④ 안전저수위 이하 감수의 방지

* 안전관리중 가장 중요한 항목 2가지
이상감수 방지(과열사고 방지), 압력초과 방지(파열사고방지)

10 보일러 조종자의 직무로 가장 적절하지 않은 것은?
[11/5] [07/5]

① 압력, 수위 및 연소 상태를 감시할 것
② 급격한 부하의 변동을 주지 않도록 노력할 것
③ 1주일에 1회 이상 수면측정 장치의 기능을 점검할 것
④ 최고사용압력을 초과하지 않도록 할 것

* 수면측정장치는 수면계를 말한다. 수면계의 기능시험은 매일 실시한다. 시험은 점화할 때에 압력이 있는 경우는 점화 직전에 실시하고 압력이 없는 경우에는 증기압력이 상승하기 시작할 때에 실시한다.

11 보일러 취급자가 주의하여 염두에 두어야 할 사항으로 틀린 것은?
[13/5]

① 보일러 사용처의 작업환경에 따라 운전기준을 설정하여 둔다.
② 사용처에 필요한 증기를 항상 발생, 공급할 수 있도록 한다.
③ 증기 수요에 따라 보일러 정격한도를 10% 정도 초과하여 운전한다.
④ 보일러 제작사 취급설명서의 의도를 파악 숙지하여 그 지시에 따른다.

* 보일러 정격한도를 초과하여 운전하지 않도록 유의한다.

12 보일러 취급 책임자가 지켜야 할 사항과 거리가 먼 것은?
[10/2]

① 보일러를 안전하게 취급한다.
② 보일러를 효율적으로 사용하도록 한다.
③ 보일러에 대한 안전점검을 태만히 하지 않도록 한다.
④ 효율이 좋은 보일러를 개발한다.

* 보일러 개발은 보일러취급자의 책임업무가 아님.

정답　06 ②　07 ②　08 ②　09 ④　10 ③　11 ③　12 ④　13 ③

13 보일러 취급 책임자로서 보일러를 관리하는 경우 가장 필요한 자세는?
[08/2]
① 분출작업을 직접 한다.
② 안전밸브의 조정을 직접 한다.
③ 보일러를 안전하게 경제적으로 관리한다.
④ 급수조작을 직접 한다.

14 보일러 운전자의 일반적인 주의 사항으로 틀린 것은?
[08/2]
① 보일러 가동은 정격한도를 넘지 않도록 운전한다.
② 제작사의 취급설명서를 숙지하여 그 지시를 따른다.
③ 증기 수요가 용량에 초과될 경우 과부하운전을 한다.
④ 보일러 사용처의 작업환경에 따라 운전기준을 정한다.

15 보일러조종자의 준수사항으로 틀린 것은?
[10/5]
① 보일러의 안전관리, 운전효율의 향상 및 환경보전을 위해 노력하여야 한다.
② 각종 안전장치의 정상작동여부를 점검하여야 한다.
③ 운전효율의 향상을 위하여 필요한 운전조건을 점검하여야 한다.
④ 조종하는 보일러 검사 시에는 입회하지 않아도 된다.

★ 보일러 검사시 조종자는 입회하여야 한다.

16 보일러 운전에 있어서 에너지 절감을 위한 방법으로 부적합한 것은?
[07/5]
① 전열면을 청결히 유지시켜 전열효율을 높인다.
② 수질관리를 철저히 하여 전열면 내부에 스케일이 축적되지 않도록 한다.
③ 공기비를 높게 유지한다.
④ 배기가스 출구 온도를 가능한 낮춘다.

★ 보일러 운전의 에너지절감은 다음과 같은 방법이 있다.
① 연소효율 높이는 것 : 공기비가 적절하게, 과잉공기는 완전연소가 되는 범위에서 되도록 적게, 급격한 연소조절을 하지 말 것
② 전열효율을 높이는 것(열흡수를 양호하게) : 전열면의 오손을 방지한다. 전열면 외면에 그을음, 검댕이 부착되지 않도록 청소하고 내면에는 스케일이 생성되지 않도록 급수처리와 세관을 철저히 행한다.
③ 기타 열손실을 줄일 것 : 손실열 중 가장 큰 비율을 차지하는 배기가스 손실열을 줄이기 위해 되도록 배기가스 출구온도를 낮추고, 연도내에 폐열회수장치(과열기, 재열기, 절탄기, 공기예열기)를 설치한다.

17 보일러를 옥내에 설치하는 경우 급기구 및 환기구와 조명시설에 대한 설명으로 틀린 것은?
[07/1]
① 연소 및 환경을 유지하기에 충분한 급기구 및 환기구가 설치되어야 한다.
② 천연가스를 사용하는 경우 환기구를 가능한 한 낮게 설치되어야 한다.
③ 급기구는 보일러 배기가스 닥트(duct)의 유효단면적 이상이어야 한다.
④ 보일러에 설치된 계기들을 육안으로 관찰하는데 지장이 없도록 충분한 조명시설이 되어야 한다.

★ 보일러실은 연소 및 환경을 유지하기에 충분한 급기구 및 환기구가 있어야 하며 급기구는 보일러 배기가스 덕트의 유효단면적 이상이어야 하고 도시가스를 사용하는 경우에는 환기구를 가능한 한 높이 설치하여 가스가 누설되었을 때 체류하지 않는 구조이어야 한다.

18 가스연료의 보안설비에 대한 설명으로 틀린 것은?
[09/2]
① 방폭문은 연소실이나 연료에 필요에 따라 배관에 만들어 둔다.
② 화염탐지기는 이상 소화가 되었을 때 즉시 연료를 차단시키기 위한 것이다.
③ 가스연료는 폭발의 위험과 중독, 질식, 사망의 염려가 있으므로 보안설비를 한다.
④ 환기장치는 공기보다 무거운 가스가 정체하여 폭발의 위험이 있는 곳에 높게 설치한다.

★ 공기보다 무거운 가스는 누설시 바닥에 체류하므로, 환기장치는 바닥으로부터 30cm이하에 설치

정답 14 ③ 15 ④ 16 ③ 17 ② 18 ④

보일러 가동 및 정지

가동전 준비, 점화시 주의, 연소관리, 증기압 오를 때 취급, 송기시 취급, 송기후 취급, 보일러 정지
* 신설보일러 준비

> **신설보일러 가동 전 준비사항**
>
> ① 보일러 각 부의 점검 :
>   내부점검, 연소실 및 연도의 점검, 계측기 및 밸브점검, 자동제어장치 점검, 부속장치 점검, 급수장치, 연소장치, 통풍장치
> ② 알칼리 세정(약액 끓이기, 소다보링)
>   제작과정에서 보일러 내부에 부착되는 유지나 페인트, 녹 등을 제거하기 위해 내면을 약액으로 씻어낸다.
>   * 사용약품 : 3인산나트륨, 탄산나트륨, 수산화나트륨
> ③ 벽돌 및 내화물의 건조

01 신설 보일러의 사용전 점검사항으로 틀린 것은?
[12/4][10/2]

① 노벽은 가동 시 열을 받아 과열 건조되므로 습기가 약간 남아 있도록 한다.
② 연도의 배플, 그을음 제거기 상태, 댐퍼의 개폐상태를 점검한다.
③ 기수분리기와 기타 부속품의 부착상태와 공구나 볼트, 너트, 헝겊 조각 등이 남아있는가를 확인한다.
④ 압력계, 수위제어기, 급수장치 등 본체와의 접속부 풀림, 누설, 콕의 개폐 등을 확인한다.

> * 노벽, 연도의 벽돌, 내화물은 가급적 잘 건조시킨다. 노벽에 습기가 있을 경우 가동시 급격히 건조되면서 균열이 발생할 수 있다. 건조는 자연건조 후 화기에 의한 건조를 실시한다. 또, 신설보일러는 가동전 반드시 알칼리세정(소다보일링)을 해야 한다.
> 제작시 동내부에 부착된 유지, 페인트류, 녹 등을 제거하기 위해 내면을 약액으로 씻어낸다. 약품은 제3인산나트륨, 탄산나트륨, 수산화나트륨, 기타 계면활성제를 첨가하여 끓여 낸 다음 취출과 급수를 교대로 하여 깨끗한 물로 씻어낸다.

02 신설 보일러의 설치 제작 시 부착된 페인트, 유지, 녹 등을 제거하기 위해 소다보링(Soda Boiling) 할 때 주입하는 약액 성분에 포함되지 않는 것은?
[12/4]

① 탄산나트륨   ② 수산화나트륨
③ 불화수소산   ④ 제3인산나트륨

> * 소다보링은 보일러 제작시 동내부에 남은 페인트, 기름기, 녹 등을 제거하기 위해 사용하며, 알칼리성 약품을 사용한다.(소다 종류) 탄산소다(탄산나트륨), 가성소다(수산화나트륨), 제3인산소다(제3인산나트륨) 등을 사용한다.
> 불화수소산(HF)는 스케일(물 때) 제거를 위해 산세관할 때 유리질(실리카) 성분의 스케일을 용해하기 위해 첨가하는 용해촉진제로 사용된다.

03 소다끓임은 보통 신제품 또는 수선한 보일러를 사용하기 전에 보일러 저부에 부착된 유류나 페인트, 녹 등을 제거하기 위한 것으로 소다끓임의 약액에 포함 되지 않는 것은?
[08/5]

① 탄산나트륨   ② 염화나트륨
③ 수산화나트륨   ④ 제3인산나트륨

> * 소다보링 약액 - 탄산소다, 가성소다(수산화나트륨), 인산소다
> ※ 소다끓임=소다보링(Soda Boiling)

04 보일러의 소다 끓임에 대한 설명으로 틀린 것은?
[09/1]

① 동체 내부의 장착물을 가능한 다 떼어내어 보일러 내부 수면을 조금 높게 한 다음 소다끓임을 한다.
② 작업에 관계없는 구멍이나 맨홀을 막는다.
③ 액체의 순환이나 검수에 필요한 배관을 한다.
④ 수관보일러는 소다끓임 전에 기름 세척을 해두는 것이 좋다.

> * 소다 끓임 : 가동전 소다(탄산소다, 가성소다, 인산소다)등을 넣고 2~3일간 반복하여 끓여낸다. - 제작시 발생한 유지분, 페인트제거

정답 01 ① 02 ③ 03 ② 04 ④

05 신설 보일러의 사용 전 내부 점검 사항으로 틀린 것은?

[09/5][08/2]

① 기수분리기, 기타부품의 부착상황을 확인하고 공구나 볼트, 너트, 헝겊조각 등이 보일러에 들어 있는지 점검한다.
② 내부에 이상이 없는지 확인하고 맨홀, 검사구 등 수압시험에 사용한 평판 등이 제거되어 있는지 각 구멍을 점검한 후 닫혀있는 뚜껑을 전부 열어 개방한다.
③ 내부의 공기를 빼고 밸브를 열어 놓은 상태로 급수하고 수위가 상승할 때 저수위 경보기, 연료차단장치 등의 인터록이 정확하게 작동하는지 확인한다.
④ 만수시킨 후 공기가 완전히 빠졌는지 확인한 뒤 공기빼기 밸브를 닫고 정상사용압력보다 10% 이상의 수압을 가하여 각부가 새지 않는지 확인한다.

* 신설보일러의 점검
  ① 소다보링 : 가동전 소다(탄산소다, 가성소다, 인산소다)등을 넣고 2~3일간 반복하여 끓여낸다. - 제작시 발생한 유지분, 페인트제거
  ② 내부점검, 노 및 연도내의 점검, 부속품 정비 상황점검, 부속장치점검, 자동제어점검
  ③ 각 구멍을 점검한 후 열려 있는 뚜껑을 전부 닫고 밀폐시킨다.

장기 휴지보일러 사용전 준비

01 장기 휴지보일러의 사용 전 준비사항으로 연소계통의 점검에 관한 설명으로 틀린 것은?

[09/1]

① 기름탱크의 유량, 가스압력을 확인하여 연료공급에 차질이 생기지 않도록 한다.
② 연료배관은 연료가 누설되지 않은지 점검하고 연료밸브를 닫아 놓는다.
③ 화염검출기의 오염여부를 확인하고 유리면을 깨끗이 닦는다.
④ 연도 댐퍼가 잠겨 있는지 확인하고 열어 놓는다.

* 연료 배관의 누설여부를 점검하고 연료밸브를 열어 놓는다.

02 장시간 사용을 중지하고 있던 보일러의 점화 준비에서, 부속장치 조작 및 시공으로 틀린 것은?

[15/4][10/5][07/4]

① 댐퍼는 굴뚝에서 가까운 것부터 차례로 연다.
② 통풍장치의 댐퍼 개폐도가 적당한지 확인한다.
③ 흡입통풍기가 설치된 경우는 가볍게 운전한다.
④ 절탄기나 과열기에 바이패스가 설치된 경우는 바이패스 댐퍼를 닫는다.

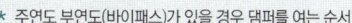

* 주연도 부연도(바이패스)가 있을 경우 댐퍼를 여는 순서

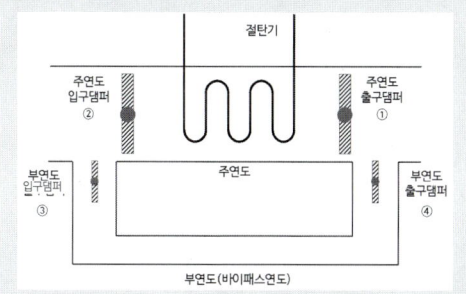

주연도 댐퍼를 닫고 바이패스 댐퍼를 먼저 열어 놓는다. 절탄기 등에 급수 유동을 확인하고, ① 열고 ② 열고 ③ 닫고 ④ 닫는다.
* 과열기, 절탄기 등의 내부에 유체가 유동하지 않을 때 연소가스가 직접적으로 접촉하지 않도록 주연도를 닫고 바이패스 연도를 열어놓는다. 과열기, 절탄기 내에 유체(증기, 물)가 유동하기 시작하면 주댐퍼를 열고 바이패스 댐퍼를 닫는다.

사용 중 보일러 점화전 주의사항

상용보일러 가동 전 준비사항

① 급수계통 : 수위 확인, 급수장치, 분출장치, 공기빼기밸브
  * 공기빼기밸브는 증기가 발생하기 전까지 열어 놓는다.
② 연소계통 : 연소실 및 연도내의 환기의 실시
  연소장치 점검
  * 환기시간은 5분이상
③ 계측 및 제어장치 : 압력계, 자동제어장치

01 평소 사용하고 있는 보일러의 가동 전 준비사항으로 틀린 것은?

[13/2][10/4]

① 각종기기의 기능을 검사하고 급수계통의 이상 유무를 확인한다.
② 댐퍼를 닫고 프리퍼지를 행한다.
③ 각 밸브의 개폐상태를 확인한다.
④ 보일러수의 물의 높이는 상용 수위로 하여 수면계로 확인한다.

★ 점화전 프리퍼지(노내환기)를 하려면 댐퍼를 열어야 한다.

02 보일러를 가동하기 전 운전자가 준비 및 점검사항으로 틀린 것은?

[09/2]

① 보일러 운전자는 수면계를 확인하여 보일러 수위가 정상인지 점검할 것
② 보일러 운전자는 최고 사용 압력을 초과 상승하지 않도록 확인 점검할 것
③ 보일러 운전자는 급수 탱크에 저장 용수가 정상인가 확인 점검할 것
④ 보일러 운전자는 연료계통의 상태가 정상인지 확인 점검할 것

★ 가동하기 전이므로 최고사용압력에는 도달하지 않음.

03 사용 중인 보일러의 점화 전 주의사항으로 틀린 것은?

[15/5][12/1]

① 연료 계통을 점검한다.
② 각 밸브의 개폐 상태를 확인한다.
③ 댐퍼를 닫고 프리퍼지를 한다.
④ 수면계의 수위를 확인한다.

★ 댐퍼를 열고 프리퍼지(점화전 노내환기)를 행함.

04 사용 중인 보일러의 점화 전에 점검해야 될 사항으로 가장 거리가 먼 것은?

[12/2][09/4]

① 급수장치, 급수계통 점검
② 보일러 동내 물때 점검
③ 연소장치, 통풍장치의 점검
④ 수면계의 수위확인 및 조정

★ 상용 보일러의 점화전 준비
 1) 급수계통 점검 : 수위, 급수장치, 분출장치, 공기빼기밸브
 2) 연소계통 점검 : 연소실 및 연도내 환기, 연소장치
 3) 계측 및 제어장치 점검 : 압력계 점검, 자동제어장치 점검
★ 보일러 동내 물 때(스케일) 점검은 정기점검시 항목임

05 사용 중인 보일러의 점화 전에 확인·점검사항과 관련이 없는 것은?

[07/2]

① 각종 계기류의 제어장치를 확인한다.
② 수저 분출밸브의 잠긴 상태를 점검한다.
③ 연료계통 및 급수계통을 점검한다.
④ 연료의 발열량을 확인하고, 성분을 점검한다.

★ 상용보일러의 점화전 준비
 ① 급수계통 점검, 수위 확인
 ② 분출장치 점검, 공기빼기 밸브 점검
 ③ 연료계통 점검, 프리퍼지(노내환기)
 ④ 연소장치 점검
 ⑤ 계측, 제어장치 점검
 ⑥ 압력계점검

06 점화전 댐퍼를 열고 노내와 연도에 체류하고 있는 가연성 가스를 송풍기로 취출시키는 작업은?

[10/2]

① 분출   ② 송풍
③ 프리퍼지 ④ 포스트퍼지

★ 점화전 노내환기 : 프리퍼지
 실화 또는 정지후 노내환기 : 포스트퍼지

정답 01 ② 02 ② 03 ③ 04 ② 05 ④ 06 ③

07 보일러 점화전에 댐퍼를 열고 노내와 연도에 남아있는 가연성 가스를 송풍기로 취출 시키는 것은?
[11/2]

① 프리퍼지 ② 포스트퍼지
③ 에어드레인 ④ 통풍압 조절

★ 프리퍼지 - 가동전 댐퍼를 열고 노내 환기
  포스트퍼지 - 가동후 댐퍼를 열고 노내 환기

08 가스연소장치에서 보일러 자동점화 시에 가장 먼저 확인하여야 하는 사항은?
[11/2]

① 노내 환기 ② 화염 검출
③ 점화 ④ 전자밸브 열림

★ 점화전 프리퍼지가 가장 먼저 시행되어야 한다.

09 보일러 점화전 수위확인 및 조정에 대한 설명 중 틀린 것은?
[13/5][11/4]

① 수면계의 기능테스트가 가능한 정도의 증기압력이 보일러 내에 남아 있을 때는 수면계의 기능시험을 해서 정상인지 확인한다.
② 2개의 수면계의 수위를 비교하고 동일수위인지 확인한다.
③ 수면계에 수주관이 설치되어 있을 때는 수주연락관의 체크밸브가 바르게 닫혀 있는지 확인한다.
④ 유리관이 더러워졌을 때는 수위를 오인하는 경우가 있기 때문에 필히 청소하거나 또는 교환하여야 한다.

★ 본체와 수면계 사이에 수주을 설치하고 수주에 수면계를 부착한다. 수주 연락관 또는 수면계 연락관에는 콕크 또는 밸브를 설치한다. (체크밸브가 아님) 수주 연락관의 밸브가 열려 있는지 확인한다.

10 증기 보일러에서 수면계의 점검시기로 적절하지 않는 것은?
[12/5]

① 2개의 수면계 수위가 다를 때 행한다.
② 프라이밍, 포밍 등이 발생할 때 행한다.
③ 수면계 유리관을 교체하였을 때
④ 보일러의 점화 시에 행한다.

★ 수면계 기능시험은 매일 실시한다. 점검시기는
  ① 점화할 때에 압력이 있을 경우 점화 직전에 실시
  ② 점화할 때에 압력이 없는 경우 증기압력이 상승하기 시작할 때 실시
  ③ 2개 수면계 수위가 다를 때, 프라이밍 또는 포밍이 발생할 때, 유리관 교체 시, 수위 움직임이 둔하고 의심이 생길 때, 취급담당자 교대 시

11 증기 보일러에서 수면계의 점검시기에 대한 설명을 틀린 것은?
[10/1]

① 2개의 수면계 수위가 다를 때 행한다.
② 프라이밍, 포밍 등이 발생할 때 행한다.
③ 수면계 유리관을 교체하였을 때 행한다.
④ 보일러의 점화 후에 행한다.

★ 보일러 가동하기 전, 보일러를 가동하여 압력이 상승하기 시작했을 때, 수위의 움직임이 둔하고 정확한 수위인지 아닌지 의문이 생길 때, 취급담당자 교대시 다음 인계자가 사용할 때 수면계 기능시험을 한다.

12 수면계의 기능시험 시기로 틀린 것은?
[10/2][07/2]

① 보일러를 정상적으로 가동하고 있을 때
② 2개 수면계의 수위에 차이를 발견했을 때
③ 수면계의 유리를 교체했을 때
④ 프라이밍, 포밍 등이 발생했을 때

★ 보일러 정상적으로 가동될 때, 수위가 예민하게 움직일 때는 정상이므로 기능시험을 하지 않는다.
★ 보일러 가동전 수면계 시험을 한다.

13 보일러 수면계를 시험할 필요가 없는 경우는?
[08/1]

① 프라이밍, 포밍을 일으킬 때
② 2개의 수면계 수위가 서로 상이할 때
③ 수면계 수위가 의심스러울 때
④ 수위의 움직임이 예민할 때

★ 수면계가 예민하게 움직일 때는 수면계 기능이 정상이므로 점검대상이 아니다.

정답 07 ① 08 ① 09 ③ 10 ④ 11 ④ 12 ① 13 ④

14 보일러 수면계의 기능시험 시기로 적합하지 않는 것은?

[09/4]

① 프라이밍, 포밍 등이 생길 때
② 보일러를 가동하기 전
③ 2개 수면계의 수위에 차이를 발견했을 때
④ 수위의 움직임이 민감하고 정확할 때

> ★ 수면계 점검시기
>   ① 보일러의 점화전
>   ② 두 개의 수면계가 서로 다를 때
>   ③ 증기의 압력이 올라갈 때
>   ④ 포밍, 프라이밍 발생시
>   ⑤ 수면계를 교체 후
>   ※ 수면계 수면이 예민하게 움직이는 것은 정상임.

15 수면계의 점검순서 중 가장 먼저 해야 하는 사항으로 적당한 것은?

[10/5]

① 드레인 콕을 닫고 물콕을 연다.
② 물콕을 열어 통수관을 확인한다.
③ 물콕 및 증기콕을 닫고 드레인 콕을 연다.
④ 물콕을 닫고 증기콕을 열어 통기관을 확인한다.

★ 수면계 점검순서

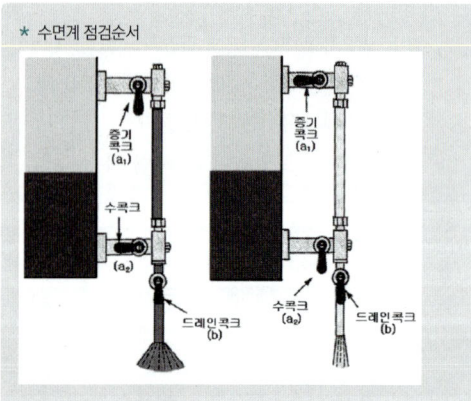

> ① 상하 콕크를 닫고, 드레인 콕크를 열어 유리관 내의 물을 내보낸다.
> ② 하부에 있는 수콕크를 열어 물만 내보낸다. 분출상태를 보고 수콕크를 닫는다.
> ③ 증기콕크를 열어 증기만을 내보낸다. 분출상태를 보고 증기콕크를 닫는다.
> ④ 드레인 콕크를 닫고 증기콕크를 조금씩 열어 유리관을 따뜻하게 하고 계속해서 수콕크를 연다.

16 점화준비에서 보일러내의 급수를 하려고 한다. 이때 주의사항으로 잘못된 것은?

[11/2][08/4]

① 과열기의 공기밸브를 닫는다.
② 급수예열기는 공기밸브, 물빼기 밸브로 공기를 제거하고 물을 가득 채운다.
③ 열매체 보일러인 경우는 열매를 넣기 전에 보일러 내에 수분이 없음을 확인한다.
④ 본체 상부의 공기밸브를 열어둔다.

> ★ 과열기의 공기밸브를 열고 공기를 뺀 후 닫는다.

17 보일러내의 급수시 주의사항으로 틀린 것은?

[10/1]

① 본체 상부 및 과열기의 공기밸브는 열어 둔다.
② 과열기가 증기발생시 까지 사이에 소손할 염려가 있는 경우에는 제조자의 매뉴얼에 따른다.
③ 급수예열기는 공기밸브, 물빼기 밸브로 공기를 제거하고 물을 가득 채운다.
④ 열매를 사용하는 보일러는 열매를 넣기 전에 보일러나 배관 계통내에 수분이 있는 것을 확인하여야 한다.

> ★ 열매를 사용하는 보일러는 열매를 넣기 전에 보일러나 배관 계통내에 수분이 없는 것을 확인하여야 한다. 열매체(특수열매체)는 주로 기름과 같은 성분으로 물과 혼합되지 않는다.

18 상용보일러의 점화 전 연소계통의 점검에 관한 설명으로 틀린 것은?

[12/5]

① 중유예열기를 가동하되 예열기가 증기가열식인 경우에는 드레인을 배출시키지 않은 상태에서 가열한다.
② 연료배관, 스트레이너, 연료펌프 및 수동차단밸브의 개폐상태를 확인한다.
③ 연소가스 통로가 긴 경우와 구부러진 부분이 많을 경우에는 완전한 환기가 필요하다.
④ 연소실 및 연도 내의 잔류가스를 배출하기 위하여 연도의 각 댐퍼를 전부 열어놓고 통풍기로 환기시킨다.

> ★ 중유예열기가 증기가열식인 경우, 가동전 드레인(응축수)를 배출시킨 후 가열한다.

정답 14 ④ 15 ③ 16 ① 17 ④ 18 ①

19 보일러 분출 작업 시의 주의사항으로 틀린 것은?
[10/2]

① 분출작업이 끝날 때까지 다른 작업을 하지 않는다.
② 분출작업은 2대의 보일러를 동시에 행하지 않는다.
③ 분출작업 종료 후는 분출밸브를 확실히 닫고 누수를 확인한다.
④ 분출작업은 가급적 보일러 부하가 클 때 행한다.

* 분출작업은 가급적 보일러 부하가 가장 작을 때, 또는 가동전에 행한다.

20 보일러수의 분출에 관한 설명 중 틀린 것은?
[09/5]

① 계속 운전 중인 보일러는 부하가 가장 클 때 분출을 행한다.
② 분출작업은 2대의 보일러를 동시에 행하면 안된다.
③ 분출작업이 끝날 때까지는 다른 작업을 하여서는 안 된다.
④ 야간에 쉬던 보일러는 아침의 조업 직전에 분출을 행한다.

* 분출요령 : 1일 1회, 2인 1조
  분출작업중 타작업 금지
  계속 가동중인 보일러는 부하가 가장 적을 때
  안전 저수위가 되지 않도록

21 보일러 분출작업시의 주의사항으로 틀린 것은?
[08/2]

① 안전저수위 이하로 내려가지 않도록 한다.
② 2인 1조가 되어 분출작업을 한다.
③ 2대의 보일러를 동시에 분출시켜서는 안된다.
④ 연속운전인 보일러에는 부하가 가장 클 때 실시한다.

* 분출작업 : 2인 1조로 한다.(타작업금지)
  부하가 가장 적을 때 한다.(계속가동중인 경우)
  보일러 점화전에 분출
  고수위, 포밍, 프라이밍 발생시

보일러 점화 시 주의사항

 보일러의 점화시 일반 주의사항

① 연료가스 유출속도 너무 빠르면 실화, 너무 늦으면 역화
② 연소실 온도가 낮으면 연료 확산 불량, 착화 불량
③ 연료 예열온도 낮으면 무화불량, 화염 편류, 그을음, 분진
④ 연료 예열온도 높으면 기름분해, 분무불량, 탄화물생성
⑤ 유압이 낮으면 점화 및 분사불량, 높으면 그을음 축적
⑥ 점화시간이 늦으면 연소실 내로 연료가 유입되어 역화
⑦ 프리퍼지 시간(30초~3분)이 너무 길면 연소실 냉각, 너무 짧으면 역화

01 점화조작 시 주의사항에 관한 설명으로 틀린 것은?
[13/4]

① 연료가스의 유출속도가 너무 빠르면 실화 등이 일어날 수 있고, 너무 늦으면 역화가 발생할 수 있다.
② 연소실의 온도가 낮으면 연료의 확산이 불량해지며 착화가 잘 안된다.
③ 연료의 예열온도가 너무 높으면 기름이 분해되고, 분사 각도가 흐트러져 분무상태가 불량해지며, 탄화물이 생성될 수 있다.
④ 유압이 너무 낮으면 그을음이 축적될 수 있고, 너무 높으면 점화 및 분사가 불량해질 수 있다.

* 유압이 낮으면 점화 및 분사가 불량하고 높으면 그을음이 축적된다.

02 보일러의 점화조작 시 주의사항에 대한 설명으로 잘못된 것은?
[12/5]

① 연료가스의 유출속도가 너무 빠르면 역화가 일어나고, 너무 늦으면 실화가 발생하기 쉽다.
② 연료의 예열온도가 낮으면 무화불량, 화염의 편류, 그을음, 분진이 발생하기 쉽다.
③ 유압이 낮으면 점화 및 분사가 불량하고 유압이 높으면 그을음이 축적되기 쉽다.
④ 프리퍼지 시간이 너무 길면 연소실의 냉각을 초래하고, 너무 짧으면 역화를 일으키기 쉽다.

★ 연료가스의 유출속도가 너무 빠르면 실화 등이 일어나고 너무 늦으면 역화가 발생한다. 연료의 예열온도가 높으면 기름이 분해되고, 분사각도가 흐트러져 분무상태가 불량해지며, 탄화물이 생성된다.

03 보일러 점화조작 시 주의사항에 대한 설명으로 틀린 것은?
[13/1]

① 연소실의 온도가 높으면 연료의 확산이 불량해져서 착화가 잘 안된다.
② 연료가스의 유출속도가 너무 빠르면 실화 등이 일어나고, 너무 늦으면 역화가 발생한다.
③ 연료의 유압이 낮으면 점화 및 분사가 불량하고 높으면 그을음이 축적된다.
④ 프리퍼지 시간이 너무 길면 연소실의 냉각을 초래하고 너무 늦으면 역화를 일으킬 수 있다.

★ 연소실의 온도가 높을수록 연료의 확산이 잘되고 착화가 잘된다.

04 보일러 점화시의 주의사항으로 잘못 설명된 것은?
[07/1]

① 버너가 2개일 때는 동시 점화할 것
② 노내의 통풍압을 제일 먼저 조절할 것
③ 프리퍼지를 한 후 점화할 것
④ 점화 후에는 정상 연소가 되는지 확인할 것

★ 버너가 2개일 때는 아래쪽 버너부터 점화할 것

 가스보일러의 점화

① 가스누설 : 가스누설검출기, 가스검출액 또는 비눗물을 이용하여 확인
② 점화용 가스는 화력이 좋은 것을 사용
③ 착화실패 시 가스공급 차단, 점화용 파이로트버너를 끈 후 연소실과 연도체적의 약 4배이상 공기로 충분히 환기

01 가스보일러의 점화 시 주의사항으로 틀린 것은?
[09/4]

① 가스가 누출되는 곳이 있는지 면밀히 점검한다.
② 가스 압력이 적정하고 안정되어 있는가를 점검한다.
③ 점화용 가스는 화력이 나쁜 것을 사용해야 한다.
④ 연소실 및 굴뚝의 통풍, 환기는 완벽하게 하는 것이 필요하다.

★ 점화시 불씨는 큰 것을 사용하여 점화하도록 한다.

02 가스보일러의 점화 시 주의사항으로 틀린 것은?
[11/5][10/4][08/5]

① 점화용 가스는 화력이 좋은 것을 사용하는 것이 필요하다.
② 연소실 및 굴뚝의 환기는 완벽하게 하는 것이 필요하다.
③ 착화 후 연소가 불안정할 때에는 즉시 가스공급을 중단한다.
④ 콕(cock), 밸브에 소다수를 이용하여 가스가 새는지 확인한다.

★ 가스가 누설되는지 면밀히 점검하여야 한다. 콕크, 밸브에 가스누설검출기, 가스검출액, 또는 비눗물을 이용하여 가스가 새는지 확인한다.

03 가스보일러 점화시의 주의사항으로 틀린 것은?
[11/4]

① 점화는 순차적으로 작은 불씨로부터 큰 불씨로 2~3회로 나누어 서서히 한다.
② 노내 환기에 주의하고, 실화 시에도 충분한 환기가 이루어진 뒤 점화한다.
③ 연료 배관계통의 누설유무를 정기적으로 점검한다.
④ 가스압력이 적정하고 안정되어 있는지 점검한다.

★ 점화는 큰 불씨로 1회에 행한다.

정답 03 ① 04 ① 01 ③ 02 ④ 03 ①

04 가스연소장치의 점화요령으로 맞는 것은?

[11/1]

① 점화전에 연소실 용적의 약 1/4배 이상 공기량으로 환기한다.
② 기름연소장치와 달리 자동 재 점화가 되지 않도록 한다.
③ 가스압력이 소정압력 보다 2배 이상 높은지를 확인하고 착화는 2회에 이루어지도록 한다.
④ 착화 실패나 갑작스런 실화 시 원인을 조사한 후 연료공급을 중단한다.

> ★ ① 점화용가스는 화력이 좋은 것을 사용한다.
> ② 연소실 및 굴뚝의 통풍, 환기는 완벽하게 해야 한다.
> ③ 착화후 연소가 불안정할때는 즉시 가스공급을 중단
> ④ 착화가 실패한 경우 가스공급을 차단하고 점화용 파이로트버너를 끈 후 연소실과 연도 체적의 약 4배이상의 공기로 충분히 환기해야 한다.
> ⑤ 유류연소장치와 달리 폭발위험이 크므로 자동 재점화가 되지 않도록 한다.

개념원리 유류보일러의 점화

① 자동점화 순서 : 송풍기 기동→연료펌프 기동→프리퍼지→점화용 버너착화→주버너 착화
② 수동조작 점화 방법
 - 연료가 중유인 경우 예열 (80~130℃정도)
 - 점화용 점화봉 준비(1m 이상)
 - 필히 점화봉 이용하여 점화, 연소실벽의 열로 점화금지
 - 점화시 2~5초 이내에 착화하지 않으면 점화조작 중지
 - 불착화시 연소실 환기후 재점화
 - 버너가 2대 이상인 경우 아래에 있는 버너부터 점화

01 유류보일러의 자동장치 점화방법의 순서가 맞는 것은?

[13/2][08/4]

① 송풍기 기동 → 연료펌프 기동 → 프리퍼지 → 점화용 버너 착화 → 주버너 착화
② 송풍기 기동 → 프리퍼지 → 점화용 버너 착화 → 연료펌프 기동 → 주버너 착화
③ 연료펌프 기동 → 점화용 버너 착화 → 프리퍼지 → 주버너 착화 → 송풍기 기동
④ 연료펌프 기동 → 주버너 착화 → 점화용 버너 착화 → 프리퍼지 → 송풍기 기동

★ 자동점화순서 : 송풍기 기동 → 연료펌프 기동 → 프리퍼지 → 점화용 버너 착화 → 주버너 착화

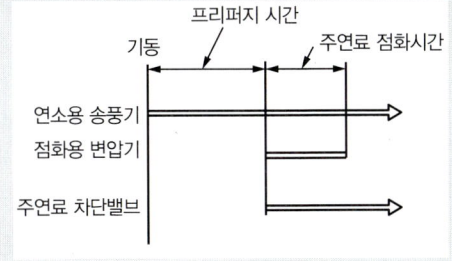

(a) 직접 점화의 경우

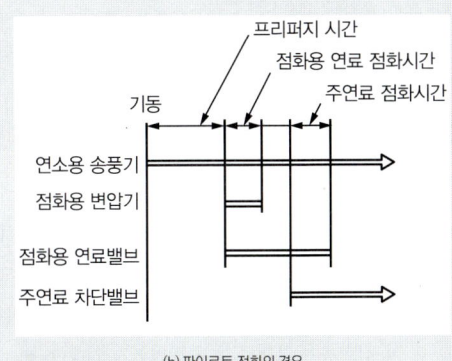

(b) 파이로트 점화의 경우

02 다음 보기를 보고 기름보일러의 수동조작 점화요령 순서로 가장 적절한 것은?

[09/2][11/1]

〈보기〉

① 연료밸브를 연다. ② 버너를 기동한다.
③ 노내 통풍압을 조절한다.
④ 점화봉에 점화하여 연소실내 버너 끝의 전방하부 10cm 정도에 둔다.

① ③-④-②-① ② ①-②-③-④
③ ②-①-④-③ ④ ④-②-③-①

> ★ 수동점화시 프리퍼지(노내환기)를 마친 후 노내통풍압을 먼저 조절하고 불씨(점화봉)를 버너 하부에 넣은 다음 버너를 기동하고 마지막에 연료밸브를 연다.

04 ② 01 ① 02 ①

03 기름연소 보일러의 수동점화 시 5초 이내에 점화되지 않으면 어떻게 해야 하는가?

[12/4]

① 연료밸브를 더 많이 열어 연료공급을 증가시킨다.
② 연료 분무용 증기 및 공기를 더 많이 분사시킨다.
③ 점화봉을 그대로 두고 프리퍼지를 행한다.
④ 불착화 원인을 완전히 제거한 후에 처음 단계부터 재점화 조작한다.

★ 수동점화시 5초이내 점화되지 않으면 불씨를 제거하고 프리퍼지 후 재점화작업을 한다.

04 기름 연소 보일러의 수동점화시 5초 이내에 점화되지 않으면 어떻게 해야 하는가?

[07/2]

① 연료 밸브를 더 많이 열어 연료공급을 증가시킨다.
② 연료 분무용 증기 및 공기를 더 많이 분사시킨다.
③ 불씨를 제거하고 처음 단계부터 재점화 조작한다.
④ 점화봉은 그대로 두고 프리퍼지를 행한다.

★ 수동점화시 5초이내 점화되지 않으면 불씨를 제거하고 프리퍼지 후 재점화작업을 한다.

05 유류보일러의 수동조작 점화방법 설명으로 틀린 것은?

[09/2][07/5]

① 연소실 내의 통풍압을 조절한다.
② 점화봉에 불을 붙여 연소실 내 버너 끝의 전방하부 1m 정도에 둔다.
③ 증기분사식은 응축수를 배출한다.
④ 버너의 기동스위치를 넣거나 분무용 증기 또는 공기를 분사시킨다.

★ 점화봉에 불을 붙여 연소실 내 버너 끝의 전방하부 10cm 정도에 둔다.

06 보일러를 수동조작으로 점화할 때 방법으로 틀린 것은?

[10/5]

① 연료가 중유인 경우에도 점도가 분무조건에 알맞게 되도록 예열한다.
② 점화봉을 이용하여 반드시 점화한다.
③ 연료의 종류 및 연소실 열부하에 따라서 2~5초간의 점화제한 시간을 설정한다.
④ 버너가 2대 이상인 경우 2대를 동시에 점화시킨다.

★ 버너가 2대 이상인 경우 수동점화시에는 맨 아래쪽 버너부터 점화한다.

07 보일러 점화 시 역화 현상이 발생하는 원인이 아닌 것은?

[11/4]

① 기름 탱크에 기름이 부족할 때
② 연료밸브를 과다하게 급히 열었을 때
③ 점화 시에 착화가 늦어졌을 때
④ 댐퍼가 너무 닫힌 때나 흡입통풍이 부족할 때

★ 기름 탱크에 기름이 부족하면 결국 불이 꺼지게 되며 버너가 정지한다.

정답 03 ④ 04 ③ 05 ② 06 ④ 07 ①

보일러 증기압력 상승시 운전

1) 증기압력 상승시 운전관리
   ① 공기빼기 : 증기가 발생하여 공기빼기밸브에서 증기가 나오기 시작하면 운전 전에 열어 놓았던 공기빼기 밸브를 닫는다.
   ② 누설점검 : 수면계, 분출밸브, 각 연결 플랜지, 부속품 연결부 등의 누설 확인
   ③ 압력감시, 연소조정
   ④ 수위감시
   ⑤ 급수장치 기능확인
   ⑥ 분출장치 기능확인 : 압력이 상승하는 시점에서 분출을 실시하고 분출밸브, 분출콕크 조작이 원활히 될 수 있는지 확인 후 잠근다.
2) 연소 시작시의 부속설비관리
   ① 급수예열기 : 연소가스를 바이패스 시켜 물이 급수예열기를 유동하게 한 후 연소가스를 급수예열기로 보낸다. 댐퍼조작은 급수예열기 연도 출구댐퍼를 먼저 연 다음에 입구댐퍼를 열고 최후에 바이패스연도 댐퍼를 닫는다.
   ② 과열기 : 출구측 관모음헤더의 드레인밸브를 전개하고 입구와 중간 관모음헤더의 드레인밸브는 조금 열어 과열기의 증기를 유동시켜 과열을 막는다.

01 보일러의 증기압력 상승시의 운전관리에 관한 일반적 주의사항으로 거리가 먼 것은? [12/2]

① 보일러에 불을 붙일 때는 어떠한 이유가 있어도 급격한 연소를 시켜서는 안된다.
② 급격한 연소는 보일러 본체의 부동팽창을 일으켜 보일러와 벽돌 쌓은 접촉부에 틈을 증가시키고 벽돌사이에 벌어짐이 생길 수 있다.
③ 특히 주철제 보일러는 급냉급열시에 쉽게 갈라질 수 있다.
④ 찬물을 가열할 경우에는 일반적으로 최저 20분~30분 정도로 천천히 가열한다.

★ 찬물을 가열할 경우에는 일반적으로 최저 1~2시간 정도로 천천히 가열한다.

02 증기압이 오르기 시작할 때의 보일러 취급방법으로 맞지 않는 것은? [09/5]

① 분출장치의 누설유무를 확인 한다.
② 가열에 따른 팽창으로 수위의 변동을 확인 한다.
③ 공기 배제 후 공기빼기 밸브를 연다.
④ 급수장치의 기능을 확인 한다.

★ 증기압이 오르기 시작하면 공기배제후 공기빼기밸브를 닫는다

03 보일러 운전시 공기빼기 밸브의 점검으로 가장 적절한 것은? [08/5]

① 공기빼기 밸브는 증기가 발생하기 전까지 닫아 놓는다.
② 공기빼기 밸브는 증기가 발생하기 전까지 열어 놓는다.
③ 공기빼기 밸브는 증기가 발생하기 전이나 후에도 닫아 놓는다.
④ 공기빼기 밸브는 증기가 발생하기 전이나 후에도 열어 놓는다.

★ 증기가 발생하기 시작하면 발생되는 증기로 인해 관내의 공기가 함께 배출되며, 공기배출후 공기빼기 밸브를 닫는다.

04 연소 시작 시 부속설비 관리에서 급수 예열기에 대한 설명으로 틀린 것은? [12/1]

① 바이패스 연도가 있는 경우에는 연소가스를 바이패스 시켜 물이 급수예열기 내를 유동하게 한 후 연소가스를 급수예열기 연도에 보낸다.
② 댐퍼 조작은 급수예열기 연도의 입구 댐퍼를 먼저 연 다음에 출구 댐퍼를 열고 최후에 바이패스연도 댐퍼를 닫는다.
③ 바이패스 연도가 없는 경우 순환관을 이용하여 급수예열기 내의 물을 유동시켜 급수예열기 내부에 증기가 발생하지 않도록 주의한다.
④ 순환관이 없는 경우는 보일러에 급수하면서 적량의 보일러수 분출을 실시하여 급수예열기 내의 물을 정체시키지 않도록 하여야 한다.

정답 01 ④   02 ③   03 ②   04 ②

★ 절탄기 운전관리는 다음과 같다.
1) 바이패스 연도가 있는 경우에는 연소가스를 바이패스 연도에 보내어 물이 절탄기 내를 유동하게 한 후 연소가스를 절탄기 연도에 보낸다. 이 경우 댐퍼조작은 절탄기 연도의 출구 댐퍼를 먼저 열고 다음에 입구 댐퍼를 연 다음 최후에 바이패스 연도 댐퍼를 닫는다.
2) 바이패스 연도가 없는 경우에는 순환관을 이용하여 절탄기내의 물을 유동시켜 절탄기 내부에 증기가 발생하지 않도록 주의하여야 한다.
3) 순환관이 없는 경우는 보일러에 급수하면서 적량의 보일러수의 분출을 실시하여 절탄기내의 물을 정체시키지 않도록 한다.

★ 일반적으로 보일러를 가동하여 송기하기까지 급수,분출→점화→댐퍼조절→증기밸브개방 의 순서로 행한다.

사용 중 보일러 송기시 취급

 송기시 취급

1) 송기시 주의 : 주증기 밸브 서서히 개방
응축수배출→주증기관에 소량의 증기를 보내 관을 예열→주증기밸브 서개→완전히 연 후 조금 닫는다.
2) 송기시 이상현상
① 포밍 : 보일러수면이 거품으로 덮히는 현상
② 프라이밍(=비수현상) : 본체내의 보일러수 수면에서 격렬한 비등과 함께 물방울이 튀어오르는 현상
③ 캐리오버(기수공발) : 본체내에서 보일러수 농축, 포밍, 프라이밍 등으로 인해 발생한 습증기가 주증기밸브 개방시 증기관으로 유입되는 것
④ 수격작용(워터햄머) : 주증기밸브 급개시 증기관 내에 고인 응축수가 고압의 증기에 밀려 소음, 진동을 유발하는 현상.
3) 급격한 송기시 이상 현상 발생
포밍, 프라이밍 → 캐리오버 → 수격작용

01 보일러 가동순서로 가장 적합한 것은?

[10/4]

① 증기밸브 개방 → 댐퍼조절 → 버너점화 → 보일러급수 → 블로우 기동
② 보일러 급수 → 블로우 가동 → 버너점화 → 댐퍼조절 → 증기밸브 개방
③ 증기밸브 개방 → 블로우 가동 → 보일러 급수 → 버너점화 → 댐퍼조절
④ 댐퍼조절 → 블로우 가동 → 버너점화 → 보일러 급수 → 증기밸브 개방

02 증기압력 상승 후의 증기송출 방법에 대한 설명으로 틀린 것은?

[11/4]

① 주증기 밸브는 특별한 경우를 제외하고는 완전히 열었다가 다시 조금 되돌려 놓는다.
② 증기를 보내기 전에 증기를 보내는 측의 주증기관의 드레인 밸브를 다 열고 응축수를 완전히 배출한다.
③ 주증기 스톱밸브 전후를 연결하는 바이패스 밸브가 설치되어 있는 경우에는 먼저 바이패스 밸브를 닫아 주증기관을 따뜻하게 한다.
④ 관이 따뜻해지면 주증기 밸브를 단계적으로 천천히 열어간다.

★ 먼저, 바이패스관을 열어 주증기관을 따뜻하게 한다.

03 보일러에서 발생한 증기를 송기할 때의 주의사항으로 틀린 것은?

[16/4][11/2]

① 주증기관 내의 응축수를 배출시킨다.
② 주증기 밸브를 서서히 연다.
③ 송기한 후에 압력계의 증기압 변동에 주의한다.
④ 송기한 후에 밸브의 개폐상태에 대한 이상 유무를 점검하고 드레인 밸브를 열어 놓는다.

★ 1) 송기시 취급
① 송기장치 등 증기관 내의 응축수 제거
② 주증관 내에 소량의 증기를 공급하여 증기관을 예열
③ 주증기밸브를 서개
2) 송기 후 취급
① 밸브의 개폐상태 확인
② 송기 후 압력강하로 인한 압력조절
③ 수면계 수위 감시
④ 제어부 점검
*송기 전 증기헤더 하부의 드레인밸브를 열어 응축수를 배출한 후 드레인밸브를 닫는다.

01 ② 02 ③ 03 ④

04 보일러 송기 시 주증기 밸브 작동요령 설명으로 잘못된 것은?

[12/4][10/4]

① 만개 후 조금 되돌려 놓는다.
② 빨리 열고 만개 후 3분 이상 유지한다.
③ 주증기관 내에 소량의 증기를 공급하여 예열한다.
④ 송기하기 전 주증기 밸브 등의 드레인을 제거한다.

> ★ 주증기밸브를 급히 개방하면 증기관내의 응축수가 고압증기에 밀려 수격작용을 유발할 수 있다. 따라서, 주증기밸브 조작은 서서히 하는 것이 중요하다. 증기압력이 오르면,
> ① 송기전 주증기밸브, 증기헤더 등의 드레인을 제거한다.
> ② 처음에 약간 열어 소량의 증기를 보내어 증기관을 예열
> ③ 서서히 개방하여 만개한 후 약간 되돌려 놓는다

05 보일러 운전자가 송기 시 취할 사항으로 맞는 것은?

[12/2]

① 증기헤더, 과열기 등의 응축수는 배출되지 않도록 한다.
② 송기후에는 응축수 밸브를 완전히 열어둔다.
③ 기수공발이나 수격작용이 일어나지 않도록 주의한다.
④ 주증기관은 스톱밸브를 신속히 열어 열 손실이 없도록 한다.

> ★ 송기전 응축수밸브(=드레인밸브)를 열어 응축수를 제거한다. 응축수 제거후 응축수밸브는 닫는다. 기수공발이나 수격작용이 일어나지 않도록 송기시 서서히 주증기관 스톱밸브를 연다.

06 증기를 송기할 때 주의 사항으로 틀린 것은?

[11/5][09/1]

① 과열기의 드레인을 배출시킨다.
② 증기관내의 수격작용을 방지하기 위해 응축수가 배출되지 않도록 한다.
③ 주증기 밸브를 조금 열어서 주증기관을 따뜻하게 한다.
④ 주증기 밸브를 완전히 개폐한 후 조금 되돌려 놓는다.

> ★ 증기관내의 응축수 체류시 수격작용을 유발함. 따라서, 송기전 증기관 내의 응축수를 배출하여야 한다.

07 보일러에서 송기 및 증기사용 중 유의사항으로 틀린 것은?

[11/4]

① 항상 수면계, 연소실의 연소상태 등을 잘 감시하면서 운전하도록 할 것
② 점화 후 증기 발생 시까지는 가능한 한 서서히 가열 시킬 것
③ 2조의 수면계를 주시하여 항상 정상수면을 유지하도록 할 것
④ 점화 후 주증기관 내의 응축수를 배출시킬 것

> ★ 관내의 응축수배출은 점화전, 주증기밸브 개방전에 행함.

08 보일러에서 포밍이 발생하는 경우로 거리가 먼 것은?

[12/2]

① 증기의 부하가 너무 적을 때
② 보일러수가 너무 농축되었을 때
③ 수위가 너무 높을 때
④ 보일러수 중에 유지분이 다량 함유되었을 때

> ★ 포밍(거품) 현상은 부하가 과대할 때(보일러수 비등이 심할 때), 보일러수 농축시 주로 발생함.

09 보일러 운전 중 프라이밍(priming)이 발생하는 경우는?

[11/1]

① 보일러 증기압력이 낮을 때
② 보일러수가 농축되지 않았을 때
③ 부하를 급격히 증가시킬 때
④ 급수 공급이 원활할 때

> ★ 프라이밍 : 보일러수가 고수위일 때, 보일러수가 농축되었을 때, 보일러 부하를 급격히 증가시키면 급격한 비등과 함께 수면으로부터 증기와 함께 물방울이 튀어오르는 현상

정답 04 ② 05 ③ 06 ② 07 ④ 08 ① 09 ③

10 보일러의 프라이밍, 포밍의 방지 대책으로 틀린 것은?

[09/1]

① 정상수위로 운전할 것
② 주증기 밸브를 급개 할 것
③ 과부하 운전이 되지 않게 할 것
④ 보일러수의 농축을 방지할 것

> ★ 포밍, 프라이밍 발생원인
> ① 보일러수 농축시
> ② 고수위시, 과부하 운전
> ③ 주증기밸브 급개시

11 보일러수 중에 용해되어 있는 고형분이나 수분이 증기의 흐름에 따라 발생증기에 포함되어 분출되는 현상은?

[10/1]

① 캐리오버   ② 프라이밍
③ 포밍   ④ 캐비테이션

> ★ 보일러수 중의 수분이 증기에 포함되어 분출되는 것을 캐리오버라고 한다. (기수공발)

12 다음 중 캐리오버에 대한 설명으로 틀린 것은?

[11/4]

① 보일러에서 불순물과 수분이 증기와 함께 송기되는 현상이다.
② 기계적 캐리오버와 선택적 캐리오버로 분류한다.
③ 프라이밍이나 포밍은 캐리오버와 관계가 없다.
④ 캐리오버가 일어나면 여러 가지 장해가 발생한다.

> ★ 프라이밍, 포밍이 진행되면 습증기가 발생하게 되고 결국 송기시 증기관으로 유입되어 캐리오버가 발생한다.
> ① 기계적 캐리오버 : 액적 또는 거품이 증기에 혼입
> ② 선택적 캐리오버 : 실리카와 같이 증기 중에 용해된 성분 그대로 운반

13 증기보일러의 케리오버(carry over)의 발생 원인과 가장 거리가 먼 것은?

[14/2][08/2]

① 보일러 부하가 급격하게 증대할 경우
② 증발부 면적이 불충분할 경우
③ 증기정지 밸브를 급격히 열었을 경우
④ 부유 고형물 및 용해 고형물이 존재하지 않을 경우

> ★ 케리오버는 기수공발이라고도 한다. 주증기밸브시 습증기가 증기관으로 유입되는 현상이며, 주로 다음과 같은 원인이 있다.
> ① 증기밸브를 급히 열었을 경우
> ② 포밍, 프라이밍이 발생한 경우
> ③ 증발부 면적이 불충분하거나, 보일러 부하가 급격하게 증대한 경우
> ④ 부유 고형물 및 용해 고형물이 존재하여 보일러수 농축 등으로 습증기가 발생한 때

14 캐리 오버(carry over)에 대한 방지 대책이 아닌 것은?

[13/5]

① 압력을 규정압력으로 유지해야 한다.
② 수면이 비정상적으로 높게 유지되지 않도록 한다.
③ 부하를 급격히 증가시켜 증기실의 부하율을 높인다.
④ 보일러수에 포함되어 있는 유지류나 용해고형물 등의 불순물을 제거한다.

> ★ 캐리오버(=기수공발) : 프라이밍, 포밍 등으로 인해 발생한 습증기가 주증기밸브 개방시 증기관으로 유입되는 것을 말하며, 방지하려면 습증기가 발생할 수 있는 원인을 제거하고 주증기밸브 조작시 서서히 개방하여 급격한 압력변동이 없도록 한다.
> ★ 습증기 발생 : 고수위일 때, 보일러수 농축시, 포밍 프라이밍 발생시, 급격한 부하변동시

15 증기배관 내에 응축수가 고여 있을 때 증기 밸브를 급격히 열어 증기를 빠른 속도로 보냈을 때 발생하는 현상으로 가장 적합한 것은?

[13/5][09/4]

① 압궤가 발생한다.   ② 팽출이 발생한다.
③ 블리스터가 발생한다. ④ 수격작용이 발생한다.

> ★ 급격한 송기로 인해 증기관 내의 응축수가 고압의 증기에 밀리면서 굴곡부, 배관부품 등에서 소음과 진동을 유발하는 수격현상이 발생할 수 있다.
> ★ 블리스터 : 라미네이션 결함이 있는 강판으로 보일러 제작시 열에 의해 내부의 공기층이 팽창하여 터지는 현상으로 제작상 결함에 속한다.

16 보일러 운전 중 수격작용이 발생하는 경우와 가장 거리가 먼 것은?

[08/1]

① 관경이 넓을 수록
② 주증기 밸브를 급히 열었을 때
③ 증기관 속에 응축수가 고여 있을 때
④ 다량의 증기를 송기 할 때

★ 수격작용(=워터햄머) : 증기관내에 응축수가 고여 있을때 주증기밸브를 급히 열면 다량의 고압증기가 증기관으로 유입되어 응축수가 밀리므로, 배관의 굴곡부에서 응축수가 충격을 주어 외부에서 마치 해머로 두드리는 소리가 남.

17 보일러 취급시 수격작용 예방조치 사항으로 틀린 것은?

[08/5]

① 송기에 앞서서 증기관의 드레인 빼기장치로 관내에 드레인을 완전히 배출한다.
② 송기에 앞서서 관을 충분히 데운다
③ 송기할 때에는 주증기밸브는 급개하여 증기를 보낸다.
④ 송기 이외의 경우라도 증기관 계통의 밸브개폐는 조용하게 서서히 조작한다.

★ 주증기 밸브는 서개(서서히 개방)한다.
급개시 : 수격작용 발생, 비수현상 발생

18 보일러의 설비면에서 수격작용의 예방조치로 틀린 것은?

[08/4] [11/1]

① 증기배관에는 충분한 보온을 취한다.
② 증기관에는 중간을 낮게 하는 배관 방법은 드레인이 고이기 쉬우므로 피해야 한다.
③ 증기관은 증기가 흐르는 방향으로 경사가 지도록 한다.
④ 대형밸브나 증기 헤더에도 드레인 배출장치 설치를 피해야 한다.

★ 대형밸브, 증기헤더 하부에는 응축수가 고이기 쉬우므로 드레인 배출장치를 해야 한다.

19 보일러의 압력상승에 따라 닫혀 있는 주증기 스톱밸브를 처음 열어 사용처로 증기를 보낼 때 워터해머 발생방지를 위한 조치로 틀린 것은?

[10/5]

① 증기를 보내기 전에 증기를 보내는 축의 주증기관, 드레인 밸브를 다 열고 응축수를 완전히 배출시킨다.
② 관이 따뜻해지면 주증기 밸브를 단번에 완전히 열어 둔다.
③ 바이패스밸브가 설치되어 있는 경우에는 먼저 바이패스밸브를 열어 주증기관을 따뜻하게 한다.
④ 바이패스밸브가 없는 경우에는 보일러 주증기밸브를 조심스럽게 열어 증기를 조금씩 보내어 시간을 두고 관을 따뜻하게 한다.

★ 수격작용(워터햄머)를 방지하기 위한 송기순서
① 관내의 응축수를 제거
② 주증기밸브를 약간 열어 소량의 증기를 보내어 관을 따뜻하게 한다.
③ 관이 따뜻해지면 주증기밸브를 서서히 열어 만개하고 다시 약간 되돌려 놓는다.

20 보일러 발생 증기의 송기시 워터해머 발생 방지를 위한 조치로 틀린 것은?

[07/5]

① 증기를 보내기 전에 증기를 보내는 주 증기관, 드레인 밸브를 열고 응축수를 완전히 배출시킨다.
② 주 증기관 내에 소량의 증기를 보내어 관을 따뜻하게 한다.
③ 바이패스밸브가 설치되어 있는 경우에는 먼저 바이패스밸브를 열어 주 증기관을 예열한다.
④ 관이 따뜻해지면 주 증기 밸브를 단번에 완전히 열어 둔다.

★ 수격작용(워터햄머)를 방지하기 위한 송기순서
① 관내의 응축수를 제거
② 주증기밸브를 약간 열어 소량의 증기를 보내어 관을 따뜻하게 한다.
③ 관이 따뜻해지면 주증기밸브를 서서히 열어 만개하고 다시 약간 되돌려 놓는다.

정답 17 ③ 18 ④ 19 ② 20 ④

사용 중 보일러 송기 후 운전 취급

정상 사용중 운전관리

1) 사용중 운전관리 주요사항
   ① 보일러 수위 유지
   ② 보일러 압력 일정 유지
   ③ 정상 연소상태 확인
2) 수위 감시 : 안전저수위 이하가 되지 않도록
3) 블로우다운(분출) : 보일러 농축수 배출
   ① 수저분출 : 보일러 운전하기 전, 운전 정지후, 연소가 가장 가벼울때 증기압력이 낮을 때 실시
   ② 주철제 보일러는 사용중에 블로우다운해서는 안된다.
4) 사용중 그을음 청소 (수트블로우)
   ① 부하가 가벼운 시기를 선택하고 소화한 직후 고온 연소실 내에서는 하여서는 안된다.
   ② 그을음 제거는 흡출 통풍을 증가 시킨후 실시. 연소량을 줄이고 수트블로우 하는 것은 불이 꺼지는 경우가 있으므로 피한다.
   ③ 증기분사식 수트블루워는 증기를 분사하기 전에 배관을 충분하게 예열하면서 응축수를 배출한다.

01 보일러의 가동 중 주의해야 할 사항으로 맞지 않는 것은?
[13/5][10/4]
① 수위가 안전저수위 이하로 되지 않도록 수시로 점검한다.
② 증기압력이 일정하도록 연료공급을 조절한다.
③ 과잉공기를 많이 공급하여 완전연소가 되도록 한다.
④ 연소량을 증가시킬 때는 통풍량을 먼저 증가 시킨다.

* 과잉공기량 증가 → 배기가스량 증가 / 연소실온도저하 → 열손실증가

02 보일러 가동상태 점검사항 중 매우 중요하기 때문에 가장 수시로 점검해야 할 것은?
[09/4][07/4]
① 급수의 pH
② 일정한 수위 유지상태
③ 스케일 부착상태
④ 연료유 예열상태

* 보일러 가동중, 주의해야 할 사항은
  ① 이상감수 방지(상용수위 유지)
  ② 압력초과 방지(일정압력 유지)
  ③ 과열사고 방지(정상연소)
  ④ 화염상태 감시(정상연소)

03 보일러 운전 중 취급 및 점검사항 설명으로 잘못된 것은?
[10/2]
① 수면계의 수위는 항상 상용수위가 되도록 한다.
② 급수는 1회에 다량으로 행한다.
③ 과잉공기를 되도록 적게 하여 연료가 완전연소가 되도록 댐퍼 등을 조절한다.
④ 증기압력이 일정하도록 연료 공급을 조절한다.

* 급격한 급수는 본체내의 보일러수 온도와 급수온도차에 의해 부동팽창이 발생할 수 있으므로 급수내관 등을 이용하여 서서히 급수하도록 하고, 절탄기 등을 통해 급수를 예열하여 공급하도록 한다.

04 증기보일러 취급 방법으로 틀린 것은?
[09/4][07/2]
① 역화의 위험을 막기 위해 댐퍼는 닫아 놓아야 한다.
② 점화 후 화력의 급상승은 금지해야 한다.
③ 압력계, 수위계 등 부속장치의 점검을 게을리 하지 않는다.
④ 송기시 주증기 밸브는 급개 하지 않는다.

* 댐퍼를 닫으면 배기가스 배출이 되지 않고 연소실에 체류하게 됨. 보일러 정지후 배기가스 배출을 위한 환기(포스트퍼지)를 한 다음, 외기의 침입을 막기위해 연도댐퍼를 닫아놓는다. 그러나 다시 가동시 댐퍼를 열고 점화전 환기(프리퍼지)를 한 다음 점화를 행하게 된다.

05 보일러의 정상운전시 수면계에 나타나는 수위의 위치로 가장 적당한 것은?
[15/2][07/5]
① 수면계의 최상위
② 수면계의 최하위
③ 수면계의 중간
④ 수면계 하부의 1/3 위치

* 정상수위 : 수면계 1/2 (=중간)

정답 01 ③ 02 ② 03 ② 04 ① 05 ③

06 점화가 이루어져 가동 중인 보일러는 상용수위의 유지가 중요하며 어떤 경우라도 ( )이하로 내려가지 않도록 한다. 괄호 안에 적합한 용어는?

[09/2]

① 표준수위　　　② 정상수위
③ 상용수위　　　④ 안전저수위

★ 어떤 경우라도 안전저수위 이하로 내려가면 안된다.
　- 과열로 인한 파열사고 발생

07 보일러의 안전 저수면에 대한 설명으로 적당한 것은?

[14/1][10/1]

① 보일러의 보안상, 운전 중에 보일러 전열면이 화염에 노출되는 최저 수면의 위치
② 보일러의 보안상, 운전 중에 급수하였을 때의 최초 수면의 위치
③ 보일러의 보안상, 운전 중에 유지해야 하는 일상적인 가동시의 표준 수면의 위치
④ 보일러의 보안상, 운전 중에 유지해야 하는 보일러 드럼 내 최저 수면의 위치

★ 보일러 수위의 구분
1) 고수위 : 수면계 70~80%정도
2) 상용수위 : 보일러 가동중 유지하여야 할 적정수위, 수면계 1/2
3) 안전저수위 : 보일러 안전상 운전중에 유지하여야 할 최저수면. 수면계 하단.
★ 가동중 안전저수위 이하로 감수되면 보일러수 부족으로 과열, 파열 사고 초래

보일러 연소관리

1) 연소시 주의사항 : 급격한 연소 금지
　① 급격한 연소는 보일러 본체의 부동팽창 유발, 보일러와 벽돌 쌓은 접촉부에 틈을 증가시키고 벽돌 벌어짐이 생김
　② 급격한 연소는 그루빙, 크랙, 수관 또는 연관의 누설원인
　③ 주철제 보일러는 급냉급열시에 쉽게 갈라짐
2) 연소조절
　① 연료의 효율적 관리로 완전연소시킬 것
　② 연소량을 급격하게 증감하지 말 것.
　　연소량을 증가할 경우 먼저 통풍량 증가
　　연소량을 감소시킬 경우 먼저 연료량 감소

01 보일러의 연소 시 주의사항 중 급격한 연소가 되어서는 안되는 이유로 가장 옳은 것은?

[11/5][10/1]

① 보일러 수(水)의 순환을 해친다.
② 급수탱크 파손의 원인이 된다.
③ 보일러와 벽돌 쌓은 접촉부에 틈을 증가시킨다.
④ 보일러 효율을 증가시킨다.

★ 급격한 연소는 보일러 본체의 부동팽창을 일으켜 보일러와 벽돌 쌓은 접촉부에 틈을 증가시키고 벽돌사이에 벌어짐이 생긴다. 또한, 그루빙(구식), 크랙(균열), 수관 또는 연관의 부착부분이나 이음부의 누설이 일어나는 원인이 된다. 특히, 주철제보일러는 급냉급열시에 쉽게 갈라질 수 있다.

02 보일러의 연소시 주의사항 중 급격한 연소가 되어서는 안되는 이유로 가장 옳은 것은?

[08/4]

① 보일러 수(水)의 순환을 해친다.
② 급수탱크 파손의 원인이 된다.
③ 보일러나 벽돌에 악영향을 주고 파괴의 원인이 된다.
④ 보일러 효율을 증가시킨다.

★ 급격한 연소는 부동팽창으로 인한 보일러파손의 원인

정답　06 ④　07 ④　01 ③　02 ③

03 점화 후 급격히 보일러를 가열하는 것은 좋지 않은데 그 주된 이유는?

[08/1]

① 이음 부분이 새거나 파손의 우려가 있다.
② 연료가 많이 든다.
③ 증기의 발생량이 급격히 증가한다.
④ 수격작용이 발생한다.

> ★ 부동팽창으로 인해 이음 부분이 파손우려가 있다. 또한, 연소실내의 내화재, 내화벽돌 등의 열팽창으로 균열(스폴링)이 생길 수 있다.

04 보일러의 연소 관리에 관한 설명으로 잘못된 것은?

[11/4]

① 연료의 점도는 가능한 높은 것을 사용한다.
② 점화 후에는 화염 감시를 잘한다.
③ 저수위 현상이 있다고 판단되면 즉시 연소를 중단한다.
④ 연소량의 급격한 증대와 감소를 하지 않는다.

> ★ 연료의 점도가 높을수록 무화불량, 불완전연소, 그을음발생

05 보일러 운전시 연소조절의 주의 사항으로 틀린 것은?

[08/1]

① 보일러를 무리하게 가동하지 않아야 한다
② 연소량을 급격하게 증감하지 말아야 한다
③ 불필요한 공기의 연소실내 침입을 방지하고 연소실 내를 저온으로 유지한다
④ 항상 연소용 공기의 과부족에 주의하여 효율 높은 연소를 하지 않으면 안된다.

> ★ 연소실내를 저온으로 유지하면 불완전연소가 되며 매연이 발생한다.

06 운전 중 화염이 블로우 오프(blow-off)된 경우 특정한 경우에 한하여 재점화 및 재시동을 할 수 있다. 이 때 재점화와 재시동의 기준에 관한 설명으로 틀린 것은?

[13/4]

① 재점화에서의 점화장치는 화염의 소화 직후, 1초 이내에 자동으로 작동할 것
② 강제 혼합식 버너의 경우 재점화 동작시 화염감시장치가 부착된 버너에는 가스가 공급되지 아니할 것
③ 재점화에 실패한 경우에는 지정된 안전차단시간 내에 버너가 작동 폐쇄될 것
④ 재시동은 가스의 공급이 차단된 후 즉시 표준연속프로그램에 의하여 자동으로 이루어질 것

> ★ 운전중 화염이 블로우오프(bow-off)된 경우에는 버너의 가스소비량 기준에 의한 안전차단시간 이내에 버너가 작동 폐쇄될 것. 다만, 최대 가스소비량이 116,300W (100,000kJ/h) 이하인 버너의 경우에는 재시동을 각각 1회에 한하여 허용할 수 있으며, 재점화 및 재시동은 다음 기준에 의한다
> (1) 재점화
> ① 재점화에서의 점화장치는 화염의 소화직후 1초내에 자동으로 작동할 것
> ② 강제혼합식 버너의 경우 재점화 동작시 화염감시 장치가 부착된 버너 이외의 버너에는 가스가 공급되지 아니할 것
> ③ 재점화에 실패한 경우에는 버너의 가스소비량 기준에 의한 재점화시 안전차단 시간내에 버너가 작동 폐쇄될 것
> (2) 재시동
> ① 재시동은 가스의 공급이 차단된 후 즉시 표준 연속프로그램에 의하여 자동으로 이루어질 것
> ② 재시동에 실패한 경우에는 가스소비량 기준에 의한 시동시의 안전차단 시간내에 버너가 작동 폐쇄될 것

07 가동 중인 보일러의 취급 시 주의사항으로 틀린 것은?

[13/1]

① 보일러수가 항시 일정수위(상용수위)가 되도록 한다.
② 보일러 부하에 응해서 연소율을 가감한다.
③ 연소량을 증가시킬 경우에는 먼저 연료량을 증가시키고 난 후 통풍량을 증가시켜야 한다.
④ 보일러수의 농축을 방지하기 위해 주기적으로 블로우 다운을 실시한다.

> ★ 연소량을 증가시킬 때 : 통풍량을 증가시키고 연료량 증가
> 연소량을 감소시킬 때 : 연료량을 줄이고 통풍량 감소

정답 03 ① 04 ① 05 ③ 06 ② 07 ③

보일러 정지

 **운전정지시 관리**

1) 정지할 때 일반적 준비
   ① 보일러 압력을 급하게 내리거나 벽돌 등을 급냉시키지 않는다.
   ② 정상수위보다 높게 급수를 해놓는다. 급수 후 급수밸브, 주증기밸브를 닫고 주증기관 및 헤더의 드레인 밸브를 열어 놓는다.
   ③ 다른 보일러와 증기관이 연결되어 있는 경우에는 그 연결 밸브를 닫는다.
2) 운전정지 순서
   ① 연료공급 정지, 공기 공급 정지
   ② 급수를 하고, 압력저하 후, 급수밸브 닫고 급수펌프정지
   ③ 증기밸브 닫고, 드레인 밸브를 연다.
   ④ 댐퍼를 닫는다.
3) 유류연소 수동보일러의 운전정지
   ① 보일러 수위를 정상수위보다 조금 높이고 버너 정지
   ② 연소실내, 연도를 환기시키고 댐퍼를 닫는다.
4) 작업종료시 주요점검
   ① 전기 스위치가 내려져 있는지
   ② 작업종료시 증기압력, 보일러수위 확인
   ③ 급수밸브, 배수밸브, 콕크, 증기밸브의 누설여부 확인
   ④ 유류배관, 가스배관, 버너팁, 밸브, 펌프의 누설여부 확인
   ⑤ 난방용 보일러는 드레인 회수를 확인하고 진공펌프 정지

01 보일러 운전 중 정전이 발생한 경우의 조치사항으로 적합하지 않은 것은?
[13/5][10/4]
① 전원을 차단한다.
② 연료 공급을 멈춘다.
③ 안전밸브를 열어 증기를 분출시킨다.
④ 주증기 밸브를 닫는다.

★ 정전 발생시 : 연료공급 차단, 전원차단, 주증기밸브를 닫는다. 운전 중 정전은 비상 상황이므로 보일러를 정지해야 한다. 보기 중 안전밸브를 열어 증기를 분출시키는 것은 증기압력이 초과되었거나 안전밸브 작동 시험 시 행하는 것임.

02 보일러에서 이상 폭발음이 있다면 가장 먼저 해야 할 조치 사항으로 맞는 것은?
[11/1]
① 급수 중단
② 연료공급 차단
③ 증기출구 차단
④ 송풍기 가동 중지

★ 비상정지시 가장 먼저 행해야 할 것은 연료공급 차단

03 보일러 운전 중 연도 내에서 폭발이 발생하면 제일 먼저 해야 할 일은?
[13/4]
① 급수를 중단한다.
② 증기밸브를 잠근다.
③ 송풍기 가동을 중지한다.
④ 연료공급을 차단하고 가동을 중지한다.

★ 비상시 정지 순서중 가장 먼저 행할 일 : 연료차단

04 일반적으로 보일러의 운전을 정지시킬 때 가장 먼저 이루어져야 할 작업은?
[08/5]
① 공기의 공급을 정지시킨다.
② 주증기 밸브를 닫는다.
③ 연료의 공급을 정지시킨다.
④ 급수를 하고 압력을 떨어뜨린다.

★ 보일러운전 정지시 연료공급 차단을 가장 먼저 행함.

05 가동 중인 수동보일러를 정지시킬 때 일반적으로 가장 먼저 조치해야 할 사항은?
[07/2]
① 증기 송출을 정지한다.
② 연료 공급을 차단한다.
③ 댐퍼를 닫는다.
④ 급수를 중단한다.

★ 보일러 정지 시 연료공급차단을 가장 먼저 행한다.

정답 01 ③ 02 ② 03 ④ 04 ③ 05 ②

06 가동 중인 보일러를 정지시킬 때 일반적으로 가장 먼저 조치해야 할 사항은?

[12/5]

① 증기 밸브를 닫고, 드레인 밸브를 연다.
② 연료의 공급을 정지한다.
③ 공기의 공급을 정지한다.
④ 댐퍼를 닫는다.

> ※ 운전정지시 순서
> 연료공급 정지 → 공기공급 정지 → 급수를 하고 압력이 떨어지는 것을 확인한 후 급수밸브 닫고 급수펌프 정지 → 열매체유 순환펌프는 열매체유의 탄화방지를 위해 충분히 냉각될 때까지 가동시킨 후 정지 → 증기밸브 닫고, 드레인 밸브를 연다 → 댐퍼를 닫는다

07 보일러 비상 정지 시 맨 먼저 조치해야 할 사항은?

[09/5]

① 댐퍼를 닫는다.
② 공기투입을 정지한다.
③ 연료의 공급을 차단한다.
④ 증기밸브를 닫고 스위치를 내린다.

> ※ 보일러 비상정지시 가장 먼저 해야 할 일은 연료차단이다.
> 연료차단→연소용공기차단→증기밸브차단→댐퍼를 닫는다

08 보일러를 비상 정지시키는 경우의 일반적인 조치사항으로 잘못된 것은?

[12/2]

① 압력은 자연히 떨어지게 기다린다.
② 연소공기의 공급을 멈춘다.
③ 주증기 스톱밸브를 열어 놓는다.
④ 연료 공급을 중단한다.

> ※ 비상정지 차단 : 연료차단, 연소용공기 차단, 증기밸브차단, 댐퍼를 닫는다.

09 보일러를 비상정지시키는 경우의 조치사항으로 잘못된 것은?

[07/1]

① 압력은 자연히 떨어지게 기다린다.
② 연소공기의 공급을 멈춘다.
③ 주증기 밸브를 열어 놓는다.
④ 연료 공급을 중단한다.

> ※ 비상정지 : 연료차단 → 연소공기 차단 → 주증기밸브를 닫고 압력이 낮아질 때까지 기다린다.

10 보일러 운전정지의 순서 중 1차적으로 연료의 공급을 차단한 다음 2차적으로 조치를 취해야 하는 것은?

[10/5]

① 댐퍼를 닫는다.
② 공기의 공급을 정지한다.
③ 주증기 밸브를 닫는다.
④ 드레인 밸브를 연다.

> ※ 운전정지 순서 : 연료차단 - 연소용공기차단 - 주증기밸브 닫는다. - 댐퍼를 닫는다.

11 보일러 운전정지의 순서를 바르게 나열한 것은?

[08/4]

〈보기〉

㉠ 공기의 공급을 정지한다.
㉡ 댐퍼를 닫는다.
㉢ 급수를 한다.
㉣ 연료의 공급을 정지한다.

① ㉠,㉡,㉢,㉣　　② ㉠,㉣,㉡,㉢
③ ㉣,㉠,㉢,㉡　　④ ㉣,㉡,㉢,㉠

> ※ 운전정시는 버너를 먼저 정지해야 하므로, 연료공급을 가장 먼저 행한다. 다음으로 공기공급(1차공기, 분무용공기)을 정지하며, 급수를 행하여 수위를 유지한다. 이때 연소용공기(2차공기)는 댐퍼를 통해 공급되므로 이로 인해 포스트퍼지가 계속 행해지게 된다. 포스트퍼지를 정지하고 댐퍼를 닫는다.

정답　06② 07③ 08③ 09③ 10② 11③

12 다음 보기 중에서 보일러의 운전정지 순서를 올바르게 나열한 것은?

[13/2]

〈보기〉
㉠ 증기밸브를 닫고, 드레인 밸브를 연다.
㉡ 공기의 공급을 정지시킨다.
㉢ 댐퍼를 닫는다.
㉣ 연료의 공급을 정지시킨다.

① ㉡ → ㉣ → ㉠ → ㉢
② ㉣ → ㉡ → ㉠ → ㉢
③ ㉢ → ㉣ → ㉠ → ㉡
④ ㉠ → ㉣ → ㉡ → ㉢

★ 보일러 정지시 가장 먼저 연료공급 차단

13 보일러 운전정지 순서에 들어갈 내용으로 틀린 것은?

[11/2][10/1]

① 공기의 공급을 정지한다.
② 연료 공급을 정지한다.
③ 증기밸브를 닫고 드레인 밸브를 연다.
④ 댐퍼를 연다.

★ 운전정지 : 연료차단 → 연소용공기차단 → 증기밸브를 닫고 드레인밸브를 연다 → 댐퍼를 닫는다.

14 보일러의 운전정지 시 가장 뒤에 조작하는 작업은?

[14/4][11/1][09/1]

① 연료의 공급을 정지시킨다.
② 연소용 공기의 공급을 정지시킨다.
③ 댐퍼를 닫는다.
④ 급수펌프를 정지시킨다.

★ 연료 공급 정지 〉 공기 공급 정지 〉 급수를 하고, 압력을 떨어뜨리고, 급수밸브 닫고, 급수펌프 정지 〉 증기밸브 닫고, 드레인 밸브 연다 〉 댐퍼를 닫는다.
★ 운전정지의 맨 처음 : 연료공급 차단
  운전정지의 맨 마지막 : 댐퍼를 닫는다.

15 보일러 운전이 끝난 후, 노내와 연도에 체류하고 있는 가연성 가스를 배출시키는 작업은?

[15/5][09/4]

① 페일 세이프(fail safe)
② 풀 프루프(fool proof)
③ 포스트 퍼지(post-purge)
④ 프리 퍼지(pre-purge)

★ ① 페일 세이프 : 시스템의 일부에 고장이나 오조작이 발생해도 안전한 가동)이 자동적으로 취해질 수 있는 구조로 설계하는 사고방식이다.
② 풀 프루프(fool proof) : 극히 사소한 실수의 배제라는 뜻인데 현재에는 불량품의 방지, 신뢰성의 향상 등 인간의 실수를 철저하게 제거하자는 것을 말한다.
③ 프리퍼지(pre-purge) : 점화하기 전에 폭발 방지를 위하여 노 안에 차있는 미연소가스를 밖으로 불어내는 것.
④ 포스트퍼지(post-purge) : 운전이 끝난 후 노내환기

16 보일러 작업종료시의 주요점검 사항으로 틀린 것은?

[12/5]

① 전기의 스위치가 내려져 있는지 점검한다.
② 난방용 보일러에 대해서는 드레인의 회수를 확인하고 진공펌프를 가동시켜 놓는다.
③ 작업종료시 증기압력이 어느 정도인지 점검한다.
④ 증기밸브로부터 누설이 없는지 점검한다.

★ 난방용 보일러에 대해서는 드레인의 회수를 확인하고 진공펌프를 정지한다.

17 유류연소 수동보일러의 운전정지 내용으로 잘못된 것은?

[14/4][08/4]

① 운전정지 직전에 유류예열기의 전원을 차단하고 유류예열기의 온도를 낮춘다.
② 연소실내, 연도를 환기시키고 댐퍼를 닫는다.
③ 보일러 수위를 정상수위보다 조금 낮추고 버너의 운전을 정지한다.
④ 연소실에서 버너를 분리하여 청소를 하고 기름이 누설되는지 점검한다.

★ 운전정지시 : 보일러 정상수위보다 높게 급수를 해놓는다. 급수 후에는 급수밸브, 주증기 밸브를 닫고 주증기관 및 헤더의 드레인 밸브를 확실히 열어 놓는다.

정답 12 ② 13 ④ 14 ③ 15 ③ 16 ② 17 ③

18 유류연소 수동보일러의 운전을 정지했을 때 조치사항으로 틀린 것은?

[08/2] [11/4]

① 운전정지 직전에 유류예열기의 전원을 차단하고 유류예열기의 온도를 낮춘다.
② 보일러의 수위를 정상수위보다 조금 높이고 버너의 운전을 정지한다.
③ 연소실내에서 분리하여 청소를 하고 기름이 누설되는지 점검한다.
④ 연소실내 연도를 환기시키고 댐퍼를 열어 둔다.

★ 연소실내를 환기시킨 다음 댐퍼를 닫아 외기침입을 차단.

19 유류연소 수동보일러의 운전정지시 관리 일반사항으로 틀린 것은?

[08/1]

① 운전정지 직전에 유류예열기의 전원(열원)을 차단하고 유류예열기의 온도를 낮춘다.
② 보일러 수위를 정상수위보다 조금 높이고 버너의 운전을 정지한다.
③ 연소실내 연도를 환기시키고 댐퍼를 연다.
④ 연소실에서 버너를 분리하여 청소를 하고 기름이 누설되는지 점검한다.

★ 연소실 연도를 환기시킨 후 굴뚝을 통한 외부 찬공기 침입을 막기 위해 연도 댐퍼를 닫는다.

20 보일러를 냉각시키는 경우는 서서히 해야 하지만 부득이 급히 냉각시킬 때에는 어느 방법이 가장 좋은가?

[07/1]

① 안전밸브를 열어서 증기 취출을 하면서 급수한다.
② 물을 다량으로 급수한다.
③ 수면계에 물이 보이는 범위에서 급수를 조금씩 간격을 주어 냉각시킨다.
④ 주증기 밸브를 열어서 보일러 내의 압력을 낮춘다.

★ 급수량을 서서히 증가시키면서 냉각시키는 것이 무리가 없다. 이때 지나친 고수위가 되지 않도록 한다.

21 보수유지관리기술규격(KRM)에 규정되어 있는 보일러의 냉각요령으로 틀린 것은?

[07/4]

① 연소의 정지 및 연료가 전부 연소한 것을 확인한 후 댐퍼를 완전히 닫고 자연통풍을 실시한다.
② 가급적 장시간에 걸쳐 서서히 냉각하고 적어도 40℃ 이하로 한다.
③ 벽돌이 쌓여 있는 보일러에서는 적어도 1일 이상 냉각하여야 한다.
④ 빨리 냉각을 하여야 하는 경우는 냉수를 보내면서 분출하는 방법을 선택한다.

★ 보일러의 냉각은 자연냉각과 강제냉각이 있다.
　1) 자연냉각 : 보일러를 정지시키고 냉각
　　① 연소의 완전 정지 후 댐퍼를 반쯤 열고 자연통풍시킨다.
　　② 서서히 냉각하여 40℃ 이하로 한다.
　　③ 벽돌이 쌓여 있는 보일러는 1일 이상 냉각시킨다.
　2) 강제냉각 : 보일러를 멈추지 않고 냉각
　　① 급수를 행하면서 동시에 분출시킨다.(안전저수위 이하가 되지 않도록 조심)
　　② 적당히 식힌 다음 최종적으로 완전 블로우를 한다.

[청소 및 보존] 보일러 청소, 세관, 보일러 보존

> **개념원리 — 스케일 제거 / 세관**
>
> 1) 보일러 청소 : 외부청소, 내부청소
> 2) 내부청소
>   ① 기계적 세관 : 튜브클리너, 브러쉬, 스크레퍼, 스케일 해머, 제트클리너
>   ② 화학적 세관 : 산세관, 알칼리세관, 유기산세관
>   - 산 세관 : 주로 염산을 사용. 부식억제제와 함께 사용
> * HF(불화수소산):실리카 성분의 스케일 제거시 용해촉진제

01 수관보일러를 외부청소 할 때 사용하는 작업방법에 속하지 않는 것은?
[11/5]

① 에어쇼킹법 ② 스팀쇼킹법
③ 워터쇼킹법 ④ 통풍쇼킹법

★ 수관보일러의 외부청소 방법 중 통풍쇼킹법은 없음.
에어쇼킹법 : 압축공기 사용
스팀쇼킹법 : 증기를 사용
워터쇼킹법 : 물을 분사

02 보일러 및 압력용기의 내부청소에 대한 일반적인 방법으로 틀린 것은?
[08/4]

① 수관의 청소작업에는 튜브클리너를 사용한다.
② 통풍면에 접하는 부분은 스케일이 부착된 것이 많으므로 주의 깊고 신중하게 청소한다.
③ 부드러운 부착물은 스크레퍼를 이용하여 물을 뿌리면서 작업한다.
④ 용접이음, 리벳이음부는 특별히 신중하게 청소한다.

★ 부드러운 부착물은 제트클리너를 이용하면 능률적이다.

03 보일러 내부 청소방법으로 틀린 것은?
[07/1]

① 급수는 간헐적으로 반복하고 침강한 슬러지를 배출한다.
② 보일러 냉각은 온도차가 작은 물을 공급해 응력을 방지한다.
③ 슬러지 배출 후 부착된 스케일은 바닥 블러어를 계속하여 제거한다.
④ 스케일이 기계적인 방법으로 제거가 되지 않을 때는 산세척을 한다.

★ 슬러지 배출 후 부착된 스케일은 스크레퍼를 사용하여 제거하거나 산세척을 한다.

04 기계적 세관 작업시의 공구에 해당되지 않는 것은?
[08/2]

① 익스팬더 ② 스크래퍼
③ 스케일 해머 ④ 와이어브러시

★ 익스팬더 : 동관용 공구 중 확관을 위한 장비이다.

05 보수유지관리기술규격(KRM)에 규정된 보일러의 화학세관의 일반적 방법에서 산세관시 주의사항 중 틀린 것은?
[07/4]

① 기기 각 부분의 뚜껑은 새지 않도록 블라인드 패치를 붙인다.
② 기기 본체 안에 철 시험편을 넣어 두고 산세관이 끝난 다음 꺼내서 부식 유무를 조사한다.
③ 기기 본체 안에 세관액을 넣을 때는 액체온도와 기기 본체의 온도는 30℃이상의 차이를 둔다.
④ 산세관 중에는 가스(또는)가 발생하므로 위험하지 않은 실외로 배출하도록 유도관을 부착한다.

★ 산세관시 일반적인 주의사항
   ① 기기 각 부분의 뚜껑은 새지 않도록 블라인드 패치
   ② 기기 본체 안에 철시험편을 넣어두고 산세관이 끝난 다음 꺼내서 부식 유무를 조사
   ③ 기기 본체 안에 세액을 넣을 때에는 액체 온도(60~80℃) 기기 본체의 온도는 거의 같은 온도를 유지
   ④ 산세관 중에는 가스(또는)가 발생하므로 위험하지 않은 실외로 배출
   ⑤ 산세관이 끝난 다음 본체 안에 산성분이 남아있지 않은지 확인하며 충분히 환기

정답 01 ④ 02 ③ 03 ③ 04 ① 05 ③

06 보일러 산세정 후 중화 방청제로 사용하는 약품이 아닌 것은?
[07/1]

① 히드라진　　　　② 인산소다
③ 탄산소다　　　　④ 구연산

> ∗ 산세정은 염산 등을 약품을 이용하여 관을 세척하는 것을 말하며, 물로 씻어낸 뒤 중화처리하여야 한다. 산세정은 다음과 같은 순서로 행한다.
> 전처리 → 수세 → 산액처리 → 수세 → 중화방청

07 염산을 사용하여 보일러 세관을 하는 경우의 설명으로 잘못된 것은?
[08/1]

① 가격이 싸서 경제적이다.
② 물에 대한 용해도가 크다.
③ 스케일 용해 능력이 작다.
④ 부식억제제의 능력이 크다.

> ∗ 염산 : 보일러세관에 많이 사용됨.
> 가격이 싸고, 물에 대한 용해도가 좋으며 스케일제거 능력이 우수함. 부식억제제의 종류도 많음.

08 부식억제제의 구비조건에 해당하지 않는 것은?
[13/1]

① 스케일의 생성을 촉진할 것
② 정지나 유동시에도 부식억제 효과가 클 것
③ 방식 피막이 두꺼우며 열전도에 지장이 없을 것
④ 이종금속과의 접촉부식 및 이종금속에 대한 부식촉진 작용이 없을 것

> ∗ 스케일은 물때로서 단열재와 같이 전열면의 열전달을 방해한다. 스케일을 제거하기 위해 세관을 하며, 주로 염산을 사용한 산세관을 한다. 산세관시 보일러의 부식을 방지하기 위해 부식억제제를 사용하며 주로 산과 반대 성질의 소다 종류를 사용한다.

 개념원리 스케일

> 1) 스케일 원인
>   ① 연질스케일 : 탄산염
>   ② 경질스케일 : 황산염, 질산염, 규산염(실리카 성분)
>   ∗ 염 : 칼슘, 마그네슘 성분
> 2) 스케일 장해
>   ① 전열면 열흡수 방해
>   ② 전열면 과열, 팽출 및 압궤, 파열
>   ③ 열효율 저하

01 스케일이 보일러에 미치는 영향이 아닌 것은?
[11/2]

① 전열면의 팽출　　② 전열면의 압궤
③ 전열면의 진동　　④ 전열면의 파열

> ∗ 팽출 – 화염에 접하는 부분이 내부의 압력으로 인해 부풀어 오르는 현상, 수관이나 동아랫부분에서 발생
> 압궤 – 화염에 접하는 부분이 외부의 압력으로 짓눌린 현상, 주로 노통이나 연소실등에서 발생

02 보일러 동 내부에 스케일(scale)이 부착된 경우 발생하는 현상으로 옳은 것은?
[09/4]

① 전열면 국부과열 현상을 일으킨다.
② 관수 순환이 촉진된다.
③ 연료 소비량이 감소된다.
④ 보일러 효율이 증가한다.

> ∗ 스케일 장애
>   ① 열효율 저하,　② 전열면 과열,　③ 관수 순환불량,
>   ④ 관·연락관 막힘,　⑤ 전열량 감소 및 배기가스 온도상승
> ∗ 스케일은 보일러 수중의 칼슘(Ca), 마그네슘(Mg) 등의 무기질 이온성분이 전열면에 침착되어 가열되면서 딱딱하게 굳은 것으로 단열재처럼 열흡수를 방해한다.
> ∗ 스케일은 보일러수와 접촉한 전열면 안쪽에 부착되므로 화염과 접촉하는 전열면 외부가 과열된다. 반대로 전열면 외부에 부착된 그을음은 전열면 과열보다는 열흡수 방해, 배기가스온도 상승의 원인이 된다.

정답　06 ④　07 ③　08 ①　01 ③　02 ①

03 보일러 내부에 스케일이 형성된 경우 나타나는 현상이 아닌 것은?

[09/2]

① 전열량 감소　　　② 연료 소비량 증대
③ 관수 순환 촉진　　④ 전열면 국부과열

> ★ 스케일 장애
> ①열효율 저하　②전열면 국부과열　③보일러수 순환 불량
> ④관·연락관 막힘　⑤전열량 감소로 배기가스 온도상승
> ⑥연료소비량 증대

04 보일러 스케일 및 슬러지의 장해에 대한 설명으로 틀린 것은?

[11/4]

① 보일러를 연결하는 콕, 밸브, 기타의 작은 구멍을 막히게 한다.
② 스케일 성분의 성질에 따라서는 보일러 강판을 부식시킨다.
③ 연관의 내면에 부착하여 물의 순환을 방해한다.
④ 보일러 강판이나 수관 등의 과열의 원인이 된다.

> ★ 연관 내면에는 연소가스가 흐르고, 외면에는 보일러수가 존재한다. 따라서, 내면에는 보일러수로 인한 스케일, 슬러지 등이 부착되지 않고 대신 그을음 등이 부착한다.

05 보일러 급수 중에 칼슘염이 용해되어 있으면 보일러에 어떤 해를 주는 주된 원인이 되는가?

[08/4]

① 점식의 원인이 된다.
② 가성취화와 부식의 원인이 된다.
③ 스케일 생성과 과열의 원인이 된다.
④ 알칼리 부식 원인이 된다.

> ★ 칼슘염 : 스케일 생성 원인
> 방지법 : 연화제를 사용. 보일러수중의 칼슘성분을 응집 침전시켜 분출 용이하게 함. 경수를 연수로 전환

06 보일러 스케일 성분이 아닌 것은?

[07/2]

① 중탄산칼슘　　　② 수산화나트륨
③ 황산칼슘　　　　④ 실리카

> ★ 스케일이 되는 성분은 칼슘, 마그네슘 이온이다. 보기 중 수산화나트륨(=가성소다)는 pH조정제로서 보일러수를 약알칼리성으로 유지하여 부식을 방지한다.

07 스케일의 종류 중 보일러 급수 중의 칼슘 성분과 결합하여 규산칼슘을 생성하기도 하며, 이 성분이 많은 스케일은 대단히 경질이기 때문에 기계적, 화학적으로 제거하기 힘든 스케일 성분은?

[13/2]

① 실리카　　　　② 황산마그네슘
③ 염화마그네슘　④ 유지

> ★ 실리카(산화규소) 성분이 칼슘성분과 화합하여 규산칼슘, 즉 유리질 성분의 스케일이 된다. 산세관시 염산으로 제거되지 않으므로 용해촉진제(불화수소산)를 첨가하여 제거한다.

08 보일러 스케일 생성의 방지대책으로 가장 잘못된 것은?

[09/2]

① 급수 중의 염류, 불순물을 되도록 제거한다.
② 보일러 동 내부에 페인트를 두껍게 바른다.
③ 보일러 수의 농축을 방지하기 위하여 적절히 분출시킨다.
④ 보일러 수에 약품을 넣어서 스케일 성분이 고착하지 않도록 한다.

> ★ 보일러 내부의 페인트는 불순물이 됨.
> 스케일 생성방지 (스케일 원인을 제거함)
> ① 급수처리 : 수중의 Ca, Mg 이온제거
> ② 연화제(청관제) 사용 : 경도 성분을 침전시켜 배출을 용이하게 함으로써 경수를 연수로 만듦.
> ③ 분출 : 보일러수 농축을 방지하기 위해 적절한 분출

정답　03 ③　04 ③　05 ③　06 ②　07 ①　08 ②

개념원리 | 보일러 휴지(休止) / 보존

1) 단기보존 : 2주일에서 1개월 정도 휴지하는 경우
2) 장기보존 : 2~3개월 이상 휴지하는 경우

장기보존법	건조보존법	석회밀폐건조법
		질소가스봉입법
	만수보존법	소다만수보존법
단기보존법	건조보존법	가열건조법
	만수보존법	보통만수법

01 보일러 휴지 시 보존방법에 대한 설명으로 옳은 것은?
[11/2]

① 보일러 내에 일정량의 물을 넣은 후 계속 순환시킨다.
② 완전 건조시킨 후 자연통풍이 되도록 공기밸브를 열어 둔다.
③ 완전 건조시킨 후 내부에 흡습제를 넣은 후 밀폐시킨다.
④ 알칼리성 물을 충만시킨 후 안전밸브를 열어서 보존시킨다.

★ 만수 또는 건조후 흡습제를 넣어 보존하며, 외부공기와 통하지 않도록 밀폐한다.

02 보일러 휴지기간이 1개월 이하인 단기보존에 적합한 방법은?
[13/4]

① 석회밀폐건조법　② 소다만수보존법
③ 가열건조법　　　④ 질소가스봉입법

★ 보일러 보존기간에 따른 보존법

장기보존법	건조보존법	석회밀폐건조법
		질소가스봉입법
	만수보존법	소다만수보존법
단기보존법	건조보존법	가열건조법
	만수보존법	보통만수법

03 보일러 만수보존법의 설명으로 틀린 것은?
[10/1]

① 보일러의 구조면이나 설치조건 등에 따라 보일러를 건조상태로 유지하기가 어려운 경우에 이용된다.
② 단기 휴지를 하더라도 동결의 염려가 있을 때는 사용해서는 안된다.
③ 소다만수법의 경우와 동일한 요령으로 보일러 내에 깨끗한 물을 충만시킨다.
④ 물에는 가성소다와 같은 알칼리도 상승제나 아황산소다 같은 방식제를 넣는다.

★ 소다만수법의 경우와 동일한 요령으로 보일러 내에 깨끗한 물을 충만시키는데, 물에는 가성소다와 같은 알칼리도 상승제나 아황산소다 같은 방식제를 넣지 않는다. 따라서 사용하는 수질은 양질이어야 한다.

04 보일러의 보존법 중 장기보존법에 해당하지 않는 것은?
[12/2]

① 가열건조법　　　② 석회밀폐건조법
③ 질소가스봉입법　④ 소다만수보존법

★ 단순한 가열건조법은 흡습제를 사용하지 않는 것으로 단기간 보존에 사용됨.

05 보일러를 6개월 이상 장기간 사용하지 않고 보존할 때 가장 적합한 보존방법은?
[11/1]

① 만수보존법　② 분해보존법
③ 건조보존법　④ 습식보존법

★ 보일러보존법 중 장기간 보관시 건조보존법이 사용되며 일반적으로 석회밀폐보존법이 가장 많이 사용됨.

06 보일러사용기술규격에서 보일러의 휴지보존법 중 장기보존법이 아닌 것은?
[07/2]

① 석회밀폐보존법　② 질소가스봉입법
③ 가열건조법　　　④ 소다만수보존법

정답　01 ③　02 ③　03 ④　04 ①　05 ③　06 ③

★ 보일러 가동을 중지하고 보존하는 것을 휴지보존이라 한다.
  1) 단기보존 : 2주일에서 1개월 정도 휴지하는 경우
  2) 장기보존 : 2~3개월 이상 휴지하는 경우

장기보존법	건조보존법	석회밀폐건조법
		질소가스봉입법
	만수보존법	소다만수보존법
단기보존법	건조보존법	가열건조법
	만수보존법	보통만수법

★ 보일러 보존시 내부의 물을 빼내어 건조시킨 후 산화반응을 방지하기 위해 질소가스(N_2)를 넣고 봉입하는 것을 질소봉입법이라고 한다.

11 보일러의 휴지(休止) 보존 시에 질소가스 봉입보존법을 사용할 경우 질소 가스의 압력을 몇 MPa 정도로 보존하는가? [13/1]

① 0.2   ② 0.6   ③ 0.02   ④ 0.06

★ 질소가스 봉입보존법은 질소가스를 0.06 MPa (0.6kgf/cm²)로 될 때까지 압입한다.

07 보일러 보존 시 건조제로 주로 쓰이는 것이 아닌 것은? [12/1]

① 실리카겔   ② 활성알루미나
③ 염화마그네슘   ④ 염화칼슘

★ 건조보존시 사용되는 흡수제 : [황실생활오염]
  진한황산, 실리카겔, 생석회, 활성알루미나, 오산화인, 염화칼슘이 있음.

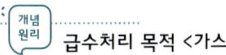

[급수처리]

급수처리 목적, 수질, 급수처리 종류,
수중 불순물과 장해, 스케일 성분과 장해

개념원리 급수처리 목적 〈가스포부관슬〉

① 가성취화 방지
② 스케일 생성 방지
③ 포밍, 프라이밍 발생 방지
④ 부식 방지
⑤ 관수(보일러수) 농축 방지
⑥ 슬러지 생성 방지

08 보일러 내부의 건조 방식에 쓰이는 건조제가 아닌 것은? [09/4]

① 염화칼슘   ② 실리카겔
③ 탄산칼슘   ④ 생석회

★ 건조제(흡수제) 종류 〈황실생활오염〉
  황산, 실리카겔, 생석회, 활성알루미나, 오산화인, 염화칼슘

09 보일러 건식 보존법에서 건조제로 사용되는 것이 아닌 것은? [07/5]

① 생석회   ② 염화나트륨
③ 실리카겔   ④ 염화칼슘

★ 건조제로 주로 사용되는 약품은 〈황실생활오염〉
  황산, 실리카겔, 생석회, 활성알루미나, 오산화인, 염화칼슘

01 보일러 급수처리의 목적으로 볼 수 없는 것은? [16/2][14/1]

① 부식의 방지   ② 보일러수의 농축방지
③ 스케일생성 방지   ④ 역화(back fire)방지

★ 급수처리는 급수중 불순물로 인한 피해를 방지하기 위함이며, 주로 부식, 보일수 농축 및 스케일 생성을 방지한다.
  역화는 연소실 입구로 화염이 치솟는 것을 말하며, 공기보다 연료를 먼저 투입한 경우, 연소속도보다 분무 속도가 느릴 경우, 가스버너일 경우 연소장치 과열의 경우에 해당한다.

10 보일러 건식보존법에서 가스봉입 방식(기체보존법)에 사용되는 가스는? [13/5]

① O_2 ② N_2
③ CO   ④ CO_2

정답 07 ③ 08 ③ 09 ② 10 ② 11 ④ 01 ④

02 보일러 급수처리의 목적으로 거리가 먼 것은?
[12/5]

① 스케일의 생성 방지
② 점식 등의 내면 부식 방지
③ 캐리오버의 발생 방지
④ 황분 등에 의한 저온부식 방지

★ 연료 중의 황분은 연소시 아황산가스가 되며, 연도를 통과할 때 폐열회수장치 중 절탄기(급수예열장치)의 차가운 표면에 맺힌 이슬과 결합하여 황산이 된다. 이로 인해 저온부식이 발생하게 된다. 이는 급수처리와 관계없음.

03 보일러 급수처리의 직접적인 목적과 가장 거리가 먼 것은?
[10/5]

① 배관 내의 수격작용을 방지한다.
② 가성취화의 발생을 감소시킨다.
③ 부식 발생을 방지한다.
④ 스케일 생성 및 고착을 방지한다.

★ 배관내 수격작용을 방지하려면 응축수 생성을 적극 예방하고 송기시 밸브를 서서히 조작해야 한다. 또한, 관내에 생성된 응축수를 트랩 등을 이용하여 제거하여야 한다.

04 보일러 용수 처리의 목적이 아닌 것은?
[07/1]

① 스케일 생성 및 고착을 방지한다.
② 연소장치의 손상을 방지한다.
③ 가성취화의 발생을 감소시킨다.
④ 포밍과 프라이밍의 발생을 방지한다.

★ 급수처리는 급수중 불순물로 인한 피해를 방지하기 위함이며, 다음과 같은 목적이 있다. 〈가스포부관슬〉
① 가성취화 방지
② 스케일 생성 방지
③ 포밍, 프라이밍 발생 방지
④ 부식 방지
⑤ 관수 농축 방지
⑥ 슬러지 생성 방지

 **수질관리**

1) 농도단위
① ppm : 중량 100만분율
물 1kg 중에 함유된 물질의 mg수 (mg/kg)
② ppb : 중량 10억분율
물 1kg 중에 함유된 물질의 수 (/kg)

2) 수질관리 필요성
현탁고형물, 용해고형물, 가스성분 등 제거
스케일, 부식, 캐리오버 등의 장해원인 제거

3) 경도 계산
① $CaCO_3$(탄산칼슘)경도
㉠ 수중의 칼슘(Ca) 이온과 마그네슘(Mg) 이온의 농도를 탄산칼슘 농도로 환산해서 ppm 단위로 표시
㉡ 급수 1L 속에 $CaCO_3$가 1mg 포함될 때 1도 (mg/L), 즉 ppm
② 독일경도(°dH)
㉠ 수중의 칼슘(Ca) 이온과 마그네슘(Mg) 이온의 량을 산화칼슘(CaO)의 량으로 환산한 것
㉡ 급수 100㎖(0.1L)중에 CaO가 1mg 포함될 때 1도(°dH)
독일경도 성분 = CaO + (MgO × 1.4)

4) 급수 / 보일러수의 pH
① 원통보일러 : 급수 7~9   보일러수 11.0~11.8
② 수관보일러 : 급수 7~9.5   보일러수 8.5~11.8
*수관보일러는 최고사용압력, 처리방식에 따라 다름

---

01 보일러 급수로서 적합하지 않은 것은?
[07/2]

① 경도가 낮은 연수일 것
② 유지분이 없는 물일 것
③ 용존산소가 많은 물일 것
④ 가스류를 발산시킨 물일 것

★ 보일러 급수 중 불순물이 없어야 한다. 각 불순물과 이로 인한 장애는,
① 용존고형물(염류) : 주로 급수 중, 이온 함유량이 많은 것을 말하며 스케일의 원인이 된다. , 이온이 많이 용해된 물을 경수, 적은 것을 연수라고 한다.
② 현탁질고형물 : 모래, 흙, 부유물 등. 포밍, 슬러지의 원인
③ 용존가스 : 물속에 녹아있는 산소, 탄산가스 등을 말하며, 점식의 원인.
④ 유지분 등 : 포밍, 과열의 원인

정답 02 ④ 03 ① 04 ② 01 ③

02 보일러 급수 중에 함유되어 있는 칼슘(Ca) 및 마그네슘(Mg)의 농도를 나타내는 척도는?
[10/4]

① 탁도 ② 수소이온농도
③ 경도 ④ 산도

★ 보일러 급수중 칼슘, 마그네슘 이온의 함유 정도를 경도라고 한다. 칼슘, 마그네슘 이온은 스케일의 원인이 된다.

03 수질(水質)에서 탄산칼슘경도1ppm이란 물 1L속에 탄산칼슘($CaCO_3$)이 얼마 포함된 경우인가?
[09/1]

① 1mg ② 10mg
③ 100mg ④ 1000mg

★ 탄산칼슘($CaCO_3$) 경도: 급수 1ℓ 속에 $CaCO_3$ 가 1mg 포함될 때 1도 mg/ℓ 즉, 1ppm

04 일반적으로 연수와 경수는 경도 얼마를 기준으로 구분하는가?
[07/1]

① 5 ② 10 ③ 50 ④ 100

★ Ca, Mg이온이 많이 용해된 물을 경수, 적은 것을 연수라고 한다. 일반적으로 경도는 전경도를 말하는데 칼슘경도와 마그네슘 경도를 합한 것이다. 물에 함유된 칼슘이온과 마그네슘이온의 양을 탄산칼슘으로 환산해서 1mg/L를 1경도라고 한다. 경도 100이하이면 연수, 그 이상이면 경수로 구분한다.

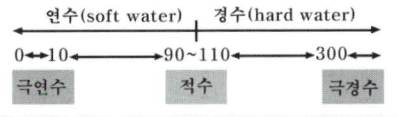

05 원통보일러에서 급수의 pH범위(25℃ 기준)로 가장 적합한 것은?
[13/4]

① pH3 ~ pH5 ② pH7 ~ pH9
③ pH11 ~ pH12 ④ pH14 ~ pH15

★ 원통보일러의 급수 pH는 7~9

06 둥근 보일러의 보일러 수 pH 값으로 가장 적합한 것은?
[10/4]

① 4.5~5.0 ② 6.5~7.5
③ 8.0~9.0 ④ 11.0~11.8

★ 보일러 급수 (본체에 들어가기 전) : pH 8.0~9.0
보일러 수 (본체 내부) : pH 11.0~11.8
★급수시 포함된 알칼리성 약품은 본체내에서 점점 농축되므로 pH가 증가한다.

개념원리 급수처리 : 외처리, 내처리

1) 외처리(1차처리)

불순물	장해	처리법
현탁고형물	슬러지	침강,여과,응집
용존고형물	스케일,슬러지	증류,이온교환 약품처리
용존가스(산소)	부식(공식)원인	기폭, 탈기

★ 보일러 수중의 유지분 : 포밍,슬러지,스케일 원인

01 보일러 용수관리가 불량한 경우 보일러에 미치는 장해의 설명으로 잘못된 것은?
[10/2]

① 스케일이 생성되거나 고착한다.
② 전열면이 과열되기 쉽다.
③ 공기비가 증대된다.
④ 프라이밍이나 포밍 현상이 발생할 수 있다.

★ 보일러수 수질불량은 공기비 증대와 관계없음.

02 보일러 수(水) 외처리의 종류에 해당되지 않는 것은?
[10/5]

① 여과법 ② 증류법
③ 기폭법 ④ 청관제 사용법

★ 보일러 수 급수처리는 외처리, 내처리로 구분됨.
  1) 외처리 : 보일러 본체에 급수전 처리하는 것
     침강법, 여과법, 응집법 : 현탁질 고형물 제거
     기폭법, 탈기법 : 용존가스, 용존산소 제거
     증류법, 이온교환법, 약품처리법 : 용존고형물 제거
     주로, 스케일 원인이 되는 이온상태 물질제거
  2) 내처리 : 보일러 본체에 급수한 후 처리하는 것으로 주로 약품을 사용하며, 이 약품을 청관제라 한다.

03 보일러 수처리에서 순환계통외 처리에 관한 설명으로 틀린 것은?

[12/4]

① 탁수를 침전지에 넣어서 침강분리시키는 방법은 침전법이다.
② 증류법은 경제적이며 양호한 급수를 얻을 수 있어 많이 사용한다.
③ 여과법은 침전속도가 느린 경우 주로 사용하며 여과기 내로 급수를 통과시켜 여과한다.
④ 침전이나 여과로 분리가 잘 되지 않는 미세한 입자들에 대해서는 응집법을 사용하는 것이 좋다.

★ 증류법은 물을 가열하여 발생한 증기를 응축하여 사용하므로 순수한 물을 얻을 수 있지만, 비경제적임.
  고성능의 수관보일러 또는 박용보일러에서 해수처리에 사용

04 보일러 용수처리 중 관외처리 방법이 아닌 것은?

[07/5]

① 이온교환법 ② 침전법
③ 탈기법   ④ 청관제 투입법

★ 보일러수 처리 방법은 관외처리와 관내처리로 구분된다. 관내처리는 보일러 내에 공급된 상태에서 처리하는 것으로 일반적으로 청관제를 투입하여 처리한다. 관외처리는 불순물 종류에 따라 다음 방법을 사용한다.
  ① 용존고형물 : 이온교환법, 증류법
  ② 현탁질고형물 : 침강법(=침전법), 여과법, 응집법
  ③ 용존가스 : 기폭법, 탈기법

05 보일러 급수 중의 현탁질 고형물을 제거하기 위한 외처리 방법이 아닌 것은?

[12/5]

① 여과법 ② 탈기법
③ 침강법 ④ 응집법

★ 탈기법은 용존가스를 제거하기 위한 처리방법임.

06 보일러 수처리 방법 중에서 부유, 유기물의 제거법에 해당하지 않는 것은?

[09/4]

① 여과법   ② 이온교환법
③ 침전법   ④ 응집법

★ 부유, 유기물(현탁질 고형물) – 침강법, 여과법, 응집법

07 이온교환법에서 재생탑에 원수를 통과시켜 수중의 일부 또는 전부의 이온을 이온교환 또는 제거시키는 공정을 무엇이라 하는가?

[11/5]

① 수세 ② 역세
③ 부하 ④ 통약

★ 이온교환처리장치의 운전공정
  역세 ⇨ 통약 ⇨ 압출 ⇨ 수세 ⇨ 부하
  1) 역세 : 수지탑의 아래에서 위로 물을 흐르게 하여 압축된 수지를 느슨하게 해주고, 수지층에 괴여있는 현탁물을 제거하여 주는 공정
  2) 통약(좁은 의미의 재생) : 부하공정에서 흡착된 흡약이온을 용출시키고, 그 대신 부하목적에 맞는 이온을 흡착시키기 위하여, 재생액을 수지탑의 위에서 아래로 흘러내리는 공정
  3) 압출(치환) : 통약후 수지층에 남아있는 재생액을 통약공정과 동일한 하향방향으로 천천히 압출시키는 공정
  4) 수세(세정) : 수지층에 남아있는 재생제를 완전히 씻어 내리는 공정
  5) 부하 : 재생탑에 원수를 통과시켜, 수중의 일부 또는 전부의 이온을 이온교환 또는 제거시키는 공정
  ★ 원수(原水) : 급수처리 전의 물

08 이온교환 처리장치의 운전공정 중 재생탑에 원수를 통과시켜, 수중의 일부 또는 전부의 이온을 제거시키는 공정은?

[11/4]

① 압출 ② 수세
③ 부하 ④ 통약

정답 03 ② 04 ④ 05 ② 06 ② 07 ③ 08 ③

★ 그림은 이온교환처리장치의 운전공정(KBO-3711)이다.

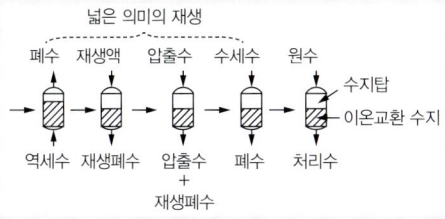

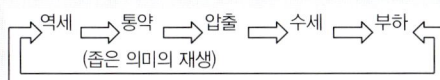

① 역세 : 수지탑의 아래에서 위로 물을 흐르게 하여 압축된 수지를 느슨하게 해주고, 수지층에 괴어있는 현탁물을 제거하여 주는 공정
② 통약 : 부하공정에서 흡착된 흡착이온을 용출시키고, 그 대신 부하 목적에 맞는 이온을 흡착시키기 위하여, 재생액을 수지탑의 위에서 아래로 흘러내리는 공정
③ 압출 : 통약후 수지층에 남아있는 재생액을 통약공정과 동일한 유향(즉, 하향)으로 천천히 압축시키는 공정을 압출이라 하며, 남아있는 재생액을 가능한한 유효하게 다음 재생에 이용하기 위하여 행한다.
④ 수세 : 수지층에 남아있는 재생제를 완전히 씻어 내리는 공정
⑤ 부하 : 재생탑에 원수를 통과시켜, 수중의 일부 또는 전부의 이온을 이온교환 또는 제거시키는 공정

09 보일러 급수처리 법 중 급수 중에 용존하고 있는 O_2, CO_2 등의 용존기체를 분리 제거하는 급수처리 방법으로 가장 적합한 것은?

[08/5]

① 탈기법 ② 여과법
③ 석회소다법 ④ 응집법

★ 가스분 제거 - 기폭법, 탈기법
현탁질 고형물 제거 - 침강, 여과, 응집
용존 고형물 제거 - 약품첨가, 증류, 이온교환

10 보일러의 수처리에서 진공탈기기의 감압장치로 쓰이는 것은?

[10/1]

① 원심펌프 ② 배관펌프
③ 진공펌프 ④ 재생펌프

★ 진공탈기기의 감압장치는 보일러 수중의 기포가 쉽게 증발, 제거되게 한다. 주로 진공펌프(회전식압축기)가 사용됨.

11 보일러 급수 중의 탄산가스(CO_2)를 제거하는 급수처리 방법으로 가장 적합한 것은?

[11/1][07/1]

① 기폭법 ② 침강법
③ 응집법 ④ 여과법

★ 탄산가스와 같은 가스성분은 기폭법, 탈기법으로 제거

12 보일러 급수성분 중 포밍과 관련이 가장 큰 것은?

[14/5][08/1]

① pH ② 경도 성분
③ 용존 산소 ④ 유지(油脂) 성분

★ ① pH : 수소이온화지수 0~14까지이며, 7이 중성임.
7이하는 산성, 7이상은 알칼리성이며 산성일 경우 전면부식이 일어난다. pH13 이상이면 강알칼리에 의한 가성취화(알칼리부식)이 일어난다.
② 경도성분 : 보일러수중의 Ca(칼슘)이온, Mg(마그네슘)이온이며 스케일의 원인이 된다.
③ 용존산소 : 점식의 원인이 된다.
④ 보일러 수중의 유지분 : 포밍의 원인이 되고, 전열면에서 탄화되어 스케일 원인이 되기도 함.

2) 내처리(2차처리) - 청관제 이용

구분	약품
pH 조정제 〈p 가암히인〉	수산화나트륨(가성소다, NaOH), 탄산나트륨(탄산소다), 암모니아 히드라진, 인산나트륨
연화제 〈연 탄인가〉	탄산나트륨, 인산나트륨, 가성소다
탈산소제 〈탈 탄히아〉	탄닌, 히드라진, 아황산나트륨
슬러지조정제 〈슬 리탄전〉	리그닌, 탄닌, 전분
가성취화방지제 〈가 리탄황인〉	리그닌, 탄닌, 황산나트륨, 인산나트륨

* 나트륨을 '소다'라고도 함.

01 보일러 수(水)의 청관제 약품 중 탈산소제가 아닌 것은?
[07/2]
① 탄닌 　　　　　② 히드라진
③ 암모니아 　　　④ 아황산나트륨

* 탈산소제로 쓰이는 약품 〈탈탄히아〉: 탄닌, 히드라진, 아황산소다가 있음. 암모니아는 pH 조정제로 쓰임.

02 보일러 내처리로 사용되는 약제의 종류에서 pH, 알칼리 조정 작용을 하는 내처리제에 해당하지 않는 것은?
[13/1]
① 수산화나트륨 　② 히드라진
③ 인산 　　　　　④ 암모니아

* 보일러수의 pH를 약알칼리성으로 조정하기 위해 알칼리성 약품을 사용한다. pH조정제는 가성소다(수산화나트륨), 암모니아, 히드라진, 제1인산소다, 제3인산소다, 중합인산소다 등이며, 인산은 소다종류(알칼리성)가 아닌 "산"이다. 산성분이 보일러수에 포함되면 강철제 등이 부식된다.

03 보일러 수(水) 중의 경도 성분을 슬러지로 만들기 위하여 사용하는 청관제는?
[14/5][08/2]
① 가성취화 억제제 　② 연화제
③ 슬러지 조정제 　　④ 탈산소제

* 경수 – 물 속에 Mg, Ca 성분이 많은 물 "센물"
① 가성취화억제제 – 보일러수 pH13이상에서 일어나는 가성취화(알칼리부식)을 억제
　종류 – 리그린, 탄린, 인산소다, 질산소다
② 연화제 – 물속에 Mg, Ca를 응집, 침전시켜 배출을 용이하게 한다. 즉 경수를 연수로 만든다.
　종류 – 탄산소다, 인산소다, 중합인산소다
③ 슬러지 조정제 – 부유물이 수면으로 잘 떠오르게 한다.
　종류 – 리그린, 탄린, 전분, 텍스트린
④ 탈산소제 – 물속에 녹아 있는 산소를 제거
　종류 – 탄닌, 히드라진, 아황산소다

04 보일러 청관제 중 보일러수의 연화제로 사용되지 않는 것은?
[15/5][09/1]
① 수산화나트륨 　② 탄산나트륨
③ 인산나트륨 　　④ 황산나트륨

* 연화제
① 보일러 수중의 경도성분을 불용성 화합물(슬러지)로 변하게 하여 스케일의 생성을 억제하기 위해 사용.
② 종류(연탄인가중): 탄산소다, 인산소다, 가성소다(수산화나트륨), 중합인산소다
* 보기 중 황산나트륨은 가성취화방지제로 사용됨.

05 보일러 내처리로 사용되는 약제 중 가성취화 방지, 탈산소, 슬러지 조정 등의 작용을 하는 것은?
[12/5]
① 수산화나트륨 　② 암모니아
③ 탄닌 　　　　　④ 고급지방산폴리알콜

* ① 가성취화 방지: 〈가〉-리탄초인질
　리그린,탄닌,초산소다,인산소다,질산소다
② 탈산소제: 〈탈〉-탄히아
　탄닌,히드라진,아황산소다
③ 슬러지조정제: 〈슬〉-리탄전텍
　리그린,탄닌,전분,텍스린

[손상과 방지대책] 부식, 손상(압궤, 팽출, 크랙)

개념원리 보일러 부식

1) 부식의 주요 분류
① 부식 형태에 따라

습식	전면부식	피막 있음	균일부식
		피막 없음	알칼리부식
			저온부식
	국부부식	균열 있음	응력부식균열
			부식피로
			수소취화
		균열 없음	점식(공식)
			틈새부식
건식			고온부식
			황화부식

② 위치에 따라: 내부부식, 외부부식(고온부식, 저온부식)
2) 부식원인
① 전면부식: 보일러수 pH 저하(산성)
② 알칼리부식(가성취화): 보일러수 pH 높을 때 (13.0이상)
③ 저온부식: 연료중 황분, 절탄기, 공기예열기에 발생
④ 점식(공식): 용존산소
⑤ 고온부식: 연료중 바나듐, 과열기, 재열기에 발생

01 ③　02 ③　03 ②　04 ④　05 ③

3) 부식방지법
① 적정재료의 선정 및 장치의 설계
② 환경의 부식성분을 제거(용존산소, 용존가스)
③ 부식억제제 사용
④ 전기화학적 방식
⑤ 금속피복 및 비금속피복에 의한 방식

01 보일러에서 발생하는 부식 형태가 아닌 것은?   [13/1]

① 점식 ② 수소취화
③ 알칼리 부식 ④ 라미네이션

★ 라미네이션은 부식이 아닌 재료상의 결함이다. 강판 제조과정에서 강판 내부에 공기층, 슬러그 등이 혼입되어 강판이 2개의 층으로 분리되어 있는 것으로서 라미네이션 결함이 있는 강판으로 보일러 제작시 열에 의해 부풀어 올라 터지는 것을 "블리스터"라고 한다.

02 보일러에서 발생하는 부식을 크게 습식과 건식으로 구분할 때 다음 중 건식에 속하는 것은?   [12/5]

① 점식 ② 황화부식
③ 알칼리부식 ④ 수소취화

★ 습식 부식 : 물, 습기와 접촉부분이 부식되는 것.
  점식, 알칼리부식, 수소취화
  건식 부식 : 기체와의 반응으로 인해 부식되는 것
  황화부식(저온부식)

03 그림과 같이 개방된 표면에서 구멍 형태로 깊게 침식하는 부식을 무엇이라고 하는가?   [13/2]

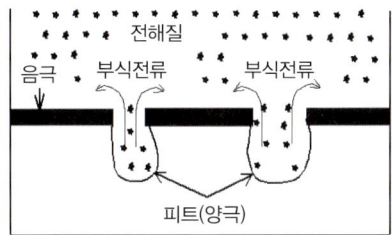

① 국부부식 ② 그루빙(grooving)
③ 저온부식 ④ 점식(pitting)

★ [KBO-4341 참조] 점식 또는 공식이라고 한다.

04 보일러 수에 함유된 산소(O_2)가 유발시키는 1차적인 장해는?   [09/5]

① 고온부식 ② 그루빙
③ 점식 ④ 가성취화

★ 고온부식 : 바나듐으로 인한 부식 – 폐열회수장치
  그루빙 : 열응력으로 인한 부식(=구식,홈부식,도랑부식)
  가성취화 : 알카리성 부식

05 보일러 수 중에 염화물이온과 산소(O_2)가 다량 용해되어 있을 경우 발생하며 개방된 표면에서 구멍형태로 깊게 침식하는 부식의 일종은?   [08/5]

① 가성취화 ② 스케일
③ 침식 ④ 섬식

★ 가스분 – 점식
  현탁질고형물 – 슬러지, 부식
  용존고형물 – 스케일 원인

정답 01 ④ 02 ② 03 ④ 04 ③ 05 ④

06 보일러 내부부식인 점식의 방지대책과 가장 관계가 적은 것은?
[11/4]

① 보일러수를 산성으로 유지한다.
② 보일러수 중의 용존산소를 배제한다.
③ 보일러 내면에 보호피막을 입힌다.
④ 보일러수 중에 아연판을 설치한다.

★ 점식 : 용존산소로 인해 보일러 수면과 접한 수부에 깨알같은 모양으로 부식을 일으킴. 방지대책으로는
  ① 탈산소제 사용(탄닌, 히드라진, 아황산소다)하여 용존산소 제거
  ② 보일러수 중에 아연판을 매단다 : 희생양극법
  ③ 보일러 내면에 보호피막
  ④ 보일러수를 약알칼리성으로 유지한다.

07 다음 중 구상부식(grooving)의 발생장소로 거리가 먼 것은?
[12/2]

① 경판의 급수구멍
② 노통의 플랜지 원형부
③ 접시형 경판의 구석 원통부
④ 보일러 수의 유속이 늦은 부분

★ 구상부식(=구식,그루빙,grooving) : 반복된 열응력에 의해 부식되는 것으로, 노통과 가젯스테이 사이 노통상부에서 주로 발생함. 보기④는 열응력과 관계없는 부분임.

08 보일러 이음부 부근에서 발생하는 도랑 형태의 부식은?
[10/4]

① 점식   ② 전면식
③ 반식   ④ 구식

★ 반복된 열응력이 집중되는 곳에 도랑(홈) 모양으로 부식이 되는 것을 도랑부식, 홈부식, 구식, 그루빙 이라고 한다.

09 알칼리열화라고도 하며 보일러에 발생하는 응력부식의 일종으로 고농도의 알칼리성에 의해 리벳 이음판의 틈새나 리벳머리의 아래쪽에 보일러수가 침입하여 알칼리와 이음부 등의 반복응력에 의해 재료의 결정입계에 따라 균열이 생기는 현상은?
[08/4]

① 가성취화   ② 고온부식
② 백 파이어   ④ 피팅

★ 가성취화 - 알칼리 부식 pH13 이상에서 발생

10 보일러 강관의 가성취화 현상의 특징에 관한 설명으로 틀린 것은?
[16/4][09/5]

① 고압보일러에서 보일러수의 알칼리 농도가 높은 경우에 발생한다.
② 발생하는 장소로는 수면상부의 리벳과 리벳 사이에 발생하기 쉽다.
③ 발생하는 장소로는 관구멍 등 응력이 집중하는 곳의 틈이 많은 곳이다.
④ 외견상 부식성이 없고, 극히 미세한 불규칙적인 방사상 형태를 하고 있다.

★ 가성취화는 보일러수가 강알칼리일 때 수면과 접촉한 수면하단부에서 발생함.

11 보일러 가성취화(苛性脆化)의 설명으로 틀린 것은?
[07/2]

① 고압보일러에서 알칼리도가 낮아져서 생기는 현상이다.
② 리벳이음 등에 생기는 응력부식 균열의 일종이다.
③ 보일러 수와 접촉하지 않는 증기부에서는 발생하지 않는다.
④ 보일러 수가 겹침부의 틈새 등에 침입하여 가열에 의해 농축되고 재료의 결정입계에 따라 균열이 생긴다.

★ 알칼리부식(가성취화) : 증발관이나 본체드럼 등 전열면에 수산화나트륨 성분이 농축되어 발생. 증발관 등에 국부적 과열이 있고 보일러수가 정체하는 조건일 경우 발생한다. 수산화나트륨은 가성소다라고 하며, 보일러수를 약알칼리성으로 유지하기 위해 급수에 첨가하여 투입하는 청관제로 사용된다.

정답 06 ① 07 ④ 08 ④ 09 ① 10 ② 11 ①

12 보일러의 부식에서 가성취화를 올바르게 설명한 것은?

[11/1]

① 농도가 다른 두 가지가 동일 전해질의 용해에 의해 부식이 생기는 것
② 보일러 판의 리벳 구멍등에 농후한 알칼리 작용에 의해 강 조직을 침범하여 균열이 생기는 것
③ 보일러 수에 용해 염류가 분해를 일으켜 보일러를 부식 시키는 것
④ 보일러 수에 수소이온 농도가 크게 되어 보일러를 부식 시키는 것

★ 가성취화 : 알칼리 부식이라고도 한다. 주로 응력이 작용하는 곳에 균열이 발생함.

13 보일러 내부에 아연판을 매다는 가장 큰 이유는?

[14/5][09/5]

① 기수공발을 방지하기 위하여
② 보일러 판의 부식을 방지하기 위하여
③ 스케일 생성을 방지하기 위하여
④ 프라이밍을 방지하기 위하여

★ 철보다 이온화경향이 큰(=빨리 부식하기 쉬운) 아연판을 내부에 매달아 본체가 부식되는 대신 아연판이 부식되도록 한다. 이를 희생양극법이라 한다.

14 보일러의 외부부식 방지대책으로 틀린 것은?

[08/4]

① 습기나 수분이 노내나 연도내에 침입하지 못하게 한다.
② 유황분이나 바나듐분 등의 유해물이 함유되지 않은 연료를 사용한다.
③ 전열면에 그을음이나 회분을 부착시키지 않도록 한다.
④ 중유에 적당한 첨가제를 가해서 황산증기의 노점을 증가 시킨다.

★ 연료중 바나듐(V)은 고온부식원인이 되며, 황(S)은 저온부식 원인이 된다. 노점이란 이슬이 맺히기 시작하는 온도를 말한다. 첨가제로 노점온도를 낮춘다는 것은 낮은 온도일 때 이슬이 맺힌다는 것을 의미하며, 이슬(수분)에 황 연소후 생성된 무수황산가스가 결합되어 황산이 됨을 말한다. 따라서, 배기가스 온도를 노점온도 이상으로 적절하게 높게 유지하면 이슬이 맺히지 않게 되고 황산생성이 안되므로 저온부식을 방지할 수 있다.

15 보일러 고온부식을 유발하는 성분은?

[11/2]

① 황(S)
② 바나듐(V)
③ 산소(O_2)
④ 이산화탄소(CO_2)

★ 고온부식 - 과열기, 재열기에서 발생 : 바나듐(V)
저온부식 - 절탄기, 공기예열기 : 황(S)

16 보일러 부식 중 용융재가 부착한 환경에서 일어나는 부식은?

[10/1]

① 그루빙(구식)
② 점식
③ 고온부식
④ 알카리부식

★ ① 그루빙 : 홈모양의 선으로 부식되는 것. 주로 노통상부와 가젯트 스테이 사이, 드럼의 경판 등에 발생
② 점식 : 국부부식의 일종으로 보일러수면과 접촉한 부위에서 보일러 수중의 용존가스에 의해 점 모양으로 부식
③ 고온부식 : 과열기, 재열기 같은 고온부 전열면에 연료중 회분 속에 포함된 바나듐(V) 화합물이 고온에서 용융 부착하여, 금속 표면의 보호 피막을 부식시킴.
④ 알카리부식 : 가성취화라고 함. 보일러수 알칼리도가 높을 때 리벳 이음판, 리벳머리 아래쪽 등 이음부 등의 반복응력에 의해 재료의 결정입계에 따라 균열이 생기는 현상

17 보일러의 고온부식을 방지하는 방법 설명으로 잘못된 것은?

[10/2]

① 고온의 전열면에 보호피막을 씌운다.
② 중유 중의 바나듐 성분을 제거한다.
③ 전열면 표면온도가 높아지지 않게 설계한다.
④ 황산나트륨을 사용하여 부착물의 상태를 바꾼다.

★ 고온부식은 연도에 설치된 폐열회수장치 중 과열기, 재열기에 주로 발생하며, 원인은 연료중 바나듐(V) 성분 때문이다. 방지법은
① 연료중 바나듐 제거
② 배기가스 온도를 적절하게 유지(450℃ 이하 유지)
③ 과잉공기량을 줄인다.(배기가스중 CO_2 함유량을 높게)
④ 전열면에 보호피막
⑤ 회분 개질제를 첨가하여 회분의 융점을 높인다.
(마그네슘 화합물, 알루미나 등을 사용)

정답 12 ② 13 ② 14 ④ 15 ② 16 ③ 17 ④

18 보일러 외부의 저온부식 방지법에 해당하는 것은?

[08/1]

① 연료 중의 황분을 제거한다.
② 저온의 전열면에 침식재료를 사용한다.
③ 배기가스의 온도를 노점 이하로 유지한다.
④ 과잉 공기량을 증가시킨다.

> * 고온부식 : 연료중 바나듐(V)으로 인해 발생
>   저온부식 : 연료중 황(S)으로 인해 발생
>   ② 내식재로 피복한다.
>   ③ 황산가스의 노점온도를 낮춘다.
>   (=배기가스의 온도가 황산가스의 노점온도 이상으로 뜨거우면 황산가스가 응결되지 않고, 따라서 황산이 생성되지 않으므로 저온부식이 방지됨)
>   ④ 과잉공기량을 줄인다.
> * 저온부식이 되는 과정은 다음과 같다.
>   연료중 황(S) + 연소용공기(O_2) → SO_2(아황산가스)
>   아황산가스(SO_2) + 과잉공기($1/2O_2$) → SO_3(무수황산)
>   무수황산(SO_3) + 응결된수증기(H_2O) → H_2SO_4(황산)
>   배기가스중 수증기는 저온장치 표면에서 응결되며, 이곳에 무수황산이 결합되어 황산이 생성됨. 황산은 장치의 표면을 부식시킴. 이를 저온부식이라 함.

19 보일러 저온부식 방지 대책에 해당되는 것은?

[09/1]

① 연료중의 황분을 제거한다.
② 저온의 전열면에 보호피막을 없앤다.
③ 연소가스의 온도를 노점온도 이하가 되도록 한다.
④ 배기가스 중의 CO_2 함량을 높여서 아황산가스의 노점을 올린다.

> * 저온부식 : 연료중 S(황)으로 인한 부식
>   고온부식 : 연료중 V(바나듐)으로 인한 부식
> * 저온부식 방지법
>   ① 연료중 황분 제거
>   ② 연료첨가제를 이용, 황산가스의 노점을 낮춘다.
>   ③ 과잉공기를 줄인다.(과잉산소를 줄인다.)
>   =배기가스중 CO_2 함유량을 높인다.
>   ④ 장치표면에 내식재로 피복
>   ⑤ 배기가스 온도를 높인다.(열효율 측면에서 부적당함)

20 저온부식의 방지대책으로 틀린 것은?

[08/5]

① 연소가스가 황산증기의 노점까지 저하되기 전에 굴뚝으로 배출시킨다.
② 무수황산을 다른 생성물로 바꾸어 버린다.
③ 중유에 적당한 첨가제를 가해서 황산증기의 노점을 높인다.
④ 가급적 완전 연소하도록 연소방법을 개선한다.

> * 저온부식 – S(황)으로 인한 부식
>   고온부식 – V(바나듐)으로 인하 부식
> * 저온부식 방지법
>   ① 연료중 황분 제거
>   ② 연료첨가제를 이용, 황산가스의 노점을 낮춘다.
>   ③ 과잉공기를 줄인다.(과잉산소를 줄인다.)
>   ④ 장치표면에 내식재로 피복
>   ⑤ 배기가스 온도를 높인다.

보일러 손상

① 압궤 : 노통이나 화실 등과 같이 외압을 받는 원통 또는 구형 부분이 과열이나 휨(buckling)에 의해 외압을 견디지 못하고 찌그러지는 현상
② 팽출 : 과열된 동체가 압력을 견디지 못하고 풍선처럼 외부로 부풀어 오르는 현상
③ 블리스터 : 강재중 층 또는 기포가 발생하고 있는 경우에 가열되면 그 부분의 가스가 팽창해서 외측으로 볼록하게 나오는 현상
④ 균열(크랙) : 신축작용을 반복해서 받을 경우 금이 가거나 갈라짐.
⑤ 시임립스 : 연속하여 균열이 생기는 경우

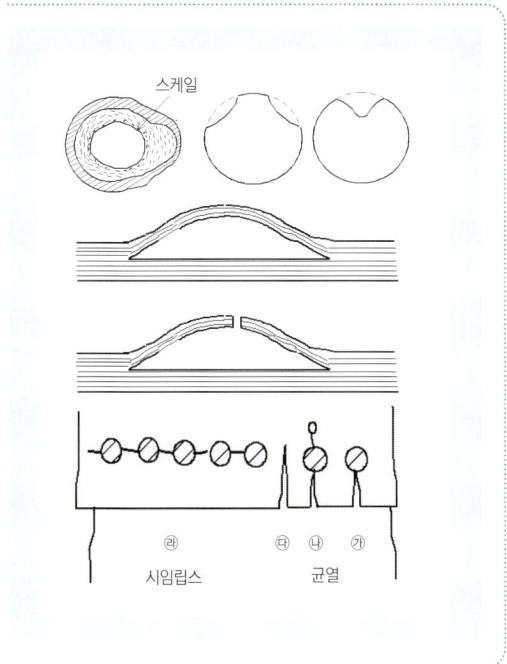

01 과열된 보일러 동체가 내부 압력에 견디지 못하고 외부로 부풀어 나오는 현상은?

[10/1]

① 팽출　　　　　② 압궤
③ 브리스터　　　④ 라미네이션

★ ① 팽출 : 과열된 동체가 압력을 견디지 못하고 풍선처럼 외부로 부풀어 오르는 현상

② 압궤 : 노통이나 화실 등과 같이 외압을 받는 원통 또는 구형 부분이 과열이나 휨(buckling)에 의해 외압을 견뎌내지 못하고 찌그러지는 현상
③ 블리스터 : 강재중 층 또는 기포가 발생하고 있는 경우에 가열되면 그 부분의 가스가 팽창해서 외측으로 불룩하게 나오는 현상

④ 라미네이션 : 강재의 압연 제조공정에 있어서 동공 또는 슬래그 존재부분이 층을 형성하는 것. 재료결함.

02 보일러의 손상에서 팽출(膨出)을 옳게 설명한 것은?

[13/5][07/1]

① 보일러의 본체가 화염에 과열되어 외부로 볼록하게 튀어나오는 현상
② 노통이나 화실이 외측의 압력에 의해 눌려 쭈그러져 찢어지는 현상
③ 강판에 가스가 포함된 것이 화염의 접촉으로 양쪽으로 오목하게 되는 현상
④ 고압보일러 드럼 이음에 주로 생기는 응력 부식 균열의 일종

★ 본체 또는 수관이 과열되어 내부압력에 의해 외부로 볼록하게 튀어 나오는 것을 팽출이라 하고, 노통, 화실 등이 외측의 압력에 의해 안쪽으로 눌려 찌그러진 것을 압궤라고 한다.

03 보일러 운전 중 팽출이 가장 발생하기 쉬운 곳은?

[10/4]

① 노통 보일러의 연도
② 입형 보일러의 연소실
③ 노통 보일러의 갤러웨이관
④ 수관 보일러의 연도

★ 팽출 : 과열된 동체가 압력을 견디지 못하고 풍선처럼 외부로 부풀어 오르는 현상. 보일러수가 들어있고 증기압이 발생되는 곳에 일어나는 현상이므로 보기 ③ 임
① 노통보일러는 연도는 증기발생과 관계없음
② 입형보일러의 연소실은 증기발생과 관계없음
④ 수관보일러의 연도는 증기발생과 관계없음

정답　01 ①　02 ①　03 ③

04 다음 중 보일러 손상의 하나인 압궤가 일어나기 쉬운 부분은?
[12/1]

① 수관 ② 노통
③ 동체 ④ 갤러웨이관

> ★ 압궤 : 보일러 본체의 화염에 접하는 부분이 과열된 결과 외부의 압력에 의해 짓눌린 현상. 주로 노통이나 연소실등에 일어남

[사고 및 방지대책] 사고원인, 사고 방지대책

 사고원인별 구분

> ① 제작상 원인 : 용접불량, 강도부족, 장치미비, 재료결함
> *라미네이션 : 강판 내부 공기층으로 2장으로 분리되어 있는 재료 결함
> *블리스터 : 라미네이션 결합 재료로 제작된 보일러가 가열 시 내부 공기층이 부풀어 올라 터짐.
> ② 취급상 원인 : 과열, 압력초과, 이상감수, 미연소가스폭발

01 보일러 사고를 제작상의 원인과 취급상의 원인으로 구별할 때 취급상의 원인에 해당하지 않은 것은?
[12/2]

① 구조 불량 ② 압력 초과
③ 저수위 사고 ④ 가스 폭발

> ★ 보기 ① 구조불량은 제작상의 결함

02 보일러의 사고발생 원인 중 제작상의 원인에 해당되지 않는 것은?
[12/1]

① 용접불량 ② 가스폭발
③ 강도부족 ④ 부속장치 미비

> ★ 제작상 결함 : 용접불량, 강도부족, 장치미비, 재료결함
>   *가스폭발은 취급상의 부주의에 의한 것임.
>   *재료결함 중 레미네이션(판상결함), 블리스터가 있음.

03 보일러 사고의 원인 중 제작상의 원인에 해당되지 않는 것은?
[16/1][11/2]

① 구조의 불량 ② 강도부족
③ 재료의 불량 ④ 압력초과

> ★ 압력초과는 취급상의 원인이다. 취급상의 원인으로 인한 사고는 주로 압력초과, 저수위, 과열, 미연소가스폭발 등이 있다.

04 보일러 파열 사고 원인 중 제작상의 원인에 해당하지 않는 것은?
[08/5]

① 압력초과 ② 설계불량
③ 구조불량 ④ 재료불량

> ★ 제작상 원인 - 강도 부족, 용접불량, 재료불량, 구조불량, 설계불량
> ※ 압력초과는 취급상 원인이다.

05 보일러 파열사고 중 구조상의 결함에 의한 파열사고가 아닌 것은?
[07/5]

① 취급 불량 ② 설계 불량
③ 재료 불량 ④ 공작 불량

> ★ 보일러 사고의 원인 : 제작상 원인, 취급상 원인

06 보일러에서 라미네이션(lamination)이란?
[15/1][07/5]

① 보일러 본체나 수관 등이 사용 중에 내부에서 2 장의 층을 형성한 것
② 보일러 강판이 화염에 닿아 불룩 튀어 나온 것
③ 보일러 등에 작용하는 응력의 불균일로 동의 일부가 함몰된 것
④ 보일러 강판이 화염에 접촉하여 점식된 것

> ★ 보기중 설명은 ① 라미네이션 ② 팽출 ③ 압궤

07 보일러 강판이나 강관을 제조할 때 재질 내부에 가스체 등이 함유되어 두 장의 층을 형성하고 있는 상태의 흠은?

[15/2][09/4]

① 블리스터 ② 팽출
③ 압궤 ④ 라미네이션

★ 라미네이션은 부식이 아닌 재료상의 결함이다. 강판 제조과정에서 강판 내부에 공기층, 슬러그 등이 혼입되어 강판이 2개의 층으로 분리되어 있는 것으로서 라미네이션 결함이 있는 강판으로 보일러 제작시 열에 의해 부풀어 올라 터지는 것을 "블리스터"라고 한다.

08 보일러 본체나 수관, 연관 등이 사용 중에 그 일부가 원형 상태에서 내부로부터 2장의 층을 형성하는 현상은?

[08/2]

① 크랙 ② 라미네이션
③ 블리스터 ④ 노치

★ 크랙 : 무리한 응력을 받는 부분이나 응력이 국부적으로 집중되는 부분에 금이 가는 현상
  블리스터 : 라미네이션의 흠이 있는 강판이나 관으로 보일러 제작시 높은 열을 받아 속에든 공기층이 부풀어 오르거나 표면이 터지는 현상
※ 라미네이션과 블리스터는 제작상 결함이다.
※ 노치 : 표면이나 모서리 등에 작은 v자(u자) 모양으로 파인 흠집 내지는 그 모양으로 잘려나간 부분. 예) 자 눈금, 초콜릿 홈

09 보일러 사고의 원인 중 보일러 취급상의 사고원인이 아닌 것은?

[16/4][13/2][09/5]

① 재료 및 설계불량 ② 사용압력초과 운전
③ 저수위 운전 ④ 급수처리 불량

★ ① 재료 및 설계불량은 제작상의 원인

10 보일러 사고의 원인 중 보일러 취급상의 사고 원인이 아닌 것은?

[07/1]

① 재료 및 설계불량 ② 사용압력초과 운전
③ 저수위 운전 ④ 미연소가스 폭발사고

★ 재료 및 설계불량은 제작상의 원인

11 보일러 사고의 원인 중 취급상의 원인이 아닌 것은?

[15/1][10/2]

① 부속장치 미비
② 최고 사용압력의 초과
③ 저수위로 인한 보일러의 과열
④ 습기나 연소가스 속의 부식성 가스로 인한 외부부식

★ 부속장치 미비는 제조설치상의 원인에 해당한다.

12 보일러 사고 원인 중 취급 부주의가 아닌 것은?

[13/5]

① 과열 ② 부식
③ 압력초과 ④ 재료불량

★ 재료불량은 제작상의 원인에 해당함.

13 보일러 파열사고 원인 중 취급자의 부주의로 발생하는 사고가 아닌 것은?

[11/5]

① 미연소 가스폭발 ② 저수위 사고
③ 레미네이션 ④ 압력초과

★ 레미네이션 : 판상결함이라고도 하며, 강판의 내부에 공기층이 존재하여 2장으로 분리된 결함을 말함. 제작상의 원인임.

14 보일러 결함이나 사고의 원인과 결과가 서로 틀리게 연결된 것은?

[07/4]

① 급수처리 불량 - 스케일 퇴적
② 증기밸브의 급개 - 동체의 팽출
③ 연도가스 150℃ 이하 - 저온부식
④ 보일러수의 감소 - 과열 폭발

★ 증기밸브의 급개 → 증기관내 수격작용 유발, 또는 본체내의 압력저하로 포밍, 프라이밍 발생.

15 보일러 사고에서 취급상의 원인이 아닌 것은?
[07/2]

① 보일러수의 농축이나 스케일 부착으로 인한 과열
② 보일러수의 처리불량 등으로 인한 내부 부식
③ 고수위로 인한 보일러 과열
④ 연소조작이나 운전조작 불량

★ 고수위인 경우 과열이 되지 않는다.

1) 보일러 3대사고 : 압력초과, 과열사고, 미연소가스폭발
2) 포밍(거품), 프라이밍(물방울)
  ① 포밍 : 수면이 거품으로 덮임
  ② 프라이밍 : 수면에서 작은 물방울이 튀어오름.
* 원인 : 현상은 부하가 과대할 때, 보일러수 농축시 주증기밸브의 급개로 갑자기 증기압력 저하
3) 압력초과 원인 : 압력계 고장, 압력조절기 고장, 증기압력 제한기 고장, 안전밸브 고장
4) 과열사고 원인 : 이상감수, 스케일, 보일러수 순환불량, 보일러수 농축
5) 가스폭발 원인 : 프리퍼지 부족, 연소실 내 미연소가스
6) 역화 원인 : 착화 지연, 프리퍼지 부족, 공기보다 연료 먼저 공급, 연료밸브 과대 개방, 압입통풍이 너무 강하거나 흡입통풍이 너무 약할 때

01 보일러의 압력 초과의 원인 중 틀린 것은?
[08/5]

① 수면계 연락관이 막혔을 경우
② 압력계 고장이 생겼을 경우
③ 압력계의 연결관 밸브가 열렸을 경우
④ 안전밸브가 고장일 경우

★ 압력계 연결관 밸브가 열려 있으면, 증기가 누설되어 압력이 저하한다.

02 보일러가 최고사용압력 이하에서 파손되는 이유로 가장 옳은 것은?
[13/4]

① 안전장치가 작동하지 않기 때문에
② 안전밸브가 작동하지 않기 때문에
③ 안전장치가 불완전하기 때문에
④ 구조상 결함이 있기 때문에

★ 안전장치는 대부분 이상현상 또는 압력초과시 파손을 방지하기 위한 것임. 따라서, 최고사용압력 이하에서 파손되는 것은 구조상 결함이 있기 때문임.

03 보일러의 과열 원인과 무관한 것은?
[15/2][08/2]

① 보일러 수의 순환이 불량할 경우
② 스케일 누적이 많은 경우
③ 저수위로 운전할 경우
④ 1차 공기량의 공급이 부족한 경우

★ 1차공기량이 부족한 경우 무화불량, 불완전연소가 된다.

04 보일러의 과열방지 대책으로 틀린 것은?
[11/5]

① 보일러 동 내면에 스케일 고착을 유도할 것
② 보일러 수위를 너무 낮게 하지 말 것
③ 보일러 수를 농축시키지 말 것
④ 보일러 수의 순환을 좋게 할 것

★ 보일러 동 내면에 스케일이 부착되면, 열전달 방해, 열효율 감소, 전열면 과열사고를 초래함.

05 보일러 과열, 소손의 방지책이 아닌 것은?
[09/2]

① 보일러 수위를 저하시키지 않는다.
② 보일러 수(水)를 과도하게 농축시키지 않는다.
③ 전열면에 부착된 유지분을 제거시키지 않는다.
④ 연소실 열부하를 크게 하지 않는다.

★ 보일러 전열면에 유지분이 부착되면 열전달을 방해하므로, 신설보일러의 경우 소다보일링으로 제거한다.

정답 15 ③ 01 ③ 02 ④ 03 ④ 04 ① 05 ③

06 보일러에서 과열의 원인이 아닌 것은?

[08/5]

① 보일러 내에 유지분이 부착한 경우
② 보일러 수의 순환이 좋지 않을 경우
③ 국부적으로 심하게 복사열을 받는 경우
④ 보일러 수위가 이상고수위일 경우

> ★ 보일러 과열 원인
> ① 보일러 수의 순환이 불량할 경우
> ② 스케일 누적이 많은 경우
> ③ 저수위로 운전할 경우

07 보일러의 과열방지 대책에 해당하지 않는 것은?

[08/1]

① 보일러 수위를 안전저수위 이하로 운전 할 것
② 화염을 국부적으로 집중시키지 말 것
③ 보일러 수의 순환을 양호하게 할 것
④ 보일러 수를 너무 농축시키지 말 것

> ★ 보일러 수위는 항상 상용수위를 유지하며 운전한다. 안전저수위 이하로 감수시 긴급연료차단, 보일러정지

08 보일러 과열의 요인 중 하나인 저수위의 발생 원인으로 거리가 먼 것은?

[15/1][12/4]

① 분출밸브의 이상으로 보일러수가 누설
② 급수장치가 증발능력에 비해 과소한 경우
③ 증기 토출량이 과소한 경우
④ 수면계의 막힘이나 고장

> ★ 증기토출량이 적다는 것은 보일러수의 감수가 적다는 것을 말한다. 따라서, 증기발생이 적거나 토출량이 적으면, 저수위가 되지 않는다.

09 보일러 사용 시 이상 저수위의 원인이 아닌 것은?

[16/1][08/2]

① 증기 취출량이 과대한 경우
② 보일러 연결부에서 누출이 되는 경우
③ 급수장치가 증발능력에 비해 과소한 경우
④ 급수탱크 내 급수량이 많은 경우

> ★ 급수탱크 내 급수량이 많은 경우 급수량이 충분하므로 이상 저수위 현상이 발생하지 않는다.

10 보일러 저수위 사고의 원인으로 가장 거리가 먼 것은?

[13/1]

① 보일러 이음부에서의 누설
② 수면계 수위의 오판
③ 급수장치가 증발능력에 비해 감소
④ 연료 공급 노즐의 막힘

> ★ 보기 ④ 연료 공급 노즐이 막힌 경우 연료공급이 원활하지 않고 실화의 원인이 된다.

11 보일러의 이상 저수위시, 과열 등이 발생할 때 비상조치 단계로 옳은 것은?

[09/2]

〈보기〉

㉠ 연소용 공기를 차단한다.
㉡ 연료를 차단한다.
㉢ 주버너를 정지시킨다.
㉣ 서서히 급수한다.

① ㉡-㉠-㉢-㉣   ② ㉠-㉡-㉢-㉣
③ ㉠-㉡-㉣-㉢   ④ ㉡-㉠-㉣-㉢

> ★ 이상감수시 비상정지 순서 : 연료차단 → 연소용공기 차단 → 주버너 정지 → 급수

12 가연가스와 미연가스가 노내에 발생하는 경우가 아닌 것은?

[14/4][08/1]

① 심한 불완전연소가 되는 경우
② 점화조작이 실패한 경우
③ 소정의 안전 저연소율 보다 부하를 높여서 연소시킨 경우
④ 연소정지 중에 연료가 노내에 스며든 경우

06 ④ 07 ① 08 ③ 09 ④ 10 ④ 11 ① 12 ③

★ 저연소율로 연소시킬 경우에는 연소가 불안정하기 때문에 화염으로부터 눈을 떼면 안된다. 저연소율이란 더 이상 감소하면 연소가 불안정하게 되고 위험하게 되는 최저연소 한계이며 연료 및 연소방법에 따라 다르다. 최소한의 안전 저연소율보다 부하를 높여서 연소한 경우 적정 연소율로 연소되는 것을 말하며 미연소가스가 발생하지 않음.

13 가스보일러에서 가스폭발의 예방을 위한 유의사항으로 틀린 것은? [16/1][13/2][11/1]

① 가스압력이 적당하고 안정되어 있는지 점검한다.
② 화로 및 굴뚝의 통풍, 환기를 완벽하게 하는 것이 필요하다.
③ 점화용 가스의 종류는 가급적 화력이 낮은 것을 사용한다.
④ 착화 후 연소가 불안정할 때는 즉시 가스공급을 중단한다.

★ 점화용 가스의 종류는 가급적 화력이 큰 것을 사용한다.

14 기름 연소 보일러에서 노내 가스 폭발이 발생할 수 있는 경우와 무관한 것은? [08/2]

① 배기가스 온도가 너무 높다.
② 프리퍼지가 불충분하다.
③ 포스트퍼지가 불충분하다.
④ 연소실 내부로 연료의 누입이 있었다.

★ 배기가스 온도가 너무 높은 것은, 연소실 외면의 오염 등으로 열흡수가 잘 되지 않을 경우이며, 열손실이 높아짐.

15 보일러사용기술규격(KBO)에 규정된 보일러의 가스폭발 방지대책으로 틀린 것은? [07/4]

① 점화할 때에는 미리 충분한 프리퍼지를 할 것
② 점화전에는 중유를 가열하여 필요 점도로 해 둘 것
③ 연료 속의 수분이나 슬러지 등은 충분히 배출할 것
④ 댐퍼는 굴뚝에서 먼 쪽부터 가까운 쪽으로 순서대로 열 것

★ 프리퍼지 조작 : 댐퍼는 굴뚝에서 가까운 것부터 순서대로 연다. 통풍기는 흡출통풍기를 먼저 열고, 압입통풍기는 나중에 운전한다.

16 가스 폭발에 대한 방지대책으로 거리가 먼 것은? [13/2]

① 점화 조작시에는 연료를 먼저 분무시킨 후 무화용 증기나 공기를 공급한다.
② 점화할 때에는 미리 충분한 프리퍼지를 한다.
③ 연료속의 수분이나 슬러지 등은 충분히 배출한다.
④ 점화전에는 중유를 가열하여 필요한 점도로 해둔다.

★ 점화조작시 공기를 먼저, 연료를 나중에 공급한다.

17 보일러 가스폭발 방지에 관한 설명으로 잘못된 것은? [08/4]

① 점화할 때는 미리 충분한 프리퍼지를 한다.
② 연료속의 수분이나 슬러지 등은 충분히 배출한다.
③ 배관이나 버너 각부의 밸브는 그 개폐상태에 이상이 없는가를 확인 한다.
④ 연소량을 증가시킬 경우에는 먼저 연료량을 증가시킨 후에 공기 공급량을 증가시킨다.

★ 공기가 줄어들면 불완전 연소가 되거나 미연소 가스로 인한 폭발 우려가 있다.

18 기름 보일러에서 연소 중 화염이 점멸 하는 등 연소 불안정이 발생하는 경우가 있다. 그 원인으로 가장 거리가 먼 것은? [16/4][13/5]

① 기름의 점도가 높을 때
② 기름 속에 수분이 혼입되었을 때
③ 연료의 공급상태가 불안정한 때
④ 노내가 부압(負壓)인 상태에서 연소했을 때

★ 노내가 부압인 경우 연소실 밖으로부터 공기유입이 원활하고 역화가 발생하지 않고 화염이 안정적이다.

정답 13 ③ 14 ① 15 ④ 16 ① 17 ④ 18 ④

19 보일러사용기술규격(KBO)에 규정된 내용으로 보일러 점화시 착화가 지연될 경우 어떤 현상이 발생하는가?
[07/4]

① 연소가 불안정해진다.　② 불이 꺼진다.
③ 역화가 발생한다.　④ 보일러 운전이 정지된다.

★ 착화가 늦으면 연소실 내로 연료가 유입되어 역화의 원인이 된다.

20 보일러 점화불량의 원인으로 가장 거리가 먼 것은?
[16/2][10/1]

① 댐퍼작동 불량
② 파일로트 오일 불량
③ 공기비의 조정 불량
④ 점화용 트랜스의 전기 스파크 불량

★ 점화순서에 따라 직접적 원인에 의해 점화불량이 되는 경우는 노내압이 맞지 않을 때(댐퍼작동 불량 등), 연료분사 상태가 고르지 못할 때, 점화용 트랜스 전기스파크 불량 등의 원인이 있다. 파이로트 버너의 연료는 유류용 버너일 경우 주로 경유나 LPG를 사용하고 가스용 버너일 경우 연료가스와 동일한 가스를 사용하므로, 오일불량이 원인이 되는 경우는 없다.

21 보일러 점화 불량의 원인이 아닌 것은?
[08/1]

① 기름의 분산이 잘된 경우
② 기름의 온도가 너무 낮거나 높을 경우
③ 1차 공기압력이 과대할 경우
④ 유압이 낮을 경우

★ ② 온도가 낮을 경우 ⇨ 무화불량 ⇨ 물줄기처럼 분사됨 ⇨ 화염편류 (화염이 아래쪽으로 치우침)
온도가 높을 경우 ⇨ 유증기발생 ⇨ 분사불량 ⇨ 화염불안정
③ 1차공기압 과대 = 분무압과대, 점화불량
④ 유압이 낮을 경우 : 분무불량. 점화불량

22 보일러 운전 중에 연소실에서 연소가 급히 중단되는 현상은?
[11/2]

① 실화　② 역화
③ 무화　④ 매화

★ 실화 - 연소중 급히 불이 꺼진 현상
역화 - 화염이 연소실 밖으로 거꾸로 치솟는 현상
무화 - 중류를 안개처럼 분무하여 연소를 용이하게 함.
매화 - 석탄용보일러에서 소화시 불씨를 재 속에 묻어둠.

23 노 내의 미연가스가 돌연 착화해서 급격한 연소(폭발연소)를 일으켜 화염이나 연소가스가 전부 연도로 흐르지 않고 연소실 입구나 감시창으로부터 밖으로 분출하는 현상은?
[11/1]

① 역화　② 인화
③ 점화　④ 열화

★ 화염이 연소실 입구, 감시창으로부터 밖으로 분출하는 것을 역화(백화이어)라고 함.

24 보일러에서 연소조작 중의 역화의 원인으로 거리가 먼 것은?
[13/4]

① 불완전 연소의 상태가 두드러진 경우
② 흡입통풍이 부족한 경우
③ 연도댐퍼의 개도를 너무 넓힌 경우
④ 압입통풍이 너무 강한 경우

★ 연도댐퍼의 개도를 너무 좁힌 경우 노내압 상승으로 역화가 발생할 수 있다.

25 가스보일러에서 역화가 일어나는 경우가 아닌 것은?
[11/5]

① 버너가 과열된 경우
② 1차공기의 흡인이 너무 많은 경우
③ 가스 압이 낮아질 경우
④ 버너가 부식에 의해 염공이 없는 경우

★ 가스보일러의 1차공기는 분무용 공기를 말하며, 1차공기가 너무 많은 경우 연소속도가 증가하여 역화 우려가 있음. 버너가 부식에 의해 염공이 막힌 경우 가스연료가 분사되지 않거나, 염공이 좁아져 분출속도가 증가하여 불꽃이 염공에서 떠있는 리프팅(선화) 현상을 초래함.

정답　19 ③　20 ②　21 ①　22 ①　23 ①　24 ③　25 ④

26 보일러 연소 조작중의 역화의 원인에 해당되지 않는 것은?
[10/1]

① 연도댐퍼의 개도를 너무 좁힌 경우
② 연도댐퍼가 고장이 나서 닫혀진 경우
③ 압입통풍이 너무 강한 경우
④ 프리퍼지가 충분한 경우

> ★ 역화(백화이어) : 연소실 입구로 화염이 치솟는 현상
> 프리퍼지(노내환기)가 충분한 경우 미연소가스폭발, 역화의 원인이 제거된다.

27 가스연료의 연소에서 불꽃이 염공으로 역화되는 원인을 표현한 것으로 맞는 것은?
[07/4]

① 가스압이 높을 때
② 1차 공기의 흡인이 적을 때
③ 버너가 과열됐을 때
④ 염공이 작을 때

> ★ 대체로 역화의 원인은 다음과 같다.
> ① 프리퍼지가 부족한 경우
> ② 점화시 공기보다 연료를 먼저 투입한 경우
> ③ 버너가 과열되었을 때

28 보일러 역화의 원인에 해당되지 않는 것은?
[08/4]

① 프리퍼지가 불충분한 경우
② 점화할 때 착화가 지연되었을 경우
③ 연도 댐퍼의 개도가 너무 좁은 경우
④ 점화원을 사용한 경우

> ★ 역화(back fire)의 원인
> ① 프리퍼지 부족
> ② 점화시 착화가 늦은 경우
> ③ 과다한 연료공급
> ④ 흡입통풍의 부족이나 압입통풍의 과대
> ⑤ 공기보다 연료의 공급이 먼저 된 경우
> ⑥ 연료의 불완전 및 미연소
> ⑦ 연소기구의 과열
> ※ 연소속도가 분출속도보다 빠를 때 - 예혼합 연소시 발생

29 가스연료 연소시 역화(back fire)나 리프팅(lifting)의 설명으로 틀린 것은?
[09/1]

① 역화는 버너가 과열된 경우에 발생된다.
② 리프팅은 가스압이 너무 낮은 경우에 발생된다.
③ 역화는 불꽃이 염공을 따라 거꾸로 들어가는 것이다.
④ 리프팅은 1차공기 과다로 분출속도가 높은 경우에 발생된다.

> ★ 역화(Back Fire) - 연료가 연소 시 연료의 분출속도가 연소속도보다 느릴 때 불꽃이 염공 속으로 빨려 들어가 혼합관 속에서 연소하는 현상을 말한다.
> 역화의 원인
> ① 1차 공기가 적을 경우
> ② 공급가스의 압력이 낮을 경우
> ③ 염공이 크거나 부식에 의해 확대되었을 경우
> ④ 버너가 과열되었을 경우
>
> ★ 리프팅(Lifting) - 불꽃이 염공 위에 들뜨는 현상으로 염공에서 연료가스의 분출속도가 연소속도보다 빠를 때 발생
> 리프팅(선화)의 원인
> ① 1차 공기가 너무 많을 경우
> ② 공급가스의 압력이 높을 경우
> ③ 버너의 염공이 작거나 막혔을 경우

30 연소 중의 보일러가 노내나 연도 내에 심한 소리를 내면서 공명하면 보일러 전체가 진동하기도 하며 경우에 따라서는 보일러실까지도 공명하여 유리창이 진동할 때도 있다. 이러한 현상을 맥동연소 또는 진동연소라 하는데 그 원인과 거리가 가장 먼 것은?
[07/4]

① 연료 중에 수분이 많은 경우
② 연료와 공기의 혼합으로 연소속도가 빠른 경우
③ 2차 연소를 일으킨 경우
④ 연도에 굴곡부가 많은 경우

> ★ 맥동연소(=진동연소)
> ① 연료속에 수분이 많은 경우
> ② 연료량이 심히 고르지 못한 경우
> ③ 연료와 공기와 혼합불량으로 연소속도가 느린 경우
> ④ 공급공기량에 심한 과부족이 생긴 경우
> ⑤ 무리한 연소를 한 경우
> ⑥ 연도단면의 변화가 큰 경우
> ⑦ 2차연소를 일으킨 경우

정답 26 ④ 27 ③ 28 ④ 29 ② 30 ②

31 보일러 가동 시 맥동연소가 발생하지 않도록 하는 방법으로 틀린 것은?

[13/1]

① 연료 속에 함유된 수분이나 공기를 제거한다.
② 2차 연소를 촉진시킨다.
③ 무리한 연소를 하지 않는다.
④ 연소량의 급격한 변동을 피한다.

★ 맥동연소(=2차연소) : 연도 등에 가스가 체류하는 에어포켓이 있을 경우에 주로 발생하며, 연소시 미연소된 가스가 불규칙한 연소를 하며 소음 진동을 유발한다. 보기 ②는 맥동연소를 2차연소라 하므로 오히려 맥동연소를 유발함.

32 보일러 가동시 맥동연소가 발생하지 않도록 하는 방법으로 틀린 것은?

[10/4]

① 연료 속에 함유된 수분이나 공기를 제거한다.
② 연소실이나 연도에 가스 포켓부를 만들어 준다.
③ 무리한 연소를 하지 않는다.
④ 연소량의 급격한 변동을 피한다.

★ 맥동연소는 연도 등에 가스가 체류하는 에어포켓이 있을 경우에 주로 발생하며, 연소시 미연소된 가스가 불규칙한 연소를 하며 소음 진동을 유발하며. 보기 ②는 맥동연소 방지가 아닌 발생원인임.

33 보일러 연소 중에 발생하는 맥동연소의 원인이 아닌 것은?

[09/4][07/5]

① 연료속에 수분이 많은 경우
② 연소량이 심히 고르지 못한 경우
③ 공급공기량에 심한 과부족이 생긴 경우
④ 연도 단면의 변화가 작은 경우

★ 맥동연소(=진동연소)
 ① 연료속에 수분이 많은 경우
 ② 연료량이 심히 고르지 못한 경우
 ③ 연료와 공기와 혼합불량으로 연소속도가 느린 경우
 ④ 공급공기량에 심한 과부족이 생긴 경우
 ⑤ 무리한 연소를 한 경우
 ⑥ 연도단면의 변화가 큰 경우
 ⑦ 2차연소를 일으킨 경우

34 보일러사용기술규격(KBO)상 맥동연소의 예방대책이 아닌 것은?

[07/4]

① 연료속에 함유된 수분이나 공기를 일정하게 유지한다.
② 무리한 연소는 하지 않는다.
③ 연소량의 급격한 변동은 피한다.
④ 2차 연소를 방지한다.

★ 맥동연소(=진동연소)
 ① 연료속에 수분이 많은 경우
 ② 연료량이 심히 고르지 못한 경우
 ③ 연료와 공기와 혼합불량으로 연소속도가 느린 경우
 ④ 공급공기량에 심한 과부족이 생긴 경우
 ⑤ 무리한 연소를 한 경우
 ⑥ 연도단면의 변화가 큰 경우
 ⑦ 2차연소를 일으킨 경우

35 보일러 연소 시 가마울림 현상을 방지하기 위한 대책으로 잘못된 것은?

[11/1]

① 수분이 많은 연료를 사용한다.
② 2차 공기를 가열하여 통풍조절을 적정하게 한다.
③ 연소실내에서 완전 연소시킨다.
④ 연소실이나 연도를 연소가스가 원활하게 흐르도록 개량한다.

★ 가마울림 현상 : 연소중 연소실이나 연도 내에서 연속적인 울림을 내는 현상으로 보일러 연소중에 발생
 1) 원인
  ① 연료중 수분이 많을 때
  ② 연료와 공기의 혼합이 나빠서 연소속도가 느린 경우
  ③ 연도에 에어(공기)포켓이 있을 경우
 2) 방지법
  ① 습분이 적은 연료를 사용
  ② 2차공기의 가열, 통풍 조절을 개선
  ③ 연소실이나 연도의 구조를 개선하여 에어포켓이 생기지 않도록
  ④ 연소실 내에서 완전연소
  ⑤ 연소속도를 너무 느리게 하지 않음

정답 31 ② 32 ② 33 ④ 34 ① 35 ①

36 보일러에서 카본이 생성되는 원인으로 거리가 먼 것은?
[13/2]

① 유류의 분무상태 또는 공기와의 혼합이 불량할 때
② 버너 타일공의 각도가 버너의 화염각도보다 작은 경우
③ 노통보일러와 같이 가느다란 노통을 연소실로 하는 것에서 화염각도가 현저하게 작은 버너를 설치하고 있는 경우
④ 직립보일러와 같이 연소실의 길이가 짧은 노에다가 화염의 길이가 매우 긴 버너를 설치하고 있는 경우

> ★ 연소중 버너의 분무구, 연소실의 연소실의 연소실벽이나 바닥 및 버너 타일에 카본이 생성 부착되며 이것이 심한 경우에는 카본플라워라고 불리우는 코우크스 모양의 큰 덩어리가 된다.
> ★ 카본 생성의 원인
> ① 유류의 분무상태 또는 공기와의 혼합 불량
> ② 버너 타일이나 노와 버너가 부적합한 경우 등 구조결함
>   a. 버너 타일공의 각도가 버너 화염각도보다 작은 경우
>   b. 노통보일러와 같이 가느다란 노통을 연소로 하는 것에서 화염각도가 현저하게 큰 버너를 설치하고 있는 경우
>   c. 직립보일러와 같이 연소실의 길이가 짧은 노에다가 화염의 길이가 매우 긴 버너를 설치하고 있는 경우

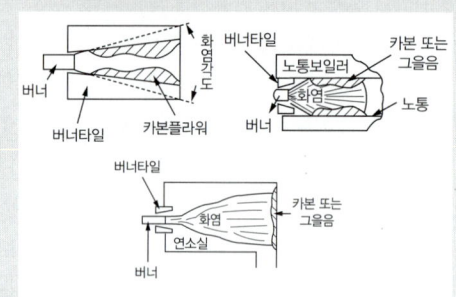

> ③ 운전과 정지가 빈번히 되풀이되는 단속운전
> ④ 유류 속에 잔류탄소분이 많은 경우, 유류를 탱크 내나 가열기 내에서 장시간 고온으로 가열시켜 슬러지가 생성된 경우

37 보일러 운전방법에 따르는 이상증발 원인이 아닌 것은?
[09/2]

① 보일러수가 농축된 경우
② 보일러수의 순환이 불량한 경우
③ 증기부하가 과대한 경우
④ 송기시에 증기밸브를 급개한 경우

> ★ 보일러수 순환이 불량한 경우 과열사고의 원인이 됨.

38 보일러사용기술규격(KBO)상 보일러 운전시 이상증발을 초래한 경우의 조치로서 잘못된 것은?
[07/4]

① 즉시 연소를 억제하여 연소량을 고연소율로 낮추고 증기밸브를 열어 수면계 수위의 안정을 기다린다.
② 수위가 높으면 동체하부의 분출밸브를 조용히 열어서 수위를 표면수위까지 낮춘다.
③ 수위가 안정되면 보일러수의 블로우다운과 급수를 교대로 반복하여 우선 보일러수의 농도를 낮춘다.
④ 정상상태로 회복된 후 원인을 확인하여 시정하고 수면계, 압력계 등의 기능테스트를 실시한 후 재 운전 한다.

> ★ 이상증발 원인
> ① 보일러수 농축
> ② 보일러수 중에 불순물, 유지분
> ③ 송기시 주증기 밸브 급개
> ④ 급격히 연소량을 증가시킨 경우
> ⑤ 이상 고수위시
> ★이상증발은 주로 포밍, 프라이밍을 말하며, 조치사항은 연소량을 가볍게 하고 증기밸브를 닫은 후 수면이 안정되기를 기다린다. 수면 안정후 분출과 급수를 교대로 하여 보일러수 농도를 낮추며 적정수위를 유지한다.

39 보일러 유리 수면계의 유리파손 원인과 무관한 것은?
[14/5][07/2]

① 유리관 상하 콕의 중심이 일치하지 않을 때
② 유리가 알칼리 부식 등에 의해 노화되었을 때
③ 유리관 상하 콕의 너트를 너무 조였을 때
④ 증기의 압력을 갑자기 올렸을 때

> ★ 증기압력과 수면계 파손원인과는 관계없음. 압력보다는 급열 급냉시 (저수위로 인한 과열시 갑작스런 급수) 파손우려가 있다.

40 수면계의 유리관이 파손되는 원인이 아닌 것은?
[07/1]

① 유리에 충격을 주었을 때
② 유리관 상하의 패킹 고정너트를 너무 죄었을 때
③ 유리가 마모되었거나 노후화되었을 때
④ 유리관 내부에 스케일이 많이 끼었을 때

정답 36 ③ 37 ② 38 ① 39 ④ 40 ④

* 수면계 유리관 파손 원인
  ① 유리관에 충격(급열, 급냉시, 저수위 과열시)
  ② 유리가 마모되었거나 알칼리에 노쇄했을때
  ③ 유리관 상하 고정너트를 너무 죄었을 때
  ④ 유리관 중심이 일치하지 않았을 때
  * 수면계 유리관 내부에 스케일이 끼었을 때 오염으로 인해 수위 판별이 어려워진다.

41 증기 보일러의 운전 중 수면계가 파손된 경우 제일 먼저 조차할 사항은?

[10/2][08/2]

① 드레인 콕을 닫는다.
② 물 콕을 닫는다.
③ 급수밸브를 닫는다.
④ 펌프를 가동하여 급수한다.

* 수면계 파손시 이상감수 방지를 위해 물 콕을 가장 먼저 닫는다.

42 보일러에서 이상고수위를 초래한 경우 나타나는 현상과 그 조치에 관한 설명으로 옳지 않은 것은?

[13/4]

① 이상고수위를 확인한 경우에는 즉시 연소를 정지시킴과 동시에 급수 펌프를 멈추고 급수를 정지시킨다.
② 이상 고수위를 넘어 만수상태가 되면 보일러 파손이 일어날 수 있으므로 동체 하부에 분출밸브(코크)를 전개하여 보일러 수를 전부 재빨리 방출하는 것이 좋다.
③ 이상고수위나 증기의 취출량이 많은 경우에는 캐리오버나 프라이밍 등을 일으켜 증기 속에 물방울이나 수분이 포함되며, 심할 경우 수격작용을 일으킬 수 있다.
④ 수위가 유리수면계의 상단에 달했거나 조금 초과한 경우에는 급수를 정지시켜야 하지만, 연소는 정지시키지 말고 저연소율로 계속 유지하여 송기를 계속한 후 보일러 수위가 정상으로 회복되면 원래 운전상태로 돌아오는 것이 좋다.

* [KBO5313 이상고수위(만수)를 초래한 경우의 조치]
  고수위시 동체 하부의 분출밸브(콕크)를 서서히 열어서 이곳에서 보일러수를 적량 방출하여 보일러내의 수위가 표준수위 정도가 되도록 하며, 단번에 분출밸브를 전개하여 급히 보일러수를 방출하는 행동을 해서는 안된다. 고압의 보일러수를 일시에 방출하는 일은 위험하며, 재운전으로 돌아갈 경우 보일러수의 순환이 교란되는 폐단도 있기 때문이다.

43 보일러에서 분출 사고시 긴급조치 사항으로 틀린 것은?

[14/5][08/5]

① 연도 댐퍼를 전개한다.
② 연소를 정지시킨다.
③ 압입 통풍을 가동시킨다.
④ 급수를 계속하여 수위의 저하를 막고 보일러의 수위 유지에 노력한다.

* 보일러의 부분적 파열로 인한 기수의 분출사고를 일반적으로 분출이라 한다. 분출사고의 원인은 부식, 과열, 과도한 응력집중 같은 보일러 손상에 의해 일어난다. 분출사고 시 긴급조치는 다음과 같다.
  ① 보일러 부근에 있는 사람들을 안전한 곳으로 긴급대피
  ② 연도댐퍼를 전개
  ③ 연소를 정지
  ④ 압입통풍기를 정지
  ⑤ 다른 보일러와 연결된 증기밸브 닫고 증기관 연결을 끊음
  ⑥ 급수를 계속하여 수위 저하를 막고 보일러 수위유지
  ⑦ 노내나 보일러 자연냉각후 원인 조사, 사후대책 강구
  ⑧ 찢어진 부위가 커서 분출하는 기수로 인해 인명 위험이 염려되는 경우 급수를 정지하고 동체하부의 분출밸브를 열어 보일러수 배출

44 안전밸브 누설원인으로 틀린 것은?

[11/2]

① 밸브시트에 이물질이 부착됨
② 밸브를 미는 용수철 힘이 균일함
③ 밸브시트의 연마면이 불량함
④ 밸브 용수철의 장력이 부족함

* 안전밸브 누설원인
  ① 밸브 틈새의 이물질
  ② 스프링 장력감소
  ③ 밸브의 균형이 맞지 않을 때

[점검 보수]

01 보일러를 계획적으로 관리하기 위해서는 연간계획 및 일상보전계획을 세워 이에 따라 관리를 하는데 연간 계획에 포함할 사항과 가장 거리가 먼 것은?

[13/4]

① 급수계획 ② 점검계획
③ 정비계획 ④ 운전계획

정답 41 ② 42 ② 43 ③ 44 ② 01 ①

* 급수장치 점검은 일상점검시 행해야 할 항목이며, 상용보일러의 일상점검시 특히 수면계, 자동급수조절장치, 저수위차단기 등의 기능 확인 및 증기압력, 수위, 급수펌프, 수처리, 연소상태 및 분출 등의 점검은 중요하다.

02 보일러의 점검에서 정기점검의 시기에 대한 설명으로 틀린 것은?

[11/4]

① 계속사용안전검사 등을 한 후
② 중간 청소를 한 때
③ 연소실, 연도 등의 내화벽돌 등을 수리한 경우
④ 누수 그 외의 손상이 생겨서 보일러를 휴지한 때

* 계속사용안전검사를 행한 경우 보일러 전반적인 장치에 대한 안전을 점검한 것이 됨.

03 보일러 수리시의 안전사항으로 잘못된 것은?

[07/2]

① 녹이 슨 부분의 해머작업시에는 보호안경을 착용한다.
② 파이프 나사절삭시 나사부는 맨손으로 만지지 않는다.
③ 토치램프 작업시 소화기를 비치해 둔다.
④ 파이프렌치는 볼트나 너트를 조이는 데도 사용된다.

* 파이프렌치는 나사절삭된 파이프에 나사용부속품을 조립하는데 사용되는 공구이다. 볼트나 너트를 조이는데 사용하는 공구는 스패너이다.

04 보일러 수리시의 안전사항으로 틀린 것은?

[12/5][10/5]

① 부식부위의 해머작업 시에는 보호안경을 착용한다.
② 파이프 나사절삭 시 나사 부는 맨손으로 만지지 않는다.
③ 토치램프 작업 시 소화기를 비치해 둔다.
④ 파이프렌치는 무거우므로 망치 대용으로 사용해도 된다.

* 파이프렌치는 나사절삭된 파이프에 나사용부속품을 조립하는데 사용되는 공구이다. 망치대용으로 사용하여 충격을 주거나 무리하게 사용하면 고장의 원인이 됨.

05 보일러 화염검출장치의 보수나 점검에 대한 설명 중 틀린 것은?

[09/1]

① 프레임 아이 장치의 주위온도는 50℃ 이상이 되지 않게 한다.
② 광전관식은 유리나 렌즈를 매주 1회 이상 청소하고 감도 유지에 유의한다.
③ 프레임 로드는 검출부가 불꽃에 직접 접하므로 소손에 유의하고 자주 청소해 준다.
④ 프레임 아이는 불꽃의 직사광이 들어가면 오동작 하므로 불꽃의 중심을 향하지 않도록 설치한다.

* 플레임 아이 : 화염의 빛(발광) 현상 이용 - 유류용
  플레임 로드 : 화염의 이온화 현상 이용 - 가스용
  스택스위치 : 화염의 발열 현상 이용 - 소용량보일러, 연도
* 플레임아이는 직사광선 또는 적외선을 감지하여 작동하므로 불꽃의 중심을 향하여 설치함.

06 보일러의 수위검출기 작동 시험 및 보수에 대한 설명으로 가장 거리가 먼 것은?

[09/4]

① 검출기 하단의 취출밸브를 열어 검출기 수위를 서서히 저하 시키며 급수펌프의 작동 여부를 확인한다.
② 보일러에 간헐적으로 블로우어를 할 때에는 수위를 서서히 저하 시켜서 수위검출기 작동을 확인한다.
③ 플로트식은 6개월 마다 수은 스위치의 상태와 접점 단자의 상태를 조사한다.
④ 전극식은 1년마다 전극봉을 샌드페이퍼로 스케일을 제거해 준다.

* 전극식은 6개월에 1회 전극봉을 고운 샌드페이퍼로 닦는다

07 플로트식 수위검출기 보수 및 점검에 관한 내용으로 가장 거리가 먼 것은?

[10/1]

① 3일마다 1회 정도 플로트실의 분출을 실시한다.
② 1년에 2회 정도 플로트실을 분해 정비한다.
③ 계전기의 커버를 벗겨내고 이상유무를 점검한다.
④ 연결배관의 점검 및 정비, 기기의 수평, 수직 부착위치를 확인 한다.

* 1일 1회 이상 플로트실의 분출을 실시한다.
* 수면계 기능점검은 매일 가동전 실시한다.

정답 02 ① 03 ④ 04 ④ 05 ④ 06 ④ 07 ①

10 에너지이용합리화법

01 에너지이용합리화법의 목적

에너지의 수급(需給)을 안정시키고 에너지의 합리적이고 효율적인 이용을 증진하며 에너지소비로 인한 환경피해를 줄임으로써 국민경제의 건전한 발전 및 국민복지의 증진과 지구온난화의 최소화에 이바지함

02 용어정리

1) 에너지 : 연료, 열 및 전기
2) 연료 : 석유, 석탄, 대체에너지 및 기타 열을 발생하는 열원
※ 제외 : 핵연료, 다른 제품의 원료로 사용되는 것
3) 에너지사용시설 : 에너지를 사용하는 공장, 사업장 기타 시설과 에너지를 전환하여 사용하는 시설
4) 에너지사용자 : 에너지사용시설의 소유자 또는 관리자
5) 에너지사용기자재 : 열사용기자재 기타 에너지를 사용하는 기자재
6) 열사용기자재 : 연료 및 열을 사용하는 기기, 축열식 전기기기와 단열성자재로서 산업통상자원부령이 정하는 것
7) 에너지공급설비 : 에너지를 생산, 전환, 수송, 저장하기 위하여 설치하는 설비
8) 에너지공급자 : 에너지를 생산, 수입, 전환, 수송, 저장, 판매하는 사업자
9) 온실가스 : 적외선복사열을 흡수하거나 재방출하여 온실효과를 유발하는 대기 중의 가스상태의 물질로서 이산화탄소(CO_2)·메탄(CH_4)·아산화질소(N_2O)·수소불화탄소(HFCs)·과불화탄소(PFCs) 또는 육불화황(SF_6)

03 날짜에 관한 정리

1) 수시로 : 간이센서스(산업통상자원부 장관)
2) 즉시 : 각종 허가 및 취소 공고
3) 미리 전에 : 검사대상기기관리자 채용(해임 전)
  ※ 채용사실신고는 채용 후 30일 이내
4) 1일 : 에너지관리자, 시공업기술인력, 검사대상기기관리자 교육기간은 1일 이내

교육대상자	교육기간	교육기관
에너지관리자	1일	한국에너지공단
시공업기술인력	1일	한국열관리시공협회 및 전국보일러설비협회
검사대상기기관리자	1일	한국에너지공단 및 한국에너지기술인협회

5) 7일 : 에너지 공급제한 조치 공고는 7일전에 예고. 다만, 긴급제한은 제한 전일까지
6) 10일 전 : 계속사용검사신청-만료일 10일 전까지 (업무는 에너지공단 이사장, 권한은 시·도지사에게)
7) 15일 이내
  ① 검사대상기기 폐기 처분신고 (에너지공단 이사장)
  ② 검사대상기기 사용중지 신고 (에너지공단 이사장)
  ③ 검사대상기기 설치자 변경신고 (에너지공단 이사장)
8) 30일, 20일 이내 : 에너지사용계획 제출시 장관은 30일 이내에 공공사업주관자에게는 협의 결과를, 민간사업주관자에게는 의견청취 결과를 통보. 단, 필요 시 20일 범위에서 통보를 연장할 수 있음.
9) 4개월 : 검사대상기기 계속사용검사 연기 신청 (에너지공단 이사장에게)
  ① 계속사용검사 연기신청은 당해년도 말까지 가능
  ② 만료일이 9월1일 이후인 경우에는 4개월 이내 기간 동안 연기신청이 가능
10) 매년
  ① 에너지이용합리화실시계획 : 시·도지사는 매년 1월 31일까지 해당년도 계획을 장관에게 보고
  ② 에너지이용합리화시행결과 : 시·도지사는 매년 2월 말까지 전년도 결과를 장관에게 보고

11) 3년 마다 : 에너지 총조사(센서스). 산업통상자원부장관이 대통령령에 의해 통계법에 따라 실시
12) 5년 마다
   ① 에너지이용합리화기본계획 : 5년마다 수립. 이에 따라 실시계획은 매년 1월31일까지, 실시결과는 매년 2월말까지
   ② 에너지기본계획(산업통상자원부장관) : 계획기간은 20년 이상, 수립은 5년마다 - 저탄소녹색성장법
   ③ 지역에너지계획(시·도지사) - 에너지법
   ④ 에너지기술개발계획(산업통상자원부장관) : 계획기간은 10년 이상, 수립은 5년마다 - 에너지법
   ⑤ 기후변화대응기본계획(산업통상자원부장관) : 계획기간은 20년 이상, 수립 5년마다 - 저탄소녹색성장법
   ⑥ 에너지열량환산기준 정함(산업통상자원부장관)
13) 나머지는 30일이 대부분

04 효율관리기자재

1) 종류 : 전기냉장고, 전기냉방기, 전기세탁기, 자동차, 조명기기, 3상유도전동기 및 기타 고시
2) 제조업자, 수입업자는 산업통상자원부장관이 지정하는 시험기관(효율관리시험기관)에서 에너지소비효율 또는 에너지소비효율 등급을 측정하여 장관에게 신고하여야 함.

05 평균효율관리기자재 (승용자동차 등)

1) 정의 : 각 효율관리기자재의 에너지소비효율 합계를 그 기자재의 총수로 나누어 산출한 평균에너지소비효율에 대하여 총량적인 에너지효율의 개선이 특히 필요하다고 인정되는 기자재
2) 종류
   ① 총중량 3.5톤 미만인 승용자동차
   ② 승차인원 15인승 이하이고 총중량 3.5톤 미만인 승합자동차
   ③ 총중량 3.5톤 미만인 화물자동차

06 대기전력저감대상제품

1) 정의 : 외부의 전원과 연결만 되어 있고, 주기능을 수행하지 아니하거나 외부로부터 켜짐 신호를 기다리는 상태에서 소비되는 전력(이하 "대기전력"이라 한다)의 저감(低減)이 필요하다고 인정되는 에너지사용기자재
2) 종류 : 컴퓨터, 모니터, 프린터, 복합기, 전자레인지, 팩시밀리, 복사기, 스캐너, 오디오, DVD플레이어, 라디오카세트, 도어폰, 유무선전화기, 비데, 모뎀, 홈게이트웨이, 자동절전제어장치, 손건조기, 서버, 디지털컨버터, 기타 산업통상자원부장관이 고시하는 제품
3) 대기전력경고표지대상제품 : 위의 '대기전력저감제품' 중 대기전력 저감을 통한 에너지이용의 효율을 높이기 위하여 대기전력저감기준에 적합할 것이 특히 요구되는 제품 - 자동절전제어장치, 손건조기, 서버, 디지털컨버터, 기타 산업통상자원부장관이 고시하는 제품을 제외한 나머지

07 고효율에너지인증대상기자재

1) 정의 : 에너지이용의 효율성이 높아 보급을 촉진할 필요가 있는 에너지사용기자재
2) 종류 : 펌프, 산업건물용보일러, 무정전전원장치, 폐열회수형 환기장치, 발광다이오드(LED) 등 조명기기, 그 밖에 산업통상자원부장관이 고시하는 기자재 및 설비

08 금융, 세제상의 지원

다음은 정부에서 금융, 세제상 지원, 보조금지급
1) 에너지 절약형 시설투자
2) 에너지절약형 기자재의 제조, 설치, 시공
3) 에너지이용합리화에 관한 사업

09 에너지사용량 신고(에너지다소비사업자)

1) 에너지다소비사업자(=에너지 사용처의 소유주) 중 에너지사용량이 대통령령이 정하는 기준량 이상인 자(=에너지관리대상자)는 매년 1월 31일까지 전년도 에너지관

리 상황을 시·도지사에게 보고하여야 한다.
2) 산업통상자원부장관은 에너지관리기준을 정하여 고시할 수 있으며, 에너지사용자의 에너지관리상황에 대한 조사가 필요하다고 인정하는 경우 조사를 실시할 수 있다. 조사결과 에너지사용자가 에너지관리기준을 준수하지 않은 경우 에너지관리지도를 할 수 있으며, 에너지손실요인의 개선명령을 할 수 있다.

 ※ 기준제시 → 조사 → 관리지도 → 개선명령
3) 에너지사용량신고를 해야 할 기준량 : 연료 및 열과 전력의 연간 사용량의 합계가 2천티·오·이 이상인 자
4) 시·도지사에게 에너지사용량 신고 시 내용
   ① 전년도 분기별 에너지사용량·제품생산량
   ② 해당연도 분기별 에너지사용 예정량·제품생산예정량
   ③ 에너지사용 기자재의 현황
   ④ 전년도 분기별 에너지이용합리화 실적 및 해당연도 분기별 계획
   5) 티·오·이 (TOE, 석유환산톤)란?
연료는 종류마다 발열량이 다르다. 원유의 발열량은 일반적으로 10000kJ/kg(10^7kJ/t)이며, 벙커C유의 발열량은 9960kJ/L이다. 따라서, 열량으로 비교하면 벙커C유의 1L 소비량은 원유 0.996kg 소비량과 동일하다. 이와 같이 모든 종류의 연료를 원유를 기준으로 환산한 것을 석유환산톤이라 한다.
전력량은 1kwh를 860kJ로 환산함.

10 에너지저장의무 부과대상자

1) 전기사업법에 의한 전기사업자
2) 도시가스사업법에 의한 도시가스사업자
3) 석탄산업법에 의한 석탄가공업자
4) 집단에너지사업법에 의한 집단에너지사업자
5) 연간 2만 석유환산톤 이상 에너지 사용하는 자

11 열사용기자재

1) 보일러 : 강철제보일러, 주철제보일러, 소형온수보일러, 구멍탄용온수보일러, 축열식전기보일러, 캐스케이드 보일러, 가정용 화목보일러
2) 태양열집열기
3) 압력용기 : 1종압력용기, 2종압력용기
4) 요로 : 요업요로, 금속요로
 ※ 특정열사용기자재와 품목은 같음. (소형온수보일러, 온수보일러의 차이)
 ※ '소형온수보일러' : 전열면적 $14m^2$ 이하, 최고사용압력 0.35MPa 이하의 온수를 발생하는 것

12 특정 열사용기자재

1) 보일러 : 강철제보일러, 주철제보일러, 온수보일러, 구멍탄온수보일러, 축열식 전기보일러, 캐스케이드 보일러, 가정용 화목보일러
2) 태양열집열기
3) 압력용기 : 1종압력용기, 2종압력용기
4) 요로 : 요업요로, 금속요로

13 가스·난방공사업(건설산업기본법)

※ 건설산업기본법에 따라 전문건설업 중 가스·난방공사업으로 시·도지사에게
  가스·난방공사업은 제1종, 제2종, 제3종으로 분류
※ 시공범위 : 기기의 설치, 배관, 세관공사
1) 난방공사(제1종)
   ① 업무내용
      ㉠ 강철제보일러·주철제보일러·온수보일러·구멍탄용 온수보일러·축열식 전기보일러·가정용 화목보일러·태양열집열기·1종압력용기·2종압력용기의 설치와 이와 부대되는 배관·세관공사
      ㉡ 공사예정금액 2천만원 이하의 온돌설치공사
      ㉢ 업종에 해당하는 공사가 포함된 경우 연면적 $350m^2$ 미만인 단독주택의 기계설비공사 가능
   ② 기술요원 : 국가기술자격법에 의한 관련기술자격 소지자 또는 건설기술진흥법에 따른 초급(건설금융·재무, 건설기획 및 건설정보처리는 제외) 이상의 건설기술인 중 2명 이상

③ 시설·장비·사무실 : 사무실(면적제한 없음), 수압시험기 1대 이상

2) 난방공사(제2종)
　① 업무내용
　　㉠ 태양열집열기·용량 5만kcal/h이하의 온수보일러·구멍탄용 온수보일러·가정용 화목보일러의 설치 및 이에 부대되는 배관·세관공사
　　㉡ 공사예정금액 2천만원 이하의 온돌설치공사
　　㉢ 업종에 해당하는 공사가 포함된 경우 연면적 250m² 미만인 단독주택의 기계설비공사 가능
　② 기술요원 : 난방공사(제1종)의 기술요원 중 1인
　③ 시설·장비·사무실 : 사무실(면적제한 없음), 수압시험기 1대 이상

3) 난방공사(제3종)
　① 업무내용 : 요업요로·금속요로의 설치공사
　② 기술요원 : 금속재료분야(금속재료·금속가공·금속재료시험·금속제련·세라믹직종) 기사 및 기능장, 기계분야 기사 및 기능장, 에너지관리기사 이상의 건설기술인 중 1인 이상
　③ 시설·장비·사무실 : 사무실(면적제한 없음), 가스분석기 1대 이상, 광고온계 1대 이상, 열전식 또는 저항식으로 온도측정범위 1200℃ 이상인 온도측정기 1대 이상, 온도측정범위 300℃ 이하인 표면온도측정기 1대 이상, 버니어캘리퍼스 및 마이크로미터 1식 이상, 압축강도시험기 1대 이상, KS 규정 내화도시험에 적합한 내화도측정기 1대 이상

※ 국가기술자격법에 의한 관련종목의 기술자격취득자는 근로자직업능력개발법에 따른 직업능력개발훈련시설에서 시행하는 6월 이상의 관련분야의 직업훈련과정을 수료한 자 또는 관련분야 공사의 실무에 3년 이상 종사한 자로서 국토교통부장관이 지정하는 협회 등 사업자단체가 그 능력이 있다고 인정한 자로 갈음할 수 있다.
※ 난방공사(제1종부터 제3종까지)의 등록기준으로서 기술능력은 관련분야 공사의 실무에 3년 이상 종사한 사람으로서 산업통상자원부장관 또는 국토교통부장관이 정하는 일정 교육을 이수한 사람으로 갈음할 수 있다.
※ 난방공사(제1종)의 업무내용 중 가스용보일러(에너지이용합리화법 제39조제1항에 따른 검사대상기기인 경우에 한한다)를 시공하고자 하는 자는 국가기술자격법에 의한 가스분야 기술인 1인 이상과 기밀시험설비·자기압력기록계·가스누출검지기를 각 1대 이상 갖추어야 한다.

※ 참고
① 가스사용시설중 호스의 설치 또는 교체는 가스사용자가 할 수 있다.
② 기계설비공사업 등록을 한 자는 당해 업종에 해당하는 공사와 함께 난방공사(제1종 및 제2종에 한한다)의 업무범위에 해당하는 공사를 할 수 있다.
③ 전문건설업의 등록을 한 자는 완성된 시설물중 당해 업종의 업무내용에 해당하는 건설공사에 대하여 복구·개량·보수·보강하는 공사를 수행할 수 있다.

14 건설업등록(난방시공업) 결격사유

1) 파산 선고 후 복권되지 아니한 자
2) 피성년후견인 또는 피한정후견인
3) 건설업 명의도용 및 대여로 건설업등록 말소된 후 10년이 경과되지 아니한 자
4) 부정청탁, 영업정지 처분 위반으로 건설업등록 말소된 후 5년이 경과되지 아니한 자
5) 이외의 사유로 건설업등록 말소된 후 1년6개월이 경과되지 아니한 자
6) 금고이상의 실형을 선고받고 집행이 종료되거나 면제된 후 5년이 경과되지 아니한 자 또는 그 형의 집행유예를 선고받고 유예중인 자

15 건설업등록 말소사유

1) 부정한 방법으로 허가를 얻은 경우
2) 건설업등록을 대여한 경우
3) 영업정지 처분에 위반한 때
4) 고의 또는 과실로 인한 부실공사로 공중의 위해가 발생한 때
　※ 위의 1), 3), 4) 경우로 인한 시공업등록말소 후 5년이 경과해야만 재등록이 가능(명의도용, 대여는 10년)

16 검사대상기기 (특정열사용기자재 중 해당)

1) 대상기기〈강.주.소.캐.압.철〉: 강철제보일러, 주철제보일러, 소형온수보일러, 캐스케이드 보일러, 압력용기, 철금속가열로
2) 검사실시 업무는 한국에너지공단 이사장, 검사권한은 시·도지사에게
3) 검사의 종류 : 설치, 시공된 열사용기자재 중 제조검사, 설치검사, 개조검사, 설치장소변경검사, 재사용검사 및 계속사용검사(안전검사, 운전성능검사)를 받는 것
   ① 안전검사 : 설치검사·개조검사·설치장소변경검사 또는 재사용검사 후 안전부문에 대한 유효시간을 연장하고자 하는 경우의 검사
   ② 운전성능검사 : 설치거사 후 운전성능부문에 대한 유효기간을 연장하고자 하는 경우 검사
      ㉠ 용량 1t/h(난방용은 5t/h) 이상인 강철제보일러 및 주철제보일러
      ㉡ 철금속가열로
4) 검사대상기기관리자 채용 의무 : 1구역 1인 이상

※ 1구역이란?
관리자의 시야에 들어오는 범위 또는 중앙통제·관리설비를 갖추어 검사대상기기관리자 1명이 통제·관리할 수 있는 범위(보일러 설치대수에 무관). 다만, 압력용기의 경우에는 검사대상기기관리자 1명이 관리할 수 있는 범위

※ 검사대상기기 종류

구분	검사대상기기	적용 범위
보일러	강철제보일러 주철제보일러	다음 각 호의 1에 해당하는 것은 제외 1. 최고사용압력 0.1MPa 이하, 동체 안지름 300mm 이하, 길이 600mm 이하 2. 최고사용압력 0.1MPa 이하, 전열면적 5m^2 이하 3. 관류보일러 중 전열면적 5m^2 이하, 최고사용압력 1MPa 이하, 헤더의 안지름 150mm 이하 4. 대기개방형 온수발생보일러
	소형온수보일러	가스를 사용하며, 가스사용량 17kg/h (도시가스는 232.6kW)을 초과하는 것
압력용기	1종압력용기, 2종압력용기	규정에 의한 압력용기
요로	철금속가열로	정격용량 0.58MW를 초과하는 것

5) 검사대상기기관리자
   ① 관리자자격 : 에너지관리기능장, 에너지관리기사, 에너지관리산업기사, 에너지관리기능사
   ② 검사대상기기관리자 자격 및 관리범위

관리자의 자격	관리범위
에너지관리기능장 또는 에너지관리기사	용량이 30t/h를 초과하는 보일러
에너지관리기능장, 에너지관리기사, 에너지관리산업기사	용량이 10t/h를 초과하고 30t/h 이하인 보일러
에너지관리기능장, 에너지관리기사, 에너지관리산업기사 또는 에너지관리기능사	용량이 10t/h 이하인 보일러
에너지관리기능장, 에너지관리기사, 에너지관리산업기사, 에너지관리기능사 또는 인정검사기기 관리자의 교육을 이수한 자	1. 증기보일러로서 최고사용압력이 1MPa 이하이고, 전열면적이 10m^2 이하인 것 2. 온수발생 및 열매체를 가열하는 보일러로서 용량이 581.5kW 이하인 것 3. 압력용기

   ③ 채용 기준은 1구역당 1인 이상
   ④ 채용 시기 : 해임 이전 또는 퇴직 이전에 다른 관리자를 채용하여야 한다.
   ⑤ 선임·해임 신고는 한국에너지공단 이사장에게 선임·해임한 날로부터 30일 이내
   ⑥ 관리자 미채용 시 1000만원 이하 벌금
   ※ 가스보일러의 검사대상기기관리자는 ①의 자격을 갖춘 자로서 교육을 이수하거나, 특정가스사용시설의 안전관리책임자의 자격을 갖춘 자 일 것(가스자격소지자)

6) 인정검사대상기기관리자 관리범위
   검사대상기기관리자(해당 자격증 소지자)가 아닌 경력자로서 한국에너지공단 또는 한국에너지기술인협회에서 소정의 교육을 이수한 자를 '인정검사대상기기관리자'라고 한다.
   ① 증기보일러 최고사용압력 1MPa 이하이고, 전열면적 10m^2 이하인 것
   ② 온수발생 및 열매체를 가열하는 보일러 용량 581.5kW(50만 kJ/h) 이하인 것
   ③ 압력용기

7) 인정검사대상기기관리자 교육 (20시간)

교육과목	시간	교육과목	시간
에너지절약 정책 방향	1	에너지이용합리화법 및 검사기준 해설	1
열관리 기초(열·증기, 수질관리)	2	연료 및 연소관리	2
에너지절약기법 및 사례	2	보일러 및 압력용기 구조 및 취급관리	5
안전관리 및 사고사례	2	현장 실무 실습	4
평가 및 질의토의	1	계	20

8) 가스용보일러 관리자 교육 (20시간)

교육과목	시간	교육과목	시간
가스관련 법규 및 정책해설	3	가스개론 및 특성	3
가스설비 및 취급관리	6	사고분석 및 안전관리	3
현장실무실습	4	평가 및 질의 토의	1
		계	20

9) 검사대상기기의 검사유효기간

검사의 종류		검사 유효기간
제조검사	용접검사, 구조검사	유효기간 없음
설치검사		1. 보일러 : 안전검사 1년, 운전성능검사 3년1월 2. 캐스케이드 보일러, 압력용기, 철금속가열로 : 2년
개조검사		1. 보일러 : 1년 2. 캐스케이드 보일러, 압력용기, 철금속가열로 : 2년
설치장소변경검사		1. 보일러 : 1년 2. 캐스케이드 보일러, 압력용기, 철금속가열로 : 2년
재사용검사		1. 보일러 : 1년 2. 캐스케이드 보일러, 압력용기, 철금속가열로 : 2년
계속사용 안전검사		1. 보일러 : 1년 2. 캐스케이드 보일러, 압력용기 : 2년
계속사용 운전성능검사		1. 보일러 : 1년 2. 철금속가열로 : 2년

※ 보일러는 설치검사를 받고 1년 후 계속사용안전검사를, 3년1개월 후 계속사용운전성능검사를 받아야 한다. 계속사용안전검사, 운전성능검사를 한번 받은 후에는 매년 검사를 받아야 한다.(폐기처분할 때까지)

10) 검사의 면제대상
① 주철제보일러 : 용접검사, 구조검사 면제
② 온수보일러로서 전열면적 $18m^2$ 이하이고, 최고사용압력 0.35MPa 이하인 것 : 용접검사 면제
③ 가스사용량 17kg/h (도시가스는 232.6kW) 초과인 소형온수보일러 : 제조검사 면제
④ 계속사용검사 면제되는 증기보일러와 온수보일러
  ㉠ 전열면적 $5m^2$ 이하의 증기보일러로서 다음에 해당하는 것
    ⓐ 대기에 개방된 안지름 25mm 이상인 증기관이 부착된 것
    ⓑ 수두압 $5mH_2O$ 이하이며 안지름 25mm 이상인 대기에 개방된 U자형 입관이 보일러 증기부에 부착된 것
  ㉡ 온수보일러로서 다음에 해당하는 것
    ⓐ 유류·가스 외의 연료를 사용하는 것으로 전열면적 $30m^2$ 이하인 것
    ⓑ 가스 외의 연료를 사용하는 주철제보일러

17 권한 및 업무

1) 산업통상자원부장관
  ① 간이센서스 : 수시로
  ② 에너지총조사 : 3년 마다 (대통령령에 의해 통계법에 따라)
  ③ 에너지기본계획 수립 : 5년 마다
  ④ 에너지절약형 시설투자 공고 (대통령령에 의해 기획재정부장관과 협의)
  ⑤ 에너지관리지도 결과 에너지손실요인을 줄이기 위해 에너지관리대상자에게 개선 명령
  ⑥ 건축물에 대한 에너지기준을 정함 (국토교통부장관과 협의)
  ⑦ 목표원단위 수립, 이행 권고
  ⑧ 보일러설치시공기준 등 각종 기준 정함
  ⑨ 효율관리기자재 지정
2) 시·도지사
  ① 난방시공업(전문건설업)허가 및 취소
  ② 에너지사용자 전년도 에너지사용량 신고수리 (매년 1월 31일까지)
3) 한국에너지공단 이사장
  ① 에너지절약형 시설투자 확인
  ② 에너지 사용계획 검토(권한은 산업통상자원부장관, 업무는 한국에너지공단이사장)

③ 에너지절약전문기업 등록
④ 검사대상기기 관리자 채용·해임 신고(권한은 시·도지사, 업무는 한국에너지공단이사장)
⑤ 검사대상기기 검사(권한은 시·도지사, 업무는 한국에너지공단이사장)
⑥ 검사대상기기 폐기처분 신고 수리
⑦ 검사대상기기 사용중지 신고 수리
⑧ 검사대상기기 설치자 변경 신고 수리
⑨ 에너지기금의 관리 운용
⑩ 에너지관리자, 인정검사대상기기관리자, 검사대상기기관리자 교육
4) 시공업자단체
① 시공업 기술요원 교육 (교육기간 1일 이내)

18 벌칙 및 벌금

1) 2년 이하 징역, 2000만원 벌금
① 에너지저장시설의 보유 또는 저장의무 위반
② 에너지수급안정 조치 위반
2) 1년 이하의 징역, 1000만원 이하 벌금
① 검사대상기기 검사를 받지 아니한 자
② 검사에 불합격한 검사대상기기를 사용한 자
③ 검사에 불합격한 검사대상기기를 수입한 자
3) 2천만원 이하 벌금
① 효율관리기준을 위반하는 기자재 생산, 판매
4) 1000만원 이하 벌금
① 검사대상기기 관리자 채용 위반
5) 500만원 이하 벌금
① 효율관리기자재 에너지사용량의 측정결과를 신고하지 아니한 자
② 대기전력경고표지대상제품에 대한 측정결과를 신고하지 아니한 자
③ 대기전력경고표지를 하지 아니한 자
④ 대기전력저감우수제품임을 허위 표시
⑤ 고효율에너지인증기자재를 허위 표시
6) 2000만원 이하 과태료
① 효율관리기자재 에너지소비효율등급을 표시하지 않거나 허위 표시
② 에너지진단을 받지 아니한 에너지다소비사업자

7) 1000만원 이하 과태료
① 검사를 거부·방해 또는 기피한 자
② 에너지관리진단 개선명령을 이행하지 아니한 자
8) 500만원 이하 과태료
① 제조, 수입, 판매업자가 장관 고시로 지정하는 광고에서 효율관리기자재 광고 시 효율등급 미포함
9) 300만원 이하 과태료
① 에너지사용 제한조치 위반
② 에너지사용계획 관련자료 제출요청 거부한 사업주관자
③ 에너지사용량 신고를 하지 아니한 에너지다소비사업자
④ 검사대상기기 폐기, 사용중지, 설치자 변경신고를 하지 아니한 자
⑤ 검사대상기기 관리자 선임, 해임, 퇴직신고를 하지 아니한 자

19 국가에너지기본계획

1) 산업통상자원부 장관이 5년마다 수립
2) 국가에너지기본계획에 포함될 내용
① 국내 부존 에너지자원 개발 및 이용을 위한 대책
② 지역별 에너지수급의 합리화를 위한 대책
③ 비상시 에너지수급의 안정을 위한 대책

20 에너지이용합리화 계획

1) 산업통상부 장관이 5년 마다 수립
2) 에너지이용합리화 기본계획에 포함될 사항
① 에너지절약형 경세구조로의 전환
② 에너지이용 효율의 증대
③ 에너지이용합리화를 위한 기술개발
④ 에너지이용합리화를 위한 홍보 및 교육
⑤ 에너지원간 대체
⑥ 열사용기자재의 안전관리
⑦ 에너지이용합리화를 위한 가격예시제의 시행에 관한 사항
⑧ 에너지의 합리적인 이용을 통한 온실가스의 배출 감소대책
⑨ 기타 에너지이용합리화의 추진에 필요한 사항

21 에너지사용계획신고

다음은 에너지사용계획을 산업통상자원부장관에게 제출
1) 공공사업주관자
   ① 연간 2천5백 티오이 이상 연료 및 열을 사용하는 시설 설치
   ② 연간 1천만 kWh 이상 전력을 사용하는 시설 설치
2) 민간사업주관자
   ① 연간 5천 티오이 이상 연료 및 열을 사용하는 시설 설치
   ② 연간 2천만 kWh 이상 전력을 사용하는 시설 설치
3) 산업통상자원부장관은 에너지사용계획을 제출받은 때에는 그로부터 30일 이내에 공공사업주관자에게는 협의결과를, 민간사업주관자에게는 의견청취결과를 통보하여야 한다. 다만, 이를 20일의 범위에서 연장할 수 있다.

22 에너지공급자의 수요관리투자계획

에너지공급자는 에너지의 생산·전환·수송·저장 및 이용상의 효율향상과 수요의 절감 등을 기하기 위한 연차별 수요관리 투자계획을 수립·시행하여야 하며, 그 계획 및 시행결과를 산업통상자원부장관에게 제출하여야 한다.

23 에너지사용자의 자발적협약

1) 자발적협약 : 에너지사용자가 정부 또는 지방자치단체와 약속
   ① 에너지의 소비절약 및 합리적인 이용을 통한 이산화탄소의 배출감소를 위한 목표와 그 이행방법 등에 관한 계획을 자발적으로 수립
2) 자발적협약을 한 자가 에너지절약형시설에 투자하는 경우 정부지원
3) 자발적협약의 목표, 이행방법의 기준 및 평가에 관하여 환경부장관과 협의하여 산업통상자원부령으로 정함

24 목표에너지원 단위 및 건축물 냉난방 온도제한

1) 목표에너지원 단위 : 에너지를 사용하여 만드는 제품의 단위당 에너지사용목표량 또는 건축물의 단위면적당 에너지사용목표량
2) 건축물 냉난방 기준온도
   ① 산업통상자원부장관은 건축물의 냉·난방온도에 대한 제한온도 및 제한기간을 정하여 고시
      ㉠ 국가, 지방자치단체 및 공공기관의 업무용 건물
      ㉡ 에너지다소비사업자의 시설 중 일정규모 이상(연간 에너지사용량 2000티오이 이상)
      ※ 난방온도 20℃ 이하, 냉방온도 26℃ 이상(다만, 판매시설 및 공항의 경우 냉방 25℃ 이상)
   ② 냉·난방 온도의 제한온도 기준, 냉·난방 온도 제한건물의 지정기준은 산업통상자원부령으로 정함.
   ③ 에너지다소비사업자의 시설 중 냉·난방온도제한 대상 제외
      ㉠ 공장(제조업을 하기 위한 제조시설 사업장)
      ㉡ 공동주택
   ④ 냉난방온도제한 건물 중 다음은 제한온도 적용 예외
      ㉠ 의료기관의 실내구역
      ㉡ 식품의 품질관리를 위해 냉난방온도 제한온도 적용이 적절하지 않은 구역
      ㉢ 숙박시설 중 객실 내부구역
      ㉣ 그 밖에 산업통상자원부장관이 고시하는 구역

※ 정부부처 명칭 변경
 · 산업경제부 → 지식경제부 → 산업통상자원부
 · 건설교통부 → 국토해양부 → 국토교통부
 · 재정경제부 → 기획재정부

MEMO

10 에너지이용합리화법 예상문제

박쌤이 콕! 찝어주는 주요 예상문제 풀어보기!

[에너지이용합리화법 목적]

 에너지이용합리화법 목적

① 에너지의 수급 안정
② 에너지의 합리적이고 효율적인 이용 증진
③ 에너지 소비로 인한 환경피해를 줄임
④ 국민경제의 건전한 발전과 국민복지 증진
⑤ 지구온난화의 최소화에 이바지

01 다음 에너지이용 합리화법의 목적에 관한 내용이다. ( ) 안의 A, B에 각각 들어갈 용어로 옳은 것은?

[16/4][13/2]

〈보기〉

에너지이용 합리화법은 에너지의 수급을 안정시키고 에너지의 합리적이고 효율적인 이용을 증진하며 에너지 소비로 인한 (A)을(를) 줄임으로써 국민 경제의 건전한 발전 및 국민복지의 증진과 (B)의 최소화에 이바지함을 목적으로 한다.

① A = 환경파괴, B = 온실가스
② A = 자연파괴, B = 환경피해
③ A = 환경피해, B = 지구온난화
④ A = 온실가스배출, B = 환경파괴

★ 에너지이용합리화법의 목적 : 에너지의 수급(需給)을 안정시키고 에너지의 합리적이고 효율적인 이용을 증진하며 에너지소비로 인한 (환경피해)를 줄임으로써 국민경제의 건전한 발전 및 국민복지의 증진과 (지구온난화)의 최소화에 이바지함을 목적으로 한다.

02 에너지이용합리화법의 목적이 아닌 것은?

[13/4][10/5]

① 에너지의 수급안정을 기함
② 에너지의 합리적이고 비효율적인 이용을 증진함
③ 에너지소비로 인한 환경피해를 줄임
④ 지구온난화의 최소화에 이바지함

★ 에너지의 합리적이고 효율적인 이용을 증진

03 에너지이용합리화법의 기본 목적이 아닌 것은?

[10/1]

① 에너지의 수급안정을 기함
② 국민복지의 증진과 지구온난화의 최대화에 이바지
③ 에너지의 합리적이고 효율적인 이용의 증진
④ 에너지소비로 인한 환경피해를 줄임

★ 에너지의 수급(需給)을 안정시키고 에너지의 합리적이고 효율적인 이용을 증진하며 에너지소비로 인한 환경피해를 줄임으로써 국민경제의 건전한 발전 및 국민복지의 증진과 지구온난화의 최소화에 이바지함

04 에너지이용 합리화법의 목적과 거리가 먼 것은?

[13/5]

① 에너지소비로 인한 환경피해 감소
② 에너지의 수급 안정
③ 에너지의 소비 촉진
④ 에너지의 효율적인 이용증진

★ 에너지 소비를 촉진하기 위한 것은 거리가 멀다.

정답 01 ③ 02 ② 03 ② 04 ③

05 에너지이용 합리화법의 기본 목적과 가장 거리가 먼 것은?
[08/4]

① 에너지소비로 인한 환경피해 감소
② 에너지의 수급안정
③ 에너지원의 개발촉진
④ 에너지의 효율적인 이용증진

> ★ 에너지이용 합리화법의 목적
> ① 에너지의 수급안정
> ② 에너지의 합리적이고 효율적인 이용증진
> ③ 에너지소비로 인한 환경피해를 줄임
> ④ 국민경제의 건전한 발전과 국민복지의 증진

06 에너지이용 합리화법의 목적이 아닌 것은?
[12/1][09/5][07/1]

① 에너지의 수급 안정
② 에너지의 합리적이고 효율적인 이용 증진
③ 에너지소비로 인한 환경피해를 줄임
④ 에너지 소비촉진 및 자원개발

> ★ 에너지이용합리화법의 목적
> ① 에너지 수급안정
> ② 에너지의 합리적이고 효율적인 이용 증진
> ③ 에너지 소비로 인한 환경피해를 줄임
> ④ 국민경제의 건전한 발전 및 국민복지의 증진과 지구온난화의 최소화에 이바지

07 에너지이용합리화법의 목적이 아닌 것은?
[07/2]

① 에너지의 수급안정
② 에너지의 효율적인 이용을 증진
③ 에너지소비로 인한 환경피해를 줄임
④ 지구온난화의 촉진

> ★ 지구온난화의 최소화에 이바지함

08 에너지이용합리화법상 국가의 책무는?
[09/1]

① 기자재 및 설비의 에너지효율을 높이고 온실가스의 배출을 줄이기 위한 기술의 개발과 도입을 취해 노력
② 관할지역의 특성을 참작하여 국가에너지정책의 효과적인 수행
③ 일상 생활에서 에너지를 합리적으로 이용하고 온실가스의 배출을 줄이도록 노력
④ 에너지의 수급안정과 합리적이고 효율적인 이용을 도모하고 온실가스의 배출을 줄이기 위한 시책강구 및 시행

> ★ 국가에너지기본계획
> ① 국내 부존 에너지자원 개발 및 이용을 위한 대책
> ② 지역별 에너지수급의 합리화를 위한 대책
> ③ 비상시 에너지수급의 안정을 위한 대책

09 에너지이용합리화법상 국민의 책무는?
[07/5]

① 에너지절약형 기기 생산을 위해 노력
② 대체에너지 개발을 위해 노력
③ 에너지의 합리적인 이용을 위해 노력
④ 에너지의 생산을 위해 노력

> ★ 모든 국민은 일상 생활에서 에너지를 합리적으로 이용하여 온실가스의 배출을 줄이도록 노력하여야 한다.

10 에너지이용 합리화법상 에너지사용자와 에너지공급자의 책무로 맞는 것은?
[15/2][11/1]

① 에너지의 생산·이용 등에서의 그 효율을 극소화
② 온실가스배출을 줄이기 위한 노력
③ 기자재의 에너지효율을 높이지 위한 기술개발
④ 지역경제발전을 위한 시책 강구

> ★ 에너지사용자와 에너지공급자의 책무 : 국가나 지방자치단체의 에너지시책에 적극 참여하고 협력하여야 하며, 에너지의 생산·전환·수송·저장·이용 등에서 그 효율을 극대화하고 온실가스의 배출을 줄이도록 노력

정답 05 ③ 06 ④ 07 ④ 08 ④ 09 ③ 10 ②

11 에너지이용합리화법상 에너지사용자와 에너지공급자의 책무는? [08/1]

① 에너지 수급안정을 위한 노력
② 온실가스배출을 줄이기 위한 노력
③ 기자재의 에너지효율 높이기 위한 기술개발
④ 지역경제발전을 위한 시책 강구

12 에너지 수급안정을 위하여 산업통상자원부장관이 필요한 조치를 취할 수 있는 사항이 아닌 것은? [14/1]

① 에너지의 배급
② 산업별·주요 공급자별 에너지 할당
③ 에너지의 비축과 저장
④ 에너지의 양도·양수의 제한 또는 금지

> ★ 에너지 수급안정을 위해 산자부 장관은 에너지사용자·에너지공급자 또는 에너지사용기자재의 소유자와 관리자에게 다음 각 호의 사항에 관한 조정·명령, 그 밖에 필요한 조치를 할 수 있다
> 1. 지역별·주요 수급자별 에너지 할당
> 2. 에너지공급설비의 가동 및 조업
> 3. 에너지의 비축과 저장
> 4. 에너지의 도입·수출입 및 위탁가공
> 5. 에너지공급자 상호 간의 에너지의 교환 또는 분배 사용
> 6. 에너지의 유통시설과 그 사용 및 유통경로
> 7. 에너지의 배급
> 8. 에너지의 양도·양수의 제한 또는 금지
> 9. 에너지사용의 시기·방법 및 에너지사용기자재의 사용 제한 또는 금지 등

13 에너지이용합리화법상 에너지 수급안정을 위한 조치에 해당하지 않는 것은? [10/4][08/1]

① 에너지의 비축과 저장
② 에너지공급설비의 가동 및 조업
③ 에너지의 배급
④ 에너지 판매시설의 확충

14 에너지이용 합리화법에 의한 온실가스의 설명 중 맞는 것은? [08/5]

① 일산화탄소, 이산화탄소, 메탄, 이산화질소 등은 온실가스이다.
② 자외선을 흡수하여 지표면의 온도를 올리는 기체이다.
③ 적외선복사열을 흡수하여 온실효과를 유발하는 물질이다.
④ 자외선을 방출하여 온실 효과를 유발하는 물질이다.

> ★ 온실가스 : 이산화탄소(CO_2), 메탄(CH_4), 아산화질소(N_2O), 수소불화탄소(HFCs), 과불화탄소(PFCs), 육불화황(SF_6) 및 그 밖에 대통령령으로 정하는 것으로서, 적외선 복사열을 흡수하거나 재방출하여 온실효과를 유발하는 대기 중의 가스 상태의 물질

[에너지 정의 / 에너지공급설비]

에너지 정의/에너지 공급 설비

> 에너지 : 연료, 열 및 전기
> 에너지 공급설비 : 에너지를 생산, 전환, 수송, 저장하기 위하여 설치하는 설비

01 에너지법에서 사용하는 "에너지"의 정의를 가장 올바르게 나타낸 것은? [14/4][12/2]

① "에너지"라 함은 석유·가스 등 열을 발생하는 열원을 말한다.
② "에너지"라 함은 제품의 원료로 사용되는 것을 말한다.
③ "에너지"라 함은 태양, 조파, 수력과 같이 일을 만들어 낼 수 있는 힘이나 능력을 말한다.
④ "에너지"라 함은 연료·열 및 전기를 말한다.

> 에너지법에 규정하는 에너지는 연료·열 및 전기를 말하며, 연료에서 다른 제품의 원료로 사용되는 것과 핵연료는 제외한다.

정답 11 ② 12 ② 13 ④ 14 ③ 01 ④

02 에너지법에서 정의한 에너지가 아닌 것은? [12/4]

① 연료 ② 열
③ 풍력 ④ 전기

★ 에너지법에서 정의하고 있는 연료는 열, 연료 및 전기에너지를 말함. 풍력은 [신에너지·재생에너지 개발·보급·이용 촉진법]에서 "신재생에너지"로 규정하고 있음.

03 에너지법상 에너지 공급설비에 포함되지 않는 것은? [14/2]

① 에너지 수입설비 ② 에너지 전환설비
③ 에너지 수송설비 ④ 에너지 생산설비

★ 에너지공급설비 : 에너지를 생산, 전환, 수송, 저장하기 위하여 설치하는 설비

04 에너지기본법상 에너지 공급설비에 포함되지 않는 것은? [08/2]

① 에너지 판매시설 ② 에너지 전환설비
③ 에너지 수송설비 ④ 에너지 생산설비

★ 에너지공급설비 – 생산, 전환, 수송, 저장 하기 위하여 설치하는 설비

에너지기본계획 등

 에너지기본계획

산업통상자원부장관이 5년마다 수립
① 에너지 경제구조로의 전환
② 에너지이용 효율의 증대
③ 에너지이용합리화를 위한 기술개발
④ 에너지의 대체 개발
⑤ 열사용기자재의 안전관리
⑥ 에너지의 합리적인 이용을 통한 온실가스 배출을 줄이기 위한 대책

01 에너지이용합리화법 시행령에서 산업통상자원부장관은 에너지이용합리화에 관한 기본계획을 몇 년마다 수립하여야 하는가? [11/5]

① 1년 ② 2년
③ 3년 ④ 5년

02 에너지법상 지역에너지계획에 포함되어야 할 사항이 아닌 것은? [13/2]

① 에너지 수급의 추이와 전망에 관한 사항
② 에너지이용합리화와 이를 통한 온실가스 배출감소를 위한 대책에 관한 사항
③ 미활용에너지원의 개발·사용을 위한 대책에 관한 사항
④ 에너지 소비촉진 대책에 관한 사항

★ 지역에너지계획에 포함되어야 할 사항
1. 에너지 수급의 추이와 전망에 관한 사항
2. 에너지의 안정적 공급을 위한 대책에 관한 사항
3. 신·재생에너지 등 환경친화적 에너지 사용을 위한 대책에 관한 사항
4. 에너지 사용의 합리화와 이를 통한 온실가스의 배출감소를 위한 대책에 관한 사항
5. 미활용 에너지원의 개발·사용을 위한 대책에 관한 사항

03 에너지이용합리화법 시행령에서 산업통상자원부장관은 에너지 이용합리화기본계획을 몇 년마다 수립하는가? [08/1]

① 1년 ② 2년
③ 3년 ④ 5년

★ 5년마다 에너지이용합리화 기본계획 수립

04 에너지이용합리화법에 의한 에너지이용합리화기본계획에 포함되어야 할 사항은? [07/2]

① 비상시 에너지소비절감을 위한 대책
② 지역별 에너지수급의 합리화를 위한 대책
③ 에너지의 합리적 이용을 통한 온실가스 배출을 줄이기 위한 대책
④ 에너지 공급자 상호간의 에너지의 교환 또는 분배사용 대책

정답 02 ③ 03 ① 04 ① 01 ④ 02 ④ 03 ④ 04 ③

> ★ 에너지이용합리화기본계획
> ① 에너지 경제구조로의 전환
> ② 에너지이용 효율의 증대
> ③ 에너지이용합리화를 위한 기술개발
> ④ 에너지의 대체 계획
> ⑤ 열사용기자재의 안전관리
> ⑥ 에너지이용 합리화를 위한 가격예시제(價格豫示制)의 시행
> ⑦ 에너지의 합리적인 이용을 통한 온실가스의 배출을 줄이기 위한 대책

05 에너지이용합리화법에 따라 에너지이용 합리화 기본계획에 포함될 사항으로 거리가 먼 것은? [13/4]

① 에너지절약형 경제구조로의 전환
② 에너지이용 효율의 증대
③ 에너지이용 합리화를 위한 홍보 및 교육
④ 열사용기자재의 품질관리

06 에너지이용합리화법상 에너지이용 합리화 기본계획사항에 포함되지 않는 것은? [11/1]

① 에너지이용 합리화를 위한 홍보 및 교육
② 에너지이용 합리화를 위한 기술개발
③ 열사용기자재의 안전관리
④ 에너지이용 합리화를 위한 제품판매

07 에너지이용합리화법상 에너지이용 합리화 기본계획사항에 포함되지 않는 것은? [09/4]

① 에너지 소비형 산업구조로의 전환
② 에너지 이용효율의 증대
③ 열사용기자재의 안전관리
④ 에너지이용 합리화를 위한 기술개발

> ★ 에너지이용합리화기본계획
> ① 에너지 경제구조로의 전환
> ② 에너지이용 효율의 증대
> ③ 에너지이용합리화를 위한 기술개발
> ④ 에너지의 대체 계획
> ⑤ 열사용기자재의 안전관리
> ⑥ 에너지이용 합리화를 위한 가격예시제(價格豫示制)의 시행
> ⑦ 에너지의 합리적인 이용을 통한 온실가스의 배출을 줄이기 위한 대책

에너지절약추진위원회

01 에너지용 합리화법에서 정한 국가에너지절약추진위원회의 위원장은? [16/2][13/1]

① 산업통상자원부장관　② 국토교통부장관
③ 국무총리　　　　　　④ 대통령

02 에너지이용합리화법시행령에서 정한 국가에너지절약추진위원회의 위원장이 위촉하는 위원의 임기는 몇 년인가? [10/2]

① 3년　　② 1년
③ 4년　　④ 2년

03 에너지이용합리화법상 국가에너지절약추진위원회의 구성과 운영 등에 관한 사항은 ( )령으로 정한다. ( )에 들어갈 자(者)는 누구인가? [09/4]

① 대통령　　　　　　② 산업통상자원부장관
③ 한국에너지공단 이사장　④ 고용노동부장관

04 에너지이용합리화법 시행령상 국가 에너지 절약 추진 위원회에서 심의하는 사항이 아닌 것은? [10/4]

① 기본계획의 수립에 관한사항
② 실시계획의 종합·조정 및 추진사항 점검
③ 에너지사용계획 협의사항의 사전심의
④ 에너지절약에 관한 법령 및 제도의 정비·개선 등에 관한 사항

05 에너지이용 합리화법 시행령에서 국가·지방자치단체 등이 에너지를 효율적으로 이용하고 온실가스의 배출을 줄이기 위하여 추진하여야 하는 조치의 구체적인 내용이 아닌 것은? [07/2]

① 지역별·주요 수급자별 에너지 할당
② 에너지절약 추진 체계의 구축
③ 에너지 절약을 위한 제도 및 시책의 정비
④ 건물 및 수송 부문의 에너지이용 합리화

정답　05 ④　06 ④　07 ①　01 ①　02 ②　03 ①　04 ③　05 ①

★ 에너지 효율적 이용과 온실가스 배출을 줄이기 위한 조치
① 에너지절약 및 온실가스배출 감축을 위한 제도·시책의 마련 및 정비
② 에너지의 절약 및 온실가스배출 감축 관련 홍보 및 교육
③ 건물 및 수송 부문의 에너지이용 합리화 및 온실가스배출 감축

★ 한국에너지공단 이사장 권한 및 업무
① 에너지절약형 시설투자 확인
② 에너지사용계획 검토 (권한은 장관, 업무는 이사장)
③ 에너지절약전문기업 등록
④ 검사대상기기 조종자 채용·해임 신고
  (권한 : 시도지사, 업무 : 이사장)
⑤ 검사대상기기 (권한 : 시도지사, 업무 : 이사장)

에너지절약전문기업

에너지절약전문기업

① 에너지사용시설의 에너지절약을 관리·용역을 하는 자
② 에너지절약전문기업 등록은 한국에너지공단 이사장에게

01 제3자로부터 위탁을 받아 에너지사용시설의 에너지절약을 위한 관리·용역 사업을 하는 자로서 산업통상자원부장관에게 등록을 한 자를 지칭하는 기업은? [13/2]

① 에너지진단기업
② 수요관리투자기업
③ 에너지절약전문기업
④ 에너지기술개발전담기업

★ 에너지절약전문기업 : 에너지사용시설의 에너지절약을 관리

02 에너지이용합리화법에서 제 3자로부터 위탁을 받아 에너지사용시설의 에너지 절약을 위한 관리·용역사업을 하는 자로서 산업통상자원부장관에게 등록을 한 자를 의미 하는 용어는? [10/4]

① 에너지수요관리전문기업   ② 자발적 협약전문기업
③ 에너지절약전문기업   ④ 기술개발전문기업

03 에너지절약 전문기업의 등록은 누구에게 하도록 위탁되어 있는가? [14/4][08/4]

① 산업통상자원부장관   ② 한국에너지공단 이사장
③ 시공업자단체의 장   ④ 시·도지사

04 에너지절약전문기업의 등록은 누구에게 하는가? [11/1]

① 대통령   ② 한국열관리시공협회장
③ 산업통상자원부장관   ④ 한국에너지공단이사장

효율관리기자재 등

효율관리기자재, 평균효율관리기자재, 대기전력저감대상제품, 고효율에너지인증대상

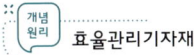
효율관리기자재

① 종류 : 전기냉장고, 전기냉방기, 전기세탁기, 조명기기, 삼상유도전동기, 자동차
② 효율관리기자재 제조업자, 수입업자는 산업통상자원부장관이 지정하는 효율관리시험기관에서 측정받아 표시

01 에너지이용 합리화법상 효율관리기자재에 해당하지 않는 것은? [13/1]

① 전기냉장고   ② 전기냉방기
③ 자동차   ④ 범용선반

02 에너지이용합리화법상 효율관리 기자재가 아닌 것은? [12/1]

① 삼상유도전동기   ② 선박
③ 조명기기   ④ 전기냉장고

★ 효율관리기자재 : 전기냉장고, 전기냉방기, 전기세탁기, 조명기기, 삼상유도전동기(三相誘導電動機), 자동차

정답 01 ③ 02 ③ 03 ② 04 ④ 01 ④ 02 ②

03 에너지이용 합리화법 시행규칙상의 효율관리기자재가 아닌 것은? [08/2]

① 전기냉장고　　② 자동차
③ 전기세탁기　　④ 텔레비전

* 효율기자재 종류
  전기냉장고, 전기냉방기, 전기세탁기, 자동차, 조명기기

04 효율관리기자재 운용규정에 따라 가정용가스보일러에서 시험성적서 기재 항목에 포함되지 않는 것은? [13/1]

① 난방열효율　　② 가스소비량
③ 부하손실　　　④ 대기전력

05 에너지이용합리화법에 따라 효율관리기자재 중 하나인 가정용 가스보일러의 제조업자 또는 수입업자는 소비효율 또는 소비효율등급을 라벨에 표시하여 나타내야 하는데 이때 표시해야 하는 항목에 해당하지 않는 것은? [12/5]

① 난방출력
② 표시난방열효율
③ 1시간 사용 시 CO_2 배출량
④ 소비효율등급

06 에너지이용 합리화법에 따라 고시한 효율관리기자재 운용규정에 따라 가정용 가스보일러의 최저소비효율기준은 몇 %인가? [16/2]

① 63%　　② 68%
③ 76%　　④ 86%

* 최저소비효율기준(MEPS : Minimum Energy Performance Standard) : 일정한 에너지 효율에 미달되는 저효율제품의 생산·판매를 금지 (27개품목)
* 가정용 가스보일러 최저소비효율 기준

구 분	최저소비효율기준 2013년 1월 1일부터
가정용가스보일러	76.0%

07 효율관리기자재가 최저소비효율기준에 미달하거나 최대사용량기준을 초과하는 경우 제조·수입·판매업자에게 어떠한 조치를 명할 수 있는가? [16/1]

① 생산 또는 판매금지　　② 제조 또는 설치금지
③ 생산 또는 세관금지　　④ 제조 또는 시공금지

08 에너지이용 합리화법상 효율관리기자재의 에너지소비효율등급 또는 에너지소비효율을 효율관리시험기관에서 측정받아 해당 효율관리기자재에 표시하여야 하는 자는? [15/4]

① 효율관리기자재의 제조업자 또는 시공업자
② 효율관리기자재의 제조업자 또는 수입업자
③ 효율관리기자재의 시공업자 또는 판매업자
④ 효율관리기자재의 시공업자 또는 수입업자

* 효율관리기자재의 제조업자 또는 수입업자는 에너지소비효율을 효율관리시험기관에서 측정받아 표시하여야 한다.

09 에너지이용 합리화법에 따라 산업통상자원부령으로 정하는 광고매체를 이용하여 효율관리기자재의 광고를 하는 경우에는 그 광고 내용에 에너지소비효율, 에너지소비효율등급을 포함시켜야 할 의무가 있는 자가 아닌 것은? [16/1][13/1][08/4]

① 효율관리기자재의 제조업자
② 효율관리기자재의 광고업자
③ 효율관리기자재의 수입업자
④ 효율관리기자재의 판매업자

* 효율기자재 종류
  전기냉장고, 전기냉방기, 전기세탁기, 자동차, 조명기기
  ※ 제조업자, 수입업자, 판매업자는 산업통상자원부장관이 지정하는 시험기관에서 소비효율, 사용량 등급을 측정해야 함

정답 03 ④　04 ③　05 ③　06 ③　07 ①　08 ②　09 ②

10 에너지이용 합리화법에서 효율관리기자재의 제조업자 또는 수입업자가 효율관리기자재의 에너지 사용량을 측정 받는 기관은? [16/2][10/2][07/1]

① 산업통상자원부장관이 지정하는 시험기관
② 제조업자 또는 수입업자의 검사기관
③ 환경부장관이 지정하는 진단기관
④ 시·도지사가 지정하는 측정기관

★ 효율관리기자재의 제조업자 또는 수입업자는 산업통상자원부장관이 지정하는 시험기관("효율관리시험기관")에서 에너지 사용량을 측정받아 에너지소비효율등급 또는 에너지소비효율을 표시하여야 한다.

11 에너지이용 합리화법상 에너지소비효율 등급 또는 에너지 소비효율을 해당 효율관리 기자재에 표시할 수 있도록 효율관리 기자재의 에너지 사용량을 측정하는 기관은? [15/5][07/5][07/4]

① 효율관리진단기관 ② 효율관리전문기관
③ 효율관리표준기관 ④ 효율관리시험기관

★ 효율관리기자재의 제조업자 또는 수입업자는 산업통상자원부장관이 지정하는 시험기관(이하 "효율관리시험기관"이라 한다)에서 해당 효율관리기자재의 에너지 사용량을 측정받아 에너지소비효율등급 또는 에너지소비효율을 해당 효율관리기자재에 표시하여야 한다.

12 에너지이용합리화법상 효율관리 기자재의 에너지 사용량을 측정 받아 에너지소비효율 등급 또는 에너지소비효율을 해당 효율관리 기자재에 표시할 수 있도록 측정하는 기관은? [10/1]

① 효율관리 진단기관 ② 효율관리 전문기관
③ 효율관리 표준기관 ④ 효율관리 시험기관

13 효율관리기자재에 대한 에너지소비효율, 소비효율등급 등을 측정하는 효율관리시험기관은 누가 지정하는가? [11/5][08/5]

① 대통령 ② 시·도지사
③ 산업통상자원부장관 ④ 한국에너지공단이사장

14 에너지이용 합리화법상 평균에너지소비효율에 대하여 총량적인 에너지효율의 개선이 특히 필요하다고 인정되는 기자재는? [15/2]

① 승용자동차 ② 강철제보일러
③ 1종압력용기 ④ 축열식전기보일러

★ 승용자동차는 평균에너지소비효율에 대하여 총량적인 에너지효율의 개선이 필요하며 이를 '평균효율관리기자재'라고 한다.

15 에너지이용합리화법상 평균효율관리기자재를 제조하거나 수입하여 판매하는 자는 에너지소비효율 산정에 필요하다고 인정되는 판매에 관한 자료와 효율측정에 관한 자료를 누구에게 제출하여야 하는가? [11/1][09/4]

① 국토교통부장관 ② 시·도지사
③ 한국에너지공단이사장 ④ 산업통상자원부장관

16 에너지용 합리화법에 따라 고효율 에너지 인증대상 기자재에 포함되지 않는 것은? [16/4][12/4]

① 펌프 ② 전력용 변압기
③ LED 조명기기 ④ 산업건물용 보일러

★ 고효율에너지 인증대상 기자재 : 2012년 7월 1일 현재 41개 품목에 달하며, 다음을 참조하여 기억할 것.
① 전력용변압기는 2012년 7월 1일부터 고효율에너지인증대상기자재에서 제외한다.
② 고기밀성 단열창호는 2012년 7월 1일부터 고효율에너지인증대상기자재에서 제외한다.

17 대기전력저감대상제품의 제조업자 또는 수입업자가 대기전력저감대상제품이 대기전력저감기준에 미달하는 경우 그 시정명령을 이행하지 아니하였을 때 그 사실을 공표할 수 있는 자는 누구인가? [10/2]

① 산업통상자원부장관 ② 국무총리
③ 대통령 ④ 환경부장관

정답 10 ① 11 ④ 12 ④ 13 ③ 14 ① 15 ④ 16 ② 17 ①

18 에너지이용합리화법상 에너지의 효율적인 수행과 특정 열사용기자재의 안전관리를 위하여 교육을 받아야 하는 대상이 아닌 자는? [11/2][09/5]

① 에너지관리자
② 시공업의 기술인력
③ 검사대상기기 조종자
④ 효율관리기자재 제조자

에너지공급자 수요관리투자계획

 **에너지공급자**

① 에너지의 생산·전환·수송·저장 및 이용상의 효율향상과 수요의 절감 등을 기하기 위한 연차별 수요관리 투자계획을 수립·시행
② 계획 및 시행결과를 산업통상자원부장관에게 제출

01 다음 중 대통령령으로 정하는 에너지공급자가 수립·시행해야 하는 계획으로 맞는 것은? [11/4]

① 지역에너지계획
② 에너지이용합리화실시계획
③ 에너지기술개발계획
④ 연차별 수요관리투자계획

에너지사용자/에너지다소비사업자

 **에너지사용자**

① 에너지사용시설의 소유자 또는 관리자
② 티오이 : 석유환산톤
③ 에너지다소비사업자 : 연료, 열 및 전력의 연간 사용량 이천토이 이상인 자
④ 에너지다소비사업자는 에너지사용기재재 현황을 1월 31일까지 시·도지사에게 신고

01 에너지법상 "에너지 사용자"의 정의로 옳은 것은? [15/4]

① 에너지 보급 계획을 세우는 자
② 에너지를 생산, 수입하는 사업자
③ 에너지사용시설의 소유자 또는 관리자
④ 에너지를 저장, 판매하는 자

02 에너지이용 합리화법상의 연료 단위인 티·오·이(TOE)란? [08/5]

① 석탄환산톤
② 전력량
③ 중유환산톤
④ 석유환산톤

03 에너지이용 합리화법 시행령에서 에너지다소비사업자라 함은 연료·열 및 전력의 연간 사용량 합계가 얼마 이상인 경우인가? [15/5][10/5][10/1][08/4][08/2]

① 5백 티오이
② 1천 티오이
③ 1천5백 티오이
④ 2천 티오이

★ 티오이(TOE) = 석유환산톤 : 연료, 열, 전기 에너지를 석유발열량으로 환산하여 계산한 양
※ 에너지다소비사업자는 전년도 에너지관리상황을 매년 1월31일까지 시·도지사에게 신고

04 에너지이용합리화법에 따라 연료·열 및 전력의 연간 사용량의 합계가 몇 티오이 이상인 자를 "에너지다소비사업자"라 하는가? [12/5][10/2]

① 5백
② 1천
③ 1천5백
④ 2천

★ 에너지다소비사업자 : 연료 및 열과 전력의 연간 사용량의 합계가 2천 티·오·이 이상인 자

정답 18 ④ 01 ④ 01 ③ 02 ④ 03 ④ 04 ④

05 에너지이용합리화법상 에너지다소비사업자는 에너지사용기자재의 현황을 산업통상자원부령이 정하는 바에 따라 매년 1월 31일 까지 그 에너지사용시설이 있는 지역을 관할하는 누구에게 신고하여야 하는가? [09/4]

① 군수, 면장
② 도지사, 구청장
③ 시장, 군수
④ 시, 도지사

06 에너지다소비사업자는 산업통상자원부령이 정하는 바에 따라 전년도의 분기별 에너지사용량·제품생산량을 그 에너지사용 시설이 있는 지역을 관할하는 시·도지사에게 매년 언제까지 신고해야 하는가? [16/2]

① 1월 31일까지
② 3월 31일까지
③ 5월 31일까지
④ 9월 30일까지

★ 에너지다소비업자가 시도지사에게 매년 1월 31일까지 신고할 사항은,
1. 전년도의 에너지사용량·제품생산량
2. 해당 연도의 에너지사용예정량·제품생산예정량
3. 에너지사용기자재의 현황
4. 전년도의 에너지이용 합리화 실적 및 해당 연도의 계획

07 에너지 사용자의 에너지 사용량이 대통령령이 정하는 기준량 이상인 자는(이하 에너지 다소비 업자라 한다) 산업통상자원부령이 정하는 바에 따라 전년도 에너지 사용량 등을 매년 언제 까지 신고해야 하는가? [07/5]

① 1월 31일
② 3월 31일
③ 7월 31일
④ 12월 31일

★ 에너지사용량이 대통령령으로 정하는 기준량 이상인 자(이하 "에너지 다소비사업자"라 한다)는 다음 각 호의 사항을 산업통상자원부령으로 정하는 바에 따라 매년 1월 31일까지 그 에너지사용시설이 있는 지역을 관할하는 시·도지사에게 신고하여야 한다.

08 에너지다소비사업자가 매년 1월 31일까지 신고해야 할 사항에 포함되지 않는 것은? [15/1]

① 전년도의 분기별 에너지사용량·제품생산량
② 해당 연도의 분기별 에너지사용예정량·제품생산예정량
③ 에너지사용기자재의 현황
④ 전년도의 분기별 에너지 절감량

★ 에너지사용량 신고시 내용
① 전년도 에너지사용량, 제품생산량
② 당해연도 에너지사용 예정량, 제품생산예정량
③ 에너지사용 기자재의 현황
④ 전년도 에너지이용합리화 실적 및 당해년도 계획

09 에너지다소비사업자가 매년 1월 31일까지 신고해야 할 사항에 포함되지 않는 것은? [09/5]

① 전년도의 에너지 이용합리화 실적 및 해당 연도의 계획
② 에너지사용기자재의 현황
③ 해당 연도의 에너지사용예정량, 제품 생산예정량
④ 전년도의 손익계산서

★ 에너지다소비업자는 매년 1월 31일까지 시도지사에게 전년도 에너지 사용실적 및 현황에 대해 신고해야 한다. 손익계산서, 사업수익 등 세금부분은 관계없음.

10 에너지이용합리화법에 따라 에너지다소비사업자가 매년 1월 31일까지 신고해야 할 사항과 관계없는 것은? [13/5][08/5]

① 전년도의 에너지 사용량
② 전년도의 제품 생산량
③ 에너지사용 기자재 현황
④ 해당 연도의 에너지관리진단 현황

★ 에너지사용량 신고시 내용
① 전년도 에너지사용량, 제품생산량
② 당해연도 에너지사용 예정량, 제품생산예정량
③ 에너지사용 기자재의 현황
④ 전년도 에너지이용합리화 실적 및 당해년도 계획

정답 05 ④ 06 ① 07 ① 08 ④ 09 ④ 10 ④

11 에너지이용 합리화법에 따라 에너지다소비업자가 산업통상자원부령으로 정하는 바에 따라 매년 1월 31일까지 시·도지사에게 신고해야 하는 사항과 관련이 없는 것은?
[12/4][10/1]

① 전년도의 에너지사용량·제품생산량
② 전년도의 에너지이용합리화 실적 및 해당 연도의 계획
③ 에너지사용기자재의 현황
④ 향후 5년간의 에너지사용예정량·제품생산예정량

> ★ 에너지다소비업자가 시도지사에게 매년 1월 31일까지 신고할 사항은,
> 1. 전년도의 에너지사용량·제품생산량
> 2. 해당 연도의 에너지사용예정량·제품생산예정량
> 3. 에너지사용기자재의 현황
> 4. 전년도의 에너지이용 합리화 실적 및 해당 연도의 계획
> ★ 에너지다소비업자 : 연료·열 및 전력의 연간 사용량의 합계(연간 에너지사용량)가 2천 티오이 이상인 자

12 에너지진단결과 에너지다소비사업자가 에너지관리기준을 지키고 있지 아니한 경우 에너지관리기준의 이행을 위한 에너지관리지도를 실시하는 기관은?
[10/2]

① 한국에너지기술연구원   ② 한국폐기물협회
③ 한국에너지공단   ④ 한국환경공단

13 에너지다소비사업자에 대하여 에너지관리지도 결과 에너지손실 요인이 많은 경우 산업통상자원부장관은 어떤 조치를 할 수 있는가?
[09/2]

① 벌금을 부과할 수 있다.
② 에너지 손실 요인의 개선을 명할 수 있다.
③ 에너지 손실 요인에 대한 배상을 요청할 수 있다.
④ 에너지 사용정지를 명할 수 있다.

> ★ 에너지사용자가 에너지관리기준을 준하지 않을 경우 에너지관리지도를 할 수 있으며, 에너지손실요인의 개선명령을 할 수 있다.

14 에너지이용 합리화법령상 산업통상자원부장관이 에너지다소비사업자에게 개선명령을 할 수 있는 경우는 에너지관리 지도 결과 몇 % 이상 에너지 효율개선이 기대되는 경우인가?
[15/2]

① 2%   ② 3%
③ 5%   ④ 10%

> ★ 산업통상자원부장관이 에너지다소비사업자에게 개선명령을 할 수 있는 경우는 에너지관리지도 결과 10퍼센트 이상의 에너지효율 개선이 기대되고 효율 개선을 위한 투자의 경제성이 있다고 인정되는 경우로 한다.

15 에너지이용합리화법에 따라 에너지다소비사업자에게 개선명령을 하는 경우는 에너지관리지도 결과 몇 % 이상의 에너지 효율개선이 기대되고 효율개선을 위한 투자의 경제성이 인정되는 경우인가?
[13/2]

① 5%   ② 10%
③ 15%   ④ 20%

> ★ [에너지이용합리화법시행령 제40조1항,3항 참조] : 산업통상자원부장관이 에너지다소비사업자에게 개선명령을 할 수 있는 경우는 에너지관리지도 결과 10% 이상의 에너지효율 개선이 기대되고 효율 개선을 위한 투자의 경제성이 있다고 인정되는 경우로 한다.
> ★ 에너지다소비사업자는 제1항에 따른 개선명령을 받은 경우에는 개선명령일부터 60일 이내에 개선계획을 수립하여 산업통상자원부장관에게 제출하여야 하며, 그 결과를 개선 기간 만료일부터 15일 이내에 산업통상자원부장관에게 통보하여야 한다.

16 에너지이용합리화법상 에너지 진단기관의 지정기준은 누구의 령으로 정하는가?
[16/1]

① 대통령   ② 시·도지사
③ 시공업자단체장   ④ 산업통산자원부장관

17 에너지이용 합리화법에 따라 에너지 진단을 면제 또는 에너지진단주기를 연장 받으려는 자가 제출해야 하는 첨부서류에 해당하지 않는 것은?
[15/2]

① 보유한 효율관리기자재 자료
② 중소기업임을 확인할 수 있는 서류
③ 에너지절약 유공자 표창 사본
④ 친에너지형 설비 설치를 확인할 수 있는 서류

정답 11 ④ 12 ③ 13 ② 14 ④ 15 ② 16 ① 17 ①

* 에너지 진단을 면제 또는 에너지진단 주기를 연장받으려는 자가 면제(연장)신청서에 첨부할 서류
  1. 자발적 협약 우수사업장임을 확인할 수 있는 서류
  2. 중소기업임을 확인할 수 있는 서류
  3. 에너지절약 유공자 표창 사본
  4. 에너지진단결과를 반영한 에너지절약 투자 및 개선실적을 확인할 수 있는 서류
  5. 친에너지형 설비 설치를 확인할 수 있는 서류

에너지사용계획 / 에너지사용제한

개념원리 · 에너지사용계획신고

에너지사용계획을 산업통상자원부장관에게 제출해야 하는 경우
① 공공사업주관자 : 연간 2천5백티오이 이상 사용시설
  연간 1천만 kWh 이상 전력사용시설
② 민간사업주관자 : 연간 5천티오이 이상 사용시설
  연간 2천만 kWh 이상 전력사용시설

01 에너지이용 합리화법에 따라 에너지사용계획을 수립하여 산업통상자원부장관에게 제출하여야 하는 민간사업주관자의 시설규모로 맞은 것은? [13/1]

① 연간 2500 티·오·이 이상의 연료 및 열을 사용하는 시설
② 연간 5000 티·오·이 이상의 연료 및 열을 사용하는 시설
③ 연간 1천만 킬로와트 이상의 전력을 사용하는 시설
④ 연간 500만 킬로와트 이상의 전력을 사용하는 시설

02 공공사업주관자에게 산업통상자원부장관이 에너지사용계획에 대한 검토결과를 조치 요청하면 해당 공공사업주관자는 이행계획을 작성하여 제출하여야 하는데 이행계획에 포함되지 않는 사항은? [11/2]

① 이행 주체　② 이행 장소와 사유
③ 이행 방법　④ 이행 시기

03 에너지사용계획의 검토기준, 검토방법, 그 밖에 필요한 사항을 정하는 령은? [12/2]

① 산업통상자원부령　② 국토교통부령
③ 대통령령　④ 고용노동부령

04 에너지사용계획의 검토기준, 검토방법, 그 밖에 필요한 사항을 정하는 령으로 맞는 것은? [10/4]

① 산업통상자원부령　② 대통령령
③ 환경부령　④ 국무총리령

05 에너지사용계획에 포함되지 않는 사항은? [10/5]

① 에너지 수요예측 및 공급계획
② 에너지 수급에 미치게 될 영향분석
③ 에너지이용 효율 향상 방안
④ 열사용기자재의 판매계획

06 에너지이용합리화법 시행규칙에서 에너지사용자가 수립하여야 하는 자발적 협약의 이행계획에 포함되어야 할 사항이 아닌 것은? [09/5]

① 온실가스 배출증가 현황 및 투자방법
② 협약 체결 전년도의 에너지소비현황
③ 효율향상목표 등의 이행을 위한 투자계획
④ 에너지관리체제 및 관리방법

★ 온실가스 배출은 감소시켜야 함.

에너지 수급안정 / 에너지저장의무

개념원리 · 에너지 수급안정

에너지수급안정을 위해 대통령령으로 주로 다음과 같은 조치를 취할 수 있음
① 에너지사용제한 조치
② 에너지저장 및 비축

정답　01 ②　02 ②　03 ①　04 ①　05 ④　06 ①

01 에너지이용합리화법에 따라 국내외 에너지사정의 변동으로 에너지수급에 중대한 차질이 발생하거나 발생할 우려가 있다고 인정되면 에너지수급의 안정을 기하기 위하여 필요한 범위 내에 조치를 취할 수 있는데, 다음 중 그러한 조치에 해당하지 않는 것은? [12/5]

① 에너지의 비축과 저장
② 에너지공급설비의 가동 및 조업
③ 에너지의 배급
④ 에너지 판매시설의 확충

★ 에너지 수급에 중대한 차질이 생기면 에너지 소비, 판매를 필요한 범위내에서 조절해야 한다.

02 에너지이용합리화법 시행령상 산업통상자원부장관은 에너지수급 안정을 위한 조치를 하고자 할 때에는 그 사유, 기간 및 대상자 등을 정하여 그 조치 예정일 몇 일 이전에 예고하여야 하는가? [09/1]

① 14일　② 10일
③ 7일　④ 5일

★ 1일 : 검사대상기기조종자, 시공업기술요원 교육기간
7일 : 에너지 공급제한 조치 공고는 7일전에 예고 다만, 긴급제한은 제한 전일 까지
10일전 : 계속사용검사신청-만료일 10일전 까지
15일 : 검사대상기기 폐기처분신고(이사장)
　　　 검사대상기기 사용중지신고(이사장)
　　　 검사대상기기 설치자 변경신고(이사장)
20일 : 에너지사용계획 협의 요청시 산업통상자원부장관은 20일 이내 협의 결과 통보

03 에너지이용합리화법 시행령에서 에너지사용의 제한 또는 금지 등 대통령령이 정하는 사항 중 틀린 것은? [07/2]

① 위생접객업소 기타 에너지사용시설의 에너지사용의 제한
② 에너지사용의 시기 및 방법의 제한
③ 차량등 에너지사용기자재의 사용제한
④ 특정지역에 대한 에너지개발의 제한

★ 에너지개발의 제한이 아니라 특정 지역에 대한 에너지사용의 제한임.

04 산업통상자원부장관이 에너지저장의무를 부과할 수 있는 대상자로 맞는 것은? [13/5]

① 연간 5천 석유환산톤 이상의 에너지를 사용하는 자
② 연간 6천 석유환산톤 이상의 에너지를 사용하는 자
③ 연간 1만 석유환산톤 이상의 에너지를 사용하는 자
④ 연간 2만 석유환산톤 이상의 에너지를 사용하는 자

05 에너지이용합리화법 시행령 상 에너지 저장의무 부과대상자에 해당되는 자는? [13/4]

① 연간 2만 석유환산톤 이상의 에너지를 사용하는 자
② 연간 1만 5천 석유환산톤 이상의 에너지를 사용하는 자
③ 연간 1만 석유환산톤 이상의 에너지를 사용하는 자
④ 연간 5천 석유환산톤 이상의 에너지를 사용하는 자

열사용기자재 및 난방시공업

개념원리 열사용 기자재 구분/난방 시공업

1. 에너지사용기자재
   열사용기자재 및 그 밖의 에너지사용 기자재
2. 열사용기자재
   보일러(강철제, 주철제, 소형온수, 구멍탄용온수, 축열식전기), 태양열집열기, 압력용기, 요로
3. 특정열사용기자재 : 열사용기자재와 거의 같음
   ① 열사용기자재 중 제조, 설치·시공 및 사용에서 안전관리, 위해방지 또는 에너지이용의 효율관리가 특히 필요한 것.
   ② 보일러(강철제,주철제,온수,구멍탄용온수,축열식전기), 태양열집열기, 압력용기, 요업요로, 금속요로
4. 난방시공업
   특정열사용기자재를 설치·시공·세관하는 업무
   건설기본법에 따라 시·도시사에게 등록하며 1종, 2종, 3종
   ① 1종 - 보일러(강철제, 주철제, 온수, 구멍탄용, 축열식 전기), 태양열집열기, 1·2종 압력용기
   ② 2종 - 태양열집열기, 용량 5만 kJ/h 이하 온수보일러, 구멍탄용온수 보일러
   ③ 3종 - 요업요로, 금속요로

정답　01 ④　02 ③　03 ④　04 ④　05 ①

01 에너지이용합리화법상 "에너지사용 기자재"의 정의로서 옳은 것은? [07/4]

① 연료 및 열만을 사용하는 기자재
② 에너지를 생산하는데 사용되는 기자재
③ 에너지를 수송, 저장 및 전환하는 기자재
④ 열사용 기자재 및 기타 에너지를 사용하는 기자재

★ 에너지사용 기자재 : 열사용기자재나 그 밖에 에너지를 사용하는 기자재

02 에너지이용 합리화법상 열사용기자재가 아닌 것은? [16/4][14/2]

① 강철제보일러
② 구멍탄용 온수보일러
③ 전기순간온수기
④ 2종 압력용기

★ 열사용 기자재는 다음과 같다.
① 보일러 : 강철제보일러, 주철제보일러, 소형온수보일러, 구멍탄용 온수보일러, 축열식전기보일러
② 태양열집열기
③ 압력용기 : 1종압력용기, 2종압력용기
④ 요로 : 요업요로, 금속요로

03 열사용기자재 중 온수를 발생하는 소형온수보일러의 적용범위로 옳은 것은? [16/1]

① 전열면적 $12m^2$ 이하, 최고사용압력 0.25 MPa 이하의 온수를 발생하는 것
② 전열면적 $14m^2$ 이하, 최고사용압력 0.25 MPa 이하의 온수를 발생하는 것
③ 전열면적 $12m^2$ 이하, 최고사용압력 0.35 MPa 이하의 온수를 발생하는 것
④ 전열면적 $14m^2$ 이하, 최고사용압력 0.35 MPa 이하의 온수를 발생하는 것

★ 소형온수보일러란 전열면적 $14m^2$ 이하, 최고사용압력 0.35MPa 이하의 온수를 발생하는 것을 말한다.

04 열사용기자재관리 규칙상 열사용기자재인 소형온수보일의 적용범위는? [09/1]

① 전열면적 $12m^2$ 이하이며, 최고사용압력 0.35MPa 이하의 온수를 발생하는 것
② 전열면적 $14m^2$ 이하이며, 최고사용압력 0.25MPa 이하의 온수를 발생하는 것
③ 전열면적 $12m^2$ 이하이며, 최고사용압력 0.45MPa 이하의 온수를 발생하는 것
④ 전열면적 $14m^2$ 이하이며, 최고사용압력 0.35MPa 이하의 온수를 발생하는 것

★ 소형온수보일러란 : 전열면적 $14m^2$ 이하, 최고사용압력0.35MPa($3.5kg/cm^2$) 이하인 보일러

05 에너지이용 합리화법에 따른 열사용기자재 중 소형온수보일러의 적용 범위로 옳은 것은? [15/5][10/5]

① 전열면적 $24m^2$ 이하이며, 최고사용압력이 0.5 MPa 이하의 온수를 발생하는 보일러
② 전열면적 $14m^2$ 이하이며, 최고사용압력이 0.35 MPa 이하의 온수를 발생하는 보일러
③ 전열면적 $20m^2$ 이하인 온수보일러
④ 최고사용압력 0.8MPa 이하의 온수를 발생하는 보일러

★ 소형온수보일러란 : 전열면적 $14m^2$ 이하, 최고사용압력0.35MPa ($3.5kg/cm^2$) 이하인 보일러

06 열사용기자재인 축열식전기보일러는 정격소비전력은 몇 kW 이하이며, 최고사용압력은 몇 MPa 이하인 것인가? [11/5]

① 30kW, 0.35MPa
② 40kW, 0.5MPa
③ 50kW, 0.75MPa
④ 100kW, 0.1MPa

★ 열사용기자재관리규칙 [별표1]에 의하면, 축열식전기보일러는, 심야전력을 사용하여 온수를 발생시켜 축열조에 저장한 후 난방에 이용하는 것으로서 정격소비전력이 30kW 이하이며, 최고사용압력이 0.35MPa 이하인 것

정답 01 ④ 02 ③ 03 ④ 04 ④ 05 ② 06 ①

07 에너지이용합리화법의 열사용기자재관리규칙에서 정한 특정열사용기자재의 품목명이 아닌 것은? [07/2]

① 축열식전기보일러 ② 태양열조리기
③ 강철제보일러   ④ 구멍탄용온수보일러

> ★ 2012.6.28이후 특정열사용기자재는 : 보일러, 태양열집열기, 압력용기, 요업요로, 금속요로로 구분함.
> 2012.6.28이전 규정 : 기관(강철제보일러, 주철제보일러, 온수보일러, 구멍탄용온수보일러, 태양열집열기, 축열식전기보일러), 압력용기(1종, 2종), 요로(요업요로, 금속요로)

08 특정열사용기자재 및 설치·시공범위에서 기관에 속하지 않는 것은? [11/4]

① 축열식 전기보일러 ② 온수보일러
③ 태양열 집열기   ④ 철금속가열로

> ★ 특정열사용기재의 기관 : [강주온구태축]
> 강철제보일러, 주철제보일러, 온수보일러, 구멍탄용온수보일러, 태양열집열기, 축열식전기보일러

09 에너지이용합리화법에 규정된 특정열사용기자재 구분 중 기관에 포함되지 않는 것은? [07/5]

① 온수보일러   ② 태양열 집열기
③ 1종 압력용기   ④ 구멍탄용 온수보일러

> ★ 2012.6.28이후 특정열사용기자재는 : 보일러, 태양열집열기, 압력용기, 요업요로, 금속요로로 구분함.
> 2012.6.28이전 규정 : 기관(강철제보일러, 주철제보일러, 온수보일러, 구멍탄용온수보일러, 태양열집열기, 축열식전기보일러), 압력용기(1종, 2종), 요로(요업요로, 금속요로)

10 건설산업기본법 시행령에서의 2종 압력용기를 시공할 수 있는 난방시공업종은? [08/5]

① 제1종 ② 제2종
③ 제3종 ④ 제4종

> ★ 1종 – 보일러(강철제, 주철제, 온수, 구멍탄용, 축열식전기), 태양열 집열기, 1,2종 압력용기 설치
> 2종 – 태양열집열기, 용량 5만 kJ/h 이하의 온수보일러, 구멍탄용온수보일러
> 3종 – 요업요로, 금속요로

11 제3종 난방시공업자가 시공할 수 있는 열사용기자재 품목은? [08/4]

① 강철제 보일러   ② 주철제 보일러
③ 2종 압력용기   ④ 금속요로

> ★ 1종 – 보일러(강철제, 주철제, 온수, 구멍탄용, 축열식전기), 태양열 집열기, 1,2종 압력용기 설치
> 2종 – 태양열집열기, 용량 5만 kJ/h 이하의 온수보일러, 구멍탄용온수 보일러
> 3종 – 요업요로, 금속요로

검사대상기기

특정열사용기자재 중 검사대상기기

① 특정열사용기자재 중 제조, 설치, 설치장소변경, 개조, 재사용, 계속사용 등의 검사를 받아야 하는 기기
② 검사대상기기는 관리자를 1구역당 1인이상 선임 용량에 따라 관리자의 자격조건이 다름
③ 주철제보일러는 제조(용접,구조)검사 면제
④ 계속사용검사 유효기간 만료일 10일전까지 검사신청
⑤ 검사대상기기 관리자 채용은 즉시, 신고는 채용후 30일 이내
⑥ 검사대상기기 검사권한은 시·도지사, 검사업무는 한국에너지공단이사장

01 열사용기자재 관리규칙에 의한 특정 열사용기자재 중 검사를 받아야 할 검사대상기기의 검사의 종류가 아닌 것은? [10/5][07/1]

① 설치검사 ② 유효검사
③ 제조검사 ④ 개조검사

★ 검사대상기기의 검사 : 제조검사, 설치검사, 계속사용검사, 개조검사, 설치장소변경검사 등으로 유효검사는 없음

02 검사대상기기의 검사의 종류 중 계속사용검사의 종류에 해당되지 않는 것은? [10/1]

① 설치검사　　　　② 안전검사
③ 운전성능검사　　④ 재사용검사

★ 설치검사는 보일러를 최초 설치시 실시하는 검사이며, 이후 계속사용을 하는 중 주기적으로 계속사용검사를 받는다.

03 열 사용기자재 관리 규칙에서 정한 검사 대상기기에 해당되는 열사용기자재는? [09/2]

① 최고사용압력이 0.08MPa이고, 전열면적 4m²인 강철제 보일러
② 흡수식 냉온수기
③ 가스사용량이 20kg/h인 가스사용 소형온수보일러
④ 정격용량이 0.4MW인 철금속가열로

★ 검사대상기기에 해당되는 열사용기자재는
　① 강철제, 주철제 보일러. 단, 다음의 것은 제외
　　- 최고 사용압력이 0.1MPa 이하, 동체 안지름이 300mm 이하, 길이 600mm 이하인 강철제, 주철제 보일러
　　- 최고사용압력이 0.1MPa 이하, 전열면적, 5m² 이하인 강철제 주철제 보일러
　　- 2종관류보일러
　　- 온수발생보일러로서 대기개방형
　② 소형온수보일러 : 가스를 사용하며, 가스사용량 17kg/h(도시가스 837MJ)을 초과하는 것
　③ 정격용량 0.58MW를 초과한 철금속 가열로
　④ 1종, 2종 압력용기

04 열사용기자재 관리규칙에서의 검사대상기기에 포함되지 않는 특정열사용기자재는? [07/1]

① 강철제 보일러　　② 태양열 집열기
③ 주철제 보일러　　④ 2종 압력용기

★ 특정열사용기자재(2012.6.28이후) : 보일러, 태양열집열기, 압력용기, 요업요로, 금속요로로 구분.
★ 2012.6.28이전 규정 : 기관(강철제보일러, 주철제보일러, 온수보일러, 구멍탄용온수보일러, 태양열집열기, 축열식전기보일러), 압력용기(1종, 2종), 요로(요업요로, 금속요로)
★ 종전 기준으로 특정열사용기자재 중 검사대상기기에 해당되는 것은 강철제보일러, 주철제보일러, 소형온수보일러, 압력용기, 철금속가열로임.

05 열사용기자재 관리규칙에서 용접검사가 면제될 수 있는 보일러의 대상 범위로 틀린 것은? [14/4][12/2]

① 강철제 보일러 중 전열면적이 5m² 이하이고, 최고사용압력이 0.35MPa 이하인 것
② 주철제 보일러
③ 제 2종 관류보일러
④ 온수보일러 중 전열면적이 18m² 이하이고, 최고사용압력이 0.35MPa 이하인 것

★ 용접검사가 면제되는 것은 다음과 같다.
　1) 강철제 보일러 중 전열면적이 5m² 이하이고, 최고사용압력이 0.35MPa 이하인 것
　2) 주철제 보일러
　3) 1종 관류보일러
　4) 온수보일러 중 전열면적이 18m² 이하이고, 최고사용 압력이 0.35MPa 이하인 것

06 에너지이용합리화법에 따라 주철제 보일러에서 설치검사를 면제 받을 수 있는 기준으로 옳은 것은? [13/4]

① 전열면적 30제곱미터 이하의 유류용 주철제 증기보일러
② 전열면적 40제곱미터 이하의 유류용 주철제 증기보일러
③ 전열면적 50제곱미터 이하의 유류용 주철제 증기보일러
④ 전열면적 60제곱미터 이하의 유류용 주철제 증기보일러

★ 강철제 주철제 보일러 중 설치검사 면제
　1. 가스 외의 연료를 사용하는 1종 관류보일러
　2. 전열면적 30제곱미터 이하의 유류용 주철제 증기보일러

정답　02 ①　03 ③　04 ②　05 ③　06 ①

07 열사용 기자재 관리 규칙에 의한 검사대상기기중 소형온수보일러의 검사 대상기기 적용범위에 해당하는 가스 사용량은 몇 kg/h를 초과하는 것부터 인가?

[11/1]

① 15kg/h ② 17kg/h
③ 20kg/h ④ 25kg/h

> ★ 가스용 온수보일러로서 가스사용량 17kg/h 초과하는 것은 검사대상기기임.

08 열사용 기자재 관리 규칙에 의한 검사대상기기중 소형온수보일러의 검사 대상기기 적용범위에 해당하는 가스 사용량은 몇 kg/h를 초과하는 것부터 인가?

[11/1]

① 15kg/h ② 17kg/h
③ 20kg/h ④ 25kg/h

> ★ 가스용 온수보일러로서 가스사용량 17kg/h 초과하는 것은 검사대상기기임.

09 열사용기자재관리규칙상 검사대상기기의 검사 종류 중 유효기간이 없는 것은?

[12/4]

① 구조검사 ② 계속사용검사
③ 설치검사 ④ 설치장소변경검사

> ★ 유효기간이 없다는 것은 처음에 1회 검사를 받으면 폐기처분할때까지 반복하지 않는 것을 말함. 제조검사 부분은 처음 제조시 검사하며, 설치후 사용시에는 계속사용검사를 행하므로 다시 검사하지 않는다. 제조검사는 구조검사와 용접검사가 있으며, 주철제보일러는 주물제작이므로 용접검사가 제외된다.
> ★ 설치검사 : 설치후 보통 검사종류마다 1년~2년 유효 이후에는 계속사용검사를 받아야 함.
> ★ 계속사용검사 : 안전검사, 성능검사가 있음.
> ★ 설치장소변경검사 : 검사대상기기를 이전한 경우 받으며 설치검사와 같다.

10 에너지이용합리화법에 따라 보일러의 개조검사의 경우 검사 유효기간으로 옳은 것은?

[12/5]

① 6개월 ② 1년
③ 2년   ④ 5년

11 열사용기자재 관리규칙에 의한 검사대상기기인 보일러의 계속사용검사 중 재사용검사의 유효기간은?

[07/1]

① 1년   ② 1.5년
③ 2년   ④ 3년

> ★ 재사용검사의 유효기간
> ① 보일러 : 1년
> ② 압력용기 및 철금속가열로 : 2년

12 특정열사용기자재 중 산업통상자원부령으로 정하는 검사대상기기의 계속사용검사 신청서는 검사유효기간 만료 며칠 전까지 제출해야 하는가?

[14/5]

① 10일전까지 ② 15일전까지
③ 20일전까지 ④ 30일전까지

> ★ 계속사용검사신청서를 만료일 10일전까지 한국에너지공단이사장에게 제출한다.(업무는 이사장, 권한은 도지사에게)

13 열사용기자재관리규칙에서 정한 검사대상기기의 계속사용검사 신청서는 유효기간 만료 며칠 전까지 제출해야 하는가?

[09/4][08/1][07/4]

① 7일   ② 10일
③ 15일 ④ 30일

> ★ 계속사용검사신청 - 만료일 10일전까지

14 특정열사용기자재 중 산업통상자원부령으로 정하는 검사대상기기를 폐기한 경우에는 폐기한 날부터 며칠 이내에 폐기신고서를 제출해야 하는가?

[14/5]

① 7일 이내에   ② 10일 이내에
③ 15일 이내에 ④ 30일 이내에

> ★ 15일 이내에 신고해야 하는 사항
> ① 검사대상기기 폐기 처분신고 (한국에너지공단이사장)
> ② 검사대상기기 사용중지 신고 (한국에너지공단이사장)
> ③ 검사대상기기 설치자 변경신고 (한국에너지공단이사장)

정답 07 ② 08 ② 09 ① 10 ② 11 ① 12 ① 13 ② 14 ③

15 열사용기자재 관리규칙에 의한 검사대상 기기의 설치자가 그 사용중인 검사대상기기를 폐기한 때에는 그 폐기한 날로부터 며칠 이내에 신고해야 하는가? [08/2]

① 7일
② 10일
③ 15일
④ 30일

> ★ 1일 – 검사대상기기조종자, 시공업기술요원 교육기간
> 7일 – 에너지 공급제한 조치 공고는 7일전에 예고 다만, 긴급제한은 제한 전일 까지
> 10일전 – 계속사용검사신청 – 만료일 10일전 까지
> 15일 – 검사대상기기 폐기처분신고(이사장)
> 검사대상기기 사용중지신고(이사장)
> 검사대상기기 설치자 변경신고(이사장)
> 20일 – 에너지사용계획 협의 요청시 산업통상자원부장관은 20일 이내 협의 결과 통보

16 검사대상기기 조종범위 용량이 10t/h 이하인 보일러의 조종자 자격이 아닌 것은? [16/1]

① 에너지관리기사
② 에너지관리기능장
③ 에너지관리기능사
④ 인정검사대상기기조종자 교육이수자

> ★ 보일러 용량에 따른 검사대상기기 조종자의 자격범위는
>
> | 조종자의 자격 | 조종범위 |
> | --- | --- |
> | 에너지관리 기능장 또는 에너지관리 기사 | 용량이 30t/h를 초과하는 보일러 |
> | 에너지관리 기능장, 에너지관리 기사 또는 에너지관리 산업기사 | 용량이 10t/h를 초과하고 30t/h 이하인 보일러 |
> | 에너지관리 기능장, 에너지관리 기사, 에너지관리 산업기사 또는 에너지관리 기능사 | 용량이 10t/h 이하인 보일러 |
> | 에너지관리 기능장, 에너지관리 기사, 에너지관리 산업기사, 에너지관리 기능사 또는 인정검사대상기기 조종자의 교육을 이수한 자 | 1. 증기보일러로서 최고사용압력이 1MPa 이하이고, 전열면적이 10제곱미터 이하인 것
2. 온수발생 및 열매체를 가열하는 보일러로서 용량이 581.5킬로와트 이하인 것
3. 압력용기 |

17 에너지이용합리화법에서 정한 검사대상기기 조종자의 자격에서 에너지관리기능사가 조종할 수 있는 조종범위로서 옳지 않은 것은? [14/1]

① 용량이 15 t/h 이하인 보일러
② 온수발생 및 열매체를 가열하는 보일러로서 용량이 581.5킬로와트 이하인 것
③ 최고사용압력이 1MPa 이하이고, 전열면적이 10m^2 이하인 증기보일러
④ 압력용기

> ★ 보일러 용량에 따른 검사대상기기 조종자 조종범위는 다음과 같다.
> 2014.1.1부터 적용되는 검사대상기기 조종자 자격범위
>
> | 조종자의 자격 | 조종범위 |
> | --- | --- |
> | 에너지관리 기능장 또는 에너지관리 기사 | 용량이 30t/h를 초과하는 보일러 |
> | 에너지관리 기능장, 에너지관리 기사 또는 에너지관리 산업기사 | 용량이 10t/h를 초과하고 30t/h 이하인 보일러 |
> | 에너지관리 기능장, 에너지관리 기사, 에너지관리 산업기사 또는 에너지관리 기능사 | 용량이 10t/h 이하인 보일러 |
> | 에너지관리 기능장, 에너지관리 기사, 에너지관리 산업기사, 에너지관리 기능사 또는 인정검사대상기기 조종자의 교육을 이수한 자 | 1. 증기보일러로서 최고사용압력이 1MPa 이하이고, 전열면적이 10제곱미터 이하인 것
2. 온수발생 및 열매체를 가열하는 보일러로서 용량이 581.5킬로와트 이하인 것
3. 압력용기 |
>
> ★ 따라서, 에너지관리기능사가 조종할 수 있는 범위는 용량 10t/h의 보일러이므로 15t/h의 보일러는 조종할 수 없다.

18 에너지이용합리화법에 따라 검사대상기기의 용량이 15t/h인 보일러의 경우 조종자의 자격 기준으로 가장 옳은 것은? [13/2]

① 에너지관리기능장 자격 소지자만이 가능하다.
② 에너지관리기능장, 에너지관리기사 자격 소지자만이 가능하다.
③ 에너지관리기능장, 에너지관리기사, 에너지관리산업기사 자격 소지자만이 가능하다.
④ 에너지관리기능장, 에너지관리기사, 에너지관리산업기사, 에너지관리기능사 자격 소지자만이 가능하다.

정답   15 ③   16 ④   17 ①   18 ③

* 2014.1.1부터 적용되는 검사대상기기 조종자 자격범위

조종자의 자격	조종범위
에너지관리 기능장 또는 에너지관리 기사	용량이 30t/h를 초과하는 보일러
에너지관리 기능장, 에너지관리 기사, 또는 에너지관리 산업기사	용량이 10t/h를 초과하고 30t/h 이하인 보일러
에너지관리 기능장, 에너지관리 기사, 에너지관리 산업기사 또는 에너지관리 기능사	용량이 10t/h 이하인 보일러
에너지관리 기능장, 에너지관리 기사, 에너지관리 산업기사, 에너지관리 기능사 또는 인정검사대상기기 조종자의 교육을 이수한 자	1. 증기보일러로서 최고사용압력이 1MPa 이하이고, 전열면적이 10제곱미터 이하인 것 2. 온수발생 및 열매체를 가열하는 보일러로서 용량이 581.5킬로와트 이하인 것 3. 압력용기

따라서, 15t/h 이므로 용량 10t/h초과 30t/h 이하임

19 에너지이용 합리화법상 검사대상기기설치자가 시·도지사에게 신고하여야 하는 경우가 아닌 것은? [15/4]

① 검사대상기기를 정비한 경우
② 검사대상기기를 폐기한 경우
③ 검사대상기기의 사용을 중지한 경우
④ 검사대상기기의 설치자가 변경된 경우

* 검사대상기기를 정비한 경우에는 검사대상에 해당하지 않는다.

20 검사대상기기 조종자의 선임 신고는 신고 사유가 발생한 날부터 며칠 이내에 해야 하는가? [07/1]

① 20일 ② 30일
③ 15일 ④ 7일

* 검사대상기기 조종자 선임은 해임이나 퇴직 이전, 선임신고는 선임 날짜로부터 30일 이내

목표에너지원단위

 목표에너지원단위

① 에너지를 사용하여 만드는 제품의 단위당 에너지사용목표량 또는 건축물의 단위면적당 에너지사용목표량
② 산업통상자원부장관이 정함

01 에너지이용 합리화법상 목표에너지원 단위란? [15/5][11/1]

① 에너지를 사용하여 만드는 제품의 종류별 연간 에너지사용목표량
② 에너지를 사용하여 만드는 제품의 단위당 에너지사용목표량
③ 건축물의 총 면적당 에너지사용목표량
④ 자동차 등의 단위연료 당 목표 주행거리

* 목표에너지원단위 : 제품1개를 만들 때 사용되는 에너지 사용량을 말함.

02 에너지이용합리화법상의 목표에너지원단위를 가장 옳게 설명한 것은? [14/5][09/1]

① 에너지를 사용하여 만드는 제품의 단위당 폐연료사용량
② 에너지를 사용하여 만드는 제품의 연간 폐열사용량
③ 에너지를 사용하여 만드는 제품의 단위당 에너지사용목표량
④ 에너지를 사용하여 만드는 제품의 연간 폐열에너지사용목표량

* 목표에너지원 단위 : 에너지를 사용하여 만드는 제품의 단위당 에너지사용목표량 또는 건축물의 단위면적당 에너지사용목표량

03 다음 중 목표에너지원단위를 올바르게 설명한 것은? [11/2]

① 제품의 단위당 에너지생산 목표량
② 제품의 단위당 에너지절감 목표량
③ 건축물의 단위면적당 에너지사용 목표량
④ 건축물의 단위면적당 에너지저장 목표량

★ 목표에너지원단위 : 에너지를 사용하여 만드는 제품의 단위당 에너지사용목표량 또는 건축물의 단위면적당 에너지사용목표량

04 에너지이용합리화법상 제품의 단위당 에너지사용목표량 또는 건축물의 단위면적당 에너지사용목표량을 무엇이라고 하는가? [07/4]

① 에너지원단위   ② 목표에너지사용량
③ 목표에너지원단위   ④ 단위에너지사용량

★ 목표에너지원 단위 : 에너지를 사용하여 만드는 제품의 단위당 에너지사용목표량 또는 건축물의 단위면적당 에너지사용목표량

05 에너지이용합리화법상 에너지를 사용하여 만드는 제품의 단위당 에너지사용목표량(목표에너지원단위)은 누가 정하는가? [08/1]

① 한국에너지공단이사장   ② 품질인정원장
③ 시·도지사   ④ 산업통상자원부장관

06 에너지이용합리화법상 에너지를 사용하여 만드는 제품의 단위당 에너지사용목표량 또는 건축물의 단위면적당 에너지사용목표량을 정하여 고시하는 자는? [15/1]

① 산업통상자원부장관   ② 한국에너지공단 이사장
③ 시·도지사   ④ 고용노동부장관

★ 에너지관련법 제정 이후 장관 명칭의 변화 : 동력자원부 → 상공자원부 → 통상자원부 → 산업자원부 → 지식경제부 → 산업통상자원부(현행)

07 에너지이용합리화법상 에너지를 사용하여 만드는 제품의 단위당 에너지사용목표량 또는 건축물의 단위면적당 에너지사용목표량을 정하여 고시하는 자는? [09/5]

① 산업통상자원부장관   ② 노동부장관
③ 시·도지사   ④ 한국에너지공단이사장

건축물 에너지 기준

 건축물 냉난방온도 제한

① 대상 : 국가, 지자체 및 공공기관 업무용 건물
  에너지다소비사업자 시설 중 일정규모 이상
  (연간 에너지사용량 2천티오이 이상)
② 냉방 26℃ 이상, 난방 20℃ 이하
  (다만, 판매시설 및 공항은 냉방 25℃ 이상)

01 에너지이용 합리화법규상 냉난방온도제한 건물에 냉난방 제한온도를 적용할 때의 기준으로 옳은 것은? (단, 판매시설 및 공항의 경우는 제외한다.) [15/4]

① 냉방 : 24℃ 이상, 난방 : 18℃ 이하
② 냉방 : 24℃ 이상, 난방 : 20℃ 이하
③ 냉방 : 26℃ 이상, 난방 : 18℃ 이하
④ 냉방 : 26℃ 이상, 난방 : 20℃ 이하

권한 및 업무

01 산업통상자원부장관 또는 시·도지사의 업무 중 한국에너지공단에 위탁한 업무가 아닌 것은? [10/5]

① 검사대상기기의 검사
② 검사대상기기의 폐기·사용중지·설치자 변경에 대한 신고의 접수
③ 검사대상기기조종자의 자격기준의 제정
④ 에너지절약전문기업의 등록

02 에너지이용합리화법시행령상 산업통상자원부장관 또는 시·도지사의 업무 중 한국에너지공단에 위탁된 업무가 아닌 것은? [10/4]

① 효율관리기자재의 측정결과 신고의 접수
② 검사대상기기 검사
③ 검사대상기기의 검사기준 제정
④ 검사대상기기조종자 선임 및 해임신고 접수

03 에너지이용 합리화법에 따라 산업통상자원부장관 또는 시·도지사로부터 한국 에너지공단에 위탁된 업무가 아닌 것은? [16/2]

① 에너지사용계획의 검토
② 고효율시험기관의 지정
③ 대기전력경고표지대상제품의 측정결과 신고의 접수
④ 대기전력저감대상제품의 측정결과 신고의 접수

★ 고효율시험기관의 지정 및 취소는 산업통상자원부 장관 권한

04 산업통상자원부장관 또는 시·도지사로부터 한국에너지공단 이사장에게 위탁된 업무가 아닌 것은? [11/2]

① 에너지절약전문기업의 등록
② 온실가스배출 감축실적의 등록 및 관리
③ 검사대상기기 조종자의 선임·해임 신고의 접수
④ 에너지이용 합리화 기본계획 수립

★ 에너지이용합리화 기본계획 : 산업통상자원부 장관이 5년마다 수립

05 온실가스배출 감축실적의 등록 및 관리는 누가 하는가? [11/4]

① 지식경제부장관
② 고용노동부장관
③ 한국에너지공단이사장
④ 환경부장관

벌칙 벌금

01 에너지이용합리화법상 에너지의 최저소비효율기준에 미달하는 효율관리기자재의 생산 또는 판매금지 명령을 위반한자에 대한 벌칙은? [14/5][08/1]

① 1년이하의 징역 또는 1천만원 이하의 벌금
② 1천만원 이하의 벌금
③ 2년 이하의 징역 또는 2천만원 이하의 벌금
④ 2천만원 이하의 벌금

02 에너지이용 합리화법상 대기전력경고표지를 하지 아니한 자에 대한 벌칙은? [15/1]

① 2년 이하의 징역 또는 2천만원 이하의 벌금
② 1년 이하의 징역 또는 1천만원 이하의 벌금
③ 5백만원 이하의 벌금
④ 1천만원 이하의 벌금

★ 에너지이용합리화법에 의한 500만원 이하의 벌금
① 효율관리기자재에 대한 에너지사용량의 측정결과를 신고하지 아니한 자
② 대기전력경고표지대상제품에 대한 측정결과를 신고하지 아니한 자
③ 대기전력경고표지를 하지 아니한 자
④ 대기전력저감우수제품임을 표시하거나 거짓 표시를 한 자
⑤ 대기전력저감기준에 미달한 제조업자 수입업자에 대한 시정명령을 정당한 사유 없이 이행하지 아니한 자
⑥ 고효율에너지인증을 받지 않고 고효율에너지기자재의 인증 표시를 한 자

03 에너지이용 합리화법상 에너지사용의 제한 또는 금지에 관한 조정·명령 그 밖에 필요한 조치를 위반한 자에 대한 벌칙은? [08/2]

① 3백만원 이하의 과태료
② 4백만원 이하의 과태료
③ 5백만원 이하의 과태료
④ 6백만원 이하의 과태료

★ 300만원 이하의 과태료
① 에너지사용 제한조치 위반
② 에너지사용계획 관련자료 제출요청 거부
③ 에너지사용량 신고를 하지 아니한 자
④ 검사대상기기 폐기, 사용중지, 설치자 변경신고를 하지 아니한 자
⑤ 검사대상기기 조종자 선임, 해임, 퇴직신고를 하지 아니한 자

정답 02 ③ 03 ② 04 ④ 05 ③ 01 ④ 02 ③ 03 ①

04 에너지이용 합리화법상 법을 위반하여 검사대상기기조종자를 선임하지 아니한 자에 대한 벌칙기준으로 옳은 것은?
[15/5]

① 2년 이하의 징역 또는 2천만원 이하의 벌금
② 2천만원 이하의 벌금
③ 1천만원 이하의 벌금
④ 500만원 이하의 벌금

> ★ 1000만원 이하의 벌금
> ① 검사대상기기 조종자 채용 위반
> ② 검사를 거부·방해 또는 기피한 자

05 에너지이용 합리화법상 검사대상기기 설치자가 검사대상기기의 조종자를 선임하지 않았을 때의 벌칙은?
[15/2]

① 1년 이하의 징역 또는 2천만원 이하의 벌금
② 1년 이하의 직영 또는 5백만원 이하의 벌금
③ 1천만원 이하의 벌금
④ 5백만원 이하의 벌금

> ★ 검사대상기기 조종자를 선임하지 아니한 자는 1천만원 이하의 벌금

06 에너지이용합리화법상 검사대상기기 조종자를 선임하지 아니하였을 경우에 부과되는 벌칙은?
[07/4]

① 1년 이하의 징역 또는 1천만원 이하의 벌금
② 1천만원 이하의 벌금
③ 500만원 이하의 벌금
④ 300만원 이하의 과태료

> ★ 1000만원 이하의 벌금
> ① 검사대상기기 조종자 채용 위반
> ② 검사를 거부·방해 또는 기피한 자

07 에너지이용합리화법상 검사대상기기조종자가 퇴직하는 경우 퇴직이전에 다른 검사대상기기조종자를 선임하지 아니한 자에 대한 벌칙으로 맞는 것은?
[14/1][09/4]

① 1천만원 이하의 벌금
② 2천만원 이하의 벌금
③ 5백만원 이하의 벌금
④ 2년 이하의 징역

> ★ 1000만원 이하의 벌금
> ① 검사대상기기 조종자 채용 위반
> ② 검사를 거부·방해 또는 기피한 자

08 에너지이용합리화법상 검사대상기기 조종자를 반드시 선임해야함에도 불구하고 선임하지 아니한 자에 대한 벌칙은?
[12/2]

① 2천만원 이하의 벌금
② 2년 이하의 징역 또는 2천만원 이하의 벌금
③ 1년 이하의 징역 또는 5백만원 이하의 벌금
④ 1천만원 이하의 벌금

09 에너지이용 합리화법에서 검사대상기기 설치자가 검사대상기기 조종자를 채용하지 않았을 때의 벌칙은?
[07/2]

① 1년 이하의 징역 또는 2천만원 이하의 벌금
② 1년 이하의 징역 또는 5백만원 이하의 벌금
③ 1천만원 이하의 벌금
④ 5백만원 이하의 벌금

> ★ 검사대상기기 조종자 선임위반 : 1000만원이하 벌금

10 에너지이용합리화법상 검사대상기기에 대하여 받아야 할 검사를 받지 않은 자에 대한 벌칙은?
[09/1]

① 2년 이하의 지역 또는 2천만원 이하의 벌금
② 1년 이하의 징역 또는 1천만원 이하의 벌금
③ 2천만원 이하의 벌금
④ 500만원 이하의 벌금

> ★ 1년 이하의 징역 또는 1천만원 이하의 벌금
> ① 검사대상기기 검사를 받지 아니한 자
> ② 검사대상기기 사용정지 명령에 위반한 자

정답 04 ③ 05 ③ 06 ② 07 ① 08 ④ 09 ③ 10 ②

11 에너지용합리화법에서 정한 검사에 합격 되지 아니한 검사대상기기를 사용한 자에 대한 벌칙은?
[15/1]

① 1년 이하의 징역 또는 1천만원 이하의 벌금
② 2년 이하의 징역 또는 2천만원 이하의 벌금
③ 3년 이하의 징역 또는 3천만원 이하의 벌금
④ 4년 이하의 징역 또는 4천만원 이하의 벌금

> ＊ 에너지이용합리화법에서 정한 1년이하, 1천만원 이하 벌금
> ① 검사대상기기 검사를 받지 아니한 자
> ② 검사대상기기 사용정지 명령에 위반한 자

12 에너지이용합리화법에서 정한 검사에 합격 되지 아니한 검사대상기기를 사용한 자에 대한 벌칙은?
[09/2]

① 1년 이하의 징역 또는 1천만원 이하의 벌금
② 2년 이하의 징역 또는 2천만원 이하의 벌금
③ 1천만원 이하의 벌금
④ 5백만원 이하의 벌금

> ＊ 1년 이하의 징역, 1000만원 과태료
> ① 검사대상기기 검사를 받지 아니한 자
> ② 검사대상기기 사용정지 명령에 위반한 자

13 검사에 합격하지 아니한 검사대상기기를 사용한 자에 대한 벌칙 기준은?
[11/4]

① 300만원 이하의 벌금
② 500만원 이하의 벌금
③ 1년 이하의 징역 또는 1천만원 이하의 벌금
④ 2년 이하의 징역 또는 2천만원 이하의 벌금

14 검사에 합격하지 아니 한 검사대상기기를 사용한 자에 대한 벌칙은?
[07/5]

① 5백만원 이하의 벌금
② 1년 이하의 징역 또는 1천만원 이하의 벌금
③ 2년 이하의 징역 또는 2천만원 이하의 벌금
④ 3백만원 이하의 과태료

> ＊ 1년이하 징역, 1000만원 이하 벌금
> ① 검사대상기기의 검사를 받지 아니한 자
> ② 검사에 합격되지 아니한 검사대상기기를 사용한 자
> ③ 검사에 합격되지 아니한 검사대상기기를 수입한 자

15 에너지용 합리화법에 따라 검사에 합격되지 아니한 검사 대상기기를 사용한 자에 대한 벌칙은?
[16/4]

① 6개월 이하의 징역 또는 5백만원 이하의 벌금
② 1년 이하의 징역 또는 1천만원 이하의 벌금
③ 2년 이하의 징역 또는 2천만원 이하의 벌금
④ 3년 이하의 징역 도는 3천만원 이하의 벌금

16 에너지이용 합리화법상 검사대상기기의 검사에 불합격한 기기를 사용한 자에 대한 벌칙은?
[08/5]

① 1년 이하의 징역 또는 1천만원 이하의 벌금
② 2년 이하의 징역 또는 2천만원 이하의 벌금
③ 300만원 이하의 벌금
④ 500만원 이하의 벌금

> ＊ 1년 이하의 징역 또는 1천만원 이하의 벌금
> ① 검사대상기기 검사를 받지 아니한 자
> ② 검사대상기기 사용정지 명령에 위반한 자

17 에너지이용 합리화법의 위반사항과 벌칙내용이 맞게 짝 지워진 것은?
[12/1]

① 효율관리기자재 판매금지 명령 위반 시 - 1천만원 이하의 벌금
② 검사대상기기 조종자를 선임하지 않을 시 - 5백만원 이하의 벌금
③ 검사대상기기 검사의무 위반 시 - 1년 이하의 징역 또는 1천만원 이하의 벌금
④ 효율관리기자재 생산명령 위반 시 - 5백만원 이하의 벌금

> ＊ ① 효율관리기자재 생산, 판매금지 위반 : 2000만원이하 벌금
> ② 검사대상기기 조종자 선임위반 : 1000만원이하 벌금

정답 11 ① 12 ① 13 ③ 14 ② 15 ② 16 ① 17 ③

에너지기본법

01 에너지기본법에서 규정하는 온실가스가 아닌 것은?
[09/2]

① 육불화황(SF_6)
② 과불화탄소(PFCs)
③ 수소불화탄소(HFCs)
④ 산소(O_2)

* 교토의정서에서 정한 6종 온실 가스
  ① 이산화탄소(탄산가스)-CO_2
  ② 메탄(메테인) - CH_4
  ③ 산화이질소(이산화질소) - N_2O
  ④ 수소화플루오르화탄소(수소불화탄소) – HFC
  ⑤ 과플루오르화탄소(과불화탄소) -PFC
  ⑥ 육불화오르화황(육불화황) – SF_6

02 에너지법에서 정의하는 "에너지 사용자"의 의미로 가장 옳은 것은?
[12/5]

① 에너지 보급 계획을 세우는 자
② 에너지를 생산, 수입하는 사업자
③ 에너지사용시설의 소유자 또는 관리자
④ 에너지를 저장, 판매하는 자

03 에너지법에서 사용하는 "에너지 사용자"란 용어의 정의로 맞는 것은?
[10/4]

① 에너지를 사용하는 공장 사업장의 시설자
② 에너지를 생산, 수입하는 사업자
③ 에너지사용시설의 소유자 또는 관리자
④ 에너지를 저장, 판매하는 자

04 에너지기본법상 정부의 에너지정책을 효율적이고 체계적으로 촉진하기 위하여 20년을 계획기간으로 5년마다 수립·시행하는 것은?
[08/4]

① 국가온실가스배출저감 종합대책
② 에너지이용합리화 실시계획
③ 기후변화협약대응 종합계획
④ 국가에너지기본계획

* 국가에너지기본계획 - 산업통상자원부장관이 5년마다 수립

05 에너지기본법상 국가에너지기본계획은 어디의 심의를 거쳐 확정되는가?
[07/4]

① 국회
② 국무회의
③ 국가에너지위원회
④ 경제장관회의

* 2010년 이전(2009년까지) : 에너지기본법
  2010년 이후 : 에너지법
  정부는 20년을 계획기간으로 하는 국가에너지기본계획을 5년마다 수립·시행하여야 한다. 기본계획은 관계 중앙행정기관의 장의 협의와 제9조의 규정에 따른 국가에너지위원회의 심의를 거쳐 확정한다.
  〈2010년 이후 삭제됨〉
  현행 법령 : 에너지법에 의해 시·도지사는 지역에너지기본계획을 5년마다 수립하여야 한다.

06 에너지법에서 정한 지역에너지계획을 수립·시행하여야 하는 자는?
[16/1][09/2][07/5]

① 행정자치부장관
② 산업통상자원부장관
③ 한국에너지공단 이사장
④ 특별시장·광역시장·도지사 또는 특별자치도지사

* 지역에너지계획 : 특별시장, 광역시장 또는 도지사는 관할지역의 지역적 특성을 참작하여 국가에너지기본계획의 효과적 달성과 지역경제의 발전을 위한 지역에너지계획을 5년마다 수립시행하여야 한다.

07 에너지법상 지역에너지계획은 몇 년 마다 몇 년 이상을 계획기간으로 수립·시행하는가?
[14/4][10/2]

① 2년 마다 2년 이상
② 5년 마다 5년 이상
③ 7년 마다 7년 이상
④ 10년 마다 10년 이상

08 에너지법에 의거 지역 에너지계획을 수립한 시·도지사는 이를 누구에게 제출하여야 하는가?
[14/1]

① 대통령
② 산업통상자원부장관
③ 국토교통부장관
④ 한국에너지공단 이사장

* 지역에너지 계획 수립은 시·도지사 → 산자부장관에게 보고

정답 01 ④ 02 ③ 03 ③ 04 ④ 05 ③ 06 ④ 07 ② 08 ②

09 에너지기본법에서 정한 에너지기술개발사업비로 사용될 수 없는 사항은? [09/2]

① 에너지에 관한 연구인력 양성
② 온실가스 배출을 줄이기 위한 시설투자
③ 에너지사용에 따른 대기오염 저감을 위한 기술개발
④ 에너지기술개발 성과의 보급 및 홍보

> ★ 온실가스 배출을 줄이기 위한 기술개발에 관한 사항

10 에너지법에서 정한 에너지기술개발사업비로 사용될 수 없는 사항은? [13/5]

① 에너지에 관한 연구인력 양성
② 온실가스 배출을 늘이기 위한 기술개발
③ 에너지사용에 따른 대기오염 저감을 위한 기술개발
④ 에너지기술개발 성과의 보급 및 홍보

> ★ "에너지이용합리화법" 제14조4항 : 에너지기술개발사업비는 다음 각 호의 사업 지원을 위하여 사용하여야 한다.
> 1. 에너지기술의 연구·개발에 관한 사항
> 2. 에너지기술의 수요 조사에 관한 사항
> 3. 에너지사용기자재와 에너지공급설비 및 그 부품에 관한 기술개발에 관한 사항
> 4. 에너지기술 개발 성과의 보급 및 홍보에 관한 사항
> 5. 에너지기술에 관한 국제협력에 관한 사항
> 6. 에너지에 관한 연구인력 양성에 관한 사항
> 7. 에너지 사용에 따른 대기오염을 줄이기 위한 기술개발에 관한 사항
> 8. 온실가스 배출을 줄이기 위한 기술개발에 관한 사항
> 9. 에너지기술에 관한 정보의 수집·분석 및 제공과 이와 관련된 학술 활동에 관한 사항

11 에너지법에 따라 에너지기술개발 사업비의 사업에 대한 지원항목에 해당되지 않는 것은? [16/4]

① 에너지기술의 연구·개발에 관한 사항
② 에너지기술에 관한 국내협력에 관한 사항
③ 에너지기술의 수요조사에 관한 사항
④ 에너지에 관한 연구인력 양성에 관한 사항

> ★ "에너지이용합리화법" 제14조4항 : 에너지기술개발사업비는 다음 각 호의 사업 지원을 위하여 사용하여야 한다.
> 1. 에너지기술의 연구·개발에 관한 사항
> 2. 에너지기술의 수요 조사에 관한 사항
> 3. 에너지사용기자재와 에너지공급설비 및 그 부품에 관한 기술개발에 관한 사항
> 4. 에너지기술 개발 성과의 보급 및 홍보에 관한 사항
> 5. 에너지기술에 관한 국제협력에 관한 사항
> 6. 에너지에 관한 연구인력 양성에 관한 사항
> 7. 에너지 사용에 따른 대기오염을 줄이기 위한 기술개발에 관한 사항
> 8. 온실가스 배출을 줄이기 위한 기술개발에 관한 사항
> 9. 에너지기술에 관한 정보의 수집·분석 및 제공과 이와 관련된 학술 활동에 관한 사항

12 에너지기본법상 에너지기술개발계획에 포함되어야 할 사항이 아닌 것은? [09/1]

① 에너지의 효율적 사용을 위한 기술개발에 관한 사항
② 온실가스 배출을 줄이기 위한 기술개발에 관한 사항
③ 개발된 에너지기술의 실용화의 촉진에 관한 사항
④ 에너지수급의 추이와 전망에 관한 사항

> ★ 에너지기술개발계획
> ① 에너지효율 향상 기술개발 사업
> ② 전력산업 연구개발 사업
> ③ 신·재생에너지 기술개발 사업
> ④ 자원기술개발 사업(석유, 가스탐사 및 개발 포함)
> ⑤ 온실가스처리 기술개발 사업

13 에너지기본법상 에너지기술개발계획에 관한 설명 중 맞는 것은? [08/2]

① 에너지의 안정적인 확보 도입 공급 및 관리를 위한 대책에 관한 사항을 포함 한다.
② 한국에너지공단 이사장이 수립하여 국가에너지절약 추진위원회의 심의를 거쳐야 한다.
③ 10년 이상을 계획기간으로 하는 에너지기술개발계획을 5년마다 수립하여야 한다.
④ 에너지의 안전관리를 위한 대책에 관한 사항을 포함 한다.

정답 09 ② 10 ② 11 ② 12 ④ 13 ③

14 다음 ( )에 알맞은 것은? [15/4]

에너지법령상 에너지 총조사는 (A)마다 실시하되, (B)이 필요하다고 인정할 때에는 간이조사를 실시할 수 있다.

① A : 2년, B : 행정자치부장관
② A : 2년, B : 교육부장관
③ A : 3년, B : 산업통상자원부장관
④ A : 3년, B : 고용노동부장관

15 에너지법 시행령에서 산업통상자원부장관이 에너지기술개발을 위한 사업에 투자 또는 출연할 것을 권고할 수 있는 에너지 관련 사업자가 아닌 것은? [11/2]

① 에너지 공급자
② 대규모 에너지 사용자
③ 에너지사용기자재의 제조업자
④ 공공기관 중 에너지와 관련된 공공기관

신재생에너지법 관련

01 신에너지 및 재생에너 개발·이용·보급 촉진법에서 규정하는 신에너지 또는 재생에너지에 해당하지 않는 것은? [13/5]

① 태양에너지   ② 풍력
③ 수소에너지   ④ 원자력에너지

* 신에너지 또는 재생에너지는 원자력에너지는 제외됨.
  가. 태양에너지
  나. 생물자원을 변환시켜 이용하는 바이오에너지로서 대통령령으로 정하는 기준 및 범위에 해당하는 에너지
  다. 풍력
  라. 수력
  마. 연료전지
  바. 석탄을 액화·가스화한 에너지 및 중질잔사유(重質殘渣油)를 가스화한 에너지로서 대통령령으로 정하는 기준 및 범위에 해당하는 에너지
  사. 해양에너지
  아. 대통령령으로 정하는 기준 및 범위에 해당하는 폐기물에너지
  자. 지열에너지
  차. 수소에너지

02 신·재생에너지 설비 중 태양의 열에너지를 변환시켜 전기를 생산하거나 에너지원으로 이용하는 설비로 맞은 것은? [13/1]

① 태양열 설비   ② 태양광 설비
③ 바이오에너지 설비   ④ 풍력 설비

03 신에너지 및 재생에너 개발·이용·보급 촉진법에서 규정하는 신·재생에너지 설비 중 "지열에너지 설비"의 설명으로 옳은 것은? [12/4]

① 바람의 에너지를 변환시켜 전기를 생산하는 설비
② 물의 유동에너지를 변환시켜 전기를 생산하는 설비
③ 폐기물을 변환시켜 연료 및 에너지를 생산하는 설비
④ 물, 지하수 및 지하의 열 등의 온도차를 변환시켜 에너지를 생산하는 설비

* 보기
  ① 풍력   ② 수력   ③ 폐기물에너지

04 신에너지 및 재생에너지 개발·이용·보급 촉진법에 따라 신·재생에너지의 기술개발 및 이용보급을 촉진하기 위한 기본계획은 누가 수립 하는가? [12/5]

① 교육과학기술부장관   ② 환경부장관
③ 국토해양부장관   ④ 지식경제부장관

05 신·재생에너지 설비인증 심사기준을 일반 심사기준과 설비 심사기준으로 나눌 때 다음 중 일반 심사 기준에 해당되지 않는 것은? [13/2]

① 신·재생에너지 설비의 제조 및 생산 능력의 적정성
② 신·재생에너지 설비의 품질유지·관리능력의 적정성
③ 신·재생에너지 설비의 에너지효율의 적정성
④ 신·재생에너지 설비의 사후관리의 적정성

* 설비인증 심사기준
  1. 일반 심사기준
     가. 신·재생에너지 설비의 제조 및 생산 능력의 적정성
     나. 신·재생에너지 설비의 품질 유지·관리능력의 적정성
     다. 신·재생에너지 설비의 사후관리의 적정성

정답 14 ③ 15 ② 01 ④ 02 ① 03 ④ 04 ④ 05 ③

2. 설비 심사기준(법 제13조제3항에 따른 성능검사결과서에 따른다)
  가. 국제 또는 국내의 성능 및 규격에의 적합성
  나. 설비의 효율성
  다. 설비의 내구성

06 신·재생에너지 설비의 인증을 위한 심사기준 항목으로 거리가 먼 것은? [13/4]

① 국제 또는 국내의 성능 및 규격에의 적합성
② 설비의 효율성
③ 설비의 우수성
④ 설비의 내구성

07 신·재생에너지 설비의 설치를 전문으로 하려는 자는 자본금·기술인력 등의 신고기준 및 절차에 따라 누구에게 신고를 하여야 하는가? [14/4]

① 국토해양부장관   ② 환경부장관
③ 고용노동부장관   ④ 산업통상자원부장관

08 신축·증축 또는 개축하는 건축물에 대하여 그 설계 시 산출된 예상 에너지사용량의 일정 비율 이상을 신·재생에너지를 이용하여 공급되는 에너지를 사용하도록 신·재생에너지 설비를 의무적으로 설치하게 할 수 있는 기관이 아닌 것은? [12/1]

① 공기업
② 종교단체
③ 국가 및 지방자치단체
④ 특별법에 따라 설립된 법인

* 신·재생에너지 설비를 의무적으로 설치해야 하는 기관
  1. 국가 및 지방자치단체
  2. 「공공기관의 운영에 관한 법률」 제5조에 따른 공기업(이하 "공기업"이라 한다)
  3. 정부가 대통령령으로 정하는 금액 이상을 출연한 정부출연기관
  4. 「국유재산법」 제2조제6호에 따른 정부출자기업체
  5. 지방자치단체 및 제2호부터 제4호까지의 규정에 따른 공기업, 정부출연기관 또는 정부출자기업체가 대통령령으로 정하는 비율 또는 금액 이상을 출자한 법인
  6. 특별법에 따라 설립된 법인

09 신·재생에너지 정책심의회의 구성으로 맞는 것은? [14/1]

① 위원장 1명을 포함한 10명 이내의 위원
② 위원장 1명을 포함한 20명 이내의 위원
③ 위원장 2명을 포함한 10명 이내의 위원
④ 위원장 2명을 포함한 20명 이내의 위원

* 신·재생에너지 정책심의회의 위원은 위원장 1명 포함 20명 이내로 구성
  ① 위원장은 산업통상자원부 소속 에너지 분야의 업무를 담당하는 고위공무원단에 속하는 일반직공무원 중에서 산업통산자원부장관이 지명하는 사람
  ② 위원은
    1. 기획재정부, 과학기술정보통신부, 농림축산식품부, 산업통상자원부, 환경부, 국토교통부, 해양수산부의 3급 공무원 또는 고위공무원단에 속하는 일반직공무원 중 해당 기관의 장이 지명하는 사람 각 1명
    2. 신·재생에너지 분야에 관한 학식과 경험이 풍부한 사람 중 산업통상자원부장관이 위촉하는 사람
  * 산자부장관은 심의회의 심의를 거쳐 신·재생에너지 기술개발 및 이용보금 촉진을 위한 기본계획을 5년마다 수립

10 신에너지 및 재생에너지 개발·이용·보급 촉진법에 따라 건축물인증기관으로부터 건축물인증을 받지 아니하고 건축물인증의 표시 또는 이와 유사한 표시를 하거나 건축물인증을 받은 것으로 홍보한 자에 대해 부과하는 과태료 기준으로 맞는 것은? [15/1]

① 5백만원 이하의 과태료 부과
② 1천만원 이하의 과태료 부과
③ 2천만원 이하의 과태료 부과
④ 3천만원 이하의 과태료 부과

* 1회 위반시 1천만원 과태료, 2회차 위반시 1천만원 과태료

정답 06 ③ 07 ④ 08 ② 09 ② 10 ②

MEMO

11 배관재료 공작

CHAPTER — DO IT YOURSELF

■ 배관재료

01 관 재료의 선택 시 고려사항

① 유체의 최고압력에 대한 관의 허용압력
② 관내 유체 온도
③ 관내 유체의 화학적 성질
④ 관의 이음방법
⑤ 관을 부설하는 장소의 환경 조건
⑥ 관이 받는 외압(外壓)

02 관의 재질별 분류

(1) 강관

강관의 호칭지름은 mm(A), 또는 inch(B)로 나타낸다.

① 종류

종류		기호	용도 및 기타
배관용	배관용 탄소강 강관	SPP	사용압력 1MPa 이하에 사용 사용압력이 비교적 낮은 증기·물·기름·가스 및 공기등의 배관용 부식방지를 위해 "아연"도금을 한 백관, 도금하지 않은 "흑관"이 있음 관 제조방법에 따라 : 단접관, 전기저항용접관, 이음매없는 강관 호칭지름 15~500A까지 24종
	압력배관용 탄소강 강관	SPPS	사용압력 1~10MPa 이하, 사용온도 350℃ 이하에서 사용 보일러 증기관, 유압관, 수압관 등에 사용 관 제조방법에 따라 : 전기저항용접관, 이음매없는관 관의 호칭은 관의 지름과 두께(스케줄번호)에 의한다. 호칭지름 6~650A까지 25종, Sch 10, 20, 30, 40, 60, 80 등
	고압배관용 탄소강 강관	SPPH	사용압력 10MPa 이상, 사용온도 350℃ 이하에서 사용, 암모니아 합성용배관, 내연기관의 연료분사관, 화학공업의 고압배관용 제조방법은 킬드강으로 이음매없이 제조 호칭지름 6~650A까지 25종, Sch 40, 60, 80, 100, 120, 140, 160 등
	배관용 아아크 용접 탄소강 강관	SPPY	사용압력이 낮은 일반 수도관, 가스수송관에 사용 도시가스는 1MPa 이하, 수도용은 1.5MPa 이하에 사용
	고온배관용 탄소강 강관	SPHT	사용온도 350℃ 이상의 고온배관용(350~450℃), 과열증기관 호칭지름 6~500A, 관 제조방법에 따라 이음매없는 관, 전기저항용접관
	저온배관용 탄소강 강관	SPLT	빙점 이하의 특히 저온용 배관용, 호칭지름 6~500A(SPPS관과 동일) 섬유화학공업 등 각종 화학공업 기타 LPG·LNG 탱크배관용 1종(킬드강) : -50℃까지 사용, 2종(니켈강) : -100℃까지 사용
	배관용 스테인레스강관	SPS×T	내식용·내열용 및 고온배관용·저온배관용에도 사용, 호칭지름 6~300A
	배관용 합금강 강관	SPA	주로 고온도 배관용, 호칭지름 6~500A.
수도용	수도용 아연도금 강관	SPPW	사용압력수두 100mH$_2$O 이하, 급수배관용, 호칭지름 10-300A
	수도용 도복장 강관	STPW	SPP관 또는 아크용접 탄소강관에 피복한 관, 수두 100mH$_2$O 이하의 수도용, 80~1500A
열전달용	보일러·열교환기용 탄소강 강관	STH	관의 내외에서 열교환을 목적으로 사용, 보일러의 수관, 연관, 과열관, 공기예열관, 화학공업·석유공업의 열교환기, 콘덴서관, 촉매관, 가열로관 등에 사용, 호칭지름 15.9~139.8mm, 두께 1.2~12.5mm
	보일러·열교환기용 합금강 강관	STHB	
	보일러·열교환기용 스테인레스강관	STS×TB	
	저온 열교환기용 탄소강 강관	STLT	빙점 이하의 저온에서 열교환을 목적으로 사용 열교환기관, 콘덴서관
구조용	일반 구조용 탄소강 강관	SPS	토목, 건축, 철탑, 발판, 지주, 비계, 말뚝 기타의 구조물용 호칭지름 21.7~1016mm, 두께 1.9~16.0mm
	기계 구조용 탄소강 강관	SM	기계, 항공기, 자동차, 자전차, 가구, 기구 등의 기계 부품용
	구조용 합금강 강관	STA	항공기, 자동차 기타의 구조물용

② 특징
　㉠ 접합작업이 용이
　㉡ 내압성이 양호
　㉢ 가볍고 인장강도 크다
　㉣ 내충격성 굴요성이 크다
　㉤ 조인트 제작이 동관에 비해 어렵다
③ 스케줄 번호 [Sch.No] : 관의 두께를 표시

 참고사항

◆ 강관의 호칭지름 [A]와 [B]
15A=1/2B　20A=3/4B　25A=1B
32A=1.1/4B　40A=1.1/2B　50A=2B

 참고사항

◆ $Sch \cdot No = 10 \times \dfrac{P}{S}$

여기에서, P : 사용압력(kgf/cm²)
　　　　　S : 허용응력(kgf/mm²) = 인장강도/안전율

 참고사항

◆ $Sch \cdot No = 1000 \times \dfrac{P}{S}$

여기에서, P : 사용압력(MPa)
　　　　　S : 허용응력(MPa) = 인장강도/안전율

※ 허용응력 = 인장강도/안전율, 배관에서의 안전율은 일반적으로 4로 간주

④ 강관의 제조방법 표시

-E	전기저항 용접관	-E-C	냉간완성 전기저항 용접관
-B	단접관	-B-C	냉간완성 단접관
-A	아크 용접관	-A-C	냉간완성 아크용접관
-S-H	열간가공 이음매없는 관	-S-C	냉간완성 이음매없는 관

(2) 주철관 특징
① 특징
　㉠ 강관에 비해 내구성, 내식성이 좋다.
　㉡ 일반관에 비해 강도 큼
　㉢ 매설 배관에 적합
　㉣ 재질에 의해 보통주철, 고급주철, 구상흑연주철로 나뉜다.
② 용도 : 수도용 급수관, 가스공급관, 광산용 양수관, 화학공업용 배관, 통신용 지하매설관, 건축물의 오수 배수관 등
③ 주철관의 분류
　㉠ 수도용 수직형 주철관
　㉡ 수도용 원심력 사형주철관
　㉢ 수도용 원심력 금형주철관
　㉣ 원심력 모르타르 라이닝 주철관
　㉤ 배수용 주철관

(3) 동관
① 특징 (대체로 강관과 비교)
　㉠ 전기. 열전도성 양호 - 열교환기용으로 사용
　㉡ 전연성 풍부, 가공용이
　㉢ 연수(軟水)에 부식 : 증류수, 증기관에 부적합
　㉣ 무게 가볍고 충격에 약함
　㉤ 알칼리에 강하나 산에 약함
　㉥ 유기약품에 침식되지 않아 화학공업용으로 사용
　㉦ 가격이 비싸다
② 동관의 분류
　㉠ 터프피치동관 : 1, 2종이 있고 전기 및 열전도성이 좋아 열교환기용으로 사용
　㉡ 인탈산동관 : 1, 2종이 있고, 용접성이 우수
　㉢ 황동관 : 동과 아연의 합금으로 기계적 성질, 내식성이 우수
　㉣ 단동관 : 아연을 10~15% 포함한 황동관으로 내구성이 특히 강하다.
　㉤ 규소청동관 : 규소를 2.5~3.5% 포함한 청동관으로 내산성이 특히 강하다.
　㉥ 니켈동합금관 : 니켈을 63~70% 포함한 합금동관으로 내식성 및 기계적 강도가 크다.

(4) 연관 특징
① 용도에 따라 1종(화학공업용), 2종(일반용), 3종(가스용)
② 전연성 풍부. 가공 용이
③ 내식성 크다. → 해수, 천연수 사용가능
④ 콘크리트 매설시 방식 처리 필요
⑤ 중량이 무거워 수평배관에는 용이하지 못하다.

(5) 알루미늄관
① 전기, 열전도성, 전연성이 풍부하여 가공이 용이
② 알칼리에는 약하고 특히 해수, 염산, 황산, 가성소다 등에 약하다.

(6) 에터니트관 (석면시멘트관)
석면과 시멘트를 1:5로 혼합하여 로울러로 압력을 가해 성형시킨 관
① 1종(정수두 75mH$_2$O 이하)과, 2종(정수두 45mH$_2$O 이하)
② 금속관에 비해 내식성이 크다. 특히 내알칼리성이 우수하다.
③ 수도용, 가스관, 배수관, 공업용수관 등의 매설관

(7) 흄관 (원심력 철근 콘크리트관)
철망을 원통형으로 엮어 형틀에 넣고 콘크리트를 주입하여 고속으로 회전시켜 균일한 두께로 성형시킨 관
① 보통압관, 저압관 2종류가 있음
② 상하수도, 배수관용으로 사용

(8) 경질염화비닐관(PVC관)
아세틸렌에 염화수소를 첨가하여 압출성형시킨 관
① 종류 : 일반관(PV), 박관(VU), 수도관(VW)
② 장점
   ㉠ 산, 알칼리, 염류 등의 부식에 강하다.
   ㉡ 가볍고 운반, 취급이 편리
   ㉢ 내식성, 기계적 강도가 높다.
   ㉣ 전기절연 및 열의 부도체(철의 1/350)
   ㉤ 가격이 싸고 가공 및 접합작업이 용이
③ 단점
   ㉠ 열가소성수지이므로 180 정도에서 연화됨
   ㉡ 열팽창이 커서(철의 7~8배) 신축이 심하다.
   ㉢ 저온에 특히 약하다. (저온취성)
   ㉣ 용제 및 아세톤 등에 침식
   ㉤ 직관 30~40m 마다 신축이음을 설치

(9) 폴리에틸렌관
에틸렌에 중합체, 안정제를 첨가하여 압출성형한 관
① 수도용과 일반용이 있음
② 화학적 성질, 기계적 성질이 PVC관보다 우수

③ 내충격성, 내한성이 좋아 -60℃에서도 취성이 나타나지 않아 한냉지 배관으로 사용
④ 직사광선에 산화하므로 안정제(카본블랙)를 넣어 제조

(10) 도관
점토를 주원료로 하여 성형 소성한 관
① 보통관 : 일반주택부지의 잡배수관
② 후 관 : 도시하수관
③ 특후관 : 철도용 배수관

03 관 이음 재료

(1) 나사 이음
① 배관 방향 바꿀 때 : 엘보우, 벤드
② 관을 분기할 때 : 티이(T), 와이(Y), 크로스(+)
③ 같은 지름의 관 직선 연결 : 소켓, 유니온, 플랜지, 니플
④ 서로 다른 지름의 관(이경관) 연결 : 이경 소켓, 이경 엘보우, 이경 티이, 부싱
⑤ 관 끝을 막을 때 : 플러그, 캡

[엘보우] [벤드] [티이] [와이] [크로스]
[소켓] [유니온] [플랜지] [니플] [이경소켓]
[이경엘보] [이경티이] [부싱] [플러그] [캡]

⑥ 이음 크기 표시

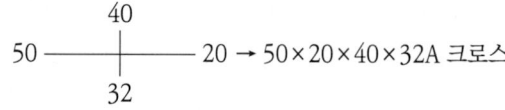

32 ─── 25 ─── 32 → 32×32×25A 티이 또는 32×25A 티이

(*읽는 법 : 제일 큰 쪽 → 반대쪽 → 분기관 쪽)

50 ─── 40 ─── 20 → 50×20×40×32A 크로스
      32

(*읽는 법 : 제일 큰 쪽 → 반대쪽 → 나머지 중 큰 쪽 → 반대쪽)

(2) 용접용 이음

① 일반용 맞대기용접 이음쇠 : 배관용탄소강관에 사용
② 소켓용접, 슬리브용접 이음쇠 : 압력배관, 고압, 고온배관, 합금강, 스테인레스강관에 사용

[맞대기용접이음쇠]   [소켓용접이음쇠]

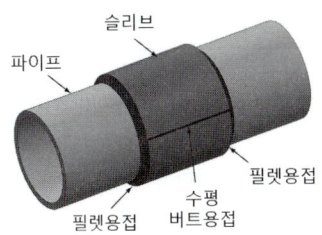

[슬리브용접]

(3) 플랜지 이음

배관의 중간이나 고압의 유체탱크 배관, 밸브, 펌프, 열교환기, 각종 기기의 접속 및 관의 해체·교환을 필요로 하는 곳에 플랜지를 사용 보울트, 너트로 결합 사용한다.

① 플랜지 종류 구분 : 일반적으로 "배관과 플랜지 연결방법 + 플랜지면의 형상"으로 표현.

  ㉠ 배관과 플랜지 연결방법에 따라

   ⓐ 나사형(TH, Threaded, Screwed) : 플랜지 안쪽에 나사가공, 배관 겉에 나사절삭 후 조립
   ⓑ 용접넥형(WN, Welding Neck) : 플랜지 겉에 용접하기 위한 허브(hub)가 돌출되어 배관을 맞대기용접
   ⓒ 소켓용접형(SW, Socket Welding) : 파이프를 플랜지에 삽입하고 바깥쪽만 필렛용접으로 고정
   ⓓ 슬립온형(SO, Slip on) : 파이프를 플랜지에 삽입하여 안과 밖을 필렛용접으로 고정
   ⓔ 랩조인트형(LJ, Lap Joint) : 플랜지에 삽입된 스터브엔드(stub end)에 파이프를 끼워넣고 용접

[나사형] [용접넥형] [소켓형] [슬립온형] [랩조인트형]

  ㉡ 플랜지면의 형상에 따라

   ⓐ FF형(평면형, Flat Face) : 가스켓 닿는 면이 평평함
   ⓑ RF형(돌출형, Raised Face) : 가스켓 닿는 면이 볼록하게 올라와 있음
   ⓒ TG형(삽입형, Tongue & Groove) : 플랜지면이 돌출부와 홈(그루브)가 파져 있음.
   ⓓ MF형(암수형, Male & Female) : TG와 유사하나 플랜지 한 면은 RF, 다른 면은 오목하게 됨.
   ⓔ RJ형(링조인트형, Ring Joint) : 플랜지면의 양쪽에 홈이 나있고 그 사이에 링이 삽입됨.

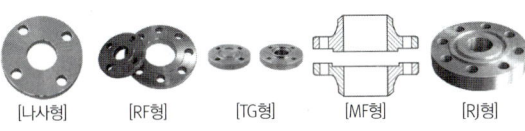

[나사형] [RF형] [TG형] [MF형] [RJ형]

② 플랜지패킹(가스켓, 시이트) 구분 : FF형, RF형, TG형에 따라 알맞게 사용

  ㉠ 전면시이트 : 16 kgf/cm² 이하의 주철제 및 동합금제
  ㉡ 대평면시이트 : 63 kgf/cm² 이하의 연질의 가스켓을 사용하는 플랜지
  ㉢ 소평면시이트 : 16 kgf/cm² 이상의 경질의 가스켓을 사용하는 플랜지
  ㉣ 삽입시이트 : 16 kgf/cm² 이상의 소평면보다 기밀을 요하는 경우 사용하는 플랜지
  ㉤ 홈시이트 : 16 kgf/cm² 이상의 위험성이 있는 배관 또는 매우 기밀을 요하는 경우 사용하는 플랜지

배관공작

01 배관 공구

(1) 관용 공구

① 파이프바이스 : 관의 절단, 나사작업 시 관이 움직이지 않도록 고정하는 것
  ※ 크기는 "고정 가능한 파이프 지름 치수"로 나타낸다.
② 수평바이스 : 관의 조립, 열간 벤딩시 관이 움직이지 않도록 고정하는 것
  ※ 크기는 "조우(jaw)의 폭"으로 나타낸다.
③ 파이프커터 : 강관의 절단용 공구. 1매날, 3매날, 링크형이 있음
  ※ 링크형 파이프커터는 주철관 절단용
④ 파이프렌치 : 관의 결합 및 해체시 사용하는 공구로서 200mm 이상의 강관은 체인 파이프렌치를 사용

※ 렌치의 크기 : "조우를 최대로 벌린 전장"

[파이프바이스]　　　　[수평바이스]

[파이프렌치]　　　　[체인형 파이프렌치]

⑤ 파이프리머 : 관내 거스러미(=버르, burr)를 제거하는 공구
⑥ 수동나사절삭기(오스타) : 오스타형, 리드형, 베이비 리드형

	체이서	조 우
오스타형	4개	3개
리드형	2개	4개

㉠ 오스타형 오스타 : 현장용으로 8~100A 까지 가능
㉡ 리드형 오스타 : 8~50A까지 가능하며, 가장 일반적으로 사용
⑦ 동력나사절삭기 : 다이헤드형, 오스타형, 호브형
㉠ 다이헤드형 : 관의 절단, 나사절삭, 거스러미 제거(=리밍 작업)을 할 수 있다.
㉡ 오스타형 : 수동식의 오스타형 오스타를 동력용으로 이용한 것으로 50A까지 절삭 가능
㉢ 호브형 : 호브(hob)를 저속으로 회전시켜 나사절삭

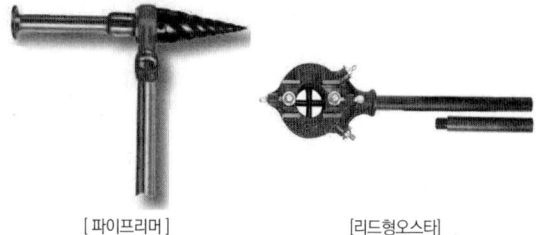

[파이프리머]　　　　[리드형오스타]

[오스타형 오스타]　　　[다이헤드형 나사절삭기]

(2) 절단 공구
① 파이프커터 : 1매날, 3매날, 랑크형이 있음.
㉠ 1매날, 3매날 커터 : 강관 절단
㉡ 링크형 커터 : 주철관 절단
② 쇠톱
㉠ 관 및 공작물의 절단용 공구
㉡ 쇠톱의 크기는 피팅홀(쇠톱날 고정)의 간격으로 나타낸다.
　ⓐ 크기 : 8″(200mm), 10″(250mm), 12″(300mm)
　ⓑ 재질별 톱날의 산수 (인치당)

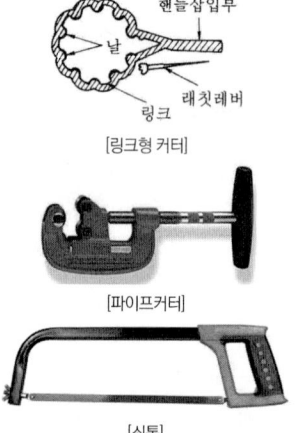

[링크형 커터]

[파이프커터]

[쇠톱]

톱날의 산수 (1인치당)	재 질
14	동합금, 주철, 경합금
18	경강, 동, 납, 탄소강
24	강관, 합금강, 형강
32	박판, 구조용 강관, 소결합금강

③ 기계톱(=핵 소우잉 머신) : 활모양 프레임에 톱날을 끼워서 사용
④ 고속숫돌 절단기((=숫돌 그라인더, 커터 그라인더, 연삭

절단기) : 두께 0.5~3mm 정도의 얇은 연삭원판을 고속 회전시켜 재료를 절단하는 기계

[고속숫돌절단기]   [핵 소우잉 머신]

[띠톱기계=밴드쏘우]   [강관절단기]

⑤ 띠톱기계 : 모터에 장치된 원동 풀리를 동종 풀리와의 둘레에 띠톱날을 회전시켜 재료를 절단
⑥ 가스절단기 : 산소-아세틸렌, 또는 산소-프로판 가스의 불꽃을 이용하여 절단 토치로 절단부를 미리 예열한 다음 여기에 산소를 불어 넣어 절단하는 방법
⑦ 강관절단기 : 강관의 절단만을 하는 전문 절단기계로서 선반과 같이 강관을 회전시켜 바이트로 절단.

(3) 관벤딩용 기계 (파이프벤더)

① 램식(=유압식) : 유압펌프 이용하여 상온에서 관을 구부리는 현장용으로 수동식은 50A, 동력식은 100A까지 사용
② 로우터리식 : 관에 심봉 넣음, 대량 생산용. 굽힘 반경은 관지름 2.5배 이상

(4) 동관 공구

① 사이징 투울 : 동관의 끝을 원형으로 정형
② 튜브벤더 : 동관 굽힘용 공구
③ 익스펜더 : 동관 확관용 공구
④ 플레어링 투울 셋 : 나팔관 모양 확관 (압축접합용)
⑤ 토치램프 : 동관 가열용 (납땜, 접합, 벤딩)
⑥ 튜브커터 : 동관 절단용 공구

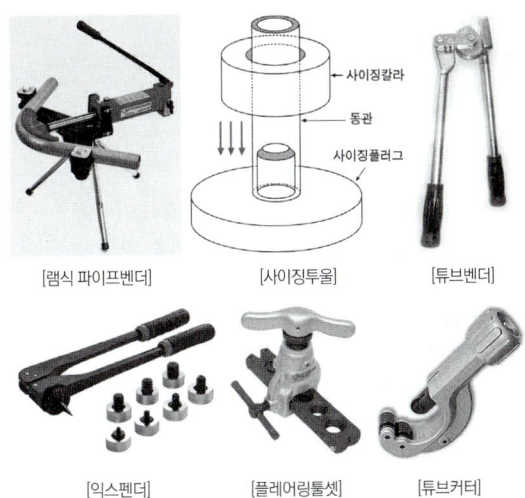

[램식 파이프벤더]   [사이징투울]   [튜브벤더]

[익스펜더]   [플레어링툴셋]   [튜브커터]

(5) 연관 공구

① 봄보올 : 주관에 구멍을 뚫을 때 사용
② 드레서 : 연관 표면의 산화막 피막 제거
③ 벤드벤 : 연관 굽힘용 공구
④ 터언핀 : 확관, 관끝 정형(관 끝에 끼우고 마아레트로 정형)
⑤ 마아렛트 : 나무망치(=나무해머)
⑥ 토치램프 : 연관 가열 접합, 동관과 같이 사용

(6) 주철관용 공구

① 납 용해용 공구 셋 : 냄비, 파이어포트, 납물용 국자, 산화납 제거기 등
② 클립 : 소켓 접합 시 용해된 납물의 비산을 방지
③ 코킹 정 : 소켓 접합 시 코킹(다지기)에 사용
④ 링크형 커터 : 주철관 절단용 전용 공구

02 관 접합

(1) 관의 절단

① 수동공구에 의한 절단 : 쇠톱, 파이프커터, 링크형커터
② 동력용 기계에 의한 절단 : 기계톱, 고속숫돌 절단기, 띠톱기계, 자동가스절단기 등

(2) 강관접합 : 나사이음, 플랜지이음, 용접이음

① 나사접합 : 관용 테이퍼 1/16(나사산의 각도 55°)

※ 나사내기 방법(수동오스타)
1. 관의 소요거리를 산출, 파이프 바이스에 물린 후 직각으로 절단한다.
2. 파이프커터로 절단한 경우 반드시 파이프 안쪽을 리머 작업을 한다.
3. 관 끝에 오스타를 물린 후 나사를 낸다. (너무 깊거나 얇지 않도록 하며 1회에 무리하게 하지 말고 2~3회 나누어 절삭한다.)
4. 절삭부위에 광명단을 바르거나 시일테이프를 나사홈의 조임방향으로 감되 나사산이 묻힐 정도로 감는다.
5. 먼저 손으로 조이되 2~3회전 정도 맨손으로 결함어지는 정도가 가장 이상적인 나사깊이다.
6. 파이프렌치나 스패너 등으로 더 조이고 최종적으로 1~2산 정도 남겨 놓는다.

② 관 길이 산출
  ㉠ 직관의 길이 산출
    ⓐ 동일 부속의 길이 산출 : $l = L - 2 \times (A - a)$

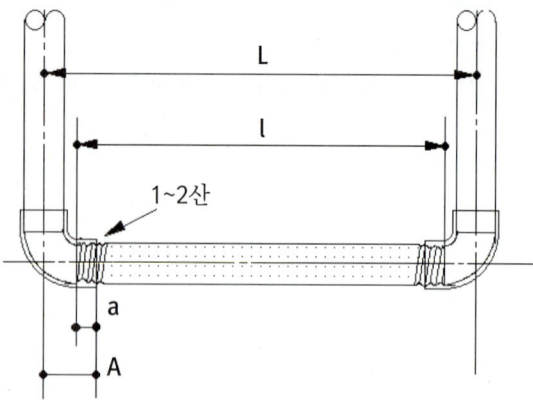

- 여기에서 L : 도면상에 표시된 길이
             l : 실제 절단길이
             A : 부속의 중심에서 끝까지 길이
             a : 최소물림길이
- 45°로 기울어진 관의 길이(L) = $\sqrt{2} \cdot d$

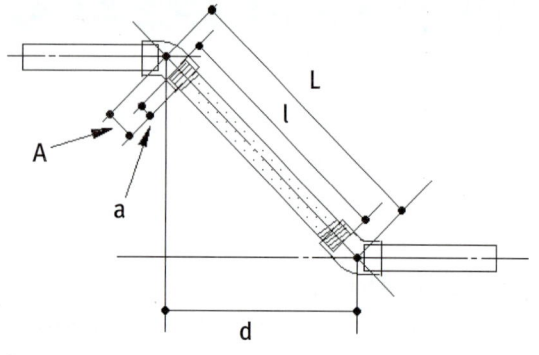

  ⓑ 다른 부속과의 길이 산출 : $l = L - [(A-a)+(B-b)]$

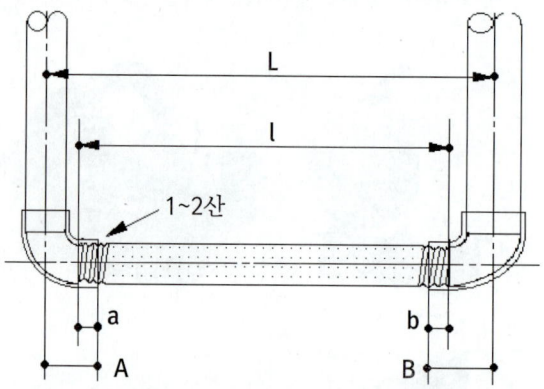

  ㉡ 곡관의 길이(벤딩 부위 길이) 산출 : $L = 2\pi R \cdot \dfrac{\theta}{360}$
     또는, $L = 0.0175 \cdot \theta \cdot R$

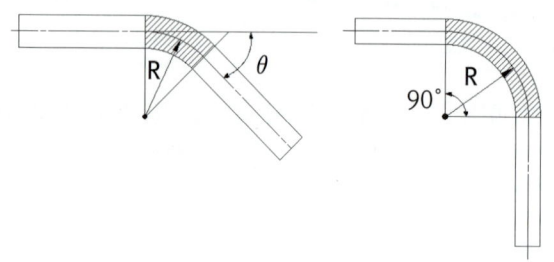

예 20A 강관을 180°, 100mm의 반경으로 굽힘시 곡관 길이는?

$L = 0.0175 \cdot \theta \cdot R$
$ = 0.0175 \times 180 \times 100 = 315[mm]$

또는, $L = 2\pi R \cdot \dfrac{\theta}{360}$
$ = 2 \times \pi \times 100 \times \dfrac{180}{360} = 315.16[mm]$

참고사항

◆ 스프링백(Spring back)
강관을 수동으로 냉간벤딩할 때 관의 탄성으로 인해 벤딩이 약간 펴지는 현상. 따라서, 이를 고려하여 180° 벤딩시 3~5° 정도 더 구부려 작업한다.

③ 강관굽힘
  ㉠ 수동굽힘 : 냉간굽힘, 열간굽힘
    ⓐ 냉간굽힘 : 수동로울러 또는 냉간 벤더를 이용
    ⓑ 열간굽힘 : 관내부에 마른 모래를 채운 후 토치램

프를 이용 800~900℃까지 가열 후 단계적으로 구부린다. (동관의 경우 600~700℃)
  ㉡ 기계적굽힘
    ⓐ 램식(유압식) : 현장용
    ⓑ 로우터리식 : 관에 심봉을 넣음, 대량생산용
④ 용접접합 : 전기용접, 가스용접
  ㉠ 전기용접 : 지름이 큰 관의 용접, 관의 변형이 적고 용접속도가 빠르다.
  ㉡ 가스용접 : 지름이 작은 관의 용접, 관의 변형이 있고 용접속도가 느리다.

※ 용접의 외관
① 맞대기 용접 : 보조물 없이 용접, 3~4개소의 가접 후 용접
② 슬리브 용접 : 슬리브를 관의 외부에 끼우고 용접, 누수의 염려가 없고 관지름의 변화가 없다.(슬리브는 관지름의 1.2~1.7배 = 약 1.5배 정도)

※ 용접이음의 장점
① 접합부의 강도가 강하며, 누수의 염려가 적다.
② 부속이 적게 들어 재료비 절감
③ 보온 피복이 용이
④ 가공이 쉬우므로 공정 단축
⑤ 관내 돌출부가 없어 마찰손실이 적다.

⑤ 플랜지접합 : 나사이음의 유니온 역할을 하는 것으로 관의 해체, 교환 시 사용한다.
  ※ 강관과 플랜지를 잇는 방법은 나사이음과 용접이음 등이 있으나 주로 용접이음이 많이 사용된다.

(3) 주철관 접합 : 빅토릭, 소켓, 타이톤, 플랜지, 기계적접합
① 소켓집합 : 허브(hub, 소켓)에 스피고트(spigot, 삽입구)를 삽입하고 얀(yarn)을 단단히 꼬아 감고 정으로 다진 후 납을 채워 다시 정으로 다져(코킹) 접합하는 방법. 소켓접합을 개선한 노허브이음도 있음.
  * 급수관은 얀(마) 1/3, 납 2/3를 코킹, 배수관은 얀 2/3, 납 1/3을 코킹한다.
② 기계적접합(메카니컬접합) : 플랜지 접합과 소켓접합의 장점을 취한 것으로 150mm 이하의 수도관에 사용된다. 다소의 굴곡에도 누수가 발생하지 않으며 스패너 하나만으로도 시공할 수 있고 수중작업에도 용이하게 사용된다.
③ 플랜지접합 : 플랜지가 달린 주철관을 맞추어 볼트로 죄어 접합하는 것으로 패킹제는 고무, 마, 석면, 납, 동(구리) 등을 사용
④ 빅토릭접합 : 빅토리형 주철관을 고무링과 금속제 칼라를 사용 접합하는 것으로 관내의 압력이 증가함에 따라 고무링이 관 벽에 밀착하여 더욱더 기밀이 유지된다.
⑤ 타이톤 접합 : 원형의 고무링 하나만으로 접합하는 방법이다.
⑥ 노허브 접합 : 소켓접합의 단점을 개선하기 위해

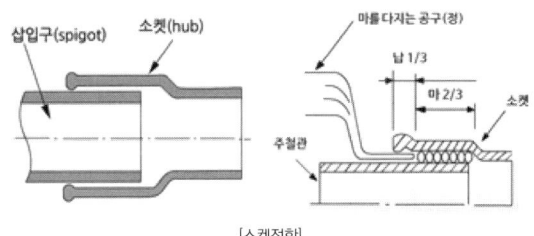
[소켓접합]

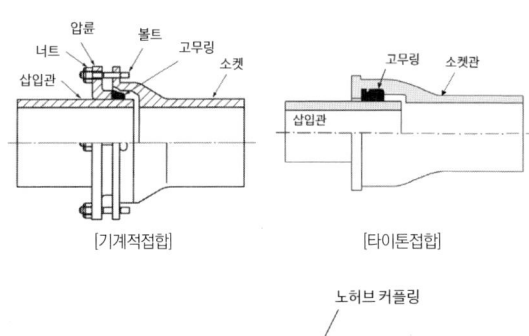
[기계적접합]　　[타이톤접합]

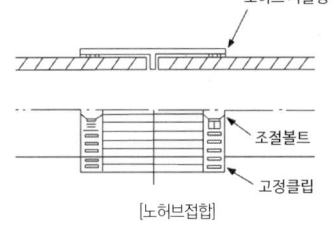
[노허브접합]

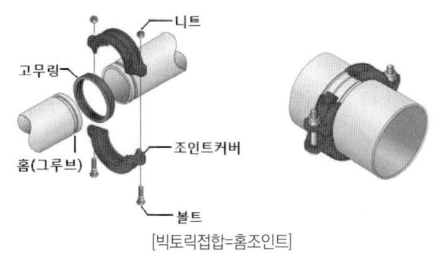
[빅토릭접합=홈조인트]

(4) 동관의 접합 : 플레어, 납땜, 용접, 플랜지
① 플레어접합(=압축접합) : 동관 끝을 플레어링툴셋으로 넓혀 압축이음쇠(플레어)로 접합하는 방식으로 일명 압축

접합이라고도 한다. 관의 점검 및 보수를 위한 해체할 곳에 사용된다.

② 납땜접합 : 연납땜과 경납땜으로 구분한다.
  ㉠ 연납땜(=솔더링, soldering) : 유체의 온도(120℃) 및 사용압력이 낮은 곳에 사용하는 방식으로 가열온도는 200~300℃ 정도

> ※ 연납땜 순서
> a. 동관을 익스펜더로 확관한다. (확관된 동관과 삽입된 동관의 간격은 0.1mm 정도, 확관부위는 10mm 정도)
> b. 연결할 관을 끼워 용제(플럭스, flux)를 바른다.
> c. 관을 가열한다.
> d. 플라스턴(wire plastann)을 용해하여 틈새에 채워 접합한다.

  ㉡ 경납땜(=브레이징, brazing) : 고온 및 사용 압력이 높은 곳에 사용하는 방식으로 가열 온도는 700~850℃ 정도이다. 연납땜과 달리 용제를 사용하지 않는다.

> ※ 경납땜 순서
> a. 동관을 익스펜더로 확관한다. (확관된 동관과 삽입된 동관의 간격은 0.05~0.2mm정도, 확관부위는 10mm 정도)
> b. 연결할 관을 끼운 다음 가열한다.
> c. 인동납(BCup), 또는 은납(BAg)을 틈새에 채워 접합한다.
> d. 플라스턴(wire plastann)을 용해하여 틈새에 채워 접합한다.

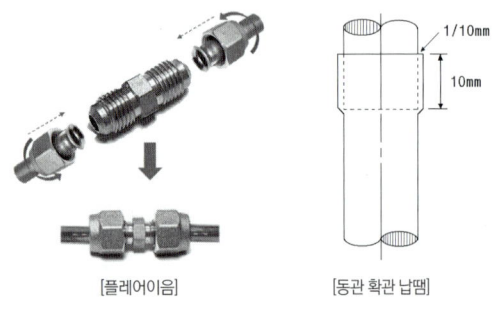

[플레어이음] [동관 확관 납땜]

③ 용접 접합
  ㉠ 동관과 동관을 수소용접으로 접합
  ㉡ 방사난방의 온수관 이음이나 진동이 심한 곳에 사용하는 방법
④ 플랜지 접합 : 끼워맞춤형, 홈형, 유합 플랜지형으로 구분되며 상당한 고압배관 시 사용된다.

> ※ 동관의 굽힘
> a. 열간 벤딩과 냉간 벤딩이 있다.
> b. 열간 벤딩시 가열온도는 600~700℃이며, 냉간 벤딩시에는 벤더를 사용하여 구부린다.
> c. 곡률반경은 굽힘반경의 4~5배 정도이다.

(5) 연관의 접합 : 플라스턴, 납땜
① 플라스턴 접합
  ㉠ 플라스턴(Sn 40%, Pb 60%)을 녹여(232℃) 접합하는 방법
  ㉡ 직선접합, 맞대기접합, 수전소켓접합, 분기관(지관)접합, 맨더린접합 등이 있다.
② 납땜 접합(살붙임 납땜 접합)
  ㉠ 이음부에 납을 둥글게 녹여 접합하는 방식
  ㉡ 직접접합, 살올림 맨더린 덕크접합 등이 있다.

(6) 염화비닐관의 접합 : 냉간, 열간, 기계적
① 냉간접합 : 접착제에 의한 방식으로 주로 TS조인트로 관을 1/25~1/37의 테이퍼로 절삭후 삽입
② 열간접합 : 열가소성, 복원성, 난연성의 성질을 이용하여 접합으로 슬리브이음과 용접법이 있다.

> **참고사항**
> ◆ 열가소성 : 75℃정도에서 연화변형하는 성질
> ◆ 복원성 : 연화, 변형된 것을 냉각하면 경화되지만 다시 가열하면 원상태로 되돌아가는 성질
> ◆ 난연성 : PVC는 180℃에서 용융접착되고 200℃에서 열분해(염소가스 발생), 300℃이상에서는 탄화되어 흑색으로 변한다. 이때 불꽃을 내지 않는 성질

③ 기계적접합 : 플랜지접합, 테이퍼코어접합, 테이퍼조인트접합, 나사접합 등이 있다.

(7) 폴리에틸렌관의 접합 : 용착슬리브, 테이퍼조인트, 인서트조인트
① 용착슬리브 접합 : 관끝의 외면과 조인트 내면을 동시에 가열 용융하여 접합
② 테이퍼 조인트 접합 : 유니온과 같은 형식으로 포금제 테이퍼 조인트를 사용하여 접합
③ 인서트 조인트 접합 : 50A 이하의 접합으로 클램프와 인서트 소켓을 사용 접합

(8) 신축이음 : 열에 따른 배관의 신축을 흡수하는 장치. 강관은 30m 마다, 동관은 20m 마다 설치

① 선팽창길이[mm] : $\Delta l = \alpha \times l \times \Delta t$ (*Δl:팽창길이, α : 선팽창계수[mm/m°C], Δt온도차[°C])

② 신축이음 종류 : 루우프형, 슬리브형, 벨로우즈형, 스위블형 (*3장 / 부속장치 / 송기장치 참조)

03 배관의 지지

(1) 행거 : 배관 하중을 위에서 끌어당겨 지지(리지드, 스프링, 콘스탄트)

※ 터언버클 : 리지드 행거 등에 사용되는 장치로서 리지드의 높이를 조정함으로써 배관의 상하 구배조정을 용이하게 한다.

(2) 써포트 : 배관 하중을 밑에서 떠받쳐 지지(리지드, 스프링, 로울러, 파이프슈우)

(3) 리스트레인트 : 열팽창에 의한 배관의 이동을 구속, 제한(앵커, 스톱, 가이드)

(4) 브레이스 : 배관의 진동, 충격을 흡수 완화

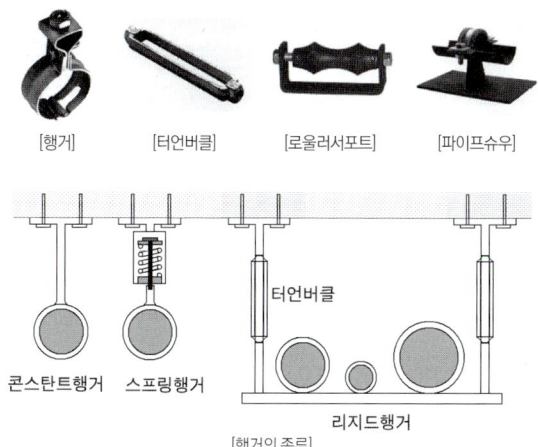

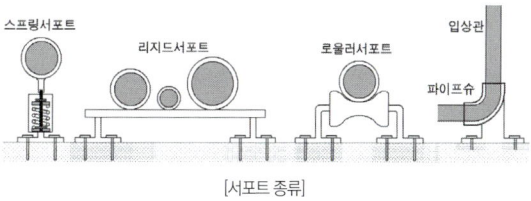

04 패 킹

회전부, 접합부로부터의 기밀을 유지하기 위하여 사용하는 것으로 일명 가스킷이라고도 한다. 패킹재의 선정 시 관내 유체의 물리적·화학적 성질과 기계적 성질을 고려해야 한다.

(1) 플랜지 패킹 : 플랜지이음 시 사용되는 패킹

① 고무 패킹 : 주로 급배수용
  ㉠ 탄성은 우수하나 흡수성이 없다.
  ㉡ 산이나 알칼리에는 강하나 기름에 침식된다.
  ㉢ 100°C 이상 고온배관에는 사용할 수 없다.
  ㉣ 네오플렌의 합성고무는 내열범위가 -46~121°C로 증기배관에도 사용된다.

② 석면조인트 시트 : 450°C의 고온배관에도 사용

③ 오일시일 패킹 : 한지를 내유가공한 것으로 내열도가 낮아 펌프, 기어박스 등에 사용

④ 금속 패킹 : 구리, 납, 연강, 스테인레스강 등이 있으며 탄성이 적어 누설위험이 있다.

⑤ 합성수지 패킹 : 가장 우수한 것으로 테플론이 있으며 내열범위 -260~260°C 정도.

(2) 나사용 패킹 : 나사이음 시 나사부위에 사용하는 패킹

① 페인트 : 광명단을 혼합사용하는 것으로 오일 배관에는 사용하지 못한다.

② 일산화연 : 페인트에 소량의 일산화연을 혼합사용하며 냉매배관에 많이 사용된다.

③ 액상합성수지 : 내열범위가 -30~130°C 정도로 약품에 강하고 내유성이 강해 증기, 기름, 약품배관에 사용된다.

(3) 글랜드 패킹 : 밸브 회전부위에 기밀유지 목적으로 사용. 석면각형, 석면야안, 아마존, 모울드 등

① 석면각형 패킹 : 석면을 각형으로 짜서 만든 것으로 내열, 내산성이 좋아 대형밸브 그랜드로 사용

② 석면야안 패킹 : 석면을 꼬아서 만든 것으로 소형밸브, 수면계의 콕크 등 주로 소형밸브 그랜드로 사용

③ 아마존 패킹 : 면포와 내열 고무 콤파운드를 가공 성형한 것으로 압축기의 그랜드용으로 사용

④ 모울드 패킹 : 석면, 흑연, 수지 등을 배합 성형한 것으로 밸브, 펌프 등의 그랜드용으로 사용

05 방청용 도료

녹방지용으로 사용되는 도료로서 광명단, 산화철, 알루미늄 도료, 합성수지 도료 등이 있다.

(1) 광명단 도료 : 페인트 밑칠용에 사용
① 연단을 아마인유와 혼합한 것
② 밀착력 및 풍화에 강하므로 녹방지를 위한 페인트 밑칠용으로 사용

(2) 산화철 도료
① 산화제2철을 보일유나 아마인유에 혼합한 것
② 도막이 부드럽고 가격이 싸다.
③ 녹방지가 완벽하지 못하다.

(3) 알루미늄 도료(은분)
① 알루미늄 분말을 유성 바니스에 혼합한 것
② 열을 잘 반사하여 방열기에 사용
③ 400~500℃의 내열성을 가지며 방청효과가 매우 좋다.

(4) 합성수지 도료 : 프탈산 도료, 요소멜라민 도료, 염화비닐 도료 등이 있다.

06 보온재

열설비나 배관으로부터의 방열손실을 줄이기 위한 목적으로 사용되는 열전도율이 작은 재료

> ※ 안전사용온도에 따라 보냉재, 보온재, 단열재, 내화단열재, 내화재로 구별한다.
> 1. 보냉재 : 100℃ 이하
> 2. 보온재 : 유기질 : 100~130℃, 무기질 : 300~800℃
> 3. 단열재 : 800~1200℃
> 4. 내화단열재 : 1200~1500℃
> 5. 내화재 : 1580℃ 이상.

(1) 보온재 종류
① 유기질 보온재 : 130℃ 이하까지 사용
  ㉠ 펠트류 : 양모, 우모 등이 있다. 안전사용온도 100℃ 이하
  ㉡ 텍스류 : 톱밥, 목재, 펄프 등이 있다. 안전사용온도 120℃ 이하
  ㉢ 폼류 : 우레탄폼, 염화비닐폼, 폴리스틸렌폼 등이 있다. 안전사용온도 80℃ 이하
  ㉣ 탄화콜크 : 천연콜크를 탄화시킨 것. 안전사용온도 130℃ 이하
② 무기질 보온재 : 450℃까지 사용하는 것을 일반보온재라고 한다.
  ㉠ 석면(=아스베스토) : 300~550℃
  ㉡ 규조토 : 250~500℃
  ㉢ 질 석 : 100~500℃
  ㉣ 규산칼슘 : 30~650℃
  ㉤ 암 면 : 600℃
  ㉥ 펄라이트 : 650℃
  ㉦ 유리섬유(글라스울) : 300℃
  ㉧ 탄산마그네슘 : 250℃
  ㉨ 폼그라스 : 300℃
  ㉩ 실리카화이버 : 1100℃
  ㉪ 세라믹화이버 : 1300℃

> ※ 일반용 보온재 : 석면, 규조토, 질석, 규산칼슘, 암면
> ※ 규조토는 보온효과가 낮으므로 다소 두껍게 시공
> ※ 탄산마그네슘은 300℃ 이상에서 열분해

③ 금속질 보온재 : 복사열 반사 특성 이용, 알루미늄 박 (-180~500℃)

(2) 보온재 구비조건
① 열전도율이 작아야
② 비중이 작아야
③ 다공질이며, 시공이 용이해야
④ 사용온도에 견디고 변질되지 않아야

(3) 열전도율은
① 비중이 작을 수록
② 온도차가 작을 수록
③ 기공층이 균일하고 많을 수록
④ 두께가 두꺼울 수록
⎬ 작아진다

(4) 열전도율은 온도, 습도, 밀도에 비례

■ 배관 도시법

01 치수 기입법

(1) 치수표시 : mm 단위. 도면에는 숫자만 기입

(2) 높이표시 : EL, GL, FL 법이 있다.
- EL법 : 관 중심을 기준으로 배관 높이 표시 (지상에서 200~500mm)
- GL법 : 포장된 지표면을 기준
- FL법 : 1층 바닥면을 기준
+ (기준보다 위쪽), - (기준보다 아래쪽)
- TOP : 배관의 윗면
- BOP : 배관의 아랫면

예) EL + 300 BOP : EL 기준으로 윗쪽으로 관의 아랫면이 300mm 상단에 있음

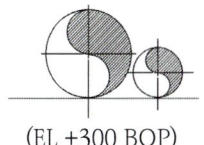

(EL +300 BOP)

예) EL - 450 TOP : EL 기준으로 아랫쪽으로 관의 윗면이 450mm 하단에 있음

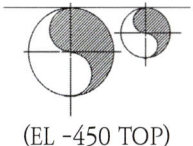

(EL -450 TOP)

02 배관도의 표시

(1) 유체표시 : 관내에 흐르는 유체의 종류, 상태, 목적을 표시할 때에는 인출선을 긋고 그 위에 문자 기호로 적는다.
① 공기(A), 가스(G), 유류(O), 수증기(S), 물(W)
② 냉매배관에서는 수증기와 구분하기 위해 냉매가스의 증기를 (V)로 표시한다.

예)

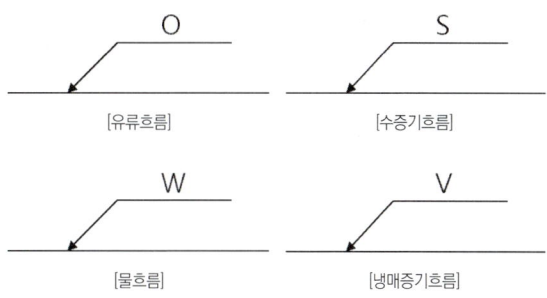

[공기흐름]   [가스흐름]   [유류흐름]   [수증기흐름]   [물흐름]   [냉매증기흐름]

(2) 관 접속 상태 : 접속해 있을 때, 접속하지 않을 때, 갈라져 있을 때 3가지로 구분한다.

① 접속해 있을 때

② 접속하지 않을 때

③ 분기할 때(=갈라져 있을 때)

(3) 관의 입체적 표시

실제모양	기 호	굽은상태
		관이 도면에 직각으로 앞쪽으로 구부러진 경우
		관이 도면에 직각으로 뒤쪽으로 구부러진 경우
		관이 도면에 직각으로 뒤쪽으로 구부러지고 나사가 다른 관에 접속된 경우

(4) 관이음 : 나사 이음, 플랜지 이음, 용접 이음, 납땜 이음, 턱걸이 이음이 있다.

① 나사이음
② 플랜지이음
③ 용접이음
④ 납땜이음
⑤ 턱걸이이음

11 배관재료 공작 예상문제

CHAPTER

박쌤이 콕! 찝어주는 주요 예상문제 풀어보기!

배관재료 및 부속품

강관, 주철관, 스테인레스관, 동관, 연관, PVC관, 관부속품

개념원리 | 배관 재료 선택시 고려사항

① 유체의 최고압력에 대한 관의 허용압력
② 관내 유체 온도
③ 관내 유체의 화학적 성질
④ 관의 이음방법
⑤ 관을 부설하는 장소의 환경 조건
⑥ 관이 받는 외압(外壓)

개념원리 | 관의 재질별 종류 / 특징

1) 강관 :
  ① 접합작업이 용이   ② 내압성이 양호
  ③ 가볍고 인장강도 크다   ④ 내충격성 굴요성이 크다
  ⑤ 조인트 제작이 동관에 비해 어렵다
2) 동관 :
  ① 전기.열전도성 양호 - 열교환기용으로 사용
  ② 전연성 풍부, 가공용이   ③ 알칼리에 강하나 산에 약함
  ④ 연수(軟水)에 부식 : 증류수, 증기관에 부적합
  ⑤ 무게 가볍고 충격에 약함
3) 주철관 :
  ① 강관에 비해 내구성, 내식성이 좋다.
  ② 매설 배관에 적합
4) 연관 : 내식성 크다. → 해수, 천연수 사용가능

01 관속에 흐르는 유체의 화학적 성질에 따라 배관재료 선택 시 고려해야 할 사항으로 가장 관계가 먼 것은?

[12/4]

① 수송 유체에 따른 관의 내식성
② 수송 유체와 관의 화학반응으로 유체의 변질 여부
③ 지중 매설 배관할 때 토질과의 화학 변화
④ 지리적 조건에 따른 수송 문제

★ 유체의 화학적 성질과 지리적 조건과는 무관함.

01 다음 중 배관용 탄소강관의 기호로 맞는 것은?

[11/5]

① SPP   ② SPPS
③ SPPH   ④ SPA

★ SPP : 배관용 탄소강 강관
SPPS : 압력배관용 탄소강 강관
SPPH : 고압배관용 탄소강 강관
SPA : 배관용 합금강 강관

02 압력배관용 탄소강관의 KS 규격기호는?

[16/4]

① SPPS   ② SPLT
③ SPP   ④ SPPH

★ SPPS : 압력배관용 탄소강 강관
SPLT : 저온배관용 탄소강 강관
SPP : 배관용 탄소강 강관
SPPH : 고압배관용 탄소강 강관

정답 01 ④   01 ①   02 ①

03 고온 배관용 탄소강 강관의 KS 기호는? [15/5]

① SPHT ② SPLT
③ SPPS ④ SPA

* SPHT : 고온배관용 탄소강 강관
  SPLT : 저온배관용 탄소강 강관
  SPPS : 압력배관용 탄소강 강관
  SPA : 배관용 합금강 강관

04 저온 배관용 탄소 강관의 종류의 기호로 맞는 것은? [12/2]

① SPPG ② SPLT
③ SPPH ④ SPPS

* SPPG : 연료가스배관용 탄소 강관
  SPLT : 저온배관용 탄소 강관
  SPPH : 고압배관용 탄소 강관
  SPPS : 압력배관용 탄소 강관

05 강관의 스케줄 번호가 나타내는 것은? [14/4]

① 관의 중심 ② 관의 두께
③ 관의 외경 ④ 관의 내경

* 스케줄 번호 [Sch.No] : 관의 두께를 표시
  $Sch \cdot NO = 10 \times \dfrac{P}{S}$
  여기에서, P : 사용압력(kgf/cm^2)
  S : 허용응력(kgf/mm^2) = 인장강도/안전율
  ♣ 배관에서의 안전율은 일반적으로 4로 간주

06 땅속 또는 지상에 배관하여 압력상태 또는 무압력 상태에서 물의 수송 등에 주로 사용되는 덕 타일 주철관을 무엇이라 부르는가? [15/1]

① 회주철관 ② 구상흑연주철관
③ 모르타르 주철관 ④ 사형 주철관

* 구상흑연 주철관 = 덕타일 주철관
* 주철관은 재질에 따라 보통주철, 고급주철, 구상흑연주철
* 특수주철(구상흑연주철) : 용융 상태의 주철에 Mg, Ce 또는 Ca를 첨가함으로써 흑연의 모양을 편상이 아닌 구상으로 한 것이다. 강도는 별 변화가 없이 인성 및 연성을 현저하게 개선시킨 주철로 덕타일주철(ductile cast iron)이라고도 불린다. 내마멸성, 내열성, 내식성 등이 우수하다.

07 구상흑연 주철관이라고도 하며, 땅속 또는 지상에 배관하여 압력상태 또는 무압력 상태에서 물의 수송 등에 주로 사용되는 주철관은? [13/4]

① 덕타일 주철관
② 수도용 이형 주철관
③ 원심력 모르타르 라이닝 주철관
④ 수도용 원심력 금형 주철관

* 구상흑연 주철관 = 덕타일 주철관
* 주철관은 재질에 따라 보통주철, 고급주철, 구상흑연주철
* 특수주철(구상흑연주철) : 용융 상태의 주철에 Mg, Ce 또는 Ca를 첨가함으로써 흑연의 모양을 편상이 아닌 구상으로 한 것이다. 강도는 별 변화가 없이 인성 및 연성을 현저하게 개선시킨 주철로 덕타일주철(ductile cast iron)이라고도 불린다. 내마멸성, 내열성, 내식성 등이 우수하다.

08 스테인리스강관의 특징 설명으로 옳은 것은? [13/5]

① 강관에 비해 두께가 얇고 가벼워 운반 및 시공이 쉽다.
② 강관에 비해 내열성은 우수하나 내식성은 떨어진다.
③ 강관에 비해 기계적 성질이 떨어진다.
④ 한랭지 배관이 불가능하며 동결에 대한 저항이 적다.

* 강관에 비해 두께가 얇고 가볍다. 내열성, 내식성이 우수하고 기계적 강도, 성질이 좋다. 저온취성이 없으므로 한랭지 배관에도 적당하다.

정답 03 ① 04 ② 05 ② 06 ② 07 ① 08 ①

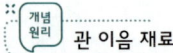
관 이음 재료

1) 강관 이음 부속
   ① 배관 방향 바꿀 때 : 엘보우, 벤드
   ② 관을 분기할 때 : 티이(T), 와이(Y), 크로스(+)
   ③ 같은 지름의 관 직선 연결 : 소켓, 유니온, 플랜지, 니플
   ④ 서로 다른 지름의 관(이경관) 연결 : 이경 소켓, 이경 엘보, 이경 티이, 부싱
   ⑤ 관 끝을 막을 때 : 플러그, 캡

2) 동관 이음 부속
   이음부위의 모양에 따라 : C형, M형, Ftg형, F형
   ① C형 : 관을 부속 안으로 삽입
   ② M형 : 부속 겉에 나사 (황동제)
   ③ Ftg형 : 관을 부속 바깥으로 삽입
   ④ F형 : 부속 안에 나사 (황동제)

[C×C 엘보]   [C×M 어댑터]

[C×C×F 티이]   [C×C×Ftg 티이]

01 관의 방향을 바꾸거나 분기할 때 사용되는 이음쇠가 아닌 것은? [15/5]

① 벤드   ② 크로스
③ 엘보   ④ 니플

★ ① 유체 흐름방향을 바꾸는데 사용 : 엘보, 벤드
   ② 분기할 때 사용 : 티이, 크로스, 와이

02 강관 배관에서 유체의 흐름방향을 바꾸는 데 사용되는 이음쇠는? [14/2]

① 부싱   ② 리턴 벤드
③ 리듀서   ④ 소켓

★ 강관 배관에서 유체 흐름방향을 바꾸는데 사용되는 이음쇠 : 엘보, 벤드

03 엘보나 티와 같이 내경이 나사로 된 부품을 폐쇄할 필요가 있을 때 사용되는 것은? [12/1]

① 캡   ② 니플
③ 소켓   ④ 플러그

★ 엘보, 티와 같은 부속품은 부속 안쪽에 나사가 있으므로, 플러그를 사용하여 폐쇄함. 배관의 끝부분처럼 나사가 밖으로 있는 경우 캡을 사용하여 폐쇄함. [그림참조]
관끝을 막을때 : 플러그(숫나사), 캡(암나사)

플러그   캡

04 배관의 관 끝을 막을 때 사용하는 부품은? [16/4]

① 엘보   ② 소켓
③ 티   ④ 캡

★ 관끝을 막을때 : 플러그(숫나사), 캡(암나사)

05 배관 중간이나 밸브, 펌프, 열교환기 등의 접촉을 위해 사용되는 이음쇠로서 분해, 조립이 필요한 경우에 사용되는 것은? [14/2][16/4]

① 벤드   ② 리듀서
③ 플랜지   ④ 슬리브

★ 분해, 조립이 필요한 경우에 사용되는 이음쇠 : 플랜지, 유니온

06 다음 관 이음 중 진동이 있는 곳에 가장 적합한 이음은? [13/2]

① MR 조인트 이음   ② 용접 이음
③ 나사 이음   ④ 플렉시블 이음

★ ① MR 조인트 이음 : 스테인레스강관 이음 중 하나로, MR조인트 이음쇠를 사용하여 접속. 관을 나사가공이나 압착(프레스)가공, 용접가공을 하지 않고, 청동주물제 이음쇠 본체에 관을 삽입하고 동합금제 링(Ring)을 캡너트(Cap Nut)로 쥐어 고정시켜 접속하는 방법.
④ 플렉시블 이음 : 주로 펌프, 압축기 출구에 연결하며 진동 흡수

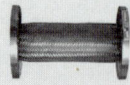
[플렉시블 이음]

정답 01 ④ 02 ② 03 ④ 04 ④ 05 ③ 06 ④

배관공작

개념원리 관접합, 관용공구

배관 공구
1) 관용 공구 :
  ① 파이프바이스 : 관의 절단, 나사작업시 관 고정
  ② 수평바이스 : 관의 조립, 열간 벤딩시 관 고정
  ③ 파이프커터 : 강관 절단 공구
  ④ 링크형 커터 : 주철관 절단용
  ⑤ 파이프렌치 : 관 결합, 해체시 사용
  ⑥ 파이프리머 : 관내 거스러미(버르)를 제거
  ⑦ 수동나사절삭기 : 오스타형, 리드형, 베이비리드형
  ⑧ 동력나사절삭기 : 다이헤드형, 오스타형, 호브형
  *다이헤드형 - 관절단, 나사절삭, 리이밍 작업가능
2) 절단 공구 : 파이프커터, 쇠톱, 기계톱, 고속숫돌절단기, 띠톱기계, 가스절단기, 강관절단기
3) 벤딩용 공구 : 유압식 - 램식, 현장용, 로터리식 - 관에 심봉을 넣음. 대량생산용
4) 동관 공구
  ① 익스팬더 : 관끝을 확관
  ② 플레어링툴셋 : 관끝을 플레어로 성형
  ③ 튜브커터 : 동관을 절단
  ④ 사이징툴 : 관끝을 원형으로 정형
  ⑤ 리이머 : 관내 거스러미 제거
  ⑥ 튜브벤더 : 관을 구부림

01 배관의 나사이음과 비교한 용접이음의 특징으로 잘못 설명된 것은? [13/1][16/2]

① 나사 이음부와 같이 관의 두께에 불균일한 부분이 없다.
② 돌기부가 없어 배관상의 공간효율이 좋다.
③ 이음부의 강도가 적고, 누수의 우려가 크다.
④ 변형과 수축, 잔류응력이 발생할 수 있다.

★ 용접이음은 이음부의 강도가 크고 누수 우려가 적다

02 배관의 나사이음과 비교하여 용접이음의 장점이 아닌 것은? [12/5]

① 누수의 염려가 적다.
② 관 두께에 불균일한 부분이 생기지 않는다.
③ 이음부의 강도가 크다.
④ 열에 의한 잔류응력 발생이 거의 일어나지 않는다.

★ 용접시 발생한 열에 의해 응력이 발생한다.

03 강관 용접접합의 특징에 대한 설명으로 틀린 것은? [14/2]

① 관내 유체의 저항 손실이 작다.
② 접합부의 강도가 강하다.
③ 보온피복 시공이 어렵다.
④ 누수의 염려가 적다.

★ 용접접합된 관의 표면은 두께 변화가 적고 매끄러워 보온피복 시공이 쉽다.

04 강관에 대한 용접이음의 장점으로 거리가 먼 것은? [14/1]

① 열에 의한 잔류응력이 거의 발생하지 않는다.
② 접합부의 강도가 강하다.
③ 접합부의 누수의 염려가 없다.
④ 유체의 압력손실이 적다.

★ 용접이음은 용융, 응고로 인한 열응력이 발생하므로 용접부위의 양끝을 가접한 뒤 용접을 해야 용접부위가 뒤틀리지 않는다.

05 파이프 커터로 관을 절단하면 안으로 거스러미(burr)가 생기는데 이것을 능률적으로 제거하는데 사용되는 공구는? [13/2]

① 다이 스토크   ② 사각줄
③ 파이프 리머   ④ 체인 파이프렌치

★ 거스러미 제거하는데 사용되는 공구는 파이프리머

06 파이프 벤더에 의한 구부림 작업 시 관에 주름이 생기는 원인으로 가장 옳은 것은? [15/2]

① 압력조정이 세고 저항이 크다.
② 굽힘 반지름이 너무 작다.
③ 받침쇠가 너무 나와 있다.
④ 바깥지름에 비하여 두께가 너무 얇다.

★ ①,②,③은 관 구부림 작업시 관이 파손되는 원인에 해당한다.

07 호칭지름 15 A 의 강관을 각도 90도로 구부릴 때 곡선부의 길이는 약 몇 mm인가? (단, 곡선부의 반지름은 90mm 로 한다.) [15/2]

① 141.4
② 145.5
③ 150.2
④ 155.3

★ 굽힘부는 원의 일부분이므로, 그림으로 설명하면, 곡관의 길이(벤딩 부위 길이) 산출식은
$L = 2\pi R \cdot \dfrac{\theta}{360} = 2 \times \pi \times 90 \times \dfrac{90}{360} = 141.4 [mm]$

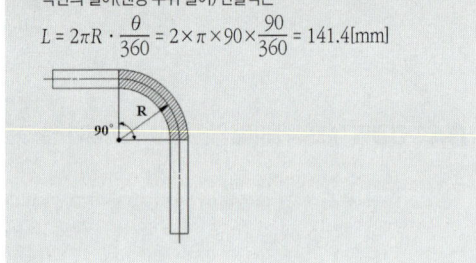

08 호칭지름 15A의 강관을 굽힘 반지름 80mm, 각도 90°로 굽힐 때 굽힘부의 필요한 중심 곡선부 길이는 약 몇 mm인가? [12/1]

① 126
② 135
③ 182
④ 251

★ 굽힘부는 원의 일부분이므로, 그림으로 설명하면, 곡관의 길이(벤딩 부위 길이) 산출식은
$L = 2\pi R \cdot \dfrac{\theta}{360} = 2 \times \pi \times 80 \times \dfrac{90}{360} = 125.67 [mm]$

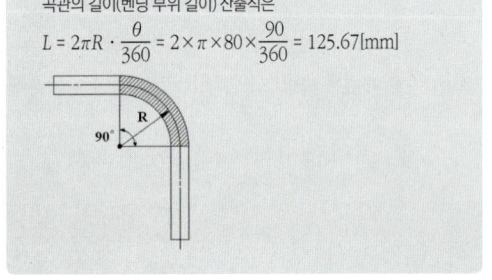

09 20A 관을 90°로 구부릴 때 중심곡선의 적당한 길이는 열 몇 mm 인가?(단, 곡률 반지름 R = 100 mm이다.) [14/4]

① 147
② 157
③ 167
④ 177

★ 굽힘부는 원의 일부분이므로, 그림으로 설명하면, 곡관의 길이(벤딩 부위 길이) 산출식은
$L = 2\pi R \cdot \dfrac{\theta}{360} = 2 \times \pi \times 100 \times \dfrac{90}{360} = 157.1 [mm]$

10 호칭지름 20A인 강관을 그림과 같이 배관할 때 엘보 사이의 파이프의 절단 길이는?(단, 20A 엘보의 끝단에서 중심까지 거리는 32mm이고, 파이프의 물림 길이는 13mm이다.) [14/5]

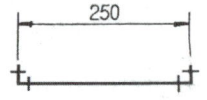

① 210mm
② 212mm
③ 214mm
④ 216mm

★ 관절단 길이=도면상 길이 - (관부속길이-최소물림길이)
$l = L-(A-a) = 250 - 2 \times (32-13) = 212 [mm]$

11 파이프 또는 이음쇠의 나사이음 분해 조립 시, 파이프 등을 회전시키는 데 사용되는 공구는? [13/2]

① 파이프 리머
② 파이프 익스팬더
③ 파이프 렌치
④ 파이프 커터

★ ① 파이프 리머 : 관내의 거스러미 제거
② 파이프 익스팬더 : 정확하게는 튜브익스팬더이며, 동관의 확관
③ 파이프 렌치 : 파이프, 부속품 등을 회전하는데 사용
④ 파이프 커터 : 파이프 절단

 **관 접합**

1) 강관 접합 : 나사, 플랜지, 용접
   ① 나사절삭은 2~3회에 나누어 절삭
   ② 용접이음 장점
      접합부의 강도가 강하며, 누수의 염려가 적다.
      관내 돌출부가 없어 마찰손실이 적다.
   ③ 실제 관소요길이=도면상길이-[부속길이-최소물림길이]
2) 동관 접합 : 플레어이음(압축이음), 납땜, 용접, 플랜지
   ① 플레어이음 : 관의 점검, 보수를 위해 해체할 곳에 사용
      동관끝을 플레어링투울 셋으로 넓혀 접합
   ② 납땜 : 연납땜, 경납땜. 확관부위는 10mm정도
      *동관의 분기 이음 : 이음쇠를 사용하지 않고 관에 직접 분기하는 방법이며 주관은 지관의 안지름 보다 1~2mm정도 큰 구멍을 뚫고 다듬질 한 후 지관의 끝을 넓혀서 주관의 외면에 밀착하도록 만든 후 납땜이음 하는 방법과 주관에 구멍을 뚫고 티를 성형하고 지관을 끼우고 용접해서 이음쇠를 줄이는 방법으로 시공비를 절감하고 경제적인 방법이다.

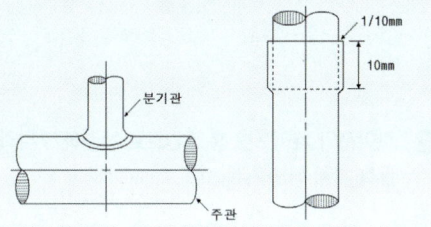

   *동관의 확관 이음 : 동관을 확관하여 납땜이음시 간격은 1/10mm 정도, 확관부위는 10mm가 적당
3) 주철관 접합 : 빅토릭, 소켓, 타이톤, 플랜지, 기계적접합

01 다음 중 동관 이음의 종류에 해당하지 않는 것은?
[12/5]

① 납땜 이음   ② 기볼트 이음
③ 플레어 이음   ④ 플랜지 이음

★ 기볼트이음은 석면시멘트관 이음방법중 하나임.

02 동관의 이음 방법 중 압축이음에 대한 설명으로 틀린 것은?
[12/4]

① 한쪽 동관의 끝을 나팔 모양으로 넓히고 압축이음쇠를 이용하여 체결하는 이음 방법이다.
② 진동 등으로 인한 풀림을 방지하기 위하여 더블너트(double nut)로 체결한다.
③ 점검, 보수 등이 필요한 장소에 쉽게 분해, 조립하기 위하여 사용한다.
④ 압축이음을 플랜지 이음이라고도 한다.

03 동관 작업용 공구의 사용목적이 바르게 설명된 것은?
[12/1]

① 플레어링 툴 세트 : 관 끝을 소켓으로 만듦.
② 익스팬더 : 직관에서 분기관 성형 시 사용
③ 사이징 툴 : 관 끝을 원형으로 정형
④ 튜브 벤더 : 동관을 절단함.

★ 플레어링툴셋 : 동관의 끝을 나팔관 모양으로 만들때
  익스팬더 : 동관을 확관
  사이징툴 : 동관의 끝을 원형으로 정형
  튜브벤더 : 동관을 굽힘

04 동관 이음에서 한쪽 동관의 끝을 나팔형으로 넓히고 압축이음쇠를 이용하여 체결하는 이음 방법은?
[13/4]

① 플레어 이음   ② 플랜지 이음
③ 플라스턴 이음   ④ 몰코 이음

★ 동관이음 중 나팔형으로 넓히고 이음쇠를 이용하여 체결하는 방법은 플레어 이음(=압축이음)이라 하고, 플레어 모양(나팔형)으로 가공하는 공구를 '플레어링툴셋'이라 한다.

05 동관의 끝을 나팔 모양으로 만드는데 사용하는 공구는?
[15/5]

① 사이징 툴   ② 익스팬더
③ 플레어링 툴   ④ 파이프 커터

★ 동관이음 중 나팔형으로 넓히고 이음쇠를 이용하여 체결하는 방법은 플레어 이음(=압축이음)이라 하고, 플레어 모양(나팔형)으로 가공하는 공구를 '플레어링툴셋'이라 한다.

06 동관 끝을 원형으로 정형하기 위해 사용하는 공구는?
[15/1]

① 사이징 툴 ② 익스펜더
③ 리머 ④ 튜브벤더

> * 동관용 공구의 용도를 살펴보면,
>   ① 플레어링툴셋 : 동관의 끝을 나팔관 모양으로 만들때
>   ② 익스펜더 : 동관을 확관
>   ③ 사이징툴 : 동관의 끝을 원형으로 정형
>   ④ 튜브벤더 : 동관을 굽힘
>   ⑤ 리머 : 관 절단시 생기는 관내면의 거스러미를 제거

07 경납땜의 종류가 아닌 것은?
[15/1]

① 황동납 ② 인동납
③ 은납 ④ 주석-납

> * 납땜 접합 : 연납땜과 경납땜으로 구분한다.
>   ① 연납땜(=솔더링, soldering) : 유체의 온도(120℃) 및 사용압력이 낮은 곳에 사용하는 방식으로 가열온도는 200~300℃ 정도
>   ② 경납땜(=브레이징, brazing) : 고온 및 사용 압력이 높은 곳에 사용하는 방식으로 가열 온도는 700~850℃정도이다. 연납땜과 달리 용제를 사용하지 않는다.

08 배관용접 작업 시 안전사항 중 산소용기는 일반적으로 몇 ℃ 이하의 온도로 보관하여야 하는가?
[14/1]

① 100℃ 이하 ② 80℃ 이하
③ 60℃ 이하 ④ 40℃ 이하

> * 고압가스 용기는 일반적으로 용기 표면 온도가 40℃를 넘지 않도록 보관한다.

기타 관이음

> 1) 스테인레스관 이음 : 압착, 용접, 나사, 플랜지
>   *압착이음쇠 : 몰코조인트, SR조인트, 링그립 조인트
> 2) 홈 조인트 : 용접하지 않고 파이프를 홈가공하여 고무링과 조인트를 이용하여 조립
> 3) 플렉시블 이음 : 가용이음으로 배관기기 부착이나 열팽창 등의 외부 충격에 의한 변형을 흡수해서 방진 방음등으로 역할하는것으로 구형 및 통형,벨로우스형 합성고무재에 짧은관 양끝에 플랜지를 붙인 이음관

01 관이음쇠로 사용되는 홈 조인트(groove joint)의 장점에 관한 설명으로 틀린 것은?
[12/5]

① 일반 용접식, 플랜지식, 나사식 관이음 방식에 비해 빨리 조립이 가능하다.
② 배관 끝단 부분의 간격을 유지하여 온도변화 및 진동에 의한 신축, 유동성이 뛰어나다.
③ 홈 조인트의 사용 시 용접 효율성이 뛰어나서 배관 수명이 길어진다.
④ 플랜지식 관이음에 비해 볼트를 사용하는 수량이 적다.

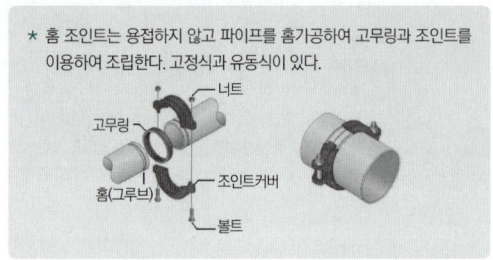

> * 홈 조인트는 용접하지 않고 파이프를 홈가공하여 고무링과 조인트를 이용하여 조립한다. 고정식과 유동식이 있다.

02 파이프와 파이프를 홈 조인트로 체결하기 위하여 파이프 끝을 가공 하는 기계는?
[16/2]

① 띠톱 기계 ② 파이프 벤딩기
③ 동력파이프 나사절삭기 ④ 그루빙 조인트 머신

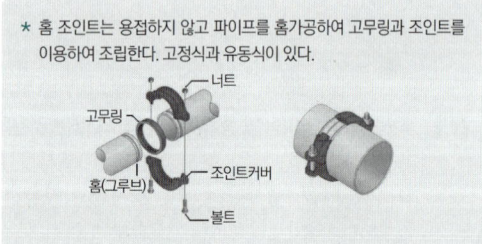

> * 홈 조인트는 용접하지 않고 파이프를 홈가공하여 고무링과 조인트를 이용하여 조립한다. 고정식과 유동식이 있다.

03 가스절단 조건에 대한 설명 중 틀린 것은?
[14/4]

① 금속 산화물의 용융온도가 모재의 용융온도 보다 낮을 것
② 모재의 연소온도가 그 용융점 보다 낮을 것
③ 모재의 성분 중 산화를 방해하는 원소가 많을 것
④ 금속 산화물 유동성이 좋으며, 모재로부터 이탈 될 수 있을 것

정답 06 ① 07 ④ 08 ④ 01 ③ 02 ④ 03 ③

★ 가스 절단 조건
① 절단 재료의 산화 연소 온도가 절단 재료의 용융점보다 낮아야 된다.
② 절단 재료에 열을 가해 생성되는 산화물의 용융 온도는 절단 재료의 용융 온도보다 낮아야 된다.
③ 생성된 산화물은 유동성이 좋아야 한다.
④ 절단 재료가 불연성 물질을 품고 있으면 안된다.
⑤ 산화 반응이 격렬하고 다량의 열을 발생해야 한다.

★ 롤러 서포트 : 관의 수평이동이 있는 곳에 지지물로 사용되며 롤러위에 설치된 배관은 높이는 유지한 채 수평으로 이동할 수 있다.

[행거의 종류]

[스프링서포트, 리지드서포트]

[로울러서포트, 파이프슈]

배관지지

배관 지지

1) 행거 : 배관의 중량을 위에서 매달아지지
   콘스탄트, 리지드, 스프링
2) 서포오트 : 배관의 중량을 아래에서 위로 떠받쳐지지
   리지드, 로울러, 스프링, 파이프슈
3) 리스트레인트 : 배관의 이동을 구속, 제한
   앵커, 스톱, 가이드
4) 브레이스 : 배관의 진동을 흡수

01 배관 지지구의 종류가 아닌 것은?   [16/2]

① 파이프 슈   ② 콘스탄트 행거
③ 리지드 서포트   ④ 소켓

★ 배관 지지구는 행거, 서포오트, 리스트레인트, 브레이스가 있으며,
① 행거 : 배관 하중을 위에서 당겨서지지
   콘스탄트 행거, 리지드 행거, 스프링 행거
② 서포트 : 배관 하중을 아래에서 받쳐서지지
   리지드 서포트, 스프링 서포트, 로울러 서포트, 파이프슈
③ 리스트레인트 : 배관의 이동을 제한, 구속
   앵커, 스톱, 가이드가 있음
④ 브레이스 : 배관의 진동을 흡수

02 배관지지 장치의 명칭과 용도가 잘못 연결된 것은?   [14/1]

① 파이프 슈 - 관의 수평부, 곡관부지지
② 리지드 서포트 - 빔 등으로 만든 지지대
③ 롤러 서포트 - 방진을 위해 변위가 적은 곳에 사용
④ 행거 - 배관계의 중량을 위에서 달아 매는 장치

03 배관의 하중을 위에서 끌어당겨 지지할 목적으로 사용되는 지지구가 아닌 것은?   [13/4]

① 리지드 행거(rigid hanger)
② 앵커(anchor)
③ 콘스탄트 행거(constant hanger)
④ 스프링 행거(spring hanger)

★ ② 앵커는 배관의 구속, 이동을 제한하기 위한 리스트레인트의 일종임. (앵커, 스톱, 가이드)

04 관을 아래로 지지하면서 신축을 자유롭게 하는 지지물은 무엇인가?   [14/4]

① 스프링 행거   ② 롤러 서포트
③ 콘스탄트 행거   ④ 리스트레인트

01 ④ 02 ③ 03 ② 04 ②

* 배관의 지지는 하중 및 이동을 제한하는 것이 있다.
  ① 행거 : 배관의 하중을 위에서 끌어당겨 지지
    스프링행거, 리지드행거, 콘스탄트행거
  ② 서포트 : 배관의 하중을 아래에서 위로 떠받쳐 지지
    스프링서포트, 리지드서포트, 로울러서포트, 파이프슈
  ③ 리스트레인트 : 배관의 이동을 제한, 구속한다.
    앵커, 스톱, 가이드
  ④ 브레이스 : 펌프, 압축기 등의 진동을 흡수

* 배관의 지지물에는 다음과 같은 종류가 있다.
  ① 행거 : 배관 하중을 위에서 끌어당겨 지지(리지드, 스프링, 콘스탄트)
  ② 써포트 : 배관 하중을 밑에서 떠받쳐 지지(리지드, 스프링, 로울러, 파이프슈우)
  ③ 리스트레인트 : 열팽창에 의한 배관의 이동을 구속, 제한(앵커, 스톱, 가이드)
  ④ 브레이스 : 배관의 진동, 충격을 흡수 완화

05 빔에 턴버클을 연결하여 파이프 아래 부분을 받쳐 달아 올린 것이며 수직방향에 변위가 없는 곳에 사용하는 것은? [12/4]

① 리지드 서포트 ② 리지드 행거
③ 스토퍼 ④ 스프링 서포트

* 리지드 : 넓은 판으로 중량물을 한꺼번에 지지하는 것.
  리지드를 여러개의 파이프 밑에 받쳐 천정에 달아올리면 리지드행거, 바닥에서 떠받치면 리지드서포트가 된다.
  리지드 양쪽에 지지 앵커볼트를 천정에 설치하여 도중에 턴버클을 연결하여 턴버클을 돌려 리지드 전체의 높낮이(구배)를 조절할 수 있다.

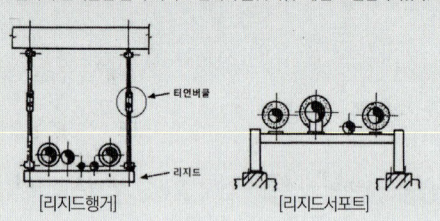

[리지드행거]   [리지드서포트]

06 열팽창에 의한 배관의 이동을 구속 또는 제한하는 배관 지지구인 레스트레인트(restraint)의 종류가 아닌 것은? [12/2][15/4]

① 가이드 ② 앵커
③ 스토퍼 ④ 행거

* 레스트레인트 종류 : 앵커, 스톱, 가이드

07 배관의 이동 및 회전을 방지하기 위해 지지점 위치에 완전히 고정시키는 장치는? [15/1]

① 앵커 ② 써포트
③ 브레이스 ④ 행거

08 이동 및 회전을 방지하기 위해 지지점 위치에 완전히 고정하는 지지금속으로, 열팽창 신축에 의한 영향이 다른 부분에 미치지 않도록 배관을 분리하여 설치 고정해야 하는 리스트레인트의 종류는? [14/2]

① 앵커 ② 리지드 행거
③ 파이프 슈 ④ 브레이스

* 리스트레인트의 종류 : 앵커, 스톱, 가이드
  행거의 종류 : 리지드행거, 콘스탄트행거, 스프링행거
  서포트 종류 : 리지드서포트, 스프링서포트, 로울러서포트, 파이프슈

09 본래 배관의 회전을 제한하기 위하여 사용되어 왔으나 근래에는 배관계의 축 방향의 안내 역할을 하며 축과 직각 방향의 이동을 구속하는데 사용되는 레스트레인트의 종류는? [12/1]

① 앵커(anchor) ② 가이드(guide)
③ 스토퍼(stopper) ④ 이어(ear)

* 리스트레인트 : 열팽창에 의한 배관 이동을 구속 또는 제한
  ① 앵커 : 배관 지지점의 이동 및 회전을 허용하지 않고 일정위치에 완전히 고정하는 장치. 배관계의 요동 및 진동 억제효과가 있으나 이로 인해 과대한 열응력이 생기기 쉽다.
  ② 스톱 : 한 방향 앵커라고도 하며 배관 지지점의 일정방향으로의 이동을 제한하는 장치. 기기 노즐부의 열팽창으로부터의 보호, 안전밸브의 토출압력을 받는 곳 등에 자주 사용
  ③ 가이드 : 지지점에서 축방향으로 안내면을 설치하여 배관의 회전 또는 축에 대하여 직각 방향으로 이동하는 것을 구속하는 장치

정답 05 ② 06 ④ 07 ① 08 ① 09 ②

10 압축기 진동과 서징, 관의 수격작용, 지진 등에서 발생하는 진동을 억제하기 위해 사용되는 지지 장치는?
[13/2][16/1]

① 벤드벤 ② 플랩 밸브
③ 그랜드 패킹 ④ 브레이스

* ④ 브레이스 : 압축기, 펌프 등의 배관의 진동, 충격흡수
  ① 벤드벤 : 연관 굽힘작업에 사용
  ③ 그랜드패킹 : 밸브 회전부위에 기밀유지 목적으로 사용
  ② 플랩밸브 : 역수방지밸브. 주로 배수지의 토출 관말에 설치

[플랩밸브]

11 콘크리트 벽이나 바닥 등에 배관이 관통하는 곳에 관의 보호를 위하여 사용하는 것은?
[14/1]

① 슬리브 ② 보온재료
③ 행거 ④ 신축곡관

* 슬리브 : 관의 외경보다 약간 큰 지름의 외층관을 말한다.

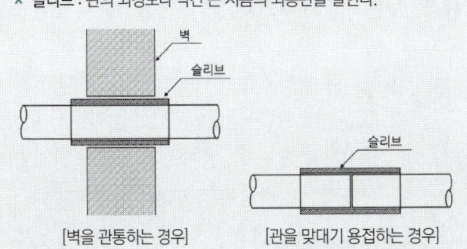

[벽을 관통하는 경우] [관을 맞대기 용접하는 경우]

패킹/도료

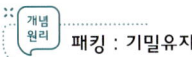

패킹 : 기밀유지

1) 플랜지패킹 : 고무, 석면조인트시트, 오일시일, 금속, 합성수지(대표적으로 테프론)
   ★테프론 : 내열범위 -260~260℃, 기름에 침해되지 않음
2) 나사용패킹 : 일산화연, 액상합성수지, 페인트, 테프론
3) 글랜드패킹 : 밸브, 회전부위에 기밀 유지
   석면각형, 석면야안, 아마존, 모울드
★기밀 유지 정도 : 가스켓 〉 메카니컬시밀 〉 그랜드 패킹

방청용 도료

1) 광명단 : 페인트 밑칠용. 연단 + 아마인유
2) 산화철 : 산화제2철 + 보일유, 아마인유
3) 알루미늄 도료(은분) : 알미늄분말 + 유성바니스
4) 합성수지 도료

01 글랜드 패킹의 종류에 해당하지 않는 것은?
[12/2][16/4]

① 편조 패킹 ② 액상 합성수지 패킹
③ 플라스틱 패킹 ④ 메탈 패킹

* 글랜드 패킹은 밸브 회전부위에 기밀유지 목적으로 사용. 석면각형, 석면야안, 아마존, 모울드 등이 있음.
  액상합성수지는 액체상태의 합성수지로서 나사이음 패킹으로 사용됨.(나사부위에 바른 다음 조립)
* 아마존패킹 : 석면포에 내열성 고무를 도포하여 성형하고 흑연처리를 한 패킹
* 모울드패킹 : 재료를 성형하여 제조
* 석면각형 : 석면을 각형으로 제조
* 석면야 : 석면사를 편조하여 제조

02 천연고무와 비슷한 성질을 가진 합성고무로서 내유성, 내후성, 내산화성, 내열성 등이 우수하며, 석유용매에 대한 저항성이 크고 내열도는 -46℃ ~ 121℃ 범위에서 안정한 패킹 재료는?
[13/2]

① 과열 석면 ② 네오플렌
③ 테프론 ④ 하스텔로이

* ② 네오플렌(=클로로프렌 고무패킹) : 내후성, 내곡성, 내동식물유성, 내열성(-45~100℃)이 있으며, 온수부의 밀봉에 자주 사용됨.
  ③ 테프론(=사불화에틸렌수지) : 내열온도는 250℃로 화학약품에 침투되기 어려우며, 내후성, 비점착성이 우수
  ④ 하스텔로이 : 내염산 합금으로 니켈(Ni)기의 합금 불화수소산에도 견딤

보온재

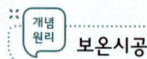
보온시공

1) 보온 테이프 감기 주의사항
   보온테이프는 겹친 부분이 15mm 이상이 되게 하며, 수직관일 경우 아래에서 위쪽으로 연속으로 감아야 하고, 수평배관인 경우는 900mm 간격으로, 수직배관은 600mm 간격으로 알루미늄 밴드를 사용하여 풀리지 않게 감아야 한다. 단, 밸브 주위에는 밸브에 인접해서 알루미늄 밴드를 사용.
2) 보온재 구비조건
   ① 열전도율이 작아야
   ② 비중이 작아야
   ③ 다공질이며, 시공이 용이해야
   ④ 사용온도에 견디고 변질되지 않아야
3) 열전도율은 온도, 습도, 밀도에 비례
   ① 비중이 작을 수록
   ② 온도차가 작을 수록   ⎫
   ③ 기공층이 균일하고 많을 수록 ⎬ 작아진다
   ④ 두께가 두꺼울 수록   ⎭

01 배관의 단열공사를 실시하는 목적에서 가장 거리가 먼 것은 무엇인가?   [14/4]

① 열에 대한 경제성을 높인다.
② 온도조절과 열량을 낮춘다.
③ 온도변화를 제한한다.
④ 화상 및 화재방지를 한다.

* 배관 단열 : 배관 내외부의 온도차에 의한 열손실을 방지하고 외부에서 고온의 배관 접촉시 화상을 방지할 수 있다.

02 증기관이나 온수관 등에 대한 단열로서 불필요한 방열을 방지하고 인체에 화상을 입히는 위험방지 또는 실내공기의 이상온도 상승방지 등을 목적으로 하는 것은?   [16/1]

① 방로   ② 보냉
③ 방한   ④ 보온

* 보기중 용어를 설명하면,
  ① 방로 : 온도차에 의한 이슬이 맺히는 것을 방지, 결로방지
  ② 보냉 : 배관 바깥의 온도보다 배관내의 온도가 낮은 유체의 온도를 유지하기 위한 것으로 관 및 보온재 표면에 결로현상이 생기는 것을 방지
  ③ 방한 : 배관에서 '방한'이라는 용어는 거의 사용치 않는다.
  ④ 보온 : 관의 불필요한 방열을 방지

03 단열재를 사용하여 얻을 수 있는 효과에 해당하지 않는 것은?   [15/1]

① 축열용량이 작아진다.
② 열전도율이 작아진다.
③ 노 내의 온도분포가 균일하게 된다.
④ 스폴링 현상을 증가시킨다.

* 단열재는 열흐름을 차단하여 열손실을 방지한다.
* 스폴링 : 노내의 내화벽돌 표면이 고열에서 급랭될 때 표면이 벗겨지는 현상

04 보온시공 시 주의사항에 대한 설명으로 틀린 것은?   [13/1]

① 보온재와 보온재의 틈새는 되도록 적게 한다.
② 겹침부의 이음새는 동일 선상을 피해서 부착한다.
③ 테이프 감기는 물, 먼지 등의 침입을 막기 위해 위에서 아래쪽으로 향하여 감아내리는 것이 좋다.
④ 보온의 끝 단면은 사용하는 보온재 및 보온 목적에 따라서 필요한 보호를 한다.

* 테이프를 감을 때 아래쪽에서 위로 감아야 겹치는 이음부위가 지붕위의 기와처럼 아래쪽을 향하게 된다.

05 배관 보온재의 선정 시 고려해야 할 사항으로 가장 거리가 먼 것은?   [16/2]

① 안전사용 온도 범위   ② 보온재의 가격
③ 해체의 편리성   ④ 공사 현장의 작업성

* 배관의 보온재는 배관열손실을 방지하기 위해 시공하는 것으로 시공 후 해체하지 않는다.

정답 01 ② 02 ④ 03 ④ 04 ③ 05 ③

06 보온재 선정 시 고려하여야 할 사항으로 틀린 것은?

[14/1]

① 안전사용 온도범위에 적합해야 한다.
② 흡수성이 크고 가공이 용이해야 한다.
③ 물리적, 화학적 강도가 커야 한다.
④ 열전도율이 가능한 적어야 한다.

★ 보온재는 수분을 흡수하게 되면 보온효과가 떨어진다. 따라서, 흡수성이 작아야 한다.

07 보온재 선정 시 고려해야 할 조건이 아닌 것은?

[13/2]

① 부피, 비중이 작을 것
② 보온능력이 클 것
③ 열전도율이 클 것
④ 기계적 강도가 클 것

08 보온재가 갖추어야 할 조건 설명으로 틀린 것은?

[13/4]

① 열전도율이 작아야 한다.
② 부피, 비중이 커야 한다.
③ 적합한 기계적 강도를 가져야 한다.
④ 흡수성이 낮아야 한다.

★ 부피, 비중이 작아야 한다.

09 단열재의 구비조건으로 맞는 것은?

[13/5]

① 비중이 커야 한다.
② 흡수성이 커야 한다.
③ 가연성이어야 한다.
④ 열전도율이 적어야 한다.

★ 단열재는 비중이 가볍고 적당한 강도로 시공성이 용이해야 한다. 또한, 열전도율이 작고 불연성 또는 난연성이어야 한다. 단열재는 미세한 기공층이 많을수록 단열효과가 크며, 물이 흡수되면 열전도율이 증가하여 단열효과가 떨어진다. 따라서, 흡수성이 없어야 한다.

10 다음 중 보온재의 일반적인 구비 요건으로 틀린 것은?

[12/5]

① 비중이 크고 기계적 강도가 클 것
② 장시간 사용에도 사용온도에 변질되지 않을 것
③ 시공이 용이하고 확실하게 할 수 있을 것
④ 열전도율이 적을 것

★ 보온재는 비중이 작고 가벼우며 기계적 강도가 커야 함.

11 보온재의 열전도율과 온도와의 관계를 맞게 설명한 것은?

[16/4]

① 온도가 낮아질수록 열전도율은 커진다.
② 온도가 높아질수록 열전도율은 작아진다.
③ 온도가 높아질수록 열전도율은 커진다.
④ 온도에 관계없이 열전도율은 일정하다.

유기질 보온재 : 안전사용온도 100℃ 이하
 1) 텍스류 : 천, 섬유질
 2) 펠트류 : 가죽, 털 종류
 3) 폼류 : 원유를 가공한 기포성. 폴리스틸렌폼, 우레탄폼
 4) 탄화콜크 : 콜크 목재를 탄화시켜 강도를 증가
무기질 보온재
 1) 안전사용온도는 100℃이상으로 일반적으로 450℃이상
 2) 일반용 보온재 : 석면, 규조토, 질석, 규산칼슘, 암면

01 다음 중 유기질 보온재에 해당하는 것은?

[11/4]

① 석면   ② 규조토
③ 암면   ④ 코르크

★ 유기질 보온재 : 생물체(식물, 동물)에서 얻은 재료를 가공한 것으로, 펠트, 수지, 탄화코르크, 폼 등이 있음.

02 다음 보온재 중 유기질 보온재에 속하는 것은? [16/2]

① 규조토　　② 탄산마그네슘
③ 유리섬유　④ 기포성수지

> * 보온재는 유기질 보온재와 무기질 보온재가 있다.
>   유기질 보온재 : 펠트류, 텍스류, 폼류, 탄화콜크가 있음.
>   기포성수지는 폼류에 속함.

03 다음 보온재 중 유기질 보온재에 속하는 것은? [12/5]

① 규조토　　② 탄산마그네슘
③ 유리섬유　④ 코르크

> * 유기질 보온재는 식물성 또는 동물성 원료를 가공하여 만든다. 즉, 원유를 가공한 폼류(폴리스틸렌폼, 우레탄폼), 코르크, 가죽, 펠트 등.

04 보온재 중 흔히 스치로폴이라고도 하며, 체적의 97~98%가 기공으로 되어있어 열 차단 능력이 우수하고, 내수성도 뛰어난 보온재는? [14/5]

① 폴리스티렌 폼　② 경질 우레탄 폼
③ 코르크　　　　④ 그라스 울

> * 폴리스틸렌폼 : 폴리스틸렌 수지에 발포제를 넣어 만든 것
>   우레탄폼 : 폴리우레탄을 원료로 해서 만든 다공성 합성고무

05 기포성수지에 대한 설명으로 틀린 것은? [15/4]

① 열전도율이 낮고 가볍다.
② 불에 잘 타며 보온성과 보냉성은 좋지 않다.
③ 흡수성은 좋지 않으나 굽힘성은 풍부하다.
④ 합성수지 또는 고무질 재료를 사용하여 다공질 제품으로 만든 것이다.

> * 기포성 수지 : 불에 잘 타며 보온성과 보냉성이 좋다.

06 합성수지 또는 고무질 재료를 사용하여 다공질 제품으로 만든 것이며 열전도율이 극히 낮고 가벼우며 흡수성은 좋지 않으나 굽힘성이 풍부한 보온재는? [12/2]

① 펠트　　　② 기포성 수지
③ 하이울　　④ 프리웨브

> * ① 펠트 : 양모, 또는 양모와 다른 섬유를 혼합하여 열과 압력을 가하여 섬유로 만든 것.
>   ② 하이울 : 규산칼슘계의 광석을 고온 용융하여 섬유를 만든 다음 성형한 무기질 미네랄울의 일종으로 단열, 내화, 흡음, 결로방지 등 광범위하게 사용된다.
>   ③ 프리훼브 : 프리훼브(Pre-fab) - 아연강판 사이에 스티로폴을 채워 넣은 조립식 판넬

07 다음 보온재 중 안전사용 온도가 가장 낮은 것은? [15/5]

① 우모펠트　② 암면
③ 석면　　　④ 규조토

> * 일반적으로 유기질보온재의 안전사용온도는 100℃ 이하이다.
>   탄화콜크(-200~130℃)　　프라스틱폼(100~140℃)
>   면화(160℃)　　　　　　　양모펠트(130℃)
>   우모펠트(100℃)

08 다음 보온재 중 안전사용 (최고)온도가 가장 낮은 것은? [12/5]

① 탄산마그네슘 물반죽 보온재
② 규산칼슘 보온판
③ 경질 폼라버 보온통
④ 글라스울 블랭킷

> * 유기질 보온재는 무기질 보온재에 비해 사용온도가 낮다. 보기중 폼류(경질 폼라버 보온통)는 유기질보온재임.

09 다음 보온재의 종류 중 안전사용(최고)온도(℃)가 가장 낮은 것은? [12/1]

① 펄라이트보온판·통　② 탄화코르크
③ 글라스울블랭킷　　　④ 내화단열벽돌

정답 02 ④　03 ④　04 ①　05 ②　06 ②　07 ①　08 ③　09 ②

- 보기의 보온재 안전사용온도는
  펠라이트 : 650℃   탄화코르크 : 130℃
  글라스울 : 300℃
  내화단열벽돌 : 최소한 1580℃ 이상 견뎌야
- 일반적으로 유기질보온재는 무기질보온재에 비해 사용온도가 낮다.
  유기질보온재 : 펠트류, 텍스류, 폼류, 탄화콜크

10 다음 중 유기질 보온재에 속하지 않는 것은? [12/1]

① 펠트 ② 세라크울
③ 코르크 ④ 기포성 수지

- 세라크울 : 미네랄로 만든 합성섬유. 세라믹울을 말함.

11 보온재를 유기질 보온재와 무기질 보온재로 구분할 때 무기질 보온재에 해당하는 것은? [12/2]

① 펠트 ② 코르크
③ 글라스 폼 ④ 기포성 수지

- 유기질보온재는 식물성, 동물성 재료에 의한 것이다. 원유를 가공한 폼류(우레탄폼,폴리스틸렌폼,기포수지), 섬유를 가공한 텍스류, 가죽을 가공한 펠트류, 콜크 나무를 가공한 탄화콜크 등이 있다.
- 원유는 식물성으로 주성분은 식물의 줄기와 같은 탄소, 수소로 이뤄져 있다.
- 보기의 글라스폼은 유리질을 거품형태로 가공한 것으로 무기질보온재임.

12 다른 보온재에 비하여 단열 효과가 낮으며 500℃ 이하의 파이프, 탱크, 노벽 등에 사용하는 것은? [12/4][14/5]

① 규조토 ② 암면
③ 그라스 울 ④ 펠트

- 안전사용온도 : 규조토(500℃ 이하)
  암면(600℃ 이하)
  글라스울(300℃ 이하)
  펠트는 가죽, 털종류를 말하며, 100℃ 이하에 사용

13 다른 보온재에 비하여 단열 효과가 낮으며, 500℃ 이하의 파이프, 탱크, 노벽 등에 사용하는 보온재는? [16/4]

① 규조토 ② 암면
③ 기포성수지 ④ 탄산마그네슘

- 안전사용온도 : 규조토(500℃ 이하)
  암면(600℃ 이하)
  기포성수지(100℃ 이하)
  탄산마그네슘(250℃ 이하)

14 다음 중 무기질 보온재에 속하는 것은? [12/4]

① 펠트(felt) ② 규조토
③ 코르크(cork) ④ 기포성 수지

- 펠트, 코르크, 기포성수지는 유기질 보온임.

15 무기질 보온재에 해당되는 것은? [15/4]

① 암면 ② 펠트
③ 코르크 ④ 기포성 수지

- 펠트, 코르크, 기포성 수지는 유기질 보온재임.
- 암면 : 현무암, 화산암, 안산암 등을 사용하여 전기로에서 고온융해(1600℃ 이상)한 다음 원심력이나 압축공기 또는 고압증기로 뿜어 섬유화한 보온재. 특성은 유리면과 거의 같음

16 무기질 보온재 중 하나로 안산암, 현무암에 석회석을 섞어 용융하여 섬유모양으로 만든 것은? [14/1]

① 코르크 ② 암면
③ 규조토 ④ 유리섬유

- 암면 : 현무암 등에 석회 등을 섞어 1600℃ 이상으로 용융하여 솜사탕과 같은 원리로 원심분리하여 섬유형태로 가공한 것으로, 물리적 성질이 유리면과 거의 비슷하며 석면 대체물질로 개발된 것이다.

정답 10 ② 11 ③ 12 ① 13 ① 14 ② 15 ① 16 ②

17 유리솜 또는 암면의 용도와 관계 없는 것은?
[14/5]

① 보온재　　　② 보냉재
③ 단열재　　　④ 방습재

> ★ ① 암면 : 안산암, 현무암 등의 암석이나 니켈, 고로슬래그 등에 석회석을 섞은 것을 원료로 하여 1500~1600℃의 고열로 용융시켜 압축공기로 불어 만든 섬유. 흡음재, 보온재로 사용됨.
> ② 유리솜 : 글라스울을 말함. 용융된 유리를 압축공기나 수증기로 불어 섬유형태로 만든 것. 단열재, 방음재 등으로 사용
> ★ 방습재는 도료나 합성수지 등을 사용한다.

18 다음 중 보온재 중 안전사용 (최고)온도가 가장 높은 것은?
[15/2]

① 탄산마그네슘 물반죽 보온재
② 규산칼슘 보온판
③ 경질 폼라버 보온통
④ 글라스울 블랭킷

> ★ 무기질 보온재는 유기질 보온재에 비해 사용온도가 높다.
> 보기중 ③은 유기질 보온재이다. 안전사용온도를 비교하면,
> 탄산마그네슘 : 250℃　　　규산칼슘 : 30~650℃
> 폼류 : 안전사용온도 80℃ 이하　　　글라스울 : 300℃ 이하

19 다음 보온재중 안전사용온도가 가장 높은 것은?
[15/1]

① 펠트　　　② 암면
③ 글라스울　　　④ 세라믹 화이버

> ★ 보기 중 각 보온재의 안전사용온도는,
> ① 양모펠트(130℃)　② 우모펠트(100℃)
> ③ 암면(600℃)　　　④ 세라믹화이버(1300℃)

20 글라스울 보온통의 안전사용(최고)온도는?
[12/4]

① 100℃　　　② 200℃
③ 300℃　　　④ 400℃

> ★ 글라스울의 안전사용온도 300℃ 이하

21 다음 중 보온재의 종류가 아닌 것은?
[15/2]

① 코르크　　　② 규조토
③ 프탈산수지도료　　　④ 기포성수지

> ★ 보기 ③은 합성수지 도료의 일종이다.

22 다음 중 보온재 종류가 아닌 것은?
[13/4]

① 코르크　　　② 규조토
③ 기포성수지　　　④ 제게르콘

> ★ 제게르콘 : 내화물의 내화도(refractoriness) 시험에 사용되는 온도계로서 점토, 규석질 등 내열성 금속 산화물 등을 배합하여 만든 삼각추 모양의 온도계를 말함.
> ★ SK 26은 1580℃를 측정하여 내화물의 기준이 된다.

23 금속 특유의 복사열에 대한 반사 특성을 이용한 대표적인 금속질 보온재는?
[15/4]

① 세라믹 화이버　　　② 실리카 화이버
③ 알루미늄 박　　　④ 규산칼슘

> ★ 금속질 보온재 : 복사열 반사 특성 이용, 알루미늄 박(안전사용온도 -180~500℃)

정답　17 ④　18 ②　19 ④　20 ③　21 ③　22 ④　23 ③

배관도면표시

배관도시법

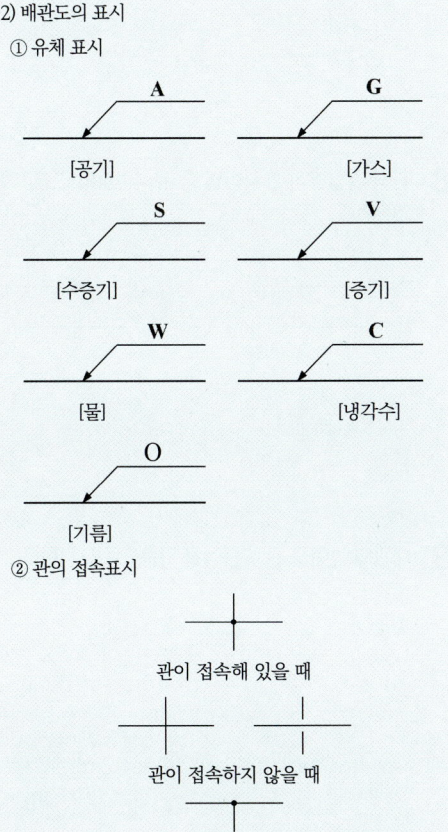

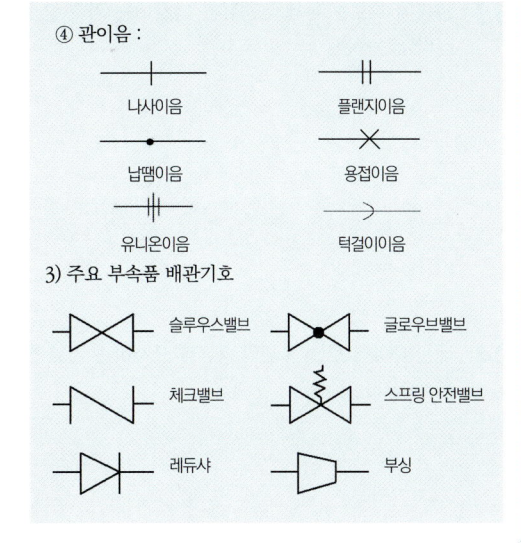

01 배관계의 식별 표시는 물질의 종류에 따라 달리한다. 물질과 식별색의 연결이 틀린 것은? [15/5]

① 물: 파랑
② 기름: 연한 주황
③ 증기: 어두운 빨강
④ 가스: 연한 노랑

★ KS A 0503 배관계의 식별표시 : 배관 내를 흐르는 물질의 종류를 식별하기 위해 도포하는 색

구분		색상	구분	색상
용수	냉수	파랑	수소	주황색
	온수	분홍색	질소	회색
	폐수	검정색	가스	연한 노랑
스팀		어두운 빨강	산,알칼리	회보라
공기		흰색	기름	어두운 주황
LPG		황색	전선관	연한 주황

02 배관계에 설치한 밸브의 오작동 방지 및 배관계 취급의 적정화를 도모하기위해 배관에 식별(識別)표시를 하는데 관계가 없는 것은? [13/5]

① 지지하중
② 식별색
③ 상태표시
④ 물질표시

★ 문제1번 해설 참조

01 ② 02 ①

03 관속에 흐르는 유체의 종류를 나타내는 기호 중 증기를 나타내는 것은? [15/5]

① S ② W
③ O ④ A

* S : 증기, W : 물, O : 기름, A : 공기

04 배관 내에 흐르는 유체의 종류를 표시하는 기호 중 증기를 나타내는 것은? [13/1]

① A ② G
③ S ④ O

* A : 에어 (공기)   G : 가스   S : 스팀 (수증기)
  O : 오일 (기름)   V : 베이퍼 (증기, 물 이외의 증기)

05 관의 접속상태 결합방식의 표시방법에서 용접이음을 나타내는 그림기호로 맞는 것은? [13/4][16/2]

* ① 나사이음   ② 유니온이음
  ③ 용접이음(납땜) ④ 플랜지이음

06 냉동용 배관 결합 방식에 따른 도시방법 중 용접식을 나타내는 것은? [14/4]

* ① 플랜지이음   ② 납땜이음
  ③ 소켓이음   ④ 유니온이음

07 관의 결합방식 표시방법 중 플랜지식의 그림기호로 맞는 것은? [13/2]

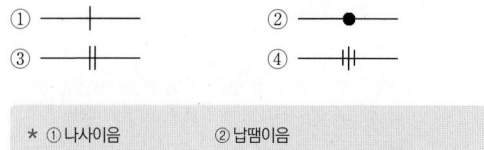

* ① 나사이음   ② 납땜이음
  ③ 플랜지이음   ④ 유니온이음

08 관의 결합방식 표시방법 중 유니언식의 그림기호로 맞는 것은? [12/5]

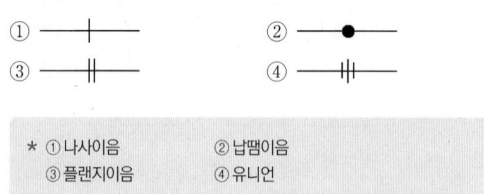

* ① 나사이음   ② 납땜이음
  ③ 플랜지이음   ④ 유니언

09 배관의 높이를 관의 중심을 기준으로 표시한 기호는? [14/5]

① TOP ② GL
③ BOP ④ EL

* 관의 높이 표시 : 배관의 높이는 먼저 기준을 정하고, 기준면보다 높거나 낮은 것을 표시하며, 배관의 아래쪽, 또는 윗면까지를 나타낸다.

기준	높이	배관
EL	+ 기준보다 높을 때	TOP 윗면
GL		
FL	− 기준보다 낮을때	BOP 아랫면

* 기준을 정하는 법
  ① EL : 관 중심을 기준으로 배관높이 표시
   (지상에서 200~500mm 높이)
  ② GL : 포장된 지표면을 기준
  ③ FL : 1층의 바닥면을 기준
  예) EL + 2100 BOP : EL 기준으로 윗쪽으로 관의 아랫면이 2100mm 상단에 있음

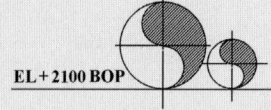

EL + 2100 BOP

10 배관의 높이를 표시할 때 포장된 지표면을 기준으로 하여 배관 장치의 높이를 표시하는 경우 기입하는 기호는?

[12/4]

① BOP　　　　　② TOP
③ GL　　　　　　④ FL

★ 파이프(배관) 도면을 그릴 때 평면도(위에서 내려다본)로 그리며, 배관은 실선으로 그린다. 따라서, 실선으로만 그려진 배관도면은 배관의 규격, 관재질, 관내 유체종류, 관의 높이 등이 표시되지 않는다. 실선으로 된 배관에 45°로 인출선을 그리고, 그 위에 관에 대한 정보를 표시한다.

1) 유체표시

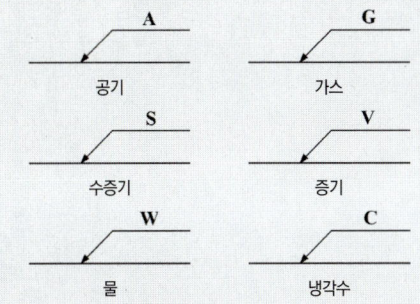

2) 관재질, 규격(구경) 표시

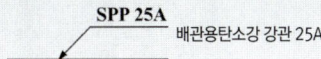

3) 관의 높이 표시
배관의 높이는 먼저 기준을 정하고, 기준면보다 높거나 낮은 것을 표시하며, 배관의 아래쪽, 또는 윗면까지를 나타낸다.

기준	높이	배관
EL	+ 기준보다 높을 때	TOP 윗면
GL		
FL	- 기준보다 낮을때	BOP 아랫면

GL-1400 TOP　배관의 윗면(TOP)이 기준(GL)보다 1400mm 아래쪽에 위치함.
(매설배관)

★ 기준을 정하는 법
① EL : 관 중심을 기준으로 배관높이 표시
　(지상에서 200~500mm 높이)
② GL : 포장된 지표면을 기준
③ FL : 1층의 바닥면을 기준

예) EL + 2100 BOP : EL 기준으로 윗쪽으로 관의 아랫면이 2100mm 상단에 있음

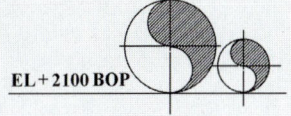

예) GL - 1400 TOP : GL 기준으로 아랫쪽으로 관의 윗면이 1400mm 하단에 있음

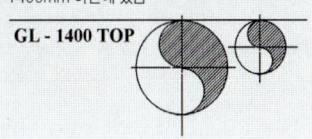

관의 아랫면을 일정하게 맞추는 것은 주로 천정쪽에 배치된 배관으로 실내 바닥면으로부터 일정한 높이를 유지하여 작업자가 다니는데 불편함이 없도록 하며, 아랫면(BOP)을 기준으로부터 위쪽으로 일치시킨다. 관의 윗면을 일정하게 맞추는 것은 주로 지표면 아래쪽에 매설할 경우이며 지표면으로부터 일정한 깊이로 매설하기 위해 관의 윗면(TOP)을 기준으로부터 아래쪽으로 일치시킨다.

11 그림 기호와 같은 밸브의 종류 명칭은?

[12/1]

① 게이트 밸브　　② 체크 밸브
③ 볼 밸브　　　　④ 안전 밸브

12 아래 그림기호의 관조인트 종류의 명칭으로 맞는 것은?

[11/4]

① 엘보　　　　　② 리듀샤
③ 티　　　　　　④ 디스트리뷰터

정답　10 ③　11 ②　12 ②

MEMO

DO IT YOURSELF

02 부록

부록 1 보일러 장치별 계통도
2 최근 과년도 출제문제 해설
3 실전 모의고사

DO IT YOURSELF

부록 1 보일러 장치별 계통도

구분	품 명	규격 및 연결	여유치수	
강관용 부속	90° L, T	40A	30	
		40*32A	27	31
		32A	27	
		25A	23	
		20A	19	
		15A	16	
		32*25A	23	27
		32*20A	21	27
		25*20A	19	22
		25*15A	17	22
		20*15A	16	19
	45°L &유니온	25A	12(유),14(L)	
		20A	12	
		15A	10	
	레듀샤 소켓	32*20A	9	
		32*25A	8	
		나 머 지	7	
	부 싱	32*20A	14	
		20*15A	10	
		나 머 지	12	
	절연유니온	20A	13(강)17(동)	
		15A	10(강)15(동)	
	용접부속	40*32A	전장(64)÷2	

구분	품 명	규격 및 연결	여유치수
강관용 부속	플랜지	25A,20A	0~2
	여과기,체크	20A:전장/2-13	
	나사 캡	25A	12
		20A	10
		15A	9
	슬루스밸브	20A	13
	볼밸브	25A	18
		20A	15
		15A	13
동관용 부속	20A CM어뎁터	25A 90°L+붓싱	58
		25*20A 이경L	55
		20A L,T	46
	15A CM어뎁터 *동관부속품회사 마다 약간 다름 실측권장	32*20A+붓싱	58
		25*20A+붓싱	54
		25*15A 이경L	40
		20A 90°L+붓싱	49
		20A 45°L+붓싱	42
		20*15A 이경L	37
		15A 90°L	34
		15A 45°L	28
		20*15A 레듀샤	25
	90°C×C 동 L,T	20/15A	22/16
	45°C×C 동 L	20/15A	12/10

① 절취선 절단
② 양면접어 코팅 *2매 사용

MEMO

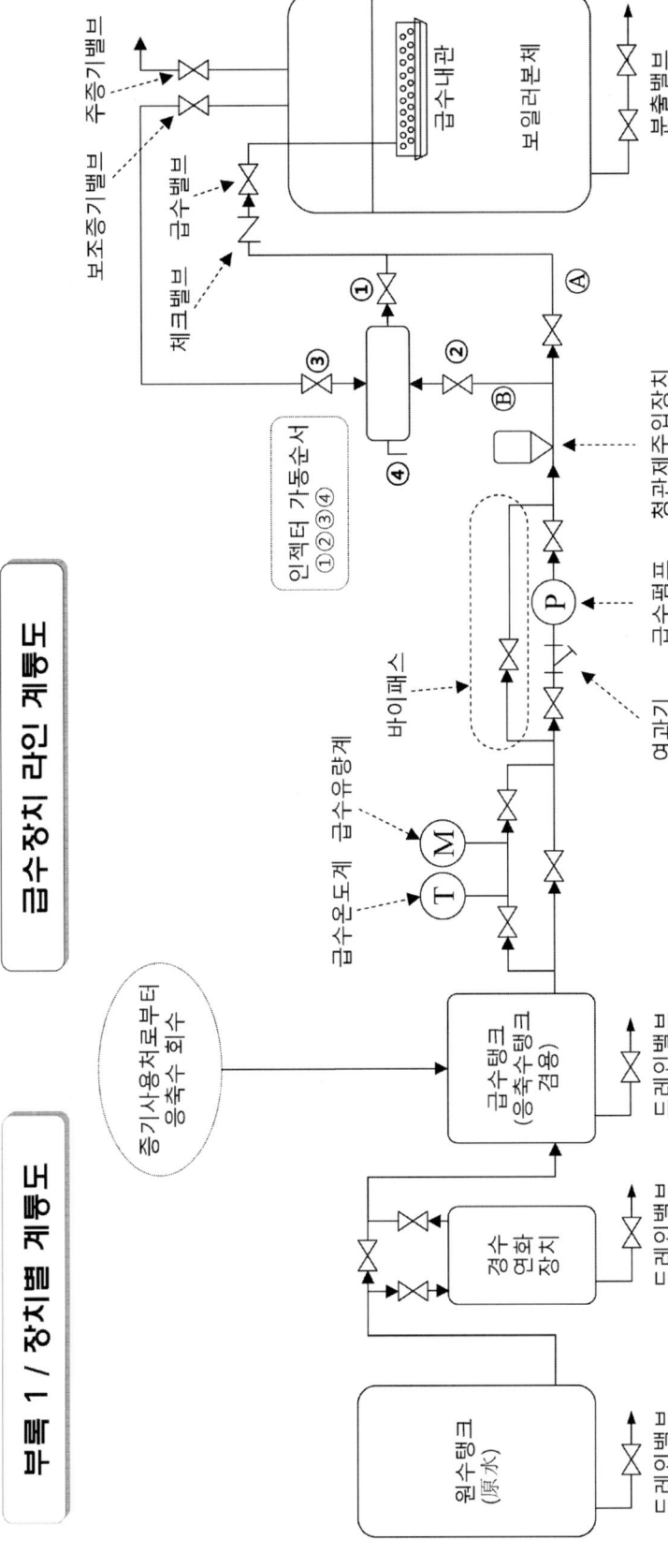

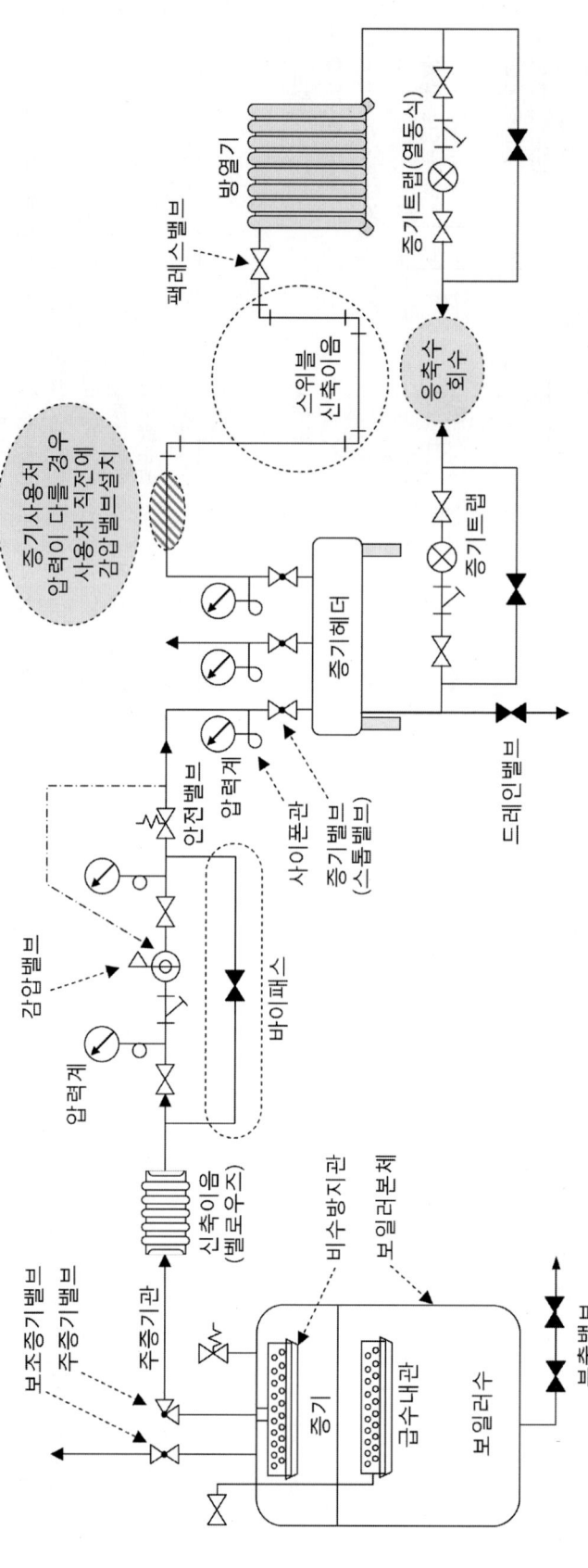

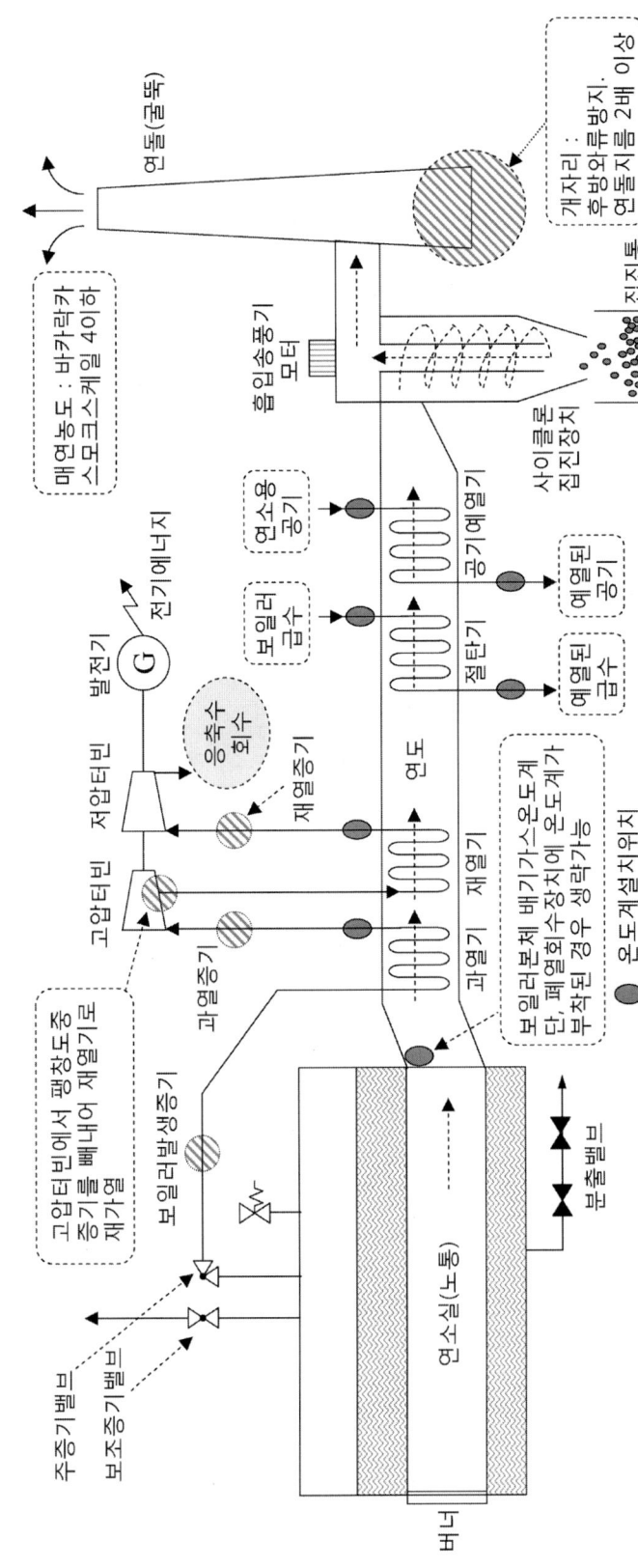

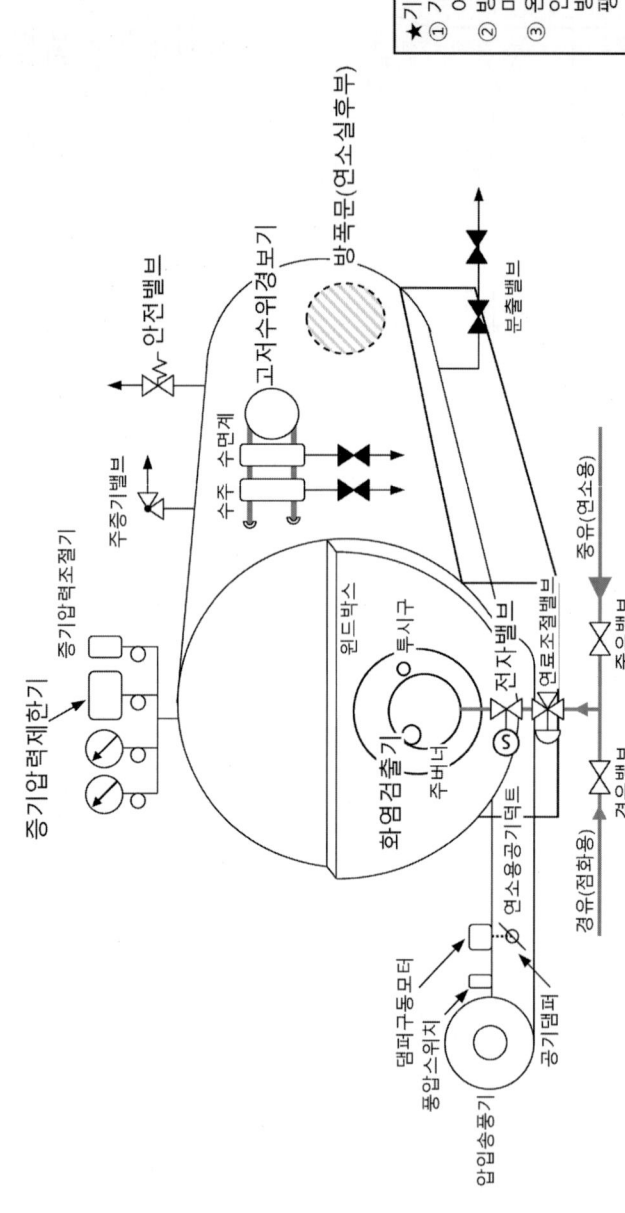

증기축열기 계통도

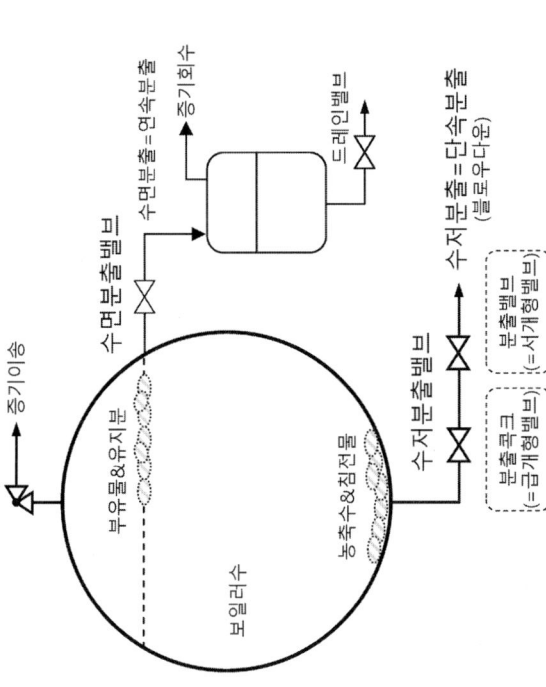

※ 증기축열기(스팀어큐뮬레이터)
① 저부하시 잉여증기의 여열을 저장하였다가 고부하시 공급하여 사용하는 장치
② 증기의 열을 저장하는 매체는 물

※ 기타 부속장치
① 수트블로우 : 고압공기 또는 저압증기를 노즐로 분사하여 전열면의 검댕을 제거하는 장치
② 에멀전장치 : 중유의 분사를 양호하게 하기 위해 연소촉진제를 혼합하는 장치

분출장치 계통도

※ 분출장치 : 수저분출장치와 수면분출장치

1) 분출목적(스포P보고) : 농축수 배출
① 스케일 생성 및 고착방지
② 포밍, 프라이밍 발생 방지
③ pH 조절
④ 보일러수 농축방지
⑤ 고수위방지 (고수위시 분출)

2) 분출밸브
① 최고사용압력 0.7MPa이상인 경우, 분출콕+분출밸브, 또는 분출밸브2개 직렬연결
② 호칭지름 25A이상(전열면적 10m²이하는 20A)

③ 분출콕크는 반드시 글랜드패킹이 있는 것일 것
④ 분출밸브는 점전물이 쌓이지 않는 구조일 것
⑤ 주철제는 1.3MPa이하,
혹심가단주철제는 1.9MPa이하에 사용할 것

3) 분출시기 및 요령
① 보일러 점화 전, 또는 부하가 가장 가벼울 때
② 1일 1회 이상
③ 포밍, 프라이밍 발생시, 고수위
④ 안전저수위 이하가 되지 않도록
⑤ 분출작업은 신속히 할 것(분출콕크→분출밸브)
⑥ 2인 1조로 작업할 것

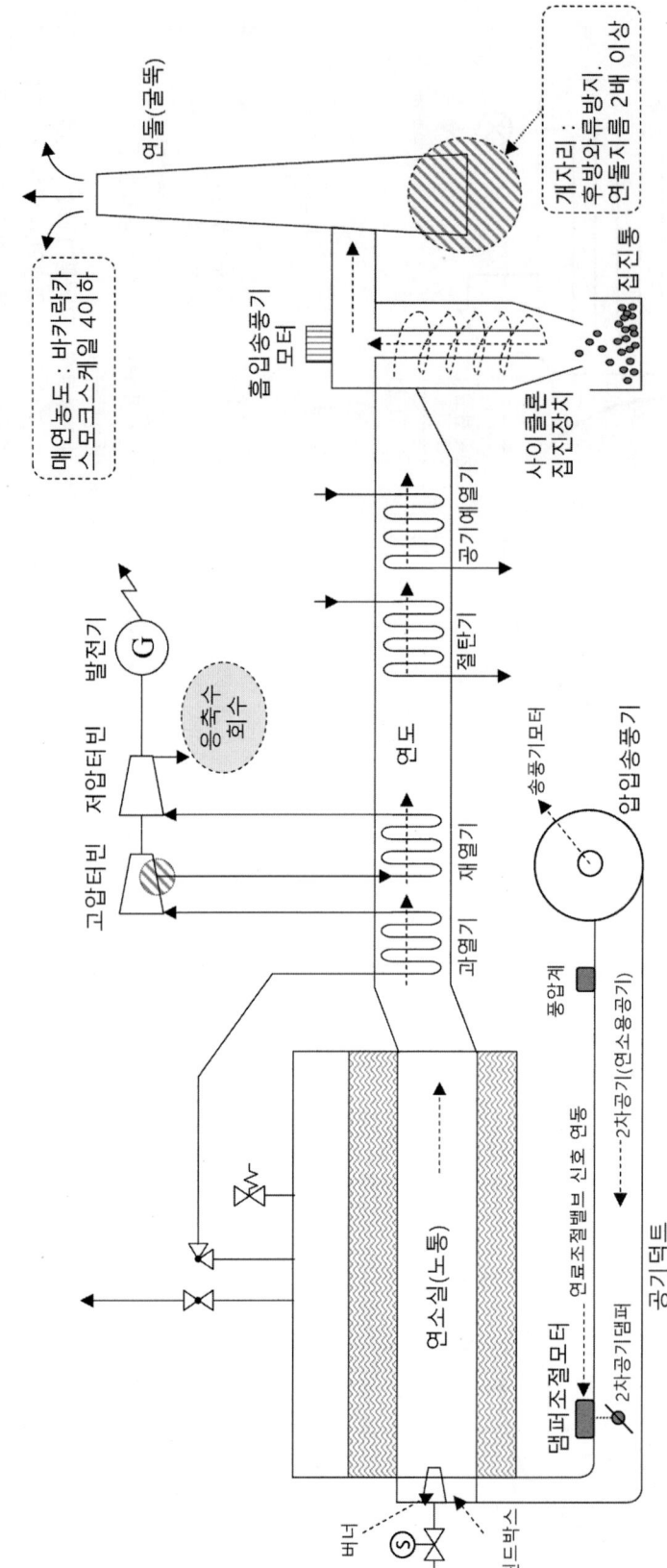

자동제어&인터록 계통도

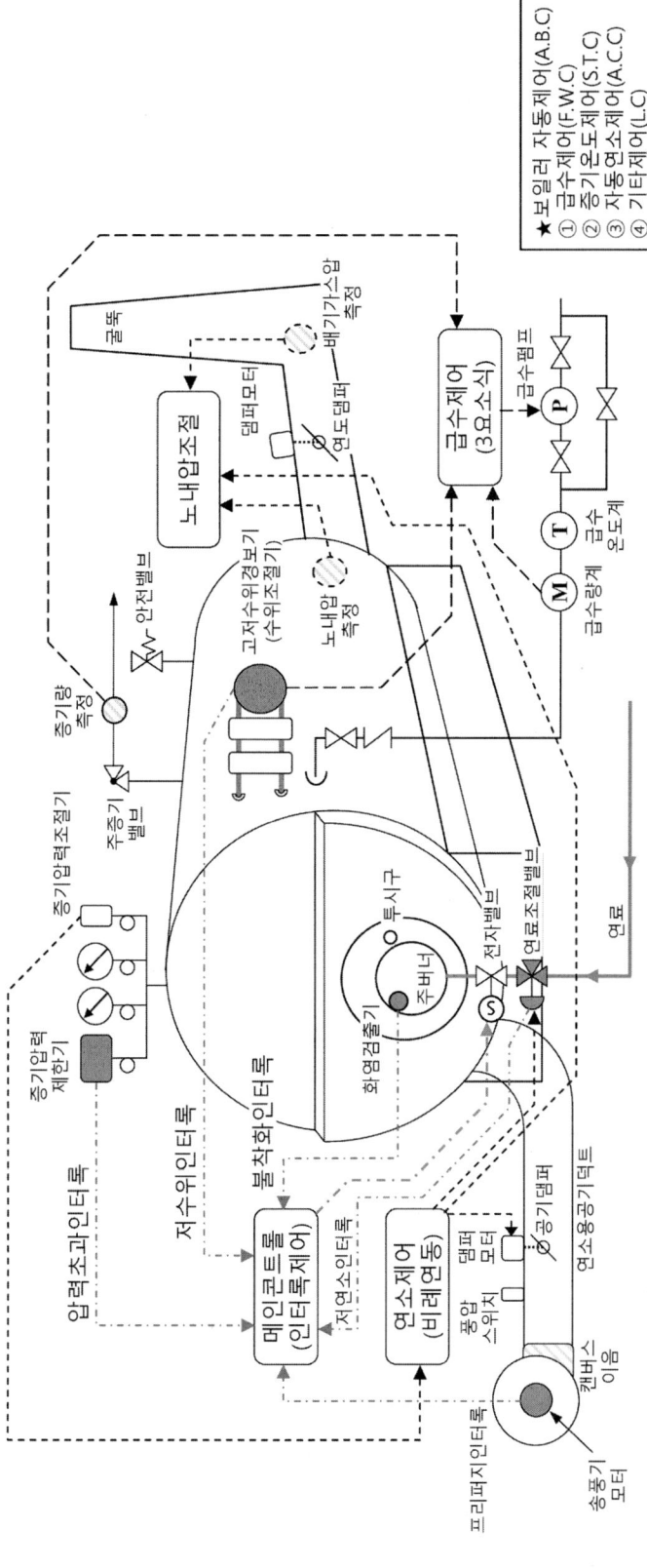

※ 보일러 자동제어 : 보일러 가동시 자동으로 제어되는 계통
　　　　　　　　 급수제어, 자동연소제어, 증기온도제어, 인터록

1) 급수제어(F.W.C) : 보일러 급수량 조절 ⬆ 수위제어
　① 수위제어방식에 따라(검출량) : 1요소식, 2요소식, 3요소식
　　1요소식 : 수위측정
　　2요소식 : 수위, 증기량 측정
　　3요소식 : 수위, 증기량, 급수량 측정
　② 수위 검출방식(고저수위 측정) : 플로우트식, 전극식, 차압식, 열팽창식

2) 자동연소제어(A.C.C) : 연소량(연료량, 공기량)조절
　　　　　　　　　　 ⬆ 증기압력&온수온도제어, 노내압력제어

3) 증기온도제어(S.T.C) : 전열량 조절 ⬆ 과열증기온도제어

4) 인터록 : 일정조건이 만족되지 않으면 회로를 차단(비상시 연료차단)
　　　　 　전자밸브에 연결되어 비상시 보일러를 정지시킴
　① 압력초과인터록 : 증기압력제한기와 연결, 설정압력 초과 감시
　② 불착화인터록 : 화염검출기와 연결, 노내의 실화 및 불착화 감시
　③ 저수위인터록 : 고저수위경보기와 연결, 안전저수위 이하 감수 감시
　④ 프리퍼지인터록 : 송풍기모터와 연결, 프리퍼지(노내환기) 여부 감시
　⑤ 저연소인터록 : 연료조절밸브와 연결, 저연소 조절불능시 작동

★ 보일러 자동제어(A.B.C)
　① 급수제어(F.W.C)
　② 증기온도제어(S.T.C)
　③ 자동연소제어(A.C.C)
　④ 기타제어(L.C)

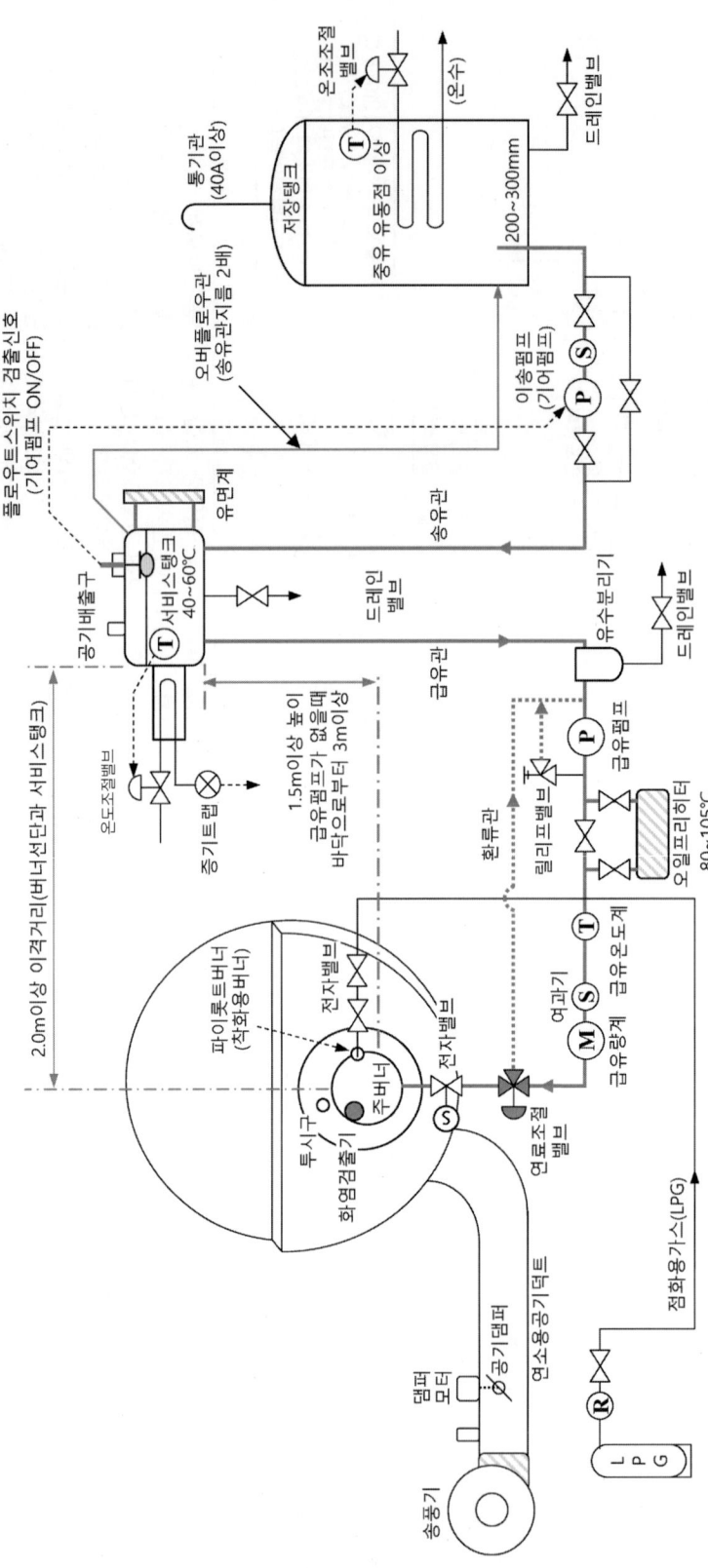

연료배관(중유) 계통도

※ 연료배관 순서 : 저장탱크, 기어펌프, 서비스탱크, 유수분리기, 기름여과기, 급유펌프(메타링펌프), 오일프리히터, 에어체임버, 급유량계, 유량조절밸브, 전자밸브, 버너 (버너-가스점화, 중유연소방식)

1) 저장탱크 : 15일분 이상 저장, 유동점 이상 예열 (온수식, 증기식, 전기식)
2) 기어펌프 : 고점도유체이송, 스크류펌프를 사용하기도 함.
3) 서비스탱크 : 2~3시간 분향 저장, 40~60℃ 예열 (온수식, 증기식, 전기식), 버너선단으로부터 2m 이상 거리, 높이는 1.5m 이상
4) 유수분리기 : 중유 중 수분 제거 분리
5) 오일프리히터 : 80~105℃ 예열 (전기식, 증기식, 온수식)
   *중유예열 - 점도를 낮춰 무화를 양호하게 함
6) 여과기 : 중유 중 불순물, 찌꺼기 제거
7) 메타링펌프=분연펌프=급유펌프 : 분무압 유지
8) 에어체임버 : 중유 중 공기제거
9) 유량조절밸브=연료조절밸브 : 중유 분무량 조절
10) 전자밸브 : 비상시 연료차단, 보일러 정지
11) 환유관 : 저부하시 잉여 연료를 환류시킴.
12) 드레인밸브 : 저부하시 탱크, 장치 하부의 찌꺼기 배출

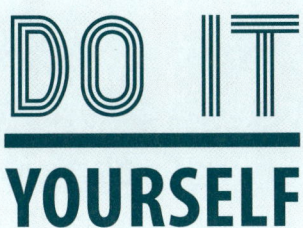

부록 2 최근 과년도 출제문제

2014년 1회 에너지관리기능사
2014.01.26 시행

01 입형(직립) 보일러에 대한 설명으로 틀린 것은?

① 동체를 바로 세워 연소실을 그 하부에 둔 보일러이다.
② 전열면적을 넓게 할 수 있어 대용량에 적당하다.
③ 다관식은 전열면적을 보강하기 위하여 다수의 연관을 설치한 것이다.
④ 횡관식은 횡관의 설치로 전열면을 증가시킨다.

* 입형보일러는 연소실이 좁고 작으며 소용량에 적합

02 공기예열기에 대한 설명으로 틀린 것은?

① 보일러의 열효율을 향상시킨다.
② 불완전 연소를 감소시킨다.
③ 배기가스의 열손실을 감소시킨다.
④ 통풍저항이 작아진다.

* 배기가스의 여열을 이용하여 연소용공기를 예열하는 장치를 말하며, 연소효율, 열효율이 증가하나 장치 설치로 인해 통풍저항이 증가한다.

03 가스버너에서 리프팅(Lifting) 현상이 발생하는 경우는?

① 가스압이 너무 높은 경우
② 버너부식으로 염공이 커진 경우
③ 버너가 과열된 경우
④ 1차공기의 흡인이 많은 경우

* 리프팅(선화) : 불꽃이 염공에서 떠 있는 상태를 말하며, 원인으로는 분출속도가 너무 클 때다. 즉, 가스압이 너무 높거나, 불순물로 염공이 좁아진 상태이다.
보기 중 염공이 커진 경우, 버너가 과열된 경우에는 역화의 위험이 있으며, 1차공기의 흡인이 많은 경우는 화염의 길이가 짧아지고 연소속도가 빨라진다.

04 다음 중 LPG의 주성분이 아닌 것은?

① 부탄
② 프로판
③ 프로필렌
④ 메탄

* LPG(액화석유가스)의 주성분은 프로판(C_3H_8), 부탄(C_4H_{10}), 프로필렌(C_3H_6), 부틸렌(C_4H_8) 등이다. 메탄(CH_4)은 천연가스의 주성분이다.

05 보일러의 안전 저수면에 대한 설명으로 적당한 것은?

① 보일러의 보안상, 운전 중에 보일러 전열면이 화염에 노출되는 최저 수면의 위치
② 보일러의 보안상, 운전 중에 급수하였을 때의 최초 수면의 위치
③ 보일러의 보안상, 운전 중에 유지해야 하는 일상적인 가동 시의 표준 수면의 위치
④ 보일러의 보안상, 운전 중에 유지해야 하는 보일러 드럼 내 최저 수면의 위치

* 보기 ③은 상용수위를 말한다.

06 기체연료의 발열량 단위로 옳은 것은?

① kJ/m^3
② kJ/cm^3
③ kJ/mm^3
④ kJ/Nm^3

* 기체연료는 표준상태(1기압, 0℃)의 부피를 기준으로 하며, 이를 Normal(노르말) 상태라 한다. 부피를 나타낼 때 Nm^3는 '노르말 세제곱미터'라 읽으며, 표준상태의 부피를 가리킨다.

정답 01 ② 02 ④ 03 ① 04 ④ 05 ④ 06 ④

07 보일러 1마력을 상당증발량으로 환산하면 약 얼마인가?

① 13.65kg/h ② 15.65kg/h
③ 18.65kg/h ④ 21.65kg/h

★ 보일러 1마력은 1기압 상태에서 상당증발량 15.65kg/h를 발생시키는 능력이며, 열량으로 환산하면
15.65kg/h × 2257kJ/kg = 35322kJ/h에 해당

08 공기량이 지나치게 많을 때 나타나는 현상 중 틀린 것은?

① 연소실 온도가 떨어진다.
② 열효율이 저하된다.
③ 연료소비량이 증가한다.
④ 배기가스 온도가 높아진다.

★ 공기량이 너무 많으면 연소는 되지만, 연소실이 냉각되는 현상이 생기며 이로 인해 진동연소의 원인이 된다. 또한, 배기가스량 증가로 열손실이 증가한다.

09 절대온도 360K를 섭씨온도로 환산하면 약 몇 ℃인가?

① 97℃ ② 87℃
③ 67℃ ④ 57℃

★ 캘빈온도 = 섭씨온도 + 273이므로
섭씨온도 = 캘빈온도 - 273
= 360 - 273 = 87℃

10 보일러효율 시험방법에 관한 설명으로 틀린 것은?

① 급수온도는 절탄기가 있는 것은 절탄기 입구에서 측정한다.
② 배기가스의 온도는 전열면의 최종 출구에서 측정한다.
③ 포화증기의 압력은 보일러 출구의 압력으로 부르돈관식 압력계로 측정한다.
④ 증기온도의 경우 과열기가 있을 때는 과열기 입구에서 측정한다.

★ 증기온도의 경우 과열기가 있을 때 과열기 출구에서 측정한다.
온도계 부착은 다음과 같다.
① 급수입구 급수온도계
② 버너입구 급유온도계
③ 급수예열기, 공기예열기 설치시 전후, 포화증기의 경우에는 압력계로 대신
④ 보일러 본체 배기가스 온도계전열면 최종출구로 하되 ③의 경우에는 생략가능
⑤ 과열기, 재열기 설치시 출구온도계
⑥ 유량계(가스미터)를 통과하는 유체를 측정하는 온도계
⑦ 소용량보일러, 가스용온수보일러는 배기가스 온도계만 설치해도 된다.

11 보일러의 압력이 0.8MPa이고, 안전밸브 입구 구멍의 단면적이 20cm²라면 안전밸브에 작용하는 힘은 얼마인가?

① 1400N ② 1600N
③ 1700N ④ 1800N

★ 압력 = 힘/면적 = 중량/면적의 개념이므로
힘 = 압력 × 면적 = $0.8 \times 10^6 \times 20 \times 10^{-4}$ = 1600N
・[MPa=100만Pa=100만N/m²], cm² = 10^{-4}m²

12 1기압 하에서 20℃의 물 10kg을 100℃의 증기로 변화시킬 때 필요한 열량은 얼마인가?

① 25930kJ ② 26930kJ
③ 30930kJ ④ 31930kJ

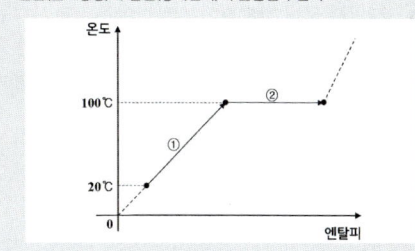

★ 현열(온도상승)과 잠열(상태변화)이 혼합된 구간이므로
① 구간은 현열구간이므로 (온도변화)
열량 = 양 × 비열 × 온도차
= 10 × 4.2 × (100-20) = 3360kJ
② 구간은 잠열구간이므로 (상태변화)
열량 = 양 × 잠열
= 10 × 2257 = 22570kJ
①+② = 3360 + 22570 = 25930kJ

13 보일러의 출열 항목에 속하지 않는 것은?

① 불완전 연소에 의한 열손실
② 연소 잔재물 중의 미연소분에 의한 열손실
③ 공기의 현열손실
④ 방사에 의한 손실열

> * 출열은 크게 유효출열과 손실출열로 나뉜다.
> • 유효출열 : 증기발생에 이용된 열
> • 손실출열 : 배기가스 손실열, 노벽방산 손실열, 불완전연소 손실열, 미연탄분에 의한 손실열 등
> * 공기의 현열은 연소용 공기가 버너 입구에서 유입될 때 지닌 열량으로 입열에 속함

14 오일 프리히터의 사용 목적이 아닌 것은?

① 연료의 점도를 높여 준다.
② 연료의 유동성을 증가시켜 준다.
③ 완전연소에 도움을 준다.
④ 분무상태를 양호하게 한다.

> * 오일 프리히터(중유예열기) : 중유를 예열하여 점도를 낮춘다. 예열된 중유는 분무상태가 양호하게 되어 연소효율에 도움이 된다.

15 육상용 보일러의 열정산은 원칙적으로 정격부하 이상에서 정상 상태로 적어도 몇 시간 이상의 운전 결과에 따라 하는가? (단, 액체 또는 기체연료를 사용하는 소형보일러에서 인수·인도 당사자 간의 협정이 있는 경우는 제외)

① 0.5시간   ② 1시간
③ 1.5시간   ④ 2시간

> * 열정산은 원칙적으로 정격부하 이상에서 2시간 이상 운전한 결과에 따른다.

16 증기보일러에서 감압밸브 사용의 필요성에 대한 설명으로 가장 적합한 것은?

① 고압증기를 감압시키면 잠열이 감소하여 이용 열이 감소된다.
② 고압증기는 저압증기에 비해 관경을 크게 해야 하므로 배관설비비가 증가한다.
③ 감압을 하면 열교환 속도가 불규칙하나 열전달이 균일하여 생산성이 향상된다.
④ 감압을 하면 증기의 건도가 향상되어 생산성 향상과 에너지 절감이 이루어진다.

> * 감압밸브 : 송기장치의 하나로, 보일러에서 발생된 고압증기를 사용처에서 사용하기 적당한 압력으로 조정하는 역할을 한다. 감압을 하는 과정은 등엔탈피 과정으로 전체적 엔탈피는 같고 압력만 저하하며 압력-엔탈피 그래프(Pi선도)에 의하면,

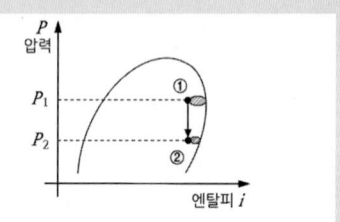

> 고압①에서 저압②로 압력이 변화할 경우, 습도가 차지하는 부분이 감소하고 건조도가 증가한다.
> 등엔탈피 과정이므로 엔탈피는 감압 전후에 같다.

17 제어계를 구성하는 요소 중 전송기의 종류에 해당되지 않는 것은?

① 전기식 전송기   ② 증기식 전송기
③ 유압식 전송기   ④ 공기압식 전송기

> * 자동제어 신호전송 방식 : 전기식, 유압식, 공기압식

18 과열기를 연소가스 흐름 상태에 의해 분류할 때 해당되지 않는 것은?

① 복사형   ② 병류형
③ 향류형   ④ 혼류형

> * 과열기의 종류 구분
> 1) 열전달 방식에 따라 : 복사형, 대류형, 복사대류형* 대류형을 접촉형이라고도 한다.
> 2) 열가스 흐름에 따라 : 향류형, 병류형, 혼류형

19 보일러 연소장치의 선정기준에 대한 설명으로 틀린 것은?

① 사용 연료의 종류와 형태를 고려한다.
② 연소 효율이 높은 장치를 선택한다.
③ 과잉공기를 많이 사용할 수 있는 장치를 선택한다.
④ 내구성 및 가격 등을 고려한다.

> ★ 과잉공기는 완전연소가 가능한 범위에서 되도록 적을수록 좋다. 과잉공기가 증가하면, 배기가스량 증가로 열손실 증가, 연소실 온도저하, 열효율 저하 및 저온부식 증가의 문제점이 발생한다.

20 보일러 급수처리의 목적으로 볼 수 없는 것은?

① 부식의 방지
② 보일러 수의 농축 방지
③ 스케일 생성 방지
④ 역화(back fire) 방지

> ★ 급수처리는 급수 중 불순물로 인한 피해를 방지하기 위함이며, 주로 부식, 보일수 농축 및 스케일 생성을 방지한다.
> 역화는 연소실 입구로 화염이 치솟는 것을 말하며, 공기보다 연료를 먼저 투입한 경우, 연소속도보다 분무 속도가 느릴 경우, 가스버너일 경우 연소장치 과열의 경우에 해당한다.

21 열전달의 기본형식에 해당되지 않는 것은?

① 대류   ② 복사
③ 발산   ④ 전도

> ★ 열은 고온에서 저온으로 전달되며, 전도, 대류, 복사의 형태로 전달된다. 전도(고체의 열전달), 대류(유체의 열전달), 복사(빛의 형태로 열전달)

22 수면계의 기능시험의 시기에 대한 설명으로 틀린 것은?

① 가마울림 현상이 나타날 때
② 2개 수면계의 수위에 차이가 있을 때
③ 보일러를 가동하여 압력이 상승하기 시작했을 때
④ 프라이밍, 포밍 등이 생길 때

> ★ 가마울림은 연소중 연소실이나 연도 내에서 연속적인 울림이 생기는 것으로, 주로 다음과 같은 원인으로 발생한다.
> ① 공기연료비(공연비)가 맞지 않을 때
> ② 연도의 굴곡부가 많거나, 연도의 구조상 미연소가스가 체류하는 가스포켓이 있을 경우

23 보일러 동 내부 안전저수위보다 약간 높게 설치하여 유지분, 부유물 등을 제거하는 장치로서 연속분출 장치에 해당되는 것은?

① 수면 분출장치   ② 수저 분출장치
③ 수중 분출장치   ④ 압력 분출장치

> ★ 수면분출장치는 수면 위의 부유물 등을 제거하는 것으로 본체 하단에 설치된 수저분출장치와 다르게 연속적으로 사용해도 안전저수위 이하 감수의 위험이 없다.

24 액체연료의 유압분무식 버너의 종류에 해당되지 않는 것은?

① 플런저형   ② 외측 반환유형
③ 직접 분사형 ④ 간접 분사형

> ★ 유압분무식은 직접 연료유에 압력을 가하여 분무하는 방식으로 환유식과 비환유식이 있다. 특히 소량을 고압으로 분사할 경우 사용되는 것은 플런저형이라고 한다. 비환유식(=직접분사형), 환유식(=외측 반환유형)
> ★ 플런저 : 왕복 행정이 피스톤 지름보다 클 때
> ★ 피스톤 : 왕복 행정이 피스톤 지름보다 작을 때

25 어떤 보일러의 5시간 동안 증발량이 5,000kg이고, 그때의 급수 엔탈피가 105kJ/kg, 증기엔탈피가 2835kJ/kg이라면 상당증발량은 약 몇 kg/h인가?

① 1,106   ② 1,210
③ 1,304   ④ 1,451

> ★ 상당증발량 = $\dfrac{\text{실제증발량} \times (\text{증기엔탈피} - \text{급수엔탈피})}{2257}$
> = $\dfrac{5000 \times (2835 - 105)}{2257 \times 5}$ = 1209.6 kg/h

26 수관식 보일러에 대한 설명으로 틀린 것은?

① 고온, 고압에 적당하다.
② 용량에 비해 소요면적이 적으며 효율이 좋다.
③ 보유수량이 많아 파열 시 피해가 크고, 부하변동에 응하기 쉽다.
④ 급수의 순도가 나쁘면 스케일이 발생하기 쉽다.

정답 19 ③ 20 ④ 21 ③ 22 ③ 23 ① 24 ④ 25 ② 26 ③

* ② 용량(증기발생량)에 비해 소요면적이 적다는 것은 동일한 전열면적
당 증기발생량이 많다는 것을 뜻함
③ 보유수량이 많아 파열 시 피해가 큰 보일러는 원통형

27 보일러의 제어장치 중 연소용 공기를 제어하는 설비는 자동제어에서 어디에 속하는가?

① F.W.C ② A.B.C
③ A.C.C ④ A.F.C

① F.W.C : 급수제어
② A.B.C : 보일러자동제어
③ A.C.C : 자동연소제어

28 특수보일러 중 간접가열 보일러에 해당되는 것은?

① 슈미트 보일러 ② 베록스 보일러
③ 벤슨 보일러   ④ 코르니시 보일러

* 간접가열보일러 : 보일러 급수가 부식성이거나 불순물이 많을 때 직접 가열하지 않고 증류수 등을 가열한 증기로 가열하여 스케일 생성 등을 방지한다. 종류로는 슈미트 보일러, 레플러 보일러가 있다.

29 자연통풍에 대한 설명으로 가장 옳은 것은?

① 연소에 필요한 공기를 압입 송풍기에 의해 통풍하는 방식이다.
② 연돌로 인한 통풍방식이며 소형보일러에 적합하다.
③ 축류형 송풍기를 이용하여 연도에서 열 가스를 배출하는 방식이다.
④ 송·배풍기를 보일러 전·후면에 부착하여 통풍하는 방식이다.

* 자연통풍은 송풍기를 사용하지 않는 방식으로 연돌을 이용하여 배기가스와 외기의 온도차에 의해 통풍하는 방식을 말한다. 주로 소용량보일러에 사용된다. 반대로 송풍기를 사용하는 방식은 강제통풍이라 하고 압입통풍, 흡입통풍, 평형통풍으로 구분한다.

30 다음 중 보일러에서 실화가 발생하는 원인으로 거리가 먼 것은?

① 버너의 팁이나 노즐이 카본이나 소손 등으로 막혀있다.
② 분사용 증기 또는 공기의 공급량이 연료량에 비해 과다 또는 과소하다.
③ 중유를 과열하여 중유가 유관 내나 가열기 내에서 가스화하여 중유의 흐름이 중단되었다.
④ 연료 속의 수분이나 공기가 거의 없다.

* ① 버너팁은 버너 분출구를 말한다. 분출구에 카본(미연소된 탄소가 용융 용착된 것)이 부착되면 노즐이 막힘
④ 연료속의 수분, 공기가 없을 경우 화염이 끊어지지(단락) 않고 분무상태가 고르게 된다.

31 두께가 13cm, 면적이 $10m^2$인 벽이 있다. 벽 내부온도는 200℃, 외부의 온도가 20℃일 때 벽을 통한 전도되는 열량은 약 몇 kJ/h인가?
(단, 열전도율은 0.084kJ/m·h·℃ 이다.)

① 983.6   ② 1090.3
③ 1163.1   ④ 1311.7

* 전도에 의한 열전달 $Q = A \cdot \dfrac{\lambda}{d} \cdot \Delta t$
A : 면적[m^2], λ : 열전도율[kJ/m·h·℃]
d : 두께[m], Δt : 온도차[℃]
$Q = 10 \times \dfrac{0.084}{0.13} \times (200-20) = 1163.08$ kJ/h

32 보일러 본체나 수관, 연관 등에 발생하는 블리스터(blister)를 옳게 설명한 것은?

① 강판이나 관의 제조 시 두 장의 층을 형성하는 것
② 라미네이션된 강판이 열에 의해 혹처럼 부풀어 나오는 현상
③ 노통이 외부압력에 의해 내부로 짓눌리는 현상
④ 리벳 조인트나 리벳 구멍 등의 응력이 집중하는 곳에 물리적 작용과 더불어 화학적 작용에 의해 발생하는 균열

* 보일러 사고원인은 제작상 원인, 취급상 원인이 있다. 제작상 원인은 재료결함에 의한 것이 주된 원인이며, 라미네이션, 블리스터가 있다.
  • 라미네이션 : 보일러 제작 시 강판 내부에 공기층으로 인해 마치 두 장으로 분리된 것처럼 된 결함
  • 블리스터 : 라미네이션 결함이 있는 강판으로 보일러 제작 시 강판 내부의 공기층이 가열에 의해 부풀어 올라 터지는 현상
* 보기 ①은 라미네이션, ③은 압궤, ④는 크랙

정답 27 ③ 28 ① 29 ② 30 ④ 31 ③ 32 ②

33 일반 보일러(소용량 보일러 및 가스용 온수보일러 제외)에서 온도계를 설치할 필요가 없는 곳은?

① 절탄기가 있는 경우 절탄기 입구 및 출구
② 보일러 본체의 급수 입구
③ 버너 급유 입구(예열을 필요로 할 때)
④ 과열기가 있는 경우 과열기 입구

★ 과열기, 재열기 설치의 경우 출구온도계

34 다음 보일러의 휴지보존법 중 단기보존법에 속하는 것은?

① 석회밀폐건조법
② 질소가스 봉입법
③ 소다만수보존법
④ 가열건조법

★ 보일러 가동을 중지하고 보존하는 것을 휴지보존이라 한다.
  ㉠ 단기보존 : 2주일에서 1개월 정도 휴지하는 경우
  ㉡ 장기보존 : 2~3개월 이상 휴지하는 경우

장기보존법	건조보존법	석회밀폐건조법
		질소가스봉입법
	만수보존법	소다만수보존법
단기보존법	건조보존법	가열건조법
	만수보존법	보통만수법

35 보일러에서 발생하는 고온 부식의 원인물질로 거리가 먼 것은?

① 나트륨   ② 유황
③ 철   ④ 바나듐

★ 고온부식은 알칼리성 염류, 황화합물, 바나듐 등으로 인해 발생하며, 주로 바나듐에 의한 부식이 대표적이다. 바나듐은 고온에서 산화되어 비교적 낮은 융점을 지니는 V_2O_5(오산화바나듐)이 되는데, 강한 산성 물질로 탄소강 금속 표면을 부식시킨다.
★ 철은 고온부식의 원인이 아닌, 고온부식 발생부위의 재질이다.

36 보일러에서 수면계 기능시험을 해야 할 시기로 가장 거리가 먼 것은?

① 수위의 변화에 수면계가 빠르게 반응할 때
② 보일러를 가동하기 전
③ 2개의 수면계 수위가 서로 다를 때
④ 프라이밍, 포밍 등이 발생한 때

★ 수면계가 정상적으로 작동할 때는 기능시험을 하지 않아도 되며, 수면계 수위가 예민하게 작동할 때는 정상이다.

37 열사용기자재의 검사 및 검사면제에 관한 기준에 따라 급수장치를 필요로 하는 보일러에는 기준을 만족시키는 주펌프 세트와 보조펌프 세트를 갖춘 급수장치가 있어야 하는데, 특정 조건에 따라 보조펌프 세트를 생략할 수 있다. 다음 중 보조펌프 세트를 생략할 수 없는 경우는?

① 전열면적이 $10m^2$인 보일러
② 전열면적이 $8m^2$인 가스용 온수보일러
③ 전열면적이 $16m^2$인 가스용 온수보일러
④ 전열면적이 $50m^2$인 관류보일러

★ 급수장치의 설치기준은 2세트 이상이어야 하며, 보조펌프를 생략하여 1세트 이상으로 할 수 있는 경우는 다음과 같다.
  ㉠ 전열면적 $12m^2$ 이하의 증기보일러
  ㉡ 전열면적 $14m^2$ 이하의 가스용 온수보일러
  ㉢ 전열면적 $100m^2$ 이하의 관류보일러
★ 보기 ③은 가스용온수보일러로서 전열면적 $14m^2$ 초과이므로 보조펌프를 생략할 수 없다.

38 다음 중 난방부하의 단위로 옳은 것은?

① kJ/kg   ② kJ/h
③ kg/h   ④ $kJ/m^2 \cdot h$

★ 난방부하는 난방에 필요한 열로서, 시간당 열량으로 표시한다. 단위는 kJ/h 또는 kW

39 최고사용압력이 1.6MPa인 강철제보일러의 수압시험압력으로 맞는 것은?

① 0.8MPa   ② 1.6MPa
③ 2.4MPa   ④ 3.2MPa

정답 33 ④ 34 ④ 35 ③ 36 ① 37 ③ 38 ② 39 ③

* 강철제 보일러의 수압시험은 다음과 같다.

최고사용압력(P)	수압시험
0.43MPa 이하	2P
0.43MPa 이상 1.5MPa 이하	1.3P+0.3
1.5MPa 초과	1.5P

최고사용압력이 1.6MPa이므로,
1.6 × 1.5 = 2.4MPa

40 콘크리트 벽이나 바닥 등에 배관이 관통하는 곳에 관의 보호를 위하여 사용하는 것은?

① 슬리브 ② 보온재료
③ 행거 ④ 신축곡관

* 슬리브 : 관의 외경보다 약간 큰 지름의 외층관을 말한다.

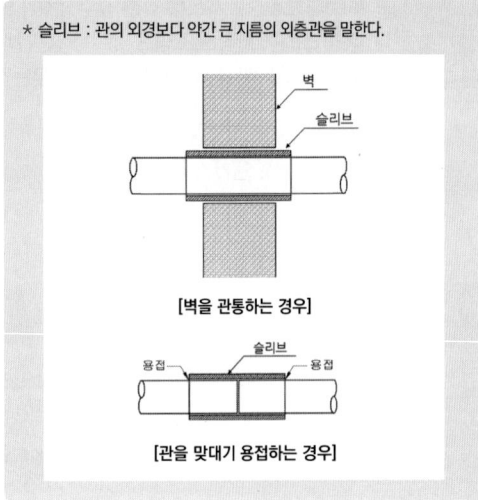

[벽을 관통하는 경우]

[관을 맞대기 용접하는 경우]

41 무기질 보온재 중 하나로 안산암, 현무암에 석회석을 섞어 용융하여 섬유모양으로 만든 것은?

① 코르크 ② 암면
③ 규조토 ④ 유리섬유

* 암면 : 현무암 등에 석회 등을 섞어 1600℃ 이상으로 용융하고 솜사탕과 같은 원리로 원심분리하여 섬유형태로 가공한 것으로, 물리적 성질이 유리면과 거의 비슷하며 석면 대체물질로 개발된 것이다.

42 보일러 수 처리에서 순환계통의 처리방법 중 용해 고형물 제거 방법이 아닌 것은?

① 약제 첨가법 ② 이온교환법
③ 증류법 ④ 여과법

* 용해고형물은 물에 이온형태로 녹아 있는 불순물을 말하며, 주로 염류를 말한다. 이를 제거하기 위해서는 증류, 이온교환, 약품첨가의 방법이 사용된다.

43 강관에 대한 용접이음의 장점으로 거리가 먼 것은?

① 열에 의한 잔류응력이 거의 발생하지 않는다.
② 접합부의 강도가 강하다.
③ 접합부의 누수의 염려가 없다.
④ 유체의 압력손실이 적다.

* 용접이음은 용융, 응고로 인한 열응력이 발생하므로 용접부위의 양끝을 가접한 뒤 용접을 해야 용접부위가 뒤틀리지 않는다.

44 가동 보일러에 스케일과 부식물 제거를 위한 산세척 처리 순서로 올바른 것은?

① 전처리→수세→산액처리→수세→중화·방청처리
② 수세→산액처리→전처리→수세→중화·방청처리
③ 전처리→중화·방청처리→수세→산액처리→수세
④ 전처리→수세→중화·방청처리→수세→산액처리

* 산액처리는 염산 등을 약품을 이용하여 관을 세척하는 것을 말하며, 물로 씻어낸 뒤 중화처리 하여야 한다.

45 방열기의 구조에 관한 설명으로 옳지 않은 것은?

① 주요 구조 부분은 금속재료나 그 밖의 강도와 내구성을 기지는 적절한 재질의 것을 사용해야 한다.
② 엘리먼트 부분은 사용하는 온수 또는 증기의 온도 및 압력을 충분히 견디어 낼 수 있는 것으로 한다.
③ 온수를 사용하는 것에는 보온을 위해 엘리먼트 내에 공기를 빼는 구조가 없도록 한다.
④ 배관 접속부는 시공이 쉽고 점검이 용이해야 한다.

* 방열기의 엘리먼트는 고온의 유체가 실내의 공기와 열교환하는 부분을 말한다. 방열기 출구에는 공기빼기 밸브가 설치되어야 한다.

정답 40 ① 41 ② 42 ④ 43 ① 44 ① 45 ③

46 액상 열매체 보일러 시스템에서 사용하는 팽창탱크에 관한 설명으로 틀린 것은?

① 액상 열매체 보일러시스템에는 열매체유의 액 팽창을 흡수하기 위한 팽창탱크가 필요하다.
② 열매체유 팽창탱크에는 액면계와 압력계가 부착되어야 한다.
③ 열매체유 팽창탱크의 설치장소는 통상 열매체유 보일러시스템에서 가장 낮은 위치에 설치한다.
④ 열매체유의 노화방지를 위해 팽창탱크의 공간부에는 N_2가스를 봉입한다.

* 열매체유 팽창탱크의 설치장소는 통상 열매체유 시스템의 최고위치에 설치한다. 팽창탱크의 연락배관은 열매체유 순환펌프의 흡입배관에 접속한다.

47 포화온도 105℃인 증기난방 방열기의 상당 방열면적이 20m²일 경우 시간당 발생하는 응축수량은 약 kg/h 인가? (단, 105℃ 증기의 증발잠열은 2243kJ/kg 이다.)

① 10.37 ② 20.57
③ 12.17 ④ 24.28

* 주어진 조건에서 증기방열기는 방열기 면적 1m²당 상당방열량 2723[kJ/m²h]를 방출한다. 또한, 해당 압력의 포화온도 105℃에서 2243[kJ/kg]을 방출하면 응축수 1kg이 생성되므로 계산하면,
증기량 × 2243 = 20 × 2723
응축수량 $Q = \frac{20 \times 2723}{2243} = 24.28[kg/h]$

48 강관재 루프형 신축이음은 고압에 견디고 고장이 적어 고온·고압용 배관에 이용되는데 이 신축이음의 곡률반경은 관지름의 몇 배 이상으로 하는 것이 좋은가?

① 2배 ② 3배
③ 4배 ④ 6배

* 루프형 신축이음의 곡률반경은 6배 이상

49 보온재 선정 시 고려하여야 할 사항으로 틀린 것은?

① 안전사용 온도범위에 적합해야 한다.
② 흡수성이 크고 가공이 용이해야 한다.
③ 물리적, 화학적 강도가 커야 한다.
④ 열전도율이 가능한 적어야 한다.

* 보온재는 수분을 흡수하게 되면 보온효과가 떨어진다. 따라서, 흡수성이 작아야 한다.

50 수격작용을 방지하기 위한 조치로 거리가 먼 것은?

① 송기에 앞서서 관을 충분히 데운다.
② 송기할 때 주증기 밸브는 급히 열지 않고 천천히 연다.
③ 증기관은 증기가 흐르는 방향으로 경사가 지도록 한다.
④ 증기관에 드레인이 고이도록 중간을 낮게 배관한다.

* 증기관 도중에 고인 응축수(드레인)가 송기 시 증기에 밀려 관 내부에서 충격과 소음을 유발하는 현상을 수격현상(워터 해머)이라 한다. 따라서, 증기관 도중에 응축수가 고이기 쉬운 구조로 배관해서는 안 되며 응축수가 고이는 곳에는 증기트랩을 설치하여 제거하여야 한다.

51 배관용접 작업 시 안전사항 중 산소용기는 일반적으로 몇 ℃ 이하의 온도로 보관하여야 하는가?

① 100℃ 이하 ② 80℃ 이하
③ 60℃ 이하   ④ 40℃ 이하

* 고압가스 용기는 일반적으로 용기 표면 온도가 40℃를 넘지 않도록 보관한다.

52 단관 중력 순환식 온수난방의 배관은 주관을 앞 내림 기울기로 하여 공기가 모두 어느 곳으로 빠지게 하는가?

① 드레인 밸브   ② 팽창 탱크
③ 에어벤트 밸브 ④ 체크 밸브

* 온수난방에서 온수가 순환하면서 체류한 공기는 결국 팽창 탱크를 통해 빠지게 된다.

정답 46 ③ 47 ④ 48 ④ 49 ② 50 ④ 51 ④ 52 ②

53 배관지지 장치의 명칭과 용도가 잘못 연결된 것은?

① 파이프 슈 - 관의 수평부, 곡관부지지
② 리지드 서포트 - 빔 등으로 만든 지지대
③ 롤러 서포트 - 방진을 위해 변위가 적은 곳에 사용
④ 행거 - 배관계의 중량을 위에서 달아 매는 장치

★ 롤러 서포트 : 관의 수평이동이 있는 곳에 지지물로 사용되며 롤러 위에 설치된 배관의 높이는 유지한 채 수평으로 이동할 수 있다.

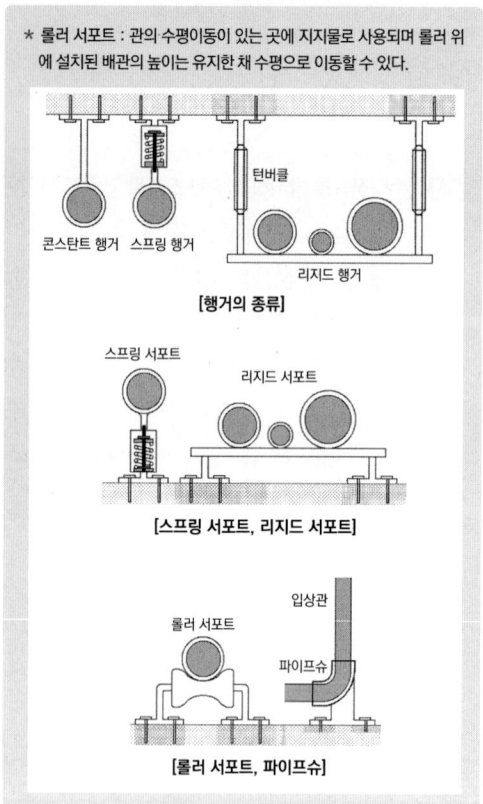

[행거의 종류]

[스프링 서포트, 리지드 서포트]

[롤러 서포트, 파이프슈]

54 보일러 운전이 끝난 후의 조치사항으로 잘못된 것은?

① 유류 사용 보일러의 경우 연료 계통의 스톱밸브를 닫고 버너를 청소한다.
② 연소실 내의 잔류여열로 보일러 내부의 압력이 상승하는지 확인한다.
③ 압력계 지시압력과 수면계의 표준수위를 확인해둔다.
④ 예열용 연료를 노내에 약간 넣어 둔다.

★ 연료를 노내에 미리 넣어 둘 경우, 다음 가동 시 미연소가스의 폭발 우려가 있다.

55 에너지법에 의거 지역 에너지계획을 수립한 시·도지사는 이를 누구에게 제출하여야 하는가?

① 대통령
② 산업통상자원부장관
③ 국토교통부장관
④ 에너지관리공단 이사장

★ 지역에너지 계획 수립은 시·도지사 → 산자부장관에게 보고

56 신·재생에너지 정책심의회의 구성으로 맞는 것은?

① 위원장 1명을 포함한 10명 이내의 위원
② 위원장 1명을 포함한 20명 이내의 위원
③ 위원장 2명을 포함한 10명 이내의 위원
④ 위원장 2명을 포함한 20명 이내의 위원

★ 신·재생에너지 정책심의회의 위원은 위원장 1명 포함 20명 이내로 구성
(1) 위원장
  산업통상자원부 소속 에너지 분야의 업무를 담당하는 고위공무원단에 속하는 일반직공무원 중에서 산업통상자원부장관이 지명하는 사람
(2) 위원
  ㉠ 기획재정부, 미래창조과학부, 농림축산식품부, 산업통상자원부, 환경부, 국토교통부, 해양수산부의 3급 공무원 또는 고위공무원단에 속하는 일반직공무원 중 해당 기관의 장이 지명하는 사람 각 1명
  ㉡ 신·재생에너지 분야에 관한 학식과 경험이 풍부한 사람 중 산업통상자원부장관이 위촉하는 사람
★ 산자부장관
  심의회의 심의를 거쳐 신·재생에너지 기술개발 및 이용 보급 촉진을 위한 기본계획을 5년마다 수립

57 에너지 수급안정을 위하여 산업통상자원부장관이 필요한 조치를 취할 수 있는 사항이 아닌 것은?

① 에너지의 배급
② 산업별·주요 공급자별 에너지 할당
③ 에너지의 비축과 저장
④ 에너지의 양도·양수의 제한 또는 금지

★ 에너지 수급안정을 위해 산자부 장관은 에너지사용자·에너지공급자 또는 에너지사용기자재의 소유자와 관리자에게 다음 각 호의 사항에 관한 조정·명령, 그 밖에 필요한 조치를 할 수 있다
1. 지역별·주요 수급자별 에너지 할당
2. 에너지공급설비의 가동 및 조업
3. 에너지의 비축과 저장
4. 에너지의 도입·수출입 및 위탁가공
5. 에너지공급자 상호 간의 에너지의 교환 또는 분배 사용
6. 에너지의 유통시설과 그 사용 및 유통경로
7. 에너지의 배급
8. 에너지의 양도·양수의 제한 또는 금지
9. 에너지사용의 시기·방법 및 에너지사용기자재의 사용 제한 또는 금지 등

정답 53 ③ 54 ④ 55 ② 56 ② 57 ②

58 저탄소 녹색성장 기본법에 의거 온실가스 감축목표 등의 설정·관리 및 필요한 조치에 관한 사항을 관장하는 기관으로 옳은 것은?

① 농림 축산식품부 : 건물·교통 분야
② 환경부 : 농업·축산 분야
③ 국토교통부 : 폐기물 분야
④ 산업통상자원부 : 산업·발전 분야

> ★ 에너지이용합리화, 저탄소 녹색성장, 신재생에너지 개발 등에 관한 기본적인 업무는 산업통상자원부에서 관장함

에너지관리기능장, 에너지관리기사, 에너지관리산업기사	용량이 10h/h를 초과하고 30t/h 이하인 보일러
에너지관리기능장, 에너지관리기사, 에너지관리산업기사 또는 에너지관리기능사	용량이 10t/h 이하인 보일러
에너지관리기능장, 에너지관리기사, 에너지관리산업기사, 에너지관리기능사 또는 인정검사기기 조종자의 교육을 이수한 자	1. 증기보일러로서 최고사용압력이 1MPa 이하이고, 전열면적이 $10m^2$ 이하인 것 2. 온수발생 및 열매체를 가열하는 보일러로서 용량이 581.5kW 이하인 것 3. 압력용기

> ★ 따라서, 에너지관리기능사가 조종할 수 있는 범위는 용량 10t/h의 보일러이므로 15t/h의 보일러는 조종할 수 없다.

59 에너지이용합리화법상 검사대상기기조종자가 퇴직하는 경우 퇴직 이전에 다른 검사대상기기조종자를 선임하지 아니한 자에 대한 벌칙으로 맞는 것은?

① 1천만원 이하의 벌금
② 2천만원 이하의 벌금
③ 5백만원 이하의 벌금
④ 2년 이하의 징역

> ★ 검사대상기기 조종자 (검사대상기기가 되는 보일러 등 열사용기자재의 관리책임자)를 선임하지 않은 경우 1천만원 이하 벌금

60 에너지이용합리화법에서 정한 검사대상기기 조종자의 자격에서 에너지관리기능사가 조종할 수 있는 조종범위로서 옳지 않은 것은?

① 용량이 15t/h 이하인 보일러
② 온수발생 및 열매체를 가열하는 보일러로서 용량이 581.5kW 이하인 것
③ 최고사용압력이 1MPa 이하이고, 전열면적이 $10m^2$ 이하인 증기보일러
④ 압력용기

> ★ 2014.1.1부터 적용되는 검사대상기기 조종자 자격범위
>
> | 조종자의 자격 | 조종범위 |
> |---|---|
> | 에너지관리기능장 또는 에너지관리기사 | 용량이 30t/h를 초과하는 보일러 |

에너지관리기능사

2014.04.06 시행

수험자번호		총 문제수	60문제	예상점수	
수험자명		시험시간	60분	실제점수	

01 화염검출기 기능불량과 대책을 연결한 것으로 잘못된 것은?

① 집광렌즈 오염 – 분리 후 청소
② 증폭기 노후 – 교체
③ 동력선의 영향 – 검출회로와 동력선 분리
④ 점화전극의 고전압이 프레임 로드에 흐를 때 – 전극과 불꽃 사이를 넓게 분리

* 화염검출기의 기능불량과 대책은 대략 다음과 같다.
  ㉠ 화염검출기 불량 : 검출기의 수광 위치 및 기능점검
  ㉡ 수광면 오염 : 수광면을 마른걸레로 깨끗이 닦는다.
  ㉢ 광전관의 노후 : 교환, 주위온도계 주의
  ㉣ 삽입위치 불량 : 설치위치 및 각도 수정
  ㉤ 종류 부적정 : 적외선 검출, 자외선 검출, 적정한 광전관 선택
  ㉥ 배선의 단락 : 점검, 수리
  ㉦ 증폭기의 노후 : 교환
  ㉧ 오동작 : 화염특성에 맞는 수감부를 선정
  ㉨ 동력선의 영향 : 검출회로 배선과 동력선은 분리 배선한다.
* 점화전극과 화염검출기의 플레임로드(전극봉)와는 전혀 관계가 없는 장치이다. 따라서, 점화전극의 전압이 플레임로드에 흐른다면 점화 내부 회로가 쇼트(단락)되었다는 것을 의미하며, 분해하여 전체적인 점검 및 회로 교체를 하여야 한다.

02 물의 임계압력에서의 잠열은 몇 kJ/kg인가?

① 2257   ② 420
③ 0   ④ 2677

* 임계상태에서는 잠열이 0[kJ/kg]이며, 증발현상없이 곧바로 액체가 기체로 변화한다. 물의 임계압력은 22.1[MPa], 임계온도는 374.15℃ 이며, 이 상태에서 증발잠열은 0[kJ/kg]이다.

03 유류 연소 시의 일반적인 공기비는?

① 0.95 ~ 1.1   ② 1.6 ~ 1.8
③ 1.2 ~ 1.4   ④ 1.8 ~ 2.0

* 일반적인 공기비는 1 이상이며, 연료종류에 따라 일반적으로
  기체연료 : 1.1~1.2
  액체연료 : 1.2~1.4
  고체연료 : 1.4~1.8
  그러나, 실제 연소시 배기가스 중 과잉산소와 탄산가스(%)를 측정하여 미세하게 조정한다.

04 다음 보일러 중 수관식 보일러에 해당되는 것은?

① 타쿠마 보일러
② 카네크롤 보일러
③ 스코치 보일러
④ 하우덴 존슨 보일러

* ① 타쿠마보일러 : 수관식
  ② 카네크롤 : 특수열매체
  ③ 스코치, 하우덴존슨 : 노통연관

05 집진장치 중 집진효율은 높으나 압력손실이 낮은 형식은?

① 전기식 집진장치
② 중력식 집진장치
③ 원심력식 집진장치
④ 세정식 집진장치

* ① 전기식 : 집진효율이 가장 좋고 압력손실이 적다.
  ② 중력식 : 집진효율이 나쁘다.
  ③ 원심력식 : 집진효율이 좋은 편이며 경제적이다.
  ④ 세정식 : 먼지 함유량이 적은 가스도 고도로 청정할 수 있으나 압력 손실이 크고 통풍력이 감소한다.

정답 01 ④ 02 ③ 03 ③ 04 ① 05 ①

06 액체연료에서의 무화의 목적으로 틀린 것은?

① 연료와 연소용 공기와의 혼합을 고르게 하기 위해
② 연료 단위 중량당 표면적을 작게 하기 위해
③ 연소 효율을 높이기 위해
④ 연소실 열발생률을 높게 하기 위해

★ 무화 : 안개모양으로 분사하는 것으로 단위중량당 표면적을 크게 하여 공기와 혼합을 양호하게 한다. 연소 시 연소 효율이 증가하여 열발생률이 높게 된다.

07 보일러 화염검출장치의 보수나 점검에 대한 설명 중 틀린 것은?

① 프레임아이 장치의 주위온도는 50℃ 이상이 되지 않게 한다.
② 광전관식은 유리나 렌즈를 매주 1회 이상 청소하고 감도유지에 유의한다.
③ 프레임로드는 검출부가 불꽃에 직접 접하므로 소손에 유의하고 자주 청소해 준다.
④ 프레임아이는 불꽃의 직사광이 들어가면 오동작하므로 불꽃의 중심을 향하지 않도록 설치한다.

★ 프레임아이는 불꽃의 광선을 감지하여 작동하며, 불꽃의 중심을 향하여 설치하여야 한다.

08 유압분무식 오일버너의 특징에 관한 설명으로 틀린 것은?

① 대용량 버너의 제작이 가능하다.
② 무화 매체가 필요 없다.
③ 유량조절 범위가 넓다.
④ 기름의 점도가 크면 무화가 곤란하다.

★ 유압분무식은 연료유 자체에 고압으로 유지해야 하므로 유량조절하기 곤란하다(유량조절 범위가 좁다).

09 다음 중 잠열에 해당되는 것은?

① 기화열   ② 생성열
③ 중화열   ④ 반응열

★ 잠열은 상태변화 시 소요되는 열로, 기화열(증발열), 융해열, 응고열, 응축열, 승화열 등이 있다. 즉, 고체, 액체, 기체가 서로 상태변화시 소요되는 열을 말한다.

10 보일러의 자동제어에서 연소제어시 조작량과 제어량의 관계가 옳은 것은?

① 공기량 – 수위   ② 급수량 – 증기온도
③ 연료량 – 증기압   ④ 전열량 – 노내압

★ 증기압, 증기온도를 제어할 때, 연료량과 공기량을 조작한다.

11 다음과 같은 특징을 갖고 있는 통풍방식은?

- 연도의 끝이나 연돌하부에 송풍기를 설치한다.
- 연도 내의 압력은 대기압보다 낮게 유지된다.
- 매연이나 부식성이 강한 배기가스가 통과하므로 송풍기의 고장이 자주 발생한다.

① 자연통풍   ② 압입통풍
③ 흡입통풍   ④ 평형통풍

★ 흡입통풍 : 연도 끝, 연돌하부에 송풍기 설치

12 프라이밍의 발생 원인으로 거리가 먼 것은?

① 보일러 수위가 낮을 때
② 보일러 수가 농축되어 있을 때
③ 송기 시 증기밸브를 급개할 때
④ 증발능력에 비하여 보일러 수의 표면적이 작을 때

★ ① 보일러 수위가 낮을 때 : 과열 원인
②,③,④는 프라이밍 발생 원인이 된다.
④의 보일러 수 표면적이 작다는 것은 고수위를 의미함

13 주철제 보일러의 특징 설명으로 틀린 것은?

① 내열·내식성이 우수하다.
② 쪽수의 증감에 따라 용량조절이 용이하다.
③ 재질이 주철이므로 충격에 강하다.
④ 고압 및 대용량에 부적당하다.

★ 철제 보일러는 급열, 급냉, 충격에 약하다.

14 보일러의 급수장치에서 인젝터의 특징으로 틀린 것은?

① 구조가 간단하고 소형이다.
② 급수량의 조절이 가능하고 급수효율이 높다.
③ 증기와 물이 혼합하여 급수가 예열된다.
④ 인젝터가 과열되면 급수가 곤란하다.

★ 인젝터는 증기힘으로 분사하여 급수하므로 급수예열 효과가 있으나 장치가 간단하고 소형이므로 급수효율이 낮다.

15 질량 80kg인 물체를 수직으로 5m까지 끌어 올리기 위한 일량은 약 몇 kJ인가?

① 3.948kJ ② 0.3948kJ
③ 168kJ ④ 1680kJ

★ 일량(J)=힘(N)×거리(m), 힘(N)=질량(kg)×가속도(m/s²)
따라서, 일량 = $\frac{80 \times 9.8 \times 5}{1000}$ = 3.92kJ
★ 중력가속도는 9.8m/s², 계산결과에 1000으로 나누어 [J]을 [kJ]로 환산

16 상당증발량이 40740kJ/kg, 연료 소비량이 400kg/h인 보일러의 효율은 약 몇 %인가?
(단, 연료의 저위발열량은 40740kJ/kg이다.)

① 81.3% ② 83.1%
③ 85.8% ④ 79.2%

★ 보일러효율(η) = $\frac{상당증발량 \times 2257}{연료사용량 \times 저위발열량} \times 100$
= $\frac{6000 \times 2257}{400 \times 40740} \times 100$ = 83.10%

17 정격압력이 1.2MPa일 때 보일러의 용량이 가장 큰 것은?
(단, 급수온도는 10℃, 증기엔탈피는 2784kJ/kg이다.)

① 실제 증발량 1200kg/h
② 상당 증발량 1500kg/h
③ 정격 출력 930.23kW
④ 보일러 100마력(B-HP)

★ 보일러 용량을 전체적으로 '시간당 출력'(kJ/h)으로 환산하면,
① 실제증발량 1200kg/h인 경우
1200×(2784-10×4.2) = 3,290,400[kJ/h]
② 상당증발량 1500kg/h
1500×2257 = 3,385,500[kJ/h]
③ 930.23×3600 = 3,348,828[kJ/h]
④ 보일러 100마력
(보일러 1마력=35,322 kJ/h 이므로)
100×35.322 = 3,532,200[kJ/h]

18 보일러의 열손실이 아닌 것은?

① 방열 손실 ② 배기가스 열손실
③ 미연소 손실 ④ 응축수 손실

★ 응축수는 증기사용처에서 증기가 열을 방출한 뒤 상태가 변하여 물이 된 것으로 손실이라 보기 어렵다.

19 어떤 보일러의 시간당 발생증기량을 Ga, 발생증기의 엔탈피를 i_2, 급수 엔탈피를 i_1라 할 때, 다음 식으로 표시되는 값(Ge)은?

$$Ge = \frac{Ga(i_2 - i_1)}{2257} [kg/h]$$

① 증발률 ② 보일러 마력
③ 연소 효율 ④ 상당 증발량

★ 보기의 식은 상당증발량을 나타낸 식임

20 보일러의 부하율에 대한 설명으로 적합한 것은?

① 보일러의 최대증발량에 대한 실제증발량의 비율
② 증기발생량을 연료소비량으로 나눈 값
③ 보일러에서 증기가 흡수한 총열량을 급수량으로 나눈 값
④ 보일러 전열면적 1m²에서 시간당 발생되는 증기열량

★ ② 증발배수 : 증기발생량/연료소비량
　③의 개념은 없음
　④ 전열면 부하를 뜻함[kJ/m²h]

21 열용량에 대한 설명으로 옳은 것은?

① 열용량의 단위는 kJ/g·℃이다.
② 어떤 물질 1g의 온도를 1℃ 올리는 데 소요되는 열량이다.
③ 어떤 물질의 비열에 그 물질의 질량을 곱한 값이다.
④ 열용량은 물질의 질량에 관계없이 항상 일정하다.

★ 열용량은 '물질의 질량×비열'로서 어떤 물질 전체를 1℃ 높이는 데 필요한 열량을 말한다.
　단위는 kJ/℃
　열용량이 크면 열을 저장할 수 있는 능력이 크다는 것을 의미

22 수관식 보일러의 특징에 관한 설명으로 틀린 것은?

① 구조상 고압 대용량에 적합하다.
② 전열면적을 크게 할 수 있으므로 일반적으로 효율이 높다.
③ 급수 및 보일러수 처리에 주의가 필요하다.
④ 전열면적당 보유수량이 많아 기동에서 소요증기가 발생할 때까지의 시간이 길다.

★ 보유수량에 비해 전열면적이 넓고(전열면적당 수량이 적고), 증기발생 시간이 빠르다.

23 보일러의 폐열회수장치에 대한 설명 중 가장 거리가 먼 것은?

① 공기예열기는 배기가스와 연소용 공기를 열교환하여 연소용 공기를 가열하기 위한 것이다.
② 절탄기는 배기가스의 여열을 이용하여 급수를 예열하는 급수예열기를 말한다.
③ 공기예열기의 형식은 전열방법에 따라 전도식과 재생식, 히트파이프식으로 분류된다.
④ 급수예열기는 설치하지 않아도 되지만 공기예열기는 반드시 설치하여야 한다.

★ 폐열회수장치는 효율 향상을 위하여 되도록 설치되는 것이 바람직하며, 과열증기를 필요로 하지 않는 곳이라도 절탄기, 공기예열기는 설치하는 것이 열효율을 향상시키는 방법이다.

24 다음 중 탄화수소비가 가장 큰 액체연료는?

① 휘발유　　　　　　② 등유
③ 경유　　　　　　　④ 중유

★ 액체연료의 성분 중 탄소와 수소의 비율을 말하며 연료종류별로는 고체연료>액체연료>기체연료의 순이고, 액체연료에는 타르계 중유>중유>경유>등유>휘발유의 순서이다. 액체연료의 C/H비가 클수록 다음의 특징이 있다.
・점도 및 비중 증가
・인화점 상승, 착화점 저하

25 보일러의 자동제어를 제어동작에 따라 구분할 때 연속동작에 해당되는 것은?

① 2위치 동작
② 다위치 동작
③ 비례동작(P동작)
④ 부동제어 동작

★ 조절부의 동작에 따라 불연속동작, 연속동작으로 구분한다.
　연속동작에는 비례동작, 미분동작, 적분동작, 비례미분, 비례적분, 비례미분적분동작이 있다.

26 중유의 연소 상태를 개선하기 위한 첨가제의 종류가 아닌 것은?

① 연소촉진제
② 회분개질제
③ 탈수제
④ 슬러지 생성제

> ★ 중유에 슬러지가 있을 경우 노즐막힘 우려가 있으므로 슬러지를 분산시켜야 한다(슬러지 분산제).

27 일반적으로 보일러 동(드럼) 내부에는 물을 어느 정도로 채워야 하는가?

① $\frac{1}{4} \sim \frac{1}{3}$
② $\frac{1}{6} \sim \frac{1}{5}$
③ $\frac{1}{4} \sim \frac{2}{5}$
④ $\frac{2}{3} \sim \frac{4}{5}$

> ★ 보일러 본체 내부에 보일러 수는 일반적으로 2/3~3/4 정도이며, 이보다 약간 많은 것은 괜찮다.

28 매연분출장치에서 보일러의 고온부인 과열기나 수관부용으로 고온의 열가스 통로에 사용할 때만 사용되는 매연분출장치는?

① 정치회전형
② 롱리트랙터블형
③ 쇼트레트랙터블형
④ 이동 회전형

> ★ 수트 블로워 : 수관전열면의 그을음을 제거하는 장치
> ① 롱리트랙터블형 : 긴 분사관의 선단에 2개의 노즐. 전후진+회전을 주어 증기 및 공기를 동시에 분사. 주로 고온의 전열면에 사용
> ② 쇼트리트랙터블형 : 보일러 노벽 등에 부착하는 그을음, 찌꺼기를 제거하는데 적합. 짧은 분사관 선단에 1개의 노즐을 설치하여 증기 또는 압축공기를 분사
> ③ 건형 : 건형은 쇼트리트랙터블형과 비슷하나 회전을 하지 않는 형태로서 고온의 연소가스에 과열되는 것을 방지하기 위해 전후진 동작을 신속히 한다.
> ④ 로터리형(정치회전형) : 회전을 하면서 청소하는 것으로 롱리트랙터블형과 달리 전후진을 하지 않고 고정되어 회전하는 정치형이다. 보일러의 연도등의 저온전열면, 절탄기 등에 사용

29 노통 연관식 보일러의 특징으로 가장 거리가 먼 것은?

① 내분식이므로 열손실이 적다.
② 수관식 보일러에 비해 보유수량이 적어 파열 시 피해가 작다.
③ 원통형 보일러 중에서 효율이 가장 높다.
④ 원통형 보일러 중에서 구조가 복잡한 편이다.

> ★ 수관식에 비해 보유수량이 많고 파열 시 피해가 크다.

30 보일러 운전 중 저수위로 인하여 보일러가 과열된 경우의 조치법으로 거리가 먼 것은?

① 연료공급을 중단한다.
② 연소용 공기 공급을 중단하고 댐퍼를 전개한다.
③ 보일러가 자연냉각 하는 것을 기다려 원인을 파악한다.
④ 부동 팽창을 방지하기 위해 즉시 급수를 한다.

> ★ 저수위로 인해 과열된 경우 즉시 급수를 행할 경우 오히려 부동팽창이 발생할 우려가 있다. 뜨겁게 가열된 유리컵에 갑자기 찬 물을 넣으면 균열이 생기고 깨질 우려가 있는 것과 같다.

31 보일러 동체가 국부적으로 과열되는 경우는?

① 고수위로 운전하는 경우
② 보일러 동 내면에 스케일이 형성된 경우
③ 안전밸브의 기능이 불량한 경우
④ 주증기 밸브의 개폐 동작이 불량한 경우

> ★ ① 고수위 : 습증기 발생 우려, 캐리오버 초래
> ② 스케일 : 과열, 파열사고 초래
> ③ 안전밸브 불량 : 압력초과 시 작동불량으로 파열 초래
> ④ 주증기밸브 개폐 불량 : 송기 및 차단이 원활하지 않고 수격작용을 유발할 수 있다.

32 복사난방의 특징에 관한 설명으로 옳지 않은 것은?

① 쾌감도가 좋다.
② 고장 발견이 용이하고 시설비가 싸다.
③ 실내공간의 이용률이 높다.
④ 동일 방열량에 대한 열손실이 적다.

정답 26 ④ 27 ④ 28 ② 29 ② 30 ④ 31 ② 32 ②

* 복사난방은 패널 또는 방열관을 바닥, 벽, 천장에 매입하여 시공하므로 고장 발견이 어렵고 시설비가 비싸다.

③ 규산칼슘 : 30~650℃
④ 암면 : 600℃
⑤ 유리섬유(글라스울) : 300℃
⑥ 탄산마그네슘 : 250℃

33 배관 중간이나 밸브, 펌프, 열교환기 등의 접촉을 위해 사용되는 이음쇠로서 분해, 조립이 필요한 경우에 사용되는 것은?

① 벤드
② 리듀서
③ 플랜지
④ 슬리브

* 분해, 조립이 필요한 경우에 사용되는 이음쇠 : 플랜지, 유니온

34 강관 용접접합의 특징에 대한 설명으로 틀린 것은?

① 관내 유체의 저항 손실이 작다.
② 접합부의 강도가 강하다.
③ 보온피복 시공이 어렵다.
④ 누수의 염려가 적다.

* 용접접합된 관의 표면은 두께 변화가 적고 매끄러워 보온피복 시공이 쉽다.

35 강관 배관에서 유체의 흐름방향을 바꾸는 데 사용되는 이음쇠는?

① 부싱
② 리턴 벤드
③ 리듀서
④ 소켓

* 강관 배관에서 유체 흐름방향을 바꾸는 데 사용되는 이음쇠 : 엘보, 벤드

36 규산칼슘 보온재의 안전사용 최고온도(℃)는?

① 300
② 450
③ 650
④ 850

* 유기질 보온재는 일반적으로 100℃ 이내에 사용하고, 무기질 보온재는 100℃ 이상에서 사용된다. 무기질 보온재 중 450℃까지 사용하는 것을 일반 보온재라고 한다. 무기질 보온재의 안전사용온도는 다음과 같다.
① 석면(=아스베스토) : 300~550℃
② 규조토 : 250~500℃

37 주철제 보일러의 최고사용압력이 0.30MPa인 경우 수압시험압력은?

① 0.15MPa
② 0.30MPa
③ 0.43MPa
④ 0.60MPa

* 주철제 증기보일러의 최고사용압력에 따른 수압시험은

| 0.43MPa(4.3kgf/cm²) 이하 | 2P |
| 0.43MPa 초과 | 1.3P+0.3MPa |

따라서 최고사용압력이 0.3MPa이므로
0.3×2 = 0.6MPa

38 흑체로부터의 복사 전열량은 절대온도의 몇 승에 비례하는가?

① 2승
② 3승
③ 4승
④ 5승

* 스테판·볼츠만 법칙 : 완전흑체에서의 복사열전달열은 절대온도의 4승차에 비례한다.
복사에 의한 전열량(Q_r)
$Q_r = 4.88 \cdot \varepsilon \cdot A \cdot \left[\left(\frac{T_1}{100}\right)^4 - \left(\frac{T_2}{100}\right)^4\right]$

39 수면계의 점검순서 중 가장 먼저 해야 하는 사항으로 적당한 것은?

① 드레인 콕을 닫고 물콕을 연다.
② 물콕을 열어 통수관을 확인한다.
③ 물콕 및 증기콕을 닫고 드레인 콕을 연다.
④ 물콕을 닫고 증기콕을 열어 통기관을 확인한다.

* 수면계 기능시험은 다음 그림을 참고하면, [KBO-2522]

33 ③ 34 ③ 35 ② 36 ③ 37 ④ 38 ③ 39 ③

* 수면계 기능시험은 다음 그림을 참고하면, [KBO-2522]

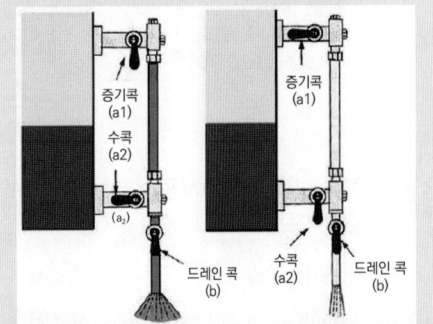

㉠ 상하 콕을 닫고, 드레인 콕(b)을 열고 유리관 내의 물을 내보낸다.
㉡ 하부에 있는 수측 콕(a2)을 열어 물만 내보낸다(수측통로의 청소). 분출상태를 보고 수측 콕을 닫는다.
㉢ 다음 증기측 콕(a1)을 열어 증기만을 내보낸다(증기통로측의 청소). 분출상태를 보고 증기 콕을 닫는다.
㉣ 최후에 드레인 콕을 닫고 증기측 콕을 조금씩 열어 유리관을 따뜻하게 하고 계속해서 수측 콕을 연다.

40 다음 중 보일러의 용수관리에서 경도(hardness)와 관련되는 항목으로 가장 적합한 것은?

① Hg, SVI
② BOD, COD
③ DO, Na
④ Ca, Mg

* 경도는 보일러 수중에 칼슘이온(Ca^{2+}), 마그네슘이온(Mg^{2+})의 용해된 정도를 나타낸 것으로, 주로 스케일의 원인이 된다.

41 보일러의 점화조작 시 주의사항에 대한 설명으로 잘못된 것은?

① 유압이 낮으면 점화 및 분사가 불량하고 유압이 높으면 그을음이 축적되기 쉽다.
② 연료의 예열온도가 낮으면 무화불량, 화염의 편류, 그을음, 분진이 발생하기 쉽다.
③ 연료가스의 유출속도가 너무 빠르면 역화가 일어나고, 너무 늦으면 실화가 발생하기 쉽다.
④ 프리퍼지 시간이 너무 길면 연소실의 냉각을 초래하고 너무 짧으면 역화를 일으키기 쉽다.

* 연료가스의 유출속도가 너무 빠르면 실화가 발생하며, 너무 늦으면 역화가 발생하기 쉽다.

42 세관작업 시 규산염은 염산에 잘 녹지 않으므로 용해촉진제를 사용하는 데 다음 중 어느 것을 사용하는가?

① H_2SO_4
② HF
③ NH_3
④ Na_2SO_4

* 유리(실리카 성분)를 녹일 수 있는 산은 불화수소산(HF)이다. 따라서, 규산염(유리질) 성분의 스케일을 세관하는데 HF를 용해촉진제로 첨가한다.

43 이동 및 회전을 방지하기 위해 지지점 위치에 완전히 고정하는 지지금속으로, 열팽창 신축에 의한 영향이 다른 부분에 미치지 않도록 배관을 분리하여 설치 고정해야 하는 리스트레인트의 종류는?

① 앵커
② 리지드 행거
③ 파이프 슈
④ 브레이스

• 리스트레인트의 종류 : 앵커, 스톱, 가이드
• 행거의 종류 : 리지드 행거, 콘스탄트 행거, 스프링 행거
• 서포트 종류 : 리지드 서포트, 스프링 서포트, 롤러 서포트, 파이프 슈

44 강철제 증기보일러의 최고사용압력이 2MPa일 때 수압시험압력은?

① 2MPa
② 2.5MPa
③ 3MPa
④ 4MPa

* 강철제보일러의 수압시험압력은 다음과 같다.

최고사용압력(P)	수압시험
0.43MPa(4.3kgf/cm²) 이하	2P
0.43MPa 초과 1.5MPa 이하	1.3P+0.3MPa
1.5MPa 초과	1.5P

문제조건에서 최고사용압력이 2MPa이므로
2×1.5 = 3MPa

정답 40 ④ 41 ③ 42 ② 43 ① 44 ③

45 보일러에서 열효율의 향상 대책으로 틀린 것은?

① 열손실을 최대한 억제한다.
② 운전조건을 양호하게 한다.
③ 연소실 내의 온도를 낮춘다.
④ 연소장치에 맞는 연료를 사용한다.

★ 연소실 내의 온도가 낮으면 진동연소의 원인이 되며 불완전연소가 되기 쉽다. 연소실 온도를 높게 유지해야 연소효율이 좋아진다.

46 증기보일러의 캐리오버(carry over)의 발생 원인과 가장 거리가 먼 것은?

① 보일러 부하가 급격하게 증대할 경우
② 증발부 면적이 불충분할 경우
③ 증기정지 밸브를 급격히 열었을 경우
④ 부유 고형물 및 용해 고형물이 존재하지 않을 경우

★ 캐리오버는 기수공발이고도 한다. 주증기 밸브 시 습증기가 증기관으로 유입되는 현상이며, 주로 다음과 같은 원인이 있다.
 ㉠ 증기 밸브를 급히 열었을 경우
 ㉡ 포밍, 프라이밍이 발생한 경우
 ㉢ 증발부 면적이 불충분하거나, 보일러 부하가 급격하게 증대한 경우
 ㉣ 부유 고형물 및 용해 고형물이 존재하여 보일러수 농축 등으로 습증기가 발생할 때

47 보일러의 증기관 중 반드시 보온을 해야 하는 곳은?

① 난방하고 있는 실내에 노출된 배관
② 방열기 주위 배관
③ 주증기 공급관
④ 관말 증기트랩장치의 냉각레그

★ 난방하고 있는 실내배관, 방열기 배관은 열을 정상적으로 실내에 방출하고 있는 곳이다. 또한 관말 트랩장치의 냉각레그는 트랩에 응축수 회수가 용이하게 하기 위해 열을 방출하는 곳에 해당한다. 주증기 공급관은 증기사용처에 증기를 공급하고 있는 부분으로 사용처에 도달하기 전까지는 보온을 철저히 해야 한다.

48 보일러 연소실 내에서 가스 폭발을 일으킨 원인으로 가장 적절한 것은?

① 프리퍼지 부족으로 미연소 가스가 충만되어 있었다.
② 연도 쪽의 댐퍼가 열려 있었다.
③ 연소용 공기를 다량으로 주입하였다.
④ 연료의 공급이 부족하였다.

★ 연소실 내 가스폭발은 주로 프리퍼지 부족으로 미연소가스가 체류할 경우 발생한다.

49 보일러 건조보존 시에 사용되는 건조제가 아닌 것은?

① 암모니아
② 생석회
③ 실리카겔
④ 염화칼슘

★ 건조제로 주로 사용되는 약품은 〈황실생활오염〉
황산, 실리카겔, 생석회, 활성알루미나, 오산화인, 염화칼슘

50 환수관의 배관방식에 의한 분류 중 환수주관을 보일러의 표준수위 보다 낮게 배관하여 환수하는 방식은 어떤 배관 방식인가?

① 건식환수
② 중력환수
③ 기계환수
④ 습식환수

• 환수주관의 위치에 따라 : 습식환수, 건식환수
 – 습식환수 : 환수주관이 보일러 표준수위보다 낮을 때
 – 건식환수 : 환수주관이 보일러 표준수위보다 높을 때
• 응축수 환수방법에 따라 : 중력환수, 기계환수, 진공환수

51 보일러 운전 중 1일 1회 이상 실행하거나 상태를 점검해야 하는 것으로 가장 거리가 먼 사항은?

① 안전밸브 작동상태
② 보일러 수 분출 작업
③ 여과기 상태
④ 저수위 안전장치 작동상태

★ 여과기는 각 부위마다 전후 압력차를 점검하여 여과망의 교체시기를 정한다. 따라서 매일 점검하지 않아도 된다. 예를 들어 오일 여과기의 압력차는 0.02MPa 이상이 되면 여과망을 청소해야 한다.

정답 45 ③ 46 ④ 47 ③ 48 ① 49 ① 50 ④ 51 ③

52 보일러의 수압시험을 하는 주된 목적은?

① 제한 압력을 결정하기 위하여
② 열효율을 측정하기 위하여
③ 균열의 여부를 알기 위하여
④ 설계의 양부를 알기 위하여

* 수압시험은 보일러의 균열여부를 파악하기 위해 최고사용압력보다 높게 실시하되, 최소한 0.2MPa 이상으로 행한다.

53 난방부하의 발생요인 중 맞지 않는 것은?

① 벽체(외벽, 바닥, 지붕 등)를 통한 손실열량
② 극간 풍에 의한 손실열량
③ 외기(환기공기)의 도입에 의한 손실열량
④ 실내조명, 전열 기구 등에서 발산되는 열부하

* 난방부하는 실내에서 실외로 열손실이 되므로 발생한다. 따라서, ④는 조명, 전열기구에서 실내로 일부분 보충되므로 난방부하 발생요인에 해당하지 않는다.

54 팽창탱크 내의 물이 넘쳐흐를 때를 대비하여 팽창탱크에 설치하는 관은?

① 배수관
② 환수관
③ 오버플로관
④ 팽창관

* 개방식 팽창탱크를 참고하면,

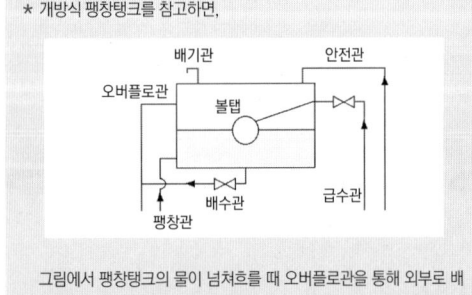

그림에서 팽창탱크의 물이 넘쳐흐를 때 오버플로관을 통해 외부로 배출된다.
* 배수관 : 팽창탱크 내의 드레인을 배출
* 팽창관 : 본체 내의 일정 압력유지, 보일러 부족수 보충
* 급수관&볼탭 : 팽창탱크 내에 일정 수위 유지
* 안전관 : 본체 내의 이상팽창으로 인한 온수를 탱크로 배출

55 온실가스 감축 목표의 설정·관리 및 필요한 조치에 관하여 총괄·조정 기능을 수행하는 자는?

① 환경부장관
② 산업통상자원부장관
③ 국토교통부장관
④ 농림축산식품부장관

* 저탄소녹색성장기본법 제42조 근거, 시행령 26조에 의해, 환경부장관은 온실가스 감축 목표의 설정·관리 및 필요한 조치에 관하여 총괄·조정 기능을 수행한다.
부문별 관장기관은 환경부장관의 총괄·조정 업무에 최대한 협조하여야 한다.
1. 농림축산식품부 : 농업·축산 분야
2. 산업통상자원부 : 산업·발전(發電) 분야
3. 환경부 : 폐기물 분야
4. 국토교통부 : 건물·교통 분야

56 저탄소 녹색성장 기본법상 온실가스에 해당하지 않는 것은?

① 이산화탄소
② 메탄
③ 수소
④ 육불화황

* "온실가스"란 이산화탄소(CO_2), 메탄(CH_4), 아산화질소(N_2O), 수소불화탄소(HFCs), 과불화탄소(PFCs), 육불화황(SF_6) 및 그 밖에 대통령령으로 정하는 것으로 적외선 복사열을 흡수하거나 재방출하여 온실효과를 유발하는 대기 중의 가스 상태의 물질을 말한다.

57 에너지법상 에너지 공급설비에 포함되지 않는 것은?

① 에너지 수입설비
② 에너지 전환설비
③ 에너지 수송설비
④ 에너지 생산설비

* 에너지 공급설비 : 에너지를 생산, 전환, 수송, 저장하기 위하여 설치하는 설비

58 온실가스감축, 에너지 절약 및 에너지 이용효율 목표를 통보받는 관리업체가 규정의 사항을 포함한 다음 연도 이행계획을 전자적 방식으로 언제까지 부문별 관장기관에게 제출하여야 하는가?

① 매년 3월 31일까지
② 매년 6월 30일까지
③ 매년 9월 30일까지
④ 매년 12월 31일까지

* 관리업체 지정→관리업체에 대한 목표관리 등
  ① 3월31일까지 : 부문별 관장기관이 3월31일까지 환경부장관에게 관리업체 선정 통보
  ② 6월30일까지 : 환경부장관 확인, 관장기관에 선정결과 통보. 관리업체 선경결과를 관보에 고시
  ③ 9월30일까지 : 부문별 관장기관은 관리업체의 목표를 설정하고 관리업체 및 센터에 통보
  ④ 12월31일까지 : 목표를 통보받은 관리업체는 다음 연도 이행계획을 부문별 관장기관에게 제출

59 자원을 절약하고, 효율적으로 이용하며 폐기물의 발생을 줄이는 등 자원순환산업을 육성·지원하기 위한 다양한 시책에 포함되지 않는 것은?

① 자원의 수급 및 관리
② 유해하거나 재 제조·재활용이 어려운 물질의 사용억제
③ 에너지자원으로 이용되는 목재, 식물, 농산물 등 바이오매스의 수집·활용
④ 친환경 생산체제로의 전환을 위한 기술지원

* 저탄소녹색성장기본법 제24조 참고
  자원순환 산업의 육성·지원 시책에는 다음 각 호의 사항이 포함되어야 한다.
  1. 자원순환 촉진 및 자원생산성 제고 목표설정
  2. 자원의 수급 및 관리
  3. 유해하거나 재제조·재활용이 어려운 물질의 사용억제
  4. 폐기물 발생의 억제 및 재제조·재활용 등 재자원화
  5. 에너지자원으로 이용되는 목재, 식물, 농산물 등 바이오매스의 수집·활용
  6. 자원순환 관련 기술개발 및 산업의 육성
  7. 자원생산성 향상을 위한 교육훈련·인력양성 등에 관한 사항

60 에너지이용합리화법상 열사용기자재가 아닌 것은?

① 강철제보일러
② 구멍탄용 온수보일러
③ 전기순간온수기
④ 2종압력용기

* 열사용기자재는 다음과 같다.
  ㉠ 보일러 : 강철제보일러, 주철제보일러, 소형온수보일러, 구멍탄용 온수보일러, 축열식전기보일러
  ㉡ 태양열집열기
  ㉢ 압력용기 : 1종압력용기, 2종압력용기
  ㉣ 요로 : 요업요로, 금속요로

정답 58 ④ 59 ④ 60 ③

2014년 4회 에너지관리기능사

2014.07.20 시행

01 연소의 속도에 미치는 인자가 아닌 것은?

① 반응물질의 온도
② 산소의 온도
③ 촉매물질
④ 연료의 발열량

★ 연소는 산화를 말하며, 연소속도는 산화반응 속도를 말한다. 일반적으로 화학반응은 온도가 높을수록 압력이 높을수록 촉매가 작용할수록 빨라진다. 발열량은 연소반응 후 발생된다.

02 자동제어의 신호전달방법 중 신호전송 시 시간지연이 있으며, 전송거리가 100~150m 정도인 것은?

① 전기식
② 유압식
③ 기계식
④ 공기식

★ 자동제어 신호전송은 공기식, 유압식, 전기식이 있다.
㉠ 공기식 : 신호전송 지연, 전송거리 짧다.
㉡ 유압식 : 조작력 강대, 인화위험성
㉢ 전기식 : 신호전송 빠름. 복잡한 신호전송, 전송거리 길다.

03 액체연료 중 경질유에 주로 사용하는 기화연소 방식의 종류에 해당하지 않는 것은?

① 포트식
② 심지식
③ 증발식
④ 무화식

★ ㉠ 기화식 버너(증발식버너) : 경유, 등유 등 경질유에 사용
  * 종류·포트식, 증발식, 심지식(낙차식)
  ㉡ 무화식 버너 : 중유 등 중질유에 사용
  * 종류·유압식, 회전식(로터리식), 초음파식, 기류식

04 보일러에 과열기를 설치하여 과열증기를 사용하는 경우의 설명으로 잘못된 것은?

① 과열증기란 포화증기의 온도와 압력을 높인 것이다.
② 과열증기는 포화증기보다 보유 열량이 많다.
③ 과열증기를 사용하면 배관부의 마찰저항 및 부식을 감소시킬 수 있다.
④ 과열증기를 사용하면 보일러의 열효율을 증대시킬 수 있다.

★ 과열증기는 건포화증기 상태에서 증기압력은 일정한 채 온도만 상승시킨 것을 말한다.

05 플로트 트랩은 어떤 종류의 트랩인가?

① 디스크 트랩
② 기계적 트랩
③ 온도조절 트랩
④ 열역학적 트랩

★ 증기배관에 고인 응축수를 제거하기 위해 사용되는 증기트랩은 작동원리에 따라 기계적 트랩, 온도조절 트랩, 열역학적 트랩으로 구분
㉠ 기계적 트랩 : 플로트식, 바켓식
㉡ 온도조절 트랩 : 바이메탈식, 벨로스식(=열동식)
㉢ 열역학적 트랩 : 디스크식, 오리피스식

06 분사관을 이용해 선단에 노즐을 설치하여 청소하는 것으로 주로 고온의 전열면에 사용하는 수트 블로워(soot blower)의 형식은?

① 롱 리트랙터블(long retractable) 형
② 로터리(rotary) 형
③ 건(gun) 형
④ 에어히터클리너(air heater cleaner) 형

정답 01 ④ 02 ④ 03 ④ 04 ① 05 ② 06 ①

* 수트 블로워 : 수관전열면의 그을음을 제거하는 장치
  ㉠ 롱리트랙터블형 : 긴 분사관의 선단에 2개의 노즐을 서로 반대방향으로 설치하여 사용시에는 가스통로 내에 진입시킴과 동시에 회전을 주어 증기 및 공기를 동시에 분사. 주로 고온의 전열면에 사용
  ㉡ 쇼트리트랙터블형 : 보일러 노벽 등에 부착하는 그을음, 찌꺼기를 제거하는 데 적합. 짧은 분사관 선단에 1개의 노즐을 설치하여 증기 또는 압축공기를 분사
  ㉢ 건형 : 건형은 쇼트리트랙터블형과 비슷하나 회전을 하지 않는 형태로서 고온의 연소가스에 과열되는 것을 방지하기 위해 전후진 동작을 신속히 한다.
  ㉣ 로터리형 : 회전을 하면서 청소하는 것으로 롱리트랙터블형과 달리 전후진을 하지 않고 고정되어 회전하는 정치형이다. 보일러의 연도 등의 저온전열면, 절탄기 등에 사용
  ㉤ 에어히터클리너형 : 관형의 공기예열기에 사용되는 특수형

07 긴 관의 한 끝에서 펌프로 압송된 급수가 관을 지나는 동안 차례로 가열, 증발, 과열된 다음 과열 증기가 되어 나가는 형식의 보일러는?

① 노통보일러　　② 관류보일러
③ 연관보일러　　④ 입형보일러

* 드럼이 없이 관으로만 구성되어 초임계압 하에서 증기가 발생하는 보일러는 관류보일러임. 종류는 벤슨, 슐처, 람진, 엣모스, 소형관류가 있음

08 보일러 연소실 내의 미연소가스 폭발에 대비하여 설치하는 안전장치는?

① 가용전　　② 방출밸브
③ 안전밸브　　④ 방폭문

* ① 가용전 : 증기보일러 연소실(노통) 상부에 설치하는 납+주석 성분의 마개. 이상 감수 시 용융되어 증기누설 소음으로 경고
  ② 방출밸브 : 온수보일러 상부에 설치, 증기보일러의 안전밸브처럼 온수보일러 본체 내의 온수압력 초과시 작동
  ③ 안전밸브 : 보일러 증기부에 설치, 증기압력 초과시 작동
  ④ 방폭문 : 연소실 후부 또는 측면에 설치. 미연소가스 폭발에 대비하여 설치

09 연료를 연소시키는데 필요한 실제공기량과 이론공기량의 비 즉, 공기비를 m이라 할 때 다음 식이 뜻하는 것은?

$$(m-1) \times 100\%$$

① 과잉 공기율　　② 과소 공기율
③ 이론 공기율　　④ 실제 공기율

* 보기중 ②③은 사용되지 않는 용어임
  ① 과잉공기율 : 이론공기량에 대한 과잉공기량 비율
  ④ 실제공기율 : 이론공기량에 대한 실제공기량 비율, 공기비라고 한다.
* 실제공기량 = 이론공기량 + 과잉공기량
  또, 과잉공기량 = 실제공기량 + 이론공기량이므로
  과잉공기율 = $\dfrac{과잉공기량}{이론공기량}$
  = $\dfrac{실제공기량 - 이론공기량}{이론공기량}$
  = $\dfrac{실제공기량}{이론공기량} - \dfrac{이론공기량}{이론공기량}$
  = 공기비 - 1
  공기비 기호를 'm'으로 표기했고, 단위를 %로 구하기 위해 ×100을 한 것임

10 보일러의 자동제어 신호전달 방식 중 전달거리가 가장 긴 것은?

① 전기식　　② 유압식
③ 공기식　　④ 수압식

* 자동제어 신호전송은 공기식, 유압식, 전기식이 있다.
  ㉠ 공기식 : 신호전송 지연, 전송거리 짧다.
  ㉡ 유압식 : 조작력 강대, 인화 위험성
  ㉢ 전기식 : 신호전송 빠름. 복잡한 신호전송, 전송거리 길다.

11 보일러 중에서 관류 보일러에 속하는 것은?

① 코크란 보일러　　② 코르니시 보일러
③ 스코치 보일러　　④ 슐처 보일러

* 관류보일러는 드럼이 없이 관으로만 구성되어 초임계압하에서 증기가 발생하는 보일러임. 종류는 벤슨, 슐처, 람진, 엣모스, 소형관류가 있음

12 보일러 효율이 85%, 실제증발량이 5t/h이고 발생 증기의 엔탈피 2755.2kJ/kg, 급수온도의 엔탈피는 235.2kJ/kg, 연료의 저위발열량 40950kJ/kg일 때 연료 소비량은 약 몇 kg/h 인가?

① 316　　　　　② 362
③ 389　　　　　④ 405

> ★ 보일러 효율(η)에서 연료소비량을 구하면,
> $$\eta = \frac{증기발생량 \times (증기엔탈피 - 급수엔탈피)}{연료사용량 \times 저위발열량}$$
> ★ 연료사용량[kg/h]
> $$= \frac{증기발생량 \times (증기엔탈피 - 급수엔탈피)}{\eta \times 저위발열량}$$
> $$= \frac{5000 \times (2755.2 - 235.2)}{0.85 \times 40950} = 361.99 [kg/h]$$

13 물질의 온도 변화에 소요되는 열 즉 물질의 온도를 상승시키는 에너지로 사용되는 열은 무엇인가?

① 잠열　　　　　② 증발열
③ 융해열　　　　④ 현열

> ★ ㉠ 현열(감열) : 물질의 온도변화에 사용되는 열
> ㉡ 잠열(숨은열) : 물질의 상태변화에 사용되는 열상태변화에 따라, 증발열, 응축열, 응고열, 융해열, 승화열이 있음

14 용적식 유량계가 아닌 것은?

① 로타리형 유량계
② 피토관식 유량계
③ 루트형 유량계
④ 오벌기어형 유량계

> ★ 유량을 측정하는 방법은 직접 부피를 측정하는 직접식과 "유량=단면적×속도"의 식에서 속도를 간접적으로 측정하여 유량을 계산하는 간접식이 있다.
> ㉠ 직접 측정 : 용적식
> ㉡ 간접 측정 : 면적식, 유속식, 차압식 등
> • 용적식·로타리, 루트, 오벌기어, 가스미터, 디스크
> • 차압식·오리피스, 플로우 노즐, 벤투리미터
> • 유속식·피토관, 와류식, 열선식, 전자식, 초음파식, 임펠러식
> • 면적식·로터미터, 피스톤, 게이트

15 가압수식 집진장치의 종류에 속하는 것은?

① 백필터　　　　② 세정탑
③ 코트렐　　　　④ 배플식

> ★ 가압수식(가벤사충) : 물을 가압 공급하여 함진가스 내에 분사시켜 분진 등을 제거하는 방법으로 벤투리 스크러버, 제트 스크러버, 사이클론 스크러버, 충전탑, 분무탑(세정탑) 등이 있음

16 원통형 및 수관식 보일러의 구조에 대한 설명 중 틀린 것은?

① 노통 접합부는 아담슨 조인트(Adamson joint)로 연결하여 열에 의한 신축을 흡수한다.
② 코르니시 보일러는 노통을 편심으로 설치하여 보일러수의 순환이 잘되도록 한다.
③ 겔로웨이관은 전열면을 증대하고 강도를 보강한다.
④ 강수관의 내부는 열가스가 통과하여 보일러수 순환을 증진한다.

> (1) 원통형보일러 : 노통을 설치한 노통보일러, 연관을 설치한 연관보일러가 있고 노통과 연관이 같이 조합된 노통연관보일러가 있다. 노통의 구조 및 설치에 따라
> ㉠ 노통 편심설치 : 보일러 수 순환을 촉진
> ㉡ 평형노통의 열팽창 흡수를 위해 아담슨 조인트로 연결 또는 평형노통 대신 파형노통을 사용
> ㉢ 노통 내부에는 상하를 관통한 갤로웨이관을 설치하여 수순환을 돕는다. 설치후 전열면적 증가, 노통강도 보강의 장점이 생긴다.
> ㉣ 본체 구조 앞부분이 평형경판일 때 변형을 방지하기 위해 가제트 스테이를 설치한다.
> (2) 수관보일러 : 상부에 기수드럼, 하부에 수드럼을 설치하고 상하 드럼 사이를 관으로 연결한다. 관 내부에 물이 들어있고 외부로 연소가스가 접촉하여 물이 증발한다. 관의 역할과 드럼 내부 구조에 따라
> ㉠ 강수관 : 상부 기수드럼에 공급된 물이 하부 수드럼으로 내려가는 관. 연소가스로 가열되지 않도록 이중관 또는 내화단열재로 피복한다.
> ㉡ 승수관 : 연소가스가 외부에 접촉하여 물이 끓어 발생된 증기가 상부 기수드럼으로 올라가는 관
> ㉢ 집수기 : 상부 기수드럼에 설치하며 공급된 보일러수를 모아 강수관으로 안내하도록 되어 있는 구조

17 열의 일당량 값으로 옳은 것은?

① 427kgf·m/kcal
② 327kgf·m/kcal
③ 273kgf·m/kcal
④ 472kgf·m/kcal

> * ① 열의 일당량 : 열량 에너지로 일을 할 수 있는 양
>   1kcal → 427kgf·m
>   기호는 J(제이)로 표시하며, 427kgf·m/kcal 를 나타냄
> ② 일의 열당량 : 일 에너지로 열을 발생시킬 수 있는 양
>   1kgf·m → 1/427kcal
>   기호는 A(에이)로 표시하며, 1/427kcal/kgf·m를 나타냄

18 보일러 시스템에서 공기예열기 설치 사용 시 특징으로 틀린 것은?

① 연소효율을 높일 수 있다.
② 저온부식이 방지된다.
③ 예열공기의 공급으로 불완전 연소가 감소된다.
④ 노내의 연소속도를 빠르게 할 수 있다.

> * 폐열회수장치에서 과열기, 재열기는 고온부식, 절탄기, 공기예열기는 저온부식이 발생한다.

19 보일러 연료로 사용되는 LNG의 성분 중 함유량이 가장 많은 것은?

① CH_4
② C_2H_6
③ C_3H_8
④ C_4H_{10}

> * 기체연료로 주로 사용되는 LNG와 LPG를 비교하면
>
> | LNG(액화천연가스) | LPG(액화석유가스) |
> |---|---|
> | ① 주성분 : 메탄(CH_4)
 ② 기화시 약 600배 팽창
 ③ 공기보다 가볍다
 ④ 연소 시 약 10배 공기 필요 | ① 주성분 : 프로판(C_3H_8), 부탄(C_4H_{10})
 ② 기화시 약 250배 팽창
 ③ 공기보다 무겁다.
 ④ 발열량은 메탄의 약 2.5배
 ⑤ 연소 시 약 25배 공기 필요 |

20 공기예열기 설치 시 이점으로 옳지 않은 것은?

① 예열공기의 공급으로 불완전 연소가 감소한다.
② 배기가스의 열손실이 증가한다.
③ 저질 연료도 연소가 가능하다.
④ 보일러 열효율이 증가한다.

> * 공기예열기는 연소용공기를 예열함으로써 연소효율을 높인다. 배기가스 열손실은 일반적으로 공기량이 과다하게 증가하거나 전열면이 검댕 등으로 오염되어 있어 열흡수가 방해받을 때 증가한다.

21 연료 중 표면 연소하는 것은?

① 목탄
② 중유
③ 석탄
④ LPG

> * 표면연소는 불꽃이 없이 연료전체가 빨갛게 되면서 연소하는 것으로 목탄, 코크스가 이에 해당한다.

22 서로 다른 두 종류의 금속판을 하나로 합쳐 온도 차이에 따라 팽창정도가 다른 점을 이용한 온도계는?

① 바이메탈 온도계
② 압력식 온도계
③ 전기저항 온도계
④ 열전대 온도계

> * ① 바이메탈 온도계 : 열팽창 정도가 다른 두 종류의 금속박판을 붙여 만든 것으로 온도변화에 의해 열팽창이 서로 다르므로 휘어지는 현상을 이용하여 온도를 측정
> ② 압력식 온도계 : 피측정체의 온도변화에 따라 고체, 액체, 기체의 팽창에 의한 압력변화를 이용하여 온도를 측정
> ③ 전기저항 온도계 : 일반적으로 금속은 온도가 상승하면 전기 저항값이 증가하는 성질을 이용한 것으로, 금속선을 절연체 위에 감아 만든 측온저항체의 저항값을 재어 온도를 측정
> ④ 열전대 온도계 : 서로 다른 2종의 금속선의 양끝을 접합하여 온도차를 주면 열기전력이 발생하는데 이를 제백효과(see back effect)라 하고 두 금속선의 조합을 열전대(thermo couple)라고 한다. 이 때 기전력을 측정하여 온도를 측정

23 일반적으로 효율이 가장 좋은 보일러는?

① 코르니시 보일러
② 입형 보일러
③ 연관 보일러
④ 수관 보일러

> * 일반적으로 보일러 효율을 비교하면,
> 관류 > 수관 > 노통연관 > 연관 > 노통의 순서

24 급유장치에서 보일러 가동 중 연소의 소화, 압력초과 등 이상 현상 발생 시 긴급히 연료를 차단하는 것은?

① 압력조절 스위치
② 압력제한 스위치
③ 감압 밸브
④ 전자 밸브

> * 전자 밸브는 이상현상 시 긴급연료 차단하며 보일러에서 이와 같이 작동하는 제어를 인터록 제어라 한다.

정답 18 ② 19 ① 20 ② 21 ① 22 ① 23 ④ 24 ④

25 급유량계 앞에 설치하는 여과기의 종류가 아닌 것은?

① U형　　② V형
③ S형　　④ Y형

* 여과기의 형상에 따라 Y형, V형, U형이 있으며
  · 증기관, 급수관 : 주로 Y형을 사용
  · 급유관 : 주로 U형, V형, Y형을 사용
  · 가스관 : 주로 U형, V형을 사용

26 보일러 증기 발생량이 5t/h, 발생 증기 엔탈피는 2730 kJ/kg, 연료 사용량 400kg/h, 연료의 저위 발열량이 40950kJ/kg 일 때 보일러 효율은 약 몇 % 인가? (단, 급수 온도는 20[℃]이다.)

① 78.9%　　② 80.8%
③ 82.4%　　④ 84.2%

* 보일러 효율(η)은,
$$\eta = \frac{증발량 \times (증기엔탈피 - 급수엔탈피)}{연료사용량 \times 저위발열량} \times 100(\%)$$
$$= \frac{5000 \times (2730 - 20 \times 4.2)}{400 \times 40950} \times 100 = 80.77\%$$

27 보일러 급수배관에서 급수의 역류를 방지하기 위하여 설치하는 밸브는?

① 체크 밸브　　② 슬루스 밸브
③ 글로브 밸브　　④ 앵글 밸브

* ① 체크 밸브(역정지 밸브) : 유체의 역류방지
  ② 슬루스 밸브(게이트 밸브) : 유량 개폐용
  ③ 글로브 밸브(스톱 밸브) : 유량 조절용, 주로 증기관에 사용
  ④ 앵글 밸브 : 외형이 90°로 꺾여 있는 밸브로 내부구조상 주로 글로브밸브가 사용된다. 보일러 본체 위 주증기 밸브에 사용

28 보일러 중 노통연관식 보일러는?

① 코르니시 보일러
② 랭커셔 보일러
③ 스코치 보일러
④ 다쿠마 보일러

* ⊙ 노통보일러 : 코르니시, 랭카샤
  ⓒ 연관보일러 : 케와니, 기관차
  ⓒ 노통연관보일러 : 스코치, 하우덴존슨, 패케이지형
  ⓔ 자연순환식 수관보일러 : 다쿠마, 스네기치, 바브콕, 2동D형, 3동
  ⓜ 강제순환식 수관보일러 : 라몬트, 베록스
  ⓗ 관류보일러 : 벤슨, 술처, 람진, 엣모스

29 수면계의 기능시험 시기로 틀린 것은?

① 보일러를 가동하기 전
② 수위의 움직임이 활발할 때
③ 보일러를 가동하여 압력이 상승하기 시작했을 때
④ 2개의 수면계의 수위에 차이를 발견했을 때

* 수면계 점검은 보일러 가동 전 점검한다. 2개의 수면계 수위가 동일하거나, 수위가 예민하게 반응할 때 수면계 점검을 하지 않아도 된다.

30 강관의 스케줄 번호가 나타내는 것은?

① 관의 중심　　② 관의 두께
③ 관의 외경　　④ 관의 내경

* 스케줄 번호 [Sch.No] : 관의 두께를 표시
$$Sch \cdot NO = 10 \times \frac{P}{S}$$
여기에서, P : 사용압력(kgf/cm²)
S : 허용응력(kgf/mm²) = $\frac{인장강도}{안전율}$
* 배관에서의 안전율은 일반적으로 4로 간주

31 가정용 온수보일러 등에 설치하는 팽창탱크의 주된 설치 목적은 무엇인가?

① 허용압력초과에 따른 안전장치 역할
② 배관 중의 맥동을 방지
③ 배관 중의 이물질 제거
④ 온수순환의 원활

* 온수보일러의 압력초과에 따른 안전장치 역할을 하는 것은 팽창 탱크, 방출 밸브 또는 안전 밸브, 방출관이 있다.

32 난방부하가 63000kJ/h이고, 주철제 증기 방열기로 난방한다면 방열기 소요 방열면적은 약 몇 m²인가?
(단, 방열기의 방열량은 표준 방열량으로 한다.)

① 16   ② 18
③ 20   ④ 23

> ★ 난방부하 × 방열면적 = 방열량이므로,
> 방열면적 = 난방부하/방열량
> $= \dfrac{63000}{2723} = 23.14\ [m^2]$
> ★ 증기방열기의 표준방열량은 2723kJ/m²h

33 증기난방과 비교한 온수난방의 특징 설명으로 틀린 것은?

① 예열시간이 길다.
② 건물 높이에 제한을 받지 않는다.
③ 난방부하 변동에 따른 온도조절이 용이하다.
④ 실내 쾌감도가 높다.

> ★ 온수난방은 건물 높이에 제한을 받는다.

34 증기보일러에서 송기를 개시할 때 증기밸브를 급히 열면 발생할 수 있는 현상으로 가장 적당한 것은?

① 캐비테이션 현상
② 수격작용
③ 역화
④ 수면계의 파손

> ★ ① 캐비테이션(공동현상) : 펌프 흡입양정이 너무 높을 때 흡입관에 물이 유입되지 않은 채 펌프실이 텅 비게 되는 현상
> ② 수격작용(워터 해머) : 주증기밸브 급개 시 증기관 내에 고인 응축수가 고압의 증기에 밀려 소음, 진동을 유발하는 현상
> ③ 역화(백화이어) : 연소실 내의 화염이 거꾸로 치솟는 현상. 압입통풍이 너무 세거나 흡입통풍이 너무 약할 때 발생하기 쉽다.
> ④ 수면계 파손 : 내외부 충격, 급열·급냉시, 알칼리수(보일러수)에 노쇄했을 때, 조임 너트를 너무 세게 조일 때 수면계 유리가 파손될 수 있다.

35 배관의 단열공사를 실시하는 목적에서 가장 거리가 먼 것은 무엇인가?

① 열에 대한 경제성을 높인다.
② 온도조절과 열량을 낮춘다.
③ 온도변화를 제한한다.
④ 화상 및 화재방지를 한다.

> ★ 배관 단열 : 배관 내외부의 온도차에 의한 열손실을 방지하고 외부에서 고온의 배관 접촉 시 화상을 방지할 수 있다.

36 보일러의 외처리 방법 중 탈기법에서 제거되는 것은?

① 황화수소   ② 수소
③ 망간   ④ 산소

> ★ 탈기법은 주로 산소, 탄산가스 용존가스 성분을 제거한다.

37 보일러의 외부부식 발생원인과 관계가 가장 먼 것은?

① 빗물, 지하수 등에 의한 습기나 수분에 의한 작용
② 보일러 수 등의 누출로 인한 습기나 수분에 의한 작용
③ 연소가스 속의 부식성 가스(아황산가스 등)에 의한 작용
④ 급수 중에 유지류, 산류, 탄산가스, 산소, 염류 등의 불순물 함유에 의한 작용

> ★ 보일러 부식은 본체 내의 보일러수의 접촉 여부에 따라 내부 부식과 외부부식으로 구분된다.
> ㉠ 내부부식 : 보일러수에 의한 본체 내부 부식
> ㉡ 외부부식 : 습기에 의한 보일러 외면, 연소가스에 의한 연도 부식

38 실내의 온도분포가 가장 균등한 난방방식은 무엇인가?

① 온풍 난방   ② 방열기 난방
③ 복사 난방   ④ 온돌 난방

> ★ 실내 바닥과 천정쪽의 온도차가 가장 작은 것은 복사난방 방식으로 가열면의 위치가 바닥패널, 벽패널, 천장패널이 있다. 온돌난방은 바닥에만 방열관이 매입된 방식을 말한다.

39 관을 아래로 지지하면서 신축을 자유롭게 하는 지지물은 무엇인가?

① 스프링 행거
② 롤러 서포트
③ 콘스탄트 행거
④ 리스트레인트

> ★ 배관의 지지는 하중 및 이동을 제한하는 것이 있다.
> ① 행거 : 배관의 하중을 위에서 끌어당겨 지지
>   스프링 행거, 리지드 행거, 콘스탄트 행거
> ② 서포트 : 배관의 하중을 아래에서 위로 떠받쳐 지지
>   스프링 서포트, 리지드 서포트, 롤러 서포트, 파이프 슈
> ③ 리스트레인트 : 배관의 이동을 제한, 구속한다. 앵커, 스톱, 가이드
> ④ 브레이스 : 펌프, 압축기 등의 진동을 흡수

40 고체 내부에서의 열의 이동 현상으로 물질은 움직이지 않고 열만 이동하는 현상은 무엇인가?

① 전도
② 전달
③ 대류
④ 복사

> ★ 열은 고온에서 저온으로 이동하며 이동하는 형태는
> ㉠ 전도 : 고체에서 열전달
> ㉡ 대류 : 유체에서 열전달
> ㉢ 복사 : 중간 매개체 없이 직접 빛의 형태로 열전달

41 신축이음쇠 종류 중 고온, 고압에 적당하며, 신축에 따른 자체응력이 생기는 결점이 있는 신축이음쇠는?

① 루프형(loop type)
② 스위블형(swivel type)
③ 벨로스형(bellows type)
④ 슬리브형(sleeve type)

> ★ 루프형은 팽창신축에 따른 열응력이 발생하므로 고압옥외배관용으로 사용된다.

42 난방부하 계산시 사용되는 용어에 대한 설명 중 틀린 것은?

① 열전도 : 인접한 물체 사이의 열의 이동 현상
② 열관류 : 열이 한 유체에서 벽을 통하여 다른 유체로 전달되는 현상
③ 난방부하 : 방열기가 표준 상태에서 $1m^2$ 당 단위시간에 방출하는 열량
④ 정격용량 : 보일러 최대 부하상태에서 단위 시간당 총 발생되는 열량

> ★ 용어 자체는 모두 난방부하에 관련된 용어이나 ③의 설명이 잘못됨.
> ★ 난방부하 : 방열기가 1시간 동안 실내에 방출하는 열량
> ★ 상당방열량 : 방열기가 표준 상태에서 $1m^2$ 당 단위시간에 방출하는 열량

43 증기 보일러의 관류밸브에서 보일러와 압력릴리프밸브와의 사이에 체크밸브를 설치할 경우 압력릴리프밸브는 몇 개 이상 설치하여야 하는가?

① 1개
② 2개
③ 3개
④ 4개

> ★ 관류보일러에서 보일러와 압력릴리프 장치와의 사이에 스톱 밸브를 설치할 경우 압력릴리프 장치는 2개 이상으로 하여야 한다(*출제 문제는 지문이 잘못된 것임).

44 보일러 설치·시공기준상 가스용 보일러의 경우 연료배관 외부에 표시하여야 하는 사항이 아닌 것은?
(단, 배관은 지상에 노출된 경우임)

① 사용 가스명
② 최고 사용압력
③ 가스흐름 방향
④ 최저 사용온도

> ★ 가스배관 외부에 가스명, 사용압력, 흐름방향을 표시함

정답 39 ② 40 ① 41 ① 42 ③ 43 ② 44 ④

45 유류연소 수동보일러의 운전정지 내용으로 잘못된 것은?

① 운전정지 직전에 유류예열기의 전원을 차단하고 유류예열기의 온도를 낮춘다.
② 연소실 내, 연도를 환기시키고 댐퍼를 닫는다.
③ 보일러 수위를 정상수위보다 조금 낮추고 버너의 운전을 정지한다.
④ 연소실에서 버너를 분리하여 청소를 하고 기름이 누설되는지 점검한다.

★ 운전 정지 시 : 보일러 정상수위보다 높게 급수를 해놓는다. 급수 후에는 급수밸브, 주증기 밸브를 닫고 주증기관 및 헤더의 드레인 밸브를 확실히 열어 놓는다.

46 증기 트랩의 종류가 아닌 것은?

① 그리스 트랩 ② 열동식 트랩
③ 버켓식 트랩 ④ 플로트 트랩

★ 증기배관에 고인 응축수를 제거하기 위해 사용되는 증기트랩은 작동원리에 따라 기계적 트랩, 온도조절 트랩, 열역학적 트랩으로 구분
㉠ 기계적 트랩 : 플로트식, 버켓식
㉡ 온도조절 트랩 : 바이메탈식, 벨로스식(=열동식)
㉢ 열역학적 트랩 : 디스크식, 오리피스식

47 강판 제조 시 강괴 속에 함유되어 있는 가스체 등에 의해 강판이 두 장의 층을 형성하는 결함은?

① 라미네이션 ② 크랙
③ 블리스터   ④ 심 리프트

★ 강판 내부의 공기 가스 등에 의해 두 장의 층으로 분리되어 있는 현상을 '라미네이션'이라 하고, 이 결함이 있는 강판으로 보일러를 제작하여 사용하는 도중 가열 시 부풀어 올라 터지는 것은 '블리스터'라고 한다.

48 가연가스와 미연가스가 노내에 발생하는 경우가 아닌 것은?

① 심한 불완전연소가 되는 경우
② 점화조작이 실패한 경우
③ 소정의 안전 저연소율 보다 부하를 높여서 연소시킨 경우
④ 연소정지 중에 연료가 노내에 스며든 경우

★ 저연소율로 연소시킬 경우에는 연소가 불안정하기 때문에 화염으로부터 눈을 떼면 안된다. 저연소율이란 더 이상 감소하면 연소가 불안정하게 되고 위험하게 되는 최저연소 한계이며 연료 및 연소방법에 따라 다르다.

49 보일러 급수의 pH로 가장 적합한 것은?

① 4~6   ② 7~9
③ 9~11 ④ 11~13

★ 보일러 급수의 수질은 불순물이 전혀없는 증류수가 가장 적합하다. 그러나 보일러 본체 내에서 부식을 방지하기 위해 약알칼리성으로 공급하는 것이 바람직하며 pH조정제를 사용하여 pH8~9로 조정한다.
★ pH조정제 : 가성소다, 암모니아, 히드라진

50 보일러의 운전정지 시 가장 뒤에 조작하는 작업은?

① 연료의 공급을 정지시킨다.
② 연소용 공기의 공급을 정지시킨다.
③ 댐퍼를 닫는다.
④ 급수펌프를 정지시킨다.

★ 연료 공급 정지공기 > 공급 정지 > 급수를 하고, 압력을 떨어뜨리고, 급수밸브 닫고, 급수펌프 정지증기밸브 닫고, 드레인 밸브 연다 > 댐퍼를 닫는다.

51 냉동용 배관 결합 방식에 따른 도시방법 중 용접식을 나타내는 것은?

★ ① 플랜지 이음
② 납땜 이음
③ 소켓 이음
④ 유니온 이음

52 방열기 설치 시 벽면과의 간격으로 가장 적합한 것은?

① 50mm   ② 80mm
③ 100mm ④ 150mm

★ 주형방열기를 창문 아래쪽에 설치할 경우 벽면과의 거리는 50~60mm 정도 간격

53 20A 관을 90°로 구부릴 때 중심곡선의 적당한 길이는 열 몇 mm 인가?
(단, 곡률 반지름 100mm이다.)

① 147　　② 157
③ 167　　④ 177

★ 굽힘부는 원의 일부분이므로, 그림으로 설명하면, 곡관의 길이(벤딩 부위 길이) 산출식은
$$L = 2\pi R \cdot \frac{\theta}{360} = 2.6$$
$$= 2 \times 3.14 \times 100 \times \frac{90}{360} = 157mm$$

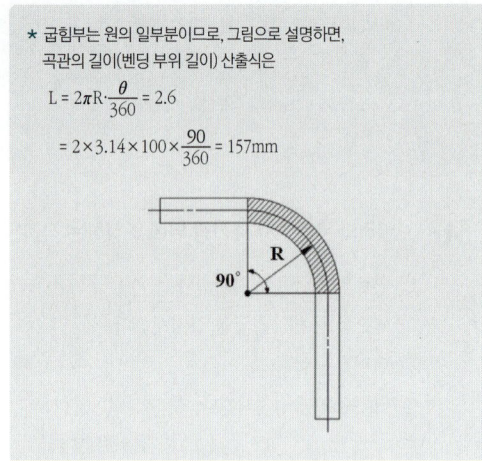

54 가스절단 조건에 대한 설명 중 틀린 것은?

① 금속 산화물의 용융온도가 모재의 용융온도보다 낮을 것
② 모재의 연소온도가 그 용융점보다 낮을 것
③ 모재의 성분 중 산화를 방해하는 원소가 많을 것
④ 금속 산화물 유동성이 좋으며, 모재로부터 이탈될 수 있을 것

★ 가스 절단 조건
① 절단 재료의 산화 연소 온도가 절단 재료의 용융점보다 낮아야 된다.
② 절단 재료에 열을 가해 생성되는 산화물의 용융 온도는 절단 재료의 용융 온도보다 낮아야 된다.
③ 생성된 산화물은 유동성이 좋아야 한다.
④ 절단 재료가 불연성 물질을 품고 있으면 안 된다.
⑤ 산화 반응이 격렬하고 다량의 열을 발생해야 한다.

55 에너지법에서 사용하는 "에너지"의 정의를 가장 올바르게 나타낸 것은?

① "에너지"라 함은 석유·가스 등 열을 발생하는 열원을 말한다.
② "에너지"라 함은 제품의 원료로 사용되는 것을 말한다.
③ "에너지"라 함은 태양, 조파, 수력과 같이 일을 만들어 낼 수 있는 힘이나 능력을 말한다.
④ "에너지"라 함은 연료·열 및 전기를 말한다.

★ 에너지법에 규정하는 에너지는 연료·열 및 전기를 말하며, 연료에서 다른 제품의 원료로 사용되는 것과 핵연료는 제외한다.

56 신·재생에너지 설비의 설치를 전문으로 하려는 자는 자본금·기술인력 등의 신고기준 및 절차에 따라 누구에게 신고를 하여야 하는가?

① 국토해양부장관
② 환경부장관
③ 고용노동부장관
④ 산업통상자원부장관

57 에너지절약 전문기업의 등록은 누구에게 하도록 위탁되어 있는가?

① 지식경제부장관
② 에너지관리공단 이사장
③ 시공업자단체의 장
④ 시·도지사

58 에너지법상 지역에너지계획은 몇 년마다 몇 년 이상을 계획기간으로 수립·시행하는가?

① 2년마다 2년 이상
② 5년마다 5년 이상
③ 7년마다 7년 이상
④ 10년마다 10년 이상

59 열사용기자재 관리규칙에서 용접검사가 면제될 수 있는 보일러의 대상 범위로 틀린 것은?

① 강철제 보일러 중 전열면적이 $5m^2$ 이하이고, 최고사용압력이 0.35MPa 이하인 것
② 주철제 보일러
③ 제2종 관류보일러
④ 온수보일러 중 전열면적이 $18m^2$ 이하이고, 최고사용압력이 0.35MPa 이하인 것

> ★ 용접검사가 면제되는 것은 다음과 같다.
> 1) 강철제 보일러 중 전열면적이 $5m^2$ 이하이고, 최고사용압력이 0.35MPa 이하인 것
> 2) 주철제 보일러
> 3) 1종 관류보일러
> 4) 온수보일러 중 전열면적이 $18m^2$ 이하이고, 최고사용 압력이 0.35MPa 이하인 것

60 저탄소 녹색성장 기본법상 녹색성장 위원회는 위원장 2명을 포함한 몇 명 이내의 위원으로 구성하는가?

① 25   ② 30
③ 45   ④ 50

> ★ 녹색성장위원회 구성
> 1. 국가의 저탄소 녹색성장과 관련된 주요 정책 및 계획과 그 이행에 관한 사항을 심의하기 위하여 대통령 소속으로 녹색성장위원회(이하 "위원회"라 한다)를 둔다.
> 2. 위원회는 위원장 2명을 포함한 50명 이내의 위원으로 구성한다.
> 3. 위원회의 위원장은 국무총리와 제4항 제2호의 위원 중에서 대통령이 지명하는 사람이 된다.
> 4. 위원회의 위원은 다음 각 호의 사람이 된다.
>   ㉠ 기획재정부장관, 교육부장관, 산업통상자원부장관, 환경부장관, 국토교통부장관 등 대통령령으로 정하는 공무원
>   ㉡ 기후변화, 에너지·자원, 녹색기술·녹색산업, 지속가능발전 분야 등 저탄소 녹색성장에 관한 학식과 경험이 풍부한 사람 중에서 대통령이 위촉하는 사람

2014년 5회 에너지관리기능사
2014.10.11 시행

수험자번호		총 문제수	60문제	예상점수	
수험자명		시험시간	60분	실제점수	

01 보일러의 여열을 이용하여 증기보일러의 효율을 높이기 위한 부속장치로 맞는 것은?

① 버너, 댐퍼, 송풍기
② 절탄기, 공기예열기, 과열기
③ 수면계, 압력계, 안전밸브
④ 인젝터, 저수위 경보장치, 집진장치

* 연도에 설치하여 배기가스 여열을 흡수하는 장치를 폐열회수장치라고 한다. 보일러 효율을 향상시키는 장점이 있다. 종류에는 과열기, 재열기, 절탄기, 공기예열기가 있다.

02 스팀 헤더(steam header)에 관한 설명으로 틀린 것은?

① 보일러 주증기관과 부하측 증기관 사이에 설치한다.
② 송기 및 정지가 편리하다.
③ 불필요한 장소에 송기하기 때문에 열손실은 증가한다.
④ 증기의 과부족을 일부 해소 할 수 있다.

* 증기헤더는 본체의 발생증기를 일시 저장하여 각 사용처에 분배하는 역할을 함. 필요한 곳에만 송기하므로 열손실을 방지한다.

03 보일러 기관 작동을 저지시키는 인터록 제어에 속하지 않는 것은?

① 저수위 인터록
② 저압력 인터록
③ 저연소 인터록
④ 프리퍼지 인터록

* 버너 직전의 전자밸브가 위급시 작동하여 연료를 차단함으로써 보일러를 정지시키는 것을 인터록 제어라 한다. 종류에는 압력초과 인터록, 저수위 인터록, 불착화 인터록, 프리퍼지 인터록, 저연소 인터록이 있다.

04 다음 중 특수보일러에 속하는 것은?

① 벤슨 보일러
② 슐처 보일러
③ 소형관류 보일러
④ 슈미트 보일러

* 특수보일러에는 특수열매체보일러, 간접가열보일러, 특수연료보일러, 폐열보일러 등이 있다. 각 종류는
  ㉠ 특수열매체보일러 : 수은, 다우섬, 모빌섬, 카네크롤
  ㉡ 간접가열보일러 : 슈미트, 레플러
  ㉢ 특수연료보일러 : 펄프폐액, 버개스, 소다회수, 바아크
  ㉣ 폐열보일러 : 하이네, 리히

05 보일러 연소실이나 연도에서 화염의 유무를 검출하는 장치가 아닌 것은?

① 스테빌라이저
② 플레임 로드
③ 플레임 아이
④ 스택 스위치

* 화염검출기 : 연소실 내의 불착화, 실화 등을 감시하며 종류는
  ㉠ 플레임 아이 : 화염의 발광(빛)현상 이용. 주로 유류용보일러
  ㉡ 플레임 로드 : 화염의 이온화현상 이용. 주로 가스보일러용
  ㉢ 스택 스위치 : 연도에 설치. 소용량보일러용

06 수관식 보일러의 특징에 대한 설명으로 틀린 것은?

① 전열면적이 커서 증기의 발생이 빠르다.
② 구조가 간단하여 청소, 검사, 수리 등이 용이하다.
③ 철저한 급수처리가 요구된다.
④ 보일러수의 순환이 빠르고 효율이 좋다.

* 수관식 보일러는 원통형보일러에 비해 내부 구조가 복잡하고 청소, 검사, 수리가 불편하다.

정답 01 ② 02 ③ 03 ② 04 ④ 05 ① 06 ②

07 연소가스와 대기의 온도가 각각 250℃, 30℃이고 연돌의 높이가 50m일 때 이론 통풍력은 약 얼마인가? (단, 연소가스와 대기의 비중량은 각각 1.35kg/Nm³, 1.25kg/Nm³이다.)

① 21.08mmAq ② 23.12mmAq
③ 25.02mmAq ④ 27.36mmAq

★ 통풍력은 배기가스와 외기의 압력차이의 개념이다. 유체의 압력은 "비중량×높이"로 구한다.
★ 배기가스와 외기의 온도차에 따른 비중량이 차이나므로 압력차이가 발생한다. 기체의 비중량은 표준상태(0℃, 1atm)보다 온도가 상승함에 따라 1/273씩 감소한다. 따라서, 실제온도에 따라 비중량을 보정하여 통풍력을 구하면

$Z = (\gamma_a - \gamma_g) \cdot H$

$= \left(\gamma_a \cdot \dfrac{273}{T_a} - \gamma_g \cdot \dfrac{273}{T_g}\right) H$ … 온도에따른 비중량 보정

$= \left(1.25 \times \dfrac{273}{(273+30)} - 1.35 \times \dfrac{273}{(273+250)}\right) \times 50$

$= 21.08 \text{mmH}_2\text{O}$

08 사이클론 집진기의 집진율을 증가시키기 위한 방법으로 틀린 것은?

① 사이클론의 내면을 거칠게 처리한다.
② 블로 다운방식을 사용한다.
③ 사이클론 입구의 속도를 크게 한다.
④ 분진박스와 모양은 적당한 크기와 형상으로 한다.

★ 사이클론 집진기는 원심력을 이용하여 배기가스 중 먼지를 제거하는 것으로 장치 내면이 매끄럽고 마찰저항이 적어야 한다. 집진장치의 상부 측면에서 유입된 배기가스는 사이클론 내부의 벽을 따라 선회하며 하강하여 원심력에 의해 먼지는 하부의 포집장치로 떨어지고 고온의 배기가스는 중심부의 통로를 따라 상부로 배출된다. 배기가스의 흐름에 방해가 되지 않도록 내면이 매끄럽고 입구의 유입속도가 빠르며 먼지가 하부로 분리 포집(블로 다운)되도록 하는 것이 바람직하다. 하부의 포집장치(분진박스)의 모양은 포집량과 청소주기 등을 고려하여 적당한 크기로 한다.

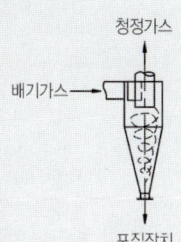

09 건포화증기의 엔탈피와 포화수의 엔탈피의 차는?

① 비열 ② 잠열
③ 현열 ④ 액체열

★ 보기 중 용어의 뜻
① 비열 : 어떤 물질 1kg을 1℃ 높이는데 필요한 열량
② 잠열 : 물질의 온도변화 없이 상태변화에 필요한 열
 • 물의 증발잠열 : 물의 포화수 상태에서 건포화증기로 상태가 변화할 때 필요한 열이므로, 다음과 같이 구한다.
 • 증발잠열 = 건포화증기엔탈피 - 포화수엔탈피
③ 현열 : 물질의 상태변화 없이 온도변화에 필요한 열

10 보일러에서 발생하는 증기를 이용하여 급수하는 장치는?

① 슬러지(sludge) ② 인젝터(injector)
③ 콕(cock) ④ 트랩(trap)

★ 인젝터는 보일러의 발생증기압을 이용하여 급수하는 장치로서, 구조가 간단하고 설치장소를 차지하지 않지만 급수효율이 낮다.

11 연관식 보일러의 특징으로 틀린 것은?

① 동일 용량인 노통 보일러에 비해 설치면적이 적다.
② 전열면적이 커서 증기발생이 빠르다.
③ 외분식은 연료선택 범위가 좁다.
④ 양질의 급수가 필요하다.

★ 보일러의 연소방식에 따라 내분식과 외분식으로 구분되며 각 특징은 다음과 같다.

내분식	외분식
본체 내부에 연소실 있음 연소실이 물에 둘러싸임	본체 외부에 연소실 있음 연소실이 물 외부에 있음
연소실 형상, 크기 제한 연소실 온도가 낮다.	연소실 형상, 크기 제한 없음 연소실 온도가 높다.
완전연소 어렵다. (=양질의 연료만 선택 =연료 선택범위가 좁다)	완전연소가 용이 (=저질 연료도 연소가능 =연료 선택범위가 넓다)
노벽방산 열손실 적다. (=연소실 벽에서 열흡수)	노벽방산 열손실 크다. (=연소실 벽에서 열손실)
노통이 설치된 보일러	연관, 수관보일러

12 보일러의 수위 제어에 영향을 미치는 요인 중에서 보일러 수위제어시스템으로 제어할 수 없는 것은?

① 급수온도
② 급수량
③ 수위 검출
④ 증기량 검출

* 보일러 수위제어시스템에서 검출하는 방식에 따라

구분	검출대상
1요소식	수위
2요소식	수위, 증기량
3요소식	수위, 증기량, 급수량

13 수트 블로워(soot blower) 사용 시 주의 사항으로 거리가 먼 것은?

① 한곳으로 집중하여 사용하지 말 것
② 분출기 내의 응축수를 배출시킨 후 사용할 것
③ 보일러 가동을 정지 후 사용할 것
④ 연도내 배풍기를 사용하여 유인통풍을 증가시킬 것

* 수트 블로워(매연분출기) : 수관식보일러에서 수관 전열면 외측의 그을음을 제거하는 장치로서, 압축공기 또는 건조한 증기를 분사한다. 장치 기동 시 연소실 내부에 그을음이 비산하므로 유인통풍을 증가시킨 후 사용하며, 증기를 사용하여 분사하는 경우, 보일러 부하가 50% 이상으로 적정압이 되었을 경우 사용한다.

14 보일러 과열 원인으로 적당하지 않은 것은?

① 보일러수의 순환이 좋은 경우
② 보일러 내에 스케일이 부착된 경우
③ 보일러 내에 유지분이 부착된 경우
④ 국부적으로 심하게 복사열을 받는 경우

* 보일러의 과열원인과 대책을 나열하면,

과열원인	대책
안전저수위 이하 감수	급수를 행하여 적정수위 유지 누설개소 여부 점검
보일러 내 스케일 부착 보일러 유지분 부착	세관으로 스케일 제거 철저한 급수처리
화염의 국부가열	버너 각도 조절
보일러수 순환불량	농축수 분출 및 급수

15 오일 버너의 화염이 불안정한 원인과 가장 무관한 것은?

① 분무 유압이 비교적 높을 경우
② 연료 중에 슬러지 등의 협잡물이 들어 있을 경우
③ 무화용 공기량이 적절치 않을 경우
④ 연소용 공기의 과다로 노내 온도가 저하될 경우

* 분무유압이 비교적 높을 경우 화염이 안정적이며 반대로 분무유압이 적정보다 낮을 경우 화염이 불안정해진다.

16 열전도에 적용되는 퓨리에의 법칙 설명 중 틀린 것은?

① 두 면 사이에 흐르는 열량은 물체의 단면적에 비례한다.
② 두 면 사이에 흐르는 열량은 두 면 사이의 온도차에 비례한다.
③ 두 면 사이에 흐르는 열량은 시간에 비례한다.
④ 두 면 사이에 흐르는 열량은 두 면 사이의 거리에 비례한다.

* 두 면 사이에 흐르는 열량은 두 면 사이의 거리에 반비례한다.

17 최근 난방 또는 급탕용으로 사용되는 진공 온수보일러에 대한 설명 중 틀린 것은?

① 열매수의 온도는 운전 시 100℃ 이하이다.
② 운전 시 열매수의 급수는 불필요하다.
③ 본체의 안전장치로서 용해전, 온도퓨즈, 안전밸브 등을 구비한다.
④ 추가장치는 내부에서 발생하는 비응축가스 등을 외부로 배출시킨다.

* 진공 온수보일러 내부는 다관식 관류보일러 구조를 응용한 것으로 본체 내부에 일정량의 열매수를 넣고 봉입하여 진공으로 유지하고 있다. 버너에 의해 열매수가 가열되면 즉시 대기압 이하의 감압증기로 증발하여 급탕, 난방용의 열교환기로 열을 전달한다. 직접 버너로 열교환기를 가열하는 것이 아니라 본체 내부에 설치된 열교환기에 감압증기로 가열하게 되는 원리이다. 본체의 안전장치는 안전밸브, 가용전(용해전), 과열방지온도센서, 저수위센서, 고압차단스위치가 이용된다. 본체 내부가 대기압 이하이므로 100℃ 이하에서 증기발생이 빠르고 열교환이 빨리 이뤄지므로 온수발생이 쉽다.

정답 12 ① 13 ③ 14 ① 15 ① 16 ④ 17 ③

18 보일러에서 실제 증발량(kg/h)을 연료 소모량(kg/h)으로 나눈 값은?

① 증발 배수
② 전열면 증발량
③ 연소실 열부하
④ 상당 증발량

★ 증발량에 대한 연료소비량의 비를 증발배수라고 한다.
증발배수[kg/kg] = $\frac{증발량[kg/h]}{연료소비량[kg/h]}$

19 보일러 제어에서 자동연소제어에 해당하는 약호는?

① A.C.C
② A.B.C
③ S.T.C
④ F.W.C

★ 보일러 자동제어(A.B.C)에서 종류와 약호는

F.W.C	급수제어
S.T.C	증기온도제어
A.C.C	자동연소제어
L.C	로컬제어

20 프로판(C_3H_8) 1kg이 완전연소 하는 경우 필요한 이론 산소량은 약 몇 Nm^3인가?

① 3.47
② 2.55
③ 1.25
④ 1.50

★ 탄화수소류 연소반응식
$C_mH_n + (m + \frac{n}{4})O_2 \rightarrow mCO_2 + \frac{n}{2}H_2O$ 를 이용하면
프로판(C_3H_8)의 연소는
$C_3H_8 + (3 + \frac{8}{4})O_2 \rightarrow 3CO_2 + \frac{8}{2}H_2O$
정리하면, $C_3H_8 + 5O_2 \rightarrow 3CO_2 + 4H_2O$
즉, 프로판 1kmol(44kg)이 연소할 때 이론산소량 5kmol(5×22.4Nm^3)이 필요하다. 따라서 비례식에 의해
$44 : (5 \times 22.4) = 1 : x$
$\therefore x = \frac{5 \times 22.4}{44} = 2.55[Nm^3]$

21 고체연료와 비교하여 액체연료 사용 시의 장점을 잘못 설명한 것은?

① 인화의 위험성이 없으며 역화가 발생하지 않는다.
② 그을음이 적게 발생하고 연소효율도 높다.
③ 품질이 비교적 균일하며 발열량이 크다.
④ 저장 중 변질이 적다.

★ 액체연료는 고체연료와 비교하여 인화의 위험이 크고, 역화가 발생할 우려가 있다.

22 고압, 중압 보일러 급수용 및 고양정 급수용으로 쓰이는 것으로 임펠러와 안내날개가 있는 펌프는?

① 볼류트 펌프
② 터빈 펌프
③ 워싱턴 펌프
④ 웨어 펌프

★ 원심형 펌프의 종류 : 임펠러의 회전력으로 급수
① 터빈펌프 : 고압, 고양정용으로 안내날개가 있음
② 볼류트펌프 : 저양정용으로 안내날개가 없음

23 증기압력이 높아질 때 감소되는 것은?

① 포화 온도
② 증발 잠열
③ 포화수 엔탈피
④ 포화증기 엔탈피

★ 증기압력이 높아지면?
㉠ 상승 : 포화 온도, 포화액엔탈피, 포화증기엔탈피, 증기비중
㉡ 감소 : 증발잠열, 증기비체적

24 노통 보일러에서 아담슨 조인트를 하는 목적은?

① 노통 제작을 쉽게 하기 위해서
② 재료를 절감하기 위해서
③ 열에 의한 신축을 조절하기 위해서
④ 물 순환을 촉진하기 위해서

★ 아담슨 조인트 : 평형노통에서 열팽창신축을 흡수하기 위해 1m 간격으로 아담슨 조인트를 하며, 사이에 아담스링을 설치한다.

25 다음 중 압력계의 종류가 아닌 것은?

① 부르돈관식 압력계
② 벨로스식 압력계
③ 유니버설 압력계
④ 다이어프램 압력계

> ★ 압력을 측정하는 방식에 따라 1차압력계, 2차압력계로 구분된다.
> 1) 1차압력계(직접식): 액주식, 분동식, 침종식, 링밸런스식
> 2) 2차압력계(간접식): 탄성식, 전기식
>   ㉠ 탄성식: 벨로스식, 다이어프램식, 부르돈관식
>   ㉡ 전기식: 전기저항식, 전기압식(피에조), 자기변형식(스트레인게이지)

26 500W의 전열기로서 2kg의 물을 18℃로부터 100℃까지 가열하는 데 소요되는 시간은 얼마인가?
(단, 전열기 효율은 100%로 가정한다.)

① 약10 분   ② 약16 분
③ 약20 분   ④ 약23 분

> ★ 2kg 물을 가열하는 데 필요한 열량은
> 2×4.2×(100-18)=688.8kJ
> 가열 시 소요된 시간은
> $\frac{688.8}{(0.5 \times 3600)} \times 60 = 22.96$[분]
> ★ kW=kJ/s이므로 3600초를 곱하여 시간으로 환산하고, 60분을 곱하여 [분]으로 환산

27 랭커셔 보일러는 어디에 속하는가?

① 관류 보일러   ② 연관 보일러
③ 수관 보일러   ④ 노통 보일러

> ★ 노통보일러에서 노통의 설치개수에 따라
> 코르니시보일러(노통1개), 랭커셔보일러(노통2개)

28 액체연료 연소에서 무화의 목적이 아닌 것은?

① 단위 중량당 표면적을 크게 한다.
② 연소효율을 향상시킨다.
③ 주위 공기와 혼합을 좋게 한다.
④ 연소실의 열부하를 낮게 한다.

> ★ 중유와 같은 중질유는 예열하여 점도를 낮춘 다음 안개모양으로 분사하여 연소하는데 이를 무화연소라고 한다. 무화시킨 중유는 중량에 비해 공기와 접촉하는 표면적이 넓어지므로 연소에 용이하고 연소실 열부하를 크게 한다.

29 보일러에서 기체연료의 연소방식으로 가장 적당한 것은?

① 화격자연소   ② 확산연소
③ 증발연소   ④ 분해연소

> ★ ① 화격자연소: 석탄을 연소하는 연소장치. 주철제로 된 격자모양으로 상부에 석탄을 놓고 하부에서 공기가 공급됨
> ② 확산연소: 연료가 공기 중으로 확산하여 연소. 기체연료
> ③ 증발연소: 상온에서 액체연료가 증발하며 가연성증기를 발생. 가연성증기가 연소됨
> ④ 분해연소: 열에 의해 가연성분이 분해, 증발하여 연소. 고체연료 중 목재, 석탄, 액체연료중 중유

30 단관 중력 환수식 온수난방에서 방열기 입구 반대편 상부에 부착하는 밸브는?

① 방열기 밸브   ② 온도조절 밸브
③ 공기빼기 밸브   ④ 배니 밸브

> ★ 공기빼기 밸브는 배관이나 장치의 상부에 공기가 체류하기 쉬운 위치에 부착한다. 방열기 내에 체류한 공기를 출구 상부에 부착된 공기빼기 밸브를 통해 배출한다.

31 보일러 수트 블로워를 사용하여 그을음 제거 작업을 하는 경우의 주의사항 설명으로 가장 옳은 것은?

① 가급적 부하가 높을 때 실시한다.
② 보일러를 소화한 직후에 실시한다.
③ 흡출 통풍을 감소시킨 후 실시한다.
④ 작업 전에 분출기 내부의 드레인을 충분히 제거한다.

> ★ 수트 블로워(매연분출기): 수관식보일러에서 수관 전열면 외측의 그을음을 제거하는 장치로서, 압축공기 또는 건조한 증기를 분사한다. 장치 가동 시 연소실 내부에 그을음이 비산하므로 유인통풍을 증가시킨 후 사용하며, 증기를 사용하여 분사하는 경우, 보일러 부하가 50% 이상으로 적정압이 되었을 경우 사용하고 작업전에 분출기 내부의 응축수(드레인)을 제거한다.

정답 25 ③ 26 ④ 27 ④ 28 ④ 29 ② 30 ③ 31 ④

32 보일러 내부에 아연판을 매다는 가장 큰 이유는?

① 기수공발을 방지하기 위하여
② 보일러 판의 부식을 방지하기 위하여
③ 스케일 생성을 방지하기 위하여
④ 프라이밍을 방지하기 위하여

★ 철보다 이온화 경향이 큰(=빨리 부식하기 쉬운) 아연판을 내부에 매달아 본체가 부식되는 대신 아연판이 부식되도록 한다. 이를 희생양극법이라 한다.

33 보일러 수(水) 중의 경도 성분을 슬러지로 만들기 위하여 사용하는 청관제는?

① 가성취하 억제제   ② 연화제
③ 슬러지 조정제   ④ 탈산소제

★ ① 가성취화방지제 : 고온, 고압보일러에서 pH가 13 이상이 되어 일어나는 알칼리부식을 방지
② 연화제 : 보일러 수중의 경도성분을 불용성 화합물(슬러지)로 변하게 하여 스케일의 생성을 억제하기 위해 사용
③ 슬러지 조정제 : 보일러 수중의 슬러지가 전열면에 부착하여 스케일이 되는 것을 방지하기 위해 사용
④ 탈산소제 : 보일러 수중의 용존산소를 제거

34 보일러 내면의 산세정 시 염산을 사용하는 경우 세정액의 처리온도와 처리시간으로 가장 적합한 것은?

① 60±5℃, 1~2시간
② 60±5℃, 4~6시간
③ 90±5℃, 1~2시간
④ 90±5℃, 4~6시간

★ 화학적 세정 시 적정온도와 유지시간
① 산세관 : 염산, 인산, 황산, 질산을 사용
  60±5℃, 4~6시간
② 알칼리세관 : 소다, 암모니아 사용. 70℃ 유지
③ 유기산세관 : 구연산, 옥살산, 히드록산, 설파민산 사용
  90±5℃, 4~6시간

35 다른 보온재에 비하여 단열 효과가 낮으며 500℃ 이하의 파이프, 탱크, 노벽 등에 사용하는 것은?

① 규조토   ② 암면
③ 글라스 울 ④ 펠트

★ 안전사용온도 : 규조토(500℃ 이하)
  암면(600℃ 이하)
  글라스울(300℃ 이하)
펠트는 가죽, 털종류를 말하며, 100℃ 이하에 사용

36 점화전 댐퍼를 열고 노내와 연도에 체류하고 있는 가연성 가스를 송풍기로 취출시키는 작업은?

① 분출   ② 송풍
③ 프리퍼지   ④ 포스트퍼지

★ ① 프리퍼지 : 가동 전 댐퍼를 열고 노내 환기
② 포스트퍼지 : 정지 후 댐퍼를 열고 노내 환기

37 건물을 구성하는 구조체 즉 바닥, 벽 등에 난방용 코일을 묻고 열매체를 통과시켜 난방을 하는 것은?

① 대류난방   ② 복사난방
③ 간접난방   ④ 전도난방

★ 복사난방은 패널난방이라고도 하며 바닥, 벽 등에 난방코일을 매입하고 열매체를 통과시켜 난방을 행함

38 배관의 높이를 관의 중심을 기준으로 표시한 기호는?

① TOP   ② GL
③ BOP   ④ EL

★ 관의 높이 표시 : 배관의 높이는 먼저 기준을 정하고, 기준면보다 높거나 낮은 것을 표시하며, 배관의 아래쪽, 또는 윗면까지를 나타낸다.

기준	높이	배관
EL	+기준보다 높을 때	TOP 윗면
GL		
FL	− 기준보다 낮을 때	BOP 아랫면

• 기준을 정하는 법
① EL : 관 중심을 기준으로 배관높이 표시(지상에서 200~500mm 높이)
② GL : 포장된 지표면 기준
③ FL : 1층의 바닥면 기준
예) EL+2100 BOP : EL 기준으로 윗쪽으로 관의 아랫면이 2100mm 상단에 있음

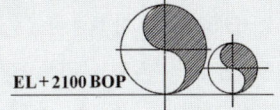

정답 32 ② 33 ② 34 ② 35 ① 36 ③ 37 ② 38 ④

39 보일러의 열효율 향상과 관계가 없는 것은?

① 공기예열기를 설치하여 연소용 공기를 예열한다.
② 절탄기를 설치하여 급수를 예열한다.
③ 가능한 한 과잉공기를 줄인다.
④ 급수펌프로는 원심펌프를 사용한다.

> ★ 효율 = $\dfrac{유효열(흡수)}{공급열}$ 의 개념이므로
> 효율을 높이려면, 연소열을 많이 발생해야 하고, 발생된 열을 잘 흡수해야 한다. 따라서,
> ㉠ 연료를 완전 연소시킨다. 연소실 내의 온도를 높게 한다. 적절한 공기비를 유지하고 과잉공기를 되도록 줄인다.
> ㉡ 전열면적을 넓게 한다. 폐열회수장치를 설치한다. 절탄기로 급수예열, 공기예열기로 연소용 공기 예열
> ㉢ 전열면을 깨끗하게 한다. 검댕 제거, 스케일 제거

40 보일러 급수성분 중 포밍과 관련이 가장 큰 것은?

① pH
② 경도 성분
③ 용존 산소
④ 유지 성분

> ★ ① pH : 수소이온화지수 0~14까지이며, 7이 중성임
> 7 이하는 산성, 7 이상은 알칼리성이며 산성일 경우 전면부식이 일어난다. pH13 이상이면 강알칼리에 의한 가성취화(알칼리 부식)이 일어난다.
> ② 경도성분 : 보일러수중의 Ca(칼슘)이온, Mg(마그네슘)이온이며 스케일의 원인이 된다.
> ③ 용존산소 : 점식의 원인이 된다.
> ④ 보일러 수중의 유지분 : 포밍, 슬러지, 스케일 원인이 됨

41 보일러에서 역화의 발생 원인이 아닌 것은?

① 점화 시 착화가 지연되었을 경우
② 연료보다 공기를 먼저 공급한 경우
③ 연료 밸브를 과대하게 급히 열었을 경우
④ 프리퍼지가 부족한 경우

> ★ ②대신 점화 시 공기보다 연료를 먼저 공급한 경우 역화가 발생한다.

42 보일러 유리 수면계의 유리파손 원인과 무관한 것은?

① 유리관 상하 콕의 중심이 일치하지 않을 때
② 유리가 알칼리 부식 등에 의해 노화되었을 때
③ 유리관 상하 콕의 너트를 너무 조였을 때
④ 증기의 압력을 갑자기 올렸을 때

> ★ 증기압력과 수면계 파손원인과는 관계없음. 압력보다는 급열 급냉 시 (저수위로 인한 과열 시 갑작스런 급수) 파손우려가 있다.

43 가정용 온수보일러 등에 설치하는 팽창탱크의 주된 기능은?

① 배관 중의 이물질 제거
② 온수 순환의 맥동 방지
③ 열효율의 증대
④ 온수의 가열에 따른 체적팽창 흡수

> ★ 팽창탱크 설치목적(온공정보온)
> ㉠ 온수체적 팽창 및 이상팽창 압력 흡수
> ㉡ 공기빼기 밸브 역할
> ㉢ 장치 내 일정한 압력유지
> ㉣ 온수넘침으로 인한 열손실 방지
> ㉤ 보일러 보충수 보충

44 지역난방의 특징을 설명한 것 중 틀린 것은?

① 설비가 길어지므로 배관 손실이 있다.
② 초기 시설 투자비가 높다.
③ 개개 건물의 공간을 많이 차지한다.
④ 대기오염의 방지를 효과적으로 할 수 있다.

> ★ 지역난방 : 열공급 시설에서 넓은 지역에 집단공급
> (1) 장점
> ㉠ 대규모 설비로 인한 열설비의 고효율화, 대기오염 방지
> ㉡ 건물의 공간을 유효하게 사용할 수 있다.
> ㉢ 폐열 회수 및 쓰레기 소각 등으로 연료비 절감효과
> ㉣ 작업인원 절감으로 인건비 절약
> ㉤ 고압의 증기 및 고온수이므로 관경을 적게 할 수 있다.
> (2) 단점
> ㉠ 시설비가 많이 든다.
> ㉡ 설비가 길어지므로 배관 열손실이 크다.
> ㉢ 고압의 증기, 고온의 온수를 사용하므로 취급에 어려움

45 증기보일러에 설치하는 유리수면계는 2개 이상이어야 하는데 1개만 설치해도 되는 경우는?

① 소형관류보일러
② 최고사용압력 2MPa 미만의 보일러
③ 동체 안지름 800mm 미만의 보일러
④ 1개 이상의 원격지시 수면계를 설치한 보일러

정답 39 ④ 40 ④ 41 ② 42 ④ 43 ④ 44 ③ 45 ①

* 증기보일러에는 유리수면계를 2개 이상 부착한다. 다만, 다음의 경우에는 1개 이상 부착해도 된다.
  ① 소용량 및 소형관류보일러
  ② 최고사용압력 1MPa 이하로 동체안지름 50mm 미만인 경우 수면계중 1개는 다른 수면측정장치로 대신 가능
  ③ 2개 이상 원격지시수면계를 부착한 경우 유리수면계는 1개 이상

46 진공환수식 증기난방에서 리프트 피팅이란?

① 저압환수관이 진공펌프의 흡입구보다 낮은 위치에 있을 때 적용되는 이음방법이다.
② 방열기보다 낮은 곳에 환수주관이 설치된 경우 적용되는 이음방법이다.
③ 진공펌프가 환수주관과 같은 위치에 있을 때 적용되는 이음방법이다.
④ 방열기와 환수주관의 위치가 같을 때 적용되는 이음방법이다.

* 진공환수식에서 환주관이 진공펌프보다 낮은 경우 리프트 피팅 이음을 하며, 1단 흡상높이는 1.5m 이내

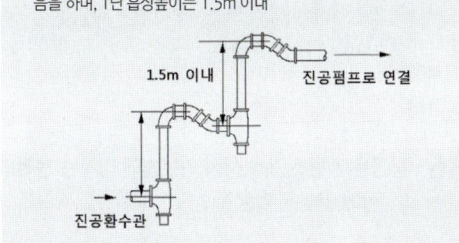

47 보일러에서 분출 사고 시 긴급조치 사항으로 틀린 것은?

① 연도 댐퍼를 전개한다.
② 연소를 정지시킨다.
③ 입입 통풍을 가동시킨다.
④ 급수를 계속하여 수위의 저하를 막고 보일러의 수위 유지에 노력한다.

* 분출은 보일러의 부분적 파열로 인한 기수의 분출사고를 말한다. 원인은 부식, 과열, 과도한 응력집중 같은 보일러 손상이며, 분출사고시 긴급조치는
  ① 연도댐퍼를 전개
  ② 연소를 정지
  ③ **압입통풍기를 정지**
  ④ 다른 보일러와 연결된 증기밸브 닫고 증기관 연결을 끊음
  ⑤ 급수를 계속하여 수위 저하를 막고 보일러 수위유지

48 유리솜 또는 암면의 용도와 관계 없는 것은?

① 보온재　　② 보냉재
③ 단열재　　④ 방습재

* ㉠ 암면 : 안산암, 현무암 등의 암석이나 니켈, 고로슬래그 등에 석회석을 섞은 것을 원료로 하여 1500~1600℃의 고열로 용융시켜 압축공기로 불어 만든 섬유. 흡음재, 보온재로 사용됨
  ㉡ 유리솜 : 글라스울을 말함. 용융된 유리를 압축공기나 수증기로 불어 섬유형태로 만든 것 단열재, 방음재 등으로 사용
* 방습재는 도료나 합성수지 등을 사용한다.

49 호칭지름 20A인 강관을 그림과 같이 배관할 때 엘보 사이의 파이프의 절단 길이는?
(단, 20A 엘보의 끝단에서 중심까지 거리는 32mm이고, 파이프의 물림 길이는 13mm이다.)

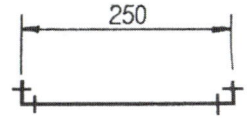

① 210mm　　② 212mm
③ 214mm　　④ 216mm

* 관절단 길이 = 도면상 길이 - (관부속길이 - 최소물림길이)
  = L - (A-a)
  = 250-2 × (32-13)=212mm

50 보온재 중 흔히 스티로폼이라고도 하며, 체적의 97~98%가 기공으로 되어있어 열 차단 능력이 우수하고, 내수성도 뛰어난 보온재는?

① 폴리스티렌 폼　　② 경질 우레탄 폼
③ 코르크　　　　　④ 글라스 울

* ㉠ 폴리스틸렌폼 : 폴리스틸렌 수지에 발포제를 넣어 만든 것
  ㉡ 우레탄폼 : 폴리우레탄을 원료로 해서 만든 다공성 합성고무

51 방열기의 표준 방열량에 대한 설명으로 틀린 것은?

① 증기의 경우, 게이지 압력 0.1MPa, 온도 80℃로 공급하는 것이다.
② 증기 공급 시의 표준 방열량은 2723kJ/m²·h이다.
③ 실내 온도는 증기일 경우 21℃, 온수일 경우 18℃ 정도이다.
④ 온수 공급 시의 표준 방열량은 1885kJ/m²·h이다.

* 방열기 표준값(상당방열량과 표준온도차)

구분	상당방열량 (kJ/m²h)	열매온도 [℃]	표준온도차 (℃)	실내온도 (℃)
증기방열기	2723	102	81	21
온수방열기	1885	80	62	18

52 증기난방의 분류에서 응축수 환수방식에 해당하는 것은?

① 고압식
② 상향 공급식
③ 기계 환수식
④ 단관식

* 증기난방의 응축수 환수 방법에 따른 분류
중력환수식, 기계환수식, 진공환수식

53 어떤 거실의 난방부하가 21000kJ/h이고, 주철제 온수방열기로 난방할 때 필요한 방열기 쪽수는?
(단, 방열기 1쪽당 방열 면적은 0.26m²이고, 방열량은 표준방열량으로 한다.)

① 11쪽
② 21쪽
③ 30쪽
④ 43쪽

* 방열기의 쪽수, 표준방열량을 이용한 난방부하는
난방부하 = 쪽당면적×쪽수×방열량
21000 = 0.26×쪽수×1885
쪽수 = $\frac{21000}{0.26 \times 1885}$ = 42.85 = 43쪽
※ 방열기 쪽수는 무조건 소수점 올림으로 계산

54 온수난방 배관 시공법의 설명으로 잘못된 것은?

① 온수난방은 보통 1/250 이상의 끝올림 구배를 주는 것이 이상적이다.
② 수평 배관에서 관경을 바꿀 때는 편심 리듀서를 사용하는 것이 좋다.
③ 지관이 주관 아래로 분기될 때는 45° 이상 끝내림 구배로 배관한다.
④ 팽창탱크에 이르는 팽창관에는 조정용 밸브를 단다.

* 온수보일러에서 팽창탱크에 이르는 팽창관에는 밸브 또는 차단장치를 해서는 안 된다.

55 에너지이용합리화법상 에너지의 최저소비효율기준에 미달하는 효율관리기자재의 생산 또는 판매금지 명령을 위반한 자에 대한 벌칙 기준은?

① 1년 이하의 징역 또는 1천만원 이하의 벌금
② 1천만원 이하의 벌금
③ 2년 이하의 징역 또는 2천만원 이하의 벌금
④ 2천만원 이하의 벌금

56 다음은 저탄소 녹색성장 기본법에 명시된 용어의 뜻이다. ( )안에 알맞은 것은?

온실가스란 (㉮), 메탄, 아산화질소, 수소불화탄소, 과불화탄소, 육불화황 및 그 밖에 대통령령으로 정하는 것으로 (㉯) 복사열을 흡수하거나 재방출하여 온실효과를 유발하는 대기 중의 가스 상태의 물질을 말한다.

① ㉮ 일산화탄소, ㉯ 자외선
② ㉮ 일산화탄소, ㉯ 적외선
③ ㉮ 이산화탄소, ㉯ 자외선
④ ㉮ 이산화탄소, ㉯ 적외선

57 특정열사용기자재 중 산업통상자원부령으로 정하는 검사대상기기를 폐기한 경우에는 폐기한 날부터 며칠 이내에 폐기신고서를 제출해야 하는가?

① 7일 이내에
② 10일 이내에
③ 15일 이내에
④ 30일 이내에

정답 51 ① 52 ③ 53 ④ 54 ④ 55 ④ 56 ④ 57 ③

* 15일 이내에 신고해야 하는 사항
  ① 검사대상기기 폐기 처분신고(에너지관리공단이사장)
  ② 검사대상기기 사용중지 신고(에너지관리공단이사장)
  ③ 검사대상기기 설치자 변경신고(에너지관리공단이사장)

58 특정열사용기자재 중 산업통상자원부령으로 정하는 검사대상기기의 계속사용검사 신청서는 검사유효기간 만료 며칠 전까지 제출해야 하는가?

① 10일 전까지 ② 15일 전까지
③ 20일 전까지 ④ 30일 전까지

* 계속사용검사신청서를 만료일 10일 전까지 에너지관리공단이사장에게 제출한다.(업무는 이사장, 권한은 도지사에게)

59 화석연료에 대한 의존도를 낮추고 청정에너지의 사용 및 보급을 확대하여 녹색기술 연구개발, 탄소흡수원 확충 등을 통하여 온실가스를 적정수준 이하로 줄이는 것에 대한 정의로 옳은 것은?

① 녹색성장   ② 저탄소
③ 기후변화   ④ 자원순환

* 보기의 용어를 정의하면(저탄소녹색성장법)
  ① 녹색성장 : 에너지와 자원을 절약하고 효율적으로 사용하여 기후변화와 환경훼손을 줄이고 청정에너지와 녹색기술의 연구개발을 통하여 새로운 성장동력을 확보하며 새로운 일자리를 창출해 나가는 등 경제와 환경이 조화를 이루는 성장
  ② 저탄소 : 화석연료(化石燃料)에 대한 의존도를 낮추고 청정에너지의 사용 및 보급을 확대하며 녹색기술 연구개발, 탄소흡수원 확충 등을 통하여 온실가스를 적정수준 이하로 줄이는 것
  ③ 기후변화 : 사람의 활동으로 인하여 온실가스의 농도가 변함으로써 상당 기간 관찰되어 온 자연적인 기후변동에 추가적으로 일어나는 기후체계의 변화
  ④ 자원순환 :「자원의 절약과 재활용촉진에 관한 법률」제2조 제1호에 따른 자원순환

60 에너지이용합리화법상의 목표에너지원단위를 가장 옳게 설명한 것은?

① 에너지를 사용하여 만드는 제품의 단위당 폐연료사용량
② 에너지를 사용하여 만드는 제품의 연간 폐열사용량
③ 에너지를 사용하여 만드는 제품의 단위당 에너지사용목표량
④ 에너지를 사용하여 만드는 제품의 연간 폐열에너지사용목표량

* 목표에너지원 단위 : 에너지를 사용하여 만드는 제품의 단위당 에너지사용목표량 또는 건축물의 단위면적당 에너지사용목표량

2015년 1회 에너지관리기능사

2015.01.25 시행

수험자번호		총 문제수	60문제	예상점수	
수험자명		시험시간	60분	실제점수	

01 액체 연료 연소장치에서 보염장치(공기조절장치)의 구성 요소가 아닌 것은?

① 바람상자
② 보염기
③ 버너 팁
④ 버너타일

★ 보염장치 : 화염의 안정, 실화방지를 위해 부착하는 연소보조장치를 말한다. 종류로는,
  • 스테이빌라이저(화염안정기) : 화염안정
  • 콤버스터(보염기) : 연소를 안정시키고 화염축소 방지
  • 버너 타일 : 분무 연료유를 고르게 하여 화염의 형상 조절
  • 윈드박스(바람상자) : 공급되는 공기를 선회시켜 연료와 공기의 혼합촉진, 연소효율 향상

02 증기난방시공에서 관말 증기 트랩 장치의 냉각레그(cooling leg) 길이는 일반적으로 몇 m 이상으로 해주어야 하는가?

① 0.7m
② 1.0m
③ 1.5m
④ 2.5m

★ 냉각레그(=냉각관)
  ㉠ 건식환수방식의 관말에 설치
  ㉡ 관내 응축수에서 생긴 플래시 증기로 인한 보일러의 수격작용 방지
    → 플래시 증기를 응축시켜 증기트랩으로 유입시킴
  ㉢ 주관에서 1.5m 이상 냉각관(보온하지 않은 나관)을 설치하며 냉각관 끝에 트랩을 설치하여 응축수를 제거

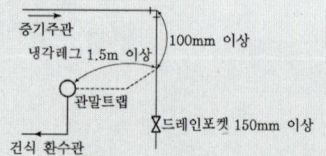

[냉각레그 설치 예]

03 드럼 없이 초임계압력하에서 증기를 발생시키는 강제순환 보일러는?

① 특수 열매체 보일러
② 2중 증발 보일러
③ 연관 보일러
④ 관류 보일러

★ 관류보일러 : 드럼없이 관만으로 구성, 초임계압하에서 증기발생, 철저한 급수 연소제어 필요. 완벽한 급수처리 필요함. 종류로는 벤슨, 슐처, 람진, 엣모스, 소형관류보일러가 있음.

04 증발량 3500 kg/h인 보일러의 증기 엔탈피가 2680 kJ/kg이고, 급수의 온도는 20℃이다. 이 보일러의 상당 증발량은 얼마인가?

① 약 3786kg/h
② 약 4156kg/h
③ 약 2760kg/h
④ 약 4026kg/h

★ 상당증발량은 실제증발량을 기준상태 1기압(101.325kPa) 하에서 100℃ 포화수를 증발시켜 100℃ 포화증기로 하는 경우의 열량으로 환산한 증발량이다.
★ 상당증발량
$= \dfrac{\text{실제증발량} \times (\text{증기엔탈피} - \text{급수엔탈피})}{2257}$
$= \dfrac{3500 \times (2680-84)}{2257} = 4025.70 \text{[kg/h]}$
★ 20℃급수엔탈피 : 4.2kJ/kg℃ × 20℃ = 84kJ/kg (물비열 4.2kJ/kg℃)

정답 01 ③ 02 ③ 03 ④ 04 ④

05 보일러의 상당증발량을 옳게 설명한 것은?

① 일정 온도의 보일러수가 최종의 증발상태에서 증기가 되었을 때의 중량
② 시간당 증발된 보일러수의 중량
③ 보일러에서 단위시간에 발생하는 증기 또는 온수의 보유열량
④ 시간당 실제증발량이 흡수한 전열량을 온도 100℃의 포화수를 100℃의 증기로 바꿀 때의 열량으로 나눈 값

★ 문제 4번 해설 참조

06 수관식 보일러의 일반적인 특징에 관한 설명으로 틀린 것은?

① 구조상 고압 대용량에 적합하다.
② 전열면적을 크게 할 수 있으므로 일반적으로 열효율이 좋다.
③ 부하변동에 따른 압력이나 수위의 변동이 적으므로 제어가 편리하다.
④ 급수 및 보일러수 처리에 주의가 필요하며 특히 고압보일러에서는 엄격한 수질관리가 필요하다.

★ 수관보일러는 보유수량이 적고 전열면적이 커서 증기발생 속도가 빠르지만 부하변동에 따른 압력 및 수위변동이 크다. 따라서 급수제어, 연소제어에 주의해야 한다.

07 증기의 압력을 높일 때 변하는 현상으로 틀린 것은?

① 현열이 증대한다.
② 증발 잠열이 증대한다.
③ 증기의 비체적이 증대한다.
④ 포화수 온도가 높아진다.

★ 증기압력이 증가하면,
  ① 증기엔탈피 증가
  ② 증발잠열은 감소
  ③ 증기의 비체적은 감소, 증기의 비중량은 증가
  ④ 포화수 온도가 높아진다.
  • 보기 중에서 답이 ②③ 두 개다.
  • 증기압력이 아닌 증기온도가 높아질 때 비체적이 증가한다.

08 증기보일러의 압력계 부착에 대한 설명으로 틀린 것은?

① 압력계와 연결된 관의 크기는 강관을 사용할 때에는 안지름이 6.5mm 이상 이어야 한다.
② 압력계는 눈금판의 눈금이 잘 보이는 위치에 부착하고 얼지 않도록 하여야 한다.
③ 압력계는 사이폰관 또는 동등한 작용을 하는 장치가 부착되어야 한다.
④ 압력계의 콕크는 그 핸들을 수직인 관과 동일방향에 놓은 경우에 열려 있는 것이어야 한다.

★ 압력계와 연결된 관을 강관을 사용할 때에는 안지름 12.7mm 이상, 동관을 사용할 때에는 안지름 6.5mm 이상이어야 한다.

09 분출밸브는 최고사용압력은 보일러 최고사용압력의 몇 배 이상 이어야 하는가?

① 0.5 배   ② 1.0 배
③ 1.25 배   ④ 2.0 배

★ 분출밸브는 최고사용압력의 1.25배 이상 또는 최소한 0.7MPa (7kgf/cm²) 이상에 견뎌야 한다. (주철제의 것은 1.3MPa(13kgf/cm²) 이하, 흑심가단주철제의 것은 1.9MPa(19kgf/cm²) 이하에 사용)

10 게이지 압력이 1.57 MPa 이고 대기압이 0.103 MPa 일 때 절대압력은 몇 MPa 인가?

① 1.467   ② 1.673
③ 1.783   ④ 2.008

★ 절대압=대기압+게이지압에서
  절대압=0.103+1.57=1.673MPa

11 증기 또는 온수 보일러로써 여러 개의 섹션(section)을 조합하여 제작하는 보일러는?

① 열매체 보일러   ② 강철제 보일러
③ 관류 보일러   ④ 주철제 보일러

★ 주철제보일러는 주물제작을 행하며, 섹션보일러라고도 함.
  • 섹션(section)은 조각이라는 뜻임.

12 연소용 공기를 노의 앞에서 불어 넣으므로 공기가 차고 깨끗하여 송풍기의 고장이 적고 점검 수리가 용이한 보일러의 강제통풍 방식은?

① 압입통풍   ② 흡입통풍
③ 자연통풍   ④ 수직통풍

> ★ 연소실에 연소용 공기를 공급하는 방법에 따라 자연통풍, 강제통풍으로 구분하며 강제통풍은 송풍기를 사용한 것을 말한다. 강제통풍의 종류는 송풍기 설치위치에 따라,
> ① **압입통풍** : 연소실 입구에 설치, 노내압은 정압(+)
> ② **흡입통풍** : 연도측에 설치, 노내압은 부압(-)
> ③ **평형통풍** : 압입통풍+흡입통풍을 말하며 노내압 조정 용이.

13 액면계 중 직접식 액면계에 속하는 것은?

① 압력식   ② 방사선식
③ 초음파식   ④ 유리관식

> ★ ① **직접식 액면계** : 유리관식, 검척식, 부자식, 편위식
> ② **간접식 액면계** : 차압식, 변위식, 기포식, 전기저항식, 초음파식, 방사선식, 압력식

14 보일러 자동제어 신호전달 방식 중 공기압 신호전송의 특징 설명으로 틀린 것은?

① 배관이 용이하고 보존이 비교적 쉽다.
② 내열성이 우수하나 압축성이므로 신호전달에 지연이 된다.
③ 신호전달 거리가 100~150m 정도이다.
④ 온도제어 등에 부적합하고 위험이 크다.

> ★ **공기압식**
> ① 신호전달 지연의 단점
> ② 전송거리가 짧다.(100m정도)
> ③ 배관이 용이하고 위험성이 없다.
> ④ 조작부의 동특성이 좋다.
> ⑤ 공기압이 통일되어 있어 취급이 편리

15 보일러 자동제어의 급수제어(F.W.C)에서 조작량은?

① 공기량   ② 연료량
③ 전열량   ④ 급수량

> ★ **조작량** - 제어를 하기 위하여 조작부에서 제어대상에 가하는 량을 말하는데, 이것을 변화시킴으로써 제어량을 좌우할 수 있다. 급수제어는 급수량을 조작함으로써 수위를 조절할 수 있다.

16 연료유 탱크에 가열장치를 설치한 경우에 대한 설명으로 틀린 것은?

① 열원에는 증기, 온수, 전기 등을 사용한다.
② 전열식 가열장치에 있어서는 직접식 또는 저항밀봉 피복식의 구조로 한다.
③ 온수, 증기 등의 열매체가 동절기에 동결할 우려가 있는 경우에는 동결을 방지하는 조치를 취해야 한다.
④ 연료유 탱크의 기름 취출구 등에 온도계를 설치하여야 한다.

> ★ 전열식 가열장치는 연료기름을 직접 가열하면 인화의 위험이 있으므로, 간접식 또는 저항밀봉 피복식의 구조로 한다.

17 분진가스를 방해판 등에 충돌시키거나 급격한 방향전환 등에 의해 매연을 분리 포집하는 집진방법은?

① 중력식   ② 여과식
③ 관성력식   ④ 유수식

> ★ **관성력식 집진장치** : 함진가스를 방해판 등에 충돌시켜 기류의 급격한 방향전환을 주어 미립자의 관성력을 이용 배기가스만 빠져나가고 무거운 먼지는 걸러내어 분리한다. 충돌식과 반전식이 있다.

18 보일러 연료 중에서 고체연료를 원소 분석하였을 때 일반적인 주성분은? (단, 중량 %를 기준으로 한 주성분을 구한다.)

① 탄소   ② 산소
③ 수소   ④ 질소

> ★ 고체연료의 주성분은 대부분의 탄소와 소량의 수소로 이뤄져 있다. 이 외에 불순물로 황분, 회분 등이 있다.

정답 12 ① 13 ④ 14 ④ 15 ④ 16 ② 17 ③ 18 ①

19 보일러에 사용되는 열교환기 중 배기가스의 폐열을 이용하는 교환기가 아닌 것은?

① 절탄기　　　② 공기예열기
③ 방열기　　　④ 과열기

> ＊ 배기가스의 여열을 흡수하기 위해 설치하는 것을 폐열회수장치(=여열장치)라고 하며, 설치순서대로
> (연소실)-과열기-재열기-절탄기-공기예열기-(연돌)

20 보일러 본체에서 수부가 클 경우의 설명으로 틀린 것은?

① 부하 변동에 대한 압력 변화가 크다.
② 증기 발생시간이 길어진다.
③ 열효율이 낮아진다.
④ 보유 수량이 많으므로 파열시 피해가 크다.

> ＊ 수부가 크다는 것은 본체 내에 물이 많이 담겨 있는 것이므로, 가동시 증기발생시간이 길어지고(예열시간이 길다) 열효율이 낮아진다. 보유수량이 많으므로 파열시 피해가 크지만, 전체 보유수량이 가열된 후 증기발생량 및 증기압력 변화가 적다.

21 매시간 1500kg의 연료를 연소시켜서 시간당 11000kg/h의 증기를 발생시키는 보일러의 효율은 약 몇 % 인가? (단, 연료의 발열량은 25110kJ/kg, 발생증기의 엔탈피는 3112kJ/kg, 급수의 엔탈피는 84kJ/kg이다.)

① 88%　　　② 80%
③ 78%　　　④ 70%

> ＊ 효율(%)
> $= \dfrac{\text{유효열}}{\text{공급열}} \times 100$
> $= \dfrac{\text{실제증발량(증기엔탈피 - 급수엔탈피)}}{\text{연료량} \times \text{발열량}} \times 100$
> 위 식에 대입하여 풀면
> $= \dfrac{11000 \times (3112-84)}{1500 \times 25110} \times 100 = 88.43\%$

22 육용 보일러 열 정산의 조건과 관련된 설명 중 틀린 것은?

① 전기 에너지는 1kW당 860kJ/h로 환산한다.
② 보일러 효율 산정 방식은 입출열법과 열 손실법으로 실시한다.
③ 열 정산 시험시의 연료 단위량은, 액체 및 고체연료의 경우 1kg에 대하여 열 정산을 한다.
④ 보일러의 열 정산은 원칙적으로 정격 부하 이하에서 정상 상태로 3시간 이상의 운전 결과에 따라 한다.

> ＊ 열정산 기준
> - 고체, 액체연료는 1kg당[kJ/kg], 기체연료는 1Nm³당[kJ/Nm³]
> - 시간당 열량으로 계산 [kJ/h]
> - 열정산시 입열과 출열은 같아야 한다.
> - 가동 후 1~2시간 이후부터 측정하고, 측정시간은 1시간이상, 측정은 매 10분마다
> - 정상조업 2시간 이상 결과에 따름

23 가스용 보일러의 연소방식 중에서 연료와 공기를 각각 연소실에 공급하여 연소실에서 연료와 공기가 혼합되면서 연소하는 방식은?

① 확산연소식　　　② 예혼합연소식
③ 복열혼합연소식　　　④ 부분예혼합연소식

> ＊ ① 확산연소 : 공기와 연료를 따로 분사하여 혼합
> ② 예혼합연소 : 공기와 연료를 미리 혼합하여 분사

24 안전밸브의 종류가 아닌 것은?

① 레버 안전밸브　　　② 추 안전밸브
③ 스프링 안전밸브　　　④ 핀 안전밸브

> ＊ 안전밸브의 종류 : 스프링식, 중추식, 지렛대식(레버식)

25 보일러 급수예열기를 사용할 때의 장점을 설명한 것으로 틀린 것은?

① 보일러의 증발능력이 향상된다.
② 급수 중 불순물의 일부가 제거된다.
③ 증기의 건도가 향상된다.
④ 급수와 보일러수와의 온도 차이가 적어 열응력 발생을 방지한다.

* **급수예열기(절탄기)** : 배기가스의 여열로 보일러 급수를 예열하는 장치로 열효율 향상, 증발능력 향상, 급수의 불순물 일부 제거, 급수와 보일러수 온도차에 의한 열응력 방지의 효과가 있다.
* 증기의 건조도를 향상시키려면 발생증기 중의 수분을 제거해야 하며, 수관보일러에는 기수분리기를 설치한다.

ⓒ 부탄의 연소
$C_4H_{10} + 6.5O_2 \rightarrow 4CO_2 + 5H_2O$
부탄 $1m^3$ 연소 시 산소 $6.5m^3$, 공기는 약 $32.5m^3$ 필요
ⓒ 메탄의 연소
$CH_4 + 2O_2 \rightarrow CO_2 + 2H_2O$
메탄 $1m^3$ 연소시 산소 $2m^3$, 공기는 약 $10m^3$ 필요
※ 따라서, LPG 연소 시 LNG보다 다량의 공기가 필요하다.

26 다음 중 수관식 보일러에 속하는 것은?

① 기관차 보일러　　② 코르니쉬 보일러
③ 다쿠마 보일러　　④ 랑카샤 보일러

* **수관보일러의 종류**
  ① 자연순환식 : 직관식과 곡관식이 있다.
  　- 직관식 : 스네기찌, 다쿠마, 바브콕, 3동, 갸르베
  　- 곡관식 : 2동D형, 스터링, 웰콕스
  ② 강제순환식 : 베록스, 라몬트
  ③ 관류보일러 : 벤슨, 술저어, 람진, 엣모스, 소형관류

27 물의 임계압력은 약 몇 MPa 인가?

① 17.17　　② 22.1
③ 374.15　　④ 2257

* 액체표면 외부의 압력이 높을수록 액체분자가 증발하기 어렵다. 따라서 고온이 되어야만 증발할 수 있는데, 고압에서 증발할수록 비등점은 상승하지만 증발잠열을 줄어들게 된다. 계속 외부압력이 증가하면 증발잠열이 0인 상태가 되며 액체와 기체의 구별이 없어지는 임계상태가 된다. 이때 가해진 압력과 온도를 임계압력, 임계온도라 한다.
  물의 임계압력 22.1MPa, 임계온도 374.15℃
  어떤 종류의 액체이던지 임계상태에서는 증발잠열이 0임.

28 액화석유가스(LPG)의 특징에 대한 설명 중 틀린 것은?

① 유황분이 없으며 유독성분도 없다.
② 공기보다 비중이 무거워 누설시 낮은 곳에 고여 인화 및 폭발성이 크다.
③ 연소시 액화천연가스(LNG)보다 소량의 공기로 연소한다.
④ 발열량이 크고 저장이 용이하다.

* LPG의 주성분은 프로판(C_3H_8)과 부탄(C_4H_{10})이다.
  또, LNG의 주성분은 메탄(CH_4)이다. 각각 연소에 필요한 이론공기량은 (공기 중 산소의 비율을 21%로 간주하면,)
  ㉠ 프로판의 연소
  $C_3H_8 + 5O_2 \rightarrow 3CO_2 + 4H_2O$
  프로판 $1m^3$ 연소 시 산소 $5m^3$, 공기는 약 $25m^3$ 필요

29 보일러 피드백제어에서 동작신호를 받아 규정된 동작을 하기 위해 조작신호를 만들어 조작부에 보내는 부분은?

① 조절부　　② 제어부
③ 비교부　　④ 검출부

* **피드백 자동제어**

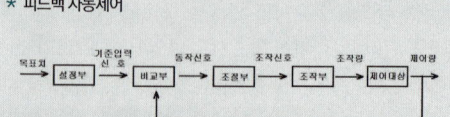

① **비교부** : 검출부에서 검출한 제어량과 목표치를 비교
② **기준입력신호** : 목표치를 비교부에 입력하기 위해 설정부에서 변화된 입력신호
③ **제어편차** : 목표량에서 제어량을 뺀 것
④ **동작신호** : 기준입력과 피드백 량을 비교한 제어편차량을 신호로 변화시킨 것을 말한다. 조절부의 입력이 된다.
⑤ **조절부** : 동작신호를 받아 제어동작을 하기 위해 조작신호를 만들어 조작부로 보내는 부분
⑥ **조작부** : 조절부에서 보낸 조작신호를 받아 조작량으로 변화하여 제어대상에 가하는 부분

30 보일러에서 발생한 증기 또는 온수를 건물의 각 실내에 설치된 방열기에 보내어 난방하는 방식은?

① 복사난방법　　② 간접난방법
③ 온풍난방법　　④ 직접난방법

* 건물의 각실에 방열기를 설치하는 방식은 결국 난방만을 위한 방식이므로 직접난방법임. 간접난방은 난방, 냉방을 위한 방식으로 공기조화 방식임. 직접난방은 세분하면, 대류난방, 복사난방, 온풍난방으로 구분된다. 방열기는 대류난방에 속한다.

정답 26 ③　27 ②　28 ③　29 ①　30 ④

31 상용 보일러의 점화전 준비사항과 관련이 없는 것은?

① 압력계 지침의 위치를 점검한다.
② 분출밸브 및 분출콕크를 조작해서 그 기능이 정상인지 확인한다.
③ 연소장치에서 연료배관, 연료펌프 등의 개폐상태를 확인한다.
④ 연료의 발열량을 확인하고, 성분을 점검한다.

★ 상용보일러는 점화전 분출작업과, 압력계 수면계 등 지시장치의 이상유무, 연료계통 연소장치의 상태를 주로 점검한다. 연료의 발열량은 열량계로 측정하며, 열정산에 활용된다.

32 경납땜의 종류가 아닌 것은?

① 황동납
② 인동납
③ 은납
④ 주석-납

★ 납땜 접합 : 연납땜과 경납땜으로 구분한다.
① 연납땜(=솔더링, soldering) : 유체의 온도(120℃) 및 사용압력이 낮은 곳에 사용하는 방식으로 가열온도는 200~300℃ 정도
② 경납땜(=브레이징, brazing) : 고온 및 사용 압력이 높은 곳에 사용하는 방식으로 가열 온도는 700~850℃정도이다. 연납땜과 달리 용제를 사용하지 않는다.

33 보일러 점화 전 자동제어장치의 점검에 대한 설명이 아닌 것은?

① 수위를 올리고 내려서 수위검출기 기능을 시험하고, 설정된 수위 상한 및 하한에서 정확하게 급수펌프가 기동, 정지하는지 확인한다.
② 저수탱크 내의 저수량을 점검하고 충분한 수량인 것을 확인한다.
③ 저수위경보기가 정상작동 하는 것을 확인한다.
④ 인터록계통의 제한기는 이상 없는지 확인한다.

★ 저수탱크 내의 저수량을 점검하는 것은 수위 점검에 해당한다.

34 보일러수 중에 함유된 산소에 의해서 생기는 부식의 형태는?

① 점식
② 가성취화
③ 그루빙
④ 전면부식

★ 보기중 각 부식의 원인을 살펴보면,
① 점식 : 보일러수 중에 함유된 산소에 의함. 피팅이라고 함.
② 가성취화 : 보일러수의 pH가 13.0이상일 때 발생
③ 그루빙 : 반복된 열응력이 발생되는 곳. 구식이라고 함.
④ 전면부식 : 보일러수의 pH가 7이하(산성)일 때 주로 발생

35 땅속 또는 지상에 배관하여 압력상태 또는 무압력 상태에서 물의 수송 등에 주로 사용되는 덕 타일 주철관을 무엇이라 부르는가?

① 회주철관
② 구상흑연주철관
③ 모르타르 주철관
④ 사형 주철관

★ 구상흑연 주철관 = 덕타일 주철관
• 주철관은 재질에 따라 보통주철, 고급주철, 구상흑연주철
• 특수주철(구상흑연주철) : 용융 상태의 주철에 Mg, Ce 또는 Ca를 첨가함으로써 흑연의 모양을 편상이 아닌 구상으로 한 것이다. 강도는 별 변화가 없이 인성 및 연성을 현저하게 개선시킨 주철로 덕타일주철 (ductile cast iron)이라고도 불린다. 내마멸성, 내열성, 내식성 등이 우수하다.

36 보일러 운전정지의 순서를 바르게 나열한 것은?

가. 댐퍼를 닫는다.
나. 공기의 공급을 정지한다.
다. 급수 후 급수펌프를 정지한다.
라. 연료의 공급을 정지한다.

① 가 → 나 → 다 → 라
② 가 → 라 → 나 → 다
③ 라 → 가 → 나 → 다
④ 라 → 나 → 다 → 가

★ 운전정시시는 버너를 먼저 정지해야 하므로, 연료공급을 가장 먼저 행한다. 다음으로 공기공급(1차공기, 분무용공기)을 정지하며, 급수를 행하여 수위를 유지한다. 이때 연소용공기(2차공기)는 댐퍼를 통해 공급되므로 이로 인해 포스트퍼지가 계속 행해지게 된다. 포스트퍼지를 정지하고 댐퍼를 닫는다.

정답 31 ④ 32 ④ 33 ② 34 ① 35 ② 36 ④

37 보일러 점화 시 역화가 발생하는 경우와 가장 거리가 먼 것은?

① 댐퍼를 너무 조인 경우나 흡입통풍이 부족할 경우
② 적정 공기비로 점화한 경우
③ 공기보다 먼저 연료를 공급했을 경우
④ 점화할 때 착화가 늦어졌을 경우

> ＊ 역화(back fire)의 원인
> ① 프리퍼지 부족
> ② 점화시 착화가 늦은 경우
> ③ 과다한 연료공급
> ④ 흡입통풍의 부족이나 압입통풍의 과다
> ⑤ 공기보다 연료의 공급이 먼저 된 경우
> ⑥ 연료의 불완전 및 미연소
> ⑦ 연소기구의 과열
> ・ 역화(백화이어) : 연소실 입구로 화염이 치솟는 현상

38 다음 보온재중 안전사용온도가 가장 높은 것은?

① 펠트 ② 암면
③ 글라스울 ④ 세라믹 화이버

> ＊ 보기 중 각 보온재의 안전사용온도는,
> ① 양모펠트(130℃) ② 우모펠트(100℃)
> ③ 암면(600℃) ④ 세라믹화이버(1300℃)

39 보일러의 계속사용검사기준에서 사용 중 검사에 대한 설명으로 거리가 먼 것은?

① 보일러 지지대의 균열, 내려앉음, 지지부재의 변형 또는 파손 등 보일러의 설치상태에 이상이 없어야 한다.
② 보일러와 접속된 배관, 밸브 등 각종 이음부에는 누기, 누수가 없어야 한다.
③ 연소실 내부가 충분히 청소된 상태이어야 하고, 축로의 변형 및 이탈이 없어야 한다.
④ 보일러 동체에는 보온 및 케이싱이 분해되어 있어야 하며, 손상이 약간 있는 것은 사용해도 관계가 없다.

> ＊ 보일러 동체 및 부품이 손상이 있는 것은 새 것으로 교체해야 한다.

40 어떤 건물의 소요 난방부하가 52.5kW이다. 주철제 방열기로 증기난방을 한다면 약 몇 쪽(section)의 방열기를 설치해야 하는가? (단, 표준방열량으로 계산하며, 주철제 방열기의 쪽당 방열면적은 0.24m²이다.)

① 156쪽 ② 254쪽
③ 290쪽 ④ 315쪽

> ＊ 방열기의 쪽수, 표준방열량을 이용한 난방부하는
> 난방부하 = 쪽당면적 × 쪽수 × 방열량에서
> 52.5 × 3600 = 0.24 × 쪽수 × 2723
> 쪽수 = $\frac{52.5 \times 3600}{0.24 \times 2723}$ = 289.20 = 290쪽
> ※ 방열기 쪽수는 무조건 소수점 올림으로 계산

41 주철제 방열기를 설치할 때 벽과의 간격은 약 몇 mm 정도로 하는 것이 좋은가?

① 10 ~ 30 ② 50 ~ 60
③ 70 ~ 80 ④ 90 ~ 100

> ＊ 주철제 방열기는 주형과 벽걸이형이 있다. 주형방열기는 설치할 때 벽과의 간격이 약 50~60mm 정로로 하는 것이 좋다.

42 벨로즈형 신축이음에 대한 설명으로 틀린 것은?

① 설치 공간을 넓게 차지하지 않는다.
② 고온, 고압 배관의 옥내배관에 적당하다.
③ 일명 팩레스(packless) 신축이음쇠 라고도 한다.
④ 벨로즈는 부식되지 않는 스테인리스, 청동 제품 등을 사용한다.

> ＊ 고온, 고압배관용으로 주로 사용되는 것은 루우프형 신축이음이며, 설치장소를 넓게 차지하므로 옥외배관용으로 사용된다.

43 배관의 이동 및 회전을 방지하기 위해 지지점 위치에 완전히 고정시키는 장치는?

① 앵커 ② 써포트
③ 브레이스 ④ 행거

* 배관의 지지물에는 다음과 같은 종류가 있다.
  ① 행거 : 배관 하중을 위에서 끌어당겨 지지(리지드, 스프링, 콘스탄트)
  ② 써포오트 : 배관 하중을 밑에서 떠받쳐 지지(리지드, 스프링, 로울러, 파이프슈우)
  ③ 리스트레인트 : 열팽창에 의한 배관의 이동을 구속, 제한(앵커, 스톱, 가이드)
  ④ 브레이스 : 배관의 진동, 충격을 흡수 완화

44 보일러수 속에 유지류, 부유물 등의 농도가 높아지면 드럼수면에 거품이 발생하고, 또한 거품이 증가하여 드럼의 증기실에 확대되는 현상은?

① 포밍
② 프라이밍
③ 워터 해머링
④ 프리퍼지

* 보기의 용어를 설명하면,
  ① 포밍 : 보일러수면이 거품으로 덮히는 현상
  ② 프라이밍(=비수현상) : 본체내의 보일러수 수면에서 격렬한 비등과 함께 물방울이 튀어오르는 현상
  ③ 워터해머링 : 배관내의 응축수가 송기시 고압의 증기에 밀려 소음과 진동을 유발하는 것으로 수격작용이라 한다.
  ④ 프리퍼지 : 점화전 연소실 내를 환기하는 것

45 동관 끝을 원형으로 정형하기 위해 사용하는 공구는?

① 사이징 툴
② 익스펜더
③ 리머
④ 튜브벤더

* 동관용 공구의 용도를 살펴보면,
  ① 플레어링툴셋 : 동관의 끝을 나팔관 모양으로 만들때
  ② 익스팬더 : 동관을 확관
  ③ 사이징툴 : 동관의 끝을 원형으로 정형
  ④ 튜브벤더 : 동관을 굽힘
  ⑤ 리머 : 관 절단시 생기는 관내면의 거스러미를 제거

46 보일러 산세정의 순서로 옳은 것은?

① 전처리 → 산액처리 → 수세 → 중화방청 → 수세
② 전처리 → 수세 → 산액처리 → 수세 → 중화방청
③ 산액처리 → 수세 → 전처리 → 중화방청 → 수세
④ 산액처리 → 전처리 → 수세 → 중화방청 → 수세

* 산액처리는 염산 등의 약품을 이용하여 관을 세척하는 것을 말하며, 물로 씻어낸 뒤 중화처리하여야 한다.

47 방열기내 온수의 평균온도 80℃, 실내온도 18℃, 방열계수 8.4W/m²·℃ 인 경우 방열기 방열량은 얼마인가?

① 404.1W/m²
② 520.8W/m²
③ 605.5W/m²
④ 653.3W/m²

* 방열기 방열량 = 방열계수 × 방열기온도차에서
  = 8.4×(80-18) = 520.8 [W/m²]

48 온수난방 배관 시공법에 대한 설명 중 틀린 것은?

① 배관구배는 일반적으로 1/250 이상으로 한다.
② 배관 중에 공기가 모이지 않게 배관한다.
③ 온수관의 수평배관에서 관경을 바꿀 때는 편심이음쇠를 사용한다.
④ 지관이 주관 아래로 분기될 때는 90°이상으로 끝올림 구배로 한다.

* 지관이 주관 아래로 분기될 때는 45°이상 끝내림 구배로 배관한다.

49 단열재를 사용하여 얻을 수 있는 효과에 해당하지 않는 것은?

① 축열용량이 작아진다.
② 열전도율이 작아진다.
③ 노 내의 온도분포가 균일하게 된다.
④ 스폴링 현상을 증가시킨다.

* 단열재는 열흐름을 차단하여 열손실을 방지한다.
  • 스폴링 : 노내의 내화벽돌 표면이 고열에서 급랭될 때 표면이 벗겨지는 현상

50 보일러 사고의 원인 중 취급상의 원인이 아닌 것은?

① 부속장치 미비
② 최고 사용압력의 초과
③ 저수위로 인한 보일러의 과열
④ 습기나 연소가스 속의 부식성 가스로 인한 외부부식

* 부속장치 미비는 제조설치상의 원인에 해당한다.

51 보일러에서 라미네이션(lamination)이란?

① 보일러 본체나 수관 등이 사용 중에 내부에서 2장의 층을 형성한 것
② 보일러 강판이 화염에 닿아 불룩 튀어 나온 것
③ 보일러 등에 작용하는 응력의 불균일로 동의 일부가 함몰된 것
④ 보일러 강판이 화염에 접촉하여 점식된 것

* 보기중 설명은 ① 라미네이션 ② 팽출 ③ 압궤

52 보일러 설치·시공기준 상 가스용 보일러의 연료 배관 시 배관의 이음부와 전기계량기 및 전기개폐기와의 유지 거리는 얼마인가? (단, 용접이음매는 제외한다.)

① 15 cm 이상   ② 30 cm 이상
③ 45 cm 이상   ④ 60 cm 이상

* KBI-7243 가스배관의 설치
  배관의 이음부(용접이음매 제외)와 전기설비의 거리
  ① 전기계량기 및 전기개폐기 : 60cm 이상
  ② 전기점멸기 및 전기접속기 : 30cm 이상
  ③ 절연전선 : 10cm 이상
  ④ 절연조치를 하지 아니한 전선, 단열조치를 하지 아니한 굴뚝 : 30cm 이상

53 증기난방방식을 응축수환수법에 의해 분류하였을 때 해당되지 않는 것은?

① 중력환수식   ② 고압환수식
③ 기계환수식   ④ 진공환수식

* 증기방열기에 증기를 공급하고 방열기는 실내에 열을 방출한 뒤 증기가 식어 응축수가 된다. 방열기 내의 응축수를 다시 보일러실로 회수하는데 있어서 그 방법에 따라, 중력환수식, 기계환수식, 진공환수식으로 구분한다.
  ① **중력환수식** : 상층부의 응축수가 지하 기계실내의 보일러실로 중력에 의해 회수
  ② **기계환수식** : 응축수를 응축수펌프를 이용하여 회수
  ③ **진공환수식** : 응축수를 진공펌프를 이용하여 회수

54 보일러 과열의 요인 중 하나인 저수위의 발생 원인으로 거리가 먼 것은?

① 분출밸브의 이상으로 보일러수가 누설
② 급수장치가 증발능력에 비해 과소한 경우
③ 증기 토출량이 과소한 경우
④ 수면계의 막힘이나 고장

* 증기토출량이 적다는 것은 보일러수의 감수가 적다는 것을 말한다. 따라서, 증기발생이 적거나 토출량이 적으면, 저수위가 되지 않는다.

55 에너지이용합리화법상 에너지를 사용하여 만드는 제품의 단위당 에너지사용목표량 또는 건축물의 단위면적당 에너지사용목표량을 정하여 고시하는 자는?

① 산업통상자원부장관
② 한국에너지공단 이사장
③ 시·도지사
④ 고용노동부장관

* 에너지관련법 제정 이후 장관 명칭의 변화 : 동력자원부 → 상공자원부 → 통상자원부 → 산업자원부 → 지식경제부 → 산업통상자원부(현행)

56 에너지다소비사업자가 매년 1월 31일까지 신고해야 할 사항에 포함되지 않는 것은?

① 전년도의 분기별 에너지사용량 제품생산량
② 해당 연도의 분기별 에너지사용예정량·제품생산예정량
③ 에너지사용기자재의 현황
④ 전년도의 분기별 에너지 절감량

* 에너지사용량 신고시 내용
  ① 전년도 에너지사용량, 제품생산량
  ② 당해연도 에너지사용 예정량, 제품생산예정량
  ③ 에너지사용 기자재의 현황
  ④ 전년도 에너지이용합리화 실적 및 당해년도 실적

정답 51 ① 52 ④ 53 ② 54 ③ 55 ① 56 ④

57 정부는 국가전략을 효율적·체계적으로 이행하기 위하여 몇 년마다 저탄소 녹색성장 국가전략 5개년 계획을 수립하는가?

① 2년　　　　② 3년
③ 4년　　　　④ 5년

★ 저탄소 녹색성장 국가전략 5개년 계획은 5년마다 수립.

58 에너지이용 합리화법상 대기전력경고표지를 하지 아니한 자에 대한 벌칙은?

① 2년 이하의 징역 또는 2천만원 이하의 벌금
② 1년 이하의 징역 또는 1천만원 이하의 벌금
③ 5백만원 이하의 벌금
④ 1천만원 이하의 벌금

★ 에너지이용합리화법에 의한 500만원 이하의 벌금
　① 효율관리기자재에 대한 에너지사용량의 측정결과를 신고하지 아니한 자
　② 대기전력경고표지대상제품에 대한 측정결과를 신고하지 아니한 자
　③ 대기전력경고표지를 하지 아니한 자
　④ 대기전력저감우수제품임을 표시하거나 거짓 표시를 한 자
　⑤ 대기전력저감기준에 미달한 제조업자 수입업자에 대한 시정명령을 정당한 사유 없이 이행하지 아니한 자
　⑥ 고효율에너지인증을 받지 않고 고효율에너지기자재의 인증 표시를 한 자

59 신에너지 및 재생에너지 개발 이용 보급 촉진법에 따라 건축물인증기관으로부터 건축물인증을 받지 아니하고 건축물인증의 표시 또는 이와 유사한 표시를 하거나 건축물인증을 받은 것으로 홍보한 자에 대해 부과하는 과태료 기준으로 맞는 것은?

① 5백만원 이하의 과태료 부과
② 1천만원 이하의 과태료 부과
③ 2천만원 이하의 과태료 부과
④ 3천만원 이하의 과태료 부과

★ 1회 위반시 1천만원 과태료, 2회차 위반시 1천만원 과태료

60 에너지용합리화법에서 정한 검사에 합격 되지 아니한 검사대상기기를 사용한 자에 대한 벌칙은?

① 1년 이하의 징역 또는 1천만원 이하의 벌금
② 2년 이하의 징역 또는 2천만원 이하의 벌금
③ 3년 이하의 징역 또는 3천만원 이하의 벌금
④ 4년 이하의 징역 또는 4천만원 이하의 벌금

★ 에너지이용합리화법에서 정한 1년이하, 1천만원 이하 벌금
　① 검사대상기기 검사를 받지 아니한 자
　② 검사대상기기 사용정지 명령에 위반한 자

정답　57 ④　58 ③　59 ②　60 ①

에너지관리기능사
2015.04.04 시행

01 노통연관식 보일러에서 노통을 한쪽으로 편심시켜 부착하는 이유로 가장 타당한 것은?

① 전열면적을 크게 하기 위해서
② 통풍력의 증대를 위해서
③ 노통의 열신축과 강도를 보강하기 위해서
④ 보일러수를 원활하게 순환하기 위해서

* 노통의 편심을 주는 이유는 물의 순환을 양호하게 하기 위함 이다. 전열면적을 크게, 열에 대한 신축을 자유롭게 하기 위해 노통을 파형으로 제작한다.

02 스프링식 안전밸브에서 전양정식의 설명으로 옳은 것은?

① 밸브의 양정이 밸브시트 구경의 $\frac{1}{40} \sim \frac{1}{15}$ 미만인 것
② 밸브의 양정이 밸브시트 구경의 $\frac{1}{40} \sim \frac{1}{7}$ 미만인 것
③ 밸브의 양정이 밸브시트 구경의 $\frac{1}{7}$ 이상인 것
④ 밸브시트 증기통로 면적은 목부분 면적의 1.05배 이상인 것

* 스프링식 안전밸브(spring safety valve) : 스프링의 탄성을 이용하여 분출압력을 조정하는 형식으로 밸브의 양정에 따라 저양정식, 고양정식, 전양정식, 전양식이 있다.
  ① 저양정식 : 밸브 양정이 밸브 지름의 $\frac{1}{40} \sim \frac{1}{15}$ 인 것
  ② 고양정식 : 밸브 양정이 밸브 지름의 $\frac{1}{15} \sim \frac{1}{7}$ 인 것
  ③ 전양정식 : 밸브 양정이 밸브 지름의 $\frac{1}{7}$ 이상인 것
  ④ 전양식 : 밸브 양정이 밸브 지름보다 1.15배 이상인 것으로서, 밸브가 열릴 때 밸브 시트 부분의 증기통로 면적이 목 부분의 면적의 1.05배 이상, 안전밸브의 입구 및 배관 내의 통로 면적은 목 부분 단면적의 1.7배 이상이어야 한다.

03 2차 연소의 방지대책으로 적합하지 않은 것은?

① 연도의 가스 포켓이 되는 부분을 없앨 것
② 연소실 내에서 완전연소 시킬 것
③ 2차 공기온도를 낮추어 공급할 것
④ 통풍조절을 잘 할 것

* 맥동연소(=2차연소) : 연도 등에 가스가 체류하는 에어포켓이 있을 경우에 주로 발생하며, 연소시 미연소된 가스가 불규칙한 연소를 하며 소음 진동을 유발한다. 보기 ③은 불완전연소를 유발하므로 미연소가스를 발생하게 한다.

04 보기에서 설명한 송풍기의 종류는?

㉮ 경향 날개형이며 6~12매의 철판에 직선날개를 보스에서 망사한 스포크에 리벳죔을 한 것이며, 측판이 있는 임펠러와 측판이 없는 것이 있다.
㉯ 구조가 견고하며 내마모성이 크고 날개를 바꾸기도 쉬우며 회진이 많은 가스의 흡출 통풍기, 미분탄 장치의 배탄기 등에 사용된다.

① 터보송풍기　　　② 다익송풍기
③ 축류송풍기　　　④ 플레이트송풍기

* 보기의 설명은 플레이트 송풍기를 말함.
  • 터보송풍기 : 후향 날개형이며, 출구각도 30~40°의 후방만곡날개 4~8매를 구비한 임펠러를 사용하고 임펠러의 측판 주판은 주속도에 따라 같은 두께판, 테이퍼판, 주조원판 등이 있다.
  • 다익송풍기 : 전향날개형의 대표적인 것이며 짧은 전향날개를 많이(60~90매) 갖는 반경류 임펠러 한 개를 구비하고 케이싱은 철판제의 장방형 단면을 갖는 소용돌이형 모양으로써 형강으로 보강되고 있다.
  • 축류송풍기 : 저압 및 대풍량을 요하는 경우에 사용된다. 구조는 간단하고 소형이며 설치면적이 작고 관로도중에 쉽게 부착할 수가 있고 구동용 전동기도 고회전수 때문에 소형이 된다. 효율은 양호하며 운전은 안전하고 고장도 적은 특징이 있으나 일반적으로 소리가 크다는 것이 결점이다

01 ④　02 ③　03 ③　04 ④

플레이트 송풍기 / 터보송풍기 / 다익송풍기 / 축류송풍기

★ 보일러의 열손실은 주로,
① 배기가스에 의한 손실 (가장 크다)
② 불완전연소에 의한 손실
③ 노벽 방산 열손실
④ 미연탄소분(그을음, 검댕)에 의한 열손실

05 연도에서 폐열회수장치의 설치순서가 옳은 것은?

① 재열기 → 절탄기 → 공기예열기 → 과열기
② 과열기 → 재열기 → 절탄기 → 공기예열기
③ 공기예열기 → 과열기 → 절탄기 → 재열기
④ 절탄기 → 과열기 → 공기예열기 → 재열기

★ 폐열회수장치는 연도에 설치하여 배기가스의 여열을 흡수한다. 설치순서는 과열기, 재열기, 절탄기, 공기예열기

06 수관식 보일러 종류에 해당되지 않는 것은?

① 코르니시 보일러
② 슐처 보일러
③ 다쿠마 보일러
④ 라몬트 보일러

★ 코르니시 보일러는 노통이 1개 설치된 원통형보일러임.

07 탄소(C) 1kmol 이 완전 연소하여 탄산가스(CO_2)가 될 때, 발생하는 열량은 몇 kJ인가?

① 29200
② 57600
③ 68600
④ 97200

★ 탄소 1kmol (12kg)이 연소할 때 발생하는 열량은 97200kJ이며, 1kg당으로 계산하면 8100[kJ/kg]에 해당한다.

08 일반적으로 보일러의 열손실 중에서 가장 큰 것은?

① 불완전연소에 의한 손실
② 배기가스에 의한 손실
③ 보일러 본체 벽에서의 복사, 전도에 의한 손실
④ 그을음에 의한 손실

09 압력이 일정할 때 과열 증기에 대한 설명으로 가장 적절한 것은?

① 습포화 증기에 열을 가해 온도를 높인 증기
② 건포화 증기에 압력을 높인 증기
③ 습포화 증기에 과열도를 높인 증기
④ 건포화 증기에 열을 가해 온도를 높인 증기

★ 과열증기 : 건포화증기에 압력은 일정한 채 열을 가해 온도를 높인 증기.

10 기름예열기에 대한 설명 중 옳은 것은?

① 가열온도가 낮으면 기름분해와 분무상태가 불량하고 분사각도가 나빠진다.
② 가열온도가 높으면 불길이 한 쪽으로 치우쳐 그을음, 분진이 일어나고 무화상태가 나빠진다.
③ 서비스탱크에서 점도가 떨어진 기름을 무화에 적당한 온도로 가열시키는 장치이다.
④ 기름예열기에서의 가열온도는 인화점보다 약간 높게 한다.

★ 기름예열장치는 중유를 예열하여 점도를 낮추어 무화가 양호하게 하는 장치로서 증기, 온수, 전열식을 사용한다.

11 보일러의 자동제어 중 제어동작이 연속동작에 해당하지 않는 것은?

① 비례동작
② 적분동작
③ 미분동작
④ 다위치동작

★ 자동제어의 조절부 동작에 따라 불연속동작, 연속동작으로 구분하며 불연속동작은 Off가 있는 것으로서 2위치, 다위치, 불연속속도동작이 있다. 연속동작은 Off가 없는 것으로 비례, 미분, 적분, 비례미분, 비례적분, 비례미분적분 동작이 있다.

12 바이패스(by-pass)관에 설치해서는 안되는 부품은?

① 플로트트랩
② 연료차단밸브
③ 감압밸브
④ 유류배관의 유량계

★ 바이패스 배관은 중요장치 및 부품의 점검 보수를 위해 설치하며 우회배관이라고도 한다. 단, 전자밸브(연료차단용밸브)에는 설치하지 않는다.

13 다음 중 압력의 단위가 아닌 것은?

① mmHg
② bar
③ N/m²
④ kg · m³

★ 압력의 개념은 단위면적당 힘(또는 중량)으로, 단위 모양은 힘/면적, 중량/면적, 액주(액체의 높이) 형식이다.
① 수은주 ② 1bar = 10⁵Pa(=N/m²) ③ 힘/면적의 형태
보기 ④는 전혀 해당이 없는 단위임.

14 보일러에 부착하는 압력계에 대한 설명으로 옳은 것은?

① 최대증발량 10t/h 이하인 관류보일러에 부착하는 압력계는 눈금판의 바깥지름을 50mm 이상으로 할 수 있다.
② 부착하는 압력계의 최고 눈금은 보일러의 최고사용압력의 1.5배 이하의 것을 사용한다.
③ 증기보일러에 부착하는 압력계 눈금판의 바깥지름은 80mm 이상의 크기로 한다.
④ 압력계를 보호하기 위하여 물을 넣은 안지름 6.5mm 이상의 사이폰관 또는 동등한 장치를 부착하여야 한다.

★ 보기의 설명을 올바르게 하면
① 최대증발량 5t/h 이하인 관류보일러에 부착하는 압력계눈금판은 60mm 이상
② 보일러 부착 압력계 눈금판은 최고사용압력 1.5~3배
③ 증기보일러에 부착하는 압력계 눈금판 바깥지름은 100mm이상

15 수트 블로워 사용에 관한 주의사항으로 틀린 것은?

① 분출기 내의 응축수를 배출시킨 후 사용할 것
② 그을음 불어내기를 할 때는 통풍력을 크게 할 것
③ 원활한 분출을 위해 분출하기 전 연도 내 배풍기를 사용하지 말 것
④ 한 곳에 집중적으로 사용하여 전열면에 무리를 가하지 말 것

★ 분출하기 전 연도 내 흡입통풍기를 사용하여 환기가 잘 되도록 한다.

16 수관보일러의 특징에 대한 설명으로 틀린 것은?

① 자연순환식은 고압이 될수록 물과의 비중차가 적어 순환력이 낮아진다.
② 증발량이 크고 수부가 커서 부하변동에 따른 압력변화가 적으며 효율이 좋다.
③ 용량에 비해 설치면적이 적으며 과열기, 공기예열기 등 설치와 운반이 쉽다.
④ 구조상 고압 대용량에 적합하며 연소실의 크기를 임의로 할 수 있어 연소상태가 좋다.

★ 수관보일러는 증발량이 크고 수부가 작아서 부하변동에 따른 압력변화가 크다.

17 연통에서 배기되는 가스량이 2500 kg/h이고, 배기가스 온도가 230℃, 가스의 평균비열이 1.302kJ/kg℃, 외기온도가 18℃ 이면, 배기가스에 의한 손실열량은?

① 690060kJ/h
② 732060kJ/h
③ 774060kJ/h
④ 816060kJ/h

★ 열량 = 양×비열×온도차 에서
배기가스 손실열량 = 배기가스량×배기가스 비열×온도
= 2500×1.302×(230-18)
= 690060 kJ/h

18 보일러 집진장치의 형식과 종류를 짝지은 것 중 틀린 것은?

① 가압수식 - 제트 스크러버
② 여과식 - 충격식 스크러버
③ 원심력식 - 사이클론
④ 전기식 - 코트렐

★ 여과식은 백필터 방식이다.

정답 12 ② 13 ④ 14 ④ 15 ③ 16 ② 17 ① 18 ②

19 연소효율이 95%, 전열효율이 85%인 보일러의 효율은 약 몇 %인가?

① 90　　② 81
③ 70　　④ 61

> ★ 보일러효율=연소효율×전열효율 이므로
> 0.95×0.85×100 = 80.75% ≒ 81%

20 소형연소기를 실내에 설치하는 경우, 급배기통을 전용 챔버 내에 접속하여 자연통기력에 의해 급배기 하는 방식은?

① 강제배기식　　② 강제급배기식
③ 자연급배기식　　④ 옥외급배기식

21 가스버너 연소방식 중 예혼합 연소방식이 아닌 것은?

① 저압버너　　② 포트형버너
③ 고압버너　　④ 송풍버너

> ★ 가스연소방식 중 예혼합연소방식의 버너는
> 고압버너, 저압버너, 송풍버너가 있다.
> 포트형버너는 확산연소방식에 사용된다.

22 전열면적이 25m² 인 연관보일러를 8시간 가동시킨 결과 4000kg의 증기가 발생하였다면, 이 보일러의 전열면의 증발율은 몇 kg/m²·h 인가?

① 20　　② 30
③ 40　　④ 50

> ★ 전열면 증발율=증기량/전열면적이므로
> $\frac{4000}{8 \times 25} = 20$ [kg/m²·h]

23 물을 가열하여 압력을 높이면 어느 지점에서 액체, 기체 상태의 구별이 없어지고 증발 잠열이 0 kJ/kg이 된다. 이 점을 무엇이라 하는가?

① 임계점　　② 삼중점
③ 비등점　　④ 압력점

24 증기난방과 비교한 온수난방의 특징에 대한 설명으로 틀린 것은?

① 가열시간은 길지만 잘 식지 않으므로 동결의 우려가 적다.
② 난방부하의 변동에 따라 온도조절이 용이하다.
③ 취급이 용이하고 표면의 온도가 낮아 화상의 염려가 없다.
④ 방열기에는 증기트랩을 반드시 부착해야 한다.

> ★ 증기트랩을 부착하는 방열기는 증기난방 방식이다.

25 외기온도 20℃, 배기가스온도 200℃이고, 연돌 높이가 20m일 때 통풍력은 약 몇 mmAq 인가?

① 5.5　　② 7.2
③ 9.2　　④ 12.2

> ★ 온도와 굴뚝높이가 주어질 때 통풍력을 구하는 식은
> 공기비중량, 배기가스비중량을 같다고 가정한 간이식은
> $z = \left(\frac{1}{T_a} - \frac{1}{T_g}\right) \cdot 355 \cdot H$
> $= \left(\frac{1}{(20+273)} - \frac{1}{(200+273)}\right) \times 355 \times 20$
> $= 9.2 \text{mmH}_2\text{O}$
> 정확하게 계산한 식은
> $z = \left(\frac{353}{T_a} - \frac{367}{T_g}\right) \cdot H$
> $= \left(\frac{353}{(20+273)} - \frac{367}{(200+273)}\right) \times 20$
> $= 8.58 \text{mmH}_2\text{O}$

26 과잉공기량에 관한 설명으로 옳은 것은?

① (실제 공기량) × (이론공기량)
② (실제 공기량) / (이론공기량)
③ (실제 공기량) + (이론공기량)
④ (실제 공기량) - (이론공기량)

> ★ 연소반응식에 의해 계산된 공기량을 이론공기량이라 한다. 그러나 실제로 연소할 때는 이론공기량보다 약간의 공기를 더 투입하게 되는데 이를 과잉공기량이라 하고 이론공기량과 과잉공기량을 합한 것을 실제공기량이라 한다.
> • 실제공기량 = 이론공기량 + 과잉공기량
> 　과잉공기량 = 실제공기량 - 이론공기량
> 　공기비 = 실제공기량 / 이론공기량

정답　19 ②　20 ③　21 ②　22 ①　23 ①　24 ④　25 ③　26 ④

27 다음 그림은 인젝터의 단면을 나타낸 것이다. C부의 명칭은?

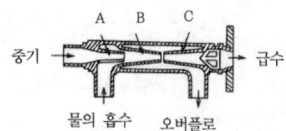

① 증기 노즐 ② 혼합 노즐
③ 분출 노즐 ④ 고압 노즐

> ※ 각 부의 명칭은
> A : 증기 노즐 B : 혼합 노즐 C : 분출 노즐

28 증기 축열기(Steam accumulator)에 대한 설명으로 옳은 것은?

① 송기압력을 일정하게 유지하기 위한 장치
② 보일러 출력을 증가시키는 장치
③ 보일러에서 온수를 저장하는 장치
④ 증기를 저장하여 과부하 시에 증기를 방출하는 장치

> ※ 증기축열기(=스팀 어큐물레이터) : 저부하 시 잉여증기의 열을 저장하였다가 고부하시 사용하는 장치로서, 증기의 열을 저장하는 매체는 물이다.

29 물체의 온도를 변화시키지 않고, 상(相) 변화를 일으키는 데만 사용되는 열량은?

① 감열 ② 비열
③ 현열 ④ 잠열

> ※ 열의 성질에 따라 두 가지로 구분하면,
> • 현열 : 온도변화에 이용된 열량, 상태변화 없음
> • 잠열 : 상태변화에 이용된 열량, 온도변화 없음

30 고체벽의 한쪽에 있는 고온의 유체로부터 이 벽을 통과하여 다른 쪽에 있는 저온의 유체로 흐르는 열의 이동을 의미하는 용어는?

① 열관류 ② 현열
③ 잠열   ④ 전열량

> ※ 전도와 대류가 반복하여 열이 흐르는 것을 열관류(=열통과)라고 한다.

31 호칭지름 15A의 강관을 각도 90°로 구부릴 때 곡선부의 길이는 약 몇 mm인가?
(단, 곡선부의 반지름은 90mm로 한다.)

① 141.4 ② 145.5
③ 150.2 ④ 155.3

> ※ 굽힘부는 원의 일부분이므로, 그림으로 설명하면,
> 곡관의 길이(벤딩 부위 길이) 산출식은
> $$L = 2\pi R \cdot \frac{\theta}{360}$$
> $$= 2 \times \pi \times 90 \times \frac{90}{360} = 141.37mm$$

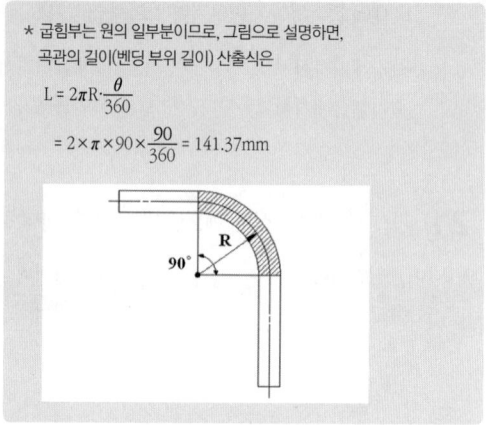

32 보일러의 점화 조작 시 주의사항으로 틀린 것은?

① 연료가스의 유출속도가 너무 빠르면 실화 등이 일어나고 너무 늦으면 역화가 발생한다.
② 연소실의 온도가 낮으면 연료의 확산이 불량해지며 착화가 잘 안된다.
③ 연료의 예열온도가 낮으면 무화불량, 화염의 편류, 그을음, 분진이 발생한다.
④ 유압이 낮으면 점화 및 분사가 양호하고 높으면 그을음이 없어진다.

> ※ 유압이 낮으면 점화 및 분사가 불량하고 너무 높으면 카본이 부착한다.

정답 27 ③ 28 ④ 29 ④ 30 ① 31 ① 32 ④

33 온수난방에서 상당방열면적이 45m² 일 때 난방부하는?
(단, 방열기의 방열량은 표준방열량으로 한다.)

① 68907kJ/h ② 77494kJ/h
③ 81474kJ/h ④ 84825kJ/h

★ 온수보일러의 표준방열량은 1885kJ/m²h이므로
  난방부하=방열면적×방열량
         =45×1885=84825kJ/h

34 보일러 사고에서 제작상의 원인이 아닌 것은?

① 구조 불량 ② 재료 불량
③ 캐리 오버 ④ 용접 불량

★ 구조불량, 재료불량, 용접불량은 제작상의 원인에 해당한다. 취급상의 원인은 이상감수, 압력초과, 미연소가스폭발, 캐리오버 및 수격작용 등이 있다.

35 주철제 벽걸이 방열기의 호칭 방법은?

① W-형×쪽수
② 종별-치수×쪽수
③ 종별-쪽수×형
④ 치수-종별×쪽수

★ 방열기 호칭법 : 종별-형×쪽수

36 증기난방에서 응축수의 환수방법에 따른 분류 중 증기의 순환과 응축수의 배출이 빠르며, 방열량도 광범위하게 조절할 수 있어서 대규모 난방에서 많이 채택하는 방식은?

① 진공 환수식 증기난방
② 복관 중력 환수식 증기난방
③ 기계 환수식 증기난방
④ 단관 중력 환수식 증기난방

★ 증기순환 및 응축수 회수가 가장 빠르며 대규모 난방에 사용되는 증기난방은 진공환수식임.

37 저탕식 급탕설비에서 급탕의 온도를 일정하게 유지시키기 위해서 가스나 전기를 공급 또는 정지하는 것은?

① 사일렌서 ② 순환펌프
③ 가열코일 ④ 서머스탯

★ ① 사일렌서 : 기수혼합식 급탕설비에서 증기 분사 소음을 줄이기 위해 부착되는 장치
  ② 서머스탯 : 온도조절기

38 파이프 벤더에 의한 구부림 작업 시 관에 주름이 생기는 원인으로 가장 옳은 것은?

① 압력조정이 세고 저항이 크다.
② 굽힘 반지름이 너무 작다.
③ 받침쇠가 너무 나와 있다.
④ 바깥지름에 비하여 두께가 너무 얇다.

★ ①, ②, ③은 관 구부림 작업시 관이 파손되는 원인에 해당한다.

39 보일러 급수의 수질이 불량할 때 보일러에 미치는 장해와 관계가 없는 것은?

① 보일러 내부의 부식이 발생된다.
② 라미네이션 현상이 발생한다.
③ 프라이밍이나 포밍이 발생된다.
④ 보일러 동 내부에 슬러지가 퇴적된다.

★ 라미네이션은 보일러 제작 시 강판 내부에 공기층이 존재하는 결함을 말한다.

40 보일러의 정상 운전 시 수면계에 나타나는 수위의 위치로 가장 적당한 것은?

① 수면계의 최상위
② 수면계의 최하위
③ 수면계의 중간
④ 수면계 하부의 1/3 위치

★ 정상수위 : 수면계 1/2(=중간)

41 유류 연소 자동점화 보일러의 점화순서상 화염검출기 작동 후 다음 단계는?

① 공기댐퍼 열림　② 전자 밸브 열림
③ 노내압 조정　　④ 노내 환기

> ★ 화염검출기에서 점화용 불꽃이 감지되면 전자밸브가 열리고 주버너의 점화가 진행된다.

42 보일러 내처리제에서 가성취하 방지에 사용되는 약제가 아닌 것은?

① 인산나트륨　② 질산나트륨
③ 탄닌　　　　④ 암모니아

> ★ 가성취하 방지제(가리탄초인질) : 리그린, 탄닌, 탄산소다, 초산소다, 인산소다, 질산소다 (*소다=나트륨)

43 연관 최고부보다 노통 윗면이 높은 노통연관보일러의 최저수위(안전저수면)의 위치는?

① 노통 최고부 위 100mm
② 노통 최고부 위 75mm
③ 연관 최고부 위 100mm
④ 연관 최고부 위 75mm

> ★ 본체 내부에서 안전저수위의 위치는
> • 연관이 높은 경우 연관의 75mm 상단
> • 노통이 높은 경우 노통의 100mm 상단

44 보일러의 외부 검사에 해당되는 것은?

① 스케일, 슬러지 상태 검사
② 노벽 상태 검사
③ 배관의 누설 상태 검사
④ 연소실의 열 집중 현상 검사

> ★ 스케일, 슬러지 상태는 보일러수가 담긴 본체 내부이므로 내부검사, 노벽상태와 연소실 열집중 검사는 연소실 내부에 해당하므로 내부검사에 해당한다. 배관의 누설 상태는 외측의 연결된 배관이므로 외부검사에 해당한다.

45 보일러 강판이나 강관을 제조할 때 재질 내부에 가스체 등이 함유되어 두 장의 층을 형성하고 있는 상태의 흠은?

① 블리스터　② 팽출
③ 압궤　　　④ 라미네이션

> ★ 라미네이션은 부식이 아닌 재료상의 결함이다. 강판 제조과정에서 강판 내부에 공기층, 슬러그 등이 혼입되어 강판이 2개의 층으로 분리되어 있는 것으로서 라미네이션 결함이 있는 강판으로 보일러 제작 시 열에 의해 부풀어 올라 터지는 것을 "블리스터"라고 한다.

46 오일 프리히터의 종류에 속하지 않는 것은?

① 증기식　② 직화식
③ 온수식　④ 전기식

> ★ 중유를 예열하는 장치를 오일프리히터라고 하며, 가열원으로는 증기식, 온수식, 전기식이 있다.

47 보일러의 과열 원인과 무관한 것은?

① 보일러수의 순환이 불량할 경우
② 스케일 누적이 많은 경우
③ 저수위로 운전할 경우
④ 1차 공기량의 공급이 부족한 경우

> ★ 1차 공기량이 부족한 경우 무화불량, 불완전연소가 된다.

48 증기난방 배관시공 시 환수관이 문 또는 보와 교차할 때 이용되는 배관형식으로 위로는 공기, 아래로는 응축수를 유통시킬 수 있도록 시공하는 배관은?

① 루프형 배관　② 리프트 피팅 배관
③ 하트포드 배관　④ 냉각 배관

> ★ 증기난방 배관 중 문틀이 장애가 되어 루프형 배관에서 환수관이 문틀과 교차할 경우 위 배관으로는 공기, 아래 배관으로는 응축수를 유통시킨다. 이때 응축수의 출구는 입구보다 25mm 이상 낮은 위치에 배관한다.

정답 41 ② 42 ④ 43 ① 44 ③ 45 ④ 46 ② 47 ④ 48 ①

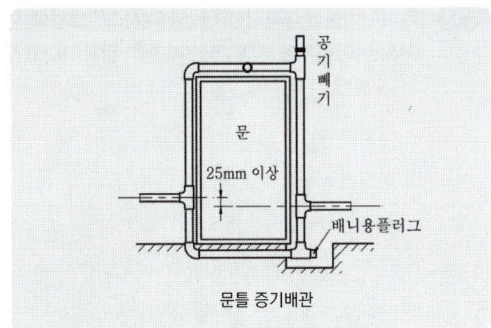

49 강철제 증기보일러의 최고사용압력이 0.4MPa인 경우 수압시험 압력은?

① 0.16MPa   ② 0.2MPa
③ 0.8MPa   ④ 1.2MPa

★ 강철제 증기보일러의 수압시험은 최고사용압력에 따라

최고사용압력(P)	수압시험
0.43MPa(4.3kgf/cm²) 이하	2P
0.43MPa 초과 1.5MPa 이하	1.3P+0.3MPa
1.5MPa 초과	1.5P

따라서, 수압시험은 2×0.4=0.8MPa

50 질소봉입 방법으로 보일러 보존 시 보일러 내부에 질소가스의 봉입압력(MPa)으로 적합한 것은?

① 0.02   ② 0.03
③ 0.06   ④ 0.08

★ 질소가스 봉입보존법은 질소가스를 0.06MPa(0.6kgf/cm²)로 될 때까지 입입한다.

51 보일러 급수 중 Fe, Mn, CO_2를 많이 함유하고 있는 경우의 급수처리방법으로 가장 적합한 것은?

① 분사법   ② 기폭법
③ 침강법   ④ 가열법

★ 기폭법 : 기체의 헨리법칙을 적용한 것으로 탄산가스(CO_2), 암모니아(NH_3), 황화수소(H_2S) 등의 용해가스 및 철분(Fe), 망간(Mn) 등의 제거를 목적으로 하여 급수를 대기속에서 분무상으로 하든가 또는 탑상(塔上)으로부터 강하한다.

52 증기난방에서 방열기와 벽면과의 적합한 간격(mm)은?

① 30~40   ② 50~60
③ 80~100   ④ 100~120

★ 주형방열기는 벽면으로부터 50~60mm 정도 간격을 두고 바닥에 세워 설치한다.

53 다음 중 보온재의 종류가 아닌 것은?

① 코르크   ② 규조토
③ 프탈산수지도료   ④ 기포성수지

★ 보기 ③은 합성수지 도료의 일종이다

54 다음 중 보온재 중 안전사용 (최고)온도가 가장 높은 것은?

① 탄산마그네슘 물반죽 보온재
② 규산칼슘 보온판
③ 경질 폼라버 보온통
④ 글라스울 블랭킷

★ 무기질 보온재는 유기질 보온재에 비해 사용온도가 높다.
보기 중 ③은 유기질 보온재이다. 안전사용온도를 비교하면,
탄산마그네슘 : 250℃
규산칼슘 : 30~650℃
폼류 : 안전사용온도 80℃ 이하
글라스울 : 300℃ 이하

55 저탄소 녹생성장 기본법상 녹생성장위원회의 위원으로 틀린 것은?

① 국토교통부장관
② 과학기술정보통신부
③ 기획재정부장관
④ 고용노동부장관

★ 위원회는 위원장 2명을 포함한 50명 이내의 위원으로 구성되며, 위원회의 위원은 다음 각 호의 사람이 된다.
1. 기획재정부장관, 과학기술정보통신부, 산업통상자원부장관, 환경부장관, 국토교통부장관 등 대통령령으로 정하는 공무원
2. 기후변화, 에너지·자원, 녹색기술·녹색산업, 지속가능발전 분야 등 저탄소 녹색성장에 관한 학식과 경험이 풍부한 사람 중에서 대통령이 위촉하는 사람

정답   49 ③   50 ③   51 ②   52 ②   53 ③   54 ②   55 ④

56 에너지이용합리화법상 검사대상기기 설치자가 검사대상기기의 조종자를 선임하지 않았을 때의 벌칙은?

① 1년 이하의 징역 또는 2천만원 이하의 벌금
② 1년 이하의 직영 또는 5백만원 이하의 벌금
③ 1천만원 이하의 벌금
④ 5백만원 이하의 벌금

★ 검사대상기기 조종자를 선임하지 아니한 자는 1천만원 이하의 벌금

57 에너지이용합리화법령상 산업통상자원부장관이 에너지다소비사업자에게 개선명령을 할 수 있는 경우는 에너지관리 지도 결과 몇 % 이상 에너지 효율개선이 기대되는 경우인가?

① 2% ② 3%
③ 5% ④ 10%

★ 산업통상자원부장관이 에너지다소비사업자에게 개선명령을 할 수 있는 경우는 에너지관리지도 결과 10% 이상의 에너지효율 개선이 기대되고 효율 개선을 위한 투자의 경제성이 있다고 인정되는 경우로 한다.

58 에너지이용합리화법상 에너지사용자와 에너지공급자의 책무로 맞는 것은?

① 에너지의 생산·이용 등에서의 그 효율을 극소화
② 온실가스배출을 줄이기 위한 노력
③ 기자재의 에너지효율을 높이기 위한 기술개발
④ 지역경제발전을 위한 시책 강구

★ 에너지사용자와 에너지공급자의 책무 : 국가나 지방자치단체의 에너지시책에 적극 참여하고 협력하여야 하며, 에너지의 생산·전환·수송·저장·이용 등에서 그 효율을 극대화하고 온실가스의 배출을 줄이도록 노력

59 에너지이용합리화법상 평균에너지소비효율에 대하여 총량적인 에너지효율의 개선이 특히 필요하다고 인정되는 기자재는?

① 승용자동차
② 강철제보일러
③ 1종압력용기
④ 축열식 전기보일러

★ 승용자동차는 평균에너지소비효율에 대하여 총량적인 에너지효율의 개선이 필요하며 이를 '평균효율관리기자재'라고 한다.

60 에너지이용합리화법에 따라 에너지 진단을 면제 또는 에너지진단주기를 연장받으려는 자가 제출해야 하는 첨부서류에 해당하지 않는 것은?

① 보유한 효율관리기자재 자료
② 중소기업임을 확인할 수 있는 서류
③ 에너지절약 유공자 표창 사본
④ 친에너지형 설비

★ 에너지 진단을 면제 또는 에너지진단 주기를 연장받으려는 자가 면제(연장)신청서에 첨부할 서류
1. 자발적 협약 우수사업장임을 확인할 수 있는 서류
2. 중소기업을 확인할 수 있는 서류
3. 에너지절약 유공자 표창 사본
4. 에너지진단결과를 반영한 에너지절약 투자 및 개선실적을 확인할 수 있는 서류
5. 친에너지형 설비 설치를 확인할 수 있는 서류

2015년 4회 에너지관리기능사

2015.07.19 시행

01 보일러에서 배출되는 배기가스의 여열을 이용하여 급수를 예열하는 장치는?

① 과열기　　　② 재열기
③ 절탄기　　　④ 공기예열기

* 폐열회수장치 : 배기가스 여열을 흡수하여 열효율 증대
  ① 과열기 : 발생증기의 온도를 높여 과열증기로 만듦
  ② 재열기 : 고압터빈에서 팽창 도중의 증기를 빼내어 다시 가열하는 장치
  ③ 절탄기 : 급수를 예열
  ④ 공기예열기 : 연소용공기를 예열

02 목표 값이 시간에 따라 임의로 변화되는 것은?

① 비율제어　　　② 추종제어
③ 프로그램제어　　　④ 캐스케이드제어

* 자동제어를 목표값의 변화에 따라 다음과 같이 구분
  1) 정치제어 : 목표값이 일정
  2) 추치제어 : 목표값이 시간에 따라 변화
    ① 비율제어 : 다른 양과 일정한 비율로 변화
        (유량비율 제어, 공기비 제어)
    ② 프로그램제어 : 일정한 프로그램에 따라 변화
    ③ 추종제어 : 시간에 따라 임의로 변화
    ④ 캐스케이드 제어 : 2개의 제어계를 조합한 것으로 1차 제어계의 제어량 결과가 2차 제어계의 입력으로 됨.

03 보일러 부속품 중 안전장치에 속하는 것은?

① 감압 밸브　　　② 주증기 밸브
③ 가용전　　　④ 유량계

* 감압밸브 : 증기압력을 일정한 압력으로 조정. 송기장치
  주증기밸브 : 증기를 개폐. 송기장치
  가용전 : 가용마개라고 함. 안전장치
  유량계 : 급수량계, 급유량계 등. 지시장치

04 캐비테이션의 발생 원인이 아닌 것은?

① 흡입양정이 지나치게 클 때
② 흡입관의 저항이 작은 경우
③ 유량의 속도가 빠른 경우
④ 관로 내의 온도가 상승되었을 때

* 캐비테이션 발생원인
  ① 임펠러 회전속도가 빠를 경우
  ② 흡입관의 저항이 클 경우
  ③ 유량의 속도가 빠를 경우
  ④ 관내의 온도가 상승되었을 때
* 방지대책 - 흡입양정을 짧게, 양흡입관을 사용 프라이밍작업을 한다.

05 다음 중 연료의 연소온도에 가장 큰 영향을 미치는 것은?

① 발화점　　　② 공기비
③ 인화점　　　④ 회분

* 연소온도에 가장 영향을 미치는 것 : 발열량, 공기비

06 수소 15%, 수분 0.5%인 중유의 고위발열량이 42000 kJ/kg 이다. 이 중유의 저위발열량은 몇 kJ/kg 인가?

① 36965　　　② 37759
③ 38184　　　④ 38613

* 저위발열량 = 고위발열량 - 2500×(9H + W)
  = 42000 - 2500×(9×0.15 + 0.005)
  = 38612.5 kJ/kg

정답　01 ③　02 ②　03 ③　04 ②　05 ②　06 ④

07 부르돈관 압력계를 부착할 때 사용되는 사이펀관 속에 넣는 물질은?

① 수은 ② 증기
③ 공기 ④ 물

> ★ 사이폰관 : 압력계를 부착하기 전 사이폰관을 연결하고 부착.
> ① 역할 : 고온의 증기로부터 압력계 파손방지
> ② 안지름 6.5mm 이상의 것을 사용
> ③ 내부에 물을 채운다. (80℃ 이하 유지)

08 집진장치의 종류 중 건식집진장치의 종류가 아닌 것은?

① 가압수식 집진기 ② 중력식 집진기
③ 관성력식 집진기 ④ 원심력식 집진기

> ★ 가압수식은 습식 집진장치에 속함.
> • 습식 〈유가회〉 : 유수식, 가압수식, 회전식

09 수관식 보일러에 속하지 않는 것은?

① 입형 횡관식 ② 자연순환식
③ 강제 순환식 ④ 관류식

> ★ 수관식 보일러 : 자연순환식, 강제순환식, 관류식
> 원통 보일러 : 입형, 횡형

10 공기예열기의 종류에 속하지 않는 것은?

① 전열식 ② 재생식
③ 증기식 ④ 방사식

> ★ 공기예열기의 종류 구분
> • 전열방식에 따라 : 전열식, 재생식(축열식), 증기식

11 비접촉식 온도계의 종류가 아닌 것은?

① 광전관식 온도계 ② 방사 온도계
③ 광고 온도계 ④ 열전대 온도계

> ★ 열전대 온도계 : 제백효과를 이용한 온도계로 접촉식에 속함.
> • 제백효과 : 서로 다른 2종의 금속선 양끝을 접합하고 온도차를 주면 열에 의한 기전력이 발생하는 것

12 보일러의 전열면적이 클 때의 설명으로 틀린 것은?

① 증발량이 많다. ② 예열이 빠르다.
③ 용량이 적다. ④ 효율이 높다.

> ★ 전열면적이 크다 → 열흡수가 빠르다 → 효율이 높다. 예열이 빠르다. 증기발생이 빠르고 많다. 대용량이다.

13 보일러 연도에 설치하는 댐퍼의 설치 목적과 관계가 없는 것은?

① 매연 및 그을음 제거
② 통풍력의 조절
③ 연소가스 흐름의 차단
④ 주연도와 부연도가 있을 때 가스의 흐름을 전환

> ★ 매연이나 그을음을 제거하는 장치는 수트블로우가 있음.

14 통풍력을 증가시키는 방법으로 옳은 것은?

① 연도는 짧고, 연돌은 낮게 설치한다.
② 연도는 길고, 연돌의 단면적을 작게 설치한다.
③ 배기가스의 온도는 낮춘다.
④ 연도는 짧고, 굴곡부는 적게 한다.

> ★ 자연통풍에서 통풍력을 증가시키는 방법
> ① 연도를 짧게, 굴곡부는 적게, 굴뚝(연돌)은 높게
> ② 배기가스 온도를 높인다.
> ③ 연돌의 단면적을 크게 한다.

15 연료의 연소에서 환원염이란?

① 산소 부족으로 인한 화염이다.
② 공기비가 너무 클 때의 화염이다.
③ 산소가 많이 포함된 화염이다.
④ 연료를 완전 연소시킬 때의 화염이다.

정답 07 ④ 08 ① 09 ① 10 ④ 11 ④ 12 ③ 13 ① 14 ④ 15 ①

* 공기비와 화염의 성질

공기비 부족	공기량이 적다. 불완전연소. 화염 중 CO가 많이 포함됨. 환원염이라 한다.
공기비 과다	공기량이 많다. 연소 후 과잉산소량이 포함되어 있다. 산화염이라 한다.

16 보일러 화염 유무를 검출하는 스택 스위치에 대한 설명으로 틀린 것은?

① 화염의 발열 현상을 이용한 것이다.
② 구조가 간단하다.
③ 버너 용량이 큰 곳에 사용된다.
④ 바이메탈의 신축작용으로 화염 유무를 검출한다.

★ 스택스위치 : 바이메탈의 신축으로 화염을 검출하며 작동시간이 오래 걸리므로 소용량 보일러에 사용됨.

17 3요소식 보일러 급수 제어 방식에서 검출하는 3요소는?

① 수위, 증기유량, 급수유량
② 수위, 공기압, 수압
③ 수위, 연료량, 공기압
④ 수위, 연료량, 수압

★ 급수제어 방식에서 검출하는 요소에 따라
 ① 1요소식 : 수위 검출
 ② 2요소식 : 수위, 증기량 검출
 ③ 3요소식 : 수위, 증기량, 급수량 검출

18 대형보일러인 경우에 송풍기가 작동되지 않으면 전자 밸브가 열리지 않고, 점화를 저지하는 인터록의 종류는?

① 저연소 인터록   ② 압력초과 인터록
③ 프리퍼지 인터록 ④ 불착화 인터록

★ 인터록은 보일러 비상시 전자밸브와 연계되어 연료를 긴급 차단하는 것을 말함. (전자밸브에 연결된 장치에 따라)
 ① 압력초과인터록 : 압력제한기 연결. 설정압력 초과시 작동
 ② 저수위인터록 : 저수위경보기 연결. 안전저수위 감수시 작동
 ③ 불착화인터록 : 화염검출기 연결. 실화 및 불착화 감시
 ④ 프리퍼지인터록 : 풍압스위치와 연결. 송풍기 고장시 작동
 ⑤ 저연소인터록 : 연료조절밸브와 연결. 저연소 조절 불능시 작동

19 수위의 부력에 의한 플로트 위치에 따라 연결된 수은 스위치로 작동하는 형식으로, 중·소형 보일러에 가장 많이 사용하는 저수위 경보장치의 형식은?

① 기계식   ② 전극식
③ 자석식   ④ 맥도널식

★ 플로트식 고저수위경보기를 맥도널식이라고 한다.

20 증기의 발생이 활발해지면 증기와 함께 물방울이 같이 비산하여 증기관으로 취출되는데, 이때 드럼 내에 증기 취출구에 부착하여 증기 속에 포함된 수분취출을 방지 해주는 관은?

① 워터실링관   ② 주증기관
③ 베이퍼록 방지관 ④ 비수방지관

★ 비수방지관 : 주증기 밸브 급개시 급격한 압력저하로 인해 프라이밍(비수현상)이 일어나는 것을 방지함.

21 증기의 과열도를 옳게 표현한 식은?

① 과열도 = 포화증기온도 - 과열증기온도
② 과열도 = 포화증기온도 - 압축수의 온도
③ 과열도 = 과열증기온도 - 압축수의 온도
④ 과열도 = 과열증기온도 - 포화증기온도

★ 비과열도는 포화증기에서 가열하여 과열증기가 되기까지 상승한 온도차를 말함.

22 어떤 액체 연료를 완전 연소시키기 위한 이론공기량이 10.5 Nm^3/kg 이고, 공기비가 1.4인 경우 실제공기량은?

① 7.5 Nm^3/kg ② 11.9 Nm^3/kg
③ 14.7 Nm^3/kg ④ 16.0 Nm^3/kg

★ 실제공기 = 이론공기 × 공기비
 = 10.5 × 1.4 = 14.7 Nm^3/kg

정답 16 ③ 17 ① 18 ③ 19 ④ 20 ④ 21 ④ 22 ③

23 파형 노통보일러의 특징을 설명한 것으로 옳은 것은?

① 제작이 용이하다.
② 내·외면의 청소가 용이하다.
③ 평형 노통보다 전열면적이 크다.
④ 평형 노통보다 외압에 대하여 강도가 적다.

* 노통의 열팽창 신축을 흡수하기 위해 파형노통으로 제작.
  파형노통의 특징 : 제작 곤란. 청소 곤란. 전열면적이 크다.
  강도가 평형에 비해 크다.

24 보일러에 과열기를 설치할 때 얻어지는 장점으로 틀린 것은?

① 증기관 내의 마찰저항을 감소시킬 수 있다.
② 증기관의 이론적 열효율 높일 수 있다.
③ 같은 압력의 포화증기에 비해 보유열량이 많은 증기를 얻을 수 있다.
④ 연소가스의 저항으로 압력손실을 줄일 수 있다.

* 과열기는 폐열회수장치의 일종으로 연도내에 설치하여 배기가스 여열을 흡수함. 과열기 설치시 특징은
  ① 열효율 증대,
     과열증기 발생 → 증기온도 상승, 증기엔탈피 상승, 증기 유속 증가.
     증기관 통과시 마찰저항이 줄어듬.
  ② 연도내 청소곤란. 통풍력 저하. 장치외면에 고온부식

25 수트 블로워 사용 시 주의사항으로 틀린 것은?

① 부하가 50% 이하인 경우에 사용한다.
② 보일러 정지 시 수트 블로워 작업을 하지 않는다.
③ 분출 시에는 유인 통풍을 증가시킨다.
④ 분출기 내의 응축수를 배출시킨 후 사용한다.

* 수트 블로워는 수관보일러의 수관 전열면의 그을음을 제거하는 장치이다. 압축공기나 증기를 사용한다.

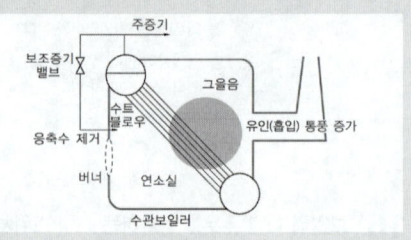

※ 수트 블로워에 증기를 사용할 경우 보일러 자체에서 발생한 증기를 사용하며 증기압력이 적정하게 높을 경우(부하가 50% 이상) 사용한다. 분출 전 응축수를 제거하며 흡입통풍을 증가시켜 연소실 내부의 그을음이 굴뚝으로 빠져나가도록 한다.

26 후향 날개 형식으로 보일러의 압입통풍에 많이 사용되는 송풍기는?

① 다익형 송풍기 ② 축류형 송풍기
③ 터보형 송풍기 ④ 플레이트형 송풍기

* 터보송풍기는 날개의 방향이 회전방향에 비해 뒤쪽으로 향해 있는 후향 날개 형식이다.

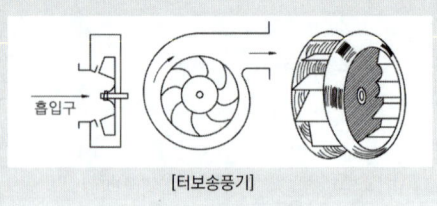

[터보송풍기]

27 연료의 가연 성분이 아닌 것은?

① N   ② C
③ H   ④ S

* 연료의 가연성분 : 탄소(C), 수소(H), 황(S)

28 효율이 82%인 보일러로 발열량 41160kJ/kg의 연료를 15kg 연소시키는 경우의 손실 열량은?

① 337512kJ   ② 136500kJ
③ 111132kJ   ④ 506268kJ

정답 23 ③ 24 ④ 25 ① 26 ③ 27 ① 28 ③

* 공급열(100%)중 흡수된 열(82%) 이외는 손실된 것이므로
  41160×15×(1-0.82) = 111132 [kJ]

29 보일러 연소용 공기조절장치 중 착화를 원활하게 하고 화염의 안전을 도모하는 장치는?

① 윈드박스(Wind box)
② 보염기(Stabilizer)
③ 버너타일(Burner tile)
④ 플레임 아이(Flame eye)

* 공기조절장치(에어레지스터) : 윈드박스, 버너타일, 안내날개, 보염기 등으로 구성된다.
  보염기는 착화를 원활하게 하고 화염의 안정을 도모한다. 선회기와 보염판 등의 형식이 있다.

30 증기난방설비에서 배관 구배를 부여하는 가장 큰 이유는 무엇인가?

① 증기의 흐름을 빠르게 하기 위해서
② 응축수의 체류를 방지하기 위해서
③ 배관시공을 편리하게 하기 위해서
④ 증기와 응축수의 흐름마찰을 줄이기 위해서

* 증기관은 일반적으로 흐름방향에 대해 역구배(상향구배)로 시공함. 응축수와 증기가 함께 흐르지 않도록 함.

31 보일러 배관 중에 신축이음을 하는 목적으로 가장 적합한 것은?

① 증기속의 이물질을 제거하기 위하여
② 열팽창에 의한 관의 파열을 막기 위하여
③ 보일러수의 누수를 막기 위하여
④ 증기속의 수분을 분리하기 위하여

* **신축이음** : 열팽창에 의한 배관의 파손 방지. 루프형, 슬리브형, 벨로우즈형, 스위블형

32 팽창탱크에 대한 설명으로 옳은 것은?

① 개방식 팽창탱크는 주로 고온수 난방에서 사용한다.
② 팽창관에는 방열관에 부착하는 크기의 밸브를 설치한다.
③ 밀폐형 팽창탱크에는 수면계를 구비한다.
④ 밀폐형 팽창탱크는 개방식 팽창탱크에 비하여 적어도 된다.

* 팽창관에는 밸브 또는 차단장치를 설치해서는 안된다.

33 온수난방의 특성을 설명한 것 중 틀린 것은?

① 실내 예열시간이 짧지만 쉽게 냉각되지 않는다.
② 난방부하 변동에 따른 온도조절이 용이하다.
③ 단독주택 또는 소규모 건물에 적용된다.
④ 보일러 취급이 비교적 쉽다.

* 예열시간이 길지만 쉽게 냉각되지 않는다.

34 다음 중 주형 방열기의 종류로 거리가 먼 것은?

① 1주형   ② 2주형
③ 3세주형   ④ 5세주형

* 주형방열기 : 2주형, 3주형, 3세주형, 5세주형

35 보일러 점화시 역화의 원인과 관계가 없는 것은?

① 착화가 지연될 경우
② 점화원을 사용한 경우
③ 프리퍼지가 불충분한 경우
④ 연료 공급밸브를 급개하여 다량으로 분무한 경우

* **역화의 원인**
  ① 프리퍼지 부족
  ② 점화시 착화가 늦은 경우
  ③ 과다한 연료 공급
  ④ 흡입통풍의 부족이나 압입통풍의 과대
  ⑤ 공기보다 연료의 공급이 먼저 된 경우
  ⑥ 연료의 불완전 및 미연소

정답 29 ② 30 ② 31 ② 32 ④ 33 ① 34 ① 35 ②

36 압력계로 연결하는 증기관을 황동관이나 동관을 사용할 경우, 증기온도는 약 몇 ℃이하 인가?

① 210℃   ② 260℃
③ 310℃   ④ 360℃

> ＊ 압력계로 연결하는 증기관은 강관 또는 동관을 사용하며, 강관은 안지름 12.7mm 이상, 동관은 6.5mm 이상의 것을 사용한다. 단, 증기온도가 210℃ 초과할 경우 동관은 사용금지.

37 보일러를 비상 정지시키는 경우의 일반적인 조치사항으로 거리가 먼 것은?

① 압력은 자연히 떨어지게 기다린다.
② 주증기 스톱밸브를 열어 놓는다.
③ 연소공기의 공급을 멈춘다.
④ 연료 공급을 중단한다.

> ＊ 비상정지 : 연료차단 → 연소공기 차단 → 주증기밸브를 닫고 압력이 낮아질 때까지 기다린다.

38 금속 특유의 복사열에 대한 반사 특성을 이용한 대표적인 금속질 보온재는?

① 세라믹 화이버   ② 실리카 화이버
③ 알루미늄 박   ④ 규산칼슘

> ＊ 금속질 보온재 : 복사열 반사 특성 이용, 알루미늄 박(안전사용온도 -180~500℃)

39 기포성수지에 대한 설명으로 틀린 것은?

① 열전도율이 낮고 가볍다.
② 불에 잘 타며 보온성과 보냉성은 좋지 않다.
③ 흡수성은 좋지 않으나 굽힘성은 풍부하다.
④ 합성수지 또는 고무질 재료를 사용하여 다공질 제품으로 만든 것이다.

> ＊ 기포성 수지 : 불에 잘 타며 보온성과 보냉성이 좋다.

40 온수 보일러의 순환펌프 설치 방법으로 옳은 것은?

① 순환펌프의 모터부분은 수평으로 설치한다.
② 순환펌프는 보일러 본체에 설치한다.
③ 순환펌프는 송수주관에 설치한다.
④ 공기빼기 장치가 없는 순환펌프는 체크밸브를 설치한다.

> ＊ 온수보일러 순환펌프 : 환수주관에 설치하며 모터부분을 수평으로 설치한다.

41 보일러 가동시 매연 발생의 원인과 가장 거리가 먼 것은?

① 연소실 과열
② 연소실 용적의 과소
③ 연료 중의 불순물 혼입
④ 연소용 공기의 공급 부족

> ＊ 연소실이 과열될 경우 불완전연소가 일어나지 않으므로 매연발생 우려는 적다. 대신 과열사고나 내화물의 균열, 스폴링 현상이 발생할 수 있다.

42 중유 연소시 보일러 저온부식의 방지대책으로 거리가 먼 것은?

① 저온의 전열면에 내식재료를 사용한다.
② 첨가제를 사용하여 황산가스의 노점을 높여 준다.
③ 공기예열기 및 급수예열장치 등에 보호피막을 한다.
④ 배기가스 중의 산소함유량을 낮추어 아황산가스의 산화를 제한한다.

> ＊ 첨가제를 사용하여 황산가스의 노점온도를 낮춘다.

43 물의 온도가 393K를 초과하는 온수발생 보일러에는 크기가 몇 mm 이상인 안전밸브를 설치하여야 하는가?

① 5   ② 10
③ 15   ④ 20

> ＊ 온수발생 보일러에서 온수온도 120℃(393K) 초과하는 경우 20A 이상의 안전밸브 부착

44 보일러 부식에 관련된 설명 중 틀린 것은?

① 점식은 국부전지의 작용에 의해서 일어난다.
② 수용액 중에서 부식문제를 일으키는 주요인은 용존산소, 용존가스 등이다.
③ 중유 연소시 중유 회분 중에 바나듐이 포함되어 있으면 바나듐 산화물에 의한 고온부식이 발생한다.
④ 가성취화는 고온에서 알칼리에 의한 부식현상을 말하며, 보일러 내부 전체에 걸쳐 균일하게 발생한다.

★ 가성취화는 보일러수의 알칼리 성분이 농축되어 일어나는 부식으로 수관보일러의 증발관 용접부, 벤트부, 스테일에 의해 물순환이 잘 되지 않는 곳, 수평관이나 경사관 그리고 버너 부근의 고열이 접촉하는 곳에 주로 발생한다.

45 증기난방의 중력 환수식에서 단관식인 경우 배관 기울기로 적당한 것은?

① 1/100 ~ 1/200 정도의 순 기울기
② 1/200 ~ 1/300 정도의 순 기울기
③ 1/300 ~ 1/400 정도의 순 기울기
④ 1/400 ~ 1/500 정도의 순 기울기

★ 진공환수식의 구배는 1/200~1/300

46 보일러 용량 결정에 포함될 사항으로 거리가 먼 것은?

① 난방부하   ② 급탕부하
③ 배관부하   ④ 연료부하

★ 보일러 용량 = 난방부하+급탕부하+배관부하+예열부하

47 온수난방 배관에서 수평주관에 지름이 다른 관을 접속하여 연결할 때 가장 적합한 관 이음쇠는?

① 유니온   ② 편심 리듀서
③ 부싱   ④ 니플

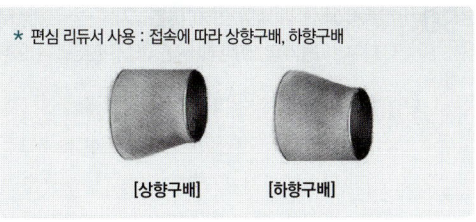

★ 편심 리듀서 사용 : 접속에 따라 상향구배, 하향구배

[상향구배] [하향구배]

48 온수순환 방식에 의한 분류 중에서 순환이 자유롭고 신속하며, 방열기의 위치가 낮아도 순환이 가능한 방법은?

① 중력 순환식   ② 강제 순환식
③ 단관식 순환식   ④ 복관식 순환식

★ 강제순환식은 순환펌프를 사용하므로 방열기 위치에 관계없이 순환이 가능하다.

49 온수보일러 개방식 팽창탱크 설치시 주의사항으로 틀린 것은?

① 팽창탱크에는 상부의 통기구멍을 설치한다.
② 팽창탱크 내부는 수위를 알 수 있는 구조이어야 한다.
③ 탱크에 연결되는 팽창 흡수관은 팽창탱크 바닥면과 같게 배관해야 한다.
④ 팽창탱크의 높이는 최고 부위 방열기보다 1m 이상 높은 곳에 설치한다.

★ 개방식 팽창탱크에서 팽창흡수관은 팽창탱크 바닥면보다 25mm 이상 높게 설치되어야 한다.

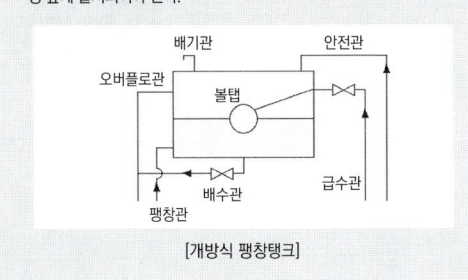

[개방식 팽창탱크]

50 열팽창에 의한 배관의 이동을 구속 또는 제한하는 배관 지지구인 레스트레인트(restraint)의 종류가 아닌 것은?

① 가이드 ② 앵커
③ 스토퍼 ④ 행거

* 레스트레인트 : 앵커, 스톱, 가이드

51 보통 온수식 난방에서 온수의 온도는?

① 65 ~ 70℃ ② 75 ~ 80℃
③ 85 ~ 90℃ ④ 95 ~ 100℃

* 온수난방은 온수온도에 따라
  ① 보통온수식 : 85~90℃, 개방식 팽창탱크 사용
  ② 고온수식 : 100℃이상, 밀폐식 팽창탱크 사용

52 장시간 사용을 중지하고 있던 보일러의 점화 준비에서, 부속장치 조작 및 시공으로 틀린 것은?

① 댐퍼는 굴뚝에서 가까운 것부터 차례로 연다.
② 통풍장치의 댐퍼 개폐도가 적당한지 확인한다.
③ 흡입통풍기가 설치된 경우는 가볍게 운전한다.
④ 절탄기나 과열기에 바이패스가 설치된 경우는 바이패스 댐퍼를 닫는다.

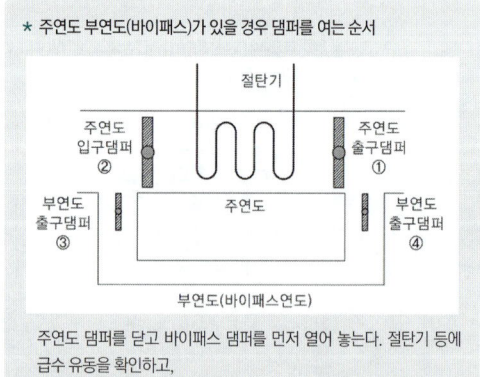

* 주연도 부연도(바이패스)가 있을 경우 댐퍼를 여는 순서

주연도 댐퍼를 닫고 바이패스 댐퍼를 먼저 열어 놓는다. 절탄기 등에 급수 유동을 확인하고,
① 열고 ② 열고 ③ 닫고 ④ 닫는다.

53 응축수 환수방식 중 중력환수 방식으로 환수가 불가능한 경우, 응축수를 별도의 응축수 탱크에 모으고 펌프 등을 이용하여 보일러에 급수를 행하는 방식은?

① 복관 환수식 ② 부력 환수식
③ 진공 환수식 ④ 기계 환수식

* 기계환수식 : 응축수 펌프에 의한 환수방식
  진공환수식 : 진공펌프에 의한 환수방식

54 무기질 보온재에 해당되는 것은?

① 암면 ② 펠트
③ 코르크 ④ 기포성 수지

* 펠트, 코르크, 기포성 수지는 유기질 보온재임.
 • 암면 : 현무암, 화산암, 안산암 등을 사용하여 전기로에서 고온용해(1600℃이상)한 다음 원심력이나 압축공기 또는 고압증기로 뿜어 섬유화한 보온재. 특성은 유리면과 거의 같음

55 에너지이용 합리화법상 효율관리기자재의 에너지소비효율등급 또는 에너지소비효율을 효율관리시험기관에서 측정받아 해당 효율관리기자재에 표시하여야 하는 자는?

① 효율관리기자재의 제조업자 또는 시공업자
② 효율관리기자재의 제조업자 또는 수입업자
③ 효율관리기자재의 시공업자 또는 판매업자
④ 효율관리기자재의 시공업자 또는 수입업자

* 효율관리기자재의 제조업자 또는 수입업자는 에너지소비효율을 효율관리시험기관에서 측정받아 표시하여야 한다.

56 저탄소 녹색성장 기본법상 녹색성장위원회의 심의사항이 아닌 것은?

① 지방자치단체의 저탄소 녹색성장의 기본방향에 관한 사항
② 녹색성장국가전략의 수립·변경·시행에 관한 사항
③ 기후변화대응 기본계획, 에너지기본계획 및 지속가능발전 기본계획에 관한 사항
④ 저탄소 녹색성장을 위한 재원의 배분방향 및 효율적 사용에 관한 사항

정답 50 ④ 51 ③ 52 ④ 53 ④ 54 ① 55 ② 56 ①

57 에너지법상 "에너지 사용자"의 정의로 옳은 것은?

① 에너지 보급 계획을 세우는 자
② 에너지를 생산, 수입하는 사업자
③ 에너지사용시설의 소유자 또는 관리자
④ 에너지를 저장, 판매하는 자

58 에너지이용 합리화법규상 냉난방온도제한 건물에 냉난방 제한온도를 적용할 때의 기준으로 옳은 것은? (단, 판매시설 및 공항의 경우는 제외한다.)

① 냉방 : 24℃ 이상, 난방 : 18℃ 이하
② 냉방 : 24℃ 이상, 난방 : 20℃ 이하
③ 냉방 : 26℃ 이상, 난방 : 18℃ 이하
④ 냉방 : 26℃ 이상, 난방 : 20℃ 이하

59 다음 ( )에 알맞은 것은?

에너지법령상 에너지 총조사는 (A)마다 실시하되, (B)이 필요하다고 인정할 때에는 간이조사를 실시할 수 있다.

① A : 2년, B : 행정안전부장관
② A : 2년, B : 교육부장관
③ A : 3년, B : 산업통상자원부장관
④ A : 3년, B : 고용노동부장관

60 에너지이용 합리화법상 검사대상기기설치자가 시·도지사에게 신고하여야 하는 경우가 아닌 것은?

① 검사대상기기를 정비한 경우
② 검사대상기기를 폐기한 경우
③ 검사대상기기의 사용을 중지한 경우
④ 검사대상기기의 설치자가 변경된 경우

★ 검사대상기기를 정비한 경우에는 검사대상에 해당하지 않는다.

정답 57 ③ 58 ④ 59 ③ 60 ①

2015년 5회 에너지관리기능사

2015.10.10 시행

수험자번호		총 문제수	60문제	예상점수	
수험자명		시험시간	60분	실제점수	

01 프로판(propane) 가스의 연소식은 다음과 같다. 프로판 가스 10kg을 완전 연소시키는 데 필요한 이론산소량은?

$$C_3H_8 + 5O_2 \rightarrow 3CO_2 + 4H_2O$$

① 약 11.6Nm³
② 약 13.8Nm³
③ 약 22.4Nm³
④ 약 25.5Nm³

> ★ 문제조건에서 프로판(C_3H_8) 1kmol(44kg)을 연소시키는 데 산소 5kmol(5×22.4[Nm³])가 필요하므로, 비례식에 의해, 프로판 10kg 연소시 산소량은
> $44 : 5 \times 22.4 = 10 : x$
> $x = \dfrac{10 \times 5 \times 22.4}{44} = 25.45 [Nm^3]$

02 입형보일러 특징으로 거리가 먼 것은?

① 보일러 효율이 높다.
② 수리나 검사가 불편하다.
③ 구조 및 설치가 간단하다.
④ 전열면적이 적고 소용량이다.

> ★ 입형은 횡형에 비해 열효율이 낮고 증기발생량이 적다.
> 1) 장점 - 소형이므로 설치장소가 좁아도 된다.
>   구조가 간단하고 튼튼하다.
>   제작이 쉽고 가격이 싸다.
> 2) 단점 - 전열면적이 적고 소용량
>   효율이 횡형보다 낮다.
>   수면이 좁아 습증기 발생할 수 있다.

03 입형보일러에 대한 설명으로 거리가 먼 것은?

① 보일러 동을 수직으로 세워 설치한 것이다.
② 구조가 간단하고 설비비가 적게 든다.
③ 내부청소 및 수리나 검사가 불편하다.
④ 열효율이 높고 부하능력이 크다.

04 "1 보일러 마력"에 대한 설명으로 옳은 것은?

① 0℃의 물 539kg을 1시간에 100℃의 증기로 바꿀 수 있는 능력이다.
② 100℃의 물 539kg을 1시간에 같은 온도의 증기로 바꿀 수 있는 능력이다.
③ 100℃의 물 15.65kg을 1시간에 같은 온도의 증기로 바꿀 수 있는 능력이다.
④ 0℃의 물 15.65kg을 1시간에 100℃의 증기로 바꿀 수 있는 능력이다.

> ★ 1보일러마력은 상당증발량 15.65kg/h을 말한다. 상당증발량은 1기압하에서 100℃ 포화수를 100℃ 포화증기로 만들 때 발생증기량을 말한다. 1보일러마력은 열량으로 환산하면 35,322[kJ/h]에 해당한다.

05 캐리오버로 인하여 나타날 수 있는 결과로 거리가 먼 것은?

① 수격현상　② 프라이밍
③ 열효율 저하　④ 배관의 부식

> ★ 캐리오버(기수공발)는 본체내에서 보일러수 농축, 포밍, 프라이밍 등으로 인해 발생한 습증기가 주증기밸브 개방시 증기관으로 유입되는 것을 말함. 따라서, 프라이밍은 캐리오버의 결과가 아닌 원인에 해당함.

정답 01 ④　02 ①　03 ④　04 ③　05 ②

06 화염 검출기 종류 중 화염의 이온화를 이용한 것으로 가스 점화 버너에 주로 사용하는 것은?

① 플레임 아이　　② 스택 스위치
③ 광도전 셀　　　④ 프레임 로드

* ① 플레임 아이 : 화염의 발광현상 이용. 황화카드뮴(CdS)셀, 황화납(PbS)셀, 광전관식이 있음.
  ② 플레임 로드 : 화염의 이온화현상 이용.
  ③ 스택스위치 : 화염의 발열현상 이용. 연도에 설치, 소용량온수보일러에 사용

07 보일러 부속장치인 증기 과열기를 설치 위치에 따라 분류할 때, 해당되지 않는 것은?

① 복사식　　　　② 전도식
③ 접촉식　　　　④ 복사접촉식

* 과열기의 설치 위치에 따른 종류 : 복사식, 접촉식, 복사접촉식

08 30마력[PS]인 기관이 1시간 동안 행한 일량을 열량으로 환산하면 약 몇 kJ 인가?
(단, 이 과정에서 행한 일량은 모두 열량으로 변환된다고 가정한다.)

① 60130　　　　② 63815
③ 79434　　　　④ 85430

* $\dfrac{30 \times 735.5 \times 3600}{1000} = 79,434 [kJ]$
* 1[PS]=735.5[W], [W]=[J/s]이므로 3600초를 곱하여 1시간으로 환산, 1000으로 나누어 [kJ]로 환산

09 50kg의 -10℃ 얼음을 100℃ 증기로 만드는데 소요되는 열량은 몇 kJ 인가?
(단, 물과 얼음의 비열은 각각 4.2kJ/kg℃, 2.1kJ/kg℃로 한다.)

① 151,600　　　② 152,647
③ 155,788　　　④ 156,835

* -10℃ 얼음을 100℃ 증기로 만드는 데 구간별로 보면,

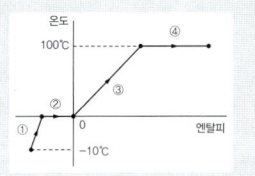

열의 성질에 따라 ① 현열 ② 잠열 ③ 현열 ④ 잠열, 네 구간으로 계산된다.
① 열량=양×비열×온도차=50×2.1×{0-(-10)}=1050kJ
② 열량=양×잠열=50×334=16700kJ
③ 열량=양×비열×온도차=50×4.2×(100-0)=21000kJ
④ 열량=양×잠열=50×2257=112850kJ
따라서, ①+②+③+④=151,600kJ

* 얼음 융해열 344[kJ/kg], 100℃에서 물의 증발잠열 2257[kJ/kg]

10 중유의 성상을 개선하기 위한 첨가제 중 분무를 순조롭게 하기 위하여 사용하는 것은?

① 연소촉진제　　② 슬러지 분산제
③ 회분개질제　　④ 탈수제

* 중유의 품질을 개선하기 위해 첨가하는 연료첨가제는
  ① 회분개질제 : 회분의 융점을 높여 고온부식 방지
  　　마그네슘화합물 또는 알루미나 성분
  ② 유동점강하제 : 유동점을 낮춰 송유를 양호하게
  　　포화지방산의 알루미늄 성분
  ③ 슬러지분산제(안정제) : 슬러지 생성방지, 분무촉진
  　　계면활성제 성분
  ④ 탈수제 : 연료중 수분 분리를 용이하게
  　　인 화합물, 지방산 아민화합물, 슬폰산염 성분
  ⑤ 연소촉진제 : 분무를 순조롭게, 연소촉진
  　　유기화합물, 알루미늄 성분
  ⑥ 매연방지제 : 연료의 산화를 촉진시켜 불완전연소 방지
  　　망간, 바륨 등의 유기화합물 성분

11 가스 연소용 보일러의 안전장치가 아닌 것은?

① 가용마개　　　② 화염검출기
③ 이젝터　　　　④ 방폭문

* 이젝터는 분출기로서 안전장치가 아님.

12 연료성분 중 가연 성분이 아닌 것은?

① C　　　　　　② H
③ S　　　　　　④ O

* 가연성분 : C(탄소), H(수소), S(황)
  불연성분 : O(산소), N(질소), P(인)
  조연성분 : O(산소)　• 황(S) : 가연성분이면서 불순물

정답　06 ④　07 ②　08 ③　09 ①　10 ①　11 ③　12 ④

13 함진가스에 선회운동을 주어 분진입자에 작용하는 원심력에 의하여 입자를 분리하는 집진장치로 가장 적합한 것은?

① 백필터식 집진기　② 사이클론식 집진기
③ 전기식 집진기　　④ 관성력식 집진기

> * ① 전기식 - 코트렐식이 있으며 집진효율이 가장 좋다.
> ② 사이클론식 - 원심력을 이용하며 경제적이다.
> ③ 여과식 ; 여포제를 이용하여 집진(백필터식)
> ④ 관성력식 : 함진 기류의 흐르는 방향을 급변시켜 입자의 관성력을 이용하여 먼지를 분리시키는 장치를 말함.

14 천연가스의 비중이 약 0.64라고 표시되었을 때, 비중의 기준은?

① 물　　　　② 공기
③ 배기가스　④ 수증기

> * 비중은 어떤 물질의 밀도를 기준이 되는 물질의 밀도와 비교한 것으로 단위는 없다. 비교하고자 하는 물질이 고체, 액체일 경우 4℃ 물의 밀도(1kg/L)와 비교하고, 기체일 경우에는 표준상태(1atm, 0℃)의 공기밀도 1.29(kg/Nm³)과 비교한다.

15 보일러 급수내관의 설치 위치로 옳은 것은?

① 보일러의 기준수위와 일치되게 설치한다.
② 보일러의 상용수위보다 50 mm 정도 높게 설치한다.
③ 보일러의 안전저수위보다 50 mm 정도 높게 설치한다.
④ 보일러의 안전저수위보다 50 mm 정도 낮게 설치한다.

> * 급수내관 : 갑작스런 급수로 인한 부동팽창을 방지하고 보일러수 온도 분포를 일정하게 유지함. 안전저수위 50mm 하단에 설치.
> ① 설치위치 낮을 경우 : 동하부 냉각, 보일러수 순환불량
> ② 설치위치 높을 경우 : 급수내관 노출로 인해 내관의 과열

16 관류보일러의 특징에 대한 설명으로 틀린 것은?

① 철저한 급수처리가 필요하다.
② 임계압력 이상의 고압에 적당하다.
③ 순환비가 1이므로 드럼이 필요하다.
④ 증기의 가동발생 시간이 매우 짧다.

> * 관류보일러는 순환비(급수량/증기발생량)가 1이므로 드럼이 필요 없다.

17 보일러 전열면적 1m² 당 1시간에 발생되는 실제증발량은 무엇인가?

① 전열면의 증발율　② 전열면의 출력
③ 전열면의 효율　　④ 상당증발 효율

> * 전열면 증발률은 전열면적 1m²당 증발량을 말하며, '증발량/전열면적'으로 구한다.

18 중유 보일러의 연소 보조 장치에 속하지 않는 것은?

① 여과기　　　② 인젝터
③ 화염 검출기　④ 오일 프리히터

> * 인젝터 - 급수보조장치. 증기힘으로 작동되며 급수효율은 낮다.

19 수위경보기의 종류 중 플로트의 위치변위에 따라 수은 스위치 또는 마이크로스위치를 작동시켜 경보를 울리는 것은?

① 기계식 경보기　② 자석식 경보기
③ 전극식 경보기　④ 맥도널식 경보기

> * 플로트 위치에 따른 수은 스위치를 작동시키는 방식에 대표적으로 맥도널식 경보기가 있음.

20 매시간 425kg의 연료를 연소시켜 4800kg/h의 증기를 발생시키는 보일러의 효율은 약 얼마인가?
(단, 연료의 발열량 : 40950kJ/kg, 증기엔탈피 : 2839kJ/kg, 급수온도 20℃ 이다.)

① 76%　② 81%
③ 85%　④ 90%

> * 보일러 효율 = 유효열/입열 이므로
> $$\eta = \frac{4800 \times (2839 - 20 \times 4.2)}{425 \times 40950} \times 100 = 75.98\%$$

정답　13 ②　14 ②　15 ④　16 ③　17 ①　18 ②　19 ④　20 ①

21 보일러용 가스버너 중 외부혼합식에 속하지 않는 것은?

① 파이럿 버너 ② 센터파이어형 버너
③ 링형 버너   ④ 멀티스폿형 버너

* 파일럿 버너 – 착화용 버너이다.

22 증기의 건조도(x) 설명이 옳은 것은?

① 습증기 전체 질량 중 액체가 차지하는 질량비를 말한다.
② 습증기 전체 질량 중 증기가 차지하는 질량비를 말한다.
③ 액체가 차지하는 전체 질량 중 습증기가 차지하는 질량비를 말한다.
④ 증기가 차지하는 전체 질량 중 습증기가 차지하는 질량비를 말한다.

* 건조도는 습포화증기 중 건증기의 비율을 말함.
  ① 포화수 상태 : 건조도 0
  ② 습포화증기 상태 : 0 < 건조도 < 1
  ③ 건포화증기 상태 : 건조도 1

23 보일러 액체연료 연소장치인 버너의 형식별 종류에 해당되지 않는 것은?

① 고압기류식   ② 왕복식
③ 유압분무식   ④ 회전식

* 액체연료(중유) 사용버너
  유압분무식, 고압기류식, 저압공기분사식, 회전분무식, 건타입

24 피드 백 자동제어에서 동작신호를 받아서 제어계가 정해진 동작을 하는데 필요한 신호를 만들어 조작부에 보내는 부분은?

① 검출부   ② 제어부
③ 비교부   ④ 조절부

* 조절부 : 조작부에 조작신호를 보내는 부분.

25 보일러 배기가스의 자연 통풍력을 증가시키는 방법으로 틀린 것은?

① 연도의 길이를 짧게 한다.
② 배기가스 온도를 낮춘다.
③ 연돌 높이를 증가시킨다.
④ 연돌의 단면적을 크게 한다.

* 자연통풍에서 통풍력을 증가시키는 방법
  ① 연돌(굴뚝)의 높이를 높인다.
  ② 배기가스의 온도를 높인다. (결국 효율은 저하함)
  ③ 연돌의 상부단면적을 넓힌다.
  ④ 연도의 굴곡부를 적게, 길이를 짧게 한다.
     (굴곡부 3개소 이하)

26 보일러에서 제어해야할 요소에 해당되지 않는 것은?

① 급수 제어   ② 연소 제어
③ 증기온도 제어 ④ 전열면 제어

* 보일러 자동제어(A.B.C)는 다음과 같다.
  ① 급수제어 : FWC
  ② 증기온도제어 : STC
  ③ 자동연소제어 : ACC
  ④ 기타제어 : LC

27 보일러 열정산을 설명한 것 중 옳은 것은?

① 입열과 출열은 반드시 같아야 한다.
② 방열손실로 인하여 입열이 항상 크다.
③ 열효율 증대장치로 인하여 출열이 항상 크다.
④ 연소효율에 따라 입열과 출열은 다르다.

* 열정산에서 입열과 출열은 반드시 같아야 한다.

28 보일러 분출의 목적으로 틀린 것은?

① 불순물로 인한 보일러수의 농축을 방지한다.
② 포밍이나 프라이밍의 생성을 좋게 한다.
③ 전열면에 스케일 생성을 방지한다.
④ 관수의 순환을 좋게 한다.

* 분출목적 – 보일러수 농축방지, pH 조절
  포밍·플라이밍 방지, 스케일 생성방지

정답 21 ① 22 ② 23 ② 24 ④ 25 ② 26 ④ 27 ① 28 ②

29 다음 중 저양정식 안전밸브의 단면적 계산식은?
(단, A = 단면적(mm²), P = 분출압력(kg/cm²), E = 증발량(kg/h)이다.)

① $A = \dfrac{22E}{1.03P+1}$

② $A = \dfrac{10E}{1.03P+1}$

③ $A = \dfrac{5E}{1.03P+1}$

④ $A = \dfrac{2.5E}{1.03P+1}$

> ★ 저양정식이란
> 밸브 양정이 밸브 지름의 $\dfrac{1}{40} \sim \dfrac{1}{15}$ 인 것
> 저양정식의 단면적 계산식 $A = \dfrac{22E}{1.03P+1}$

30 급수펌프에서 송출량이 10m³/min이고, 전양정이 8m일 때, 펌프의 소요동력은? (단, 펌프 효율은 75%이다.)

① 11.47kW ② 13.09kW
③ 17.42kW ④ 23.24kW

> ★ $kW = \dfrac{9.8 \cdot Q \cdot H}{\eta}$ 에서
> ∴ $kW = \dfrac{9.8 \times 10 \times 8}{60 \times 0.75} = 17.42[kW]$
> 여기서, Q : 유량[m³/s]
> H : 양정[m]
> η : 펌프의 효율[%]
> 9.8 : 중력가속도[m/s²]

31 동관의 끝을 나팔 모양으로 만드는데 사용하는 공구는?

① 사이징 툴 ② 익스팬더
③ 플레어링 툴 ④ 파이프 커터

> ★ 동관이음 중 나팔형으로 넓히고 이음쇠를 이용하여 체결하는 방법을 플레어 이음(=압축이음)이라 하고, 플레어 모양(나팔형)으로 가공하는 공구를 '플레어링툴셋'이라 한다.

32 보일러의 점화시 역화원인에 해당되지 않는 것은?

① 압입통풍이 너무 강한 경우
② 프리퍼지의 불충분이나 또는 잊어버린 경우
③ 점화원을 가동하기 전에 연료를 분무해 버린 경우
④ 연료 공급밸브를 필요 이상으로 급개하여 다량으로 분무한 경우

> ★ 압입통풍이 너무 강한 경우는 점화시가 아닌 연소 조작중 역화원인에 해당됨.

33 어떤 방의 온수난방에서 소요되는 열량이 시간당 88200kJ 이고, 송수온도가 85℃이며, 환수온도가 25℃라면, 온수의 순환량은?
(단, 온수의 비열은 4.2kJ/kg℃ 이다.)

① 324 kg/h ② 350 kg/h
③ 398 kg/h ④ 423 kg/h

> ★ 열량 = 온수 순환량 × 온수비열 × 온도차
> 온수 순환량 = $\dfrac{열량}{온수비열 \times 온도차} = \dfrac{88200}{4.2 \times (85-25)} = 350 kg/h$

34 고온 배관용 탄소강 강관의 KS 기호는?

① SPHT ② SPLT
③ SPPS ④ SPA

> ★ SPHT : 고온배관용 탄소강 강관
> SPLT : 저온배관용 탄소강 강관
> SPPS : 압력배관용 탄소강 강관
> SPA : 배관용 합금강 강관

35 사용 중인 보일러의 점화 전 주의사항으로 틀린 것은?

① 연료 계통을 점검한다.
② 각 밸브의 개폐 상태를 확인한다.
③ 댐퍼를 닫고 프리퍼지를 한다.
④ 수면계의 수위를 확인한다.

> ★ 댐퍼를 열고 프리퍼지(점화전 노내환기)를 행함.

정답 29 ① 30 ③ 31 ③ 32 ① 33 ② 34 ① 35 ③

36 관속에 흐르는 유체의 종류를 나타내는 기호 중 증기를 나타내는 것은?

① S
② W
③ O
④ A

> ★ S : 증기, W : 물, O : 기름, A : 공기

37 온수난방법 중 고온수 난방에 사용되는 온수의 온도는?

① 100℃ 이상
② 80℃~90℃
③ 60℃~70℃
④ 40℃~60℃

> ★ 고온수 : 100℃ 이상
> 보통온수 : 85~90℃

38 보일러 수위에 대한 설명으로 옳은 것은?

① 항상 상용수위를 유지한다.
② 증기 사용량이 적을 때는 수위를 높게 유지한다.
③ 증기 사용량이 많을 때는 수위를 얕게 유지한다.
④ 증기 압력이 높을 때는 수위를 높게 유지한다.

> ★ 보일러 수위는 항상 상용수위(수면계 1/2)를 유지한다.

39 보일러에서 수압시험을 하는 목적으로 틀린 것은?

① 분출 증기압력을 측정하기 위하여
② 각종 덮개를 장치한 후의 기밀도를 확인하기 위하여
③ 수리한 경우 그 부분의 강도나 이상 유무를 판단하기 위하여
④ 구조상 내부검사를 하기 어려운 곳에는 그 상태를 판단하기 위하여

> ★ 증기압력을 측정하기 위한 장치는 압력계임.

40 관의 방향을 바꾸거나 분기할 때 사용되는 이음쇠가 아닌 것은?

① 벤드
② 크로스
③ 엘보
④ 니플

> ★ ① 유체 흐름방향을 바꾸는데 사용 : 엘보, 벤드
> ② 분기할 때 사용 : 티이, 크로스, 와이

41 보일러 운전이 끝난 후, 노내와 연도에 체류하고 있는 가연성 가스를 배출시키는 작업은?

① 페일 세이프(fail safe)
② 풀 프루프(fool proof)
③ 포스트 퍼지(post-purge)
④ 프리 퍼지(pre-purge)

> ★ ① 프리퍼지 : 점화전 노내환기
> ② 포스트퍼지 : 운전이 끝난 후 노내환기

42 난방부하 계산시 고려해야 할 사항으로 거리가 먼 것은?

① 유리창 및 문의 크기
② 현관 등의 공간
③ 연료의 발열량
④ 건물 위치

> ★ 난방부하는 벽, 천정, 바닥을 통해 외부로 빠져나가는 열손실에 해당하므로 연료의 발열량은 전혀 관계없음.

43 증기난방 배관에 대한 설명 중 옳은 것은?

① 건식환수식이란 환수주관이 보일러의 표준수위보다 낮은 위치에 배관되고 응축수가 환수주관의 하부를 따라 흐르는 것을 말한다.
② 습식환수관이란 환수주관이 보일러의 표준 수위보다 높은 위치에 배관되는 것을 말한다.
③ 건식 환수식에서는 증기트랩을 설치하고, 습식환수식에서는 공기빼기 밸브나 에어포켓을 설치한다.
④ 단관식 배관은 복관식 배관보다 배관의 길이가 길고 관경이 작다.

정답 36 ① 37 ① 38 ① 39 ① 40 ④ 41 ③ 42 ③ 43 ③

> ① 건식환수관식은 환수주관이 보일러 표준수위보다 높다.
> ② 습식환수관은 환수주관이 보일러 표준수위보다 낮다.
> ④ 단관식 배관은 배관의 길이가 짧고 관경이 크다.

44 다음 보온재 중 안전사용 온도가 가장 낮은 것은?

① 우모펠트
② 암면
③ 석면
④ 규조토

> ＊ 일반적으로 유기질보온재의 안전사용온도는 100℃ 이하이다.
> 탄화콜크(-200~130℃)
> 프라스틱폼(100~140℃)
> 면화(160℃)
> 양모펠트(130℃)
> 우모펠트(100℃)

45 온수방열기의 공기빼기 밸브의 위치로 적당한 것은?

① 방열기 상부
② 방열기 중부
③ 방열기 하부
④ 방열기의 최하단부

> ＊ 공기빼기 밸브는 배관이나 장치의 상부에 공기가 체류하기 쉬운 위치에 부착한다. 방열기 내에 체류한 공기를 출구 상부에 부착된 공기빼기 밸브를 통해 배출한다.

46 보일러 분출 시의 유의사항 중 틀린 것은?

① 분출 도중 다른 작업을 하지 말 것
② 안전저수위 이하로 분출하지 말 것
③ 2대 이상의 보일러를 동시에 분출하지 말 것
④ 계속 운전 중인 보일러는 부하가 가장 클 때 행할 것

> ＊ 계속 운전 중인 보일러는 부하가 가장 작을 때 분출할 것

47 온도 조절식 트랩으로 응축수와 함께 저온의 공기도 통과시키는 특성이 있으며, 진공 환수식 증기 배관의 방열기 트랩이나 관말 트랩으로 사용되는 것은?

① 버킷 트랩
② 열동식 트랩
③ 플로트 트랩
④ 매니폴드 트랩

> ＊ 기계적 트랩 : 응축수와 증기의 비중차 이용
> 　　　　　　버켓식 트랩, 플로트식 트랩(=다량트랩)
> 온도조절식 트랩 : 응축수와 증기의 온도차 이용
> 　　　　　　벨로우즈(=열동식), 바이메탈형
> 열역학적트랩 : 응축수와 증기의 열역학적 특성차를 이용
> 　　　　　　오리피스형, 디스크형(=충동식)
> ※ 방열기용 관말 트랩 - 벨로우즈식(열동식)트랩

48 온수난방의 특징에 대한 설명으로 틀린 것은?

① 실내의 쾌감도가 좋다.
② 온도 조절이 용이하다.
③ 화상의 우려가 적다.
④ 예열시간이 짧다.

> ＊ 온수난방의 특징
> ① 난방부하 변동에 따라 온도조절 용이
> ② 증기에 비해 동결우려가 적다.
> ③ 취급이 용이하고, 소규모 주택에 적합
> ④ 표면온도가 낮으므로 쾌감도가 좋다.
> ⑤ 보유수량이 많아 예열시간이 길다.

49 다음 중 보일러의 안전장치에 해당되지 않는 것은?

① 방출밸브
② 방폭문
③ 화염검출기
④ 감압밸브

> ＊ 안전장치 : 안전밸브, 화염검출기, 압력제한기, 전자밸브
> 　　　　　 방폭문, 고저수위검출기, 가용마개

50 배관계의 식별 표시는 물질의 종류에 따라 달리한다. 물질과 식별색의 연결이 틀린 것은?

① 물: 파랑
② 기름: 연한 주황
③ 증기: 어두운 빨강
④ 가스: 연한 노랑

정답 44 ① 45 ① 46 ④ 47 ② 48 ④ 49 ④ 50 ②

* KS A 0503 배관계의 식별표시 : 배관 내를 흐르는 물질의 종류를 식별하기 위해 도포하는 색

구 분		색 상	구 분	색 상
용수	냉수	파랑	수소	주황색
	온수	분홍색	질소	회색
	폐수	검정색	가스	연한 노랑
스팀		어두운 빨강	산,알칼리	회보라
공기		흰색	기름	어두운 주황
LPG		황색	전선관	연한 주황

51 보일러 청관제 중 보일러수의 연화제로 사용되지 않는 것은?

① 수산화나트륨
② 탄산나트륨
③ 인산나트륨
④ 황산나트륨

★ 연화제
① 보일러 수중의 경도성분을 불용성 화합물(슬러지)로 변하게 하여 스케일의 생성을 억제하기 위해 사용.
② 종류(연탄인가중) : 탄산소다, 인산소다, 가성소다(수산화나트륨), 중합인산소다
• 보기 중 황산나트륨은 가성취화방지제로 사용됨.

52 보일러 기수공발(carry over)의 원인이 아닌 것은?

① 보일러의 증발능력에 비하여 보일러수의 표면적이 너무 넓다.
② 보일러의 수위가 높아지거나 송기시 증기밸브를 급개 하였다.
③ 보일러수 중의 가성소다, 인산소다, 유지분 등의 함유비율이 많았다.
④ 부유 고형물이나 용해 고형물이 많이 존재하였다.

★ 보일러수의 표면적이 넓다는 것은 그림을 참조하면 증기부가 넓다는 것을 말하며 고수위가 아닌 적정수위 또는 저수위일 경우임.

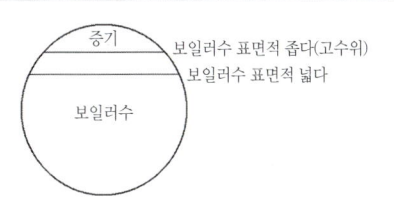

기수공발은 본체 내에서 보일러수 농축, 포밍, 프라이밍 등으로 인해 발생한 습증기가 주증기밸브 개방 시 증기관으로 유입되는 것을 말함

53 보일러에 사용되는 안전밸브 및 압력방출장치 크기를 20A 이상으로 할 수 있는 보일러가 아닌 것은?

① 소용량 강철제 보일러
② 최대증발량 5 T/h 이하의 관류보일러
③ 최고사용압력 1 MPa(10 kgf/cm^2) 이하의 보일러로 전열면적 5 m^2 이하인 것
④ 최고사용압력 0.1 MPa(1 kgf/cm^2) 이하의 보일러

★ 최고사용압력이 0.5MPa(5kgf/cm^2) 이하, 전열면적이 5m^2 이하인 보일러인 경우 안전밸브 크기를 20A 이상으로 할 수 있다.

54 주증기관에서 증기의 건도를 향상 시키는 방법으로 적당하지 않은 것은?

① 가압하여 증기의 압력을 높인다.
② 드레인 포켓을 설치한다.
③ 증기공간 내에 공기를 제거 한다.
④ 기수분리기를 사용한다.

★ 증기의 건도를 높이려면
① 증기압력은 변화하지 않고 열을 가하여 온도를 높인다.
② 증기중의 수분을 제거한다.(기수분리기, 드레인처리)
③ 증기중 공기를 제거한다.
④ 엔탈피는 그대로 유지한 채 압력을 낮춘다.(감압밸브)
이외에
⑤ 캐리오버 방지, 적절한 분출과 보일러수 농축방지
• 열흡수, 온도변화없이 압력을 높이면 증기의 건도가 오히려 낮아진다. (Ph선도를 활용하여 설명하면 되나 기능사 수준을 벗어남)

55 에너지이용 합리화법상 법을 위반하여 검사대상기기조종자를 선임하지 아니한 자에 대한 벌칙기준으로 옳은 것은?

① 2년 이하의 징역 또는 2천만원 이하의 벌금
② 2천만원 이하의 벌금
③ 1천만원 이하의 벌금
④ 500만원 이하의 벌금
    1000만원 이하의 벌금

★ 1000만원 이하의 벌금
① 검사대상기기 조종자 채용 위반
② 검사를 거부·방해 또는 기피한 자

56 에너지이용 합리화법에 따른 열사용기자재 중 소형온수보일러의 적용 범위로 옳은 것은?

① 전열면적 24m² 이하이며, 최고사용압력이 0.5 MPa 이하의 온수를 발생하는 보일러
② 전열면적 14 m² 이하이며, 최고사용압력이 0.35 MPa 이하의 온수를 발생하는 보일러
③ 전열면적 20 m² 이하인 온수보일러
④ 최고사용압력 0.8 MPa 이하의 온수를 발생하는 보일러

* **소형온수보일러** : 전열면적 14m² 이하, 최고사용압력 0.35MPa (3.5kg/cm²) 이하인 보일러

57 에너지이용 합리화법 시행령에서 에너지다소비사업자라 함은 연료·열 및 전력의 연간 사용량 합계가 얼마 이상인 경우인가?

① 5백 티오이 ② 1천 티오이
③ 1천5백 티오이 ④ 2천 티오이

58 에너지이용 합리화법상 에너지소비효율 등급 또는 에너지 소비효율을 해당 효율관리 기자재에 표시할 수 있도록 효율관리 기자재의 에너지 사용량을 측정하는 기관은?

① 효율관리진단기관 ② 효율관리전문기관
③ 효율관리표준기관 ④ 효율관리시험기관

59 에너지이용 합리화법상 목표에너지원 단위란?

① 에너지를 사용하여 만드는 제품의 종류별 연간 에너지사용목표량
② 에너지를 사용하여 만드는 제품의 단위당 에너지사용목표량
③ 건축물의 총 면적당 에너지사용목표량
④ 자동차 등의 단위연료 당 목표 주행거리

60 저탄소 녹색성장 기본법령상 관리업체는 해당 연도 온실가스 배출량 및 에너지 소비량에 관한 명세서를 작성하고, 이에 대한 검증기관의 검증 결과를 부문별 관장기관에게 전자적 방식으로 언제까지 제출하여야 하는가?

① 해당 연도 12월 31일 까지
② 다음 연도 1월 31일 까지
③ 다음 연도 3월 31일 까지
④ 다음 연도 6월 30일 까지

* 관리업체는 해당 연도 온실가스 배출량 및 에너지 소비량에 관한 명세서를 작성하고, 이에 대한 검증기관의 검증 결과를 첨부하여 부문별 관장기관에게 다음 연도 3월 31일까지 전자적 방식으로 제출

정답 55 ③ 56 ② 57 ④ 58 ④ 59 ② 60 ③

에너지관리기능사

2016.01.24 시행

01 연소가스 성분 중 인체에 미치는 독성이 가장 적은 것은?

① SO_2
② NO_2
③ CO_2
④ CO

* CO_2는 허용농도 5000ppm(TWA 기준)으로 독성가스가 아니다.

02 유류용 온수보일러에서 버너가 정지하고 리셋버튼이 돌출하는 경우는?

① 연통의 길이가 너무 길다.
② 연소용 공기량이 부적당하다.
③ 오일 배관 내의 공기가 빠지지 않고 있다.
④ 실내 온도조절기의 설정온도가 실내 온도보다 낮다.

* 보기 중 상황을 설명하면
  ① 연통의 길이가 너무 길면 : 배기가스 통풍 저항 증가
  ② 연소용 공기량 부적당 : 불완전 연소, 그을음 발생
  ③ 오일 배관 내의 공기체류 : 분무 불안정 → 화염 단락 → 화염검출기 작동 → 전자 밸브 작동, 버너 정지
  ④ 실내 온도조절기 설정온도가 실내 온도보다 낮을 경우 : 보일러 가동이 정지된 상태로 있음.

03 보일러 사용 시 이상 저수위의 원인이 아닌 것은?

① 증기 취출량이 과대한 경우
② 보일러 연결부에서 누출이 되는 경우
③ 급수장치가 증발능력에 비해 과소한 경우
④ 급수탱크 내 급수량이 많은 경우

* 급수탱크 내 급수량이 많은 경우 급수량이 충분하므로 이상 저수위 현상이 발생하지 않는다.

04 어떤 물질 500kg을 20℃에서 50℃로 올리는데 12600kJ의 열량이 필요하였다. 이 물질의 비열은?

① 0.42kJ/kg℃
② 0.84kJ/kg℃
③ 1.26kJ/kg℃
④ 1.68kJ/kg℃

* 열량 = 양×비열×온도차에서
$$비열 = \frac{열량}{양 \times 온도차} = \frac{12600}{500 \times (50-20)} = 0.84 kJ/kg \cdot ℃$$

05 중유의 첨가제 중 슬러지의 생성방지제 역할을 하는 것은?

① 회분개질제
② 탈수제
③ 연소촉진제
④ 안정제

* 중유 첨가제의 역할
  ① 회분개질제 : 회분의 융점을 높여 고온부식 방지
  ② 유동점강하제 : 송유를 양호하게
  ③ 슬러지분산제(=안정제) : 슬러지 생성 방지, 분무 촉진
  ④ 탈수제 : 수분 분리를 용이하게
  ⑤ 연소촉진제 : 분무를 양호하게, 연소 촉진

06 보일러 드럼 없이 초임계 압력 이상에서 고압증기를 발생시키는 보일러는?

① 복사 보일러
② 관류 보일러
③ 수관 보일러
④ 노통연관 보일러

* 관류 보일러 : 드럼이 없이 초임계압하에서 증기를 발생시키는 보일러로 종류로는 벤슨, 슐처, 람진, 엣모스, 소형관류보일러 등이 있다.

정답 01 ③ 02 ③ 03 ④ 04 ② 05 ④ 06 ②

07 보일러 1마력에 대한 표시로 옳은 것은?

① 전열면적 10m²
② 상당증발량 15.65kg/h
③ 전열면적 8ft²
④ 상당증발량 30.6lb/h

> ★ 보일러 1마력은 상당증발량 15.65kg/h에 해당한다. 시간당 열량으로 환산하면 35322[kJ/h]=9.8[kW]에 해당한다.

08 제어장치에서 인터록(interlock)이란?

① 정해진 순서에 따라 차례로 동작이 진행되는 것
② 구비조건에 맞지 않을 때 작동을 정지시키는 것
③ 증기압력의 연료량, 공기량을 조절하는 것
④ 제어량과 목표치를 비교하여 동작시키는 것

> ★ 보기를 설명하면,
> ① 시퀀스 제어 ② 인터록 제어
> ③ 자동연소 제어 ④ 피드백 제어

09 동작유체의 상태변화에서 에너지의 이동이 없는 변화는?

① 등온변화 ② 정적변화
③ 정압변화 ④ 단열변화

> ★ 문제 모순 : 가답안은 ④로 처리됨.
> ※ 단열변화 : 열의 출입이 없는 변화로서 일 형태의 출입은 가능하다. 에너지는 열과 일의 형태가 있으므로 단열변화라고 해서 에너지의 이동이 없는 변화를 의미하는 것은 아니다. 에너지의 출입이 없는 물질계를 고립계라고 한다.

10 연소 시 공기비가 작을 때 나타나는 현상으로 틀린 것은?

① 불완전연소가 되기 쉽다.
② 미연소가스에 의한 가스 폭발이 일어나기 쉽다.
③ 미연소가스에 의한 열손실이 증가될 수 있다.
④ 배기가스 중 NO 및 NO_2의 발생량이 많아진다.

> ★ 질소(N) 성분과 산소(O) 성분의 반응은 흡열반응으로서 산소가 과잉일 때 발생하기 쉽다.

11 보일러 연소장치와 가장 거리가 먼 것은?

① 스테이 ② 버너
③ 연도   ④ 화격자

> ★ 스테이 : 강도를 보강하기 위해 설치하는 버팀쇠를 말한다.

12 증기트랩이 갖추어야 할 조건에 대한 설명으로 틀린 것은?

① 마찰저항이 클 것
② 동작이 확실할 것
③ 내식, 내마모성이 있을 것
④ 응축수를 연속적으로 배출할 수 있을 것

> ★ 증기트랩은 마찰저항이 작아야 한다.

13 과열증기에서 과열도는 무엇인가?

① 과열증기의 압력과 포화증기의 압력 차이다.
② 과열증기 온도와 포화증기 온도와의 차이다.
③ 과열증기 온도에 증발열을 합한 것이다.
④ 과열증기 온도에 증발열을 뺀 것이다.

> ★ 과열도 = 과열증기온도 − 포화증기온도

14 다음은 증기보일러를 성능시험하고 결과를 산출하였다. 보일러 효율은?

- 급수온도 : 12℃
- 연료의 저위 발열량 : 44100kJ/Nm³
- 발생증기의 엔탈피 : 2788kJ/kg
- 연료사용량 : 373.9Nm³/h
- 증기 발생량 : 5120kg/h
- 보일러 전열면적 : 102m²

① 78%   ② 80%
③ 82%   ④ 85%

정답 07 ② 08 ② 09 정답없음 10 ④ 11 ① 12 ① 13 ② 14 ④

* 보일러효율(%) = (증기발생량×(증기엔탈피-급수엔탈피)) / (연료사용량×저위발열량)
  = (5120×(2788-12×4.2)) / (373.9×44100) × 100 = 85.01%

* 세정식 집진기 : 세정액을 임펠러의 회전을 이용하여 함진가스 내에 분사시키고, 함진가스는 송풍기를 이용하여 분사된 세정액 속으로 불어 넣어 분진을 제거한다. 따라서 급수 배관을 별도로 설치해야 한다.

15 자동제어의 신호전달 방법에서 공기압식의 특징으로 옳은 것은?

① 전송 시 시간지연이 생긴다.
② 배관이 용이하지 않고 보존이 어렵다.
③ 신호전달 거리가 유압식에 비하여 길다.
④ 온도제어 등에 적합하고 화재의 위험이 많다.

* 신호전달 방식의 공기압식 특징
  ① 신호전달 거리가 짧다.
  ② 인화의 위험이 없고 배관이 용이하다.
  ③ 복잡한 신호전송에 부적합하다.
  ④ 전송 시 시간지연이 발생한다.

16 보일러 유류연료 연소 시에 가스폭발이 발생하는 원인이 아닌 것은?

① 연소 도중에 실화되었을 때
② 프리퍼지 시간이 너무 길어졌을 때
③ 소화 후에 연료가 흘러들어 갔을 때
④ 점화가 잘 안되는데 계속 급유했을 때

* 프리퍼지는 점화 전 연소실 내 환기를 말하며 환기 시간이 길어지면 노내의 미연소가스 배출이 확실하게 되므로 가스폭발이 일어나지 않는다.

17 세정식 집진장치 중 하나인 회전식 집진장치의 특징에 관한 설명으로 가장 거리가 먼 것은?

① 구조가 대체로 간단하고 조작이 쉽다.
② 급수 배관을 따로 설치할 필요가 없으므로 설치공간이 적게 든다.
③ 집진물을 회수할 때 탈수, 여과, 건조 등을 수행할 수 있는 별도의 장치가 필요하다.
④ 비교적 큰 압력손실을 견딜 수 있다.

18 다음 열효율 증대장치 중에서 고온부식이 잘 일어나는 장치는?

① 공기예열기
② 과열기
③ 증발전열면
④ 절탄기

* 고온부식은 폐열회수장치 중 과열기, 재열기에 주로 발생한다.

19 증기과열기의 열 가스 흐름방식 분류 중 증기와 연소가스의 흐름이 반대방향으로 지나면서 열교환이 되는 방식은?

① 병류형
② 혼류형
③ 향류형
④ 복사대류형

* 과열기의 열 가스 흐름방향에 따라 : 병류형, 향류형, 혼류형

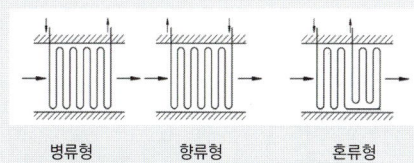

병류형   향류형   혼류형

① 병류형 : 증기흐름과 연소가스 흐름이 나란히 흐름
② 향류형 : 증기흐름과 연소가스 흐름이 반대 방향으로 흐름
③ 혼류형 : 병류형과 향류형을 혼합

20 열정산의 방법에서 입열항목에 속하지 않는 것은?

① 발생증기의 흡수열
② 연료의 연소열
③ 연료의 현열
④ 공기의 현열

* 발생증기의 흡수열은 출열에 속한다. (유효출열)

21 가스용 보일러 설비 주위에 설치해야 할 계측기 및 안전장치와 무관한 것은?

① 급기 가스 온도계
② 가스 사용량 측정 유량계
③ 연료 공급 자동차단장치
④ 가스 누설 자동차단장치

★ 가스용 보일러에는 가스유량계, 가스 누설 자동차단장치, 연료 공급 자동차단장치가 설치되어야 한다.

22 수위 자동제어 장치에서 수위와 증기유량을 동시에 검출하여 급수밸브의 개도가 조절되도록 한 제어방식은?

① 단요소식
② 2요소식
③ 3요소식
④ 모듈식

★ 급수제어의 방식은 검출량에 따라 세 가지가 있다.
① 단요소식 : 수위 검출
② 2요소식 : 수위, 증기량 검출
③ 3요소식 : 수위, 증기량, 급수량 검출

23 일반적으로 보일러의 상용수위는 수면계의 어느 위치와 일치시키는가?

① 수면계의 최상단부
② 수면계의 2/3 위치
③ 수면계의 1/2 위치
④ 수면계의 최하단부

• 수면계의 1/2 : 상용수위
• 수면계의 최하단부 : 안전저수위

24 왕복동식 펌프가 아닌 것은?

① 플런저 펌프
② 피스톤 펌프
③ 터빈 펌프
④ 다이어프램 펌프

★ 터빈 펌프는 원심식 펌프에 속한다.

25 어떤 보일러의 증발량이 40t/h이고, 보일러 본체의 전열면적이 580m²일 때 이 보일러의 증발률은?

① 14kg/m²·h
② 44kg/m²·h
③ 57kg/m²·h
④ 69kg/m²·h

★ 전열면 증발률 = $\frac{증발량}{전열면적}$ 이므로

∴ = $\frac{40 \times 1000}{580}$ = 68.97kg/m²·h

26 보일러의 수위제어 검출방식의 종류로 가장 거리가 먼 것은?

① 피스톤식
② 전극식
③ 플로트식
④ 열팽창관식

★ 수위 검출방식 : 플로트식(=맥도널식), 전극식, 열팽창식, 차압식

27 자연통풍 방식에서 통풍력이 증가되는 경우가 아닌 것은?

① 연돌의 높이가 낮은 경우
② 연돌의 단면적이 큰 경우
③ 연도의 굴곡수가 적은 경우
④ 배기가스의 온도가 높은 경우

★ 연돌의 높이가 높을수록 통풍력이 증가된다.

28 액체 연료의 주요 성상으로 가장 거리가 먼 것은?

① 비중
② 점도
③ 부피
④ 인화점

★ 액체 연료는 분무하여 연소하므로 점도가 가장 중요하다고 할 수 있다. 일반적으로 비중이 큰 액체 연료는 점도가 크다. 점도가 큰 액체 연료(중유)는 분무 전 예열하여 점도를 낮게 되는데 인화점 이하여야 한다.

정답 21 ① 22 ② 23 ③ 24 ③ 25 ④ 26 ① 27 ① 28 ③

29 절탄기에 대한 설명으로 옳은 것은?

① 연소용 공기를 예열하는 장치이다.
② 보일러의 급수를 예열하는 장치이다.
③ 보일러용 연료를 예열하는 장치이다.
④ 연소용 공기와 보일러 급수를 예열하는 장치이다.

> ★ 보기 중 장치를 설명하면,
> ① 공기예열기
> ② 절탄기
> ③ 연료예열기
> ④ 연소용 공기와 급수를 동시에 예열하는 장치는 없다.

30 보일러를 장기간 사용하지 않고 보존하는 방법으로 가장 적당한 것은?

① 물을 가득 채워 보존한다.
② 배수하고 물이 없는 상태로 보존한다.
③ 1개월에 1회씩 급수를 공급·교환한다.
④ 건조 후 생석회 등을 넣고 밀봉하여 보존한다.

> ★ 장기간 보존 시 물을 빼고 건조 후 흡수제(생석회 등)를 넣고 밀봉하여 보존하는 방법이 적당하다.

31 하트포드 접속법(hart-ford connection)을 사용하는 난방방식은?

① 저압 증기난방　② 고압 증기난방
③ 저온 온수난방　④ 고온 온수난방

> ★ 하트포드 접속법 : 저압증기난방에서 환수관의 위치가 보일러 수면보다 낮은 습식환수일 때 사용하는 방식. 주증기관과 환수관 사이에 균형관을 설치하고 이에 환수관을 연결하는 방식

32 온수난방설비에서 온수 온도차에 의한 비중력차로 순환하는 방식으로 단독주택이나 소규모 난방에 사용되는 난방방식은?

① 강제순환식 난방
② 하향순환식 난방
③ 자연순환식 난방
④ 상향순환식 난방

> ★ 온수난방에서 온수의 순환방식에 따라 자연순환식, 강제순환식으로 구분된다.
> ① 자연순환식 : 온수 온도차에 따른 밀도차에 의해 순환
> ② 강제순환식 : 순환펌프를 이용하여 순환

33 압축기 진동과 서징, 관의 수격작용, 지진 등에서 발생하는 진동을 억제하기 위해 사용되는 지지 장치는?

① 벤드벤　② 플랩 밸브
③ 그랜드 패킹　④ 브레이스

> ★ ① 벤드벤 : 연관 굽힘작업에 사용
> ② 플랩밸브 : 역수방지 밸브. 주로 배수지의 토출관 말에 설치
> ③ 그랜드패킹 : 밸브 회전부위에 기밀유지 목적으로 사용
> ④ 브레이스 : 압축기, 펌프 등의 배관의 진동, 충격흡수

[플랩밸브]

34 온수보일러에 팽창탱크를 설치하는 주된 이유로 옳은 것은?

① 물의 온도 상승에 따른 체적팽창에 의한 보일러의 파손을 막기 위한 것이다.
② 배관 중의 이물질을 제거하여 연료의 흐름을 원활히 하기 위한 것이다.
③ 온수 순환펌프에 의한 맥동 및 캐비테이션을 방지하기 위한 것이다.
④ 보일러, 배관, 방열기 내에 발생한 스케일 및 슬러지를 제거하기 위한 것이다.

> ★ 보기를 살펴보면,
> ① 팽창탱크
> ② 여과기
> ③ 조압수조(서지탱크)
> ④ 플래싱 작업(flashing)

35 온수난방에서 방열기 내 온수의 평균온도가 82℃, 실내온도가 18℃이고, 방열기의 방열계수가 7.93W/m²℃인 경우 방열기의 방열량은?

① 759.1W/m²   ② 650.3W/m²
③ 525.6W/m²   ④ 507.5W/m²

> ∗ 방열기 방열량
> =방열계수×(방열기온도 − 실내온도)
> =7.93×(82-18)=507.52W/m²

36 보일러 설치·시공 기준상 유류보일러의 용량이 시간당 몇 톤 이상이면 공급 연료량에 따라 연소용 공기를 자동 조절하는 기능이 있어야 하는가? (단, 난방 보일러인 경우이다.)

① 1t/h   ② 3t/h
③ 5t/h   ④ 10t/h

> ∗ 가스용 보일러 및 용량 5t/h(난방전용일 경우 10t/h) 이상인 유류보일러는 공급연료량에 따라 연소용 공기를 자동조절하는 기능이 있어야 한다. 이때 보일러 용량이 kJ/h로 표시되어 있을 때에는 60만 kJ/h를 1t/h로 환산

37 포밍, 플라이밍의 방지 대책으로 부적합한 것은?

① 정상 수위로 운전할 것
② 급격한 과연소를 하지 않을 것
③ 주증기 밸브를 천천히 개방할 것
④ 수저 또는 수면 분출을 하지 말 것

> ∗ 포밍, 플라이밍은 보일러수 농축 시, 고수위 시, 과부하 운전을 하거나 주증기 밸브 급개로 인한 보일러 압력의 급격한 저하로 발생한다. 보일러 수 농축을 방지하기 위해 분출을 주기적으로 해야 한다. 또한 정상수위를 유지하고 급격한 연소조절을 피하며 송기 시 주증기 밸브를 서서히 조작한다.

38 증기보일러의 기타 부속장치가 아닌 것은?

① 비수방지관   ② 기수분리기
③ 팽창탱크   ④ 급수내관

> ∗ 팽창탱크는 온수보일러에 설치되는 부속장치이다.

39 온도 25℃의 급수를 공급받아 엔탈피가 3045kJ/kg의 증기를 1시간당 2310kg을 발생시키는 보일러의 상당증발량은?

① 1500kg/h   ② 3009kg/h
③ 4500kg/h   ④ 6000kg/h

> ∗ 상당증발량
> $= \dfrac{\text{실제증발량} \times (\text{증기엔탈피} - \text{급수엔탈})}{2257}$
> $= \dfrac{2310 \times (3045 - 25 \times 4.2)}{2257} = 3009.04 \text{kg/h}$

40 다음 중 가스관의 누설검사 시 사용하는 물질로 가장 적합한 것은?

① 소금물   ② 증류수
③ 비눗물   ④ 기름

> ∗ 가스관의 누설검사는 주로 비눗물을 이용하여 검사한다.

41 보일러 사고의 원인 중 제작상의 원인에 해당되지 않는 것은?

① 구조의 불량   ② 강도 부족
③ 재료의 불량   ④ 압력 초과

> ∗ 압력 초과는 취급상의 원인이다. 취급상의 원인으로 인한 사고는 주로 압력 초과, 저수위, 과열, 미연소가스 폭발 등이 있다.

42 열팽창에 대한 신축이 방열기에 영향을 미치지 않도록 주로 증기 및 온수난방용 배관에 사용되며, 2개 이상의 엘보를 사용하는 신축 이음은?

① 벨로스 이음   ② 루프형 이음
③ 슬리브 이음   ④ 스위블 이음

* 보기의 신축이음을 설명하면
  ① 벨로스 이음 : 주름통을 이용하여 신축흡수. 팩리스 이음
  ② 루프형 이음 : 만곡관형이라고도 한다. 옥외 고압배관용
  ③ 슬리브 이음 : 미끄럼형이라고도 한다.
  ④ 스위블 이음 : 2개 이상의 엘보를 이용. 저압난방용으로 사용

43 보일러 급수 중의 용존(용해) 고형물을 처리하는 방법으로 부적합한 것은?

① 증류법
② 응집법
③ 약품 첨가법
④ 이온 교환법

* 용존 고형물을 처리하는 방법 : 증류, 약품 첨가, 이온 교환

44 난방부하를 구성하는 인자에 속하는 것은?

① 관류 열손실
② 환기에 의한 취득열량
③ 유리창으로 통한 취득열량
④ 벽, 지붕 등을 통한 취득열량

* 보기에서 취득열량이라는 표현보다 손실열량이라는 표현이 적당하다. 하지만 같은 의미로 보면, 난방부하를 계산할 때 실내 재실자의 발생열, 전기 조명의 발생열, 유리창을 통한 햇빛의 일사량 등은 여유치로 보아 계산에 포함하지 않는다.
  난방부하는 주로 다음과 같은 것이 있다.
  ① 벽, 천장을 통한 손실열량
  ② 환기(틈새)에 의한 손실열량
  ③ 바닥을 통한 손실열량
  벽, 천장, 바닥은 주로 열관류에 의한 손실열량이다.

45 증기보일러에는 2개 이상의 안전밸브를 설치하여야 하는 반면에 1개 이상으로 설치 가능한 보일러의 최대 전열면적은?

① 50m²
② 60m²
③ 70m²
④ 80m²

* 증기보일러에는 2개 이상의 안전밸브를 부착하여야 한다. (단, 전열면적 50m²이하인 경우에는 1개 이상)

46 증기난방에서 저압증기 환수관이 진공펌프의 흡입구보다 낮은 위치에 있을 때 응축수를 원활히 끌어올리기 위해 설치하는 것은?

① 하트포드 접속(hartford connection)
② 플래시 레그(flash leg)
③ 리프트 피팅(lift fitting)
④ 냉각관(cooling leg)

* 리프트 피팅 : 저압증기 환수관이 진공펌프의 흡입구보다 낮은 위치에 있을 때 설치한다. 진공환수식에는 건식환수가 원칙이나 습식으로 배관되어 있을 경우 응축수를 원활히 회수하기 위해 설치한다. 높이가 1.6m 이하는 1단, 3.2m 이하는 2단으로 하며 리프트 피팅의 1단 높이는 1.5m 정도이다.

47 중력순환식 온수난방법에 관한 설명으로 틀린 것은?

① 소규모 주택에 이용된다.
② 온수의 밀도차에 의해 온수가 순환한다.
③ 자연순환이므로 관경을 작게 하여도 된다.
④ 보일러는 최하위 방열기보다 더 낮은 곳에 설치한다.

* 중력순환식의 경우에는 순환펌프를 이용한 강제순환식에 비해 순환력이 작으므로 관경을 크게 해야 한다.

48 연료의 연소 시, 이론 공기량에 대한 실제공기량의 비 즉, 공기비(m)의 일반적인 값으로 옳은 것은?

① m=1
② m<1
③ m<0
④ m>1

* 연소 시 투입되는 공기량은 연소반응식에 의해 계산된 이론공기량보다 많이 투입된다. 실제 투입된 공기량과 이론공기량의 차이를 과잉공기량이라 하며, 공기비는 일반적으로 1보다 크다.

49 보일러수 내처리 방법으로 용도에 따른 청관제로 틀린 것은?

① 탈산소제 - 염산, 알콜
② 연화제 - 탄산소다, 인산소다
③ 슬러지 조정제 - 탄닌, 리그닌
④ pH 조정제 - 인산소다, 암모니아

* 탈산소제로 주로 사용되는 것은 탄닌, 히드라진, 아황산소다가 있다.

50 진공환수식 증기 난방장치의 리프트 이음 시 1단 흡상 높이는 최고 몇 m 이하로 하는가?

① 1.0
② 1.5
③ 2.0
④ 2.5

∗ 문제 46번 해설 참조

51 보일러 급수처리 방법 중 5000ppm 이하의 고형물 농도에서는 비경제적이므로 사용하지 않고, 선박용 보일러에 사용하는 급수를 얻을 때 주로 사용하는 방법은?

① 증류법
② 가열법
③ 여과법
④ 이온교환법

∗ 선박용 보일러는 해수를 이용하게 되므로 해수를 끓여 얻은 증류수를 사용하는 것이 좋다.

52 가스보일러에서 가스폭발의 예방을 위한 유의사항으로 틀린 것은?

① 가스압력이 적당하고 안정되어 있는지 점검한다.
② 화로 및 굴뚝의 통풍, 환기를 완벽하게 하는 것이 필요하다.
③ 점화용 가스의 종류는 가급적 화력이 낮은 것을 사용한다.
④ 착화 후 연소가 불안정할 때는 즉시 가스공급을 중단한다.

∗ 점화용 가스의 종류는 가급적 화력이 큰 것을 사용한다.

53 보일러드럼 및 대형헤더가 없고 지름이 작은 전열관을 사용하는 관류보일러의 순환비는?

① 4
② 3
③ 2
④ 1

∗ 보일러 순환비 = $\dfrac{급수량}{증기량}$
드럼이나 헤더가 없이 관으로만 구성된 관류보일러는 급수량이 거의 증기 발생량으로 이용되므로 순환비가 1이다.

54 증기관이나 온수관 등에 대한 단열로서 불필요한 방열을 방지하고 인체에 화상을 입히는 위험방지 또는 실내공기의 이상온도 상승방지 등을 목적으로 하는 것은?

① 방로
② 보냉
③ 방한
④ 보온

∗ 보기 중 용어를 설명하면,
① 방로 : 온도차에 의해 이슬이 맺히는 것을 방지. 결로방지
② 보냉 : 배관 바깥의 온도보다 배관 내의 온도가 낮은 유체의 온도를 유지하기 위한 것으로 관 및 보온재 표면에 결로현상이 생기는 것을 방지
③ 방한 : 배관에서 '방한'이라는 용어는 거의 사용치 않는다.
④ 보온 : 관의 불필요한 방열을 방지

55 효율관리기자재가 최저소비효율기준에 미달하거나 최대사용량 기준을 초과하는 경우 제조·수입·판매업자에게 어떠한 조치를 명할 수 있는가?

① 생산 또는 판매금지
② 제조 또는 설치금지
③ 생산 또는 세관금지
④ 제조 또는 시공금지

56 에너지이용 합리화법에 따라 산업통상자원부령으로 정하는 광고매체를 이용하여 효율관리기자재의 광고를 하는 경우에는 그 광고 내용에 에너지소비효율, 에너지소비효율등급을 포함시켜야 할 의무가 있는 자가 아닌 것은?

① 효율관리기자재의 제조업자
② 효율관리기자재의 광고업자
③ 효율관리기자재의 수입업자
④ 효율관리기자재의 판매업자

57 에너지이용합리화법상 에너지 진단기관의 지정기준은 누구의 령으로 정하는가?

① 대통령
② 시·도지사
③ 시공업자단체장
④ 산업통산자원부장관

정답 50 ② 51 ① 52 ③ 53 ④ 54 ④ 55 ① 56 ② 57 ①

58 열사용기자재 중 온수를 발생하는 소형온수보일러의 적용범위로 옳은 것은?

① 전열면적 12m² 이하, 최고사용압력 0.25MPa 이하의 온수를 발생하는 것
② 전열면적 14m² 이하, 최고사용압력 0.25MPa 이하의 온수를 발생하는 것
③ 전열면적 12m² 이하, 최고사용압력 0.35MPa 이하의 온수를 발생하는 것
④ 전열면적 14m² 이하, 최고사용압력 0.35MPa 이하의 온수를 발생하는 것

★ 소형온수보일러란 전열면적 14m² 이하, 최고사용압력 0.35MPa 이하의 온수를 발생하는 것을 말한다.

에너지관리기능장, 에너지관리기사, 에너지관리산업기사	용량이 10h/h를 초과하고 30t/h 이하인 보일러
에너지관리기능장, 에너지관리기사, 에너지관리산업기사 또는 에너지관리기능사	용량이 10t/h 이하인 보일러
에너지관리기능장, 에너지관리기사, 에너지관리산업기사, 에너지관리기능사 또는 인정검사기기 조종자의 교육을 이수한 자	1. 증기보일러로서 최고사용압력이 1MPa 이하이고, 전열면적이 10m² 이하인 것 2. 온수발생 및 열매체를 가열하는 보일러로서 용량이 581.5kW 이하인 것 3. 압력용기

59 에너지법에서 정한 지역에너지계획을 수립·시행하여야 하는 자는?

① 행정자치부장관
② 산업통상자원부장관
③ 한국에너지공단 이사장
④ 특별시장·광역시장·도지사 또는 특별자치도지사

★ 지역에너지계획은 특별시장·광역시장·도지사 또는 특별자치도지사가 5년마다 5년 이상의 계획을 수립한다.

60 검사대상기기 조종범위 용량이 10t/h 이하인 보일러의 조종자 자격이 아닌 것은?

① 에너지관리기사
② 에너지관리기능장
③ 에너지관리기능사
④ 인정검사대상기기 조종자 교육이수자

★ 보일러 용량에 따른 검사대상기기 조종자의 자격범위는

조종자의 자격	조종범위
에너지관리기능장 또는 에너지관리기사	용량이 30t/h를 초과하는 보일러

정답 58 ④ 59 ④ 60 ④

2016년 2회 에너지관리기능사

2016.04.02 시행

01 압력에 대한 설명으로 옳은 것은?

① 단위 면적당 작용하는 힘이다.
② 단위 부피당 작용하는 힘이다.
③ 물체의 무게를 비중량으로 나눈 값이다.
④ 물체의 무게에 비중량을 곱한 값이다.

> ★ 압력=힘/면적 또는 중량/면적으로서
>   단위면적당 작용하는 힘(또는 중량)의 세기를 말한다.

02 유류버너의 종류 중 수 기압(MPa)의 분무매체를 이용하여 연료를 분무하는 형식의 버너로서 2유체 버너라고도 하는 것은?

① 고압기류식 버너
② 유압식 버너
③ 회전식 버너
④ 환류식 버너

> ★ 1) 고압기류식 버너 : 고압의 공기를 이용하여 분무
>   2) 유압식 버너 : 직접 연료유를 가압하여 분무
>   3) 회전식 버너 : 분무컵(오토마이징컵)을 고속회전시켜 분무
>   4) 환류식 버너 : 유압식 버너를 환류식, 비환류식으로 구분

03 증기 보일러의 효율 계산식을 바르게 나타낸 것은?

① 효율(%) = $\dfrac{상당증발량 \times 2257}{연료소비량 \times 연료의 발열량} \times 100$

② 효율(%) = $\dfrac{증기소비량 \times 2257}{연료소비량 \times 연료의 비중} \times 100$

③ 효율(%) = $\dfrac{급수량 \times 2257}{연료소비량 \times 연료의 발열량} \times 100$

④ 효율(%) = $\dfrac{급수사용량}{증기발열량} \times 100$

> ★ 효율 = 유효열/공급열
>   유효열은 발생증기가 흡수한 열
>   공급열은 공급연료를 완전 연소시켰을 때 발생한 열
>   따라서,
>   효율(%) = $\dfrac{상당증발량 \times 2257}{연료소비량 \times 연료의 발열량} \times 100$
>   • 유효열
>   = 상당증발량 × 2257
>   = 증기발생량 × (증기엔탈피 − 급수엔탈피)

04 보일러 열효율 정산방법에서 열정산을 위한 액체연료량을 측정할 때, 측정의 허용오차는 일반적으로 몇 %로 하여야 하는가?

① ±1%
② ±1.5%
③ ±1.6%
④ ±2.0%

> ★ 측정 시 정밀도를 유지하기 위해 가능한 일정하게 유지
>   ① 발생증기량의 변동 : 평균값의 ±10%
>   ② 증기압력 및 온도의 변동 : 평균값의 ±6%
>   ③ 연료량 : 액체(±1.0%), 기체(±1.6%), 고체(±1.5%)
>   ④ 급수량 : 체적식유량계를 사용하며, 허용오차 ±1.0%

05 중유 예열기의 가열하는 열원의 종류에 따른 분류가 아닌 것은?

① 전기식
② 가스식
③ 온수식
④ 증기식

> ★ 중유예열기(오일 프리히터)의 가열 방식에 따라 증기식, 온수식, 전기식이 있음.

정답 01 ① 02 ① 03 ① 04 ① 05 ②

06 공기비를 m, 이론 공기량을 A_o라고 할 때, 실제 공기량 A를 계산하는 식은?

① $A = m \cdot A_o$
② $A = m/A_o$
③ $A = 1/(m \cdot A_o)$
④ $A = A_o - m$

> ★ 공기비(m)= $\frac{실제공기량(A_o)}{이론공기량(A_o)}$
> 실제공기량(A)=공기비(m)×이론공기량(A_o)

07 보일러 급수장치의 일종인 인젝터 사용 시 장점에 관한 설명으로 틀린 것은?

① 급수 예열 효과가 있다.
② 구조가 간단하고 소형이다.
③ 설치에 넓은 장소를 요하지 않는다.
④ 급수량 조절이 양호하여 급수의 효율이 높다.

> ★ 인젝터는 발생증기의 힘으로 급수하는 급수보조장치로서, 급수량 조절이 힘들고, 급수효율이 낮다.

08 다음 중 슈미트 보일러는 보일러 분류에서 어디에 속하는가?

① 관류식
② 간접가열식
③ 자연순환식
④ 강제순환식

> ★ 간접가열식 보일러 : 슈미트, 레플러

09 보일러의 안전장치에 해당되지 않는 것은?

① 방폭문
② 수위계
③ 화염검출기
④ 가용마개

> ★ 보일러 안전장치 : 안전밸브, 화염검출기, 증기압력제한기, 전자밸브, 고저수위경보기, 방폭문, 가용마개 등
> • 수위계는 지시장치에 속함

10 보일러의 시간당 증발량 1100kg/h, 증기엔탈피 2730kJ/kg, 급수 온도 30℃일 때, 상당증발량은?

① 1050kg/h
② 1269kg/h
③ 1415kg/h
④ 1733kg/h

> ★ 상당증발량
> $= \frac{실제증발량 \times (증기엔탈피-급수엔탈피)}{2257}$
> $= \frac{1100 \times (2730-30 \times 4.2)}{2257} = 1269.12 \text{[kg/h]}$

11 보일러의 자동연소제어와 관계가 없는 것은?

① 증기압력 제어
② 온수온도 제어
③ 노내압 제어
④ 수위 제어

> ★ 보일러 자동제어의 제어량(최종 제어 목표)과 조작량
>
> | 보일러 자동제어 | 제어량 | 조작량 |
> |---|---|---|
> | 급수제어(F.W.C) | 수위 | 급수량 |
> | 증기온도(S.T.C) | 증기 온도 | 전열량 |
> | 자동연소제어 (A.C.C) | 증기 압력 온수 온도 | 연료량, 공기량 |
> | | 노내 압력 | 연소가스량 |
>
> ★ 수위제어는 급수제어와 관계있음

12 보일러의 과열방지장치에 대한 설명으로 틀린 것은?

① 과열방지용 온도퓨즈는 373K 미만에서 확실히 작동하여야 한다.
② 과열방지용 온도퓨즈가 작동한 경우 일정시간 후 재점화되는 구조로 한다.
③ 과열방지용 온도퓨즈는 봉인을 하고 사용자가 변경할 수 없는 구조로 한다.
④ 일반적으로 용해전은 369~371K에 용해되는 것을 사용한다.

> ★ 소형보일러 기술규격에 적용되는 기준
> 과열방지장치로서 다음의 과열방지용 온도퓨즈 또는 용해전이 1개 이상 설치되어 있어야 한다.
> ① 과열방지용 온도퓨즈는 373K(100℃) 미만에서 확실히 작동하고 버너 연소를 자동적으로 정지하도록 한다.
> ② 과열방지용 온도퓨즈는 봉인을 하고 사용자가 변경할 수 없는 구조로 한다.
> ③ 일반적으로 과열방지용 온도퓨즈는 369~371K(96~98℃)로 설정을 한다.

정답 06 ① 07 ④ 08 ② 09 ② 10 ② 11 ④ 12 ②

④ 과열방지용 온도퓨즈가 작동한 후에는 리셋(reset) 동작이 없이는 재점화되지 않는 구조이어야 한다.
⑤ 용해전은 373K(100℃) 미만에서 확실히 작동하여 열매를 외부로 방출할 수 있어야 한다.
⑥ 일반적으로 용해전은 369~371K(96~98℃)에 용해되는 것을 사용한다.

13 보일러 급수처리의 목적으로 볼 수 없는 것은?

① 부식의 방지
② 보일러수의 농축 방지
③ 스케일 생성 방지
④ 역화 방지

★ 급수처리는 급수 중 불순물로 인한 피해를 방지하기 위함이며, 주로 부식, 보일러 수 농축 및 스케일 생성을 방지한다.
역화는 연소실 입구로 화염이 치솟는 것을 말하며, 공기보다 연료를 먼저 투입한 경우, 연소속도보다 분무 속도가 느릴 경우, 가스버너일 경우 연소장치 과열의 경우에 해당한다.

14 배기가스 중에 함유되어 있는 CO_2, O_2, CO 3가지 성분을 순서대로 측정하는 가스 분석계는?

① 전기식 CO_2계
② 헴펠식 가스 분석계
③ 오르자트 가스 분석계
④ 가스크로마토그래픽 가스 분석계

★ 오르자트분석기 : 화학적 가스분석기의 일종으로 시약을 사용하여 차례로 CO_2, O_2, CO를 흡수하여 측정한다.

15 보일러 부속장치에 관한 설명으로 틀린 것은?

① 기수분리기 : 증기 중에 혼입된 수분을 분리하는 장치
② 수트 블로워 : 보일러 동 저면의 스케일, 침전물 등을 밖으로 배출하는 장치
③ 오일 스트레이너 : 연료 속의 불순물 방지 및 유량계 펌프 등의 고장을 방지하는 장치
④ 스팀 트랩 : 응축수를 자동으로 배출하는 장치

• 수트 블로워 : 수관보일러 전열면(수관의 겉면)에 부착된 그을음을 제거하기 위한 장치. 압축공기, 건조한 증기를 분사
• 분출장치 : 보일러 동 저면의 스케일, 침전물 등을 밖으로 배출하는 장치

16 일반적으로 보일러 판넬 내부 온도는 몇 ℃를 넘지 않도록 하는 것이 좋은가?

① 60℃
② 70℃
③ 80℃
④ 90℃

17 함진 배기가스를 액방울이나 액막에 충돌시켜 분진 입자를 포집 분리하는 집진장치는?

① 중력식 집진장치
② 관성력식 집진장치
③ 원심력식 집진장치
④ 세정식 집진장치

• 습식(세정식) : 유수식, 가압수식, 회전식
• 건식
  ① 여과식 : 여포제를 이용하여 집진(백필터식)
  ② 원심력식 : 원심력 이용(사이클론식)
  ③ 중력식 : 중력을 이용(중력침강식)
  ④ 관성력식 : 함진 기류의 흐르는 방향을 급변시켜 입자의 관성력을 이용하여 먼지를 분리시키는 장치를 말함.

18 보일러 인터록과 관계가 없는 것은?

① 압력초과 인터록
② 저수위 인터록
③ 불착화 인터록
④ 급수장치 인터록

★ 보일러 인터록
① 불착화 인터록 : 불착화, 실화 연료 차단
② 압력 초과 인터록 : 이상증기압력 초과 시 연료 차단
③ 저수위 인터록 : 이상감수, 안전저수위 이하에서 연료 차단
④ 프리퍼지인터록 : 송풍기 작동이 되지 않아 노내 환기가 되지 않을 때 연료 차단
⑤ 저연소 인터록 : 저연소로 전환이 되지 않을 때 연료 차단

19 상태변화 없이 물체의 온도 변화에만 소요되는 열량은?

① 고체열
② 현열
③ 액체열
④ 잠열

• 현열 : 상태변화 없이 온도변화에 사용됨.
• 잠열 : 상태변화에 사용됨. 온도변화는 없다.

정답 13 ④ 14 ③ 15 ② 16 ① 17 ④ 18 ④ 19 ②

20 보일러용 오일 연료에서 성분분석 결과 수소 12.0%, 수분 0.3%라면, 저위발열량은?
(단, 연료의 고위발열량은 44520kJ/kg이다.)

① 27314kJ/kg
② 31936kJ/kg
③ 37609kJ/kg
④ 41812kJ/kg

> ★ 고위발열량과 증발잠열을 이용하여 저위발열량을 구하는 식은
> 저위발열량 = 고위발열량 − 2500×(9H+W)
> = 44520 − 2500×(9×0.12 + 0.003)
> = 41812.5kJ/kg

21 보일러에서 보염장치의 설치목적에 대한 설명으로 틀린 것은?

① 화염의 전기전도성을 이용한 검출을 실시한다.
② 연소용 공기의 흐름을 조절하여 준다.
③ 화염의 형상을 조절한다.
④ 확실한 착화가 되도록 한다.

> ★ 화염의 전기전도성을 이용하여 검출하는 것은 화염검출기 종류 중 플레임 로드를 말한다.

22 증기사용압력이 같거나 또는 다른 여러 개의 증기사용 설비의 드레인관을 하나로 묶어 한 개의 트랩으로 설치한 것을 무엇이라고 하는가?

① 플로트 트랩
② 버킷 트랩핑
③ 디스크 트랩
④ 그룹 트랩핑

> ★ 여러 개의 증기사용 설비의 드레인관을 하나로 묶어 한 개의 트랩을 설치한 것을 그룹 트래핑이라고 한다. 그러나, 모든 증기사용설비에서 응축수 배출점마다 하나씩의 트랩을 각각 설치하는 것이 필수적이므로 가능한 한 그룹 트래핑은 하지 않도록 한다.

23 보일러 윈드박스 주위에 설치되는 장치 또는 부품과 가장 거리가 먼 것은?

① 공기예열기
② 화염검출기
③ 착화버너
④ 투시구

> ★ 윈드박스는 바람상자라고도 하며, 버너 주변에 설치하여 공기와 연료 혼합을 촉진한다. 따라서, 버너 주변의 장치를 보면 화염검출기, 착화버너, 투시구가 있다. 공기예열기는 배기가스의 여열을 이용하여 연소용공기를 가열하는 장치이며 연도에 설치된다.

24 보일러 운전 중 정전이나 실화로 인하여 연료의 누설이 발생하여 갑자기 점화되었을 때 가스폭발방지를 위해 연료공급을 차단하는 안전장치는?

① 폭발문
② 수위경보기
③ 화염검출기
④ 안전밸브

> ★ 화염검출기 : 연소실 내의 화염상태를 감시하여 화염의 실화, 불착화 시 연료를 차단

25 다음 중 보일러에서 연소가스의 배기가 잘 되는 경우는?

① 연도의 단면적이 작을 때
② 배기가스 온도가 높을 때
③ 연도에 급한 굴곡이 있을 때
④ 연도에 공기가 많이 침입될 때

> ★ 자연통풍에서 통풍력은 다음의 경우에 증가함.
> • 연돌의 단면적이 클수록, 연돌의 높이가 높을수록
> • 연도의 굽힘개소가 적을수록, 배기가스 온도가 높을수록

26 전열면적이 40m²인 수직 연관보일러를 2시간 연소시킨 결과 4000kg의 증기가 발생하였다. 이 보일러의 증발률은?

① 40kg/m²·h
② 30kg/m²·h
③ 60kg/m²·h
④ 50kg/m²·h

> ★ 전열면 증발률은 전열면적 1m²당 증발량을 말하며, 증발량/전열면적으로 구한다.
> 전열면 증발률 = $\frac{4000}{40 \times 2}$ = 50kg/m²h

27 다음 중 보일러 스테이(stay)의 종류로 가장 거리가 먼 것은?

① 거싯(gusset) 스테이
② 바(bar) 스테이
③ 튜브(tube) 스테이
④ 너트(nut) 스테이

> ※ 스테이(=버팀) : 강도가 약한 부분의 강도 보강을 위하여 사용되는 이음부분.
> ① 가제트 스테이 : 노통보일러의 평경판과 동판을 연결하여 평경판의 변형방지 및 강도 보강
> ② 관 스테이(=튜브 스테이) : 횡연관 보일러, 선박용보일러 등에 사용되며, 연관보다 두꺼운 관으로 연관처럼 경판에 확관 연결한다.
> ③ 바 스테이(=봉 스테이) : 봉으로 된 스테이로서 경판, 화실, 천정판의 보강에 사용되며 수평 스테이와 경사 스테이가 있다.
> ④ 볼트 스테이(=나사버팀) : 평행판의 강도 보강을 위해 사용된다.

28 과열기의 종류 중 열가스 흐름에 의한 구분 방식에 속하지 않는 것은?

① 병류식
② 접촉식
③ 향류식
④ 혼류식

> ※ 과열기의 종류 구분
> 1) 열전달 방식에 따라 : 복사형, 대류형, 복사대류형
>   ※ 대류형을 접촉형이라고도 한다.
> 2) 열가스 흐름에 따라 : 향류형, 병류형, 혼류형

29 고체 연료의 고위발열량으로부터 저위발열량을 산출할 때 연료 속의 수분과 다른 한 성분의 함유율을 가지고 계산하여 산출할 수 있는데 이 성분은 무엇인가?

① 산소
② 수소
③ 유황
④ 탄소

> ※ 고위발열량=저위발열량 - 증발잠열×(수증기량)이고, 연소가스 중 수증기는 연료 중 수소(H)가 연소하며 생성된 것과, 연료 자체에 포함된 수분(W)이 있다.

30 상용 보일러의 점화 전 준비 사항에 관한 설명으로 틀린 것은?

① 수저분출밸브 및 분출 콕의 기능을 확인하고, 조금씩 분출되도록 약간 개방하여 둔다.
② 수면계에 의하여 수위가 적정한지 확인한다.
③ 급수배관의 밸브가 열려있는지, 급수펌프의 기능은 정상인지 확인한다.
④ 공기빼기 밸브는 증기가 발생하기 전까지 열어 놓는다.

> ※ 수저분출밸브 및 분출 콕을 개방하여 두면 보일러수가 배출되어 안전 저수위 이하로 감수되므로 과열사고를 초래한다.

31 도시가스 배관의 설치에서 배관의 이음부(용접이음매 제외)와 전기점멸기 및 전기접속기와의 거리는 최소 얼마 이상 유지해야 하는가?

① 10cm
② 15cm
③ 30cm
④ 60cm

> ※ KBI-7243 가스배관의 설치
> 배관의 이음부(용접이음매 제외)와 전기설비의 거리
> ① 전기계량기 및 전기개폐기 : 60cm 이상
> ② 전기점멸기 및 전기접속기 : 30cm 이상
> ③ 절연전선 : 10cm 이상
> ④ 절연조치를 하지 아니한 전선, 단열조치를 하지 아니한 굴뚝 : 30cm 이상

32 증기보일러에는 2개 이상의 안전밸브를 설치하여야 하지만, 전열면적이 몇 m^2이하인 경우에는 1개 이상으로 해도 되는가?

① $80m^2$
② $70m^2$
③ $60m^2$
④ $50m^2$

> ※ 증기보일러에 안전밸브는 2개 이상 설치해야 한다. 단, 전열면적이 $50m^2$ 이하인 경우 안전밸브는 1개 이상으로 해도 된다.

정답 27 ④ 28 ② 29 ② 30 ① 31 ③ 32 ④

33 배관 보온재의 선정 시 고려해야 할 사항으로 가장 거리가 먼 것은?

① 안전사용 온도 범위
② 보온재의 가격
③ 해체의 편리성
④ 공사 현장의 작업성

★ 배관의 보온재는 배관 열손실을 방지하기 위해 시공하는 것으로 시공 후 해체하지 않는다.

34 증기주관의 관말트랩 배관의 드레인 포켓과 냉각관 시공 요령이다. 다음 ( ) 안에 적절한 것은?

증기주관에서 응축수를 건식환수관에 배출하려면 주관과 동경으로 (㉠) mm 이상 내리고 하부로 (㉡) mm 이상 연장하여 (㉢)을(를) 만들어준다. 냉각관은 (㉣) 앞에서 1.5m 이상 나관으로 배관한다.

① ㉠ 150 ㉡ 100
  ㉢ 트랩 ㉣ 드레인 포켓
② ㉠ 100 ㉡ 150
  ㉢ 드레인 포켓 ㉣ 트랩
③ ㉠ 150 ㉡ 100
  ㉢ 드레인 포켓 ㉣ 드레인 밸브
④ ㉠ 100 ㉡ 150
  ㉢ 드레인 밸브 ㉣ 드레인 포켓

★ 냉각레그(=냉각관)
  ① 건식환수방식의 관말에 설치
  ② 관내 응축수에서 생긴 플래시 증기로 인한 보일러의 수격작용 방지
    → 플래시 증기를 응축시켜 증기트랩으로 유입시킴
  ③ 주관에서 1.5m 이상 냉각관(보온하지 않은 나관)을 설치하며 냉각관 끝에 트랩을 설치하여 응축수를 제거

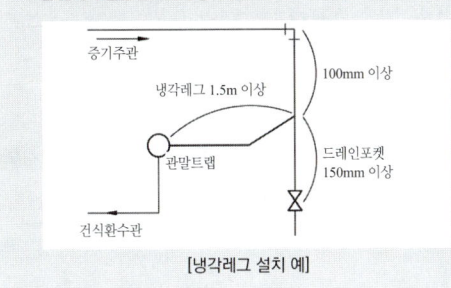

[냉각레그 설치 예]

35 파이프와 파이프를 홈 조인트로 체결하기 위하여 파이프 끝을 가공하는 기계는?

① 띠톱 기계
② 파이프 벤딩기
③ 동력파이프 나사절삭기
④ 그루빙 조인트 머신

★ 홈 조인트는 용접하지 않고 파이프를 홈가공하여 고무링과 조인트를 이용하여 조립한다. 고정식과 유동식이 있다.

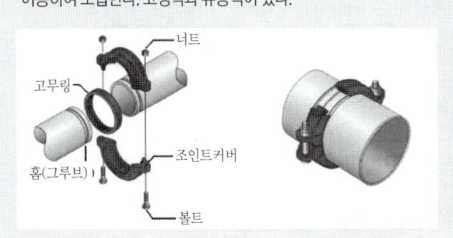

36 보일러 보존 시 동결사고가 예상될 때 실시하는 밀폐식 보존법은?

① 건조 보존법   ② 만수 보존법
③ 화학적 보존법 ④ 습식 보존법

★ 보일러 보존 시 동결 우려가 있는 경우 본체 내에 보일러수가 남아있으면 위험하므로 건조보존법을 선택한다.

37 온수난방 배관 시공 시 이상적인 기울기는 얼마인가?

① 1/100 이상 ② 1/150 이상
③ 1/200 이상 ④ 1/250 이상

★ 팽창탱크를 향해 상향구배, 1/250 이상

38 온수난방 설비의 내림구배 배관에서 배관 아랫면을 일치시키고자 할 때 사용되는 이음쇠는?

① 소켓   ② 편심 리듀서
③ 유니언   ④ 이경엘보

* 편심 리듀서 사용 : 접속에 따라 상향구배, 하향구배

[상향구배]

[하향구배]

39 두께 150mm, 면적이 15m²인 벽이 있다. 내면 온도는 200℃, 외면 온도가 20℃일 때 벽을 통한 열손실량은?
(단, 열전도율은 1.05kJ/m·h·℃이다.)

① 424kJ/h　　② 2835kJ/h
③ 39849kJ/h　④ 18900kJ/h

* 전도에 의한 열전달량은
열량 = 면적 × (전도율/두께) × 온도차
$15 \times \frac{1.05}{0.15} \times (200-20) = 18900$ kJ/h

40 보일러수에 불순물이 많이 포함되어 보일러수의 비등과 함께 수면부근에 거품의 층을 형성하여 수위가 불안정하게 되는 현상은?

① 포밍　　　　② 프라이밍
③ 캐리오버　　④ 공동현상

* 보기의 용어를 설명하면,
① 포밍 : 보일러 수 수면이 거품으로 덮이는 현상
② 프라이밍(=비수현상) : 본체 내의 보일러수 수면에서 격렬한 비등과 함께 물방울이 튀어오르는 현상
③ 캐리오버(기수공발) : 본체 내에서 보일러 수 농축, 포밍, 프라이밍 등으로 인해 발생한 습증기가 주증기 밸브 개방 시 증기관으로 유입되는 것
④ 캐비테이션(공동현상) : 펌프 흡입양정이 너무 높을 때 흡입관에 물이 유입되지 않은 채 펌프실이 텅 비게 되는 현상

41 수질이 불량하여 보일러에 미치는 영향으로 가장 거리가 먼 것은?

① 보일러의 수명과 열효율에 영향을 준다.
② 고압보다 저압일수록 장애가 더욱 심하다.
③ 부식현상이나 증기의 질이 불순하게 된다.
④ 수질이 불량하면 관계통에 관석이 발생한다.

* 저압보다 고압일수록 장애가 심하다.

42 다음 보온재 중 유기질 보온재에 속하는 것은?

① 규조토　　　　② 탄산마그네슘
③ 유리섬유　　　④ 기포성수지

* 보온재는 유기질 보온재와 무기질 보온재가 있다.
* 유기질 보온재 : 펠트류, 텍스류, 폼류, 탄화 코르크가 있음
* 기포성수지는 폼류에 속함

43 관의 접속상태 결합방식의 표시방법에서 용접이음을 나타내는 그림기호로 맞는 것은?

① ── ─┼─ ──　　② ── ─╫─ ──
③ ── ●── ──　　④ ── ─╢ ──

* ① 나사 이음　② 유니온 이음
③ 용접 이음(납땜)　④ 플랜지 이음

44 보일러 점화불량의 원인으로 가장 거리가 먼 것은?

① 댐퍼작동 불량
② 파일로트 오일 불량
③ 공기비의 조정 불량
④ 점화용 트랜스의 전기 스파크 불량

* 점화순서에 따라 직접적 원인에 의해 점화불량이 되는 경우는 노내압이 맞지 않을 때(댐퍼작동 불량 등), 연료분사 상태가 고르지 못할 때, 점화용 트랜스의 전기스파크 불량 등의 원인이 있다. 파일로트 버너의 연료는 유류용 버너일 경우 주로 경유나 LPG를 사용하고 가스용 버너일 경우 연료가스와 동일한 가스를 사용하므로, 오일 불량이 원인이 되는 경우는 없다.

45 다음 방열기 도시기호 중 벽걸이 종형 도시기호는?

① W - H　　② W - V
③ W - Ⅱ　　④ W - Ⅲ

* 보기 중 ③, ④의 방열기 기호는 없는 형태이며,
① W-H 벽걸이 수평형
② W-V 벽걸이 수직형

정답　39 ④　40 ①　41 ②　42 ④　43 ③　44 ②　45 ②

46 배관 지지구의 종류가 아닌 것은?

① 파이프 슈
② 콘스탄트 행거
③ 리지드 서포트
④ 소켓

★ 배관 지지구는 행거, 서포오트, 리스트레인트, 브레이스가 있으며,
  ① 행거 : 배관 하중을 위에서 당겨서 지지콘스탄트 행거, 리지드 행거, 스프링 행거
  ② 서포트 : 배관 하중을 아래에서 받쳐서 지지리지드 서포트, 스프링 서포트, 롤러 서포트, 파이프슈
  ③ 리스트레인트 : 배관의 이동을 제한, 구속앵커, 스톱, 가이드가 있음.
  ④ 브레이스 : 배관의 진동을 흡수

47 보온시공 시 주의사항에 대한 설명으로 틀린 것은?

① 보온재와 보온재의 틈새는 되도록 적게 한다.
② 겹침부의 이음새는 동일 선상을 피해서 부착한다.
③ 테이프 감기는 물, 먼지 등의 침입을 막기 위해 위에서 아래쪽으로 향하여 감아내리는 것이 좋다.
④ 보온의 끝 단면은 사용하는 보온재 및 보온 목적에 따라서 필요한 보호를 한다.

★ 테이프를 감을 때 아래쪽에서 위로 감아야 겹치는 이음부가 지붕 위의 기와처럼 아래쪽 향하게 된다.

48 온수난방에 관한 설명으로 틀린 것은?

① 단관식은 보일러에서 멀어질수록 온수의 온도가 낮아진다.
② 복관식은 방열량의 변화가 일어나지 않고 밸브의 조절로 방열량을 가감할 수 있다.
③ 역귀환 방식은 각 방열기의 방열량이 거의 일정하다.
④ 증기난방에 비하여 소요방열면적과 배관경이 작게 되어 설비비를 비교적 절약할 수 있다.

★ 온수난방은 방열기의 온도가 낮고 증기난방에 비해 소요방열면적과 배관경이 크게 되어 설비비가 많이 든다.

49 온수보일러에서 팽창탱크를 설치할 경우 주의 사항으로 틀린 것은?

① 밀폐식 팽창탱크의 경우 상부에 물빼기 관이 있어야 한다.
② 100℃의 온수에도 충분히 견딜 수 있는 재료를 사용하여야 한다.
③ 내식성 재료를 사용하거나 내식 처리된 탱크를 설치하여야 한다.
④ 동결우려가 있을 경우에는 보온을 한다.

★ 물빼기 관(배수관)은 밀폐식, 개방식 모두 하부에 설치한다.

50 보일러 내부부식에 속하지 않는 것은?

① 점식   ② 저온 부식
③ 구식   ④ 알칼리 부식

★ 보일러 부식은 본체 내의 보일러수의 접촉 여부에 따라 내부부식과 외부 부식으로 구분된다.
  1) 내부 부식 : 보일러수에 의한 본체 내부 부식을 말함.점식, 구식, 전면부식, 알칼리부식
  2) 외부 부식 : 습기에 의한 보일러 외면, 연소가스에 의한 연도 부식을 말함. 저온 부식과 고온 부식.

51 보일러 내부의 건조방식에 대한 설명 중 틀린 것은?

① 건조제로 생석회가 사용된다.
② 가열장치로 서서히 가열하여 건조시킨다.
③ 보일러 내부 건조 시 사용되는 기화성 부식억제제(VCI)는 물에 녹지 않는다.
④ 보일러 내부 건조 시 사용되는 기화성 부식억제제(VCI)는 건조제와 병용하여 사용할 수 있다.

★ KBO-7213 기화성 부식 억제제(VCI) 투입 보존법
  ① 휴지보일러의 건조보존법으로는 보일러 내부의 물을 제거·건조한 다음 내부에 기화성 부식억제제(VCI)를 투입하고 보일러를 밀폐하는 방법이 있다.
  ② 기화성 부식 억제제에는 양극 부식억제제, 음극부식억제제, 혼합부식억제제가 있는데 보일러와 같은 열교환기는 여러 종류의 금속재질을 사용하므로 혼합부식억제제를 적용하는 것이 좋다.
  ③ 부식억제제는 내부에 투입하여 통을 밀폐하는 방법을 사용하고 있으며, 투입량은 억제제별 적용지침서에 따라 정해진 양을 투입하여야 한다.

정답 46 ④ 47 ③ 48 ④ 49 ① 50 ② 51 ③

52 증기 난방시공에서 진공환수식으로 하는 경우 리프트 피팅(lift fitting)을 설치하는데, 1단의 흡상높이로 적절한 것은?

① 1.5m 이내　　② 2.0m 이내
③ 2.5m 이내　　④ 3.0m 이내

> ＊ 진공환수식에서 환주주관이 진공펌프보다 낮은 경우 리프트피팅 이음을 하며, 1단 흡상높이는 1.5m 이내

53 배관의 나사이음과 비교한 용접 이음에 관한 설명으로 틀린 것은?

① 나사 이음부와 같이 관의 두께에 불균일한 부분이 없다.
② 돌기부가 없어 배관상의 공간효율이 좋다.
③ 이음부의 강도가 적고, 누수의 우려가 크다.
④ 변형과 수축, 잔류응력이 발생할 수 있다.

> ＊ 용접 이음은 이음부의 강도가 크고 누수 우려가 적다.

54 보일러 외부 부식의 한 종류인 고온 부식을 유발하는 주된 성분은?

① 황　　　　② 수소
③ 인　　　　④ 바나듐

> • 고온부식 - 과열기, 재열기에서 발생 : 바나듐(V)이 원인
> • 저온부식 - 절탄기, 공기예열기 : 황(S)이 원인

55 에너지이용합리화법에 따라 고시한 효율관리기자재 운용규정에 따라 가정용 가스보일러의 최저소비효율기준은 몇 %인가?

① 63%　　② 68%
③ 76%　　④ 86%

> ＊ 최저소비효율기준(MEPS : Minimum Energy Performance Standard) : 일정한 에너지 효율에 미달되는 저효율 제품의 생산·판매를 금지(27개 품목)
> ＊ 가정용 가스보일러 최저소비효율 기준

구 분	최저소비효율기준 2013년 1월 1일부터
가정용가스보일러	76.0%

56 에너지다소비사업자는 산업통상자원부령이 정하는 바에 따라 전년도의 분기별 에너지사용량·제품생산량을 그 에너지사용 시설이 있는 지역을 관할하는 시·도지사에게 매년 언제까지 신고해야 하는가?

① 1월 31일까지　　② 3월 31일까지
③ 5월 31일까지　　④ 9월 30일까지

> ＊ 에너지다소비업자가 시·도지사에게 매년 1월 31일까지 신고할 사항은,
> 1. 전년도의 에너지사용량·제품 생산량
> 2. 해당 연도의 에너지사용 예정량·제품생산 예정량
> 3. 에너지사용기자재의 현황
> 4. 전년도의 에너지이용 합리화 실적 및 해당 연도의 계획

57 저탄소 녹색성장 기본법에서 사람의 활동에 수반하여 발생하는 온실가스가 대기 중에 축적되어 온실가스 농도를 증가시킴으로써 지구 전체적으로 지표 및 대기의 온도가 추가적으로 상승하는 현상을 나타내는 용어는?

① 지구온난화　　② 기후변화
③ 자원순환　　　④ 녹색경영

> ＊ 보기 중 용어 설명
> ① 지구온난화 : 사람의 활동에 수반하여 발생하는 온실가스가 대기 중에 축적되어 온실가스 농도를 증가시킴으로써 지구 전체적으로 지표 및 대기의 온도가 추가적으로 상승하는 현상
> ② 기후변화 : 사람의 활동으로 인하여 온실가스의 농도가 변함으로써 상당 기간 관찰되어 온 자연적인 기후변동에 추가적으로 일어나는 기후체계의 변화
> ③ 자원순환 : 『자원의 절약과 재활용 촉진에 관한 법률』 제2조 제1호에 따른 자원순환
> ④ 녹색경영 : 기업이 경영활동에서 자원과 에너지를 절약하고 효율적으로 이용하며 온실가스 배출 및 환경오염의 발생을 최소화하면서 사회적, 윤리적 책임을 다하는 경영

58 에너지이용 합리화법에 따라 산업통상자원부장관 또는 시·도지사로부터 한국 에너지공단에 위탁된 업무가 아닌 것은?

① 에너지사용계획의 검토
② 고효율시험기관의 지정
③ 대기전력경고표지대상제품의 측정결과 신고의 접수
④ 대기전력저감대상제품의 측정결과 신고의 접수

> ＊ 고효율시험기관의 지정 및 취소는 산업통상자원부 장관 권한

정답　52 ①　53 ③　54 ④　55 ③　56 ①　57 ①　58 ②

59 에너지이용 합리화법에서 효율관리기자재의 제조업자 또는 수입업자가 효율관리기자재의 에너지 사용량을 측정받는 기관은?

① 산업통상자원부장관이 지정하는 시험기관
② 제조업자 또는 수입업자의 검사기관
③ 환경부장관이 지정하는 진단기관
④ 시·도지사가 지정하는 측정기관

60 에너지용 합리화법에서 정한 국가에너지절약추진위원회의 위원장은?

① 산업통상자원부장관
② 국토교통부장관
③ 국무총리
④ 대통령

2016년 4회 에너지관리기능사
2016.07.10 시행

01 유류연소 버너에서 기름의 예열온도가 너무 높은 경우에 나타나는 주요 현상으로 옳은 것은?

① 버너 화구의 탄화물 축적
② 버너용 모터의 마모
③ 진동, 소음의 발생
④ 점화불량

> ★ 중유 예열온도가 너무 높으면 유증기 발생, 기름 분해
>   → (유증기와 함께 분사되므로) 분무상태 불량, 역화 위험
>   (기름분해) 탄화물 생성
> • 중유 예열온도가 낮으면 점도가 높아서 무화되지 않음.

02 대형보일러인 경우에 송풍기가 작동하지 않으면 전자밸브가 열리지 않고, 점화를 저지하는 인터록은?

① 프리퍼지 인터록
② 불착화 인터록
③ 압력초과 인터록
④ 저수위 인터록

> ★ 전자밸브는 연료배관에 버너 직전에 설치하며 비상 상황에 연료를 차단하며, 전자밸브에 신호를 보내어 작동하는 제어를 인터록제어라 한다.
> ① 불착화 인터록 : 화염검출기와 연결. 실화, 불착화 감시
> ② 압력초과인터록 : 증기압력제한기와 연결. 설정압력초과시 연료차단
> ③ 저수위인터록 : 고저수위경보기와 연결. 안전저수위 이하 감수시 연료차단
> ④ 프리퍼지인터록 : 송풍기 풍압스위치와 연결. 송풍기 고장으로 인한 프리퍼지 불능시 연료차단.
> ⑤ 저연소인터록 : 저연소로 전환이 되지 않으면 연료차단.

03 가압수식을 이용한 집진장치가 아닌 것은?

① 제트 스크러버
② 충격식 스크러버
③ 벤튜리 스크러버
④ 사이클론 스크러버

> ★ 가압수식 집진장치(가벤사충제) : 벤튜리 스크러버, 싸이클론 스크러버, 충전탑(충진탑), 제트 스크러버

04 절탄기에 대한 설명으로 옳은 것은?

① 절탄기의 설치방식은 혼합식과 분배식이 있다.
② 절탄기의 급수예열 온도는 포화온도 이상으로 한다.
③ 연료의 절약과 증발량의 감소 및 열효율을 감소시킨다.
④ 급수와 보일러수의 온도차 감소로 열응력을 줄여준다.

> ★ 절탄기의 재질에 따라 나관절탄기, 핀부착절탄기가 있음
> 급수예열온도는 포화온도 이하이며, 연료의 절약과 증발량의 증대, 열효율 증대를 가져옴.
> 또한, 급수예열로 인해 급수로 인한 열응력을 감소시킴.

05 분진가스를 집진기내에 충돌시키거나 열가스의 흐름을 반전시켜 급격한 기류의 방향전환에 의해 분진을 포집하는 집진장치는?

① 중력식 집진장치
② 관성력식 집진장치
③ 사이클론식 집진장치
④ 멀티사이클론식 집진장치

> ★ 관성력식 집진장치 : 함진가스를 방해판 등에 충돌시켜 기류의 급격한 방향전환을 주어 미립자의 관성력을 이용 배기가스만 빠져나가고 무거운 먼지는 걸러내어 분리한다. 충돌식과 반전식이 있다.

정답 01 ① 02 ④ 03 ② 04 ④ 05 ②

06 비열이 2.52kJ/kg℃ 인 어떤 연료 30kg을 15℃에서 35℃ 까지 예열하고자 할 때 필요한 열량은 몇 kJ 인가?

① 756kJ　　　　　　② 1512kJ
③ 1890kJ　　　　　　④ 2520kJ

★ 열량 = 양 × 비열 × 온도차 이므로
　　　= 30 × 2.52 × (35-15) = 1512kJ

07 습증기의 엔탈피 hx를 구하는 식으로 옳은 것은?
(단, h:포화수의 엔탈피, x : 건조도, r : 증발잠열(숨은열), V:포화수의 비체적)

① $hx = h + x$　　　　② $hx = h + r$
③ $hx = h + xr$　　　④ $hx = v + h + xr$

★ 습증기 엔탈피 = 포화수엔탈피 + 증발잠열 × 건조도

08 보일러의 자동제어에서 제어량에 따른 조작량의 대상으로 옳은 것은?

① 증기온도 : 연소가스량　② 증기압력 : 연료량
③ 보일러수위 : 공기량　　④ 노내압력 : 급수량

★ 보일러 자동제어의 제어량(최종 목표)과 조작량은

보일러 자동제어	제어량	조작량
급수제어(F.W.C)	수위	급수량
증기온도(S.T.C)	증기 온도	전열량
자동연소제어 (A.C.C)	증기 압력 온수 온도	연료량, 공기량
	노내 압력	연소가스량

09 화염 검출기의 종류 중 화염의 이온화 현상에 따른 전기 전도성을 이용하여 화염의 유무를 검출하는 것은?

① 플래임로드　　　　② 플래임아이
③ 스택스위치　　　　④ 광전관

★ 플레임 아이 : 화염의 발광이용 - 유류보일러용
　 플레임 로드 : 화염의 이온화이용 - 가스보일러용
　 스택스위치 : 화염의 발열이용 - 소형보일러, 연도

10 원심형 송풍기에 해당하지 않는 것은?

① 터보형　　　　　　② 다익형
③ 플레이트형　　　　④ 프로펠러형

★ ① 원심식 송풍기 종류 : 다익형(흡입형)
　　　　　　　　　　　플레이트형(흡입형)
　　　　　　　　　　　터보형(압입형)
　 ② 축류형 송풍기 종류 : 프로펠러형(배기, 환기용)
　　　　　　　　　　　디스크형(배기, 환기용)

11 석탄의 함유 성분이 많을수록 연소에 미치는 영향에 대한 설명으로 틀린 것은?

① 수분 : 착화성이 저하된다.
② 회분 : 연소 효율이 증가한다.
③ 고정탄소 : 발열량이 증가한다.
④ 휘발분 : 검은 매연이 발생하기 쉽다.

★ 회분 : 연소후 재가되는 성분으로 연소효율이 저하한다.

12 보일러 수위제어 검출방식에 해당되지 않는 것은?

① 유속식　　　　　　② 전극식
③ 차압식　　　　　　④ 열팽창식

★ 보일러 수위를 검출하는 방식은 전극식, 차압식, 열팽창식, 플로우트식이 있음.

13 다음 중 보일러의 손실열 중 가장 큰 것은?

① 연료의 불완전연소에 의한 손실열
② 노내 분입증기에 의한 손실열
③ 과잉 공기에 의한 손실열
④ 배기가스에 의한 손실열

★ 출열 : 유효열과 손실열이 있다.
　 유효열 - 발생증기 보유열(또는 온수발행 보유열)
　 손실열 - 배기가스에 의한 손실열
　　　　　 - 불완전 연소의 의한 손실열
　　　　　 - 노벽 방산 열손실
　　　　　 - 미연탄분의 의한 손실열
　 ※ 배기가스로 인한 열손실이 가장 크다.

정답　06 ②　07 ③　08 ②　09 ①　10 ④　11 ②　12 ①　13 ④

14 증기의 압력에너지를 이용하여 피스톤을 작동시켜 급수를 행하는 펌프는?

① 워싱턴 펌프 ② 기어 펌프
③ 볼류트 펌프 ④ 디퓨져 펌프

* 증기힘을 이용한 급수장치 : 워싱턴, 웨어, 플런져 펌프

15 다음 중 보일러수 분출의 목적이 아닌 것은?

① 보일러수의 농축을 방지한다.
② 프라이밍, 포밍을 방지한다.
③ 관수의 순환을 좋게 한다.
④ 포화증기를 과열증기로 증기의 온도를 상승시킨다.

* 분출목적 - 보일러수 농축방지, pH 조절
  포밍·플라이밍 방지, 스케일 생성방지

16 화염 검출기에서 검출되어 프로텍터 릴레이로 전달된 신호는 버너 및 어떤 장치로 다시 전달되는가?

① 압력제한 스위치 ② 저수위 경보장치
③ 연료차단 밸브   ④ 안전밸브

* 프로텍터 릴레이 - 버너에 설치하여 사용하며 오일버너 주안전 제어장치로 난방, 급탕등의 전용회로에 이용한다. 화염의 실화 및 불착화시 전자밸브(연료차단밸브)에 의해 연료를 차단하여 보일러를 정지시킨다.

17 기체 연료의 특징으로 틀린 것은?

① 연소조절 및 점화나 소화가 용이하다.
② 시설비가 적게 들며 저장이나 취급이 편리하다.
③ 회분이나 매연발생이 없어서 연소 후 청결하다.
④ 연료 및 연소용 공기도 예열되어 고온을 얻을 수 있다.

* 연료의 운반, 저장, 취급에 특별한 장치, 용기가 필요하며 시설비가 많이 들고, 연료비가 비싸다.

18 다음 중 수관식 보일러의 종류가 아닌 것은?

① 다꾸마 보일러 ② 갸르베 보일러
③ 야로우 보일러 ④ 하우덴 존슨 보일러

* 수관식 : 자연순환식, 강제순환식, 관류식이 있음.
  1) 자연순환식 : 다꾸마, 쓰네기지, 갸르베, 야로우, 2동D형
  2) 강제순환식 : 베록스, 라몬트
  3) 관류식 : 벤슨, 슐저, 람진, 엣모스, 소형관류

19 보일러 1마력을 열량으로 환산하면 약 몇 kJ/h인가?

① 65.54   ② 2257
③ 4514   ④ 35322

* 보일러 마력 - 1atm하에서 100℃의 물 15.65kg을 1시간에 100℃ 증기로 변화시킬수 있는 능력
  따라서, 15.65 × 2257 = 35322[kJ/h]

20 연관보일러에서 연관에 대한 설명으로 옳은 것은?

① 관의 내부로 연소가스가 지나가는 관
② 관의 외부로 연소가스가 지나가는 관
③ 관의 내부로 증기가 지나가는 관
④ 관의 내부로 물이 지나가는 관

* 수관과 연관의 비교

	관 내부의 유체	관 외부의 유체
수관	물	연소가스
연관	연소가스	물

* 연관 : 연소실에서 연소된 연소가스가 연관을 통해 흐르며, 외부에는 보일러수가 접촉하고 있음.

21 90℃의 물 1000kg에 15℃의 물 2000kg을 혼합시키면 온도는 몇 ℃가 되는가?

① 40   ② 30
③ 20   ④ 10

* 혼합 전 물질의 열량 합계 = 혼합 후 열량합계이고
  열량=양×비열×온도차(물의 비열은 4.2kJ/kg℃로 동일하므로)
  혼합 후 온도는
  1000×90 + 2000×15 = (1000+2000)×t
  $t = \dfrac{(1000 \times 90)+(2000 \times 15)}{(1000+2000)} = 40℃$

정답 14 ① 15 ④ 16 ③ 17 ② 18 ④ 19 ④ 20 ① 21 ①

22 유류 보일러 시스템에서 중유를 사용할 때 흡입측의 여과망 눈 크기로 적합한 것은?

① 1 ~ 10 mesh ② 20 ~ 60 mesh
③ 100 ~ 150 mesh ④ 300 ~ 500 mesh

> ★ 1) 오일여과기의 일반사항.
>   ① 오일여과기 전후에 압력계를 설치한다. 다만, 펌프 흡입측에는 콤파운드게이지(복식압력계)를 설치할 수 있다.
>   ② 압력계의 눈금은 0.02MPa(0.2kgf/cm²)이하의 압력을 판별할 수 있는 것이어야 한다.
>   ③ 여과기는 사용압력의 1.5배이상의 압력에 견딜 수 있는 것이어야 한다.
>   ④ 여과기는 청소가 손쉬운 것이어야 한다.
> 2) 중유에 사용되는 망의 눈 크기는 버너의 종류에 따라 다소 차이가 있지만 일반적으로 다음의 것이 채용되고 있다
>   ① 중유용 흡입측 : 20~60 메쉬(mesh),
>   토출측 : 60~120 메쉬(mesh)
>   ② 경·등유용 흡입측 : 80~120 메쉬(mesh),
>   토출측 : 100~250 메쉬(mesh)
> 3) 여과기 출입구의 압력차가 0.02MPa(0.2kgf/cm²) 이상일 때는 여과기를 청소해주어야 한다.

23 보일러 효율 시험방법에 관한 설명으로 틀린 것은?

① 급수온도는 절탄기가 있는 것은 절탄기 입구에서 측정한다.
② 배기가스의 온도는 전열면의 최종 출구에서 측정한다.
③ 포화증기의 압력은 보일러 출구의 압력으로 부르돈관식 압력계로 측정한다.
④ 증기온도의 경우 과열기가 있을 때는 과열기 입구에서 측정한다.

> ★ 증기온도의 경우 과열기가 있을 때 과열기 출구에서 측정
> 온도계 부착은 다음과 같다.
>   ① 급수입구 급수온도계
>   ② 버너입구 급유온도계
>   ③ 급수예열기, 공기예열기 설치 전후, 포화증기의 경우에는 압력계로 대신
>   ④ 보일러 본체 배기가스 온도계.
>   전열면 최종출구로 하되 ③의 경우에는 생략가능
>   ⑤ 과열기, 재열기 설치시 출구온도계
>   ⑥ 유량계(가스미터)를 통과하는 유체를 측정하는 온도계
>   ⑦ 소용량보일러, 가스용온수보일러는 배기가스 온도계만 설치해도 된다.

24 비교적 많은 동력이 필요하나 강한 통풍력을 얻을 수 있어 통풍저항이 큰 대형 보일러나 고성능 보일러에 널리 사용되고 있는 통풍방식은?

① 자연통풍 방식 ② 평형통풍 방식
③ 직접흡입 통풍 방식 ④ 간접흡입 통풍 방식

> ★ **자연통풍** : 송풍기를 사용하지 않음.
> **강제통풍** : 송풍기를 사용하며, 압입, 흡입, 평형으로 구분
> **압입** – 연소실입구에 압입송풍기, 노내압 정압
> **흡입** – 연도에 흡입송풍기, 노내압 부압
> **평형** – 압입+흡입, 노내압 조절용이, 대형보일러

25 고체연료에 대한 연료비를 가장 잘 설명한 것은?

① 고정탄소와 휘발분의 비 ② 회분과 휘발분의 비
③ 수분과 회분의 비 ④ 탄소와 수소의 비

> ★ 연료비는 휘발분에 대한 고정탄소의 비율을 말하며, 높을수록 고정탄소 성분이 많은 것을 의미하며 연료로서 가치가 높은 것을 의미한다.
> ※ 연료비 = 고정탄소 / 휘발분

26 보일러의 최고사용압력이 0.1MPa 이하일 경우 설치 가능한 과압방지 안전장치의 크기는?

① 호칭지름 5mm ② 호칭지름 10mm
③ 호칭지름 15mm ④ 호칭지름 20mm

> ★ 과압방지 안전장치는 주로 안전밸브 및 압력릴리프장치를 말한다. 호칭지름 25mm 이상으로 하여야 한다. 단, 다음의 경우는 호칭지름 20mm 이상으로 할 수 있다.
>   ① 최고사용압력 0.1MPa 이하인 보일러
>   ② 최고사용압력 0.5MPa 이하이며, 동체 안지름 500mm 이하, 동체 길이가 1000mm 이하인 보일러
>   ③ 최고사용압력 0.5Mpa 이하이며, 전열면적 2m² 이하인 보일러
>   ④ 최대증발량 5/h 이하인 관류보일러
>   ⑤ 소용량 강철제보일러, 소용량 주철제보일러

27 보일러 부속장치에서 연소가스의 저온부식과 가장 관계가 있는 것은?

① 공기예열기 ② 과열기
③ 재생기 ④ 재열기

> ★ ① 고온부식 : 연료중 V(바나듐) 원인. 과열기, 재열기에 발생
> ② 저온부식 : 연료중 S(황) 원인. 절탄기, 공기예열기에 발생

28 비점이 낮은 물질인 수은, 다우섬 등을 사용하여 저압에서도 고온을 얻을 수 있는 보일러는?

① 관류식 보일러
② 열매체식 보일러
③ 노통연관식 보일러
④ 자연순환 수관식 보일러

> ★ 특수열매체 – 다우섬, 모빌섬, 수은, 세큐리티53

29 어떤 보일러의 연소효율이 92%, 전열면 효율이 85%이면 보일러 효율은?

① 73.2%   ② 74.8%
③ 78.2%   ④ 82.8%

> ★ 보일러효율=연소효율×전열효율 이므로
> 0.92×0.85×100 = 78.2%

30 온수온돌의 방수처리에 대한 설명으로 적절하지 않은 것은?

① 다층건물에 있어서도 전층의 온수온돌에 방수처리를 하는 것이 좋다.
② 방수처리는 내식성이 있는 루핑, 비닐, 방수몰탈로 하며, 습기가 스며들지 않도록 완전히 밀봉한다.
③ 벽면으로 습기가 올라오는 것을 대비하여 온돌바닥보다 약 10cm 이상 위까지 방수처리를 하는 것이 좋다.
④ 방수처리를 함으로써 열손실을 감소시킬 수 있다.

> ★ 방수처리는 맨 하층의 콘크리트 기초에 하는 것이 좋다.

31 압력배관용 탄소강관의 KS 규격기호는?

① SPPS   ② SPLT
③ SPP   ④ SPPH

> ★ SPPS : 압력배관용 탄소강 강관
> SPLT : 저온배관용 탄소강 강관
> SPP : 배관용 탄소강 강관
> SPPH : 고압배관용 탄소강 강관

32 중력환수식 온수난방법의 설명으로 틀린 것은?

① 온수의 밀도차에 의해 온수가 순환한다.
② 소규모 주택에 이용된다.
③ 보일러는 최하위 방열기보다 더 낮은 곳에 설치한다.
④ 자연순환이므로 관경을 작게 하여도 된다.

> ★ 자연순환이므로 순환력이 약해 관경을 크게 해야 한다.

33 전열면적 12m^2인 보일러의 급수밸브의 크기는 호칭 몇 A 이상이어야 하는가?

① 15   ② 20
③ 25   ④ 32

> ★ 급수밸브 및 체크밸브의 크기는 전열면적 10m^2 이하의 보일러에서는 호칭 15A이상, 전열면적 10m^2를 초과하는 보일러에서는 호칭 20A 이상이어야 한다.

34 보온재의 열전도율과 온도와의 관계를 맞게 설명한 것은?

① 온도가 낮아질수록 열전도율은 커진다.
② 온도가 높아질수록 열전도율은 작아진다.
③ 온도가 높아질수록 열전도율은 커진다.
④ 온도에 관계없이 열전도율은 일정하다.

정답 28 ② 29 ③ 30 ① 31 ① 32 ④ 33 ② 34 ③

35 글랜드 패킹의 종류에 해당하지 않는 것은?

① 편조 패킹
② 액상 합성수지 패킹
③ 플라스틱 패킹
④ 메탈 패킹

> ★ 글랜드 패킹은 밸브 회전부위에 기밀유지 목적으로 사용. 석면각형, 석면야안, 아마존, 모울드 등이 있음.
> 액상합성수지는 액체상태의 합성수지로서 나사이음 패킹으로 사용됨.(나사부위에 바른 다음 조립)

36 배관 중간이나 밸브, 펌프, 열교환기 등의 접속을 위해 사용되는 이음쇠로서 분해, 조립이 필요한 경우에 사용되는 것은?

① 벤드
② 리듀서
③ 플랜지
④ 슬리브

> ★ 분해, 조립이 필요한 경우에 사용되는 이음쇠 : 플랜지, 유니온

37 급수 중 불순물에 의한 장해나 처리방법에 대한 설명으로 틀린 것은?

① 현탁고형물의 처리방법에는 침강분리, 여과, 응집침전 등이 있다.
② 경도성분은 이온 교환으로 연화시킨다.
③ 유지류는 거품의 원인이 되나, 이온교환수지의 능력을 향상시킨다.
④ 용존산소는 급수계통 및 보일러 본체의 수관을 산화 부식시킨다.

> ★ 유지류는 포밍, 프라이밍의 원인이 되며 이온교환수지를 오염시킨다.

38 난방설비 배관이나 방열기에서 높은 위치에 설치해야 하는 밸브는?

① 공기빼기 밸브
② 안전밸브
③ 전자밸브
④ 플로트 밸브

> ★ 공기빼기 밸브는 배관이나 장치의 상부에 공기가 체류하기 쉬운 위치에 부착한다. 방열기 내에 체류한 공기를 출구 상부에 부착한 공기빼기 밸브를 통해 배출한다.

39 기름 보일러에서 연소 중 화염이 점멸 하는 등 연소 불안정이 발생하는 경우가 있다. 그 원인으로 가장 거리가 먼 것은?

① 기름의 점도가 높을 때
② 기름 속에 수분이 혼입되었을 때
③ 연료의 공급상태가 불안정한 때
④ 노내가 부압(負壓)인 상태에서 연소했을 때

> ★ 노내가 부압인 경우 연소실 밖으로부터 공기유입이 원활하고 역화가 발생하지 않고 화염이 안정적이다.

40 배관의 관 끝을 막을 때 사용하는 부품은?

① 엘보
② 소켓
③ 티
④ 캡

> ★ 관끝을 막을때 : 플러그(숫나사), 캡(암나사)

41 어떤 강철제 증기보일러의 최고사용압력이 0.35MPa 이면 수압시험 압력은?

① 0.35MPa
② 0.5MPa
③ 0.7MPa
④ 0.95MPa

> ★ 강철제보일러 수압시험 압력
>
> | 최고사용압력(P) | 수압시험 |
> |---|---|
> | 0.43MPa(4.3kgf/cm^2) 이하 | 2P |
> | 0.43MPa 초과 1.5MPa 이하 | 1.3P + 0.3MPa |
> | 1.5MPa 초과 | 1.5P |
>
> 0.35MPa × 2 = 0.7MPa

42 온수난방 설비의 밀폐식 팽창탱크에 설치되지 않는 것은?

① 수위계
② 압력계
③ 배기관
④ 안전밸브

> ★ 1) 밀폐식 팽창탱크에 설치되는 장치 : 압력계, 안전밸브, 수위계, 급수관, 배수관, 팽창관, 공기공급관(콤프레셔)
> 2) 개방식 팽창탱크에 설치되는 것 : 통기관(배기관), 오버플로우관(일수관), 배수관, 팽창관, 급수관

정답 35 ② 36 ③ 37 ③ 38 ① 39 ④ 40 ④ 41 ③ 42 ③

43 다른 보온재에 비하여 단열 효과가 낮으며, 500℃ 이하의 파이프, 탱크, 노벽 등에 사용하는 보온재는?

① 규조토　　　　　② 암면
③ 기포성수지　　　④ 탄산마그네슘

> ※ 안전사용온도 : 규조토(500℃ 이하)
>   암면(600℃ 이하)
>   기포성수지(100℃ 이하)
>   탄산마그네슘(250℃ 이하)

44 진공환수식 증기난방 배관시공에 관한 설명으로 틀린 것은?

① 증기주관은 흐름 방향에 1/200~1/300의 앞내림 기울기로 하고 도중에 수직 상향부가 필요할 때 트랩장치를 한다.
② 방열기 분기관 등에서 앞단에 트랩장치가 없을 때에는 1/50~1/100의 앞올림 기울기로 하여 응축수를 주관에 역류시킨다.
③ 환수관에 수직 상향부가 필요할 때에는 리프트 피팅을 써서 응축수가 위쪽으로 배출되게 한다.
④ 리프트 피팅은 될 수 있으면 사용개소를 많이 하고 1단을 2.5m 이내로 한다.

> ※ 리프트 피팅은 될 수 있으면 사용개소를 적게 하고 1단 흡상높이는 1.5m 이내로 한다.

45 보일러의 내부 부식에 속하지 않는 것은?

① 점식　　　　　② 구식
③ 알칼리 부식　④ 고온 부식

> ※ 고온부식, 저온부식은 외부부식에 속한다.

46 보일러성능시험에서 강철제 증기보일러의 증기건도는 몇 %이상이어야 하는가?

① 89　　② 93
③ 95　　④ 98

※ 보일러성능시험에서 증기건도는 실측하되 실측이 어려운 경우, 강철제보일러는 0.98 (98%), 주철제보일러는 0.97 (97%)를 적용한다.

47 보일러 사고의 원인 중 보일러 취급상의 사고원인이 아닌 것은?

① 재료 및 설계불량　　② 사용압력초과 운전
③ 저수위 운전　　　　④ 급수처리 불량

> ※ 가. 재료 및 설계불량은 제작상의 원인

48 실내의 천장 높이가 12m 인 극장에 대한 증기난방 설비를 설계 하고자 한다. 이때의 난방부하 계산을 위한 실내 평균온도는?
(단, 호흡선 1.5m에서의 실내온도는 18℃이다.)

① 23.5℃　　② 26.1℃
③ 29.8℃　　④ 32.7℃

> ※ 천정높이가 일반적으로 3m 이상인 경우 실내평균온도는
>   tm = t + 0.05 t (h − 3)
>   tm : 실내평균온도(℃)
>   t : 호흡선(바닥1.5m)에서의 실내온도(℃)
>   h : 실의 천장높이(m)
>   ∴ tm = 18 + 0.05×18×(12−3) = 26.1℃

49 보일러 강관의 가성취화 현상의 특징에 관한 설명으로 틀린 것은?

① 고압보일러에서 보일러수의 알칼리 농도가 높은 경우에 발생한다.
② 발생하는 장소로는 수면상부의 리벳과 리벳 사이에 발생하기 쉽다.
③ 발생하는 장소로는 관구멍 등 응력이 집중하는 곳의 틈이 많은 곳이다.
④ 외견상 부식성이 없고, 극히 미세한 불규칙적인 방사상 형태를 하고 있다.

> ※ 가성취화는 보일러수가 강알칼리일 때 수면과 접촉한 수면하단부에서 발생함.

정답　43 ①　44 ④　45 ④　46 ④　47 ①　48 ②　49 ②

50 보일러에서 발생한 증기를 송기할 때의 주의사항으로 틀린 것은?

① 주증기관 내의 응축수를 배출시킨다.
② 주증기 밸브를 서서히 연다.
③ 송기한 후에 압력계의 증기압 변동에 주의한다.
④ 송기한 후에 밸브의 개폐상태에 대한 이상 유무를 점검하고 드레인 밸브를 열어 놓는다.

> ★ 1) 송기시 취급
> ① 송기장치 등 증기관 내의 응축수 제거
> ② 주증관 내에 소량의 증기를 공급하여 증기관을 예열
> ③ 주증기밸브를 서개
> 2) 송기 후 취급
> ① 밸브의 개폐상태 확인
> ② 송기 후 압력강하로 인한 압력조절
> ③ 수면계 수위 감시
> ④ 제어부 점검
> • 송기 전 증기헤더 하부의 드레인밸브를 열어 응축수를 배출한 후 드레인밸브를 닫는다.

51 증기 트랩을 기계식, 온도조절식, 열역학적 트랩으로 구분할 때 온도조절식 트랩에 해당하는 것은?

① 버킷 트랩
② 플로트 트랩
③ 열동식 트랩
④ 디스크형 트랩

> ★ 온조조절식 트랩 : 바이메탈트랩, 벨로우즈트랩(열동식)

52 보일러 전열면의 과열 방지대책으로 틀린 것은?

① 보일러내의 스케일을 제거한다.
② 다량의 불순물로 인해 보일러수가 농축되지 않게 한다.
③ 보일러의 수위기 안전 저수면 이하가 되지 않도록 한다.
④ 화염을 국부적으로 집중 가열한다.

> ★ 국부적으로 집중 가열하면 전열면 과열사고가 발생한다.

53 난방부하가 9450kJ/h인 경우 온수방열기의 방열면적은?

① 3.5m²
② 4.5m²
③ 5.0m²
④ 8.3m²

> ★ 난방부하=방열면적×방열량 이므로,
> 방열면적=난방부하/방열량 = 9450/1885 = 5.01[m²]
> • 온수방열기의 표준방열량은 1885[kJ/m²h]

54 증기난방에서 환수관의 수평배관에서 관경이 가늘어 지는 경우 편심 리듀서를 사용하는 이유로 적합한 것은?

① 응축수의 순환을 억제하기 위해
② 관의 열팽창을 방지하기 위해
③ 동심 리듀서보다 시공을 단축하기 위해
④ 응축수의 체류를 방지하기 위해

> ★ 관경이 작아질 때 사용하는 부속품은 리듀서이다. 리듀서는 부속품 중 심이 양쪽이 같은 동심 리듀서와 중심이 다른 편심 리듀서가 있다. 편심 리듀서는 수평관의 구배를 위해 사용한다.

[하향구배]

[상향구배]

55 에너지이용 합리화법상 시공업자단체의 설립, 정관의 기재 사항과 감독에 관하여 필요한 사항은 누구의 영으로 정하는가?

① 대통령령
② 산업통상자원부장관
③ 고용노동부령
④ 환경부령

56 에너지이용 합리화법상 열사용기자재가 아닌 것은?

① 강철제보일러
② 구멍탄용 온수보일러
③ 전기순간온수기
④ 2종 압력용기

> ★ 열사용 기자재는 다음과 같다.
> ① 보일러 : 강철제보일러, 주철제보일러, 소형온수보일러, 구멍탄용 온수보일러, 축열식전기보일러
> ② 태양열집열기
> ③ 압력용기 : 1종압력용기, 2종압력용기
> ④ 요로 : 요업요로, 금속요로

정답 50 ④ 51 ③ 52 ④ 53 ③ 54 ④ 55 ① 56 ③

57 다음 에너지이용 합리화법의 목적에 관한 내용이다. ( )안의 A, B에 각각 들어갈 용어로 옳은 것은?

> 에너지이용 합리화법은 에너지의 수급을 안정시키고 에너지의 합리적이고 효율적인 이용을 증진하며 에너지소비로 인한 (A)을(를) 줄임으로써 국민 경제의 건전한 발전 및 국민복지의 증진과 (B)의 최소화에 이바지함을 목적으로 한다.

① A = 환경파괴, B = 온실가스
② A = 자연파괴, B = 환경피해
③ A = 환경피해, B = 지구온난화
④ A = 온실가스배출, B = 환경파괴

★ 에너지이용합리화법의 목적 : 에너지의 수급(需給)을 안정시키고 에너지의 합리적이고 효율적인 이용을 증진하며 에너지소비로 인한 (환경피해)를 줄임으로써 국민경제의 건전한 발전 및 국민복지의 증진과 (지구온난화)의 최소화에 이바지함을 목적으로 한다.

58 에너지용 합리화법에 따라 고효율 에너지 인증대상 기자재에 포함되지 않는 것은?

① 펌프
② 전력용 변압기
③ LED 조명기기
④ 산업건물용 보일러

★ 고효율에너지 인증대상 기자재 : 2012년 7월 1일 현재 41개 품목에 달하며, 다음을 참조하여 기억할 것.
① 전력용변압기는 2012년 7월 1일부터 고효율에너지인증대상기자재에서 제외한다.
② 고기밀성 단열창호는 2012년 7월 1일부터 고효율에너지인증대상기자재에서 제외한다.

59 에너지법에 따라 에너지기술개발 사업비의 사업에 대한 지원항목에 해당되지 않는 것은?

① 에너지기술의 연구 개발에 관한 사항
② 에너지기술에 관한 국내협력에 관한 사항
③ 에너지기술의 수요조사에 관한 사항
④ 에너지에 관한 연구인력 양성에 관한 사항

★ "에너지이용합리화법" 제14조4항 : 에너지기술개발사업비는 다음 각 호의 사업 지원을 위하여 사용하여야 한다.
1. 에너지기술의 연구·개발에 관한 사항
2. 에너지기술의 수요 조사에 관한 사항
3. 에너지사용기자재와 에너지공급설비 및 그 부품에 관한 기술개발에 관한 사항
4. 에너지기술 개발 성과의 보급 및 홍보에 관한 사항
5. 에너지기술에 관한 국제협력에 관한 사항
6. 에너지에 관한 연구인력 양성에 관한 사항
7. 에너지 사용에 따른 대기오염을 줄이기 위한 기술개발에 관한 사항
8. 온실가스 배출을 줄이기 위한 기술개발에 관한 사항
9. 에너지기술에 관한 정보의 수집·분석 및 제공과 이와 관련된 학술활동에 관한 사항

60 에너지용 합리화법에 따라 검사에 합격되지 아니한 검사대상기기를 사용한 자에 대한 벌칙은?

① 6개월 이하의 징역 또는 5백만원 이하의 벌금
② 1년 이하의 징역 또는 1천만원 이하의 벌금
③ 2년 이하의 징역 또는 2천만원 이하의 벌금
④ 3년 이하의 징역 도는 3천만원 이하의 벌금

정답 57 ③ 58 ② 59 ② 60 ②

DO IT
YOURSELF

부록　3　　실전 모의고사

1회 모의고사

수험자번호		총 문제수	60문제	예상점수	
수험자명		시험시간	60분	실제점수	

01 오일 버너 종류 중 회전컵의 회전운동에 의한 원심력과 미립화용 1차공기의 운동에너지를 이용하여 연료를 분무시키는 버너는?

① 건타입 버너
② 로터리 버너
③ 유압식 버너
④ 기류 분무식 버너

02 프라이밍의 발생 원인으로 거리가 먼 것은?

① 보일러 수위가 높을 때
② 보일러수가 농축되어 있을 때
③ 송기 시 증기밸브를 급개할 때
④ 증발능력에 비하여 보일러수의 표면적이 클 때

03 오일 여과기의 기능으로 거리가 먼 것은?

① 펌프를 보호한다.
② 유량계를 보호한다.
③ 연료노즐 및 연료조절 밸브를 보호한다.
④ 분무효과를 높여 연소를 양호하게 하고 연소생성물을 활성화시킨다.

04 다음 중 목표값이 변화되어 목표값을 측정하면서 제어목표량을 목표량에 맞도록 하는 제어에 속하지 않는 것은?

① 추종제어
② 비율제어
③ 정치 제어
④ 캐스케이드 제어

05 노통 보일러에서 갤러웨이 관(galloway gube)을 설치하는 목적으로 가장 옳은 것은?

① 스케일 부착을 방지하기 이하여
② 노통의 보강과 양호한 물 순환을 위하여
③ 노통의 진동을 방지하기 위하여
④ 연료의 완전연소를 위하여

06 다음 중 수트 블로워의 종류가 아닌 것은?

① 장발형
② 건타입형
③ 정치회전형
④ 콤버스터형

07 건 배기가스 중의 이산화탄소분 최대값이 15.7% 이다. 공기비를 1.2로 할 경우 건 배기가스 중의 이산화탄소분은 몇 % 인가?

① 11.21%
② 12.07%
③ 13.08%
④ 17.58%

08 보일러 급수펌프 중 비용적식 펌프로서 원심펌프인 것은?

① 워싱턴펌프
② 웨어펌프
③ 플런저펌프
④ 볼류트펌프

09 다음 자동제어에 대한 설명에서 온-오프(on-off) 제어에 해당되는 것은?

① 제어량이 목표값을 기준으로 열거나 닫는 2개의 조작량을 가진다.
② 비교부의 출력이 조작량에 비례하여 변화한다.
③ 출력편차량의 시간 적분에 비례한 속도로 조작량을 변화시킨다.
④ 어떤 출력편차의 시간 변화에 비례하여 조작량을 변화시킨다.

10 다음 중 비열에 대한 설명으로 옳은 것은

① 비열은 물질 종류에 관계없이 1.4로 동일하다.
② 질량이 동일할 때 열용량이 크면 비열이 크다.
③ 공기의 비열이 물 보다 크다.
④ 기체의 비열비는 항상 1보다 작다.

11 통풍 방식에 있어서 소요 동력이 비교적 많으나 통풍력 조절이 용이하고 노내압을 정압 및 부압으로 임의로 조절이 가능한 방식은?

① 흡인통풍 ② 압입통풍
③ 평형통풍 ④ 자연통풍

12 보일러 자동연소제어(A.C.C)의 조작량에 해당하지 않는 것은?

① 연소 가스량 ② 공기량
③ 연료량 ④ 급수량

13 다음 도시가스의 종류를 크게 천연가스와 석유계 가스, 석탄계 가스로 구분할 때 석유계 가스에 속하지 않는 것은?

① 코르크 가스 ② LPG 변성가스
③ 나프타 분해가스 ④ 정제소 가스

14 다음 중 증기의 건도를 향상시키는 방법으로 틀린 것은?

① 증기의 압력을 더욱 높여서 초고압 상태로 만든다.
② 기수분리기를 사용한다.
③ 증기주관에서 효율적인 드레인 처리를 한다.
④ 증기 공간내의 공기를 제거한다.

15 다음 중 연소 시에 매연 등의 공해 물질이 가장 적게 발생되는 연료는?

① 액화천연가스 ② 석탄
③ 중유 ④ 경유

16 다음 중 수관식 보일러에 해당되는 것은?

① 스코치 보일러 ② 바브콕 보일러
③ 코크란 보일러 ④ 케와니 보일러

17 1보일러 마력을 열량으로 환산하면 몇 kJ/h 인가?

① 35322kJ/h ② 39510kJ/h
③ 31134kJ/h ④ 42600kJ/h

18 보일러 열효율 향상을 위한 방안으로 잘못 설명한 것은?

① 절탄기 또는 공기예열기를 설치하여 배기가스 열을 회수한다.
② 버너 연소부하조건을 낮게 하거나 연속운전을 간헐 운전으로 개선한다.
③ 급수온도가 높으면 연료가 절감되므로 고온의 응축수는 회수한다.
④ 온도가 높은 블로우 다운수를 회수하여 급수 및 온수제조 열원으로 활용한다.

19 석탄의 함유 성분에 대해서 그 성분이 많을수록 연소에 미치는 영향에 대한 설명으로 틀린 것은?

① 수분 : 착화성이 저하된다.
② 회분 : 연소효율이 증가한다.
③ 휘발분 : 검은 매연이 발생하기 쉽다.
④ 고정탄소 : 발열량이 증가한다.

20 시간당 100kg의 중유를 사용하는 보일러에서 총 손실열량이 840000kJ/h일 때 보일러의 효율은 약 얼마인가? (단, 중유의 발열량은 42000kJ/kg이다.)

① 75% ② 80%
③ 85% ④ 90%

21 보일러 부속장치에 관한 설명으로 틀린 것은?

① 배기가스의 여열을 이용하여 급수를 예열하는 장치를 절탄기라 한다.
② 배기가스의 열로 연소용 공기를 예열하는 것을 공기예열기라 한다.
③ 고압증기 터빈에서 팽창되어 압력이 저하된 증기를 재 과열하는 것을 과열기라 한다.
④ 오일 프리히터는 기름을 예열하여 점도를 낮추고, 연소를 원활히 하는데 목적이 있다.

22 KS에서 규정하는 보일러의 열정산은 원칙적으로 정격부하 이상에서 정상 상태(steady state)로 적어도 몇 시간 이상의 운전결과에 따라야 하는가?

① 1시간 ② 2시간
③ 3시간 ④ 5시간

23 전기식 증기압력조절기에서 증기가 벨로즈 내에 직접 침입하지 않도록 설치하는 것으로 가장 적합한 것은?

① 신축 이음쇠 ② 균압 관
③ 사이폰 관   ④ 안전 밸브

24 열사용기자재의 검사 및 검사의 면제에 관한 기준에 따라 온수발생보일러(액상식 열매체 보일러 포함)에서 사용하는 방출밸브와 방출관의 설치 기준에 관한 설명으로 옳은 것은?

① 인화성 액체를 방출하는 열매체 보일러의 경우 방출밸브 또는 방출관은 밀폐식 구조로 하든가 보일러 밖의 안전한 장소에 방출시킬 수 있는 구조이어야 한다.
② 온수발생보일러에는 압력이 보일러의 최고사용압력에 달하면 즉시 작동하는 방출밸브 또는 안전밸브를 2개 이상 갖추어야 한다.
③ 393K의 온도를 초과하는 온수발생보일러에는 안전밸브를 설치하여야 하며, 그 크기는 호칭지름 10mm 이상이어야 한다.
④ 액상식 열매체 보일러 및 온도 393K 이하의 온수발생 보일러에는 방출밸브를 설치하여야 하며, 그 지름은 10mm 이상으로 하고, 보일러의 압력이 보일러의 최고 사용압력에 그 5%(그 값이 0.035MPa 미만인 경우에는 0.035MPa로 한다.)를 더한 값을 초과하지 않도록 지름과 개수를 정하여야 한다.

25 외분식 보일러의 특징 설명으로 거리가 먼 것은?

① 연소실 개조가 용이하다.
② 노내 온도가 높다.
③ 연료의 선택 범위가 넓다.
④ 복사열의 흡수가 많다.

26 보일러와 관련한 기초 열역학에서 사용하는 용어에 대한 설명으로 틀린 것은?

① 절대압력 : 완전 진공상태를 0으로 기준하여 측정한 압력
② 비체적 : 단위 체적당 질량으로 단위는 kg/m^3 임
③ 현열 : 물질 상태의 변화없이 온도가 변화하는데 필요한 열량
④ 잠열 : 온도의 변화없이 물질 상태가 변화하는데 필요한 열량

27 보일러에서 사용하는 안전밸브 구조의 일반사항에 대한 설명으로 틀린 것은?

① 설정압력이 3MPa를 초과하는 증기 또는 온도가 508K를 초과하는 유체에 사용하는 안전밸브에는 스프링이 분출하는 유체에 직접 노출되지 않도록 하여야 한다.
② 안전밸브는 그 일부가 파손하여도 충분한 분출량을 얻을 수 있는 것이어야 한다.
③ 안전밸브는 쉽게 조정이 가능하도록 잘 보이는 곳에 설치하고 봉인하지 않도록 한다.
④ 안전밸브의 부착부는 배기에 의한 반동력에 대하여 충분한 강도가 있어야 한다.

28 함진 배기가스를 액방울이나 액막에 충돌시켜 분진 입자를 포집 분리하는 집진장치는?

① 중력식 집진장치
② 관성력식 집진장치
③ 원심력식 집진장치
④ 세정식 집진장치

29 보일러 가동 중 실화(失火)가 되거나, 압력이 규정치를 초과하는 경우는 연료 공급을 자동적으로 차단하는 장치는?

① 광전관 ② 화염검출기
③ 전자밸브 ④ 체크밸브

30 보일러 내처리로 사용되는 약제의 종류에서 pH, 알칼리 조정 작용을 하는 내처리제에 해당하지 않는 것은?

① 수산화나트륨 ② 히드라진
③ 인산 ④ 암모니아

31 증기난방에서 응축수의 환수방법에 따른 분류 중 증기의 순환과 응축수의 배출이 빠르며, 방열량도 광범위하게 조절할 수 있어서 대규모 난방에서 많이 채택하는 방식은?

① 진공 환수식 증기난방
② 복관 중력 환수식 증기난방
③ 기계 환수식 증기난방
④ 단관 중력 환수식 증기난방

32 보일러의 휴지(休止) 보존 시에 질소가스 봉입보존법을 사용할 경우 질소 가스의 압력을 몇 MPa 정도로 보존하는가?

① 0.2 ② 0.6
③ 0.02 ④ 0.06

33 증기, 물, 기름 배관 등에 사용되며 관내의 이물질, 찌꺼기 등을 제거할 목적으로 사용되는 것은?

① 플로트 밸브
② 스트레이너
③ 세정 밸브
④ 분수 밸브

34 보일러 저수위 사고의 원인으로 가장 거리가 먼 것은?

① 보일러 이음부에서의 누설
② 수면계 수위의 오판
③ 급수장치가 증발능력에 비해 감소
④ 연료 공급 노즐의 막힘

35 보일러에서 사용하는 수면계 설치 기준에 관한 설명 중 잘못된 것은?

① 유리 수면계는 보일러의 최고사용압력과 그에 상당하는 증기온도에서 원활히 작용하는 기능을 가져야 한다.
② 소용량 및 소형관류보일러에는 2개 이상의 유리 수면계를 부착해야 한다.
③ 최고사용압력 1MPa이하로서 동체 안지름이 750mm 미만인 경우에 있어서는 수면계 중 1개는 다른 종류의 수면측정 장치로 할 수 있다.
④ 2개 이상의 원격지시 수면계를 시설하는 경우에 한하여 유리 수면계를 1개 이상으로 할 수 있다.

36 보일러에서 발생하는 부식 형태가 아닌 것은?

① 점식　　　　　② 수소취화
③ 알칼리 부식　　④ 라미네이션

37 온수난방을 하는 방열기의 표준 방열량은 몇 kJ/m²h 인가?

① 1775　　　　② 1885
③ 1995　　　　④ 2005

38 증기난방과 비교하여 온수난방의 특징을 설명한 것으로 틀린 것은?

① 난방 부하의 변동에 따라서 열량 조절이 용이하다.
② 예열시간이 짧고, 가열 후에 냉각시간도 짧다.
③ 방열기의 화상이나, 공기 중의 먼지 등이 늘어붙어 생기는 나쁜 냄새가 적어 실내의 쾌적도가 높다.
④ 동일 방열량에 대하여 방열 면적이 커야하고 관경도 굵어야 하기 때문에 설비비가 많이 드는 편이다.

39 배관 내에 흐르는 유체의 종류를 표시하는 기호 중 증기를 나타내는 것은?

① A　　　　　② G
③ S　　　　　④ O

40 보온시공 시 주의사항에 대한 설명으로 틀린 것은?

① 보온재와 보온재의 틈새는 되도록 적게 한다.
② 겹침부의 이음새는 동일 선상을 피해서 부착한다.
③ 테이프 감기는 물, 먼지 등의 침입을 막기 위해 위에서 아래쪽으로 향하여 감아내리는 것이 좋다.
④ 보온의 끝 단면은 사용하는 보온재 및 보온 목적에 따라서 필요한 보호를 한다.

41 부식억제제의 구비조건에 해당하지 않는 것은?

① 스케일의 생성을 촉진할 것
② 정지나 유동시에도 부식억제 효과가 클 것
③ 방식 피막이 두꺼우며 열전도에 지장이 없을 것
④ 이종금속과의 접촉부식 및 이종금속에 대한 부식촉진 작용이 없을 것

42 로터리 밸브의 일종으로 원통 또는 원뿔에 구멍을 뚫고 축을 회전함에 따라 개폐하는 것으로 플러그 밸브라고도 하며 0~90°사이에 임의의 각도로 회전함으로써 유량을 조절하는 밸브는?

① 글로브 밸브　　② 체크 밸브
③ 슬루스 밸브　　④ 콕(cock)

43 열사용기자재 검사기준에 따라 수압시험을 할 때 강철제 보일러의 최고사용압력이 0.43MPa를 초과, 1.5MPa 이하인 보일러의 수압시험 압력은?

① 최고 사용압력의 2배+0.1MPa
② 최고 사용압력의 1.5배+0.2MPa
③ 최고 사용압력의 1.3배+0.3MPa
④ 최고 사용압력의 2.5배+0.5MPa

44 방열기의 종류 중 관과 핀으로 이루어지는 엘리먼트와 이것을 보호하기 위한 덮개로 이루어지며 실내 벽면 아랫부분의 나비 나무 부분을 따라서 부착하여 방열하는 형식의 것은?

① 컨벡터
② 패널 라디에이터
③ 섹셔널 라디에이터
④ 베이스 보드 히터

45 신축곡관이라고도 하며 고온, 고압용 증기관 등의 옥외 배관에 많이 쓰이는 신축 이음은?

① 벨로스형   ② 슬리브형
③ 스위블형   ④ 루프형

46 표준방열량을 가진 증기방열기가 설치된 실내의 난방부하가 84000kJ/h일 때 방열면적은 몇 m^2 인가?

① 30.8   ② 36.4
③ 44.4   ④ 57.4

47 보일러 배관 중에 신축이음을 하는 목적으로 가장 적합한 것은?

① 증기 속의 이물질을 제거하기 위하여
② 열팽창에 의한 관의 파열을 막기 위하여
③ 보일러 수의 누수를 막기 위하여
④ 증기 속의 수분을 분리하기 위하여

48 가동 중인 보일러의 취급 시 주의사항으로 틀린 것은?

① 보일러수가 항시 일정수위(상용수위)가 되도록 한다.
② 보일러 부하에 응해서 연소율을 가감한다.
③ 연소량을 증가시킬 경우에는 먼저 연료량을 증가시키고 난 후 통풍량을 증가시켜야 한다.
④ 보일러수의 농축을 방지하기 위해 주기적으로 블로 우 다운을 실시한다.

49 증기 보일러에는 원칙적으로 2개 이상의 안전밸브를 부착해야 하는데 전열면적이 몇 m^2 이하이면 안전밸브를 1개 이상 부착해도 되는가?

① $50m^2$ ② $30m^2$
③ $80m^2$ ④ $100m^2$

50 배관의 나사이음과 비교한 용접이음의 특징으로 잘못 설명된 것은?

① 나사 이음부와 같이 관의 두께에 불균일한 부분이 없다.
② 돌기부가 없어 배관상의 공간효율이 좋다.
③ 이음부의 강도가 적고, 누수의 우려가 크다.
④ 변형과 수축, 잔류응력이 발생할 수 있다.

51 온수 순환 방법에서 순환이 빠르고 균일하게 급탕할 수 있는 방법은?

① 단관 중력환수식 배관법
② 복관 중력환수식 배관법
③ 건식순환식 배관법
④ 강제순환식 배관법

52 연료(중유) 배관에서 연료 저장탱크와 버너 사이에 설치되지 않는 것은?

① 오일펌프   ② 여과기
③ 중유가열기   ④ 축열기

53 보일러 점화조작 시 주의사항에 대한 설명으로 틀린 것은?

① 연소실의 온도가 높으면 연료의 확산이 불량해져서 착화가 잘 안된다.
② 연료가스의 유출속도가 너무 빠르면 실화 등이 일어나고, 너무 늦으면 역화가 발생한다.
③ 연료의 유압이 낮으면 점화 및 분사가 불량하고 높으면 그을음이 축적된다.
④ 프리퍼지 시간이 너무 길면 연소실의 냉각을 초래하고 너무 늦으면 역화를 일으킬 수 있다.

54 보일러 가동 시 맥동연소가 발생하지 않도록 하는 방법으로 틀린 것은?

① 연료 속에 함유된 수분이나 공기를 제거한다.
② 2차 연소를 촉진시킨다.
③ 무리한 연소를 하지 않는다.
④ 연소량의 급격한 변동을 피한다.

55 에너지이용 합리화법에서 정한 국가에너지절약추진위원회의 위원장은 누구인가?

① 산업통상자원부장관
② 지방자치단체의 장
③ 국무총리
④ 대통령

56 신·재생에너지 설비 중 태양의 열에너지를 변환시켜 전기를 생산하거나 에너지원으로 이용하는 설비로 맞은 것은?

① 태양열 설비   ② 태양광 설비
③ 바이오에너지 설비   ④ 풍력 설비

57 에너지이용 합리화법에 따라 에너지사용계획을 수립하여 산업통상자원부장관에게 제출하여야 하는 민간사업주관자의 시설규모로 맞은 것은?

① 연간 2500 티·오·이 이상의 연료 및 열을 사용하는 시설
② 연간 5000 티·오·이 이상의 연료 및 열을 사용하는 시설
③ 연간 1천만 킬로와트 이상의 전력을 사용하는 시설
④ 연간 500만 킬로와트 이상의 전력을 사용하는 시설

58 에너지이용 합리화법에 따라 산업통상자원부령으로 정하는 광고매체를 이용하여 효율관리기자재의 광고를 하는 경우에는 그 광고 내용이 에너지소비효율, 에너지소비효율등급을 포함시켜야 할 의무가 있는 자가 아닌 것은?

① 효율관리기자재 제조업자
② 효율관리기자재 광고업자
③ 효율관리기자재 수입업자
④ 효율관리기자재 판매업자

59 에너지이용 합리화법상 효율관리기자재에 해당하지 않는 것은?

① 전기냉장고
② 전기냉방기
③ 자동차
④ 범용선반

60 효율관리기자재 운용규정에 따라 가정용가스보일러에서 시험성적서 기재 항목에 포함되지 않는 것은?

① 난방열효율
② 가스소비량
③ 부하손실
④ 대기전력

2회 모의고사

수험자번호		총 문제수	60문제	예상점수	
수험자명		시험시간	60분	실제점수	

01 어떤 물질의 단위질량(1kg)에서 온도를 1℃ 높이는 데 소요되는 열량을 무엇이라고 하는가?

① 열용량 ② 비열
③ 잠열   ④ 엔탈피

02 엔탈피가 105kJ/kg 인 급수를 받아 1시간당 20000kg의 증기를 발생하는 경우 이 보일러의 매시 환산 증발량은 몇 kg/h인가? (단, 발생증기 엔탈피는 3045kJ/kg 이다.)

① 3246kg/h   ② 6493kg/h
③ 12987kg/h   ④ 26502kg/h

03 보일러의 기수분리기를 가장 옳게 설명한 것은?

① 보일러에서 발생한 증기 중에 포함되어 있는 수분을 제거하는 장치
② 증기 사용처에서 증기 사용 후 물과 증기를 분리하는 장치
③ 보일러에 투입되는 연소용 공기 중의 수분을 제거하는 장치
④ 보일러 급수 중에 포함되어 있는 공기를 제거하는 장치

04 다음 중 보일러 스테이(stay)의 종류에 해당되지 않는 것은?

① 거싯(gusset) 스테이   ② 바(bar) 스테이
③ 튜브(tube) 스테이   ④ 너트(nut) 스테이

05 보일러에 부착하는 압력계의 취급상 주의사항으로 틀린 것은?

① 온도가 353K 이상 올라가지 않도록 한다.
② 압력계는 고장이 날 때 까지 계속 사용하는 것이 아니라 일정사용 시간을 정하고 정기적으로 교체하여야 한다.
③ 압력계 사이폰 관의 수직부에 콕크를 설치하고 콕크의 핸들이 축 방향과 일치할 때에 열린 것이어야 한다.
④ 부르돈관 내에 직접 증기가 들어가면 고장이 나기 쉬우므로 사이폰 관에 물이 가득차지 않도록 한다.

06 증기 중에 수분이 많은 경우의 설명으로 잘못된 것은?

① 건조도가 저하한다.
② 증기의 손실이 많아진다.
③ 증기 엔탈피가 증가한다.
④ 수격작용이 발생할 수 있다.

07 다음 중 고체연료의 연소방식에 속하지 않는 것은?

① 화격자 연소방식
② 확산 연소방식
③ 미분탄 연소방식
④ 유동층 연소방식

08 보일러 열정산 시 증기의 건도는 몇 %이상에서 시험함을 원칙으로 하는가?

① 96%   ② 97%
③ 98%   ④ 99%

09 유류보일러의 자동장치 점화방법의 순서가 맞는 것은?

① 송풍기 기동→연료펌프 기동→프리퍼지→점화용 버너 착화→주버너 착화
② 송풍기 기동→프리퍼지→점화용 버너 착화→연료펌프 기동→주버너 착화
③ 연료펌프 기동→점화용 버너 착화→프리퍼지→주버너 착화→송풍기 기동
④ 연료펌프 기동→주버너 착화→점화용 버너 착화→프리퍼지→송풍기 기동

10 액체연료의 일반적인 특징에 관한 설명으로 틀린 것은?

① 유황분이 없어서 기기 부식의 염려가 거의 없다.
② 고체 연료에 비해서 단위 중량당 발열량이 높다.
③ 연소효율이 높고 연소조절이 용이하다.
④ 수송과 저장 및 취급이 용이하다.

11 다음 중 수면계의 기능시험을 실시해야할 시기로 옳지 않은 것은?

① 보일러 가동하기 전
② 2개의 수면계의 수위가 동일할 때
③ 수면계 유리의 교체 또는 보수를 행하였을 때
④ 프라이밍, 포밍 등이 생길 때

12 난방 및 온수 사용열량이 466.67kW 인 건물에, 효율 80% 인 보일러로서 저위발열량 42000kJ/m³ 인 기체연료를 연소시키는 경우, 시간당 소요 연료량은 약 몇 Nm³/h 인가?

① 45　　② 60
③ 56　　④ 50

13 공기예열기에서 전열 방법에 따른 분류에 속하지 않는 것은?

① 전도식　　② 재생식
③ 히트파이프식　　④ 열팽창식

14 보일러 자동제어에서 급수제어의 약호는?

① A.B.C　　② F.W.C
③ S.T.C　　④ A.C.C

15 외분식 보일러의 특징 설명으로 잘못된 것은?

① 연소실의 크기나 형상을 자유롭게 할 수 있다.
② 연소율이 좋다.
③ 사용연료의 선택이 자유롭다.
④ 방사 손실이 거의 없다.

16 수트 블로워에 관한 설명으로 잘못된 것은?

① 전열면 외측의 그을음 등을 제거하는 장치이다.
② 분출기 내의 응축수를 배출시킨 후 사용한다.
③ 블로우 시에는 댐퍼를 열고 흡입통풍을 증가시킨다.
④ 부하가 50% 이하인 경우에만 블로우 한다.

17 보일러 마력(Boiler Horsepower)에 대한 정의로 가장 옳은 것은?

① 0℃ 물 15.65kg을 1시간에 증기로 만들 수 있는 능력
② 100℃ 물 15.65kg을 1시간에 증기로 만들 수 있는 능력
③ 0℃ 물 15.65kg을 10분에 증기로 만들 수 있는 능력
④ 100℃ 물 15.65kg을 10분에 증기로 만들 수 있는 능력

18 원통형 보일러와 비교할 때 수관식 보일러의 특징 설명으로 틀린 것은?

① 수관의 관경이 적어 고압에 잘 견딘다.
② 보유수가 적어서 부하변동 시 압력변화가 적다.
③ 보일러수의 순환이 빠르고 효율이 높다.
④ 구조가 복잡하여 청소가 곤란하다.

19 다음 보기에서 그 연결이 잘못된 것은?

〈보기〉
㉮ 관성력집진장치 : 충돌식, 반전식
㉯ 전기식집진장치 : 코트렐 집진장치
㉰ 저유수식집진장치 : 로터리 스크레버식
㉱ 가압수식집진장치 : 임펄스 스크레버식

① ㉮　　② ㉯
③ ㉰　　④ ㉱

20 보일러의 안전장치와 거리가 가장 먼 것은?

① 과열기 ② 안전밸브
③ 저수위 경보기 ④ 방폭문

21 다음 보일러 중 특수열매체 보일러에 해당 되는 것은?

① 타쿠마 보일러
② 카네크롤 보일러
③ 슐쳐 보일러
④ 하우덴 존슨 보일러

22 다음 각각의 자동제어에 관한 설명 중 맞는 것은?

① 목표 값이 일정한 자동제어를 추치제어라고 한다.
② 어느 한쪽의 조건이 구비되지 않으면 다른 제어를 정지시키는 것은 피드백 제어이다.
③ 결과가 원인으로 되어 제어단계를 진행하는 것을 인터록 제어라고 한다.
④ 미리 정해진 순서에 따라 제어의 각 단계를 차례로 진행하는 제어는 시퀀스 제어이다.

23 보일러 자동제어에서 신호전달 방식 종류에 해당 되지 않는 것은?

① 팽창식 ② 유압식
③ 전기식 ④ 공기압식

24 연료의 연소시 과잉공기계수(공기비)를 구하는 올바른 식은?

① $\dfrac{연소가스량}{이론공기량}$ ② $\dfrac{실제가스량}{이론공기량}$
③ $\dfrac{배기가스량}{사용공기량}$ ④ $\dfrac{사용공기량}{배기가스량}$

25 보일러 저수위 경보장치 종류에 속하지 않는 것은?

① 플로트식 ② 전극식
③ 열팽창식 ④ 압력제어식

26 보일러에서 카본이 생성되는 원인으로 거리가 먼 것은?

① 유류의 분무상태 또는 공기와의 혼합이 불량할 때
② 버너 타일공의 각도가 버너의 화염각도가 작은 경우
③ 노통보일러와 같이 가느다란 노통을 연소실로 하는 것에서 화염각도가 현저하게 작은 버너를 설치하고 있는 경우
④ 직립보일러와 같이 연소실의 길이가 짧은 노에다가 화염의 길이가 매우 긴 버너를 설치하고 있는 경우

27 고체연료에서 탄화가 많이 될수록 나타나는 현상으로 옳은 것은?

① 고정탄소가 감소하고, 휘발분은 증가되어 연료비는 감소한다.
② 고정탄소가 증가하고, 휘발분은 감소되어 연료비는 감소한다.
③ 고정탄소가 감소하고, 휘발분은 증가되어 연료비는 증가한다.
④ 고정탄소가 증가하고, 휘발분은 감소되어 연료비는 증가한다.

28 다음 중 여과식 집진장치의 분류가 아닌 것은?

① 유수식
② 원통식
③ 평판식
④ 역기류 분사식

29 절대온도 380 K를 섭씨온도를 환산하면 약 몇 ℃인가?

① 107℃
② 380℃
③ 653℃
④ 926℃

30 파이프 또는 이음쇠의 나사이음 분해 조립 시, 파이프 등을 회전시키는 데 사용되는 공구는?

① 파이프 리머
② 파이프 익스팬더
③ 파이프 렌치
④ 파이프 커터

31 보일러의 자동 연료차단장치가 작동하는 경우가 아닌 것은?

① 최고사용압력이 0.1MPa 미만인 주철제 온수보일러의 경우 온수온도가 105℃인 경우
② 최고사용압력이 0.1MPa를 초과하는 증기보일러에서 보일러의 저수위 안전장치가 동작할 때
③ 관류보일러에 공급하는 급수량이 부족한 경우
④ 증기압력이 설정압력보다 높은 경우

32 스케일의 종류 중 보일러 급수 중의 칼슘 성분과 결합하여 규산칼슘을 생성하기도 하며, 이 성분이 많은 스케일은 대단히 경질이기 때문에 기계적, 화학적으로 제거하기 힘든 스케일 성분은?

① 실리카
② 황산마그네슘
③ 염화마그네슘
④ 유지

33 다음 열역학과 관계된 용어 중 그 단위가 다른 것은?

① 열전달계수
② 열전도율
③ 열관류율
④ 열통과율

34 증기 트랩의 설치 시 주의사항에 관한 설명으로 틀린 것은?

① 응축수 배출점이 여러 개가 있을 경우 응축수 배출점을 묶어서 그룹 트래핑을 하는 것이 좋다.
② 증기가 트랩에 유입되면 즉시 배출시켜 운전에 영향을 미치지 않도록 하는 것이 필요하다.
③ 트랩에서의 배출관은 응축수 회수주관의 상부에 연결하는 것이 필수적으로 요구되며, 특히 회수주관이 고가배관으로 되어있을 때에는 더욱 주의하여 연결하여야 한다.
④ 증기트랩에서 배출되는 응축수를 회수하여 재활용하는 경우에 응축수 회수관 내에는 원하지 않는 배압이 형성되어 증기트랩의 용량에 영향을 미칠 수 있다.

35 회전이음, 지블이음 등으로 불리며, 증기 및 온수난방 배관용으로 사용하고 현장에서 2개 이상의 엘보를 조립해서 설치하는 신축이음은?

① 벨로즈형 신축이음
② 루프형 신축이음
③ 스위블형 신축이음
④ 슬리브형 신축이음

36 그림과 같이 개방된 표면에서 구멍 형태로 깊게 침식하는 부식을 무엇이라고 하는가?

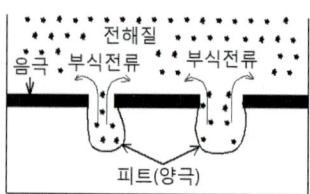

① 국부부식
② 그루빙(grooving)
③ 저온부식
④ 점식(pitting)

37 증기 난방과 비교하여 온수 난방의 특징에 대한 설명으로 틀린 것은?

① 물의 현열을 이용하여 난방하는 방식이다.
② 예열에 시간이 걸리지만 쉽게 냉각되지 않는다.
③ 동일 방열량에 대하여 방열 면적이 크고 관경도 굵어야 한다.
④ 실내 쾌감도가 증기난방에 비해 낮다.

38 파이프 커터로 관을 절단하면 안으로 거스러미(burr)가 생기는데 이것을 능률적으로 제거하는데 사용되는 공구는?

① 다이 스토크
② 사각줄
③ 파이프 리머
④ 체인 파이프렌치

39 진공환수식 증기난방 배관시공에 관한 설명 중 맞지 않는 것은?

① 증기주관은 흐름 방향에 1/200~1/300의 앞내림 기울기로 하고 도중에 수직 상향부가 필요한 때 트랩장치를 한다.
② 방열기 분기관 등에서 앞단에 트랩장치가 없을 때는 1/50~1/100의 앞올림 기울기로 하여 응축수를 주관에 역류시킨다.
③ 환수관에 수직 상향부가 필요한 때는 리프트 피팅을 써서 응축수가 위쪽으로 배출하게 한다.
④ 리프트 피팅은 될 수 있으면 사용개소를 많게 하고 1단을 2.5m 이내로 한다.

40 액상 열매체 보일러시스템에서 열매체유의 액팽창을 흡수하기 위한 팽창탱크의 최소 체적(V_T)을 구하는 식으로 옳은 것은? (단, V_E는 승온 시 시스템 내의 열매체유 팽창량, V_M은 상온 시 탱크 내의 열매체유 보유량이다.)

① $V_T=V_E+V_M$
② $V_T=V_E+2V_M$
③ $V_T=2V_E+V_M$
④ $V_T=2V_E+2V_M$

41 압축기 진동과 서징, 관의 수격작용, 지진 등에서 발생하는 진동을 억제하는 데 사용되는 지지장치는?

① 벤드벤
② 플랩 밸브
③ 그랜드 패킹
④ 브레이스

42 점화장치로 이용되는 파이로트 버너는 화염을 안정시키기 위해 보염식 버너가 이용되고 있는데, 이 보염식 버너의 구조에 관한 설명으로 가장 옳은 것은?

① 동일한 화염 구멍이 8-9개 내외로 나뉘어져 있다.
② 화염 구멍이 가느다란 타원형으로 되어 있다.
③ 중앙의 화염 구멍 주변으로 여러 개의 작은 화염구멍이 설치되어 있다.
④ 화염 구멍부 구조가 원뿔 형태와 같이 되어 있다.

43 증기난방의 분류 중 응축수 환수방식에 의한 분류에 해당되지 않는 것은?

① 중력환수방식
② 기계환수방식
③ 진공환수방식
④ 상향환수방식

44 천연고무와 비슷한 성질을 가진 합성고무로서 내유성, 내후성, 내산화성, 내열성 등이 우수하며, 석유용매에 대한 저항성이 크고 내열도는 −46℃ ~ 121℃ 범위에서 안정한 패킹 재료는?

① 과열 석면
② 네오플렌
③ 테프론
④ 하스텔로이

45 연료의 완전연소를 위한 구비조건으로 틀린 것은?

① 연소실 내의 온도는 낮게 유지할 것
② 연료와 공기의 혼합이 잘 이루어지도록 할 것
③ 연료와 연소장치가 맞을 것
④ 공급 공기를 충분히 예열시킬 것

46 관의 결합방식 표시방법 중 플랜지식의 그림기호로 맞는 것은?

① —┤├—   ② —●—
③ —┤├—   ④ —┤╫├—

47 어떤 거실의 난방부하가 21000kJ/h이고, 주철제 온수방열기로 난방할 때 필요한 방열기의 쪽수(절수)는? (단, 방열기 1쪽당 방열면적은 0.26m²이고, 방열량은 표준방열량으로 한다.)

① 11   ② 21
③ 30   ④ 43

48 다음 보기 중에서 보일러의 운전정지 순서를 올바르게 나열한 것은?

① 증기밸브를 닫고, 드레인 밸브를 연다.
② 공기의 공급을 정지시킨다.
③ 댐퍼를 닫는다.
④ 연료의 공급을 정지시킨다.

① ②→④→①→③
② ④→②→①→③
③ ③→④→①→②
④ ①→④→②→③

49 다음 관 이음 중 진동이 있는 곳에 가장 적합한 이음은?

① MR 조인트 이음   ② 용접 이음
③ 나사 이음   ④ 플렉시블 이음

50 보온재 선정 시 고려해야 할 조건이 아닌 것은?

① 부피, 비중이 작을 것
② 보온능력이 클 것
③ 열전도율이 클 것
④ 기계적 강도가 클 것

51 가스 폭발에 대한 방지대책으로 거리가 먼 것은?

① 점화 조작시에는 연료를 먼저 분무시킨 후 무화용 증기나 공기를 공급한다.
② 점화할 때에는 미리 충분한 프리퍼지를 한다.
③ 연료속의 수분이나 슬러지 등은 충분히 배출한다.
④ 점화전에는 중유를 가열하여 필요한 점도로 해둔다.

52 주증기관에서 증기의 건도를 향상 시키는 방법으로 적당하지 않은 것은?

① 가압하여 증기의 압력을 높인다.
② 드레인 포켓을 설치한다.
③ 증기공간 내에 공기를 제거 한다.
④ 기수분리기를 사용한다.

53 보일러 사고의 원인 중 보일러 취급상의 사고원인이 아닌 것은?

① 재료 및 설계불량
② 사용압력초과 운전
③ 저수위 운전
④ 급수처리 불량

54 평소 사용하고 있는 보일러의 가동 전 준비사항으로 틀린 것은?

① 각종기기의 기능을 검사하고 급수계통의 이상 유무를 확인한다.
② 댐퍼를 닫고 프리퍼지를 행한다.
③ 각 밸브의 개폐상태를 확인한다.
④ 보일러수의 물의 높이는 상용 수위로 하여 수면계로 확인한다.

55 에너지이용합리화법에 따라 에너지다소비사업자에게 개선명령을 하는 경우는 에너지관리지도 결과 몇 % 이상의 에너지 효율개선이 기대되고 효율개선을 위한 투자의 경제성이 인정되는 경우인가?

① 5% ② 10%
③ 15% ④ 20%

56 다음 ( )안의 A, B에 각각 들어갈 용어로 옳은 것은?

> 에너지이용 합리화법은 에너지의 수급을 안정시키고 에너지의 합리적이고 효율적인 이용을 증진하며 에너지 소비로 인한 (A)을(를) 줄임으로써 국민 경제의 건전한 발전 및 국민복지의 증진과 (B)의 최소화에 이바지함을 목적으로 한다.

① A=환경파괴, B=온실가스
② A=자연파괴, B=환경피해
③ A=환경피해, B=지구온난화
④ A=온실가스배출, B=환경파괴

57 에너지이용합리화법에 따라 검사대상기기의 용량이 15t/h 인 보일러의 경우 조종자의 자격 기준으로 가장 옳은 것은?

① 에너지관리기능장 자격 소지자만이 가능하다.
② 에너지관리기능장, 에너지관리기사 자격 소지자만이 가능하다.
③ 에너지관리기능장, 에너지관리기사, 에너지관리산업기사, 자격 소지자만이 가능하다.
④ 에너지관리기능장, 에너지관리기사, 에너지관리산업기사, 에너지관리기능사 자격 소지자만이 가능하다.

58 제3자로부터 위탁을 받아 에너지사용시설의 에너지절약을 위한 관리 용역 사업을 하는 자로서 산업통상자원부 장관에게 등록을 한 자를 지칭하는 기업은?

① 에너지진단기업
② 수요관리투자기업
③ 에너지절약전문기업
④ 에너지기술개발전담기업

59 신·재생에너지 설비인증 심사기준을 일반 심사기준과 설비 심사기준으로 나눌 때 다음 중 일반 심사 기준에 해당되지 않는 것은?

① 신·재생에너지 설비의 제조 및 생산 능력의 적정성
② 신·재생에너지 설비의 품질유지 관리능력의 적정성
③ 신·재생에너지 설비의 에너지효율의 적정성
④ 신·재생에너지 설비의 사후관리의 적정성

60 에너지법상 지역에너지계획에 포함되어야 할 사항이 아닌 것은?

① 에너지 수급의 추이와 전망에 관한 사항
② 에너지이용합리화와 이를 통한 온실가스 배출감소를 위한 대책에 관한 사항
③ 미활용에너지원의 개발 사용을 위한 대책에 관한 사항
④ 에너지 소비촉진 대책에 관한 사항

3회 모의고사

수험자번호		총 문제수	60문제	예상점수	
수험자명		시험시간	60분	실제점수	

01 과열기의 형식 중 증기와 열가스 흐름의 방향이 서로 반대인 과열기의 형식은?

① 병류식
② 대향류식
③ 증류식
④ 역류식

02 보일러에서 사용하는 화염검출기에 관한 설명 중 틀린 것은?

① 화염검출기는 검출이 확실하고 검출에 요구되는 응답시간이 길어야 한다.
② 사용하는 연료의 화염을 검출하는 것에 적합한 종류를 적용해야 한다.
③ 보일러용 화염검출기에는 주로 광학식 검출기와 화염검출봉식(flame rod) 검출기가 사용된다.
④ 광학식 화염검출기는 자회선식을 사용하는 것이 효율적이지만 유류보일러에는 일반적으로 가시광선식 또는 적외선식 화염검출기를 사용한다.

03 다음 중 보일러의 안전장치로 볼 수 없는 것은?

① 고저수위 경보장치
② 화염검출기
③ 급수펌프
④ 압력조절기

04 측정 장소의 대기 압력을 구하는 식으로 옳은 것은?

① 절대 압력+게이지 압력
② 게이지 압력-절대 압력
③ 절대 압력-게이지 압력
④ 진공도×대기 압력

05 원통형 보일러의 일반적인 특징에 관한 설명으로 틀린 것은?

① 구조가 간단하고 취급이 용이하다.
② 수부가 크므로 열 비축량이 크다.
③ 폭발시에도 비산 면적이 작아 재해가 크게 발생하지 않는다.
④ 사용 증기량의 변동에 따른 발생 증기의 압력변동이 작다.

06 포화증기와 비교하여 과열증기가 가지는 특징 설명으로 틀린 것은?

① 증기의 마찰 손실이 적다.
② 같은 압력의 포화증기에 비해 보유열량이 많다.
③ 증기 소비량이 적어도 된다.
④ 가열 표면의 온도가 균일하다.

07 대기압에서 동일한 무게의 물 또는 얼음을 다음과 같이 변화시키는 경우 가장 큰 열량이 필요한 것은? (단, 물과 얼음의 비열은 각각 4.2kJ/kg℃, 2.1kJ/kg℃ 이고, 물의 증발잠열은 2257kJ/kg, 융해잠열은 334kJ/kg 이다.)

① -20℃의 얼음을 0℃의 얼음으로 변화
② 0℃의 얼음을 0℃의 물로 변화
③ 0℃의 물을 100℃의 물로 변화
④ 100℃의 물을 100℃의 증기로 변화

08 보일러 효율이 85%, 실제증발량이 5t/h이고 발생증기의 엔탈피 2755kJ/kg, 급수온도의 엔탈피는 235kJ/kg, 연료의 저위발열량 40950kJ/kg일 때 연료소비량은 약 몇 kg/h인가?

① 316　　② 362
③ 389　　④ 405

09 온수보일러에서 배플 플레이트(baffle plate)의 설치 목적으로 맞는 것은?

① 급수를 예열하기 위하여
② 연소효율을 감소시키기 위하여
③ 강도를 보강하기 위하여
④ 그을음 부착량을 감소시키기 위하여

10 보일러 통풍에 대한 설명으로 잘못된 것은?

① 자연 통풍은 일반적으로 별도의 동력을 사용하지 않고 연돌로 인한 통풍을 말한다.
② 평형통풍은 통풍조절은 용이하나 통풍력이 약하여 주로 소용량 보일러에서 사용한다.
③ 압입 통풍은 연소용 공기를 송풍기로 노 입구에서 대기압보다 높은 압력으로 밀어 넣고 굴뚝의 통풍작용과 같은 통풍을 유지하는 방식이다.
④ 흡입통풍은 크게 연소가스를 직접 통풍기에 빨아들이는 직접 흡입식과 통풍기로 대기를 빨아들이게 하고 이를 이젝터로 보내어 그 작용에 의한 연소가스를 빨아들이는 간접흡입식이 있다.

11 고압관과 저압관 사이에 설치하여 고압 측의 압력변화 및 증기 사용량 변화에 관계없이 저압 측의 압력을 일정하게 유지시켜 주는 밸브는?

① 감압 밸브　　② 온도조절 밸브
③ 안전 밸브　　④ 플로트 밸브

12 보일러의 2마력을 열량으로 환산하면 약 몇 kJ/h인가?

① 45142　　② 54438
③ 65535　　④ 70644

13 자동제어의 신호전달방법에서 공기압식의 특징으로 맞는 것은?

① 신호전달거리가 유압식에 비하여 길다.
② 온도제어 등에 적합하고 화재의 위험이 많다.
③ 전송시 시간지연이 생긴다.
④ 배관이 용이하지 않고 보존이 어렵다.

14 보일러설치기술규격에서 보일러의 분류에 대한 설명 중 틀린 것은?

① 주철제보일러의 최고사용압력은 증기보일러일 경우 0.5MPa까지, 온수 온도는 373K(100℃)까지로 한다.
② 일반적으로 보일러는 사용매체에 따라 증기 보일러, 온수보일러 및 열매체 보일러로 분류한다.
③ 보일러의 재질에 따라 강철제 보일러와 주철제 보일러로 분류한다.
④ 연료에 따라 유류보일러, 가스보일러, 석탄보일러, 목재보일러, 폐열보일러, 특수연료 보일러 등이 있다.

15 연소시 공기비가 적을 때 나타나는 현상으로 거리가 먼 것은?

① 배기가스 중 NO 및 NO_2의 발생량이 많아진다.
② 불완전연소가 되기 쉽다.
③ 미연소가스에 의한 가스 폭발이 일어나기 쉽다.
④ 미연소가스에 의한 열손실이 증가될 수 있다.

16 기체연료의 일반적인 특징을 설명한 것으로 잘못된 것은?

① 적은 공기비로 완전연소가 가능하다.
② 수송 및 저장이 편리하다.
③ 연소효율이 높고 자동제어가 용이하다.
④ 누설 시 화재 및 폭발의 위험이 크다.

17 보일러의 수면계와 관련된 설명 중 틀린 것은?

① 증기보일러에는 2개(소용량 및 소형관류보일러는 1개)이상의 유리수면계를 부착하여야 한다. 다만, 단관식 관류보일러는 제외한다.
② 유리수면계는 보일러 동체에만 부착하여야 하며 수주관에 부착하는 것은 금지하고 있다.
③ 2개 이상의 원격지시 수면계를 시설하는 경우에 한하여 유리수면계를 1개 이상으로 할 수 있다.
④ 유리수면계는 상·하에 밸브 또는 콕크를 갖추어야 하며, 한눈에 그것의 개·폐 여부를 알 수 있는 구조이어야 한다. 다만, 소형관류보일러에서는 밸브 또는 콕크를 갖추지 아니할 수 있다.

18 전열면적이 $30m^2$인 수직 연관보일러를 2시간 연소시킨 결과 3000kg의 증기가 발생하였다. 이 보일러의 증발률은 약 몇 $kg/m^2 \cdot h$인가?

① 20   ② 30
③ 40   ④ 50

19 보일러의 부속설비 중 연료공급 계통에 해당 하는 것은?

① 콤버스터   ② 버너 타일
③ 수트 블로워   ④ 오일 프리히터

20 노내에 분사된 연료에 연소용 공기를 유효하게 공급 확산시켜 연소를 유효하게 하고 확실한 착화와 화염의 안정을 도모하기 위하여 설치하는 것은?

① 화염검출기
② 연료 차단밸브
③ 버너 정지 인터록
④ 보염장치

21 노통이 하나인 코르니시 보일러에서 노통을 편심으로 설치하는 가장 큰 이유는?

① 연소장치의 설치를 쉽게 하기 위함이다.
② 보일러수의 순환을 좋게 하기 위함이다.
③ 보일러의 강도를 크게 하기 위함이다.
④ 온도변화에 따른 신축량을 흡수하기 위함이다.

22 보일러의 부속장치에 대한 설명 중 잘못된 것은?

① 인젝터 : 증기를 이용한 급수장치
② 기수분리기 : 증기 중에 혼입된 수분을 분리하는 장치
③ 스팀 트랩 : 응축수를 자동으로 배출하는 장치
④ 절탄기 : 보일러 동 저면의 스케일, 침전물을 밖으로 배출하는 장치

23 어떤 보일러의 3시간 동안 증발량이 4500kg이고, 그때의 급수 엔탈피가 105kJ/kg, 증기엔탈피가 2856kJ/kg이라면 상당증발량은 약 몇 kg/h인가?

① 551   ② 1684
③ 1828   ④ 3051

24 보일러 연료의 구비조건으로 틀린 것은?

① 공기 중에 쉽게 연소할 것
② 단위 중량당 발열량이 클 것
③ 연소 시 회분 배출량이 많을 것
④ 저장이나 운반, 취급이 용이할 것

25 운전 중 화염이 블로우 오프(blow-off)된 경우 특정한 경우에 한하여 재점화 및 재시동을 할 수 있다. 이 때 재점화와 재시동의 기준에 관한 설명으로 틀린 것은?

① 재점화에서의 점화장치는 화염의 소화 직후, 1초 이내에 자동으로 작동할 것
② 강제 혼합식 버너의 경우 재점화 동작시 화염감시장치가 부착된 버너에는 가스가 공급되지 아니할 것
③ 재점화에 실패한 경우에는 지정된 안전차단시간 내에 버너가 작동 폐쇄될 것
④ 재시동은 가스의 공급이 차단된 후 즉시 표준연속프로그램에 의하여 자동으로 이루어질 것

26 보일러의 급수장치에 해당되지 않는 것은?

① 비수방지관　　② 급수내관
③ 원심펌프　　　④ 인젝터

27 전자밸브가 작동하여 연료공급을 차단하는 경우로 거리가 먼 것은?

① 보일러의 이상 감수시
② 증기압력 초과시
③ 배기가스온도의 이상 저하시
④ 점화 중 불착화시

28 다음 집진장치 중 가압수를 이용한 집진장치는?

① 포켓식
② 임펠러식
③ 벤튜리 스크레버식
④ 타이젠 와셔식

29 연소가 이루어지기 위한 필수 요건에 속하지 않는 것은?

① 가연물　　　　② 수소 공급원
③ 점화원　　　　④ 산소 공급원

30 동관 이음에서 한쪽 동관의 끝을 나팔형으로 넓히고 압축이음쇠를 이용하여 체결하는 이음 방법은?

① 플레어 이음　　② 플랜지 이음
③ 플라스턴 이음　④ 몰코 이음

31 〈보기〉와 같은 부하에 대하여 보일러의 "정격출력"을 올바르게 표시한 것은?

〈보기〉
H_1 : 난방부하,　H_2 : 급탕부하
H_3 : 배관부하,　H_4 : 예열부하

① $H_1+H_2+H_3$
② $H_2+H_3+H_4$
③ $H_1+H_2+H_4$
④ $H_1+H_2+H_3+H_4$

32 보일러에서 이상고수위를 초래한 경우 나타나는 현상과 그 조치에 관한 설명으로 옳지 않은 것은?

① 이상고수위를 확인한 경우에는 즉시 연소를 정지시킴과 동시에 급수 펌프를 멈추고 급수를 정지시킨다.
② 이상 고수위를 넘어 만수상태가 되면 보일러 파손이 일어날 수 있으므로 동체 하부에 분출밸브(코크)를 전개하여 보일러 수를 전부 재빨리 방출하는 것이 좋다.
③ 이상고수위나 증기의 취출량이 많은 경우에는 캐리오버나 프라이밍 등을 일으켜 증기 속에 물방울이나 수분이 포함되며, 심할 경우 수격작용을 일으킬 수 있다.
④ 수위가 유리수면계의 상단에 달했거나 조금 초과한 경우에는 급수를 정지시켜야 하지만, 연소는 정지시키지 말고 저연소율로 계속 유지하여 송기를 계속한 후 보일러 수위가 정상으로 회복되면 원래 운전상태로 돌아오는 것이 좋다.

33 보일러가 최고사용압력 이하에서 파손되는 이유로 가장 옳은 것은?

① 안전장치가 작동하지 않기 때문에
② 안전밸브가 작동하지 않기 때문에
③ 안전장치가 불완전하기 때문에
④ 구조상 결함이 있기 때문에

34 손실 열량 12600kJ/h의 사무실에 온수 방열기를 설치할 때 방열기의 소요 섹션 수는 몇 쪽인가? (단, 방열기 방열량은 표준방열량으로 하며, 1섹션의 방열면적은 0.26m² 이다.)

① 12쪽　　② 15쪽
③ 26쪽　　④ 32쪽

35 보일러를 옥내에 설치할 때의 설치 시공 기준 설명으로 틀린 것은?

① 보일러에 설치된 계기들을 육안으로 관찰하는데 지장이 없도록 충분한 조명시설이 있어야 한다.
② 보일러 동체에서 벽, 배관, 기타 보일러 측부에 있는 구조물(검사 및 청소에 지장이 없는 것은 제외)까지 거리는 0.6m 이상이어야 한다. 다만, 소형보일러는 0.45m 이상으로 할 수 있다.
③ 보일러실은 연소 및 환경을 유지하기에 충분한 급기구 및 환기구가 있어야 하며 급기구는 보일러 배기가스 덕트의 유효단면적 이상이어야 하고 도시가스를 사용하는 경우에는 환기구를 가능한 한 높이 설치하여 가스가 누설되었을 때 체류하지 않는 구조이어야 한다.
④ 연료를 저장할 때에는 보일러 외측으로부터 2m 이상 거리를 두거나 방화격벽을 설치하여야 한다. 다만, 소형보일러의 경우에는 1m 이상 거리를 두거나 반격벽으로 할 수 있다.

36 점화조작 시 주의사항에 관한 설명으로 틀린 것은?

① 연료가스의 유출속도가 너무 빠르면 실화 등이 일어날 수 있고, 너무 늦으면 역화가 발생할 수 있다.
② 연소실의 온도가 낮으면 연료의 확산이 불량해지며 착화가 잘 안된다.
③ 연료의 예열온도가 너무 높으면 기름이 분해되고, 분사 각도가 흐트러져 분무상태가 불량해지며, 탄화물이 생성될 수 있다.
④ 유압이 너무 낮으면 그을음이 축적될 수 있고, 너무 높으면 점화 및 분사가 불량해질 수 있다.

37 보일러에서 연소조작 중의 역화의 원인으로 거리가 먼 것은?

① 불완전 연소의 상태가 두드러진 경우
② 흡입통풍이 부족한 경우
③ 연도댐퍼의 개도를 너무 넓힌 경우
④ 압입통풍이 너무 강한 경우

38 보온재가 갖추어야 할 조건 설명으로 틀린 것은?

① 열전도율이 작아야 한다.
② 부피, 비중이 커야 한다.
③ 적합한 기계적 강도를 가져야 한다.
④ 흡수성이 낮아야 한다.

39 관의 접속상태 결합방식의 표시방법에서 용접이음을 나타내는 그림기호로 맞는 것은?

① ─┼─　　② ─╫─
③ ─●─　　④ ─┤─

40 어떤 주철제 방열기 내의 증기의 평균온도가 110℃이고, 실내 온도가 18℃일 때, 방열기의 방열량은? (단, 방열기의 방열계수는 8.4W/m²·℃이다.)

① 273.7W/m²　　② 558.6W/m²
③ 608.5W/m²　　④ 772.8W/m²

41 원통보일러에서 급수의 pH범위(25℃ 기준)로 가장 적합한 것은?

① pH3~pH5
② pH7~pH9
③ pH11~pH12
④ pH14~pH15

42 가스보일러에서 가스폭발의 예방을 위한 유의사항 중 틀린 것은?

① 가스압력이 적당하고 안정되어 있는지 점검한다.
② 화로 및 굴뚝의 통풍, 환기를 완벽하게 하는 것이 필요하다.
③ 점화용 가스의 종류는 가급적 화력이 낮은 것을 사용한다.
④ 착화 후 연소가 불안정할 때는 즉시 가스공급을 중단한다.

43 보일러를 계획적으로 관리하기 위해서는 연간계획 및 일상보전계획을 세워 이에 따라 관리를 하는데 연간 계획에 포함할 사항과 가장 거리가 먼 것은?

① 급수계획
② 점검계획
③ 정비계획
④ 운전계획

44 구상흑연 주철관이라고도 하며, 땅속 또는 지상에 배관하여 압력상태 또는 무압력 상태에서 물의 수송 등에 주로 사용되는 주철관은?

① 덕타일 주철관
② 수도용 이형 주철관
③ 원심력 모르타르 라이닝 주철관
④ 수도용 원심력 금형 주철관

45 다음 중 보온재 종류가 아닌 것은?

① 코르크
② 규조토
③ 기포성수지
④ 제게르콘

46 보일러 운전 중 연도 내에서 폭발이 발생하면 제일 먼저 해야 할 일은?

① 급수를 중단한다.
② 증기밸브를 잠근다.
③ 송풍기 가동을 중지한다.
④ 연료공급을 차단하고 가동을 중지한다.

47 강철제보일러의 최고사용압력이 0.43MPa를 초과 1.5MPa이하일 때 수압시험 압력 기준으로 옳은 것은?

① 0.2MPa로 한다.
② 최고사용압력의 1.3배에서 0.3MPa를 더한 압력으로 한다.
③ 최고사용압력의 1.5배로 한다.
④ 최고사용압력의 2배에서 0.5MPa를 더한 압력으로 한다.

48 신축곡관이라고 하며 강관 또는 동관 등을 구부려서 구부림에 따른 신축을 흡수하는 이음쇠는?

① 루프형 신축 이음쇠
② 슬리브형 신축 이음쇠
③ 스위블형 신축 이음쇠
④ 벨로즈형 신축 이음쇠

49 증기난방 방식에서 응축수 환수방법에 의한 분류가 아닌 것은?

① 진공 환수식
② 세정 환수식
③ 기계 환수식
④ 중력 환수식

50 온수온돌의 방수처리에 대한 설명으로 적절하지 않은 것은?

① 다층건물에 있어서도 전층의 온수온돌에 방수처리를 하는 것이 좋다.
② 방수처리는 내식성이 있는 루핑, 비닐, 방수몰탈로 하며, 습기가 스며들지 않도록 완전히 밀봉한다.
③ 벽면으로 습기가 올라오는 것을 대비하여 온돌바닥보다 약 10cm이상 위까지 방수처리를 하는 것이 좋다.
④ 방수처리를 함으로써 열손실을 감소시킬 수 있다.

51 배관의 하중을 위에서 끌어당겨 지지할 목적으로 사용되는 지지구가 아닌 것은?

① 리지드 행거(rigid hanger)
② 앵커(anchor)
③ 콘스탄트 행거(constant hanger)
④ 스프링 행거(spring hanger)

52 보일러 휴지기간이 1개월 이하인 단기보존에 적합한 방법은?

① 석회밀폐건조법 ② 소다만수보존법
③ 가열건조법   ④ 질소가스봉입법

53 온수난방에서 팽창탱크의 용량 및 구조에 대한 설명으로 틀린 것은?

① 개방식 팽창탱크는 저 온수난방 배관에 주로 사용된다.
② 밀폐식 팽창탱크는 고 온수난방 배관에 주로 사용된다.
③ 밀폐식 팽창탱크에는 수면계를 설치한다.
④ 개방식 팽창탱크에는 압력계를 설치한다.

54 난방설비와 관련된 설명 중 잘못된 것은?

① 증기난방의 표준 방열량은 $650kJ/m^2 \cdot h$이다.
② 방열기는 증기 또는 온수 등의 열매를 유입하여 열을 방산하는 기구로 난방의 목적을 달성하는 장치이다.
③ 하트포드 접속법(Hartford Connection)은 고압증기 난방에 필요한 접속법이다.
④ 온수난방에서 온수순환방식에 따라 크게 중력 순환식과 강제 순환식으로 구분한다.

55 에너지이용합리화법에 따라 주철제 보일러에서 설치검사를 면제 받을 수 있는 기준으로 옳은 것은?

① 전열면적 30제곱미터 이하의 유류용 주철제 증기보일러
② 전열면적 40제곱미터 이하의 유류용 주철제 증기보일러
③ 전열면적 50제곱미터 이하의 유류용 주철제 증기보일러
④ 전열면적 60제곱미터 이하의 유류용 주철제 증기보일러

56 신·재생에너지 설비의 인증을 위한 심사기준 항목으로 거리가 먼 것은?

① 국제 또는 국내의 성능 및 규격에의 적합성
② 설비의 효율성
③ 설비의 우수성
④ 설비의 내구성

57 에너지이용합리화법의 목적이 아닌 것은?

① 에너지의 수급안정을 기함
② 에너지의 합리적이고 비효율적인 이용을 증진함
③ 에너지소비로 인한 환경피해를 줄임
④ 지구온난화의 최소화에 이바지함

58 에너지이용합리화법에 따라 에너지이용 합리화 기본계획에 포함될 사항으로 거리가 먼 것은?

① 에너지절약형 경제구조로의 전환
② 에너지이용 효율의 증대
③ 에너지이용 합리화를 위한 홍보 및 교육
④ 열사용기자재의 품질관리

59 에너지이용합리화법 시행령 상 에너지 저장의무 부과대상자에 해당되는 자는?

① 연간 2만 석유환산톤 이상의 에너지를 사용하는 자
② 연간 1만 5천 석유환산톤 이상의 에너지를 사용하는 자
③ 연간 1만 석유환산톤 이상의 에너지를 사용하는 자
④ 연간 5천 석유환산톤 이상의 에너지를 사용하는 자

60 저탄소녹색성장기본법에 따라 대통령령으로 정하는 기준량 이상의 에너지 소비업체를 지정하는 기준으로 옳은 것은? (단, 기준일은 2013년 7월 21일을 기준으로 한다.)

① 해당 연도 1월 1일을 기준으로 최근 3년간 업체의 모든 사업체에서 소비한 에너지의 연평균 총량이 650 terajoules 이상
② 해당 연도 1월 1일을 기준으로 최근 3년간 업체의 모든 사업체에서 소비한 에너지의 연평균 총량이 550 terajoules 이상
③ 해당 연도 1월 1일을 기준으로 최근 3년간 업체의 모든 사업체에서 소비한 에너지의 연평균 총량이 450 terajoules 이상
④ 해당 연도 1월 1일을 기준으로 최근 3년간 업체의 모든 사업체에서 소비한 에너지의 연평균 총량이 350 terajoules 이상

1회 모의고사 정답 및 해설

01 ②	02 ④	03 ④	04 ③	05 ②	06 ④	07 ③	08 ④	09 ①	10 ②
11 ③	12 ④	13 ①	14 ①	15 ①	16 ②	17 ①	18 ②	19 ②	20 ②
21 ③	22 ②	23 ③	24 ①	25 ④	26 ②	27 ③	28 ④	29 ③	30 ③
31 ①	32 ④	33 ②	34 ④	35 ②	36 ④	37 ③	38 ②	39 ③	40 ③
41 ①	42 ④	43 ③	44 ④	45 ④	46 ①	47 ②	48 ③	49 ②	50 ①
51 ④	52 ④	53 ①	54 ②	55 ①	56 ①	57 ②	58 ②	59 ④	60 ③

01
* 회전컵 또는 회전분무컵(오토마이징컵)을 이용하여 무화시키는 버너는 회전분무식버너(=로터리버너)임.

02
* 동수면에서 증기발생시 격렬한 비등과 함께 작은 물방울이 함께 튀어오르는 현상, 포밍이 지속될 경우 프라이밍을 동반하기 쉽다.
* 프라이밍 원인
  ① 고수위일 때, 과부하 운전
  ② 보일러수가 농축되어 있을 때
  ③ 송기 시 증기밸브를 급개할 때
* 보일러수의 표면적이 넓다는 것은 그림을 참고하면 증기부가 넓다는 것을 말하며 고수위가 아닌 적정수위 또는 저수위일 경우임

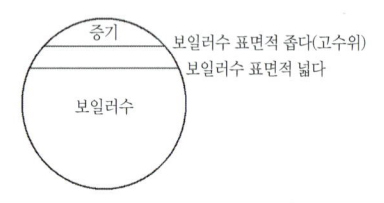

03
* 오일여과기는 기름 중 불순물을 제거하며, 중요 장치 앞에 부착한다.
* 분무효과를 높여 연소를 양호하게 하고 연소생성물을 활성화시키는 것은 연료첨가제로서, 연소촉진제라고 한다. 주로 유기화합물, 알루미늄염을 사용한다.

04
* 목표값이 변화되는 것을 추치제어라고 하며, 종류로는 추종제어, 비율제어, 프로그램제어, 캐스케이드제어가 있다. 정치제어는 목표값이 일정하게 고정되어 있는 것을 말한다.
* 치(値) : 값 치

05
* 갤러웨이관을 횡관이라고도 하며, 보일러수 순환 촉진을 목적으로 노통에 설치된다. 설치후 장점으로는 순수환 촉진, 노통의 강도증가, 전열면적 증가 효과가 있고, 단점으로는 연소가스 흐름을 방해하여 통풍력 저하.

06
* 수트블로우 : 주로 수관형보일러의 수관외면의 그을음을 제거하는 장치로서 압축공기 또는 건조한 증기를 사용한다. 보기 라.콤버스터는 연소를 돕는 보염장치의 일종으로 연소기라고도 한다.

07
* 이산화탄소 최대값은 탄산가스최대율(CO_2max)이라 한다. 탄산가스최대율을 이용한 공기비를 구하는 식은
  공기비(m) = $\dfrac{CO_2max(\%)}{CO_2(\%)}$ 이므로
  문제조건을 대입하여 $CO_2(\%)$를 구하면,
  $1.2 = \dfrac{15.7}{CO_2(\%)}$
  $CO_2(\%) = \dfrac{15.7}{1.2} = 13.08\%$

09
* 자동제어의 조절부 동작에 따라, 연속동작, 불연속동작으로 구분한다. 불연속동작은 모두 off(정지) 동작이 있는 것을 말한다. 문제의 온-오프는 2위치동작이라고 한다.
  ① **불연속동작** : 온오프동작, 다위치동작, 불연속도동작
  ② **연속동작** : 비례동작, 적분동작, 미분동작, 비례적분동작, 비례미분동작, 비례미분적분동작

10
* 열용량=질량×비열 의 개념이므로
  질량이 동일하면 열용량이 클수록 비열이 크다.

11 ★ 통풍은 연소용공기를 공급하고 배기가스를 배출하는 것으로 다음과 같이 구분한다. 자연통풍은 송풍기를 설치하지 않는 방식이며 강제통풍은 송풍기를 사용한다. 강제통풍은

구분	버너입구 압입송풍기	연도 흡입송풍기	노내압
압입통풍	○	×	정압
흡인통풍	×	○	부압
평형통풍	○	○	조절용이

압입통풍이 너무 강하거나 흡인통풍이 약할 때 역화의 위험이 있다.

12 ★ 보일러 자동제어의 제어량(최종 제어 목표)과 조작량

보일러 자동제어	제어량	조작량
급수제어(F.W.C)	수위	급수량
증기온도(S.T.C)	증기온도	전열량
자동연소제어 (A.C.C)	증기압력 온수온도	연료량, 공기량
	노내압력	연소가스량

★ 급수량을 조작하는 것은 결국 급수펌프를 조작하는 것으로 보일러 급수제어(F.W.C)에 해당함.

13 코르크 가스는 발생로가스를 말함. 석탄계 가스에 속한다.
석탄계가스의 종류와 주성분 〈석수고발〉
① 석(수메일) : 석탄가스 - 수소, 메탄, 일산화탄소
② 수(수일질) : 수성가스 - 수소, 일산화탄소, 질소
③ 고(질탄) : 고로가스 - 질소, 일산화탄소, 탄산가스
④ 발(질일수) : 발생로가스 - 질소, 일산화탄소, 수소

14 ★ 증기의 건도를 높이려면
① 증기압력은 변화하지 않고 열을 가하여 온도를 높인다.
② 증기중의 수분을 제거한다.(기수분리기, 드레인처리)
③ 증기중 공기를 제거한다.
④ 엔탈피는 그대로 유지한 채 압력을 낮춘다.(감압밸브) 이외에
⑤ 캐리오버 방지, 적절한 분출과 보일러수 농축방지
★ 열흡수, 온도변화없이 압력을 높이면 증기의 건도가 오히려 낮아진다.(ph선도를 활용하여 설명하면 되나 기능사 수준을 벗어남)

15 ★ 연료중 완전연소가 용이한 것은 기체 〉액체 〉고체의 순서임. 따라서, 보기중 매연발생이 가장 작은 것은 순서대로 액화천연가스(LNG), 경유, 중유, 석탄의 순서이다.

16 ★ ① 스코치보일러 : 노통연관보일러.(원통형보일러)
② 바브콕보일러 : 수관식보일러 중 자연순환식 직관식
③ 코크란보일러 : 입형횡연관보일러(원통형보일러)
④ 케와니보일러 : 연관보일러(원통형보일러)

17 ★ 1보일러 마력은 상당증발량 15.65kg/h에 해당하는 능력으로, 상당증발량은 1기압하에서 100℃포화수를 100℃포화증기로 변화시키는 것을 말한다. 따라서,
15.65×2257=35322kJ/h
★ 1기압하에서 증발잠열은 2257kJ/kg임.

18 ★ 버너 연소부하조건을 크게 하고 간헐운전보다 연속운전을 한다.

19 ★ 회분 : 연소후 재가되는 성분으로 연소효율이 저하한다.

20 ★ 보일러 효율은 공급열에 대한 유효열의 비율이다. 유효열은 [공급열-손실열]을 이용하여 구할 수 있다.

따라서, 보일러 효율 = $\dfrac{(공급열-손실열)}{공급열}$

$\dfrac{100 \times 42000 - 840000}{100 \times 42000} \times 100 = 80\%$

21 ★ ③는 재열기라 한다.

22 ★ 보일러 열정산은 적어도 2시간 이상 운전결과에 따라야 한다.

23 ★ 전기식 증기압력조절기 설치시 주의사항
① 조절을 쉽게 할 수 있는 위치를 선택할 것.
② 수은스위치를 사용하고 있는 경우는 진동이 적은 위치를 선택할 것.
③ 본체를 수직, 수평으로 설치하는 동시에 배관을 고정할 것.
④ 증기가 벨로즈내에 직접 침입하지 않도록 반드시 사이폰관을 설치할 것.
⑤ 증기관의 부착위치는 최고수면보다 높은 위치에 설치할 것.

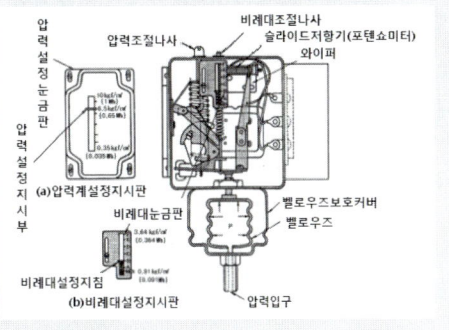

24 ★ ② 방출밸브 또는 안전밸브를 1개 이상 갖추어야
③ 호칭지름 20mm 이상
④ 지름은 20mm 이상, 보일러 최고사용압력에 10%를 더한 값을 초과하지 않도록

26 * 비체적 : 단위 질량당 체적, 단위는 m³/kg

27 * 안전밸브는 함부로 조정할 수 없도록 봉인할 수 있는 구조로 하여야 한다.

28 * 배기가스를 액체에 접촉시켜 먼지를 제거하는 방식을 세정식이라 한다.

29 * 비상시 직접 연료를 차단하는 장치는 전자밸브이며, 버너 직전에 설치한다. 전자밸브에는 바이패스 배관을 해서는 안된다.

30 * 보일러수의 pH를 약알칼리성으로 조정하기 위해 알칼리성 약품을 사용한다. pH조정제는 가성소다(수산화나트륨), 암모니아, 히드라진, 제1인산소다, 제3인산소다, 중합인산소다 등이며, 인산은 소다종류(알칼리성)가 아닌 "산"이다. 산성분이 보일러수에 포함되면 강철제 등이 부식된다.

31 * 증기순환과 응축수 배출이 빠르다 : 진공환수식

32 * 질소가스 봉입보존법은 질소가스를 0.06MPa (0.6kgf/cm²)로 될 때까지 입입한다.

33 * 관내의 이물질을 제거하는 것은 여과기이며, 영어로 스트레이너(strainer)라고 함.

34 * ④ 연료 공급 노즐이 막힌 경우 연료공급이 원활하지 않고 실화의 원인이 된다.

35 * 소용량 및 소형관류보일러에는 1개 이상의 유리 수면계를 부착한다.

36 * 라미네이션은 부식이 아닌 재료상의 결함이다. 강판 제조과정에서 강판 내부에 공기층, 슬러그 등이 혼입되어 강판이 2개의 층으로 분리되어 있는 것으로서 라미네이션 결함이 있는 강판으로 보일러 제작시 열에 의해 부풀어 올라 터지는 것을 "블리스터"라고 한다.

37 * 온수방열기의 표준방열량은 1885kJ/m²·h=0.523W/m²
 * 증기방열기의 표준방열량은 2723kJ/m²·h=0.756W/m²

38 * 온수난방은 배관내의 온수(물) 전체를 가열해야 한다. 물은 비열이 가장 크다. 따라서 예열시간이 길고 가열후 냉각시간은 오래 걸린다.(천천히 뜨거워지고 천천히 식는다)

39 * A : 에어(공기)   G : 가스 S : 스팀(수증기)
   O : 오일(기름)   V : 베이퍼(증기, 물 이외의 증기)

40 * 테이프를 감을 때 아래쪽에서 위로 감아야 겹치는 이음부위가 지붕위의 기와처럼 아래쪽을 향하게 된다.

41 * 스케일은 물때로서 단열재와 같이 전열면의 열전달을 방해한다. 스케일을 제거하기 위해 세관을 하며, 주로 염산을 사용한 산세관을 한다. 산세관시 보일러의 부식을 방지하기 위해 부식억제제를 사용하며 주로 산과 반대 성질의 소다 종류를 사용한다.

42 * 90도를 회전하여 신속하게 개폐하는 것은 콕

43 * 강철제보일러 수압시험 압력

최고사용압력(P)	수압시험
0.43MPa(4.3kgf/cm²) 이하	2P
0.43MPa 초과 1.5MPa 이하	1.3P+0.3MPa
1.5MPa 초과	1.5P

44 * 증기 난방과 온수 난방에 쓰이는 대류 방열기의 하나로 실내의 걸레받이 부분에 설치되는 형식의 것. 강관 혹은 동관에 1변 108mm의 정방형 알루미늄 핀 또는 강제 핀을 꽂아서 만든 엘리멘트와 강판제의 케이싱으로 이루어져 있다.

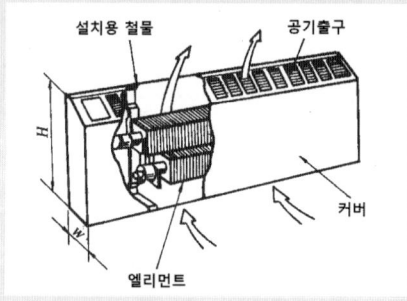

45 * • 벨로스형(=주름통형, 팩레스형) : 허용응력이 가장 작다.
    • 슬리브형(=미끄럼형)
    • 스위블형 : 엘보우를 이용하여 조립. 방열기용
    • 루프형(=만곡관형, 신축곡관) : 허용응력이 가장 크다.
    • 고압옥외배관용

46 * 증기방열기의 표준방열량은 2723kJ/m²·h 이므로,
    난방부하 = 방열면적×방열량 에서
    방열면적 = 난방부하/방열량 = $\frac{84000}{2723}$
    = 30.85m²

47 ★ ① 여과기 ② 신축이음 ④ 기수분리기

48 ★ • 연소량을 증가시킬 때 : 통풍량을 증가시키고 연료량 증가
 • 연소량을 감소시킬 때 : 연료량을 줄이고 통풍량 감소

49 ★ 증기보일러에는 원칙적으로 안전밸브를 2개이상 부착해야 하나 전열면적이 50m^2 이하이면 1개이상 부착해도 된다.

50 ★ 용접이음은 이음부의 강도가 크고 누수 우려가 적다.

51 ★ • **중력환수식** : 증기난방 응축수 회수방법을 중력에 의한 것
 • **강제순환식** : 온수난방에서 온수순환을 순환펌프를 이용하여 하며, 온수순환이 바르고 균일하다.

52 ★ • **축열기(스팀어큐뮬레이터)** : 송기장치중 하나로, 저부하시 잉여증기를 저장하였다가 고부하시 사용하기 위한 장치.
 • 변압식과 정압식이 있다. 증기열을 저장하는 열매체는 물
  – 정압식(급수계통에 설치)
  – 변압식(송기계통에 설치)

53 ★ 연소실의 온도가 높을수록 연료의 확산이 잘되고 착화가 잘된다.

54 ★ **맥동연소(=2차연소)** : 연도 등에 가스가 체류하는 에어포켓이 있을 경우에 주로 발생하며, 연소시 미연소된 가스가 불규칙한 연소를 하며 소음 진동을 유발한다. 보기 나.는 맥동연소를 2차연소라 하므로 오히려 맥동연소를 유발함.

2회 모의고사 정답 및 해설

01 ②	02 ④	03 ①	04 ④	05 ④	06 ③	07 ②	08 ③	09 ①	10 ①
11 ②	12 ④	13 ④	14 ②	15 ④	16 ④	17 ②	18 ②	19 ④	20 ①
21 ②	22 ④	23 ①	24 ②	25 ④	26 ③	27 ④	28 ①	29 ①	30 ③
31 ①	32 ①	33 ②	34 ②	35 ③	36 ④	37 ④	38 ③	39 ④	40 ③
41 ④	42 ③	43 ④	44 ②	45 ①	46 ③	47 ④	48 ②	49 ④	50 ③
51 ①	52 ①	53 ④	54 ②	55 ②	56 ③	57 ③	58 ③	59 ③	60 ④

01 ① 열용량 : 어떤 물질 전체를 1℃ 높이는데 소요되는 열량으로 "양×비열"로 구함.
② 비열 : 어떤 물질 1kg를 1℃ 높이는데 소요되는 열량
③ 잠열 : 어떤 물질 1kg이 상태변화시 소요되는 열량
④ 엔탈피 : 어떤 물질 1kg이 지닌 열량

02 상당증발량=실제증발량×(증기엔탈피-급수엔탈피)/539

$$= \frac{20000 \times (3045-105)}{2257} = 26502.28 \text{kg/h}$$

03 ② 증기트랩

04 스테이(=버팀) : 강도가 약한 부분의 강도보강을 위하여 사용되는 이음부분.
① 가젯트스테이 : 노통보일러의 평경판과 동판을 연결하여 평경판의 변형방지 및 강도보강
② 관스테이(=튜브스테이) : 횡연관 보일러, 선박용보일러 등에 사용되며, 연관보다 두꺼운 관으로 연관처럼 경판에 확관 연결한다.
③ 바아스테이(=봉스테이) : 봉으로 된 스테이로서 경판, 화실, 천정판의 보강에 사용되며 수평스테이와 경사스테이가 있다.
④ 볼트스테이(=나사버팀) : 평행판의 강도보강을 위해 사용된다.
⑤ 가이드스테이(=도리스테이, 시렁버팀) : 기관차 보일러, 스코치보일러에서 화실 천정판 강도보강에 사용된다.
⑥ 도그 스테이 : 맨홀, 청소구멍의 밀봉용

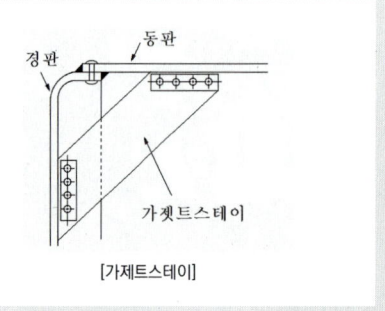

[가젯트스테이]

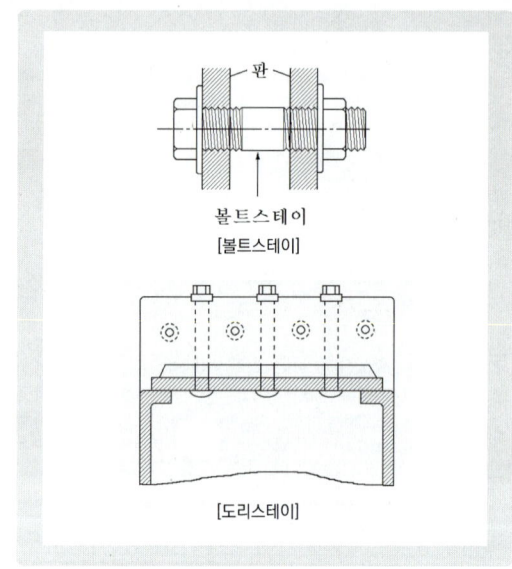

[볼트스테이]

[도리스테이]

05 사이폰관 : 고온의 증기가 직접 압력계로 유입되어 열에 의해 파손되는 방지하기 위해 설치하며 사이폰관 내에 80℃(353K)이하의 물을 채운다.

06 증기중의 수분이 많은 경우 습증기를 말하며, 증기엔탈피가 감소한다.

07 확산연소방식은 기체연료의 연소방식이다.

08 증기보일러의 성능시험은 건도 98%이상이어야 한다. 육용강제보일러 열정산기준(KSB6205)

09 자동점화순서 : 송풍기 기동→연료펌프 기동→프리퍼지→점화용 버너 착화→주버너 착화

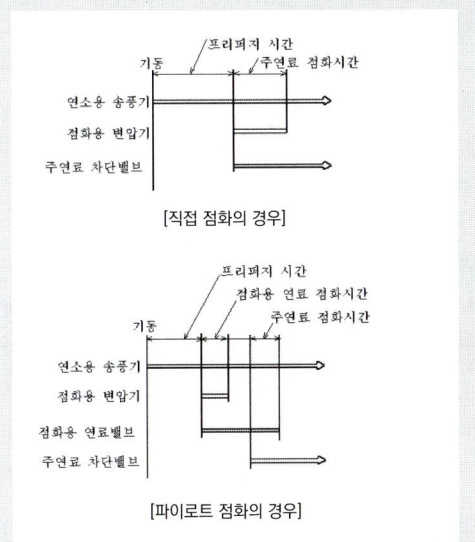

[직접 점화의 경우]

[파이로트 점화의 경우]

10 ①는 LNG, LPG 등 기체연료의 특징에 해당한다.

11 2개의 수면계 수위가 동일하거나, 수위가 예민하게 반응할 때 수면계 점검을 하지 않아도 된다.

12 보일러 효율을 구하는 식에서 연료량을 구한다.

보일러 효율 = $\dfrac{유효열}{연료량 \times 저위발열량}$

연료량 = $\dfrac{유효열}{보일러효율 \times 저위발열량}$

= $\dfrac{466.67 \times 3600}{0.8 \times 42000}$ = 50Nm³/h

13 공기예열기는 전도방식에 따라 전도식, 재생식, 히트파이프식이 있다.

14 ① A.B.C 보일러자동제어
② F.W.C 급수제어
③ S.T.C 증기온도제어
④ A.C.C 자동연소제어

15 ④는 내분식 보일러의 특징으로 연소실이 본체 내의 물에 둘러싸여 있으므로 방사열의 흡수가 용이하다.
외분식 보일러는 수관보일러, 연관보일러가 속한다.

16 수트 블로워는 소화 후 또는 보일러 부하가 작을 때(50%이하)는 사용하지 않는다.

17 1보일러마력은 상당증발량 15.65kg/h을 말한다. 상당증발량은 1기압 하에서 100℃포화수를 100℃포화증기로 만들 때 발생증기량을 말한다. 1보일러마력은 열량으로 환산하면 8435.35kJ/h에 해당한다.

18 수관보일러는 보유수량이 적어 증기발생은 빠르나 부하변동시 내부압력 변화가 크다.

19 집진장치는 크게 건식과 습식으로 구분된다.
• 건식 : 중력식, 원심력식, 관성력식, 여과식, 전기식
• 습식 : 유수식, 가압수식, 회전식
위 보기의 집진장치는
① 관성력식 : 충돌식, 반전식(방해판)
② 전기식 : 코트렐식
③ 원심력식 : 싸이클론, 멀티싸이클론
④ 여과식 : 백필터
⑤ 유수식 : 임펠러, 로터리, 분수형, 오리피스 스크래버
⑥ 가압수식 : 벤츄리 스크래버, 싸이클론 스크래버, 충전탑
⑦ 회전식 : 임펄스 스크래버, 타이젠와셔, 젯트콜렉터

20 과열기는 폐열회수장치임.

21 ① 타쿠마 보일러 : 수관식 보일러
③ 슐쳐 보일러 : 관류보일러
④ 하우덴 존슨 보일러 : 노통연관보일러

22 ① 정치제어 ② 인터록제어 ③ 피드백제어

24 공기비는 이론공기량에 대한 실제공기의 비를 말함.

25 저수위경보장치 : 플로트식, 전극식, 열팽창식, 차압식

26 ＊ 연소중 버너의 분무구, 연소실벽이나 바닥 및 버너타일에 카본이 생성 부착되며 이것이 심한 경우에는 카본플라워라고 불리우는 코크스 모양의 큰 덩어리가 된다.
＊ 카본 생성의 원인
① 유류의 분무상태 또는 공기와의 혼합 불량
② 버너 타일이나 노와 버너가 부적합한 경우 등 구조결함
　㉠ 버너 타일공의 각도가 버너 화염각도보다 작은 경우
　㉡ 노통보일러와 같이 가느다란 노통을 연소실로 하는 것에서 화염각도가 현저하게 큰 버너를 설치하고 있는 경우
　㉢ 직립보일러와 같이 연소실의 길이가 짧은 노에다가 화염의 길이가 매우 긴 버너를 설치하고 있는 경우

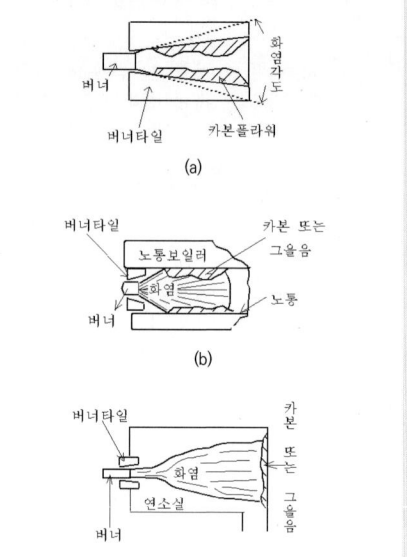

③ 운전과 정지가 빈번히 되풀이되는 단속운전
④ 유류 속에 잔류탄소분이 많은 경우, 유류를 탱크 내나 가열기 내에서 장시간 고온으로 가열시켜 슬러지가 생성된 경우

27 ＊ 고체연료(석탄)의 연료분석에서(항습베이스 기준) 고정탄소, 휘발분, 회분, 수분으로 구분한다.
탄화가 많이 될수록 무연탄에 가깝게 되며, 고정탄소 비율이 증가하고 휘발분은 감소하게 된다.
① 고정탄소 : 불꽃이 짧아지며, 발열량이 증가한다.
② 휘발분 : 연소초기 그을음의 원인이 된다.
③ 회분 : 재가 되는 성분. 착화성이 떨어지고 발열량감소
④ 수분 : 착화성이 떨어지고 발열량 감소
＊ 연료비는 휘발분에 대한 고정탄소의 비율을 말하며, 높을수록 고정탄소 성분이 많은 것을 의미하며 연료로서 가치가 높은 것을 의미한다. ※연료비=고정탄소/휘발분

28 ＊ 유수식은 습식집진장치에 속한다.

29 ＊ 절대온도(켈빈온도)=℃+273 이므로
℃=K-273=380-273=107℃

30 ＊ ① 파이프 리머 : 관내의 거스러미 제거
② 파이프 익스팬더 : 정확하게는 튜브익스팬더이며, 동관의 확관
③ 파이프 렌치 : 파이프, 부속품 등을 회전하는데 사용
④ 파이프 커터 : 파이프 절단

31 ＊ 자동 연료차단장치는 전자밸브를 말하며, 인터록을 말한다.
프리퍼지 인터록, 압력초과 인터록, 저수위 인터록, 불착화 인터록, 저연소 인터록이 있다. 주철제온수보일러는 115℃

32 ＊ 실리카(산화규소) 성분이 칼슘성분과 화합하여 규산칼슘, 즉 유리질 성분의 스케일이 된다. 산세관시 염산으로 제거되지 않으므로 용해촉진제(불화수소산)를 첨가하여 제거한다.

33 ＊ ①, ③, ④의 단위 kJ/m²h℃
② 열전도율의 단위 kJ/mh℃

34 ＊ 증기트랩의 설치시 응축수 배출점마다 하나씩의 트랩을 각각 설치하며, 가능한 한 그룹트래핑은 하지 않는다.

36 ＊ [KBO-4341 참고] 점식 또는 공식이라고 한다.

37 ＊ 온수난방은 증기난방에 비해 쾌감도가 좋다.

38 ＊ 거스러미 제거하는데 사용되는 공구는 파이프리머

39 ＊ 리프트 피팅의 1단 높이는 1.5m 이내로 한다.

40 ＊ 액상 열매체 보일러시스템에는 열매체유의 액팽창을 흡수하기 위한 팽창탱크가 필요하다. 열매체유가 사용온도인 523~593K(250~320℃)로 가열되면, 상온에서 체적의 20~30% 열팽창을 하므로 시스템내의 열팽창을 흡수하기 위한 팽창탱크가 설치되어야 한다. 열매체유의 노화방지를 위해 팽창탱크의 공간부에는 N_2(질소) 가스를 봉입하고, 시스템을 밀폐상태로 사용한다.
열매체유의 열팽창에 의해 N_2 가스의 압력이 너무 높게 되지 않도록, 팽창탱크의 최소체적을 다음 식에 의해 결정한다.
$V_T = = 2V_E + V_M$
여기에서, V_T : 팽창탱크 용적(ℓ)
V_E : 승온시 시스템내의 열매체유 팽창량(ℓ)
V_M : 상온시 탱크내 열매체유 보유량(ℓ)

41
- 브레이스 : 압축기, 펌프 등의 배관의 진동, 충격흡수
- 벤드벤 : 연관 굽힘작업에 사용
- 그랜드패킹 : 밸브 회전부위에 기밀유지 목적으로 사용
- 플랩밸브 : 역수방지밸브, 주로 배수지의 토출 관말에 설치

[플랩밸브]

42
★ 보염식 버너에는 화염을 안정시키기 위해 주염 구멍 주변에 파이로트 화염 구멍이 설치되어져 있다.

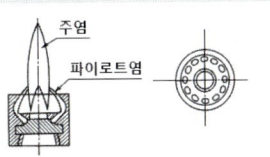

43
★ 응축수 환수 : 중력환수, 기계환수, 진공환수

44
★ ② 네오플렌(=클로로프렌 고무패킹) : 내후성, 내곡성, 내동식물유성, 내열성(-45~100℃)이 있으며, 온수부의 밀봉에 자주 사용됨.
③ 테프론(=사불화에틸렌수지) : 내열온도는 250℃로 화학약품에 침투되기 어려우며, 내후성, 비점착성이 우수
④ 하스텔로이 : 내염산 합금으로 니켈(Ni)기의 합금 불화수소산에도 견딤

45
★ 완전연소를 위해 연소실 내의 온도를 높게 유지할 것

46
★ ① 나사이음 ② 납땜이음 ③ 플랜지이음 ④ 유니온이음

47
★ 난방부하=방열면적×방열량=쪽수×쪽당면적×방열량 이므로
쪽수 = 난방부하/(쪽당면적×방열량)
$= \frac{21000}{(0.26 \times 1885)} = 42.85 = 43$쪽
※ 방열기 쪽수는 무조건 소수점올림 계산.

48
★ 보일러 정지시 가장 먼저 연료공급 차단

49
★ ① MR 조인트 이음 : 스테인레스강관 이음 중 하나로, MR조인트 이음쇠를 사용하여 접속. 관을 나사가공이나 압착(프레스)가공, 용접가공을 하지 않고, 청동주물제 이음쇠 본체에 관을 삽입하고 동합금제 링(Ring)을 캡너트(Cap Nut)로 죄어 고정시켜 접속하는 방법.
④ 플렉시블 이음 : 주로 펌프, 압축기 출구에 연결하며 진동 흡수

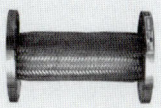

[플랙시블 이음]

51
★ 점화조작시 공기를 먼저, 연료를 나중에 공급한다.

52
★ 증기의 압력을 유지한 채 가열하여 온도를 높인다.

53
★ ① 재료 및 설계불량은 제작상의 원인

54
★ 댐퍼를 열고 프리퍼지를 행한다.

55
★ [에너지이용합리화법시행령 제40조1항,3항 참고]
산업통상자원부장관이 에너지다소비사업자에게 개선명령을 할 수 있는 경우는 에너지관리지도 결과 10% 이상의 에너지효율 개선이 기대되고 효율 개선을 위한 투자의 경제성이 있다고 인정되는 경우로 한다.
에너지다소비사업자는 제1항에 따른 개선명령을 받은 경우에는 개선명령일부터 60일 이내에 개선계획을 수립하여 산업통상자원부장관에게 제출하여야 하며, 그 결과를 개선 기간 만료일부터 15일 이내에 산업통상자원부장관에게 통보하여야 한다.

56
★ 에너지이용합리화법의 목적 : 에너지의 수급(需給)을 안정시키고 에너지의 합리적이고 효율적인 이용을 증진하며 에너지소비로 인한 (환경피해)를 줄임으로써 국민경제의 건전한 발전 및 국민복지의 증진과 (지구온난화)의 최소화에 이바지함을 목적으로 한다.

57

★ 2014.1.1부터 적용되는 검사대상기기 조종자 자격범위

조종자의 자격	조종범위
에너지관리 기능장 또는 에너지관리 기사	용량이 30t/h를 초과하는 보일러
에너지관리 기능장, 에너지관리 기사 또는 에너지관리 산업기사	용량이 10t/h를 초과하고 30t/h 이하인 보일러
에너지관리 기능장, 에너지관리 기사, 에너지관리 산업기사 또는 에너지관리 기능사	용량이 10t/h 이하인 보일러
에너지관리 기능장, 에너지관리 기사, 에너지관리 산업기사, 에너지관리 기능사 또는 인정검사대상기기 조종자의 교육을 이수한 자	1. 증기보일러로서 최고사용압력이 1MPa 이하이고, 전열면적이 10제곱미터 이하인 것 2. 온수발생 및 열매체를 가열하는 보일러로서 용량이 581.5킬로와트 이하인 것 3. 압력용기

따라서, 15t/h 이므로 용량 10t/h초과 30t/h 이하임

58

★ 에너지절약전문기업 : 에너지사용시설의 에너지절약을 관리

59

★ 설비인증 심사기준
 1) 일반 심사기준
  ① 신·재생에너지 설비의 제조 및 생산 능력의 적정성
  ② 신·재생에너지 설비의 품질 유지·관리능력의 적정성
  ③ 신·재생에너지 설비의 사후관리의 적정성
 2) 설비 심사기준(법 제13조제3항에 따른 성능검사결과서에 따른다)
  ① 국제 또는 국내의 성능 및 규격에의 적합성
  ② 설비의 효율성
  ③ 설비의 내구성

60

★ 지역에너지계획에 포함되어야 할 사항
 ① 에너지 수급의 추이와 전망에 관한 사항
 ② 에너지의 안정적 공급을 위한 대책에 관한 사항
 ③ 신·재생에너지 등 환경친화적 에너지 사용을 위한 대책에 관한 사항
 ④ 에너지 사용의 합리화와 이를 통한 온실가스의 배출감소를 위한 대책에 관한 사항
 ⑤ 미활용 에너지원의 개발·사용을 위한 대책에 관한 사항

3회 모의고사 정답 및 해설

01 ②	02 ①	03 ③	04 ③	05 ③	06 ④	07 ④	08 ②	09 ④	10 ②
11 ①	12 ④	13 ③	14 ①	15 ①	16 ②	17 ②	18 ④	19 ④	20 ④
21 ②	22 ④	23 ③	24 ①	25 ②	26 ①	27 ③	28 ③	29 ②	30 ①
31 ④	32 ②	33 ③	34 ③	35 ②	36 ④	37 ③	38 ②	39 ③	40 ④
41 ②	42 ③	43 ①	44 ①	45 ④	46 ④	47 ②	48 ①	49 ②	50 ①
51 ②	52 ③	53 ④	54 ③	55 ①	56 ③	57 ②	58 ④	59 ①	60 ④

01
- 과열기의 형식 : 증기와 열가스 흐름방향에 따라 향류형(서로반대), 병류형(나란히), 혼류형
- 향류형=대향류형

02
- 화염검출기는 응답시간이 짧아야 한다.

03
- 안전장치는 보일러의 폭발, 파손을 방지하기 위한 장치들로 구성되어 있다. 급수펌프는 급수장치중 하나임.

04
- 절대압=대기압+게이지압 에서
  대기압=절대압-게이지압

05
- 원통형보일러는 보유수량이 많아 파열시 피해가 크다.

06
- 과열증기는 포화증기에 비해 온도, 엔탈피가 높으며 가열 표면의 온도변화가 크다.

07
- 열량=양×비열×온도차 또는 양×잠열인데, 양이 같으므로
  ① 2.1×{0-(-20)}=42kJ/kg
  ② 334kJ/kg
  ③ 4.2×(100-0)=420[kJ/kg
  ④ 2257kJ/kg

08
- 보일러효율 = $\dfrac{증발량 \times (증기엔탈피 - 급수엔탈피)}{연료량 \times 저위발열량}$ 에서
  연료량 = $\dfrac{증발량 \times (증기엔탈피 - 급수엔탈피)}{보일러효율 \times 저위발열량}$ 이므로,
  = $\dfrac{5000 \times (2755-235)}{0.85 \times 40950}$ = 361.99kg/h

09
- 온수보일러 배플 플레이트 : 수직으로 된 연통부분에 설치하는 방해판으로 연소가스 흐름을 소용돌이치게 흐르게 하여 전열효과를 증대시키고, 그을음 부착을 감소한다.

10
- 평형통풍은 압입통풍+흡입통풍으로서 통풍력이 가장 강함. 대형보일러에 사용됨.

11
- 감압밸브 : 고압의 증기를 저압으로 전환, 저압측의 압력을 일정하게 유지함.
- 안전밸브 : 증기초과압력을 배출하여 보일러 파손 방지

12
- 1보일러마력은 상당증발량 15.65kg/h에 해당하며, 열량으로 환산하면 35322kJ/h임.
  따라서, 35322×2=70644kJ/h

13
- 공기압식 : 전송 시간 지연, 인화위험 없음. 배관이 용이.

14
- 주철제보일러의 최고사용압력은 증기보일러의 경우 0.1MPa(1kgf/cm²)까지 온수보일러는 수두압으로 50m, 온수온도 393K(120℃)까지로 국한된다.

15
- 배기가스 중 NO, NO_2의 질소산화물이 생성되려면 과잉공기일 때 생성됨.

16
- 기체연료는 수송 및 저장이 불편하여 별도의 저장용기가 필요함.

17
- 유리수면계는 보일러 동체에 수주를 부착하고 이에 수면계를 부착한다.

18 ★ 보일러 증발률=전열면 증발률이며 전열면적 1m²당 발생하는 증기량(kg/h)을 말함.

전열면증발률 = $\frac{3000}{2 \times 30}$ = 50kg/m²h

19 ★ 콤버스터, 버너타일 : 보염장치-불꽃의 형상조절, 안정화
　　 수트블로우 : 수관보일러 전열면 외측의 그을음, 재 제거
　　 오일프리히터(중유예열기) : 중유를 예열하여 점도를 낮춤

20 ★ 문제19번 해설 참고
　　 화염의 안정, 실화방지-보염장치

21 ★ 노통보일러의 보일러수 순환을 촉진하기 위해 노통을 편심으로 설치함.

22 ★ 절탄기 : 배기가스 여열로 급수를 예열하는 장치
　　 분출장치 : 보일러 저면의 스케일, 침전물을 밖으로 배출

23 ★ 상당증발량 = $\frac{실제증발량 \times (증기엔탈피 - 급수엔탈피)}{2257}$

　　 = $\frac{4500 \times (2856 - 105)}{3 \times 2257}$ = 1828.31kg/h

★ 분모에 3시간을 나눈 것은 증기발생량을 1시간당으로 환산

24 ★ 회분은 연소후 재가되는 성분으로 회분함량이 적어야 함.

25 ★ 운전중 화염이 블로우오프(bow-off)된 경우에는 버너의 가스소비량 기준에 의한 안전차단시간 이내에 버너가 작동 폐쇄될 것. 다만, 최대가스소비량이 116,300W(100,000kJ/h) 이하인 버너의 경우에는 재시동을 각각 1회에 한하여 허용할 수 있으며, 재점화 및 재시동은 다음 기준에 의한다
　　 (1) 재점화
　　 ① 재점화에서의 점화장치는 화염의 소화직후 1초내에 자동으로 작동할 것
　　 ② 강제혼합식 버너의 경우 재점화 동작시 화염감시 장치가 부착된 버너 이외의 버너에는 가스가 공급되지 아니할 것
　　 ③ 재점화에 실패한 경우에는 버너의 가스소비량 기준에 의한 재점화시 안전차단 시간내에 버너가 작동 폐쇄될 것
　　 (2) 재시동
　　 ① 재시동은 가스의 공급이 차단된 후 즉시 표준 연속프로그램에 의하여 자동으로 이루어질 것
　　 ② 재시동에 실패한 경우에는 가스소비량 기준에 의한 시동시의 안전차단 시간내에 버너가 작동 폐쇄될 것

26 ★ 비수방지관은 주증기밸브 급개시 급격한 증기취출로 인한 동체의 압력 저하를 방지하며, 급격한 압력저하로 인해 발생하기 쉬운 비수현상(프라이밍)을 방지함. 송기장치의 일종.

27 ★ 배기가스온도 저하와 전자밸브 작동하는 것과 무관함. 전자밸브는 다음과 같은 5가지 경우에 작동하며, 이를 인터록이라 한다.
　　 ① 압력초과　　　　② 이상감수
　　 ③ 화염실화 및 불착화　④ 프리퍼지 불능
　　 ⑤ 저연소조절 불능.

28 ★ 가압수식 : 〈가벤사충〉 벤츄리 스크래버, 사이클론 스크래버, 충전탑

29 ★ 연소3대조건 : 가연물, 산소공급원, 점화원(불씨)

30 ★ 동관이음 중 나팔형으로 넓히고 이음쇠를 이용하여 체결하는 방법은 플레어 이음(=압축이음)이라 하고, 플레어 모양(나팔형)으로 가공하는 공구를 '플레어링툴셋'이라 한다.

32 ★ [KBO5313 이상고수위(만수)를 초래한 경우의 조치]
고수위시 동체 하부의 분출밸브(콕크)를 서서히 열어서 이곳에서 보일러수를 적량 방출하여 보일러내의 수위가 표준수위 정도가 되도록 하며, 단번에 분출밸브를 전개하여 급히 보일러수를 방출하는 행동을 해서는 안된다. 고압의 보일러수를 일시에 방출하는 일은 위험하며, 재운전으로 돌아갈 경우 보일러수의 순환이 교란되는 폐단도 있기 때문이다.

33 ★ 안전장치는 대부분 이상현상 또는 압력초과시 파손을 방지하기 위한 것임. 따라서, 최고사용압력 이하에서 파손되는 것은 구조상 결함이 있기 때문임.

34 ★ 난방부하 = 쪽수 × 쪽당면적 × 방열량

쪽수 = $\frac{난방부하}{쪽당면적 \times 방열량}$ = $\frac{12600}{0.26 \times 1885}$

　　 = 25.71 ≒ 26쪽

35 ★ 보일러 동체에서 측부 구조물까지 0.45m 이상(단, 소형보일러는 0.3m 이상)

36 ★ 유압이 낮으면 점화 및 분사가 불량하고 높으면 그을음이 축적된다.

37 ★ 연도댐퍼의 개도를 너무 좁힌 경우 노내압 상승으로 역화가 발생할 수 있다.

38 ★ 부피, 비중이 작아야 한다.

39 ★ ① 나사이음　　　② 유니온이음
　　 ③ 용접이음(납땜)　④ 플랜지이음

40

* 방열량 = 방열계수×(방열기온도−실내온도) 이므로
   = 8.4×(110-18)=772.8W/m²

41

* 원통보일러의 급수 pH는 7~9

42

* 점화용 가스는 가급적 화력이 큰 것을 사용하여 1회에 점화한다.

43

* 급수장치 점검은 일상점검시 행해야 할 항목이며, 상용보일러의 일상점검시 특히 수면계, 자동급수조절장치, 저수위차단기 등의 기능 확인 및 증기압력, 수위, 급수펌프, 수처리, 연소상태 및 분출 등의 점검은 중요하다.

44

* 구상흑연 주철관 = 덕타일 주철관
* 주철관은 재질에 따라 보통주철, 고급주철, 구상흑연주철
* **특수주철(구상흑연주철)** : 용융 상태의 주철에 Mg, Ce 또는 Ca를 첨가함으로써 흑연의 모양을 편상이 아닌 구상으로 한 것이다. 강도는 별 변화가 없이 인성 및 연성을 현저하게 개선시킨 주철로 덕타일주철(ductile cast iron)이라고도 불린다. 내마멸성, 내열성, 내식성 등이 우수하다.

45

* 제게르콘 : 내화물의 내화도(refractoriness) 시험에 사용되는 온도계로서 점토, 규석질 등 내열성 금속 산화물 등을 배합하여 만든 삼각추 모양의 온도계를 말함.
* SK 26은 1580℃를 측정하여 내화물의 기준이 된다.

46

* 비상시 정지 순서중 가장 먼저 행할 일
  연료차단

47

* 강철제 보일러 수압시험압력

최고사용압력(P)	수압시험
0.43MPa(4.3kgf/cm²)이하	2P
0.43MPa초과 1.5MPa이하	1.3P+0.3MPa
1.5MPa 초과	1.5P

48

* **루프형** : 관을 구부려서 신축을 흡수하는 이음슬리브형 = 미끄럼형, 벨로즈형 = 주름통형
  스위블형 : 엘보 등을 이용하여 이음.

49

* 응축수 환수방법 : 중력환수, 기계환수, 진공환수

50

* 방수처리는 맨 하층의 콘크리트 기초에 하는 것이 좋다.

51

* ② 앵커는 배관의 구속, 이동을 제한하기 위한 리스트레인트의 일종임.(앵커, 스톱, 가이드)

52

* 보일러 보존기간에 따른 보존법

장기보존법	건조보존법	석회밀폐건조법
	건조보존법	질소가스봉입법
	만수보존법	소다만수보존법
단기보존법	건조보존법	가열건조법
	만수보존법	보통만수법

53

* 압력계는 밀폐식 팽창탱크에 부착한다.
  밀폐식 팽창탱크 부속품 : 압축공기관, 압력계, 안전밸브, 수위계(수면계), 배수관, 팽창관, 급수관

54

* 하트포드 접속법 : 저압증기난방에서 환수주관의 위치가 보일러 수면보다 낮을 경우(습식환수), 증기주관과 환수관 사이에 균형관을 부착하고 환수주관을 이에 부착하는 방법. 환수주관 부착위치는 표준수면의 50mm 하단.

55

* 강철제 주철제 보일러 중 설치검사 면제
  1. 가스 외의 연료를 사용하는 1종 관류보일러
  2. 전열면적 30제곱미터 이하의 유류용 주철제 증기보일러

57

* 에너지의 합리적이고 효율적인 이용을 증진

60

* terajoules : 테라줄, 10¹²= 100만 MJ(메가줄)
  "저탄소녹색성장기본법시행령 제29조(관리업체 지정기준 등)"
  ① 법 제42조제5항에서 "대통령령으로 정하는 기준량 이상의 온실가스 배출업체 및 에너지 소비업체"란 다음 각 호의 업체를 말한다.
  1. 해당 연도 1월 1일을 기준으로 최근 3년간 업체의 모든 사업장에서 배출한 온실가스와 소비한 에너지의 연평균 총량이 별표2 및 별표3의 준 모두에 해당하는 업체
  2. 업체의 사업장 중 최근 3년간 온실가스 배출량과 에너지 소비량의 연평균 총량이 별표4 및 별표5의 기준 모두에 해당하는 사업장이 있는 업체의 해당 사업장
  [별표3] 관리업체지정 에너지 소비량 기준(제29조제1항제1호)
  2011년 12월 31일까지 적용되는 기준 : 500 테라주울 이상
  2012년 1월 1일부터 적용되는 기준 : 350 테라주울 이상
  2014년 1월 1일부터 적용되는 기준 : 200 테라주울 이상

MEMO

DO IT
YOURSELF

03 실기편
국가기술자격 실기시험문제

국가기술자격 실기시험문제

자격종목	에너지관리기능사	**과제명**	배관 적산 및 종합응용배관작업

※문제지는 시험종료 후 본인이 가져갈 수 있습니다.

비번호		**시험일시**		**시험장명**	

※ 시험시간 : 3시간 30분

1. 요구사항

- 과제에 대한 시간 구분은 없으나, 총 시험시간은 준수해야 합니다.
- 시험은 '(1과제) 배관 적산' → '(2과제) 종합응용배관작업' 순서로 진행합니다.

가. 배관 적산 (20점)
  1) 주어진 도면(p.5-3)을 참고하여, 재료목록표(답안지 1-1)의 ( ) 안을 채워 완성하시오.
     - 감독위원에게 답안지를 제출하여 확인 후, 바로 (2과제) 종합응용배관작업을 진행합니다.

나. 종합응용배관작업(80점)
  1) 지급된 재료를 이용하여 도면(p.5-4)과 같이 강관 및 동관의 조립작업을 하시오.
     - 관을 절단할 때는 수험자가 지참한 수동공구(수동파이프 커터, 튜브 커터, 쇠톱 등)를 사용하여 절단한 후 파이프 내의 거스러미를 제거해야 합니다.
     - 시험종료 후 작품의 수압시험 시 누수여부를 감독위원으로부터 확인 받아야 합니다.

2. 수험자 유의사항

1) 시험시간 내에 (1과제)답안지와 (2과제)작품을 제출하여야 합니다.
2) 수험자가 지참한 공구와 지정된 시설만을 사용하며, 안전수칙을 준수하여야 합니다.
3) 수험자 인적사항 및 답안작성은 검은색 필기구만 사용해야 하며, 그 외 연필류, 빨간색, 파란색 등 필기구로 작성한 답항은 0점 처리되오니 불이익을 당하지 않도록 유의해 주시기 바랍니다.
4) 답안 정정 시에는 정정하고자 하는 단어에 두 줄(=)을 긋고 다시 작성하거나 수정테이프(수정액 제외)를 사용하여 정정하시기 바랍니다.
5) 수험자는 시험시작 전 지급된 재료의 이상유무를 확인 후 지급 재료가 불량품일 경우에만 교환이 가능하고, 기타 가공, 조립 잘못으로 인한 파손이나 불량 재료 발생 시 교환할 수 없으며, 지급된 재료만을 사용하여야 합니다.

자격종목	에너지관리기능사	과제명	배관 적산 및 종합응용배관작업

6) 재료의 재 지급은 허용되지 않으며, 잔여재료는 작업이 완료된 후 작품과 함께 동시에 제출하여야 합니다.

7) 수험자 지참공구 중 배관 꽂이용 지그와 동관 CM어댑터 용접용 지그는 사용 가능하나, 그 외 용접용 지그(턴테이블(회전형) 형태 등)는 사용불가 합니다.

8) (1과제) 배관 적산, (2과제) 종합응용배관작업 시험 중 한 과정이라도 0점 또는 채점대상 제외 사항(10번 항목)에 해당되는 경우 불합격 처리됩니다.

9) 작업 시 안전보호구 착용여부 및 사용법, 재료 및 공구 등의 정리정돈 등 안전수칙준수는 채점 대상이 됩니다.

10) 다음 사항에 대해서는 채점 대상에서 제외하니 특히 유의하시기 바랍니다.

  가) 기권

    (1) 수험자 본인이 시험 도중 포기의사를 표하는 경우

  나) 미완성

    (1) 배관 적산작업에서 답안지를 제출하지 않거나 0점인 경우

    (2) 시험시간 내 작품을 제출하지 못한 경우

  다) 오작품

    (1) 도면치수 중 부분치수가 ±15 mm(전체길이는 가로 또는 세로 ±30 mm) 이상 차이나는 경우

    (2) 수압시험 시 0.3 MPa(3 kgf/cm^2) 이하에서 누수가 되는 경우

    (3) 평행도가 30 mm 이상 차이나는 경우

    (4) 변형이 심하여 외관 및 기능도가 극히 불량한 경우

    (5) 도면과 상이한 경우

    (6) 지급된 재료 이외의 다른 재료를 사용했을 경우

※국가기술자격 시험문제는 저작권법상 보호되는 저작물이고, 저작권자는 한국산업인력공단입니다. 시험문제의 일부 또는 전부를 무단 복제, 배포, (전자)출판하는 등 저작권을 침해하는 일체의 행위를 금합니다.
〈국가기술자격 부정행위 예방 캠페인 : "부정행위, 묵인하면 계속됩니다."〉

3. 지급재료 목록

자격종목			에너지관리기능사		
일련번호	재료명	규격	단위	수량	비고
1	강관(SPP), 흑관	32A x 600	개	1	KS 규격품
2	"	25A x 600	"	1	"
3	"	20A x 1500	"	1	"
4	동관(연질 L형, 직관)	15A x 800	"	1	"
5	90° 엘보(가단주철제)(백)	20A	"	3	"
6	90° 이경 엘보(")(백)	32A x 25A	"	1	"
7	90° 이경 엘보(")(백)	20A x 15A	"	2	"
8	45° 엘보(")(백)	25A	"	2	"
9	티(")(백)	32A	"	1	
10	부싱(") (백)	25A x 20A	"	1	
11	레듀서(") (백)	32A x 20A	"	1	"
12	유니언(") (백)	20A (F형)	"	1	"
13	유니언 가스킷 (합성고무제품)	유니언 20A용	"	1	"
14	동관용 어댑터(C x M형)	황동제 15A	"	2	"
15	동관용 엘보(C x C형)	15A		1	
16	실링 테이프	t0.1x13 x10000	롤	5	
17	인동납 용접봉	BCuP-3 (Ø2.4 x 500)	개	1	
18	플럭스(동관 브레이징용)	200g	통	1	30명분
19	산소	120kgf/cm2 (내용적40L)	병	1	
20	아세틸렌	3kg	"	1	"
21	절삭유(중절삭용)	활성극압유(4L)	통	1	50명분
22	동력나사절삭기용 체이셔	20A용	조	1	15명 공용
23	"	25A~32A용	"	1	"

※국가기술자격 실기시험 지급재료는 시험종료 후(기권, 결시자 포함) 수험자에게 지급하지 않습니다.

4. 종합응용배관작업 도면

| 자격종목 | 에너지관리기능사 | 작품명 | (2과제)종합응용배관작업 | 척도 | N.S |

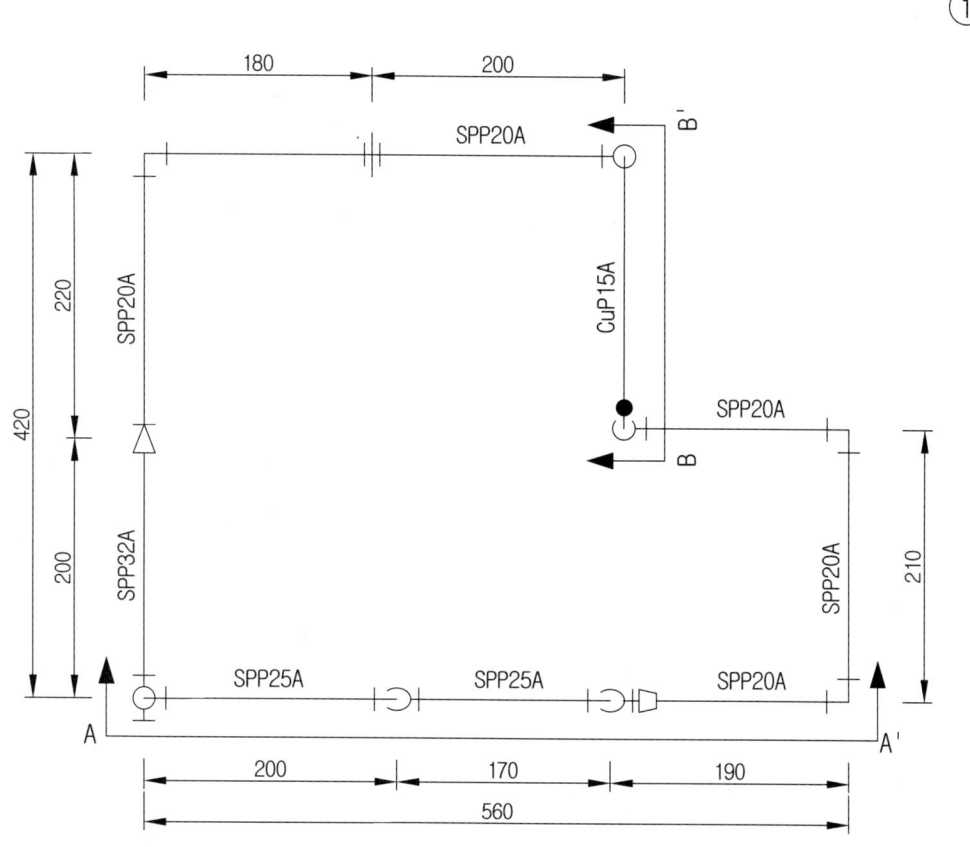

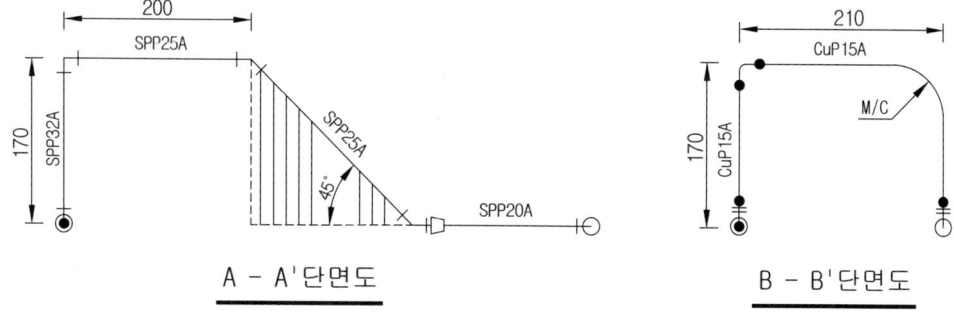

A - A'단면도　　　　　　　　B - B'단면도

| 자격종목 | 에너지관리기능사 | 작품명 | (2과제)종합응용배관작업 | 척도 | N.S |

②

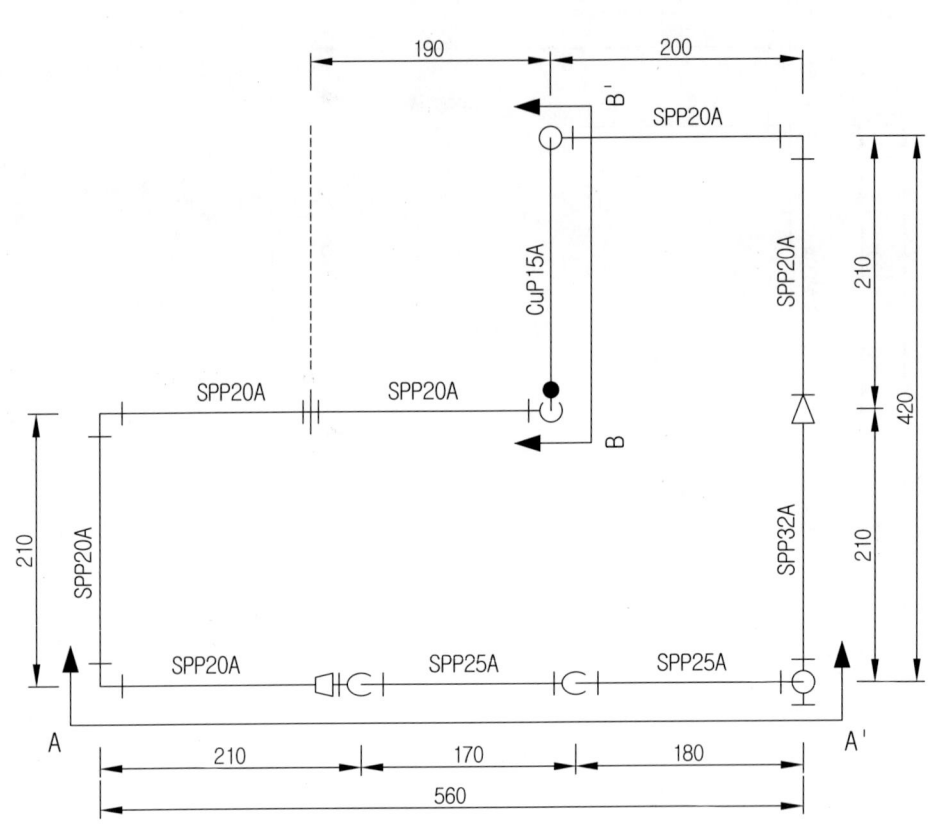

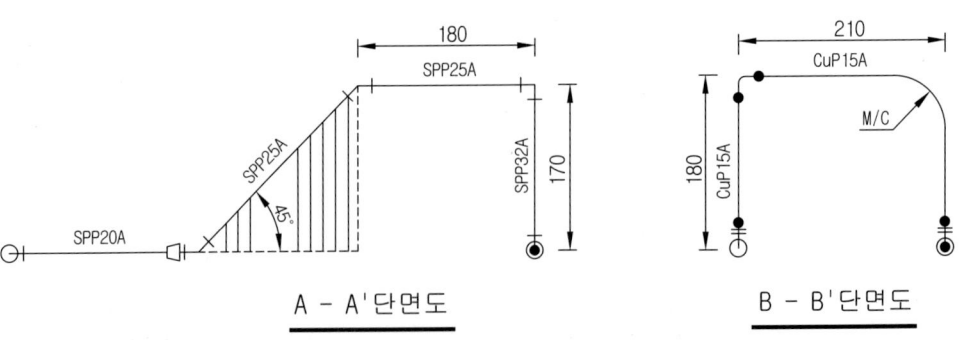

A - A'단면도　　　　B - B'단면도

| 자격종목 | 에너지관리기능사 | 작품명 | (2과제)종합응용배관작업 | 척도 | N.S |

③

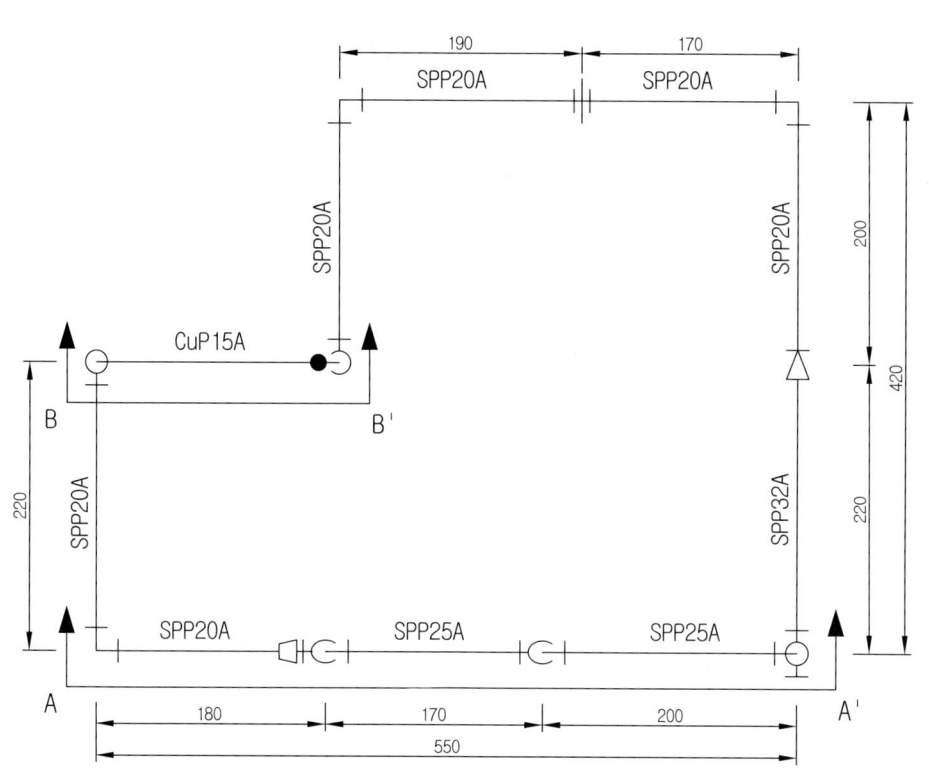

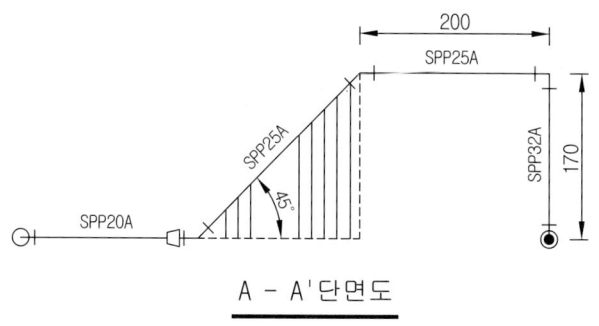

A - A' 단면도

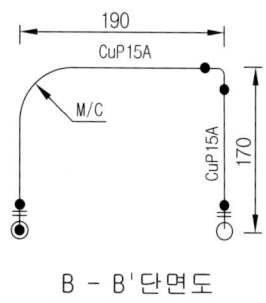

B - B' 단면도

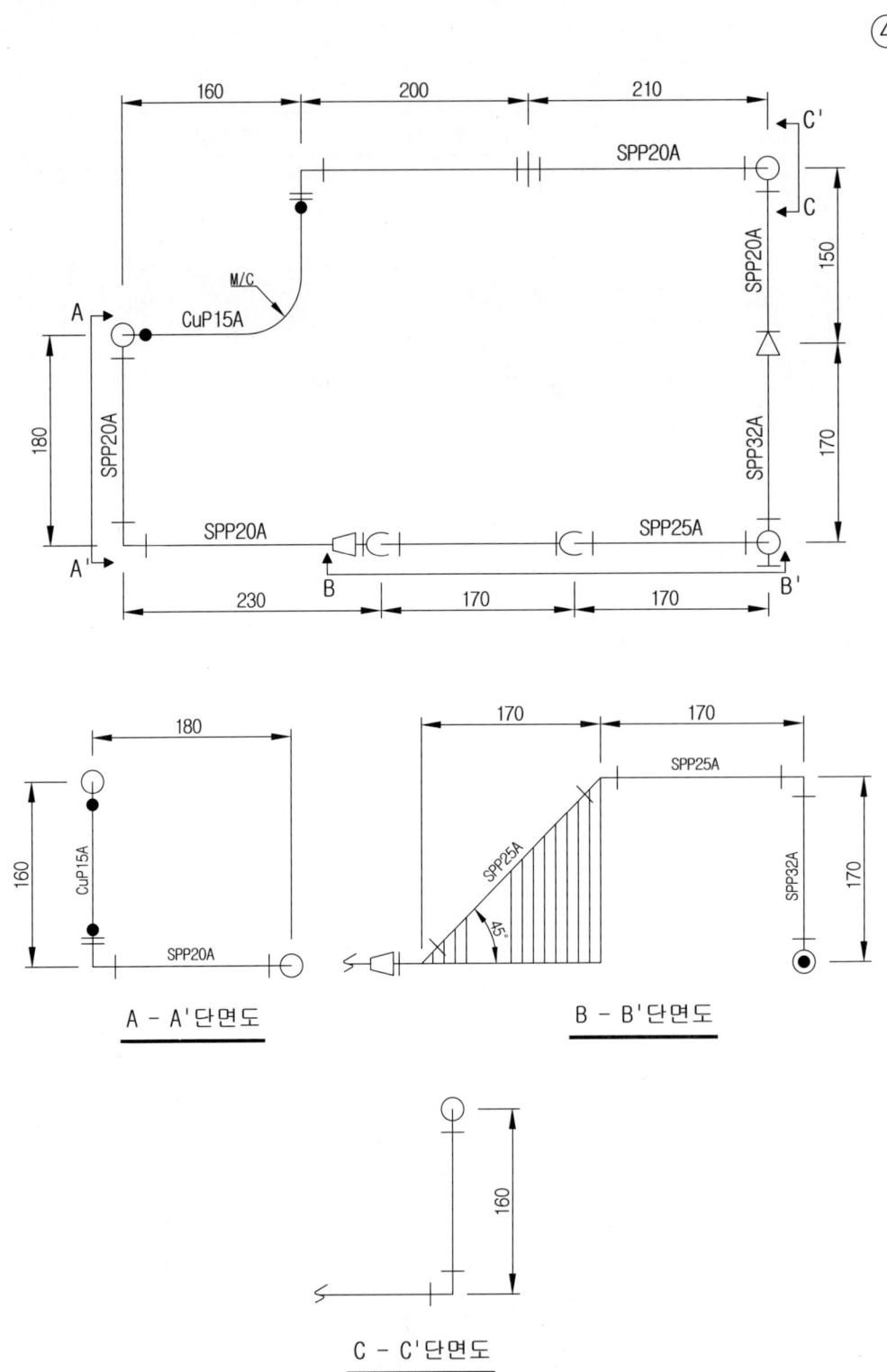

| 자격종목 | 에너지관리기능사 | 작품명 | (2과제)종합응용배관작업 | 척도 | N.S |

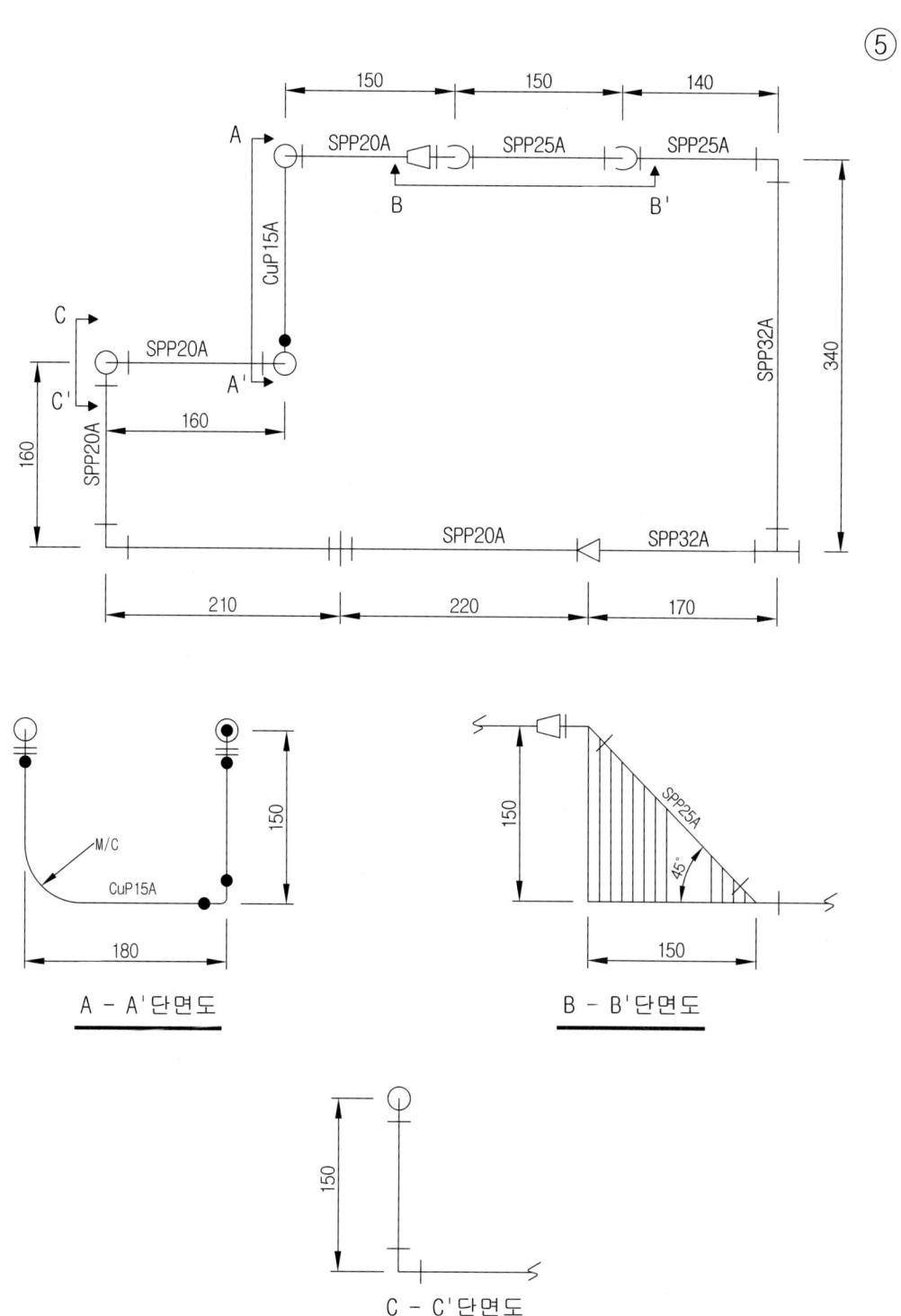

| 자격종목 | 에너지관리기능사 | 작품명 | (2과제)종합응용배관작업 | 척도 | N.S |

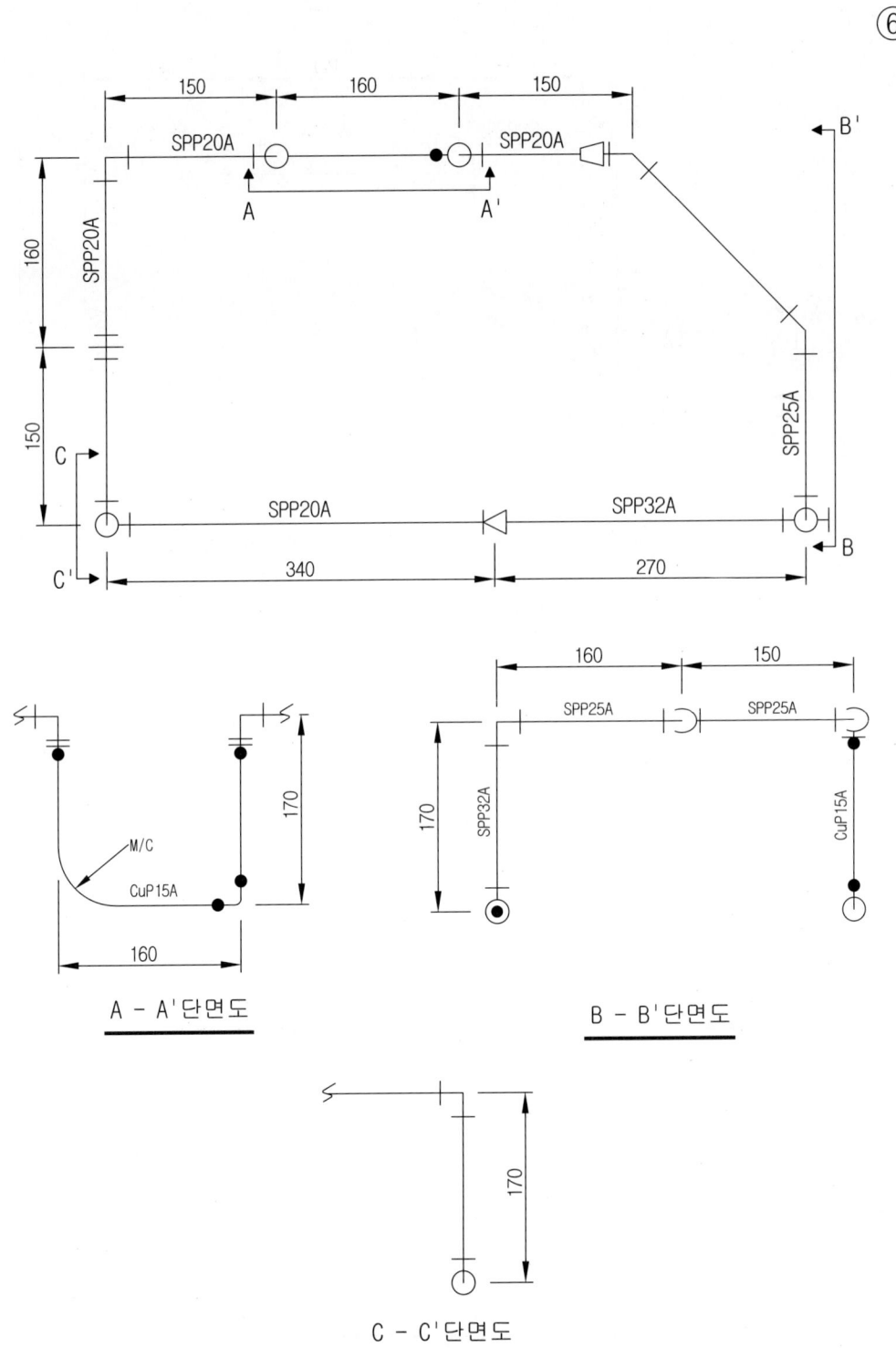

| 자격종목 | 에너지관리기능사 | 작품명 | (2과제)종합응용배관작업 | 척도 | N.S |

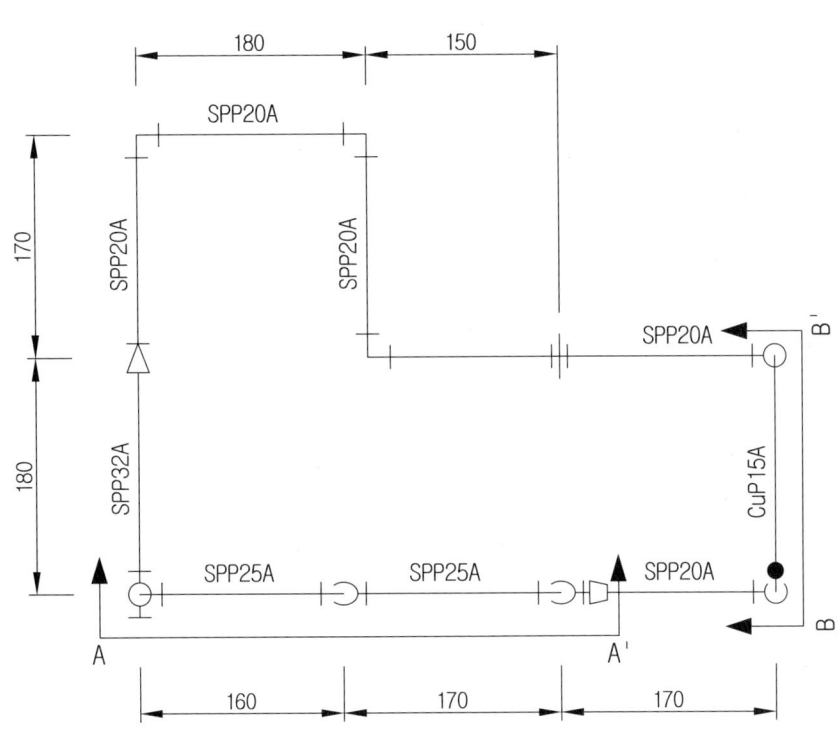

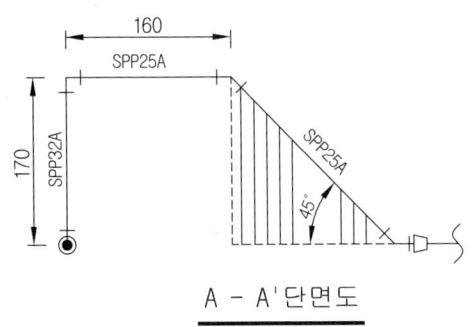

A - A' 단면도

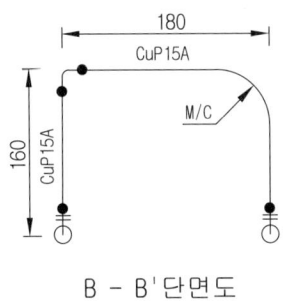

B - B' 단면도

| 자격종목 | 에너지관리기능사 | 작품명 | (2과제)종합응용배관작업 | 척도 | N.S |

⑧

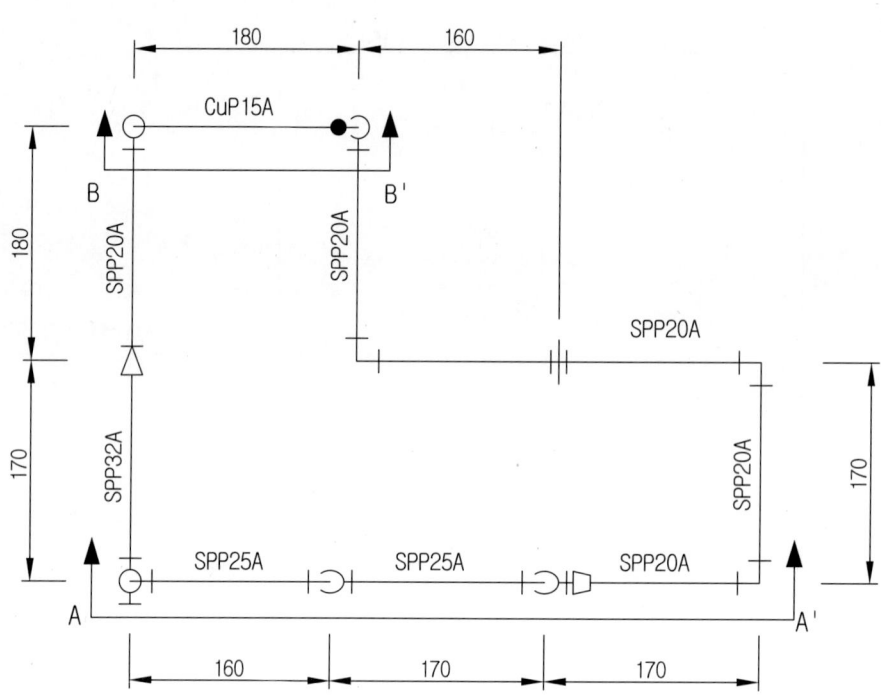

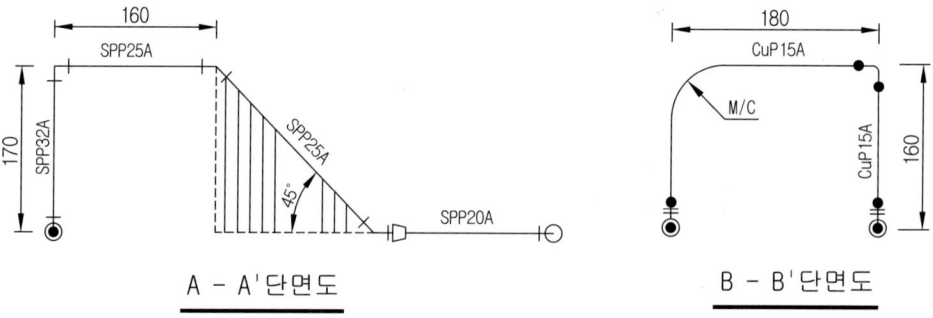

A - A'단면도   B - B'단면도

| 자격종목 | 에너지관리기능사 | 작품명 | (2과제)종합응용배관작업 | 척도 | N.S |

⑨

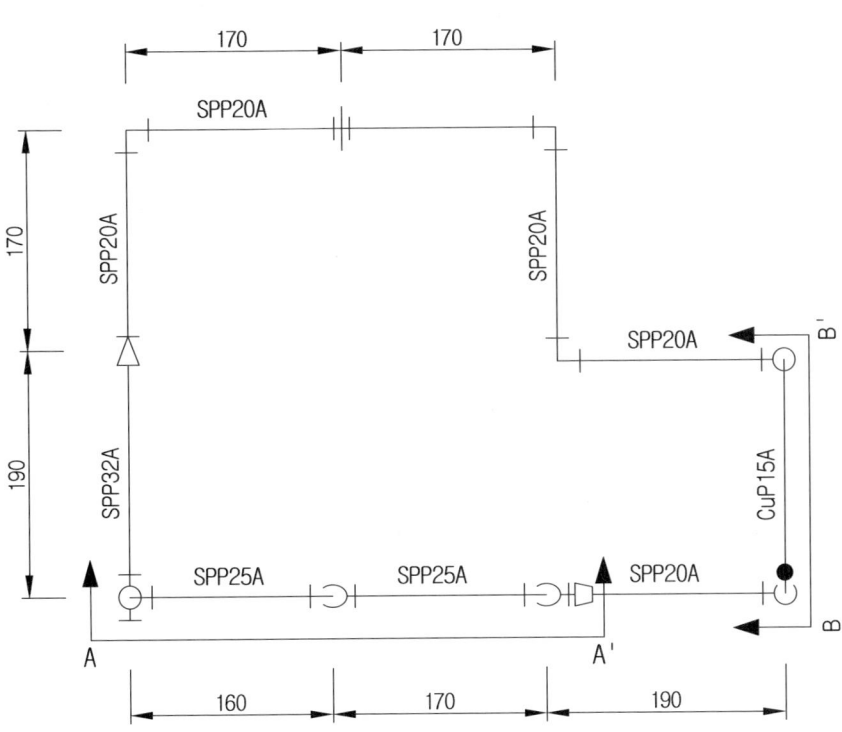

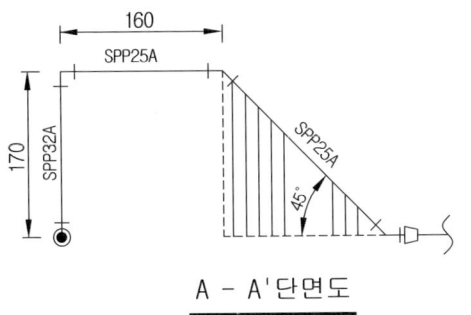

A – A' 단면도

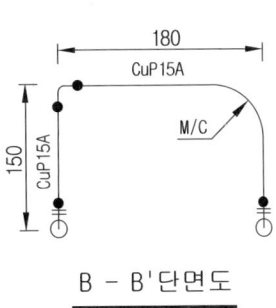

B – B' 단면도

에너지관리기능사 실기 분석

1. 요구사항

① 총시험시간 준수 : 3시간30분 이내

　　(1과제)배관적산, (2과제)종합응용배관작업

② 배점 : 배관적산(20점) + 종합응용배관작업(80점)

③ 배관적산 : 종합응용배관작업 도면이 아닌 별도의 도면 분석

　　예상 재료항목은 20여개 정도, 검은색 볼펜만 사용

　　(호칭지름 : 강관 40A, 32A, 25A, 20A, 동관 20A, 또는 15A)

④ 종합응용배관작업

　- 안전보호구 착용 : 작업복, 작업화, 보안경, 장갑
　- 주어진 재료로만 작업할 것 (강관 32A, 25A, 20A, 동관 15A)
　- 작업기능 : 나사절삭 조립, 가스용접 납땜
　- 강관 나사절삭 10개, 동관 납땜 4개소 + 동관벤딩
　- 동관납땜시 황동부속(CM어뎁터)은 플럭스 바를 것

2. 오작처리

① (1과제) (2과제) 중 0점이 있는 경우

② 기권, 중도포기

③ 지급재료 이외를 사용할 때

　- 용접용 턴테이블 지그는 금지,
　- 배관고정용, CM용접용 지그 허용

④ 종합응용배관작업 오작

　- 도면과 상이한 경우,
　- 변형이 심하거나 외관이 극히 불량한 경우
　- 평행도 30mm 이상 차이
　- 부분치수 15mm 오차, 전체치수 30mm 오차
　- 수압시험 0.3MPa(3kgf/cm^2) 이하 누수

에너지관리기능사 실기(응용배관) 출제 부속품

티이 이경티이 레듀샤 이경엘보우

90°엘보 45°엘보 부싱 유니온

[강관 부속품]-나사작업용

에너지관리기능사 실기(응용배관) 출제 부속품

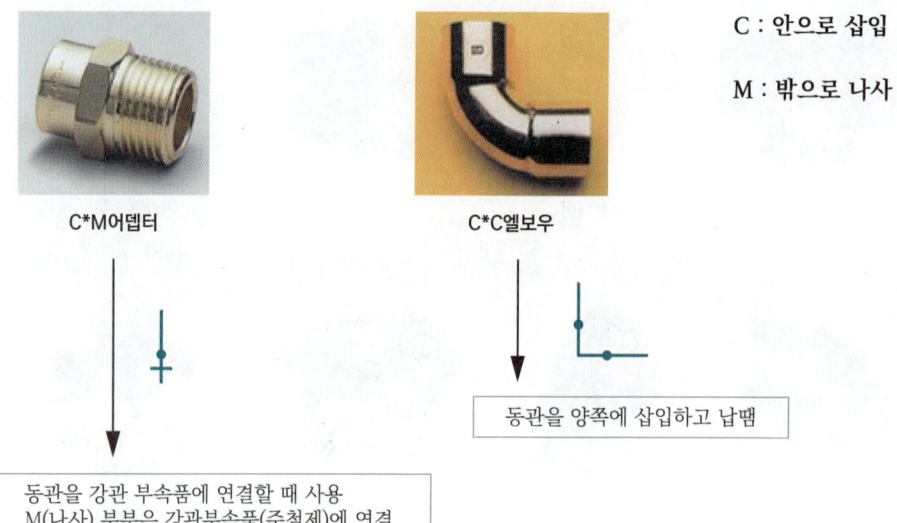

[동관 부속품]

에너지관리기능사 실기(응용배관) 작업 공구

[동력나사절삭기-다이헤드형]

나사절삭, 관절단, 리이밍작업

에너지관리기능사 실기(응용배관) 작업 공구

[파이프렌치]

관이나 부속품을 조일 때
주철제 부속 조일 때

[몽키스패너]

동관부속 조일 때
(CM어댑터)

에너지관리기능사 실기(응용배관) 작업 공구

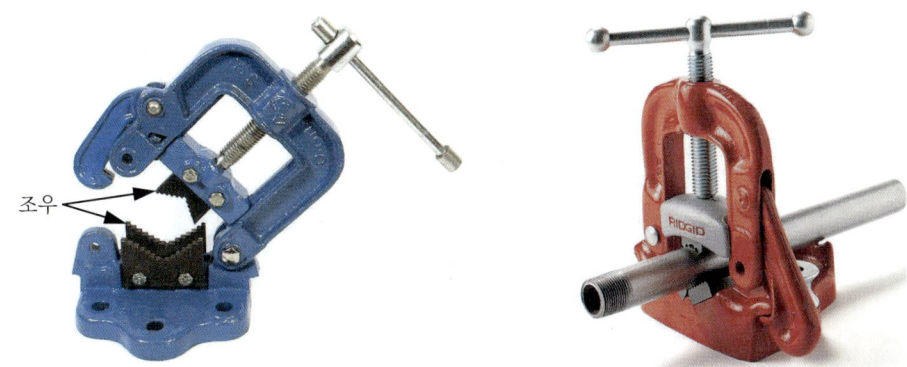

[파이프바이스]

배관 고정-바이스 뒷 부분의 배관을 수평 또는 수직으로 고정

에너지관리기능사 실기(응용배관) 작업 공구

조우

[수평바이스]

배관이나 공작물 고정
부싱을 조일 때 유용하게 사용

에너지관리기능사 실기(응용배관) 작업 공구

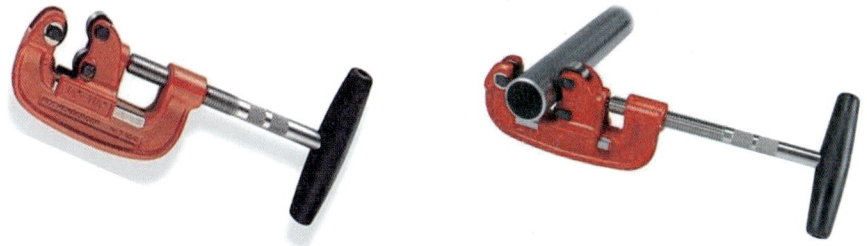

[파이프커터]

강관절단-파이프가 롤러 사이에 고정되도록 하고
커터는 파이프 아랫면에서 위를 보게 물림
1회전시마다 손잡이를 조금씩(1/2회전이하) 조임

에너지관리기능사 실기(응용배관) 작업 공구

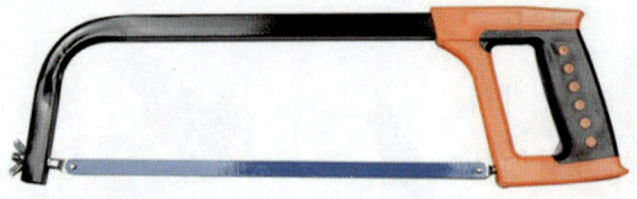

[쇠톱]

관절단 또는 치수표시
*배관에 치수표시는 페인트마커를 사용해도 됨

에너지관리기능사 실기(응용배관) 작업 공구

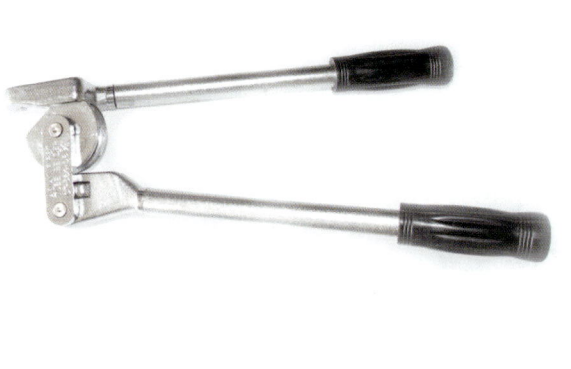 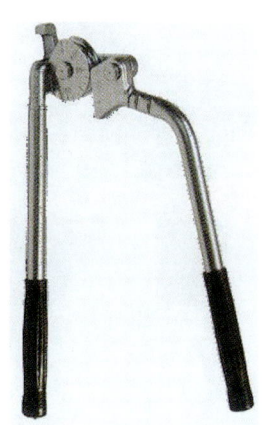

[동관공구 - 튜브벤더]

동관을 구부릴 때

에너지관리기능사 실기(응용배관) 작업 공구

[튜브커터]

동관절단

에너지관리기능사 실기 - 유니온이음

유니온나사   유니온너트   유니온칼라

*배관기호

유니온칼라를 연결할 배관에 먼저
유니온너트를 넣은 다음 유니온칼라를 나사조립

에너지관리기능사 실기 - 유니온이음

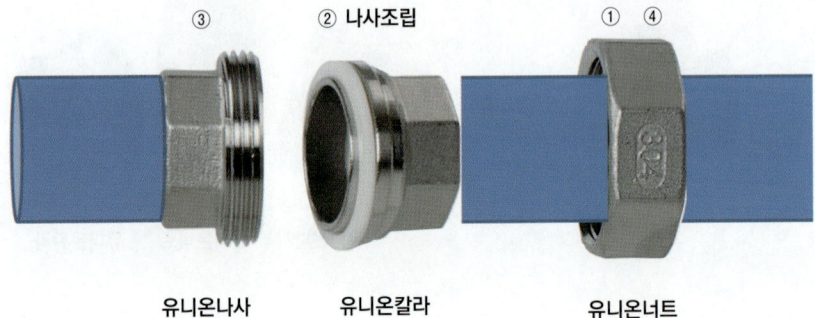

③ 　　② 나사조립　　① ④

유니온나사　　유니온칼라　　유니온너트

① 나사절삭된 파이프에 유니온너트를 먼저 넣는다.(방향주의)
② 유니온칼라를 나사조립한다.
③ 유니온나사 부분의 배관을 조립한다.
④ 유니온너트를 유니온나사와 결합한다.(사이에 패킹을 끼운다.)

에너지관리기능사 실기 - 레듀샤 연결

레듀샤

*배관기호

에너지관리기능사 실기 - 부싱 연결

부싱

*배관기호

부싱 나사부위에 테프론테이프를 감은 다음 부싱의 육각모서리 부분을 수평바이스에 나사부분이 위로 오도록 고정한다. 부싱의 나사에 티를 끼우고 파이프렌치로 조인다

에너지관리기능사 실기(응용배관) - 납땜이음

*배관기호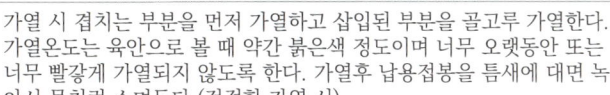

가열 시 겹치는 부분을 먼저 가열하고 삽입된 부분을 골고루 가열한다. 가열온도는 육안으로 볼 때 약간 붉은색 정도이며 너무 오랫동안 또는 너무 빨갛게 가열되지 않도록 한다. 가열후 납용접봉을 틈새에 대면 녹아서 물처럼 스며든다.(적절한 가열 시)

에너지관리기능사 실기 - 배관평면도

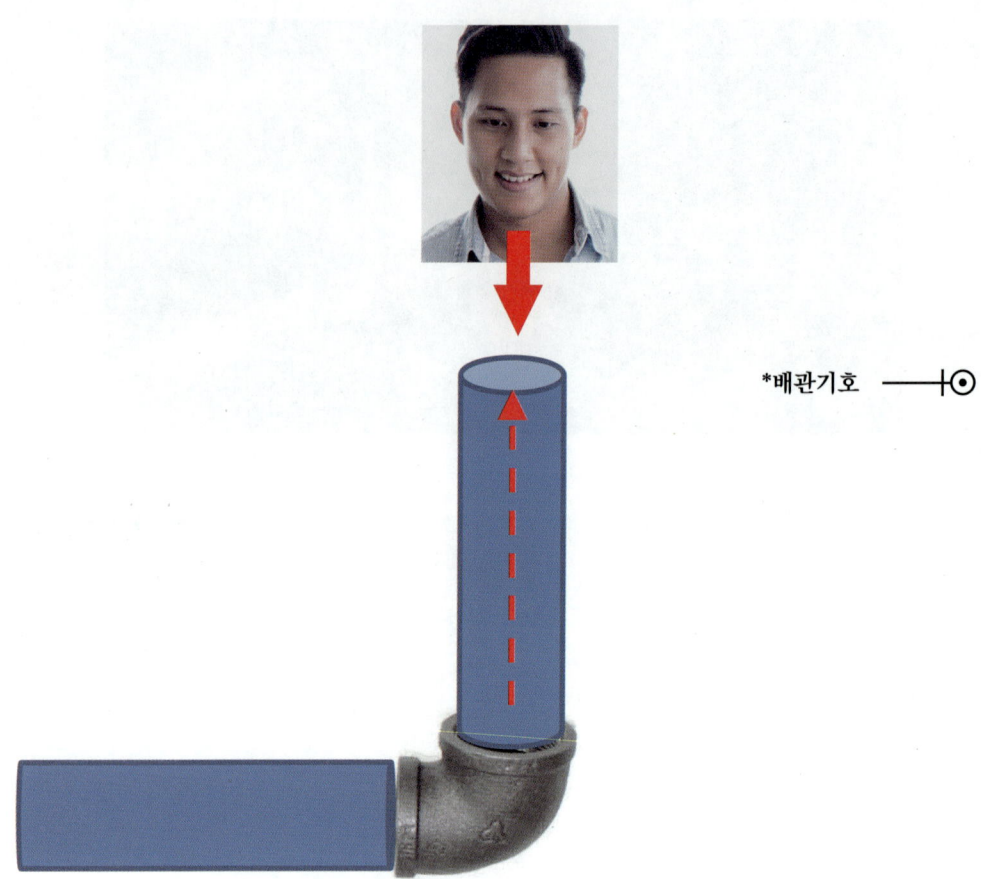

*배관기호 ———⊙

[배관평면도 – 오는 배관]

에너지관리기능사 실기 - 배관평면도

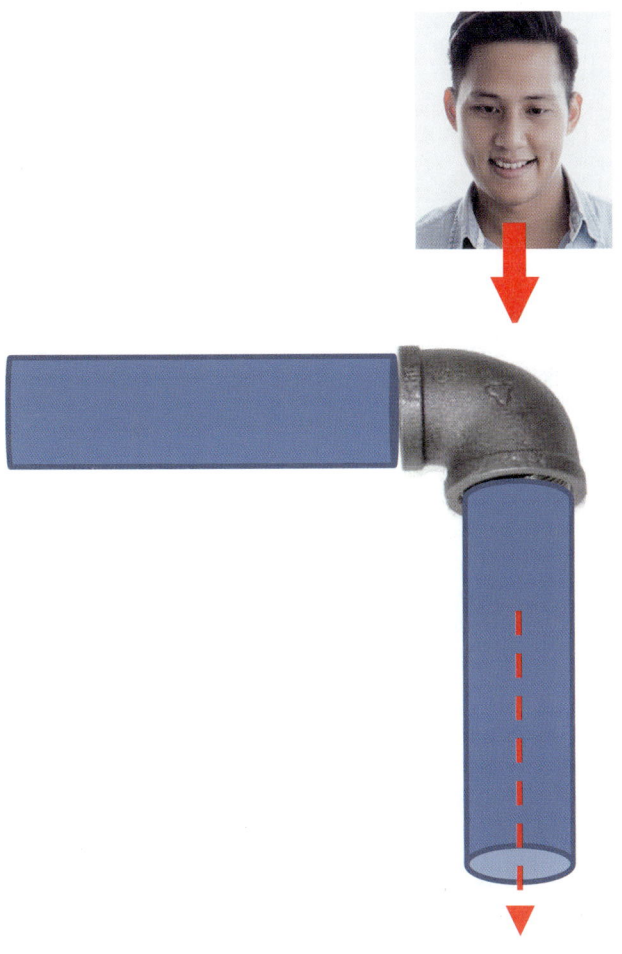

*배관기호 ——⊙

[배관평면도 – 가는 배관]

에너지관리기능사 실기 – 배관평면도

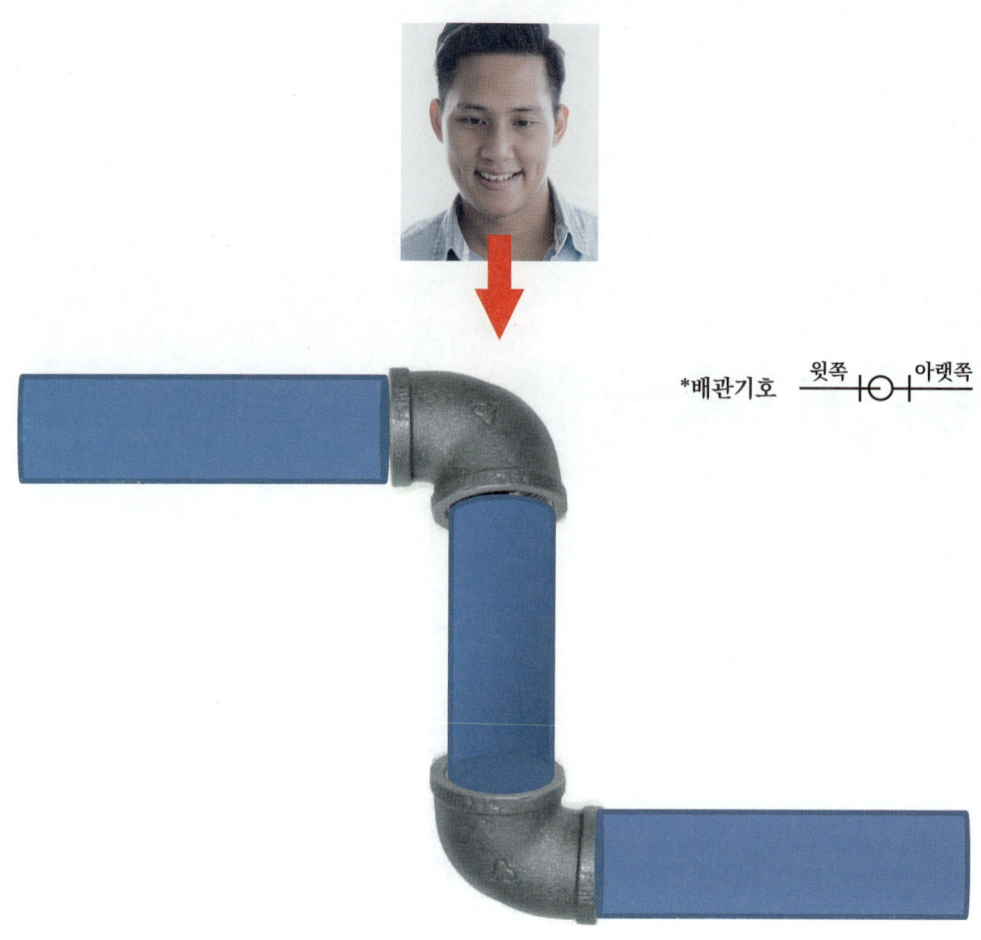

*배관기호 윗쪽 —⊙— 아랫쪽

[배관평면도 – 꺾어진 배관]

에너지관리기능사 실기 - 배관평면도

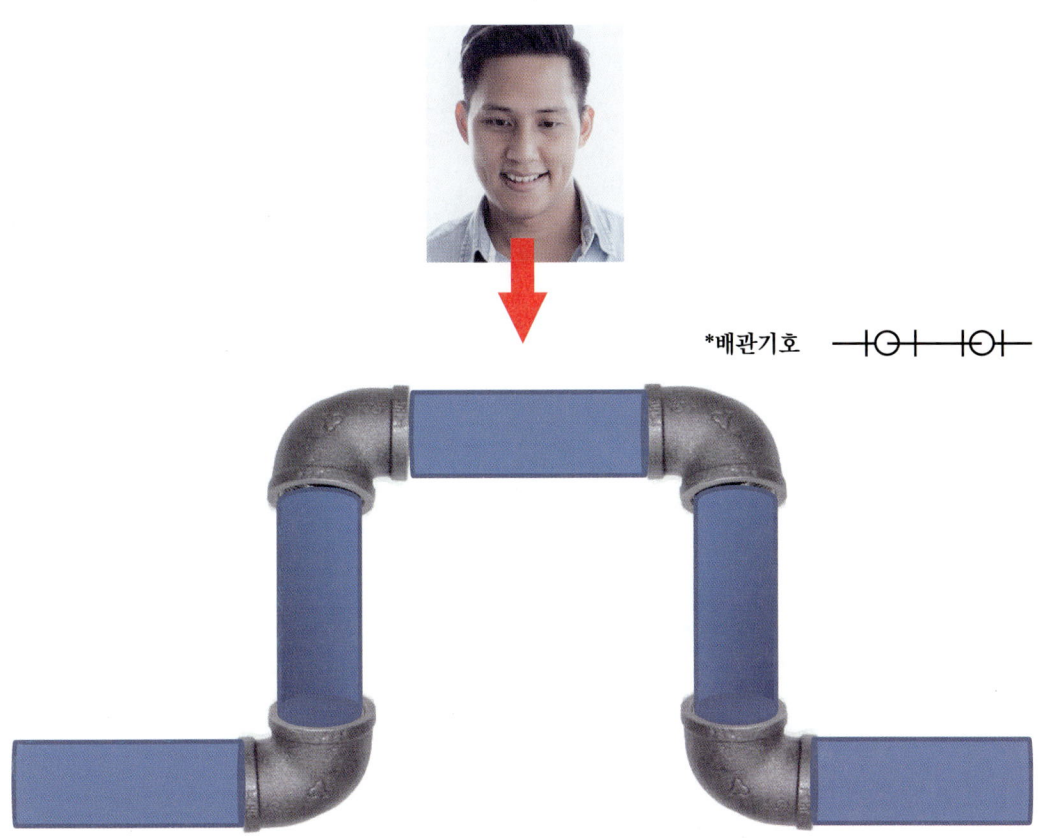

[배관평면도 - 입상관]

에너지관리기능사 실기 - 배관평면도

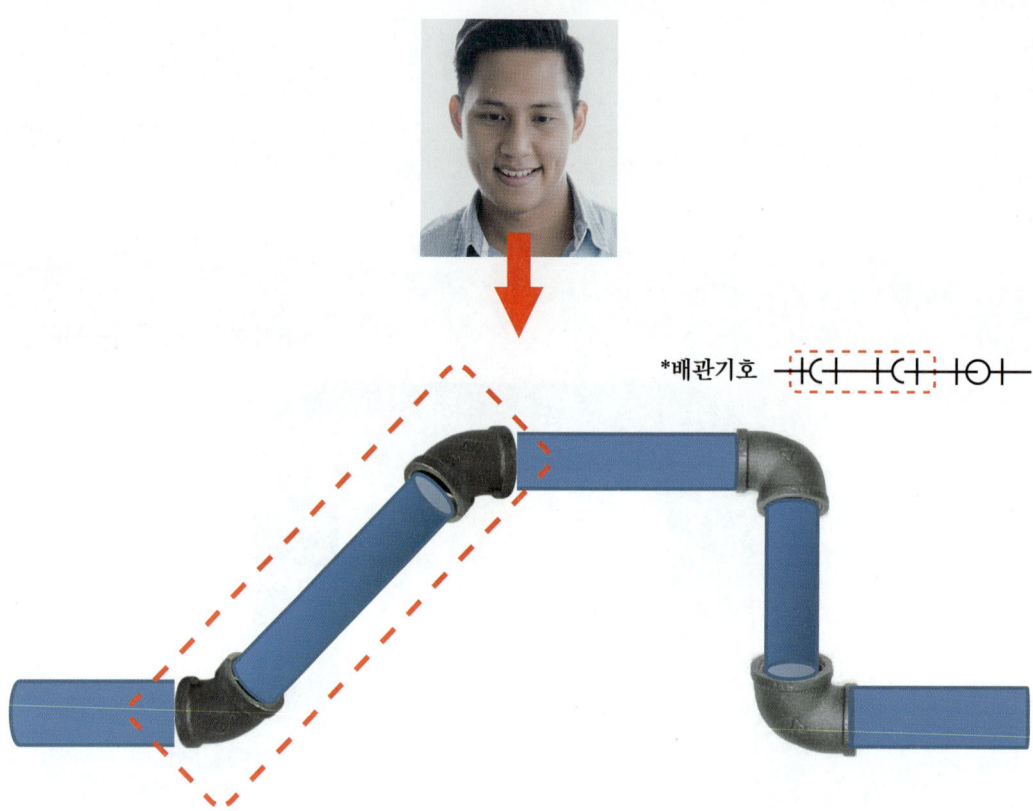

[배관평면도 – 45° 입상관]

에너지관리기능사 실기 - 45° 입상관 치수

*배관 평면도(예)

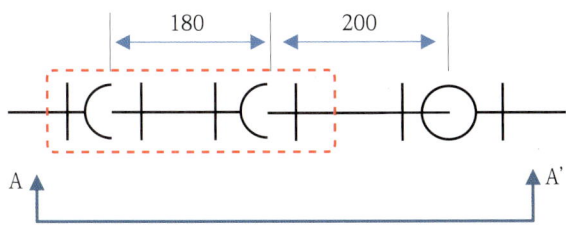

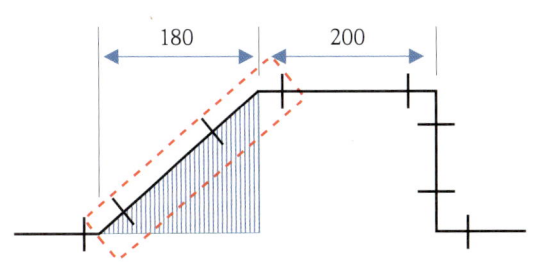

[A-A' 단면도]

45° 입상관 부분의 배관길이

직각삼각형의 빗변에 해당
따라서 180*√2

실제절단길이는
180*√2 에서 양쪽의 부속
여유치수를 뺀 길이

에너지관리기능사 실기 – 45° 입상관 (직각삼각형)

*직각삼각형 피타고라스 정리

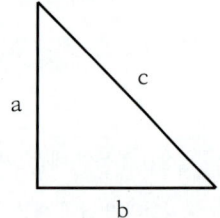

$$c^2 = a^2 + b^2$$
$$빗변^2 = 밑변^2 + 높이^2$$
따라서, $c = \sqrt{a^2 + b^2}$

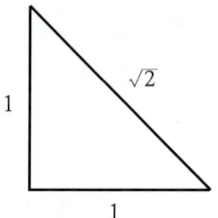

에너지관리기능사 실기 - 관이음 표시기호

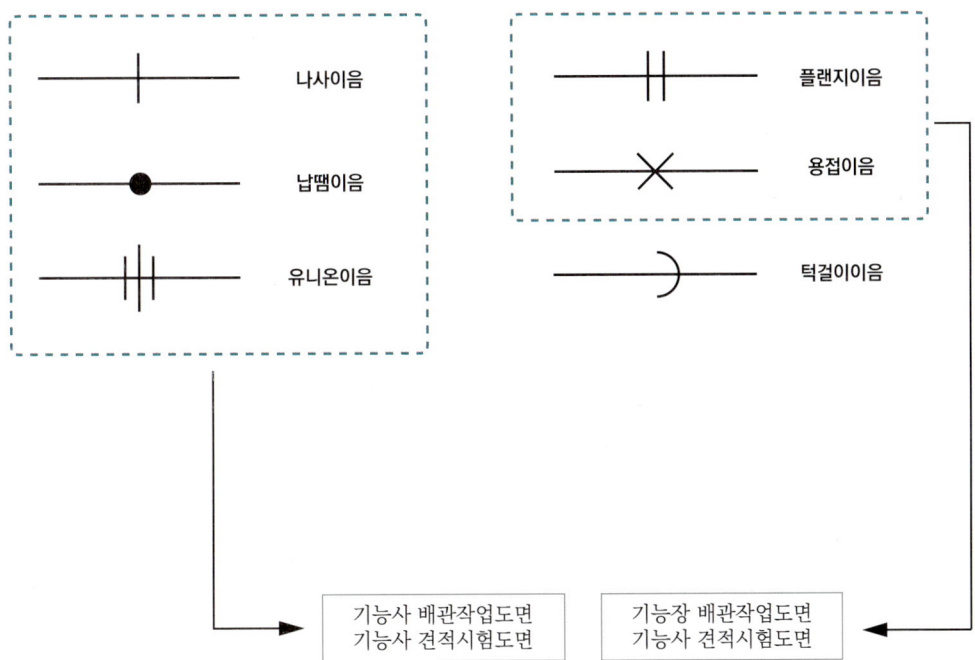

에너지관리기능사 실기 - 견적 연습

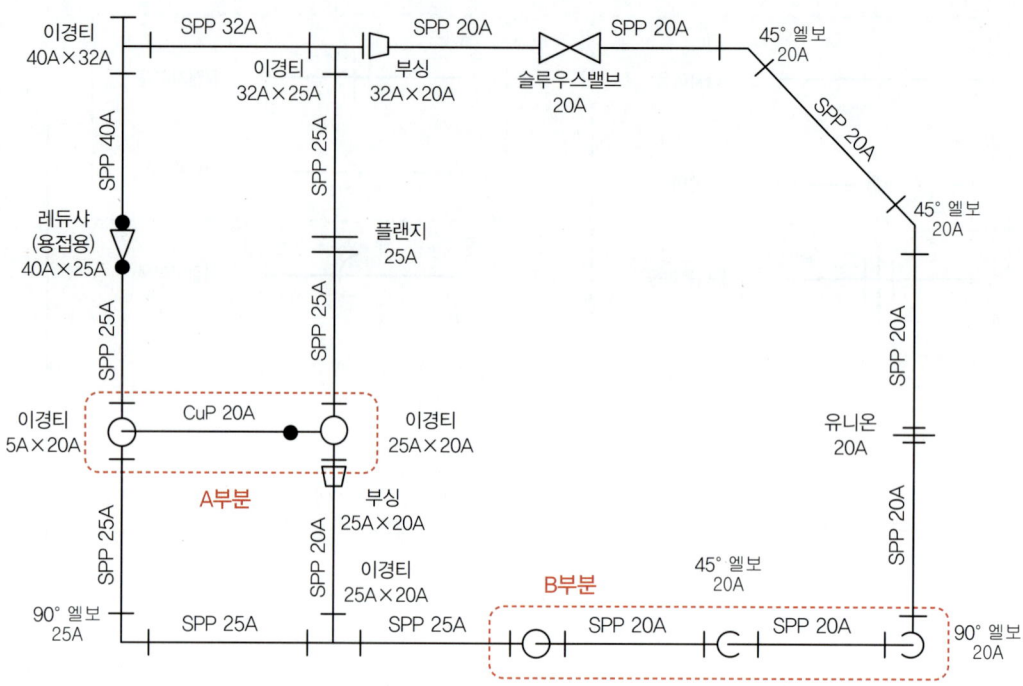

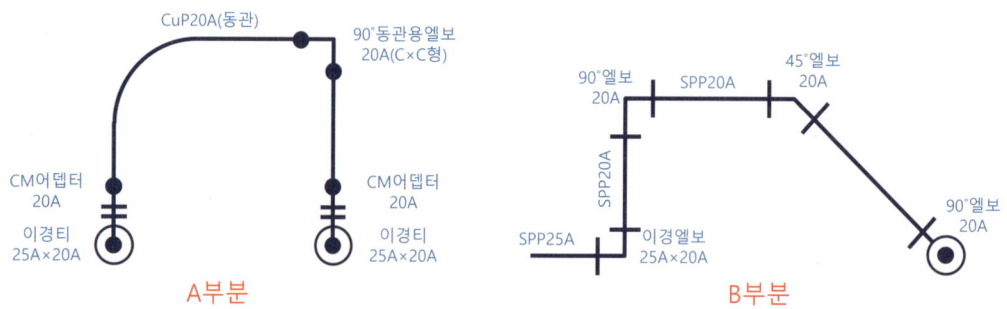

에너지관리기능사 실기 마무리 - 제1 과제

1. 제1과제 (견적)학습

① 주어진 도면 (평면도)에 나타난 부품의 배관기호에 따라 부품 명을 적고, 배관규격을 참고하여 부품의 규격을 파악한다.
② 입상관 단면도를 확인하여 부품명과 규격을 파악한다.
③ 파악된 부품명, 규격 중 일치하는 것은 수량을 조절한다.
④ 문제 제시된 도면 이외에 재질이나, 허용호칭압력이 표시된 부분이 있으면 비고란에 추가기록한다.
⑤ 플랜지는 2개가 한 세트이므로 배관기호에 한군데 나오더라도 수량을 2개로 적는다.
⑥ 이경부속의 규격은 큰 쪽을 먼저 적고, 작은 쪽을 나중에 적는다. 그리고 가운데 ×기호를 넣는다.
  예) 이경티 32A×25A
⑦ 제시된 도면의 부품명을 답안지에 옮겨 적을 때 출발점에서 시계방향 또는 시계반대방향으로 적어 나간다. 기록된 부분은 도면에 체크표시하여 구분하고 같은 부품이 나오는지 수량을 세어 적은 후 체크표시하여 구분한다.

에너지관리기능사 실기 마무리 - 제1 과제 참조(배관기호)

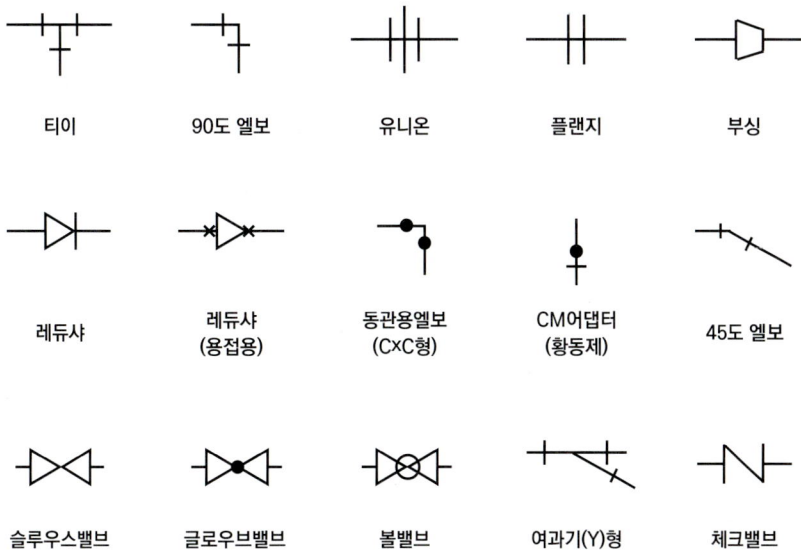

에너지관리기능사 실기 마무리 - 제2 과제

1. 실제 배관 절단길이

① 도면상 길이는 [mm] 단위, 부속품 중심길이
② 실제 배관 길이는 부속품 내부에 나사가 삽입되지 않는 여유치수를 제외하고 절단
③ 일반적인 강관부속 여유치수는 다음과 같다.

　　32A 구경 : -27mm, 25A 구경 (90°) : -23mm, (45°) : -14mm

　　20A 구경 : -19mm, 유니온 : 양쪽 -12mm,

　　레듀샤 (32A × 20A) : 양쪽 -9mm, 부싱 (25A × 20A) : -12mm

④ 동관용 부속의 여유치수는 다음과 같다.

　　20A×15A+CM 어뎁터 15A : 한꺼번에 -37mm

　　15A C*C엘보 : 양쪽 -16mm

⑤ 강관 부속품이 이경부속일 경우 반대로 여유치수를 뺄 것

　　예) 이경엘보 20A×15A 의 경우 20A 쪽에서 -16mm, 15A 쪽에서 CM어뎁터 조립 후 -37mm 를 뺄 것

에너지관리기능사 실기 마무리 - 제2 과제(여유치수)

번호	구분	규격	비고
1	32A 티	양쪽 – 27mm	
2	32A×25A 이경엘보	32A쪽 – 23mm, 25A쪽 – 27mm	이경은 반대로
3	25A 45° 엘보	양쪽 – 14mm	
4	20A 90° 엘보	양쪽 – 19mm	
5	25A×20A 부싱	12mm	
6	32A×20A 레듀샤	양쪽 – 9mm	
7	20A 유니온	양쪽 – 12mm	
8	20A×15A 이경엘보	20A쪽 – 16mm, 15A쪽 – CM계산	
9	20A×15A 이경엘보 +CM어뎁터 15A	37mm	CM어뎁터까지 한꺼번에 계산
10	15A C×C엘보	양쪽 – 16mm	

* CM어뎁터 부분은 이경엘보와 CM 어뎁터 조립 후 한꺼번에 여유치수를 뺀다.
* C동엘보 부분은 1~2mm 작게 절단해도 납땜용접 시 연결이 가능하다.

에너지관리기능사 실기(응용 배관) - 나사작업 기능숙달

[나사작업 기능숙달] 다음 동작을 반복하여 1회 반복시 3분 이내가 되도록 연습 (25A 강관으로 연습)

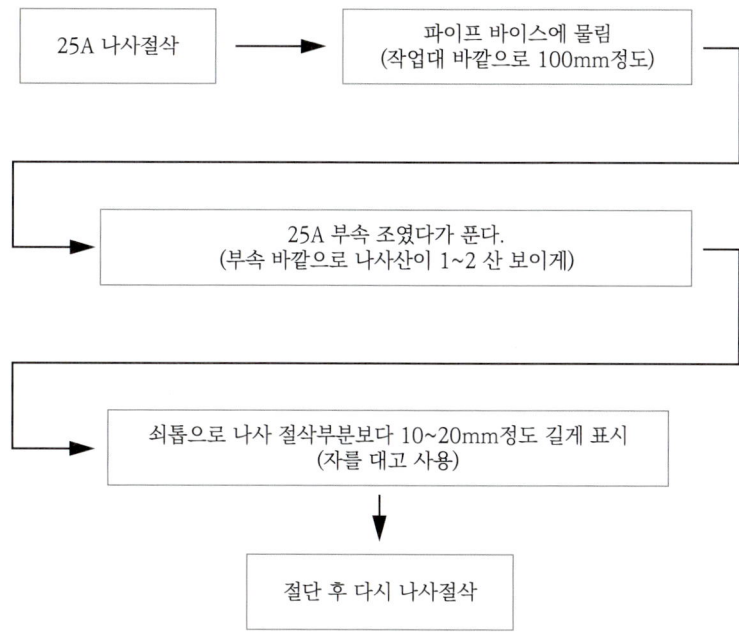

에너지관리기능사 실기 마무리 - 제2 과제

1. 배관 유의사항

① ㄴ 자에 ㅣ 자를 연결하여 ㄷ자를 만든다.
② 파이프바이스에 배관을 물릴 때는 바이스 뒷부분의 배관이 수평 또는 수직이 되도록 물린다.
③ 폐쇄된 도면 모양은 유니온 반대쪽 배관에서 분해 조립한다.
④ 최종 조립되는 구간은 유니온 조립 후 C*C 동엘보 납땜용접이 되게 한다.
⑤ 나사조립시 반드시 테프론테이프를 나사부위에 감는다.
　나사 끝 부분만 감도록 하며 조립 후 부속 바깥으로 테이프가 노출되지 않도록 한다. (부속 바깥쪽에 1~2산 보이게)
⑥ 납땜 : CM어뎁터(황동제) 납땜 시 플럭스 (저온용용제)를 동 관에 바른 후 가열 용접하며, 강관부속에 조립된 채로 용접하지 않는다.(테프론테이프가 열에 의해 타게 되며 누수위험이 있다.) CM어뎁터 용접 후 강관부속에 나사조립할 것
⑦ 동관벤딩은 벤딩후 직각자로 치수를 계산하여 절단하는 방법과, 미리 치수를 계산하여 벤딩 시작부위를 표시한 다음 벤딩하는 방법이 있다.

에너지관리기능사 실기 - 45° 입상관 치수

*배관 평면도(예)

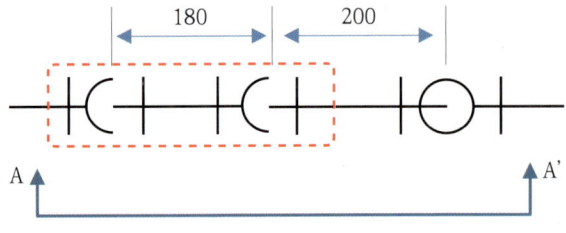

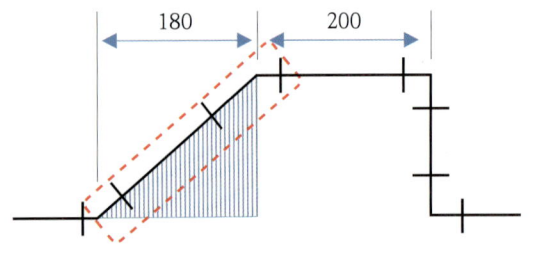

45° 입상관 부분의 배관길이

직각삼각형의 빗변에 해당
따라서 180*√2

실제절단길이는
180*√2 에서 양쪽의 부속 여유치수를 뺀 길이

[A-A' 단면도]

배관작업 - 관절단

(처음 앞뒤로 회전 절단선이 하나로 일치하도록 확인)

[파이프커터]

도면에 파이프 구간마다 번호를 적고 절단 파이프에도 같은 번호를 페인트 마카로 표시하여 혼동되지 않도록 한다.

강관절단-파이프가 롤러(2개) 사이에 고정되도록 하고
커터는 파이프 아랫면에서 위를 보게 물림
1회전마다 손잡이를 조금씩(1/2회전이하) 조임

배관작업 - 나사절삭

파이프커터 : 강관절단
다이헤드 : 나사절삭
파이프리머 : 리이밍작업
변속레버
이송핸들

시험장에서는 나사절삭기의 커터를 사용하면 안됨
작업대에서 수동커터로 절단 해야 함
절단후 리밍이 원칙이나 작업 시간상 생략 가능

[동력나사절삭기-다이헤드형]

나사절삭, 관절단, 리밍작업

* 다이헤드

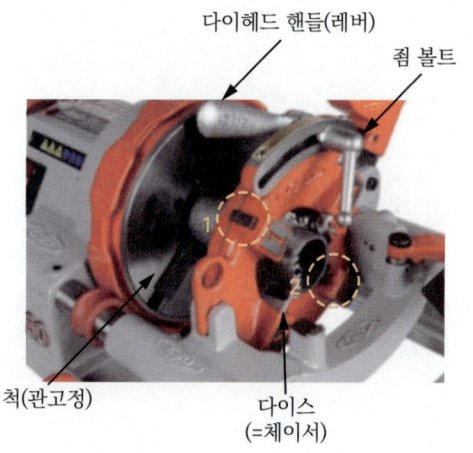

1. 다이스(=체이서)가 4개가 번호대로 끼워져 있고 측면에 나사절삭 가능한 관경이 표시되어 있다.
   ① 1/2 -3/4" : 1/2~3/4인치, 즉 20A 절삭
   ② 1-2" : 1~2인치, 즉 25A, 32A 절삭
2. 나사절삭 시 시선으로 관찰할 부분. 3번 체이서 날을 관찰하여 강관이 절삭되며 진행할 때 레버를 들어 줘야 함

1번 다이스 측면의 숫자를 확인한다.
15A, 20A 절삭 : 1/2-3/4" 확인
25A, 32A, 40A 절삭 : 1-2" 확인

나사는 2~3회에 나누어 절삭

도면대로 절단 후 약간 여분으로 남은 관을 먼저 실험 삼아 절삭해본다.

확인1 : 다이헤드 레버를 완전히 내리고 나사를 깎은 후 부속을 손으로 돌려서 2~3회전 삽입이 되는가?
확인2 : 나사절삭 시 척에 물린 관이 앞으로 진행할 때 3번 다이스의 나사 산 몇 번째까지 깎아야 하는지 관찰하고 레버를 완전히 뒤로 젖힘
 * 마지막 나사의 1~2 산 정도는 레버를 천천히 들어올려서 깎는다.

배관작업 - 나사절삭

일반적인 나사 절삭 산수 : 7~8산
부속 조립 후 바깥으로 보이는 나사 산수 : 1~2산
즉, 부속 안으로 6산정도 조립되어 들어감

나사 절삭 시 척에 물린 배관이 다이스 안으로 진행할 때
관 끝부분이 3번 다이스 끝에서 안쪽으로 나사산이 몇 개 남을 때 레버를 완전히 들어 올려야 하는가?
(레버를 완전히 뒤로 젖히면 나사절삭 안됨)

20A : 끝에서 1.5~2번째 다이스 나사산까지
25A : 끝에서 0.5~1번째 다이스 나사산까지
32A : 다이스 나사산 끝까지 또는 다이스 밖으로 1산

배관작업 - 배관조립(테프론감기)

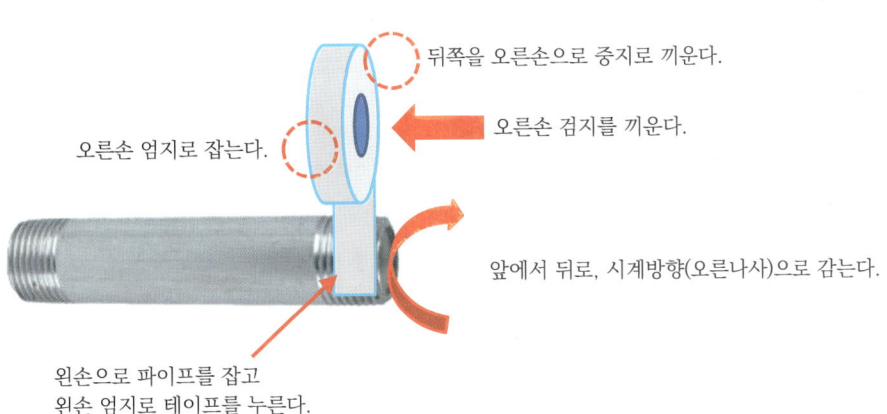

테프론을 감는 횟수 : 권장 2~3회, 실제는 뾰족한 나사산이 둥그렇게 감쌀 정도. 나사절삭 깊이에 따라 적절히 조절

배관작업 - 배관조립(부속결합)

[파이프바이스]

배관 고정-바이스 뒷 부분의 배관을 수평 또는 수직으로 고정

배관조립 시 일부분을 많이 또는 작게 조여서 조금씩 치수가 줄어들거나 늘어나는 경우가 있다.
전체 치수가 늘거나 줄어도 전체적으로 사각형 모양이 잘 유지되도록 유의
부속을 조립하는 방향은 오른쪽으로 돌려서 조립하므로 배관이 작업대에서 서로 걸리지 않도록 되도록 한쪽 방향으로 조립하는 것이 유리

CM어뎁터는 먼저 납땜을 행하고 식힌 다음 테프론을 감고 조립
동관 벤딩은 동관 15A의 경우 반지름 58mm로 계산한다.
CM부분부터 직관 부분을 계산하여 벤딩지점을 표시 (37+58 = -95mm)하고 90도 구부린 다음 CC엘보를 대보고 실측하여 절단 위치를 표시한다.

예) 15A CM 조립 + 90도 벤딩. 높이가 170mm이면 75mm 마킹 후 0점벤딩
    15A CM 조립 + 90도 벤딩. 높이가 160mm이면 65mm 마킹 후 0점벤딩

CM어뎁터, 동관 벤딩 부분 작업 (최종 CC엘보 납땜)

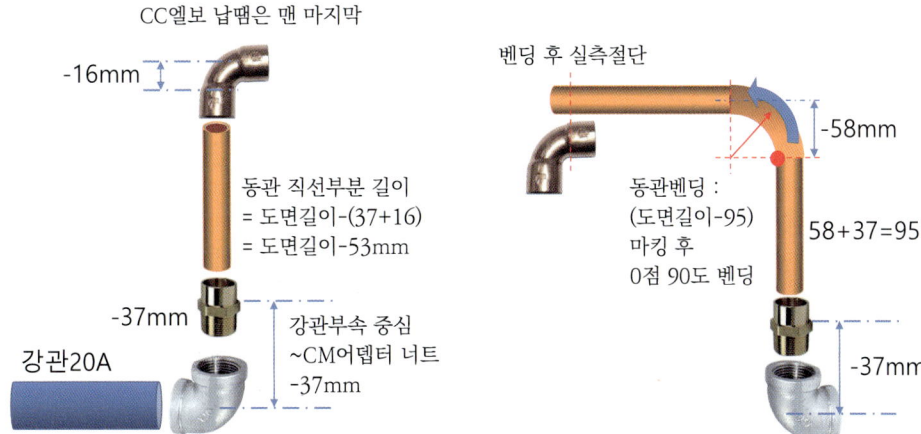

* 동관 직선부분 절단 〉 동관 끝부분에 플럭스를 바른다 → CM → CM어뎁터 삽입, 용접 → 식힌 후 CM 나사부에 테프론테이프 → 주철제 부속에 몽키스패너로 조립

* 동관 벤딩 → CM어뎁터를 살짝 끼우고 동관과 CC엘보를 맞대어 실측 후 절단 → CM 삽입부에 플럭스 바르고 용접 → 테프론테이프 → 조립

나사조립작업 주의사항

1) 나사절삭시 맨 처음 파이프는 반드시 부속을 손으로 돌려 보며 절삭
   20A는 두 번, 25A와 32A는 세 번 정도 들어가도록 절삭
   한번에 중절삭하지 말고 2~3이 이상 나누어 서서히 절삭하면서 적절한 나사 깊이를 파악하 다음 나머지 파이프도 동일한 깊이로 절삭(다이헤드 레버에 왼손 엄지를 끼워서 레버의 높낮이를 미세하게 조절)
2) 나사 조립 시 수평 수직은 마지막 회전 전에 (나사산이 2~3 산 남을 때)서서히 조이면서 잡는다. 수평잡을 때 파이프렌치는 수평으로 체중을 실어서 서서히
3) 테프론 테이프는 나사 끝부분만 감되 나사산이 둥글게 될 정도로 감는다.
4) 부속을 조일 때 파이프렌치를 처음 물렸던 상태로 한번에 조인다.(부속에 홈집이 나지 않도록)
5) 부싱 조립 시 나사에 테프론테이프를 감고 수평바이스에 육각 외경부분을 거꾸로 고정한 다음 (나사가 위로) 엘보를 조립한다.(나사산 1~2산 까지)
6) 유니온 조립시 유니온칼라를 몽키스패너로 잡고 , 파이프렌치로 유니온너트를 조립한다.(유니온칼라 쪽 나사가 역회전으로 풀리지 않도록)

배관작업 주의사항

1) ㄴ자에 I자를 조립해서 ㄷ자를 만든다.
2) ㄴ자는 가운데 방향전환 부속(엘보)을 중심으로 양쪽으로 파이프 연결
3) I자는 파이프 하나에 방향전환 부속이 연결된 것
4) 파이프 끝에 방향전환이 없는 부속 (유니온 한쪽, 레듀샤 등)은 파이프와 동일
   (즉 I자는 '파이프+엘보' 이거나 '레듀샤 한쪽+파이프+엘보' 형태)
5) ㄴ자, I자를 연결하는 방향은 파이프에 나사가 노출된 방향으로 조립해야 회전 시 안걸림
6) 바이스에 ㄴ자 ㄷ자를 물릴 때 바이스 뒤쪽의 파이프가 수평, 수직이 되도록
7) 45도 구간을 조립 시 바이스에 수직으로 물려야 눈으로 파악하기 쉬움
8) 강관 조립 후 동관연결 부위에 CM어뎁터를 끼우고 자로 평행도, 간격 확인보정
   CM어뎁터가 연결된 강관구간에서 15mm이내의 오차범위에서 평행도, 간격을 보정하여 나사를 재절삭 조립하거나 수정
9) 최종 강관 구간이 수평도, 간격, 부분치수가 오작범위 내에서 사각모양이 맞을 때 CM어뎁터 용접+동관이음을 한다.

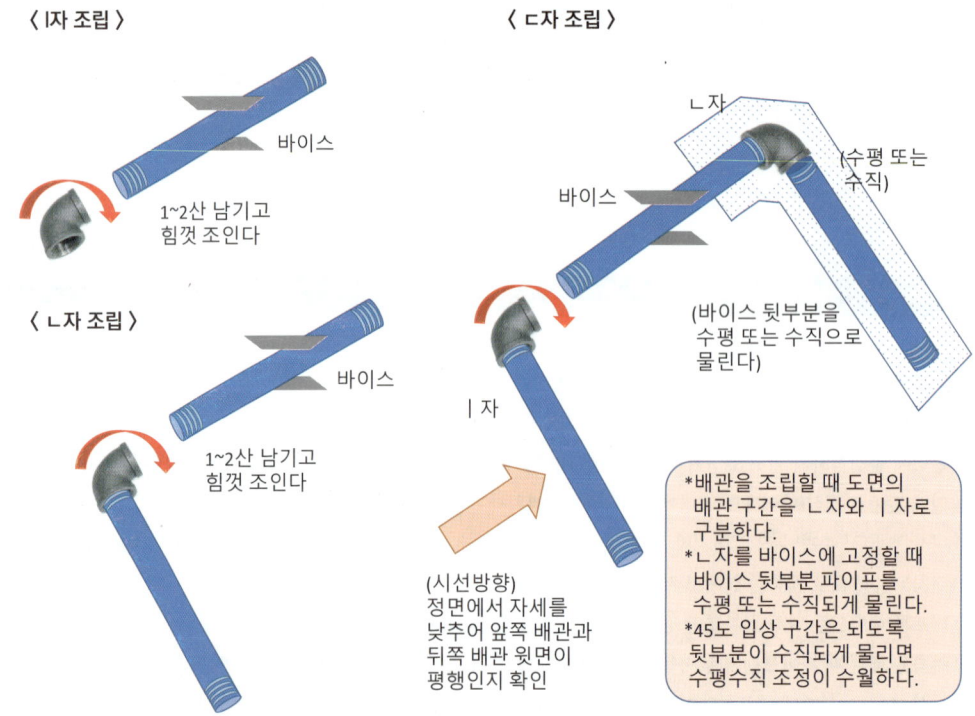

유형별 조립순서 - 공개도면1

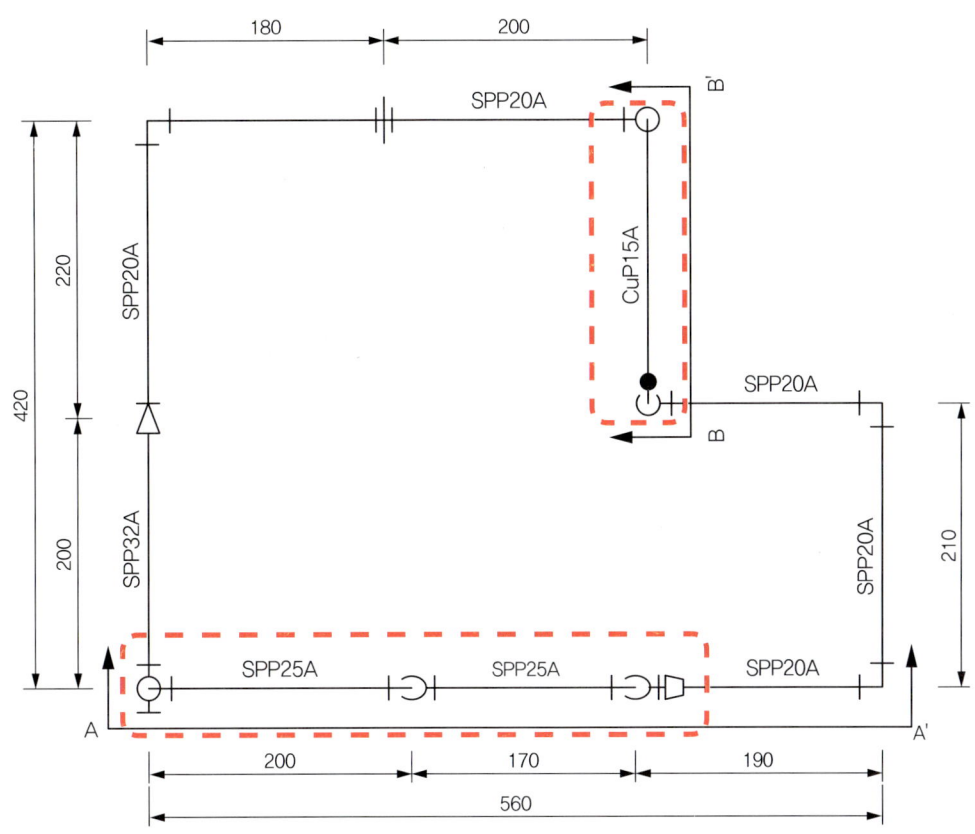

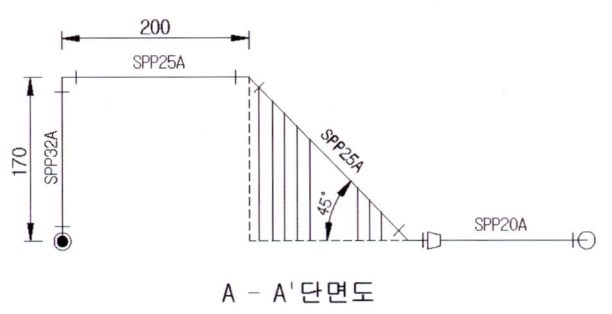

A - A' 단면도

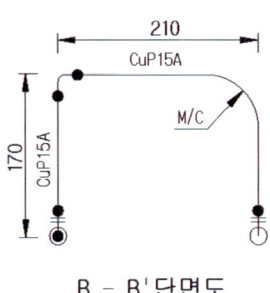

B - B' 단면도

유형별 조립순서 - 공개도면1(입체모양)

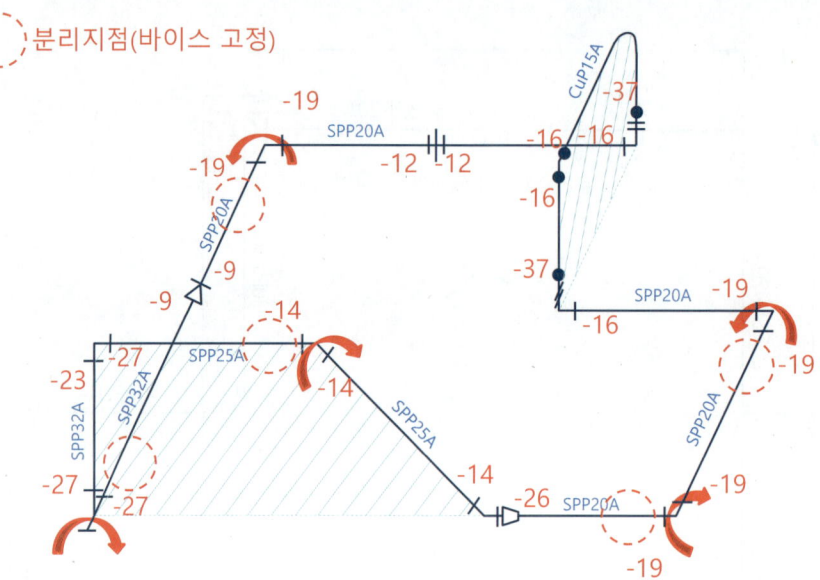

유형별 조립순서 - 공개도면1(조립순서)

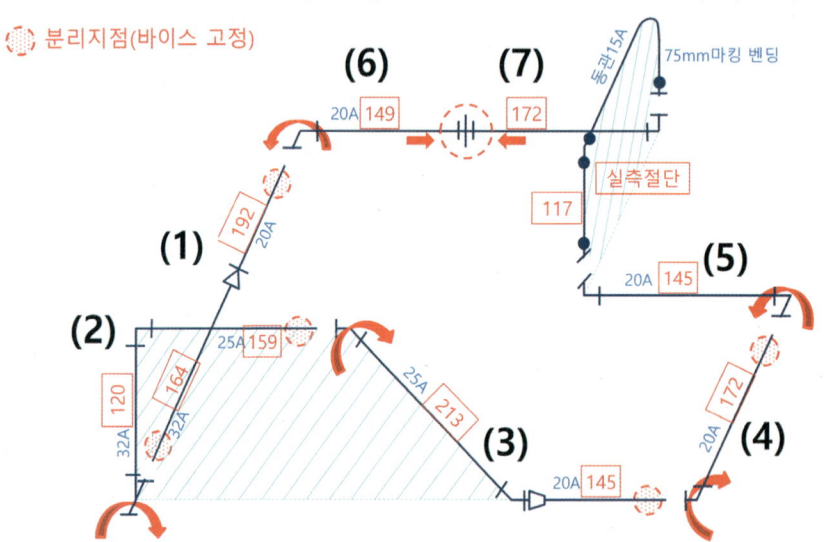

(1) 레듀샤 부분을 먼저 조립
(2) ㄴ자 조립 → (3)을 조립하여 (2)에 연결
→ (2)의 티이를 (1)에 연결
(4)를 조립하여 (3)에 연결 → (5)를 조립하여 (4)에 연결
(6)을 조립하여 (1)에 연결 → (7)을 조립하여 (6) 유니온에 연결

* 강관 조립 완성 후 동관 조립 : 강관의 20A×15A 이경엘보 부분의 간격이 (1)의 레듀샤 부분의 강관과 평행이 되며, 오차범위 15mm 이내인 경우 채점 대상이 됨. 오차범위를 벗어난 경우 (7)의 유니온 부분의 강관을 재절삭, 재조립하여 치수를 보정할 것.

유형별 조립순서 - 공개도면2

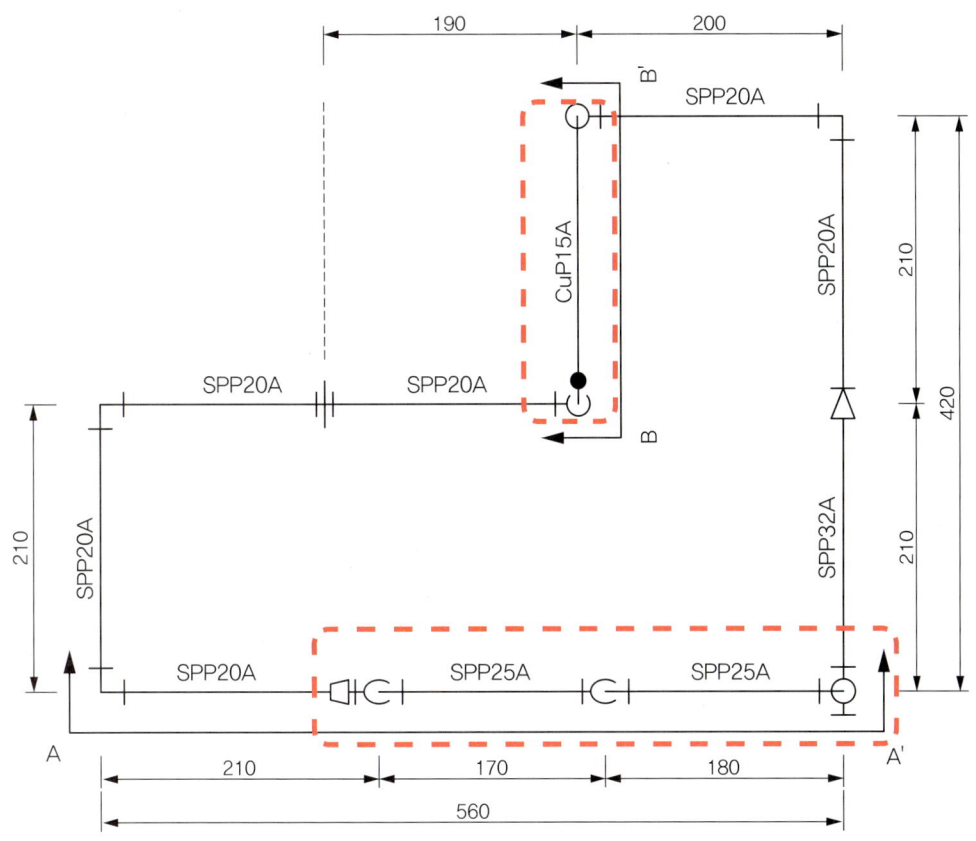

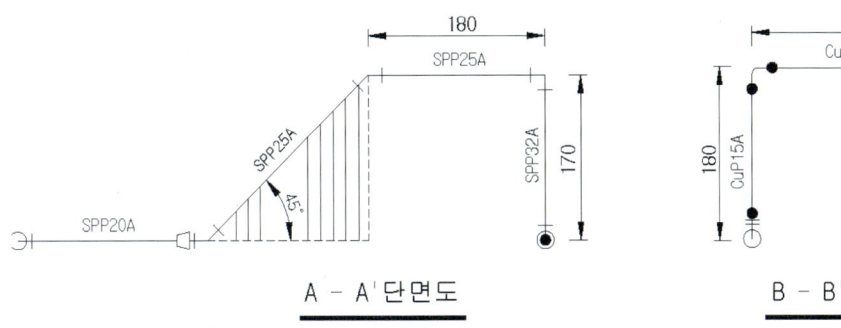
A - A' 단면도

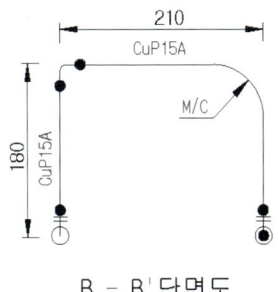
B - B' 단면도

유형별 조립순서 - 공개도면2(입체모양)

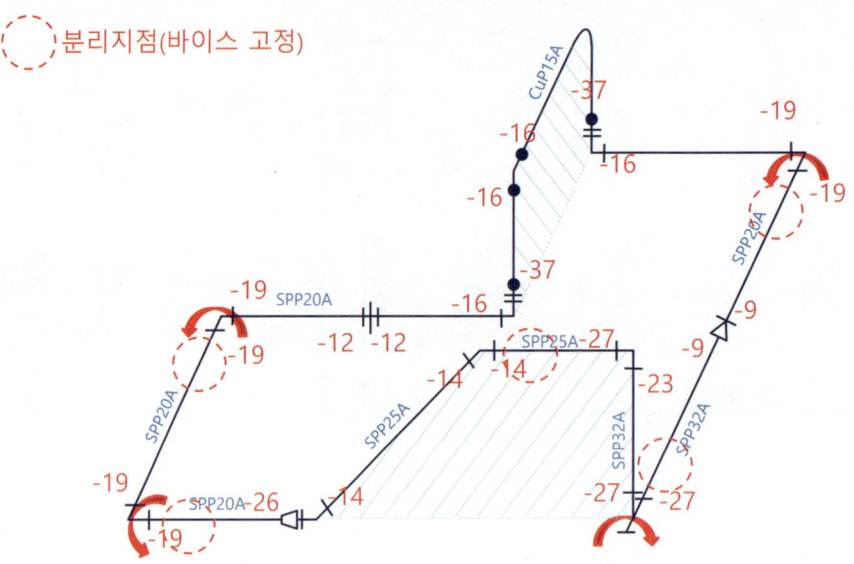

유형별 조립순서 - 공개도면2(조립순서)

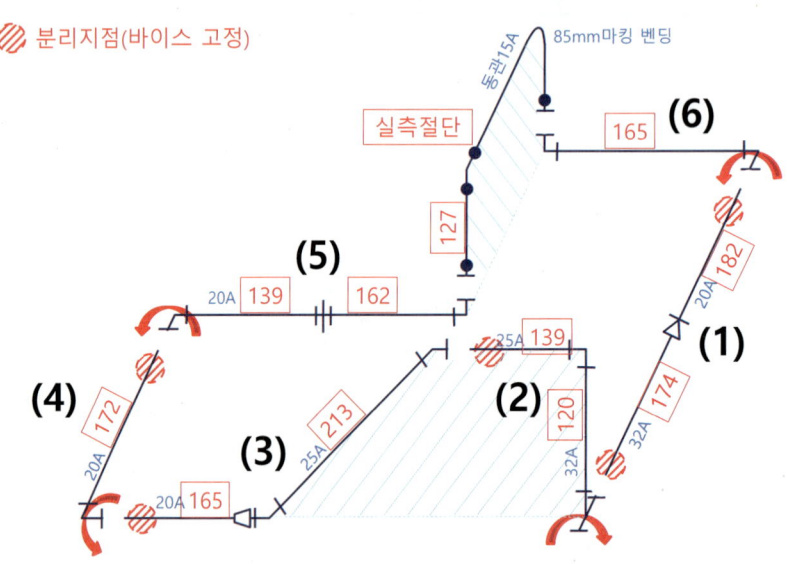

(1) 레듀샤 부분을 먼저 조립 → (6)을 조립하여 (1)에 연결
(2) ㄴ자 조립 → (3)을 조립하여 (2)에 연결
→ (2)의 티이를 (1)에 연결
(4)를 조립하여 (3)에 연결 → (5)를 조립하여 (4)에 연결

* 강관 조립 완성 후 동관 조립 : 강관의 20A×15A 이경엘보 부분의 간격이 (1)의 레듀샤 부분의 강관과 평행이 되며, 오차범위 15mm 이내인 경우 채점 대상이 됨. 오차범위를 벗어난 경우 (7)의 유니온 부분의 강관을 재절삭, 재조립하여 치수를 보정할 것.

유형별 조립순서 - 공개도면3

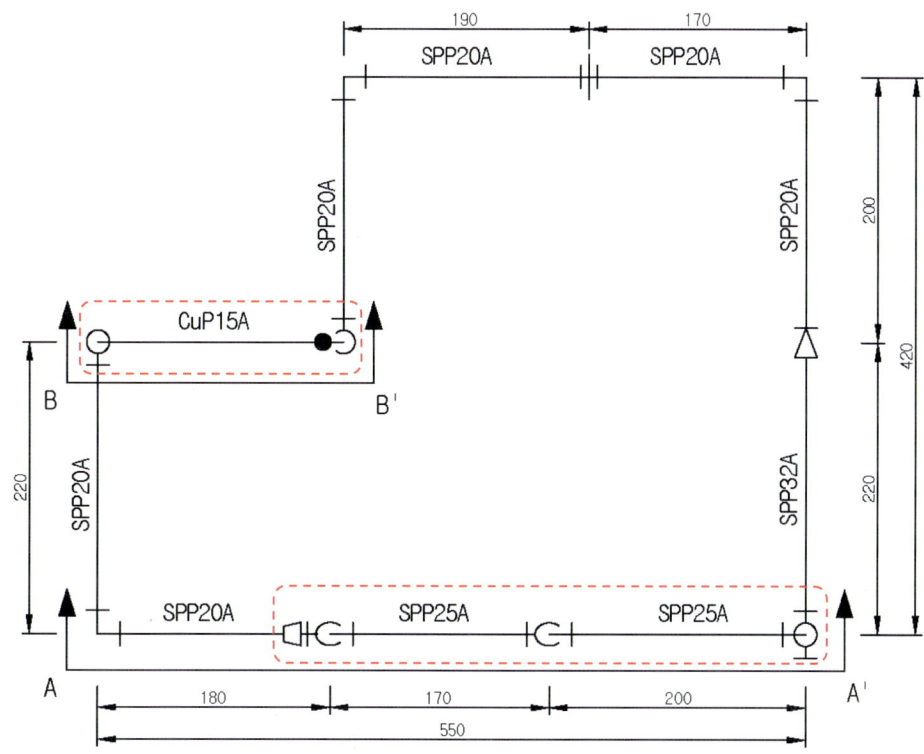

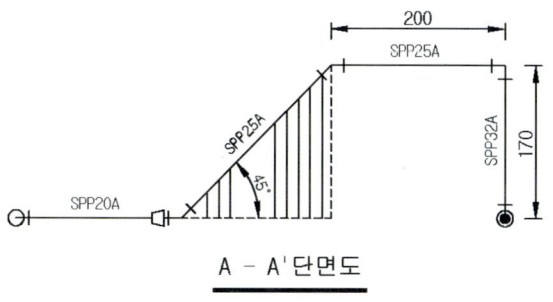

A − A' 단면도

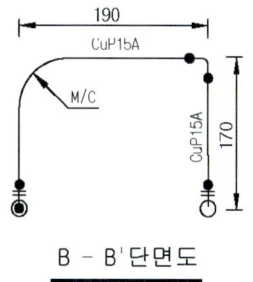

B − B' 단면도

유형별 조립순서 - 공개도면3(입체모양)

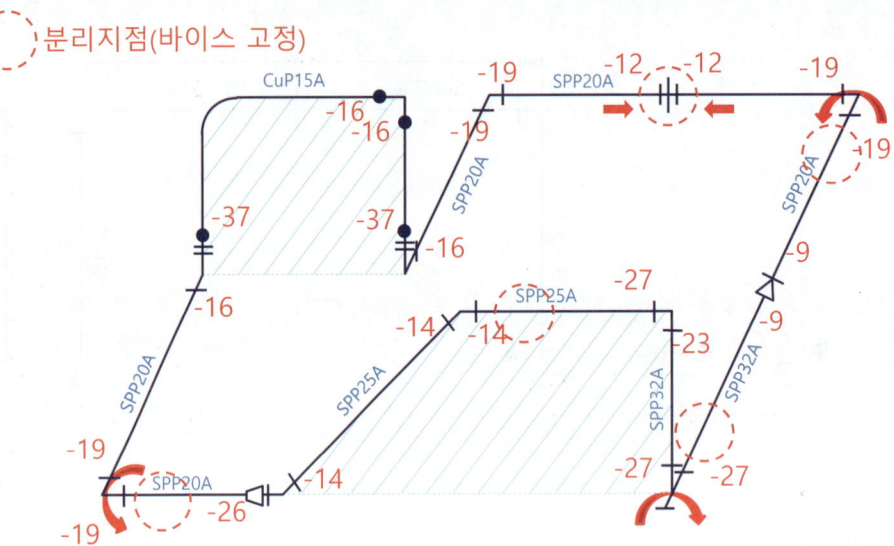

유형별 조립순서 - 공개도면3(조립순서)

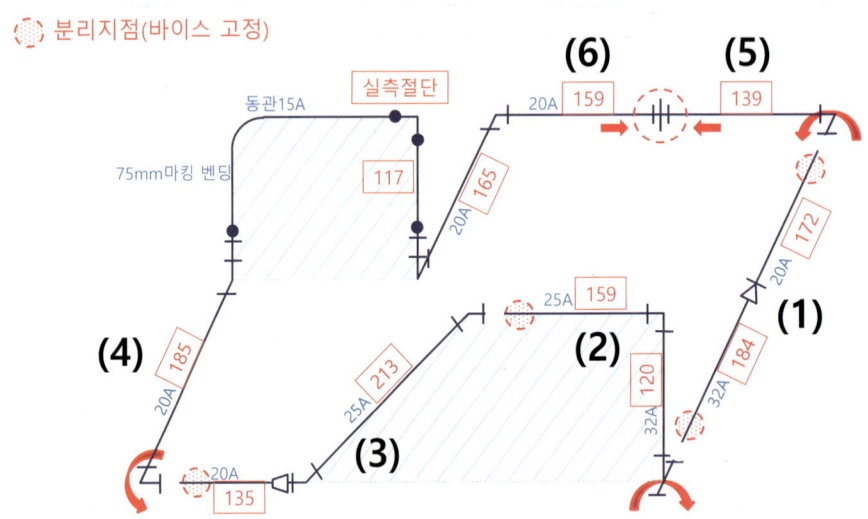

(1) 레듀샤 부분을 먼저 조립
(2) ㄴ자 조립 → (3) 45도 조립하여 (2)에 연결
→ (2)의 티이를 (1)에 연결
(4)를 조립하여 (3)에 연결 → (5)를 조립하여 (1)에 연결
→ (6)을 (5)의 유니온에 연결

* 강관 조립 완성 후 동관 조립 : 강관의 20A×15A 이경엘보 부분의 간격이 (2)(3)의 45도 부분의 강관과 평행이 되며, 오차범위 15mm 이내인 경우 채점 대상이 됨. 오차범위를 벗어난 경우 (6)의 유니온 부분의 강관을 재절삭, 재조립하여 치수를 보정할 것.

유형별 조립순서 - 공개도면4

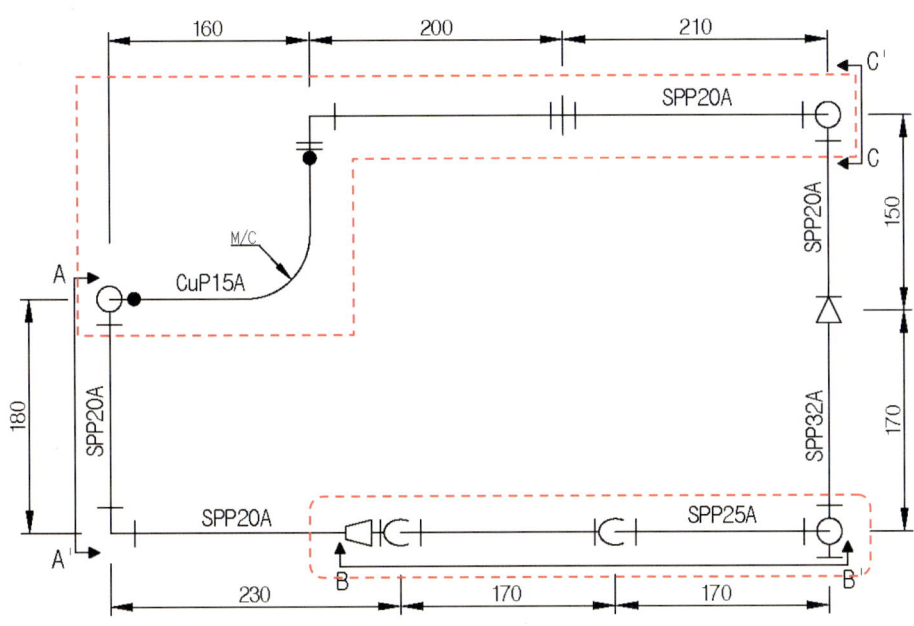

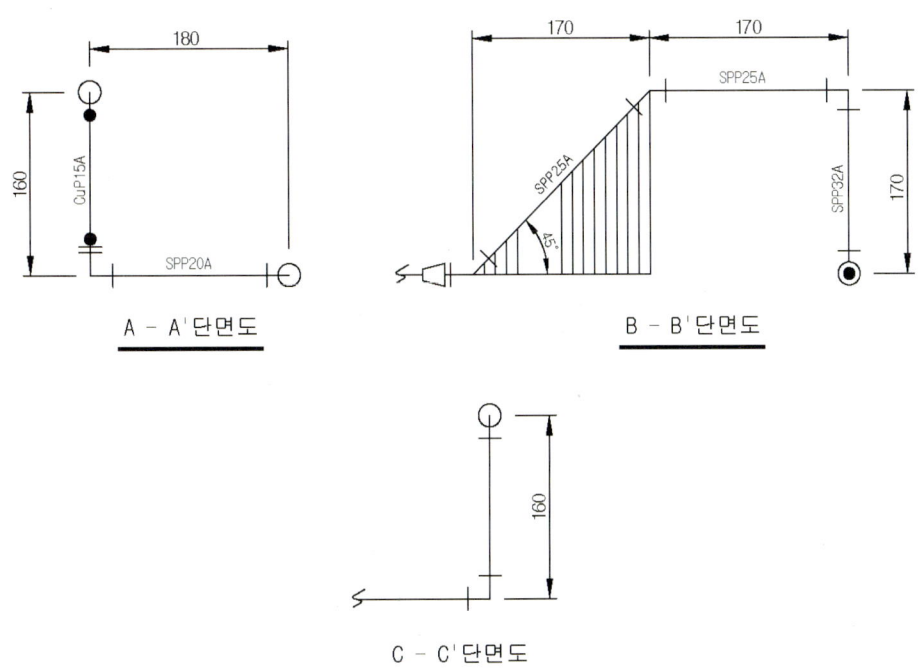

유형별 조립순서 - 공개도면4(입체모양)

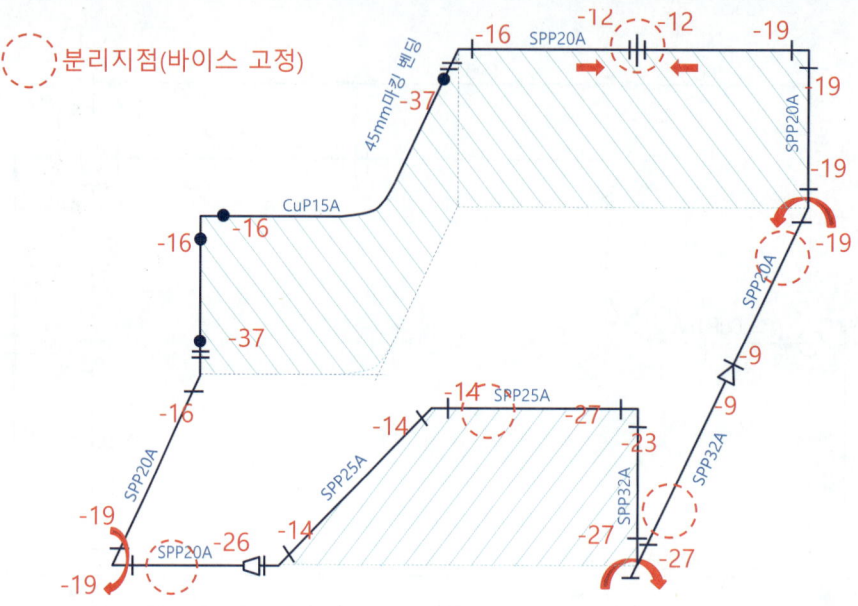

유형별 조립순서 - 공개도면4(조립순서)

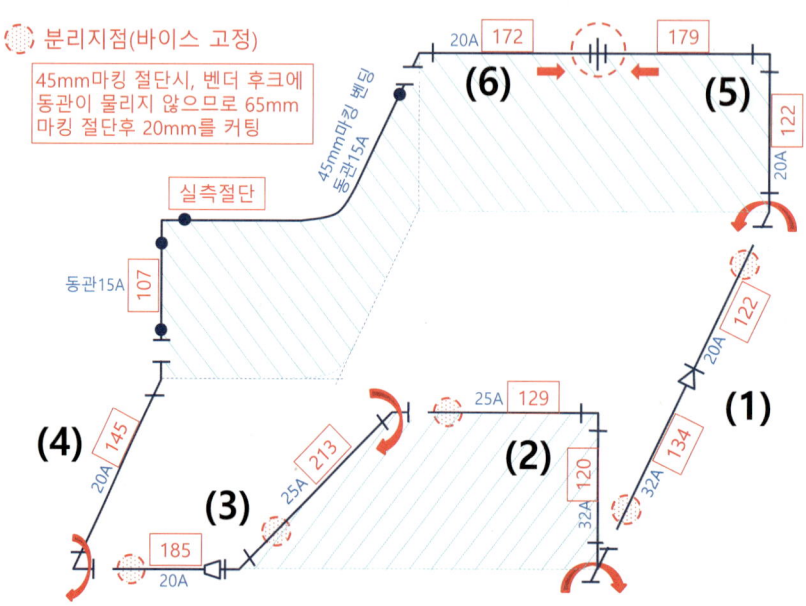

(1) 레듀샤 부분을 먼저 조립
(2) ㄴ자 조립 → (3) 45도 조립하여 (2)에 연결
→ (2)의 티이를 (1)에 연결
(4)를 조립하여 (3)에 연결 → (5)를 조립하여 (1)에 연결
→ (6)을 (5)의 유니온에 연결

* 강관 조립 완성 후 동관 조립 : 강관의 20A×15A 이경엘보 부분의 간격과 방향이 (1)의 레듀샤 부분의 강관과 평행이 되며, 오차범위 15mm 이내인 경우 채점 대상이 됨. 오차범위를 벗어난 경우 (6)의 유니온 부분의 강관을 재절삭, 재조립하여 치수를 보정할 것.

유형별 조립순서 - 공개도면5

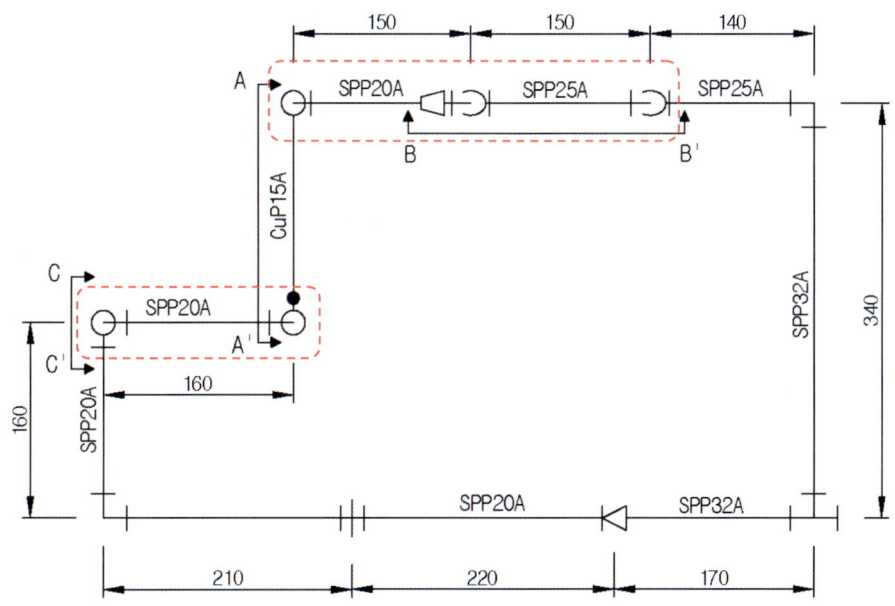

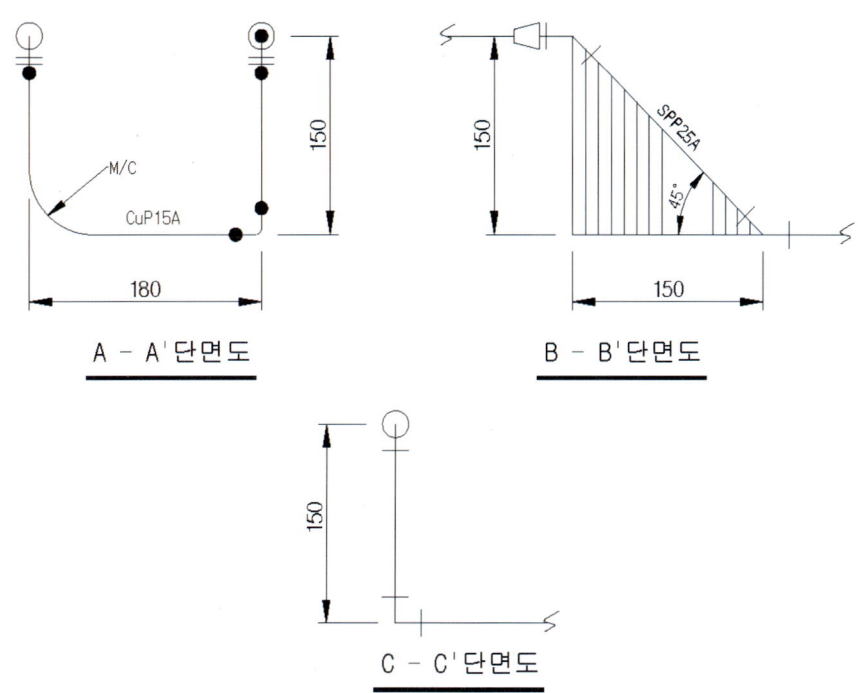

A - A' 단면도

B - B' 단면도

C - C' 단면도

유형별 조립순서 - 공개도면5(입체모양)

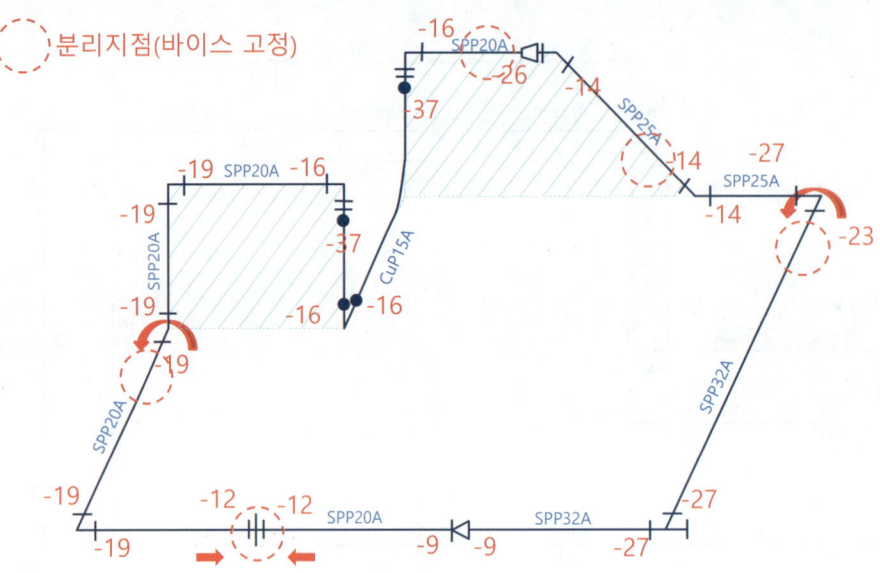

유형별 조립순서 - 공개도면5(조립순서)

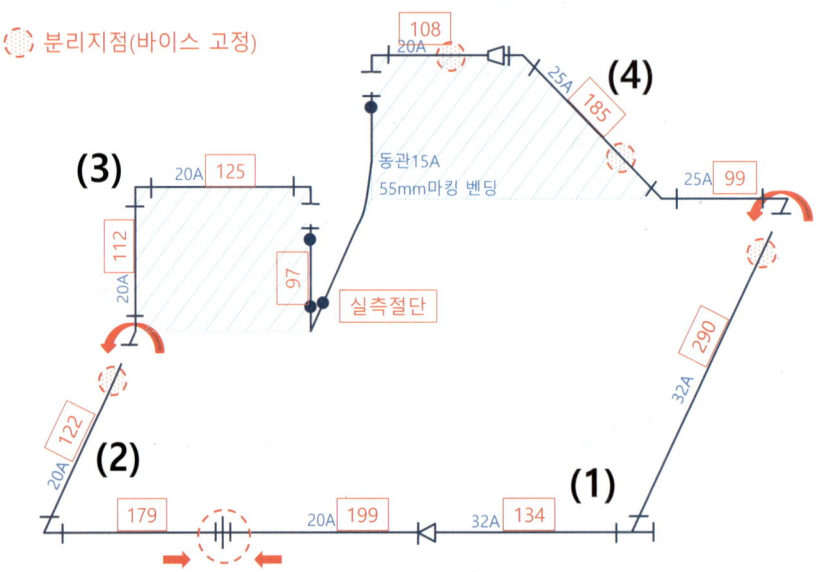

(1) ㄴ자를 먼저 조립 → (2) ㄴ자를 조립하여 (1)에 연결
(3) ㄴ자를 조립하여 (2)에 연결(엘보 방향 주의)
(4) 45도 구간을 조립하여 (1)에 연결

* 강관 조립 완성 후 동관 조립 : 강관의 20A×15A 이경엘보 부분의 간격과 방향이 (1)의 32A T 분기관 부분의 강관과 평행이 되며, 오차범위 15mm 이내인 경우 채점 대상이 됨. 오차범위를 벗어난 경우 (2)의 유니온 부분의 강관을 재절삭, 재조립하여 치수를 보정할 것.

유형별 조립순서 - 공개도면6

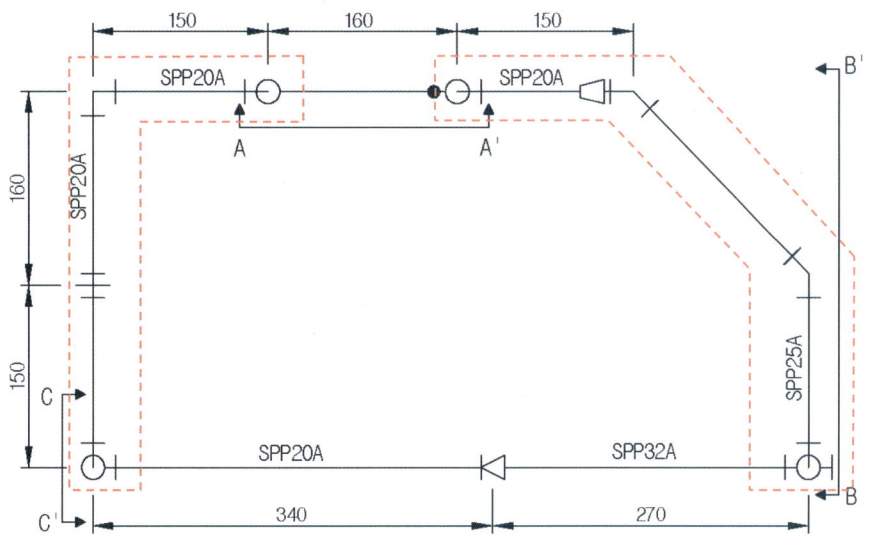

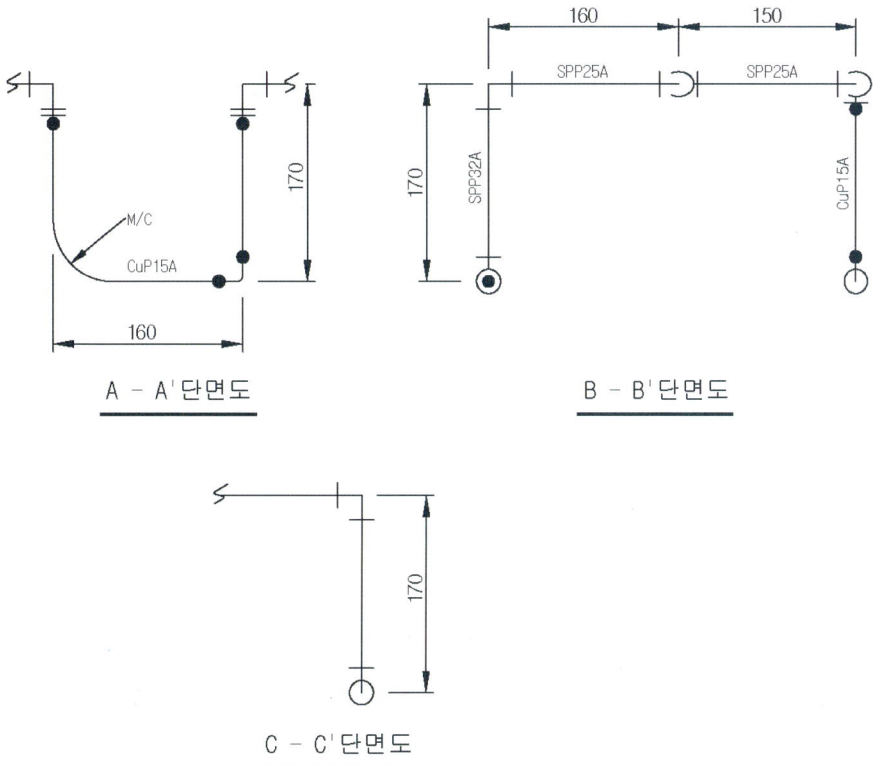

A – A' 단면도

B – B' 단면도

C – C' 단면도

유형별 조립순서 - 공개도면6(입체모양)

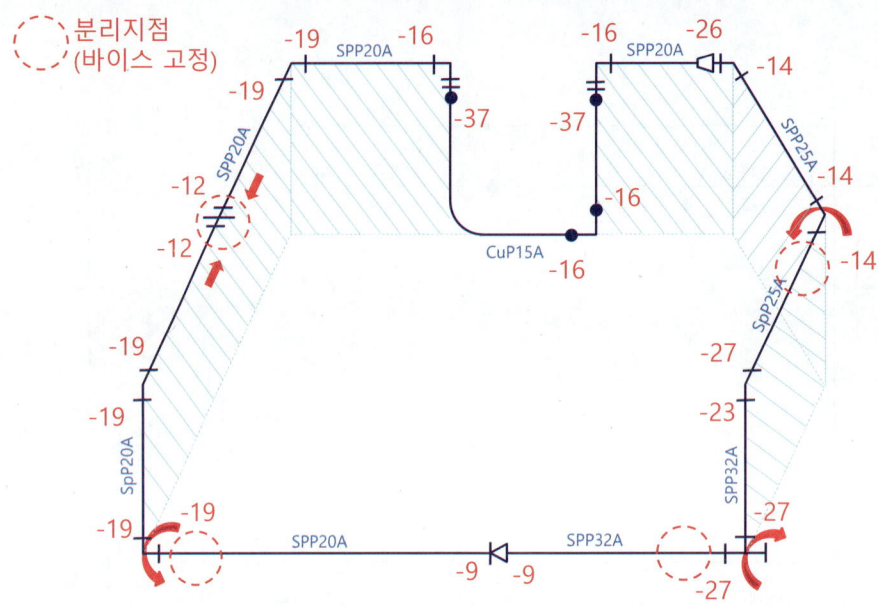

유형별 조립순서 - 공개도면6(조립순서)

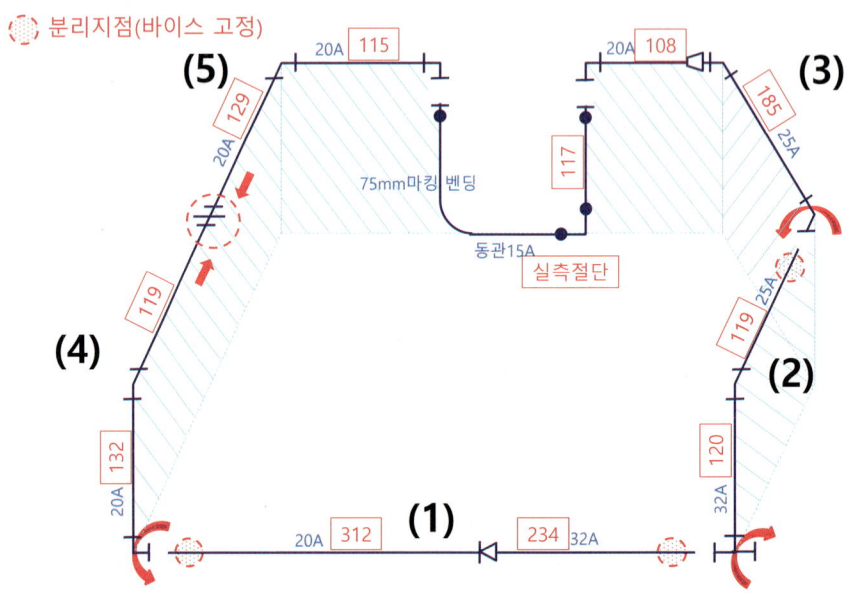

(1) 레듀샤 부분을 먼저 조립 → (2) ㄴ자를 조립하여 (1)에 연결
(3) 45도를 조립하여 (2)에 연결(엘보 수평, 수직 방향 주의)
(4)를 조립하여 (1)에 연결 → (5)를 조립하여 (4)의 유니온에 연결

* 강관 조립 완성 후 동관 조립 : 강관의 20A×15A 이경엘보 부분의 간격과 방향이 (1)의 레듀샤 부분의 강관과 평행이 되며, 오차범위 15mm 이내인 경우 채점 대상이 됨. 오차범위를 벗어난 경우 (5)의 유니온 부분의 강관을 재절삭, 재조립하여 치수를 보정할 것.

유형별 조립순서 - 공개도면7

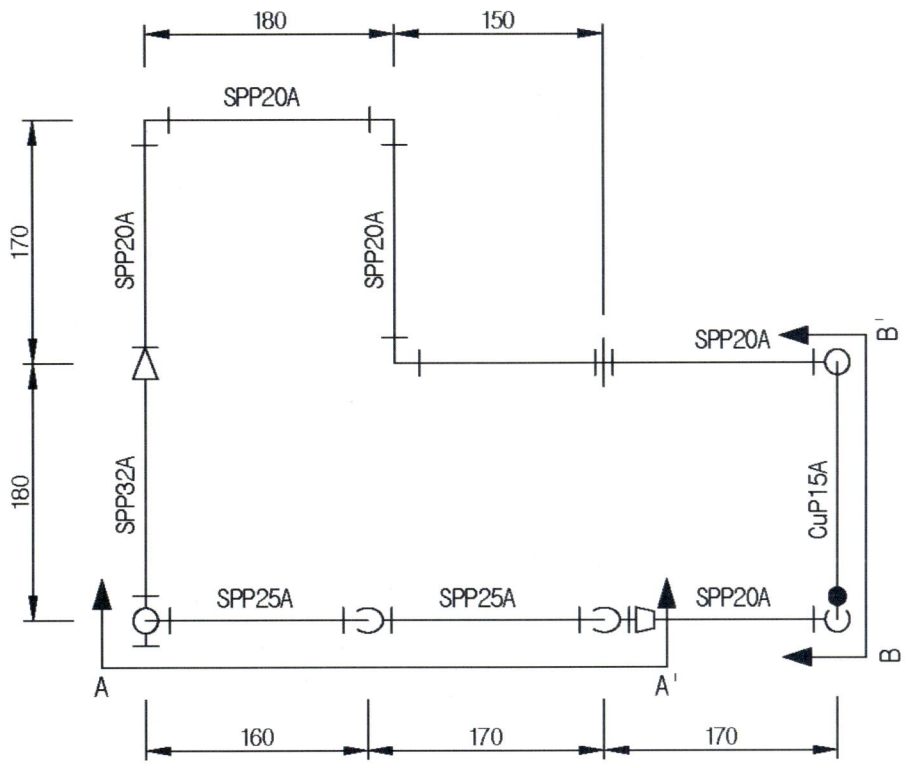

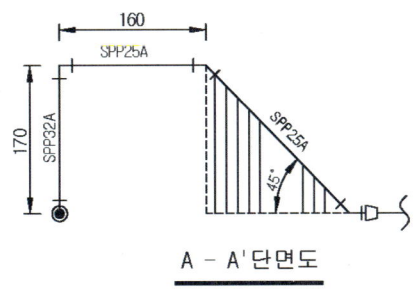

A - A' 단면도

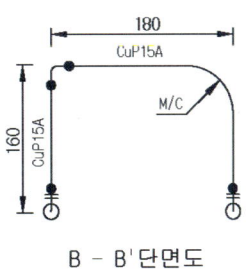

B - B' 단면도

유형별 조립순서 - 공개도면7(입체모양)

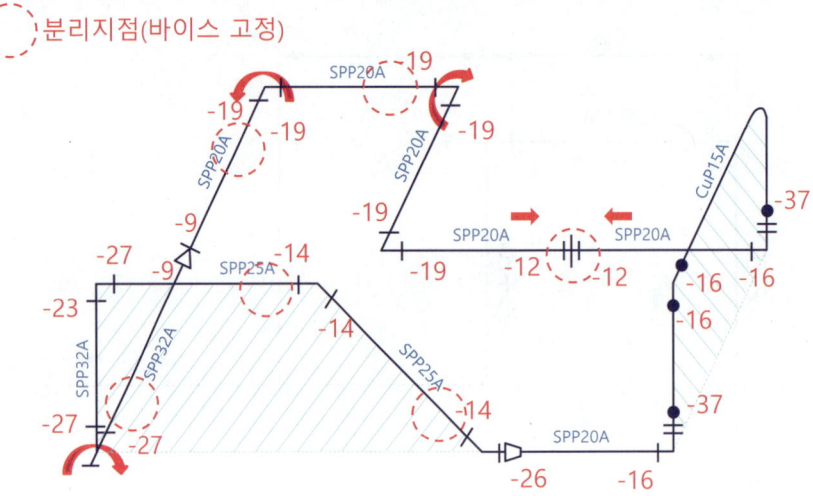

유형별 조립순서 - 공개도면7(조립순서)

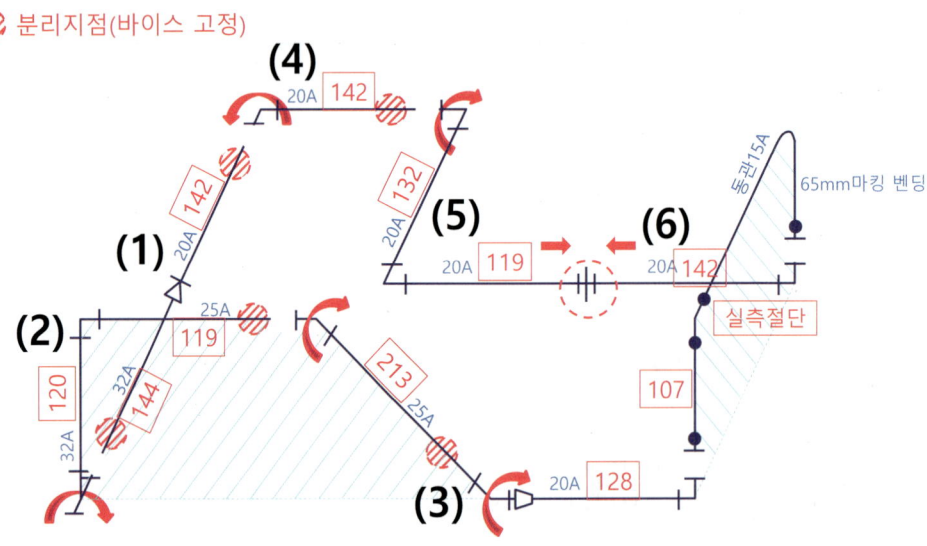

(1) 레듀샤 부분을 먼저 조립
(2) ㄴ자 조립→ (3) 45도를 조립하여 (2)에 연결
→ (2)의 티이를 (1)에 연결
(4) ㄴ자를 조립하여 (1)에 연결 → (5)를 조립하여 (4)에 연결
→ (6)을 조립하여 (5)유니온에 연결

* 강관 조립 완성 후 동관 조립 : 강관의 20A×15A 이경엘보 부분의 간격과 방향이 (1)의 레듀샤 부분의 강관과 평행이 되며, 오차범위 15mm 이내인 경우 채점 대상이 됨. 오차범위를 벗어난 경우 (6)의 유니온 부분의 강관을 재절삭, 재조립하여 치수를 보정할 것.

유형별 조립순서 - 공개도면8

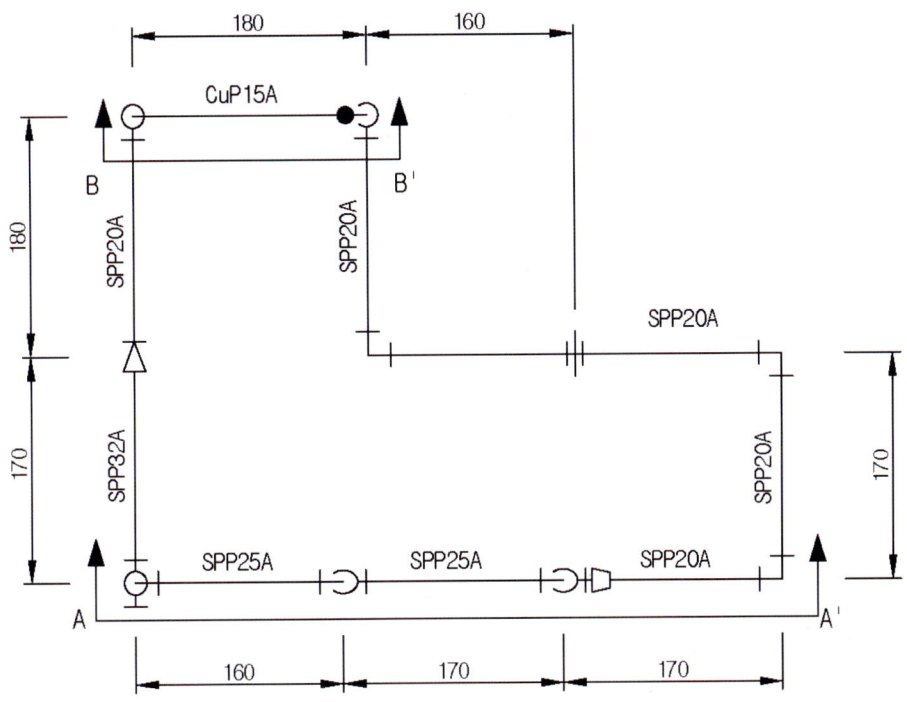

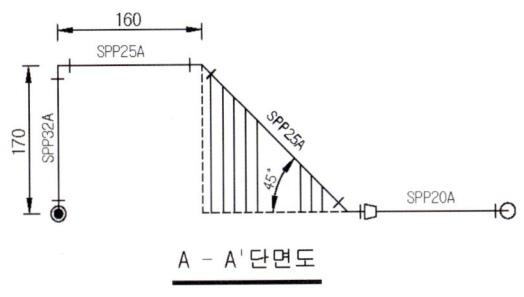

A - A' 단면도

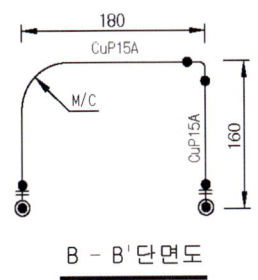

B - B' 단면도

유형별 조립순서 - 공개도면8(입체모양)

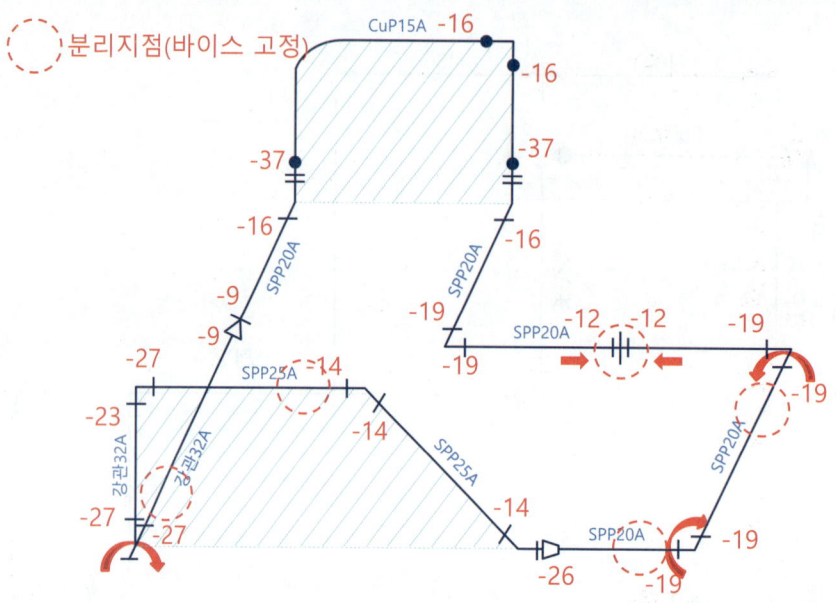

유형별 조립순서 - 공개도면8(조립순서)

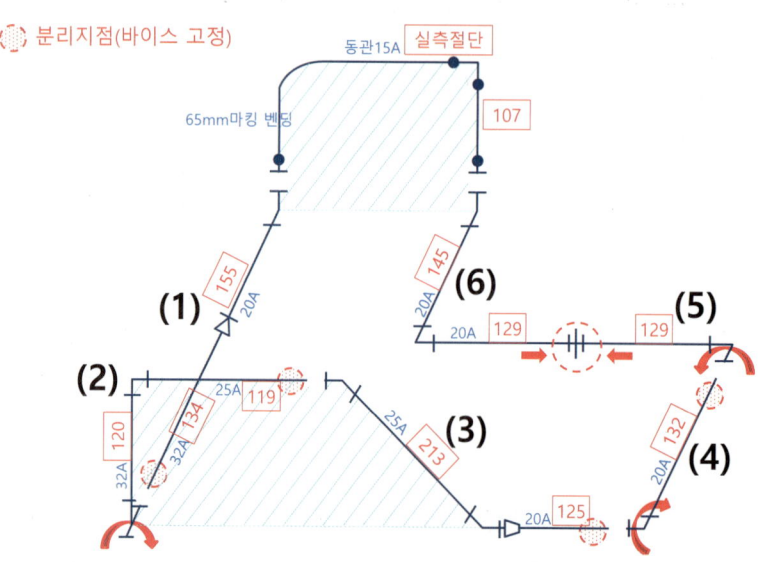

(1) 레듀샤 부분을 먼저 조립
(2) ㄴ자 조립 → (3) 45도를 조립하여 (2)에 연결
→ (2)의 티이를 (1)에 연결
(4)를 조립하여 (3)에 연결 → (5)를 조립하여 (4)에 연결
→ (6)을 조립하여 (5)의 유니온에 연결

* 강관 조립 완성 후 동관 조립 : 강관의 20A×15A 이경엘보 부분의 간격과 방향이 (2)(3)의 45도 부분의 강관과 평행이 되며, 오차범위 15mm 이내인 경우 채점 대상이 됨. 오차범위를 벗어난 경우 (6)의 유니온 부분의 강관을 재절삭, 재조립하여 치수를 보정할 것.

유형별 조립순서 - 공개도면9

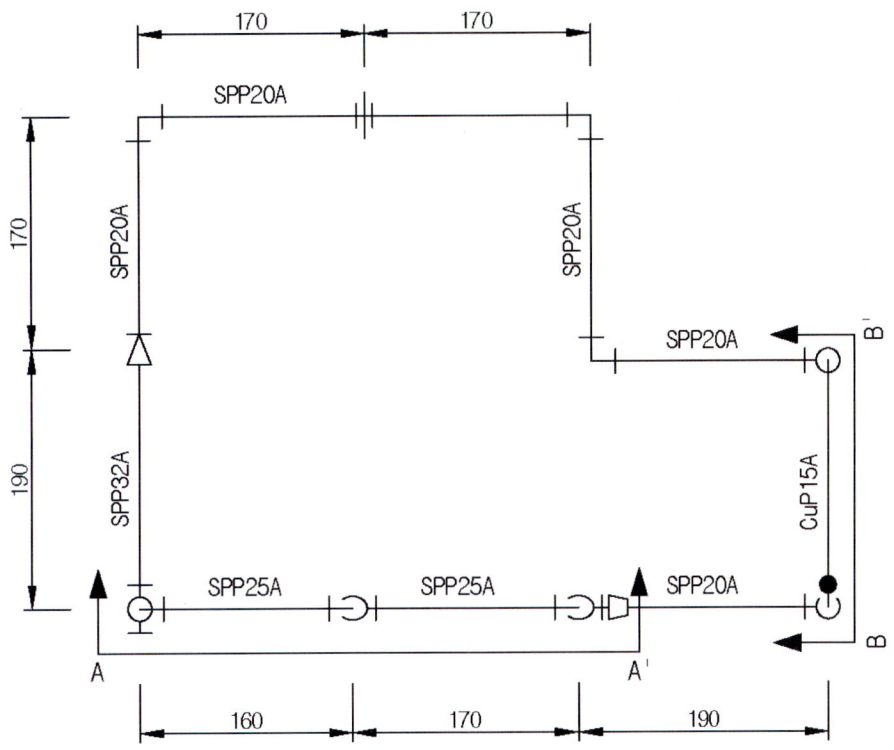

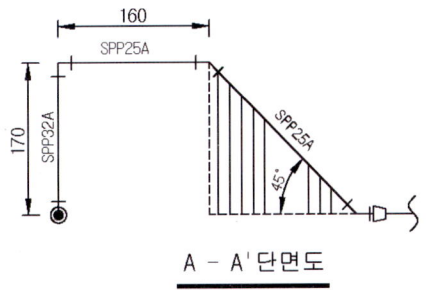

A - A' 단면도

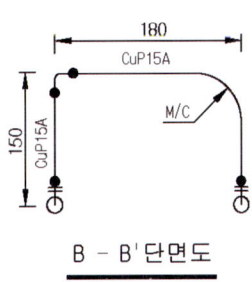

B - B' 단면도

유형별 조립순서 - 공개도면9(입체모양)

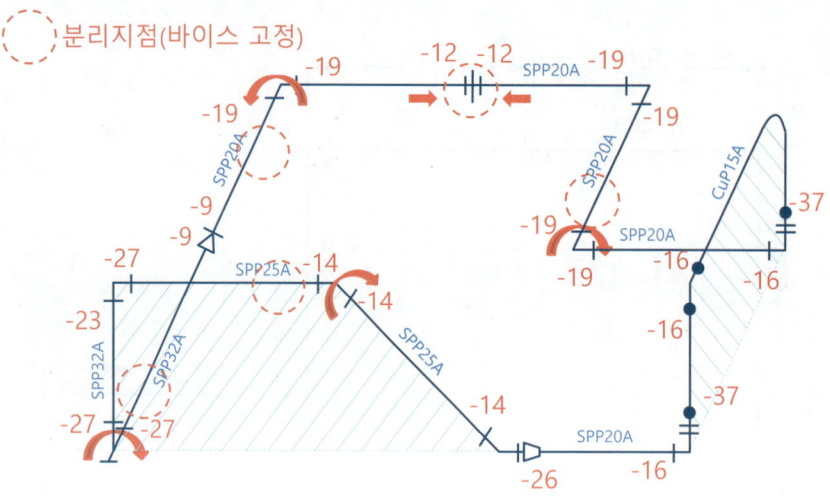

유형별 조립순서 - 공개도면9(조립순서)

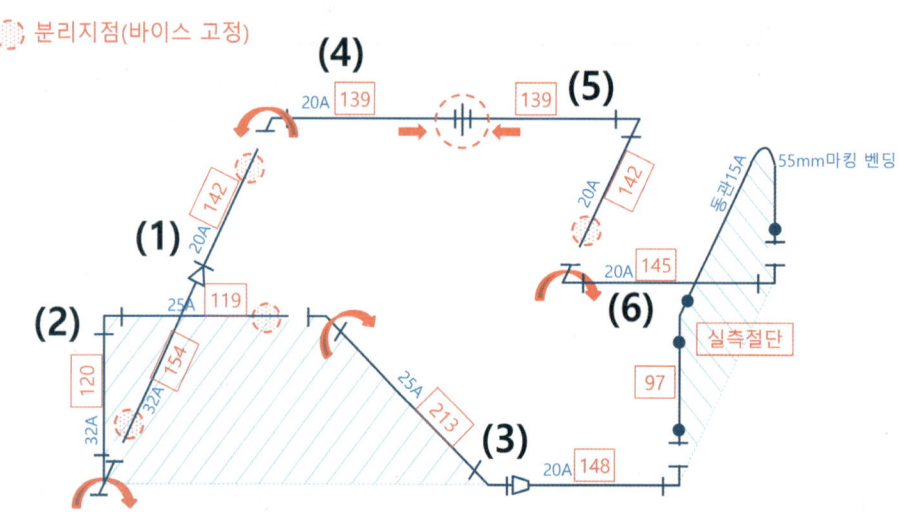

(1) 레듀샤 부분을 먼저 조립
(2) ㄴ자 조립 → (3) 45도를 조립하여 (2)에 연결
→ (2)의 티이를 (1)에 연결
(4)를 조립하여 (1)에 연결 → (5)를 조립
→ (6)을 조립하여 (5)에 연결
(5)를 (4)의 유니온에 연결

* 강관 조립 완성 후 동관 조립 : 강관의 20A×15A 이경엘보 부분의 간격과 방향이 (1)의 레듀샤 부분의 강관과 평행이 되며, 오차범위 15mm 이내인 경우 채점 대상이 됨. 오차범위를 벗어난 경우 (5)(6)의 유니온 부분의 강관을 재절삭, 재조립하여 치수를 보정할 것.

에너지관리기능사 실기 - 적산 공개도면1

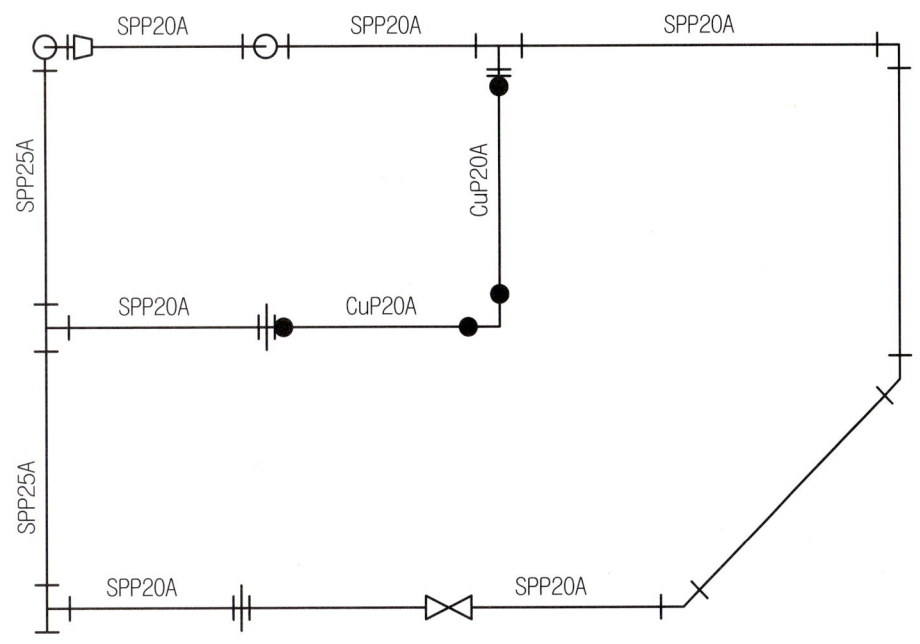

도면 왼쪽 위부터 시계방향순서

번호	부품명	규격
1	90°엘보	25A
2	90°엘보	25A
3	부싱	25A×20A
4	90°엘보	20A
5	90°엘보	20A
6	티이	20A
7	90°엘보	20A
8	45°엘보	20A
9	45°엘보	20A
10	슬루우스밸브	20A
11	유니온	20A
12	이경티이	25A×20A
13	이경티이	25A×20A
14	절연유니온	20A
15	90°C×C엘보	20A
16	CM 어뎁터	20A
	합계	16개

답안지 정리하면

부품명	규격	수량
90°엘보	25A	2
부싱	25A×20A	1
90°엘보	20A	3
티이	20A	1
45°엘보	20A	2
슬루우스밸브	20A	1
유니온	20A	1
이경티이	25A×20A	2
절연유니온	20A	1
90°C×C엘보	20A	1
CM 어뎁터	20A	1
합계		16

에너지관리기능사 실기 - 적산 공개도면2

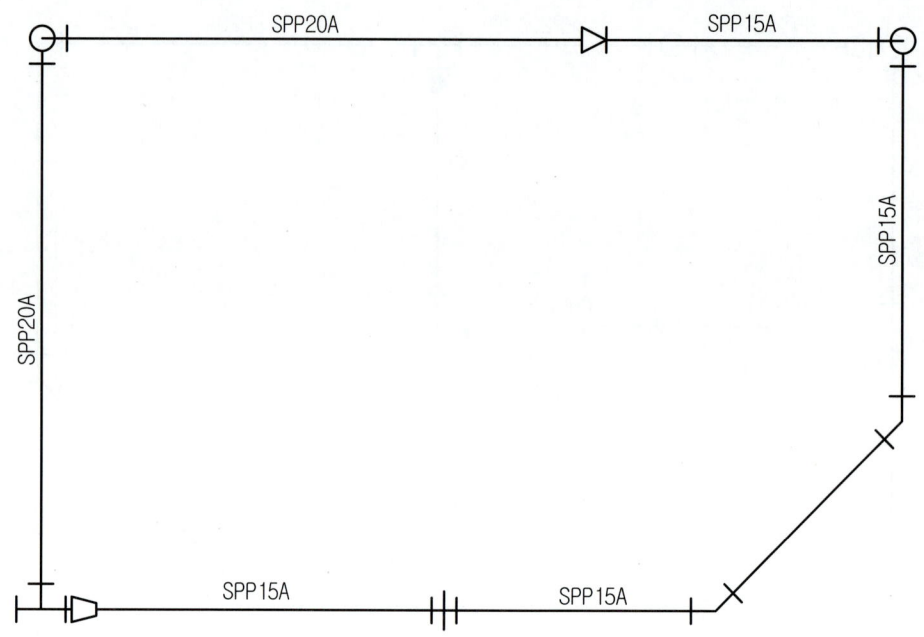

도면 왼쪽 위부터 시계방향순서

번호	부품명	규격
1	90°엘보	20A
2	90°엘보	20A
3	레듀샤	20A×15A
4	90°엘보	15A
5	90°엘보	15A
6	45°엘보	15A
7	45°엘보	15A
8	유니온	15A
9	부싱	20A×15A
10	티이	20A
	합계	10개

답안지 정리하면

부품명	규격	수량
90°엘보	20A	2
레듀샤	20A×15A	1
90°엘보	15A	2
45°엘보	15A	2
유니온	15A	1
부싱	20A×15A	1
티이	20A	1
합계		10

에너지관리기능사 실기 - 적산 공개도면3

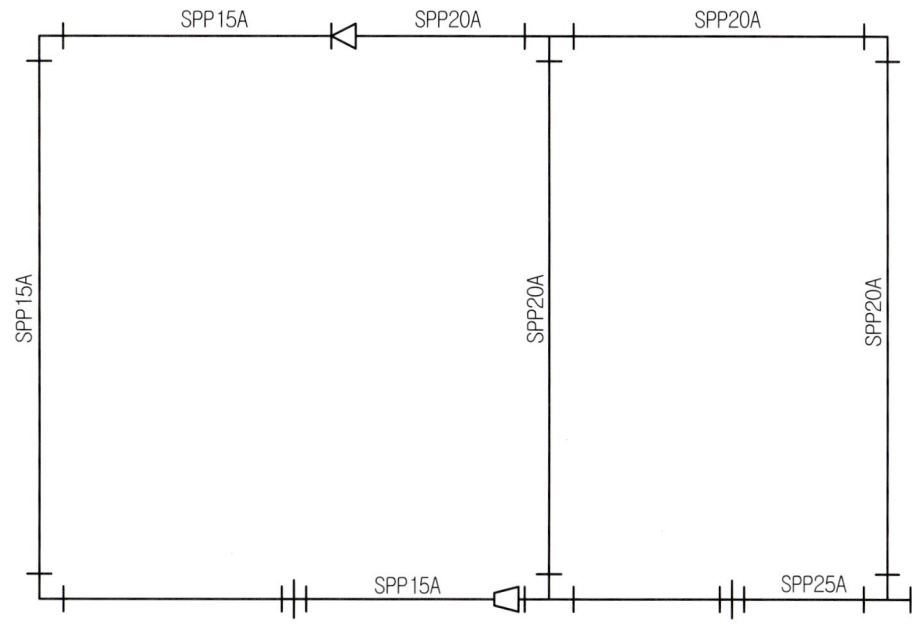

도면 왼쪽 위부터 시계방향순서

번호	부품명	규격
1	90°엘보	15A
2	레듀샤	20A×15A
3	티이	20A
4	90°엘보	20A
5	이경티이	25A×20A
6	유니온	25A
7	이경티이	25A×20A
8	부싱	25A×15A
9	유니온	15A
10	90°엘보	15A
	합계	10개

➡ 답안지 정리하면

부품명	규격	수량
90°엘보	15A	2
레듀샤	20A×15A	1
티이	20A	1
90°엘보	20A	1
이경티이	25A×20A	2
유니온	25A	1
부싱	25A×15A	1
유니온	15A	1
합계		10

에너지관리기능사 실기 - 적산 공개도면4

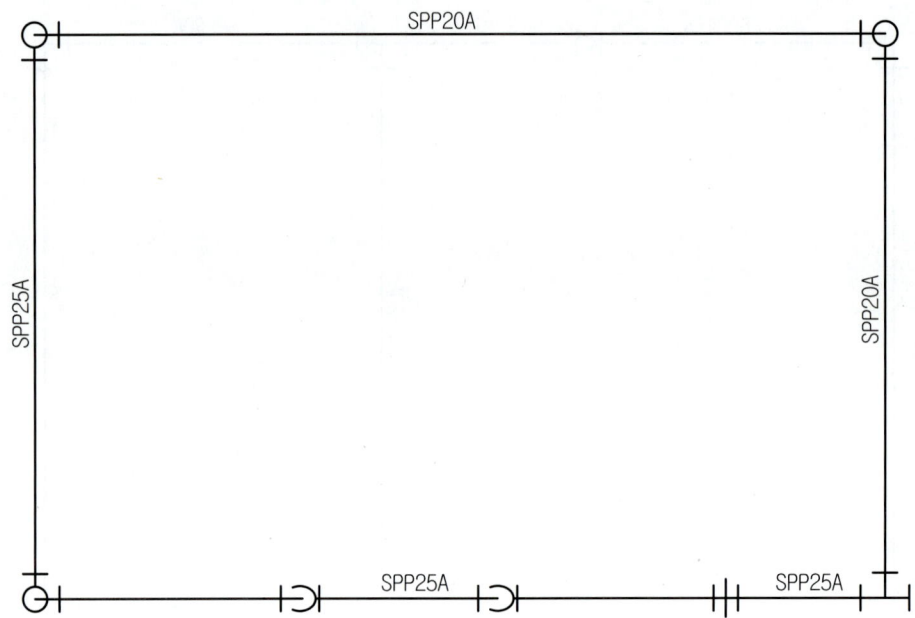

도면 왼쪽 위부터 시계방향순서

번호	부품명	규격
1	90°엘보	25A
2	이경엘보	25A×20A
3	90°엘보	20A
4	90°엘보	20A
5	90°엘보	20A
6	이경티이	25A×20A
7	유니온	25A
8	45°엘보	25A
9	45°엘보	25A
10	90°엘보	25A
11	90°엘보	25A
	합계	10개

➡ 또는

답안지 정리하면

부품명	규격	수량
90°엘보	25A	2~3
이경엘보	25A×20A	1
90°엘보	20A	2~3
이경티이	25A×20A	1
유니온	25A	1
45°엘보	25A	2
합계		10

* '또는'으로 표시된 부품은 공개도면에서 단면도가 추가되어야 함.
  평면도 정보로는 두가지 중 선택이 가능함.

에너지관리기능사 실기 - 적산 공개도면5

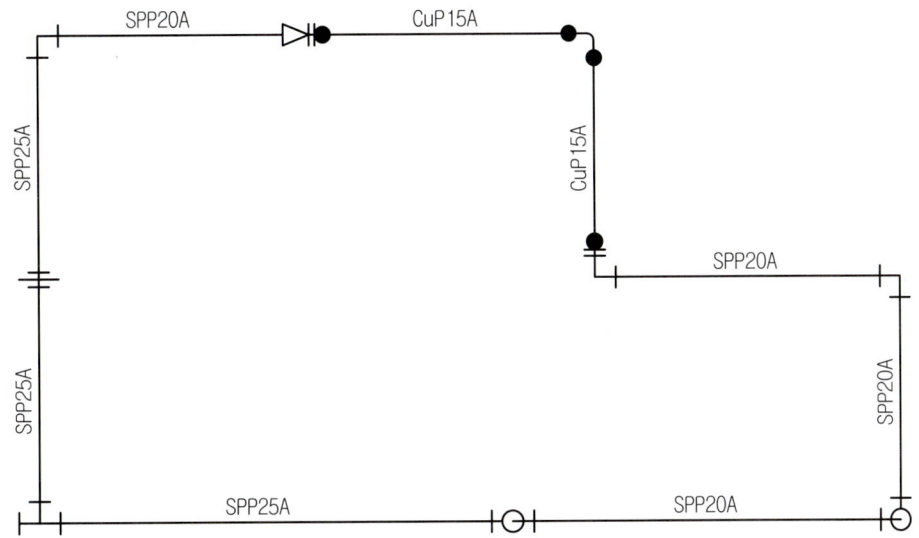

도면 왼쪽 위부터 시계방향순서

번호	부품명	규격
1	이경엘보	25A×20A
2	레듀샤	20A×15A
3	CM 어뎁터	15A
4	90° C×C엘보	15A
5	CM 어뎁터	15A
6	이경엘보	20A×15A
7	90°엘보	20A
8	90°엘보	20A
9	90°엘보	20A
10	90°엘보	20A
11	이경엘보	25A×20A
12	90°엘보	25A
13	티이	25A
14	유니온	25A
	합계	13개

→ 또는

답안지 정리하면

부품명	규격	수량
이경엘보	25A×20A	2
레듀샤	20A×15A	1
CM 어뎁터	15A	2
90° C×C엘보	15A	1
90°엘보	20A	3~4
이경엘보	20A×15A	1
90°엘보	25A	0~1
티이	25A	1
유니온	25A	1
합계		13

* '또는'으로 표시된 부품은 공개도면에서 단면도가 추가되어야 함.
  평면도 정보로는 두가지 중 선택이 가능함.

에너지관리기능사 실기 - 적산 공개도면6

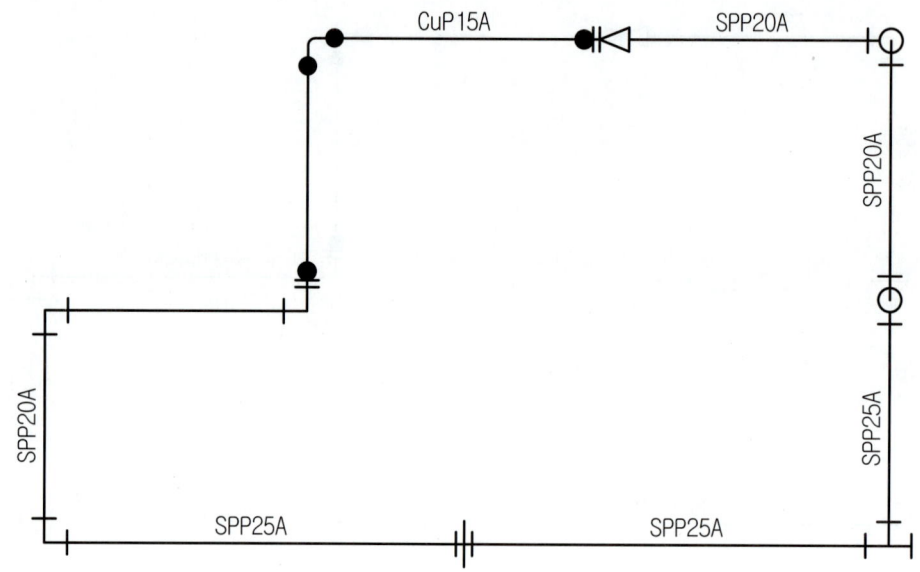

도면 왼쪽 위부터 시계방향순서

번호	부품명	규격
1	90°엘보	20A
2	이경엘보	20A×15A
3	CM 어뎁터	15A
4	90° C×C엘보	15A
5	CM 어뎁터	15A
6	레듀샤	20A×15A
7	90°엘보	20A
8	90°엘보	20A
9	90°엘보	20A
10	이경엘보	25A×20A
11	90°엘보	25A
12	티이	25A
13	유니온	25A
14	이경엘보	25A×20A
	합계	13개

➡ 또는

답안지 정리하면

부품명	규격	수량
90°엘보	20A	3~4
이경엘보	20A×15A	1
CM 어뎁터	15A	2
90° C×C엘보	15A	1
레듀샤	20A×15A	1
이경엘보	25A×20A	2
90°엘보	25A	0~1
티이	25A	1
유니온	25A	1
합계		13

* '또는'으로 표시된 부품은 공개도면에서 단면도가 추가되어야 함.
  평면도 정보로는 두가지 중 선택이 가능함.

에너지관리기능사 실기 – 적산 공개도면7

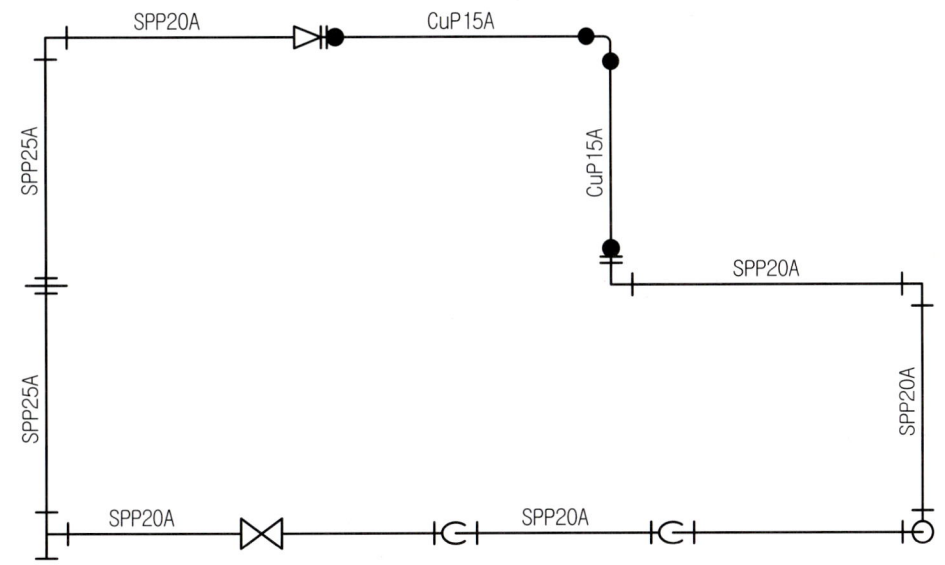

도면 왼쪽 위부터 시계방향순서

번호	부품명	규격
1	이경엘보	25A×20A
2	레듀샤	20A×15A
3	CM 어뎁터	15A
4	90°C×C엘보	15A
5	CM 어뎁터	15A
6	이경엘보	20A×15A
7	90°엘보	20A
8	90°엘보	20A
9	90°엘보	20A
10	45°엘보	20A
11	45°엘보	20A
12	슬루우스밸브	20A
13	이경티이	25A×20A
14	유니온	25A
	합계	14개

→

답안지 정리하면

부품명	규격	수량
이경엘보	25A×20A	1
레듀샤	20A×15A	1
CM 어뎁터	15A	2
90°C×C엘보	15A	1
이경엘보	20A×15A	1
90°엘보	20A	3
45°엘보	20A	2
슬루우스밸브	20A	1
이경티이	25A×20A	1
유니온	25A	1
합계		14

에너지관리기능사 실기 - 적산 공개도면8

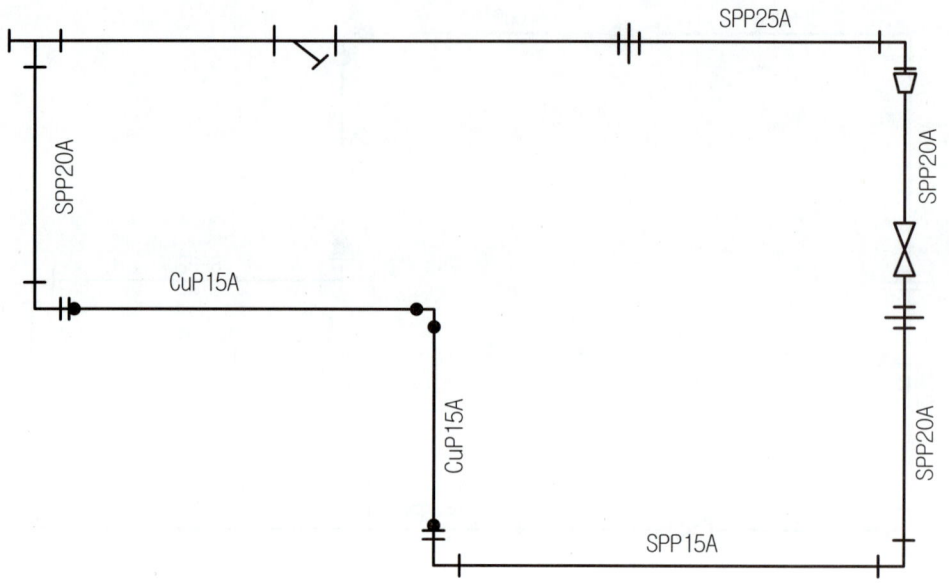

도면 왼쪽 위부터 시계방향순서

번호	부품명	규격
1	이경티이	25A×20A
2	Y형 여과기	25A
3	유니온	25A
4	90°엘보	25A
5	부싱	25A×20A
6	슬루우스밸브	20A
7	유니온	20A
8	이경엘보	20A×15A
9	90°엘보	15A
10	CM 어뎁터	15A
11	90° C×C엘보	15A
12	CM 어뎁터	15A
13	이경엘보	20A×15A
	합계	13개

답안지 정리하면

부품명	규격	수량
이경티이	25A×20A	1
Y형 여과기	25A	1
유니온	25A	1
90°엘보	25A	1
부싱	25A×20A	1
슬루우스밸브	20A	1
유니온	20A	1
이경엘보	20A×15A	2
90°엘보	15A	1
CM 어뎁터	15A	2
90° C×C엘보	15A	1
합계		13

에너지관리기능사 실기 - 적산 공개도면9

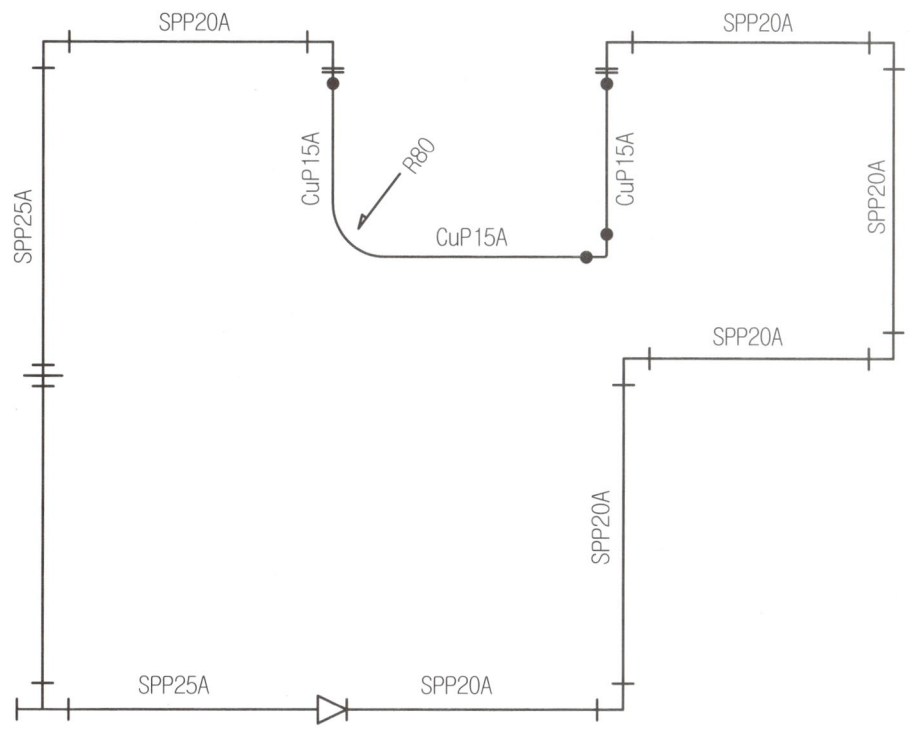

도면 왼쪽 위부터 시계방향순서

번호	부품명	규격
1	이경엘보	25A×20A
2	이경엘보	20A×15A
3	CM 어뎁터	15A
4	90°C×C엘보	15A
5	CM 어뎁터	15A
6	이경엘보	20A×15A
7	90°엘보	20A
8	90°엘보	20A
9	90°엘보	20A
10	90°엘보	20A
11	레듀샤	25A×20A
12	티이	25A
13	유니온	25A
	합계	13개

답안지 정리하면

부품명	규격	수량
이경엘보	25A×20A	1
이경엘보	20A×15A	2
CM 어뎁터	15A	2
90°C×C엘보	15A	1
90°엘보	20A	4
레듀샤	25A×20A	1
티이	25A	1
유니온	25A	1
합계		13

에너지관리기능사 실기 - 적산 공개도면10

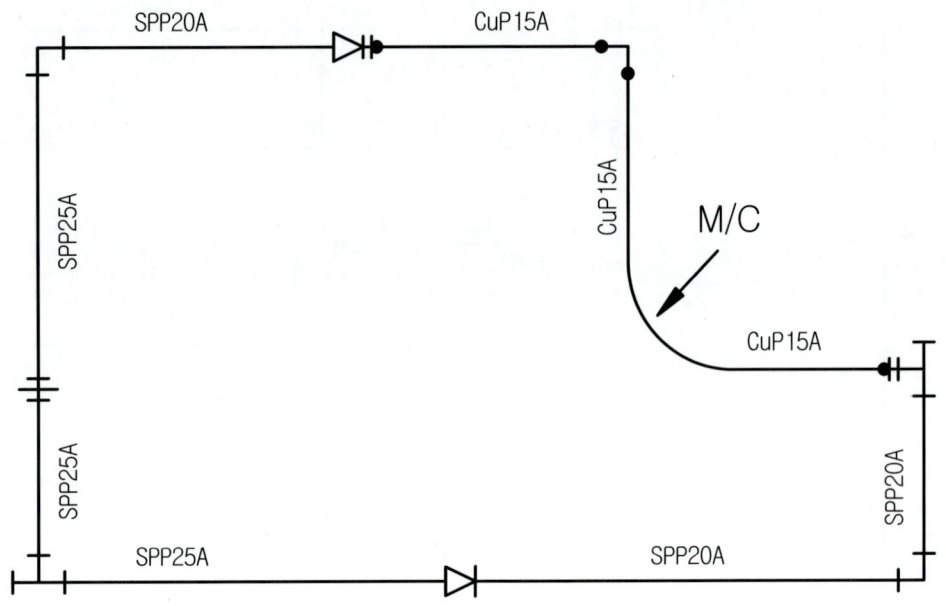

도면 왼쪽 위부터 시계방향순서

번호	부품명	규격
1	이경엘보	25A×20A
2	레듀샤	20A×15A
3	CM 어뎁터	15A
4	90°C×C엘보	15A
5	CM 어뎁터	15A
6	이경티이	20A×15A
7	90°엘보	20A
8	레듀샤	25A×20A
9	티이	25A
10	유니온	25A
	합계	10개

답안지 정리하면

부품명	규격	수량
이경엘보	25A×20A	1
레듀샤	20A×15A	1
CM 어뎁터	15A	2
90°C×C엘보	15A	1
이경티이	20A×15A	1
90°엘보	20A	1
레듀샤	25A×20A	1
티이	25A	1
유니온	25A	1
합계		10

에너지관리기능사 실기 - 적산 공개도면11

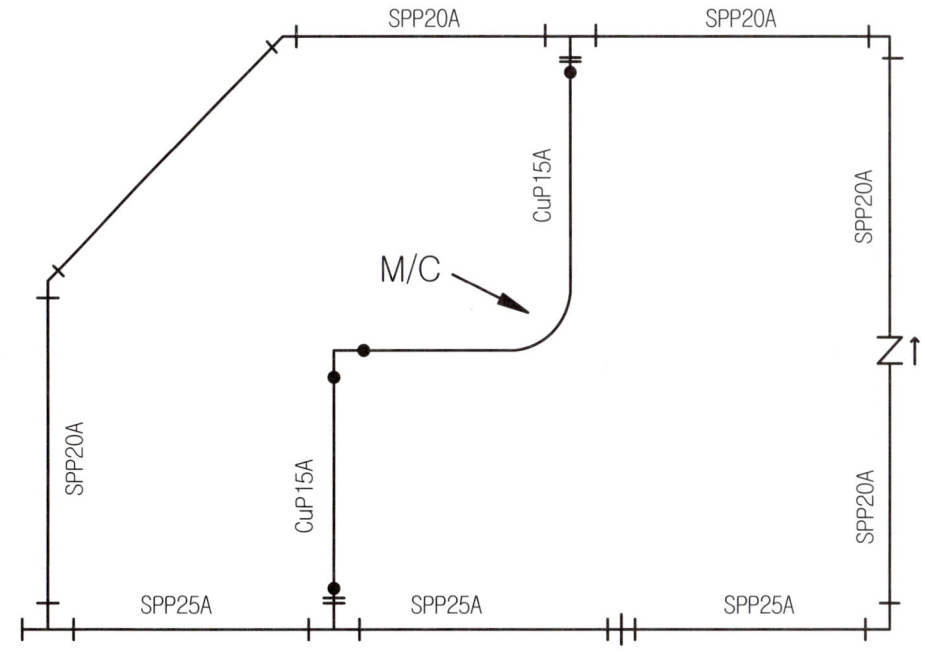

번호	부품명	규격
	도면 왼쪽 위부터 시계방향순서	
1	45°엘보	20A
2	45°엘보	20A
3	이경티이	20A×15A
4	90°엘보	20A
5	체크밸브	20A
6	이경엘보	25A×20A
7	유니온	25A
8	이경티이	25A×15A
9	이경티이	25A×20A
10	CM 어뎁터	15A
11	90° C×C엘보	15A
12	CM 어뎁터	15A
	합계	12개

→ 답안지 정리하면

부품명	규격	수량
45°엘보	20A	2
이경티이	20A×15A	1
90°엘보	20A	1
체크밸브	20A	1
이경엘보	25A×20A	1
유니온	25A	1
이경티이	25A×15A	1
이경티이	25A×20A	1
CM 어뎁터	15A	2
90° C×C엘보	15A	1
합계		12

에너지관리기능사 실기 – 적산 공개도면12

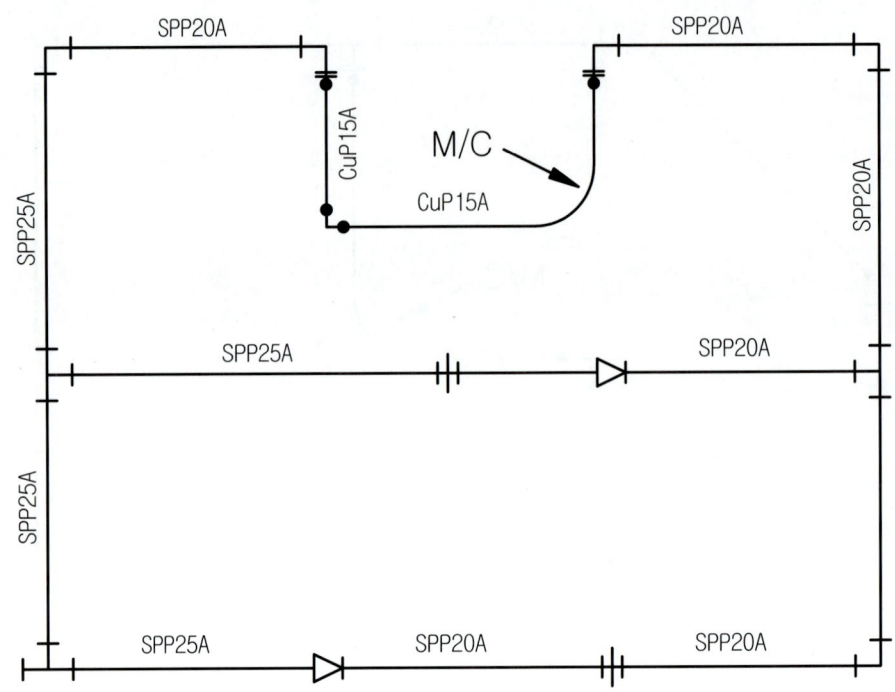

도면 왼쪽 위부터 시계방향순서

번호	부품명	규격
1	이경엘보	25A×20A
2	이경엘보	20A×15A
3	CM 어뎁터	15A
4	90° C×C엘보	15A
5	CM 어뎁터	15A
6	이경엘보	20A×15A
7	90°엘보	20A
8	티이	20A
9	90°엘보	20A
10	유니온	20A
11	레듀샤	25A×20A
12	티이	25A
13	티이	25A
14	유니온	25A
15	레듀샤	25A×20A
	합계	15개

답안지 정리하면

부품명	규격	수량
이경엘보	25A×20A	1
이경엘보	20A×15A	2
CM 어뎁터	15A	2
90° C×C엘보	15A	1
90°엘보	20A	2
티이	20A	1
유니온	20A	1
레듀샤	25A×20A	2
티이	25A	2
유니온	25A	1
합계		15

에너지관리기능사 실기 - 적산 공개도면13

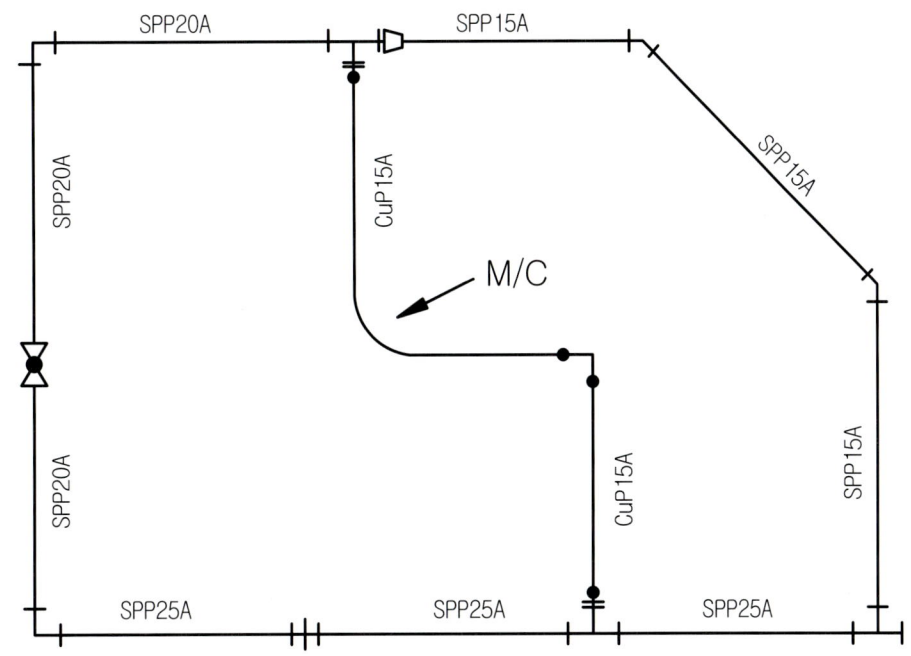

<table>
<tr><td colspan="3" align="center">도면 왼쪽 위부터 시계방향순서</td><td></td><td colspan="3" align="center">답안지 정리하면</td></tr>
</table>

번호	부품명	규격
1	90°엘보	20A
2	이경티이	20A×15A
3	부싱	20A×15A
4	45°엘보	15A
5	45°엘보	15A
6	이경티이	25A×15A
7	이경티이	25A×15A
8	유니온	25A
9	이경엘보	25A×20A
10	글로우브밸브	20A
11	CM 어뎁터	15A
12	CM 어뎁터	15A
13	90°C×C엘보	15A
	합계	13개

부품명	규격	수량
90°엘보	20A	1
이경티이	20A×15A	1
부싱	20A×15A	1
45°엘보	15A	2
이경티이	25A×15A	2
유니온	25A	1
이경엘보	25A×20A	1
글로우브밸브	20A	1
CM 어뎁터	15A	2
90°C×C엘보	15A	1
합계		13

에너지관리기능사 실기 - 적산 공개도면14

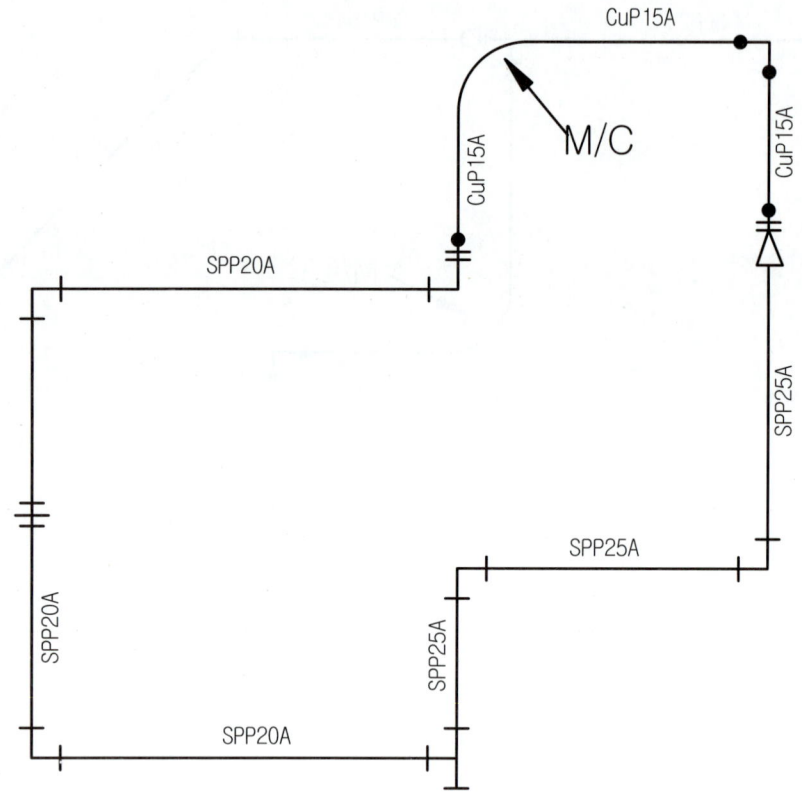

도면 왼쪽 위부터 시계방향순서

번호	부품명	규격
1	90°엘보	20A
2	이경엘보	20A×15A
3	CM 어뎁터	15A
4	90° C×C엘보	15A
5	CM 어뎁터	15A
6	레듀샤	25A×15A
7	90°엘보	25A
8	90°엘보	25A
9	이경티이	25A×20A
10	90°엘보	20A
11	유니온	20A
	합계	11개

답안지 정리하면

부품명	규격	수량
90°엘보	20A	2
이경엘보	20A×15A	1
CM 어뎁터	15A	2
90° C×C엘보	15A	1
레듀샤	25A×15A	1
90°엘보	25A	2
이경티이	25A×20A	1
유니온	20A	1
합계		11

에너지관리기능사 실기 - 적산 공개도면15

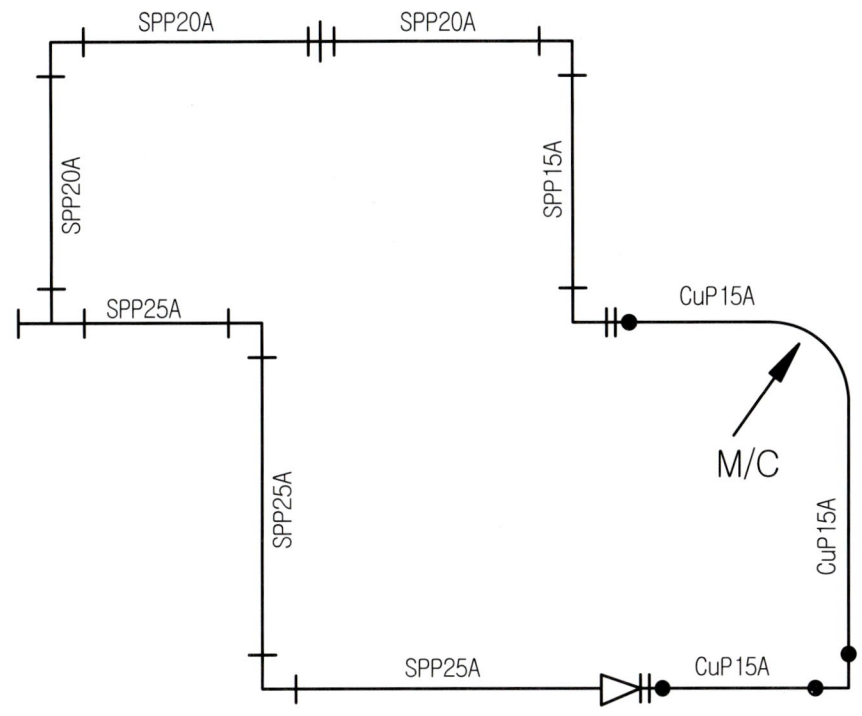

도면 왼쪽 위부터 시계방향순서

번호	부품명	규격
1	90°엘보	20A
2	유니온	20A
3	이경엘보	20A×15A
4	90°엘보	15A
5	CM 어뎁터	15A
6	90°C×C엘보	15A
7	CM 어뎁터	15A
8	레듀샤	25A×15A
9	90°엘보	25A
10	90°엘보	25A
11	이경티이	25A×20A
	합계	11개

답안지 정리하면

부품명	규격	수량
90°엘보	20A	1
유니온	20A	1
이경엘보	20A×15A	1
90°엘보	15A	1
CM 어뎁터	15A	2
90°C×C엘보	15A	1
레듀샤	25A×15A	1
90°엘보	25A	2
이경티이	25A×20A	1
합계		11

에너지관리기능사 실기 - 적산 공개도면16

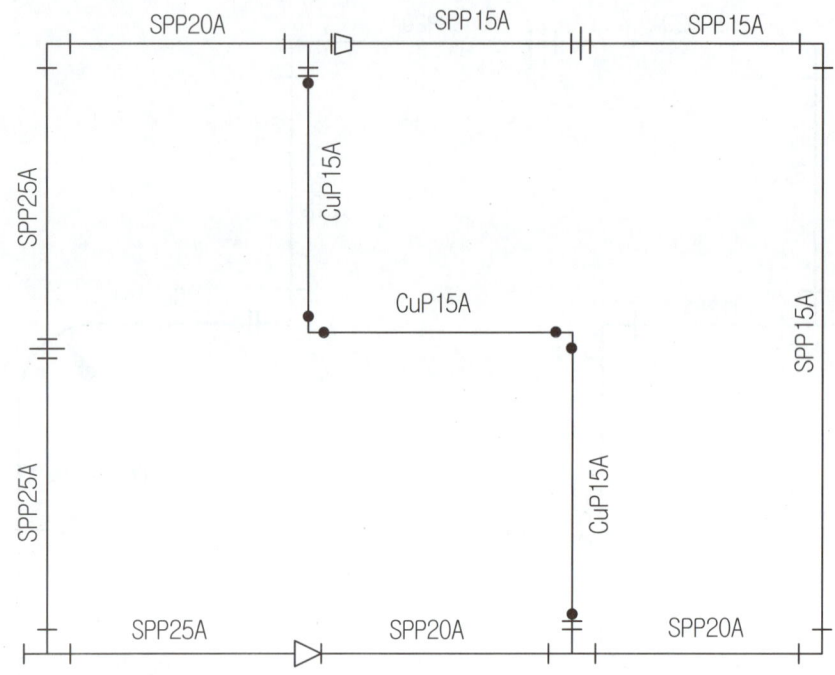

도면 왼쪽 위부터 시계방향순서

번호	부품명	규격
1	이경엘보	25A×20A
2	이경티이	20A×15A
3	부싱	20A×15A
4	유니온	15A
5	90°엘보	15A
6	이경엘보	20A×15A
7	이경티이	20A×15A
8	레듀샤	25A×20A
9	티이	25A
10	유니온	25A
11	CM 어댑터	15A
12	CM 어댑터	15A
13	90° C×C엘보	15A
14	90° C×C엘보	15A
	합계	14개

답안지 정리하면

부품명	규격	수량
이경엘보	25A×20A	1
이경티이	20A×15A	2
부싱	20A×15A	1
유니온	15A	1
90°엘보	15A	1
이경엘보	20A×15A	1
레듀샤	25A×20A	1
티이	25A	1
유니온	25A	1
CM 어댑터	15A	2
90° C×C엘보	15A	2
합계		14

에너지관리기능사 실기 – 적산 공개도면17

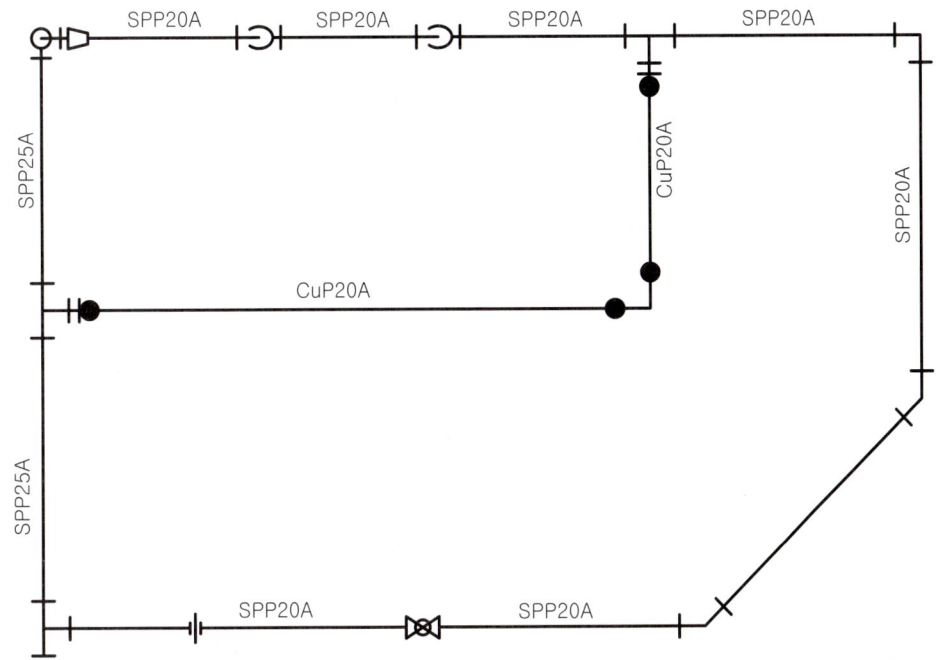

도면 왼쪽 위부터 시계방향순서

번호	부품명	규격
1	90°엘보	25A
2	90°엘보	25A
3	부싱	25A×20A
4	45°엘보	20A
5	45°엘보	20A
6	티이	20A
7	90°엘보	20A
8	45°엘보	20A
9	45°엘보	20A
10	볼밸브	20A
11	유니온	20A
12	이경티이	25A×20A
13	이경티이	25A×20A
14	CM 어댑터	20A
15	CM 어댑터	20A
16	90° C×C엘보	20A
	합계	16개

답안지 정리하면

부품명	규격	수량
90°엘보	25A	2
부싱	25A×20A	1
45°엘보	20A	2
티이	20A	1
90°엘보	20A	1
45°엘보	20A	2
볼밸브	20A	1
유니온	20A	1
이경티이	25A×20A	2
CM 어댑터	20A	2
90° C×C엘보	20A	1
합계		16

에너지관리기능사 실기 - 적산 공개도면18

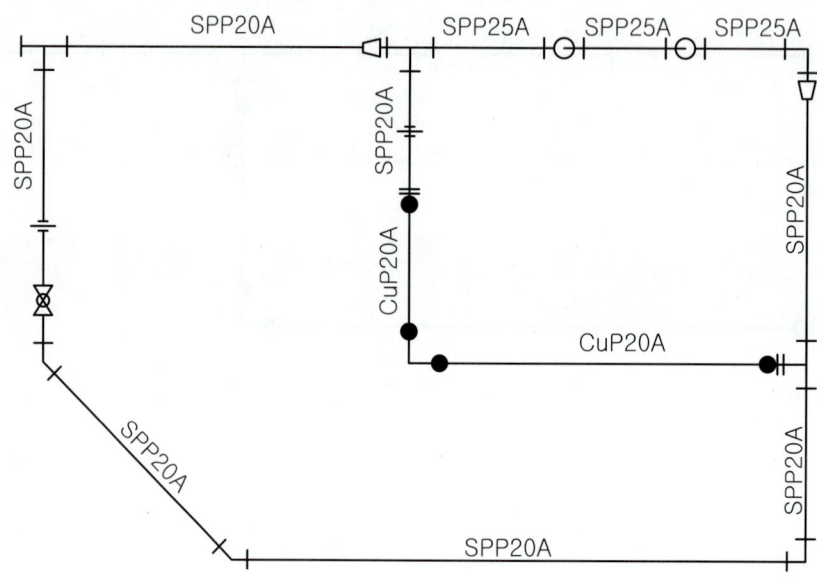

도면 왼쪽 위부터 시계방향순서

번호	부품명	규격
1	티이	20A
2	부싱	25A×20A
3	이경티이	25A×20A
4	90°엘보	25A
5	90°엘보	25A
6	90°엘보	25A
7	90°엘보	25A
8	90°엘보	25A
9	부싱	25A×20A
10	티이	20A
11	90°엘보	20A
12	45°엘보	20A
13	45°엘보	20A
14	볼밸브	20A
15	유니온	20A
16	유니온	20A
17	소켓	20A
18	CM 어뎁터	20A
19	CM 어뎁터	20A
20	90° C×C엘보	20A
	합계	20개

답안지 정리하면

부품명	규격	수량
티이	20A	2
부싱	25A×20A	2
이경티이	25A×20A	1
90°엘보	25A	5
90°엘보	20A	1
45°엘보	20A	2
볼밸브	20A	1
유니온	20A	2
소켓	20A	1
CM 어뎁터	20A	2
90° C×C엘보	20A	1
합계		20

에너지관리기능사 실기 - 적산 공개도면19

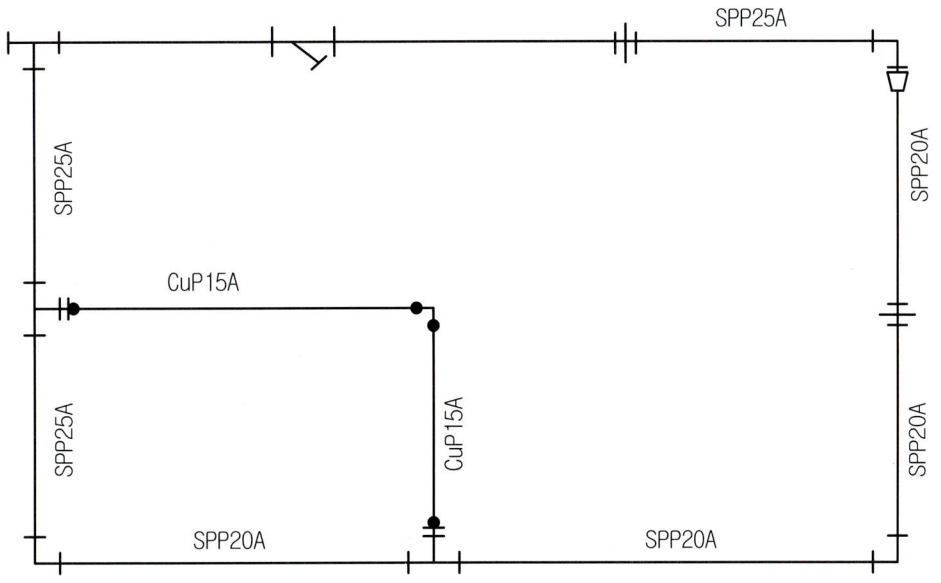

도면 왼쪽 위부터 시계방향순서

번호	부품명	규격
1	티이	25A
2	Y형 여과기	25A
3	유니온	25A
4	90°엘보	25A
5	부싱	25A×20A
6	유니온	20A
7	90°엘보	20A
8	이경티이	20A×15A
9	이경엘보	25A×20A
10	이경티이	25A×15A
11	CM 어뎁터	15A
12	CM 어뎁터	15A
13	90°C×C엘보	15A
	합계	13개

답안지 정리하면

부품명	규격	수량
티이	25A	1
Y형 여과기	25A	1
유니온	25A	1
90°엘보	25A	1
부싱	25A×20A	1
유니온	20A	1
90°엘보	20A	1
이경티이	20A×15A	1
이경엘보	25A×20A	1
이경티이	25A×15A	1
CM 어뎁터	15A	2
90°C×C엘보	15A	1
합계		13

에너지관리기능사 실기 - 적산 공개도면20

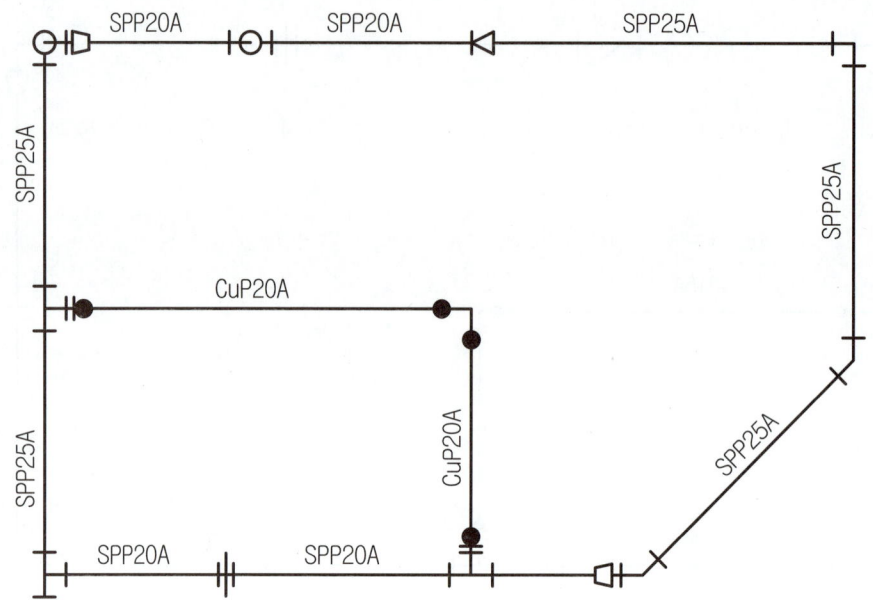

도면 왼쪽 위부터 시계방향순서

번호	부품명	규격
1	90°엘보	25A
2	90°엘보	25A
3	부싱	25A×20A
4	90°엘보	20A
5	90°엘보	20A
6	레듀샤	25A×20A
7	90°엘보	25A
8	45°엘보	25A
9	45°엘보	25A
10	부싱	25A×20A
11	티이	20A
12	유니온	20A
13	이경티이	25A×20A
14	이경티이	25A×20A
15	CM 어뎁터	20A
16	CM 어뎁터	20A
17	90°C×C엘보	20A
	합계	17개

답안지 정리하면

부품명	규격	수량
90°엘보	25A	3
부싱	25A×20A	2
90°엘보	20A	2
레듀샤	25A×20A	1
45°엘보	25A	2
티이	20A	1
유니온	20A	1
이경티이	25A×20A	2
CM 어뎁터	20A	2
90°C×C엘보	20A	1
합계		17

에너지관리기능사 실기 - 적산 공개도면21

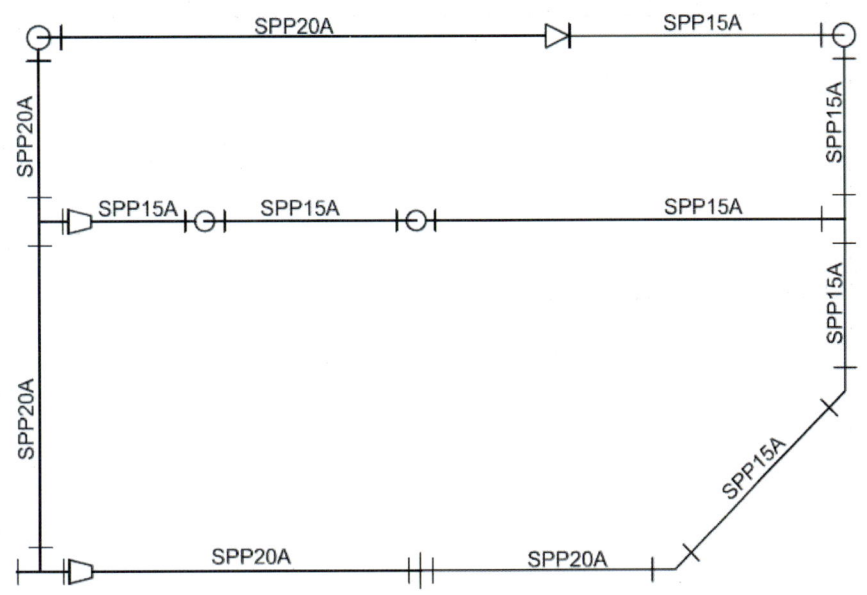

도면 왼쪽 위부터 시계방향순서

번호	부품명	규격
1	90도엘보	20A
2	90도엘보	20A
3	레듀샤	20A×15A
4	90도엘보	15A
5	90도엘보	15A
6	티이	15A
7	45도엘보	15A
8	45도이경엘보	20A×15A
9	유니온	20A
10	부싱	25A×20A
11	이경티이	25A×20A
12	티이	20A
13	부싱	20A×15A
14	90도엘보	15A
15	90도엘보	15A
16	90도엘보	15A
17	90도엘보	15A
	합계	17개

답안지 정리하면

부품명	규격	수량
90도엘보	20A	2
레듀샤	20A×15A	1
90도엘보	15A	6
티이	15A	1
45도엘보	15A	1
45도이경엘보	20A×15A	1
유니온	20A	1
부싱	25A×20A	1
이경티이	25A×20A	1
티이	20A	1
부싱	20A×15A	1
합계		17

에너지관리기능사 실기 - 적산 공개도면22

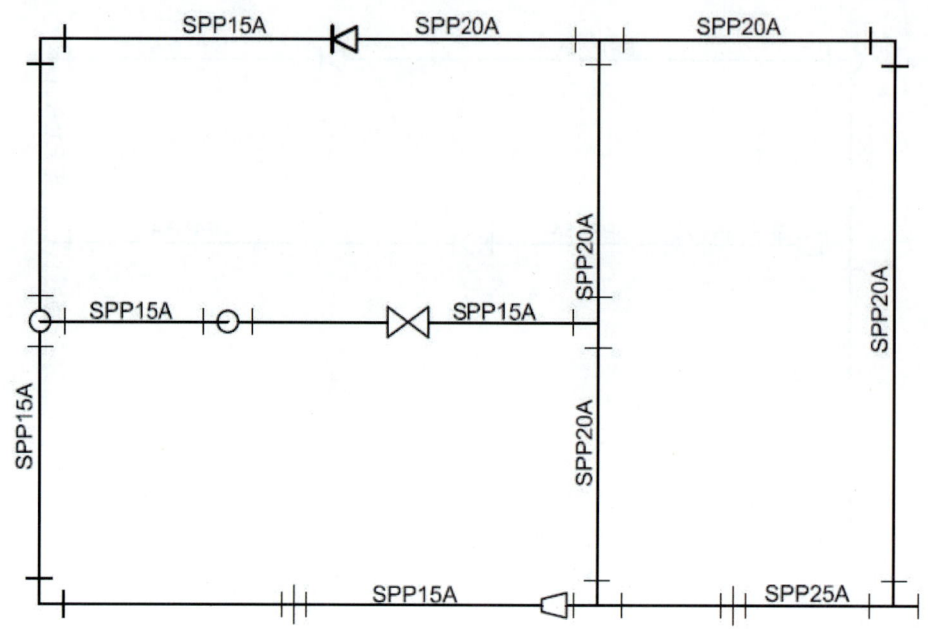

도면 왼쪽 위부터 시계방향순서

번호	부품명	규격
1	90도엘보	15A
2	레듀샤	20A×15A
3	티이	20A
4	90도엘보	20A
5	이경티이	25A×20A
6	유니온	25A
7	이경티이	25A×20A
8	부싱	25A×15A
9	유니온	15A
10	90도엘보	15A
11	티이	15A
12	90도엘보	15A
13	90도엘보	15A
14	90도엘보	15A
15	슬루우스밸브	15A
16	이경티이	20A×15A
	합계	16개

답안지 정리하면

부품명	규격	수량
90도엘보	15A	5
레듀샤	20A×15A	1
티이	20A	1
90도엘보	20A	1
이경티이	25A×20A	2
유니온	25A	1
부싱	25A×15A	1
유니온	15A	1
티이	15A	1
슬루우스밸브	15A	1
이경티이	20A×15A	1
합계		16

에너지관리기능사 실기 - 적산 공개도면23

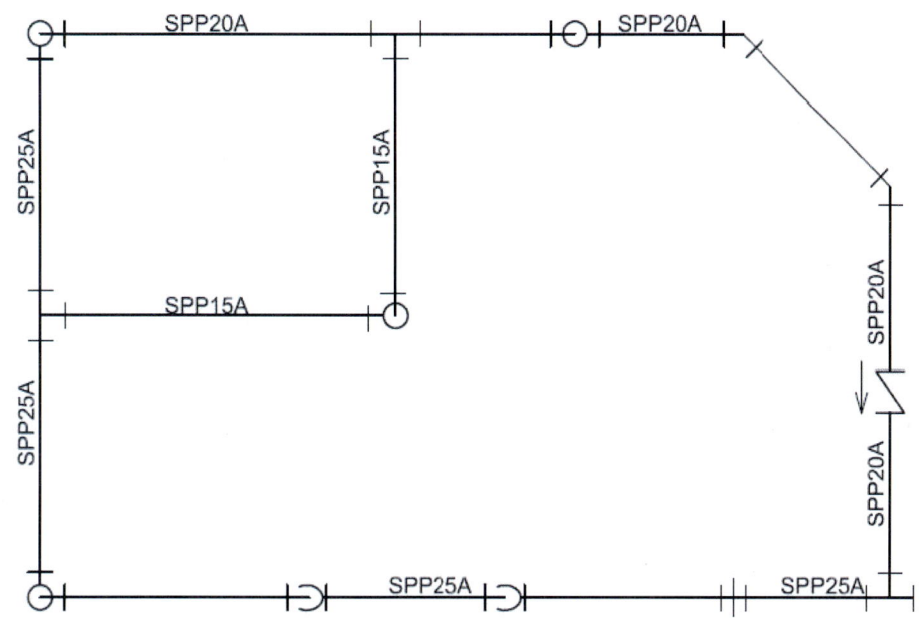

도면 왼쪽 위부터 시계방향순서

번호	부품명	규격
1	90도엘보	25A
2	이경엘보	25A×20A
3	90도엘보	20A
4	이경티이	20A×15A
5	90도엘보	20A
6	90도엘보	20A
7	45도엘보	20A
8	45도엘보	20A
9	체크밸브	20A
10	이경티이	25A×20A
11	유니온	25A
12	45도엘보	25A
13	45도엘보	25A
14	90도엘보	25A
15	90도엘보	25A
16	이경티이	25A×15A
17	90도엘보	15A
18	90도엘보	15A
	합계	17개

→ 또는

답안지 정리하면

부품명	규격	수량
90도엘보	25A	2~3
이경엘보	25A×20A	1
90도엘보	20A	2~3
이경티이	20A×15A	1
45도엘보	20A	2
체크밸브	20A	1
이경티이	25A×20A	1
유니온	25A	1
45도엘보	25A	2
이경티이	25A×15A	1
90도엘보	15A	2
합계		17

* '또는'으로 표시된 부품은 공개도면에서 단면도가 추가되어야 함. 평면도 정보로는 두가지 중 선택이 가능함.

에너지관리기능사 실기 - 적산 공개도면24

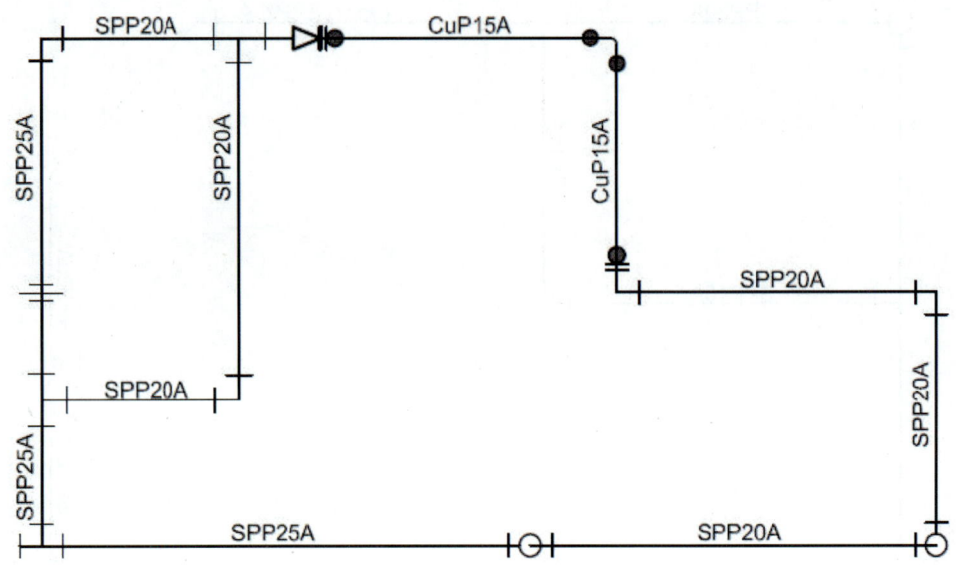

도면 왼쪽 위부터 시계방향순서

번호	부품명	규격
1	이경엘보	25A×20A
2	티이	20A
3	레듀샤	20A×15A
4	CM 어뎁터	15A
5	90도 C*C 엘보	15A
6	CM 어뎁터	15A
7	이경엘보	20A×15A
8	90도엘보	20A
9	90도엘보	20A
10	90도엘보	20A
11	90도엘보	20A
12	이경엘보	25A×20A
13	90도엘보	25A
14	티이	25A
15	이경티이	25A×20A
16	유니온	25A
17	90도엘보	20A
	합계	16개

답안지 정리하면

부품명	규격	수량
이경엘보	25A×20A	2
티이	20A	1
레듀샤	20A×15A	1
CM 어뎁터	15A	2
90도 C*C 엘보	15A	1
이경엘보	20A×15A	1
90도엘보	20A	4~5
90도엘보	25A	0~1
티이	25A	1
이경티이	25A×20A	1
유니온	25A	1
합계		16

에너지관리기능사 실기 – 적산 공개도면25

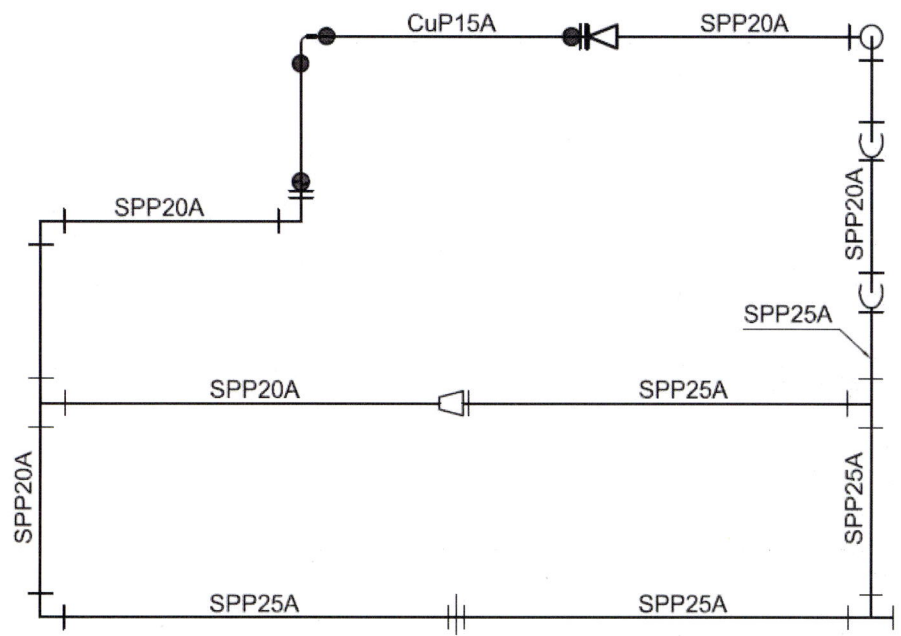

<table>
<tr><th colspan="3">도면 왼쪽 위부터 시계방향순서</th></tr>
<tr><th>번호</th><th>부품명</th><th>규격</th></tr>
<tr><td>1</td><td>90도엘보</td><td>20A</td></tr>
<tr><td>2</td><td>이경엘보</td><td>20A×15A</td></tr>
<tr><td>3</td><td>CM 어뎁터</td><td>15A</td></tr>
<tr><td>4</td><td>90도 C*C 엘보</td><td>15A</td></tr>
<tr><td>5</td><td>CM 어뎁터</td><td>15A</td></tr>
<tr><td>6</td><td>레듀샤</td><td>20A×15A</td></tr>
<tr><td>7</td><td>90도엘보</td><td>20A</td></tr>
<tr><td>8</td><td>90도엘보</td><td>20A</td></tr>
<tr><td>9</td><td>45도엘보</td><td>20A</td></tr>
<tr><td>10</td><td>45도이경엘보</td><td>25A×20A</td></tr>
<tr><td>11</td><td>티이</td><td>25A</td></tr>
<tr><td>12</td><td>티이</td><td>25A</td></tr>
<tr><td>13</td><td>유니온</td><td>25A</td></tr>
<tr><td>14</td><td>이경엘보</td><td>25A×20A</td></tr>
<tr><td>15</td><td>티이</td><td>20A</td></tr>
<tr><td>16</td><td>부싱</td><td>25A×20A</td></tr>
<tr><td>17</td><td>소켓</td><td>25A</td></tr>
<tr><td></td><td>합계</td><td>17개</td></tr>
</table>

➡ 답안지 정리하면

부품명	규격	수량
90도엘보	20A	3
이경엘보	20A×15A	1
CM 어뎁터	15A	2
90도 C*C 엘보	15A	1
레듀샤	20A×15A	1
45도엘보	20A	1
45도이경엘보	25A×20A	1
티이	25A	2
유니온	25A	1
이경엘보	25A×20A	1
티이	20A	1
부싱	25A×20A	1
소켓	25A	1
합계		17

*실제적으로 45도 강관부속은 이경엘보가 없음. 따라서, 45도 구간에서 관경을 변화하려면, 부싱을 결합시켜야 함

에너지관리기능사 실기 - 적산 공개도면26

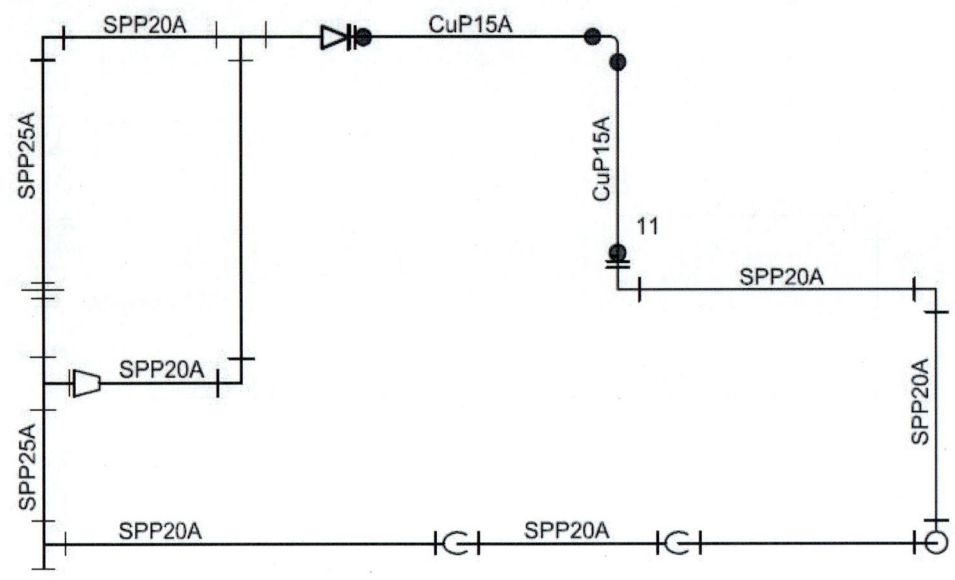

도면 왼쪽 위부터 시계방향순서

번호	부품명	규격
1	이경엘보	25A×20A
2	티이	20A
3	레듀샤	20A×15A
4	CM 어뎁터	15A
5	90도 C*C 엘보	15A
6	이경엘보	20A×15A
7	90도엘보	20A
8	90도엘보	20A
9	90도엘보	20A
10	90도엘보	20A
11	45도엘보	20A
12	45도엘보	20A
13	이경티이	25A×20A
14	티이	25A
15	부싱	25A×20A
16	유니온	25A
17	90도엘보	20A
	합계	17개

답안지 정리하면

부품명	규격	수량
이경엘보	25A×20A	1
티이	20A	1
레듀샤	20A×15A	1
CM 어뎁터	15A	2
90도 C*C 엘보	15A	1
이경엘보	20A×15A	1
90도엘보	20A	4
45도엘보	20A	2
이경티이	25A×20A	1
티이	25A	1
부싱	25A×20A	1
유니온	25A	1
합계		17

에너지관리기능사 실기 - 적산 공개도면27

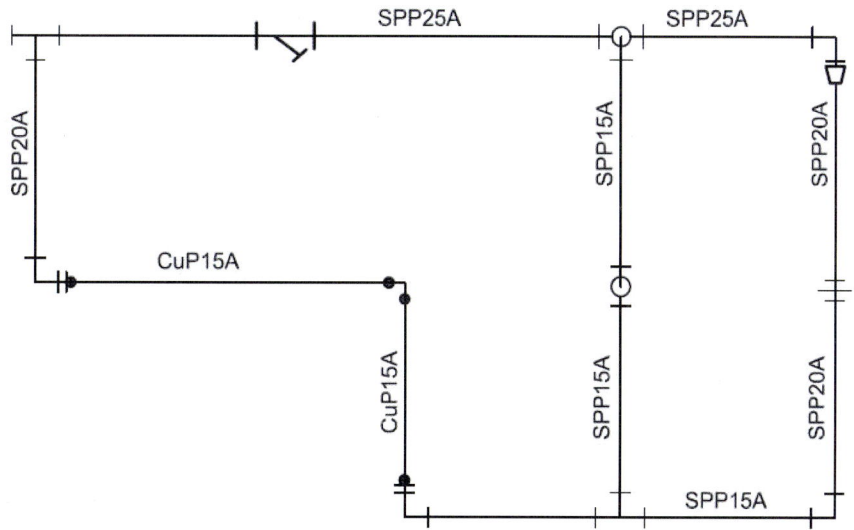

도면 왼쪽 위부터 시계방향순서

번호	부품명	규격
1	이경티이	25A×20A
2	여과기(Y형)	25A
3	티이	25A
4	이경엘보	25A×15A
5	이경티이	25A×15A
6	90도엘보	15A
7	90도엘보	25A
8	부싱	25A×20A
9	유니온	20A
10	이경엘보	20A×15A
11	티이	15A
12	90도엘보	15A
13	CM 어뎁터	15A
14	90도 C*C 엘보	15A
15	CM 어뎁터	15A
16	이경엘보	20A×15A
17	90도엘보	15A
18	90도엘보	15A
	합계	16개

→ 또는

답안지 정리하면

부품명	규격	수량
이경티이	25A×20A	1
여과기(Y형)	25A	1
티이	25A	0~1
이경엘보	25A×15A	0~1
이경티이	25A×15A	0~1
90도엘보	15A	3~4
90도엘보	25A	1
부싱	25A×20A	1
유니온	20A	1
이경엘보	20A×15A	2
티이	15A	1
CM 어뎁터	15A	2
90도 C*C 엘보	15A	1
합계		16

*'또는'으로 표시된 부품은 공개도면에서 단면도가 추가되어야 함. 평면도 정보로는 두가지 중 선택이 가능함.

에너지관리기능사 실기 - 적산 공개도면28

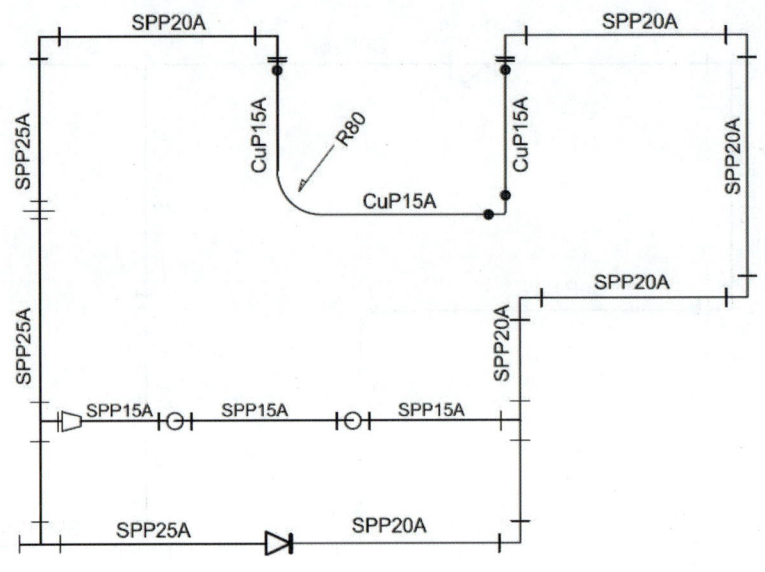

도면 왼쪽 위부터 시계방향순서

번호	부품명	규격
1	이경엘보	25A×20A
2	이경엘보	20A×15A
3	CM 어뎁터	15A
4	90도 C*C 엘보	15A
5	CM 어뎁터	15A
6	이경엘보	20A×15A
7	90도엘보	20A
8	90도엘보	20A
9	90도엘보	20A
10	이경티이	20A×15A
11	90도엘보	20A
12	레듀샤	25A×20A
13	티이	25A
14	티이	25A
15	부싱	25A×15A
16	유니온	25A
17	90도엘보	15A
18	90도엘보	15A
19	90도엘보	15A
20	90도엘보	15A
	합계	20개

답안지 정리하면

부품명	규격ddd	수량
이경엘보	25A×20A	1
이경엘보	20A×15A	2
CM 어뎁터	15A	2
90도 C*C 엘보	15A	1
90도엘보	20A	4
이경티이	20A×15A	1
레듀샤	25A×20A	1
티이	25A	2
부싱	25A×15A	1
유니온	25A	1
90도엘보	15A	4
합계		20

에너지관리기능사 실기 - 적산 공개도면29

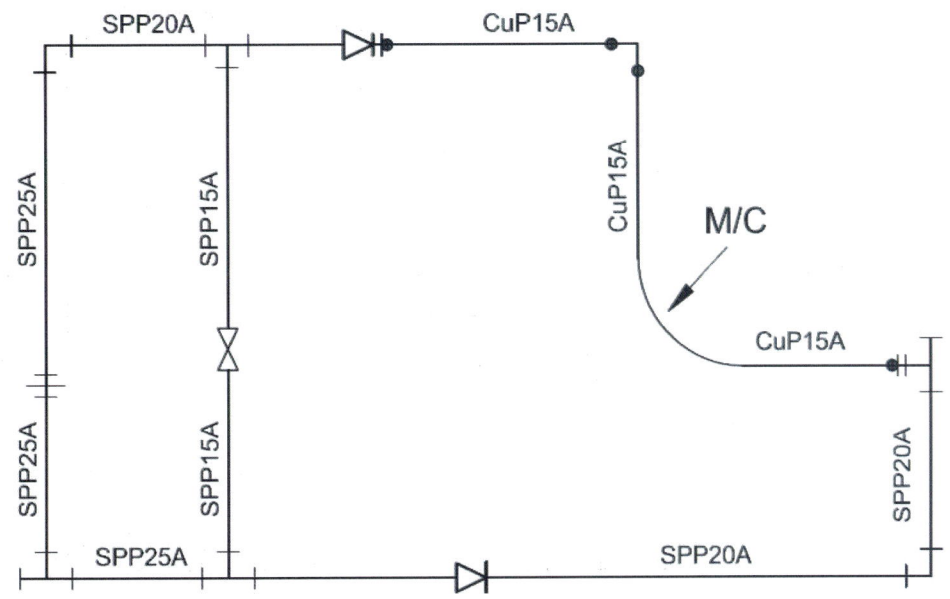

도면 왼쪽 위부터 시계방향순서

번호	부품명	규격
1	이경엘보	25A×20A
2	이경티이	20A×15A
3	레듀샤	20A×15A
4	CM 어뎁터	15A
5	90도 C*C 엘보	15A
6	CM 어뎁터	15A
7	이경티이	20A×15A
8	90도엘보	20A
9	레듀샤	25A×20A
10	이경티이	25A×15A
11	티이	25A
12	유니온	25A
13	슬루우스밸브	15A
	합계	13개

답안지 정리하면

부품명	규격	수량
이경엘보	25A×20A	1
이경티이	20A×15A	2
레듀샤	20A×15A	1
CM 어뎁터	15A	2
90도 C*C 엘보	15A	1
90도엘보	20A	1
레듀샤	25A×20A	1
이경티이	25A×15A	1
티이	25A	1
유니온	25A	1
슬루우스밸브	15A	1
합계		13

에너지관리기능사 실기 – 적산 공개도면30

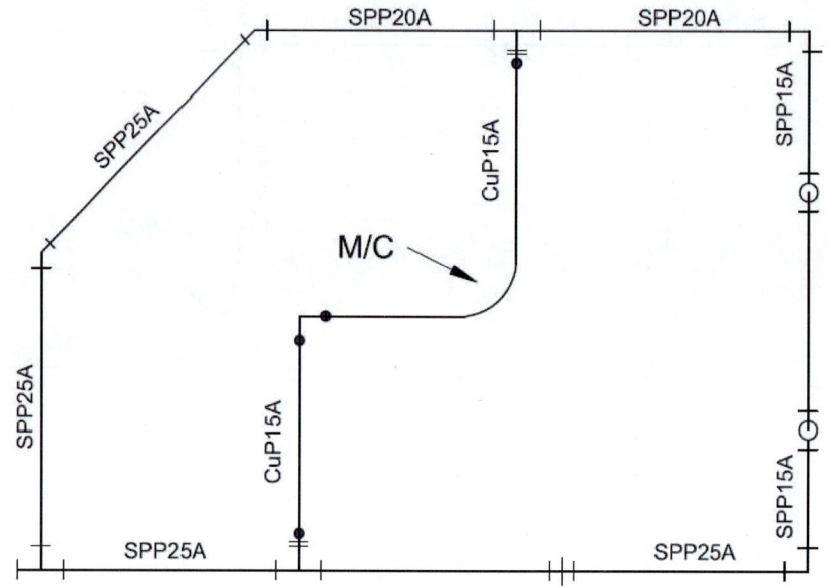

도면 왼쪽 위부터 시계방향순서

번호	부품명	규격
1	45도 엘보	25A
2	45도 이경엘보	25A×20A
3	이경티이	20A×15A
4	CM 어뎁터	15A
5	이경엘보	20A×15A
6	90도엘보	15A
7	90도엘보	15A
8	90도엘보	15A
9	90도엘보	15A
10	이경엘보	25A×15A
11	유니온	25A
12	이경티이	25A×15A
13	CM 어뎁터	15A
14	티이	25A
15	90도 C*C엘보	15A
	합계	15개

답안지 정리하면

부품명	규격	수량
45도 엘보	25A	1
45도 이경엘보	25A×20A	1
이경티이	20A×15A	1
CM 어뎁터	15A	2
이경엘보	20A×15A	1
90도엘보	15A	4
이경엘보	25A×15A	1
유니온	25A	1
이경티이	25A×15A	1
티이	25A	1
90도 C*C엘보	15A	1
합계		15

*실제적으로 45도 강관부속은 이경엘보가 없음. 따라서, 45도 구간에서 관경을 변화하려면, 부싱을 결합시켜야 함

에너지관리기능사 실기 - 적산 공개도면31

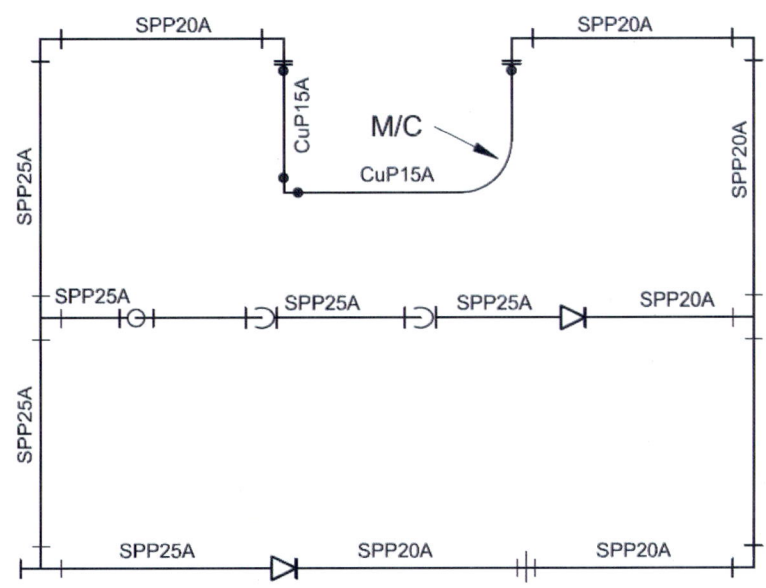

도면 왼쪽 위부터 시계방향순서

번호	부품명	규격
1	이경엘보	25A×20A
2	이경엘보	20A×15A
3	CM 어뎁터	15A
4	90도 C*C엘보	15A
5	CM 어뎁터	15A
6	이경엘보	20A×15A
7	90도엘보	20A
8	티이	20A
9	90도엘보	20A
10	유니온	20A
11	레듀샤	25A×20A
12	티이	25A
13	티이	25A
14	90도엘보	25A
15	90도엘보	25A
16	45도엘보	25A
17	45도엘보	25A
18	레듀샤	25A×20A
	합계	18개

답안지 정리하면

부품명	규격	수량
이경엘보	25A×20A	1
이경엘보	20A×15A	2
CM 어뎁터	15A	2
90도 C*C엘보	15A	1
90도엘보	20A	2
티이	20A	1
유니온	20A	1
레듀샤	25A×20A	2
티이	25A	2
90도엘보	25A	2
45도엘보	25A	2
합계		18

에너지관리기능사 실기 – 적산 공개도면32

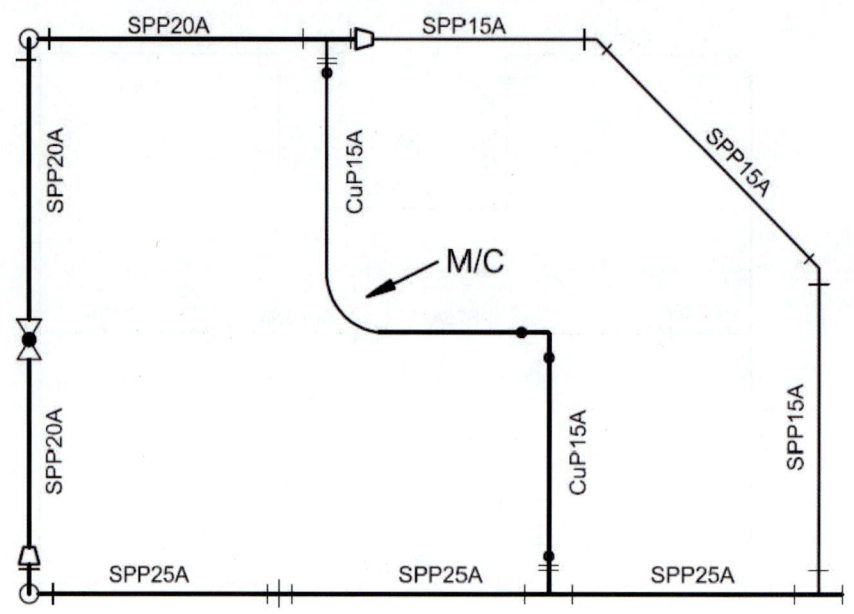

도면 왼쪽 위부터 시계방향순서

번호	부품명	규격
1	90도엘보	20A
2	90도엘보	20A
3	이경티이	20A×15A
4	CM 어뎁터	15A
5	부싱	20A×15A
6	45도엘보	15A
7	45도엘보	15A
8	이경티이	25A×15A
9	이경티이	25A×15A
10	CM 어뎁터	15A
11	유니온	25A
12	90도엘보	25A
13	90도엘보	25A
14	부싱	25A×20A
15	클로우브밸브	20A
16	90도 C*C엘보	15A
	합계	16

답안지 정리하면

부품명	규격	수량
90도엘보	20A	2
이경티이	20A×15A	1
CM 어뎁터	15A	2
부싱	20A×15A	1
45도엘보	15A	2
이경티이	25A×15A	2
유니온	25A	1
90도엘보	25A	2
부싱	25A×20A	1
클로우브밸브	20A	1
90도 C*C엘보	15A	1
합계		16

에너지관리기능사 필기·실기

초판 발행 2021년 2월 1일
초판 2쇄 발행 2022년 1월 5일
개정 1판 발행 2023년 1월 5일
개정 2판 발행 2024년 1월 5일
개정 3판 발행 2025년 1월 1일

| 저 자 | 박진원
| 발 행 인 | 조규백
| 발 행 처 | 도시출판 구민사
　　　　　　 (07293) 서울특별시 영등포구 문래북로 116, 604호(문래동3가 46, 트리플렉스)
| 전화 | | 팩스 | (02) 701-7421 (02) 3273-9642
| 홈 페 이 지 | www.kuhminsa.co.kr
| 신 고 번 호 | 제 2012-000055호 (1980년 2월 4일)
| I S B N | 979-11-6875-456-0(13500)

| 정 가 | 33,000원

이 책은 구민사가 저작권자와 계약하여 발행했습니다.
본사의 서면 허락 없이는 어떠한 형태나 수단으로도 이 책의 내용을 이용할 수 없음을 알려드립니다.